CONVERSIONS BETWEEN U.S. CUSTOMARY UNITS AND SI UNITS

U.S. Customary unit		Times conversion factor		Equals SI unit	
		Accurate	Practical		
Acceleration (linear)					
foot per second squared	ft/s^2	0.3048*	0.305	meter per second squared	m/s^2
inch per second squared	$in./s^2$	0.0254*	0.0254	meter per second squared	m/s^2
Area					
circular mil	cmil	0.0005067	0.0005	square millimeter	mm^2
square foot	ft^2	0.09290304*	0.0929	square meter	m^2
square inch	$in.^2$	645.16*	645	square millimeter	mm^2
Density (mass)					
slug per cubic foot	$slug/ft^3$	515.379	515	kilogram per cubic meter	kg/m^3
Density (weight)					
pound per cubic foot	lb/ft^3	157.087	157	newton per cubic meter	N/m^3
pound per cubic inch	$lb/in.^3$	271.447	271	kilonewton per cubic meter	kN/m^3
Energy; work					
foot-pound	ft-lb	1.35582	1.36	joule (N·m)	J
inch-pound	in.-lb	0.112985	0.113	joule	J
kilowatt-hour	kWh	3.6*	3.6	megajoule	MJ
British thermal unit	Btu	1055.06	1055	joule	J
Force					
pound	lb	4.44822	4.45	newton ($kg \cdot m/s^2$)	N
kip (1000 pounds)	k	4.44822	4.45	kilonewton	kN
Force per unit length					
pound per foot	lb/ft	14.5939	14.6	newton per meter	N/m
pound per inch	lb/in.	175.127	175	newton per meter	N/m
kip per foot	k/ft	14.5939	14.6	kilonewton per meter	kN/m
kip per inch	k/in.	175.127	175	kilonewton per meter	kN/m
Length					
foot	ft	0.3048*	0.305	meter	m
inch	in.	25.4*	25.4	millimeter	mm
mile	mi	1.609344*	1.61	kilometer	km
Mass					
slug	$lb\text{-}s^2/ft$	14.5939	14.6	kilogram	kg
Moment of a force; torque					
pound-foot	lb-ft	1.35582	1.36	newton meter	N·m
pound-inch	lb-in.	0.112985	0.113	newton meter	N·m
kip-foot	k-ft	1.35582	1.36	kilonewton meter	kN·m
kip-inch	k-in.	0.112985	0.113	kilonewton meter	kN·m

CONVERSIONS BETWEEN U.S. CUSTOMARY UNITS AND SI UNITS (Continued)

U.S. Customary unit		Times conversion factor: Accurate	Times conversion factor: Practical	Equals SI unit	
Moment of inertia (area)					
inch to fourth power	in.^{4}	416,231	416,000	millimeter to fourth power	mm^4
inch to fourth power	in.^{4}	0.416231×10^{-6}	0.416×10^{-6}	meter to fourth power	m^4
Moment of inertia (mass)					
slug foot squared	slug-ft^2	1.35582	1.36	kilogram meter squared	kg·m^2
Power					
foot-pound per second	ft-lb/s	1.35582	1.36	watt (J/s or N·m/s)	W
foot-pound per minute	ft-lb/min	0.0225970	0.0226	watt	W
horsepower (550 ft-lb/s)	hp	745.701	746	watt	W
Pressure; stress					
pound per square foot	psf	47.8803	47.9	pascal (N/m^2)	Pa
pound per square inch	psi	6894.76	6890	pascal	Pa
kip per square foot	ksf	47.8803	47.9	kilopascal	kPa
kip per square inch	ksi	6.89476	6.89	megapascal	MPa
Section modulus					
inch to third power	in.^{3}	16,387.1	16,400	millimeter to third power	mm^3
inch to third power	in.^{3}	16.3871×10^{-6}	16.4×10^{-6}	meter to third power	m^3
Velocity (linear)					
foot per second	ft/s	0.3048*	0.305	meter per second	m/s
inch per second	in./s	0.0254*	0.0254	meter per second	m/s
mile per hour	mph	0.44704*	0.447	meter per second	m/s
mile per hour	mph	1.609344*	1.61	kilometer per hour	km/h
Volume					
cubic foot	ft^3	0.0283168	0.0283	cubic meter	m^3
cubic inch	in.^{3}	16.3871×10^{-6}	16.4×10^{-6}	cubic meter	m^3
cubic inch	in.^{3}	16.3871	16.4	cubic centimeter (cc)	cm^3
gallon (231 in.^{3})	gal.	3.78541	3.79	liter	L
gallon (231 in.^{3})	gal.	0.00378541	0.00379	cubic meter	m^3

*An asterisk denotes an *exact* conversion factor

Note: **To convert from SI units to USCS units, *divide* by the conversion factor**

Temperature Conversion Formulas

$$T(°C) = \frac{5}{9}[T(°F) - 32] = T(K) - 273.15$$

$$T(K) = \frac{5}{9}[T(°F) - 32] + 273.15 = T(°C) + 273.15$$

$$T(°F) = \frac{9}{5}T(°C) + 32 = \frac{9}{5}T(K) - 459.67$$

Mechanics of Fluids

Fourth Edition, SI

Merle C. Potter
Michigan State University

David C. Wiggert
Michigan State University

Bassem Ramadan
Kettering University

with

Tom I-P. Shih
Purdue University

SI Edition prepared by:

Shaligram Tiwari
Indian Institute of Technology Madras

Cengage

Mechanics of Fluides SI Version, 4th Edition

Merie C. Potter
David C. Wiggert
Bassem H. Ramadan

Original edition © 2012 Cengage Engineering, a part of Cengage Learning
Mechanis of Fluids SI Version, 4th Edition
by Merle C. Potter, David C. Wiggert and Bassem H. Ramadan
ISBN: 9781439062036

This edition is translated by license from Cengage Engineering, a part of Cengage Learning, for sale in Korea only.

ISBN: 978-89-6421-234-9

Cengage Learning Korea Ltd.
14F YTN Newsquare 76 Sangamsan-ro
Mapo-gu Seoul 03926 Korea
Tel: (82) 2 330 7000
Fax: (82) 2 330 7001

Printed in Korea
Print Number: 03 Print Year: 2022

SI EDITION

4th Edition

유체역학

Merle C. Potter
David C. Wiggert
Bassem Ramadan

한화택 · 김윤제 · 심우건 · 유홍선 · 이계복 · 이도형 · 이상환 · 임경빈 옮김

한티미디어

Cengage

Australia • Brazil • Canada • Mexico • Singapore • United Kingdom • United States

역자소개

한화택 국민대학교 기계공학부 교수
김윤제 성균관대학교 기계공학부 교수
심우건 한남대학교 기계공학과 교수
유홍선 중앙대학교 기계공학부 교수
이계복 충북대학교 기계공학부 교수
이도형 한양대학교 기계공학과 교수
이상환 한양대학교 기계공학부 교수
임경빈 한밭대학교 기계공학부 교수

유체역학 4 MECHANICS OF FLUIDS

발행일 2015년 8월 25일 1쇄
2019년 2월 15일 2쇄
2022년 8월 31일 3쇄
지은이 Merle C. Potter, David C. Wiggert, Bassem Ramadan
옮긴이 한화택 · 김윤제 · 심우건 · 유홍선 · 이계복 · 이도형 · 이상환 · 임경빈
펴낸이 김준호
펴낸곳 한티미디어 | **주소** 서울시 마포구 동교로 23길 67 Y빌딩 3F
등 록 제 15-571 호
전 화 (02)332-7993~4 | **팩스** (02)332-7995
ISBN 978-89-6421-234-9 93550
정 가 37,000원

마케팅 노호근 · 박재인 · 최상욱 · 김원국 · 김택성 | **편 집** 김은수 · 유채원 | **관 리** 김지영 · 문지희

이 책에 대한 의견이나 잘못된 내용에 대한 수정 정보는 한티미디어 홈페이지나 이메일로 알려주십시오.
독자님의 의견을 충분히 반영하도록 늘 노력하겠습니다.
홈페이지 www.hanteemedia.co.kr | **이메일** hantee@hanteemedia.co.kr

SI판 서문

이 책에서는 전 권에 걸쳐 국제단위계(SI: International System of Units)를 사용하고 있다.

국제단위계

미국의 관용단위계(USCS)는 FPS(foot/pound/second)로 표시되는 영국단위계를 사용한다. SI 단위계는 기본적으로 MKS(meter/kilogram/second) 단위를 의미하나 교과서와 같은 곳에서는 특별히 CGS(centimeter/gram/second) 단위도 허용된다.

이 책에서는 SI 단위 사용

이 책에서는 MKS와 CGS 단위를 모두 사용한다. 종래 미국판에서 사용된 USCS 단위 또는 FPS 단위는 본문과 문제에서 모두 SI 단위로 변환되었다. 편람 데이터나 정부 표준 또는 제품 매뉴얼에 대해서는 SI 단위로 모두 환산하는 것이 어려울 뿐만 아니라 원전의 지적재산권을 침해할 수 있다. ASTM 그레인 사이즈나 조미니 거리와 같은 값은 보통 FPS로 계산되며, SI 단위로 환산되면 그 의미를 잃게 된다. 그림, 표, 예제, 참고문헌의 데이터에는 일부 FPS 단위가 남아 있다. FPS 단위와 SI 단위의 관계에 익숙하지 않은 독자를 위하여 이 책의 앞뒤 표지에 환산표가 주어져 있다.

인용된 데이터를 사용해야 하는 문제에서는 계산에 들어가기 앞서 값을 FPS에서 SI 단위로 변환할 수 있다. 표준량과 제조사 데이터를 SI 단위로 구하기 위해서는 정부기관이나 관련 업체를 접촉하면 된다.

교수용 자료

교수용 해답집은 요청하면 인쇄본을 받아 볼 수 있다. 교수용 해답집과 파워포인트 자료의 디지털 버전은 www.cengage.com/engineering에서 구할 수 있다.

이 SI판에 관한 독자들의 의견은 언제나 환영하며 다음 판 출판에 많은 도움이 될 것이다.

저자서문

책의 저술 동기를 설명하기란 쉽지 않다. 대개의 경우 같은 주제의 다른 책들이 결점이 있어 수정이 불가피하다고 말한다. 입구영역의 유동과 물체 주위의 유동에 대하여 정확하게 기술하고, 1차원 유동과 균일유동의 차이를 분명하게 설명하며, 검사체적의 유도를 적절하게 표현하고, 또 층류유동의 의미가 잘 전달될 수 있도록 기술할 것이라 말한다. 하지만 새로 저술된 책도 또 다른 결점을 가지며 미래에 다른 저자가 나타나 다시 수정하고 싶어지게 마련이다! 인생은 그렇게 계속된다. 이 책은 또 하나의 유체역학 교재이다. 새로운 시각으로 유체를 설명함으로써 대학생들이 물리적인 개념을 이해하고 수학적으로 유도할 수 있도록 하겠다는 바람을 가지고 저술하였다. 이것은 쉬운 문제가 아니다. 특히 유체역학은 이해하기 어려운 현상들을 많이 포함하고 있다. 예를 들어 눈보라가 몰아칠 때 나무의 바람 부는 쪽에 쌓인 눈이 움푹 파이는 현상을 어떻게 설명할 것인가. 뉴욕과 달리 로스앤젤레스 지역의 스모그 농도가 높은 이유, 시카고의 고층 건물 주위에 예기치 못한 돌풍이 발생하는 원인, 또는 바람 때문에 콘크리트-철 구조 대형 교량이 진동하고 심지어 붕괴되는 현상들을 어떻게 설명할 것인가. 저자들은 엔지니어가 경험하는 중요한 현상들을 학생들이 이해하고 분석할 수 있도록 설명하려고 노력하였다.

이 책의 수학적 수준은 다른 공과대학 교과목에서 요구되는 공업수학 과정에 기초하고 있는데, 미분방정식의 해석과 벡터 대수학을 이용하고 있다. 간혹 그래디언트를 쓰는 벡터 미분학도 나오지만, 이를 최소화하여 관련된 물리 현상의 중요성이 가려지지 않도록 하였다.

대부분의 유명한 유체역학 책들이 유체 유동을 장(場, field)으로서 기술하지 않고 있다. 즉 유동을 주로 1차원 유동으로 가정하고, 그렇지 않은 다른 유동은 실험 데이터를 써서 다룬다. 우리는 건물이나 교각 같은 물체 주위의 유동은 3차원 속도성분을 가지며 세 개의 공간 변수와 하나의 시간 변수에 의존하는 사실을 알고 있다. 이러한 일반적인 유동을 설명하기 위해서는 속도장 또는 압력장과 같은 장을 설명하는 방정식에 관하여 언급해야 한다. 이것은 전기공학에서 다루는 전기장이나 자기장과 유사하다. 엔지니어가 대규모의 환경오염 문제와 같이 미래의 어려운 문제를 해석하기 위해서는 유동장에 관하여 이해해야 한다. 따라서 5장에서 유동장 방정식을 소개하고 상대적으로 단순한 형상에 대하여 몇 개의 해를 유도한다. 더욱 표준화된 접근 방법을 원하는 사람에게는 유동을 개별적으로 취급하는, 보다 관례적인 방법이 대안으로 제시되고 있다. 유동장 방정식은 상위 과목에 포함될 수 있다.

이번 3판에 추가된 내용은 다음과 같다.

- 실생활에 적용되는 여러가지 예제와 연습문제를 추가하였다.
- 유체역학 기사시험 준비에 활용될 수 있도록 다지선다형 문제들을 각 장의 연습문제 앞부분에 모아놓았다.
- 환경유체역학 관련 장을 삭제하여 책의 부피를 줄였다.
- 표현을 명쾌하게 하기 위해 많은 부분을 수정하였다.

1장부터 9장까지의 기본적인 내용은 학생들에게 유체역학의 기초 분야가 모두 소개될 수 있도록 신중하게 선정되었다. 각 장의 모든 내용이 개론 과목에 포함될 필요는 없다. 과목 개요에 따라서 내용을 재조정할 수 있으며, 특히 각 장 끝 부분의 일부 절은 생략되더라도 진도에 큰 지장이 없다. 대개의 개론 과목에서 그렇듯이 유동장에 관련된 내용을 배제하기로 결정하면 5장은 모두 생략해도 무방하다. 다음에 이루어질 중급 수준의 과목에서 다루면 된다. 이 책은 개론 과목과 이후 한두 개의 후속 과목을 진행하는 데 충분한 내용을 포함하고 있다. 후속 과목에는 처음에 생략된 내용과 전문적인 9~12장 내용 일부를 조합해서 포함시킬 수 있다. 일부 내용은 특정한 배경을 갖는 사람에게만 관심이 있을지 모르지만, 대부분은 엔지니어들이 관심을 갖는 내용이다.

본문에 제시된 중요한 개념을 설명하기 위해 예제를 포함시켰다. 각 장 뒤에 제시된 문제들은 학생들에게 난이도가 다양한 문제를 경험할 수 있는 기회를 제공한다. 일부 문제의 해답은 찾아보기 바로 앞에 실려 있다. 몇몇 장에서는 설계 유형의 문제를 제시하고 있다. 내용을 공부하고 나서 예제를 풀고 숙제를 하게 되면 실제 공학 문제를 해결할 수 있는 능력을 갖출 수 있을 것이다. 물론 경험 있는 엔지니어라 할지라도 해결하기 어려운 유형의 문제들이 많다. 이런 문제를 풀기 위해서는 엔지니어로서 이 개론서에 소개된 것보다 상당히 많은 지식을 쌓아야 한다. 하지만 여기에 나타난 개념과 내용을 가지고도 많은 문제를 성공적으로 해결할 수 있다.

대학을 마칠 무렵에 많은 학생들은 기사시험을 본다. 이는 엔지니어가 되기 위한 첫 단계이다. 기사시험 문제는 모두 객관식 다지선다형이다. 이 책에서는 이러한 유형의 문제를 각 장의 연습문제 앞부분에 배치하였다. 이 책은 SI 단위계 위주로 기술되었다. 기사시험은 모두 SI 단위로 출제되기 때문에 SI 단위의 다지선다형 문제를 제시하였다.

저자들은 선배 교수와 여러 동료들에게 감사의 말을 전하고자 한다. 10장은 Henderson의 저서 『개수로유동』(1996)에서 많은 영감을 얻었고, 11장 뒤에 있는 일부 문제는 Thorley로부터 제공받았다. Matlad 해답을 제공해 준 Prevost에게 감사하고, 원고검토를 해 준 네바다대학의 Ahmed, 루이지애나 주립대학의 Alawardy, 캘리포니아 공대의 Biddle, 미네소타 주립대학의 Moaveni, 애리조나 주립대학의 Muccino, 노스캐롤라이나 A&T 주립대학의 Nzewi, 그리고 스위스 연방공대의 Ventikos에게 감사드린다.

Merle C. Potter
David C. Wiggert
Bassem Ramadan

역자서문

이 책은 Potter 교수와 Wiggert 교수, 그리고 Ramadan 교수가 집필한 Mechanics of Fluids 4판을 번역한 것으로 공과대학에서 유체역학 입문 과정의 교재로 사용하기에 적합하다. 저자들이 이 책의 저술 동기를 설명하기 쉽지 않다고 밝힌 것처럼 역자들도 또 하나의 유체역학 번역서를 출판하게 된 동기를 정당화하기란 그리 쉽지 않았다. 유사한 내용의 책들이 이미 시중에 많이 나와 있고, 각 저서나 번역서들이 나름대로의 특색을 갖고 충실한 내용을 싣고 있기 때문이다.

그럼에도 불구하고 이 책을 번역하게 된 가장 큰 동기는 SI 단위의 문제 때문이다. 국제적으로 과학기술계에서는 오래전부터 모든 단위를 SI 단위로 통일하기로 결정하였지만, 아직까지 기본적인 교과서조차 영국단위계에 크게 의존하고 있는 것이 사실이다. 처음 배우는 단계부터 친숙하지 않은 단위계에 접하면서 기본적인 개념 파악과 응용력 제고는 뒷전이고 단위 이해와 변환에 많은 시간과 노력을 소비하고 있는 것을 안타깝게 생각하였다.

또한 이 역서는 특정한 응용 분야에 중점을 두기보다는 다양한 분야에 적용할 수 있는 기본적인 내용에 충실하면서 쉽게 접근할 수 있도록 구성하였다. 많은 대학에서 공통적으로 다루고 있는 내용만 포함시키고 원서의 일부 내용은 번역에서 제외하였다. 유체역학은 전통적인 기계, 항공, 토목, 조선, 설비 분야뿐만 아니라 환경, 바이오, 생물, 해양 등 다양한 분야에서 필수적인 교과목이다. 다양한 응용 분야를 일일이 열거하기보다는 오히려 응용력을 배양할 수 있도록 역학적 기본을 튼튼히 다지는 것이 시대적 요구에 부합하는 것으로 생각하였다.

제한된 시간 속에서 가급적 정확하고 읽기 쉽게 번역하기 위해서 최선의 노력을 기울였지만 오류나 부족한 점이 많이 있을 것으로 생각한다. 독자들의 지적과 충고를 토대로 계속 수정 보완해 나갈 것을 약속드린다. 끝으로 어려운 여건 속에서 출판을 맡아 애써 주신 한티미디어 여러분에게 감사의 말을 전한다.

2015. 2.
역자 일동

기호설명

for quick reference

A - area
A_2, A_3 - profile type
a - acceleration, speed of a pressure wave
a - acceleration vector
a_x, a_y, a_z - acceleration components
B - bulk modulus of elasticity, free surface width
b - channel bottom width
C - centroid, Chezy coefficient, Hazen-Williams coefficient
C_1, C_3 - profile type
C_D - drag coefficient
C_d - discharge coefficient
C_f - skin-friction coefficient
C_H - head coefficient
C_L - lift coefficient
C_P - pressure recovery factor, pressure coefficient
C_{NPSH} - net positive suction head coefficient
C_Q - flow-rate coefficient
C_V - velocity coefficient
$C_{\dot{W}}$ - power coefficient
c - specific heat, speed of sound, chord length, celerity
c_f - local skin-friction coefficient
c_p - constant pressure specific heat
c_v - constant volume specific heat
c.s. - control surface
c.v. - control volume
D - diameter
$\frac{D}{Dt}$ - substantial derivative
d - diameter
dx - differential distance
$d\theta$ - differential angle
E - energy, specific energy, coefficient
E_c - critical energy
EGL - energy grade line
Eu - Euler number
e - the exponential, specific energy, wall roughness height, pipe wall thickness
exp - the exponential e
F - force vector
F - force
F_B - buoyant force
F_H - horizontal force component
F_V - vertical force component
F_W - body force equal to the weight
f - friction factor, frequency
G - center of gravity
$\overline{GM}$ - metacentric height
g - gravity vector
g - gravity
H - enthalpy, height, total energy
H_2, H_3 - profile type
H_D - design head
H_P - pump head
H_T - turbine head
HGL - hydraulic grade line
h - distance, height, specific enthalpy
h_j - head loss across a hydraulic jump
I - second moment of an area
$\bar{I}$ - second moment about the centroidal axis
I_{xy} - product of inertia
$\hat{\mathbf{i}}$ - unit vector in the x-direction
$\hat{\mathbf{j}}$ - unit vector in the y-direction
$\hat{\mathbf{k}}$ - unit vector in the z-direction
K - thermal conductivity, flow coefficient
K_c - contraction coefficient
K_e - expansion coefficient
K_{uv} - correlation coefficient
k - ratio of specific heats
L - length
L_E - entrance length

L_e - equivalent length
ℓ - length
ℓ_m - mixing length
M - molar mass, Mach number, momentum function
M - Mach number
M_1, M_2, M_3 - profile type
m - mass, side-wall slope, constant for curve fit
$\dot{m}$ - mass flux
$\dot{m}_r$ - relative mass flux
m_a - added mass
m_1, m_2 - side-wall slopes
$m\dot{o}m$ - momentum flux
N - general extensive property, an integer, number of jets
$NPSH$ - net positive suction head
n - normal direction, number of moles, power-law exponent, Manning number
$\hat{\mathbf{n}}$ - unit normal vector
P - power, force, wetted perimeter
p - pressure
Q - flow rate (discharge), heat transfer
Q_D - design discharge
$\dot{Q}$ - rate of heat transfer
q - source strength, specific discharge, heat flux
R - radius, gas constant, hydraulic radius, radius of curvature
Re - Reynolds number
$\mathrm{Re}_{\mathrm{crit}}$ - critical Reynolds number
R_u - universal gas constant
R_x, R_y - force components
r - radius, coordinate variable
$\mathbf{r}$ - position vector
S - specific gravity, entropy, distance, slope of chennel, slope of EGL
S_1, S_2, S_3 - profile type
S_c - critical slope
St - Strouhal number
$\mathbf{S}$ - position vector
S_0 - slope of channel bottom
s - specific entropy, streamline coordinate
$\hat{\mathbf{s}}$ - unit vector tangent to streamline
sys - system
T - temperature, torque, tension
t - time, tangential direction
U - average velocity
U_∞ - free-stream velocity away from a body
u - x-component velocity, circumferential blade speed
u' - velocity perturbation
$\tilde{u}$ - specific internal energy
$\bar{u}$ - time average velocity
u_τ - shear velocity
V - velocity
V_c - critical velocity
V_{ss} - steady-state velocity
$\mathbf{V}$ - velocity vector
$\overline{V}$ - spatial average velocity
$\forall$ - volume
V_B - blade velocity
V_n - normal component of velocity
V_r - relative speed
V_t - tangential velocity
v - velocity, y-component velocity
v' - velocity perturbation
$v_r, v_z, v_\theta, v_\phi$ - velocity components
W - work, weight, change in hydraulic grade line
$\dot{W}$ - work rate (power)
$\dot{W}_f$ - actual power
We - Weber number
$\dot{W}_S$ - shaft work (power)
ω - z-component velocity, velocity of a hydraulic bore
X_T - distance where transition begins
x - coordinate variable
x_m - origin of moving reference frame
$\tilde{x}$ - distance relative to a moving reference frame
$\bar{x}$ - x-coordinate of centroid
Y - upstream water height above top of wier
y - coordinate variable, flow energy head
y_p - distance to center of pressure
$\bar{y}$ - y-coordinate of centroid
y_c - critical depth
z - coordinate variable
α - angle, angle of attack, lapse rate, thermal diffusivity, kinetic-energy correction factor, blade angle
β - angle, momentum correction factor, fixed jet angle, blade angle
Δ - a small increment
∇ - gradient operator
∇^2 - Laplacian
δ - boundary layer thickness
$\delta(x)$ - Dirac-delta function
δ_d - displacement thickness
δ_ν - viscous wall layer thickness
ε - a small volume
$\varepsilon_{xx}, \varepsilon_{xy}, \varepsilon_{xz}$ - rate-of-strain components
ϕ - angle, coordinate variable, velocity potential function, speed factor
Γ - circulation, vortex strength

γ - specific weight
η - a general intensive property, eddy viscosity, efficiency, a position variable
η_P - pump efficiency
η_T - turbine efficiency
λ - mean free path, a constant, wave length
μ - viscosity, doublet strength
ν - kinematic viscosity
π - a pi term
θ - angle, momentum thickness, laser beam angle
ρ - density
Ω - angular velocity
Ω_P - specific speed of a pump
Ω_T - specific speed of a turbine
$\boldsymbol{\Omega}$ - angular velocity vector
σ - surface tension, cavitation number, circumferential stress
$\sigma_{xx}, \sigma_{yy}, \sigma_{zz}$ - normal stress components
τ - stress vector
$\bar{\tau}$ - time average stress
$\tau_{xy}, \tau_{xz}, \tau_{yz}$ - shear stress components
ω - angular velocity, vorticity
$\boldsymbol{\omega}$ - vorticity vector
ψ - stream function
$\dfrac{\partial}{\partial x}$ - partial derivative

차례

유체역학

Mechanics of Fluids

왼쪽: 미국의 여러 지역에서는 전기를 생산하기 위해 최신형 풍력 발전기를 사용하고 있다. 풍력 발전기는 주로 우세한 바람이 부는 지역에 설치된다. (IRC/Shutterstock) **오른쪽 위:** 버뮤다로부터 800 km 떨어진 대서양의 허리케인 Bonnie. 태풍은 현재의 발전 단계에서 잘 발달된 태풍의 '눈'을 가지고 있다. 이 태풍의 눈이 있는 지역에서는 공기의 유동이 상대적으로 조용하다. 태풍의 눈에서 멀어지면 와류와 같은 유동이 발생한다. (미 항공우주국) **오른쪽 아래:** 1998년 10월 29일에 케네디 우주센터를 떠나는 우주왕복선 디스커버리호. 발사대로부터 이륙한 왕복선은 6초 내에 160 km/h의 속도까지 가속되었으며, 약 2분 후에는 우주센터로부터 250 km 떨어진 지역에 도달하였다. 이때 왕복선은 바다 위 47 km 상공을 날고 있었으며, 속도는 6150 km/h였다. 임무를 성공적으로 완수하고 지구의 대기권으로 들어올 때, 날개와 비행선 꼬리에 부착된 방향타는 성공적인 재돌입을 위해 필요하다.(미 항공우주국)

1

유체역학의 기초

Basic Considerations

개요

학습목표

이 장의 학습목표는 다음과 같다.

▲ 유체역학에서 마주치게 될 차원과 단위를 포함한 정량 값들에 대해 소개한다.

▲ 이 책에서 고려할 액체를 확인한다.

▲ 유체의 흥미로운 물성치를 소개한다.

▲ 열역학법칙과 그와 관련된 양을 제시한다.

1.1 서론

유체역학은 다양한 공학 분야에 응용되므로 유체역학의 원리와 개념을 정확하게 이해하여야 한다. 유체역학이 적용되는 예는 수없이 많으며, 그중 몇 가지를 제시하면 다음과 같다. 생체역학 분야의 혈류유동과 뇌의 수액유동은 유체역학과 관련된 특별한 분야이며, 기상학이나 해양공학에서 대기와 해류의 흐름을 파악하기 위해서도 유체역학적 지식이 필요하다. 화학 엔지니어는 여러 종류의 화학 처리장치를 설계하기 위해서 유체역학을 이해해야 한다. 항공 엔지니어는 비행기의 양력은 최대화하고 항력은 최소화하는 설계와 팬제트 엔진의 설계에 유체에 대한 지식을 활용한다. 기계 엔지니어들은 펌프, 터빈, 내연기관, 공기 압축기, 공기 청정장치, 공해 제어장치, 발전소 등의 설계에 유체역학을 정확하게 적용하여야 한다. 또한 토목 엔지니어가 배관장치, 오수처리 설비 관개수로, 홍수조절 시스템, 댐, 돔형의 운동장을 설계하기 위해서도 유체역학 연구 결과가 필요하다.

KEY CONCEPT
이 책에서는 공학자가 여러 가지 응용 분야에서 작용하는 유체의 역할을 이해할 수 있도록 유체의 기초를 설명할 것이다.

이 책에서 유체역학이 적용되는 모든 분야를 상세하게 다룰 수는 없다. 그러나 이 책의 학습을 통해 엔지니어로서 유체가 특별히 적용되는 분야에 유체역학의 기초를 적용하고 이해할 수 있게 될 것이다. 그리고 적당한 펌프의 크기(마력과 유량)를 산정하고 구조물에 작용하는 힘을 계산할 수 있게 될 것이다.

이 책에서는 질량보존의 법칙, 뉴턴의 제2법칙과 열역학 제1법칙으로부터 유도되는 일반식들이 제시되며, 여러 가지 특별한 상황에서 이들 일반식으로부터 파생되는 식들을 다루게 된다. 이 책을 학습한 공학도는 여러 가지 새로운 상황에 대처하여, 유체역학의 기본 원리를 적용할 수 있는 능력을 갖추게 될 것이다.

이 장에서는 다음 장들과 직간접적으로 관련이 있는 주제들을 제시하겠다. 유체 유동의 거시적 묘사, 유체의 물리적 양, 유체역학을 지배하는 물리적 법칙과 중요한 물리적 양의단위와 차원에 대해 설명하겠다. 우리가 관심을 갖는 물리적 양에 대해서 논의하기 위해서는, 앞으로 사용될 단위들과 차원들에 대해서도 명확히 알고 있어야 한다.

1.2 차원, 단위와 물리적 양

유체역학에 대하여 자세히 공부하기에 앞서 이 책에서 사용되는 차원과 단위를 살펴보자. 공학적 문제를 해결하고자 할 때에는 물리적 양을 정량적으로 기술할 수 있어야 한다. 밀도는 이러한 물리적 양 중 하나이다. 밀도는 단위 체적에 포함되어 있는 질량을 측정한 값으로, 기본차원은 아니다. 기본차원으로 간주되는 물리적 양은 9가지인데 이들은 길이, 질량, 시간, 온도, 물질의 양, 전류, 광도, 평면각, 입체각이다. 그 밖의 모든 물리적 양의 차원들은 이들 기본차원의 항으로 나타낼 수 있다. 예를 들면 물리적 양인 '힘'은 질량, 길이와 시간의 기본차원과 관련지어 설명할 수 있다. 이를 위해 1차원 유동에 대한 간단한 뉴턴의 제2 법칙을 표시하면 다음과 같다.

$$F = ma \tag{1.2.1}$$

각괄호 [ ]는 괄호 안의 물리적 양의 '차원'을 의미하며, 각 괄호를 이용하여 뉴턴의 제2법칙을 차원으로 쓰면 다음과 같다.

$$[F] = [m][a]$$
$$F = M\frac{L}{T^2} \tag{1.2.2}$$

여기서 F, M, L과 T는 각각 힘, 질량, 길이와 시간의 차원이다. 질량 대신에 힘을 기본차원으로 선택하면, 질량은 다음과 같은 차원을 갖는다.

$$[m] = \frac{[F]}{[a]}$$
$$M = \frac{FT^2}{L} \tag{1.2.3}$$

여기서 F는 힘의 차원[1]이다.

물론 질량과 힘을 모두 기본차원으로 선택하는 차원계도 있다. 그러한 차원계에서는 중력상수와 같은 변환인자가 필요하나. 이 책에서는 이 차원계를 사용하지 않으므로 더 이상의 설명은 하지 않겠다.

수치의 차원을 표시하려면 단위계가 선택되어야 한다. 현재 사용되고 있는 단위계는 영국계 단위계(British Gravitational System)와, SI 단위계(International System)이다. SI 단위계는 전 세계적으로 많이 사용하고 있다. SI 단위계를 사용하지 않는 나라로는 미국이 있는데, 많은 산업체들은 SI 단위로 바꾸려는 프로그램을 진행 중이다. 이러한 흐름에 맞춰, 이 책에서는 SI 단위계를 사용한다.

KEY CONCEPT
국제적으로 SI 단위를 더 선호한다.

표 1.1에는 기본차원들과 이들의 단위들이 표시되어 있다. 표 1.2에는 유체역학에서 많이 사용되는 물리적 양들의 유도단위들이 나타나 있다. 이외에도 허용되는 몇 가지 단위들이 있다. 매우 넓은 면적의 단위로는 헥타르(ha)가 있으며, 1 ha = 10 000 m^2이다. 매우 무거운 무게의 단위로 톤(ton)이 있으며, 1 t = 1000 kg이다. 체적의 단위로 리터(L)가 있으며, 1 L = 0.001 m^3이다. 그리고 밀도의 단위로 리터당 그램(g/L)이 사용될 때도 있다.

화학 계산에서는 mol단위가 kg단위보다 더 쓰기 편하다. 경우에 따라, 유체역학에서도 더 편할 수 있다. 기체에서 kmol 단위는 온도와 압력이 동일한 산소 32 kg의 체적의 양과 같다. 기체의 분자 무게와 같은 양의 체적을 채우는 기체의 질량(kg), 예를 들면 질

표 1.1 기본차원과 단위

Quantity	*Dimensions*	*SI units*	
Length ℓ	L	meter	m
Mass m	M	kilogram	kg
Time t	T	second	s
Electric current i		ampere	A
Temperature T	Θ	kelvin	K
Amount of substance	M	kg-mole	kmol
Luminous intensity		candela	cd
Plane angle		radian	rad
Solid angle		steradian	sr

[1]공교롭게도, 물리적 양의 힘 F와 힘의 차원 $[F]$의 표기는 동일하다.

표 1.2 유도단위

Quantity	*Dimensions*	*SI units*
Area A	L^2	m^2
Volume $\mathcal{V}$	L^3	m^3
		L (liter)
Velocity V	L/T	m/s
Acceleration a	L/T^2	m/s^2
Angular velocity ω	T^{-1}	rad/s
Force F	ML/T^2	$kg \cdot m/s^2$
		N (newton)
Density ρ	M/L^3	kg/m^3
Specific weight γ	M/L^2T^2	N/m^3
Frequency f	T^{-1}	s^{-1}
Pressure p	M/LT^2	N/m^2
		Pa (pascal)
Stress τ	M/LT^2	N/m^2
		Pa (pascal)
Surface tension σ	M/T^2	N/m
Work W	ML^2/T^2	$N \cdot m$
		J (joule)
Energy E	ML^2/T^2	$N \cdot m$
		J (joule)
Heat rate $\dot{Q}$	ML^2/T^3	J/s
Torque T	ML^2/T^2	$N \cdot m$
Power P	ML^2/T^3	J/s
$\dot{W}$		W (watt)
Viscosity μ	M/LT	$N \cdot s/m^2$
Mass flux $\dot{m}$	M/T	kg/s
Flow rate Q	L^3/T	m^3/s
Specific heat c	$L^2/T^2\Theta$	$J/kg \cdot K$
Conductivity K	$ML/T^3\Theta$	$W/m \cdot K$

KEY CONCEPT
SI 단위를 사용할 때, 만약 5자리 이상의 유효숫자를 갖는 숫자인 경우에는 콤마를 쓰지 않는다. 콤마는 빈칸으로 대체한다(예: 20 000)

소의 1 kmol 단위의 질량은 28 kg이다.

수치와 단위로 어떤 물리량을 표시하고자 할 때, 0.1과 1000사이의 값으로 표시하기 위해서는 접두어가 정의되어야 한다. 이러한 접두어는 표 1.3에 나타나 있다. 그러나 과학적 표기법을 사용할 경우에는 접두어보다는 10의 제곱수를 사용한다(예를 들면 2 MN보다는 2×10^6 N으로 표시). 또한 예를 들어 2만이라는 숫자를 표기해야 하는 경우에는

표 1.3 SI 접두어

Multiplication factor	*Prefix*	*Symbol*
10^{12}	tera	T
10^9	giga	G
10^6	mega	M
10^3	kilo	k
10^{-2}	centi[a]	c
10^{-3}	milli	m
10^{-6}	micro	μ
10^{-9}	nano	n
10^{-12}	pico	p

[a]Permissible if used alone as cm, cm^2, or cm^3.

콤마없이 20 000이라고 쓴다.[2]

뉴턴의 제2법칙은 강체에 작용하는 정미력과 강체의 질량과 가속도의 관계를 나타내는 법칙이다. 이 법칙은 다음과 같이 표시된다.

$$\Sigma \mathbf{F} = m\mathbf{a} \tag{1.2.4}$$

따라서 질량이 1 kg인 물체가, 정미력이 작용하는 방향으로 1 m/s^{2}의 가속도를 갖게 하는 데 필요한 힘을 1뉴턴(N)이라고 한다. 그래서 단위들 간에 다음과 같은 관계식이 성립하며

$$\mathrm{N} = \mathrm{kg \cdot m/s^2} \tag{1.2.5}$$

KEY CONCEPT
관계식 N = kg · m/s^{2}은 단위계를 변환할 때 자주 사용된다.

이와 관련된 유도단위계는 표 1.2에 나타나 있다. 단위들 간의 관계식은 단위를 전환할 때에 사용된다. SI 단위계에서는 무게의 단위로 항상 N을 사용하며, kg은 사용하지 않는다. 질량과 중량의 관계를 표시하는 식은 다음과 같다.

$$W = mg \tag{1.2.6}$$

여기서 g은 국소 중력가속도이다. 중력가속도의 표준값은 9.80665 m/s^{2}이며, 고도에 따라 다른 값을 갖는다. 에베레스트 정상에서 9.77 m/s^{2}의 최솟값을 가지며, 깊은 바다의 해구에서 9.83 m/s^{2}의 최댓값을 갖는다. 특별한 언급이 없다면, 대푯값으로 9.81 m/s^{2}를 사용한다.

마지막으로 유효숫자에 대해 설명하겠다. 공학적 계산을 하는 경우, 대부분의 문제에서 유효숫자 3자리 이상의 정보를 제공하지 않기 때문에, 3자리 이상의 수치를 갖는 계산 결과는 신뢰할 수 없다. 실제로 점성계수나 그 외 유체의 물리적 양들은 유효숫자 3자리까지만 알려져 있다. 파이프의 직경이 2 cm라고 제시되어 있다면, 일반적으로 2.000 cm가 의미하는 것과 정확히 일치하지 않는다. 문제에서 유효숫자가 단지 2자리만 제공된다면, 계산 결과의 유효숫자를 2자리 이상으로 표기하는 것은 옳지 않다. 이 책의 예제나 문제에서는 유효숫자를 3자리 또는 4자리까지만 제시할 것이므로 계산 결과들도 이에 맞추어 적합하게 표현해야 한다. 1로 시작하는 숫자에서 1은 유효숫자로 간주되지 않는다. 예를 들면 1.210이라는 수는 세 자리의 유효숫자를 갖는다.

KEY CONCEPT
주어진 모든 정보는 3자리 유효숫자를 알고 있는 것으로 가정한다.

예제 1.1

수직 위로 400 N의 힘과, 수직 위 45°각도로 600 N의 힘이 질량 100 kg인 물체에 작용한다. 이 물체가 갖는 가속도의 수직 성분을 계산하라. 단, 중력의 국소 가속도는 9.81 m/s^{2}이다.

풀이

힘과 관련된 문제를 풀기 위한 첫 단계로, 그림 E1.1과 같이 물체에 작용하는 모든 힘들이 포함된 자유물체도를 그린다.

[2]많은 나라에서 콤마(,)는 소수점을 나타내기 때문에 혼란을 피하고자 사용하지 않았다.

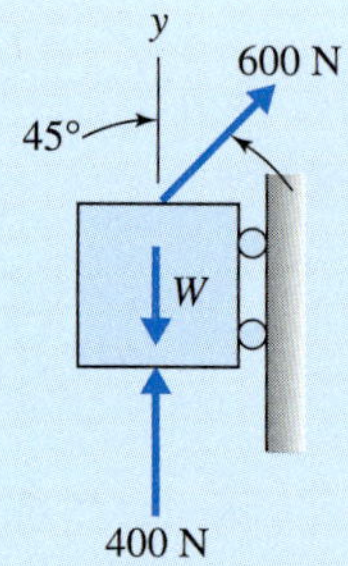

그림 E.1.1

두 번째 단계로 뉴턴의 제2법칙(식 1.2.4)을 적용한다. 질량에 미치는 정미력은 가속도와 관련이 있으며, 다음과 같이 표현된다.

$$\Sigma F_y = ma_y$$

이 식에 y 방향 힘의 성분들을 대입하면, 가속도의 수직 방향 성분이 구해진다.

$$400 + 600 \sin 45° - 100 \times 9.81 = 100a_y$$
$$a_y = -1.567 \text{ m/s}^2$$

음의 부호는 y의 음의 방향으로 가속되는 것을 나타낸다.

주: 문제에 주어진 정보는 유효숫자가 3자리라고 가정하였으므로, 답에서도 유효숫자를 3자리로 나타내었다.(구한 답인 1.567은 유효숫자가 3자리인 수이며, '1'은 유효숫자가 아니다.)

1.3 연속체로서의 액체와 기체

액체: 분자들이 서로 간에 위치를 상대적으로 자유롭게 변경할 수는 있으나, 상대적으로 고정된 체적을 유지하기 위하여 응집력에 의해 제한되는 상태의 물질.[4]

기체: 분자들이 응집력에 의해 특별히 제한받지 않는 상태의 물질. 기체는 정해진 모양이나 부피를 갖지 않음.

응력벡터: 면적으로 나누어진 힘 벡터.

수직응력: 면적으로 나누어진 수직력.

전단응력: 면적으로 나누어진 접선력.

유체는 **액체**(liquid)와 **기체**(gas)를 포함한다. 유체역학을 공학적인 관점에서 다루기 위해서는 유체의 범위를 제한하여야 한다. 유체의 범위를 제한하기에 앞서 전단응력을 정의할 필요가 있다. 그림 1.1에서와 같이, 면적 ΔA에 작용하는 힘 ΔF는 수직 성분인 ΔF_n과 접선 성분인 ΔF_t로 분해된다. 또한 물체에 작용하는 단위 면적당 힘을 응력이라 부른다. 단위 면적당 힘 벡터를 **응력벡터**(stress vector)[3]라 하며, 응력벡터의 수직 성분은 **수직응력**(normal stress), 응력벡터의 접선 성분은 **전단응력**(shear stress)으로 구분한다. 여기서 전단응력에 초점을 맞추어 보자. 수학적으로 전단응력은 다음과 같이 정의된다.

$$\tau = \lim_{\Delta A \to 0} \frac{\Delta F_t}{\Delta A} \tag{1.3.1}$$

이 책에서 다루려는 유체는 아무리 작은 전단응력이 작용하여도, 전단응력의 작용하에서 운동하는 액체와 기체로 정의된다. 이 정의는 매우 작은 전단응력이 작용한다 할지라도 유체가 운동하게 된다는 것을 의미한다. 기체나 물 또는 타르(tar)는 명확하게 이 유체의 범주에 속한다. 그러나 플라스틱이나 케첩(catsup)과 같은 물질들은 작은 전단응력에 대해서는 저항하여 아무런 움직임도 발생하지 않는다. 따라서 이러한 물질들에 대한 연구는 유변학(rheology)의 범주에 속하며, 이 책의 범위에 포함되지 않는다.

[3] 페이지의 여백에서 정의되는 용어들은 볼드체로 쓰여졌다.

[4] *Handbook of Chemistry and Physics*, 40th ed. CRC Press, Boca Raton, Fla.

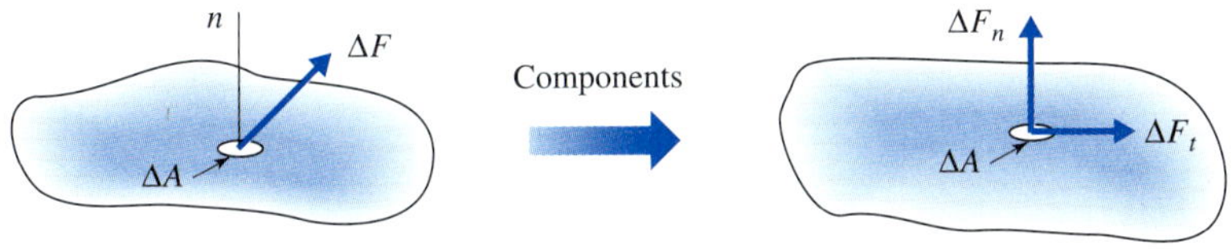

그림 1.1 힘의 수직 성분과 접선 성분.

유체의 미시적(microscopic) 거동에 대해서 좀 더 상세하게 고려할 필요가 있다. 어떤 용기를 채우고 있는 기체의 분자들을 고려해 보자. 이 분자들은 정지되어 있지 않고 매우 빠른 속도로 공간 내를 움직인다. 분자들은 서로 충돌을 일으키고, 갇혀 있는 용기에 부딪치면서 압력으로 작용된다. 만약 온도가 일정하게 유지되는 동안 용기의 체적이 증가한다면, 주어진 면적에 충돌하는 분자의 수는 감소하며 압력도 낮아질 것이다. 반면에 용기의 체적이 일정하고 기체의 온도가 증가한다면(즉 분자의 속도가 증가한다면), 분자 운동이 활성화되어 압력이 높아지게 될 것이다.

KEY CONCEPT
이 책에서 고려하는 유체는 작은 전단응력의 작용하에서도 움직이는 물질이다.

액체의 분자력은 상대적으로 높다. 이는 다음의 예에서 쉽게 유추할 수 있다. 분자력이 존재하지 않는다고 가정할 때, 20 cm^3의 체적에 20°C의 수증기 20 g을 입력하는 데 필요한 압력은 이상기체 법칙에 의해서 대략 대기압의 1340배이다. 물론 20 cm^3의 체적에 20°C의 물 20 g을 채우기 위해서 추가로 압력이 필요하지는 않다. 이는 액체 상태에서 물의 응집력이 매우 크다는 것을 단적으로 보여준다.

액체의 분자력이 상대적으로 높음에도 불구하고 액체 표면에 놓여 있는 분자들은 공간상으로 빠져나간다. 만약 액체가 포화상태라면 나가는 분자들과 들어오는 분자들 사이에 평형이 이루어진다. 액체 표면에 존재하는 기체 분자들이 조성하는 압력을 증기압이라고도 한다. 증기압은 온도에 따라 증가한다. 20°C 물의 증기압은 대략 대기압의 0.02배이다.

유체역학을 공부함에 있어서 기체와 액체가 관심영역 전반에 걸쳐 연속적으로 분포한다는 가정을 하면 매우 편리하다. 즉 유체를 **연속체**(continuum)로 취급한다는 뜻이다. 연속체 가정의 타당성을 결정하는 일차적인 물리적 양은 밀도이며, 다음과 같이 정의된다.

연속체: 관심 있는 전 지역에서 액체나 기체의 연속적인 분포.

$$\rho = \lim_{\Delta v \to 0} \frac{\Delta m}{\Delta V} \tag{1.3.2}$$

이 식에서 Δm은 미소 체적 ΔV내에 포함된 미소 질량이다. **표준대기 조건**(standard atmospheric condition), 압력은 101.3 kPa, 온도는 15°C)하에서, 공기의 밀도는 1.23 kg/m^3이고, 물의 밀도는 1000 kg/m^3.

표준대기 조건: 101.3 kPa의 압력과 15°C의 온도.

물리적으로 $\Delta V \to 0$으로 할 수는 없다. 왜냐하면 ΔV를 극단적으로 작게 설정하면, ΔV 내의 질량은 분자 수에 따라 불연속적으로 변하기 때문이다. 그림 1.2는 이를 도식적으로 보여주고 있다. 실제로 밀도를 정의할 수 있는 최소한의 체적(ε)보다 더 작은 체적에서는 연속체라는 가정이 성립하지 않는다. 대부분의 공학적 적용에 있어서 그림 1.2에 나와 있는 최소 체적(ε)은 극히 작은 값이다. 예를 들면 표준상태 공기는 1 mm^3의 체적 안에 2.7×10^{16}개의 분자가 들어 있다. 그러므로 ε은 1 mm^3보다 훨씬 작은 체적이다. 연속체 모형이

KEY CONCEPT
연속체 모형이 허용될 수 있는지를 결정하기 위해서는 길이(l)와 평균자유행로를 비교하라.

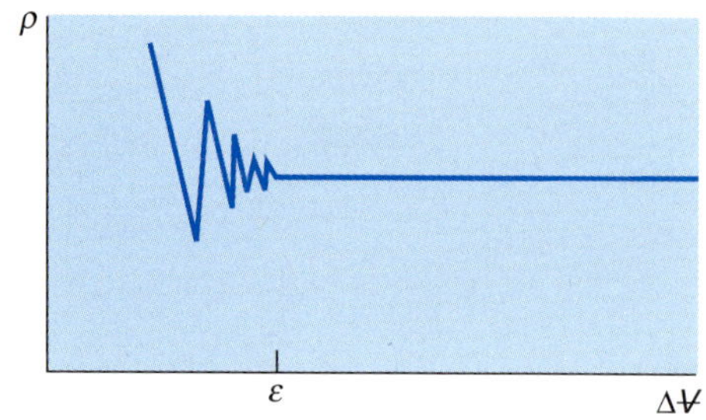

그림 1.2 연속체 내의 한 점에서의 밀도.

평균자유행로: 분자가 다른 분자와 충돌하기 전에 이동하는 평균거리

적용될 수 있는지를 결정하는 방법은, 로켓의 직경과 같은 공학적으로 관심이 있는 대상의 특성길이 l을 분자의 **평균자유행로**(mean free path) λ와 비교하는 것이다. 만약 $l \gg \lambda$이라면, 연속체 모형의 적용이 가능하다. 여기서 평균자유행로는 분자가 다른 분자와 충돌하기 전까지 이동하는 평균거리로, 분자이론에서 유도되며 다음과 같다.

$$\lambda = 0.225 \frac{m}{\rho d^2} \tag{1.3.3}$$

여기서 m은 분자의 질량(kg), ρ는 밀도(kg/m^3)이며 d는 분자의 직경(m)이다. 공기의 경우, $m = 4.8 \times 10^{-26}$ kg이고 $d = 3.8 \times 10^{-10}$ m이므로 표준대기 조건에서 평균자유행로는 대략 6.4×10^{-6} cm이고, 해발 100 km에서는 10 cm, 해발 160 km에서는 5000 cm이다. 그러므로 높은 고도에서는 연속체의 가정을 적용할 수 없으며, 희박 기체역학(또는 자유분자운동)의 이론을 적용해야 한다. 인공위성의 기본차원이 평균자유행로의 크기와 같은 차수이면, 인공위성은 지구궤도에 진입할 수 있다.

연속체 가정의 결과로서, 검토하고자 하는 영역의 모든 점에서 유체의 물성치는 어느 특정한 순간에 균일하게 가정할 수 있다. 예를 들면 밀도 ρ는 유체의 모든 점에서 따로따로 정의될 수 있으며, 모든 점에서 매 순간마다 변할 수 있다. 즉 직교좌표계에서 ρ는 x, y, z와 t의 연속 함수로서, $\rho(x, y, z, t)$로 나타낸다.

1.4 압력 및 온도 척도

유체역학에서 압력은 어떤 면에 작용하는 수직 성분의 압축력으로 발생한다. 압력 p는 다음 식과 같이 정의된다(그림 1.3 참조).

$$p = \lim_{\Delta A \to 0} \frac{\Delta F_n}{\Delta A} \tag{1.4.1}$$

여기서 ΔF_n은 미소 면적 ΔA에 작용하는 수직 성분의 미소 압축력이다. 압력의 미터법 단위로는 N/m^{2}나 파스칼(Pa)을 사용한다. 파스칼은 매우 작은 압력 단위이기 때문에, kPa로서 압력을 표현하는 것이 보다 편리하다. 예를 들어 해수면에서 표준 대기압은 101.3 kPa이다. 그림 1.4와 같이 대기압은 보통 수은주로 표현한다. 이러한 액주의 높이는 윗부분이 대기압에 노출되어서, 액주 바닥에서는 압력을 생성시킨다.

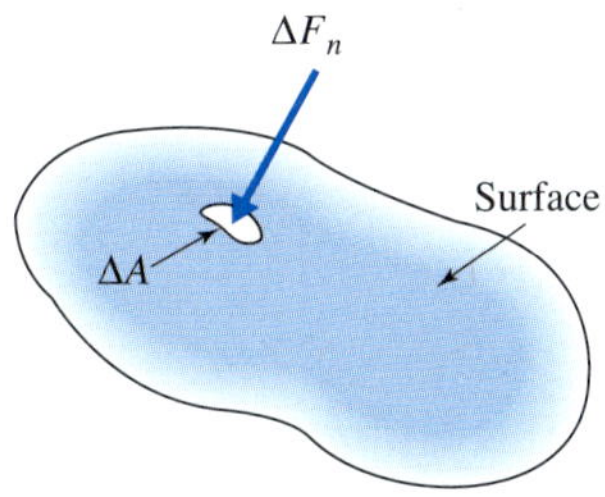

그림 1.3 압력의 정의

압력과 온도는 여러 가지 다른 척도로 측정될 수 있는 물리적 양이다. 압력과 온도에는 절대척도와, 어떤 기준점에 대해서 상대적으로 측정되는 상대척도가 있다. 열역학적 관계식에서는 압력과 온도의 절대척도를 사용해야 한다(1.7절 참조). 그림 1.4와 1.5는 일반적으로 사용되는 척도를 요약한 것이다.

KEY CONCEPT
많은 관계식에서는 압력과 온도에 절대척도를 사용해야 한다.

이상적인 진공이 형성되면 **절대압력**(absolute pressure)은 0이 된다. 이 압력에서는 공간 안에 분자가 전혀 남아 있지 않다. 따라서 절대압력이 0보다 작은 경우는 발생하지 않는다. 두 번째 척도는 국소 대기압에 대해 상대적으로 압력을 측정함으로써 정의된다. 이 압력을 **게이지 압력**(gage pressure)이라고 하며, 게이지 압력과 절대압력의 관계식은

절대압력: 압력을 측정하는 척도로서, 완전 진공이 이루어지면 그 값은 0이다.

게이지 압력: 국소 대기 압력과 상대적으로 측정되는 압력 척도

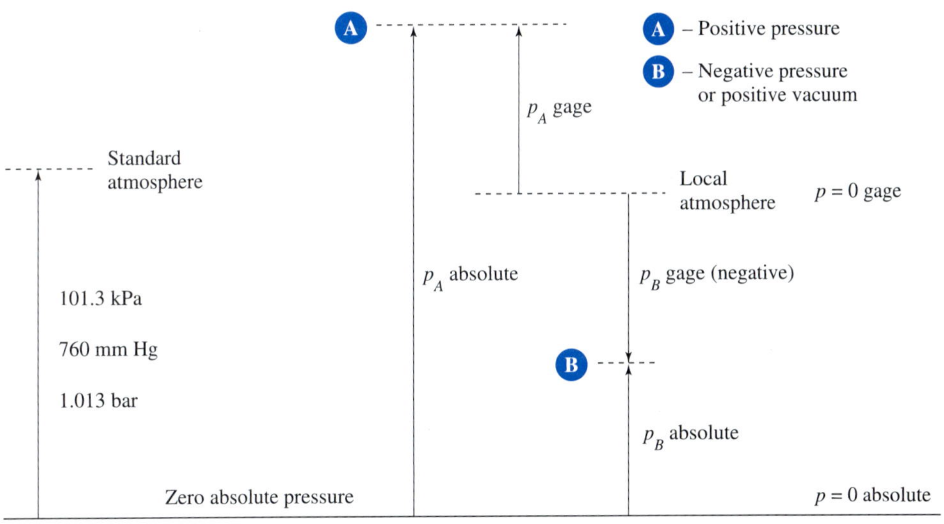

그림 1.4 게이지 압력과 절대압력

	°C	K
Steam point	100°	373
Ice point	0°	273
Special point	–18°	255
Zero absolute temperature		

그림 1.5 온도 척도.

다음과 같다.

$$p_{\text{absolute}} = p_{\text{atmospheric}} + p_{\text{gage}} \tag{1.4.2}$$

KEY CONCEPT
절대압력이 대기압보다 낮아지면, 진공이라고 부른다.

진공: 절대압력이 대기압보다 낮은 경우를 말함.

식 1.4.2에서의 대기압은 국소 대기압을 의미하는 점에 유의해야 한다. 국소 대기압은 시간에 따라 변하고, 특히 기상 전선에 놓이면 크게 변화한다. 그러나 국소대기압이 주어지지 않는 경우에는 부록 B의 표 B.3에 주어져 있는 고도에 따른 대기압을 사용하면 된다. 그리고 고도가 주어지지 않는 경우에는 통상 해수면으로 가정하면 된다. 절대압력이 대기압보다 작을 때, 게이지 압력은 음의 값을 갖는다. 이 경우를 **진공**(vacuum)이라고 부른다. 이 책에서는 압력이 절대압력으로 주어질 경우, '절대'라는 단어를 그 압력 값 뒤에 표시한다(예: p = 50 kPa 절대). p = 50 kPa로 표시될 때는 항상 게이지 압력을 의미하는 것이다. 유체역학에서는 대부분 게이지 압력을 사용하나, 대기압으로는 언제나 절대압력을 사용한다.

온도는 일반적으로 섭씨온도(Celsius)와 화씨온도(Fahrenheit)척도가 사용된다. 이 두 척도는 101.3 kPa의 대기압에서의 물의 응고점과 비등점을 기준으로 설정되어 있다. SI 단위교재에서는 화씨온도 척도를 사용하지 않는다. 그림 1.5는 물의 응고점과 비등점이 섭씨온도로 0°C과 100°C라는 것을 보여준다. 이 온도 척도들과 상응하는 절대온도 척도들이 있다. 섭씨온도 척도와 연관된 절대온도 척도는 켈빈(K)이며, 다음과 같은 관계를 가진다.

$$\text{K} = {}^\circ\text{C} + 273.15 \tag{1.4.3}$$

화씨온도 척도에 상응하는 절대온도 척도는 랭킨(°R)이고, 이들 관계는 다음과 같다.

$$^\circ\text{R} = {}^\circ\text{F} + 459.67 \tag{1.4.4}$$

SI 단위계에서는 100°K라 쓰지 않고 간단하게 100 K이라고 쓰고, '100켈빈'이라고 읽는다. 다른 SI 단위들도 마찬가지이다.

KEY CONCEPT
SI 단위계에서는 100 K이라고 쓰며 '100켈빈'이라 읽는다.

압력과 온도의 기준으로 흔히 '표준대기 상태' 또는 '표준 온도와 압력'이 사용된다. 이 기준은 위도 40°에서의 해수면 조건인 101.3 kPa(14.7 psi)의 압력과 15°C(59°F)의 온도이다. 일반적으로 표준대기압은 100 kPa로 쓰일 때가 있으며, 공학적인 계산에서는 충분히 허용할 만한 오차이다.

예제 1.2

해발 2000 m의 콜로라도에서, 그림 E1.2와 같은 강체 탱크에 부착된 압력계가 탱크 내부의 압력을 진공 42 kPa로 가리키고 있다. 이 탱크 내부의 절대압력을 결정하라.

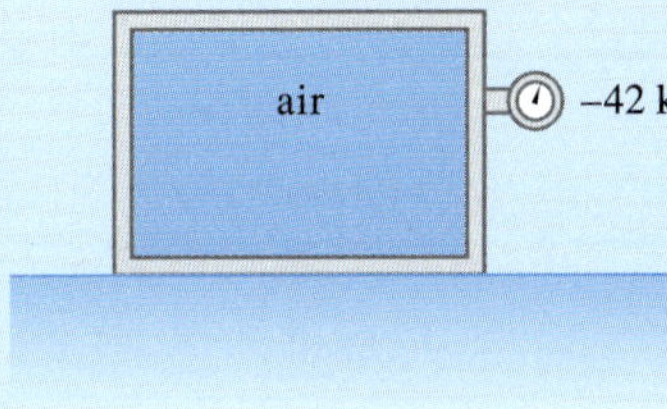

그림 E1.2

풀이

절대압력을 결정하기 위해서 먼저 대기압을 알아야 한다. 만약 고도가 주어져 있지 않다면 101 kPa의 표준 대기압으로 가정한다. 그러나 이 문제에서는 고도가 주어져 있으므로, 부록 B의 표 B.3으로부터 대기압이 79.5 kPa임을 찾을 수 있다.

$$p = -42 + 79.5 = 37.5 \text{ kPa absolute}$$

주: 진공은 게이지 압력으로 항상 음의 값을 갖는다. 또한, 표준대기압으로 101.3 kPa보다 100 kPa를 썼는데 두 값의 차이가 1%보다 작기 때문에, 공학에서는 받아들일 수 있는 오차이다.

1.5 유체의 성질

이 절에서는 유체의 대표적인 성질 몇 가지를 설명하고자 한다. 밀도의 변화나 열전달이 중요한 경우에는 이 절에서 설명하지 않은 유체의 중요한 성질들이 추가적으로 필요하며, 그것들은 이후의 절에서 다시 설명하겠다.

1.5.1 밀도와 비중량

유체 밀도는 단위체적당 질량이며 식 1.3.2로 정의된다. 밀도와 직접 관련된 유체의 성질은 단위 체적당 중량인 **비중량**(specific weight) γ이며, 다음과 같이 정의된다.

비중량: 단위 체적당 무게 ($\gamma = \rho g$).

$$\gamma = \frac{W}{\mathcal{V}} = \frac{mg}{\mathcal{V}} = \rho g \qquad (1.5.1)$$

여기서 g는 국소 중력가속도이다. 비중량의 단위는 N/m^{3}이고, 물의 대표적 비중량은 9810 N/m^{3}이다.

비중(specific gravity) S는 흔히 유체의 비중량이나 밀도를 결정하는 데 사용된다. 비중은 해당 물질의 밀도와 기준온도인 4°C에서의 물의 밀도와의 비로 정의된다.

비중: 물의 밀도에 대한 어떤 물질의 밀도 비.

$$S = \frac{\rho}{\rho_{\text{water}}} = \frac{\gamma}{\gamma_{\text{water}}} \qquad (1.5.2)$$

예를 들면 수은의 비중은 13.6으로, 무차원수이다. 이는 수은의 질량이 같은 체적의 물의 질량에 비해 13.6배 무겁다는 것을 의미한다. 표준상태에서의 공기와 물의 밀도, 비중량과 비중은 표 1.4에 제시되어 있다.

KEY CONCEPT
비중은 유체의 밀도를 결정하기 위해 자주 사용된다.

표 1.4 표준상태에서 공기와 물의 밀도, 비중량과 비중

	Density ρ kg/m^3	Specific weight γ N/m^3	Specific gravity S
Air	1.23	12.1	0.00123
Water	1000	9810	1

물의 밀도와 비중량은 온도와 함께 약간 변한다. 그 대략적인 관계는 다음과 같다.

$$\rho_{H_2O} = 1000 - \frac{(T-4)^2}{180}$$
$$\gamma_{H_2O} = 9800 - \frac{(T-4)^2}{18} \qquad (1.5.3)$$

수은의 비중은 온도와 다음과 같은 관계를 지닌다.

$$S_{Hg} = 13.6 - 0.0024T \qquad (1.5.4)$$

위의 3가지 방정식에서 온도는 섭씨온도이다. 50°C 이하의 온도에서는 물과 수은에 대해 앞서 언급했던 기준값을 그대로 사용한다. 그 오차는 1% 이내이고 대부분의 설계 문제에 대해서 공학적 한계치 내에 있다. 0°C 물의 밀도는 4°C 때보다 작다는 것에 주의해야 한다. 따라서 0°C 물이 더 가벼워서 표면으로 떠오르고 얼음이 된다. 대부분의 다른 액체들은 응고 시의 밀도가 응고되기 전보다 더 크다.

1.5.2 점도

점도: 유체에 내재된 점착성.

KEY CONCEPT
점도는 난류 발생에 주된 역할을 한다.

점도(viscosity)는 유체에 내재된 점착성으로 생각할 수 있다. 점도는 대기 중에서 비행기가 비행하는 데 필요한 동력에 영향을 미치는 성질 중 하나이다. 점도는 덕트, 수로, 또는 파이프 내 유동의 이송과 관련된 에너지 손실을 초래한다. 또한 점도는 난류 생성의 일차적인 역할을 한다. 말할 것도 없이 점도는 유체 유동을 공부하는 데 있어서 대단히 중요한 유체의 성질이다.

유체 변형률은 유체의 점도와 직접적으로 연관되어 있다. 응력이 일정하게 주어졌을 때, 고점도 유체는 저점도 유체보다 느리게 변형한다. 그림 1.6과 같이 x 방향으로 다른 속도를 가진 유체 입자들이 움직이는 유동을 고려해 보면, 입자의 속도는 y좌표를 따라 변화한다. 그림에서 두 유체 입자는 시간에 따라 서로 다른 위치에 도달한다. 입자들이 서로 간에 상대적으로 어떻게 움직이는지를 관찰해 보자. 이 그림처럼 $u = u(y)$인 간단한 유동장에서, 점성계수 μ는 다음의 관계식으로 정의될 수 있다.

$$\tau = \mu \frac{du}{dy} \qquad (1.5.5)$$

변형률: 유체 요소가 변형되는 비율.

여기서 τ는 식 1.3.1의 전단응력이고 u는 x 방향의 속도 성분이다. τ의 단위는 N/m^2(Pa)이고, μ의 단위는 N·s/m^{2}이다. du/dy는 속도구배이며, **변형률**(strain rate)로서 이해할 수 있다. 보다 복잡한 유동 상태에 대한 응력과 속도구배의 관계는 5장에 제시되어 있다.

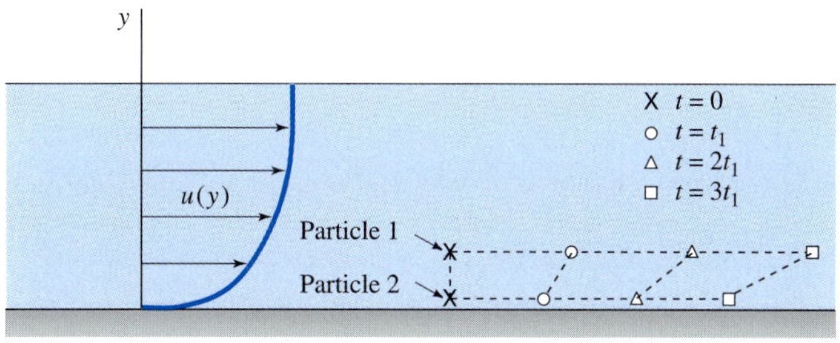

그림 1.6 전단응력하에서 두 유체 입자들의 상대적 이동

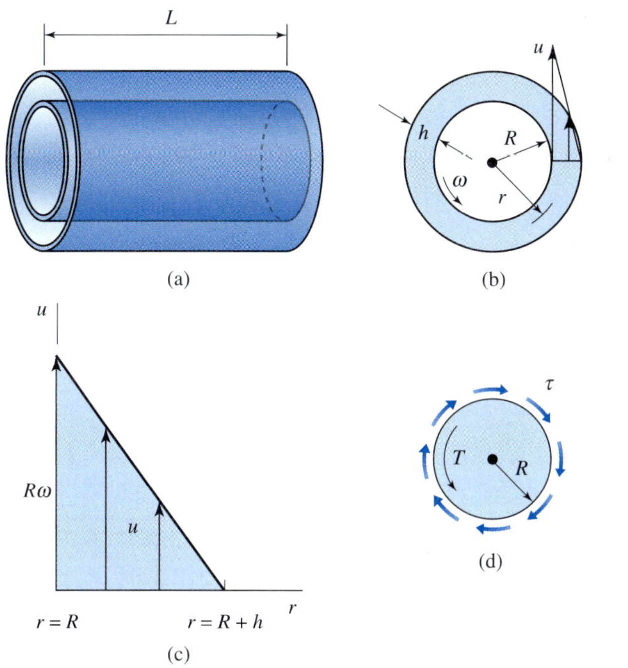

그림 1.7 유체 영역이 작은 틈과 실린더로 구분되었다: (a)두개의 실린더; (b)회전하는 내부 실린더; (c)속도 분포; (d)내부 실린더. 외부 실린더는 고정되어 있으며, 내부 실린더는 회전하고 있다.

또한 점성계수와 속도구배의 개념은 그림 1.7과 같은 2개의 동심 원통 사이의 작은 틈새에 채워져 있는 유체를 고려하여 설명할 수 있다. 외부 원통은 고정시키고 내부 원통은 일정한 속도로 회전시키기 위해서는 토크가 필요하다. 원통을 회전시킬 때 발생하는 저항력은 점성에 기인한다. 이와 같이 단순한 유동에 가해지는 토크에 저항하기 위해 나타나는 유일한 응력은 전단응력이며, 속도구배와 비례하고 다음과 같은 식으로 표시할 수 있다.

$$\tau = \mu \left| \frac{du}{dr} \right| \tag{1.5.6}$$

여기서 du/dr은 속도구배이고, u는 반경 r에 따라 변하는 접선 방향의 속도 성분이다. 작은 틈새($h \ll R$)라는 조건으로부터, 그 틈새에서 선형적인 속도 분포[5]를 보인다고 가정

[5]만약 틈새가 R에 비해 작지 않다면 속도 분포는 선형이 아닐 것이다(7.5절 참조). 또한 속도 분포는 상대적으로 작은 ω값에 대해서도 선형이 아닐 것이다.

하면 속도구배는 다음 식과 같이 된다.

$$\left|\frac{du}{dr}\right| = \frac{\omega R}{h} \tag{1.5.7}$$

여기서 h는 틈새의 폭이다. 가해진 토크 T는 점성계수와 다른 인자들을 사용하여 다음과 같은 관계식으로 표시할 수 있다.

$$\begin{aligned} T &= \text{stress} \times \text{area} \times \text{moment arm} \\ &= \tau \times 2\pi RL \times R \\ &= \mu \frac{\omega R}{h} \times 2\pi RL \times R = \frac{2\pi R^3 \omega L \mu}{h} \end{aligned} \tag{1.5.8}$$

여기서 원통 양단에 작용하는 전단응력은 무시하였으며, L은 회전하는 원통의 길이이다. 이 식에서 토크와 점성계수는 직접 비례하므로, 유체의 점성계수를 측정하는 장치인 점도계로서 그림 1.7의 원통들을 사용할 수 있다.

뉴턴유체: 전단응력이 속도구배와 직접 비례하는 유체.

식 1.5.5 및 1.5.6과 같이 전단응력과 속도구배와 정비례하는 관계를 갖는 유체를 **뉴턴유체**(Newtonian fluid)라 한다. 다행스럽게도 공기, 물, 기름과 같은 대부분의 유체는 뉴턴유체이다. 그림 1.8과 같은 전단응력과 변형률의 관계를 갖는 비뉴턴유체는 일반적으로 복잡한 분자 구조를 가지고 있다.

KEY CONCEPT

점도는 표면에서 유체에 점착력을 유발한다.

팽창성 유체는 변형률이 증가하면 유동에 대한 저항이 훨씬 커지게 된다. 유사플라스틱은 변형률이 증가하면 유동에 대해 덜 저항하게 된다. 이상 소성체는 운동을 발생시키기 위한 최소한의 전단응력이 필요하다. 점토 현탁액이나 치약은 운동을 발생시키기 위한 최소한의 전단응력이 필요하나, 응력과 변형률 관계는 선형적이지 않다.

점착 조건: 점도가 표면에서 유체에 점착력을 유발하는 조건.

유체에 미치는 점도의 중요한 영향 중 하나는 고체 표면 위에 놓여 있는 유체를 고체에 부착시킨다는 점이다. 이를 **점착 조건**(no-slip condition)이라고 부르며 그림 1.7의 예에서 가정한 바 있다. 그림 1.7b와 같이, 회전하는 원통 표면에서 유체의 속도는 ωR로 주어지며, 고정된 원통 표면에서 유체의 속도는 0으로 주어졌다. 우주선이 대기권으로 재진입 할 때 빠른 속도는 표면에서의 매우 큰 속도구배를 생성하고, 큰 응력은 표면의 온도를 올리게 된다. 따라서 표면을 보호하지 않으면 산산조각 날 수도 있다.

응집력이 중요한 역할을 하는 액체에서는 점성계수는 온도에 대단히 종속적이다. 부록 B의 그림 B.1과 같이, 온도가 증가하면 액체의 점성계수는 감소한다. 점성계수-온도 곡선은 보통 다음과 같이 근사식으로 표시할 수 있다.

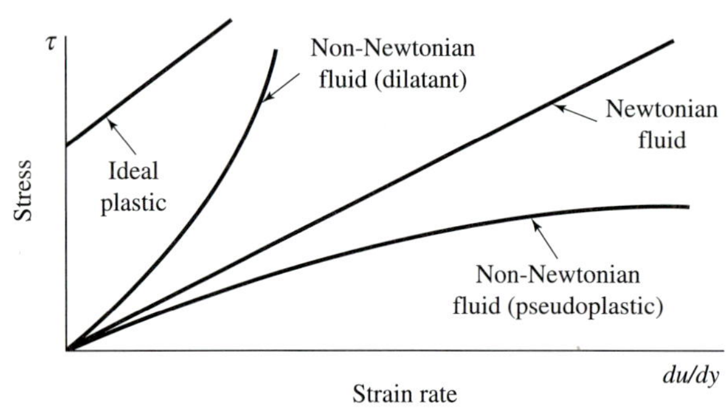

그림 1.8 뉴턴유체와 비뉴턴유체

$$\mu = Ae^{Bt} \tag{1.5.9}$$

이 식은 안드레이드 **방정식**(*Andrade's equation*)이라 알려져 있으며, 상수 A와 B는 실험값으로 결정된다. 기체의 경우에는 내부응력을 초래하는 분자들의 충돌이 온도가 증가함에 따라 보다 활발해지므로 점성계수가 증가하게 된다. 부록 B의 그림 B.1에서 이러한 현상을 관찰할 수 있다. 그러나 온도 변화에 따른 액체의 점성계수 변화율은, 같은 온도 변화에 따른 기체의 점성계수 변화율보다 훨씬 크다는 점에 유의해야 한다. 또한 응집력과 분자의 활성도는 압력의 변화에 상대적으로 매우 둔감하다. 따라서 액체나 기체에서 점성계수는 온도만의 함수 $\mu = \mu(T)$로 보아도 무방하다.

유체역학에서는 대개 점성계수를 밀도로 나누어 사용하며, 점성계수와 밀도의 비를 **동점성계수**(*kinematic viscosity*)라 하고 다음과 같이 정의한다.

$$\nu = \frac{\mu}{\rho} \tag{1.5.10}$$

여기서 ν의 단위 m^2/s이다. 기체의 밀도는 압력에 따라 급격히 변하기 때문에, 기체의 동점성계수는 온도뿐만 아니라 압력에도 의존함을 유의하여야 한다. 대기압에서의 동점성계수는 부록 B의 그림 B.2에 나와 있다.

예제 1.3

길이가 30 cm인 2개의 동심 원통으로 구성된 점도계가 있다. 한 원통의 직경은 20.0 cm이고, 다른 원통의 직경은 20.2 cm이다. 내부 원통을 400 rpm으로 회전시키기 위해 0.13 N·m의 토크가 필요하다. 실험에 사용된 유체의 점성계수를 계산하라.

풀이

원통에 가해지는 토크는 전단응력으로 인한 저항 토크와 균형을 이룬다(그림 1.7c). 작은 틈새에서 이들 토크 간의 관계식은 식 1.5.8로 주어져 있다.

반경은 $R = d/2 = 10$ cm이며, 틈새는 $h = (d_2 - d_1)/2 = 0.1$ cm이다. 회전 속도(rad/s)는 $\omega = 400 \times 2\pi/60 = 41.89$ rad/s이다.

식 1.5.8을 사용하여 계산하면 다음과 같다.

$$\mu = \frac{Th}{2\pi R^3 \omega L}$$

$$= \frac{0.13(0.001)}{2\pi(0.1)^3(41.89)(0.3)} = 0.001646\ \text{N}\cdot\text{s/m}^2$$

주: 모든 길이의 단위는 미터(m)이고, 각속도는 rad/s의 단위를 갖는다.

$$[\mu] = \frac{\text{N}\cdot\text{m}\cdot\text{m}}{\text{m}^3(\text{rad/s})\text{m}} = \frac{\text{N}\cdot\text{s}}{\text{m}^2}$$

1.5.3 압축성

체적탄성계수: 밀도 변화와 압력 변화의 비율.

앞절에서는 전단응력에 의해 야기되는 유체의 변형에 대해 설명하였다. 이 절에서는 압력 변화에 의해 발생하는 변형에 대해 설명하겠다. 압력이 증가하면 모든 유체는 압축되며, 그 결과로 밀도가 증가하거나 부피가 감소된다. 유체의 압축성을 묘사하는 통상적인 방법으로 다음과 같은 **체적탄성계수**(bulk modulus of elasticity)를 정의한다.

$$\begin{aligned} B &= \lim_{\Delta \forall \to 0} \left[-\frac{\Delta p}{\Delta \forall / \forall} \right]_T = \lim_{\Delta \rho \to 0} \frac{\Delta p}{\Delta \rho / \rho} \bigg|_T \\ &= -\forall \frac{\partial p}{\partial \forall} \bigg|_T = \rho \frac{\partial p}{\partial \rho} \bigg|_T \end{aligned} \tag{1.5.11}$$

압축성계수라고도 불리는 체적탄성계수는 온도가 일정할 때, 밀도의 상대적 변화에 대한 압력 변화의 비율로 표시된다. 체적탄성계수의 단위는 명백하게 압력의 단위와 동일하다.

KEY CONCEPT
3% 미만의 낮은 밀도 변화를 가지는 기체는 비압축성으로 가정할 수 있다.

표준상태에서 물의 체적탄성계수는 대략 2100 MPa이며, 이 값은 대기압의 21 000배이다. 표준상태에서 공기의 체적탄성계수는 1 atm이다. 일반적으로 기체의 탄성계수는 그 기체의 압력과 같다. 물의 밀도를 1% 변화시키기 위해서는 21 MPa의 압력이 필요하다. 이는 물의 밀도를 조금 변화시키기 위해 상당히 큰 압력이 필요하다는 것을 의미한다. 그러므로 액체는 거의 비압축성으로 간주된다. 기체의 경우에는 밀도 변화가 적어도 4% 이상이 되면 압축성으로 간주되며, 3% 이내의 밀도 변화는 비압축성으로 볼 수 있다. 이 조건은 약 100 m/s 이내의 공기 속도에서 성립되므로, 자동차와 비행기 이착륙 시 주변의 유동과 건물 주변이나 건물 내의 유동과 같은, 공학적으로 주된 관심을 끄는 많은 공기유동에서 공기를 비압축성으로 가정할 수 있다.

큰 압력 변화에 의한 액체의 밀도 변화는 매우 중요할 수 있다. 예를 들어 '수격 작용'은 밸브의 급격한 개폐, 액체 배관의 경우에는 기체의 혼입, 기체 배관의 경우에는 액체 혼입 등에 의하여 관 내 유속이 급변하는 경우에 발생하는 이상 압력이다. 이는 진동과 높은 충격음을 일으킬 수 있다.

또한 체적탄성계수는 액체 속에서의 음속을 계산하는 데 사용될 수 있으며, 9.2절에서 다음과 같이 주어진다.

$$c = \sqrt{\frac{\Delta p}{\Delta \rho}\bigg|_T} = \sqrt{\frac{B}{\rho}} \tag{1.5.12}$$

이 식을 이용하면, 표준상태에서의 물속의 음속은 1450 m/s이다. 기체에서의 음속은 1.7.3절에 나온다.

1.5.4 표면장력

표면장력: 분자들 사이의 인력에 의한 성질.

표면장력(surface tension)은 분자들 간의 인력에 의해 발생하는 성질이다. 액체의 경계면, 즉 액체-기체가 접하는 경계면에서 분명하게 나타난다. 액체 내부의 분자들 간의 힘

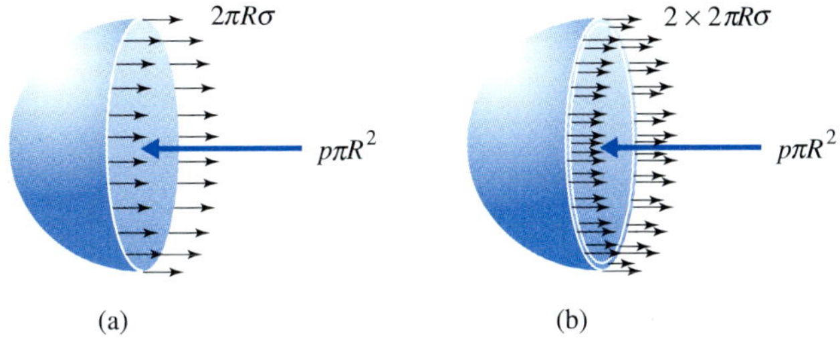

그림 1.9 (a)작은 방울과 (b)거품(방울) 내의 내부 힘.

은 모든 방향으로 동등하며, 그 결과로서 분자들에 작용하는 정미력은 없다. 그러나 경계면에서, 분자들은 경계면 상을 따라 상호작용하여 발생되는 힘의 영향을 받는다. 이러한 힘의 결과로 막대기에 매달린 한 방울의 물이 떨어지지 않을 뿐 아니라, 지탱할 수 있는 물방울의 크기 역시 이 힘과 관련이 있다. 또한 스프레이나 분무기로부터 분출되는 작은 물방울을 구형으로 간주할 수 있는 근거가 되기도 한다. 섞이지 않는 액체들(예를 들어 물과 기름)이 서로 접촉하고 있는 경계면에서도 표면장력은 중요한 역할을 한다.

표면장력은 단위 길이당 힘 N/m의 단위를 갖는다. 표면장력에 의한 힘은 표면장력에 길이를 곱함으로써 얻어진다. 이때 길이는 액체와 고체가 접촉하는 경우에는 경계면 길이이며, 기포인 경우에는 기포의 원주이다. 표면장력의 영향은 그림 1.9와 같이 반구형 물방울이나 기포의 자유물체도를 고려함으로써 설명된 속이 꽉 찬 물방울은 한 표면을 가지며 속이 빈 기포는 내외 표면을 가진 액체의 얇은 막으로 구성된다. 이 자유물체도를 이용하여 액적과 기포의 내부 압력에 대한 식을 유도할 수 있다.

KEY CONCEPT
표면장력에 의한 힘은 표면장력이 작용하는 길이에 비례한다.

물방울에서의 압력 $p\pi R^2$은 원주의 표면장력과 균형을 이룬다.

$$p\pi R^2 = 2\pi R\sigma$$

$$\therefore p = \frac{2\sigma}{R} \tag{1.5.13}$$

만약 기포 두께가 매우 작다고 가정했을 때, 내부 압력은 두 개의 원주의 표면장력과 균형을 이룬다.

$$p\pi R^2 = 2(2\pi R\sigma)$$

$$\therefore p = \frac{4\sigma}{R} \tag{1.5.14}$$

이 식 1.5.13과 1.5.14로부터 기포에서의 내부 압력은 같은 크기인 물방울의 내부 압력의 두 배가 됨을 알 수 있다.

그림 1.10은 청결한 유리 모세관에서 표면장력으로 인해 액주가 상승하는 것을 보여준다. 액체는 유리관과 접촉각 β를 형성한다. 실험에 따르면, 청결한 유리관에 들어 있는 물이나 대부분의 액체에서 접촉각은 0°C이다. 접촉각이 90°보다 큰 액체(예를 들어 수은)들도 있으며, 이 경우 모세관 하강 현상을 일으킨다. D는 직경, ρ는 밀도, σ는 표면장력이

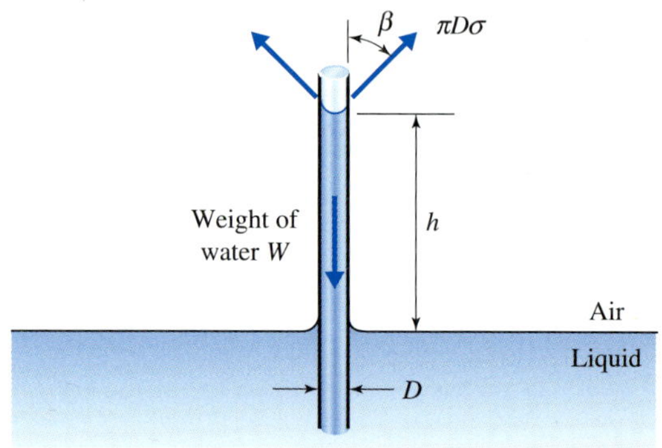

그림 1.10 모세관 내 유체의 차오름.

라고 하면, 모세관 상승 높이 h는 액주의 무게와 표면장력의 수직 성분을 같다고 놓음으로써 계산할 수 있다.

$$\sigma\pi D\cos\beta = \gamma\frac{\pi D^2}{4}h \tag{1.5.15}$$

$$h = \frac{4\sigma\cos\beta}{\gamma D} \tag{1.5.16}$$

표면장력은 여러 가지 공학 문제에 영향을 미치는 경우가 있다. 예를 들면 파형에 대한 실험 모형에서, 표면장력이 중력과 같은 척도의 크기일 때 표면장력의 영향이 드러나게 된다.

예제 1.4

직경이 2 mm인 청결한 유리관을 15°C의 물속에 넣었다(그림 E1.4). 관을 따라 상승하는 물의 높이를 구하라. 물과 청결한 유리와의 접촉각은 0°이다.

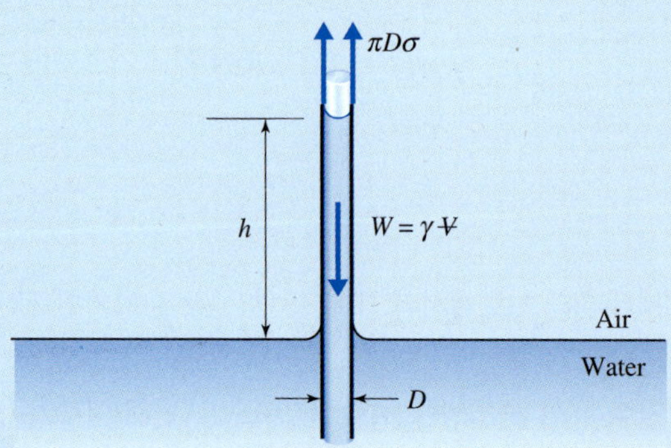

그림 E1.4

풀이

물의 자유물체도에서 표면장력에 의한 힘은 상승한 물기둥의 무게와 크기는 같고 방향이 반대이다. 표면장력에 의한 힘을 표면장력과 유리관이 접촉한 길이의 곱으로 계산하면

$$\sigma \pi D = \gamma \frac{\pi D^2}{4} h$$

즉

$$h = \frac{4\sigma}{\gamma D} = \frac{4 \times 0.0741 \text{ N/m}}{9800 \text{ N/m}^3 \times 0.002 \text{ m}} = 0.01512 \text{ m} \quad \text{or} \quad 15.12 \text{ mm}$$

이다. 여기서 σ와 ρ의 값은 부록 B의 표 B.1에 주어져 있다. 물의 비중량을 대표하는 값은 $\gamma = \rho g = 9800 \text{ N/m}^3$이며, 보다 정확한 값으로는 $\gamma = 999.1 \times 9.81 = 9801 \text{ N/m}^3$이다.

1.5.5 증기압

밀폐된 용기 안에 적은 양의 액체가 들어 있을 때, 액체의 일부분이 증발된다. 용기 안에서 액상과 증기상 물질 간에 평형이 이루어지면, 증발은 종료하게 된다. 여기서 평형이란 물 표면을 통해 이탈하는 분자의 수와 물속으로 들어가는 분자의 수가 같아지는 상태를 말한다. 이때 증기 상태의 분자들에 의해 형성되는 압력을 **증기압**(vapor pressure)이라 한다.

증기압은 액체에 따라 달라진다. 예를 들어 15°C에서 물의 증기압은 절대압력으로 1.70 kPa,암모니아의 경우 33.8 kPa이다.

증기압은 주로 온도와 압력에 따라 변화한다. 온도가 증가하면 증기압은 현저히 증가한다. 예를 들어 100°C에서 물의 증기압은 101.3 kPa이다. 대기압에서 온도에 따른 물의 증기압은 부록 B에 주어져 있다.

물론 100°C에서 물의 증기압이 표준 대기압과 일치하는 것은 우연한 일이 아니다. 100°C에서 물 분자 사이의 인력은 물을 액체 상태로 더 이상 유지할 수 없으므로, 이 온도에서 물은 **비등**(boiling)한다. 일반적으로 액체의 국소 절대압력이 증기압보다 작으면, 액체 상태에서 기체 상태로의 변화가 일어난다. 대기압이 상대적으로 낮은 높은 고도에서는 100°C보다 낮은 온도에서 물의 비등이 일어난다(그림 1.11 참조). 표 B.3, B.1을 보게 되면, 3000 m 고도에서는 거의 90°C에서 끓는다.

액체 유동에 있어서는 액체의 증기압보다 낮은 압력에 도달하는 조건이 형성될 수 있다. 이러한 조건이 형성되면, 기포가 국부적으로 발생하며 이 현상을 **공동현상**(cavitation)이라 부른다. 발생된 기포들이 유동을 따라 높은 압력을 가진 지역으로 이동하면 매우 심각한 일이 발생할 수 있다. 기포가 높은 압력 지역으로 들어가면 터지게 되고, 이로 인해 생성된 국소 압력상승으로 파이프 벽이나 배의 프로펠러에 손상이 일어날 수 있다. 프로펠러에서의 공동현상이 그림 1.12에 나와 있다. 공동현상에 대해서는 8.3.4절에서 자세히 설명한다.

그림 **1.11** 높은 고도에서는 끓는 물에 음식을 익히는 데 더 오랜 시간이 걸린다. 그림에 보이는 냄비 안에 있는 계란이 익는 데까지 걸리는 시간은 뉴욕보다 덴버에서 더 오래 걸릴 것이다(Saucepan boiling over on stove/gettyimagesbank).

증기압: 기체 상태에서 분자들의 압력.

KEY CONCEPT
공동현상은 심각한 피해를 줄 수 있다.

비등점: 증기압이 대기압과 같아지는 온도.

공동현상: 국소 압력이 액체의 증기압 아래로 내려갔을 때 액체에 기포가 생기는 현상.

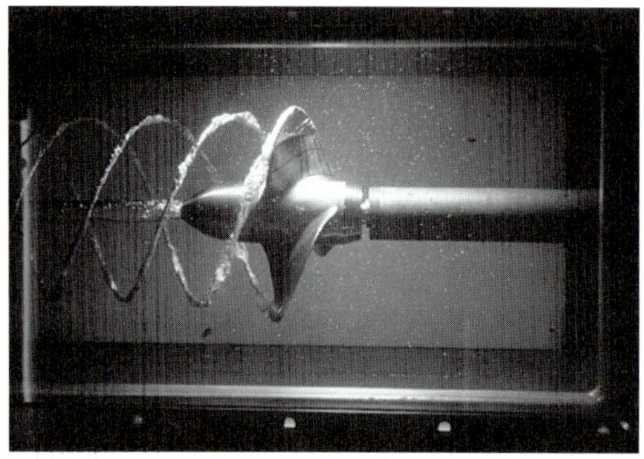

그림 1.12 MIT연구소 내의 수동에서 공동현상이 일어나고 있는 프로펠러 사진. [텍사스 대학교(오스틴) Ocean Engineering Group, S.A. Kinnas 교수 제공]

예제 1.5

고도가 2500 m인 콜로라도에서, 80°C의 물이 유동하고 있을 때 공동현상이 일어날 수 있는 진공 압력을 계산하라.

풀이

표 B.1에서 80°C 물의 증기압은 47.3 kPa 절대이다. 대기압은 표 B.3을 이용하여 보간법을 사용하면, 79.48 − (79.48 − 61.64)500/2000 ≅ 75.0이다. 따라서 필요한 압력은 다음과 같다.

$$p = 47.3 - 75.0 = -27.7 \text{ kPa} \quad \text{or} \quad 27.7 \text{ kPa vacuum}$$

1.6 보존법칙

오래전부터 과학자들은 많은 실험을 통해 자연현상을 정확히 표현할 수 있는 기본법칙이 존재함을 발견하여 왔다. 극히 정교하게 주의를 기울여 실험을 수행한다면 실험 결과는 기본법칙들로부터 크게 벗어나지 않게 된다. 실제로 보다 개선된 실험 기법을 사용하여 얻어진 결과들은 기본 법칙과의 편차가 훨씬 줄어들었음을 보여 준다. 이러한 기본 법칙 중에서 우리가 다룰 유체역학의 근간을 이루는 기본 법칙들은 다음의 3가지이다. 첫 번째 법칙은 **질량보존**(conservation of mass)**의 법칙**으로, 물질은 사라질 수 없다는 법칙이다. 비록 아인슈타인의 상대성이론에 따르면, 어떤 특정한 조건하에서는 물질이 에너지로 전환될 수 있으며, 태양에서 나오는 엄청난 복사 에너지의 양은 하루 3.3×10^{14} kg의 물질이 에너지로 변환된 결과라고 설명되지만, 공학의 전형적 조건하에서 물질이 에너지로 전환되는 양은 거의 없으며 질량보존의 원칙을 위배하지 않는다.

질량보존의 법칙: 물질은 사라질 수 없다.

계: 물질의 고정된 양.

두 번째와 세 번째 법칙을 설명하기 전에, 계의 개념을 도입하는 것이 유용하다. **계**(system)란 관심이 집중되는 물질의 고정된 양으로 정의된다. 계는 계 밖의 주위와 경계에 의해 분리된다. 이러한 경계는 고정되거나 이동할 수 있으며, 실제로 존재하기도 하고 가상적일 수도 있다. 두 번째 보존법칙은 운동량 보존(*conservation of momentum*)의 법칙이다. 계에 외력이 작용하지 않는다면, 계의 운동량은 일정하게 유지된다. 이 법칙을 구체화한 것이 **뉴턴의 제2법칙**이다. 이 법칙은 계에 작용하는 모든 외력의 합은 계의 선형운동량의 시간 변화율과 동일하다는 법칙이다. 이와 유사한 법칙이 운동량의 모멘트에 대해서도 성립한다. 즉 각운동량의 변화율은 계에 작용하는 모든 토크의 합과 같다.

뉴턴 제2법칙: 계에 작용하는 모든 외력의 합은 계의 선형운동량의 시간에 대한 변화량과 같다.

세 번째 기본 법칙은 **에너지 보존**(conservation of energy)**의 법칙**으로, 열역학 제1법칙으로 알려져 있다. 고립계의 전 에너지는 일정하게 유지된다. 계가 주변과 접하여 계의 에너지가 증가한다면, 주변에서는 이에 상응하는 에너지가 감소한다. 여기서 전 에너지란 위치에너지, 운동에너지와 내부에너지로 구성되며, 내부에너지는 계의 온도에 기인한 에너지이다. 유체역학에서는 이 밖의 에너지 유형들은 중요하지 않으므로 고려하지 않는다. 다음 절에서 열역학 제1법칙과 기타 열역학적 관계식들을 간략히 설명하겠다.[6]

에너지 보존의 법칙: 고립계의 전체 에너지는 일정하다. 또한 열역학 제1법칙이라고도 한다.

1.7 열역학적 특성과 관계식

비압축성 유체를 다루고자 할 경우에는 앞 절에서 설명한 3가지 기본 법칙들로 충분하다. 이들 법칙은 액체에 적용 가능하며, 압력, 밀도와 온도 변화가 그리 크지 않은 기체에 대해서도 적용된다. 그러나 압축성 유체에 대해서는 밀도, 온도와 압력의 변화를 적절히 고려할 수 있는 관계식들을 추가로 도입할 필요가 있다. 예를 들면 용기로부터 방출되는 압축된 기체의 밀도, 압력과 온도의 변화들을 예측하고자 하는 경우이다.

열역학적 특성에는 계의 질량과 관련된 상태량과 계의 질량에 무관한 상태량이 있다. 전자를 **크기 성질**(extensive property), 후자를 **세기 성질**(intensive property)이라 부른다. 세기 성질은 크기 성질을 시스템의 질량으로 나눔으로써 구할 수 있다. 온도와 압력은 세기 성질이며, 운동량과 에너지는 크기 성질이다.

크기 성질: 계의 질량에 따라 달라지는 물리적 양.

세기 성질: 계의 질량에 무관한 물리적 양.

1.7.1 이상기체의 성질

대부분의 공학적 응용에서 기체의 거동은 이상기체법칙으로 설명할 수 있으며, 이 법칙을 완전기체법칙이라고도 한다. 온도가 낮고 압력이 상대적으로 클 때에는 실제 기체 방정식을 적용해야 한다. 공기의 경우에 온도가 $-50°C$ 이상이면서 압력이 극단적으로 높지 않다면, 이상기체의 방정식을 적용할 수 있다.

이상기체법칙은 다음과 같다.

$$p = \rho RT \tag{1.7.1}$$

여기서 p는 절대압력, ρ는 밀도, T는 절대온도이며 R는 기체상수이다. 기체상수와 보편기체상수 R_u사이의 관계식은 다음과 같다.

$$R = \frac{R_u}{M} \tag{1.7.2}$$

여기서 M은 몰질량이다. M과 R의 값은 부록 B의 표 B.4에 나와 있다. R_u의 값은 다음과 같다.

[6]에너지의 다른 형태로는 전자기장 에너지, 원자들에 의한 에너지, 연소에서 방출되는 에너지 등이 있다.

$$R_u = 8.314\ \text{kJ/kmol}\cdot\text{K} \tag{1.7.3}$$

공기는 $M = 28.97$ kg/mol이므로 $R = 0.287$ kJ/kg·K이고 이 값은 공기를 수반한 계산에 광범위하게 사용된다.

이상기체법칙의 또 다른 형태는 다음과 같다.

$$p\forall = mRT \tag{1.7.4}$$

$$p\forall = nR_uT \tag{1.7.5}$$

여기서 n은 몰수이다.

예제 1.6

체적이 0.2 m³인 탱크에 0.5 kg의 질소가 들어 있다. 탱크 내 온도가 20°C이면, 압력은 얼마인가?

풀이

이상기체라고 가정하고 식 1.7.1을 사용하여 계산하면 다음과 같다. 기체상수 R은 부록 B.4에서 찾는다.

$$p = \frac{0.5\ \text{kg}}{0.2\ \text{m}^3} \times 0.2968\ \frac{\text{kJ}}{\text{kg}\cdot\text{K}}(20 + 273)\ \text{K} = 218\ \text{kPa absolute}$$

주: 계산 결과 얻어지는 압력의 단위는 kJ/m³ = kN·m/m³ = kN/m² = kPa이다. 이상기체법칙에는 압력과 온도의 절대 단위를 사용한다.

1.7.2 열역학 제1법칙

KEY CONCEPT
주위와의 에너지 교환은 열전달과 일로 이루어진다.

비압축성 유체를 다루는 데 있어서 열역학 제1법칙은 특히 중요하다. 열역학 제1법칙에 따르면, 유체의 고정된 물질의 질량인 계가 상태 1에서 상태 2로 변할 때 계의 에너지는 주위와의 에너지 교환에 의해 E_1에서 E_2로 변한다. 이때 에너지 교환은 열전달이나 일의 형태로 이루어진다. 만약 열전달에 의해 계로 유입되는 에너지를 양으로 설정하고, 계에 의해 주변으로 행하여지는 일을 양으로 설정하면,[7] 열역학 제1법칙은 다음과 같이 표현된다.

$$Q_{1\text{-}2} - W_{1\text{-}2} = E_2 - E_1 \tag{1.7.6}$$

여기서 Q_{1-2}는 계로 열전달된 양이고, W_{1-2}는 시스템에 의해 행하여진 일의 양이다. 에너지 E는 전 에너지를 의미하며, 운동에너지($mV^2/2$), 위치에너지(mgz)와 내부에너지($m\tilde{u}$)로 구성되어 있다. 여기서 $\tilde{u}$는 단위 질량당 내부에너지이다. 그러므로 전 에너지는 다음과 같다.

[7]어떤 계에서 실행한 작업은 양의 값이 나올 수 있으므로, 식 1.7.6은 $Q + W = \Delta E$로 표현될 수 있다. 어떤 식을 사용해도 가능하다.

$$E = m\left(\frac{V^2}{2} + gz + \tilde{u}\right) \tag{1.7.7}$$

여기서 $V^2/2$, gz와 $\tilde{u}$는 모두 세기 성질이고, E는 크기 성질이다.

고립계는 주위와 열역학적으로 단절된 계이며, $Q_{1-2} = W_{1-2} = 0$이다. 고립계에서 식 1.7.6은 다음과 같이 된다.

$$E_1 = E_2 \tag{1.7.8}$$

이 식은 에너지 보존의 법칙을 표현한 것이다.

식 1.7.6에서 일의 항은 계의 경계에서 작용한 힘 F가 어떤 거리만큼 움직인 결과로 얻어진다. 만약 그 힘이 압력에서 비롯되었다면, 일은 다음과 같이 주어진다.

KEY CONCEPT
일은 어떤 거리만큼 이동시키는 힘에 의해 이루어진다.

$$\begin{aligned} W_{1\text{-}2} &= \int_{l_1}^{l_2} F dl \\ &= \int_{l_1}^{l_2} pA dl = \int_{V_1}^{V_2} p dV \end{aligned} \tag{1.7.9}$$

여기서 $Adl = dV$ 이다. 다음 예제는 열역학 제1법칙을 응용하는 예이다.

예제 1.7

30 kg의 질량을 가진 수레가 450 N의 초기 힘을 가지고, 경사진 언덕으로 밀어 올려지고 있다(그림 E1.7).

$$F = 75(6 - l) \text{ N}$$

$l = 0$인 지점으로부터 짐수레가 정지 상태에서 출발한다면, 경사 길을 따라 6 m로 이동한 후의 속도는 얼마인가? 마찰은 무시한다.

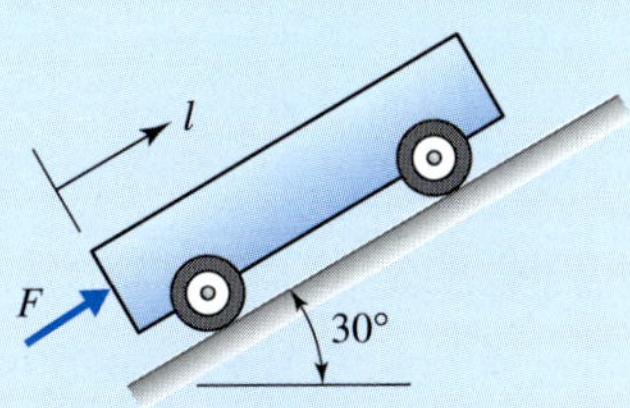

그림 E1.7

풀이

에너지방정식(식 1.7.6)은 관심이 있는 양에 대해 설명한다. 열전달이 없다면 다음과 같은 식이 된다.

$$-W_{1\text{-}2} = E_2 - E_1$$

힘이 계에 일을 행하는 것으로 인식되면 일은 음수로 표현된다. 그러므로 에너지방정식은 다음과 같이 된다.

$$-\left[-\int_0^6 75(6-l)\,dl\right] = m\left(\frac{V_2^2}{2} + gz_2\right) - m\left(\frac{V_1^2}{2} + gz_1\right)$$

$z_1 = 0$으로 기준이 주어지면, $z_2 = 6\sin 30° = 3$ m이다. 따라서 다음을 얻는다.

$$450 \times 6 - 75 \times \frac{6^2}{2} = 30\left(\frac{V_2^2}{2} + 9.8 \times 3\right)$$

$$\therefore V_2 = 5.58 \text{ m/s}$$

주: 내부에너지 변화가 없고 열교환이 없다고 가정한다.

1.7.3 기타 열역학적 양

엔탈피: 열역학적 계산을 하는 데 도움을 주기 위해 만들어진 물리적 양

압축성 유체를 다룰 경우, 여러 가지 열역학적 양들을 조합하여 새로운 열역학적 양으로 정의하면 편리한 경우가 있다. 그러한 조합된 양 중 하나가 합($m\tilde{u} + p\forall$)인데, 이 물리적 양도 계의 성질로 간주할 수 있으며, 여러 열역학적 과정에서 나타난다. 이를 **엔탈피**(enthalpy)H라 부르며, 다음과 같이 정의한다.

$$H = m\tilde{u} + p\forall \tag{1.7.10}$$

엔탈피에 대응하는 세기 성질(H/m)은 다음과 같다.

$$h = \tilde{u} + \frac{p}{\rho} \tag{1.7.11}$$

KEY CONCEPT
정적비열과 정압비열은 엔탈피와 내부에너지 변화를 계산하는 데 사용된다.

또 다른 유용한 열역학적 양에는 정압비열 c_p와 정적비열 c_v가 있다. 이상기체인 경우에는 다음과 같이 엔탈피와 내부에너지의 변화를 계산하는 데 비열이 사용된다.

$$\Delta h = \int c_p\,dT \tag{1.7.12}$$

$$\Delta \tilde{u} = \int c_v\,dT \tag{1.7.13}$$

많은 경우에 앞의 관계식들의 비열들은 일정하다고 가정한다. 일반 기체의 비열은 부록의 표 B.4에 제시되어 있다. 식 1.7.11의 다른 형태를 이용하여, 이상기체의 c_p와 c_v의관계식을 구하면 다음과 같다.

$$dh = d\tilde{u} + RdT \qquad c_p = c_v + R \tag{1.7.14}$$

비열비: c_p와 c_v의 비.

여기서 $p/\rho = RT$의 식을 썼다. **비열비**(ratio of specific heat) k는 이상기체에 대해서 빈번히 사용되며 다음과 같이 정의된다.

$$k = \frac{c_p}{c_v} \tag{1.7.15}$$

유체와 고체에 있어서 $\Delta u = c\Delta T$이며 여기서 c는 물질의 비열이다. 물의 비열은 $c \cong 4.18$ kJ/kg·°C이다.

계의 전체에 걸쳐 압력, 온도와 다른 성질들이 순간적으로 균일하게 유지되면서 변화되는 과정을 **준평형과정**(quasi-equilibrium process) 또는 준정적과정이라 부른다. 내연기관 실린더의 압축 및 팽창과정은 이러한 과정의 예이다.[8] 준평형과정에 부가해서 열의 전달이 없다면($Q_{1-2} = 0$), 이 과정은 단열, 준평형과정, 또는 등엔트로피 과정이라 부른다. 비열비가 일정한 이상기체의 등엔트로피 과정에서 다음과 같은 관계식이 성립된다.[9]

준평형과정: 어떤 순간에 계의 전체에 걸쳐 물리적 양들이 반드시 일정하게 유지되는 과정.

$$\frac{p_1}{p_2} = \left(\frac{\rho_1}{\rho_2}\right)^k \qquad \frac{T_1}{T_2} = \left(\frac{p_1}{p_2}\right)^{(k-1)/k} \qquad \frac{T_1}{T_2} = \left(\frac{\rho_1}{\rho_2}\right)^{k-1} \tag{1.7.16}$$

상대적으로 낮은 주파수를 가진 적당한 압력파가 기체 속으로 이동할 때는 등엔트로피 과정으로 간주하여 파 속도가 나음과 같이 주어진다.

$$c = \sqrt{\left.\frac{dp}{d\rho}\right|_s} = \sqrt{kRT} \tag{1.7.17}$$

그러나 상대적으로 높은 주파수를 갖는 경우에는 엔트로피가 일정하지 않으며, 파 속도는 다음과 같은 식으로 주어진다.

$$c = \sqrt{\left.\frac{dp}{d\rho}\right|_T} = \sqrt{RT} \tag{1.7.18}$$

이제까지의 식들은 압축유동을 고려할 때 자주 쓰는 열역학적 관계식이다.

예제 1.8

초기에 실린더의 체적이 0.5 m^3이 되도록 피스톤으로 조정하였다. 실린더 내에는 압력이 400 kPa 절대인 공기가 2.0 kg 들어 있다. 압력이 일정하게 유지되는 동안, 온도가 300°C가 될 때까지 공기로 열이 전달되었다. 이 과정에서 열전달과 행해진 일을 계산하라. 비열은 일정하다고 가정한다.

풀이

압력이 일정한 조건하의 열역학 제1법칙(식 1.7.9)과 엔탈피 정의를 사용하면 다음과 같다.

$$\begin{aligned} Q_{1\text{-}2} &= p_2V\!\!\!-_2 - p_1V\!\!\!-_1 + m\tilde{u}_2 - m\tilde{u}_1 \\ &= m\tilde{u}_2 + p_2V\!\!\!-_2 - (m\tilde{u}_1 + p_1V\!\!\!-_1) \\ &= H_2 - H_1 = m(h_2 - h_1) = mc_p(T_2 - T_1) \end{aligned}$$

여기서 c_p가 일정하다고 가정하여 식 1.7.12를 사용하였다. 초기 온도는

[8]이 과정들이 빨라 보이지만, 열역학적으로는 느린 과정들이다. 분자들은 매우 빠르게 움직인다.

[9]등엔트로피 과정은 엔트로피 값이 일정할 때 나타난다. 여기서는 등엔트로피에 대한 언급을 하지 않는다. 9.1절에서 언급하였다.

$$T_1 = \frac{p_1 V\!\!\!\!-_1}{mR} = \frac{400\ \text{kN/m}^2 \times 0.5\ \text{m}^3}{2.0\ \text{kg} \times 0.287\ \text{kJ/kg}\cdot\text{K}} = 348.4\ \text{K}$$

이다. 따라서 열전달은 다음과 같다.

$$Q_{1\text{-}2} = 2.0 \times 1.0[(300 + 273) - 348.4] = 449\ \text{kJ}$$

이상기체법칙을 사용하여 최종 체적을 계산하면

$$V\!\!\!\!-_2 = \frac{mRT_2}{p_2} = \frac{2\ \text{kg} \times (0.287\ \text{kJ/kg}\cdot\text{K}) \times 573\ \text{K}}{400\ \text{kN/m}^2} = 0.822\ \text{m}^3$$

이다. 정압 과정(p = 일정)에서 행하여진 일은 식 1.7.9에서 다음과 같이 계산된다.

$$W_{1\text{-}2} = p(V\!\!\!\!-_2 - V\!\!\!\!-_1)$$
$$= 400\ \text{kN/m}^2(0.822 - 0.5)\ \text{m}^3 = 129\ \text{kN}\cdot\text{m or } 129\ \text{kJ}$$

예제 1.9

추운 겨울날 와이오밍주에 있는 산의 온도는 해발 3000 m에서 −30°C이다. 기준 대기 조건과 같은 압력의 공기라고 가정하고, 밀도와 음속을 구하라.

풀이

표 B.3으로부터 해발 3000 m의 대기압이 70 kPa임을 알 수 있다. 절대온도는 다음과 같이 된다.

$$T = -30 + 273 = 243\ \text{K}$$

이상기체법칙을 이용하여 밀도를 계산할 수 있다.

$$\rho = \frac{p}{RT}$$
$$= \frac{70000\ \text{N/m}^2}{287\ \text{J/kg K} \times 243\ \text{K}} = 1.0\ \text{kg/m}^3$$

음속은 식 1.7.17을 이용하여 결정한다.

$$c = \sqrt{kRT}$$
$$= \sqrt{1.4 \times 287\ \text{J/kg K} \times 243\ \text{K}} = 312\ \text{m/s}$$

1.8 요약

뉴턴의 제2법칙을 이용하면 단위 간의 관계식은 다음과 같다.

$$\text{N} = \text{kg}\cdot\text{m/s}^2 \tag{1.8.1}$$

공학계산을 할 때에는 유효숫자 자릿수를 같게 하여 정확한 값을 사용해야 한다. 대부분의 유체 성질은 유효숫자 네 자리까지 알려져 있다. 그러므로 해는 최대 네 자리(세 자리도 종종 사용) 유효숫자로 표기해야 한다.

열역학에서는 절대압력을 기준으로 수식이 주어진다. 그러나 유체역학을 다루는 이 책에서 압력에 대해 특별한 설명이 주어지지 않는다면, 게이지 압력을 의미한다. 풀고자 하는 문제에서 대기압이 주어지지 않는다면, 절대압력으로 101 kPa을 사용하면 된다.

유체의 비중이 주어지면, 밀도나 비중량은 다음 식으로 계산한다.

$$\rho_x = S_x\rho_{\text{water}} \qquad \gamma_x = S_x\gamma_{\text{water}} \tag{1.8.2}$$

$u = u(y)$인 간단한 유동에서, 점성효과에 의한 전단응력은 다음 식으로 계산된다.

$$\tau = \mu \frac{du}{dy} \tag{1.8.3}$$

이 응력은 베어링 내 축을 회전시키는 데 필요한 토크를 계산하기 위해 사용될 수 있다.

대기에서 속도가 약 100 m/s 이하인, 기체나 공기 유동의 대부분은 비압축성으로 간주될 수 있다.

유체역학에서 사용되는 3가지 기본 법칙은 질량보존의 법칙, 뉴턴의 제2법칙과 열역학 제1법칙이다. 이 방정식들은 다루어야 할 문제에 따라 여러 가지 형태로 변환된다. 유체역학과 관련된 대부분의 문제에서 이 법칙들은 풀어야 할 물리적 양을 계산하기 위해 수학적 형태로 표시될 것이다.

공학기초 복습문제

1.1 힘, 길이, 시간의 3가지 차원으로 되어 있을 때, 질량을 SI 단위계로 나타낸 것을 고르라.

(A) FT^2/L **(B)** FL/T^2
(C) $\text{N}\cdot\text{s}^2/\text{m}$ **(D)** $\text{N}\cdot\text{m/s}^2$

1.2 힘, 길이, 시간의 3가지 차원으로 되어 있을 때, 점성계수를 F-L-T단위계로 나타낸 것을 고르라.

(A) FT^2/L **(B)** FT/L^2
(C) $\text{N}\cdot\text{s}^2/\text{m}$ **(D)** $\text{N}\cdot\text{m/s}^2$

1.3 2.36×10^{-8} Pa과 같은 것을 고르라.

(A) 23.6 nPa **(B)** 236 μPa
(C) 236×10^{-3} mPa **(D)** 236 nPa

1.4 어떤 물체의 무게가 지구에서 250 N이다. 달에서 이 물체의 무게를 계산하라. 여기서 $g \cong 1.6$ m/s²이다.

(A) 5030 N **(B)** 250 N
(C) 40.77 N **(D)** 6.2 N

1.5 수직 방향으로 30° 각도에 250 cm² 면적에 4200 N의 힘이 작용할 때 걸리는 전단응력은 얼마인가?

(A) 84 Pa **(B)** 84 mPa
(C) 84 kPa **(D)** 84 MPa

1.6 표준 대기압에서 11 000 m에서의 온도를 표 B.3을 이용하여 포물선 보간법으로 구하라.

(A) −62.4°C **(B)** −53.6°C
(C) −32.8°C **(D)** −17.3°C

1.7 수식을 이용하여, 80°C 물의 밀도를 추정하라.

(A) 980 kg/m³ **(B)** 972 kg/m³
(C) 976 kg/m³ **(D)** 968 kg/m³

1.8 직경 4 cm의 관에 20°C의 물이 흐르고 있다. 속도 분포는 $u(r) = 10(1 - 2500r^2)$ m/s으로 주어졌을 때, 벽에서의 전단응력을 구하라.

(A) 1.0 Pa **(B)** 0.1 Pa
(C) 0.01 Pa **(D)** 0.001 Pa

1.9 20°C의 물이 직경 10 μm의 깨끗한 유리관을 따라 올라가는 거리를 결정하라.

(A) 50 cm **(B)** 100 cm
(C) 200 cm **(D)** 300 cm

1.10 다음 중 세기 성질인 것은 무엇인가?

(A) 운동에너지 **(B)** 엔탈피
(C) 밀도 **(D)** 운동량

1.11 4 m^3 탱크의 압력이 800 kPa이고 온도가 10°C일 때 프로판의 질량을 구하라.

(A) 100 kg **(B)** 80 kg
(C) 60 kg **(D)** 20 kg

1.12 5개의 40 cm^3 얼음덩이가 2 L의 따뜻한 물에 담겨 완전히 녹았을 때, 이 물의 온도 변화는 얼마인가?(단, 1 kg의 얼음이 녹는 데 320 kJ의 열량이 필요하다.)

(A) 10°C **(B)** 8°C
(C) 6°C **(D)** 4°C

1.13 온도가 50°C인 지역의 대기압 하에서 호루라기를 불었을 때의 음속은 얼마인가?

(A) 396 m/s **(B)** 360 m/s
(C) 332 m/s **(D)** 304 m/s

문제

차원, 단위, 물성치

1.14 유체역학을 공부하는 데 사용되는 3가지 기본 법칙을 논하라. 각각에 대하여 관련되는 필수적인 물성치를 한 가지 이상 제시하라. 또 각각의 법칙에 대하여 오직 한 점에서 정의되는 물성치를 한 가지 이상 제시하라.

1.15 다음 물성치의 차원을 표 1.2에 주어진 차원으로 나타내라.

(a) 밀도 **(b)** 압력
(c) 힘 **(d)** 에너지
(e) 질량 **(f)** 유량

1.16 다음 물성치의 차원을 *F-L-T* 단위계를 사용하여 표현하라.

(a) 밀도 **(b)** 압력
(c) 힘 **(d)** 에너지
(e) 질량 유속 **(f)** 유량

1.17 방정식의 모든 항이 동일 차원임을 인지하고, 다음의 방정식에서 상수에 대한 차원을 결정하라.

(a) $d = 4.9\,t^2$, 여기서 d는 길이이고, t는 시간이다.
(b) $F = 9.8\,m$, 여기서 F는 힘이고, m은 질량이다.
(c) $Q = 80AR^{2/3}S_0^{\ 1/2}$, 여기서 A는 면적, R은 반경, S_0는 경사(도)이고, Q는 L^3/T의 차원을 가진 유량이다.

1.18 방정식의 모든 항이 동일 차원임을 인지하고, 다음의 방정식에서 상수에 대한 단위를 결정하라.

(a) $d = 4.9\,t^2$, 여기서 d는 미터이고, t는 초이다.
(b) $F = 9.8$ m, 여기서 F는 뉴턴이고, m은 킬로그램이다.
(c) $Q = 80AR^{2/3}S_0^{\ 1/2}$, 여기서 A는 m^2, R은 미터, S_0는 경사(도)이고, Q는 m^3/s 단위의 유량이다.

1.19 표 1.1을 보고, 아래의 경우를 SI 단위로 표현하라.

(a) 압력 **(b)** 에너지
(c) 힘 **(d)** 점성계수
(e) 열유속 **(f)** 비열

1.20 질량 m이 킬로그램이고, y는 미터이고, t가 초라고 할 때, 방정식 $m\dfrac{d^2y}{dt^2} + c\dfrac{dy}{dt} + ky = f(t)$에 있는 c, k, $f(t)$에 대한 단위를 구하라.

1.21 접두사를 사용하여 다음을 표현하라.

(a) 2.5×10^5 N **(b)** 5.72×10^{11} Pa
(c) 4.2×10^{-8} Pa **(d)** 1.76×10^{-5} m^3
(e) 1.2×10^{-4} m^2 **(f)** 7.6×10^{-8} m^3

1.22 접두사를 사용하지 말고 10의 승수를 사용하여 다음을 표현하라.

(a) 125 MN **(b)** 32.1 μs
(c) 0.67 GPa **(d)** 0.0056 mm^3
(e) 520 cm^2 **(f)** 7.8 km^3

1.23 분자의 지름을 cm, 질량을 g으로 식 1.3.3을 다시 써라.

1.24 책 표지의 안쪽 면에 있는 변환표를 사용하여, 표 1.2의 SI 단위로 다음을 변환하라.

(a) 20 cm/hr **(b)** 2000 rpm
(c) 500 hp **(d)** 1000 cm^3/min
(e) 2000 kN/cm^2 **(f)** 500 g/min
(g) 500 g/L **(h)** 500 kWh

1.25 10 kg의 질량이 40 m/s^2의 비율로 가속되기 위해서 필요한 정미힘을 구하라.(모든 마찰은 무시)

(a) 수평일 경우
(b) 수직 위로 작용할 경우
(c) 30° 경사의 위쪽으로 작용할 경우

1.26 어떤 물체의 질량이 27 kg이다. 달에서 이 물체의 무게를 계산하라. 여기서 달에서의 중력가속도 $g \simeq 1.63$ m/s^2이다.

1.27 다음의 고도에 있어서 식 1.3.3과 표 B.3을 사용하여 대기에서의 평균자유행로를 계산하라.

(a) 30 000 m **(b)** 50 000 m
(c) 80 000 m

압력과 온도

1.28 게이지 압력이 52.3 kPa일 때, 다음의 고도에서 절대압력을 구하라.

(a) 해수면 **(b)** 1000 m
(c) 5000 m **(d)** 10 000 m
(e) 30 000 m

1.29 공기 유동에서 31 kPa의 진공압이 측정되었다. 다음의 단위로 절대압력을 구하라.

(a) kPa **(b)** mm Hg
(c) mN/cm^2 **(d)** N/mm^2
(e) cm Hg

1.30 등온의 대기 상태에서, 고도의 함수인 압력은 $p(z) = p_0 e^{-gz/RT}$로 주어진다. 여기서 g는 중력가속도, $R = 287$ J/kg·K, T는 절대온도이다. $p_0 = 101$ kPa, $T = 15°C$라고 가정하고, 위 식을 사용하여 4000 m에서의 압력을 평가하라. 여기서 잘못된 부분은 무엇인가?

1.31 표 B.3을 사용하여 고도 6876 m에서의 압력과 온도를 다음의 방법으로 계산하라.

(a) 직선 보간법: $f \simeq f_0 + n(f_1 - f_0)$
(b) 포물선 보간법: $f \simeq f_0 + n(f_1 - f_0) + (n/2)(n - 1)(f_2 - 2f_1 + f_0)$

1.32 많은 항공기들이 10 000 m 상공을 비행한다. 이 지점에서의 섭씨온도를 산출하라. 표 B.3을 이용하라.

1.33 힘 26.5 MN이 152 cm^2의 면적에 균일하게 분포되어 있다. 하지만 그 힘은 면의 수직벡터에 대하여 42°의 각도로 작용한다(그림 P1.33 참조). 이 힘이 압축응력으로 작용할 때 압력을 계산하라.

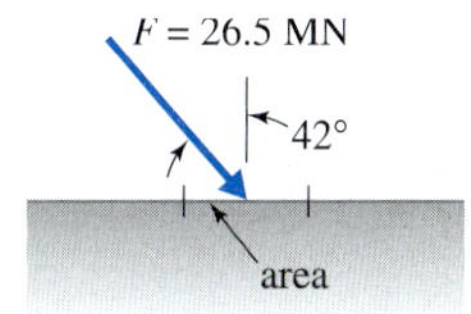

그림 P1.33

1.34 면적 0.2 cm^2에 작용하는 힘으로 인해 120 kPa의 수직압력과 20 Pa의 전단응력이 발생하였다(그림 P1.34 참조). 그 면적에 작용하는 힘의 크기와 면의 법선 방향과 이루는 각도를 계산하라.

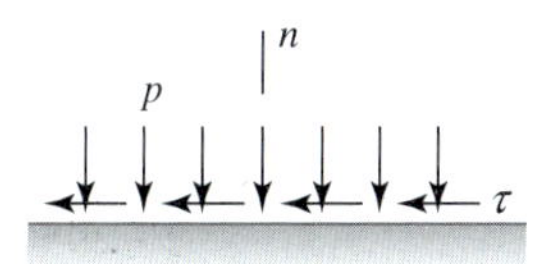

그림 P1.34

밀도와 비중량

1.35 물 2.92 kg이 2950 cm^3의 체적에 채워져 있을 때 물의 밀도와 비중량을 계산하라.

1.36 식 1.5.3을 사용하여 70°C 물의 밀도와 비중량을 결정하라. 밀도에 대한 계산에 있어서 발생되는 오차는 무엇 때문인가? 표 B.1을 이용하라.

1.37 수은의 비중은 일반적으로 13.6으로 주어진다. 50°C에서 13.6이라는 값을 사용할 때 발생되는 오차는 얼마인가?

1.38 알려지지 않은 액체의 비중량이 12 400 N/m^3이다. 체적 500 cm^3에 포함될 수 있는 액체의 질량은 얼마인가? 다음의 경우를 이용하라.

(a) 표준 중력 값
(b) 지구상에서 중력의 최솟값
(c) 지구상에서 중력의 최댓값

1.39 비중이 1.2인 액체가 공간을 가득 채우고 있다. 만약 그 공간 속의 액체 질량이 146 kg이라면, 공간의 체적은 얼마인가?

점도

1.40 탄화수소연료를 쓰는 연소기관은 지구온난화의 원인이 되는 이산화탄소를 대기 중으로 배출한다. 절대압력 200 kPa, 온도 90°C에서 이산화탄소의 밀도, 비중, 점성계수, 동점성계수를 계산하라.

1.41 단일실린더엔진에서는 링이 없는 피스톤이 수직원통 안을 자유롭게 미끄러지도록 설계한다. 피스톤과 원통 사이에는 윤활제로 얇은 기름층이 있다. 지름 120 mm의 피스톤이 지름 120.5 mm의 원통 안에서 떨어질 때의 속도를 결정하라. 피스톤의 질량은 350 g이고 길이가 10 cm이다. 윤활제는 60°C의 SAE 10W-30이다.

1.42 그림 P1.42에 것처럼 5 cm 떨어져서 고정되어 있는 두 평행한 판 사이에 유체가 흐른다고 생각해 보자. 유체의 속도 분포는 $u(y) = 120(0.05y - y^2)$로 주어지고, y는 단위가 m이다. 유체는 10°C의 물이라고 할 때, 각 판에 작용하는 전단응력의 크기를 계산하라.

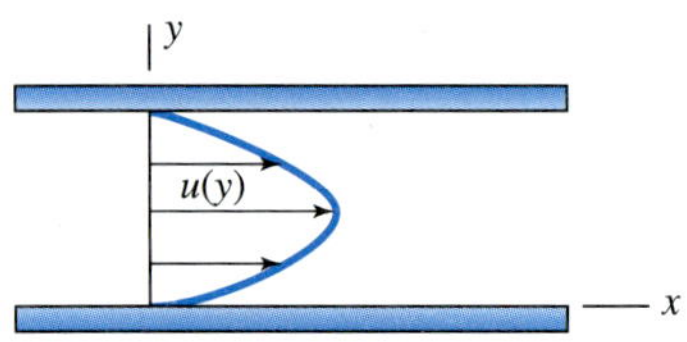

그림 P1.42

1.43 직경 5 cm의 관에서 속도 분포가 $u(r) = 9(1 - r^2/r_0^2)$ m/s이다. 여기서 r_0는 관의 반경이다. 24°C의 물이 흐를 경우, 벽에서의 전단응력을 계산하라.

1.44 직경이 1.0 cm인 관 속의 속도 분포가 $u(r) = 16(1 - r^2/r_0^2)$ m/s이다. 여기서 r_0는 관의 반경이다. 20°C의 물이 흐를 경우 관의 중심, r = 0.25 cm인 위치, 벽면에서의 전단응력을 구하라.

1.45 길이가 0.2 m인 2개의 동심축 실린더가 회전하고 있다. 속도 분포는 $u(r) = 0.4/r - 1000r$ m/s이다. 만약 실린더의 직경이 2 cm와 4 cm라면 각각의 경우 내부 실린더의 토크가 0.0026 N·m일 때, 유체의 점성계수를 계산하라.

1.46 길이 1.2 m, 직경 2.54 cm의 축이 같은 길이의 직경이 2.6 cm인 실린더 내부에서 회전한다. 만약 21°C의 SAE-30 오일이 그 틈을 채우고 있을 경우, 2000 rpm으로 내부 축이 회전하는 데 필요한 토크를 계산하라. 또한 필요한 마력을 계산하라. 축대칭 실린더라 가정한다.

1.47 너비 60 cm의 벨트기 그림 P1.47에서 보여주는 것처럼 10 m/s로 움직인다. 10°C 물에서 선형적인 속도 분포라고 가정할 경우, 요구되는 마력을 계산하라.

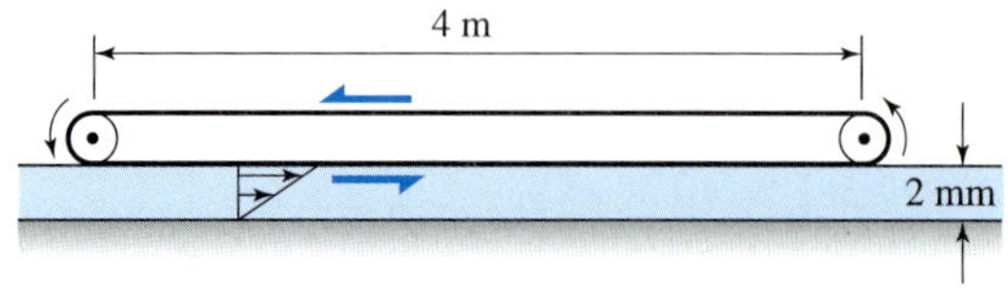

그림 P1.47

1.48 직경이 15 cm의 수평 원판이 고체 표면 위에서 2 mm의 거리를 두고 회전한다. 16°C의 물이 그 틈을 채우고 있다. 400 rpm으로 원판이 회전하는 데 요구되는 토크를 계산하라.

1.49 그림 P1.49에서와 같이 40°C의 SAE-30 오일이 틈을 채우고 있을 경우, 원뿔이 2000 rpm으로 회전하기 위해 필요한 토크를 계산하라. 원뿔과 고정된 벽 사이에 속도 분포는 선형적이라고 가정한다.

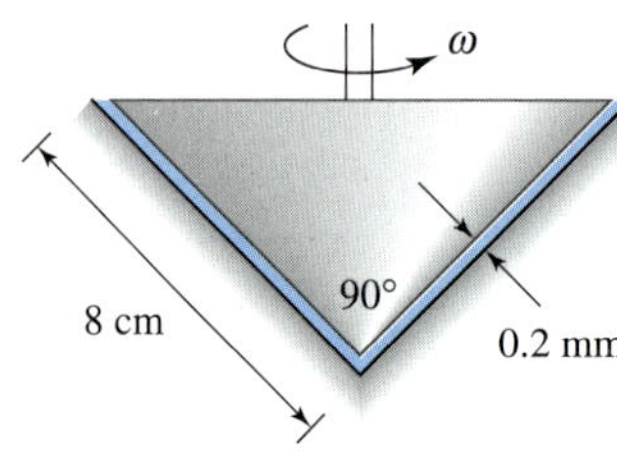

그림 P1.49

1.50 움직이는 벨트와 고정된 벽 사이의 액체를 자유물체도로 그리면 그 액체에 작용하는 전단응력은 일정하다고 볼 수 있다. 만약 온도가 $T(y) = K/y$의 관계로 변한다면, 점성이 안드레이드의 방정식 $\mu = Ae^{B/T}$을 따라 변할 경우 속도 분포의 형상은 어떻게 되겠는가? 여기서 y는 벽으로부터의 거리이고 벽에서의 온도가 가장 높다.

1.51 물의 점성계수가 20°C에서 0.001 N·s/m²이고 80°C에서 3.57×10^{-4} N·s/m²이다. 안드레이드의 방정식 $\mu = Ae^{B/T}$을 사용하여 40°C에서의 물의 점성계수를 계산하라. 이때 오차가 얼마인지를 검토하라.

압축성

1.52 식 1.5.11에서 가정된 것처럼 $d\rho/\rho = -dV\!\!\!/ /V\!\!\!/$임을 보여라.

1.53 10 MPa의 압력이 가해지면, 20°C에서 2 m³인 물의 체적 변화는 얼마인가?

1.54 2명의 공학도가 호수의 횡단거리를 알고자 한다. 호수의 한쪽에서 한 사람이 2개의 바위를 들고 물속으로 뛰어들었다. 또 다른 사람은 머리를 물속에 집어넣고 0.62초 후에 작은 소리를 듣게 되었다. 매우 정확한 스톱워치를 가지고 측정한 결과이다. 두 공학도 사이의 거리는 얼마인가?

1.55 물 20 L에 압력이 가해졌다. 체적이 18.7 L로 감소함을 관찰할 수 있었다. 물에 가해진 압력을 구하라.

1.56 다음 온도의 물을 통과하는 작은 진폭의 파동의 전파속도를 계산하라.

(a) 4°C **(b)** 37°C

(c) 97°C

1.57 온도와 함께 액체의 체적 변화가 $\Delta V = \alpha_T V \Delta T$와 같이 주어졌다. 여기서 α_T는 열팽창계수(coefficient of thermal expansion)이다. 40°C의 물에서 $\alpha_T = 3.8 \times 10^{-4}$ K^{-1}이다. $\Delta T = -20$°C라면, 체적 1 m^3의 40°C 물의 체적 변화는 얼마인가? 또 어느 정도의 압력 변화가 있어야 같은 양의 체적 변화를 야기할 수 있는가?

표면장력

1.58 분사기에 의해서 만들어지는 직경 10 μm의 작은 물방울 내부의 압력을 계산하라. 물성치들은 15°C 물에서와 같다고 가정한다. 같은 크기의 기포 생성을 위한 압력을 계산하라.

1.59 직경 1.5 mm의 작은 기포가 16°C 물의 흐름에 의해 생성된다. 기포의 내부 압력을 계산하라.

1.60 디젤엔진에서 압축왕복운동을 하는 동안 평균 공기의 압력이 8000 kPa까지 올라가는 엔진워통에 디젤연료가 직접 분사된다. 액체연료방울이 주입기로부터 연료가 만든 흐름에 의해 형성된다고 가정했을 때, 지름이 5 μm인 구형연료방울의 내부 압력을 결정하라. 공기에서의 디젤연료 표면장력은 0.025 N/m이다.

1.61 수직 벽에 대해 30°의 β로 접촉각을 가질 때, 벽에 부착된 직경 0.02 cm의 관에서 20°C의 물이 수직으로 상승하는 높이를 결정하라.

1.62 깨끗한 유리관에 접촉한 수은의 접촉각은 130°(그림 1.10에서의 β)이다. 직경 2 cm의 유리관에서 수직으로 하강하는 수은의 높이는 얼마인가? 표면장력 $\sigma = 0.47$ N/m이다.

1.63 간격 t만큼 분리된 2개의 평행 평판 사이의 액체 상승을 식으로 유도하라. 접촉각은 β, 표면장력은 σ로 나타내라.

1.64 표면장력이 σ인 액체에서 뜰 수 있는 길이 l인 바늘의 최대 직경 d에 대한 관계식을 유도하라. 바늘의 밀도는 ρ이다.

1.65 길이 7 cm, 직경 4 mm의 강철 바늘이 15°C의 물에서 뜰 수 있겠는가? 강철의 밀도는 $\rho_{steel} = 7850$ kg/m^3이다.

1.66 표면장력 σ를 가진 액체로부터 직경 D인 얇은 철사고리를 띄우는 데 필요한 최대 수직력 F를 유도하라.

1.67 2개의 평판이 적은 양의 액체를 담고 있는 용기에서 작은 각도 α를 가지고 그림 P1.67과 같이 위치해 있다. 평판이 수직이고 액체가 평판 사이로 상승한다. $\beta = 0$이라고 가정하고, 액체 표면의 위치 $h(x)$를 유도하라.

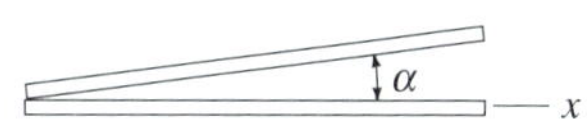

그림 P1.67

증기압

1.68 물이 어떤 위치에서 80 kPa의 진공이 존재하는 관을 통해서 수송되고 있다. 물의 비등이 일어나지 않을 최대 온도는 얼마인가? 단, $p_{atm} = 92$ kPa을 사용한다.

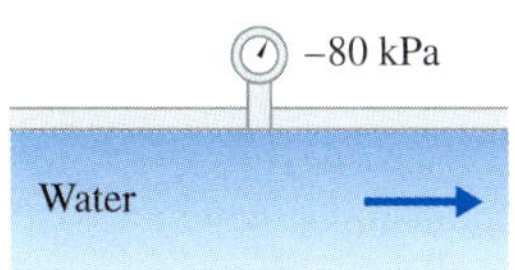

그림 P1.68

1.69 한 탐험가 그룹이 그들의 고도를 알고자 했다. 한 엔지니어가 물을 끓이고 그때의 온도가 82°C가 되는 것을 측정하였다. 그들은 배낭에서 유체역학 책을 꺼내어 그들의 고도를 말했다. 그들의 고도는 얼마인가?

1.70 탱크 속에 40°C 물을 반쯤 채우고 내부의 기체를 모두 비웠다. 물 위의 공간에서 기대할 수 있는 최소의 압력은 얼마인가?

1.71 물이 수축부를 통과함으로써 낮은 압력이 되었다. 이때 물이 −79.3 kPa의 압력에서 끓는 것이 관찰 되었다. 만약 대기압이 101.3 kPa이라면, 물의 온도는 얼마인가?

1.72 10 MPa의 압력을 생산할 수 있는 일련의 펌프에 의해, 오일이 배관을 통해서 수송되고 있다. 배관에 의한 손실은 1 킬로미터당 600 kPa의 압력 저하를 야기한다. 펌프들 사이의 가능한 최대 간격은 얼마인가?

이상기체

1.73 표준상태(15°C, 101.3 kPa 절대) 공기의 밀도와 비중을 결정하라.

1.74 집 안과 밖의 공기의 밀도를 구하라. 집 안의 온도는 20°C를 ,집 밖에서는 −25°C를 사용하고, 대기압으로는 85 kPa을 사용하라. 바람이 없을 경우, 안에서 밖으로 공기의 움직임이 있겠는가? 설명하라.

1.75 0.41 m^3 탱크의 압력이 5.17 MPa이고 온도가 −13°C일 때 공기의 질량과 밀도를 구하라.

1.76 치수가 10 m × 20 m × 4 m인 교실 안에서 포함되어 있는 공기의 무게를 추정하라. 변수들은 일반적인 값들로 가정한다.

1.77 미시간주에서 −13°C일 때, 자동차 타이어의 압력은 240 kPa이다. 그 차가 애리조나주를 달리게 될 때, 온도는 고속도로상의 온도이고, 타이어의 온도는 66°C까지 올라간다. 타이어 내부의 최대 압력을 추정하라.

1.78 지표면 1 m^2 위에 포함되어 있는 대기의 모든 공기의 질량을 구형의 공간 안에 넣었다. 만약 공기가 표준상태라면 그 구의 직경은 얼마인지 추정하라.

제1법칙

1.79 물체가 정지 상태에서 떨어졌다. 에너지방정식을 이용하여, 3 m와 6 m 떨어졌을 때의 속도를 결정하라.

1.80 만약 15 kg질량이 10 m/s로 출발해서 정미힘이 운동 방향으로 작용하는 동안 10 m의 거리를 움직인다면 수평으로 움직일 때의 최종 속도는 얼마인가?(여기서 s는 움직인 방향으로의 거리이다.)

(a) 200 N **(b)** 20s N

(c) 200 cos ($s\pi$/20) N

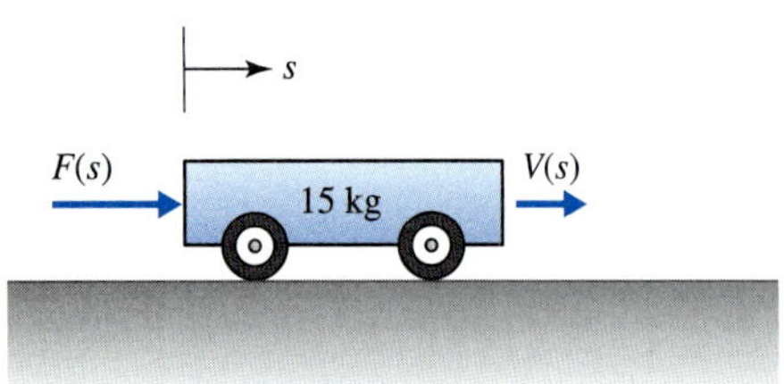

그림 P1.80

1.81 10 kg 질량이 40 m/s로 움직여서 피스톤에 부착된 플런저를 때렸다. 그 피스톤은 실린더 안에 포함된 0.2 kg의 공기를 압축한다. 만약 질량이 정지 상태로 되었다면, 공기에 있어서 온도의 최대 상승은 얼마인가? 어떤 효과 때문에 온도 상승이 더 작아지는가?

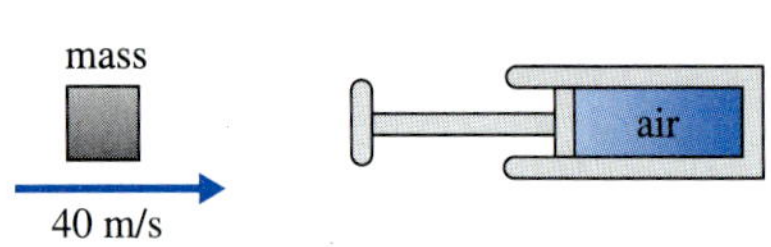

그림 P1.81

1.82 100 km/h의 속도로 달리는 1500 kg의 자동차가 갑자기 고리에 의해 정지되고 모든 운동에너지는 2000 cm^3의 물에 들어 있는 유압식 충격 흡수장치에 방산된다. 물의 최대 온도 상승을 계산하라.

1.83 연료 0.2 kg 질량이 40 MJ/kg의 에너지를 포함하고 있다. 만약 완전연소가 일어나고 연료 주위를 둘러싸고 있는 물이 주위로부터 완전히 절연되어 있을 경우, 물 100 kg의 온도 상승을 계산하라.

1.84 온도가 21°C로 일정하게 유지되는 동안 2 kg의 공기가 실린더와 피스톤에 의해 압축된다. 초기의 압력이 207 kPa 절대일 경우 절대압력이 2배가 되도록 공기를 압축하는 데 필요한 일을 계산하라. 또한 열전달을 계산하라.

1.85 초기의 온도가 아래와 같을 경우에 200 kPa 절대의 공기를 포함하고 있는 2 m^3의 고정된 체적에서 절대압력을 2배로 만드는 데 필요한 열전달을 결정하라.

(a) 20°C **(b)** 100°C

(c) 200°C

1.86 압력이 일정하게 유지되는 동안 열이 실린더 내부의 2 kg 공기에 전달되어 온도가 2배로 되었다. 초기의 온도가 다음과 같은 경우에 필요한 일을 구하라.

(a) 60°C **(b)** 150°C

(c) 200°C

등엔트로피 유동

1.87 공기가 탱크 내에서 절대압력 5 MPa와 온도 20°C로 유지되고 있다. 공기가 구멍을 통해 빠져나가면서 절대압력이 500 kPa에 도달한다. 단열이고, 준평형과정이라고 가정할 때 출구의 온도를 계산하라.

1.88 열전달이 없는 공기의 유동에서 온도가 20°C에서 150°C까지 변하였다. 초기의 압력이 150 kPa일 경우 최종 압력의 최댓값을 추정하라.

1.89 공기가 20°C에서부터 200°C로 단열된 실린더에서 압축되었다. 만약 초기의 절대압력이 100 kPa라면, 최종 압력 최댓값은 얼마인가? 그리고 이 과정에서 요구되는 일은 얼마인가?

음속

1.90 다음 각각의 경우 20°C에서의 음속을 계산하라.

(a) 공기 **(b)** 이산화탄소

(c) 질소 **(d)** 수소

(e) 수증기

1.91 고도 10 000 m에서의 음속과 해수면에서의 음속을 계산하여 몇 퍼센트의 차이가 있는지 비교하라.

1.92 벌목하는 사람이 저 멀리 떨어져서 도끼를 가지고 나무를 찍는다. 관찰자는 디지털 스톱워치를 사용하여 도끼가 나무를 치는 순간에서부터 그가 소리를 들었을 때까지의 시간을 재었는데, 8.32초로 측정되었다. 온도가 아래와 같을 경우에 관찰자는 벌목하는 사람으로부터 얼마나 멀리 떨어져 있는가?

(a) $T = -20°C$ **(b)** $T = 20°C$

(c) $T = 45°C$

모로 포인트(Morrow Point) 댐은 아치형 댐의 한 예이다. 곡선형 벽은 구조물의 두께를 최소화하면서 상류의 큰 유체 정역학적 하중을 견딜 수 있도록 한다. (미국 내무부 개척국)

2

유체 정역학

Fluid Statics

개요

학습목표

이 장의 학습목표는 다음과 같다:

- ▲ 정지 상태에서의 유체의 압력 변화를 정의한다.
- ▲ 압력 측정을 위해 액주계의 사용 방법을 학습한다.
- ▲ 부력을 포함하여 평면 또는 곡면에 작용하는 힘을 계산한다.
- ▲ 물에 잠겨 있거나 떠 있는 물체의 안정성을 결정한다.
- ▲ 선형가속도를 받거나 회전하는 용기에 작용하는 압력 및 힘을 계산한다.
- ▲ 정지 상태의 유체에 대한 압력 및 힘을 계산하는 방법을 보여 주는 다양한 예제 및 문제를 제공한다.

2.1 서론

유체 정역학: 유체의 입자 사이에 상대운동이 없는 유체의 특성을 다루는 학문

KEY CONCEPT
운동이 존재하지 않는 곳에서 작용하는 응력은 압력뿐이다.

유체 정역학은 유체의 입자 사이에 상대운동이 없는 유체의 특성을 다루는 학문이다. 만약 유체 내 상대운동이 없다면 전단응력이 존재하지 않는다. 왜냐하면 전단응력이 존재하려면 속도구배(du/dy)가 필요하기 때문이다. 따라서 남아 있는 유일한 응력은 수직응력, 즉 압력이며 결론적으로 유체 정역학에서 가장 중요한 관심사는 압력이다.

그림 2.1은 유체 정역학에 해당되는 세 가지 상황을 묘사한다. 댐에 가해지는 물의 압력, 선형가속도를 받는 장치에서의 유체 그리고 회전실린더에서의 유체가 유체 정역학에 해당된다. 이 세 가지 상황에서 유체는 유체주위를 포함하는 좌표계에 대하여 평형 상태에 있으며, 정지하고 있는 유체의 몇 가지 예로써 액주계(manometer)라는 측정도구와 부력에 대하여 알아볼 것이다. 마지막으로 배와 같이 떠 있는 물체의 안정성 또한 고려할 것이다.

2.2 한 점에서의 압력

한 점에서의 압력이란 미소면적에 작용하는 미소 수직압축력으로 정의한다. 여기서 한 점에서의 압력이 면적의 방향 변화에 대하여 어떻게 바뀌는지에 대하여 궁금해 할 것이다. 전단응력이 없는 유동 중에(있는 유체의 경우라 하더라도) 한 점에서의 압력은 방향성이 없다는 것을 보이기 위해 그림 2.2와 같이 단위깊이(z 방향)를 가지는 쐐기 모양의 요소를 고려한다. 그림에 나타난 것과 같이 압력 p가 경사면에 작용하고 서로 다른 압력이 다른 면 위에 작용한다고 가정하자. 각각의 끝 면에서의 힘은 z 방향과 무관하므로 압력요소에 포함시키지 않았다. 이제 요소의 x, y 방향으로 뉴턴의 제2법칙을 적용해 보자.

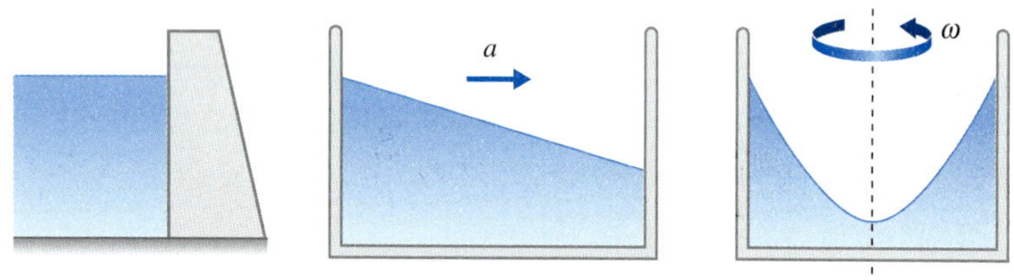

그림 2.1 유체 정역학의 예: (a) 정지 중인 액체 (b) 선형가속도를 받은 유체 (c) 각회전하는 유체

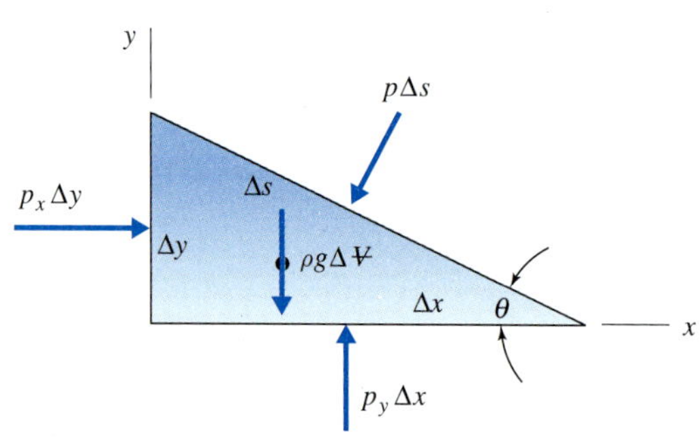

그림 2.2 유체의 한 점에 대한 압력

$$\Sigma F_x = ma_x: \qquad p_x\Delta y - p\Delta s \sin\theta = \rho \frac{\Delta x \Delta y}{2} a_x$$
$$\Sigma F_y = ma_y: \qquad p_y \Delta x - \rho g \frac{\Delta x \Delta y}{2} - p\Delta s \cos\theta = \rho \frac{\Delta x \Delta y}{2} a_y \qquad (2.2.1)$$

여기서 $\Delta \forall = \Delta x \, \Delta y/2$를 사용하였다(깊이에 대해 고려할 경우 Δz를 포함시킬 수 있다). 주어진 압력들은 주위의 유체에 의해 작용하는 평균압력을 나타낸다.

$$\Delta s \sin\theta = \Delta y \qquad \Delta s \cos\theta = \Delta x \qquad (2.2.2)$$

식 (2.2.2)를 식 (2.2.1)에 대입하면 다음과 같은 형태를 얻는다.

$$p_x - p = \frac{\rho a_x}{2}\Delta x$$
$$p_y - p = \frac{\rho(a_y + g)}{2}\Delta y \qquad (2.2.3)$$

요소가 $\Delta x \to 0$, $\Delta y \to 0$와 같이 한 점으로 줄어드는 상황을 고려하자. 이때 식 (2.2.3)의 우변은 유동 내의 유체에서도 0이 되며 다음과 같은 결과가 된다. 따라서 한 점에서 유체에 작용하는 압력은 다음과 같다.

$$p_x = p_y = p \qquad (2.2.4)$$

θ는 임의의 값이므로 식 (2.2.4)의 관계는 한 점의 모든 각도에 대하여 성립한다. xz 평면에 대한 요소를 분석한다면 $p_x = p_z = p$의 결과를 얻을 수 있다. 그러므로 한 점에서의 유체에 작용하는 압력은 일정하다는 결론을 내릴 수 있다. 즉, 압력은 스칼라함수라는 것이다. 압력은 주어진 한 점에서 정지한 유체나 전단응력이 존재하는 유동 중인 유체에서도 모든 방향에서 동일하게 작용한다.

KEY CONCEPT
주어진 점에서 모든 방향으로 작용하는 유체의 압력은 평형이다.

2.3 압력 변화

정지 중이거나 가속도를 받는 유체의 압력 변화를 예측하기 위하여 일반적인 방정식을 구할 수 있다. 이때 고려할 사항은 유체요소가 다른 요소에 대해 상대적 위치가 동일하다는 조건이다(이에 따라 전단응력은 존재하지 않는다). 이와 같은 유체에서 압력 변화를 정의하기 위하여 그림 2.3과 같은 미소요소를 고려한다. 여기서 z 방향은 수직 방향을 나타낸다. 한 점에서 다른 점으로의 압력 변화는 뉴턴의 제2법칙을 적용함으로써 정의된다. 즉, 유체요소에 가해지는 합력은 질량과 요소의 가속도의 곱과 같다.

만약 압력 p가 요소의 중앙에 위치한다면, 각 측면에서의 압력들은 $p(x, y, z)$에 대한 연쇄법칙(Chain Rule)에 의해 구할 수 있다.

$$dp = \frac{\partial p}{\partial x}dx + \frac{\partial p}{\partial y}dy + \frac{\partial p}{\partial z}dz \qquad (2.3.1)$$

중앙에서 $dx/2$의 거리만큼 떨어진 위치에서의 압력은 다음과 같다.

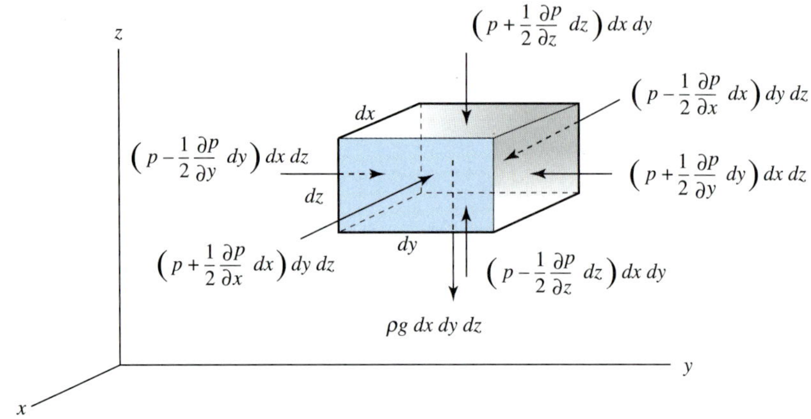

그림 2.3 *xyz* 기준 좌표계에서 정지중인 미소요소에 작용하는 힘 (기준좌표계는 가속중이거나 회전하는 상태일수도 있다)

$$p\left(x+\frac{dx}{2}, y, z\right) = p(x, y, z) + \frac{\partial p}{\partial x}\frac{dx}{2} \tag{2.3.2}$$

그림 2.3과 같이 모든 면의 압력은 이와 같은 방법으로 표현된다. 관성계에서의 뉴턴의 제 2법칙은 벡터로 표현된다.

$$\Sigma\,\mathbf{F} = m\mathbf{a} \tag{2.3.3}$$

z를 수직 방향, 질량을 $\rho\ dx\ dy\ dz$로 가정할 경우 세 방향 성분에 대한 방정식은 다음과 같다.

$$\begin{aligned}
-\frac{\partial p}{\partial x}\,dx\,dy\,dz &= \rho a_x\,dx\,dy\,dz \\
-\frac{\partial p}{\partial y}\,dx\,dy\,dz &= \rho a_y\,dx\,dy\,dz \\
-\frac{\partial p}{\partial z}\,dx\,dy\,dz &= \rho(a_z+g)\,dx\,dy\,dz
\end{aligned} \tag{2.3.4}$$

여기서 a_x, a_y 그리고 a_z는 각 요소의 가속도 성분이다. 위식을 요소체적 $dx\ dy\ dz$로 나누면 다음과 같은 식이 나온다.

$$\begin{aligned}
\frac{\partial p}{\partial x} &= -\rho a_x \\
\frac{\partial p}{\partial y} &= -\rho a_y \\
\frac{\partial p}{\partial z} &= -\rho(a_z+g)
\end{aligned} \tag{2.3.5}$$

식 (2.3.1)로부터 모든 방향에 대한 압력미분은 다음과 같이 결정된다.

$$dp = -\rho a_x dx - \rho a_y dy - \rho(a_z + g)dz \qquad (2.3.6)$$

여기서 z는 항상 수직 방향이다. 특정한 점 사이에서의 압력 차는 식 2.3.6을 적분하여 얻을 수 있다. 이 방정식은 다양한 문제에 적용할 수 있으며, 2장의 다른 절에서 위 식의 유용성을 보여줄 것이다.

2.4 정지 중인 유체

정지 중인 유체는 어떠한 가속도도 받지 않는다. 그러므로 $a_x = a_y = a_z = 0$이고, 식 2.3.6은 다음과 같다.

$$dp = -\rho g\, dz \qquad (2.4.1)$$

$$\frac{dp}{dz} = -\gamma \qquad (2.4.2)$$

위 식은 x, y 방향으로의 압력 변화가 없음을 나타낸다. 즉, 압력은 z 방향으로만 변한다. 또한 dz가 양일 경우 dp는 음이 되며, 이는 위쪽 방향으로 올라갈 경우 압력은 감소하고 아래 방향으로 내려갈 경우 압력이 증가함을 나타낸다.

2.4.1 정지한 유체에서의 압력

만약 밀도가 일정하다고 가정하면 식 2.4.2는 다음과 같이 적분된다.

$$\Delta p = -\gamma \Delta z \text{ 또는 } p + \gamma z = \text{constant} \text{ 또는 } \frac{p}{\gamma} + z = \text{constant} \qquad (2.4.3)$$

그러므로 압력은 깊이가 깊어짐에 따라 증가한다. 여기서 z는 수직 상방을 양으로 정의한다. 여기서 $(\rho/\gamma + z)$는 보통 피에조미터 수두(*piezometric head*)라고 부른다. 만약 관심 있는 점이 **자유표면**(free surface, 액체와 기체를 분리하는 표면) 아래로 h 만큼 떨어져 있다면, 그림 2.4에서 보는 것과 같이 식 2.4.3은 다음과 같이 된다.

자유표면: 액체와 기체를 분리하는 표면

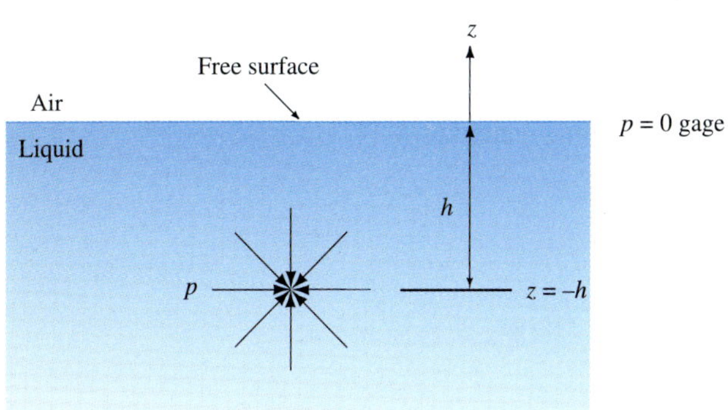

그림 2.4 자유표면 아래의 압력

$$p = \gamma h \tag{2.4.4}$$

KEY CONCEPT
방정식 P = γh는 액체의 압력을 높이로 변환하는 데 이용된다.

여기서 $h = 0$일 때, $p = 0$이다. 이 방정식은 압력을 등가수두로 바꾸는데 아주 유용하다. 예를 들어 대기압은 수은기둥의 높이로 표현된다. 즉 대기압은 특정 높이에 있는 수은기둥의 압력과 동일하며, 수은의 비중량을 알고 있을 경우, 식 2.4.4를 이용하여 수은기둥의 높이를 얻을 수 있다.

2.4.2 대기압

표준대기: 위도 40°에서 계산을 표준화함

대기에서는 밀도가 높이에 따라 달라지므로 식 2.4.1을 수직경로에 따라 적분해야 한다. 대기는 일반적으로 대류권(*troposphere*), 성층권(*stratosphere*), 전리권(*ionosphere*), 외기권[1](*exosphere*)의 네 가지 층으로 나누어지며, 대기의 조건은 시간과 위도에 다라 변한다. 즉 적도 부근에서는 대기가 두껍고 극지방에서는 대기가 얇으므로, 대기에 대한 계산은 위도 40°을 **표준대기**(standard atmosphere)로 설정하고 이를 기준으로 한다. 표준대기에서 대류권의 온도는 $T(z) = T_0 - \alpha z$와 같이 고도에 따라 선형적으로 변한다. 여기서 기온체감률(*lapse rate*) $\alpha = 0.0065$ K/m 그리고 $T_0 = 288$ K이다. 성층권에서 낮은 부분인 11 km에서 20 km 부근에서는 온도가 −56.5°C로 일정하다. 그리고 온도는 다시 증가하여 50 km 근방에서 최고치에 다다른다. 그리고 전리권에 이르기까지 온도는 다시 감소한다. 그림 2.5는 세 가지 산의 고도에 따른 압력 변화를 나타낸다. 또한 그림 2.6에는 표준대기압이 나타나 있다. 전리권과 외기권에서의 공기밀도는 아주 작기 때문에 인공위성이 이 층에서 궤도를 그리며 지구 주위를 도는 것이 가능하다.

대류권의 압력 변화를 정의하기 위해 이상기체 방정식 $p = \rho RT$와 식 2.4.1을 이용하면 다음과 같은 식을 얻는다.

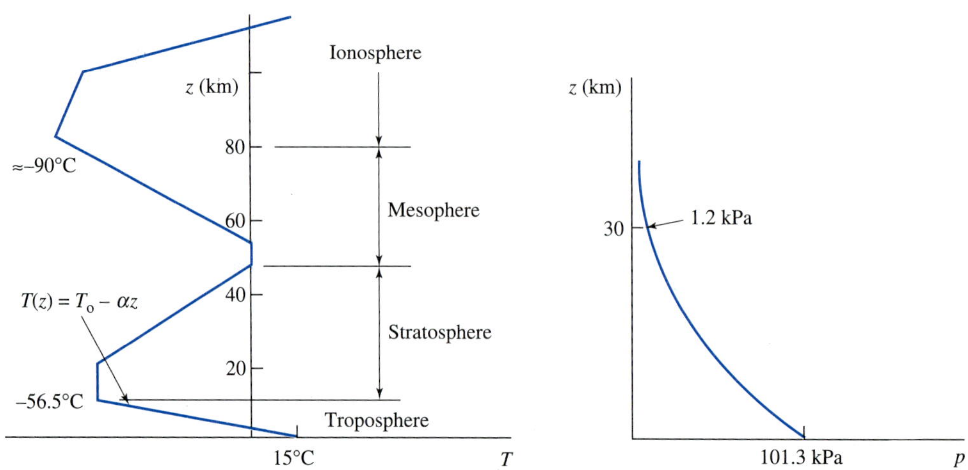

그림 2.5 고도에 따른 대기압

[1]전리권층은 온도권과 외기권으로 구성되어 있다.

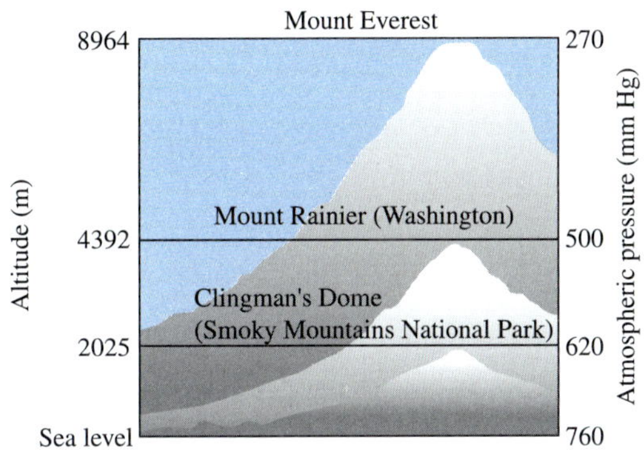

그림 2.6 표준 대기

$$dp = -\frac{pg}{RT}dz$$

또는

$$\frac{dp}{p} = -\frac{g}{RT}dz \tag{2.4.5}$$

해수면으로부터 높이 z 까지 적분을 취하면 다음과 같고,

$$\int_{p_{\text{atm}}}^{p} \frac{dp}{p} = -\frac{g}{R}\int_0^z \frac{dz}{T_0 - \alpha z} \tag{2.4.6}$$

이것을 적분하면 다음과 같다.

$$\ln\frac{p}{p_{\text{atm}}} = \frac{g}{\alpha R}\ln\frac{T_0 - \alpha z}{T_0} \tag{2.4.7}$$

위 식은 다음과 같은 형태로 표현할 수 있다.

$$p = p_{\text{atm}}\left(\frac{T_0 - \alpha z}{T_0}\right)^{g/\alpha R} \tag{2.4.8}$$

식 2.4.8에서 표준대기 조건을 사용한다면 $z = 10$ m에서 $p/p_{\text{atm}} = 0.999$를 얻을 수 있다. 결론적으로 z가 상대적으로 크지 않다면 공기와 같은 기체에서는 압력 변화를 무시할 수 있다.

성층권에서 온도가 일정하다면 식 2.4.5는 다음과 같이 적분될 수 있다.

$$\int_{p_s}^{p} \frac{dp}{p} = -\frac{g}{RT_s}\int_{z_s}^{z} dz \tag{2.4.9}$$

$$\ln\frac{p}{p_s} = -\frac{g}{RT_s}(z - z_s) \tag{2.4.10}$$

또는

$$p = p_s \exp\left[\frac{g}{RT_s}(z_s - z)\right] \tag{2.4.11}$$

아래첨자 s는 대류권과 성층권 경계에서의 조건을 나타낸다. 부록(표 B.3)은 높이 80 km까지 표준공기의 물성 값을 나타낸다.

예제 2.1

산악지대에서 수은주로 680 mm의 압력이 측정되었다. 이를 kPa과 물기둥(m)으로 표현하라. 또한 해발 2000 m에서 시작해 500 m 상승할 때마다 발생하는 압력감소율을 계산하라. 밀도는 일정하다고 가정한다.

풀이

식 2.4.4와 식 1.5.2의 $S_{Hg} = 13.6$을 이용하면 다음과 같이 나타낼 수 있다.

$$\begin{aligned} p &= \gamma_{Hg} h \\ &= (9.81\ \text{kN/m}^3 \times 13.6) \times 0.680\ \text{m} = 90.7\ \text{kPa} \end{aligned}$$

이를 물의 기둥(m)로 변환하면 다음을 얻을 수 있다.

$$\begin{aligned} h &= \frac{p}{\gamma_{H_2O}} \\ &= \frac{90.7}{9.810} = 9.25\ \text{m of water} \end{aligned}$$

압력감소율을 구하기 위해, 식 2.4.3과 부록(표B.3)의 밀도를 이용한다.

$$\begin{aligned} \Delta p &= -\gamma \Delta z = -\rho g \Delta z \\ &= -1.007\ \text{kg/m}^3 \times 9.81\ \text{m/s}^2 \times 500\ \text{m} = -4940\ \text{Pa} \end{aligned}$$

주: 중력이 유효숫자 세 자리로 주어졌으므로 답을 유효숫자 세 자리로 나타낸다.

예제 2.2

등온상태인 대기로 가정하여 해발 10 000 m에서의 압력을 근사치로 계산하고 식 2.4.8을 이용해 구한 값과 부록(표B.3)에서의 실제 값과 비교하여 오차를 구하여라. 온도는 5000 m에서의 온도인 256 K를 사용하여라.

풀이

식 2.4.5에서 온도 T가 일정하다고 가정하면 다음과 같다.

$$\int_{101}^{p} \frac{dp}{p} = -\frac{g}{RT}\int_{0}^{z} dz$$

$$\ln\frac{p}{101} = -\frac{gz}{RT} \qquad \text{or} \qquad p = 101e^{-gz/RT}$$

$z = 10\ 000$ m 그리고 $T = 256$ K로 대체하면 결과는 다음과 같다.

(계속)

$$p = 101e^{-9.81 \times 10\,000/(287 \times 256)}$$

$$= 26.57 \text{ kPa}$$

식 2.4.8을 사용하면 다음을 얻을 수 있다.

$$p = p_{\text{atm}}\left(\frac{T_0 - \alpha z}{T_0}\right)^{g/\alpha R}$$

$$= 101\left(\frac{288 - 0.0065 \times 10\,000}{288}\right)^{9.81/0.0065 \times 287} = 26.3 \text{ kPa}$$

부록(표 B.3)으로부터 해발 10 000 m에서의 실제 압력은 26.50 kPa이다. 따라서 오차율은 다음과 같다.

$$\% \text{ error} = \left(\frac{26.57 - 26.3}{26.3}\right) \times 100 = 1.03\%$$

$$\% \text{ error} = \left(\frac{26.57 - 26.50}{26.50}\right) \times 100 = 0.26\%$$

오차가 매우 작기 때문에, 일반적으로 등온인 대기 상태를 가정한다. gz/RT를 계산할 때 R을 0.287 kJ/kg·K가 아닌 287 J/kg·K을 사용한다. gz/RT가 무차원임을 확인하기 위해 N = kg·m/s²을 사용하면 다음과 같다.

$$\left[\frac{gz}{RT}\right] = \frac{(\text{m/s}^2)\text{m}}{(\text{J/kg}\cdot\text{K})\text{K}} = \frac{\text{m}^2/\text{s}^2}{\text{N}\cdot\text{m/kg}} = \frac{\text{m}^2/\text{s}^2}{(\text{kg}\cdot\text{m}^2/\text{s}^2)/\text{kg}} = \frac{\text{m}^2/\text{s}}{\text{m}^2/\text{s}}$$

2.4.3 액주계

액주계(manometer)는 액체 기둥을 이용하여 압력을 측정하는 기구이다. 그림 2.7에는 세 종류의 액주계와 사용법을 도시하였다. (a)에서는 상대적으로 작은 압력차를 측정하는데 사용되는 U자관을 도시하였다. 파이프에서의 압력은 1점에서의 파이프 중심의 압력을 정의하고 오른쪽 기둥의 표면에서 2점을 정의하여 구할 수 있다. 식 2.4.3을 이용하면,

$$p_1 + \gamma z_1 = p_2 + \gamma z_2$$

을 얻을 수 있다. 여기서 z_1, z_2로 측정되는 기준점은 점 1을 통과하는 임의의 위치로 선정할 수 있다. $p_2 = 0$(여기서는 계기압력이 사용되었다. 만약 절대압력을 사용할 경우 $p_2 = p_{\text{atm}}$을 사용해야 한다.), $z_2 - z_1 = h$이므로 다음과 같다.

$$p_1 = \gamma h \tag{2.4.12}$$

그림 2.7b는 γ_2가 매우 큰 물질을 사용함으로써 상대적으로 높은 압력을 측정하는데 사용되는 액주계를 나타낸다. 예를 들면 γ_2 로 $\gamma_2 = 13.6\gamma_{\text{water}}$ 인 수은을 사용할 수 있다. 그림에 나타나 있는 것과 같이 세 점을 표시함으로써 압력을 결정할 수 있다. 이는 식 2.4.3을 하나의 유체에 적용하기 위하여 필요하며 이때 γ는 일정해야 한다. 점 2에서 γ의 값이 갑자기 변화한다. 점 2와 점 2′는 같은 유체 내 동일 높이에 있으므로 압력이 같다. 따라서

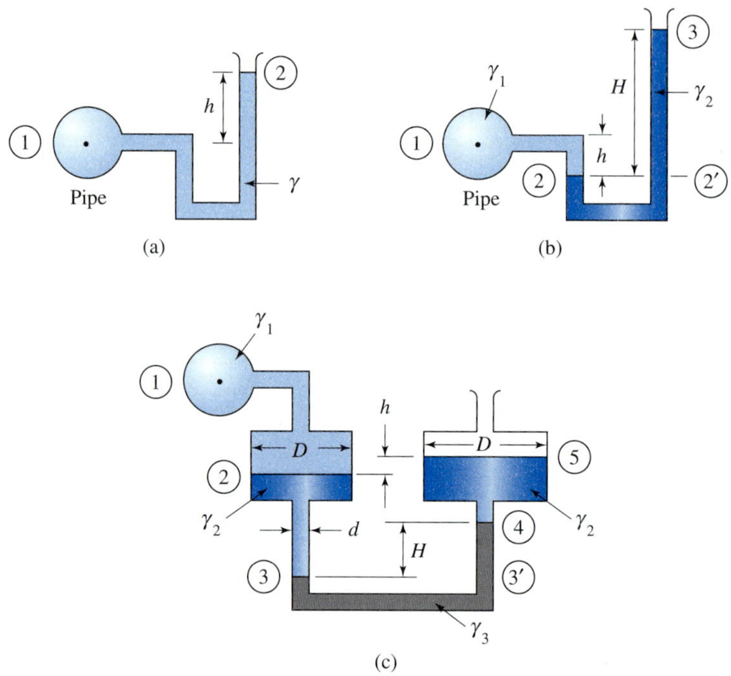

그림 2.7 액주계(manometer)의 종류: (a) U자관 액주계(작은 압력용); (b) U자관 액주계(큰 압력); (c) 마이크로 액주계(매우 작은 압력 변화 측정용)

$$
\begin{aligned}
p_2 &= p_2' \\
p_1 + \gamma_1 h &= p_3 + \gamma_2 H
\end{aligned}
\tag{2.4.13}
$$

여기서 $p_3 = 0$(계기압력이 사용되었다)로 설정하면 다음과 같다.

$$
p_1 = -\gamma_1 h + \gamma_2 H \tag{2.4.14}
$$

그림 2.7c는 아주 작은 압력 변화를 측정하는데 사용되는 마이크로액주계를 나타낸다. 표시된 다섯 개의 점을 사용하면 다음과 같이 나타낼 수 있다.

$$
p_1 + \gamma_1(z_1 - z_2) + \gamma_2(z_2 - z_3) = p_5 + \gamma_2(z_5 - z_4) + \gamma_3(z_4 - z_3) \tag{2.4.15}
$$

여기서 $z_2 - z_3 + h = H + z_5 - z_4$와 $p_5 = 0$를 이용하며 다음과 같이 나타낼 수 있다.

$$
\begin{aligned}
p_1 &= \gamma_1(z_2 - z_1) + \gamma_2(h - H) + \gamma_3 H \\
&= \gamma_1(z_2 - z_1) + \gamma_2 h + (\gamma_3 - \gamma_2)H
\end{aligned}
\tag{2.4.16}
$$

위의 세 가지 액주계의 모든 식에서 경계면의 점들만 사용하였다. 이 방법은 액주계를 해석할 때 꼭 필요한 사항이다. 마이크로 액주계는 p_1에서의 작은 압력 변화가 상대적으로 큰 편차 H를 만들기 때문에 아주 작은 압력을 측정할 수 있다. 압력 p_1의 변화로 야기된 H의 변화는 식 2.4.16을 이용하여 구할 수 있다. p_1이 Δp_1만큼 증가할 때 z_2는 Δz만큼 감소한다고 가정하자. 이때 h와 H 역시 변한다. z_2의 감소가 z_5의 증가와 연관되어 있는 것을 고려하면 h는 2Δ 만큼 증가한다. 또한 체적이 보존된다고 가정하면 H는 $2\Delta z D^2/d^2$ 만큼 증가한다. 그러므로 압력 변화 Δp_1은 다음과 같이 표현할 수 있다.

$$\Delta p_1 = \gamma_1(-\Delta z) + \gamma_2(2\Delta z) + \frac{(\gamma_3 - \gamma_2)2\Delta z D^2}{d^2} \tag{2.4.17}$$

p_1에 대한 H의 변화율은 다음과 같다.

$$\frac{\Delta H}{\Delta p_1} = \frac{2\Delta z D^2/d^2}{\Delta p_1} \tag{2.4.18}$$

식 2.4.17을 이용하면 다음을 얻을 수 있다.

$$\frac{\Delta H}{\Delta p_1} = \frac{2D^2/d^2}{-\gamma_1 + 2\gamma_2 + 2(\gamma_3 - \gamma_2)D^2/d^2} \tag{2.4.19}$$

이 형태의 액주계에 대한 응용이 예제 2.4에 나와 있다.

예제 2.3

물과 기름이 수평 파이프를 흐른다. 두 개의 U자관 액주계가 그림 E2.3에서 보이는 것처럼 파이프와 연결되어 있다. 물이 담긴 파이프와 기름이 담긴 파이프의 압력차를 구하여라.

풀이

먼저 그림에서 관련 있는 점을 정의한다. 점 ① 부터 점 ⑤까지 높이가 감소할 때 압력을 더하고 높이가 증가할 때 압력을 빼는 과정을 통해 다음을 얻을 수 있다.

$$p_1 + \gamma(z_1 - z_2) - \gamma S_1(z_3 - z_2) - \gamma S_{air}(z_4 - z_3) + \gamma S_2(z_4 - z_5) = p_5$$

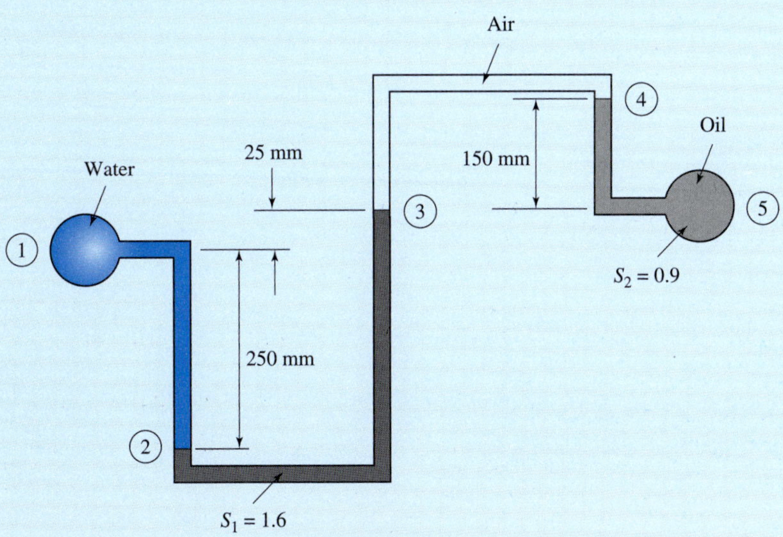

그림 E2.3

여기서 $\gamma = 9810\ \text{N/m}^3$, $S_1 = 1.6$, $S_2 = 0.9$, 그리고 $S_{air} \approx 0$이다. 따라서 두 파이프의 압력 차는 다음과 같다.

$$p_1 - p_5 = 9810\left(-\frac{250}{1000} + 1.6 \times \frac{275}{1000} + 0 \times \frac{150}{1000} - 0.9 \times \frac{150}{1000}\right)$$
$$= 539.6\ \text{Pa} \quad \text{or} \quad 0.5396\ \text{kPa}$$

여기서, 공기의 무게는 무시하였고, 3점에서의 압력은 4점에서의 압력과 같다.

예제 2.4

그림 2.7c에서 $z_1 = 0.95$ m, $z_2 = 0.70$ m, $z_3 = 0.52$ m, $z_4 = 0.65$ m, $z_5 = 0.72$ m라고 하고 $\gamma_1 = 9810$ N/m^3, $\gamma_2 = 11500$ N/m^3, $\gamma_3 = 14000$ N/m^{3}라고 하자. 지름 $D = 0.2$ m, $d = 0.01$ m 라고 할 때 (a) 파이프에서의 압력 p_1을 구하여라. (b) p_1이 100 Pa 증가할 때 H의 변화를 구하여라. (c) 그림 2.7a에서 $h = 0.5$ m이고 $\Delta p = 100$ Pa일 때 액주계의 높이 h의 변화를 구하여라.

풀이

(a) 그림 2.7c에서 다음을 알 수 있으며,

$$h = 0.72 - 0.70 = 0.02 \text{ m}$$

$$H = 0.65 - 0.52 = 0.13 \text{ m}$$

주어진 값을 식 2.4.16에 대입하면 다음과 같다.

$$\begin{aligned} p_1 &= \gamma_1(z_2 - z_1) + \gamma_2 h + (\gamma_3 - \gamma_2)H \\ &= 9810(0.70 - 0.95) + 11\,500(0.02) + (14\,000 - 11\,500)(0.13) \\ &= -1898 \text{ Pa} \end{aligned}$$

(b) 압력 p_1이 100 Pa 증가하면 $p_1 = -1798$ kPa이 되고 식 2.4.19를 이용하면 H의 변화량은 다음과 같이 나타낼 수 있다.

$$\Delta H = \Delta p_1 \frac{2D^2/d^2}{-\gamma_1 + 2\gamma_2 + 2(\gamma_3 - \gamma_2)D^2/d^2}$$

$$\Delta H = 100 \frac{2(20^2)}{-9810 + 2(11\,500) + 2(14\,000 - 11\,500) \times 20^2} = 0.0397 \text{ m}$$

(c) 그림 2.7a에서 p_1은 $p = \gamma h$로 주어진다. 처음 $h = 0.50$ m라고 하면 최초 압력 p_1은 다음과 같다.

$$p_1 = 9810 \times 0.50 = 4905 \text{ Pa}$$

여기서 p_1이 100 Pa 증가하면 h는 다음과 같이 구해진다.

$$p_1 = \gamma h$$

$$h = \frac{p_1}{\gamma} = \frac{5005}{9810} = 0.510 \text{ m.} \quad \therefore \Delta h = 0.510 - 0.5 = 0.01 \text{ m}$$

따라서 압력이 100 Pa 증가할 때 (a)의 액주계에서는 h 가 1 cm씩 증가한다. 즉 마이크로 액주계에 비해 25%의 증가율만 보이고 있다.

2.4.4 평면에 작용하는 힘

댐이나 수중 보, 배의 표면, 물이 담긴 탱크와 같이 물에 잠겨 있는 장치나 물체의 설계를 위해서는 평면이나 곡면에 작용하는 힘의 크기나 위치에 대한 계산이 필요하다. 이 절에서는 그림 2.8에서 보이는 것과 같이 일반적인 형상을 가진 평면을 고려할 것이다. 평면 및 측면의 형상은 그림 2.8에 나타내었으며, 이때 평면에 작용하는 힘의 총합은 그 면적에 작용하는 압력을 적분함으로써 구할 수 있다.

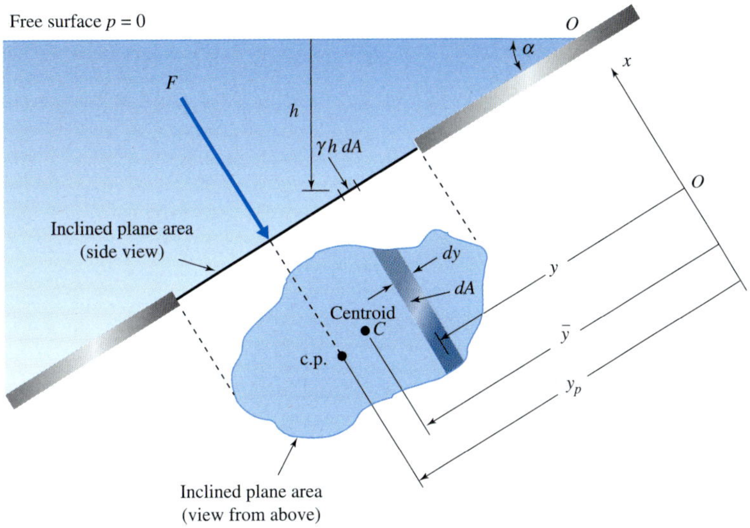

그림 2.8 경사진 평면에 작용하는 힘

$$F = \int_A p\, dA \tag{2.4.20}$$

여기서 압력은 계기압력을 사용한다. 대기압은 양 측면에 작용하기 때문에 상쇄될 수 있다. x, y 축은 그림과 같이 평면에 평행하게 작용한다. $h = 0$인 점에서 $p = 0$라고 가정하면 다음과 같다.

$$\begin{aligned} p &= \gamma h \\ &= \gamma y \sin \alpha \end{aligned} \tag{2.4.21}$$

여기서 h는 자유표면에서 미소면적 dA 까지 수직으로 측정된 거리를 나타내며, y는 자유표면 O 점에서 미소면적 dA 까지 측정된 거리이다. 따라서 힘은 다음과 같이 표현된다.

$$\begin{aligned} F &= \int_A \gamma h\, dA \\ &= \gamma \sin \alpha \int_A y\, dA \end{aligned} \tag{2.4.22}$$

도심까지의 거리는 다음과 같이 정의된다.

$$\bar{y} = \frac{1}{A} \int_A y\, dA \tag{2.4.23}$$

따라서 힘에 대한 표현은 다음과 같다.

$$\begin{aligned} F &= \gamma \bar{y} A \sin \alpha \\ &= \gamma \bar{h} A = p_C A \end{aligned} \tag{2.4.24}$$

여기서 $\bar{h}$는 자유표면에서 평면의 중심까지의 수직거리이며, p_C는 도심에서의 압력이다. 평면에 작용하는 힘의 크기는 도심에 작용하는 압력과 면적의 곱이라는 것을 알 수 있다. 일반적으로 힘은 도심에 작용하지 않는다.

KEY CONCEPT
평면에 작용하는 힘의 크기는 도심에 작용하는 압력과 면적의 곱과 같다.

압력중심: 합력이 작용하는 점

합력 F 가 작용하는 위치를 찾기 위하여, 면적 A에 작용하는 모든 미소압력들의 모멘트 합이 합력의 모멘트와 같다야 한다는 점에 주목하자. 힘 F를 **압력중심** 점 (x_p, y_p)에 적용시켜보자. 여기서 y_p는 x 축에 대한 모멘트와 동등하게 놓음으로써 구할 수 있다.

$$y_p F = \int_A yp\, dA$$
$$= \gamma \sin\alpha \int_A y^2\, dA = \gamma I_x \sin\alpha \tag{2.4.25}$$

여기서 x 축에 대한 단면 2차 모멘트는 다음과 같다.

$$I_x = \int_A y^2\, dA \tag{2.4.26}$$

단면 2차 모멘트는 도심에 대한 평행축정리(transfer theorem)에 의해 도심에 대한 2차 면적 모멘트 $\bar{I}$에 의해 구할 수 있다.

$$I_x = \bar{I} + A\bar{y}^2 \tag{2.4.27}$$

식 2.4.24와 2.4.27을 식 2.4.35에 대입하면 다음과 같은 식을 얻을 수 있다.

$$y_p = \frac{\gamma(\bar{I} + A\bar{y}^2)\sin\alpha}{\gamma\bar{y}A\sin\alpha} = \bar{y} + \frac{\bar{I}}{A\bar{y}} \tag{2.4.28}$$

여기서 $\bar{y}$는 자유표면(x 축)을 기준으로 평면에 평행하게 측정된다.

KEY CONCEPT
사각문에 작용하는 힘은 액체와 접하는 최상점으로부터 2/3 아래 지점에서 작용한다.

몇 가지 형태에 대한 도심과 모멘트가 부록 C에 나와 있다. 위의 식을 사용하면 그림 2.9에서처럼 수면 위로 끝 부분이 튀어 나온 직사각형 문에 작용하는 힘은 수면 아래로 2/3이 되는 점에 작용한다는 것을 알 수 있다. 이는 문에 작용하는 삼각형 모양의 압력분포를 생각하면 확실히 알 수 있다. 식 2.4.28을 통해 y_p 가 항상 $\bar{y}$ 보다는 더 크다는 사실을 알 수 있다. 즉 평면에 작용하는 합력은 평면의 중심보다 항상 아래에 작용한다는 말이 된다. 하지만 $\bar{y} = \infty$인 수평면에서는 압력 중심과 도심은 일치한다.

이와 유사하게 압력중심 x_p를 구하는 식은 다음과 같다.

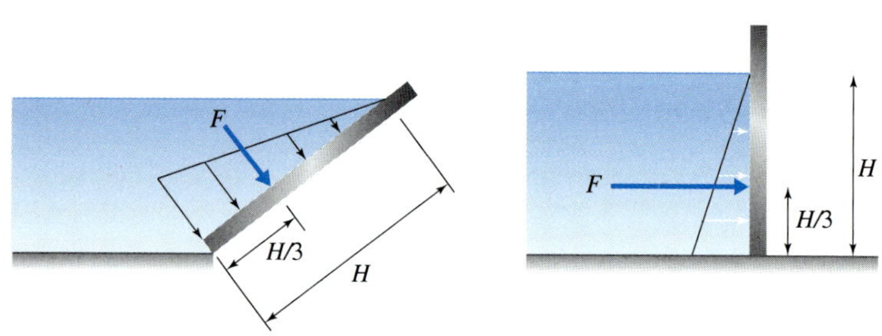

그림 2.9 자유표면으로 끝 부분이 나와 있는 평면에 작용하는 힘

$$x_p F = \int_A xp\, dA$$

$$= \gamma \sin\alpha \int_A xy\, dA = \gamma I_{xy} \sin\alpha \qquad (3.4.29)$$

여기서 면적 A에 대한 관성상승모멘트(product of inertia)는 다음과 같다.

$$I_{xy} = \int_A xy\, dA \qquad (2.4.30)$$

관성상승모멘트에 대한 평행축정리를 이용하면

$$I_{xy} = \bar{I}_{xy} + A\bar{x}\bar{y} \qquad (2.4.31)$$

식 2.4.29는 다음과 같이 된다.

$$x_p = \bar{x} + \frac{\bar{I}_{xy}}{A\bar{y}} \qquad (2.4.32)$$

이로써 압력중심의 좌표에 관한 표현식을 모두 얻었다.

결론적으로 그림 2.8에서 보여지는 F는 면적에 작용하는 압력 **프리즘**(pressure prism)에 대한 합력이라는 사실을 알 수 있다. 그림 2.10의 직사각형 면적에 작용하는 압력분포는 그림 2.10b와 같이 깊이 방향으로 증가한다. 적분 $\int p\, dA$를 취하면 압력 프리즘 체적을 구할 수 있으며 그림 2.10c에 나타낸 바와 같이 면적에 작용하는 힘 F와 같다. 이 힘은 체적중심에 작용한다. 그림 2.10a의 직사각형 면적에 대해 체적은 두 부분으로 나누어질 수 있다. 즉 중심에 도심이 있는 직사각 체적과 밑변에서 1/3이 되는 지점에 도심이 위치하는 삼각 체적으로 나누어진다. 그러므로 힘의 작용점은 복합체적의 도심을 구함으로써 알 수 있다.

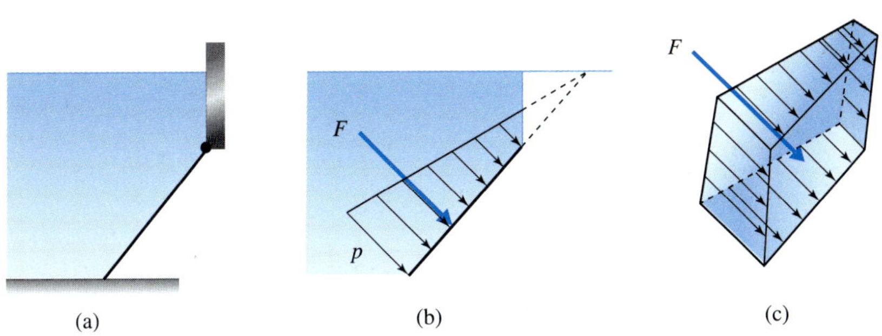

그림 2.10 압력 프리즘 (a) 직사각형 면적 (b) 면적에 작용하는 압력분포 (c) 압력 프리즘

예제 2.5

Great 호수에서 잠수함의 탈출구로 기능하는 평면의 면적은 80 cm × 80 cm이다. 탈출구가 수평에서 45°의 각을 이루고 있고 꼭대기 부분이 수면 아래 10 m에서 힌지와 연결되어 있을 때 탈출구를 열기 위해 아래 부분에 가해야 할 힘은 얼마인가? 여기서 잠수함 내부에 작용하는 압력은 대기압과 같다.

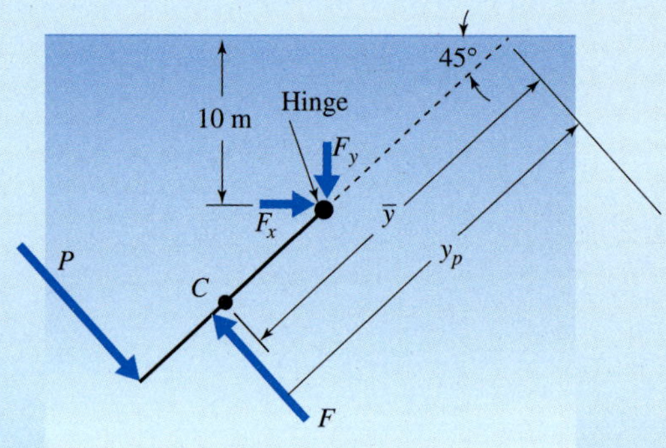

그림 E2.5

풀이

먼저 그림 E2.5를 그려 보는 것이 도움이 된다. 탈출구에 작용하는 힘은 다음과 같으며,

$$F = \gamma \bar{h} A$$
$$= 9810(10 + 0.4 \times \sin 45°)(0.8 \times 0.8) = 64\,560 \text{ N}$$

거리 $\bar{y}$는 다음과 같다.

$$\bar{y} = \frac{\bar{h}}{\sin 45°} = \frac{10 + 0.4 \times \sin 45°}{\sin 45°} = 14.542 \text{ m}$$

그러므로 y 방향 압력중심은 다음과 같이 구할 수 있다.

$$y_p = \bar{y} + \frac{\bar{I}}{A\bar{y}}$$
$$= 14.542 + \frac{0.8 \times 0.8^3/12}{(0.8 \times 0.8) \times 14.542} = 14.546 \text{ m}$$

힌지점에 걸리는 모멘트를 이용하여 탈출구를 여는 데 필요한 힘 P를 구하면 다음과 같다.

$$0.8P = (y_p - \bar{y} + 0.4)F$$

$$\therefore \quad P = \frac{14.546 - 14.542 + 0.4}{0.8} 64\,560 = 32\,610 \text{ N}$$

또는 압력 프리즘을 통과한 지점에 대한 모멘트의 합을 구하면 원하는 힘을 얻을 수 있다.

예제 2.6

그림 E2.6a에서 보여지는 삼각형 수문에 작용하는 합력 F와 문을 유지하기 위한 힘 P를 구하여라.

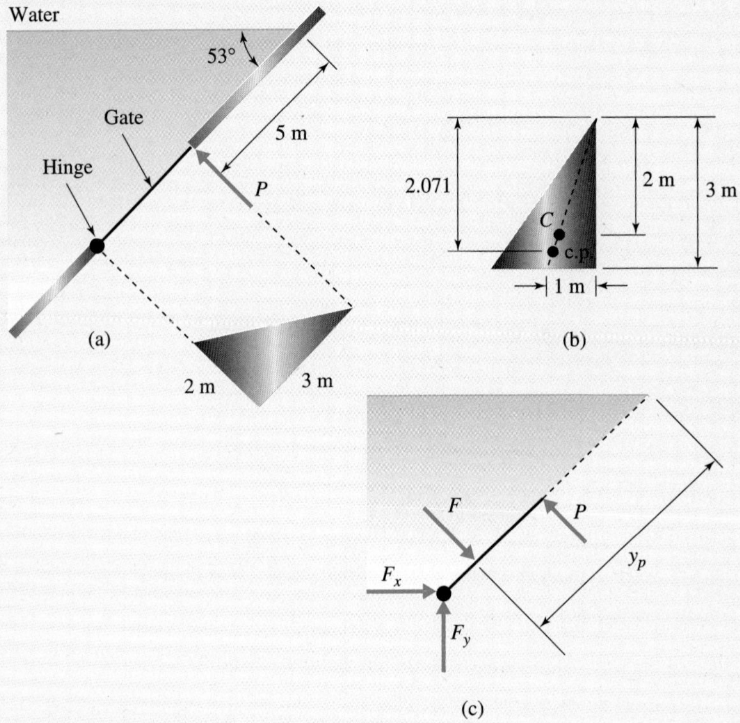

그림 E2.6

풀이

먼저 그림 E2.6b의 수문에 작용하는 모든 힘을 표시한 자유물체도를 그린다. 여기서 수문의 무게는 무시한다. 수문의 중심은 그림 E2.6b에 나타내었으며, 압력중심의 y 좌표는 식 2.4.28을 통해 구할 수 있다.

$$\bar{y} = 2 + 5 = 7$$

$$y_p = \bar{y} + \frac{\bar{I}}{A\bar{y}}$$

$$= 7 + \frac{2 \times 3^3/36}{3 \times 7} = 7.071 \text{ m}$$

x_p를 구하기 위해 식 2.4.32를 이용할 수 있으나, 그보다는 각각의 미소 힘들이 수문의 꼭짓점과 밑변의 중점을 연결하는 선에 작용하므로 합력 또한 이 선에 작용한다는 것을 이용한다(합력에 대한 모멘트는 모든 미소 힘들의 모멘트 합과 같다). 그러므로 삼각형의 닮은꼴을 통해 압력중심의 x 좌표를 구할 수 있다.

$$\frac{x_p}{1} = \frac{2.071}{3}$$

$$\therefore \quad x_p = 0.690 \text{ m}$$

(계속)

x_p, y_p는 물이 수문에 작용하는 힘의 위치를 나타낸다.

만약 마찰이 없다고 했을 때, 힌지점에서의 모멘트를 적용시킨다면 문을 유지하기 위한 힘 P를 구할 수 있다.

$$\begin{aligned} \Sigma M_{\text{hinge}} &= 0 \\ \therefore\ 3 \times P &= (3 - 2.071)F \\ &= 0.929 \times \gamma \bar{h} A \\ &= 0.929 \times 9810 \times (7 \sin 53°) \times 3 \end{aligned}$$

여기서 $\bar{h}$는 자유표면에서 도심까지의 수직거리이다. 그러므로 힘 P는 다음과 같다.

$$P = 50\,900 \text{ N} \quad \text{or} \quad 50.9 \text{ kN}$$

2.4.5 곡면에 작용하는 힘

곡면에 작용하는 정수 압력(hydro-static pressure)을 구하기 위해 압력분포를 직접 적분하는 방법을 사용하지 않고 대신 곡면과 그 면 위 또는 아래에 있는 액체를 포함하는 자유물체도를 고려할 것이다. 이러한 자유물체도는 평면에 작용하는 미지의 유체의 힘만을 포함한다. 이런 미지의 힘은 앞에서 논의했던 방법으로 구할 수 있다.

예를 들어, 그림 2.11에서 나타난 잠금장치가 있는 곡면문에 작용하는 힘을 구해 보자. 자유물체도는 그림 2.11b처럼 문과 그 위의 일부 물을 포함한다. F_x, F_y는 힌지에 작용하는 수평, 수직 방향 힘의 성분이다. F_1, F_2는 물로 둘러싸인 부분에 작용하는 압력분포에 의해 생기는 힘의 합력이다. 또한 체적력 F_W는 물의 무게이다. 힌지를 가로지르는 축에 대해 모멘트를 적용하면 잠금장치에 작용하는 힘 P를 구할 수 있다.

만약 곡면이 원의 1/4이라면 문제는 더욱 간단해진다. 이는 문에 대한 자유물체도를 고려해 봄으로써 알 수 있다(그림 2.11c를 보라). 문에 작용하는 수평력 F_H는 그림 2.11b의 F_1과 동일하다. 그리고 F_V는 그림 2.11의 $F_2 + F_W$와 동일하다. 즉 F_H와 F_V는 원호

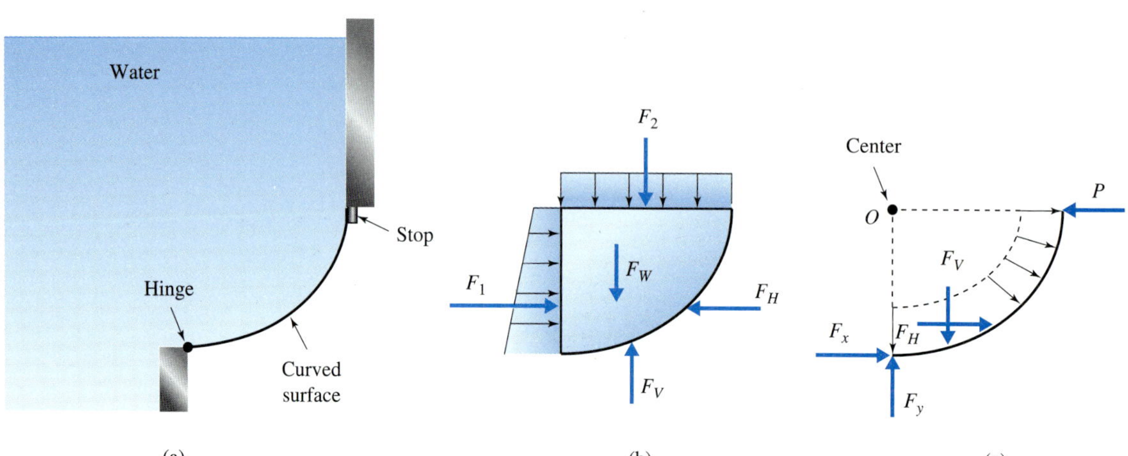

그림 2.11 곡면에 작용하는 힘 (a) 곡면 (b) 물과 문에 대한 자유물체도 (c) 문에 대한 자유물체도

에 작용하는 미소압력들에 의해 발생하며, 각각의 미소압력은 원호의 중심을 통과하여 작용한다. 따라서 합력 $\mathbf{F}_H + \mathbf{F}_V$ (이것은 벡터의 합이다)는 원호의 중심을 통과하여 작용한다. 결론적으로 1/4 원의 중심에 F_H와 F_V를 놓을 수 있다. 결국 문제가 더욱 쉬워질 수 있으며, 예제 2.7을 통해 이를 확인할 수 있다.

KEY CONCEPT
합력 $F_H + F_V$는 원호의 중심을 가로질러 작용한다.

만약 자유표면에 작용하는 압력이 p_0 라면, p_0 가 작용하는 자유표면까지의 액체의 깊이를 더할 수 있다. 이와 같이 기존의 자유표면으로부터 적당한 거리에 위치한 가상의 자유표면을 가지고 문제를 해결할 수 있다. 혹은 그림 2.11b의 F_2에 압력에 의한 힘 p_0A을 더함으로써 계산할 수 있다.

예제 2.7

그림 E2.7a에 보여지는 위치에서 폭이 4 m인 수문을 고정하기 위해 필요한 힘 P를 계산하여라.

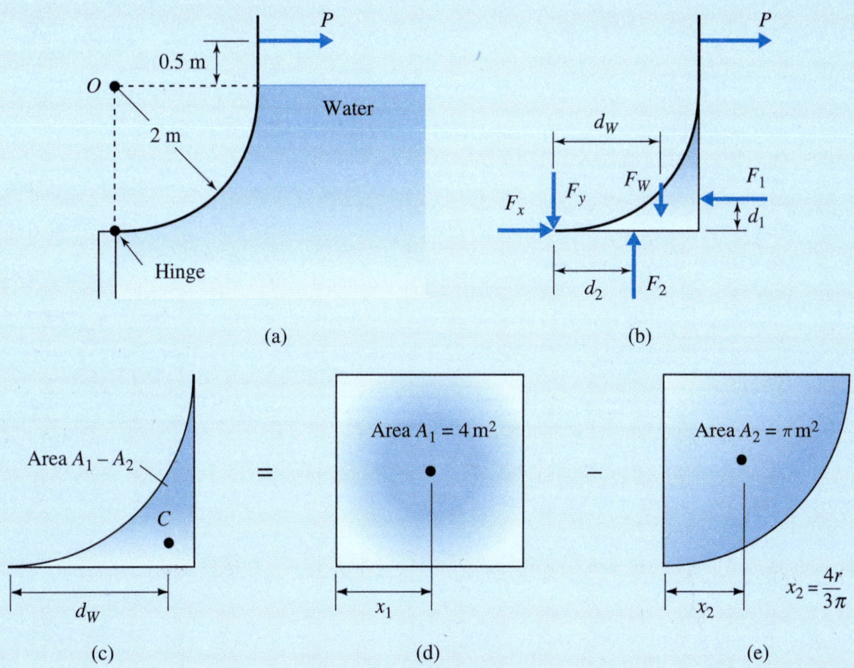

그림 E2.7

풀이

먼저 그림 E2.7b와 같이 문에 대한 자유물체도를 그려보자. P를 계산하기 위해 F_1, F_2, F_W, d_1, d_2, d_W를 구해야 한다. 그리고 힌지에 대한 모멘트 평형을 적용하여 P를 구할 수 있다. 힘의 성분은 다음과 같다.

(계속)

$$F_1 = \gamma \bar{h}_1 A_1$$
$$= 9810 \times 1 \times (2 \times 4) = 78\,480 \text{ N}$$
$$F_2 = \gamma \bar{h}_2 A_2$$
$$= 9810 \times 2 \times (2 \times 4) = 156\,960 \text{ N}$$
$$F_W = \gamma \forall_{\text{water}}$$
$$= 9810 \times 4\left(4 - \frac{\pi \times 2^2}{4}\right) = 33\,700 \text{ N}$$

거리 d_W는 체적 중심까지의 거리이다. 이것은 그림 E2.7c-e에서 보여진 1/4원과 정사각형의 면적 차이를 고려함으로써 구할 수 있다. 면적 모멘트에 의하면 다음과 같다.

$$d_W(A_1 - A_2) = x_1 A_1 - x_2 A_2$$
$$d_W = \frac{x_1 A_1 - x_2 A_2}{A_1 - A_2}$$
$$= \frac{1 \times 4 - (4 \times 2/3\pi) \times \pi}{4 - \pi} = 1.553 \text{ m}$$

여기서 거리 $d_2 = 1$이다. F_1은 삼각형의 압력분포를 나타내므로 (그림 2.9) d_1은 다음과 같다.

$$d_1 = \frac{1}{3}(2) = 0.667 \text{ m}$$

마찰이 없는 힌지에 대해 모멘트를 더해 보면 다음과 같다.

$$2.5P = d_1 F_1 + d_2 F_2 - d_W F_W$$
$$P = \frac{0.667 \times 78.5 + 1 \times 157.0 - 1.553 \times 33.7}{2.5} = 62.8 \text{ kN}$$

위의 과정은 다소 지루한 면이 있다. 그림 2.11c에 나타나 있듯이 원호의 중심인 O 점에 작용하는 합력($\mathbf{F}_H + \mathbf{F}_V$)을 만드는 미소 힘들이 존재한다. 각 미소 힘들이 중앙을 지나므로, 합력은 역시 중앙을 통과해야 한다. 그러므로 우리는 합력($\mathbf{F}_H + \mathbf{F}_V$)을 O 점에 놓을 수 있다. F_H, F_V가 O 점에 놓여지면, F_V는 힌지를 통과하므로 모멘트를 만들지 않는다. 그렇다면 $F_H = F_1$이 되고, 힌지에 대한 모멘트를 합함으로써 다음을 알 수 있다.

$$2.5P = 2F_H$$

따라서 힘 P는 다음과 같이 구할 수 있다.

$$P = 2 \times \frac{78.48}{2.5} = 62.8 \text{ kN}$$

위 방법이 더욱 편리하다. 계산을 해야 할 부분은 F_H와 모멘트의 합뿐이다.

예제 2.8

힘 P 가 그림 E2.8a에서처럼 y 축으로부터 3 m 떨어진 위치에 작용하고 있다면 그림의 위치에서의 수문을 고정하기 위해 필요한 힘 P를 구하여라. 포물선형 수문의 폭은 150 cm이다.

(계속)

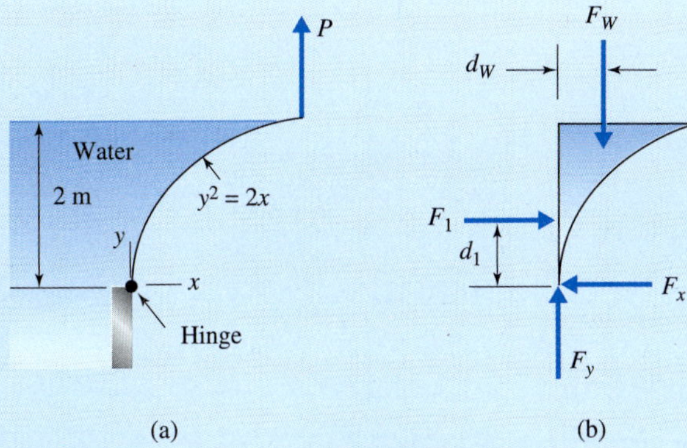

그림 E2.8

풀이

수문과 수문 위의 물에 대한 자유물체도는 그림 E2.8b와 같다. 힘은 다음과 같이 구할 수 있다.

$$\begin{aligned} F_1 &= \gamma \bar{h} A \\ &= 9810 \times 1 \times (2 \times 1.5) = 29\,430 \text{ N} \\ F_W &= \gamma V\!\!\!/ \\ &= 9810 \int_0^2 1.5x\, dy = 14\,715 \int_0^2 \frac{y^2}{2}\, dy = 14\,715 \frac{2^3}{6} = 19\,620 \text{ N} \end{aligned}$$

위쪽 끝이 자유롭기 때문에 거리 d_1은 $\frac{1}{3}(2) = 0.667$이다. 중심을 지나는 d_W는 다음과 같다.

$$d_W = \frac{\int_0^2 x(x/2)\, dy}{\int_0^2 x\, dy} = \frac{\frac{1}{8}\int_0^2 y^4\, dy}{\frac{1}{2}\int_0^2 y^2\, dy} = \frac{1}{4}\frac{2^5/5}{2^3/3} = 0.6 \text{ m}$$

힌지에 대한 모멘트를 합하면 P는

$$\begin{aligned} 3P &= d_1 F_1 + d_W F_W \\ &= 0.667 \times 29\,430 + 0.6 \times 19\,620 \qquad \therefore P = 10\,470 \text{ N} \end{aligned}$$

2.4.6 부력

아르키메데스의 원리(Archimedes' principle)로 알려진 부력의 원리는 그리스 철학자 아르키메데스 시대인 약 2200년 전으로 거슬러 올라간다. 시라큐스의 왕 Hiero는 그의 새로운 왕관이 순금 외에 다른 물질이 섞여 있지 않은지 의심스러워서 아르키메데스에게 그것에 대해 알아보게 하였다. 아르키메데스는 왕관과 같은 무게가 나가는 순금덩어리를 만들었다. 이것을 물에 넣어 본 결과 순금이 왕관보다 무게가 더 나가는 것을 보고 왕관이 순금으로 만들어지지 않은 것을 알았다. 불순물은 같은 양의 금의 무게보다 부피가 더 나가므로 더 많은 물로 대체된다. 물체에 가해지는 부력은 대체된 액체의 무게와 같다는 것이 아르키메데스의 원리이다.

KEY CONCEPT
아르키메데스의 원리는 배제된 액체의 중량과 물체에 작용하는 부력이 같다는 것을 말한다.

부력의 원리를 증명하기 위하여 그림 2.12a와 같은 물에 잠긴 물체를 고려하자. (b)에서 실린더형의 자유물체도는 무게가 W 인 물에 잠긴 물체와 무게가 F_W 인 물을 포함한

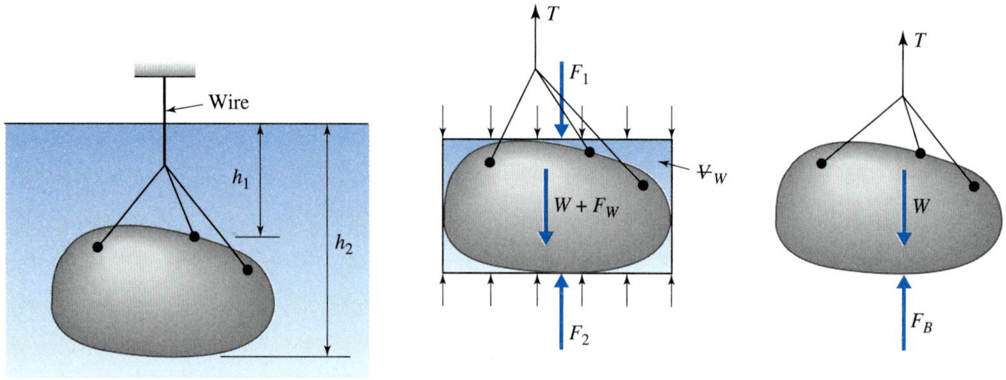

그림 2.12 잠긴 물체에 가해지는 힘: (a) 잠긴 물체 (b) 자유물체도 (c) F_B를 보여주는 자유물체도

다. 단면적 A는 물체의 최대 단면적이다. 그림에서 물에 의해 물체에 가해지는 수직 방향 힘의 총합은(W는 포함하지 않는다) 다음과 같다.

$$\Sigma F = F_2 - F_1 - F_W \tag{2.4.33}$$

이 힘의 압력을 부력 F_B로 표현하면 다음과 같다.

$$F_B = \gamma(h_2 A - h_1 A - \forall_W) \tag{2.4.34}$$

여기서 $\forall_W$는 자유물체도에 포함되는 물의 부피이다. 물에 잠긴 물체의 체적을 고려하면 다음과 같으며

$$\forall_B = (h_2 - h_1)A - \forall_W \tag{2.4.35}$$

식 2.4.34의 부력은 다음과 같다.

$$F_B = \gamma \forall_{\text{displaced liquid}} \tag{2.4.36}$$

그리고 공간에서(그림 2.12c를 보라) 잠긴 물체를 유지시키기 위한 힘은 다음과 같다.

$$T = W - F_B \tag{2.4.37}$$

여기서 W는 잠긴 물체의 무게이다.

그림 2.13과 같이 떠 있는 물체에 대한 부력은 다음과 같이 정의된다.

$$F_B = \gamma \forall_{\text{displaced liquid}} \tag{2.4.38}$$

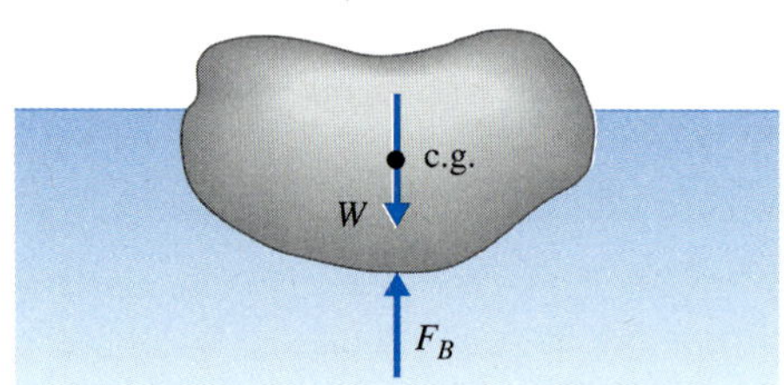

그림 2.13 떠 있는 물체에 가해지는 힘

여기서 $T = 0$이므로 식 2.4.36은 다음과 같다.

$$F_B = W \tag{2.4.39}$$

여기서 W는 떠 있는 물체의 무게이다.

좀 더 고찰해 보면 부력 F_B는 배제된 액체부피의 도심을 지나도록 작용한다는 것을 알 수 있다. 떠 있는 물체에 대하여 물체의 무게는 중력 중심을 통과한다. 그러므로 물체의 중력중심은 액체부피의 도심과 같은 수직선에 있어야 한다.

KEY CONCEPT
부력은 배체된 액체의 중심을 통해서 작용한다.

비중계(hydrometer)는 액체의 비중을 측정하는 도구로서 부력의 원리를 이용한다. 그림 2.14에 대략적인 그림이 그려져 있다. 비중계의 윗부분은 일정한 지름을 가지고 있다. 순수한 물에 넣을 경우 눈금은 1.0을 가리킨다. 힘의 균형은 다음과 같다.

비중계: 액체의 비중량을 측정하는 기구

$$W = \gamma_{\text{water}}V\!\!\!/ \tag{2.4.40}$$

여기서 W는 비중계의 무게이며 $V\!\!\!/$는 $S = 1.0$ 눈금 이하의 잠긴 부분의 부피이다. 알려지지 않은 액체의 비중량을 γ_x라 하면, 힘의 평형은 다음과 같다.

$$W = \gamma_x(V\!\!\!/ - A\Delta h) \tag{2.4.41}$$

여기서 A는 비중계의 윗부분의 단면적이다. 위 두식을 같게 놓으면,

$$\Delta h = \frac{V\!\!\!/}{A}\left(1 - \frac{1}{S_x}\right) \tag{2.4.42}$$

여기서 $S_2 = \gamma_x/\gamma_{\text{water}}$이다. 주어진 비중계에서 $V\!\!\!/$와 A가 고정되므로 Δh는 비중 S_x에 의존한다. 따라서 S_x는 비중계의 윗부분의 눈금을 읽어서 구할 수 있다. 비중계는 자동차의 방열기에 쓰이는 부동액의 양을 측정하거나 배터리 충전량을 측정할 때에도 쓰인다.

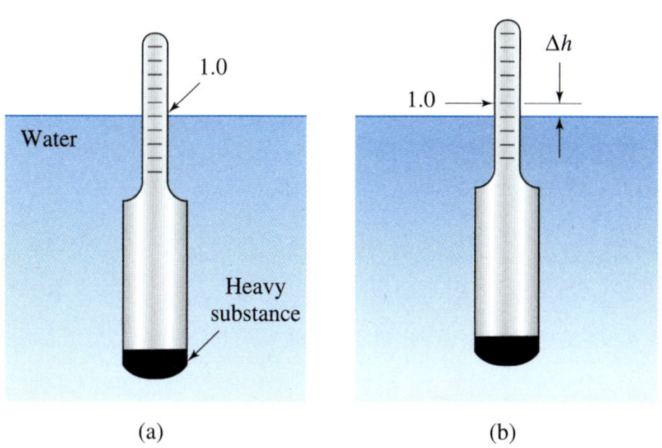

그림 2.14 비중계: (a) 물, (b) 임의의 액체

예제 2.9

미지의 혼합물의 비중량과 비중을 구하려고 한다. 공기 중에서의 무게가 1000 N이고 물속에서는 750 N이다.

풀이

그림 2.12c와 같이 물체가 물에 잠겨 있을 때, 힘의 평형으로부터 체적을 구할 수 있다.

$$T = W - F_B$$

$$750 = 1000 - 9810\forall \qquad \therefore \forall = 0.02548 \text{ m}^3$$

따라서 비중량은 다음과 같다.

$$\gamma = \frac{W}{\forall} = \frac{1000}{0.02548} = 39246 \text{ N/m}^3$$

비중은 다음과 같이 구할 수 있다.

$$S = \frac{\gamma}{\gamma_{\text{water}}} = \frac{39246}{9810} = 4.00$$

2.4.7 안정성

> **KEY CONCEPT**
> 물에 떠 있는 물체에는 수직 안정성이 존재한다.

안정성은 떠 있는 물체의 수직안정성을 고려함으로써 설명된다. 만약 물체가 위로 움직인다면, 부력은 감소할 것이고 물체의 무게가 그 물체를 원래 위치로 되돌려 놓을 것이다. 반대로 떠 있는 물체가 아래로 움직인다면, 부력은 증가할 것이고 커진 부력이 그 물체를 원래 위치로 돌려놓을 것이다. 따라서 떠 있는 물체는 평형 상태에서 수직 방향으로 약간의 움직임이 복원력을 유발하기 때문에 수직 방향으로 안정성을 가진다.

부력중심: 떠 있는 물체의 중심

그림 2.15와 같이 잠긴 물체가 회전할 때의 안정성을 고려해 보자. (a)에서 중력중심 G는 배제된 부피의 도심 C 또는 **부력중심**(center of buoyancy) 위에 위치한다. 그리고 작은 각도만큼 회전시키면 모멘트가 발생하여 물체는 불안정해지고 전복이 일어날 것이다. 만약 중력중심이 (c)에서처럼 G 보다 아래에 위치한다면 작은 각 회전은 복원 모멘트를 유발할 것이고 물체는 안정될 것이다. (b)는 중력중심 G와 부력중심 C가 일치할 때의 물체의 중립적인 안정성을 나타낸 것이다. 이것은 잠긴 물체의 밀도가 전체에 걸쳐 일정할 때는 항상 성립한다.

다음은 떠 있는 물체가 회전할 때의 안정성을 살펴보자. 만약 중력중심이 도심 아래에 있다면 그림 2.15c와 같이 항상 안정하다. 또한 중력중심이 그림 2.16a처럼 도심보다 위에 있더라도 안정할 수도 있다. 물체가 회전할 때 배제된 액체부피의 중심이 그림 2.16b에서처럼 새로운 지점 C'으로 옮겨진다. 만약 C' 점이 충분히 멀어진다면 복원 모멘트는 커질 것이고, 물체는 보여지는 것처럼 안정할 것이다. 이는 G 점으로부터 회전 전후의 부력 교차점까지의 거리로 정의되는 **경심높이**(*metacentric height*) $\overline{GM}$으로 결정될 수 있다. 만약 $\overline{GM}$이 양이면 그림처럼 물체는 안정하고 $\overline{GM}$이 음이면 물체는 불안정하다.

> **KEY CONCEPT**
> GM이 양수라면 물체는 안정하다.

$\overline{GM}$에 관한 수식을 구하기 위해 그림 2.17과 같이 단면이 일정한 물체를 참조해 보자. x 축에 대한 배제된 체적중심을 나타내는 $\bar{x}$의 표현에 대하여 알아보자. 최초의 체적에 단면적이 DOE인 쐐기모양의 부피를 더하고 단면적이 AOB인 부피를 빼면 똑같다는 점

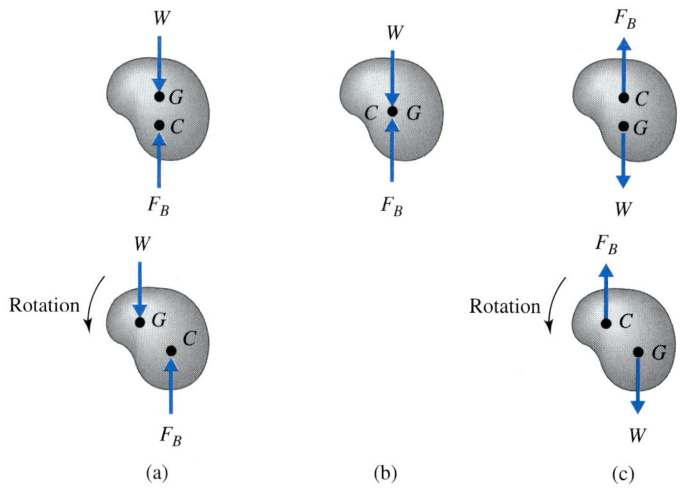

그림 2.15 잠긴 물체의 안정성 (a) 불안정 (b) 중심 (c) 안정

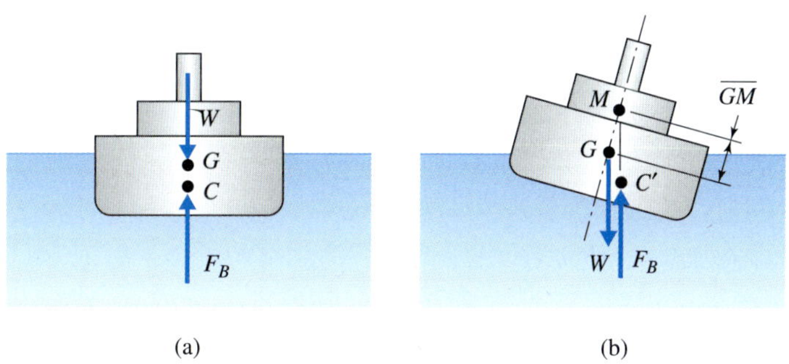

그림 2.16 떠 있는 물체의 안정성 (a) 평형위치 (b) 경사위치

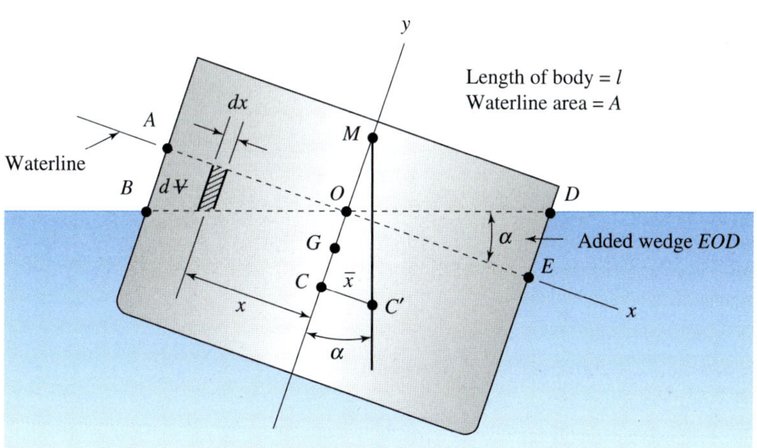

그림 2.17 일정한 횡단면을 가진 떠 있는 물체

을 고려하면 된다. 복합체적의 중심의 위치를 알아내기 위하여 다음과 같이 모멘트를 취하자.

$$\bar{x}\,V = \bar{x}_0 V_0 + \bar{x}_1 V_1 - \bar{x}_2 V_2 \tag{2.4.43}$$

여기서 V_0는 수면 아래 최초의 체적이며, V_1은 면적 DOE와 두께의 곱이고, V_2는 면적 AOE와 두께의 곱이다. 단면적은 일정하다고 가정하면 두께 l은 일정하다. 점 C의 x 좌표 $\bar{x}_0$는 영이다. 나머지 두 항은 적분에 의해 다음과 같이 표현될 수 있다.

$$\bar{x}\,V = \int_{V_1} x\,dV - \int_{V_2} x\,dV \tag{2.4.44}$$

또한 V_1에서 $dV = x \tan\alpha\,dA$ 이고, V_2에서 $dV = -x \tan\alpha\,dA$ 이다. 여기서 $dA = l\,dx$ 이고 l은 물체의 두께이다. 이 경우 위의 방정식은 다음과 같이 표현할 수 있다.

$$\begin{aligned}\bar{x}\,V &= \tan\alpha \int_{A_1} x^2\,dA + \tan\alpha \int_{A_2} x^2\,dA \\ &= \tan\alpha \int_A x^2\,dA \\ &= I_O \tan\alpha \end{aligned} \tag{2.4.45}$$

여기서 I_O는 O 점을 통과하는 축에 대한 수면 면적의 2차 모멘트(관성모멘트)이다. 수면 면적은 $\overline{AE}$와 길이 l의 곱이다. $\bar{x} = \overline{CM}\tan\alpha$를 이용하면 다음과 같다.

$$\overline{CM}\,V = I_O \tag{2.4.46}$$

또는 $\overline{CG} + \overline{GM} = \overline{CM}$을 이용하면 다음과 같다.

$$\overline{GM} = \frac{I_O}{V} - \overline{CG} \tag{2.4.47}$$

여기서 $\overline{GM}$이 양이면 물체는 안정하다. 위 관계식 2.4.47은 떠 있는 물체 중 단면이 일정한 경우에서 유도되었지만, 그렇지 않은 경우에도 적용된다. 다음 예제에서 이 식을 떠 있는 실린더에 적용할 것이다.

예제 2.10

직경 0.25 m를 가진 실린더가 0.25 m의 길이를 가지고 있고 비중량이 8000 N/m^{3}인 물질로 구성되어 있다. 양 끝이 수평일 때 물에 떠 있겠는가?

풀이

양 끝이 수평이면, I_O는 원형 단면의 2차 모멘트가 된다.

$$I_O = \frac{\pi d^4}{64} = \frac{\pi \times 0.25^4}{64} = 0.000192\ \text{m}^4$$

배제된 체적은 다음과 같으며,

$$V = \frac{W}{\gamma_{\text{water}}} = \frac{8000 \times \pi/4 \times 0.25^2 \times 0.25}{9810} = 0.0100\ \text{m}^3$$

(계속)

물에 잠긴 실린더 깊이는 다음과 같다.

$$depth = \frac{V}{A} = \frac{0.01}{\pi \times 0.25^2/4} = 0.204 \text{ m}$$

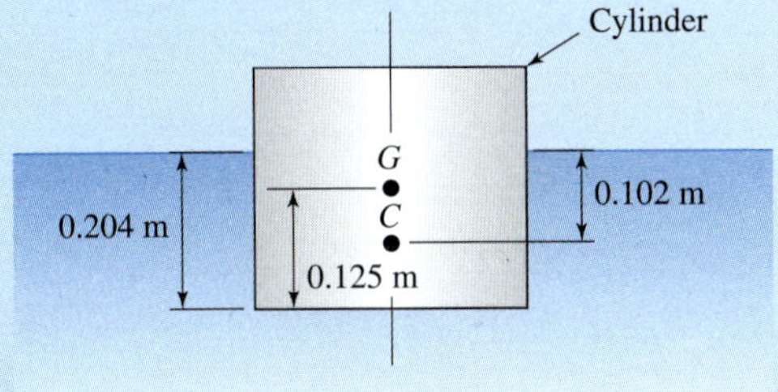

그림 E2.10

여기서 $\overline{CG}$는 다음과 같다.

$$\overline{CG} = 0.125 - \frac{0.204}{2} = 0.023 \text{ m}$$

그러므로 경심 높이는 다음과 같다.

$$\overline{GM} = \frac{0.000192}{0.01} - 0.023 = -0.004 \text{ m}$$

음의 값은 실린더가 불안정하다는 것을 나타낸다. 즉, 실린더 양 끝이 수평이면 떠 있지 않을 수 있지만 양단이 측면일 때는 뜰 것이다.

2.5 선형으로 가속되는 용기

이 절에서는 수평성분 a_x와 수직성분 a_z의 가속도로 선형 가속되는 기준 틀(용기)에 대해 유체가 상대적으로 정지해 있는 상태이다. 이 경우 식 2.3.6은 다음과 같다.

$$dp = -\rho a_x \, dx - \rho(g + a_z)\, dz \qquad (2.5.1)$$

두 개의 임의의 점 1과 2사이에서 적분을 취하면 다음과 같다.

$$p_2 - p_1 = -\rho a_x(x_2 - x_1) - \rho(g + a_z)(z_2 - z_1) \qquad (2.5.2)$$

만약 점 1과 2가 그림 2.18에서의 자유표면과 같이 등압선에 있을 때 $p_2 - p_1 = 0$이고,

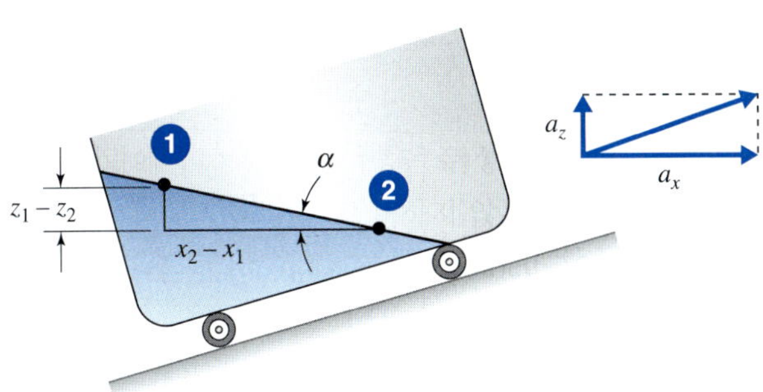

그림 2.18 선형적으로 가속되는 탱크

다음과 같은 관계식을 구할 수 있다.

$$\frac{z_1 - z_2}{x_2 - x_1} = \tan \alpha = \frac{a_x}{g + a_z} \tag{2.5.3}$$

여기서 α는 등압선과 수평선이 만드는 각이다.

KEY CONCEPT
질량보존법칙을 적용하고 가속도가 적용되기 전후의 체적은 동일하다.

액체를 포함하는 문제에서 질량보존을 이용하면 가속도를 받기 전과 후의 부피를 같게 놓을 수 있다. 가속도를 받은 후에 물이 튀기는 현상이 일어날 수 있지만 여기서는 물이 튀는 현상을 고려하지 않는다. 또한 시간이 충분히 지났다고 가정하여 시간 의존적인 운동을 무시한다.

예제 2.11

그림 E2.11에서처럼 오른쪽 방향으로 가속을 받고 있는 물탱크가 있다. 자유표면이 A 점에 닿게 만드는 가속도 a_x를 구하여라. 또한 p_B를 구하고 폭이 1 m일 때 탱크의 바닥면에 가해지는 총 힘을 구하여라.

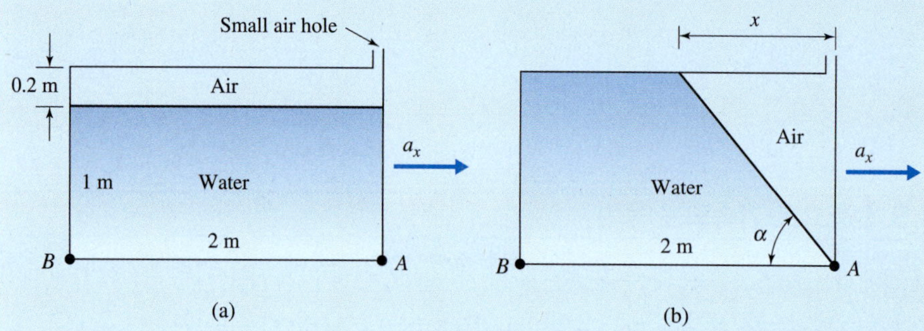

그림 E2.11

풀이

자유표면의 각은 전후의 공기 체적을 같게 놓음으로써 알 수 있는데, 이는 물이 넘치지 않기 때문이다. 폭이 일정하다고 가정하면 다음과 같다.

$$0.2 \times 2 = \frac{1}{2}(1.2x)$$
$$x = 0.667 \text{ m}$$

이를 통해 $\tan \alpha$는 다음과 같이 구할 수 있다.

$$\tan \alpha = \frac{1.2}{0.667} = 1.8$$

식 2.5.3을 이용하면 a_x를 구할 수 있다. $a_z = 0$ 라 하면

$$a_x = g \tan \alpha$$
$$= 9.81 \times 1.8 = 17.66 \text{ m/s}^2$$

B 점에서의 압력은 x와의 관계를 통해 구할 수 있다. A 점에서 압력이 0이므로 식 2.5.2를 이용하면 다음과 같다.

(계속)

$$p_B - \cancelto{0}{p_A} = -\rho a_x(x_B - x_A)$$
$$p_B = -1000 \times 17.66(-2)$$
$$= 35\,300 \text{ Pa} \quad \text{or} \quad 35.3 \text{ kPa}$$

탱크 바닥에 가해지는 합력을 구하기 위해, 압력분포가 $p_B = 35.3$ kPa에서 $p_A = 0$ kPa로 선형적으로 변한다는 것을 이용하면 합력을 구할 수 있다.

$$F = \frac{p_B + p_A}{2} \times \text{area}$$
$$= \frac{35\,300 + 0}{2} \times 2 \times 1 = 35\,300 \text{ N}$$

2.6 회전하는 용기

이 절에서는 그림 2.19와 같이 물이 담긴 상태에서 회전하는 용기를 고려해 보자. 비교적 짧은 시간 후에 액체는 rz 기준 좌표계와 용기에 대해 정적 평형상태에 이른다. 수평성분 회전은 수직 방향의 압력분포에 영향을 주지 않으며, θ 축에 대한 압력 변화가 발생하지 않는다. r 방향으로 뉴턴의 제2법칙($\Sigma F_r = ma_r$)을 이용하고 $\sin d\theta/2 \cong d\theta/2$를 이용하면 다음과 같다.

KEY CONCEPT
수평회전은 수직 방향 압력분포를 변화시키지 않는다.

$$-\frac{\partial p}{\partial r} dr\, rd\theta\, dz - prd\theta\, dz - p\, dr\, d\theta\, dz - \frac{\partial p}{\partial r}(dr)^2 d\theta\, dz$$
$$+ 2p\frac{d\theta}{2} dr\, dz + prd\theta\, dz = -\rho\, rd\theta\, dr\, dz\, r\omega^2 \tag{2.6.1}$$

여기서 가속도 $r\omega^2$은 회전 중심 방향이다. 체적 $rd\theta\ dr\ dz$로 나누어 간단하게 하면 다음과 같다.

$$\frac{\partial p}{\partial r} = \rho r\omega^2 \tag{2.6.2}$$

여기서 dr을 포함하는 고차항은 무시한다. 또한 미소압력은 다음과 같이 나타낼 수 있다.

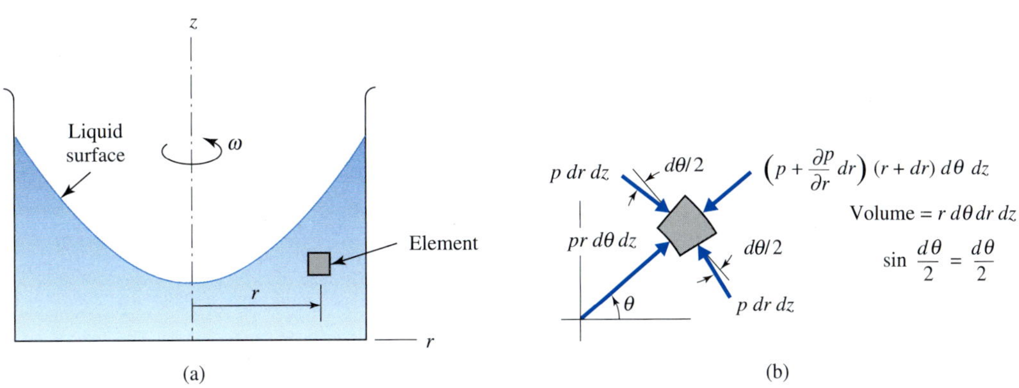

그림 2.19 회전 용기: (a) 액체 단면 (b) 위에서 내려다 본 국소 관찰 요소

$$\begin{aligned} dp &= \frac{\partial p}{\partial r} dr + \frac{\partial p}{\partial z} dz \\ &= \rho r \omega^2 \, dr - \rho g \, dz \end{aligned} \tag{2.6.3}$$

여기서 식 2.3.5에서 $a_z = 0$인 경우의 정압 변화를 사용하였다. 임의의 두 점 (r_1, z_1)와 (r_2, z_2) 사이에서 압력차 적분을 구하면 다음과 같다.

$$p_2 - p_1 = \frac{\rho\omega^2}{2}(r_2^2 - r_1^2) - \rho g(z_2 - z_1) \tag{2.6.4}$$

만약 두 점이 자유표면과 같은 등압력선에 있을 때 점 1을 z 축에 놓으면, $r_1 = 0$가 되므로 두 점 사이의 압력 차는 다음과 같다.

$$\frac{\omega^2 r_2^2}{2} = g(z_2 - z_1) \tag{2.6.5}$$

KEY CONCEPT
자유표면은 포물선형 회전체가 된다.

이것은 포물선 방정식이다. 그러므로 자유표면은 회전형의 포물선이다. 위의 방정식은 질량 보존의 법칙과 함께 관련 문제를 푸는 데 사용될 것이다.

예제 2.12

그림 E2.12의 실린더가 중심선을 기준으로 회전하고 있다. 물이 O 점에 닿기 위해 필요한 각속도와 A와 B에서의 압력을 계산하여라.

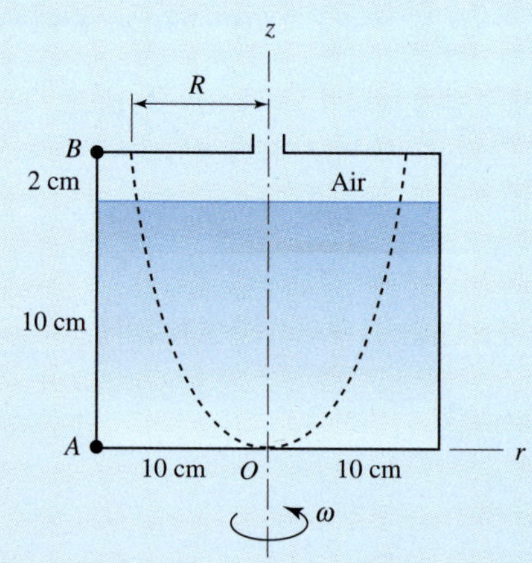

그림 E2.12

풀이

물이 컨테이너 밖으로 넘치지 않기 때문에 공기의 체적은 일정하게 유지된다.

$$\pi \times 10^2 \times 2 = \frac{1}{2}\pi R^2 \times 12$$

여기서 포물선형 회전체의 부피는 같은 높이와 반지름을 가진 원통 부피의 반이라는 사실을 사용하였다.

(계속)

$$R = 5.77 \text{ cm}$$

식 2.6.5와 $r_2 = R$을 이용하면 다음과 같다.

$$\frac{\omega^2 \times 0.0577^2}{2} = 9.81 \times 0.12$$

$$\therefore \omega = 26.6 \text{ rad/s}$$

A 점에서의 압력을 구하기 위해 A 점과 O 점의 압력차를 계산할 것이다. $r_2 = r_A = 0.1$ m, $r_1 = r_0 = 0$, $p_1 = p_0 = 0$을 식 2.6.4에 대입하면 다음과 같다.

$$p_A = \frac{\rho\omega^2}{2}(r_A^2 - r_0^2) = \frac{1000 \text{ kg/m}^3 \times 26.6^2 \text{ rad/s}^2}{2} \times 0.1^2 \text{ m}^2 = 3540 \text{ Pa} \quad \text{or} \quad 3.54 \text{ kPa}$$

B 점의 압력은 식 2.6.4를 A 점과 B 점에 적용함으로써 구할 수 있다.

$$p_B - p_A = -\rho g(z_B - z_A)$$

그러므로 B 점의 압력은 다음과 같다.

$$p_B = 3540 - 1000 \text{ kg/m}^3 \times 9.81 \text{ m/s}^2 \times 0.12 \text{ m} = 2360 \text{ Pa} \quad \text{or} \quad 2.36 \text{ kPa}$$

2.7 요약

밀도가 일정한 유체의 수직 z 방향으로의 압력 변화는 다음의 식으로 계산된다.

$$\Delta p = -\gamma \Delta z \tag{2.7.1}$$

액주계를 이해하고 면에 작용하는 힘을 규명하기 위하여 다음 식을 사용한다.

$$F = \gamma \bar{h} A \tag{2.7.2}$$

여기서 $\bar{h}$는 면의 도심까지의 수직거리를 나타낸다. 힘은 자유표면으로부터 압력중심까지의 면과 평행한 거리에 위치하며 이를 표현하면 다음과 같다.

$$y_p = \bar{y} + \frac{\bar{I}}{A\bar{y}} \tag{2.7.3}$$

여기서 $\bar{I}$는 도심축에 대한 관성모멘트이다. 곡면에 작용하는 힘은 위의 관계식과 표면 위 액체의 무게를 이용하여 구할 수 있다.

선형가속도를 받는 용기에 작용하는 압력과 힘은 등압력선의 각도 α에 의해 결정된다.

$$\tan \alpha = \frac{a_x}{g + a_z} \tag{2.7.4}$$

수직방향의 가속도 a_z는 일반적으로 0이다.

각속도 ω로 회전하는 용기의 등압력선은 다음과 같다.

$$\frac{1}{2}\omega^2 r_2^2 = g(z_2 - z_1) \tag{2.7.5}$$

여기서 점 1은 회전축 상에 위치하며, 점 2는 임의의 등압선 상에 위치한다.

공학기초 복습문제

2.1 기상학자는 기압을 28.5인치/수은이라고 진술하였다. 다음의 압력을 kPA로 변환하라.

(A) 98.6 kPA **(B)** 97.2 kPA
(C) 96.5 kPA **(D)** 95.6 kPA

2.2 미국 콜로라도 지역의 로키산맥 내 작은 언덕에서의 압력은 84 kPA이다. 밀도가 1.00 kg/m^{3}으로 일정하다고 가정할 때 4000 m 높이에서의 압력은 얼마인가?

(A) 60 kPA **(B)** 55 kPA
(C) 50 kPA **(D)** 45 kPA

2.3 그림 P2.3에 도시한 액주계의 압력을 계산하라. 액주계는 대기압에 개방되어 있다.

(A) 10 kPA **(B)** 9 kPA
(C) 8 kPA **(D)** 7 kPA

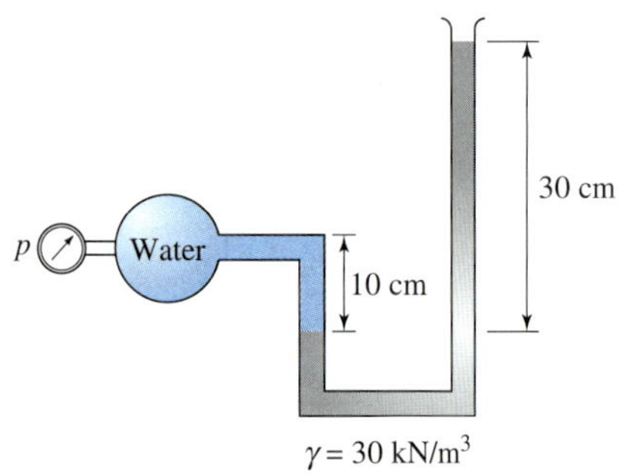

그림 P2.3

2.4 그림 P2.4의 탱크에 대하여 압력이 10 kPA 증가한다면, H의 크기는 어디에 근접해지겠는가? (초기 H = 16 cm):

(A) 8.5 Cm **(B)** 10.5 Cm
(C) 16 Cm **(D)** 24.5 Cm

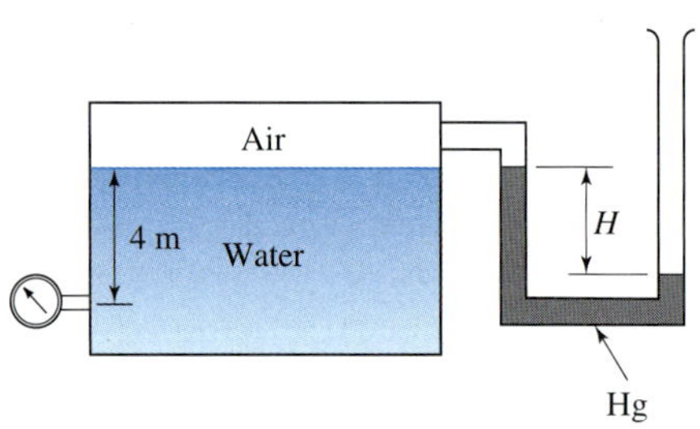

그림 P2.4

2.5 그림 P2.5에 도시된 사각형 문의 너비는 3 m이다. 문을 그림과 같이 고정시키기 위해 필요한 힘은 어느 값에 근접하는가?

(A) 24.5 kN **(B)** 32.7 kN
(C) 98 kN **(D)** 147 kN

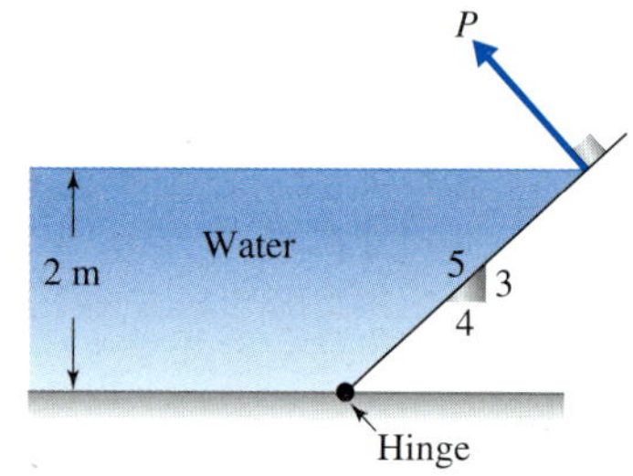

그림 P2.5

2.6 그림 P2.6에 중심에 위치한 수직 수문이 힌지는 H = 5 m일 때 개방된다. 힌지는 물의 바닥에서부터 얼마나 멀리 떨어져 있는가?

(A) 1.08 m **(B)** 1.10 m
(C) 1.12 m **(D)** 1.14 m

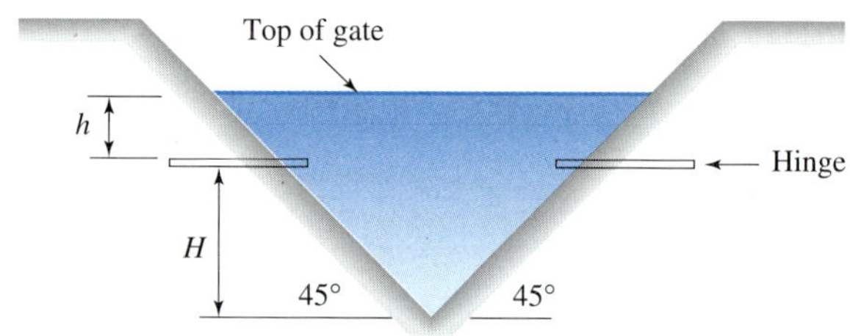

그림 P2.6

2.7 그림 P2.7에서 수문을 개방하기 위해 필요한 힘이 P = 300 kN이며 R = 1.2 m, H = 4 m이면 문의 폭은 얼마인가?

(A) 2.98 m **(B)** 3.67 m
(C) 4.32 m **(D)** 5.16 m

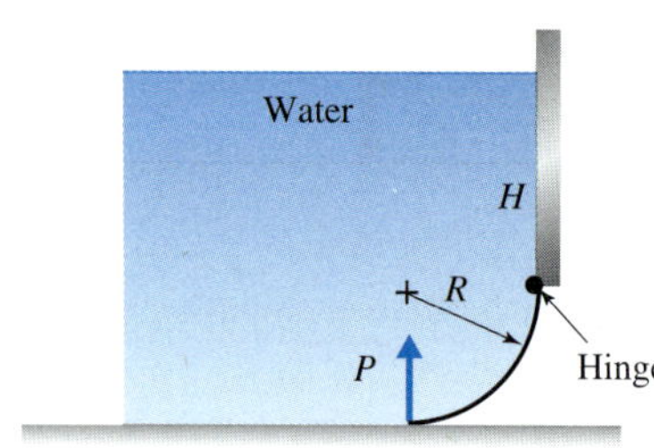

그림 P2.7

2.8 그림 P2.8와 같은 15 m 길이의 직사각형 바지선이 있다. 900 kg의 질량을 가진 물체가 하중을 가해 바지선이 10 mm 가라앉았다. 바지선의 폭은 얼마인가?

(A) 6 m **(B)** 9.2 m
(C) 7.5 m **(D)** 0.62 m

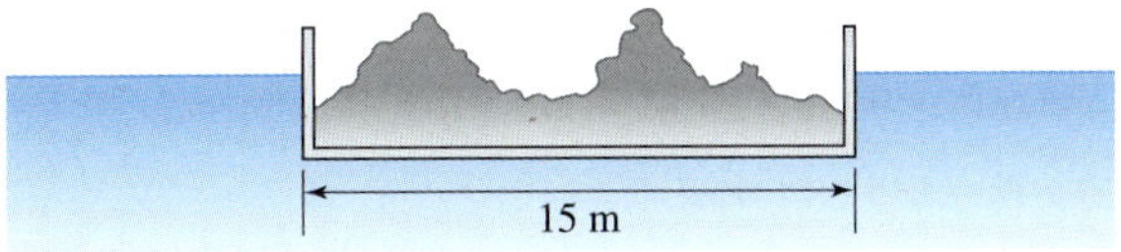

그림 P2.8

2.9 그림 P2.9와 같은 초기 압력 $p = 20$ kPA인 탱크가 5 m/s으로 가속되고 있다. 직경 4 cm의 플러그에 가해지는 힘은 얼마인가?

(A)	30 N	**(B)**	50 N
(C)	130 N	**(D)**	420 N

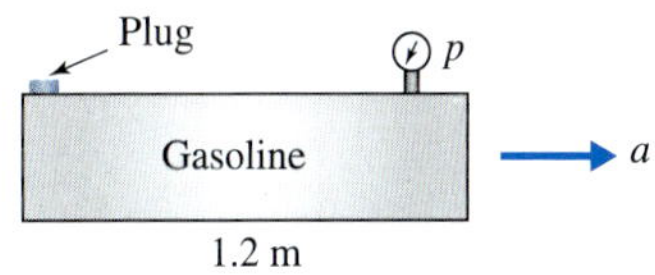

그림 P2.9

문제

압력

2.10 그림 2.2와 같은 요소가 x 방향의 단위 깊이를 가지고 yz-평면에 있다고 가정하자. 식 2.2.4와 비슷한 결과를 얻어 보아라. 중력은 z 방향이라 가정하라.

2.11 10 m 깊이의 액체의 비중의 다음과 같을 때 압력을 계산하라.

(a)	1.0	**(b)**	0.8
(c)	13.6	**(d)**	1.59
(e)	0.68		

2.12 비중이 다음과 같을 때 압력이 250 kPa이 되기 위한 액체의 깊이를 구하라.

(a)	1.0	**(b)**	0.8
(c)	13.6	**(d)**	1.59
(e)	0.68		

2.13 6 m 깊이에서의 액체의 압력이 140 kPa로 측정되었다. 액체의 표면에서의 압력 $p = 0$이라고 할 때 비중과 밀도를 계산하라.

2.14 아래의 값들과 평행하기 위한 물의 깊이를 구하라.

(a)	760 mm Hg	**(b)**	75 cm Hg
(c)	10 mm Hg		

2.15 개방된 탱크가 다음과 같은 층을 포함하고 있을 때 바닥의 압력을 계산하라.

(a) 20 cm의 물과 2 cm의 수은

(b) 52 mm의 물과 26 mm의 사염화탄소

(c) 3 m의 기름과 2 m의 물 그리고 10 cm의 수은

2.16 대기의 밀도가 1.27 kg/m^{3}으로 일정하다고 가정했을 때 3000 m의 산의 정상에서부터 바닥까지의 압력 변화를 계산하라.

2.17 높이가 3 m인 벽의 꼭대기에서의 절대 압력이 100 kPa이다. 밀도는 일정하고 벽의 바깥쪽 온도가 −20°C이고 안쪽 온도가 20°C일 때 벽의 바닥 부분에서 안과 밖의 압력 차이를 구하라. 이 압력 차이가 공기의 침투에 영향이 있다고 생각하는가?

2.18 액체의 비중량이 표면에서의 값 1.0에서 10 m 깊이에서의 값 1.1으로 선형적으로 변화했다. 이때, 이 10 m 깊이에서의 압력을 구하라.

2.19 만약 압력구배가 직교좌표계에서 $\nabla p = \frac{\partial p}{\partial x}\hat{\mathbf{i}} + \frac{\partial p}{\partial y}\hat{\mathbf{j}} + \frac{\partial p}{\partial z}\hat{\mathbf{k}}$로 나타내어 질 때 식 2.3.5를 이용하여 ∇p를 간단하게 표현하라. 이때, $\mathbf{a} = a_x\hat{\mathbf{i}} + a_y\hat{\mathbf{j}} + a_z\hat{\mathbf{k}}$이다.

2.20 식 2.4.8을 이용하여 높이가 300 m인 건물의 꼭대기 부분의 압력을 결정하라. 또 밀도가 $z = 0$에서의 값으로 일정할 때의 압력을 계산하고, 백분율 오차를 계산하라. 표준조건으로 $z = 0$에서의 조건을 사용하라. 공학적으로 높이 300 m까지 대기를 비압축성이라고 가정하는 것이 옳은지 검토하라.

2.21 표준대기 조건과 식 2.4.8을 이용하여 높이 20 m에 걸쳐 압력 변화를 구하라. 공학적으로 공기와 같은 기체에서 높이 20 m의 변화에서 압력 변화를 완전히 무시하는 것이 옳은지 검토하라.

2.22 체적계수를 일정하다고 가정하고 바다에서의 압력에 대한 식을 깊이 h의 함수를 이용하여 표현하라. 밀도 $\rho_0 = 1064$ kg/m^{3}이라고 가정하라. 그리고 밀도가 1064 kg/m^{3}으로 일정할 때 다음 보기의 깊이에서의 압력을 구하라. 첫 번째 계산에서 얻은 값이 수정되어야 한다고 가정하고 오차를 구하라.

(a)	450 m	**(b)**	1500 m
(c)	4500 m		

2.23 다음과 같은 온도에서 등압이라 가정할 때 10000 m에서의 압력을 추정하라.

(a) 0°C **(b)** 15°C
(c) −15°C

2.24 11000 m보다 낮은 대기에서의 온도는 $T(z) = 15 - 0.0065z$°C식에 의해 근접하게 계산할 수 있다. 다음과 같은 높이에서의 압력을 계산하라.

(a) 3000 m **(b)** 6000 m
(c) 9000 m **(d)** 11 000 m

2.25 온도가 −20°C이며 등온이라 가정할 때 p = 7Pa이 되는 높이를 구하라.

액주계

2.26 U자관액주계가 25 cm Hg로 측정되었다면 이 관을 흐르는 공기의 압력을 계산하라. 단, 관을 흐르는 공기의 무게는 무시한다.

2.27 관 속에서의 공기의 압력이 450 kPa이라면 수은이 든 액주계를 어떻게 읽을 수 있는가? 그림 2.7b에서 h = 1.5 cm를 사용하라.

(a) 공기의 무게는 무시한다.

(b) T_{air} = 20°C라고 가정하고 공기 기둥의 무게를 포함시켜라. 그리고 (a)와의 백분율 오차를 구하라.

2.28 U자관액주계가 액체가 흐르는 관에 연결되어 있다. 액주계에 위치한 관에서의 압력이 2.4 kPa로 주어져 있다. 만약 액주계가 관속 액체의 높이를 다음과 같이 가리키고 있을 때 부록 B(표 B.5)로부터 가장 이와 비슷하게 흐를 수 있는 액체를 선택하라.

(a) 36.0 cm **(b)** 27.2 cm
(c) 24.5 cm **(e)** 15.4 cm

2.29 상대적으로 낮은 속도로 이동하고 있는 비행기의 기수부분의 압력이 $p = \frac{1}{2}\rho V^2$으로 알려져 있다. 여기서 ρ는 공기의 밀도이다. 비행기의 기수부분의 압력이 다음 아래의 보기와 같을 때 비행기의 속도를 구하라.

(a) 6 cm의 물 **(b)** 7.5 cm의 물
(c) 10 cm의 물 **(d)** 12.5 cm의 물

2.30 S = 0.86인 기름이 관 속을 흐르고 있다. U자관액주계가 24 cm Hg일 때 압력을 계산하라. 액주계에서의 기름은 파이프 중심선보다 아래로 12.5 cm 하락해 있다.

2.31 탱크에 여러 가지 액체들이 상부의 압축된 공기와 함께 층을 이루며 들어 있다. 만약 공기압이 3.2 kPa일 때 탱크 바닥 부분에서 압력을 계산하라. 액체층은 SAE 10 오일 20 cm, 물 10 cm, 글리세린 15 cm, 사염화탄소 18 cm로 이루어져 있다.

2.32 그림 P2.32이 다음과 같을 때 액주계의 높이 H를 계산하라.

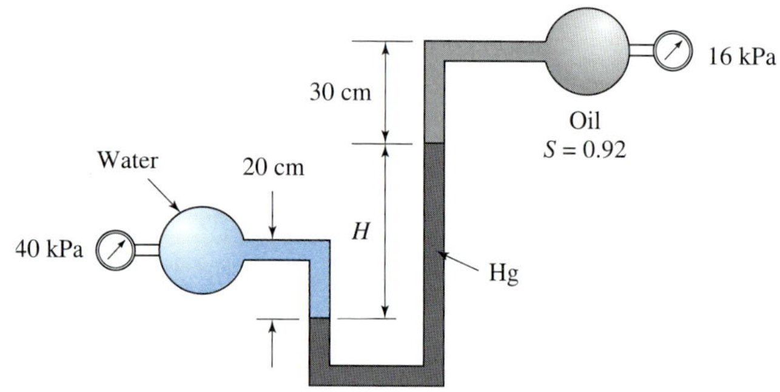

그림 P2.32

2.33 그림 P2.33이 다음과 같을 때 기름 파이프와 물 파이프의 압력차를 구하라.

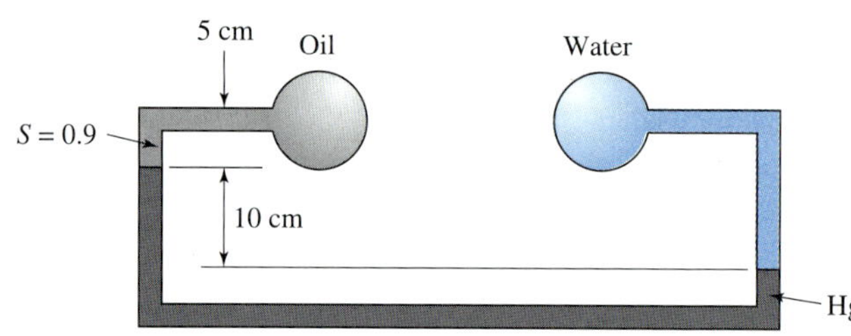

그림 P2.33

2.34 그림 P2.34에서 물 파이프의 압력은 얼마인가?

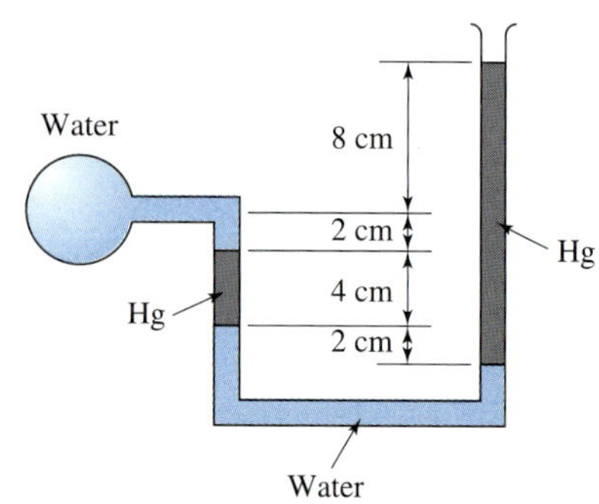

그림 P2.34

2.35 그림 P2.35가 다음과 같을 때 물 파이프와 기름 파이프의 압력차를 구하라.

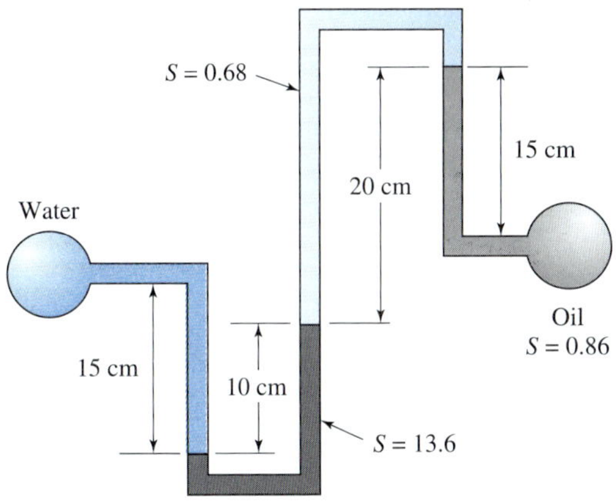

그림 P2.35

2.36 물 파이프에서의 압력이 15 kPa이라면 그림 P2.36에서 기름 파이프의 압력은 얼마겠는가?

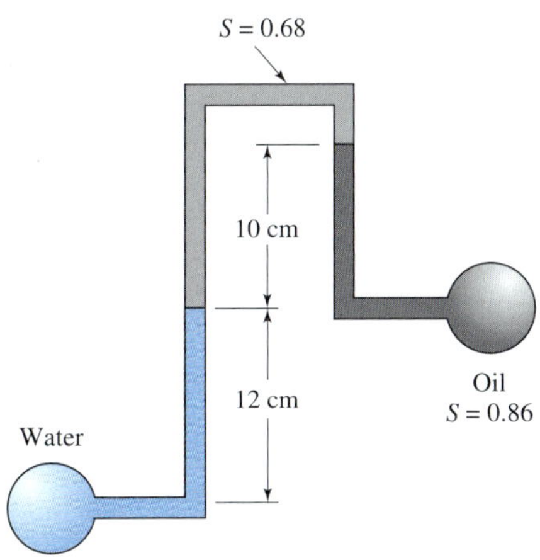

그림 P2.36

2.37 그림 P2.37의 탱크에 대하여 아래의 주어진 값에서의 압력을 구하라.

(a) $H = 2$ m, $h = 10$ cm

(b) $H = 0.8$ m, $h = 20$ cm

(c) $H = 1.8$ m, $h = 10$ cm

(d) $H = 0.6$ m, $h = 20$ cm

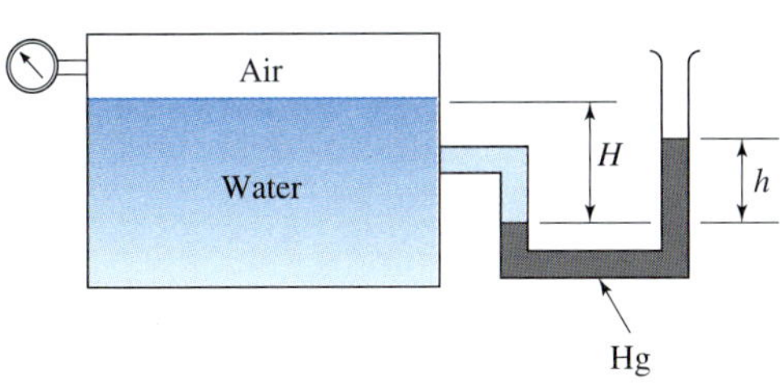

그림 P2.37

2.38 그림 P2.38의 탱크에 대하여 만약 $H = 16$ cm일 때 게이지의 압력을 구하라.

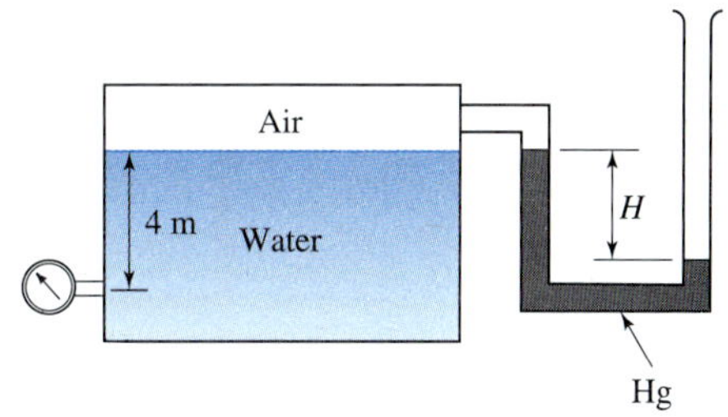

그림 P2.38

2.39 그림 2.7b에서 $h = 25$ cm, $S_2 = 1.59$일 때 물의 압력은 8.2 kPa이다. 만약 H 가 27.3 cm 증가한다면 물의 압력은 얼마인가?

2.40 그림 P2.40에서 물 파이프의 압력을 구하라.

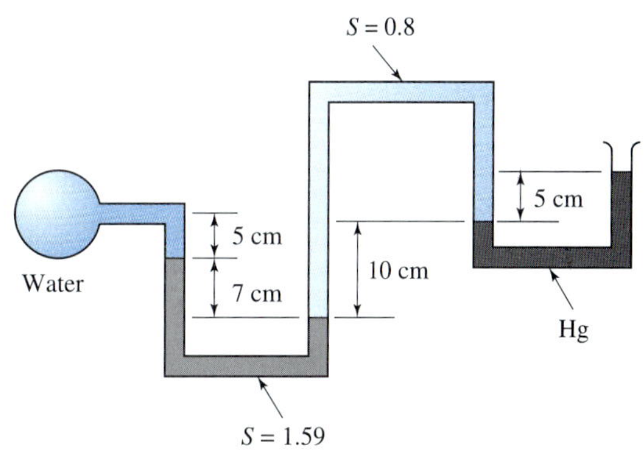

그림 P2.40

2.41 그림 P2.41은 수은으로 찬 경료관 압력계이며, 파이프 A 의 압력이 10 kPa일 때 파이프 B 의 압력을 구하라. 단, 파이프 A 에는 물이 흐르고, 파이프 B 에는 기름이 흐른다.

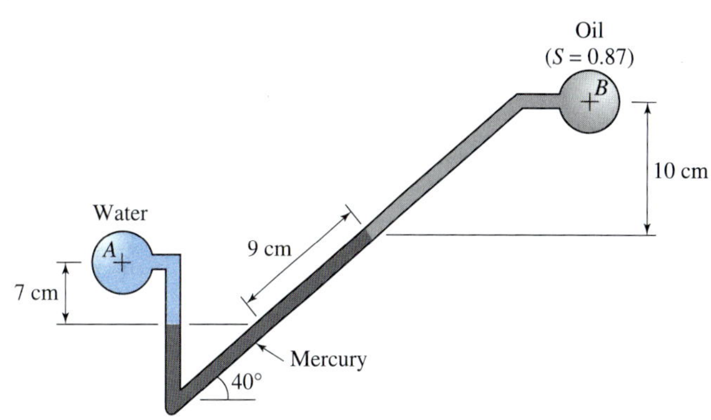

그림 P2.41

2.42 문제 2.41에서 파이프 B에서의 압력은 조금 감소한다. 만약 파이프 A의 압력과 동일하게 유지하고 압력계의 경사 다리가 11 cm일 때 파이프 B의 새로운 압력을 구하라.

2.43 그림 P2.43에서 액주계의 윗부분이 개방되어 있고 수은층이 공기 파이프 아래로 20 cm의 위치에 놓여 있다. 이 상태에서 액주계의 윗부분을 밀봉한다. 공기 파이프에서의 압력이 270 kPa일 때 H를 계산하라. 단, 밀봉된 상태에서 공기는 등온과정으로 가정하라.

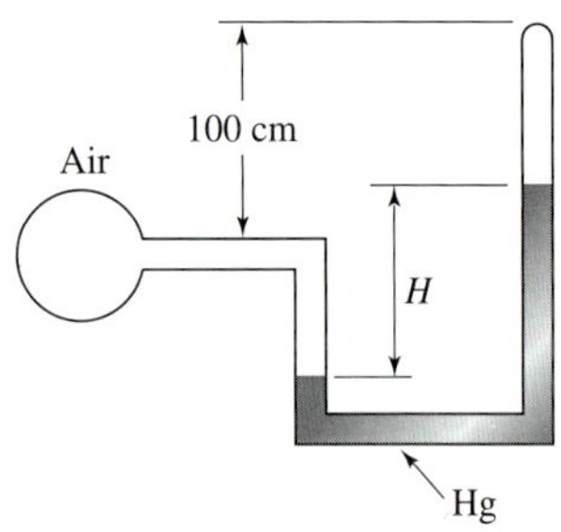

그림 P2.43

2.44 그림 2.7c에서 아래와 같은 상태일 때 액주계의 눈금 H를 구하라.

$z_i = (22, 16, 10, z_4, 17)$ cm, $p_1 = 4$ kPa,

$\gamma_i = (9800, 15\,600, 133\,400)$ N/m^3,

$d = 5$ mm, $D = 100$ mm.

2.45 압력 p_1이 10% 증가했다면 액주계의 눈금의 증가율은 얼마인가?

(a) 문제 2.44a.

(b) 문제 2.44b.

2.46 문제 2.36에서 물 파이프에서의 압력이 15.5 kPa증가했다. 기름 파이프에서의 압력이 일정하게 남아 있다면 액주계의 눈금은 얼마인가?

2.47 다음 아래의 문제들에서 공기의 압력이 10% 증가할 때 변하는 액주계의 눈금 h를 구하라.

(a) 문제 2.37a

(b) 문제 2.37b

(c) 문제 2.37c

(d) 문제 2.37d

평면에 가해지는 힘

2.48 선박의 지름 30 cm의 둥근 창이 있다. 이 창의 중심이 수면으로부터 10 m 가라앉아 있다면 창에 가해지는 힘은 얼마인가?

2.49 2 m 깊이의 물이 수영장에 채워져 있다. 수영장 바닥은 정사각형 모양이며 각 면은 4 m이다. 그중 서로 마주보는 두 면은 바닥과 수직하며 다른 한쪽 끝은 45°기울어져 있으며 반대편 끝은 수평 바닥과 60°이다. 다음 각 벽면에 가해지는 힘을 계산하라.

(a) 바닥

(b) 수직면

(c) 45° 면

(d) 60° 면

2.50 직사각형 모양의 밀봉된 콘크리트 납골당의 외부 크기가 2 m × 1 m × 1.5 m이고 벽 두께가 10 cm이다. 납골당은 윗부분이 자연과 평행하게 묻혀 있다. 만약 땅이 물로 충분히 젖는다면 납골당이 땅 위로 올라올 것으로 예상되는가? ($S_{\text{concrete}} = 2.4$)

2.51 가솔린이 채워져 있는 탱크의 직경은 4 m이며 길이는 6 m이다. 가솔린이 탱크 끝에 가하는 힘을 구하라. 탱크에 가압이 작용하지 않으며 양 끝은 수직하다고 가정하라.

2.52 삼각형의 각 변이 2 m, 3 m, 3 m로 측정되었다. 2 m인 변이 수평으로 10 m 깊이에 놓여져 있고 삼각형 면이 다음과 같은 각도를 이루고 있을 때 삼각형 면에 가해지는 힘을 구하라.

(a) 수직 **(b)** 수평

(c) 60°

2.53 그림 P2.53에서와 같이 삼각형 문의 1.8 m인 변이 물의 표면과 평행을 이루며 9 m 깊이에 놓여 있다. 문이 다음과 같은 각도를 이루고 있을 때, 힘이 가해지는 크기와 위치를 구하라.

(a) 수직

(b) 수평

(c) 45°

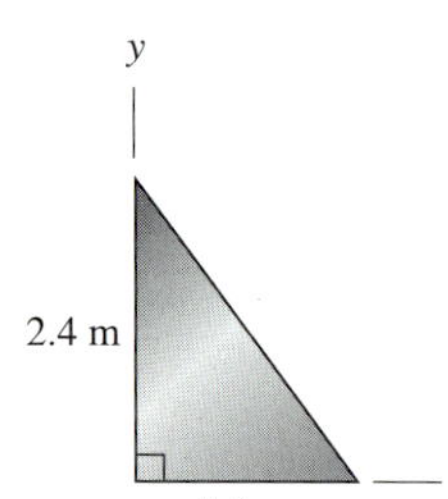

그림 P2.53

2.54 그림 P2.54에서 각각의 수문의 윗부분이 4 m 깊이에 잠겨 있다. 바닥과 수직할 경우 면에 작용하는 힘의 크기와 방향을 구하라.

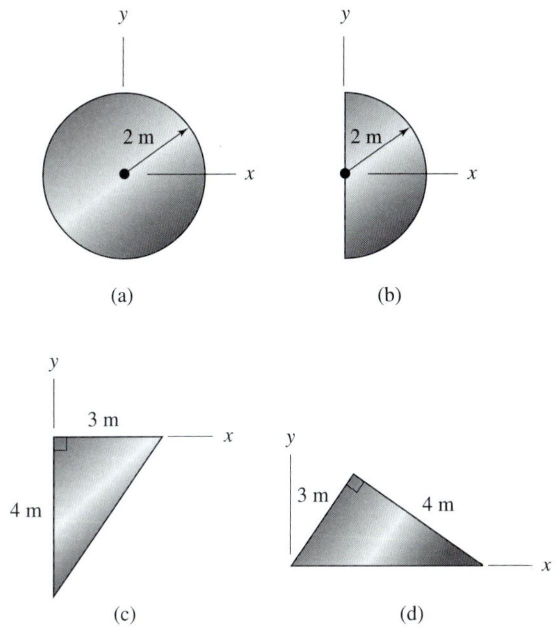

그림 P2.54

2.55 폭 1.8 m, 너비 3 m의 직사각형 수문의 윗부분이 6 ft 깊이에 잠겨 있다. 수문의 아랫부분이 힌지로 연결되어 있을 경우, 수문을 닫기 위해 꼭대기에 가해야 할 힘은 얼마인가?

2.56 그림 P2.56와 같은 폭 4 m의 수문을 고정하기 위하여 필요한 힘 P를 계산하라.

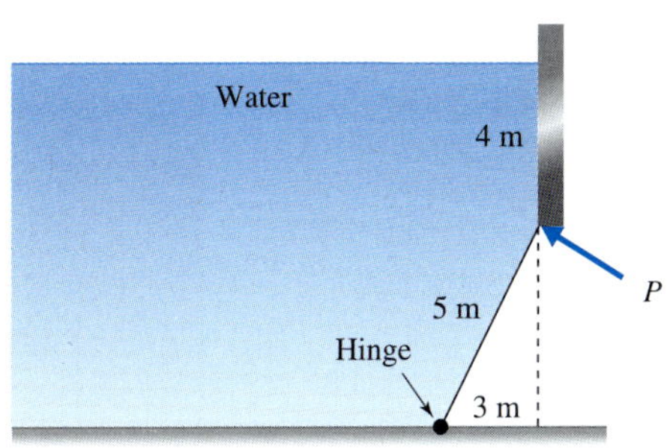

그림 P2.56

2.57 그림 P2.57와 같은 폭 4 m의 수문을 고정하기 위해 필요한 힘을 구하라. 물의 높이 H는 다음과 같다.

(a) $H = 6$ m **(b)** $H = 8$ m

(c) $H = 10$ m

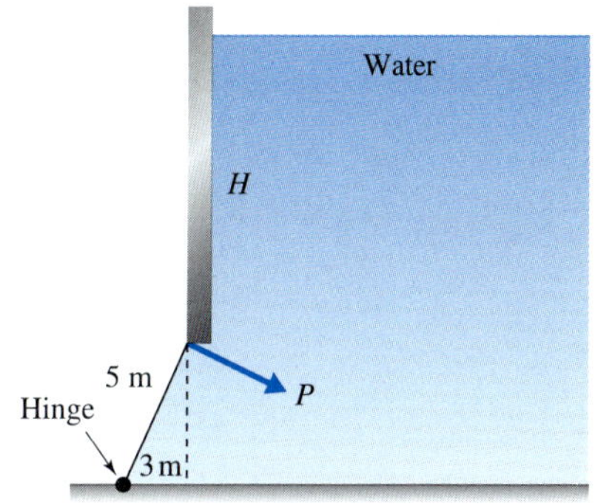

그림 P2.57

2.58 식 2.4.28을 이용하여 그림 2.9에 도시된 바와 같이 힘 F가 수직 벽의 밑 부분에서 1/3인 지점에 작용하고 있다는 것을 보여라. 또한 기울어진 벽에도 동일하게 적용됨을 보여라. 이때 기울어진 벽은 수평면에 대하여 의 각도를 가진다.

2.59 그림 P2.59에서 3 m 폭의 직사각형 수문을 고정시키기 위해 필요한 힘 P를 구하라. 이때, 수문의 길이는 다음과 같다.

(a) $l = 2$ m **(b)** $l = 4$ m

(c) $l = 5$ m

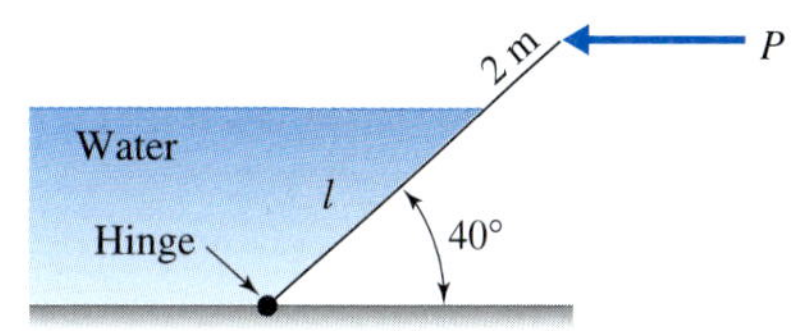

그림 P2.59

2.60 그림 P2.60과 같은 단면을 가진 사다리꼴의 수로의 끝에 수문이 달려 있다. 수문의 밑바닥에 힌지가 연결되어 있다면 수직으로 서 있는 문을 지지하기 위해 필요한 최소의 힘을구하라. 수문은 수로와 같은 치수를 가지고 있으며 P는 수면에서 작용한다.

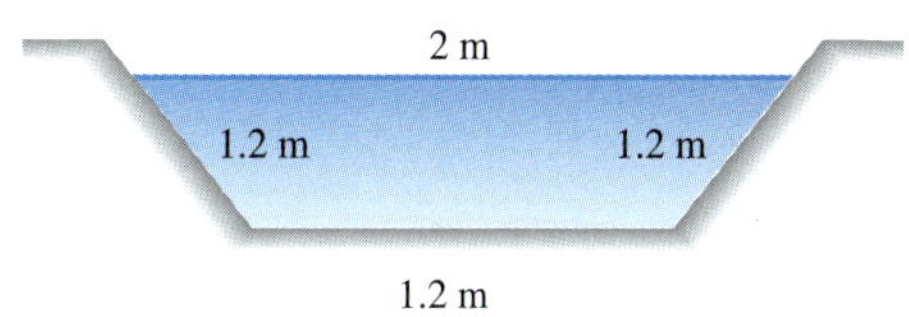

그림 P2.60

2.61 수로의 끝에 위치한 수직 수문이 힌지 윗부분의 물에 의해 생기는 모멘트가 힌지 아래의 물에 의해 생기는 모멘트보다 클 때 개방된다. H 값이 다음과 같을 때 수문을 개방하기 위한 h의 값을 구하라.

(a) $H = 0.9$ m **(b)** $H = 1.2$ m

(c) $H = 1.5$ m

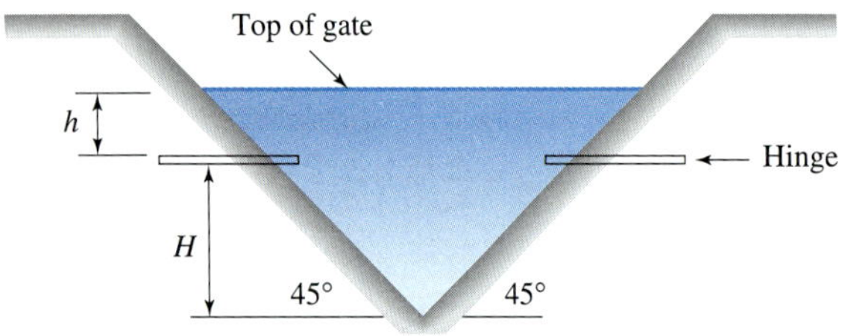

그림 P2.61

2.62 그림 P2.62에서 다음 h 값에 따라 수문이 열리는 H의 값은 얼마인가?

(a) 0.6 m **(b)** 0.8 m

(c) 1.0 m

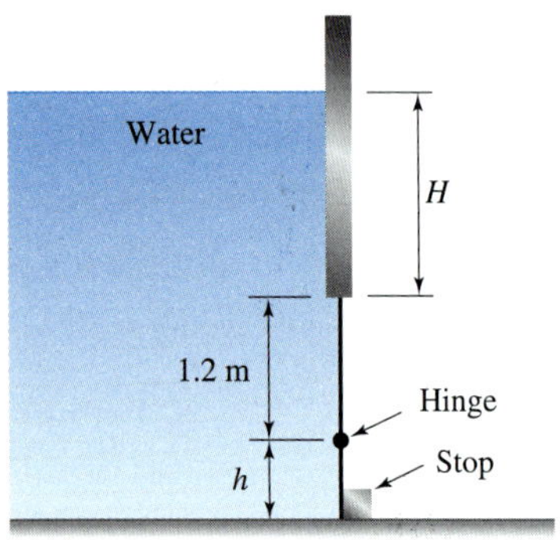

그림 P2.62

2.63 그림 P2.63이 다음과 같을 때 l의 값에 따라 수문이 자동으로 열릴 수 있는 H를 구하라(문의 중량은 무시한다).

(a) $l = 2$ m **(b)** $l = 1$ m

(c) $l = 1.8$ m **(d)** $l = 0.9$ m

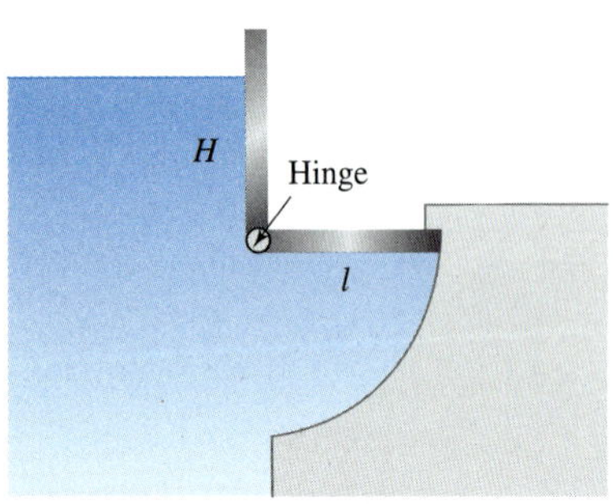

그림 P2.63

2.64 그림 p2.64와 같이 2 m 폭의 직사각형 수문 바닥 부분에 힌지되어 있다. 이 수문에 케이블을 통하여 1 m의 직경을 가진 70 kn의 원통형 블록이 붙어 있다. 수문의 멈추는 부위(Stop)에 거의 닿을 때의 필요한 높이 H를 구하라.

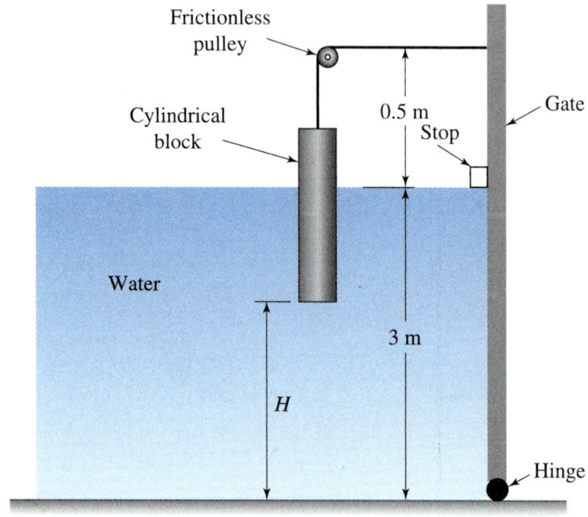

그림 P2.64

2.65 콘크리트($S = 2.4$)댐 바닥의 압력분포는 그림 P2.65와 같이 선형적으로 변한다. 다음과 같은 H 값에 대해 댐이 넘어질 수 있는지 계산하라.

(a) $H = 45$ m **(b)** $H = 60$ m

(c) $H = 75$ m

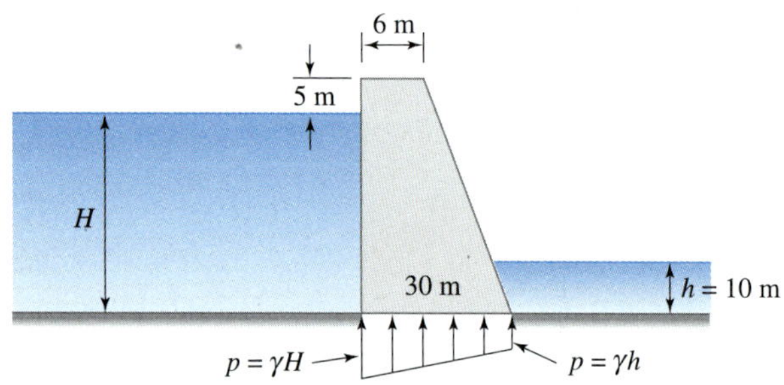

그림 P2.65

2.66 콘크리트($S = 2.4$)댐 바닥의 압력분포는 그림 P2.66과 같이 선형적으로 변한다. 다음과 같은 H 값에 대해 댐이 넘어질 수 있는지 계산하라.

(a) $H = 12$ m **(b)** $H = 18$ m

(c) $H = 24$ m

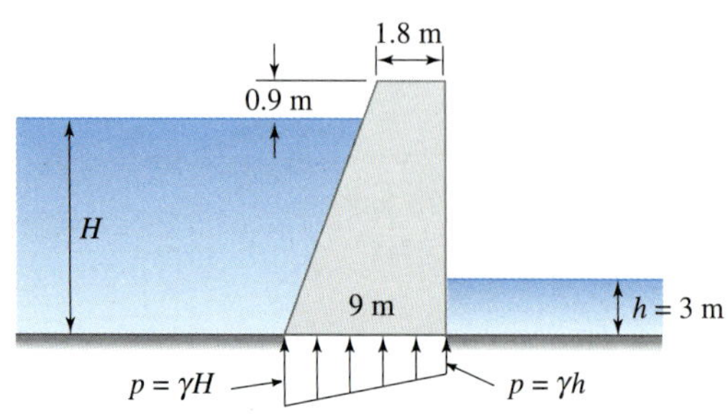

그림 P2.66

곡면에 작용하는 힘

2.67 예제 2.7에서는 물이 수문 위에 있다고 가정한다. 이때 물에 의해 문은 동일한 압력 분포를 이루므로 동일한 힘을 받을 것이다(반대 방향에서 작용하는 힘은 제외한다). 결과적으로, 힘 P는 수치적으로 동일해진다. 물이 수문 위에 있을 때의 자유물체도를 그리고, P를 구하라. 그리고 예제 2.7에서 제시된 방법과 비교하라.

2.68 그림 P2.68와 같이 폭 10 m인 원통형 물체를 고정시키기 위해 필요한 힘 P를 구하라.

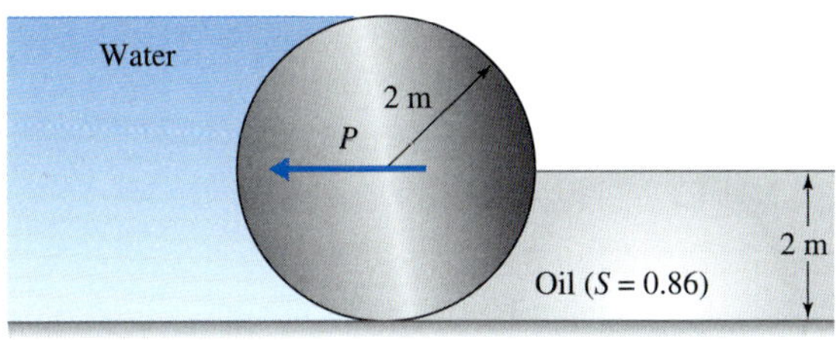

그림 **P2.68**

2.69 그림 P2.69에서, $H = 6$ m, $R = 2$ m, 수문의 폭은 4 m일 때, 수문이 열리는 힘 P를 구하라.

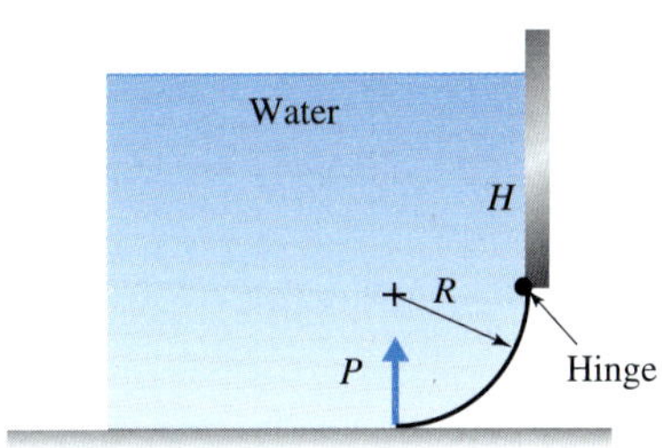

그림 **P2.69**

2.70 **(a)** 그림 P2.70에서 반지름이 2 m, 폭이 4 m일 때, 곡면 AB에 작용하는 정압력의 수평, 수직 성분의 크기, 방향, 그리고 작용선을 구하라.

(b) 수직의 벽 넘어서도 물이 존재한다고 가정했을 때(단, 면 AB의 점 A는 표면에서 8 m 아래 위치)위의 (a)와 같은 방법으로 구하라.

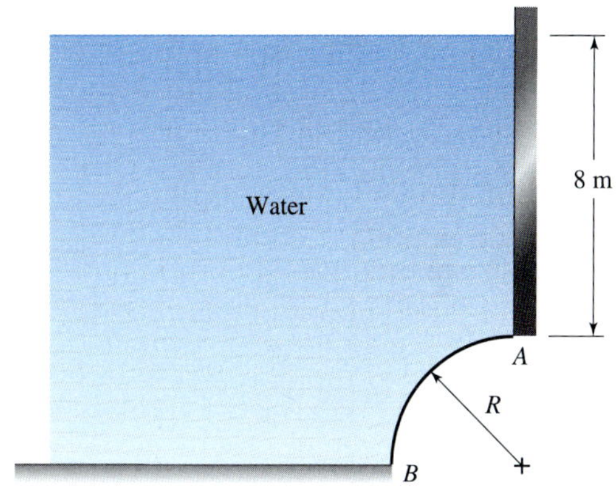

그림 **P2.70**

2.71 그림 P2.71과 같이 폭 4 m인 수문을 닫기 위해 필요한 힘 P는 얼마인가?

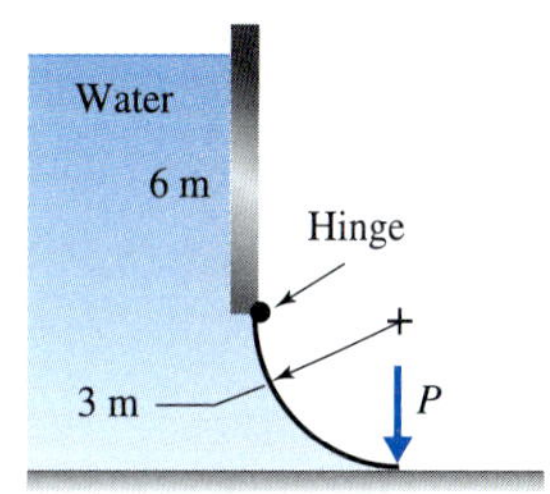

그림 **P2.71**

2.72 그림 P2.72와 같이 폭 5 m인 수문을 유지하기 위해 필요한 힘 P를 구하라.

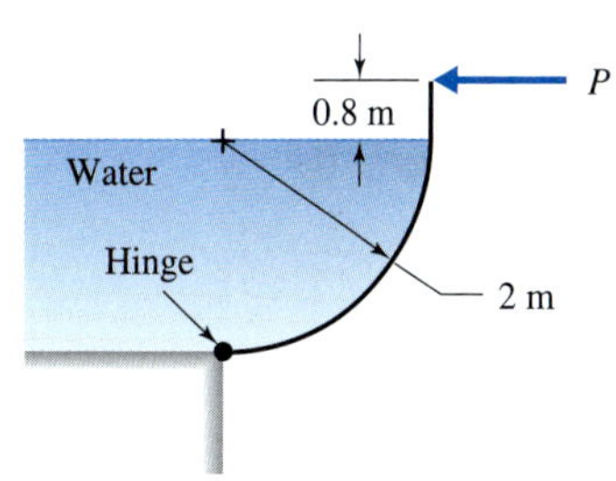

그림 **P2.72**

2.73 그림 P2.73와 같이 폭이 3 m인 원형수문의 무게는 400 N이며 중력중심이 힌지로부터 왼쪽으로 0.9 m에 위치해 있다. 수문을 개방하기 위해 필요한 힘 P를 구하라.

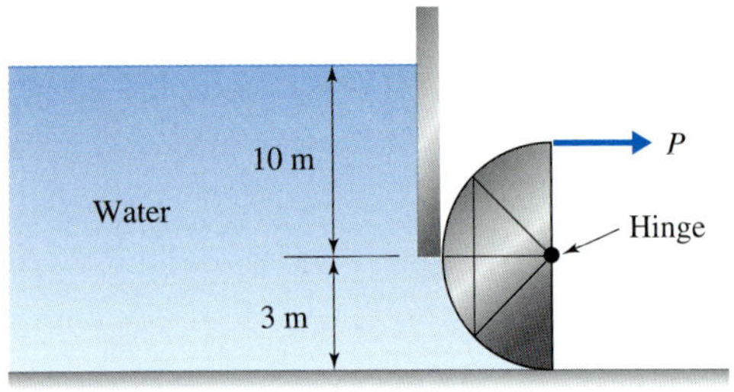

그림 P2.73

2.74 그림 P2.74에서 1/4원호 실린더의 수문(S = 0.2)이 평형을 이루고 있다. SI 단위를 이용하여 γ_x를 계산하라.

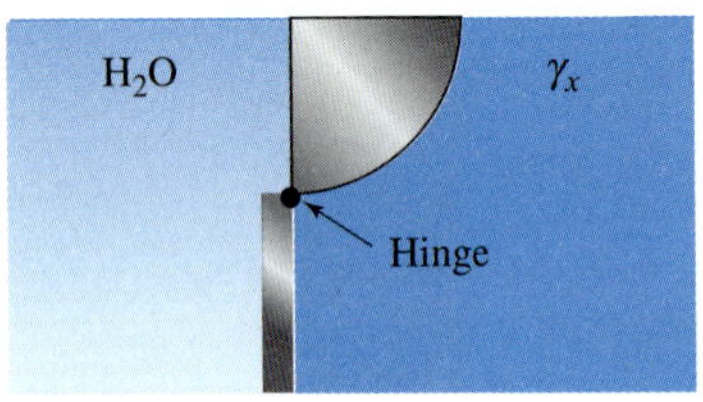

그림 P2.74

2.75 그림 P2.75와 같이 길이가 6 m이고 반경 R = 0.6 m인 통나무가 평형상태를 이루고 있다. 댐 방향으로 통나무를 미는 힘과 통나무의 비중을 구하라.

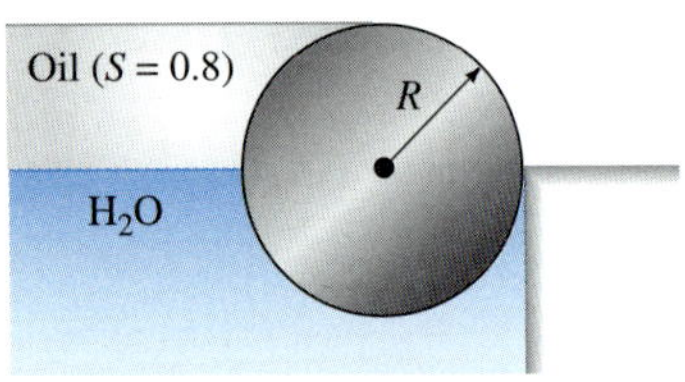

그림 P2.75

2.76 그림 P2.76에 나타난 바와 같이 용접부분에 가해지는 힘을 다음 조건에 따라 구하라.

(a) 공기가 반구를 채우고 있을 때

(b) 기름이 반구를 채우고 있을 때

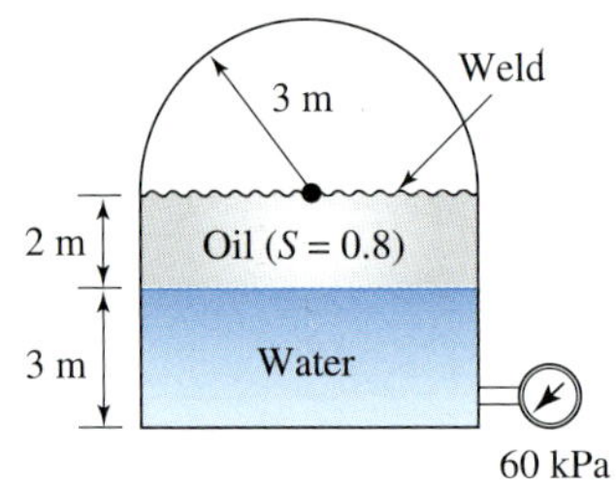

그림 P2.76

2.77 그림 P2.77과 같은 포물선형 수문일 때, 힘 P를 구하라.

(a) 폭이 2 m이고 H = 2 m일 때

(b) 폭이 1.2 m이고 H = 2.4 m일 때

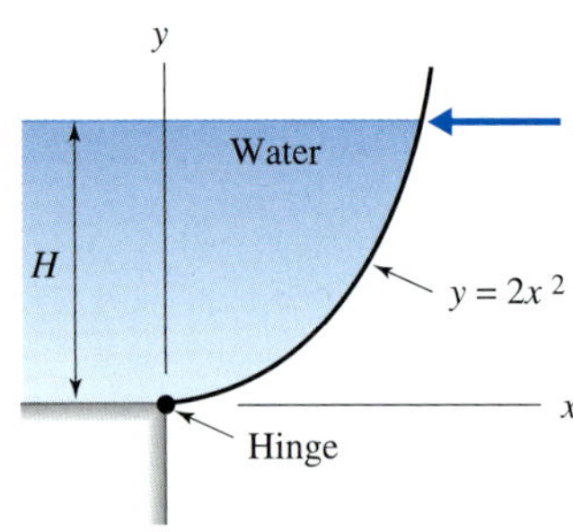

그림 P2.77

부력

2.78 그림 P2.78과 같은 폭이 3 m인 바지선의 무게가 20 kN이다. 이 바지선에 250 kN을 실었다고 가정하자. 다음의 경우에 대해 바지선이 잠긴 깊이를 구하라.

(a) 순수한 물

(b) 소금 물(S = 1.03)

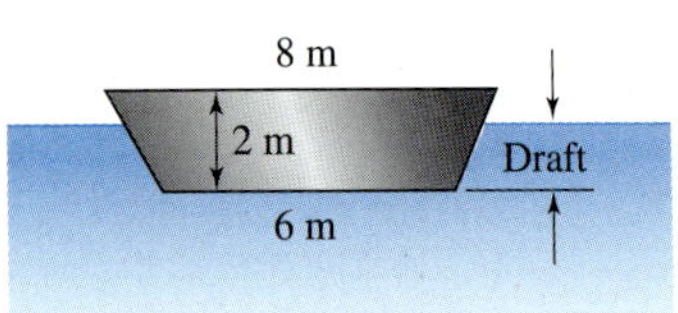

그림 P2.78

2.79 공기에서의 무게가 100 N, 물속에서의 무게가 25 N인 물체가 있다. 이 물체의 체적과 비중량을 구하라.

2.80 폭 7.5 m, 길이 90 m에 이르는 직사각형의 카페리가 있다. 만약 평균무게가 15,000 N인 차가 60대 실린다면 물에 잠기는 깊이를 구하라.

2.81 그림 P2.81과 같이 길이 30 m인 선박이 6000 kN의 짐을 나르고 있다. 배의 질량이100 000 kg이라면 물의 수면으로부터 배의 윗부분까지의 거리를 구하라.

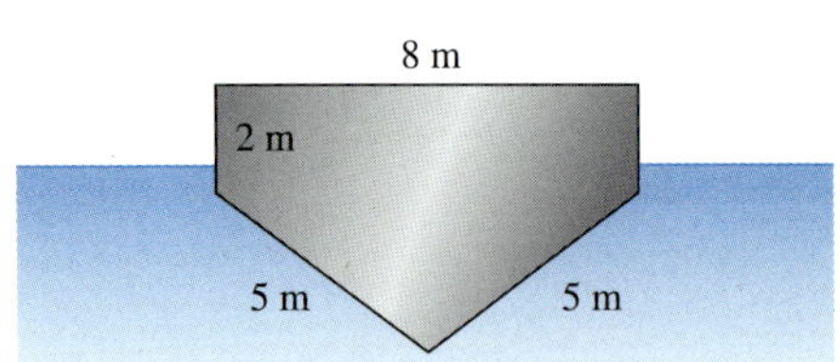

그림 P2.81

2.82 체적이 2 m^3인 물체의 무게가 40 kN이다. 이 물체가 비중 $S = 1.59$인 물에 잠겼을 때의 무게를 구하라.

2.83 열기구가 자중을 포함해서 1000 N의 무게를 나르고 있다. 만약 직경이 10 m이고 외부공기의 온도가 20°C라면 내부공기의 평균 온도는 얼마인가?

2.84 비행선으로 지구 표면을 여행하려 한다. 비행선이 직경 300 m, 길이 1500 m인 실린더 형상일 때 자중이 적재 가능 무게의 10%일 때 적재 가능 무게는 얼마이겠는가? 또한 무게가 800 N인 사람들을 얼마나 수용할 수 있겠는가? 비행선은 헬륨으로 가득 채워져 있다.

2.85 물보다 가벼운 물질로 구성된 물체가 있다. 공기에서의 무게가 50 N이고 물속에 고정시키는데 필요한 힘은 10 N이다. 이 물체의 밀도와 비중량, 그리고 비중을 구하라.

2.86 그림 P2.86에서 플러그와 내부가 빈 원통의 물체의 무게는 합쳐서 6670 N이다. 원통의 길이가 3 m라면 플러그를 들어올리기 위해 필요한 높이 h를 다음과 같은 반경 R에 대해 구하라.

(a) 0.3 cm **(b)** 0.4 cm
(c) 0.5 cm

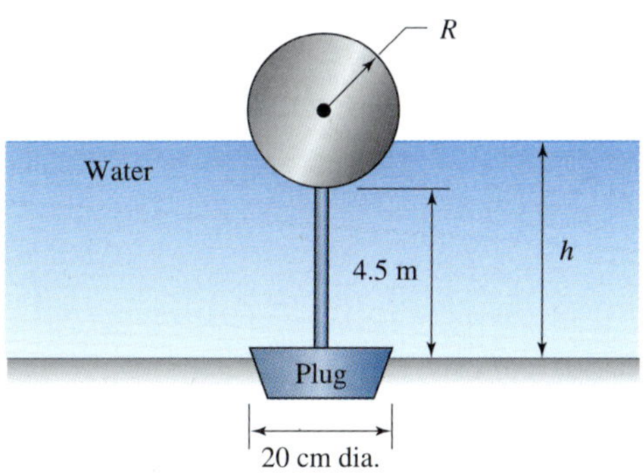

그림 P2.86

2.87 그림 P2.87에서 수은이 없는 비중계의 질량은 0.01 kg이다. 비중계 윗부분의 길이는 12 cm이고, 물에서 중앙을 가리키도록 설계되었다. 아랫부분의 길이는 15 cm이다.

(a) 필요한 수은의 질량을 계산하라.

(b) 만약 비중계 전체가 액체에 잠긴다면 그 액체의 비중은 얼마인가?

(c) 만약 비중계의 윗부분이 완전히 노출된다면 액체의 비중은 얼마인가?

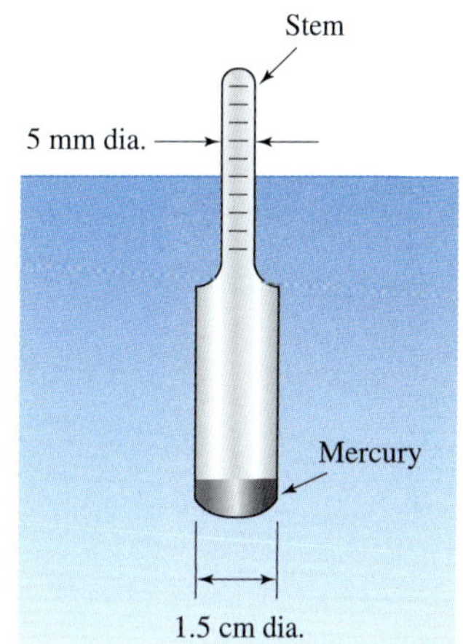

그림 P2.87

2.88 문제 2.87의 비중계가 순수한 물에서 비중계의 윗부분이 수면과 일치하도록 잠겨 있다.

(a) 측정될 수 있는 최대 비중을 얼마인가?

(b) 필요한 수은의 질량은?

안정성

2.89 직경 25 cm인 실린더가 비중 0.8인 물질로 구성되어 있다. 길이가 다음과 같을 때 실린더가 밑면이 수평하게 부유할 수 있는가?

(a) 30 cm **(b)** 25 cm
(c) 20 cm

2.90 비중량이 γ_x로 일정한 원통형 실린더의 높이가 직경과 같다면 밑면이 수평하게 물에 뜨기 위한 비중량 범위를 구하라.

2.91 균질한 육면체가 물에 뜰 수 있는 비중량의 범위를 구하라.

2.92 그림 P2.92의 물체가 물에 잠겼을 때 항상 중심 안정을 유지하기 위한 A의 비중 S_A를 계산하라.

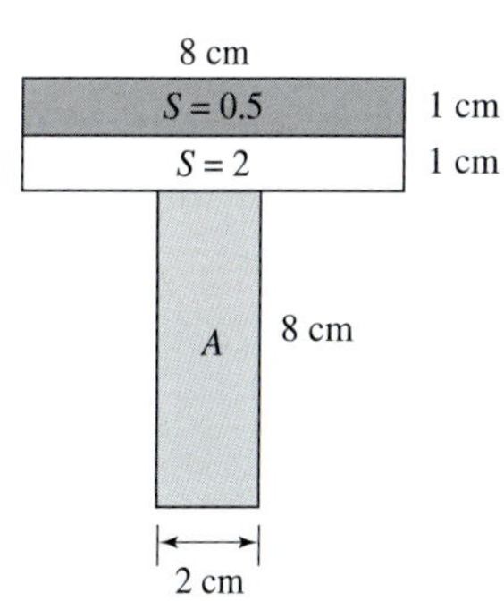

그림 P2.92

2.93 그림 P2.93과 같은 물체가 물에 잠겼을 때 회전 안정성을 유지하기 위한 방향을 정하라.

(a) $t = 2$ cm **(b)** $t = 2.5$ cm

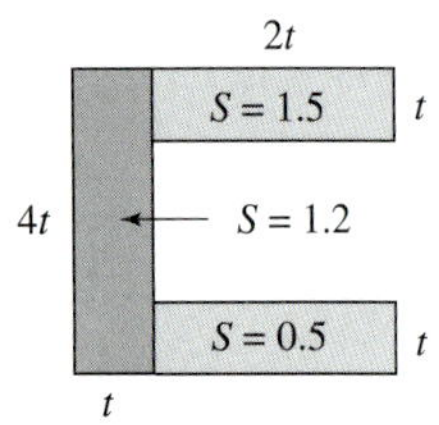

그림 P2.93

2.94 그림 P2.94와 같이 바지선의 중력 중심이 수면과 같은 위치에 있다. 이 바지선은 안정한가?

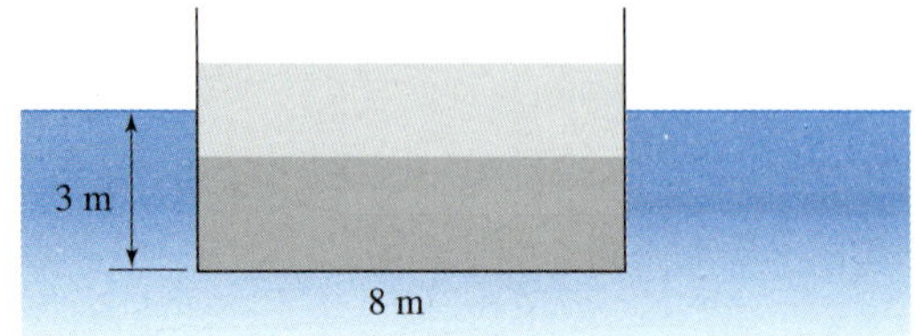

그림 P2.94

2.95 바지선의 중력중심이 그림 P2.95와 같은 위치에 있을 때 이 바지선은 안정한가?

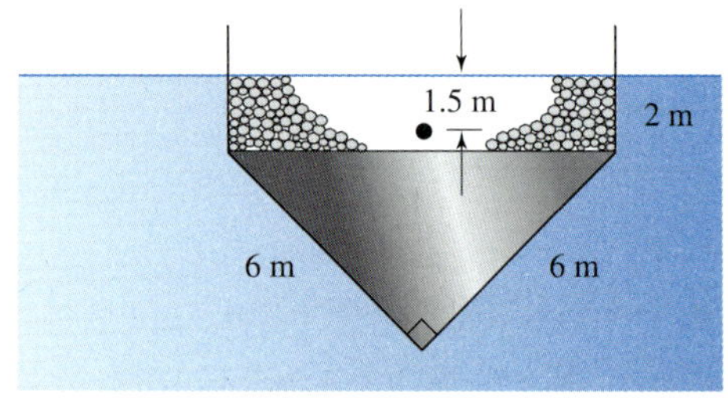

그림 P2.95

선형으로 가속되는 용기

2.96 그림 P2.96에서 탱크에 물이 가득 채워져 있고 가속을 받고 있다. 다음과 같은 조건을 가질 때 탱크의 최대 압력을 계산하라.

(a) $a_x = 20\text{ m/s}^2, a_z = 0, L = 2\text{ m}$

(b) $a_x = 0, a_z = 20\text{ m/s}^2, L = 2\text{ m}$

(c) $a_x = 18\text{ m/s}^2, a_z = 18\text{ m/s}^2, L = 1.8\text{ m}$

(d) $a_x = 0, a_z = 18\text{ m/s}^2, L = 1.8\text{ m}$

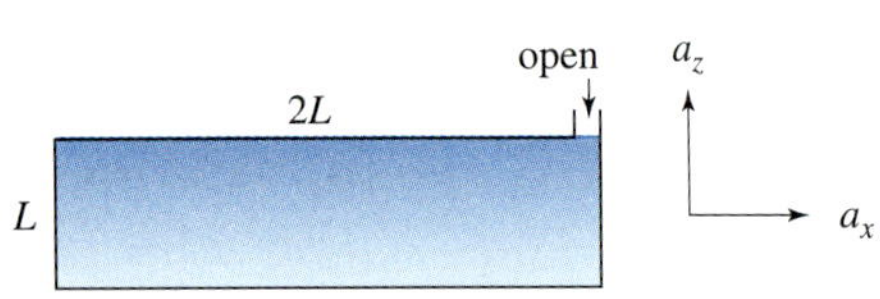

그림 P2.96

2.97 그림 P2.97에서 탱크는 오른쪽으로 10 m/s^{2}의 가속도를 받고 있다. 다음을 구하라.

(a) p_A **(b)** p_B (c) p_C

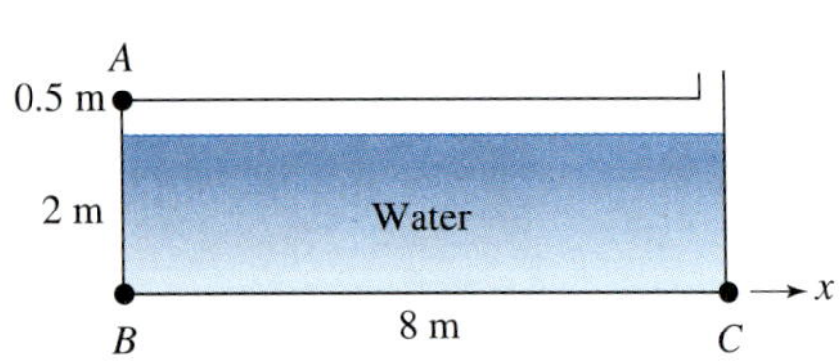

그림 P2.97

2.98 문제 2.97의 탱크에서 p_B = 60 kPa일 때 다음과 같은 가정에서 a_x를 구하라.

(a) $a_z = 0$

(b) $a_z = 10\text{ m/s}^2$

(c) $a_z = 5\text{ m/s}^2$

2.99 그림 P2.99와 같은 탱크에 물이 가득 차 있으며 가속을 받고 있다. 다음과 같은 조건일 때 A 에서의 압력을 구하라.

(a) $a = 20\text{ m/s}^2, L = 1\text{ m}$

(b) $a = 10\text{ m/s}^2, L = 1.5\text{ m}$

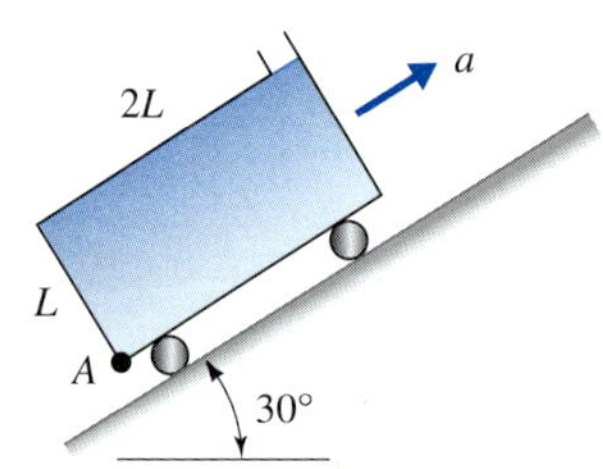

그림 P2.99

2.100 문제 2.97에서 탱크의 폭이 4 m일 때 다음과 같은 위치에 가해지는 힘을 구하라.

(a) 왼쪽 끝 부분 (AB)

(b) 밑바닥 부분

(c) 꼭대기 부분

2.101 문제 2.98(a)에서 탱크의 폭이 1.5 m일 때 다음과 같은 위치에 가해지는 힘을 구하라.

(a) 밑바닥 부분

(b) 꼭대기 부분

(c) 왼쪽 끝 부분

2.102 그림 P2.102의 U자관이 있다. 다음과 같은 조건에 따라 A와 B 그리고 C에서의 압력을 구하라.

(a) $a_x = 0$, $a_z = 10\ \text{m/s}^2$, $L = 60$ cm

(b) $a_x = 10\ \text{m/s}^2$, $a_z = 0$, $L = 60$ cm

(c) $a_x = 20\ \text{m/s}^2$, $a_z = 10\ \text{m/s}^2$, $L = 60$ cm

(d) $a_x = 0$, $a_z = -18\ \text{m/s}^2$, $L = 62.5$ cm

(e) $a_x = 18\ \text{m/s}^2$, $a_z = 0$, $L = 62.5$ cm

(f) $a_x = -9\ \text{m/s}^2$, $a_z = 9\ \text{m/s}^2$, $L = 62.5$ cm

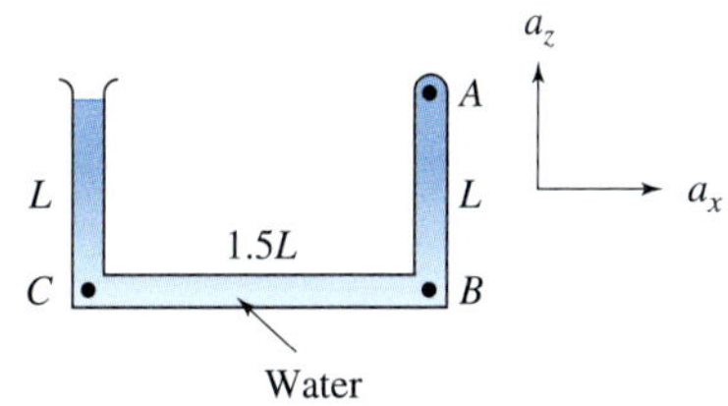

그림 P2.102

회전하는 용기

2.103 문제 2.102에서 U자관이 왼쪽 막대를 기준으로 50 rpm으로 회전하고 있다. 다음과 같은 조건에서 p_A, p_B, p_C를 구하라.

(a) $L = 60$ cm　　**(b)** $L = 40$ cm

2.104 문제 2.102에서 U자관이 오른쪽 막대를 기준으로 10 rad/s으로 회전하고 있다. 다음과 같은 조건에서 A, B, C에서의 압력을 구하라.

(a) $L = 60$ cm　　**(b)** $L = 40$ cm

2.105 문제 2.102에서 U자관이 수평 막대의 중앙점을 기준으로 회전하고 있다. 중앙점에서의 압력은 0이다. 다음과 같은 조건에 따른 각속도 ω를 구하라.

(a) $L = 60$ cm　　**(b)** $L = 40$ cm

2.106 그림 P2.106의 실린더가 다음과 같은 회전속도를 가질 때 A 점에서의 압력을 구하라.

(a) 5 rad/s　　**(b)** 7 rad/s

(c) 10 rad/s　　**(d)** 20 rad/s

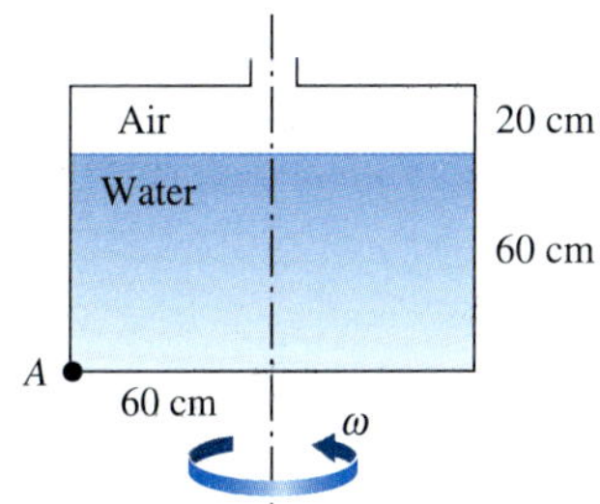

그림 P2.106

2.107 문제 2.106에서 실린더의 구멍이 막혀 있고 공기의 압력이 25 kPa이다. 다음과 같은 회전속도에 따라 A 점에서의 압력을 구하라.

(a) 5 rad/s　　**(b)** 7 rad/s

(c) 10 rad/s　　**(d)** 20 rad/s

2.108 다음 문제에서 실린더 밑바닥에 가해지는 힘을 구하라.

(a) 문제 2.106a

(b) 문제 2.106b

(c) 문제 2.106c

(d) 문제 2.106d

래프팅은 북미에서 인기 있는 스포츠이다. 급류 속에서 빠른 의사결정과 조종술이 요구되는 래프팅을 경험한다는 것은 감동적이라 할 수 있다. (ArtmannWitte/Shutterstock)

3

유체 운동에 대한 소개

Introduction to Fluids in Motion

개요

학습목표

이 장의 학습목표는 다음과 같다.

- ▲ 유체 운동을 수학적으로 기술한다.
- ▲ 속도 성분이 주어진 유체 입자의 가속도 및 와도를 기술한다.
- ▲ 유체 입자의 변형을 기술한다.
- ▲ 다양한 유체 유동, 즉 점성유동, 난류, 비압축성 유동, 그리고 균일유동을 구별한다.
- ▲ 베르누이 방정식을 유도하고 제한 사항을 식별한다.
- ▲ 유체 유동을 어떻게 기술하는지, 유동을 어떻게 구분하는지, 그리고 유동 변수를 구하기 위하여 베르누이 방정식을 어떻게 적용하는지에 관한 많은 예제나 문제를 제시한다.

3.1 서론

이 장은 향후 다루게 될 유체 운동을 이해하는 데 도움이 된다. 유체 운동은 여러 가지 방법으로 설명할 수 있는데, 어떤 것은 매우 쉽게 설명될 수 있지만, 다른 어떤 것들은 물리법칙에 대한 완전한 이해가 요구되기도 한다. 공학적 응용에서는 정당화될 수 있는 범주 내에서 가능한 단순하게 유체 운동을 묘사하는 것이 중요한데, 이것은 요구되는 정확도에 따라 좌우된다. 일부 응용문제의 경우 높은 정확도가 요구되기도 하지만 대개의 경우 10%의 정확도가 요구된다. 일반적인 운동방정식의 해를 구하는 것은 매우 어려운 일이다. 따라서 엔지니어는 단순화를 위해서 어떠한 적합한 가정이 성립될 수 있는지를 알아야 한다. 물론 경험이 요구되지만, 더욱 중요한 것은 관련된 물리적 현상에 대한 이해가 있어야 한다는 사실이다.

KEY CONCEPT
어떤 조건에서는 점성영향을 무시할 수 있다.

유동상태를 단순화하기 위해 종종 사용되는 가정들 중의 하나는 유체의 물성과 관련된 것이다. 예를 들면, 어떤 조건하에서는 점성이 유동에 큰 영향력을 미치지만, 다른 경우에는 점성이 유동에 미치는 영향을 무시할 수 있다. 만약 유속이 매우 빠르면 운동 중인 기체의 압축성을 고려해야 한다는 것은 잘 알려져 있다. 그러나 건물에 미치는 바람의 힘을 계산하거나, 바람과 직접 관련된 다른 물리량을 계산하는 경우에는 압축성 효과를 고려할 필요가 없다. 즉, 단순화한다면 압축성 효과를 고려할 정도로 풍속이 빠르지 않기 때문이다. 이외에도 많은 예를 들 수 있지만, 유체 유동을 공부하고 나면 사용된 가정들이 적절한지 명확해질 것이다.

이 장은 세 개의 절로 구성되어 있다. 첫 번째 절에서는 유체역학 문제 분석에 사용되는 중요한 일반적인 접근 방법들을 소개한다. 두 번째 절에서는 여러 가지 유동 형태, 즉 압축성과 비압축성 유동, 점성과 비점성유동 등에 대한 전반적인 개요를 간단하게 설명한다. 이와 같은 각각의 유동 형태들에 대한 세부적인 논의는 다음 장에서 설명될 것이다. 세 번째 절에서는 유동 해석에서 일반적으로 사용되는 베르누이(Bernoulli) 방정식을 소개한다. 이 방정식은 압력과 속도가 어떻게 유동장 내에서 변하는지를 나타낸다. 베르누이 방정식은 단순화된 많은 가정을 요구하고 있기 때문에 그 응용도 제한적이라 할 수 있다.

3.2 유체 운동의 기술

복잡한 유체 유동 문제를 해석할 경우 유동 가시화는 큰 도움이 된다. 유동 가시화는 유동에 대한 보다 나은 이해를 가능하게 하며 동시에 문제를 수식화하는 경우에도 매우 유용한 수단이다. 세탁기 내의 유동은 유동 가시화를 통해 도움을 얻을 수 있는 좋은 예이다. 또 다른 예로, 비행기 동체에 부착되어 있는 날개 근처의 유동이나 강바닥에서 교각과 강물과의 상호작용으로 인한 유동 등을 들 수 있는데 아직도 완전한 해석이 어려운 문제들이기도 하다. 다음 3.2.1절에서는 공간과 시간 함수로 유체 유동의 물리량들을 나타내는 것에 대해 논한다. 이 절의 두 번째 주제는 유체 유동을 설명하는 목적에 유용한 서로 다른 관점을 소개하는 것이다. 마지막으로 유체 유동을 수학적으로 기술한다.

3.2.1 유체 운동에 대한 라그랑주 기술과 오일러 기술

유동장을 설명할 때 분자들로 구성된 미소체적 $\Delta V\!\!\!\!/$를 갖는 각각의 유체 입자들이 모여 이루어진 것으로 생각하는 것이 편리하다. 만약 유체가 비압축성이라면, 유체 입자의 체적은 변하지 않고, 단지 변형되는 것이다. 유체가 압축성이라면, 체적과 형태가 변하는 것으로, 이 두 경우 유체 입자는 실체로서 유동장을 통과해 움직이는 것으로 간주된다.

입자 역학을 연구함에 있어서 주의할 것은 각각의 입자에 초점을 맞추어야 하며, 입자의 운동은 시간 함수로 고찰되어야 한다는 것이다. 각각의 입자에 대한 위치, 속도, 그리고 가속도는 $\mathbf{s}(x_0, y_0, z_0, t)$, $\mathbf{V}(x_0, y_0, z_0, t)$, $\mathbf{a}(x_0, y_0, z_0, t)$로 나타내며, 그 값을 계산할 수 있다. 각 입자의 출발점은 (x_0, y_0, z_0)에 위치한다. 이것이 동역학에서 다루는 운동에 대한 **라그랑주**(Lagrangian) 기술이며 이 명칭은 라그랑주(Joseph. L. Lagrange, 1736~1813)의 이름을 따서 붙여졌다. 라그랑주 기술 방식에서는 많은 입자들의 유동 경로를 추적할 수 있으며, 입자 상호 간에 미치는 영향도 알 수 있다. 그러나 유체 유동에서와 같이 입자의 수가 무한하게 많은 경우에는 라그랑주 기술 방법을 적용하기가 대단히 곤란하다.

라그랑주: 개별 입자를 시간 함수로 관찰하는 운동으로 기술.

이에 대한 또 다른 대안은 공간상에 점들을 정하고, 그 점들을 통과하는 각 유체 입자의 속도를 관찰하는 것이다. 이 경우 각 점을 통과하는 유체 입자의 속도 변화율, 즉 $\partial\mathbf{V}/\partial x$, $\partial\mathbf{V}/\partial y$, $\partial\mathbf{V}/\partial z$를 관찰할 수 있으며, 각 점에서의 시간에 따른 속도 변화율 $\partial\mathbf{V}/\partial t$를 관찰할 수 있다. 오일러(Leonhard Euler, 1707~1783)의 이름을 딴 **오일러**(Eulerian) 기술에서는 속도와 같은 유동 특성은 공간과 시간의 함수이며, 직교 좌표계에서 속도는 $\mathbf{V} = \mathbf{V}(x, y, z, t)$로 표현되고 관찰하고자 하는 유동 영역을 **유동장**(flow field)이라고 부른다.

오일러: 유동 특성을 시간과 공간 함수로 표기되는 운동으로 기술.

유동장: 관심 유동 영역.

라그랑주 기술 방식과 오일러 기술 방식의 차이는 다음의 예로 쉽게 설명될 수 있다. 한 엔지니어링 회사가 대도시의 교통 혼잡을 개선시키기 위한 용역 업무를 수행한다고 할 때 그 엔지니어링 회사에는 관련 자료의 수집을 위한 두 가지 방안이 있다. 하나는 대학생을 고용하여 그들로 하여금 직접 자동차를 운전하면서 용역 업무에 필요한 자료를 수집하도록 하거나(라그랑주 접근), 또는 대학생들을 고용하여 지정된 여러 교차로에 서서 필요한 정보를 기록하게 하는 것이다(오일러 접근). 각각의 데이터에 대한 정확한 해석을 통하여 유사한 개선안, 즉 동일한 해를 제시할 수 있다. 이러한 예에서 어떤 방법이 명확할지는 알 수 없지만 기초유체역학에서는 오일러 기술 방식이 절대적으로 많이 사용되는데, 이러한 기술로 나타낸 물리 법칙을 실제 상황에 적용하는 데 더 용이하기 때문이다. 그러나 해류 연구에 사용되는 표류하는 부표와 같은 것을 연구하는 분야에서는 라그랑주 기술이 필요하다.

만약 알고자 하는 특성값들이 시간에 대해 독립적이라면, 즉 $\mathbf{V} = \mathbf{V}(x, y, z)$이라면 유동은 **정상유동**(steady flow)이라 한다. 이 교재에서 다루는 대부분의 유동은 정상유동이다. 정상유동의 경우 어느 한 지점에서의 모든 유동의 특성값이 시간에 대해 독립적이기 때문에 다음과 같이 나타낼 수 있다.

정상유동: 유동 특성이 시간에 독립적인 유동.

$$\frac{\partial \mathbf{V}}{\partial t} = 0 \qquad \frac{\partial p}{\partial t} = 0 \qquad \frac{\partial \rho}{\partial t} = 0 \tag{3.2.1}$$

위 식에서 공간좌표 x, y 그리고 z는 고정된 지점이다. 일반적으로 유체 입자의 특성은 시간의 경과와 함께 변한다. 즉, 유체 입자가 유동장 내에서 어떤 유동 경로를 따라 이동함에 따라 속도와 압력은 시간의 함수로 변한다. 그러나 정상유동의 경우 하나의 고정점에서 관찰된 유동 특성은 시간의 함수로 변하지 않는다.

3.2.2 유적선, 유맥선, 그리고 유선

유적선: 유체 입자의 궤적.

유맥선: 순간선.

유선: 속도벡터가 유선에 접하는 선.

유적선, 유맥선, 그리고 유선의 세 가지 개념은 유동장을 설명하는 데 큰 도움이 된다. **유적선**(pathline)은 하나의 유체 입자가 유동장에서 이동을 하며 그리는 궤적선이다. 유적선은 그 유체 입자의 변위 과정을 알 수 있도록 해준다. 유적선 사진을 찍기 위해서는 하나의 발광 유체 입자에 대해 장시간의 노출을 주어야 한다. 그림 3.1은 파동이 존재하는 자유표면 아래에서의 유체 입자들에 대한 유적선을 보여 주고 있다.

유맥선(streakline)은 유동장 내의 어떤 한 점에서 출발한 유체 입자들을 연결한 순간적인 선으로서, 이를 통해 유체 입자들의 현재 위치를 알 수 있다. 유맥선에 대한 사진은 어떤 점을 통과한 유체 입자들을 조명함으로써 얻을 수 있다. 그림 3.2는 원통 주위 유동에서 연기를 지속적으로 발생시켜 획득한 유적선에 대한 사진이다.

유선(streamline)은 그림 3.3에 도시한 바와 같이, 유선 위에 위치한 각 유체 입자의 속도벡터는 유선과 접선 방향을 이룬다는 특성을 지니고 있다. 유선에 접하는 속도벡터를 식으로 표현하면 다음과 같이 나타낼 수 있다.

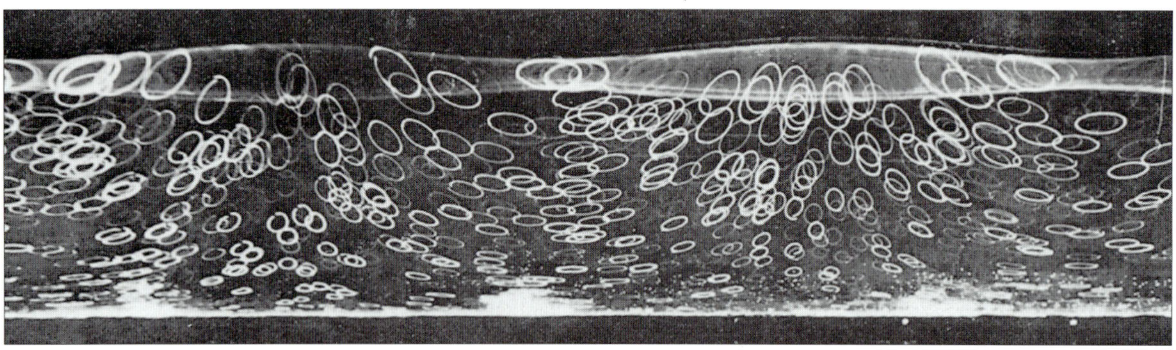

그림 3.1 물탱크 내 파동 아랫부분의 유적선.
(Wallet and Ruellan 사진, M. C. Vasseur)

그림 3.2 원통 주위 비정상유동에서의 유맥선.
(Sadatashi Taneda, Album of Fluid Motion, 1982,
The Parabolic Press, Stanford, California.)

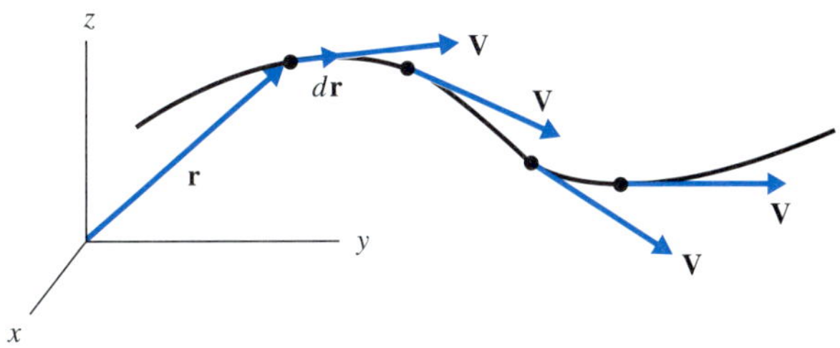

그림 3.3 유동장 내에서의 유선.

$$\mathbf{V} \times d\mathbf{r} = 0 \tag{3.2.2}$$

그림에서와 같이 $\mathbf{V}$와 $d\mathbf{r}$은 동일 방향이다. 방향이 같은 두 벡터의 곱이 0임을 기억하자. 위 식은 유선에 대한 수학적 표현으로서 이후의 장들에서 사용될 것이다. 유선에 대한 사진은 직접 찍을 수가 없다. 일반적으로 비정상유동의 경우, 유선은 많은 유체 입자들로 이루어진 짧은 유적선의 사진으로부터 유추할 수 있다.

유관(streamtube)은 그 벽이 유선들로 이루어진 관을 뜻한다. 속도는 유선에 대하여 접선 방향이므로 어떠한 유체 입자도 유관의 벽을 통과할 수 없다. 유관은 유체역학에서 특히 유용하다. 파이프는 그 벽 자체가 유선이므로 유관이며, 개수로는 어떠한 유체도 수로의 벽면을 관통하지 못하므로 유관이라고 말할 수 있다. 우리는 종종 설명을 위해 유동장 내의 작은 단면적을 갖는 유관을 그린다.

유관: 관 벽이 유선들로 이루어진 관.

정상유동에서 유적선, 유맥선, 그리고 유선은 모두 동일하다. 즉, 정상유동에서 주어진 한 점을 통과하는 모든 유체 입자들은 오일러 시스템에서 시간에 따른 속도 변화가 없기 때문에 동일한 경로를 따라 계속 이동한다. 그러므로 유적선과 유맥선은 일치한다. 더불어 주어진 한 점에서 어느 한 유체 입자의 속도벡터는 그 유체 입자를 따라 이동하는 선에 접선을 이룰 것이므로 이 선 역시 유선이다. 우리가 실험실에서 관찰하는 유동은 항상 정상유동이기 때문에, 비록 그것들이 실제로는 유맥선이거나, 또는 긴 노출을 통한 유적선일지라도 관찰한 선은 유선이라 부른다.

KEY CONCEPT
정상유동에서는 유적선, 유맥선, 유선이 모두 일치한다.

3.2.3 가속도

유체 입자의 가속도는 그림 3.4에 나타나 있듯이 어느 한 유체 입자를 고려함으로써 구할 수 있다. 시간 t에서의 입자 속도 $\mathbf{V}(t)$가 시간 $t + dt$에서 $\mathbf{V}(t + dt)$로 변할 때, 그 유체 입자의 가속도는 다음 식으로 정의된다.

$$\mathbf{a} = \frac{d\mathbf{V}}{dt} \tag{3.2.3}$$

여기서 $d\mathbf{V}$는 그림 3.4에 도시하였으며, 속도벡터 $\mathbf{V}$는 다음과 같은 방향 성분을 지닌다.

$$\mathbf{V} = u\hat{\mathbf{i}} + v\hat{\mathbf{j}} + w\hat{\mathbf{k}} \tag{3.2.4}$$

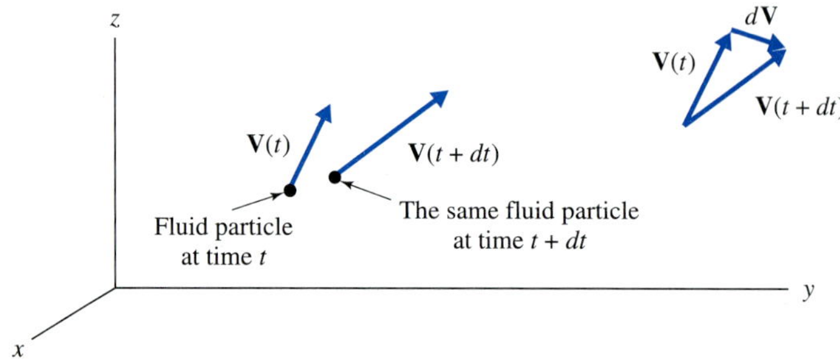

그림 3.4 유체 입자의 속도.

위 식에서 (u, v, w)는 x-, y-, z-방향에 대한 각각의 속도 성분이며, $\hat{\mathbf{i}}, \hat{\mathbf{j}}, \hat{\mathbf{k}}$는 각각에 대한 단위벡터이다. $d\mathbf{V}$는 $\mathbf{V} = \mathbf{V}(x, y, z, t)$에 대하여 연쇄법칙(chain rule)을 적용하면 다음과 같이 나타낼 수 있다.

$$d\mathbf{V} = \frac{\partial \mathbf{V}}{\partial x}dx + \frac{\partial \mathbf{V}}{\partial y}dy + \frac{\partial \mathbf{V}}{\partial z}dz + \frac{\partial \mathbf{V}}{\partial t}dt \tag{3.2.5}$$

이 경우 가속도는 식 3.2.3을 이용하여 다음과 같이 나타낼 수 있다.

$$\mathbf{a} = \frac{\partial \mathbf{V}}{\partial x}\frac{dx}{dt} + \frac{\partial \mathbf{V}}{\partial y}\frac{dy}{dt} + \frac{\partial \mathbf{V}}{\partial z}\frac{dz}{dt} + \frac{\partial \mathbf{V}}{\partial t} \tag{3.2.6}$$

그림 3.4에 도시한 바와 같이 하나의 유체 입자만을 따를 때, 다음과 같음을 알 수 있다.

$$\frac{dx}{dt} = u \qquad \frac{dy}{dt} = v \qquad \frac{dz}{dt} = w \tag{3.2.7}$$

따라서 가속도는 다음과 같이 표현된다.

$$\mathbf{a} = u\frac{\partial \mathbf{V}}{\partial x} + v\frac{\partial \mathbf{V}}{\partial y} + w\frac{\partial \mathbf{V}}{\partial z} + \frac{\partial \mathbf{V}}{\partial t} \tag{3.2.8}$$

직교좌표계에서 위의 벡터 방정식에 대한 스칼라 성분 방정식은 다음과 같다.

$$\begin{aligned} a_x &= \frac{\partial u}{\partial t} + u\frac{\partial u}{\partial x} + v\frac{\partial u}{\partial y} + w\frac{\partial u}{\partial z} \\ a_y &= \frac{\partial v}{\partial t} + u\frac{\partial v}{\partial x} + v\frac{\partial v}{\partial y} + w\frac{\partial v}{\partial z} \\ a_z &= \frac{\partial w}{\partial t} + u\frac{\partial w}{\partial x} + v\frac{\partial w}{\partial y} + w\frac{\partial w}{\partial z} \end{aligned} \tag{3.2.9}$$

식 3.2.3과 같이 식 3.2.8을 간단한 형태로 표현하면 다음과 같다.

$$\mathbf{a} = \frac{D\mathbf{V}}{Dt} \tag{3.2.10}$$

직교좌표계에서는 다음과 같이 표현된다.

$$\frac{D}{Dt} = u\frac{\partial}{\partial x} + v\frac{\partial}{\partial y} + w\frac{\partial}{\partial z} + \frac{\partial}{\partial t} \tag{3.2.11}$$

이 도함수를 **물질도함수**(material derivative) 또는 **실질도함수**(substantial derivative)라 부른다. 위 식이 어떤 하나의 유체 입자를 따르기 때문에, 즉 물질(또는 물체)을 따르기 때문에 특별한 이름과 특별한 부호(d/dt대신 D/Dt)가 주어진다. 이것은 물리량이 시간 t에 종속되어 있는 라그랑주 도함수식과 물리량이 시간 t와 위치 (x, y, z)에 종속되는 오일러 도함수식 사이의 관계를 나타낸다. 물질도함수는 다른 종속변수와 함께 사용될 수도 있다. 예를 들면 DT/Dt는 어느 한 유체 입자를 따라 움직이면서 그 유체 입자의 온도 변화율을 나타낸다.

물질도함수 또는 실질도함수: D/Dt로 표기되는 도함수.

원동좌표계 및 구좌표계에서의 실질도함수와 가속도 성분을 표 3.1에 나타내었다.

식 3.2.8과 3.2.9의 우변에 있는 시간 미분항을 **국소가속도**(local acceleration)라 하고, 나머지 항들을 **대류가속도**(convective acceleration)라 부른다. 그러므로 유체 입자의 가속도는 국소가속도와 대류가속도의 합이다. 예를 들어 만약 밸브가 개방 또는 폐쇄되었다면 배관 내에는 국소가속도가 유발된다. 그리고 대류가속도는 배관 축소부나 엘보(elbow)처럼 기하학적 변형이 있는 부근에서 발생한다. 두 경우 모두 유체 입자의 이동속도는 변화하지만 그 원인은 서로 다르다.

국소가속도: 가속도를 $\partial V/\partial t$로 표기하는 시간 도함수 항.

대류가속도: 국소가속도 항을 제외한 모든 가속도 항.

앞으로 표현된 가속도에 대한 식들은 단지 관찰자 기준좌표계에서 관찰자에 대한 상대가속도를 나타내고 있음에 유의해야 한다. 어떤 상황에서는 관찰자의 기준좌표계 자체가 가속될지도 모른다. 이 경우, 고정된 기준좌표계에 대한 입자의 상대적인 가속도를 필요로 한다. 이는 다음과 같이 주어진다.

KEY CONCEPT
대류가속도는 기하학적 구조가 변하는 부근에서 발생한다.

$$\mathbf{A} = \mathbf{a} + \underbrace{\frac{d^2\mathbf{S}}{dt^2}}_{\text{acceleration of reference frame}} + \underbrace{2\boldsymbol{\Omega}\times\mathbf{V}}_{\text{Coriolis acceleration}} + \underbrace{\boldsymbol{\Omega}\times(\boldsymbol{\Omega}\times\mathbf{r})}_{\text{normal acceleration}} + \underbrace{\frac{d\boldsymbol{\Omega}}{dt}\times\mathbf{r}}_{\text{angular acceleration}} \tag{3.2.12}$$

여기서 $\mathbf{a}$는 식 3.2.8에서 주어진 것이고, $d^2\mathbf{S}/dt^2$는 관찰자 기준좌표계에서의 가속도이며, $\mathbf{V}$와 $\mathbf{r}$은 각각 관찰자 기준좌표계의 유체 입자가 갖는 속도와 위치벡터이다. 그리고 $\boldsymbol{\Omega}$는 관찰자 기준좌표계의 각속도이다(그림 3.5 참조). 여기서 모든 벡터들은 XYZ 기준좌표

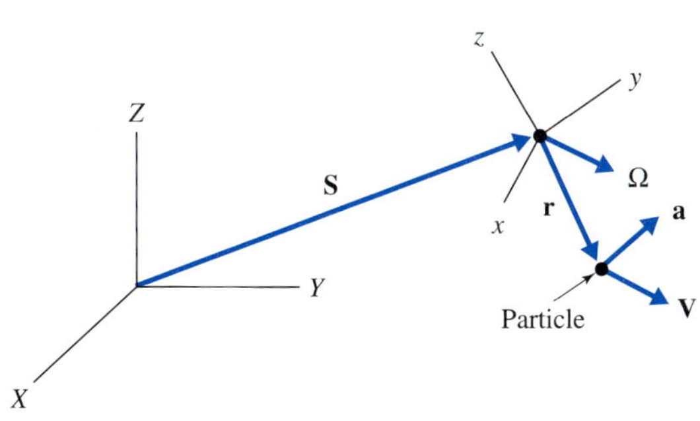

그림 3.5 비관성좌표계에 대한 운동.

계의 단위벡터를 사용하여 표시하였다. 대부분의 공학 응용에서 식 3.2.12의 다른 항들은 **a**에 대해서 무시할 정도로 작기 때문에, 지구에 고정된 기준좌표계에서 $\mathbf{A} = \mathbf{a}$이다. 그러나 우리는 xyz기준좌표계를 로켓과 같은 가속장치 또는 스프링클러와 같은 회전체에 달라붙게 설정할 수 있다. 그러면 식 3.2.12의 일부 항은 식 3.2.8의 **a**에 포함된다.

만약 선택된 기준좌표계에서 모든 유체 입자의 가속도가 $\mathbf{A} = \mathbf{a}$로 주어진다면, 이를 관성 기준좌표계라 하고, $\mathbf{A} \neq \mathbf{a}$이면 비관성 기준좌표계라 한다. 회전 없이 일정한 속도로 움직이는 기준좌표계는 관성 기준좌표계이다. 예를 들어 일정 속도로 움직이는 익형 주위 유동을 해석할 때 기준좌표계를 익형에 달라붙게 설정한다면 정상유동을 관찰할 수 있게 된다.

3.2.4 각속도와 와도

유체 유동은 유체 입자들로 이루어진 덩어리의 운동으로 생각할 수 있다. 어느 한 유체 입자가 이동함에 따라 그 유체 입자는 회전 또는 변형될 수 있으며, 이러한 것은 유체역학 연구에 있어서 특별한 관심 분야이다. 또 유체 입자가 회전하지 않는 임의의 유동 또는 유동 영역을 고려할 수 있는데, 이런 유동은 물체 주위의 유동에서 특히 중요하며, **비회전유동**(irrotational flow)이라 한다. 익형 주위에 발생하는 얇은 경계층 외부 유동, 운행 중인 자동차 또는 운송체 주위 박리 유동 영역의 외부유동, 유체 속에 잠겨 있는 물체 주위의 유동 등이 비회전유동의 예인데, 비회전유동은 매우 중요하다고 할 수 있다.

비회전유동: 유체 입자가 회전하지 않는 유동.

그림 3.6에 나와 있는 것처럼 xy 평면상에서 미소 체적을 갖는 작은 유체 입자를 고려하자. z축에 대한 **각속도**(angular velocity) Ω_z는 선분 AB와 선분 CD의 평균 각속도이다. 반시계 방향을 양의 값으로 정의할 때 각속도는 다음과 같이 나타낼 수 있다.

각속도: 유체 입자가 갖는 두 직교 선분의 평균 속도.

$$\Omega_{AB} = \frac{v_B - v_A}{dx}$$
$$= \left[v + \frac{\partial v}{\partial x}\frac{dx}{2} - \left(v - \frac{\partial v}{\partial x}\frac{dx}{2}\right)\right] \Big/ dx = \frac{\partial v}{\partial x} \tag{3.2.13}$$

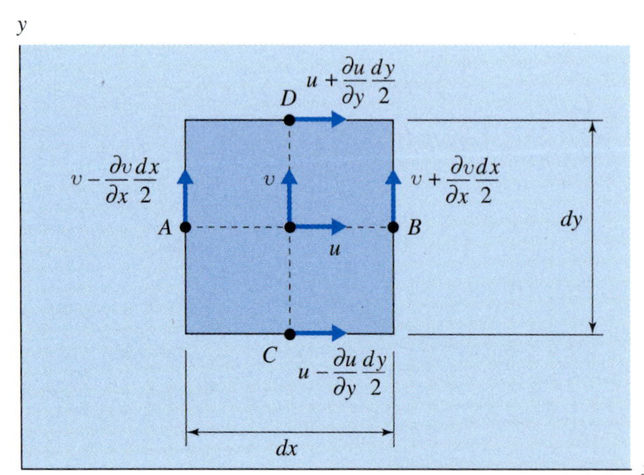

그림 3.6 특별한 순간에서의 미소 평행파이프를 점유하는 유체입자

$$\begin{aligned}\Omega_{CD} &= -\frac{u_D - u_C}{dy} \\ &= -\left[u + \frac{\partial u}{\partial y}\frac{dy}{2} - \left(u - \frac{\partial u}{\partial y}\frac{dy}{2}\right)\right]\Big/dy = -\frac{\partial u}{\partial y}\end{aligned} \tag{3.2.14}$$

따라서 유체 입자의 각속도 Ω_z는 다음과 같다.

$$\begin{aligned}\Omega_z &= \frac{1}{2}(\Omega_{AB} + \Omega_{CD}) \\ &= \frac{1}{2}\left(\frac{\partial v}{\partial x} - \frac{\partial u}{\partial y}\right)\end{aligned} \tag{3.2.15}$$

만약 xz평면을 고려한다면 y축에 대한 각속도를 알 수 있다.

$$\Omega_y = \frac{1}{2}\left(\frac{\partial u}{\partial z} - \frac{\partial w}{\partial x}\right) \tag{3.2.16}$$

그리고 yz평면은 x축에 대한 각속도를 제공한다.

$$\Omega_x = \frac{1}{2}\left(\frac{\partial w}{\partial y} - \frac{\partial v}{\partial z}\right) \tag{3.2.17}$$

이들은 각속도 벡터의 세 가지 성분이다. 넓은 수로(xy평면) 내에 물이 흐르고, 그 속에 놓인 하나의 코르크는 식 3.2.15에서 주어진 z축에 대한 각속도로 회전할 것이다.

와도(vorticity) ω는 각속도의 2배로 정의되며, 다음 세 가지 성분을 갖는다.

와도: 각속도의 2배.

$$\omega_x = \frac{\partial w}{\partial y} - \frac{\partial v}{\partial z} \qquad \omega_y = \frac{\partial u}{\partial z} - \frac{\partial w}{\partial x} \qquad \omega_z = \frac{\partial v}{\partial x} - \frac{\partial u}{\partial y} \tag{3.2.18}$$

원통좌표계 및 구좌표계에서의 와도 성분을 표 3.1에 나타내었다.

비회전유동의 경우 와도는 0이 되며, 위에서 언급한 코르크는 비회전유동에서는 회전하지 않는다. 이러한 유동에 대해서는 8.5절에서 논의할 것이다.

그림 3.6에서 입자의 변형은 선분 AB와 선분 CD가 만드는 각의 변화율이다. 만약 AB와 CD가 서로 다른 각속도로 회전한다면 입자는 변형되며, **변형률 텐서**(rate-of-strain tensor)로 표기할 수 있다. 즉, xy평면에서의 변형률 ϵ_{xy}는 다음과 같다.

변형률 텐서: 변형이 발생할 때의 변화율.

$$\begin{aligned}\epsilon_{xy} &= \frac{1}{2}(\Omega_{AB} - \Omega_{CD}) \\ &= \frac{1}{2}\left(\frac{\partial v}{\partial x} + \frac{\partial u}{\partial y}\right)\end{aligned} \tag{3.2.19}$$

xz평면과 yz평면에서는 다음과 같다.

$$\epsilon_{xz} = \frac{1}{2}\left(\frac{\partial w}{\partial x} + \frac{\partial u}{\partial z}\right) \qquad \epsilon_{yz} = \frac{1}{2}\left(\frac{\partial w}{\partial y} + \frac{\partial v}{\partial z}\right) \tag{3.2.20}$$

위 결과 식을 자세히 살펴보면 $\epsilon_{xy} = \epsilon_{yx}$, $\epsilon_{xz} = \epsilon_{zx}$, 그리고 $\epsilon_{yz} = \epsilon_{zy}$이며, 변형률 텐서가 대칭성임을 알 수 있다.

또한 유체 입자는 어느 한 방향으로 신장 혹은 압축 변형될 수도 있다. 예를 들어 그림 3.6에서의 점 B가 점 A보다 더 빠르게 움직이면 입자는 x방향으로 신장하게 되는데, 이때의 변형률은 다음 식을 이용하여 구할 수 있다.

표 3.1 다양한 좌표계(직교, 원통, 구)에서의 실질도함수, 가속도 및 와도 성분

Substantial Derivative

Cartesian

$$\frac{D}{Dt} = u\frac{\partial}{\partial x} + v\frac{\partial}{\partial y} + w\frac{\partial}{\partial z} + \frac{\partial}{\partial t}$$

Cylindrical

$$\frac{D}{Dt} = v_r\frac{\partial}{\partial r} + \frac{v_\theta}{r}\frac{\partial}{\partial \theta} + v_z\frac{\partial}{\partial z} + \frac{\partial}{\partial t}$$

Spherical

$$\frac{D}{Dt} = v_r\frac{\partial}{\partial r} + \frac{v_\theta}{r}\frac{\partial}{\partial \theta} + \frac{v_\phi}{r\sin\theta}\frac{\partial}{\partial \phi} + \frac{\partial}{\partial t}$$

Acceleration

Cartesian

$$a_x = \frac{\partial u}{\partial t} + u\frac{\partial u}{\partial x} + v\frac{\partial u}{\partial y} + w\frac{\partial u}{\partial z}$$

$$a_y = \frac{\partial v}{\partial t} + u\frac{\partial v}{\partial x} + v\frac{\partial v}{\partial y} + w\frac{\partial v}{\partial z}$$

$$a_z = \frac{\partial w}{\partial t} + u\frac{\partial w}{\partial x} + v\frac{\partial w}{\partial y} + w\frac{\partial w}{\partial z}$$

Cylindrical

$$a_r = \frac{\partial v_r}{\partial t} + v_r\frac{\partial v_r}{\partial r} + \frac{v_\theta}{r}\frac{\partial v_r}{\partial \theta} + v_z\frac{\partial v_r}{\partial z} - \frac{v_\theta^2}{r}$$

$$a_\theta = \frac{\partial v_\theta}{\partial t} + v_r\frac{\partial v_\theta}{\partial r} + \frac{v_\theta}{r}\frac{\partial v_\theta}{\partial \theta} + v_z\frac{\partial v_\theta}{\partial z} + \frac{v_r v_\theta}{r}$$

$$a_z = \frac{\partial v_z}{\partial t} + v_r\frac{\partial v_z}{\partial r} + \frac{v_\theta}{r}\frac{\partial v_z}{\partial \theta} + v_z\frac{\partial v_z}{\partial z}$$

Spherical

$$a_r = \frac{\partial v_r}{\partial t} + v_r\frac{\partial v_r}{\partial r} + \frac{v_\theta}{r}\frac{\partial v_r}{\partial \theta} + \frac{v_\phi}{r\sin\theta}\frac{\partial v_r}{\partial \phi} - \frac{v_\phi^2 + v_\theta^2}{r}$$

$$a_\theta = \frac{\partial v_\theta}{\partial t} + v_r\frac{\partial v_\theta}{\partial t} + \frac{v_\theta}{r}\frac{\partial v_\theta}{\partial \theta} + \frac{v_\phi}{r\sin\phi}\frac{\partial v_\theta}{\partial \phi} + \frac{v_r v_\theta - v_\phi^2\cot\theta}{r}$$

$$a_\phi = \frac{\partial v_\phi}{\partial t} + v_r\frac{\partial v_\phi}{\partial r} + \frac{v_\theta}{r}\frac{\partial v_\phi}{\partial \theta} + \frac{v_\phi}{r\sin\theta}\frac{\partial v_\phi}{\partial \phi} + \frac{v_r v_\phi + v_\theta v_\phi\cot\theta}{r}$$

Vorticity

Cartesian

$$\omega_x = \frac{\partial w}{\partial y} - \frac{\partial v}{\partial z} \qquad \omega_y = \frac{\partial u}{\partial z} - \frac{\partial w}{\partial x} \qquad \omega_z = \frac{\partial v}{\partial x} - \frac{\partial u}{\partial y}$$

Cylindrical

$$\omega_r = \frac{1}{r}\left(\frac{\partial v_z}{\partial \theta}\right) - \frac{\partial v_\theta}{\partial z} \qquad \omega_\theta = \frac{\partial v_r}{\partial z} - \frac{\partial v_z}{\partial r} \qquad \omega_z = \frac{1}{r}\left(\frac{\partial (r v_\theta)}{\partial r} - \frac{\partial v_r}{\partial \theta}\right)$$

Spherical

$$\omega_r = \frac{1}{r\sin\theta}\left[\frac{\partial}{\partial \theta}(v_\phi\sin\theta) - \frac{\partial v_\theta}{\partial \phi}\right] \qquad \omega_\phi = \frac{1}{r}\left[\frac{\partial}{\partial r}(r v_\theta) - \frac{\partial v_r}{\partial \theta}\right]$$

$$\omega_\theta = \frac{1}{r}\left[\frac{1}{\sin\theta}\frac{\partial v_r}{\partial \phi} - \frac{\partial}{\partial r}(r v_\phi)\right]$$

$$\begin{aligned}\epsilon_{xx} &= \frac{u_B - u_A}{dx} \\ &= \left[u + \frac{\partial u}{\partial x}\frac{dx}{2} - \left(u - \frac{\partial u}{\partial x}\frac{dx}{2}\right)\right]\Big/dx = \frac{\partial u}{\partial x}\end{aligned} \tag{3.2.21}$$

마찬가지로 y와 z방향의 변형률도 다음과 같음을 알 수 있다.

$$\epsilon_{yy} = \frac{\partial v}{\partial y} \qquad \epsilon_{zz} = \frac{\partial w}{\partial z} \tag{3.2.22}$$

대칭성을 갖는 변형률 텐서는 다음과 같이 나타낼 수 있다.

$$\epsilon_{ij} = \begin{pmatrix} \epsilon_{xx} & \epsilon_{xy} & \epsilon_{xz} \\ \epsilon_{xy} & \epsilon_{yy} & \epsilon_{yz} \\ \epsilon_{xz} & \epsilon_{yz} & \epsilon_{zz} \end{pmatrix} \tag{3.2.23}$$

여기서 i와 j는 1, 2, 3의 숫자를 취할 수 있는데, 예를 들어 ϵ_{12}는 1행 2열의 ϵ_{xy}를 나타낸다.

5장에서 유동의 수직응력과 전단응력 성분은 앞에서 언급한 변형률 성분과 연관된다는 것을 확인할 수 있다. 실제로 그림 1.6의 1차원 유동에서 전단응력은 식 1.5.5의 $\partial u/\partial y$와 연관되어 있다. $\partial u/\partial y$는 식 3.2.19에서 $v = 0$일 때 주어지는 변형률 성분의 2배라는 것에 주목해야 한다.

예제 3.1

$\mathbf{V} = 2x\hat{\mathbf{i}} - yt\hat{\mathbf{j}}$ m/s로 주어지는 속도장이 있다. 여기서 x와 y는 미터(m)단위이며 t는 초(s)이다. $t = 4$ s일 때 점 (2, −1)을 통과하는 유선 방정식을 구하고, 점 (2, −1)에서의 유선에 수직인 단위벡터를 구하라.

풀이

속도벡터는 유선에 대하여 접선이기 때문에 $\mathbf{V} \times d\mathbf{r} = 0$이다(두 평행 벡터의 벡터 곱은 0이다). $t = 4$ s일 때 주어진 속도벡터에 대하여 다음을 얻는다.

$$(2x\hat{\mathbf{i}} - 4y\hat{\mathbf{j}}) \times (dx\hat{\mathbf{i}} + dy\hat{\mathbf{j}}) = (2x\,dy + 4y\,dx)\hat{\mathbf{k}} = 0$$

여기서 $\hat{\mathbf{i}} \times \hat{\mathbf{j}} = \mathbf{k}$, $\hat{\mathbf{j}} \times \hat{\mathbf{i}} = -\mathbf{k}$, $\hat{\mathbf{i}} \times \hat{\mathbf{i}} = 0$이다. 따라서 다음과 같다.

$$2x\,dy = -4y\,dx \qquad \text{or} \qquad \frac{dy}{y} = -2\frac{dx}{x}$$

양변을 적분하면 다음을 얻는다.

$$\ln y = -2\ln x + \ln C$$

따라서 다음과 같이 나타낼 수 있다.

$$\ln y = \ln x^{-2} + \ln C = \ln(Cx^{-2})$$

$$x^2y = C$$

점 (2, −1)에서 $C = -4$, 결국 점 (2, −1)을 통과하는 유선이 다음과 같은 방정식을 갖는다.

$$x^2y = -4$$

법선벡터는 유선에 대해서 수직이다. 따라서 속도벡터는 $\hat{\mathbf{n}} = n_x\hat{\mathbf{i}} + n_y\hat{\mathbf{j}}$를 사용해서 $t =$ 4s일 때, 점 (2, −1)의 위치에서 다음을 얻을 수 있다.

$$\mathbf{V} \cdot \hat{\mathbf{n}} = (4\hat{\mathbf{i}} + 4\hat{\mathbf{j}}) \cdot (n_x\hat{\mathbf{i}} + n_y\hat{\mathbf{j}}) = 0$$

또한 $\hat{\mathbf{i}} \cdot \hat{\mathbf{i}} = 1$, $\hat{\mathbf{i}} \cdot \hat{\mathbf{j}} = 0$을 이용하여 다음을 얻을 수 있다.

$$4n_x + 4n_y = 0 \qquad \therefore n_x = -n_y$$

$\hat{\mathbf{n}}$이 단위벡터이기 때문에, $n_x^2 + n_y^2 = 1$과 함께 다음을 구할 수 있다.

$$n_x^2 = 1 - n_x^2 \qquad \therefore n_x = \frac{\sqrt{2}}{2}$$

따라서 유선에 수직인 단위벡터는 다음 식으로 나타낼 수 있다.

$$\hat{\mathbf{n}} = \frac{\sqrt{2}}{2}(\hat{\mathbf{i}} - \hat{\mathbf{j}})$$

예제 3.2

어떤 유동에서 속도장은 $\mathbf{V} = 20y^2\hat{\mathbf{i}} - 20xy\hat{\mathbf{j}}$ m/s로 주어진다. 점 (1, −1, 2)에서 가속도, 각속도, 그리고 와도 벡터 및 변형률 성분을 구하라.

풀이

식 3.2.9를 사용해서 가속도의 각 성분을 구하거나, 식 3.2.8을 사용하여 다음과 같은 벡터 식을 구할 수 있다.

$$
\begin{aligned}
\mathbf{a} &= u\frac{\partial \mathbf{V}}{\partial x} + v\frac{\partial \mathbf{V}}{\partial y} + w\cancelto{0}{\frac{\partial \mathbf{V}}{\partial z}} + \cancelto{0}{\frac{\partial \mathbf{V}}{\partial t}} \\
&= 20y^2(-20y\hat{\mathbf{j}}) - 20xy(40y\hat{\mathbf{i}} - 20x\hat{\mathbf{j}}) \\
&= -800xy^2\hat{\mathbf{i}} - 400(y^3 - x^2y)\hat{\mathbf{j}}
\end{aligned}
$$

위 식에 주어진 속도장 $u = 20y^2$, $v = -20xy$을 적용하였다. 점 (1, −1, 2)를 지나는 모든 입자들은 다음과 같은 가속도를 갖는다.

$$\mathbf{a} = -800\hat{\mathbf{i}} \text{ m/s}^2$$

각속도 값이 0인 두 성분은 다음과 같다.

$$\Omega_x = \frac{1}{2}\left(\cancelto{0}{\frac{\partial w}{\partial y}} - \cancelto{0}{\frac{\partial v}{\partial z}}\right) = 0, \quad \Omega_y = \frac{1}{2}\left(\cancelto{0}{\frac{\partial u}{\partial z}} - \cancelto{0}{\frac{\partial w}{\partial x}}\right) = 0$$

각속도는 오직 z성분만을 가지며, 점 (1, −1, 2)에서 다음과 같다.

$$
\begin{aligned}
\Omega_z &= \frac{1}{2}\left(\frac{\partial v}{\partial x} - \frac{\partial u}{\partial y}\right) \\
&= \frac{1}{2}(-20y - 40y) = 30 \text{ rad/s}
\end{aligned}
$$

와도 벡터는 각속도 벡터의 두 배이다.

$$\boldsymbol{\omega} = 2\Omega_z\hat{\mathbf{k}} = 60\hat{\mathbf{k}} \text{ rad/s}$$

영이 아닌 변형률 성분은 다음과 같다.

$$
\begin{aligned}
\epsilon_{xy} &= \frac{1}{2}\left(\frac{\partial v}{\partial x} + \frac{\partial u}{\partial y}\right) \\
&= \frac{1}{2}(-20y + 40y) = -10 \text{ rad/s} \\
\epsilon_{yy} &= \frac{\partial v}{\partial y} \\
&= -20x = -20 \text{ rad/s}
\end{aligned}
$$

다른 모든 변형률 성분은 영이다.

3.3 유체 유동의 분류

이 절에서는 이어지는 장과 절에서 더욱 심도 있게 다루게 될 유체역학의 몇몇 개념을 개략적으로 다루고자 한다. 비록 여기서 포현된 대부분의 설명들이 후속 장에서 재정의되고, 더욱 상세히 논의될 것이지만, 이 시점에서 유체 유동의 일반적인 분류를 소개하는 것이 도움이 될 것이다.

3.3.1 1차원, 2차원 및 3차원 유동

유동에 대한 오일러 표현은 일반적으로 세 개의 공간변수와 시간변수, 즉 $\mathbf{V} = \mathbf{V}(x, y, z, t)$에 의존한다. 이와 같은 유동은 **3차원 유동**(three-dimensional flow)이다. 왜냐하면 속도벡터가 세 개의 공간 좌표에 의존하기 때문이다. 이와 같은 유동은 문제 해결이 매우 어렵고, 지금 다루고 있는 기초 과정의 범주 밖에 속한다. 비록 유동을 정상유동, 즉 $\mathbf{V} = \mathbf{V}(x, y, z)$라고 가정하더라도 여전히 3차원 유동으로 남게 된다. 그림 3.7은 평판 표면에 수직인 유동의 예를 나타내고 있다. 이 경우 유체는 평판에 가까워질수록 감속되어 **정체점**(stagnation point)에서 정지하게 된다. 속도 성분 u, v와 w는 x, y, z의 함수인데, 즉 $u = u(x, y, z)$, $v = v(x, y, z)$, $w = w(x, y, z)$이다.

3차원 유동: 속도벡터가 세 개의 공간좌표에 의존.

정체점: 유체가 정체되는 점.

종종 3차원 유동은 2차원 유동으로 근사화될 수 있다. 예를 들어 넓은 댐을 통과하는 유동은 댐에서의 끝단조건 때문에 3차원 유동이 된다. 그러나 댐의 끝단에서 멀리 떨어진 중앙 부분에서는 유동을 2차원으로 취급할 수 있다. 일반적으로 **2차원 유동**(two-dimensional flow)은 속도벡터가 단지 두 개의 공간변수에 따라 변하는 유동이다. 예를 들어 **평판유동**(plane flow)을 들 수 있는데, 속도벡터는 z가 포함되지 않은 두 개의 공간좌표 x, y의 함수이다[즉 $\mathbf{V} = \mathbf{V}(x, y)$]. 축대칭 유동에서 속도벡터는 r과 θ의 함수, 즉 $\mathbf{V} = \mathbf{V}(r, \theta)$ 로 나타낼 수 있는데, 그림 3.7의 유동을 원통좌표계로 묘사할 때 2차원 유동으로 간주할 수 있다.

2차원 유동: 속도벡터가 단지 두 개의 공간좌표에 의존.

평판유동: 속도벡터가 x, y 두 좌표에 의존.

1차원 유동(one-dimensional flow)은 속도벡터가 단지 하나의 공간변수에 의하여 영향을 받는 유동이다. 이와 같은 유동의 예는 그림 3.8에 나타낸 바와 같이 긴 직선 파이프나 평행한 두 평판 사이 기하학적 변화로부터 멀리 떨어진 곳의 유동에서 관찰된다. 파이프 내 유동에서 속도는 단지 r, 즉 $u = u(r)$의 함수로 변화하며, 평행 평판 사이에서의 속도는 y, 즉 $u = u(y)$의 함수를 따라 변한다. 비록 초기 유동이 $u = u(y, t)$인 비정상상태라 할지라도 유동은 1차원이다.

1차원 유동: 속도벡터가 단지 하나의 공간좌표에 의존.

그림 3.8에 도시한 유동을 **발달된 유동**(developed flow)이라 하는데, 이때 속도 분포는 유동 방향으로의 공간좌표 함수를 따라 변화하지 않는다. 이러한 유동은 입구 유동

발달된 유동: 속도 분포가 유동 방향의 공간좌표 변화에 영향을 받지 않는 유동.

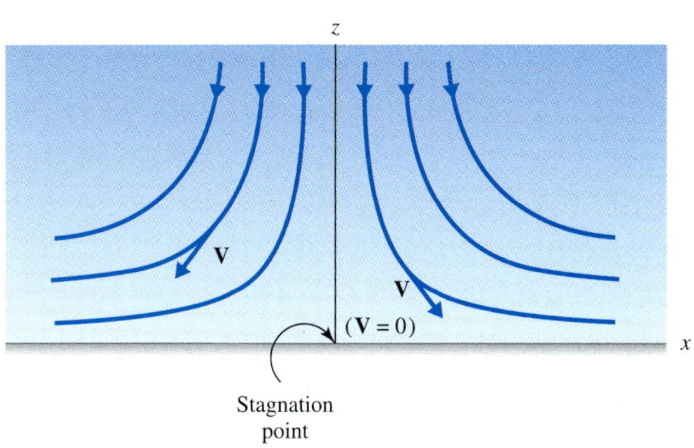

그림 3.7 정체점 유동.

(a) (b)

그림 3.8 1차원 유동: (a) 파이프 내 유동, (b) 평행 평판 사이 유동.

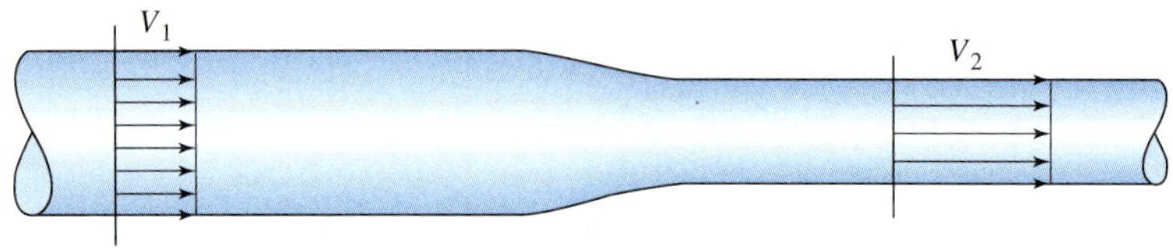

그림 3.9 균일 속도 분포.

영역, 또는 확대나 축소 등의 갑작스런 유동 단면의 변화로부터 상당한 거리가 떨어진 곳에서 관찰된다.

균일유동: 유동 특성이 유동 단면에서 일정한 유동.

유체역학의 많은 공학적인 문제들에서 유동장을 **균일유동**(uniform flow)으로 단순화할 수 있다. 균일 유동장에서 속도 등의 유동 특성들은 유동 단면에서 일정하다(그림 3.9 참조). 이런 단순화는 드물기는 하지만 기본적으로 유동 단면에 따라 속도가 일정할 때 가능하다. 이와 같은 유동의 예로는 비교적 유속이 빠른 파이프 내의 유동이나 강물 등의 유동을 들 수 있다. 유동 조건은 주유동 방향으로 위치함수에 따라 변하므로, 평균 속도는 각각의 유동 단면에서 서로 다를 수 있다. 그러나 커다란 도관(conduit) 유동의 경우 유선에 수직인 유체 정역학적인 압력 변화를 고려하는 것이 필요하다.

3.3.2 점성유동과 비점성유동

비점성유동: 점성효과가 유동에 중대하게 영향을 주지 않는 유동.

점성유동: 점성효과가 중요한 유동.

유체 유동은 크게 점성유동과 비점성유동으로 구분할 수 있다. **비점성유동**(invicid flow)은 점성효과가 유동에 별다른 영향을 미치지 못하여 무시되는 경우이며, **점성유동**(viscous flow)은 점성 효과가 유동장에 미치는 영향이 무시될 수 없을 정도로 큰 경우이다.

비점성유동을 해석하기 위하여 점성을 단순이 영이라 가정할 수 있는데, 이것은 모든 점성효과를 영으로 만들게 된다. 모든 유체(물과 공기를 포함하여)는 점성을 지니고 있으므로 실험적으로 비점성유동을 생성한다는 것은 매우 어렵다. 그렇다면 무시해도 좋을 정도로 작은 점성을 지닌 유체 유동은 있을까? 답은 '만약 유동의 전단응력이 작고, 이 응력들이 유동장에 중대한 영향을 미치지 않을 정도로 작은 면적에 대해 작용한다면 그렇다'이다. 물론 이러한 답변은 매우 일반적이고, 비점성유동이라는 가정을 정당화하기 위해서는 상당한 분석력이 요구된다.

외부유동: 물체 외부에 흐르는 유동.

경계층: 점성효과가 집중되는 경계층에 부착된 얇은 층.

경험적으로 비점성유동으로 취급할 수 있는 가장 기본적인 유동은 물체의 외부를 흐르는 **외부유동**(external flow)이다. 비점성유동은 익형 또는 수중익 주위 유동과 같이 유선형 물체 주위 유동의 경우에 중요하다. 이러한 유동의 경우 그림 3.10에 도시되어 있는 바와 같이 점성효과는 **경계층**(boundary layer)이라 불리는 얇은 층 내에 국한되어 작용

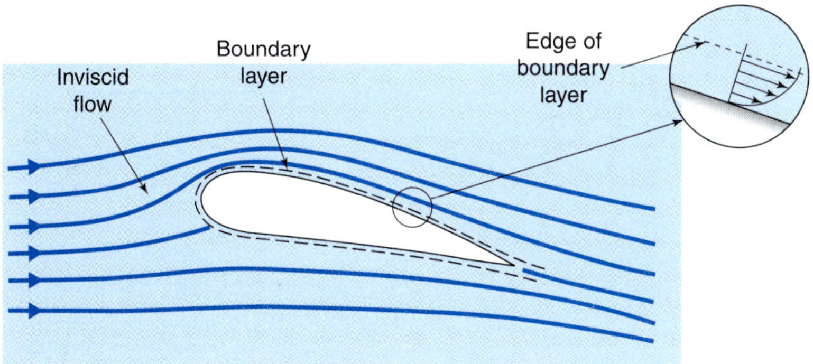

그림 3.10 익형 주위 유동.

한다. 경계층 벽면에서의 속도는 점성의 영향으로 인하여 항상 영이다. 많은 유동 상황에서, 경계층 두께는 매우 얇기 때문에 유선형 물체 주위 유동장을 연구할 때, 단순화를 위해 경계층 내의 유동은 무시되는 경우가 많다. 예를 들어 익형 주위 유동에 대한 비점성해는 경계층 내부 또는 후연(trailing edge) 부근을 제외하고는 그 정확도가 높다. 또한 비점성유동은 배관망의 유동 단면적이 축소되는 부분이나 점성효과가 무시될 수 있는 내부유동의 경우에서도 관찰된다.

KEY CONCEPT
비점성유동을 통하여 익형 주위 유동을 훌륭히 예측할 수 있다.

점성유동에는 배관유동이나 개수로 유동 등 다양한 형태의 내부유동이 포함된다. 이와 같은 유동에서 점성영향으로 인해 상당한 '손실'이 야기되는데, 파이프라인을 통한 기름이나 가스의 수송에서 큰 에너지 손실이 발생하는 것 역시 바로 이 때문이다. 벽면에서 속도가 영이 되게 하고, 전단응력을 발생시키는 점착(no-slip)조건이 이러한 손실을 야기한다.

3.3.3 층류유동와 난류유동

점성유동은 층류 또는 난류유동으로 구분될 수 있다. **층류유동**(laminar flow)에서 각각의 유체 입자는 이웃하고 있는 유체 입자들과 운동량 등의 혼합(mixing)이 별로 없다. 만약 염료를 층류유동에 주입한다면 분자 간의 운동에 의한 확산을 제외하고는 이웃한 유체들과의 혼합이 없음을 관찰할 수 있다. 이는 상대적으로 오랜 시간 동안 유동 특성이 유지됨을 의미한다. 점성 전단응력은 항상 층류유동에 영향을 준다. 유동은 그림 3.11a에 나와 있는 속도 프로브의 출력에서와 같이 불규칙한 운동으로 인하여 시간의 함수에 크게 의존할 수도 있고, 또는 그림 3.11b와 같이 정상적일 수도 있다.

층류유동: 유체 입자의 혼합이 중요하지 않지만 점성 전단응력이 중요한 유동.

난류유동(turbulent flow)은 속도와 압력 등의 유동 특성이 시간과 위치에 따라 불규칙하게 변하는 유체 운동이다. 따라서 속도나 압력 등의 물리량들은 통계적인 평균값으로 표현된다. 이러한 맥락에서 '정상' 난류유동은 일정 시간에 걸쳐 측정된 속도나 압력 등의 물리량 등에 대한 평균값이 시간에 따라 변하지 않는 유동이다. 그림 3.12는 비정상 및 정상 난류유동에 대한 순간속도(instantaneous velocity)의 측정 결과를 보여 준다. 난류 유동장 내로 염료를 주입한다면, 주입 즉시 불규칙하게 움직이는 유체 입자들의 운동에 의해 주위 유체 입자들과의 혼합 및 확산 현상을 관찰할 수 있으며, 이러한 확산 과정 중에 유체 유동 특성은 빠른 속도로 변화한다.

난류유동: 유동이 불규칙적으로 변하기 때문에 유동 특성이 무작위 변화를 나타내는 유동.

KEY CONCEPT
난류 유동장 내로 주입된 염료는 즉각적으로 혼합된다.

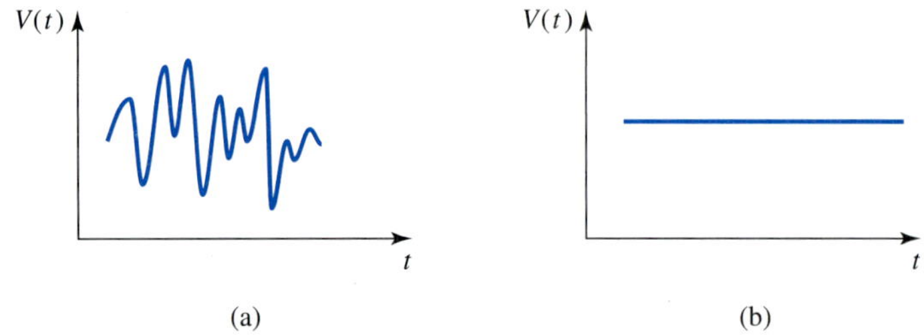

그림 3.11 층류에서 시간함수로서의 속도: (a) 비정상유동, (b) 정상유동.

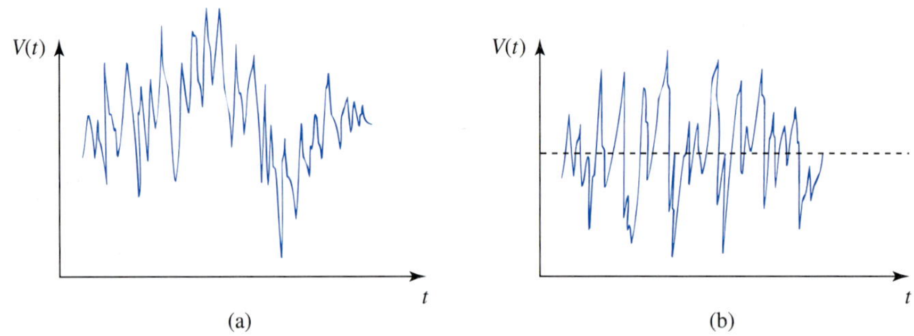

그림 3.12 난류에서 시간함수로서의 속도: (a) 비정상유동, (b) 정상유동.

층류나 난류유동은 수도꼭지를 이용한 간단한 실험을 통하여 관찰할 수 있다. 수도꼭지를 아주 조금 열어 조용한 물줄기를 유지시킬 때 발생하는 유동은 층류라 할 수 있다. 수도꼭지를 천천히 열면서 난류유동으로 변하는 것을 관찰할 수 있는데, 상대적으로 작은 유량을 갖고도 난류유동으로 발달됨을 알 수 있다.

유동이 층류 또는 난류가 되는 이유는 속도 성분들에 도입된 작은 교란 성분이 어떻게 발전하느냐에 달려 있다. 이러한 교란은 크기 면에서 증가하거나 감소할 수 있다. 만약 층류유동에서 교란이 증가(유동의 불안정화)한다면 유동은 난류가 되며, 반대로 교란이 감소한다면 유동은 층류 상태를 유지할 것이다. 또한 동심 회전원통 사이 유동과 같이, 어떠한 특별한 상황에서 유동은 또 다른 형태의 층류유동으로 발전할 수도 있다. 저속 회전유동에서는 단순한 원 모양이 될 수 있지만 고속 회전시 유동은 불안정해지고 정점이 갑자기 나타난다. 이것을 테일러-쿠에트(Taylor-Couette) 유동이라 하는데, 훨씬 더 복잡한 층류유동이다.

층류 또는 난류유동 형태는 유동 조건을 나타내는 세 개의 물리적인 변수들에 의해 결정된다. 첫 번째 변수는 경계층의 두께 또는 파이프의 직경과 같은 유동장의 길이척도(length scale)이다. 만약 이러한 길이척도가 충분히 크다면 유동 교란은 증가할 것이고, 결국 유동은 난류가 될 것이다. 두 번째 변수는 유동 단면에 대한 속도의 평균값과 같은 속도척도(velocity scale)로서, 속도가 매우 빠르다면 유동은 난류가 될 것이다. 세 번째 변수는 동점성으로, 이 값이 아주 작으면 유동은 난류가 될 수 있다.

레이놀즈수: 길이 및 속도 스케일과 동점성계수를 조합하여 만든 무차원 수

$$\text{Re} = VL/\nu$$

이상의 세 가지 변수들은 레이놀즈(Osborne Reynolds, 1842~1912)의 이름을 따서 **레이놀즈수**(Reynolds number)라고 부르는 하나의 무차원 형태로 결합되어 유동 형태를 예측하는 도구로서 사용될 수 있으며, 다음과 같이 정의된다.

$$\mathrm{Re} = \frac{VL}{\nu} \tag{3.3.1}$$

여기서 L과 V는 각각 특성길이와 속도이며, ν는 동점성계수이다. 예를 들어 관 유동에서 L은 관의 직경이고, V는 평균 속도이다. 만약 레이놀즈수가 비교적 작다면, 그림 3.13에 도시한 것처럼 유동은 층류이고, 반대로 레이놀즈수가 크다면, 유동은 난류이다. 이러한 구분은 **임계 레이놀즈수**(critical Reynolds number, Re_{crit})의 개념을 도입함으로써 더욱 분명하게 설명될 수 있는데, 즉 $\mathrm{Re} < \mathrm{Re}_{crit}$이면 층류유동이다. 예를 들어, 거친 벽을 가진 관 유동의 경우 $\mathrm{Re}_{crit} \approx 2000$인데, 이것을 최소 임계 레이놀즈수라 하며, 많은 공학적 응용에 적용된다. 만약 관 벽이 매우 매끈하고 무진동 상태라면 발생 가능한 교란이 감소하기 때문에 임계 레이놀즈수는 증가하게 되는데, 이 경우 레이놀즈수가 40 000 이상인 유동이 관찰되기도 한다. 임계 레이놀즈수는 기하학적 형상에 따라 달라질 수 있다. 즉 평행 평판 사이의 평균 속도나 거리를 사용하는 경우 1500을 나타낸다.

임계 레이놀즈수: 층류유동 상태를 벗어날 때의 레이놀즈수.

이외에도 층류와 난류 상태를 반복하는 유동 형태가 있으며, 이를 **간헐유동**(*intermittent flow*)이라 부른다. 이러한 현상은 레이놀즈수가 Re_{crit}에 가까울 때 발생할 수 있다. 그림 3.14는 간헐유동에 대한 순간속도의 변화를 보여준다.

그림 3.15에 나타낸 바와 같이, 일정 유속으로 인하여 평판 위 경계층 내에서의 길이척도는 상류로부터 변위 증가와 함께 변화하는데, 레이놀즈수는 특성길이 x를 사용하여 계산된다. 어떤 거리 x_T에서 Re는 Re_{crit}가 되며, 유동은 층류에서 난류로의 천이과정을 겪게 된다. 자유유동 영역의 교란이 낮은 균일 유동장 내에 있는 매끄러운 평판인 경우에는 $\mathrm{Re}_{crit} = 10^6$가 관찰되었다. 대부분의 공학적 응용에서는 거친 벽이라고 가정하거나 자유유동 영역의 교란도가 높다고 가정하는데, 이 경우 임계 레이놀즈수가 대략 3×10^5 정도이다.

KEY CONCEPT
대부분의 응용 분야에서 평판 위 유동이 갖는 임계 레이놀즈수는 3×10^5로 가정한다.

비점성유동을 층류 또는 난류로 구분하는 것은 적절하지 않다. 그림 3.10과 같이 비점

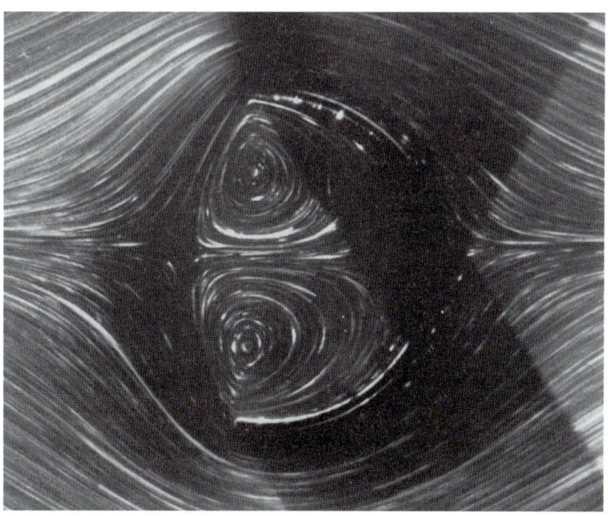

그림 3.13 반원 아크 형상 주위의 유선 분포, 레이놀즈수가 0.031 일 때 공동 내의 쌍소용돌이 중심들은 반원 아크 직경의 0.52배만큼 서로 떨어져 있는데, 해석결과와 일치한다. 글리세린 용액 내의 확산되는 알루미늄 입자를 촬영한 것이다.(Sadatoshi Taneda, Album of Fluid Motion, 1982, The Parabolic Press, Stanford, California).

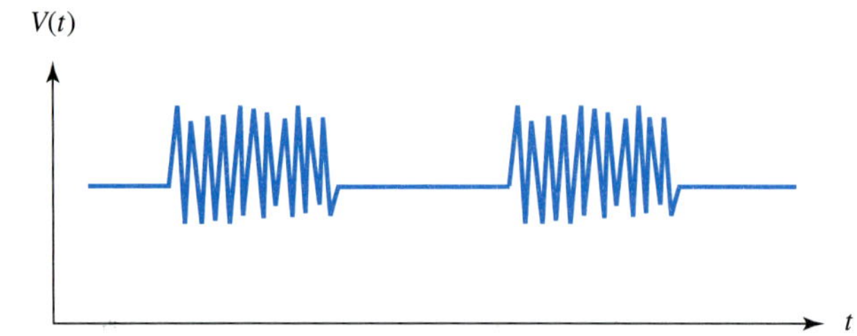

그림 3.14 간헐유동에서 속도 프로브로 측정한 속도 대비 시간 신호.

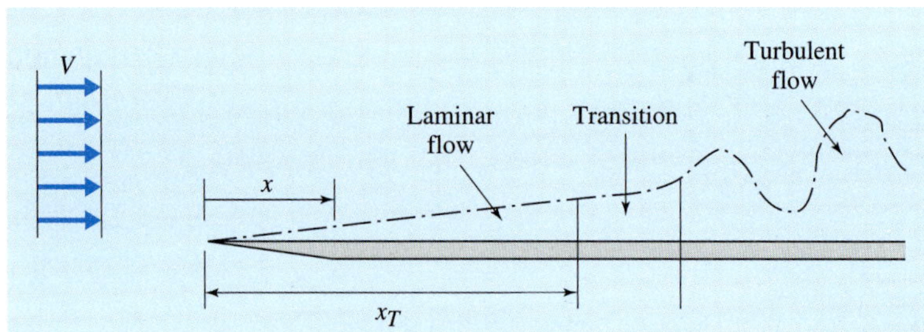

그림 3.15 평판 위 경계층 유동.

자유유동: 외부유동에서 경계층 밖의 비점성유동.

성유동은 종종 **자유유동**(free stream)이라 불리며 비회전유동이거나 와도(vorticity)를 갖게 되는데, 대부분의 자유유동은 비회전유동이다.

예제 3.3

직경이 2 cm인 관 내를 20°C의 물이 흐르고 있다. 만약 관 내의 유동이 층류라면 최대 평균 속도는 얼마인가?

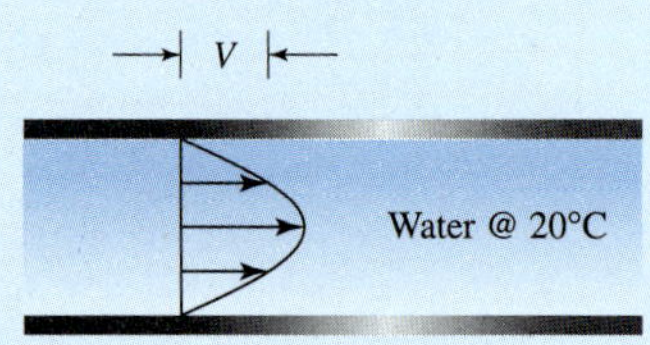

그림 E3.3

풀이

부록 B에서 물이 갖는 동점성계수가 $\nu = 10^{-6}$ m^2/s임을 알 수 있다. 층류유동일 경우 레이놀즈수가 2,000이라는 것을 이용하면, 다음을 얻을 수 있다.

$$V = \frac{2000\nu}{D}$$

$$= \frac{2000 \times 10^{-6}}{0.02} = 0.1 \text{ m/s}$$

이 평균 속도는 매우 작다. 이렇게 작은 속도는 대부분의 실제 상황에서는 존재하지 않는다. 즉 공학적 측면에서 윤활유동과 같은 특별한 경우를 제외하고는 층류유동은 드물게 존재한다. 대부분의 내부유동은 난류유동이며 따라서 난류 연구에 보다 많은 관심을 기울여야 한다.

3.3.4 비압축성 유동과 압축성 유동

마지막으로 이 장에서 다룰 유체 유동을 비압축성과 압축성 유동으로 나눌 수 있다. **비압축성 유동**(incompressible flow)은 유체 입자가 유동장을 통과하며 움직일 때, 각 유체 입자의 밀도가 비교적 일정한 경우인데, 다음과 같이 표기할 수 있다.

비압축성 유동: 각각의 유체 입자 밀도가 일정한 유동.

$$\frac{D\rho}{Dt} = 0 \tag{3.3.2}$$

위 식은 밀도가 유동장 내 어느 곳에서도 동일해야 한다는 것을 요구하는 것은 아니다. 밀도가 일정하면 명백히 비압축성이지만, 이는 비압축성 유동의 범위를 더욱 제한하게 된다. 밀도 $\rho = \rho(z)$인 대기 유동이나 강물이 바다로 유입되는 지역과 같이 담수와 염수가 만나는 층에서의 유동은 밀도가 변화하는 비압축성 유동의 예이다.

KEY CONCEPT
일정한 밀도는 비압축성 조건보다 더 제한적이다.

액체 유동과 더불어 위에서 언급한 대기 유동과 같은 저속의 기체 유동 또한 비압축성 유동으로 고려할 수 있다. 마하(Ernst Mach, 1838~1916)의 이름을 딴 **마하수**(Mach number)는 기체 유동이 압축성인지 여부를 판별하는 중요한 변수이며 다음과 같이 정의된다.

마하수: 기체 유동의 무차원수 $M = V/c$.

$$M = \frac{V}{c} \tag{3.3.3}$$

여기서 V는 기체 속도이고 파동속도(waver speed) c는 $\sqrt{kRT}$이다. 식 3.3.3은 특정한 기체 유동이 비압축성인지를 결정하는데 유용하게 사용될 수 있다. 만약 $M < 0.3$이면 밀도 변화는 최대 3% 이내이고 유동은 비압축성으로 가정된다. 이것은 표준대기 조건에서 대략 100 m/s 이하의 속도에 해당한다. 만약 $M > 0.3$이면 밀도 변화는 유동에 영향을 미치기 때문에 압축성 효과를 고려해야 한다. 이러한 유동을 **압축성 유동**(compressible flow)이라 하며 9장에서 상세하게 다루어질 것이다.

압축성 유동: 밀도 변화가 유동에 영향을 주는 유동.

비압축성 기체 유동에는 대기 유동, 민간항공기의 이착륙 시 발생하는 유동을 다루는 공기역학, 냉난방 시 기류, 자동차 및 방열기 주위 유동, 건물 주위 공기유동 등이 포함된다. 압축성 유동에는 고속항공기의 비행과 관련된 공기역학, 제트엔진 내부의 연소유동, 발전소 증기터빈의 증기유동, 공기압축기 내부 유동, 그리고 내연기관 내 공기-가스 혼합물의 연소유동 등이 포함된다.

3.4 베르누이 방정식

이 절에서는 유체역학에서 어떤 방정식보다 자주 사용되는 방정식을 소개한다. 이 방정식은 종종 잘못 적용되기도 하므로, 사용할 수 있는 경우에 대한 조건을 이해하는 것이 중요하다. 적용조건이라는 것은 이 방정식을 유도하는 과정에서 전제된 몇 가지 가정으로 인해 발생된 것이다. 첫 번째 가정은 점성효과를 무시한다는 것이다. 달리 말해서, 식 1.5.5에서 속도구배로 인해 발생한 전단응력은 고려되지 않는다. 이러한 전단응력들은 유동장 내의 압력차와 비교해 보면 아주 작다. 따라서 국소적으로 이들 전단응력은 유동장에 영

KEY CONCEPT
전단응력은 압력차와 비교할 때 때로는 매우 작다.

향을 거의 미치지 않으므로 첫 번째 가정은 타당성을 지닌다. 그러나 길이 방향으로 거리가 길거나, 속도구배가 큰 유동장의 경우에는 전단응력이 유동 조건에 영향을 줄 수 있으므로 점성효과를 반드시 고려해야 한다.

이처럼 중요한 베르누이 방정식은 한 개의 유체 입자에 뉴턴의 제2운동 법칙을 적용하여 유도할 수 있다. 그림 3.16에 도시한 바와 같이 미소 원통형 유체 입자는 그 길이가 ds이고 횡단면적이 dA이다. 여기서 유체 입자에 작용하는 힘은 압력과 중력에 기인한 것이며, 유체 입자의 유동 방향인 s 방향으로 작용하는 힘의 합은 다음과 같다.

$$p\,dA - \left(p + \frac{\partial p}{\partial s}\,ds\right) dA - \rho g\,ds\,dA\cos\theta = \rho\,ds\,dA\,a_s \tag{3.4.1}$$

여기서 a_s는 s 방향으로 유체 입자가 갖는 가속도이며, 다음과 같이 주어진다.[1]

$$a_s = V\frac{\partial V}{\partial s} + \frac{\partial V}{\partial t} \tag{3.4.2}$$

또한 정상상태라는 가정하에서 $\partial V/\partial t = 0$이며, 기하학적으로 다음과 같이 나타낼 수 있다.

$$dh = ds\cos\theta = \frac{\partial h}{\partial s}\,ds \tag{3.4.3}$$

따라서 다음과 같이 된다.

$$\cos\theta = \frac{\partial h}{\partial s} \tag{3.4.4}$$

식 3.4.1을 $ds\,dA$로 나누고, a_s와 $\cos\theta$ 식을 적용하면 다음 관계식을 얻을 수 있다.

$$-\frac{\partial p}{\partial s} - \rho g\frac{\partial h}{\partial s} = \rho V\frac{\partial V}{\partial s} \tag{3.4.5}$$

위 식에서 밀도가 일정하다고 가정하고 $V\partial V/\partial s = \partial(V^2/2)/\partial s$임을 상기한다면, 식 3.4.5는 다음과 같이 쓸 수 있다.

$$\frac{\partial}{\partial s}\left(\frac{V^2}{2} + \frac{p}{\rho} + gh\right) = 0 \tag{3.4.6}$$

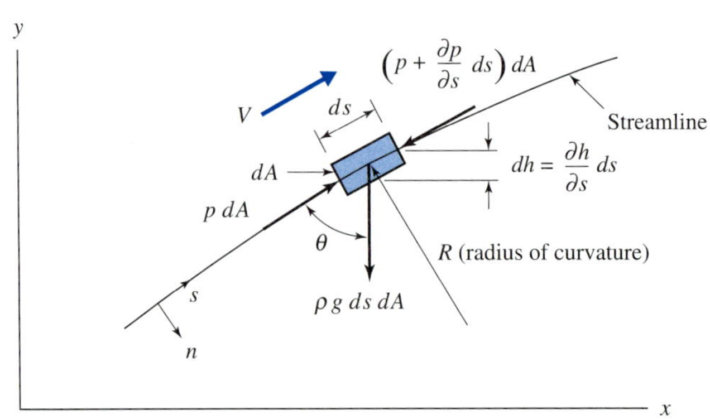

그림 3.16 유선을 따라 움직이는 유체 입자.

[1]이것은 식 3.2.9a에 대해 $v = w = 0$이라는 가정하에 증명될 수 있다. 주어진 순간에서 x방향이 유선에 대해 접선 방향이라 한다면 $u = V$이다.

이 식은 주어진 유선 상에서 부합하게 된다.

$$\frac{V^2}{2} + \frac{p}{\rho} + gh = \text{const} \tag{3.4.7}$$

위 식에서 적분상수는 다른 유선 상에서 다른 값을 갖는다. 동일 유선 상의 두 점 사이에서 위 식은 다음과 같이 나타낼 수 있다.

$$\frac{V_1^2}{2} + \frac{p_1}{\rho} + gh_1 = \frac{V_2^2}{2} + \frac{p_2}{\rho} + gh_2 \tag{3.4.8}$$

이것이 널리 알려진, 베르누이(Daniel Bernoulli, 1700~1782)의 이름을 딴 베르누이 방정식으로서, 적용된 가정을 요약하면 다음과 같다.

- 비점성유동(전단응력이 존재하지 않는다.)
- 정상유동($\partial V/\partial t = 0$)
- 주어진 한 유선 상의 유동($a_s = V\partial V/\partial s$)
- 일정 밀도($\partial \rho/\partial s = 0$)
- 관성좌표계(식 3.2.12의 $\mathbf{A} = \mathbf{a}$)

만약 식 3.4.8을 중력가속도 g로 나누면 각 항은 길이 차원을 가지며 베르누이 방정식은 다음과 같이 다른 형태로 표기할 수 있다.

$$\frac{V_1^2}{2g} + \frac{p_1}{\gamma} + h_1 = \frac{V_2^2}{2g} + \frac{p_2}{\gamma} + h_2 \tag{3.4.9}$$

KEY CONCEPT
전압력은 $p + \rho V^2/2$이다.

여기서 두 항의 합($p/\gamma + h$)을 피에조미터 수두(*piezometric head*)라 부르고, 속도수두 항을 포함한 세 항의 합을 전수두(*total head*)라 한다. 압력 p는 종종 **정압**(static pressure)이라 일컬어지며, 속도수두와 정압의 합은 다음과 같다.

정압: 게이지 압력으로 표현되는 압력, p.

$$p + \rho\frac{V^2}{2} = p_T \tag{3.4.10}$$

여기서 p_T는 전압(*total pressure*) 또는 유동 정체점(그림 3.7참조)에서의 압력인 **정체압**(stagnation pressure)이라고 한다.

정체압: 정체점에서의 압력.

그림 3.17a에 나타낸 바와 같이 파이프 내부 정압은 소위 **피에조미터**(piezometer)라 불리는 압력계[2]를 설치함으로써 간단히 측정할 수 있다. 그림 3.17b의 **피토관**(pitot probe)은 유체 유동의 전압을 측정하는데 사용되고 있다. 피토관 바로 안쪽에 위치한 점 2에서의 압력이 정체압으로, 이 지점에서 유속은 0이 된다. 따라서 점 1과 점 2에서의 측정값 차이가 점 1에서의 유속을 나타낸다. **피토정압관**(pitot-static probe)은 한 개의 프로브로 전압과 정압 사이의 압력 차이를 측정하는 데 사용된다(그림 3.17c 참조). 점 1에서의 속도(피에조미터와 피토관을 사용한 측정값의 차이, 또는 피토정압관을 이용한 측정값 적용)는 점 1과 점 2사이에 베르누이 방정식을 적용함으로써 계산할 수 있다.

피에조미터: 정압 측정을 위하여 설계된 게이지.

피토관: 전압 측정을 위하여 설계된 게이지.

피토정압관: 전압과 정압 차이를 측정하기 위하여 설계된 게이지.

[2]압력계를 만들기 위해서 필요한 구멍을 벽에 뚫을 때, 구멍안쪽 표면에 가끔 가공돌기(burr)가 남게 된다. 이러한 가공돌기들은 압력을 읽어 내는 데 있어서 30% 이상의 오차를 야기하므로 제거하는 것이 중요하다.

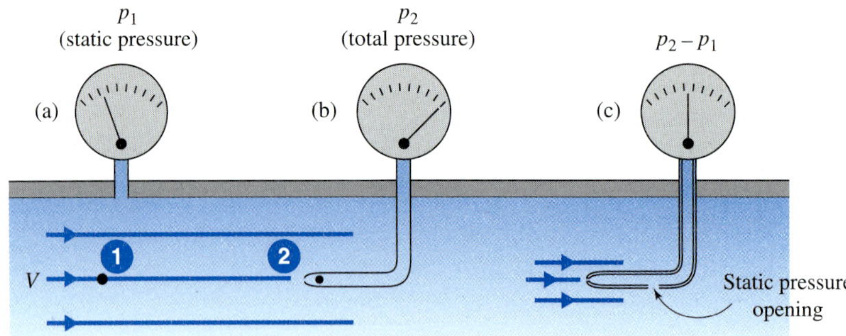

그림 3.17 압력 프로브: (a) 피에조미터, (b) 피토관, (c) 피토정압관.

> **KEY CONCEPT**
> 에너지방정식과 베르누이 방정식을 혼동하지 말기 바란다.

$$\frac{V_1^2}{2g} + \frac{p_1}{\gamma} = \frac{p_2}{\gamma} \tag{3.4.11}$$

여기서 점 2를 정체점이라 가정하면 $V_2 = 0$이 된다.

$$V_1 = \sqrt{\frac{2}{\rho}(p_2 - p_1)} \tag{3.4.12}$$

유체역학에서 베르누이 방정식이 자주 사용되지만, 비정상유동이나 점성효과가 고려되어야만 하는 유동의 경우에는 이 방정식을 사용할 수 없음을 유의해야 한다(베르누이 방정식을 적용할 수 없는 기본적인 이유). 또한 에너지 방정식과 베르누이 방정식을 결코 혼동해서는 안 된다. 예제 3.6에서와 같이 이들 두 방정식은 서로 별개이다.

베르누이 방정식은 소방호스로부터 물을 얼마나 높게 분사할 수 있는지, 저속 익형의 표면에 작용하는 압력[3], 그리고 건물의 유리창에 작용하는 풍압을 구하는 일 등에 적용될 수 있으며, 이러한 적용 예들은 모두 유체 속에 잠겨 있는 물체 주위의 외부유동으로 간주될 수 있다.

> **KEY CONCEPT**
> 점성영향을 고려하기 위해서는 상당한 유동 영역이 필요하다.

비점성유동으로 가정할 수 있는 동시에 베르누이 방정식이 적용될 수 있는 또 다른 예는, 그림 3.18a의 경우와 같이 노즐을 통과하거나 그림 3.18b와 같이 고압의 저장용기로부터 분사되는 비교적 짧은 거리에 걸친 내부유동이다. 주어진 속도 분포를 지니며 짧은 노즐부로 유입되는 유동에 대하여, 압력강하 $(p_1 - p_2)$와 단면 2에서의 속도 분포는 비점성유동이라는 가정하에서 근사화가 가능하다. 이러한 유동의 경우 점성 영향은 일반적으로 매우 작은데, 점성 영향을 고려하기 위해서는 유동 거리와 유동 단면적이 상당한 정도가 되어야 한다. 따라서 그림 3.18에 도시된 조건에서는 점성효과를 종종 무시할 수 있다.

비점성유동이라는 가정이 물체 주위에 존재하는 실제 유동에 대한 근사화를 항상 가능하게 하지는 않는다. 그림 3.19와 같은 구(또는 원통) 주위의 비점성유동을 고려해 보자. $V = 0$인 정체점은 구의 전면과 후면, 두 곳에 존재한다. 베르누이 방정식을 적용하면 정체점 A와 C에서 최대 압력이 존재함을 예측할 수 있으며, 이는 그 점에서의 속도가 0이기 때문이다. 최대속력과 이에 따른 최소 압력은 점 B에서 발생한다. (a)의 비점성유동에서, $B \rightarrow C$ 구간의 유체는 B 근처의 저압 영역으로부터 C 근처의 고압 영역으로 흘러야

[3]비행기 주위 유동을 정상유동으로 고려하기 위하여 풍동을 사용하는 모델 연구에서 비행기를 단순히 고정시켜 놓고 공기를 이동시킨다. 압력과 힘은 불변이다.

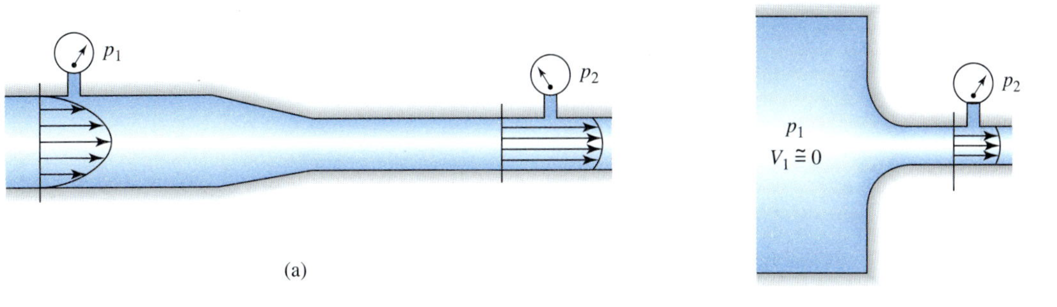

그림 3.18 내부 비점성유동: (a) 축소부를 통과하는 유동, (b) 고압 저장조로부터의 유동.

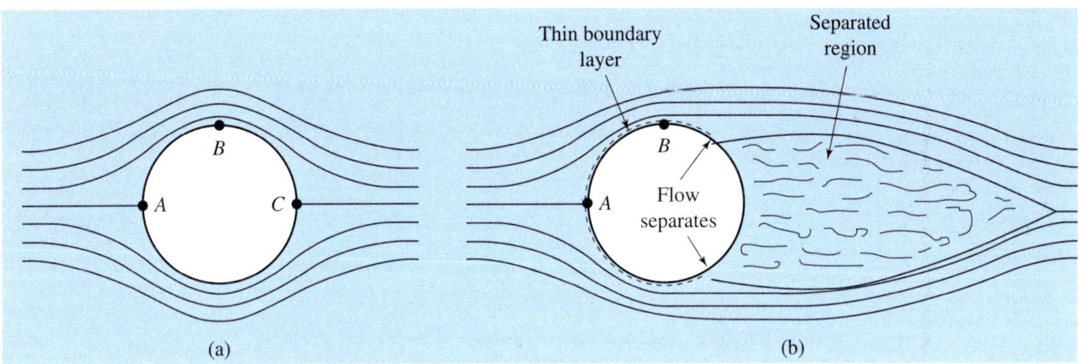

그림 3.19 구 주위의 유동: (a) 비점성유동, (b) 실제 유동.

만 한다. 실제 유동의 경우, 구 표면에는 속도가 0이 되는 얇은 경계층이 존재한다. 이러한 경계층 근처에서 천천히 움직이는 유체는 C 근처의 고압 영역으로 이동할 수 있을 만큼의 충분한 운동량을 갖고 있지 않다. 따라서 유체는 경계층으로부터 박리되어 (b)에 도시한 바와 같은 유동이 재순환하는 **박리영역**(separated region)을 형성하게 된다. 구 후면에서의 압력은 증가하지 않으며 비교적 낮은 상태로 유지된다. 구 전면의 정체점 근처의 높은 압력은 구 후면에서 결코 회복되지 않으며, 오히려 유동 방향으로 큰 항력이 후면에서 발생한다. 주행 중인 자동차 주위에서 발생하는 유동이 이와 유사하다고 할 수 있다.

박리영역: 경계층으로부터 박리되는 유체 때문에 생성되는 재순환 유동 영역.

KEY CONCEPT
구의 후면에는 상대적으로 낮은 압력이 유지된다.

구 전면에서의 유동은 비점성유동에 의해 훌륭하게 근사화될 수 있지만, 후면에서의 유동은 비점성유동과는 근본적으로 다르다. 경계층에서의 점성효과는 바람직하지 못한 현상인 박리유동을 유발한다. 예를 들어 익형에서의 박리유동을 **실속**(stall)이라고 부르는데, 곡예비행기와 같은 특수한 경우를 제외하고는 결코 발생해서는 안 된다. 터빈 날개에서의 박리유동 또한 효율감소를 유발한다. 트럭의 운전석 지붕 위에 기류 전향장치를 설치하여 박리영역을 축소함으로써 항력과 연료 소모를 줄일 수 있다.

KEY CONCEPT
구의 전면에서의 유동은 비점성유동으로 근사화된다.

실속: 익형에서의 박리유동.

만약 정상상태의 액체 유동에서 점성효과를 무시할 수 있다면, **공동현상**(*cavitation*)이 발생 가능한 지점의 예측을 위해서 베르누이 방정식을 사용할 수 있다. 공동현상은 유동장의 국소압력이 액체의 증기압과 같을 때 발생하며, 물체 표면에 손상을 입히거나 또는 증발액체가 기기 작동을 저해하기 때문에 가능한 피해야 한다. 그림 3.20은 배관 축소부 하류에서의 공동현상을 보여주고 있다. 공동현상이 발생하는 지점에서는 작은 기포가

KEY CONCEPT
국소압력과 증기압이 같아질 때 공동현상이 발생한다.

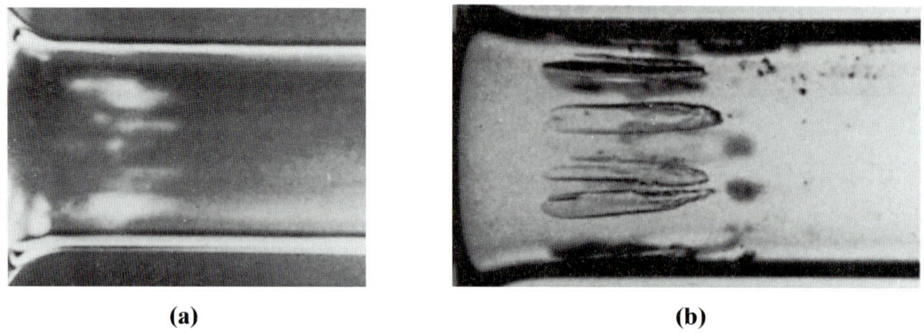

그림 3.20 유속 15m/s의 벤투리 노즐 내부유동에서의 공동현상: (a) 백열등 램프, 노출시간 1/30초, (b) 스트로브 불빛, 노출시간 5 μs (JSME와 Pergamon).

발생하며, 이 기포들은 고압유동 영역으로 유입되면서 붕괴한다. 이와 같은 기포의 붕괴는 짧은 시간동안 지속되는 아주 큰 국소압력을 동반한다. 이렇게 순간적으로 증가된 압력은 관 벽까지 도달할 수 있으며, 이의 반복 작용을 통하여 심각한 손상을 야기할 수도 있다.

KEY CONCEPT
관 입구에서 유선이 휘어지기 때문에 입구 단면에서의 압력은 일정하지 않다.

내부유동의 경우 관 입구 및 출구에서의 압력 변화를 신중히 측정해야 한다. 그림 3.21에 도시되어 있는 바와 같이 파이프를 통한 저수조로부터의 유동을 고려해 보자. 관 입구에서의 유선은 곡선이고, 점 1의 유동 단면에서 압력은 상수가 아니므로 균일 압력이라고 가정할 수 없다. 그러나 출구에서 유선은 직선이므로 유선에 수직한 방향으로 가속도가 존재하지 않는다. 따라서 작은 원통형 검사체적의 끝 부분에 작용하는 압력은 같아야 하며, $p_2 = p_{\text{atm}}$ 또는 $p_2 = 0$(게이지 압력)으로 나타낼 수 있다.

그림 3.16에서 유선 상의 유체 요소에 작용하는 힘을 합하고 베르누이 방정식을 유도하였다. 그러나 유선에 수직으로 작용하는 힘들을 합산하면 압력장에 대한 추가적인 정보를 얻을 수 있다. 길이가 ds이고 길이 방향 단면적이 dA_s, 두께가 dn인 평행육면체의 유체 입자를 고려해 보자. n 방향으로 작용하는 힘들에 대하여 뉴턴의 제2운동법칙을 적용하면 다음과 같이 나타낼 수 있다.

$$pdA_s - \left(p + \frac{\partial p}{\partial n}dn\right)dA_s = \rho dA_s dn\,\frac{V^2}{R} \tag{3.4.13}$$

여기서 s 방향으로 유한 길이만큼 적분할 것이 아니므로 중량은 무시했다. 또한 수직 방향으로의 가속도를 V^2/R로 표시할 수 있다. 여기서 R은 평판 유동의 곡률반경이다[3차원 유동에서는 주곡률반경(principal radius of curvature)과 종법선 방향의 곡률반경

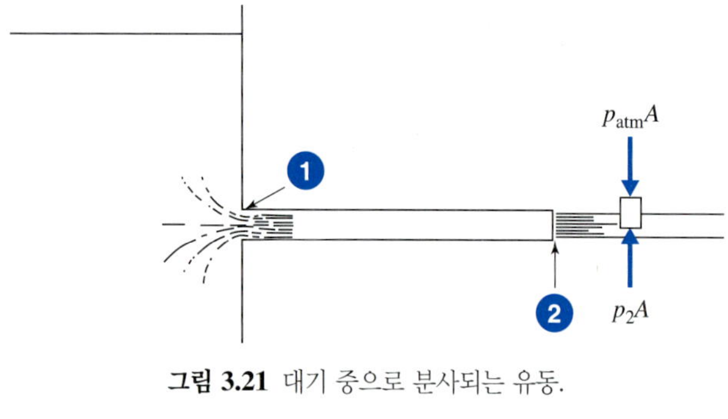

그림 3.21 대기 중으로 분사되는 유동.

(binormal radius of curvature)이 된다.] 이들을 식 3.4.13에 대입하면 다음과 같이 정리할 수 있다.

$$-\frac{\partial p}{\partial n} = \rho \frac{V^2}{R} \tag{3.4.14}$$

이 식을 사용하여 유선에 수직한 방향으로의 압력 변화를 정성적으로 알 수 있다(베르누이 방정식을 적용하면 유선 상의 압력 변화를 예측할 수 있다). 여기서 $\partial p/\partial n$을 $\Delta p/\Delta n$으로 대체하면 유선에 수직한 방향으로의 미소 변위 Δn에 대한 압력 변화 Δp를 구할 수 있다.

$$\Delta p = -\rho \frac{V^2}{R} \Delta n \tag{3.4.15}$$

이것은 n 방향으로 압력이 감소함을 보여준다. 즉 압력 변화는 ρ와 V^2에 비례하고, R에 반비례한다. 예를 들어 외부 압력이 $p = 0$인 토네이도(tornado) 중심부에서는 R이 비교적 작고 V가 매우 크므로, 압력 또한 매우 낮음을 알 수 있다.

KEY CONCEPT
n방향으로 압력은 감소한다.

그림 3.21에서 압력은 단면 1의 모서리 부근에서 비교적 낮고, 중심 부근에서 비교적 높을 것이다. 이러한 정성적인 표현은 유체 유동을 이해하는 데 큰 도움이 된다.

예제 3.4

태풍의 속도가 144 km/h이다. 그림 E3.4와 같이 0.9 m × 1.8 m의 창문에 작용하는 풍압을 계산하라. 창문은 고층건물에 있으므로 풍속은 지면과의 마찰로 인하여 감소하지 않는다. 공기의 밀도는 $\rho = 1.27\ \text{kg/m}^3$이다.

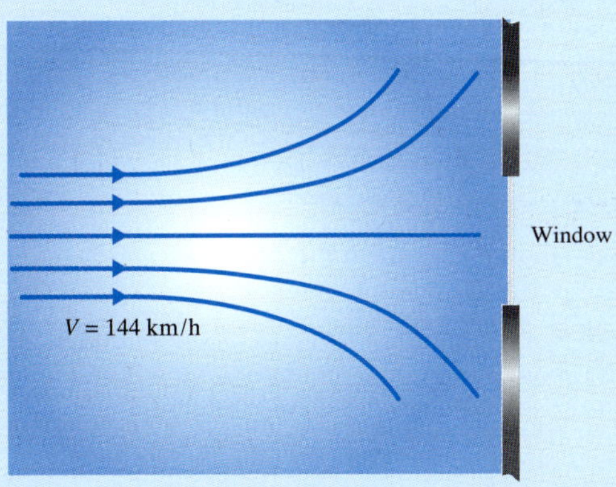

그림 E3.4

풀이

태풍을 맞는 창문 표면은 풍속이 0이 되는 정체영역이 될 것이다. 게이지 압력을 적용한다면, 태풍 상류에서의 압력 p는 0이다. 속도 V의 단위는 m/s이다.

$$V = 144\ \frac{\text{km}}{\text{hr}} \times \frac{1\ \text{hr}}{3600\ \text{s}} \times \frac{1000\ \text{m}}{1\ \text{km}} = 40\ \text{m/s}$$

(계속)

이 문제에선 점성의 영향을 무시할 수 있고, 유선을 따라 일정한 밀도를 가지는 정상유동으로 나타낼 수 있기 때문에 베르누이 방정식을 사용할 수 있다(공기는 360 km/h 미만의 속도에서는 비압축성이다). 상태 1을 자유유동으로, 상태 2를 창문에서의 유동으로 정하여 작용하는 압력을 계산하면 다음과 같다.

$$\frac{V_1^2}{2g} + \frac{p_1}{\gamma} + h_1 = \frac{V_2^2}{2g} + \frac{p_2}{\gamma} + h_2$$

(여기서 $p_1 = 0$, $V_2 = 0$)

$$\therefore p_2 = \frac{\rho V_1^2}{2}$$

$$= \frac{1.27\ \text{kg/m}^3 \times (40)^2\ \text{m}^2/\text{s}^2}{2000} = 1.016\ \text{kPa}$$

여기서 $\gamma = \rho g$, $h_2 = h_1$, $p_1 = 0$, $V_2 = 0$을 사용한다. 여기에 면적을 곱하면 힘을 얻을 수 있다.

$$F = pA$$
$$= 1.016 \times 0.9 \times 1.8 = 1.646\ \text{kN}$$

압력 계산에 있어서 N/m^2 단위를 확인해 보기 바란다.

예제 3.5

피에조미터를 사용하여 측정한 공기파이프 내부(그림 E3.5)의 정압수두가 16 mm H_2O이다. 동일 위치에서 피토관을 사용한 압력은 24 mm H_2O로 측정되었다. 20°C에서의 공기 속도 및 마하수를 계산하고 유동의 압축성에 관하여 설명하라.

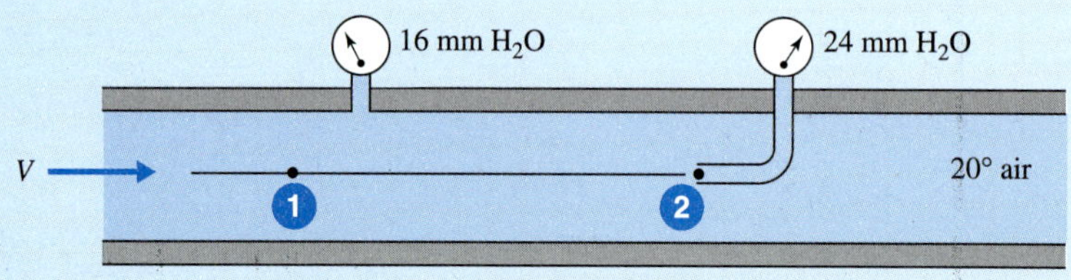

그림 E3.5

풀이

베르누이 방정식을 하나의 유선 상에 위치한 두 점 사이에 적용하여 보자. 여기서 유선의 한쪽 끝은 피토관의 정체점에 연결된다. 점 1은 상류이고 p_2는 점 2에서의 전압을 나타내며, 고도 변화는 없다고 가정한다.

$$\frac{V_1^2}{2g} + \frac{p_1}{\gamma} = \frac{p_T}{\gamma}$$

피에조미터를 이용해 측정한 압력은 $p_1 = \gamma h = 9810 \times 0.016 = 157$ Pa이다. 이상기체 상태 방정식을 사용하여 밀도를 계산하면 다음과 같다.

(계속)

$$\rho = \frac{p}{RT}$$
$$= \frac{(157 + 101\,000)\text{Pa}}{287\ \text{kJ/kg}\cdot\text{K} \times (273 + 20)\text{K}} = 1.203\ \text{kg/m}^3$$

여기서 압력은 대기압(101,000Pa)이 더해져야 한다. 이는 앞의 방정식에서 절대압력을 사용해야 되기 때문이다. 단위는 Pa = N/m^{2}와 J = N·m로 확인할 수 있다. 따라서 속도는 다음과 같다.

$$V_1 = \sqrt{\frac{2}{\rho}(p_T - p_1)}$$
$$= \sqrt{\frac{2(0.024 \times 9810 - 157)\ \text{Pa}}{1.203\ \text{kg/m}^3}} = 11.42\ \text{m/s}$$

단위는 kg = N · s^2/m로 확인할 수 있다. 마하수를 구하기 위해서는 음속을 구해야 하는데, 식 1.7.17을 이용하여 다음과 같이 구할 수 있다.

$$c = \sqrt{kRT}$$
$$= \sqrt{1.4 \times 287\ \text{kJ/kg}\cdot\text{K} \times 293\ \text{K}} = 343\ \text{m/s}$$

그러므로 마하수는 다음과 같이 구할 수 있다.

$$\text{M} = \frac{V}{c} = \frac{11.44}{343} = 0.0334$$

분명히 M < 0.3이므로 유동은 비압축성으로 가정될 수 있다. 압축성 효과가 중요해지기 위해서는 고속유동이어야 한다.

예제 3.6

베르누이 방정식(식 3.4.8)은 검사체적에 대해 열역학 법칙을 적용하여 유도한 에너지방정식과 매우 유사하게 보인다. 두 방정식의 차이점을 설명하라.

풀이

열역학에서 입구와 출구를 가지는 검사체적에 대한 정상유동 에너지방정식을 상기해 보면 다음의 형태를 갖는다.

$$\dot{Q} - \dot{W}_s = \dot{m}\left(\frac{V_2^2}{2} + \frac{p_2}{\rho_2} + \tilde{u}_2 + gz_2\right) - \dot{m}\left(\frac{V_1^2}{2} + \frac{p_1}{\rho_1} + \tilde{u}_1 + gz_1\right)$$

위 식을 g로 나누면 다음과 같이 된다.

$$\frac{V_2^2}{2g} + \frac{p_2}{\gamma} + z_2 = \frac{V_1^2}{2g} + \frac{p_1}{\gamma} + z_1$$

여기서 다음과 같은 가정을 할 수 있다.

열전달 없음($\dot{Q} = 0$)
축일 없음($\dot{W}_s = 0$)
온도변화 없음($\tilde{u}_2 = \tilde{u}_1$, 즉 전단응력에 의한 손실 없음)
입구 및 출구에서 균일 속도 분포

(계속)

정상유동

균일 밀도($\gamma_2 = \gamma_1$)

비록 위 가정 중 몇 가지가 베르누이 방정식에 적용된 가정(정상유동, 균일 밀도, 전단응력 없음)과 같다고 하더라도 두 방정식을 혼동해서는 안 된다. 베르누이 방정식은 뉴턴의 제2운동법칙으로부터 유도되어 한 유선을 따라 유효한 반면, 에너지방정식은 열역학 제1법칙으로부터 유도되어 유체 유동의 두 단면 사이에서 유효하다. 에너지방정식은 일정한 압력수두를 얻는 데 필요한 마력을 구하기 위하여 펌프의 입구 및 출구에 적용될 수 있다. 베르누이 방정식은 속도가 0인 정체점에서의 압력을 구하기 위하여 한쪽 끝이 정체점에 맞닿아 있는 유선에 적용될 수 있다. 두 방정식은 서로 다르며, 베르누이 방정식은 특별한 경우에 대해 에너지방정식으로부터 파생된 식으로 이해하면 된다.

예제 3.7

그림 E3.7의 피에조미터 개구부 상류의 돌기부분에서 왜 압력이 낮게 읽혀지는지 이유를 설명하라.

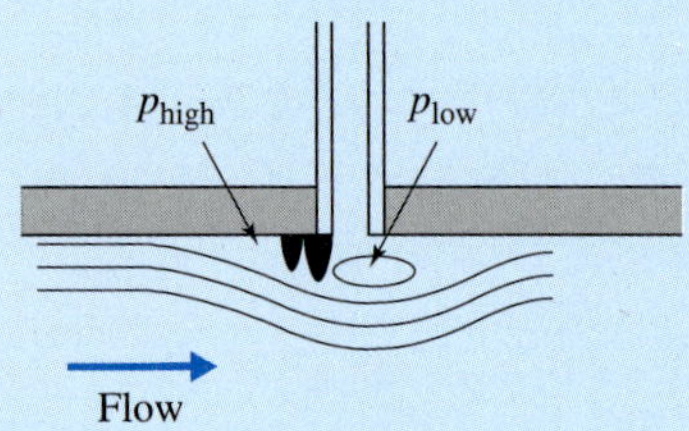

그림 E3.7

풀이

피에조미터 개구부 상류의 돌기부분은 그림 E3.7에 나와 있는 바와 같이 유동을 그 주변에 발생시킨다. 따라서 상류에 고압이 발생하고, 개구부 하류에는 비교적 저압이 발생하므로 유선의 형태가 그림과 같이 된다. 결과적으로 유선의 곡률 중심이 개구부 주변에 있기 때문에 압력값이 낮게 읽혀져 기록된다. 또한, 개구부 하류에 가공돌기(burr)가 남게 되면 높은 압력값을 기록하게 된다.

3.5 요약

유체 운동에 대한 오일러 기술을 이용하여 가속도를 다음과 같이 표기할 수 있다.

$$\mathbf{a} = u\frac{\partial \mathbf{V}}{\partial x} + v\frac{\partial \mathbf{V}}{\partial y} + w\frac{\partial \mathbf{V}}{\partial z} + \frac{\partial \mathbf{V}}{\partial t} \tag{3.5.1}$$

유체 운동은 유체 입자의 회전 또는 변형을 가져올 수 있다. xy 평면 유동에서 유체 입자들은 각속도를 가지고 회전한다.

$$\Omega_z = \frac{1}{2}\left(\frac{\partial v}{\partial x} - \frac{\partial u}{\partial y}\right) \tag{3.5.2}$$

또한 변형은 다음 식으로 표현된다.

$$\epsilon_{xx} = \frac{\partial u}{\partial x}, \qquad \epsilon_{yy} = \frac{\partial v}{\partial y}, \qquad \epsilon_{xy} = \frac{1}{2}\left(\frac{\partial v}{\partial x} + \frac{\partial u}{\partial y}\right) \tag{3.5.3}$$

유체 유동은 정상 또는 비정상, 점성 또는 비점성, 층류, 난류 또는 자유유동, 압축성 또는 비압축성으로 분류된다. 이것들은 1차원, 2차원, 그리고 3차원 유동이 될 수 있다. 관심 있는 특정한 유동을 적절히 분류하려면 경험과 실습이 필요하다. 이는 단지 단순 유동(정상, 층류, 비압축성, 1차원유동)으로부터 상대적으로 간단한 해결책을 얻기 위함이다.

마지막으로 관성좌표계에서 정상, 비점성, 유선을 따라 밀도가 일정한 유동을 다루기 위하여 베르누이 방정식을 고찰하였다.

$$\frac{V_1^2}{2g} + \frac{p_1}{\gamma} + h_1 = \frac{V_2^2}{2g} + \frac{p_2}{\gamma} + h_2 \tag{3.5.4}$$

유선에 수직인 방향의 압력 변화는 다음과 같이 나타낼 수 있다.

$$\Delta p = -\rho \frac{V^2}{R} \Delta n \tag{3.5.5}$$

공학기초 복습문제

3.1 평판 유동에서 $\mathbf{V} = 3\hat{\mathbf{i}} - 4\hat{\mathbf{j}}$인 점에서의 유선을 따르는 수직 단위벡터를 구하라.

(A) $0.6\hat{\mathbf{i}} + 0.8\hat{\mathbf{j}}$ **(B)** $-0.6\hat{\mathbf{i}} + 0.8\hat{\mathbf{j}}$
(C) $0.8\hat{\mathbf{i}} - 0.6\hat{\mathbf{j}}$ **(D)** $0.8\hat{\mathbf{i}} + 0.6\hat{\mathbf{j}}$

3.2 속도장이 $\mathbf{V} = 2xy\hat{\mathbf{i}} - y^2\hat{\mathbf{j}}$ m/s로 주어진다. (−1 m, 2 m)에서의 가속도 크기와 가장 가까운 값을 구하라.

(A) 11.21 m/s^2 **(B)** 14.69 m/s^2
(C) 17.89 m/s^2 **(D)** 1.2 m/s^2

3.3 그림 P3.3의 속도가 $V(x) = 10/(4 - x)^2$ m/s로 주어져 있다. $x = 2$ m에서의 가속도 크기와 가장 가까운 값을 구하라.

(A) 52.5 m/s^2 **(B)** 42.5 m/s^2
(C) 25 m/s^2 **(D)** 6.25 m/s^2

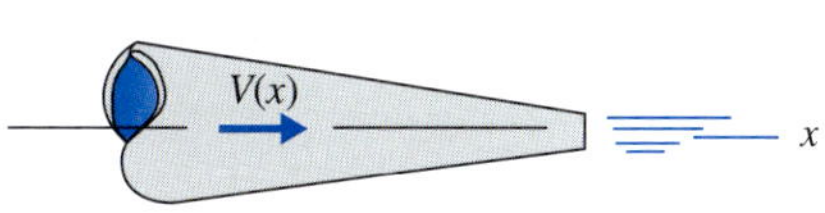

그림 P3.3

3.4 그림 P3.3에 도시되어 있는 관로 단면의 유동은 무엇인가?

(A) 발달유동 **(B)** 균일유동
(C) 1차원 유동 **(D)** 2차원 유동

3.5 비행기의 운항속도는 피토관으로 측정한다. 만약 피토관이 800 mm H_2O를 나타낸다면 비행기 속도는 얼마인가? 단, $\rho_{air} = 1.23$ kg/m^{3}이다.

(A) 125 m/s **(B)** 113 m/s
(C) 80 m/s **(D)** 36 m/s

3.6 물을 수송하는 배관에서 피토관이 600 mm H_2O를 나타낸다. 같은 위치에서 정압은 200 mm H_2O로 측정되었다. 배관 내 물의 속도와 가장 가까운 값을 구하라.

(A) 1.10 m/s **(B)** 1.98 m/s
(C) 2.8 m/s **(D)** 3.43 m/s

3.7 피토관을 이용한 압력계는 10 mm Hg를 나타낸다. 만약 압력계가 붙어 있는 배관에서 물을 수송할 때 유속을 알고 싶다면 다음 중 어떤 추가 정보가 필요한가?

I. 물의 온도 **(A)** I과 II
II. 배관 내 압력 **(B)** II와 III
III. 수은 밀도 **(C)** III과 IV
IV. 관 직경 **(D)** I과 IV

3.8 물 호스가 닫혀 있을 때 노즐 내 압력은 800 kPa로 가압된다. 그림 P3.8에 도시한 것처럼 노즐이 조금 열릴 때 물의 출구속도를 구하라. 단, 호스 내부의 속도는 무시한다고 가정한다.

(A) 40 m/s **(B)** 30 m/s
(C) 20 m/s **(D)** 10 m/s

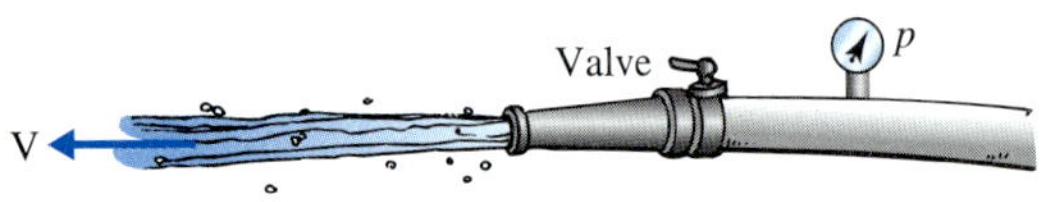

그림 P3.8

3.9 그림 P3.9에 도시한 바와 같이 벤젠이 디스크 사이로 빠져 나간다. 만약 $V_2 = 30$ m/s라면 압력 p_1에 가장 가까운 값은 얼마인가?

(A) 150 kPa **(B)** 200 kPa
(C) 250 kPa **(D)** 300 kPa

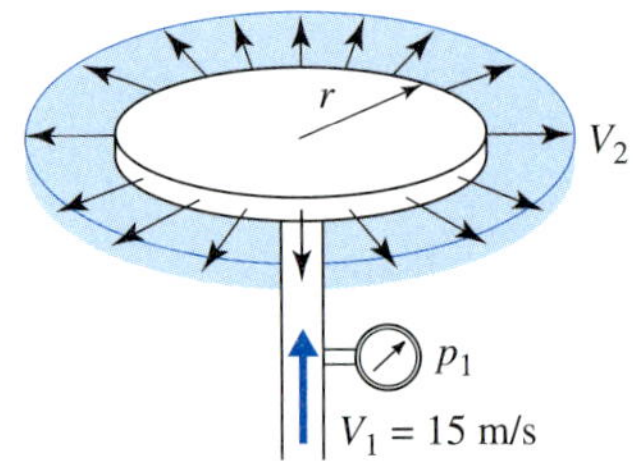

그림 P3.9

문제

유동장

3.10 바람이 불지 않을 때 불을 피우면 굴뚝에서 연기가 똑바로 올라간다. 몇 분 후 바람이 불지만 연기는 계속해서 천천히 올라간다. 바람이 땅과 수평인 일정한 방향으로 분다고 가정할 때 연기의 유맥선, 굴뚝에서 나오는 첫 입자의 유적선, 그리고 약간의 유선을 작도하라.

3.11 연구원은 하나의 배터리와 전구가 각각 갖추어진 수많은 작은 부양 장치를 가지고 있다. 시간에 따라 변하는 어떤 미지의 전류와 함께 흐름의 표면 가까이에서 유적선과 유맥선을 구하는 방법을 설명하라.

3.12 그림 P3.12와 같이 어린 소년이 물 호스와 함께 마당 주위에서 아버지를 뒤쫓고 있다. 소년이 물이 분사되는 방향과 수직으로 달려갈 때의 유맥선과 유적선을 작도하라.

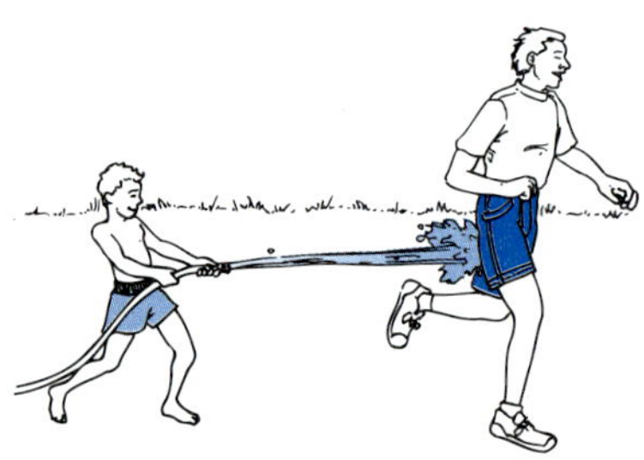

그림 P3.12

3.13 그림 P3.13와 같이 열기구가 바람과 함께 움직인다. 바람의 속도벡터가 첫 번째 1시간 동안에는 $\mathbf{V} = 2\hat{\mathbf{i}} + 3\hat{\mathbf{j}}$ m/s이고 그러고 나서 2시간 동안에는 $3\hat{\mathbf{i}} + 1.5\hat{\mathbf{j}}$ m/s이다. xy 좌표상에 $t = 2$ hr일 때의 유선과 열기구의 유적선을 작도하라 많은 열기구들이 같은 위치에서 출발 한다고 가정하고 $t = 3$ hr일 때 열기구에 의해 형성되는 유맥선을 작도하라. 단, 열기구는 원점에서 출발한다고 가정한다.

그림 P3.13

3.14 속도장이 $\mathbf{V} = (2t + 2)\hat{\mathbf{i}} + 2t\hat{\mathbf{j}}$ m/s으로 주어진다. $t = 0$에서 원점으로부터 출발하는 하나의 입자와 $t = 2$ s일 때 원점에서 출발하는 또 다른 입자가 $t = 5$ s까지 움직인다고 할 때, 두 입자의 유적선을 작도하라. 또한 $t = 5$ s에서의 유선을 작도하라.

3.15 직교좌표계를 사용하여 식 3.2.2의 z 성분을 나타내라.

3.16 자동차가 허용되지 않는 곳(자전거는 허용)인 미시간주, Mackinac 섬에서의 교통 상황을 연구한다. 라그랑주 접근과 오일러 접근을 사용하여 어떻게 이러한 연구가 수행될 수 있는지 설명하라.

3.17 $t = 2$ s일 때 다음과 같은 각각의 속도장에 대하여 원점과 점 $(1, -2, 0)$에서의 유체 입자의 속력을 구하라. 모든 거리 단위는 미터(m)이고 시간은 초(s)이다.

(a) $\mathbf{V} = (x + 2)\hat{\mathbf{i}} + xt\hat{\mathbf{j}} - z\hat{\mathbf{k}}$ m/s

(b) $\mathbf{V} = xy\hat{\mathbf{i}} - 2y^2\hat{\mathbf{j}} + tyz\hat{\mathbf{k}}$ m/s

(c) $\mathbf{V} = x^2t\hat{\mathbf{i}} - (xz + 2t)\hat{\mathbf{j}} + xyt\hat{\mathbf{k}}$ m/s

3.18 다음 속도장에서 $t = 2$ s일 때, x 축을 따른 속도벡터가 (1, −2)에서의 유선을 따르는 수직 단위벡터와 만드는 각을 계산하라. 모든 거리 단위는 미터(m)이고 t는 시간(초)이다.

(a) $\mathbf{V} = (x + 2)\hat{\mathbf{i}} + xt\hat{\mathbf{j}}$ m/s

(b) $\mathbf{V} = xy\hat{\mathbf{i}} - 2y^2\hat{\mathbf{j}}$ m/s

(c) $\mathbf{V} = (x^2 + 4)\hat{\mathbf{i}} - y^2t\hat{\mathbf{j}}$ m/s

3.19 다음 유동에 대해서 $t = 2$ s일 때, (1, −2)를 통과하는 유선 방정식을 구하라.

(a) 문제 3.18a **(b)** 문제 3.18b

(c) 문제 3.18c

3.20 다음 속도장이 갖는 유체 유동에서 가속도 벡터장을 구하라. 또한 $t = 2$ s일 때, (2, −1, 3)에서의 가속도를 구하라.

(a) $\mathbf{V} = 20\,(1 - y^2)\hat{\mathbf{i}}$ m/s

(b) $\mathbf{V} = 2x\hat{\mathbf{i}} + 2y\hat{\mathbf{j}}$ m/s

(c) $\mathbf{V} = x^2\,t\hat{\mathbf{i}} + 2xyt\hat{\mathbf{j}} + 2yzt\hat{\mathbf{k}}$ m/s

(d) $\mathbf{V} = x\hat{\mathbf{i}} - 2xyz\hat{\mathbf{j}} + tz\mathbf{k}$ m/s

3.21 다음 유동장에 대하여 각속도 벡터를 구하라. 또한 $t = 2$ s일 때, (2, −1, 3)에서의 각속도를 구하라.

(a) 문제 3.20a **(b)** 문제 3.20b

(c) 문제 3.20c **(d)** 문제 3.20d

3.22 다음 유동장에 대하여 와도 벡터를 구하라 또한 $t = 2$ s일 때, (2, −1, 3)에서의 와도를 구하라.

(a) 문제 3.20a **(b)** 문제 3.20b

(c) 문제 3.20c **(d)** 문제 3.20d

3.23 다음 속도장에 대하여 $t = 2$ s일 때, (2, −1, 3)에서의 변형률 텐서(tensor) 성분을 구하라.

(a) 문제 3.20a **(b)** 문제 3.20b

(c) 문제 3.20c **(d)** 문제 3.20d

3.24 원통좌표계에서 속도 성분(m/s)이 다음과 같이 주어진다.

$$v_r = \left(10 - \frac{40}{r^2}\right)\cos\theta, \quad v_\theta = -\left(10 + \frac{40}{r^2}\right)\sin\theta$$

(a) 점 (4 m, 180°)에 있는 유체 입자의 가속도를 계산하라.

(b) 점 (4 m, 180°)에 있는 와도 성분을 계산하라.

3.25 구좌표계에서 속도 성분(m/s)이 다음과 같이 주어진다.

$$v_r = \left(10 - \frac{80}{r^3}\right)\cos\theta, \quad v_\theta = -\left(10 + \frac{80}{r^3}\right)\sin\theta$$

(a) 점 (4 m, 180°)에 있는 유체 입자의 가속도를 계산하라.

(b) 점 (4 m, 180°)에 있는 와도 성분을 계산하라.

3.26 비정상유동이 $u = u(y, t)$, $v = 0$, $w = 0$인 상태로 평행 평판 사이를 흐른다. 가속도 식을 구하라. 만일 $u = u(y)$, $v = 0$, $w = 0$인 정상유동이라면 가속도는 어떻게 되겠는가?

3.27 축 방향과 반경 방향 속도 성분이 $u(r, x)$, $v(r, x)$로 주어지는 대칭성을 갖는 관 내 정상유동을 고려한다. 두 가속도 성분 a_r, a_x에 대한 방정식을 기술하라. 표 3.1의 식을 이용하고 좌표계는 그림 P3.27을 참고하라.

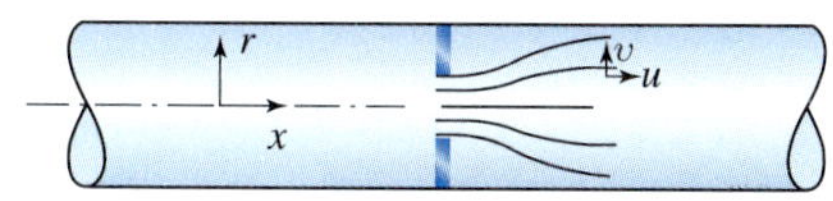

(a)

그림 P3.27

3.28 그림 P3.28에 도시되어 있는 반경 2 cm의 배관 내 속도는 $u(r, t) = 2(1 - r^2/r_0^2)\,(1 - e^{-t/10})$ m/s에 의해 주어진 0이 아닌 단지 하나의 속도 성분을 갖는다. 여기서 r_0는 파이프의 반경이고 t는 시간(초)이다. 최대 속도와 최대 가속도를 계산하라.

(a) 파이프의 중심선을 따라

(b) $r = 0.5$ cm에서 유선을 따라

(c) 파이프 벽 바로 다음의 유선을 따라

[힌트: 표 3.1의 식에서 $v_z = u(r, t)$, $v_r = 0$, $v_\theta = 0$이라 한다]

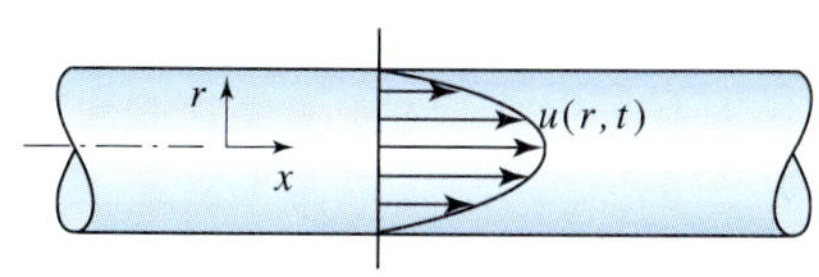

(a)

그림 P3.28

3.29 온도가 $T(y, t) = 20(1 - y^2)\cos \pi t/100$°C에 의해 어떤 임의의 유동에서 주기적으로 변한다. 만일 속도가 $u = 2(1 - y^2)$ m/s로 주어질 때, $t = 20$ s라면 $y = 0$의 위치에서 유체 입자의 온도변화율은 얼마인가?

3.30 대기 중의 공기 밀도는 $\rho(z) = 1.23e^{-10^{-4}z}$ kg/m^{3}를 따라 변한다. 그림 P3.30의 산을 넘어가는 공기흐름은 $z = 3000$ m인 관심의 대상이 되는 곳에서 $\mathbf{V} = 20\hat{\mathbf{i}} + 10\hat{\mathbf{k}}$ m/s의 속도벡터를 갖는다. 이 위치에서 입자의 밀도가 어떤 비율로 변하는지 구하라.

그림 P3.30

3.31 고도에 따른 밀도 변화가 $\rho(z) = 1000(1 - z/4)$ kg/m^{3}로 주어진다. $\mathbf{V} = 10\hat{\mathbf{i}} + 10\hat{\mathbf{k}}$ m/s인 위치에서의 $D\rho/Dt$를 구하라.

3.32 배관 내 물에 $\partial\rho/\partial x = 0.01$ kg/m^{4}이 되도록 소금을 천천히 가했다. 속도가 4 m/s로 균일할 경우 $D\rho/Dt$를 구하라.

3.33 기울기 ∇와 속도벡터 $\mathbf{V}$ 항으로 물질 미분을 나타내라. 미적분학으로부터 직교좌표계에서는 다음과 같음을 상기하자.

$$\nabla = \frac{\partial}{\partial x}\hat{\mathbf{i}} + \frac{\partial}{\partial y}\hat{\mathbf{j}} + \frac{\partial}{\partial z}\hat{\mathbf{k}}$$

3.34 식 3.2.9를 간단한 벡터 형태로 쓸 수 있다. 기울기는 $\nabla = \frac{\partial}{\partial x}\hat{\mathbf{i}} + \frac{\partial}{\partial y}\hat{\mathbf{j}} + \frac{\partial}{\partial z}\hat{\mathbf{k}}$로 직교좌표계에서 표현되는 벡터연산기호이다. 속도벡터 $\mathbf{V}$와 기울기 ∇의 스칼라곱을 기술하라. 그리고 식 3.2.9를 가속도 $\mathbf{a}$, 즉 국소가속도와 대류가속도의 합으로 표현되는 하나의 벡터방정식으로 기술하라.

3.35 그림 P3.35에 도시되어 있는 바와 같이 고정좌표계에 대해 상대 운동하는 유동에서 다음 지점에서의 유체 입자가 갖는 가속도를 구하라.

(a) 점 A

(b) 점 B

단, B 점에서 물은 지면과 30°의 각을 이루고 있으며 스프링클러 암(sprinkler arm)은 수평이다.

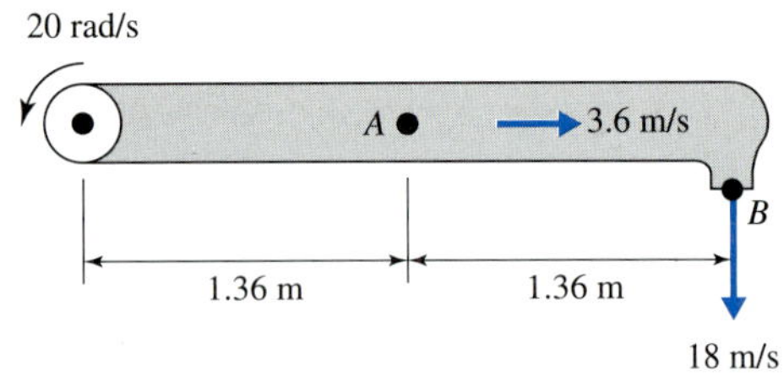

그림 P3.35

3.36 위도 45°에서 강물이 5 m/s로 남쪽으로 흐른다. 고정좌표계에 대해 상대 운동하는 강에 떠 있는 유체 입자의 가속도를 계산하라. 단, 지구의 반경은 6400 km이다.

유체 유동의 분류

3.37 다음 유동을 고려한 후, 1차원, 2차원 및 3차원 유동으로 근사화될 수 있는지, 균일유동으로 근사되어질 수 있는지 설명하라.

(a) 수평 벽을 때리는 수직 파이프로부터의 유동

(b) 해변에 밀려오는 파도의 유동

(c) 파이프 입구 근처의 유동

(d) 끝이 뭉툭한 로켓 주위의 유동

(e) 자동차 주위의 유동

(f) 관개수로의 유동

(g) 동맥류

(h) 정맥류

3.38 문제 3.37의 유동을 정상유동으로 가정할 수 있는가? 비정상유동으로 간주해야 하는 것은 어떤 것인가?

3.39 문제 3.37에서 평면 유동으로 가장 잘 모델링할 수 있는 것은 어떤 것인가?

3.40 문제 3.37에서 정체점을 갖는 유동을 고르고, 정체점 위치를 작도하라.

3.41 문제 3.37의 유동 중 어느 것을 발달된 유동으로 간주할 수 있는가?

3.42 문제 3.37의 각 유동 중 어느 것을 비점성유동 또는 점성유동으로 간주할 수 있는지 설명하라.

3.43 문제 3.37의 유동 중 외부유동을 고르라 이러한 외부유동에 정체점이 존재하는가?

3.44 경계층을 갖는 유동에 평행하게 위치한 면도날 주위 유동을 작도하라.

3.45 그림 P3.45에 도시된 것처럼 직경 1.5 cm의 수도꼭지에서 32°C의 물이 2 m/s 평균 속도로 나온다. 유동이 층류인지 난류인지 구별하라.

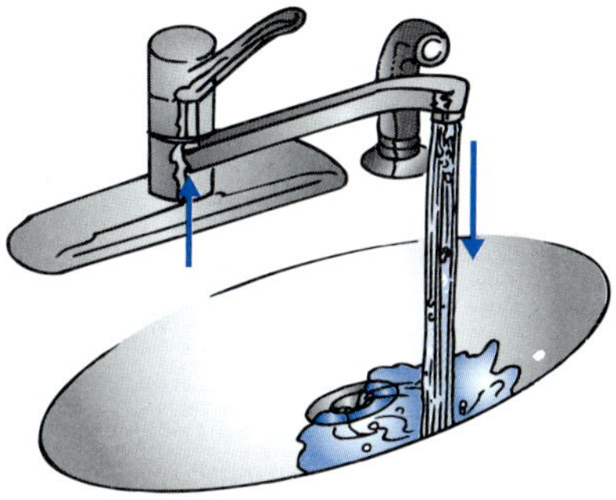

그림 P3.45

3.46 Red Cedar 강이 미시간 주립대학교의 교정을 가로질러 조용히 흐른다. 어떤 부분의 깊이는 0.75 m이고 평균유속은 0.18 m/s이다. 이 유동은 층류인가 난류인가?

3.47 40°C 공기가 30 cm × 6 cm의 사각 가열 덕트(heating duct) 내에서 평균 속도 4 m/s로 흐른다. 이 유동은 층류인가 난류인가?

3.48 그림 P3.48에 도시된 것처럼 직경 D를 갖는 구가 1.2 m/s의 속도 V로 20°C의 대기 속을 이동한다. 만일 $\text{Re} = VD/\nu$가 4×10^4보다 작다면, 구 전면 주위 유동은 완전한 층류 경계층을 갖는다고 할 수 있다. 다음과 같은 직경을 갖는 구 주위의 유동이 완전한 층류 경계층을 갖는지 설명하라.

(a) 1 cm **(b)** 1 m

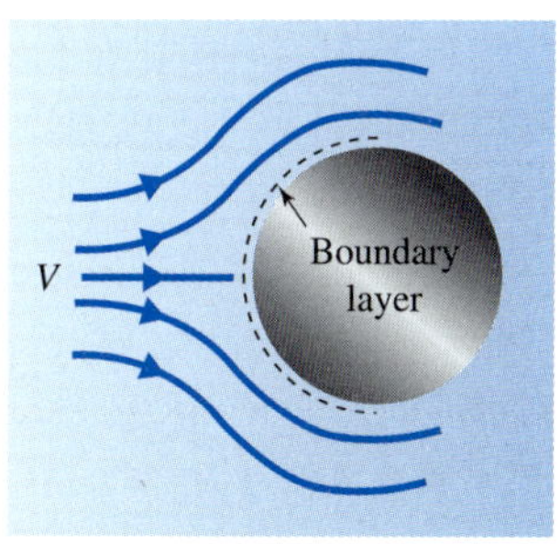

그림 P3.48

3.49 그림 P3.49처럼 상용 정기 여객기의 익형은 거의 평평한 평판에 가깝다. 만일 비행기가 다음 조건으로 날고 있다면, 층류 경계층 부분이 얼마나 지속될 것인지 설명하라.

고도 10 000 m, 속도 900 km/h.

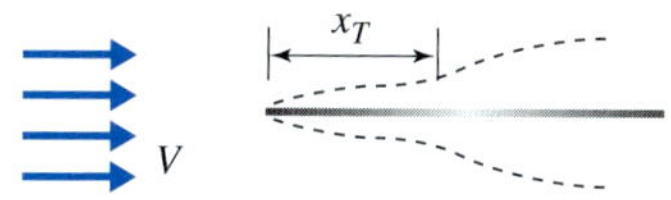

그림 P3.49

3.50 나뭇잎은 잎으로부터 물을 대기로 내뿜는 발산작용에 의해 차갑게 유지된다. 나뭇잎 표면의 경계층이 발산작용에 영향을 주는지 궁금하여 '실험용' 나뭇잎을 실험실에 놓고 공기를 6 m/s 속도로 불어넣었다. 경계층이 난류인지 층류인지 설명하라.

3.51 다음 상황이 압축성 유동인지 또는 비압축성 유동으로 근사화할 수 있는지 설명하라.

(a) 고도 8000 m에서 100 m/s로 날고 있는 비행기

(b) 72 m/s로 날아가고 있는 골프공

(c) 100°C 온도와 100 m/s 유속을 갖는 고온 풍동 내에 놓인 물체 주위유동

3.52 식3.2.11을 이용하여 식3.3.2를 기술하라. 정상상태의 평면 유동에서 밀도변화가 허용되는 비압축성 유동을 갖기 위한 관계식은 무엇인가?

3.53 만약 수로 내의 물(아래에는 무거운 소금물, 위에는 깨끗한 물)이 $\rho = \rho_0(1 + cz)$의 밀도변화 모델을 갖고 $u(y, z)$가 유일한 속도성분일 때 유동은 비압축성인가?

베르누이 방정식

3.54 피토관은 900 m에서 날고 있는 소형비행기의 속도를 측정하기 위해 사용된다. 만일 피토관이 다음과 같이 측정되었다면 비행기의 속도는 얼마인가?

(a) 2 kPa **(b)** 6 kPa

(c) 0.6 kPa

3.55 그림 P3.55에 도시된 것처럼 120 km/h로 주행하는 자동차에 있는 직경 15 cm 전조등에 작용하는 힘의 근삿값을 구하라.

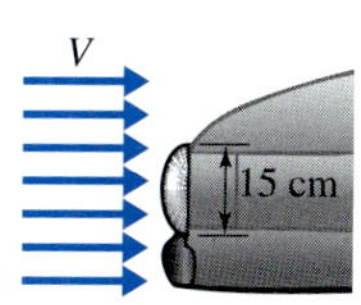

그림 P3.55

3.56 그림 P3.56에 도시된 것처럼 호스 내부에서 바로 2 kPa의 진공 흡인력을 갖는 진공청소기가 있다. 호스에서 예상되는 최대 평균속도는 얼마인가?

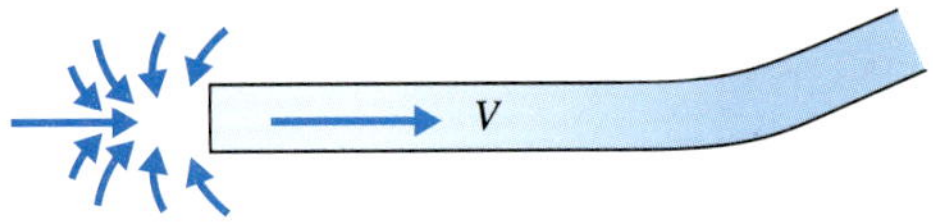

그림 P3.56

3.57 정체점(그림 P3.57 참조) 주위의 비점성, 비압축성 유동을 $u = -10x$, $v = 10y$로 근사화할 수 있다. 만일 원점에서의 압력을 p_0라 하고 중력의 영향을 무시할 때 압력에 관한 식을 구하라.

(a) 음의 x축을 따라

(b) 양의 y축을 따라

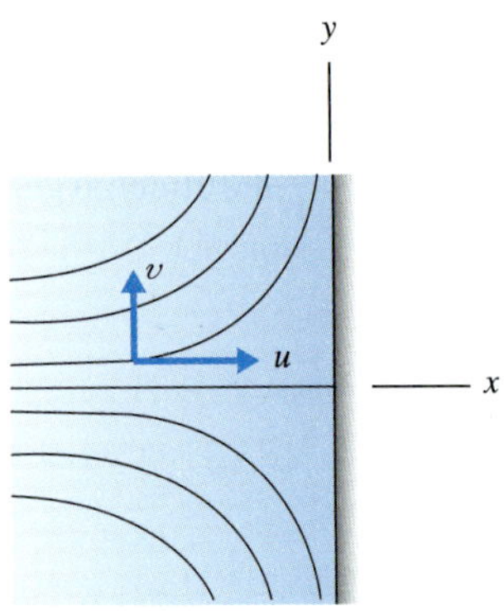

그림 P3.57

3.58 그림 P3.58에 도시되어 있는 바와 같이 원통 외부의 비점성, 비압축성 유동장이 다음과 같이 주어진다.

$$v_r = U_\infty\left(1 - \frac{r_c^2}{r^2}\right)\cos\theta, \qquad v_\theta = U_\infty\left(1 + \frac{r_c^2}{r^2}\right)\sin\theta$$

만일 $r = \infty$의 압력이 0이라면(예: $p_\infty = 0$), 중력의 영향을 무시할 때 다음 지점에서 압력에 관한 식을 구하라.

(a) 음의 x 축을 따라

(b) 정체점

(c) 원통 표면

(d) $\theta = 90°$일 때의 원통표면

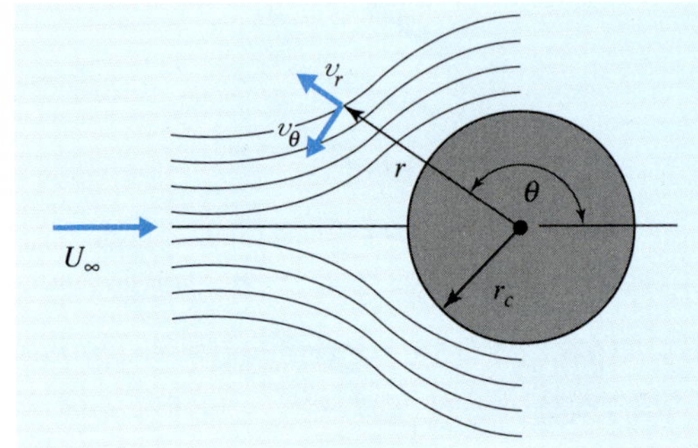

그림 P3.58

3.59 그림 P3.58에 도시되어 있는 바와 같이 구 외부의 비점성, 비압축성 유동장이 다음과 같이 주어진다.

$$v_r = U_\infty\left(1 - \frac{r_c^3}{r^3}\right)\cos\theta, \quad v_\theta = U_\infty\left(1 + \frac{r_c^3}{r^3}\right)\sin\theta$$

만일 $r = \infty$의 압력이 0이라면 중력의 영향을 무시할 때, 다음 지점에서의 압력에 관한 식을 구하라.

(a) 음의 x 축을 따라

(b) 정체점

(c) 구 표면

(d) $\theta = 90°$일 때의 구 표면

3.60 그림 P3.60에 도시되어 있는 바와 같이 물체 외부의 유동장이 비점성, 비압축성이 고음의 x축을 따르는 속도가 $u(x) = U_\infty + q/2\pi x$로 주어진다. 만약 $x = -\infty$에서 압력이 0이고 중력의 영향을 무시할 때, 다음 조건에서의 압력에 관한 식을 각각 구하라.

(a) 음의 x 축을 따라서 $U_\infty = 10$ m/s, $q = 20\pi$ m^2/s일 때

(b) 정체점에서 $U_\infty = 10$ m/s, $q = 20\pi$ m^2/s일 때

(c) 음의 x 축을 따라서 $U_\infty = 9$ m/s, $q = 6\pi$ m^2/s일 때

(d) 정체점에서 $U_\infty = 9$ m/s, $q = 6\pi$ m^2/s일 때

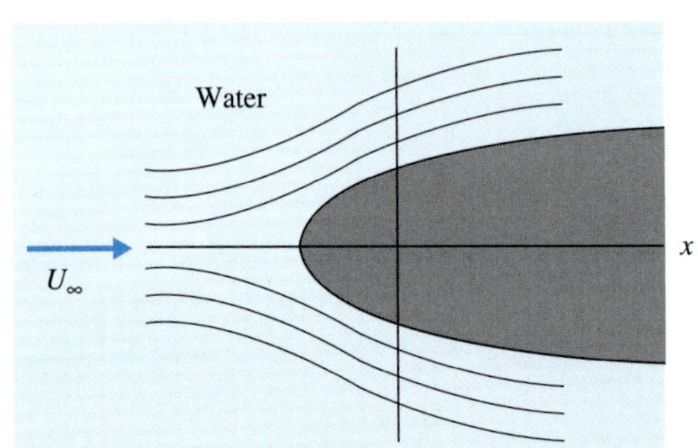

그림 P3.60

3.61 그림 3.18a에서와 같이 짧은 축소 부위를 통과하는 물이 비압축성과 비점성 유동으로 가정된다. 만약 20 kPa의 압력 저하가 계측되었다면, 축소부위 하류 단면 2의 벽면에서의 속도는 얼마인가? 실제로 경계층이 발달하고, 벽면에서 계산되는 속도는 경계층 끝단에서의 속도이다. 그림 3.10 참조.)

3.62 벽난로(furnace) 내 상대적으로 큰 밀폐공간으로부터 작은 사각덕트로 공기가 빠져 나온다. 밀폐공간에서의 압력이 60 Pa이고 덕트 내 압력이 10.2 Pa일 때, 덕트 내 40°C 공기의 속도를 구하라.

3.63 그림 P3.63에 도시한 것처럼 팽창부를 지나 짧은 축소부를 갖는 도관에서 점성영향을 무시할 수 있다는 가정 하에 액주계를 이용하여 유속을 측정하고자 한다. 물이 정상적으로 흐를 때 H = 12 cm에서의 유속 V_1을 구하라. 단, 축소부에서의 손실은 무시한다.

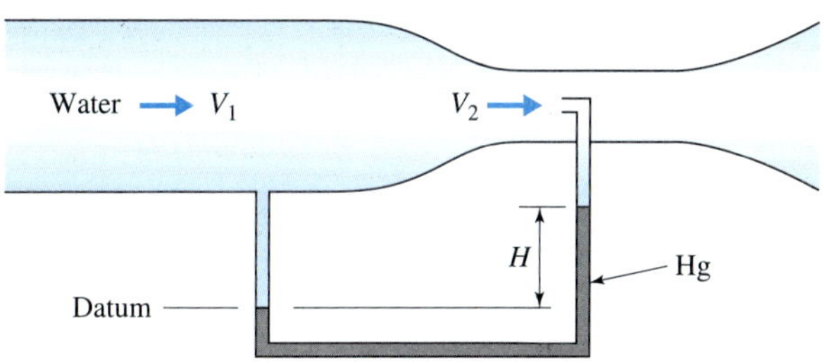

그림 P3.63

3.64 그림 P3.64에 도시되어 있는 바와 같이 액주계의 수두값이 아래와 같다면 배관 내 물의 속도는 얼마인가?

(a) 4 cm **(b)** 10 cm

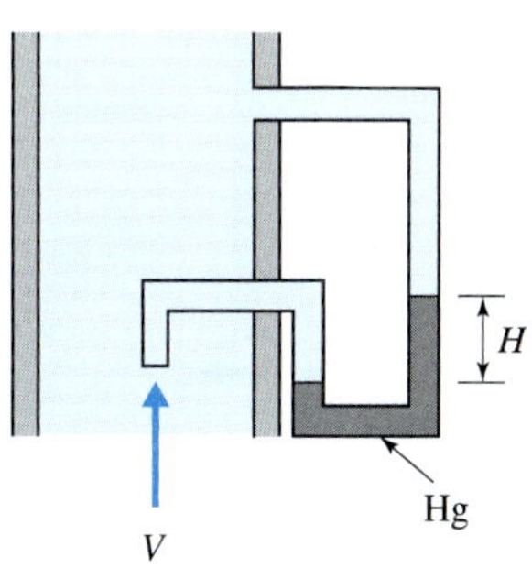

그림 P3.64

3.65 그림 P3.65에 도시한 것처럼 p = 120 kPa(A), 30°C의 공기가 연직 방향으로 흐른다. 액주계 높이가 H = 5 cm일 때, 소형 파이프 내의 유속을 구하라. 단, 공기는 비압축성 유체라 가정한다.

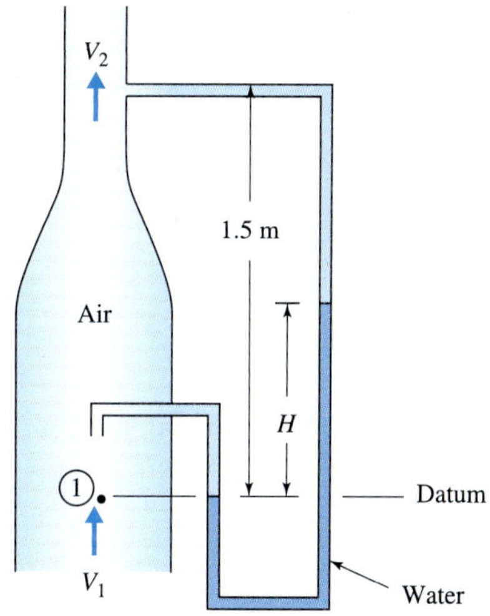

그림 P3.65

3.66 그림 P3.66에 도시되어 있는 바와 같이 원통 내에 위치한 액주계의 수두값이 4 cm H_2O를 나타낸다. 비점성유동이라고 가정했을 때 U_∞를 구하라. 문제 3.58의 속도장을 참고하라.

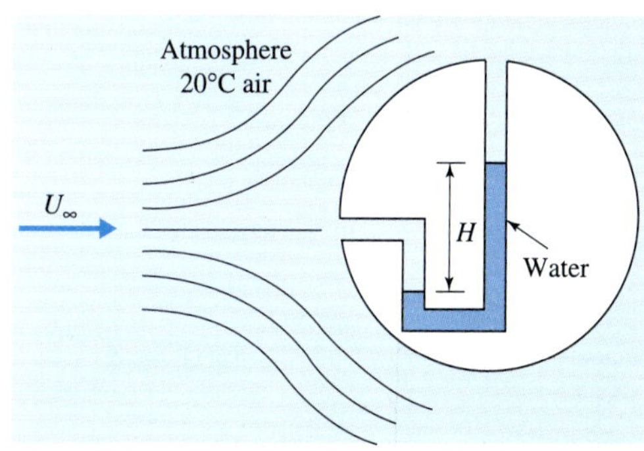

그림 P3.66

3.67 그림 P3.66에 도시되어 있는 바와 같이 구 안에 위치한 액주계의 수두값이 4 cm H_2O를 나타낸다. 비점성유동이라고 가정했을 때 U_∞를 구하라. 문제 3.59의 속도장을 참고하라.

3.68 그림 P3.68의 유동에서 V_2 = 20 m/s이고 수두가 아래와 같을 때, 압력 p_1과 속도 V_1을 구하라.

(a) H = 1 cm

(b) H = 5 cm

(c) H = 10 cm

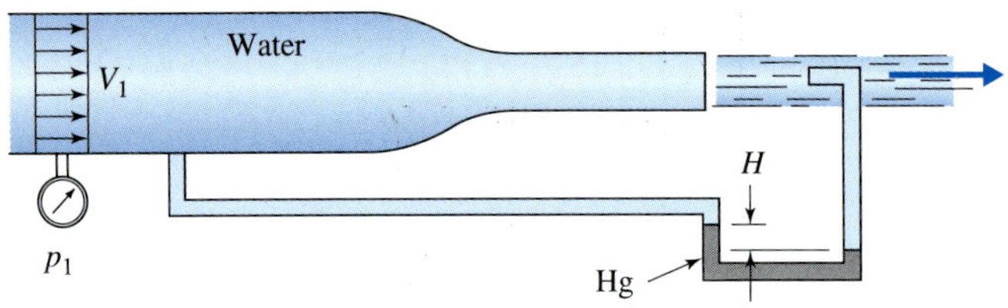

그림 P3.68

3.69 그림 P3.69에 도시한 것처럼 15°C물이 정상상태로 $V_2 = 4V_1$의 유속으로 축소부를 통과한다. 게이지 압력이 120 kPa일 때 공동현상이 발생하기 전의 최대 유속 V_1을 구하라.

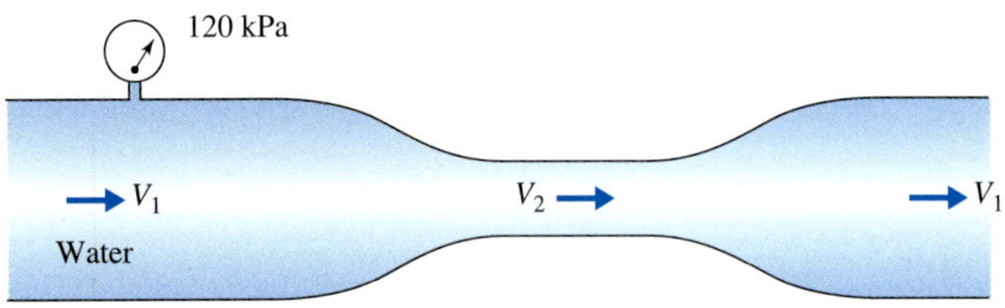

그림 P3.69

3.70 그림 P3.70에 도시한 파이프 축소부를 유속 $V_1 = 0.5$ m/s, $V_2 = 1.125$ m/s으로 물이 정상상태로 흐른다. 단면 1과 2에 피에조미터 관을 설치하여 압력을 측정할 때 수주 높이 H를 구하라. 단, 축소부에서의 모든 손실은 무시한다.

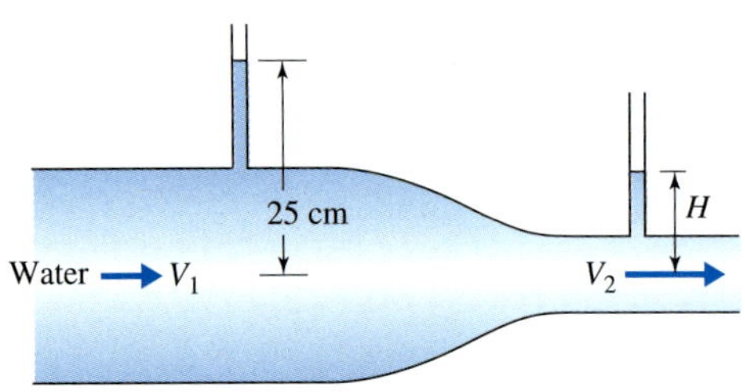

그림 P3.70

3.71 20°C의 공기는 장애물 없이 진공청소기 호스의 앞부분을 통해 빨아들여진다.(이 유동은 비점성으로 가정될 수 있다.) 호스 내부의 진공이 다음과 같이 측정될 때 호스 내부의 속도를 구하라.

(a) 2 cm H_2O **(b)** 8 cm H_2O

3.72 대기로부터 공기를 빨아들이고 시험부에서는 100 m/s의 속도를 만들어 낼 수 있도록 풍동이 설계되었다. 시험부 하류부분에 팬(fan)이 위치해 있다. 대기온도와 압력이 다음과 같을 때, 시험부에서 측정되는 압력은 얼마인가?

(a) −20°C, 90 kPa **(b)** 0°C, 95 kPa
(c) 20°C, 92 kPa **(d)** 40°C, 100 kPa

3.73 그림 P3.73의 펌프는 $V = 14$ m/s의 유동을 만들어 낸다. 입구에서 비점성유동이고 압력게이지가 있는 부위에서 균일유동이라고 가정할 때, 도시되어 있는 게이지 압력을 구하라. 다음 지점에서 시작하는 유선을 사용하라.

(a) 점 A **(b)** 점 B

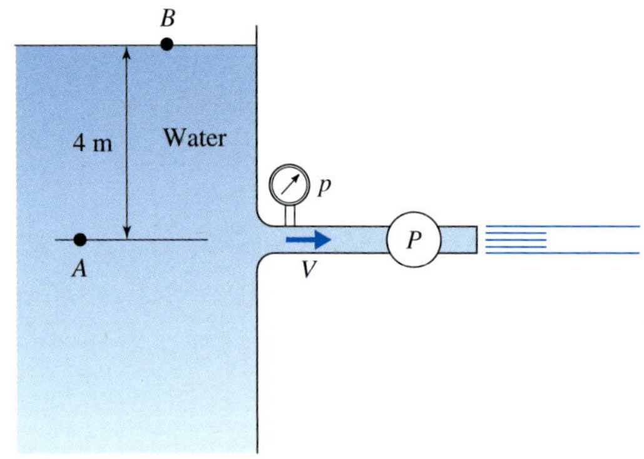

그림 P3.73

3.74 소방관은 호스 내부의 속도가 출구속도에 비해 상대적으로 아주 작도록 노즐출구 면적을 감소시킨다. 호스 내부의 압력이 다음과 같을 때, 호스 출구의 최대속도와 물이 도달할 수 있는 최대높이는 얼마인가?

(a) 700 kPa **(b)** 1400 kPa

3.75 수문의 하류속도가 균일유동이라고 가정한다(그림 P3.75 참조). 이러한 비점성 유동에 대하여 다음의 유선을 사용하여 V를 H와 h의 항으로 표기하라.

(a) 하류 상부면을 따라
(b) 하류 바닥면을 따라

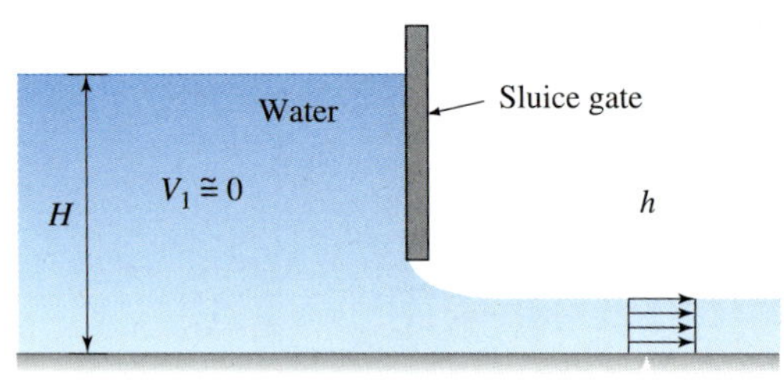

그림 P3.75

3.76 다음 압력에서 상대적으로 낮은 속도로 물이 유입될 때 수력터빈(hydroturbine)의 터빈날개에 도달하기 전에 가속된 물이 도달할 수 있는 최대속도는 얼마인가?

(a) 600 kPa **(b)** 300 kPa

3.77 특정위치에서 500 kPa의 압력을 갖는 도시의 급수시스템이 있는데, 급수관은 언덕을 넘어야 한다. 급수시스템은 그 위치보다 얼마나 더 높은 언덕에 물을 공급할 수 있는가?

3.78 그림 P3.78과 같이 방사형 디스크(radial disk) 사이로 유체가 흐른다. 만약 유체가 대기로 배출된다면 2 cm 직경을 갖는 배관 내 압력은 얼마인가?

점성효과는 무시하며, 유체의 종류는 다음과 같다.

(a) 물 **(b)** 벤젠

(c) 가솔린 **(d)** 공기

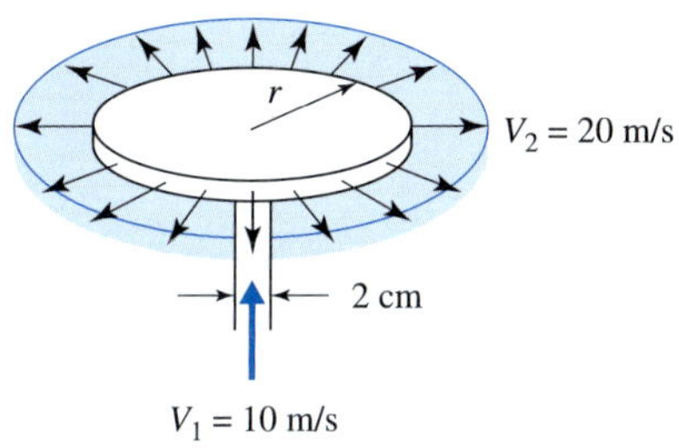

그림 P3.78

3.79 문제 3.78d에서 속도가 30 m/s이고 반경 r = 10 cm일 때 압력은 얼마인가?

3.80 그림 P3.80에 나타낸 바와 같이 덮개(envelope)를 들어올리기 위해 공기가 튜브를 빠져나와 메탈디스크(metal disc)에 접근한다. 어떠한 설정이 만들어져야 덮개를 들어올릴 수 있는지 설명하라. 아래로 천천히 움직이며 반경 방향 외부로 움직이는 공기는 비점성유동으로 가정한다.

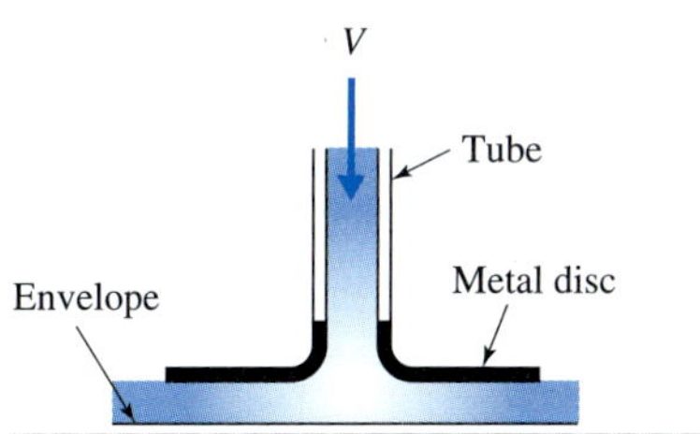

그림 P3.80

3.81 다음 물체 중에서 실제로 유동이 박리되어 박리영역을 형성하는 것은 어느 것인가?

(a) 골프공

(b) 전화선

(c) 풍차 깃(wind machine blade)

(d) 저속풍동 내에 놓인 2 mm 직경의 선(wire)

(e) 자동차

(f) 비행기

(주: 유동박리는 뭉툭한 물체에 대해 레이놀즈수가 20 이상의 값을 가질 때 발생한다.)

3.82 배관 내 피에조미터 개구부 하류에 위치한 가공돌기(burr) 부분이 왜 아주 높은 압력 값을 갖는지 도식적으로 설명하라(그림 3.18a 참조).

3.83 비압축성, 비점성 유동을 갖는 물이 V_1 = 10 m/s 균일속도로 곡관부로 유입된다(그림 P3.83 참조). 곡관부의 평균 곡률반경이 5 cm라면 점 A와 B 사이의 압력차는 얼마인가? AB를 따르는 예상 속도 분포를 도식적으로 나타내라. 단, $p_A < p_1$와 $p_B > p_1$라 가정한다.

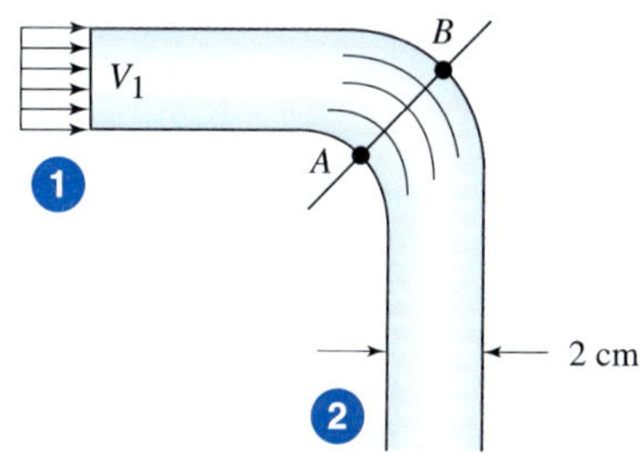

그림 P3.83

3.84 물체 표면에 유체가 고착되는 원인은 점성 때문이다. 만약 문제 3.83에서 유체가 표면에 고착된다면 점성유동에서 왜 2차유동이 곡관부에 의해 발생하는지 설명하라. 단면 2에서 원형단면상의 유동을 도식적으로 나타내라.

3.85 그림 P3.85에서 비점성유동으로 가정하여 다음 중 적당한 기호 관계(>, <, ≅)를 선택하라.

p_A p_B

p_C p_D

p_B p_D

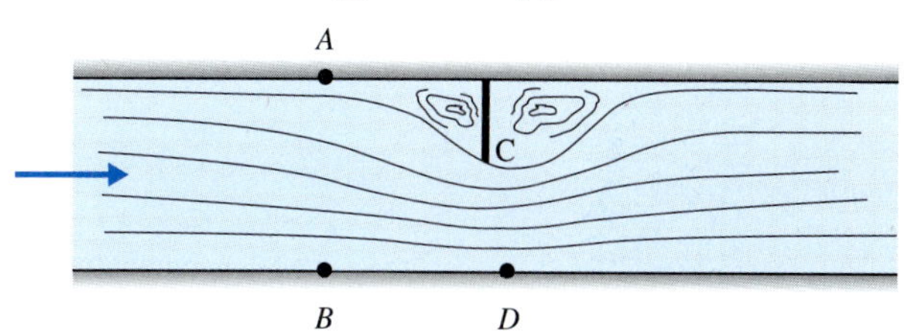

그림 P3.85

펜실베니아주 필라델피아에 있는 Schuylkill 강에서의 대학 조정 경주 선수들이 노를 저을 때마다 한 일은 선체에 전달되어 항력을 극복하게 된다. (John Kropewnicki/ Shutterstock)

4

기본 법칙의 적분형태

The Integral Forms of the Fundamental Laws

개요

학습목표

이 단원의 목적은 다음과 같다:

▲ 계에 대해 기술된 세 기본법칙을 검사체적에 적용할 수 있는 형태로 변환이 가능한 방정식을 유도
▲ 질량보존을 관심 있는 검사체적에 적용
▲ 에너지방정식의 일률항을 분석
▲ 에너지방정식을 많은 공학적 상황에 적용
▲ 뉴턴 제2법칙을 관심 있는 검사체적에 적용
▲ 운동량의 모멘트방정식을 회전장치에 적용

▲ 검사체적에 적용된 많은 기본법칙의 예를 제시하여 학생들이 공학자에게 관심 있는 많은 검사체적을 포함하는 유체유동 문제를 정확하게 풀 수 있게 한다.

▲ 기본법칙을 가장 일반적인 검사체적 형태로 표현하여 공학문제에서 접하게 되는 복잡한 문제들을 적절하게 분석하고 해결할 수 있게 한다.

4.1 서론

공학자들에게 관심 있는 양들은 종종 적분항으로 나타낼 수 있다. 예를 들면, 체적유량은 면적에 대한 속도의 적분이며; 열전달은 면적에 대한 열유속의 적분; 힘은 면적에 대한 응력의 적분이고; 질량은 체적에 대한 밀도의 적분이며; 운동에너지는 임의의 체적 내에서 각 질량요소에 대한 $V^2/2$의 적분이다. 물론 이외에도 다른 많은 적분량이 있다. 적분량을 구하기 위해서는 피적분함수가 반드시 알려져 있거나, 피적분 함수의 근삿값을 구할 수 있는 정보를 이용할 수 있어야 한다. 만약 피적분 함수를 모르거나 요구되는 확실도로 근사할 수 없는 경우, 적합한 미분방정식(5장 참조)을 풀어서 필요한 피적분 함수를 도출해 낼 수 있어야 한다. 그리고 적분을 통해 공학자에게 필요한 적분양을 제공하게 된다.

KEY CONCEPT
적분량을 계산하기 위해서는 피적분 함수를 알거나 피적분 함수에 대한 근사를 구할 수 있는 정보를 이용할 수 있어야 한다.

이 장에서는 우리가 관심을 갖는 적분량을 제시하고, 적분량과 관련된 방정식들을 유도하고, 피적분 함수가 주어지거나 근사될 수 있는 문제들을 다룰 것이다. 놀랍게도 매우 다양한 문제들이 이러한 범주에 속해 있으나 피적분 함수를 모르기 때문에 적분량을 구할 수 없는 경우가 많다. 예를 들면, 익형에 작용하는 항력과 양력, 풍차의 날개에 작용하는 토크, 그리고 잠수함 후류에서의 운동에너지 등이 이러한 경우에 속한다. 이러한 경우, 피적분 함수를 결정하기 위해서는 적절한 미분방정식에 대한 해를 구해야 하지만 쉽지 않은 경우가 많다. 따라서 상대적으로 다소 단순한 유동 형태에 대한 미분 방정식의 해가 다음 장에서 고려될 것이다.

또한 자연계에는 적분되지 않는 많은 물리량들이 있다. 이러한 것들로는 물체 주위 유동의 박리점, 임의의 유동에서 특정 지점의 오염농도, 건물 측면에서의 압력분포, 그리고 호수를 따라 물결과 호수 기슭의 상호작용 등이다. 이러한 것들을 연구하기 위해서는 유동 상황을 기술하는 미분방정식을 고려할 필요가 있으며 언급된 주제의 대부분은 대학원 과정에서 다뤄질 문제들이다. 그러나 해를 얻기 위해 비교적 풀이가 쉬운 미분방정식이 요구되는 몇 가지 주제들이 이 책에 포함된다.

4.2 세 기본 법칙

유체역학에서 주로 관심을 갖고 다루는 적분량들은 세 가지 기본 법칙. 즉 질량보존의 법칙, 열역학 제1법칙 그리고 뉴턴의 제2법칙에 포함된다. 이러한 기본 법칙들은 물체를 구성하는 입자들의 고정된 집합인 **계**(system)의 항으로 기술하는 라그랑지안 기법을 사용하여 표현된다. 예를 들어 파이프를 통과하는 유량을 고려한다면, 계(그림 4.1)로써 시간 t일 때 유체의 고정된 유량을 정의할 수 있다. 그리고 이 계는 시간 $t + \Delta t$에서 속도로 인해 하류의 어느 위치로 이동한다. 세 가지 기본 법칙 모두 이 계에 적용시킬 수 있다. 그러나 이것은 쉬운 일은 아니다. 우선 일반적인 형태로 기본 법칙을 나타내 보자.

계: 특정한 입자들의 집합

질량보존(conservation of mass)의 법칙 질량은 반드시 보존된다는 것을 기술하는

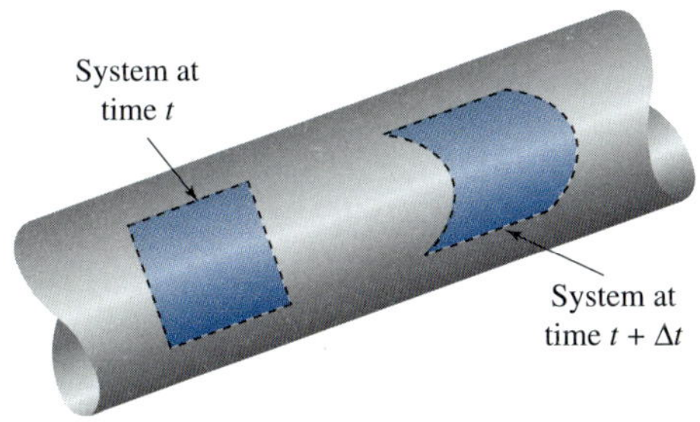

그림 4.1 유체역학에서 계(system)의 예

법칙이다.

계의 질량은 일정하다.

유체입자의 질량은 $\rho\, d\mathit{V\!\!\!\!-}$이다. 여기서 $d\mathit{V\!\!\!\!-}$는 입자가 차지하는 체적이며 ρ는 입자의 밀도이다. 계에서 밀도는 각 점에서 서로 다를 수 있으므로 질량보존의 법칙은 다음과 같은 적분식으로 표현될 수 있다.

$$\frac{D}{Dt}\int_{\text{sys}} \rho\, d\mathit{V\!\!\!\!-} = 0 \tag{4.2.1}$$

여기서 D/Dt는 특정한 입자들의 집합, 즉 계를 따르기 때문에 사용되었다.

열역학 제1법칙: 열전달, 일과 에너지 변화와 관련된 법칙이 열역학 제1법칙으로 다음과 같이 나타낸다.

계에 전달된 열전달률에서 계가 행한 일률을 빼면 계 내의 에너지 변화율과 같다.

계에서 밀도와 비에너지 두 가지 모두 위치에 따라 변화한다면 다음과 같이 표현된다.

$$\dot{Q} - \dot{W} = \frac{D}{Dt}\int_{\text{sys}} e\rho\, d\mathit{V\!\!\!\!-} \tag{4.2.2}$$

여기서 **비에너지**(specific energy) e는 단위질량당 운동에너지, 위치에너지 그리고 내부에너지를 나타낸다. 화학, 전기, 핵 등의 다른 형태의 에너지는 유체역학의 기본과정에 포함되지 않는다. 식(4.2.2)를 에너지방정식이라 부른다.

비에너지: 단위질량당 운동에너지, 포텐셜에너지와 내부에너지

여기서 언급한 기본형태의 열역학 제1법칙은 오직 계 즉, 유체입자들의 집합체에만 적용되며 따라서 D/Dt가 사용된다. 열전달률($\dot{Q}$)과 일률($\dot{W}$)은 에너지방정식을 자세히 고려하는 4.5장에서 다뤄진다.

뉴턴의 제2법칙: 뉴턴의 제2법칙은 운동량방정식이라고 불리며 다음과 같이 표현한다.

계에 작용하는 힘의 합력은 계의 운동량의 변화율과 같다.

유체입자의 운동량은 $\mathbf{V}\rho\, d\forall$로 주어지는 벡터량이다. 따라서 뉴턴의 운동 제2법칙은 관성좌표계에서 다음과 같이 표현된다.

$$\Sigma\, \mathbf{F} = \frac{D}{Dt}\int_{\text{sys}} \mathbf{V}\rho\, d\forall \tag{4.2.3}$$

여기서 밀도와 속도 두 가지 모두 계의 각 점에서 변할 수 있다는 것을 주의해야 한다. 만약 모든 계를 통틀어서 $\mathbf{V}$와 ρ가 일정하면 이 방정식은 $\Sigma\, \mathbf{F} = m\mathbf{a}$가 된다. ρ는 대개의 경우 상수로 취급되지만 유체역학에서 속도벡터는 각 점에서 변한다. 다시 말해 뉴턴의 운동 제2법칙은 계에 적용되므로 변화율을 제공하기 위해 D/Dt가 사용된다.

운동량 모멘트 방정식: 운동량 모멘트 방정식은 뉴턴의 운동 제2법칙으로부터 유도된다. 이것을 설명하면,

> 계에 작용하는 합력모멘트는 계의 각운동량의 변화율과 같다.

방정식 형태로 이것을 나타내면 관성 좌표계에 대해 모멘트의 합은 다음과 같다.

$$\Sigma\, \mathbf{M} = \frac{D}{Dt}\int_{\text{sys}} \mathbf{r}\times\mathbf{V}\rho\, d\forall \tag{4.2.4}$$

여기서 $\mathbf{r}\times\mathbf{V}\rho\, d\forall$는 질량이 $\rho d\forall$인 유체입자의 각운동량을 나타낸다. 벡터 $\mathbf{r}$은 체적요소 $d\forall$까지의 위치벡터로, 좌표축의 원점으로부터 합력모멘트가 측정된 지점까지의 거리이다.

KEY CONCEPT
각각의 기본 법칙에서 적분량들은 계의 크기성질이다.

이상의 기본 법칙들에서 각각의 적분량들은 계의 크기성질(extensive property)이라는 사실에 주목하여야 한다(1.7장 참조). 이러한 크기성질을 나타내기 위해 기호 N_{sys}를 사용한다. 예를 들어, N_{sys}는 질량이 될 수도 있고 운동량, 또는 계의 에너지일 수도 있다. 식 4.2.1의 좌변과 식 4.2.2, 4.2.3과 4.2.4의 우변이 모두 다음과 같이 표현된다.

$$\frac{DN_{\text{sys}}}{Dt} \tag{4.2.5}$$

여기서 N_{sys}는 스칼라 또는 벡터 적분량을 나타낸다.

단위 질량당 계의 특성인 세기 성질(intensive property)을 나타내기 위해 변수 η를 도입하는 것이 편리하다. N_{sys}와 η 사이의 관계는 다음과 같다.

$$N_{\text{sys}} = \int_{\text{sys}} \eta\rho\, d\forall \tag{4.2.6}$$

예를 들면, 뉴턴 제2법칙의 크기성질인 N_{sys}는 운동량이다.

$$\textbf{momentum}_{\text{system}} = \int_{\text{sys}} \mathbf{V}\,\rho\, d\forall \tag{4.2.7}$$

위 식은 벡터량이며 여기서 세기 성질에 해당되는 것은 속도벡터 $\mathbf{V}$일 것이다. 계 내부의 각 점에서 서로 다른 값을 갖는 밀도와 속도 역시 비정상 유동에서 시간의 함수임에 주의하자.

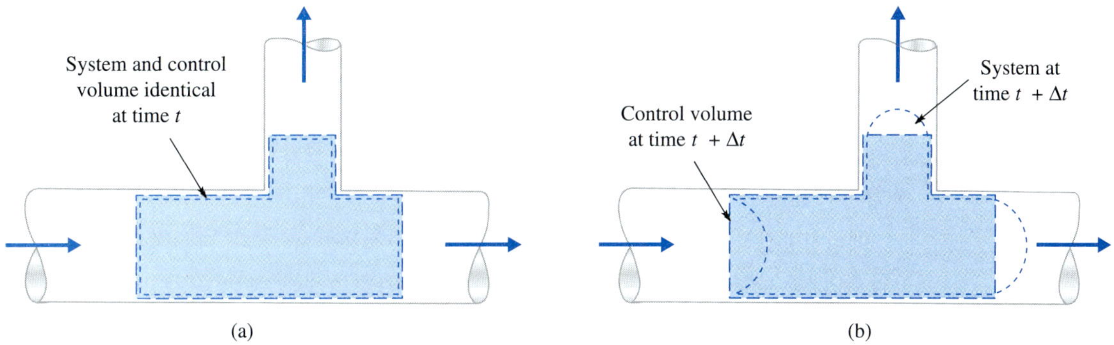

그림 4.2 고정된 검사체적과 계의 예: (a) 시간 t; (b) 시간 $t + \Delta t$

우리의 관심은 거의 대부분 유체의 유입이나 유출이 존재하는 기구나 공간상의 영역에 한정되며 이러한 영역을 **검사체적**(control volume)이라고 정의한다. 고정된 체적을 갖는 검사체적의 한 예가 그림 4.2a에 도시되어 있다. 검사체적이 공간상에서 고정될 필요는 없다; 즉 배기과정에서 실린더 내 피스톤의 왕복운동으로 인해 변화하는 체적 또는 수축하는 풍선을 검사체적으로 연상하면 된다. 그러나 이 책에서는 오직 고정된 검사체적만을 고려할 것이다. 이렇게 하더라도 대부분의 문제들에 적용하는데 있어서 제한을 받지 않는다.

검사체적: 유체가 유입되고 유출되는 공간상의 영역

검사체적과 계 사이의 차이점을 그림 4.2b에 나타냈다. 그림에서는 계가 시간 t 및 시간 $t + \Delta t$에서 차지하고 있는 영역을 보여준다. 하나의 계보다 하나의 검사체적(펌프의 경우)에 관심을 두는 것이 가끔은 더 편리하므로 첫 번째로 할 일은 기본 법칙들을 직접 검사체적에 적용할 수 있도록 계의 물질미분(라그랑지안 기술)을 검사체적(오릴러리안 기술)과 관련된 양들의 항으로 표현하기 위한 변환을 하는 것이다. 이러한 변환을 통해 기본 법칙들이 직접 검사체적에 적용될 수 있다. 따라서 이를 위해 일반적 방법들이 우선 유도되고, 특정 법칙들에 적용된다.

4.3 계에서 검사체적으로의 변환

계를 따라 가면서 질량에 비례하는 물성치인 N_{sys}의 시간 변화율인 DN_{sys}/Dt에 관심이 있으며 이 값을 검사체적과 관계있는 양들의 항으로 나타내려고 한다. 본 절에서는 이러한 변환 유도 과정을 보여준다.

유도 과정은 검사체적으로 유입 및 유출되는 크기성질의 유속(flux)을 포함한다. 유속은 종량적 물성치가 유동 단면을 통과하는 비율의 측정량이다; 예를 들면, 질량유속은 유동 단면을 통과하는 질량의 비율이다. 이러한 유속을 기술하기 위해 벡터 표기법을 사용하는 것이 편리하다. 검사체적을 완전히 둘러싼 표면적인 **검사표면**(control surface)의 면적 요소 dA를 생각하자. 임의의 면적 요소 dA(그림 4.3 참조)를 가로질러 통과하는 물성치 유속은 다음과 같이 표현된다.

검사표면: 검사체적을 완전히 둘러싸고 있는 표면적

$$\text{flux across } dA = \eta\rho\hat{\mathbf{n}}\cdot\mathbf{V}\,dA \tag{4.3.1}$$

여기서 $\hat{\mathbf{n}}$은 면적 요소 dA에 수직한 단위벡터로 검사체적의 외부를 향하는 방향을 가리키고, η는 N_{sys}와 관련된 세기 성질을 나타낸다. 만약 어떤 물성치의 유입과 관련된다면 식

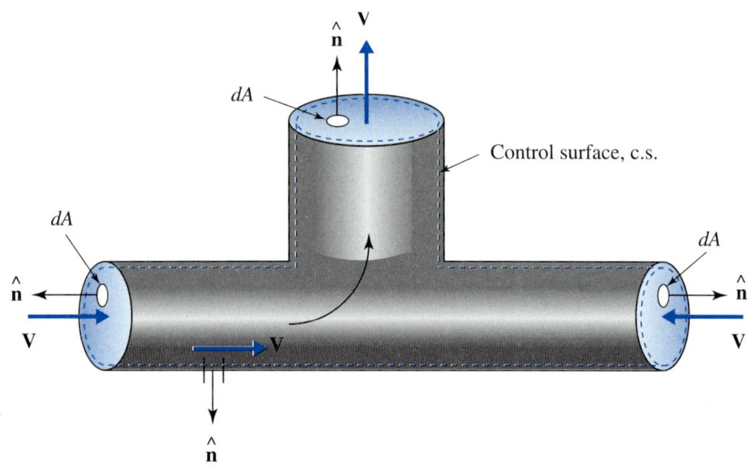

그림 4.3 종량적 물성치의 유속을 나타내는 예

(4.3.1)은 음의 값이 되는 것에 유의하자. 여기서 속도벡터의 수직성분 $\hat{\mathbf{n}}\cdot\mathbf{V}$만이 유속항에 관여한다. 만약 파이프의 벽과 같이 특정 면적에 작용하는 수직한 속도 성분이 없다면, 그 면적을 가로지르는 유속은 발생하지 않을 것이다. 만약 $\hat{\mathbf{n}}\cdot\mathbf{V}$가 양의 값이라면, 검사체적을 빠져나가는 유속이 존재하며 만약 $\hat{\mathbf{n}}\cdot\mathbf{V}$가 음이라면, 즉 $\mathbf{V}$가 $\hat{\mathbf{n}}$의 반대방향인 성분을 가진다면, 검사체적 안으로 유입되는 유속이 존재할 것이다. $\hat{\mathbf{n}}$은 항상 검사체적 외부를 향하는 방향을 가져야만 된다. 속도벡터 $\mathbf{V}$는 단위벡터 $\hat{\mathbf{n}}$과 어떤 각도를 가질 수 있다: 스칼라 곱 $\hat{\mathbf{n}}\cdot\mathbf{V}$는 유동단면을 통과하는 유속을 만드는 $\mathbf{V}$의 적합한 성분을 나타낸다.

검사표면을 빠져나가는 정미(net) 물성치 유속은 전체 검사표면에 걸쳐서 적분함으로써 구할 수 있다.

$$\text{net flux of property} = \int_{\text{c.s.}} \eta\rho\hat{\mathbf{n}}\cdot\mathbf{V}\,dA \tag{4.3.2}$$

만약 정미 유속이 양의 값이면 유입되는 유속보다 더 많은 유속이 유출된다.

도함수 DN_{sys}/Dt를 다시 생각해 보자. 도함수의 정의를 다음과 같이 나타낼 수 있다.

$$\frac{DN_{\text{sys}}}{Dt} = \lim_{\Delta t\to 0}\frac{N_{\text{sys}}(t+\Delta t) - N_{\text{sys}}(t)}{\Delta t} \tag{4.3.3}$$

KEY CONCEPT
시간 t에서 계가 검사체적 전부를 차지한다.

시간 t와 $t + \Delta t$에서의 계를 그림 4.4에 나타냈다. 시간 t에서 계가 검사체적 전부를 차지한다고 가정하자. 만약 펌프와 같은 장치를 생각해 본다면, 계의 입자들은 시간 t에서 펌프의 내부를 가득 채우고 있을 것이다. 그림 4.4에서 검사체적인 이 장치가 공간에 고정되어 있기 때문에 계는 장치를 통해 이동할 것이다. 식 4.3.3을 다음과 같이 쓸 수 있다.

$$\frac{DN_{\text{sys}}}{Dt} = \lim_{\Delta t\to 0}\frac{N_3(t+\Delta t) + N_2(t+\Delta t) - N_2(t) - N_1(t)}{\Delta t} \tag{4.3.4a}$$

$$= \lim_{\Delta t\to 0}\frac{N_2(t+\Delta t) + N_1(t+\Delta t) - N_2(t) - N_1(t)}{\Delta t}$$

$$+ \lim_{\Delta t\to 0}\frac{N_3(t+\Delta t) - N_1(t+\Delta t)}{\Delta t} \tag{4.3.4b}$$

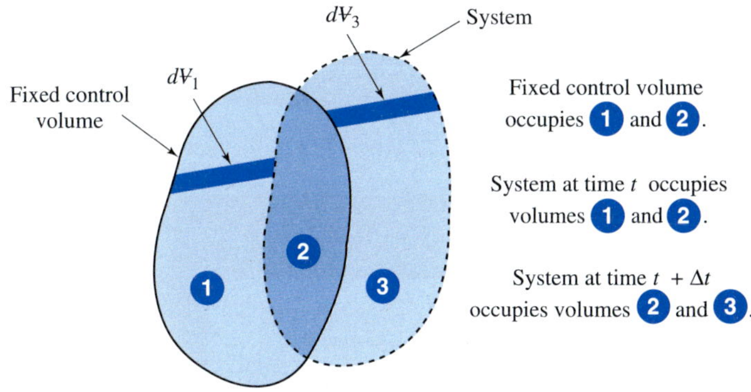

그림 4.4 계와 고정된 검사체적

여기서 두 번째 표현식은 분지에 $N_1(t+\Delta t)$를 단순히 더하고 뺀 것이다. 이 식에서 분자의 아래첨자는 영역을 표시한다. 즉, $N_2(t)$는 시간 t에서 영역 2의 종량적 물성치를 나타낸다. 식 4.3.4b의 우변 첫 번째 극한이 검사체적과 관련되므로 다음과 같이 나타낼 수 있다.

$$\frac{DN_{\text{sys}}}{Dt} = \lim_{\Delta t \to 0} \frac{N_{\text{c.v.}}(t+\Delta t) - N_{\text{c.v.}}(t)}{\Delta t} + \lim_{\Delta t \to 0} \frac{N_3(t+\Delta t) - N_1(t+\Delta t)}{\Delta t} \tag{4.3.5}$$

우변의 첫 번째 비율은 $dN_{\text{c.v.}}/dt$이다. 어느 특정한 유체입자를 따르는 것이 아니므로 상미분 도함수를 사용한다. 따라서 결과는 다음과 같다.

$$\frac{DN_{\text{sys}}}{Dt} = \frac{dN_{\text{c.v.}}}{dt} + \lim_{\Delta t \to 0} \frac{N_3(t+\Delta t) - N_1(t+\Delta t)}{\Delta t} \tag{4.3.6}$$

여기서 종량적 물성치 $N_3(t+\Delta t)$와 $N_1(t+\Delta t)$에 대한 표현식을 알아야 한다. 이것들은 물론 그림 4.4 및 확대된 그림 4.5에 나타낸 체적요소 $d\mathcal{V}_1$과 $d\mathcal{V}_3$에 포함된 질량에 의존한다. 단위벡터 $\hat{\mathbf{n}}$은 항상 체적의 바깥 방향임을 주의해야 한다. 따라서 양의 물성치를 얻기 위해서는 영역 1에 대해서 음의 기호가 요구된다. 또한 스칼라 곱을 얻기 위해서는 속도벡터와 수직벡터 사이의 각도에 대한 코사인 값이 필요하다[1]. 그림 4.4와 4.5를 참조하면 다음을 얻게 된다.

KEY CONCEPT
단위벡터 $\hat{\mathbf{n}}$은 항상 체적의 바깥방향을 가리킨다.

$$N_3(t+\Delta t) = \int_{A_3} \eta\rho\hat{\mathbf{n}}\cdot\mathbf{V}\,\Delta t\,dA_3$$
$$N_1(t+\Delta t) = -\int_{A_1} \eta\rho\hat{\mathbf{n}}\cdot\mathbf{V}\,\Delta t\,dA_1 \tag{4.3.7}$$

단면 A_1과 A_3가 검사체적을 완전히 에워싸므로, 두 적분을 하나의 적분으로 결합시키면 다음과 같다.

$$N_3(t+\Delta t) - N_1(t+\Delta t) = \int_{\text{c.s.}} \eta\rho\hat{\mathbf{n}}\cdot\mathbf{V}\,\Delta t\,dA \tag{4.3.8}$$

[1] 입방체의 체적을 구하려면 입방체가 직립일 경우 입방체의 바닥 면적에 높이를 곱하면 된다. 만약 완전히 납작하면 체적은 0이 된다. 그러므로 중간 위치에 해당되면 체적은 높이 곱하기 바닥 면적에 적절한 각의 코사인 곱이다.

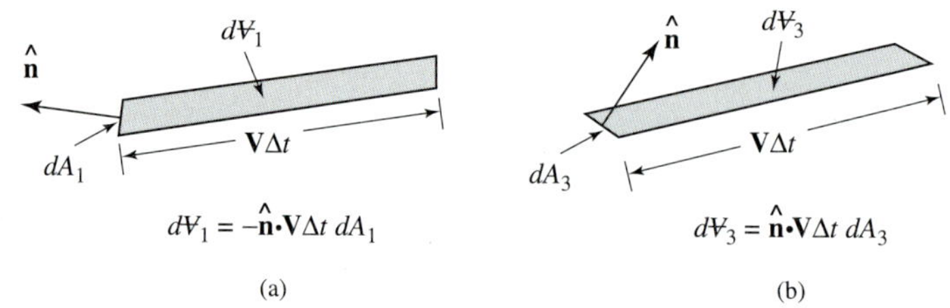

그림 4.5 미분 체적 요소

여기서 c.s.로 표시된 검사표면은 검사체적을 완전하게 에워싸는 면적이다. 식 4.3.6을 식 4.3.8로 대체하면 만족할 만한 결과를 얻게 되며, 이것을 계에서 검사체적으로의 변환, 또는 레이놀즈 **수송원리**(Reynolds transport theorem)라 한다.

레이놀즈 수송정리: 계에서 검사체적으로의 변환

$$\frac{DN_{\text{sys}}}{Dt} = \frac{d}{dt}\int_{\text{c.v.}} \eta\rho\, d\forall + \int_{\text{c.s.}} \eta\rho\hat{\mathbf{n}}\cdot\mathbf{V}\, dA \tag{4.3.9}$$

위 식이 종량적 적분형 물성치 변화율에 대한 라그랑지안에서 오일러리안으로의 변환표현이다.

첫 번째 적분은 검사체적 안에서의 종량적 물성치의 변화율을 나타낸다. 두 번째 적분은 검사표면을 통과하는 종량적 물성치의 유속을 나타낸다. 이 값은 유체가 검사표면을 통과하는 영역에서만 0이 아니다. 다음 절에서 좀 더 상세하게 유속에 대해서 다루기로 한다. 이제 우리는 공간상에 고정된 체적의 항으로 기본 법칙을 표현할 수 있으며, 다음 절에서는 각 기본 법칙에 대하여 이를 적용하게 된다.

KEY CONCEPT
검사체적항의 시간미분은 고정된 검사체적에 대해 적분항 내부로 이동시킬 수 있다

고정된 검사체적에 대하여, 체적적분의 극한은 시간에 대해 독립이므로, 검사체적의 시간 미분항을 적분 내부로 이동시켜 따라서 다음과 같이 표현할 수 있다.

$$\frac{DN_{\text{sys}}}{Dt} = \int_{\text{c.v.}} \frac{\partial}{\partial t}(\rho\eta)\, d\forall + \int_{\text{c.s.}} \eta\rho\hat{\mathbf{n}}\cdot\mathbf{V}\, dA \tag{4.3.10}$$

이 식에서 일반적으로 ρ, η가 위치에 따른 변수가 되므로 $\partial/\partial t$를 사용한다.

4.3.1 계에서 검사체적으로의 변환에 대한 단순화

본 과정에서 다루게 될 대부분의 유동들은 정상유동으로 $\partial(\eta\rho)/\partial t = 0$이다. 따라서 계에서 검사체적으로의 변환은 다음의 형태를 갖게 된다.

$$\frac{DN_{\text{sys}}}{Dt} = \int_{\text{c.s.}} \eta\rho\hat{\mathbf{n}}\cdot\mathbf{V}\, dA \tag{4.3.11}$$

유체가 검사체적으로 유입되는 단면을 A_1 그리고 유체가 검사체적에서 유출되는 단면을 A_2라 하고 속도벡터가 단면에 수직하다고 가정하면(그림 4.6 참조), 단면 A_1에서는 $\hat{\mathbf{n}}\cdot\mathbf{V}_1 = -V_1$그리고 단면 A_2에서는 $\hat{\mathbf{n}}\cdot\mathbf{V}_2 = V_2$로 쓸 수 있다. 따라서 식 4.3.11은 다음과 같이 된다.

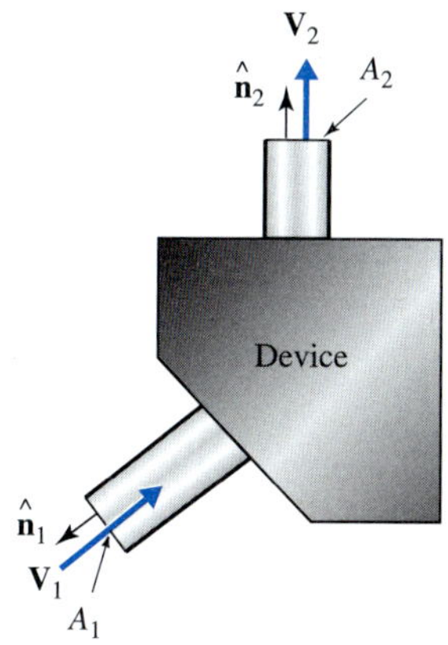

그림 4.6 장치로의 유입 및 장치로부터의 유출유동

$$\frac{DN_{\text{sys}}}{Dt} = \int_{A_2} \eta_2 \rho_2 V_2 \, dA - \int_{A_1} \eta_1 \rho_1 V_1 \, dA \tag{4.3.12}$$

최종적으로, 각각의 단면(그림 3.9 참조)에 대해 물성치들이 균일하다고 가정될 수 있는 많은 상황들에 대해 식을 간단히 하면

KEY CONCEPT
많은 경우에 입구와 출구에서 물성치가 균일하다고 가정하여 모델을 만든다.

$$\frac{DN_{\text{sys}}}{Dt} = \eta_2 \rho_2 V_2 A_2 - \eta_1 \rho_1 V_1 A_1 \tag{4.3.13}$$

이러한 단순화된 형태의 계에서 검사체적으로의 변환이 유체역학의 기본 과정에서 흥미로운 기본 법칙들을 적용하는데 자주 사용된다는 사실을 알게 될 것이다. 그러나 몇몇의 응용에서는 비균일 분포와 비정상 유동이 포함될 것이다.

만약 유체유동이 통과하는 여러 단면들을 포함시키기 위해 식 4.3.13을 일반화하면 다음과 같이 쓸 수 있다.

$$\frac{DN_{\text{sys}}}{Dt} = \sum_{i=1}^{N} \eta_i \rho_i \mathbf{V}_i \cdot \hat{\mathbf{n}}_i A_i \tag{4.3.14}$$

여기서 N은 면적의 수이다. 스칼라 곱 $\hat{\mathbf{n}} \cdot \mathbf{V}$는 각 면적에서 적절한 값을 갖게 되는데 입구 단면에서는 음의 부호를, 출구 단면에서는 양의 부호를 갖는다.

KEY CONCEPT
입구에서는 $\hat{\mathbf{n}} \cdot \mathbf{V}$는 음의 부호를 갖는다.

검사체적 안에서 유동 물성치들이 균일하다고 생각되는 비정상 유동에 대하여 계에서 검사체적으로의 변환은 입구와 출구에서 균일 물성치를 갖는 경우 다음 형태로 주어진다.

$$\frac{DN_{\text{sys}}}{Dt} = V\!\!\!/_{\text{c.v.}} \frac{d(\eta\rho)}{dt} + \eta_2 \rho_2 V_2 A_2 - \eta_1 \rho_1 V_1 A_1 \tag{4.3.15}$$

4.4 질량 보존

유체 입자들의 집합으로 주어진 계가 있고 따라서 질량은 고정된다. 이것을 식으로 나타내면

$$\frac{Dm_{\text{sys}}}{Dt} = \frac{D}{Dt}\int_{\text{sys}} \rho \, d\forall = 0 \tag{4.4.1}$$

식 4.2.6에서 N_{sys}는 계의 질량을 나타내며 따라서 $\eta = 1$이 된다. 따라서 식 4.3.9에서 언급된 질량보존은 다음과 같이 나타낼 수 있다.

$$0 = \frac{d}{dt}\int_{\text{c.v.}} \rho \, d\forall + \int_{\text{c.s.}} \rho \hat{\mathbf{n}}\cdot\mathbf{V} \, dA \tag{4.4.2}$$

또는 고정된 검사체적에 대해 다른 형태로 표현하면,

$$0 = \int_{\text{c.v.}} \frac{\partial \rho}{\partial t} \, d\forall + \int_{\text{c.s.}} \rho \hat{\mathbf{n}}\cdot\mathbf{V} \, dA \tag{4.4.3}$$

만약 유동이 정상상태라면(식 4.3.11 참조),

$$\int_{\text{c.s.}} \rho \hat{\mathbf{n}}\cdot\mathbf{V} \, dA = 0 \tag{4.4.4}$$

입구와 출구가 하나이고 각각에서 균일 유동이라면 다음의 형태를 갖는다(식 4.3.13 참조).

$$\rho_2 A_2 V_2 = \rho_1 A_1 V_1 \tag{4.4.5}$$

KEY CONCEPT
$\hat{\mathbf{n}}$은 항상 검사체적의 바깥을 향한다.

여기서 입구에서는 $\hat{\mathbf{n}}_1\cdot\mathbf{V}_1 = -V_1$ 그리고 출구에서는 $\hat{\mathbf{n}}\cdot\mathbf{V}_2 = V_2$이다. $\hat{\mathbf{n}}$은 항상 검사체적의 바깥 방향을 가리키는 것을 주의하라.

만약 검사체적 안에서 밀도가 일정하면, 유동이 비정상일지라도 $\partial\rho/\partial t = 0$이다. 따라서 연속방정식 (4.4.3)은 다음과 같이 바뀐다.

$$A_1 V_1 = A_2 V_2 \tag{4.4.6}$$

이러한 형태의 연속방정식은 특히 액체와 저속의 기체유동에 자주 사용된다.

이제 균일한 속도 분포의 사용에 대한 재검토가 이루어져야 한다(3.3.1절 참조). 입구와 출구에서의 속도 분포가 그림 4.7에 나타낸 바와 같이 균일하지 않고 밀도가 각 단면에 대해서 균일하다고 가정하면 연속방정식은 다음의 형태를 갖는다.

$$\rho_1 \int_{A_1} V_1 \, dA = \rho_2 \int_{A_2} V_2 \, dA \tag{4.4.7}$$

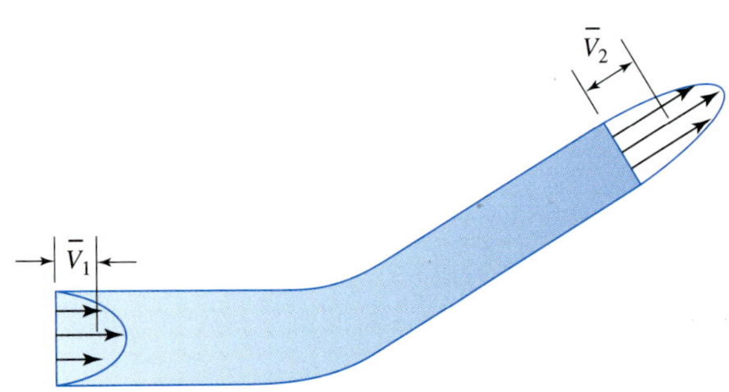

그림 4.7 비균일 속도 분포

또한 문자 위에 바를 표시함으로써 평균을 나타내면, 다음과 같이 나타낼 수 있다.

$$\rho_1 \overline{V}_1 A_1 = \rho_2 \overline{V}_2 A_2 \tag{4.4.8}$$

여기서 $\overline{V}_1$과 $\overline{V}_2$는 각각 단면 1과 2에서의 **평균속도**(*average velocity*)이다. 편의상 문자 위의 바는 종종 생략된다. 그러나 실제의 속도 분포는 보통 일정하지 않다는 것을 기억해야 한다. 식 4.4.5와 4.4.6은 평균속도를 나타내는 속도를 사용한다.

위의 식(4.4.2)에서 (4.4.8)을 **연속방정식**(*continuity equation*)이라 부른다.

연속방정식을 적용한 몇몇 예를 나타내기 전에 유동량을 상세히 설명하는 데 유용한 두 개의 유속을 정의하자. 우선 질량 유동율인 **질량유속**(*mass flux*) $\dot{m}$은 다음과 같고 kg/s의 단위를 갖는다.

$$\dot{m} = \int_A \rho V_n \, dA \tag{4.4.9}$$

V_n은 속도의 법선 성분이다. 체적 유동율 즉, **유량**(*flow rate*)은 다음과 같고 m^3/s 또는 L/s의 단위를 갖는다.

$$Q = \int_A V_n \, dA \tag{4.4.10}$$

질량유속은 보통 압축성 유동에 대한 유동량을, 유량은 비압축성 유동에 대한 유동량을 나타내는 데 주로 사용된다. 종종 **유량**(flow rate)을 **discharge**라고도 한다. 평균 속도의 항으로 나타내면

유량(discharge): 유량(flow rate)의 다른 표현

$$Q = A\overline{V} \tag{4.4.11}$$

$$\dot{m} = \rho A\overline{V} \tag{4.4.12}$$

여기서 질량유속에 대해서는 균일한 밀도분포를 가정하고 속도 역시 면적에 대하여 수직으로 가정하였다.

다음 예제들을 풀기 위해서는 우선 검사체적을 결정해야 한다. 만약 예제를 주의 깊게 공부한다면 많은 경우에 검사체적에 대해서 오직 하나의 적절한 선택만이 존재한다는 것을 알 수 있을 것이다. 피적분 함수가 알려지거나 혹은 근사될 수 있는 곳에 입구와 출구 단면을 위치시켜야 하며, 찾고자 하는 물리량은 대개 입구나 출구 단면에 포함되어 있다. 몇몇의 경우에서 검사체적의 선택은 더욱 자유롭다(예제 4.5).

KEY CONCEPT
피적분 함수가 알려져 있거나 혹은 찾는 양이 주어진 곳에 입구와 출구 단면을 설정

첫 번째 예제는 연속방정식의 기본적인 사용 예로서, 한 단면에서의 속도를 안다면 다른 단면에서의 속도를 계산할 수 있다.

예제 4.1

직경이 10 cm에서 2 cm로 줄어드는 노즐 내로 3 m/s의 균일 속도로 물이 흐른다(그림 E.4.1). 노즐을 떠나는 물의 속도와 유량을 계산하라.

(계속)

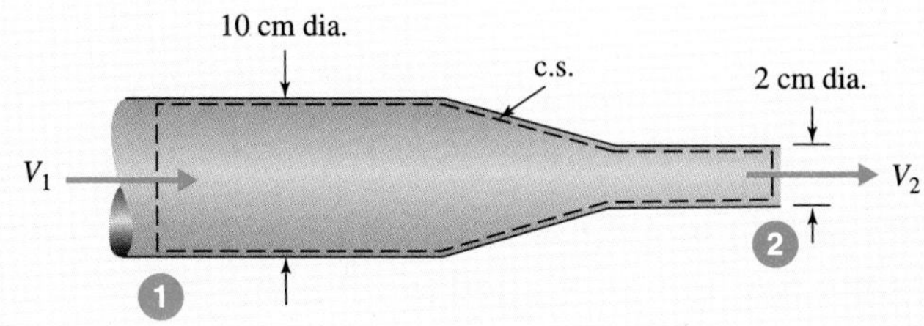

그림 E.4.1

풀이

그림에서처럼 검사체적을 노즐 내부에 선택한다. 유동은 단면 1에서 검사체적으로 들어오고 단면 2에서 나간다. 밀도가 일정하고 속도가 균일하므로 단순화된 연속방정식 (4.4.6)을 사용한다.

$$A_1V_1 = A_2V_2$$

$$\therefore V_2 = V_1\frac{A_1}{A_2} = 3\,\frac{\pi \times 0.1^2/4}{\pi \times 0.02^2/4} = 75 \text{ m/s}$$

유량은

$$Q = V_1A_1$$

$$= 3 \times \pi \times 0.1^2/4 = 0.0236 \text{ m}^3\text{/s}$$

예제 4.2

물이 그림 E.4.2a와 같은 장치에 유입되고 또 유출되고 있다. 장치 안에서의 물의 질량 변화율 (dm/dt)을 계산하라.

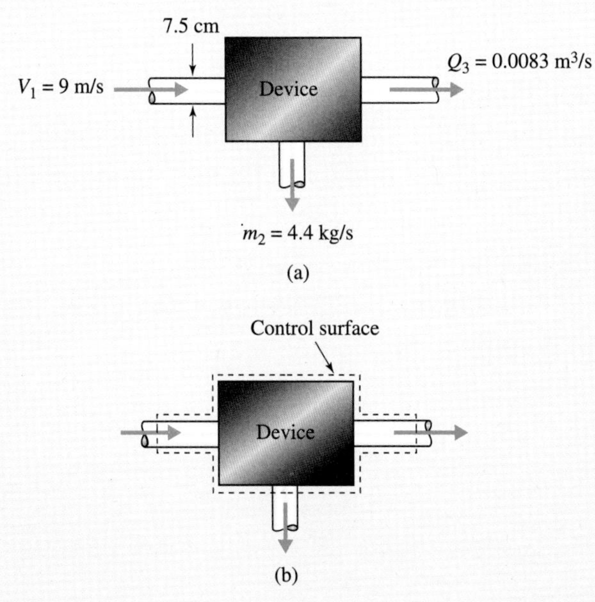

그림 E.4.2

(계속)

풀이

그림 E.4.2b와 같이 검사체적의 검사표면을 선정하였다. 물이 흘러 통과하는 3개의 단면에 연속 방정식 (4.4.2)는 다음과 같이 쓸 수 있다.

$$0 = \frac{d}{dt}\int_{\text{c.v.}} \rho \, dV\!\!\!/ + \int_{\text{c.s.}} \rho \hat{\mathbf{n}} \cdot \mathbf{V} \, dA$$

$$= \frac{dm}{dt} - \rho_1 A_1 V_1 + \rho_2 A_2 V_2 + \rho_3 A_3 V_3$$

밀도는 일정하다고 가정하였고 $\hat{\mathbf{n}}_1$이 검사체적 외부를 가리키므로 $\mathbf{V}_1$의 방향과 반대이고 $\mathbf{V}_1 \cdot \hat{\mathbf{n}} = -V_1$이다. 마지막 3항은 면적적분으로 구해진다. 주어진 양을 이용하면 위 식은 다음과 같이 표현된다.

$$0 = \frac{dm}{dt} - \rho_1 A_1 V_1 + \dot{m}_2 + \rho_3 Q_3$$

$$= \frac{dm}{dt} - 1028 \text{ kg/m}^3 \times \left(\pi \times \frac{3.75^2}{10000}\right) \text{m}^2 \times 9 \text{ m/s} + 4.4 \text{ kg/s}$$
$$+ 1028 \text{ kg/m}^3 \times 0.0083 \text{ m}^3\text{/s}$$

위 식을 풀면

$$\frac{dm}{dt} = 28.9 \text{ kg/s}$$

따라서 질량은 29.68 kg/s의 비율로 증가한다. 이것이 가능하기 위해서는 장치가 물을 흡수하는 스펀지와 같은 재료를 가질 수 있다.

예제 4.3

균일한 공기 유동이 그림 E.4.3a와 같이 원통에 접근한다. 원통 후류의 하류에서 속도가 다음과 같이 대칭 분포를 갖는다.

$$u(y) = 1.25 + \frac{y^2}{4} \qquad -1 < y < 1$$

여기서 $u(y)$는 m/s이고 y는 미터단위이다. 단위 깊이당 AB 표면을 통과하는 질량유속을 구하라. 단, $\rho = 1.23 \text{ kg/m}^3$.

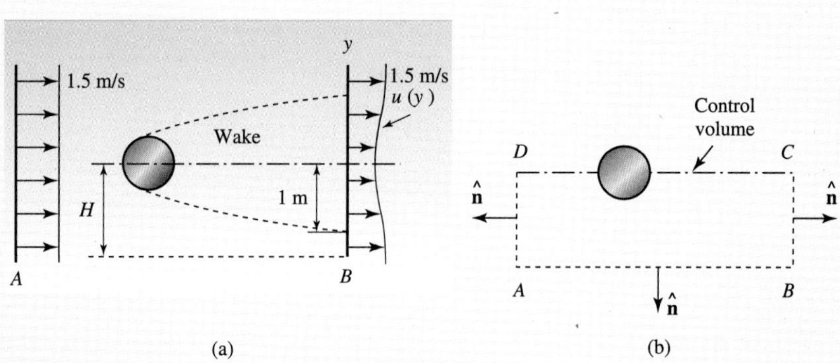

그림 E4.3

(계속)

풀이

검사체적 $ABCD$를 선택한다(그림 E4.3b). 후류(속도가 느려진 영역)의 외부 속도는 1.5 m/s로 일정하다. 따라서 평면 AD에 수직한 속도는 1.5 m/s이다. 대칭으로 인해 표면 CD를 가로지르는 질량유속은 없다. 정상상태라 가정하면 연속방정식 (4.4.3)은 다음과 같이 된다.

$$0 = \int_{\text{c.s.}} \rho \mathbf{V} \cdot \hat{\mathbf{n}}\, dA$$

세 개의 표면, AB, BC, CD를 가로지르는 질량유속이 발생한다. 따라서 위 식은 다음의 형태를 갖는다.

$$0 = \int_{A_{AB}} \rho \mathbf{V} \cdot \hat{\mathbf{n}}\, dA + \int_{A_{BC}} \rho \mathbf{V} \cdot \hat{\mathbf{n}}\, dA + \int_{A_{AD}} \rho \mathbf{V} \cdot \hat{\mathbf{n}}\, dA$$

$$= \dot{m}_{AB} + \int_0^H \rho u(y)\, 1 \times dy - \rho \text{ kg/m}^3 \times H \text{ m} \times 1 \text{ m} \times 1.5 \text{ m/s}$$

여기서 AD 표면에 대한 부호가 음인 이유는 속도벡터는 오른쪽을 향하고 단위벡터는 체적의 바깥쪽인 왼쪽을 향하기 때문이다. 정상유동의 연속방정식에서 음의 부호는 검사체적 안으로 들어오는 유동이고 양의 부호는 바깥으로 나가는 유동과 연관되는 것을 기억하자. 여기서 H 대신에 1 m를 넘어선 지점에서 왼쪽으로 들어오는 질량은 손실이나 이득 없이 오른쪽으로 나가므로 H 대신에 1까지 적분하면 된다. 따라서 H = 1 m로 두면

$$0 = \dot{m}_{AB} + \int_0^1 1.23\left(1.25 + \frac{y^2}{4}\right) dy - 1.23 \times 1 \times 1.5 \text{ kg/s}$$

적분하면

$$\dot{m}_{AB} = 0.205 \text{ kg/s per meter}$$

예제 4.4

풍선이 0.6 m³/s로 물이 공급되며 팽창하고 있다(그림 E4.4). R = 0.5 m가 되는 순간의 반경 성장률을 구하라.

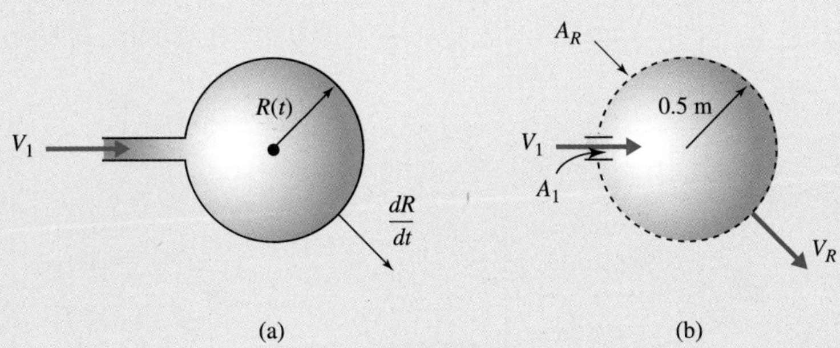

그림 E4.4

풀이

R = 0.5 m일 때 dR/dt를 구하는 것으로 성장률 $V_R = dR/dt$은 풍선의 벽에 수직한 물의 속도와 같다. 따라서 R = 0.5 m에서 반경 방향으로 움직여 나가는 순간에 표면에서 물의 속도를 계

(계속)

산하기 위해 0.5 m의 일정한 반경을 갖는 구를 고정 검사체적으로 선택한다(그림 E4.4b참조). 연속방정식은 다음과 같이 쓸 수 있다.

$$0 = \int_{\text{c.v.}} \underbrace{\frac{\partial \rho}{\partial t}}_{0} d\forall + \int_{\text{c.s.}} \rho \mathbf{V} \cdot \hat{\mathbf{n}}\, dA$$

검사체적 내의 물의 밀도는 시간에 따라 변하지 않으므로 첫 번째 항은 0이다. 더욱이 물은 두 개의 면적을 통해 흐른다: 속도 V_1을 갖는 입구면적 A_1과 속도 V_R를 갖는 남은 구의 표면 면적 A_R. $A_1 \ll A_R$을 가정하면 연속방정식은 다음과 같이 쓸 수 있다.

$$0 = -\rho A_1 V_1 + \rho A_R V_R$$

체적 안으로의 유량은 $A_1 V_1 = 0.6\ \text{m}^3/\text{s}$ 이고 A_1이 아주 작다고 가정하고 $A_R \simeq 4\pi R^2$이므로 V_R에 대해 풀 수 있다. $R = 0.5$ m에서

$$V_R = \frac{A_1 V_1}{4\pi R^2} = \frac{0.6\ \text{m}^3/\text{s}}{4\pi \times 0.5^2\ \text{m}^2} = 0.191\ \text{m/s}$$

$$\therefore \frac{dR}{dt} = 0.191\ \text{m/s}$$

여기서 고정된 검사체적을 사용하였고, 고려하는 순간에 검사체적을 통과하도록 풍선의 표면 이동을 허용하였다. 이러한 접근 방법으로 피스톤과 같은 표면의 움직임을 허용하는 상황을 모델링하는 것이 가능하다.

예제 4.5

이 예제는 검사체적을 결정하는 데 있어 한 가지 이상의 좋은 선택이 있을 수 있다는 것을 보여준다. 0.1 m^{2}의 파이프를 통해 들어오는 물의 속도가 0.5 m/s이고 또 다른 파이프를 통해 나가는 유량이 0.2 m^3/s라면 (그림 E4.5a 참조) 개방된 용기에서 물의 높이가 상승하는 비율은 얼마가 되는가? 용기는 직경 0.5 m의 원형 단면을 갖는다.

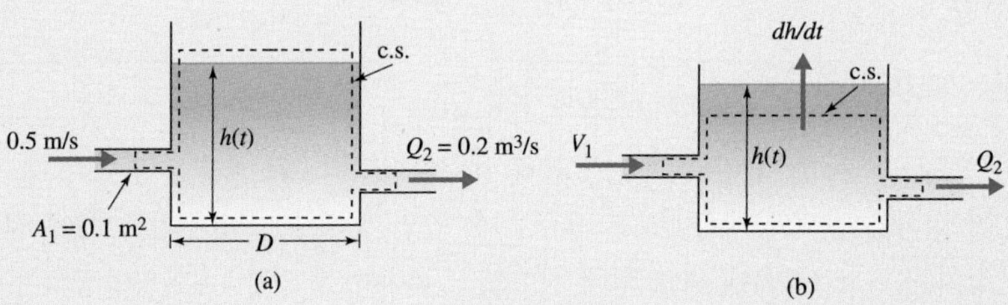

그림 E4.5

풀이

우선 그림 E4.5a와 같이 물의 표면 위로 확장된 검사체적을 선택하여 연속방정식(식 4.3.2)을 적용하면

$$\frac{d}{dt}\int_{\text{c.v.}} \rho d\forall + \rho(-V_1)A_1 + \rho V_2 A_2 = 0$$

(계속)

이 되고 여기서 첫 번째 항은 검사체적 내의 질량 변화율을 나타낸다. 따라서 물 위의 공기질량을 무시하면,

$$\frac{d(\rho h \pi D^2/4)}{dt} - \rho V_1 A_1 + \rho Q_2 = 0$$

을 얻을 수 있고, 밀도 ρ로 나누면

$$\frac{\pi D^2}{4}\frac{dh}{dt} - V_1 A_1 + Q_2 = 0$$

이 된다. 따라서 수위 증가율은

$$\frac{dh}{dt} = \frac{V_1 A_1 - Q_2}{\pi D^2/4}$$

이므로

$$\frac{dh}{dt} = \frac{0.5 \times 0.1 - 0.2}{\pi \times 0.5^2/4} = -0.764 \text{ m/s}$$

음의 부호는 실제로 수위가 낮아지는 것을 의미한다.

검사체적을 수면 아래에 맨 위 표면을 갖는 것으로 전자와는 전혀 다른 선택을 하여(그림 E4.5b) 이 문제를 다시 풀도록 하자. 맨 위 표면에서의 속도는 이때 표면이 올라가는 비율, dh/dt, 과 같다. 검사체적 내부의 유동조건은 정상상태이다. 그러므로 식 4.3.4를 적용할 수 있다. 유체가 검사표면을 가로지르는 면적이 3군데 존재한다. 세 번째 단면적 상에서 속도는 dh/dt이므로 연속방정식은 다음과 같은 형태를 갖는다.

$$\rho(-V_1)A_1 + \rho Q_2 + \rho \frac{dh}{dt}\frac{\pi}{4}D^2 = 0$$

그러므로

$$\frac{dh}{dt} = \frac{V_1 A_1 - Q_2}{\pi D^2/4}$$

이다. 위와 같은 결과를 보여준다.

4.5 에너지방정식

유체의 운동을 포함하는 많은 문제들은 종종 에너지방정식으로 불리는 열역학 제1법칙을 관심 있는 양과 연관되게 사용되도록 요구한다. 만일 장치(보일러나 압축기)에 전달되는 열이나 장치(펌프나 터빈)에 의해 행해지는 일을 구해야 할 경우, 에너지방정식이 필요하다. 베르누이 방정식이 적용될 수 없는 경우 압력과 속도를 연관시키기 위해 사용된다. 즉 배관계통이나 산업 장치 또는 골프장 혹은 로스앤젤레스로 물을 공급하는 개수로를 통한 유동에서처럼 점성 효과를 무시할 수 없는 경우가 해당된다. 검사체적의 형태로 에너지방정식을 표현해 보자. 계에 대해서는

$$\dot{Q} - \dot{W} = \frac{D}{Dt}\int_{\text{sys}} e\rho \, d\mathcal{V} \tag{4.5.1}$$

이고 여기서 비에너지 e는 비운동에너지 $V^2/2$, 비퍼텐셜에너지 gz, 그리고 비내부에너지 $\tilde{u}$를 포함한다. 즉,

$$e = \frac{V^2}{2} + gz + \tilde{u} \tag{4.5.2}$$

자기장이나 전기장과 유동장 간의 상호작용이나 화학적 반응 등에 의해 발생하는 다른 에너지는 고려하지 않는다. 검사체적을 이용하면 식 (4.5.1)은 다음과 같이 된다.

$$\dot{Q} - \dot{W} = \frac{d}{dt}\int_{\text{c.v.}} e\rho \, d\mathcal{V} + \int_{\text{c.s.}} \rho e \mathbf{V}\cdot\hat{\mathbf{n}} \, dA \tag{4.5.3}$$

위 식은 어떤 제한된 유동에 대해서는 단순화된 형태로 나타낼 수 있지만 우선 열전달률항 $\dot{Q}$과 일률항 $\dot{W}$를 생각해 보자.

$\dot{Q}$은 온도차이로 인해 검사표면을 통과하는 에너지 전달률을 나타낸다(유량 Q와 혼동해서는 안된다). 열전달률항은 주어지거나 또는 식 4.5.3을 사용하여 구할 수 있다. 주어진 온도로부터 $\dot{Q}$값의 계산이 열전달 과목의 목적이고 일반적으로 계산하기 어렵다. 열전달 과목의 전 과정이 주어진 온도로부터 $\dot{Q}$를 결정하는 데 소요된다. 일률항은 다음 절에서 자세히 논의한다.

KEY CONCEPT
$\dot{Q}$은 온도 차이에 의해 검사표면을 통과하는 에너지 전달률을 나나낸다.

4.5.1 일률

일률은 계에 의해 이루어지는 일의 결과이다. 또는 계가 검사체적을 점유하는 순간을 고려하므로 일률은 검사체적에 의해 이루어지는 일의 결과라고도 말할 수 있다. 유체역학에서 관심 있는 일은 검사체적 상에 작용하는 동안 일정 거리를 통해 작동한 힘에 기인한다. 일률 $\dot{W}$또는 동력은 속도와 힘 $\mathbf{F}$의 스칼라 곱으로 주어진다.

$$\dot{W} = -\mathbf{F}\cdot\mathbf{V}_I \tag{4.5.4}$$

KEY CONCEPT
행한 일률은 힘 F와 속도의 내적이다.

여기서 $\mathbf{V}_I$는 고정 관성좌표계에 대해서 측정된 속도이다. 음의 부호는 검사체적에 행해진 일은 음이라고 선택한 결과이다.

만일 힘이 검사표면에 걸쳐서 작용한 일정하지 않은 응력의 결과라면, 반드시 적분을 해야 하며 다음과 같다.

$$\dot{W} = -\int_{\text{c.s.}} \boldsymbol{\tau}\cdot\mathbf{V}_I \, dA \tag{4.5.5}$$

여기서 τ는 요소 면적 dA에 작용하는 응력벡터이고, $d\mathbf{F} = \tau \, dA$로 표현된 미소 힘은 그림 4.8에 나타낸 바와 같다.

자동차와 같이 움직이는 검사체적에서는 고정좌표계에 대해서 속도를 평가해야만 한다. 예를 들어 자동차가 등속도로 움직인다고 생각해 보자(예제 4.10 참조). 만일 에너지 방정식을 적용하려면, 자동차를 검사체적으로 가정할 수 있다. 이 경우 식 4.5.4에서의 속도는 자동차가 아니고 고정좌표에 대해 상대적으로 측정되어야 한다. 만일 자동차에 대한

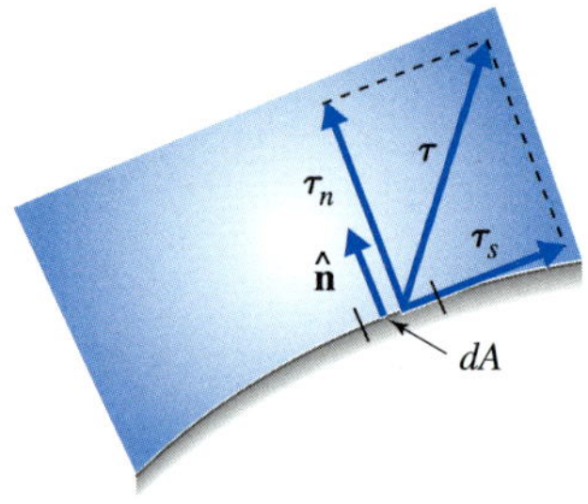

그림 4.8 검사표면에 작용하는 응력벡터

상대 속도가 사용되었다면, 항력은 0의 속도를 가져서 행한 일이 없게 된다. 그러나 고속 주행에서는 가솔린으로부터 발생한 에너지를 이용해 항력을 극복해 나간다. 따라서 고정 좌표계가 필요하다.

일반적으로 움직이는 검사체적에 대해 속도벡터 $\mathbf{V}_I$는 검사체적에 부착된 좌표계에서 측정한 상대속도 $\mathbf{V}$와 관련되고 다음과 같은 식으로 주어진다.

$$\mathbf{V}_I = \mathbf{V} + \dot{\mathbf{S}} + \boldsymbol{\Omega} \times \mathbf{r} \tag{4.5.6}$$

여기서 $\dot{\mathbf{S}}$는 검사체적의 속도이다(그림 3.5 참조). 식 4.5.5의 일률은

$$\dot{W} = -\int \boldsymbol{\tau} \cdot \mathbf{V}\, dA + \dot{W}_I \tag{4.5.7}$$

로 나타낼 수 있으며 "관성일률"항이 다음과 같이 주어진다.

$$\dot{W}_I = -\int_{\text{c.s.}} \boldsymbol{\tau} \cdot (\dot{\mathbf{S}} + \boldsymbol{\Omega} \times \mathbf{r})\, dA \tag{4.5.8}$$

다음으로 응력벡터는 그림 4.8처럼 수직성분과 전단성분의 합으로 다음과 같이 표현된다.

$$\boldsymbol{\tau} = -p\hat{\mathbf{n}} + \boldsymbol{\tau}_s \tag{4.5.9}$$

여기서 수직 응력성분은 음의 압력 p로 가정된다. 따라서

$$\dot{W} = \int_{\text{c.s.}} p\hat{\mathbf{n}} \cdot \mathbf{V}\, dA - \int_{\text{c.s.}} \boldsymbol{\tau}_s \cdot \mathbf{V}\, dA + \dot{W}_I \tag{4.5.10}$$

KEY CONCEPT
축일 $\dot{W}_S$는 검사표면에 의해 절단된 회전축에 의해 전달된다.

전단응력은 두 개의 성분으로 구성되어 있다는 것을 고려하자. 한 부분은 검사표면에 의해 절단된 회전하는 축에 의해 전달된 축일(*shaft work*) $\dot{W}_S$로서, 펌프나 터빈에서의 유동을 다룰 때 중요하다. 다른 한 부분은 전단일(*shear work*) $\dot{W}_{\text{shear}}$로서, 경계면이 움직이면서 발생한다. 즉 이 항은 이동 벨트와 같이 검사표면 자체가 검사체적에 대해 상대적으로 움직이는 경우에 요구된다.

따라서 일률은 다음과 같이 쓸 수 있다.

$$\dot{W} = \int_{\text{c.s.}} p\hat{\mathbf{n}} \cdot \mathbf{V}\, dA + \dot{W}_S + \dot{W}_{\text{shear}} + \dot{W}_I \tag{4.5.11}$$

각 항을 요약하면 다음과 같다.

$\int p\hat{\mathbf{n}}\cdot\mathbf{V}\,dA$: 검사표면에 작용하는 압력으로 인한 힘으로 발생하는 일률로 **유동일**(flow work)로 부른다.

$\dot{W}_S$: 펌프나 터빈 혹은 동등한 전기적인 힘 같은 것으로 회전하는 축으로부터 발생하는 일률

$\dot{W}_{\text{shear}}$: 이동하는 벨트처럼 움직이는 경계로 인한 일률

$\dot{W}_I$: 검사체적이 고정좌표계에 대해 상대적으로 움직일 때 발생하는 일률

유동일: 검사표면에 작용하는 압력에 의한 힘으로 발생하는 일률

일률의 항목 중 $\dot{W}_{\text{shear}}$와 $\dot{W}_I$는 개론 과정에서는 거의 취급하지 않지만 완성도를 위해 여기에 포함시켰다.

4.5.2 일반적인 에너지방정식

식 (4.5.11)의 일률항을 식 (4.5.3)에 대입하면 다음과 같은 에너지방정식을 얻게 된다.

$$\dot{Q} - \dot{W}_S - \dot{W}_{\text{shear}} - \dot{W}_I = \frac{d}{dt}\int_{\text{c.v.}} e\rho\, dV\!\!\!\!- + \int_{\text{c.s.}} \left(e + \frac{p}{\rho}\right)\rho\,\hat{\mathbf{n}}\cdot\mathbf{V}\,dA \qquad (4.5.12)$$

일률항에서 압력을 우변으로 옮겨 에너지 유속항으로 취급하는 것이 일반적이다. 식 4.5.2를 식 4.5.12에 대입하고 정리하면 다음과 같은 결과를 얻는다.

$$\begin{aligned}\dot{Q} - \dot{W}_S - \dot{W}_{\text{shear}} - \dot{W}_I &= \frac{d}{dt}\int_{\text{c.v.}} \left(\frac{V_I^2}{2} + gz + \tilde{u}\right)\rho\, dV\!\!\!\!- \\ &\quad + \int_{\text{c.s.}} \left(\frac{V_I^2}{2} + gz + \tilde{u} + \frac{p}{\rho}\right)\rho\mathbf{V}\cdot\hat{\mathbf{n}}\,dA\end{aligned} \qquad (4.5.13)$$

이러한 형태의 에너지방정식은 비정상, 비균일 속도 분포를 갖는 유체유동 문제를 해석하는 데 유용하다. 정상유동과 균일 형상에 대해 방정식을 단순화하기 전에 '손실'의 개념을 소개하기로 한다.

많은 유체유동에서 유용한 형태의 에너지(운동에너지와 위치에너지)와 유동일은 사용할 수 없는 에너지(내부에너지 혹은 열전달)의 형태로 변환된다. 검사체적의 온도가 변하지 않는다고 가정하면, 내부에너지는 변하지 않으며 손실은 검사표면을 통한 열전달에 의해 균형을 유지한다. 이러한 열전달은 검사표면에서 대류, 복사, 전도로 발생할 수 있다. 열전달 이론은 이러한 효과들을 상세히 설명해 준다. 그러나 기초 유체역학 과정에서 이러한 열전달의 개요는 총괄적으로 정리되고 단순히 $\dot{Q}$로 표시한다. 따라서 사용할 수 없는 에너지의 형태를 나타내는 모든 항의 총합을 **손실**(loss)로 정의한다.

손실: 사용할 수 없는 에너지를 나타내는 모든 항들의 합

$$\text{losses} = -\dot{Q} + \frac{d}{dt}\int_{\text{c.v.}} \tilde{u}\rho dV + \int_{\text{c.s.}} \tilde{u}\rho\,\mathbf{V}\cdot\hat{\mathbf{n}}\,dA \qquad (4.5.14)$$

따라서 에너지방정식은 다음과 같이 쓸 수 있다.

$$\begin{aligned}-\dot{W}_S - \dot{W}_{\text{shear}} - \dot{W}_I &= \frac{d}{dt}\int_{\text{c.v.}} \left(\frac{V_I^2}{2} + gz\right)\rho\, dV\!\!\!\!- \\ &\quad + \int_{\text{c.s.}} \left(\frac{V_I^2}{2} + gz + \frac{p}{\rho}\right)\rho\,\mathbf{V}\cdot\hat{\mathbf{n}}\,dA + \text{losses}\end{aligned} \qquad (4.5.15)$$

KEY CONCEPT
손실은 주로 내부 마찰과 박리에 기인한다.

손실은 두 가지 중요한 효과에 기인한다.

1. 점성은 내부에너지(온도증가)나 열전달의 증가를 초래하는 내부 마찰을 일으킨다.
2. 기하형태의 변화는 박리유동을 야기하며, 이로 인해 점성소산을 발생시키는 부차적 유동을 유지하기 위해 유용한 에너지를 필요로 한다.

수도관에서 점성효과로 인한 손실들은 전체 길이에 걸쳐서 분포하는 데 반해 기하형태의 변화(밸브, 엘보우, 확대)로 인한 손실은 기하형태의 변화가 존재하는 부근에 집중된다.

손실에 대한 해석적 계산은 특히 유동이 난류일 때 더 어렵다. 일반적으로 손실에 대한 예측은 경험식에 기초를 두고 있다. 이러한 경험식들은 다음 장에서 설명할 것이다. 이 장에서는 손실을 정성적으로 다루며 각 예제나 문제에서 손실은 일정한 값으로 주어질 것이다. 펌프나 터빈에서 손실은 효율의 항으로 표현된다. 예를 들어 펌프의 효율이 80%이면, 펌프로 들어오는 에너지의 20%가 손실이 되는 것이다.

KEY CONCEPT
펌프와 터빈에서 손실은 효율의 항으로 표현된다.

발전소의 증기발생기(보일러)에서와 같이 특정한 유체유동의 경우, 목표는 열전달에 의해 유체의 내부에너지를 변화시키는 것이다. 따라서 위에서 서술했던 손실들의 정의는 유체 점성효과의 소산만을 포함하도록 바뀌어야만 한다. 일반적으로 유체역학 문제에서 식 4.5.15는 타당성을 갖고 사용된다.

4.5.3 정상 균일유동

하나의 입 출구 단면을 통해 균일유동 분포로 흐르는 정상유동 상태를 생각하자. 또한 $V_I = V$로 $\dot{W}_{\text{shear}} = \dot{W}_I = 0$이라고 가정한다. 이런 유동에 대해 V가 일정(균일속도 분포를 가정)하고, $p/\rho + gz$의 합은 각 단면에서 유선이 평행이면 일정하므로. 식4.5.15에서 $(V^2/2 + gz + p/\rho)$는 단면을 가로질러 일정하다. 따라서 에너지방정식(식 4.5.15)은 다음과 같이 간단해진다.

$$-\dot{W}_S = \rho_2 V_2 A_2\left(\frac{V_2^2}{2} + \frac{p_2}{\rho_2} + gz_2\right) - \rho_1 V_1 A_1\left(\frac{V_1^2}{2} + \frac{p_1}{\rho_1} + gz_1\right) + \text{losses} \tag{4.5.16}$$

여기서 첨자 1, 2는 각각 입구와 출구를 나타낸다. 질량유속은 $\dot{m} = \rho_1 A_1 V_1 = \rho_2 A_2 V_2$로 주어지며 이것을 $\dot{m}g$로 나누면 다음과 같다.

$$-\frac{\dot{W}_S}{\dot{m}g} = \frac{V_2^2 - V_1^2}{2g} + \frac{p_2}{\gamma_2} - \frac{p_1}{\gamma_1} + z_2 - z_1 + h_L \tag{4.5.17}$$

여기서 수두손실(*head loss*) h_L은 다음과 같이 정의된다.

$$h_L = \frac{\tilde{u}_2 - \tilde{u}_1}{g} - \frac{\dot{Q}}{\dot{m}g} \tag{4.5.18}$$

이것은 종종 손실계수(*loss coefficient*) K로 표현되며 다음과 같다.

$$h_L = K\frac{V^2}{2g} \tag{4.5.19}$$

여기서 V는 대부분 V_1 또는 V_2가 될 수 있다. 손실계수는 7장에서 상세히 다뤄지고 표 7.2에 나타냈다.

손실수두는 길이의 차원을 가지므로 '수두'라 부른다. 또한 각 항들이 길이의 차원을 가지므로 $V^2/2g$를 **속도수두**(*velocity head*), p/γ를 **압력수두**(*pressure head*)라 한다. 3장에서 $p/\gamma + z$를 **피에조미터 수두**(*piezometric head*)로 언급하였다. 피에조미터 수두와 속도수두의 합을 **전수두**(*total head*)라 부른다.

식 4.5.17의 형태로 표현된 에너지방정식은 많은 경우에서 유용하고 가장 빈번하게 사용되는 에너지방정식 형태이다. 만일 손실을 무시하고 축일이 없으면, 에너지방정식은 다음의 형태를 갖는다.

$$\frac{V_2^2}{2g} + \frac{p_2}{\gamma_2} + z_2 = \frac{V_1^2}{2g} + \frac{p_1}{\gamma_1} + z_1 \tag{4.5.20}$$

여기서 $\gamma_1 = \gamma_2$(밀도가 일정한 유동)일 때, 에너지방정식이 베르누이 방정식과 동일한 형태로 표현되었음을 주목해야 한다. 그러나 베르누이 방정식은 유선을 따라 적용 가능한 운동량방정식이고 위 식은 유동의 두 단면 사이에 적용된 에너지방정식이다. 속도수두가 단면에 걸쳐서 일정하고 압력수두와 고도의 합이 단면에 걸쳐서 일정하게 유지되기 때문에 언급된 조건으로부터 둘 다 모두 동일한 결과가 예상되는 것은 그리 놀라운 일이 아니다.

KEY CONCEPT
베르누이 방정식은 유선을 따라 적용되고 에너지방정식은 두 단면 사이에 적용된다.

에너지방정식 (4.5.17)은 각각 하나의 입 출구를 갖는 어떠한 정상 균일유동에도 적용될 수 있다. 검사체적은 입 출구 단면이 균일한 전수두를 갖도록 항상 선택된다. 예를 들어 긴 파이프라인을 통해 흐르는 물 유동에 적용될 경우; 이때 입 출구에서의 전수두는 파이프 입 출구의 중심에서 쉽게 계산된다. 에너지방정식은 수문을 지나는 유동에도 적용될 수 있으며 이를 위한 검사체적이 그림 4.9에 나타냈다. 입 출구에서의 전수두는 입구와 출구의 어느 점에서나 각각 평가될 수 있다. 그러나 수면에 있는 지점을 정하는 것이 편리한 선택이며 에너지방정식은 다음과 같다.

$$\frac{V_1^2}{2g} + \overset{0}{\cancel{\frac{p_1}{\gamma}}} + h_1 = \frac{V_2^2}{2g} + \overset{0}{\cancel{\frac{p_2}{\gamma}}} + h_2 + h_L \tag{4.5.21}$$

여기서 압력은 0이다. 만일 그림 4.9에서 보이는 것과 같이 입구와 출구의 도심이 선택되면 다음의 결과를 얻을 수 있다.

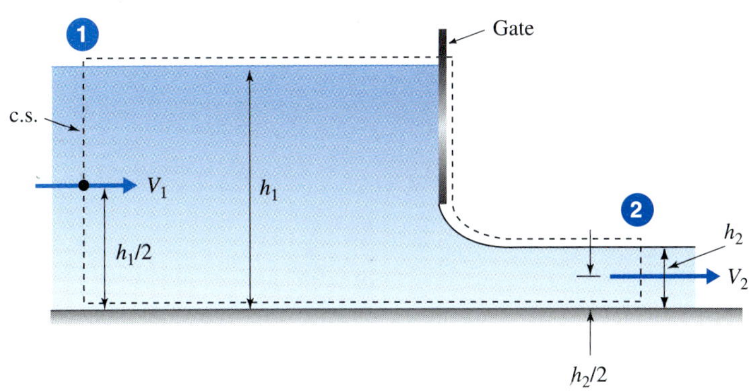

그림 4.9 개수로에서 수문에 에너지방정식을 적용한 경우

$$\frac{V_1^2}{2g} + \frac{p_1}{\gamma} + \frac{h_1}{2} = \frac{V_2^2}{2g} + \frac{p_2}{\gamma} + \frac{h_2}{2} + h_L \tag{4.5.22}$$

$p_1 = h_1\gamma/2$와 $p_2 = h_2\gamma/2$를 대입하면 식 4.5.21과 같은 것을 알 수 있다. 그림 4.9에서 1과 2사이의 손실은 내부 점성효과가 비교적 짧은 거리에 걸쳐서만 작용하고 심각한 부차적 유동은 발생되지 않기 때문에 무시될 수 있다.

에너지방정식 (4.5.15)은 어떠한 검사체적에도 적용될 수 있다. 예를 들어 하나의 입구와 두 개의 출구가 있는 관에서 T 단면(그림 4.10)을 흐르는 정상, 균일, 비압축성 유동을 고려해 보자. 에너지방정식은 두 개의 검사체적 각각에 단면 2를 나가는 질량 유속과 단면 3을 통과하는 질량유속에 대하여 각각 적용될 수 있다.

$$\begin{aligned} \frac{V_1^2}{2g} + \frac{p_1}{\gamma} + z_1 &= \frac{V_2^2}{2g} + \frac{p_2}{\gamma} + z_2 + h_{L_{1-2}} \\ \frac{V_1^2}{2g} + \frac{p_1}{\gamma} + z_1 &= \frac{V_3^2}{2g} + \frac{p_3}{\gamma} + z_3 + h_{L_{1-3}} \end{aligned} \tag{4.5.23}$$

식 4.5.23에서 손실항은 입구와 각 출구에서의 손실들을 포함한다. 만일 손실이 무시될 수 있다면 에너지방정식은 1에서 2로 또는 1에서 3으로 나가는 유선의 흐름을 따라서 적용되는 베르누이 방정식과 같은 형태로 정리되어 진다.

이 절에서 마지막으로 알아 두어야 할 것은 유동시스템에서 펌프와 터빈에 대한 기호에 관한 것이다. 편의상 펌프와 관련이 있는 에너지항($\dot{W}_S/\dot{m}g$)을 **펌프수두**(*pump head*) H_P로, 터빈과 관련 있는 항($\dot{W}_S/\dot{m}g$)을 **터빈수두**(*turbine head*) H_T로 부른다. 따라서 비압축성 유동의 에너지방정식은 다음의 형태를 취한다.

$$H_P + \frac{V_1^2}{2g} + \frac{p_1}{\gamma} + z_1 = H_T + \frac{V_2^2}{2g} + \frac{p_2}{\gamma} + z_2 + h_L \tag{4.5.24}$$

여기서 입구에서의 에너지와 추가된 에너지를 합한 것을, 추출된 에너지와 출구에서의 에너지를 더한 값과 같게 놓았다(단위 중량당 에너지). 만일 어떤 양이 0이라면(즉 펌프가 없는 경우), 적절한 항이 생략된다. 위에서 언급했던 항들 H_p와 H_T는 각각 유체에 전달되고 유체로부터 전달되는 에너지를 나타낸다. 만약 터빈에 의해 전달되거나 혹은 펌프에

KEY CONCEPT
H_p와 H_T는 각각 유체로 전달되고 유체로부터 전달되는 에너지를 나타낸다.

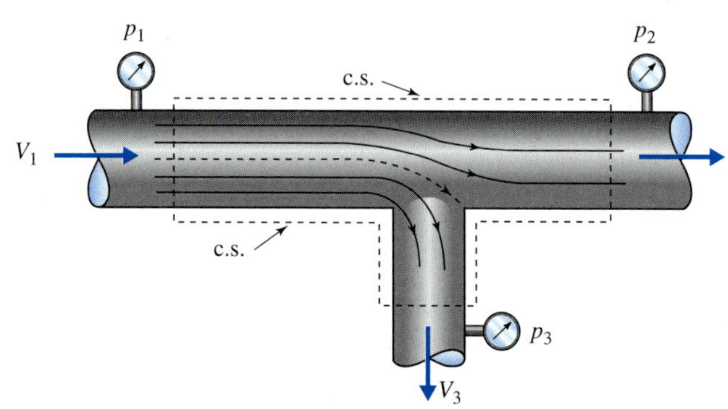

그림 4.10 T 단면에 에너지방정식을 적용한 경우

의해 요구되는 에너지가 필요하다면, 각 장치의 효율이 고려되어야 한다.

효율 η_T를 갖는 터빈에 의해 발생되는 동력은 다음과 같다.

$$\dot{W}_T = \dot{m}gH_T\eta_T = \gamma QH_T\eta_T \tag{4.5.25}$$

또한 효율 η_p를 갖는 펌프가 필요로 하는 동력은 다음과 같이 나타낼 수 있다.

$$\dot{W}_P = \frac{\dot{m}gH_P}{\eta_P} = \frac{\gamma QH_P}{\eta_P} \tag{4.5.26}$$

동력은 와트(Watt, ft-lb/sec), 혹은 마력으로 계산된다. 1마력은 746 W와 같다.

4.5.4 정상 비균일유동

만일 균일 속도 분포라는 가정이 적용될 수 없다면, 속도 분포의 적절한 표현을 사용해 식 4.5.15에서 검사표면 적분을 고려해야만 한다. 실제로 속도 분포는 다음과 같이 정의된 운동에너지 보정계수(*kinetic energy correction factor*) α를 도입함으로써 고려될 수 있다.

$$\alpha = \frac{\int V^3 dA}{\overline{V}^3 A} \tag{4.5.27}$$

여기서 $\overline{V}$는 식 4.4.11에서 주어진 면적 A에서의 평균속도이다. 그리고 식 4.5.15에서 운동에너지의 유속은 다음과 같이 쓸 수 있다.

$$\frac{1}{2}\rho\int_A V^3\, dA = \frac{1}{2}\alpha\rho\,\overline{V}^3 A \tag{4.5.28}$$

여기서 $\mathbf{V}\cdot\hat{\mathbf{n}} = V$와 $V_I = V$를 사용했다. 이 계수를 사용하여, 다음과 같이 식 4.5.24를 변경하여 비균일 속도 분포에 적용할 수 있다.

$$H_P + \alpha_1\frac{\overline{V}_1^2}{2g} + \frac{p_1}{\gamma} + z_1 = H_T + \alpha_2\frac{\overline{V}_2^2}{2g} + \frac{p_2}{\gamma} + z_2 + h_L \tag{4.5.29}$$

여기서 $\overline{V}_1$과 $\overline{V}_2$는 각각 단면 1과 2에서의 평균속도이다. 파이프 내에서 포물선 형상의 속도 분포를 갖는 유동에 대해서 $\alpha = 2.0$로 계산할 수 있다(예제 4.9 참조). 그러나 대부분의 내부 난류유동에 대해 그 형상은 $\alpha \simeq 1.05$를 갖는 균일 상태에 가까우며, 편의상 $\alpha = 1$로 놓는다. 이것은 우리가 접하는 유동의 대부분이 난류유동이므로 별도로 언급이 없는 경우 항상 1로 취급된다.

KEY CONCEPT
대부분의 난류 내부유동에서 $\alpha = 1$로 놓는다.

예제 4.6

그림 E4.6의 펌프가 유량 0.2 m^3/s의 물을 압력 200 kPa에서 600 kPa로 증가시킨다. 펌프의 효율이 85%라면, 펌프에 얼마만큼의 동력이 요구되는가? 펌프의 출구는 입구보다 20 cm 위에 있다. 입구와 출구의 면적은 같다고 가정한다.

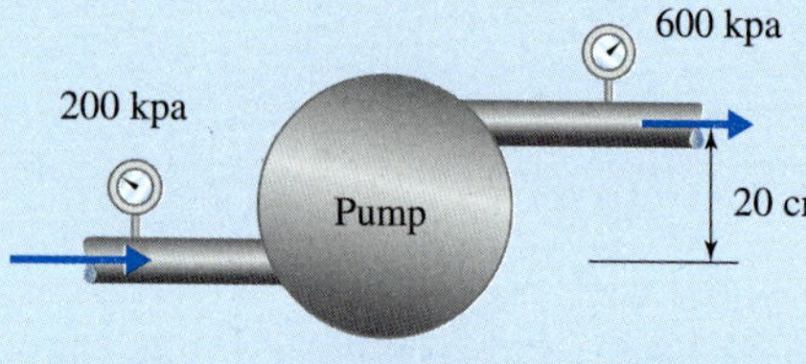

그림 E4.6

풀이

펌프의 전후에서 식(4.5.24)를 적용하면

$$H_P = \frac{p_2 - p_1}{\gamma} + z_2 - z_1$$

$$= \frac{(600\,000 - 200\,000)\ \text{N/m}^2}{9810\ \text{N/m}^3} + 0.2\ \text{m} = 41.0\ \text{m}$$

입구와 출구의 면적이 같으므로 $V_1 = V_2$이며 모든 손실은 식 4.5.26의 효율로 설명된다. 따라서 소비전력은

$$\dot{W}_P = \frac{\gamma Q H_P}{\eta_P}$$

$$= \frac{9810\ \text{N/m}^3 \times 0.2\ \text{m}^3/\text{s} \times 41.0\ \text{m}}{0.85} = 94\,600\ \text{J/s} \quad \text{or} \quad 94.6\ \text{kW}$$

예제 4.7

물이 직경 0.75 m의 관로를 통해서 저수조로부터 터빈-발전기까지 흐르고 저수조 표면보다 30 m 아래인 강으로 유출된다. 만일 유량이 2.5 m^3/s이고, 터빈-발전기의 효율이 88%라 할 때 출력을 계산하라. 관로에서의 손실계수 $K = 2$이다(출구포함).

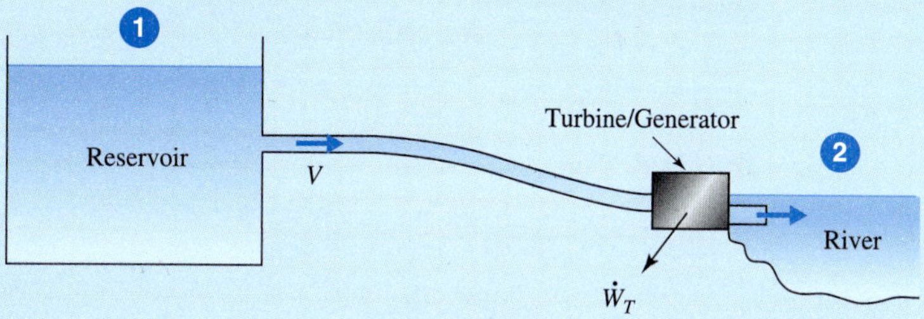

그림 E4.7

풀이

그림 E4.7에서 단면 1인 저수조 표면에서 단면 2인 강 표면까지를 검사체적으로 선택한다. 단면 1과 단면 2에서 속도, 압력, 고도를 알고 있다. 저수조의 표면을 입구로 강의 수면을 출구로 생각한다. 관에서의 속도는

$$V = \frac{Q}{A} = \frac{2.5}{\pi \times 0.75^2/4} = 5.66 \text{ m/s}$$

다음은 에너지방정식을 고려하자. 계기압을 사용하면 $p_1 = p_2 = 0$이다. 기준선을 단면2에 잡으면 $z_2 = 0$이다. 수조 표면에서의 속도 V_1, V_2는 무시할 수 있을 정도로 작다. K는 직경 0.75 m 관의 속도를 근거로 가정된다. 따라서 에너지방정식 (4.5.24)는 다음과 같이 된다.

$$\overset{0}{\cancel{H_P}} + \overset{0}{\cancel{\frac{V_1^2}{2g}}} + \overset{0}{\cancel{\frac{p_1}{\gamma}}} + z_1 = H_T + \overset{0}{\cancel{\frac{V_2^2}{2g}}} + \overset{0}{\cancel{\frac{p_2}{\gamma}}} + \overset{0}{\cancel{z_2}} + K\frac{V^2}{2g}$$

$$30 = H_T + 2\frac{5.66^2 \text{ m}^2/\text{s}^2}{2 \times 9.81 \text{ m/s}^2}$$

$$\therefore H_T = 26.73 \text{ m}$$

식 4.5.25을 사용하여 위 식으로부터 동력을 구하면 다음과 같다.

$$\begin{aligned}\dot{W}_T &= Q\gamma H_T \eta_T \\ &= 2.5 \text{ m}^3/\text{s} \times 9807 \text{ N/m}^3 \times 26.73 \text{ m} \times 0.88 = 576.7 \text{ kW} \quad \text{or} \quad 773 \text{ hp}\end{aligned}$$

이 예제에서는 계기압이 사용되었다. 위치에너지의 기준선을 단면 2에 있다고 가정하였고, V_1, V_2는 무시할 만큼 작다고 가정하였으며 K는 직경 0.75 m인 관의 속도에 근거한다고 가정하였다.

예제 4.8

관의 직경이 10 cm에서 최소 5 cm로 감소하는 벤투리미터(venturi meter)가 있다(그림 E4.8). 이상 조건이라 가정하고 유량과 질량유속을 구하라.

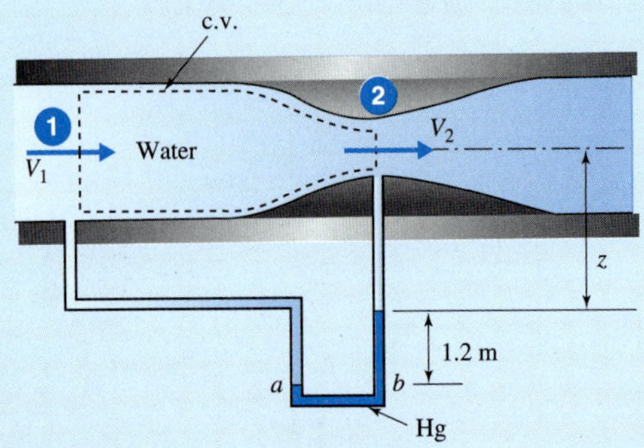

그림 E4.8

풀이

검사체적은 마노미터의 압력값을 적용할 수 있는 단면과 대응되는 입구와 출구를 그림과 같이 선택하였다. 마노미터에서 읽은 값은 다음과 같이 해석된다.

$$p_a = p_b$$
$$p_1 + \gamma(z + 1.2) = p_2 + \gamma z + 13.6\gamma \times 1.2$$

여기서 z는 관 중심으로부터 수은주 상부까지의 거리이다. 마노미터는 다음의 값을 준다.

$$\frac{p_1 - p_2}{\gamma} = (13.6 - 1) \times 1.2 = 15.12 \text{ m}$$

연속방정식 (4.4.6)을 사용하면 V_1과 V_2의 관계는

$$V_1A_1 = V_2A_2$$
$$\therefore V_2 = \frac{A_1}{A_2}V_1 = \frac{\pi \times 10^3/4}{\pi \times 5^2/4}V_1 = 4V_1$$

이상조건(손실이 없고 균일유동)을 가정하고 $h_L = \dot{W}_S = 0$이라면, 에너지방정식(4.5.17)은

$$0 = \frac{V_2^2 - V_1^2}{2g} + \frac{p_2 - p_1}{\gamma} + (\overset{0}{\cancel{z_2 - z_1}})$$
$$= \frac{16V_1^2 - V_1^2}{2g} - 15.12$$
$$\therefore V_1 = 4.45 \text{ m/s}$$

유량은

$$Q = A_1V_1 = \pi \times 0.05^2 \times 4.45 = 0.0350 \text{ m}^3/\text{s}$$

질량유속은

$$\dot{m} = \rho Q = 1000 \times 0.035 = 35.0 \text{ kg/s}$$

예제 4.9

관 내 유동에서 속도 분포가 $V(r) = V_{max}(1 - r^2/r_0^2)$이고 r_o는 관의 반경이다(그림 E4.9). 운동에너지 수정계수를 구하라.

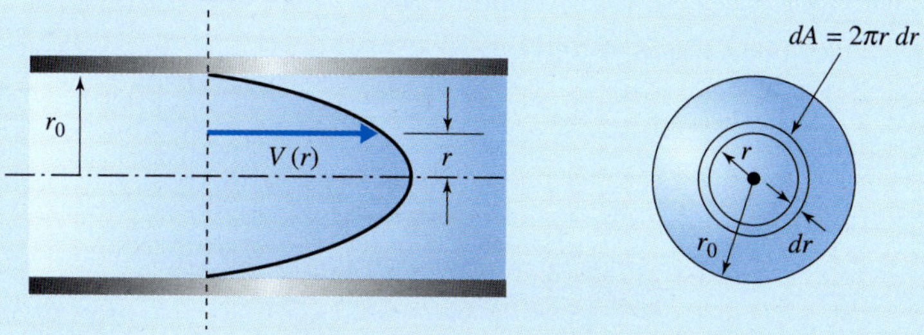

그림 E4.9

풀이

운동에너지 수정계수 α를 구하기 위해서는 평균속도를 알아야 한다. 식 4.4.10과 4.4.11을 조합하면

$$\overline{V} = \frac{\int V\,dA}{A}$$

$$= \frac{1}{\pi r_0^2}\int_0^{r_0} V_{max}\left(1 - \frac{r^2}{r_0^2}\right)2\pi r\,dr = \frac{2\pi V_{max}}{\pi r_0^2}\int_0^{r_0}\left(r - \frac{r^3}{r_0^2}\right)dr$$

$$= \frac{2V_{max}}{r_0^2}\left(\frac{r_0^2}{2} - \frac{r_0^4}{4r_0^2}\right) = \frac{1}{2}V_{max}$$

식 4.5.27을 사용하면 그 결과는 다음과 같다.

$$\alpha = \frac{\int V^3\,dA}{\overline{V}^3 A}$$

$$= \frac{\int_0^{r_0} V_{max}^3(1 - r^2/r_0^2)^3\, 2\pi r\,dr}{\left(\frac{1}{2}V_{max}\right)^3 \pi r_0^2} = \frac{16}{r_0^2}\int_0^{r_0}\left(1 - \frac{3r^2}{r_0^2} + \frac{3r^4}{r_0^4} - \frac{r^6}{r_0^6}\right)r\,dr$$

$$= \frac{16}{r_0^2}\left(\frac{r_0^2}{2} - \frac{3r_0^2}{4} + \frac{3r_0^2}{6} - \frac{r_0^2}{8}\right) = 2$$

결과적으로 원형 단면에서 포물선형 속도 분포와 관련된 운동에너지 유속은 다음과 같이 주어진다.

$$\int \rho \mathbf{V}\cdot\hat{\mathbf{n}}\frac{V^2}{2}\,dA = 2 \times \frac{\dot{m}\overline{V}^2}{2}$$

포물선형 속도 분포는 관이나 평행 평판 사이, 입구의 하류나 기하형태의 변화(밸브, 엘보우 등)가 일어나는 층류유동에서 나타난다. 레이놀즈수는 매우 작으며 보통 2000보다 작다.

예제 4.10

자동차(그림 E4.10)에 작용하는 항력은 $0.15\rho V_\infty^2 A$의 표현식으로 근사화될 수 있다. 여기서 A는 투영된 단면적이고 V_∞는 자동차의 속도이다. 만약 $A = 1.2\ \text{m}^2$이고 연료소비율 f(가솔린 주행마일수)가 15 km/L이고 자동차가 90 km/h로 주행한다면 엔진의 효율 η을 계산하라. 연소 시 연료의 발열량은 44000 kJ/kg로 가정한다. 배기가스와 냉각수에 의한 에너지 손실은 무시하고 운동에 대한 저항은 항력만 고려한다. $\rho_{air} = 1.12\ \text{kg/m}^3$, $\rho_{fuel} = 0.68\ \text{kg/L}$를 사용하라.

그림 E4.10

풀이

그림에서처럼 자동차를 움직이는 검사체적(검사체적은 고정이라는 것에 주의)으로 선택하면, 에너지방정식을 단순화할 수 있다(식 4.5.3과 4.5.11의 조합).

$$\dot{Q} - \dot{W}_I = 0$$

모든 다른 항은 무시할 수 있다. 검사체적을 지나가는 속도는 존재하지 않으므로 $\mathbf{V}\cdot\hat{\mathbf{n}} = 0$이다(배기가스의 에너지 무시). 축일이나 전단일은 없다. 검사체적의 에너지는 일정하게 유지된다. 유효일을 만드는 에너지 입력 $\dot{Q}$는 연소되는 동안 방출되는 에너지 발열량의 η 배이다. 즉,

$$\dot{Q} = \dot{m}_f \times 44\,000\eta\ \text{kJ/s}$$

여기서 $\dot{m}_f$은 연료의 질량유속이다. 연료의 질량유속은 연료소비율 $\dot{f}$과 연료의 밀도 0.68 kg/L를 알면 다음과 같이 구할 수 있다.

$$\dot{f} = \frac{\text{distance}}{\text{volume}} = \frac{V_\infty \times \text{time}}{Q \times \text{time}} = \frac{V_\infty}{\dot{m}_f/\rho_f} = \frac{\rho_f V_\infty}{\dot{m}_f}$$

$V_\infty = 90\,000/3600 = 25\ \text{m/s}$, $\dot{f} = 15 \times 1000\ \text{m/L}$를 대입하면

$$15 \times 1000 = \frac{0.68 \times 25}{\dot{m}_f}$$

$$\therefore \dot{m}_f = 0.001133\ \text{kg/s}$$

관성 일률항은

$$\begin{aligned}\dot{W}_I &= V_\infty \times \text{drag}\\ &= 0.15\rho V_\infty^3 A = 0.15 \times 1.12 \times 25^3 \times 1.2 = 3150\ \text{J/s}\end{aligned}$$

$\dot{Q} = \dot{W}_I$를 사용하면

$$44\,000\eta \times 0.001133 = 3.15$$

$$\therefore \eta = 0.0632 \quad \text{or} \quad 6.32\%$$

이것은 아마도 모두 놀랄 정도로 매우 낮은 퍼센트이다. 자동차를 90 km/h로 추진하기 위해서는 실제로 매우 작은 동력(3.15 kJ/s = 4.22 hp)이 필요하다. 간단히 자동차를 움직일 때, 가속을 위하여 주로 필요로 하는 상대적으로 큰 엔진은 매우 비효율적이다. 고정좌표계를 사용하는 것이 중요하다는 것을 주의하라. 자동차에 설정한 좌표계는 자동차가 일정속도로 움직이므로 관성좌표계이다. 그러나 에너지방정식은 항력에 의해 요구되는 에너지가 적절히 포함될 수 있도록 고정좌표계를 요구한다.

4.6 운동량방정식

4.6.1 일반적인 운동량방정식

운동량방정식(*momentum equation*)이라 불리는 뉴턴의 제2법칙은 계에 작용하는 합력이 관성좌표계에서 계의 운동량 변화율과 같음을 나타내며 다음과 같이 표현된다.

$$\Sigma \mathbf{F} = \frac{D}{Dt}\int_{\text{sys}} \rho \mathbf{V}\, dV\!\!\!/ \qquad (4.6.1)$$

식 4.3.9에서 η를 $\mathbf{V}$로 대체하면, 위 식은 검사체적에 대해 다음과 같이 쓸 수 있다.

$$\Sigma \mathbf{F} = \frac{d}{dt}\int_{\text{c.v.}} \rho \mathbf{V}\, dV\!\!\!/ + \int_{\text{c.s.}} \rho \mathbf{V}(\mathbf{V}\cdot\hat{\mathbf{n}})\, dA \qquad (4.6.2)$$

여기서 $\mathbf{V}\cdot\hat{\mathbf{n}}$은 각 미소 면적 dA에 대한 하나의 스칼라 값이다. 우변의 검사표면 적분은 검사표면을 가로질러 검사체적으로 들어가거나 또는 검사체적을 나가는 정미 운동량 유속을 나타낸다.

뉴턴의 제2법칙이 적용될 때 $\Sigma \mathbf{F}$ 값은 검사체적에 작용하는 모든 힘들을 나타내며 주위로부터 검사표면에 작용하는 표면력들과 중력과 자기장으로부터 발생하는 체적력들을 포함한다. 운동량방정식은 종종 유동에 의해 발생한 힘들을 결정하는 데 사용된다. 예를 들어, 운동량방정식은 관로에서 엘보우의 지지대에 작용하는 힘이나 혹은 자유표면 유동에서 잠긴 물체 상에 작용하는 힘을 계산할 수 있게 한다.

KEY CONCEPT
운동량방정식은 주로 유동에 의해 발생하는 힘을 구하기 위해 사용된다.

운동량방정식을 적용할 때 주변유체 그리고 때때로 전체 수도관 혹은 저장용기가 검사체적으로부터 분리되는 경우가 있다. 예를 들어, 그림 4.11a의 수평노즐에서 노즐과 노즐 안의 유체는 고립된다. 그러므로 압력과 힘 $\mathbf{F}_{\text{joint}}$에 주위를 기울여야 한다. 파이프의 외부에 작용하는 압력은 이때 0이 되도록 계기압을 사용하는 것이 편리하다. 또한 단지 노즐 안(그림 4.11b)의 유체만을 포함하는 검사체적을 선택할 수도 있다. 이 경우 입구와 출구의 두 압력과 유체에 대한 노즐 내벽의 합력 $\mathbf{F}_{\text{nozzle}}$을 고려해야만 한다. 물론 유체를 제외한 노즐의 자유물체도로부터 분명하듯이 힘 $\mathbf{F}_{\text{joint}}$와 $\mathbf{F}_{\text{nozzle}}$은 크기가 같다. 만일 문제가 노즐상의 유동(그림 4.11b)에 의해 가해지는 힘을 구하는 것이라면, 계산된 힘 $\mathbf{F}_{\text{nozzle}}$의 방향을 반대로 해야 한다. 이 절의 끝 부분에 있는 예제에서 설명된다.

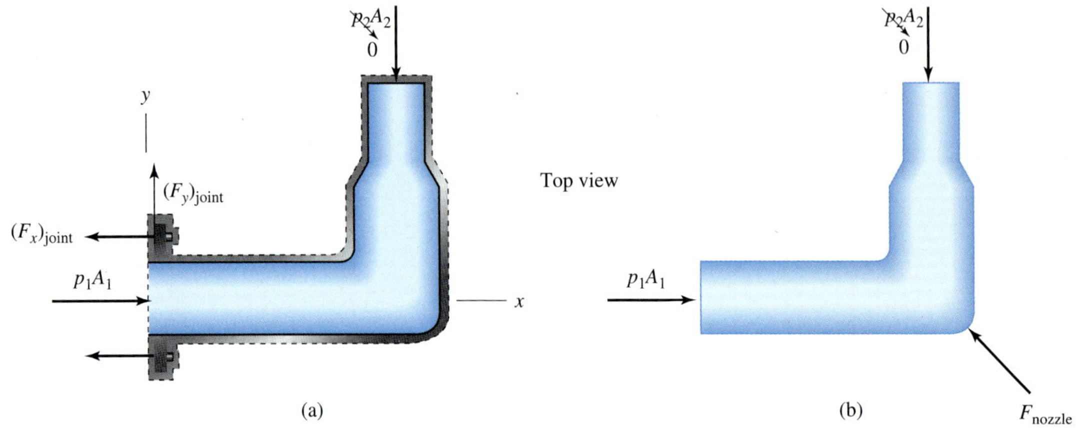

그림 4.11 수평노즐의 검사체적에 작용하는 힘: (a) 검사체적은 노즐과 노즐 안의 유체를 포함한다. (b) 검사체적은 오직 노즐 안의 유체만을 포함한다. 체적력은 무시

4.6.2 정상 균일유동

식 4.6.2는 어떤 장치의 입구와 출구를 지나는 유동이 균일하다고 가정되고 또한 유동이 정상상태라면 비교적 단순화시킬 수 있다. 즉,

$$\Sigma \mathbf{F} = \sum_{i=1}^{N} \rho_i A_i \mathbf{V}_i(\mathbf{V}_i \cdot \hat{\mathbf{n}}) \tag{4.6.3}$$

이고 여기서 N은 유동 입/출구 면적의 수이다.

단위 벡터가 체적으로부터 외부로 향하고 있으므로 입구에서는 $\mathbf{V}\cdot\hat{\mathbf{n}} = -V$이고 출구에서는 $\mathbf{V}\cdot\hat{\mathbf{n}} = V$이다. 만일 그림 4.11과 같이 하나의 입구와 하나의 출구만이 있다면, 운동량방정식은 다음과 같이 된다.

$$\Sigma \mathbf{F} = \rho_2 A_2 V_2 \mathbf{V}_2 - \rho_1 A_1 V_1 \mathbf{V}_1 \tag{4.6.4}$$

연속방정식을 이용하면

$$\dot{m} = \rho_1 A_1 V_1 = \rho_2 A_2 V_2$$

$$\Sigma \mathbf{F} = \dot{m}\,(\mathbf{V}_2 - \mathbf{V}_1) \tag{4.6.5}$$

이므로 운동량방정식은 간단한 형태로 다음과 같이 된다.

KEY CONCEPT
운동량방정식은 세 개의 스칼라 방정식으로 표현되는 벡터 방정식이다.

$$\Sigma F_x = \dot{m}(V_{2x} - V_{1x})$$

$$\Sigma F_y = \dot{m}(V_{2y} - V_{1y}) \tag{4.6.6}$$

$$\Sigma F_z = \dot{m}(V_{2z} - V_{1z})$$

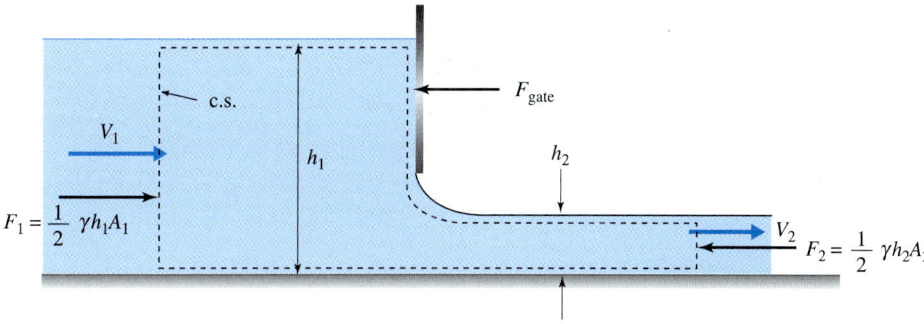

그림 4.12 자유표면유동에서 수문에 작용하는 유동의 힘

운동량방정식은 벡터방정식이라는 것에 주의하여야 한다. 만약 그림 4.11a에서와 같이 $(\mathbf{V}_1)_x = V_1$과 $(\mathbf{V}_2)_x = 0$인 노즐에 대한 합력의 x 방향 성분을 구하고 싶다면, x 방향에 대한 운동량방정식은 다음과 같이 된다.

$$\Sigma F_x = -(F_x)_{\text{joint}} + p_1 A_1 = -\dot{m}\, V_1 \qquad (4.6.7)$$

같은 방법으로 y성분 방정식을 쓸 수 있고 $(F_y)_{\text{joint}}$를 포함한다.

직사각형 채널에서 자유표면유동의 예를 그림 4.12에 나타냈다. 만일 유동으로 인해 수문에 작용하는 힘을 구하고자 한다면, 운동량방정식을 다음과 같이 나타낼 수 있다.

$$\Sigma F_x = -F_{\text{gate}} + F_1 - F_2 = \dot{m}(V_2 - V_1) \qquad (4.6.8)$$

여기서 F_1과 F_2는 압력에 의한 힘이다(그림 4.12 참조).

예제 4.11

물이 수평관 벤드를 통해 흐르고 대기로 배출된다(그림 E4.11a). 유량은 0.0083 m^3/s이다. 파이프 벤드를 위치에 고정시키고 있는 각 봉에 걸리는 힘을 계산하라. 봉에서 체적력과 점성효과, 전단력은 무시한다.

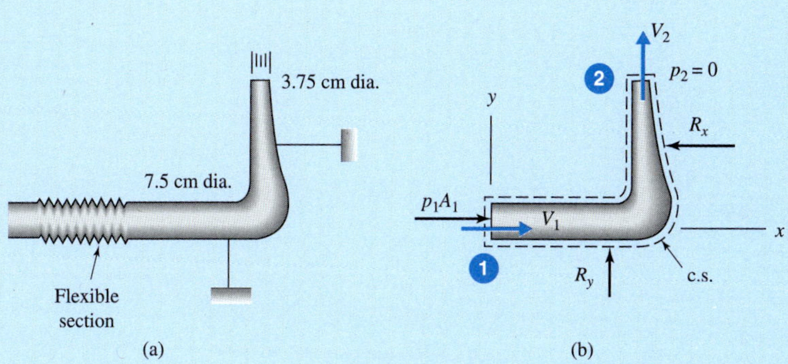

그림 E4.11

(계속)

풀이

검사체적을 그림 E4.11b와 같이 벤드를 둘러싸도록 선택한다. 봉이 잘렸기 때문에 봉이 검사체적에 가하는 힘이 포함된다. 검사체적 입구에서의 압력도 표시하였다. 유연부는 내부압력에 저항할 수 있지만 축력이나 모멘트는 전달할 수 없다. 체적력(검사체적의 무게)은 x나 y 방향으로 작용하지 않고 그 방향에 수직 방향으로 작용한다. 따라서 다른 힘은 존재하지 않는다. 평균속도를 구하면

$$V_1 = \frac{Q}{A_1} = \frac{0.0083}{\pi \times (7.5/100)^2/4} = 1.88 \text{ m/s}; \; V_2 = \frac{Q}{A_2} = \frac{0.0083}{\pi \times (3.75/100)^2/4} = 7.52 \text{ m/s}$$

힘 R_x, R_y를 구하기 전에 압력 p_1, p_2를 알아야 한다. 유동이 대기로 배출되므로 압력 $p_2 = 0$이다. 단면 1에서의 압력은 에너지방정식이나 베르누이 방정식을 사용하여 구할 수 있다. 단면 1과 2 사이에 손실을 무시하면, 에너지방정식은

$$\frac{V_1^2}{2g} + \frac{p_1}{\gamma} = \frac{V_2^2}{2g} + \frac{\cancelto{0}{p_2}}{\gamma}$$

$$\therefore p_1 = \frac{\gamma}{2g}(V_2^2 - V_1^2) = \frac{9807 \text{ N/m}^3}{2 \times 9.81 \text{ m/s}^2}(7.52^2 - 1.88^2) \text{ m}^2/\text{s}^2 = 26.5 \text{ kPa}$$

여기서 R_x와 R_y를 구하기 위해 x 방향과 y 방향의 운동량방정식 (4.6.5)을 적용할 수 있다.

x 방향:

$$p_1 A_1 - R_x = \dot{m}(\cancelto{0}{V_{2x}} - V_{1x})$$

$$26500 \times \frac{\pi}{4}\left(\frac{7.5}{100}\right)^2 - R_x = 1000 \text{ kg/m}^3 \times 0.0083 \text{ m}^3/\text{s} \times (-1.88) \text{ m/s}$$

$$\therefore R_x = 132.6 \text{ N}$$

y 방향:

$$R_y = \dot{m}(V_{2y} - \cancelto{0}{V_{1y}})$$

$$= 1000 \times 0.0083 \times 7.52 = 62.4 \text{ N}$$

균일유동과 정상유동을 가정하고 그리고 $\dot{m} = \rho Q$를 사용한 것에 주의하라. 이것은 다른 방법으로 정보가 주어지지 않는 한 일반적인 가정이다.

예제 4.12

폭이 w인 직사각형 개수로 내의 유동 속도가 상대적으로 클 때, 그림 E4.12a와 같이 유동이 상대적으로 짧은 거리에서 깊이 y_1에서 깊이 y_2로 "도약"이 가능하다. 이것을 "수력도약"이라 부른다. y_2를 y_1과 V_1의 항으로 표현하라. 수평 방향으로 균일유동을 가정한다.

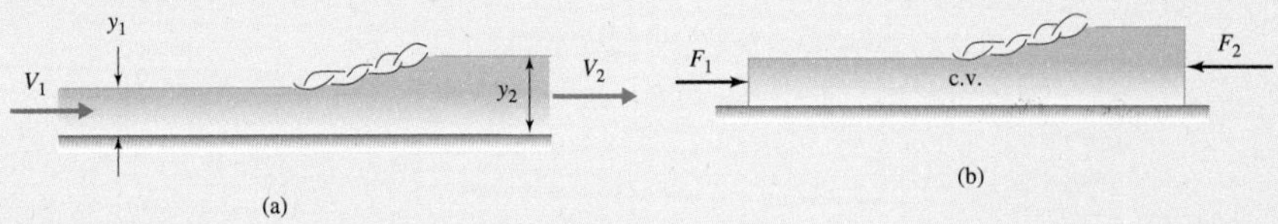

그림 E4.12

풀이

검사체적은 그림 E4.12b와 같이 유선이 정수력학적 압력분포를 갖는 벽과 평행하도록 "도약"과 충분히 떨어진 상류와 하류에서 입구와 출구가 되도록 선택된다. 벽면상에 존재하는 항력을 무시하면(만일 단면 간의 거리가 비교적 작다면 항력은 무시할 수 있다), 운동량방정식은 다음과 같이 쓸 수 있다.

$$\Sigma F_x = \dot{m}(V_{2x} - V_{1x})$$
$$F_1 - F_2 = \rho A_1 V_1 (V_2 - V_1)$$
$$\gamma \frac{y_1}{2}(y_1 w) - \gamma \frac{y_2}{2}(y_2 w) = \rho y_1 w V_1 \left(V_1 \frac{y_1}{y_2} - V_1 \right)$$

여기서 F_1과 F_2는 식 2.4.24를 사용하여 구하였고 식 4.4.6의 연속방정식을 적용하면

$$V_2 = \frac{y_1}{y_2} V_1$$

위의 운동량방정식은 다음과 같이 간단히 할 수 있다.

$$\frac{\gamma}{2}(y_1^2 - y_2^2) = \rho y_1 V_1^2 \frac{y_1 - y_2}{y_2}$$

또는

$$\frac{g}{2}(y_1 - y_2)(y_1 + y_2) = \frac{y_1}{y_2} V_1^2 (y_1 - y_2)$$

계수$(y_1 - y_2)$로 나누고 y_2를 y_1과 V_1의 항으로 다음과 같이 나타낼 수 있다.

$$\frac{g}{2}(y_1 + y_2) = \frac{y_1}{y_2} V_1^2$$
$$y_2^2 + y_1 y_2 - \frac{2}{g} y_1 V_1^2 = 0$$
$$\therefore y_2 = \frac{1}{2}\left(-y_1 + \sqrt{y_1^2 + \frac{8}{g} y_1 V_1^2} \right)$$

여기서 이차함수 공식이 사용되었다. 에너지방정식은 수력도약에서의 손실을 구하기 위해 사용될 수 있다.

예제 4.13

원통 주위의 공기의 대칭 유동을 생각하자. 원통을 제외한 검사체적을 그림 E4.13에 나타냈다. 원통 하류에서의 속도 분포는 포물선형으로 그림에 나타낸 것처럼 근사된다. 원통에 작용하는 길이 당 항력을 계산하라. $\rho = 1.23\ \text{kg/m}^3$을 사용하라.

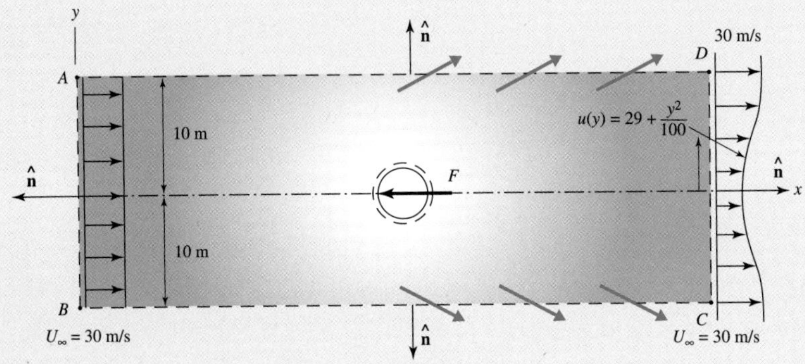

그림 E4.13

풀이

우선 AB를 통해 들어온 질량유속이 CD를 통해 다 나가지 못하는 것을 알아야 한다. 즉, 결과적으로 일부가 AD와 BC를 통해 나가야만 한다. 정상유동에 대한 운동량방정식 (4.6.2)를 검사체적 $ABCD$에 적용하면

$$
\begin{aligned}
-F = \int_{\text{c.s.}} \rho V_x \mathbf{V}\cdot\hat{\mathbf{n}}\, dA &= \int_{A_{CD}} \rho u \mathbf{V}\cdot\hat{\mathbf{n}}\, dA + \int_{A_{AD}} \rho u \mathbf{V}\cdot\hat{\mathbf{n}}\, dA + \int_{A_{BC}} \rho u \mathbf{V}\cdot\hat{\mathbf{n}}\, dA \\
&\quad + \int_{A_{AB}} \rho u \mathbf{V}\cdot\hat{\mathbf{n}}\, dA \\
&= \int_{A_{CD}} \rho u^2\, dA + U_\infty \dot{m}_{AD} + U_\infty \dot{m}_{BC} - \int_{A_{AB}} \rho u^2\, dA \\
&= 2\int_0^{10} 1.23\left(29 + \frac{y^2}{100}\right)^2 dy + 2\times 30\dot{m}_{AD} - 1.23\times 30^2\times 20
\end{aligned}
$$

여기서 $\dot{m}_{BC} = \dot{m}_{AD}$로 x 방향 속도 성분이 30 m/s로 같고 BC와 AD를 통해 나가는 질량유속이다. y = 10 m일 때 포물선 속도 분포 $u(10)$ = 30 m/s이므로 10 m를 사용하였다. $\dot{m}_{AD}$와 $\dot{m}_{BC}$를 구하기 위해 식 4.4.9를 사용하였고 $\mathbf{V}\cdot\hat{\mathbf{n}} = V_n$으로 y 방향 속도성분이 된다. $\dot{m}_{AD}$를 구하기 위해 연속방정식을 적용하면

$$
\begin{aligned}
0 = \int \rho\hat{\mathbf{n}}\cdot\mathbf{V}\, dA &= \int_{A_{AD}} \rho\hat{\mathbf{n}}\cdot\mathbf{V} dA + \int_{A_{BC}} \rho\hat{\mathbf{n}}\cdot\mathbf{V}\, dA + \int_{A_{CD}} \rho\hat{\mathbf{n}}\cdot\mathbf{V}\, dA + \int_{A_{AB}} \rho\hat{\mathbf{n}}\cdot\mathbf{V}\, dA \\
&= \dot{m}_{AD} + \dot{m}_{\text{BC}} + 2\int_0^{10} \rho u(y)\, dy - \rho\times 20\times 30 \\
&= 2\dot{m}_{\text{AD}} + 2\int_0^{10} 1.23\times\left(29 + \frac{y^2}{100}\right) dy - 1.23\times 20\times 30
\end{aligned}
$$

$$\therefore \dot{m}_{AD} = 8.2\ \text{kg/s per meter of length}$$

운동량방정식에 대입하여 정리하면

$$
\begin{aligned}
F &= -21\,170 - 492 + 22\,140 \\
&= 478\ \text{N/m}
\end{aligned}
$$

예제 4.14

급확대되는 파이프 내에서 V_1과 면적비의 항으로 수두손실에 대한 표현식을 구하라(그림 E4.14). 균일속도 분포를 가정하고 급확대되는 곳에서의 압력은 p_1이라 가정한다.

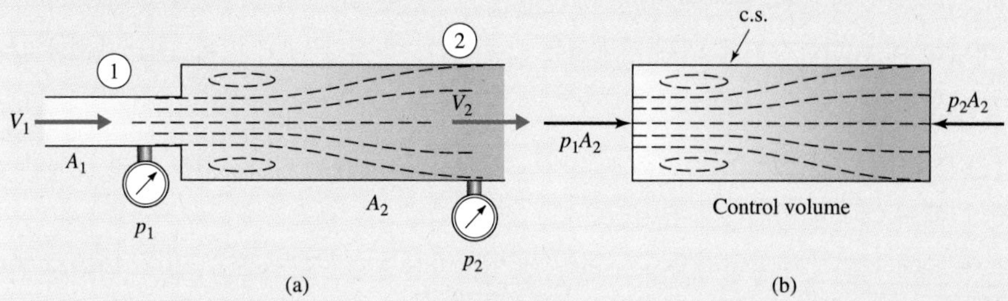

그림 E4.14

풀이

그림 E4.14a는 직경이 d_1에서 d_2로 변하는 급확대를 보여준다. 급확대에서의 압력은 그림에서 보이듯이 유선이 거의 평행하므로 p_1에 가깝다(평행한 유선에 수직 방향으로 압력변화는 없다; 파이프 내를 유체가 채우기 위해서는 어느 정도의 거리가 필요하다. 따라서 그림 E4.14b에 나타낸 것처럼 검사체적의 왼쪽 끝에 작용하는 힘은 p_1A_2이다. 균일유동을 가정하고 검사체적에 뉴턴 제2법칙을 적용하면

$$\Sigma F_x = \dot{m}(V_2 - V_1)$$

$$(p_1 - p_2)A_2 = \rho A_2 V_2 (V_2 - V_1)$$

$$\therefore \frac{p_1 - p_2}{\rho} = V_2(V_2 - V_1)$$

에너지방정식(4.5.17)을 적용하면

$$0 = \frac{V_2^2 - V_1^2}{2g} + \frac{p_2 - p_1}{\gamma} + \cancelto{0}{z_2 - z_1} + h_L$$

$$\therefore h_L = \frac{p_1 - p_2}{\gamma} - \frac{V_2^2 - V_1^2}{2g}$$

$$= \frac{V_2(V_2 - V_1)}{g} - \frac{(V_2 + V_1)(V_2 - V_1)}{2g} = \frac{(V_1 - V_2)^2}{2g}$$

V_1의 항으로만 표현하기 위해 연속방정식을 적용하면

$$V_2 = \frac{A_1}{A_2} V_1$$

따라서 수두손실에 대한 위 식은 다음과 같이 쓸 수 있다.

$$h_L = \left(1 - \frac{A_1}{A_2}\right)^2 \frac{V_1^2}{2g}$$

4.6.3 편향장치에 적용된 운동량방정식

편향장치(deflector)에 대한 운동량방정식의 응용은 터빈, 펌프, 압축기 등과 같은 많은 터보기계 해석의 중요한 부분을 형성한다. 이 절에서는 이러한 해석의 예들을 설명할 것이다. 두 부분으로 나눠지는데, 그중 하나는 고정 편향장치에 의해 편향되는 분류이고 다른 하나는 이동 편향장치에 의해 편향되는 분류이다. 이 두 문제에 대해 모두 다음과 같은 가정을 한다.

KEY CONCEPT
유체가 편향장치를 흐를 때 압력은 일정하게 유지된다.

KEY CONCEPT
편향장치 표면과 분류 흐름 사이의 상대 속도는 변하지 않는다.

- 분류에 대한 외부의 압력은 어디서나 일정하다. 따라서 편향장치를 따라 흐르는 유체의 압력은 일정하게 유지된다.
- 유체-편향장치 상호작용으로 인해 생기는 마찰저항은 무시될 수 있다. 따라서 편향장치 표면과 분류 흐름 사이의 상대 속도는 베르누이 방정식의 결과처럼 변하지 않은 채로 남아 있다.
- 평면 분류의 측면으로의 확산은 무시할 수 있다.
- 검사체적의 무게인 체적력은 작고 무시할 수 있다.

고정 편향장치 우선 그림 4.13에 나타낸 고정 편향장치를 생각하자. 베르누이 방정식에 의해 속도벡터의 크기는 같으며(즉, $V_2 = V_1$), 이는 압력이 유체 분류 외부에서 일정하고 높이 변화는 무시할 수 있다(식 3.4.9 참조)고 가정할 수 있기 때문이다. 정상상태, 균일 유동으로 가정하면 운동량방정식은 식 4.5.6의 형태를 갖는다. 여기서 x와 y 방향 성분은 다음과 같이 된다.

$$\begin{aligned} -R_x &= \dot{m}(V_2 \cos\alpha - V_1) = \dot{m}V_1(\cos\alpha - 1) \\ R_y &= \dot{m}V_2 \sin\alpha = \dot{m}V_1 \sin\alpha \end{aligned} \tag{4.6.9}$$

주어진 분류조건에 대해 반작용 힘의 성분들을 계산할 수 있다.

이동 편향장치 이동하는 편향장치의 경우는 단일 편향장치가 움직이고 있는 경우(제설차의 날개 또는 고속열차의 속도를 줄이기 위해 사용되는 워터스쿠프)나 혹은 여러 개의 편향장치가 움직이고 있는 경우(터빈 내 베인)등으로 나눌 수 있다. 그림 4.14에 나타낸 단일 편향장치가 V_B의 속도를 가지고 양의 x 방향으로 움직이고 있는 경우를 우선 생각해 보자. 고정 노즐에 부착된 좌표계에서 유체분류가 유출되며 유동은 비정상상태이

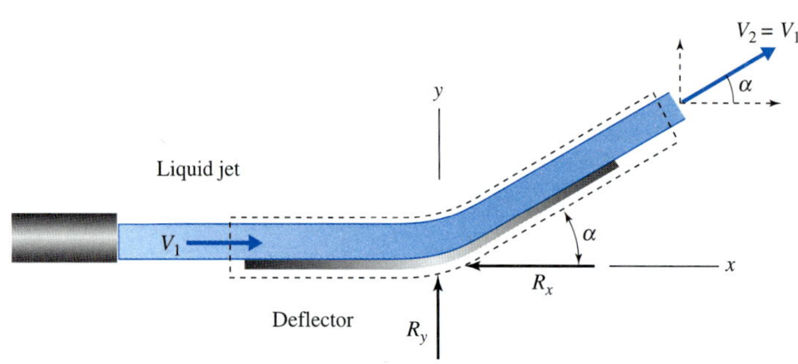

그림 4.13 고정 편향장치

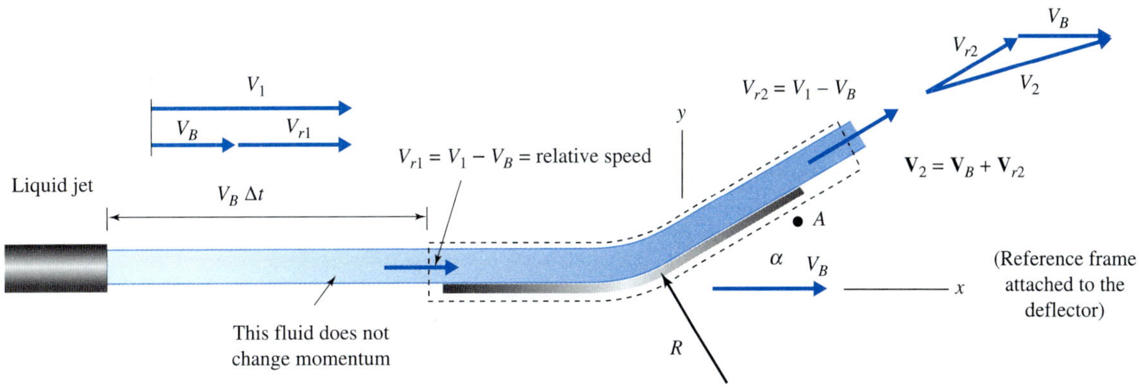

그림 4.14 이동 편향장치

다[2]. 즉, 이것은 공간의 특정한 점에서 유동 상황은 시간에 따라 변한다는 것을 의미한다. 그러나 편향장치에 부착된 상대좌표계로부터 관찰을 한다면 정상상태이다. 일정 속도 V_B로 움직이는 관성좌표계로부터 검사체적으로 들어가는 상대속도 V_{r1}은 $V_1 - V_B$가 됨을 관찰할 수 있다. 이 상대 속도는 편향장치에 대해 유체가 유동하는 속도로 일정하게 유지된다. 압력이 변하지 않기 때문에 속도는 변하지 않는다. 따라서 이동좌표축에 대해 운동량방정식(식 4.6.5)은 다음과 같은 형태를 취한다.

$$\begin{aligned} -R_x &= \dot{m}_r(V_1 - V_B)(\cos\alpha - 1) \\ R_y &= \dot{m}_r(V_1 - V_B)\sin\alpha \end{aligned} \tag{4.6.10}$$

여기서 $\dot{m}_r$은 고정된 분류에서 나가는 질량유속 중 운동량이 변화하는 일부분만을 나타낸다. 편향장치가 고정된 분류로부터 멀리 움직이기 때문에 고정된 분류를 나가는 유체의 일부는 결코 운동량의 변화를 경험하지 않으며 이 유체는 그림 4.14에서 보듯이 거리 $V_B\Delta t$로 표현된다. 따라서

$$\dot{m}_r = \rho A(V_1 - V_B) \tag{4.6.11}$$

여기서 상대속도 $(V_1 - V_B)$가 계산에서 사용된다. 즉, 운동량 변화를 나타내는 질량유속 $\dot{m}_r$를 구하기 위해서는 유출되는 질량유속 ρAV_1으로부터 질량유속 ρAV_B를 빼면 된다.

여러 개의 베인(익렬)에서의 분류는 그림 4.15에서와 같이 나타낼 수 있다. 특정한 베인에 작용하는 실제 힘은 분류가 베인을 때리기 전에는 '0'일 것이다. 그러고 나서 힘은 최댓값으로 증가하고 베인이 분류를 떠나가면서 '0'으로까지 감소할 것이다. 다음과 같은 이상적인 상황을 설정해 본다. 즉, 평균적으로 분류는 고정 좌표계에서 관찰할 때, 그림 4.15와 4.16a에서처럼 베인에 의해 편향되어질 것이다. 유체분류는 각 β_1으로 베인으로 들어가서 각 β_2로 나간다. 그러나 요구되는 것은 유입되는 상대속도가 베인의 선단에 접해야 한다는 것이다. 즉 그림 4.16b에서 상대속도 V_{r1}는 각도가 α_1이다. 상대 속도는 베인을 빠져나갈 때까지 일정하게 유지되며 베인각 α_2로 V_{r2}의 상대 속도로 베인을 빠져나간다. 상

KEY CONCEPT
유체가 움직이는 베인을 흐르는 동안 상대 속도는 일정하다.

[2]이것은 상당히 미묘한 점이다. 유동이 정상상태인가를 결정하기 위해서는 공간상의 한 점에서 유동을 관찰해야 한다. 그 점에서 유동 특성이 시간에 따라 변하면 유동은 비정상유동이다. 그림 4.14에서 편향장치 바로 아래인 특정한 점 A를 고려하자. 처음에는 유동이 없지만 편향장치와 분류가 그 점을 지나게 된다. 그리고 다시 유동이 존재하지 않는다. 이것은 비정상 유동이다.

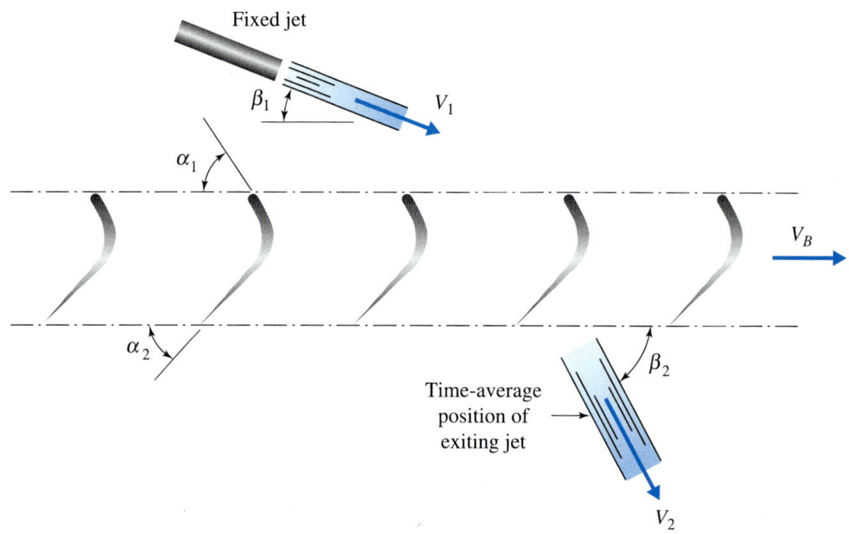

그림 4.15 일련의 베인들과 충돌하는 유체

대 및 절대속도들은 그림 4.16b와 c의 속도 다각형에 의해서 나타낸 속도식과 관계가 있다. 고정분류를 빠져나가는 모든 질량의 운동량이 변한다고 가정하면, 운동량방정식은 다음과 같이 된다.

$$-R_x = \dot{m}\,(V_{2x} - V_{1x}) \tag{4.6.12}$$

예제 4.17에서 상세하게 설명된다.

KEY CONCEPT
x 성분의 힘 만이 출력과 관계된다.

출력(혹은 요구량)이 이 성분과 연관되기 때문에 보통 힘의 x 성분에 관심이 집중된다. 동력은 각각의 분류에 대해서 날개 속력에 x 성분의 힘을 곱해서 구해진다. 즉, 다음의 형태가 된다.

$$\dot{W} = NR_xV_B \tag{4.6.13}$$

여기서 N은 분류의 수를 나타낸다. y 방향 힘은 y 방향으로 이동하지 않기 때문에 출력을 생산하지 않는다.

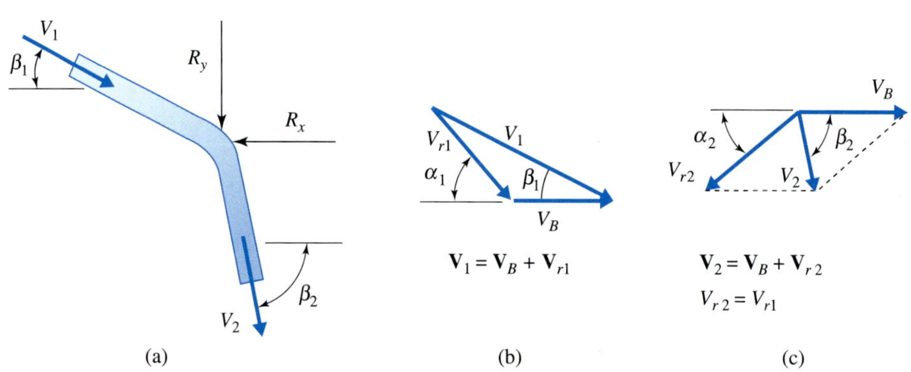

그림 4.16 일련의 베인들을 포함하는 상세 유동 상황: (a) 분류의 평균위치; (b) 입구속도 다각형; (c) 출구속도 다각형

예제 4.15

그림 E4.15에 나타낸 것처럼 30°의 각도를 갖는 편향장치가 물의 방향을 바꾸어 흐르게 한다. 만일 $\dot{m} = 32$ kg/s일 때, 편향장치를 고정시키는 데 필요한 힘은 얼마인가?

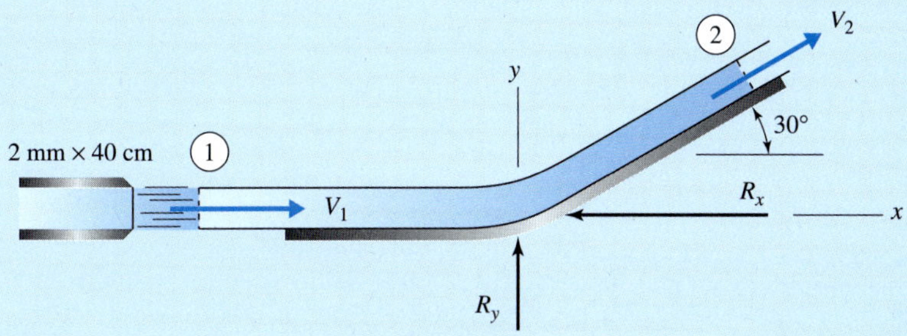

그림 E4.15

풀이

편향장치와 이것에 인접한 물을 포함하는 검사체적을 선택하였다. 검사체적에 작용하는 유일한 힘은 편향장치를 지지하는 데 필요한 지지대에 기인한다. 이 힘을 R_x와 R_y로 분해한다.

속도 V_1은 다음과 같이 구한다.

$$V_1 = \frac{\dot{m}}{\rho A_1}$$

$$= \frac{32}{1000 \times 0.002 \times 0.4} = 40 \text{ m/s}$$

베르누이 방정식 (3.4.8)은 높이의 변화가 심하지 않고 점성효과가 무시된다면, 압력이 변하지 않으면 속도 크기가 변하지 않는 것을 보여준다. 따라서 $p_1 = p_2$이므로 $V_1 = V_2$가 된다. 다음으로 R_x와 R_y를 구하기 위해, x 방향과 y 방향에 운동량방정식을 적용하면

x 방향:
$$-R_x = \dot{m}\,(V_{2x} - V_{1x})$$

$$= 32 \text{ kg/s } (40 \cos 30° - 40)\text{m/s}$$

$$\therefore R_x = 172 \text{ N}$$

y 방향:
$$R_y = \dot{m}(V_{2y} - \overset{0}{\cancel{V_{1y}}})$$

$$= 32(40 \sin 30°) = 640 \text{ N}$$

예제 4.16

그림 E4.16에 나타낸 편향장치는 노즐은 고정된 반면에 오른쪽으로 30 m/s의 속도로 움직인다. (a) 편향장치를 지지하는 데 필요한 힘, (b) 고정된 관찰자가 관찰한 $\mathbf{V}_2$, 그리고 (c) 베인에 의해 발생된 동력을 구하라. 분류의 속도는 80 m/s이다.

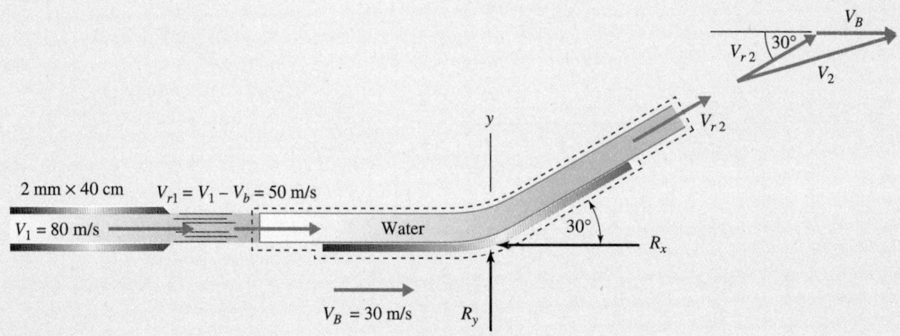

그림 E4.16

풀이

(a) 이동 편향장치의 문제를 풀기 위해 편향장치에 좌표계를 설정하고 유동을 관찰한다. 이 이동하는 좌표계에서 유동은 정상상태이고, $p_1 = p_2$이므로 베르누이 방정식을 적용하면 편향장치에서 관찰되는 수막의 속도는 $V_{r1} = V_{r2} = 50$ m/s가 됨을 알 수 있다. 고정 좌표계에서는 유동이 정상상태가 아니므로 베르누이방정식을 적용할 수 없다. 점선으로 표시한 움직이는 검사체적에 운동량방정식을 적용하면 다음을 얻을 수 있다.

$$x \text{ 방향:} \quad -R_x = \dot{m}_r[(V_{r2})_x - (V_{r1})_x]$$
$$= 1000\ \text{kg/m}^3 \times 0.002\ \text{m} \times 0.4\ \text{m} \times 50\ \text{m/s}\,(50\cos 30^\circ - 50)\ \text{m/s}$$
$$\therefore R_x = 268\ \text{N}$$

$$y \text{ 방향:} \quad R_y = \dot{m}_r[(V_{r2})_y - \overset{0}{\cancel{(V_{r1})_y}}]$$
$$= 1000 \times 0.002 \times 0.4 \times 50(50 \sin 30^\circ) = 1000\ \text{N}$$

$\dot{m}_r$을 계산할 때, 자체의 운동량이 변화된 물만을 사용해야 한다. 따라서 사용된 속도는 50 m/s이다.

(b) 고정된 관찰자로부터 관찰된 편향된 이후의 물의 속도 $\mathbf{V}_2 = \mathbf{V}_{r2} + \mathbf{V}_B$이다. 여기서 $\mathbf{V}_{r2}$는 출구에서 편향장치의 접선 방향을 향하고 V_{r1}과 크기가 같다(위의 속도 도표를 보라). 따라서

$$(V_2)_x = V_{r2}\cos 30^\circ + V_B$$
$$= 50 \times 0.866 + 30 = 73.3\ \text{m/s}$$
$$(V_2)_y = V_{r2}\sin 30^\circ$$
$$= 50 \times 0.5 = 25\ \text{m/s}$$

결국

$$\mathbf{V}_2 = 73.3\,\hat{\mathbf{i}} + 25\,\hat{\mathbf{j}}\ \text{m/s}$$

(c) 이동하는 베인에 의해 발생하는 동력은 베인이 운동 방향으로 가하는 힘과 베인 속도의 곱과 같다. 따라서

$$\dot{W} = V_B \times R_x = 30\ \text{m/s} \times 268\ \text{N} = 8040\ \text{W}$$

예제 4.17

고속의 공기 분류가 직경 1.5 m의 로터가 140 rad/s로 회전하는 터빈 로터의 날개를 접선 방향으로 때린다(그림 E4.17a). 10개의 직경 4 cm의 분류가 있다. 최대 출력을 계산하라. 공기의 밀도는 2.4 kg/m^{3}이다.

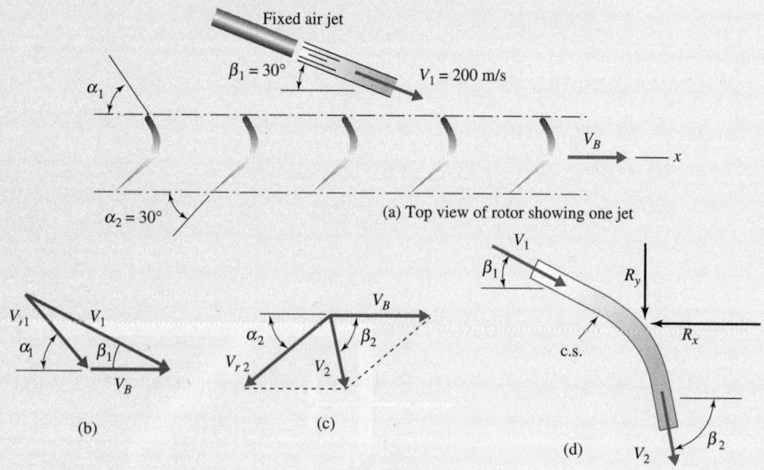

그림 E4.17

풀이

날개각 α_1은 공기 분류가 이동하는 날개에서 관찰할 때 접선 방향으로 들어오도록 결정된다. 즉 상대 속도 $\mathbf{V}_r$은 날개 속도 $\mathbf{V}_B$에 대해 α_1의 각도를 이룬다. 이것을 그림 E4.17b에 나타냈다. 상대 입구 속도는 $\mathbf{V}_{r1}$(그림 E4.17b)이고 상대 출구 속도는 $\mathbf{V}_{r2}$(그림 E4.17c)이다. 속도 다각형은 다음과 같은 벡터방정식으로 표현된다.

$$\mathbf{V} = \mathbf{V}_r + \mathbf{V}_B$$

여기서 절대 속도는 상대 속도에 날개의 속도를 더한 것과 같다. 입구에서 속도 다각형으로부터 다음의 관계를 얻을 수 있다.

$$V_1 \sin\beta_1 = V_{r1}\sin\alpha_1$$
$$V_1 \cos\beta_1 = V_{r1}\cos\alpha_1 + V_B$$
$$\therefore 200 \sin 30° = V_{r1}\sin\alpha_1$$
$$200\cos 30° = V_{r1}\cos\alpha_1 + 0.75 \times 140$$

여기서 V_B는 각속도에 반경을 곱한 것이다. 이 값을 대입하면

$$V_{r1} = 121 \text{ m/s} \qquad \alpha_1 = 55.7°$$

공기와 날개 사이의 마찰은 매우 작으므로 최대 출력을 계산할 때 무시할 수 있다. 이것은 $V_{r2} = V_{r1}$을 가정하게 해준다. 출구에서의 속도 다각형으로부터 다음과 같이 쓸 수 있다.

$$V_B - V_{r2}\cos\alpha_2 = V_2\cos\beta_2$$
$$V_{r2}\sin\alpha_2 = V_2\sin\beta_2$$
$$\therefore 0.75 \times 140 - 121\cos 30° = V_2\cos\beta_2$$
$$121\sin 30° = V_2\sin\beta_2$$

(계속)

식을 풀면

$$V_2 = 60.5 \text{ m/s} \qquad \beta_2 = 89.8°$$

그림 E4.17d에 나타낸 검사체적에 운동량방정식을 적용하면

$$\begin{aligned} -R_x &= \dot{m}(V_{2x} - V_{1x}) \\ &= 2.4 \text{ kg/m}^3 \times \pi \times 0.02^2 \text{ m}^2 \times 200 \text{ m/s}(60.5 \cos 89.8° - 200 \cos 30°) \text{ m/s} \\ \therefore R_x &= 104.3 \text{ N} \end{aligned}$$

분류가 10개 있고 각 분류가 위의 힘을 만들어 내므로 최대 출력은 다음과 같다.

$$\begin{aligned} \text{power} &= 10 \times R_x \times V_B \\ &= 10 \times 104.3 \text{ N} \times (0.75 \times 140) \text{ m/s} = 109\,600 \text{ W} \quad \text{or} \quad 109.6 \text{ kW} \end{aligned}$$

4.6.4 프로펠러에 적용된 운동량방정식

운동량방정식의 프로펠러 적용 역시 이 단원에서 다룰 중요한 관심사 중의 하나이다. 그림 4.17의 프로펠러를 고려해 보기로 하자. 여기서 유체는 균일속도 V_1으로 들어와서 균일속도 V_2로 나가며, 검사체적의 표면은 유선으로 이루어졌다. 이 유동 상황은 정지 유체 안에서 속도 V_1을 갖고 움직이는 프로펠러와 같다. 외부 유선이 프로펠러의 날개 끝에 닿게 된다. 이런 유동 상황은 그림 4.17에서 왼쪽에 V_1를 더하여 정지 상태의 유체에서 속도 V_1로 움직이는 프로펠러와 동일한 것으로 볼 수 있다. 운동량방정식을 그림에 나타낸 검사체적에 적용하면, 다음과 같은 식을 얻을 수 있다.

$$F = \dot{m}(V_2 - V_1) \tag{4.6.14}$$

이 검사체적은 A_1과 A_2를 모르므로 충분하지 않다. 우리는 프로펠러의 유동 면적 A는 안다. 따라서 만일 검사체적을 $V_3 \cong V_4$, $A_3 \cong A_4 = A$가 되도록 프로펠러에 근접시키면, x 방향 운동량방정식(식 4.6.5)은 다음과 같이 된다.

$$F + p_3 A - p_4 A = 0 \tag{4.6.15}$$

또는

$$F = (p_4 - p_3)A \tag{4.6.16}$$

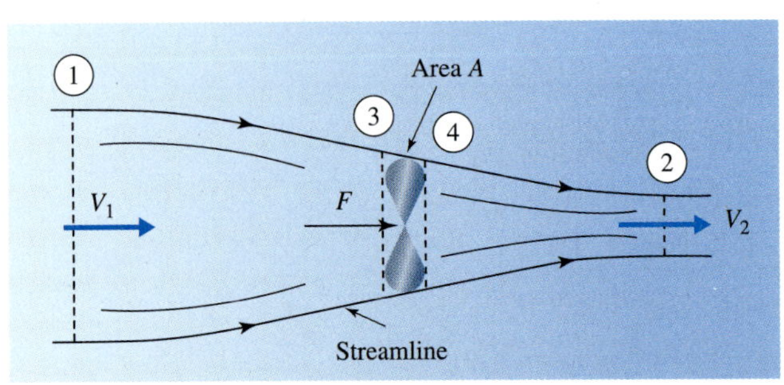

그림 4.17 유체 유동에서 프로펠러

이러한 유동의 경우, 점성의 영향이 무시될 수 있을 정도로 작으므로 에너지방정식을 프로펠러로 상류부터 그 하류까지 적용하면 다음의 식을 얻을 수 있다.

$$\frac{V_1^2 - V_3^2}{2} + \frac{p_1 - p_3}{\rho} = 0 \quad \text{and} \quad \frac{V_4^2 - V_2^2}{2} + \frac{p_4 - p_2}{\rho} = 0 \quad (4.6.17)$$

이 방정식들을 서로 연립하고, $p_1 = p_2 = p_{atm}$을 적용하면 다음의 관계를 얻는다.

$$(V_2^2 - V_1^2)\frac{\rho}{2} = p_4 - p_3 \quad (4.6.18)$$

이 식과 식(4.6.16)을 식 (4.6.14)에 대입하고 정리하면

$$V_3 = \frac{1}{2}(V_2 + V_1) \quad (4.6.19)$$

여기서 프로펠러 면적만 알고 있으므로 $\dot{m} = \rho A V_3$를 사용한다. 이 결과는 프로펠러를 통하여 움직이는 유체의 속도가 상류와 하류에서의 속도의 평균과 같다는 것을 나타낸다. 이러한 효과를 얻기 위해 필요로 하는 동력은 단면 1과 2 사이에 에너지방정식을 적용하여 구한다. 여기서 압력은 대기압이고, 손실은 무시할 수 있다.

KEY CONCEPT
프로펠러를 통해 움직이는 유체의 속도는 상류와 하류속도의 평균이다.

식(4.6.17)을 정리하면

$$\dot{W}_{fluid} = \frac{V_2^2 - V_1^2}{2}\dot{m} \quad (4.6.20)$$

$\dot{W}_{fluid}$는 두 단면 사이에 가해진 에너지 입력이다. 움직이는 프로펠러에 요구되는 동력은 다음과 같이 주어진다.

$$\begin{aligned}\dot{W}_{prop} &= F \times V_1 \\ &= \dot{m}V_1(V_2 - V_1)\end{aligned} \quad (4.6.21)$$

이론상의 프로펠러 효율은 다음과 같다.

$$\eta_P = \frac{\dot{W}_{prop}}{\dot{W}_{fluid}} = \frac{V_1}{V_3} \quad (4.6.22)$$

프로펠러와 달리 풍차는 기류로부터 에너지를 얻는다. 따라서 유동 하류의 속도는 감소하고 풍차의 직경은 증가한다.

KEY CONCEPT
풍차에서 하류 속도는 감소하고 직경은 증가한다.

4.6.5 정상 비균일유동

만일 균일 속도 분포라고 가정할 수 없다면 운동량 유속을 다음과 같이 표현할 수 있다.

$$\int_A V^2\, dA = \beta \overline{V}^2 A \quad (4.6.23)$$

여기서 β를 운동량 수정계수(*momentum correction factor*)라 하며, 다음과 같이 표현한다.

$$\beta = \frac{\int V^2\, dA}{\overline{V}^2 A} \tag{4.6.24}$$

하나의 입구와 하나의 출구를 갖는 정상유동의 경우, 운동량방정식(4.6.5)는 다음과 같이 쓸 수 있다.

$$\Sigma\, \mathbf{F} = \dot{m}(\beta_2 \mathbf{V}_2 - \beta_1 \mathbf{V}_1) \tag{4.6.25}$$

포물선형의 속도 분포를 갖는 원형 파이프 내의 층류유동의 경우 $\beta = 4/3$이다. 만약 속도 분포가 주어지면 일반적으로 식 4.6.2를 사용하여 적분한다.

예제 4.18

포물선형 속도 분포를 갖는 (a) 평행평판 사이에서 (b) 원형관 내에서의 운동량 수정계수를 계산하라. 포물선형 속도 분포는 그림 E4.18과 같다.

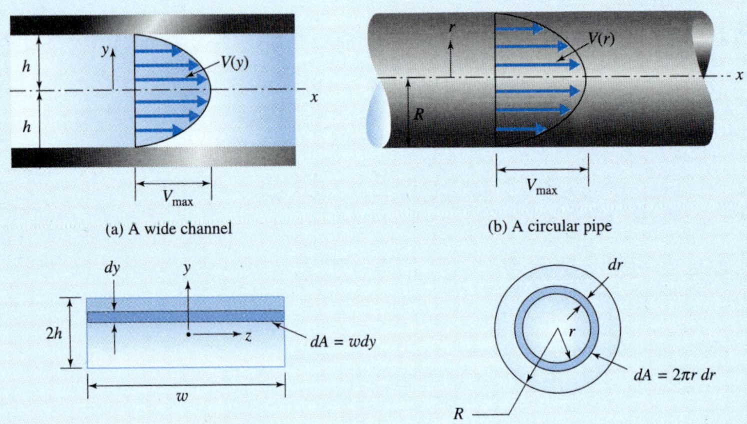

그림 E4.18

풀이

(a) 평행한 평판 사이의 포물선형 속도 분포는 다음과 같이 나타낼 수 있다.

$$V(y) = V_{max}\left(1 - \frac{y^2}{h^2}\right)$$

여기서 y는 중심선으로부터 측정되고, $y = \pm h$일 때가 벽면이며 속도는 0이다. V_{max}는 $y = 0$인 중심선에서의 속도이다. 먼저 평균속도를 구해보자.

$$\begin{aligned}\overline{V} &= \frac{1}{A}\int V\, dA \\ &= \frac{1}{hw}\int_0^h V_{max}\left(1 - \frac{y^2}{h^2}\right) w\, dy = \frac{V_{max}}{h}\left(h - \frac{1}{3}h\right) = \frac{2}{3}V_{max}\end{aligned}$$

단면에서 반에 해당하는 중심 상부에 대해 적분하였다. 따라서

$$\beta = \frac{\int V^2\, dA}{\overline{V}^2 A} = \frac{2}{\frac{4}{9}V_{max}^2 \times 2hw}\int_0^h V_{max}^2\left(1 - \frac{y^2}{h^2}\right)^2 w\, dy = \frac{6}{5}$$

(계속)

분자에 계수 “2”는 채널 하부의 반을 나타낸다.

(b) 원형관 내에서 포물선형 속도 분포는 다음과 같이 쓸 수 있다.

$$V(r) = V_{max}\left(1 - \frac{r^2}{R^2}\right)$$

여기서 R은 관의 반경이고 $r = R$에서 $V = 0$이다. 평균속도는

$$\overline{V} = \frac{1}{A}\int V\,dA = \frac{1}{\pi R^2}\int_0^R V_{max}\left(1 - \frac{r^2}{R^2}\right)2\pi r\,dr = \frac{1}{2}V_{max}$$

운동량 수정계수는 다음과 같다.

$$\beta = \frac{\int V^2 dA}{\overline{V}^2 A} = \frac{1}{\frac{1}{4}V_{max}^2\pi R^2}\int_0^R V_{max}^2\left(1 - \frac{r^2}{R^2}\right)^2 2\pi r\,dr = \frac{4}{3}$$

위의 수정계수들은 유동 단면을 지나가는 운동량 유속을 $\beta\rho A\overline{V}^2$로 표현하는 데 사용할 수 있다.

4.6.6 비관성좌표계

어떤 상황에서는 속도를 측정하기 위한 좌표계로 비관성좌표계가 필요한 경우가 있다. 만일 우리가 식기세척기 팔이나 터빈 날개 주위 또는 로켓의 유동 등을 연구할 경우가 이에 해당한다. 비관성좌표계와 관련해서 뉴턴의 제2법칙은 다음의 형태를 갖는다(식 3.2.12 참조).

KEY CONCEPT
비관성좌표계는 로켓으로부터의 유동을 연구하는 데 필요하다.

$$\Sigma \mathbf{F} = \frac{D}{Dt}\int_{sys}\rho\mathbf{V}\,d\forall + \int_{sys}\left[\frac{d^2\mathbf{S}}{dt^2} + 2\mathbf{\Omega}\times\mathbf{V} + \mathbf{\Omega}\times(\mathbf{\Omega}\times\mathbf{r}) + \frac{d\mathbf{\Omega}}{dt}\times\mathbf{r}\right]\rho\,d\forall \quad (4.6.26)$$

여기서 $\mathbf{V}$는 비관성좌표계에 대한 상대 속도이다. 계에서 각 질점의 가속도 $\mathbf{a}$는 이미 첫 번째 적분식에 포함되어 있다. 식 4.6.26은 종종 다음과 같이 쓰인다.

$$\Sigma \mathbf{F} - \mathbf{F}_I = \frac{D}{Dt}\int_{sys}\rho\mathbf{V}\,d\forall = \frac{d}{dt}\int_{c.v.}\rho\mathbf{V}\,d\forall + \int_{c.s.}\rho\mathbf{V}(\mathbf{V}\cdot\hat{\mathbf{n}})\,dA \quad (4.6.27)$$

여기서 $\mathbf{F}_I$는 관성체적력이라 부르고 다음과 같이 주어진다.

$$\mathbf{F}_I = \int_{sys}\left[\frac{d^2\mathbf{S}}{dt^2} + 2\mathbf{\Omega}\times\mathbf{V} + \mathbf{\Omega}\times(\mathbf{\Omega}\times\mathbf{r}) + \frac{d\mathbf{\Omega}}{dt}\times\mathbf{r}\right]\rho\,d\forall \quad (4.6.28)$$

시간 t에서 계와 검사체적이 동일하기 때문에 계의 적분은 식 (4.6.28)의 검사체적의 적분으로 대신할 수 있다. 비관성좌표계의 사용은 예제 4. 19에서 설명된다.

예제 4.19

그림 E4.19에 나타낸 초기질량이 150 kg인 로켓이 10 kg/s의 비율로 연료를 소모하고 700 m/s의 일정한 배출속도를 갖는다. 로켓의 초기 가속도와 1초 후의 속도는 얼마인가? 로켓에 작용하는 항력은 무시한다.

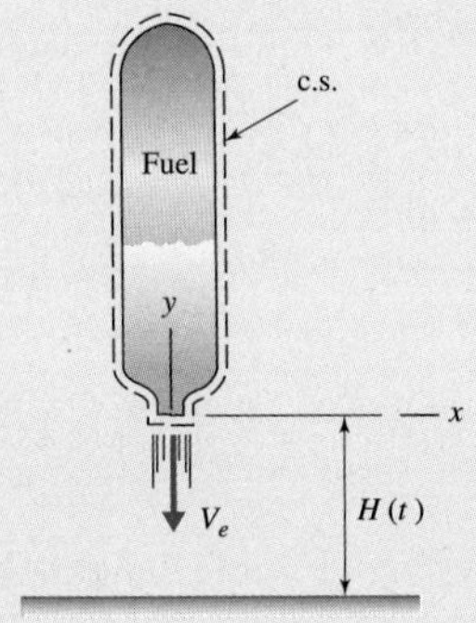

그림 E4.19

풀이

로켓 전체를 포함하는 검사체적을 그림에 나타냈다. 로켓에 설정된 기준 좌표계는 d^2H/dt^2로 위 방향으로 가속된다. 뉴턴의 제2법칙은 z를 위쪽 방향으로 잡으면 다음과 같이 쓸 수 있다.

$$\Sigma F_z - (F_I)_z = \frac{d}{dt}\int_{\text{c.v.}} \rho V_z \, d\mathcal{V} + \int_{\text{c.s.}} \rho V_z \mathbf{V}\cdot\hat{\mathbf{n}} \, dA$$

$$\therefore -W - \frac{d^2H}{dt^2} m_{\text{c.v.}} = \rho_e(-V_e)V_e A_e$$

여기서

$$\frac{d}{dt}\int_{\text{c.v.}} \rho V_z d\mathcal{V} \approx 0$$

V_z은 검사체적에 설정된 기준 좌표계에 대한 각각의 질량요소 $\rho\, d\mathcal{V}$의 속도이다; 수직력은 중량 W 뿐이고 $m_{\text{c.v.}}$는 검사체적의 질량이다. 연속방정식으로부터

$$m_{\text{c.v.}} = 150 - \dot{m}t = 150 - 10t$$
$$\therefore W = (150 - 10t) \times 9.81$$

운동량방정식은 다음과 같이 나타낼 수 있다.

$$-(150 - 10t) \times 9.81 - \frac{d^2H}{dt^2}(150 - 10t) = -\dot{m}_e V_e = -10 \times 700 = -7000$$

정리하면

$$\frac{d^2H}{dt^2} = \frac{700}{15 - t} - 9.81$$

초기 가속도는 $t = 0$으로 놓으면 구할 수 있다.

$$\left.\frac{d^2H}{dt^2}\right|_{t=0} = \frac{700}{15} - 9.81 = 36.9 \text{ m/s}^2$$

(계속)

d^2H/dt^2를 적분하면, 다음을 얻을 수 있다.

$$\frac{dH}{dt} = -700 \ln (15 - t) - 9.81t + C$$

$t = 0$에서 $dH/dt = 0$이므로 상수 $C = 700 \ln 15$이다. $t = 1$일 때 속도는

$$\frac{dH}{dt} = 700 \ln \frac{15}{14} - 9.81 \times 1 = 38.5 \text{ m/s}$$

4.7 운동량 모멘트 방정식

앞 절에서 다양한 유동 상황에 대해서 각각의 힘 성분들의 크기를 결정하였다. 주어진 힘 성분의 작용선을 결정하기 위해서는 운동량 모멘트 방정식의 적용이 종종 필요하다. 회전 성분을 갖는 장치에서의 유동 상황을 해석하기 위해서는 다른 유동 변수들을 회전속도와 관련시키기 위해 운동량 모멘트 방정식이 요구된다. 이를 위해 기준좌표계를 회전성분에 설정하는 것이 타당하기 때문에 다음과 같은 관성력이 포함된 일반적인 방정식을 사용한다(식 4.2.4 참조).

$$\Sigma \mathbf{M} - \mathbf{M}_I = \frac{D}{Dt}\int_{\text{sys}} \mathbf{r} \times \mathbf{V}\, \rho \, d\mathcal{V} \tag{4.7.1}$$

여기서

$$\mathbf{M}_I = \int \mathbf{r} \times \left[\frac{d^2\mathbf{S}}{dt^2} + 2\mathbf{\Omega} \times \mathbf{V} + \mathbf{\Omega} \times (\mathbf{\Omega} \times \mathbf{r}) + \frac{d\mathbf{\Omega}}{dt} \times \mathbf{r}\right] \rho \, d\mathcal{V} \tag{4.7.2}$$

여기서 관성모멘트 $\mathbf{M}_I$는 비관성좌표계가 사용된다는 것을 의미하며 이는 단순히 $\mathbf{F}_I$의 모멘트이다(식 4.6.28 참조). 계에서 검사체적으로의 변환을 적용하면 검사체적에 대한 운동량 모멘트 방정식은 다음과 같이 된다.

KEY CONCEPT
비관성좌표계가 선택되면 관성 모멘트 M_I를 사용하여야 한다.

$$\Sigma \mathbf{M} - \mathbf{M}_I = \frac{d}{dt}\int_{\text{c.v.}} \mathbf{r} \times \mathbf{V}\, \rho \, d\mathcal{V} + \int_{\text{c.s.}} \mathbf{r} \times \mathbf{V}(\mathbf{V} \cdot \hat{\mathbf{n}})\, \rho \, dA \tag{4.7.3}$$

이 식을 적용한 예가 다음 예제에서 다뤄진다.

예제 4.20

스프링클러가 지면과 45°의 각도를 이루고, 팔과 직각을 이루는 노즐을 포함하는 길이가 50 cm인 4개의 팔을 갖는다(그림 E4.20). 만약 총유량이 0.01 m^3/s이고 노즐 출구 직경이 12 mm라면 스프링클러의 회전속도를 구하라. 마찰은 무시한다.

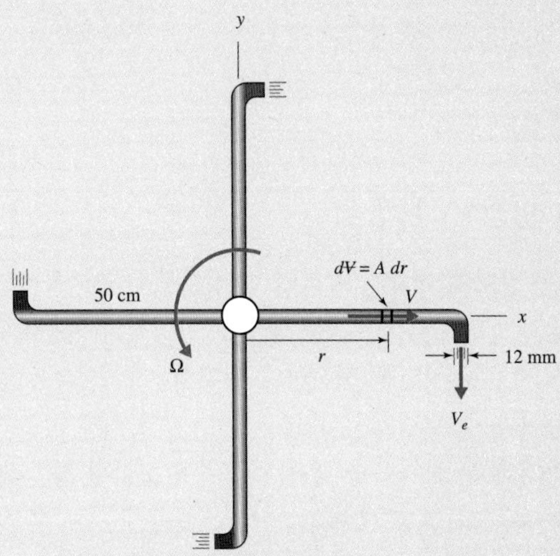

그림 E4.20

풀이

노즐을 떠나는 속도를 구하면

$$V_e = \frac{Q}{A}$$
$$= \frac{0.01/4}{\pi \times 0.006^2} = 22.1 \text{ m/s}$$

여기서 4는 4개의 출구면적을 고려한 것이다. 기준 좌표계를 회전하는 팔과 같이 회전하도록 설정한다. 따라서 $\mathbf{r} \times [\mathbf{\Omega} \times (\mathbf{\Omega} \times \mathbf{r})] = 0$이 되고, 스프링클러는 정지 상태이므로 $d^2\mathbf{S}/dt^2 = 0$이고, 일정 각속도를 가정하면, $d\Omega/dt = 0$이므로 다음과 같은 식을 얻을 수 있다.

$$\mathbf{M}_I = \int_{\text{c.v.}} \mathbf{r} \times (2\mathbf{\Omega} \times \mathbf{V})\rho\, d\mathcal{V}$$
$$= 4\int_0^{0.5} r\hat{\mathbf{i}} \times (2\Omega\hat{\mathbf{k}} \times V\hat{\mathbf{i}})\rho A\, dr$$
$$= 8\rho AV\Omega\hat{\mathbf{k}} \int_0^{0.5} r\, dr = \rho AV\Omega\hat{\mathbf{k}}$$

긴 팔 내에 있는 물의 질량에 비해 노즐 끝단의 물의 질량은 작으므로 무시한다. 여기서 4는 4개의 팔을 나타낸다(각 팔에 대한 계산 결과는 공통으로 단위 벡터 $\hat{\mathbf{k}}$ 성분을 갖는다). 수직인 z축에 대한 스프링클러에 작용하는 외부 모멘트는 없으므로 $\Sigma M_z = 0$이다. 정상상태에 대해 식 4.7.3은 다음과 같이 쓸 수 있다.

(계속)

$$(\Sigma \overset{0}{\cancel{\mathbf{M}}})_z - (\mathbf{M}_I)_z = \int_{\text{c.s.}} (\mathbf{r} \times \mathbf{V})_z \, \mathbf{V} \cdot \hat{\mathbf{n}} \, \rho \, dA$$

$$-\rho A V \Omega = 4 \int_{A_{\text{exit}}} [0.5\hat{\mathbf{i}} \times (0.707 V_e \hat{\mathbf{k}} - 0.707 V_e \hat{\mathbf{j}})]_z \, V_e \rho \, dA$$

$$-VA\Omega = -4 \times 0.5 \times 0.707 V_e^2 A_e$$

$$\therefore \Omega = 4 \times 0.5 \times 0.707 \times 22.1 = 31.25 \text{ rad/s}$$

여기서 연속성을 고려하면 $AV = A_e V_e$이다.

예제 4.21

예제 4.20의 노즐이 지면과 0°의 각도를 이루고 팔과는 90°의 각도를 이룬다. 스프링클러가 작동하지 않다가 $t = 0$에서 물을 갑자기 공급한다. 팔의 직경이 24 mm인 경우 $\Omega(t)$를 구하라. 마찰은 무시한다.

풀이

예제 4.20과 같이 기준 좌표계를 회전하는 팔에 적용하여 같이 회전시켰다. 식 4.7.3의 검사체적 적분을 고려하면, $\mathbf{r}$과 $\mathbf{V}$가 팔을 따라 같은 방향이므로 $\mathbf{r} \times \mathbf{V} = 0$이다. 따라서 식 4.7.2와 식 4.7.3을 조합하면

$$\overset{0}{\cancel{\Sigma \mathbf{M}}} - 4 \int_0^{0.5} r\hat{\mathbf{i}} \times \left[2\Omega\hat{\mathbf{k}} \times V\hat{\mathbf{i}} + \Omega\hat{\mathbf{k}} \times (\Omega\hat{\mathbf{k}} \times r\hat{\mathbf{i}}) + \frac{d\Omega}{dt}\hat{\mathbf{k}} \times r\hat{\mathbf{i}} \right] \rho A \, dr$$

$$= \frac{d}{dt} \int_{\text{c.v.}} r\hat{\mathbf{i}} \times V\hat{\mathbf{i}} \, \rho \, d\mathcal{V} + 4 \int_{A_{\text{exit}}} 0.5\hat{\mathbf{i}} \times V_e(-\hat{\mathbf{j}}) V_e \rho \, dA$$

벡터 계산을 수행하고 4ρ로 나누면

$$-2AV\Omega \int_0^{0.5} r \, dr - \frac{d\Omega}{dt} A \int_0^{0.5} r^2 \, dr = -0.5 V_e^2 A_e$$

$AV = A_e V_e = 0.01 \text{ m}^3/\text{s}$와 $V_e = 2.21$ m/s를 사용하고 적분을 수행하면

$$\frac{d\Omega}{dt} + 132.6\Omega = 5862$$

위의 선형 일계 미분방정식은 특수해(particular solution)에 동차해(homogeneous solution)(우변을 삭제)를 더하여 구할 수 있다.

$$\Omega(t) = Ce^{-132.6t} + 44.2$$

초기조건 $\Omega(0) = 0$을 사용하면 $C = -44.2$이다. 따라서

$$\Omega(t) = 44.2(1 - e^{-132.6t}) \text{ rad/s}$$

시간이 증가함에 따라 각속도는 44.2 rad/s로 수렴되는 것을 주목하라. 만약 마찰이 고려되었다면 이 값은 줄어들게 된다. 만일 45°의 각도를 고려하여 44.2에 0.707을 곱하면 예제 4.20의 값을 얻게 된다.

4.8 요약

이 장에서는 검사체적을 사용한 기본 법칙들에 대해 다루었다. 이 방법은 피적분 함수(속도와 압력)가 알려져 있거나 혹은 만족할 만한 정확도를 갖고 근사될 수 있을 때 유용하다. 이런 경우가 아니라면 원하는 정보를 얻기 위해서는 5장의 미분 방정식을 풀어야만 하거나(14장처럼 수치적으로 혹은 7장처럼 해석적으로) 또는 실험적 방법이 사용되어야만 한다. 이 책의 나머지 부분 중 상당한 부분이 이러한 과제들에 할애된다. 속도와 압력이 결정된 후에는 검사체적 방식으로 되돌아가서 관심 있는 적분량을 계산한다. 대표적인 예로 익형에서의 양력과 항력, 터빈 날개열에 작용하는 토크, 그리고 현수교 케이블의 진동력 등이 포함되어 있다.

이 장의 예제들과 연습문제 들을 고려해 볼 때, 검사체적 방정식을 적용하는 작업은 검사체적 경계의 적절한 선택에 의해 그 결과가 크게 좌우된다. 이런 경계들은 정보가 알려져 있거나 또는 구하고자 하는 미지수가 나타나는 지점에서 선택된다. 정역학, 동역학이나 고체역학에서 자유물체도의 결정에 있어서도 그러했듯이 검사체적의 선택에 있어서 경험이 종종 요구된다. 학생들은 이 장의 단원들을 통해서 공부하는 동안 이러한 경험들을 어느 정도 쌓았을 것이다. 표 4.1에는 특정한 문제를 풀기 위한 적절한 방법을 선택하는 데 있어서 사용자의 편의를 돕기 위해 여러 형태의 기본 법칙을 수록하였다.

표 4.1 기본 법칙들의 적분형태

Continuity	*Energy*	*Momentum*
	General Form	
$0 = \frac{d}{dt}\int_{\text{c.v.}} \rho\, d\mathcal{V} + \int_{\text{c.s.}} \rho \mathbf{V}\cdot\hat{\mathbf{n}}\, dA$	$-\Sigma\dot{W} = \frac{d}{dt}\int_{\text{c.v.}} \left(\frac{V^2}{2} + gz\right)\rho\, d\mathcal{V} + \int_{\text{c.s.}} \left(\frac{V^2}{2} + \frac{p}{\rho} + gz\right)\rho\mathbf{V}\cdot\hat{\mathbf{n}}\, dA + \text{losses}$	$\Sigma\mathbf{F} = \frac{d}{dt}\int_{\text{c.v.}} \rho\mathbf{V}\, d\mathcal{V} + \int_{\text{c.s.}} \rho\mathbf{V}(\mathbf{V}\cdot\hat{\mathbf{n}})\, dA$
	Steady Flow	
$0 = \int_{\text{c.s.}} \rho\mathbf{V}\cdot\hat{\mathbf{n}}\, dA$	$-\Sigma\dot{W} = \int_{\text{c.s.}} \left(\frac{V^2}{2} + \frac{p}{\rho} + gz\right)\rho\mathbf{V}\cdot\hat{\mathbf{n}}\, dA + \text{losses}$	$\Sigma\mathbf{F} = \int_{\text{c.s.}} \rho\mathbf{V}(\mathbf{V}\cdot\hat{\mathbf{n}})dA$
	Steady Nonuniform Flow[a]	
$\dot{m} = \rho_1 A_1 \overline{V}_1 = \rho_2 A_2 \overline{V}_2$	$\frac{-\Sigma\dot{W}}{\dot{m}g} = \alpha_2\frac{\overline{V}_2^2}{2g} + \frac{p_2}{\gamma_2} + z_2 - \alpha_1\frac{\overline{V}_1^2}{2g} - \frac{p_1}{\gamma_1} - z_1 + h_L$	$\Sigma F_x = \dot{m}(\beta_2\overline{V}_{2x} - \beta_1\overline{V}_{1x})$ $\Sigma F_y = \dot{m}(\beta_2\overline{V}_{2y} - \beta_1\overline{V}_{1y})$
	Steady Uniform Form[a]	
$\dot{m} = \rho_1 A_1 V_1 = \rho_2 A_2 V_2$	$-\frac{\Sigma\dot{W}}{\dot{m}g} = \frac{V_2^2}{2g} + \frac{p_2}{\gamma_2} + z_2 - \frac{V_1^2}{2g} - \frac{p_1}{\gamma_1} - z_1 + h_L$	$\Sigma\mathbf{F} = \dot{m}(\mathbf{V}_2 - \mathbf{V}_1)$
	Steady Uniform Incompressible Flow[a]	
$Q = A_1 V_1 = A_2 V_2$	$-\frac{\Sigma\dot{W}}{\dot{m}g} = \frac{V_2^2}{2g} + \frac{p_2}{\gamma} + z_2 - \frac{V_1^2}{2g} - \frac{p_1}{\gamma} - z_1 + h_L$ or $H_P + \frac{V_1^2}{2g} + \frac{p_1}{\gamma} + z_1 = H_T + \frac{V_2^2}{2g} + \frac{p_2}{\gamma} + z_2 + h_L$	$\Sigma\mathbf{F} = \dot{m}(\mathbf{V}_2 - \mathbf{V}_1)$
$\dot{m}$ = mass flux	α = kinetic energy correction factor	h_L = head loss
Q = flow rate	$= \frac{\int V^3 dA}{\overline{V}^3 A}$	$\Sigma\dot{W} = \dot{W}_S + \dot{W}_{\text{shear}} + \dot{W}_I$
$\overline{V}$ = average velocity	β = momentum correction factor	H_P = pump head $= \dot{W}_P/\dot{m}g$
$= \frac{\int V dA}{A}$	$= \frac{\int V^2 dA}{\overline{V}^2 A}$	H_T = turbine head $= \dot{W}_T/\dot{m}g$

[a]The control volume has one entrance (section 1) and one exit (section 2).

공학기초 복습문제

4.1 다음에서 크기성질 물리량을 선택하라.

(A) 온도 **(B)** 체적
(C) 압력 **(D)** 밀도

4.2 공기가 온도 20°C, 압력 200 kPa에서 직경 8 cm인 관을 평균속도 70 m/s로 흐른다. 질량유속을 구하라.

(A) 3.7 kg/s **(B)** 2.37 kg/s
(C) 1.26 kg/s **(D)** 0.84 kg/s

4.3 물이 직경 80 cm 인 하수관을 깊이 30 cm로 속도 3 m/s로 흐른다. 유량을 계산하라.

(A) 516 L/s **(B)** 721 L/s
(C) 938 L/s **(D)** 1262 L/s

4.4 압력이 200 kPa에서 1200 kPa로 증가한다면 물을 40 L/s의 율로 수송하는 85% 효율의 펌프에 필요한 에너지는 얼마인가?

(A) 4.8 kW **(B)** 14.2 kW
(C) 34.0 kW **(D)** 47.1 kW

4.5 고속의 물제트가 물질을 절단하는데 사용된다. 2 mm 직경의 제트로부터 분사되는 속도가 120 m/s라면 충격점에서 물체에 작용하는 최대압력은 얼마인가?

(A) 7200 kPa **(B)** 3600 kPa
(C) 735 kPa **(D)** 452 kPa

4.6 공기를 비압축성으로 가정하고 밀도 $\rho = 1.2$ kg/m^{3}일 때 그림 P4.6에서 V_1을 구하라.

(A) 62 m/s **(B)** 40 m/s
(C) 18 m/s **(D)** 10 m/s

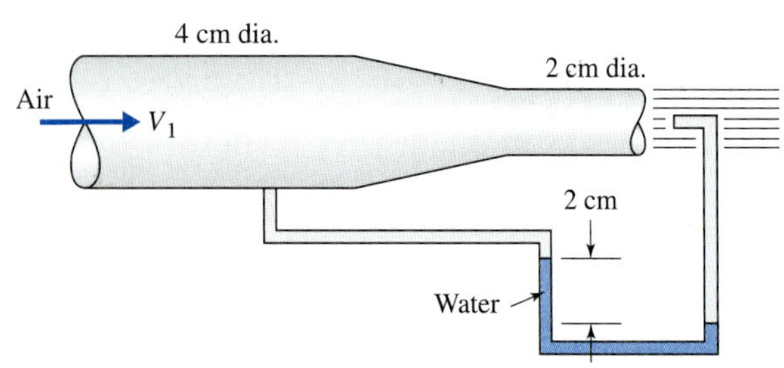

그림 P4.6

4.7 물이 40 L/s로 흐르는 밸브를 통한 압력강하가 100 kPa로 측정된다. 밸브의 직경이 8 cm일 때 손실계수를 구하라.

(A) 0.79 **(B)** 3.3
(C) 8.7 **(D)** 31

4.8 89% 효율의 펌프가 40 L/s로 물을 수송하도록 직경 4 cm의 관에 연결되었다. 원하는 압력상승은 400 kPa이다. 펌프에 요구되는 동력은 얼마인가?

(A) 12 kW **(B)** 16 kW
(C) 18 kW **(D)** 22 kW

4.9 수력터빈이 댐으로부터 0.2 m^3/s의 물을 보내며 전기를 발생한다. 물 표면은 터빈 출구 위로 10 m이다. 연결된 직경 24 cm인 관의 총 손실계수는 3.2이다. 터빈의 최대출력은 얼마인가?

(A) 42 kW **(B)** 21 kW
(C) 18 kW **(D)** 13 kW

4.10 75%의 효율을 갖는 펌프가 저수조로부터 저수조 위 50 m에 위치한 장치로 0.1 m^3/s로 물을 공급한다. 장치 입구 직경 8 cm 관에서 압력이 180 kPa이다. 관의 손실계수가 5.6이라면, 펌프에 필요한 동력을 구하라.

(A) 263 kW **(B)** 203 kW
(C) 121 kW **(D)** 91.3 kW

4.11 강풍이 건물 창문으로 직접 불고 있다 창문에 작용하는 힘을 다음의 어떤 방정식을 사용하여 구할 수 있는가?

(A) 베르누이 방정식
(B) 연속방정식
(C) 운동량방정식
(D) 위 방정식 모두

4.12 출구 직경이 4 cm인 노즐이 물을 0.1 m^3/s의 유량으로 수송하는 직경 10 cm의 관에 연결되어 있다. 노즐에 작용하는 힘을 구하라.

(A) 6.7 kN **(B)** 12.2 kN
(C) 17.5 kN **(D)** 24.2 kN

4.13 그림 P4.13에 나타낸 1 cm × 20 cm의 얇은 물막이 편향된다. 고정된 편향장치에 작용하는 힘의 크기를 구하라.

(A) 6830 N **(B)** 5000 N
(C) 4330 N **(D)** 2500 N

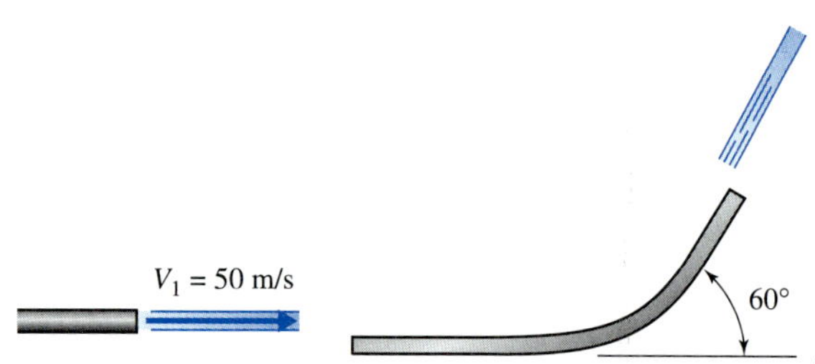

그림 P4.13

4.14 물이 그림 P4.14에 나타낸 터빈 날개열 중의 하나에 충돌한다. 날개의 속도가 20 m/s라면 단일 제트의 최대 출력을 구하라.

(A) 18 kW **(B)** 154 kW

(C) 206 kW **(D)** 309 kW

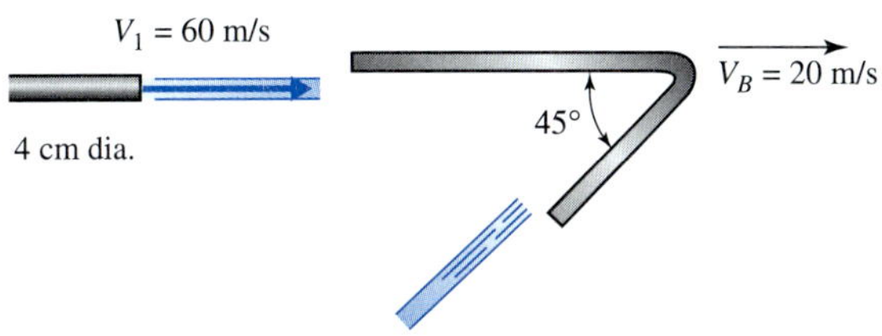

그림 P4.14

4.15 그림 P4.15의 큰 차가 물 저수조 안에 2 m 폭을 갖는 삽 모양의 물 퍼내는 장치를 내리면서 속도가 느려진다. 차의 속도는 60 m/s이고 5 cm 깊이로 물을 퍼낸다면 장치에 작용하는 힘을 구하라. 장치는 물의 방향을 180° 바꾼다.

(A) 720 kN **(B)** 360 kN

(C) 12 kN **(D)** 7.2 kN

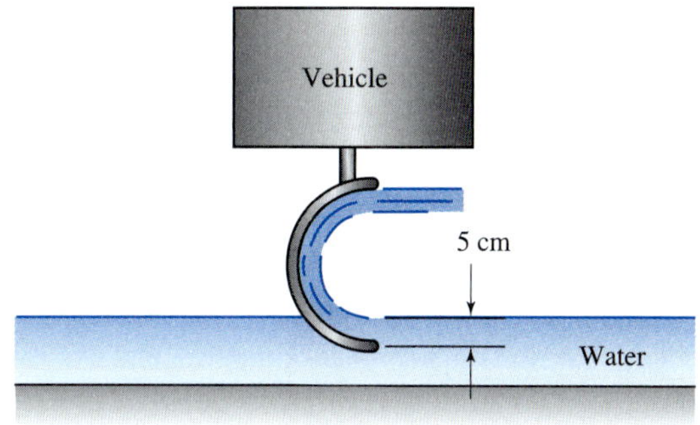

그림 P4.15

문제

기본 법칙

4.16 **(a)** 계의 운동량이 일정하게 유지되기 위한 필요조건을 기술하라.

(b) 계의 에너지가 일정하게 유지되기 위한 필요조건을 기술하라.

(c) 식 (4.2.3)이 $\Sigma \mathbf{F} = m\mathbf{a}$로 되기 위한 가정을 기술하고 단계를 상세하게 보여라.

4.17 유체역학에서 관심 있는 다섯 개의 크기성질 물리량 목록을 만들어라. 또한 이들과 관련된 세기 성질 물리량 목록도 만들어라. 또한 다섯 개의 다른 세기 성질 물리량 목록을 만들어라.

4.18 검사체적이 기구 안쪽의 체적으로 선택된다. 또한 이때 계도 기구 안쪽의 공기로 선택된다. 공기가 짧은 시간 증분인 Δt 사이에 빠져나간다. 시간 t와 $t + \Delta t$에서의 시스템과 검사체적을 도시하라.

4.19 어느 순간 검사체적과 계가 그림 P4.19에 나타낸 펌프 안쪽의 체적과 입구 쪽에서의 일부 관 직경을 차지한다. 시간 t와 $t + \Delta t$에서의 시스템과 검사체적을 도시하라.

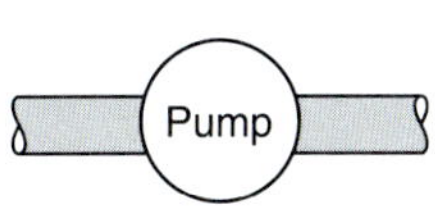

그림 P4.19

4.20 다음에 나타낸 양을 결정하는 데 가장 유용한 기본방정식을 제시하라.

(a) 펌프의 출력(마력)

(b) 닫힌 배플로부터의 질량유속

(c) 익형에 작용하는 항력

(d) 관에서 수두손실

(e) 풍차의 회전속도

4.21 아래에 나와 있는 각각의 면적에 대해서 단위벡터 $\hat{\mathbf{n}}$과 속도 벡터 $\mathbf{V}$를 도시하라.

(a) 소방호수 노즐의 출구면적

(b) 펌프의 입구면적

(c) 관의 벽면적

(d) 적은 양의 물이 흐르는 다공성의 강바닥 면적

(e) 회전하는 임펠러의 원통 출구면적

4.22 유체가 그림 P4.22에 나타낸 것처럼 속도 분포가 입구에서 $v_1(r)$, 출구에서 $v_2(r)$로 확대되는 관을 통하여 흐르고 있다. 검사체적 상의 선택된 위치에 $\mathbf{V}$와 $\hat{\mathbf{n}}$을 나타낸 검사체적을 도시하라. 끝 부분뿐만 아니라 측면에 대한 위치들도 포함하라.

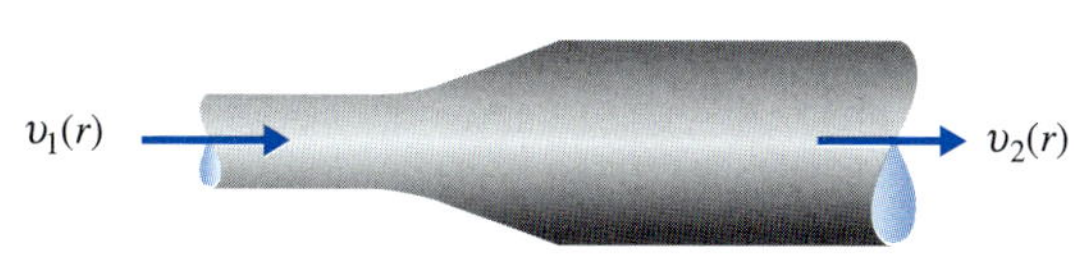

그림 P4.22

4.23 그림 P4.23에서와 같이 익형 주위의 사각형 상자 상의 몇몇 위치에서 단위벡터 $\hat{\mathbf{n}}$과 속도벡터 $\mathbf{V}$를 도시하라.

그림 P4.23

계에서 검사체적으로의 변환

4.24 그림 P4.24에 나타낸 검사체적에 대해 $V_1 = V_2 = V_3 = 10$ m/s로 가정한다. $\hat{\mathbf{i}}$, $\hat{\mathbf{j}}$ 그리고 $\hat{\mathbf{k}}$의 항으로 $\hat{\mathbf{n}}_1$, $\hat{\mathbf{n}}_2$ 그리고 $\hat{\mathbf{n}}_3$를 쓰고 세 개의 평면 면적에 대해 각각 속도벡터의 법선성분을 계산하라. 검사체적은 z 방향으로 동일한 깊이를 갖는다.

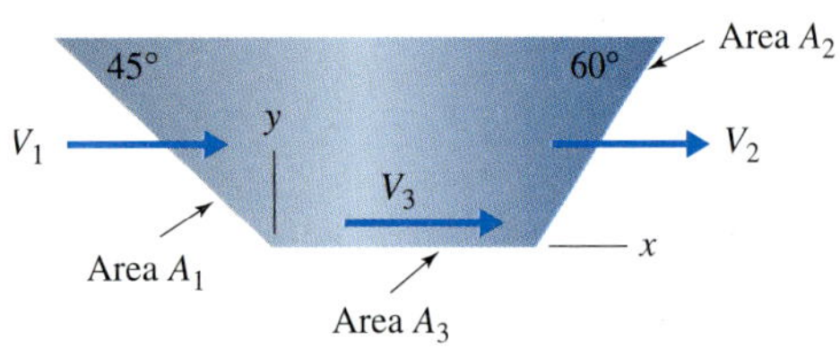

그림 P4.24

4.25 만약 η와 ρ가 둘 다 모든 검사체적에서 일정하다면, 문제 4.24의 검사체적의 세 면적을 각각 가로지르는 성분의 플럭스에 대한 식을 표현하라. 횡단면 면적(xy 평면에 수직)은 A이다. $V_1 = V_2 = V_3 = 10$ m/s을 이용한다.

4.26 $(\mathbf{B}\cdot\hat{\mathbf{n}})A$는 깊이가 12 cm(그림 P4.26)인 평행육면체의 체적임을 보여라. $\hat{\mathbf{n}}$가 면적 A에 수직임을 유의하라.

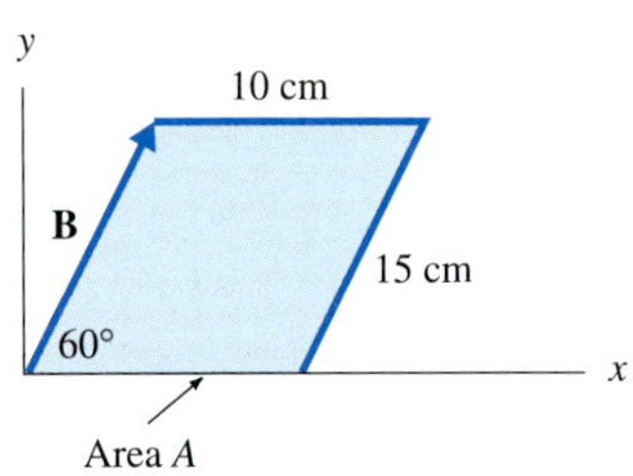

그림 P4.26

4.27 다음과 같은 식을 알고 있다.

$$\frac{d}{dt}\int_{\text{c.v.}} \rho\eta \, dV\!\!\!/ = \int_{\text{c.v.}} \frac{\partial}{\partial t} \rho\eta \, dV\!\!\!/$$

이 식을 만족하기 위한 조건은 어떤 것인가? 왜 좌변에서는 상미분이 사용되고, 우변에서는 편미분이 사용되는가?

4.28 모기잡이용 스프레이 통이 $t = 0$에서 작동한다. 통 안에 들어 있는 화학약품을 계로 선택하고 $t = \Delta t$에서의 계를 도시하라. 검사체적을 선정하고 $t = \Delta t$에서의 검사체적을 도시하라.

4.29 들숨의 끝에 허파 안으로 들어오는 공기를 $t = 0$일 때 계로 정의한다. 검사체적을 선정하고, 만약 공기를 단지 코만을 통해 내쉰다면 $t = \Delta t$에서의 계와 검사체적을 둘 다 도시하라.

4.30 문제 4.23의 그림에서처럼 익형 주위의 유동을 해석하기 위해 사각형 상자를 검사체적으로 선택하였다. 시간 t에서 계는 상자를 차지한다. 시간 $t + \Delta t$에서 계를 도시하라.

질량보존법칙

4.31 하나의 입구와 출구 그리고 균일유동이라고 가정할 때(물성치가 일정) 식 4.4.4로부터 식 4.4.5가 구해지는 것을 보여라.

4.32 비압축성 유체가 흡수재로 채워진 공간 안으로 질량유속 $\dot{m}$로 유입되고, 유량 Q로 밖으로 유출되고 있다. 이 공간에서 질량 변화율에 대한 표현식을 구하라.

4.33 밀도 ρ인 액체가 스펀지로 채워진 공간 내로 유량 Q_1으로 흐른다. 이 액체는 그림 4.33에 나타낸 것처럼 질량유속 $\dot{m}_2$로 한 출구에서 그리고 평균 속도 V_3로 면적 A_3인 두 번째 출구를 나온다. 스펀지 안에서 질량 변화율 dm_{sponge}/dt의 표현식을 구하라.

그림 P4.33

4.34 물이 18 m/s로 직경이 6 cm인 관 내를 흐른다. 파이프의 직경이 12 cm로 넓어진다면 감속된 속도를 계산하라. 또한 질량유속과 유량을 계산하라.

4.35 그림 P4.35에서 보는 바와 같이 물이 평균속도 10 m/s로 직경이 5 cm인 관 내를 흐른다. 이 유동이 90°로 돌면서 두 개의 평행 평판 사이에서 반경반향으로 흐른다. 반경 60 cm에서의 속도는 얼마인가? 질량유속과 유량은 얼마인가?

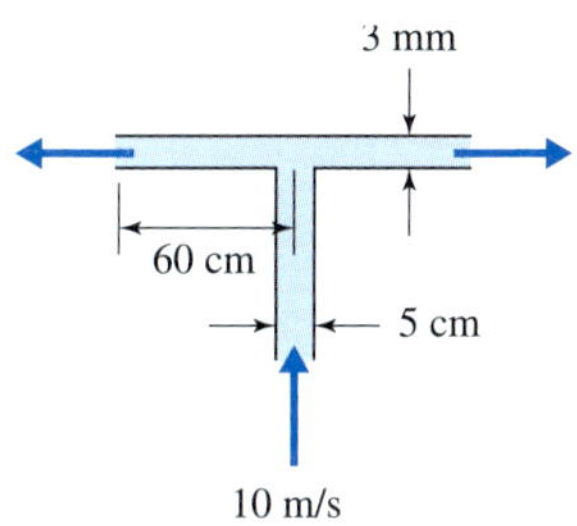

그림 P4.35

4.36 관이 물 200 kg/s를 수송한다. 관은 직경이 5 cm, 7 cm인 T자관으로 나눠진다(그림 P4.36). 만일 직경이 작은 관 평균속도가 25 m/s라면, 직경이 큰 관의 유량을 계산하라.

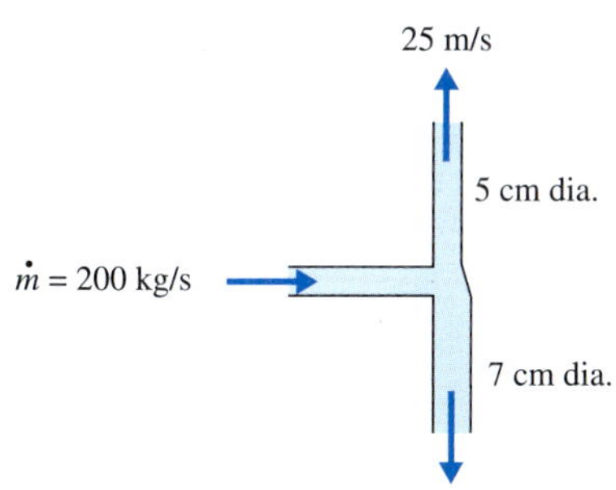

그림 P4.36

4.37 온도 16°C이고 압력 276 kPa(절대)에서 공기가 직경이 10 cm인 관 내로 질량유속 3 kg/s로 흐른다. 관은 T = 65°C 그리고 p = 48 kPa (절대압력)상태이며 5 cm × 7.5 cm인 사각 덕트로 변환된다. 단면에서의 속도를 구하라.

4.38 온도가 120°C, 절대압력 500 kPa인 공기가 600 m/s로 관에서 유동하다가 갑자기 직경이 10 cm인 위치에서 온도가 249°C, 절대압력 1246 kPa로 변한다. 그림 P4.38에 나타낸 갑작스런 변화(충격파) 후의 속도를 계산하라. 또한 갑작스런 변화가 일어나기 전후의 질량유속과 유량을 계산하라.

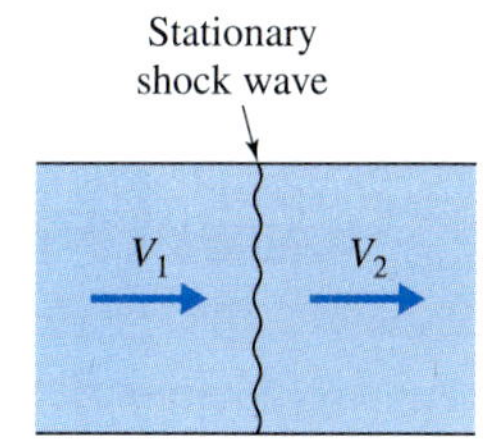

그림 P4.38

4.39 레이저 속도계가 직경이 각각 10 cm로부터 6 cm로 갑자기 변하는 관에서 변화 전후의 속도 40 m/s와 120 m/s를 측정하는데 사용된다. 변화 전후의 공기의 압력이 각각 200 kPa, 120 kPa로 측정되었다. 만약 변하기 전의 온도가 20°C라면 변화 후의 온도는 얼마인가?

4.40 물이 밑변이 2 m이고 양쪽면 기울기가 45°인 사다리꼴 채널에서 깊이 1.5 m의 위치에서 3 m/s의 속도로 흐른다. 물이 원형 관 내로 흘러들어 2 m/s로 흐른다. 다음의 경우라면 직경은 얼마인가?

(a) 관을 가득 채우고 흐른다면?

(b) 관을 반 채우고 흐른다면?

(c) 관 내의 물이 반경의 반 정도 깊이로 흐른다면?

4.41 물이 직경이 8 cm인 관에서 그림 P4.41과 같은 속도 분포로 흐른다. 각 경우에 대해 평균속도, 질량유속 그리고 유량을 구하라.

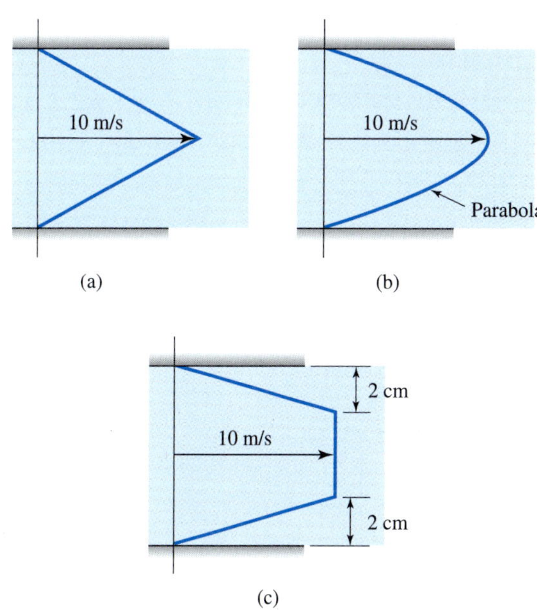

그림 P4.41

4.42 그림 P4.41의 속도 분포가 높이 8 cm, 폭 80 cm인 넓은 사각채널에서 존재한다고 가정하자. 각 경우에 대해 평균속도, 질량유속 그리고 유량을 구하라.

4.43 밀도가 일정한 유체가 그림 P4.43에서와 같이 흐른다. 도관이 다음 조건이라면 포물선 방정식을 구하라.

(a) $d = 2.5$ cm인 관, $V = 1.8$ m/s

(b) $d = 2.5$ cm인 넓은 사각채널, $V = 1.8$ m/s

(c) $d = 2$ cm인 관, $V = 2$ m/s

(d) $d = 2$ cm인 넓은 사각채널, $V = 2$ m/s

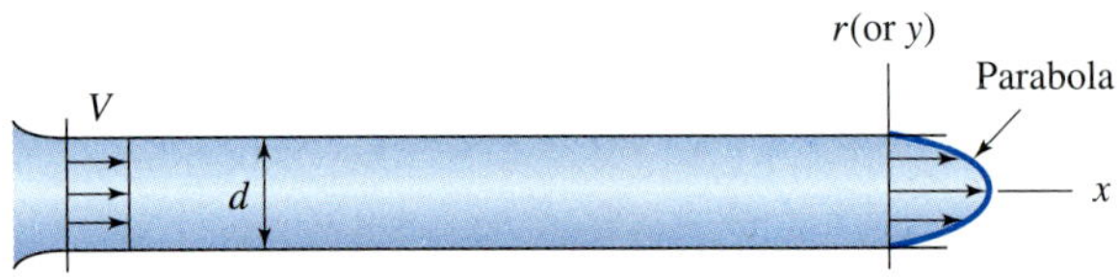

그림 P4.43

4.44 예제 4.2에서 $\dot{m}_2$는 미지수이고 V_1과 Q_3는 그림과 같다. 장치의 dm/dt 가 0이 되는 $\dot{m}_2$를 계산하라.

4.45 직경이 10 mm인 관에서 포물선 속도 분포 형태가 존재한다. 관이 직경 5 mm로 축소되고 속도 분포가 2 m/s로 균일하다. 포물선 방정식을 구하라. 비압축성유동이라 가정한다.

4.46 그림 P4.46에 나타낸 것처럼 공기가 평판 위를 흐를 때 속도는 벽에서 0으로 줄어든다. 만약 $u(y) = 10(20y - 100y^2)$ m/s이라면, 평판에 평행한 평판 위 0.2 m 표면을 통과하는 질량유속 $\dot{m}$를 구하라. 평판의 폭은 2 m이고 밀도는 $\rho = 1.23$ kg/m^{3}이다. (힌트: $0.1 < y < 0.2$에서 $u = 10$ m/s로 일정)

4.47 유선이 선단에서 그림 P4.46에 나타낸 평판 위로 5 cm 위치에 존재한다. 속도 분포가 $u(y) = 10(20y - 100y^2)$인 위치에서 같은 유선은 평판으로부터 얼마나 떨어져 있는가?

4.48 속도 분포가 $u(y) = 12(y - 5y^2)$ m/s인 채널에서 깊이 10 cm에서 소금물이 성층유동을 이루고 있다. 여기서 y는 미터로 측정된다. 만약 밀도가 바닥에서 1165 kg/m^3 로부터 맨 위의 깨끗한 물까지 연속적으로 변한다면, $\dot{m}$는 어떻게 되는가? 또한 $\dot{m} \neq \bar{\rho}\,\overline{VA}$임을 증명하라. 채널의 폭은 1.5 m이다.

4.49 그림 P4.49처럼 물이 흐른다. V_2를 계산하라.

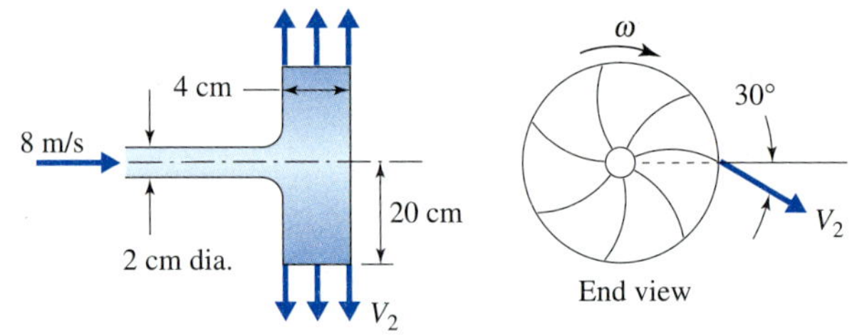

그림 P4.49

4.50 비가 9000 m^{2}의 주차장 위로 수직 아래방향으로 5.0 m/s로 내리고 있다. 모든 물은 주차장으로부터 1.5 m/s의 평균속도로 개방된 사각 도랑으로 흐른다. 만약 비의 각 입방미터에 직경 3 mm의 물방울 2천 개가 포함된다면, 폭 1.5 m 폭의 도랑에서 유동의 깊이를 추정하라.

4.51 255 kPa 계기압과 16°C에서 공기가 0.47 m^{3}의 체적을 갖는 타이어로 6.25 mm의 열린 직경을 통해 54 m/s의 속도로 들어가고 있다. 타이어 안의 밀도 변화율을 계산하라.

4.52 그림 P4.52에서 만약 검사체적의 질량이 변하지 않는다면 $\bar{V}_3$를 구하라.

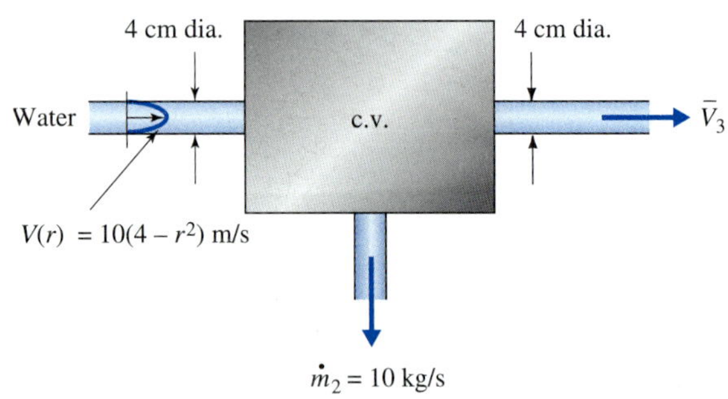

그림 P4.52

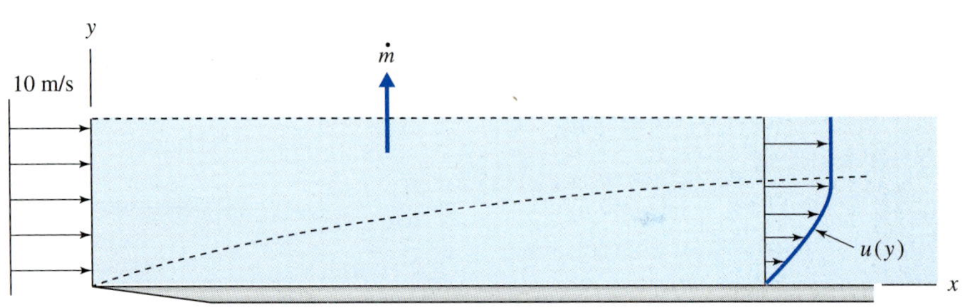

그림 P4.46

4.53 문제 4.52에서 평균속도가 $\overline{V}_3 = 10$ m/s이다. 검사체적 질량의 변화율을 구하라.

4.54 그림 P4.54에 나타낸 가스와 연료의 접촉면 속도를 구하라. $R_{\text{gas}} = 0.28$ kJ/kg·K이고 $d_e = 30$ cm를 이용하라.

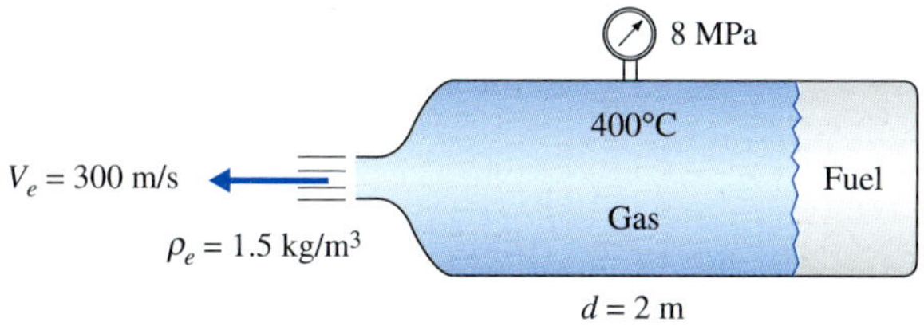

그림 4.54

4.55 공조된 공기가 4개의 입구를 통하여 각각 40 m^3/min로 전달되어 큰 회의실로 공급된다. 만약 공기가 0.6 m × 1.2 m인 하나의 사각형 덕트를 통해서 공조기로 되돌아간다면 덕트에서의 평균속도를 추정하라. 필요한 가정을 설정하라.

4.56 그림 P4.56에서 보는 것처럼 깊이가 80 cm인 사각형 삽 모양의 장치가 공기를 모아서 직경 30 cm의 관을 통하여 공기를 공급한다. 만약 $u(y) = 20y^{1/5}$ m/s 이라면, 관에서의 공기 평균속도는 얼마인가? 여기서 y는 단위가 미터이다.

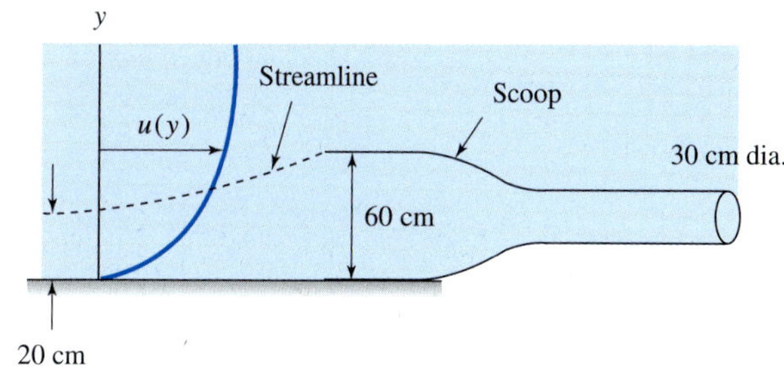

그림 P4.56

4.57 그림 P4.57에서 보는 바와 같이 제트펌프는 직경 5 cm인 관 내 초고속으로 인해 유동을 유도하여 작동한다. 작은 관에서의 속도는 $200[1 - (r/R)^2]$이다. 출구에서의 평균속도를 계산하라.

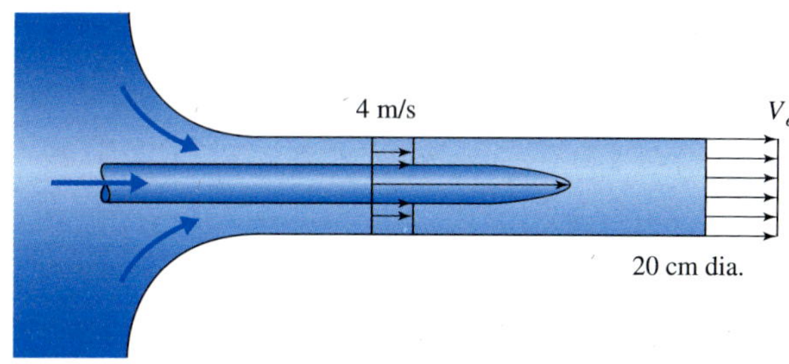

그림 P4.57

4.58 그림 P4.58처럼 실험장치는 조직배양체에 액체를 공급하기 위해 사용된다. 주어진 적절한 항을 사용하여 조직배양체 내 액체 저장률에 대한 표현식을 유도하라.

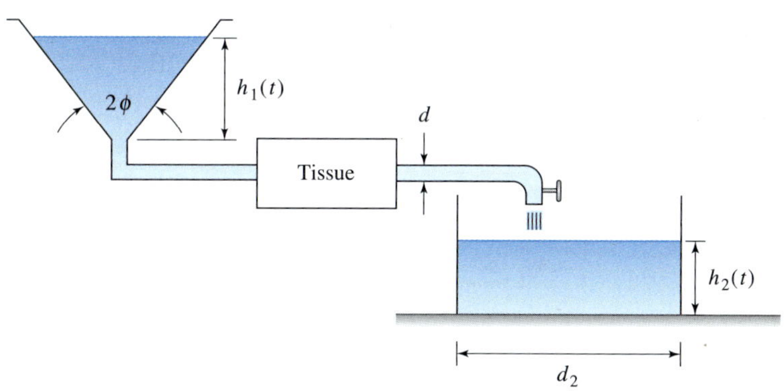

그림 P4.58

4.59 갑자기 개방되는 사각형 채널에서 수문 뒤의 물의 깊이는 4 m이다(그림 P4.59). 만약 $V_2 = 8$ m/s이고 $V_1 = 0.2$ m/s 이라면, 초기 dh/dt는 얼마인가? 상류채널의 길이는 100 m이다.

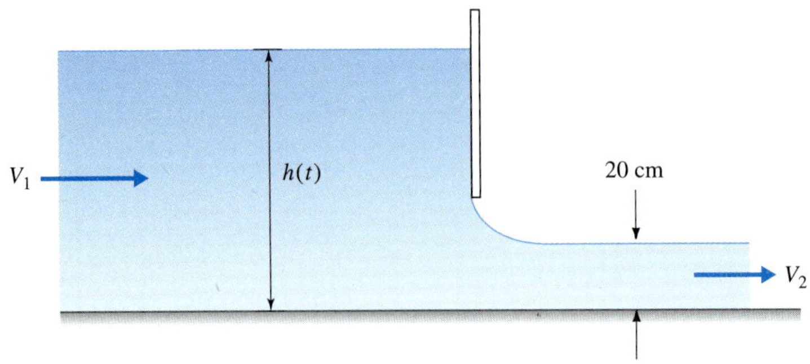

그림 P4.59

4.60 물이 10 mL/min으로 관을 통해 신장으로 들어가고 20 mm/s로 직경 6 mm인 관을 통해서 나간다. 신장에서 물의 질량 변화율은 얼마인가?

4.61 로켓 안의 고체연료가 $400e^{-t/100}$ cm^3/s의 비율로 연소되고 있다(그림 P4.61). 연료의 밀도가 900 kg/m^3 이라면, 배출 가스의 밀도가 0.2 kg/m^3라 가정하고 $t = 10$초에서의 출구속도 V_e를 추정하라.

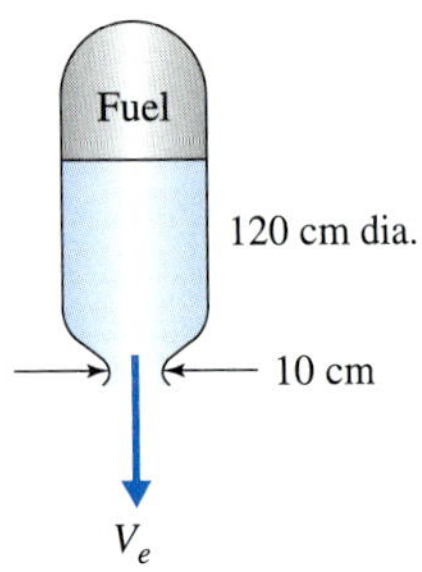

그림 P4.61

4.62 그림 P4.62에서 물이 모든 위치에서 다음과 같은 조건을 갖는다면 $h(t)$의 변화율을 구하라.

(a) $V_1 = 10$ m/s, $\dot{m}_2 = 10$ kg/s, $Q_3 = 600$ L/min

(b) $V_1 = 0$, $\dot{m}_2 = 20$ kg/s, $Q_3 = 10$ L/s

(c) $V_1 = 5$ m/s, $\dot{m}_2 = 10$ kg/s, $Q_3 = 1000$ L/min

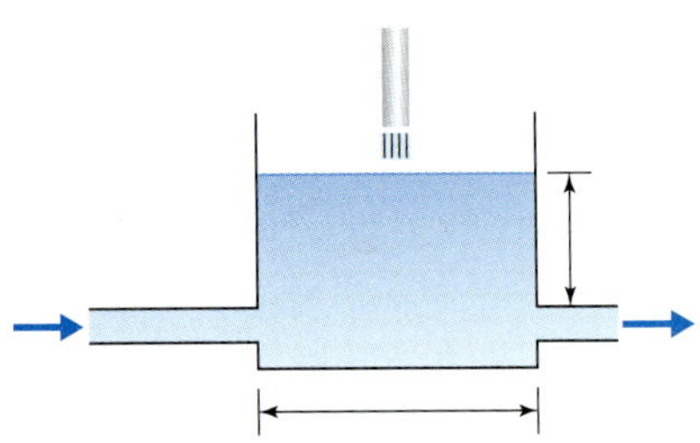

그림 P4.62

4.63 그림 P 4.63에 나타낸 직경 1 m의 원통 탱크에 초기에 액체연료와 바닥에 2 cm의 고무마개가 들어 있다. 만약 마개가 제거되면 탱크가 비워질 때까지 얼마나 걸리겠는가? 탱크에서 초기 액체의 높이는 1.5 m이다. 베르누이 방정식이 요구된다.

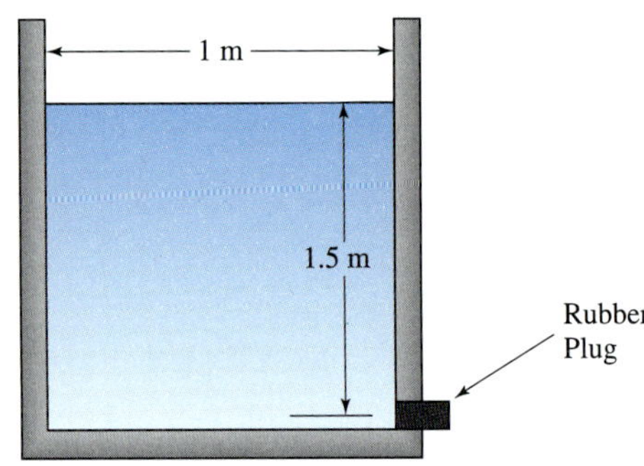

그림 P4.63

4.64 1 m^3의 탱크에 초기에 15°C의 압축 공기가 들어 있다. 그림 P4.64에 나타낸 것처럼 3 cm직경의 관을 통해 탱크로부터 공기가 제거되고 있다. 관 내 공기의 속도와 밀도가 200 m/s, 1.8 kg/m^3이라면 일정 온도를 가정할 때 탱크 내부의 초기 압력 변화율을 구하라.

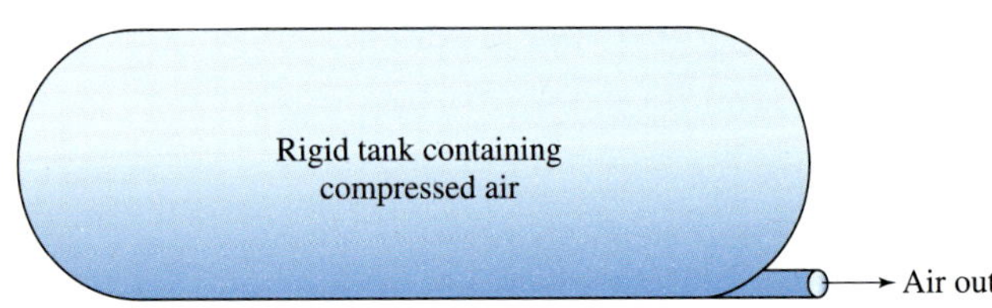

그림 P4.64

4.65 그림 P4.65에 나타낸 체적으로 들어가는 물의 속도가 $V(t) = 10e^{-t/10}$ m/s이다. $h(0) = 0$이라 가정하고 만약 체적이 다음과 같을 때 $h(t)$를 구하라.

(a) 원뿔. 입구는 직경이 4 cm.

(b) 10 m의 긴 구유. 입구는 4 cm 높이

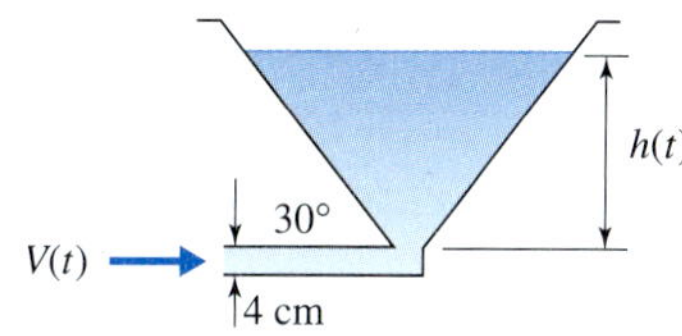

그림 P4.65

에너지방정식

4.66 그림 P4.66에서 $V_{피스톤} = 10$ m/s, 토크 $T = 20$ N · m, 벨트 표면에서의 속도구배가 100 s^{-1}이고 피스톤에 작용하는 압력은 400 Pa이라면, 그 순간에, 공기에 의한 일률을 결정하라. 벨트는 80 cm × 50 cm의 면적을 가지며 40 cm 높이의 사각형 피스톤은 50 cm 깊이를 갖는다.

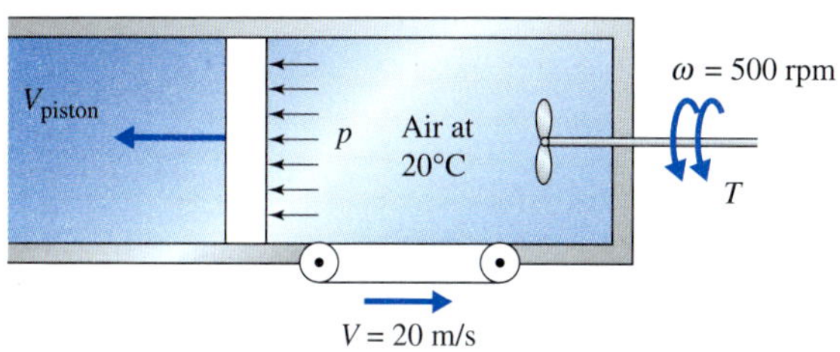

그림 P4.66

4.67 천연가스의 내부에너지는 오직 온도에만 의존한다고 가정하면, 천연가스를 텍사스에서 미시간까지 펌핑할 때 손실로 어떤 것이 일어나는가? 온도는 본질적으로 일정하게 유지된다. 식 4.5.14를 참고하라.

4.68 절연된 물펌프는 효율 80%에서 0.02 m^3/s를 공급하기 위해 500 W가 필요하다. 입구와 출구의 면적이 동일하다고 가정할 때 펌프의 입구로부터 출구까지 물의 온도상승은 얼마인가? 물의 비열은 4.18 kJ/kg°C이다.

4.69 물펌프는 펌프양정 20 m를 얻기 위해서는 5 hp이 필요하다. 만약 효율이 87%라면, 물의 유량은 얼마나 되겠는가?

4.70 효율 89%인 수력터빈이 40 m의 터빈 수두로 작동한다. 만약 질량유속이 다음과 같다면 터빈의 출력은 얼마인가?

(a) 200 kg/s **(b)** 90 000 kg/min

(c) 8×10^6 kg/h

4.71 강에 설치된 효율 89%인 터빈으로부터 원하는 출력은 10 MW이다. 만약 얻을 수 있는 최대 터빈 수두가 50 m라면, 강의 깊이가 3 m이고 폭이 60 m일 때 평균속도를 결정하라.

4.72 속도가 4 m/s이고 깊이가 1 m인 직사각형 개수로 안에서 물이 흐른다. 수로의 바닥이 거리 1 m 정도의 짧은 거리로 떨어진다. 바닥이 낙하 후 유동의 두 가지 가능한 깊이를 계산하라. 모든 손실은 무시한다.

4.73 문제 4.72에서 만약 채널을 통한 수두손실이 0.2 m라면, 두 가지 가능한 유동의 깊이를 결정하라.

4.74 그림 P4.74에서 나타낸 수직관에서 물의 속도 V_1을 결정하라. 손실은 없는 것으로 가정한다.

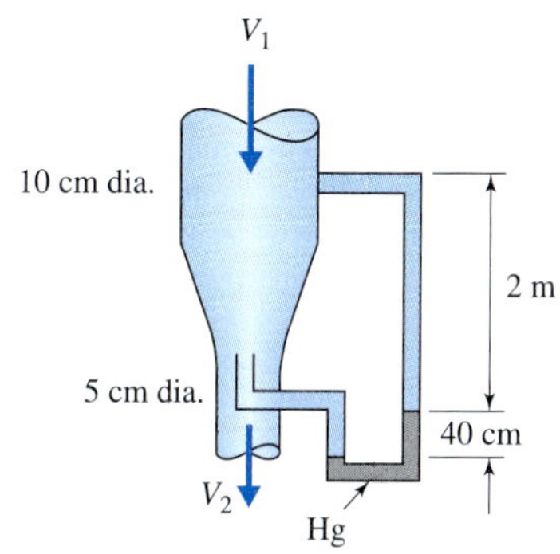

그림 P4.74

4.75 문제 4.74의 단면 1과 2 사이의 수두 손실계수(V_2에 근거한)가 0.05이라면, 물의 속도 V_1을 결정하라.

4.76 압력 414 kPa에서 직경 5 cm인 수평관 내 물의 유량이 7 L/s이다. 만약 관의 직경이 7.5 cm로 증가한다면, 손실계수(V_1에 근거한)가 0.37일 때 확대 후 증가한 압력을 계산하라.

4.77 690 kPa의 압력을 갖는 직경 4 cm의 수평관 내로 600 L/min으로 물이 흐른다. 만약 직경이 6 cm로 확대된 후 압력이 700 kPa로 측정되었다면, 확대 전후의 수두손실을 계산하라.

4.78 만약 V_1을 근거로 한 손실계수가 압력 게이지와 출구 사이에서 0.2라면, 그림 P4.78에 나타낸 직경 6 cm의 수평관에서 노즐로 나가는 물의 유량이 0.08 m^3/s로 유지되기 위해 필요한 압력 p_1을 계산하라.

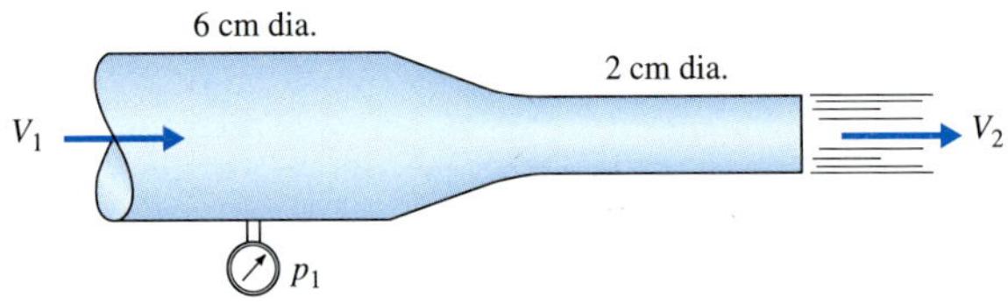

그림 P4.78

4.79 그림 P4.79에서 모든 손실들을 무시하고 h가 다음과 같다면, H와 p의 값을 예상하라.

(a) $h = 15$ cm **(b)** $h = 20$ cm

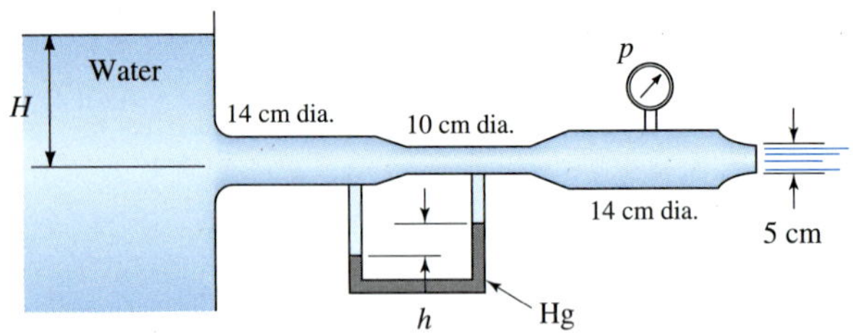

그림 P4.79

4.80 그림 P4.80에 나타낸 것처럼 물이 사각 출구로부터 흐른다. 다음의 조건에서 단위 폭당 유량을 추정하라. 모든 손실은 무시한다. $h = 80$ cm, $H = 2$ m이다.

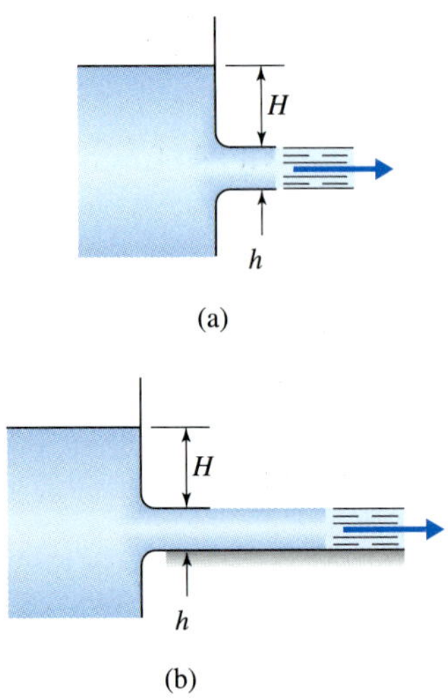

그림 P4.80

4.81 그림 P4.81에서 관에 대한 총 손실계수는 5이다; 표면에서 A까지는 0.8이고 A에서 B까지 1.2이며, 그리고 B에서 C까지 0.8, 또한 C에서 D까지 2.2이다. A, B, C 및 D에서의 유량과 압력을 계산하라. 높이는 그림에 주어진다.

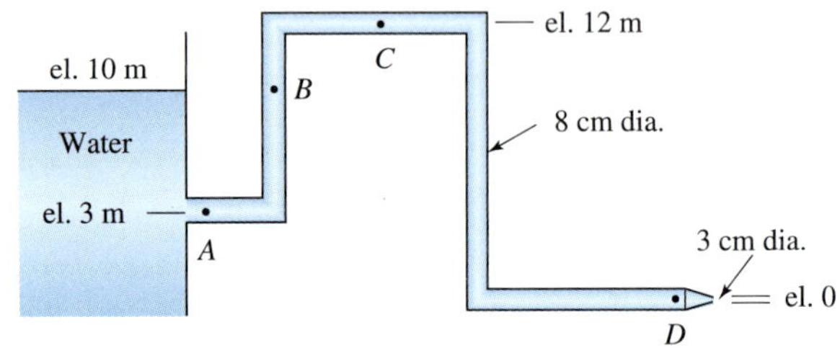

그림 P4.81

4.82 그림 P4.82에서 보는 것처럼 가압된 저수조로부터 물이 나온다. 만약 단면 A에 대해서

(a) 출구 직경이 5 cm인 노즐을 연결하면

(b) 출구 직경이 18 cm인 디퓨저를 연결하면

(c) 그림처럼 개방된 관을 둔다고 할 때 각각에 대하여 유량을 계산하라.

모든 경우 손실은 무시한다.

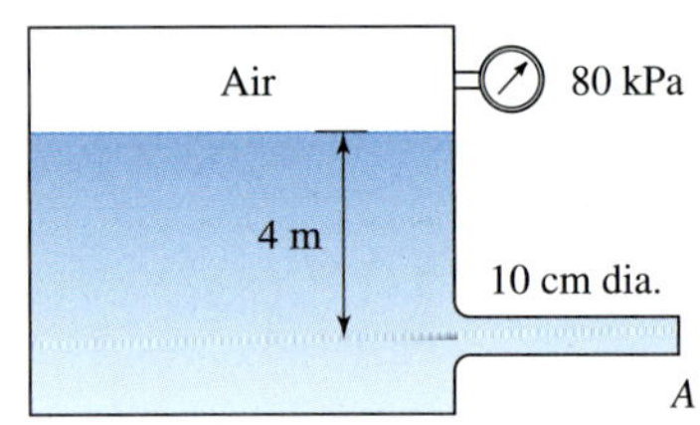

그림 P4.82

4.83 $K_{pipe} = 1.5$, $K_{nozzle} = 0.04$(V_1에 근거) 그리고 $K_{diffuser} = 0.8$(V_1에 근거)을 가정하고 문제 4.82를 다시 풀어라.

4.84 그림 P4.84에 나타낸 직경과 마노미터 높이차를 이용하여 벤츄리관을 통한 물의 유량을 구해 보라. 손실은 없다고 가정한다.

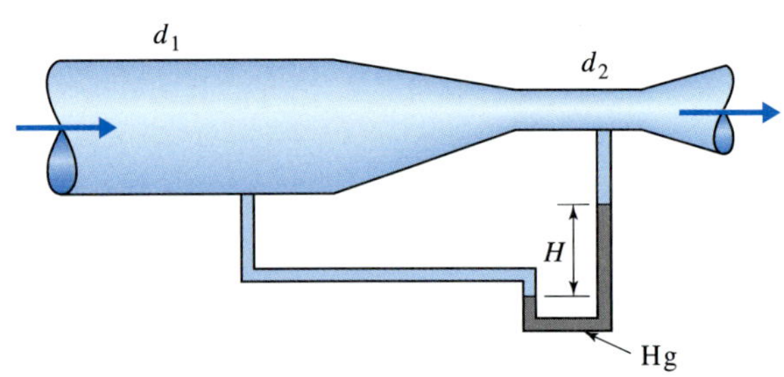

그림 P4.84

4.85 문제 4.84의 벤츄리관에서 다음 경우의 유량을 계산하라.

(a) $H = 20$ cm, $d_1 = 2d_2 = 16$ cm

(b) $H = 40$ cm, $d_1 = 3d_2 = 24$ cm

4.86 그림 P4.86에서 다음의 조건에서 캐비테이션이 발생하지 않을 가능한 최대 높이 H를 결정하라.

$$d = 10 \text{ cm and } T = 20°\text{C}$$

모든 손실들은 무시하며 $p_{atm} = 100$ kPa로 가정한다.

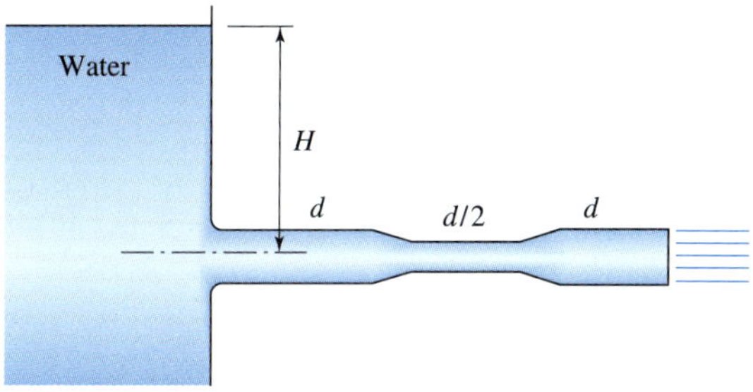

그림 P4.86

4.87 $H = 65$ cm일 때 그림 4.86의 관 내 직경이 작은 단면에서 캐비테이션이 관찰되었다. 물의 온도를 추정하라. 모든 손실은 무시하고 $p_{atm} = 100$ kPa로 가정한다. 다음을 이용하라.

(a) $d = 10$ cm **(b)** $d = 12$ cm

4.88 그림 P4.88에서 만약 캐비테이션이 발생하지 않는다면, 가능한 최대깊이 H는 얼마인가? 증기압은 절대압력 6 kPa이고 V_2에 근거한 총 손실계수는 8로 가정하고 출구손실을 포함한다. 확대 부위까지의 손실은 무시한다.

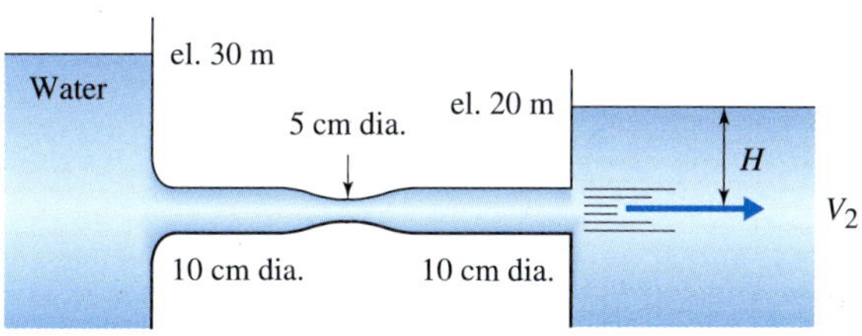

그림 P4.88

4.89 직경 10 cm의 관에서 6 cm까지 수축이 일어나고, 다시 뒤에서 10 cm까지 확대된다. 20°C의 물에서 캐비테이션이 처음으로 관찰될 때 상류압은 200 kPa로 측정되어진다. 유량을 계산하라. 손실은 무시하고 $p_{atm} = 100$ kPa이다.

4.90 그림 P4.90에서, 다음 조건에서 캐비테이션이 일어나지 않기 위한 최대 직경 D를 계산하라.

$$d = 20 \text{ cm},\ H = 5 \text{ m},\ T_{water} = 20°\text{C}$$

모든 손실은 무시하며 $p_{atm} = 100$ kPa이다.

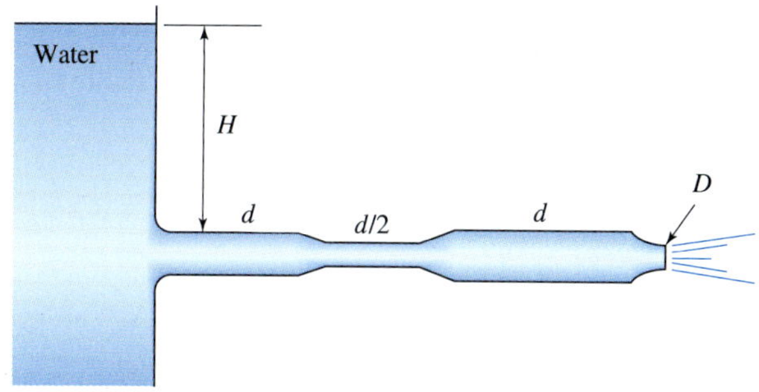

그림 P4.90

4.91 그림 P4.91에서 사이펀의 총 손실계수가 4이다. 단면 A까지가 1.5이다. 사이펀의 기능이 정지되는 높이 H는 얼마인가?

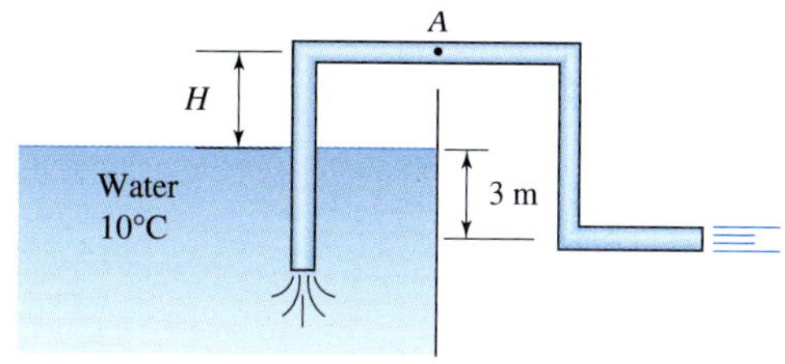

그림 P4.91

4.92 그림 P4.92에 나타낸 펌프가 85%의 효율을 갖는다. 만약 압력 상승치가 830 kPa이라면, 펌프에 요구되는 에너지를 마력으로 계산하라.

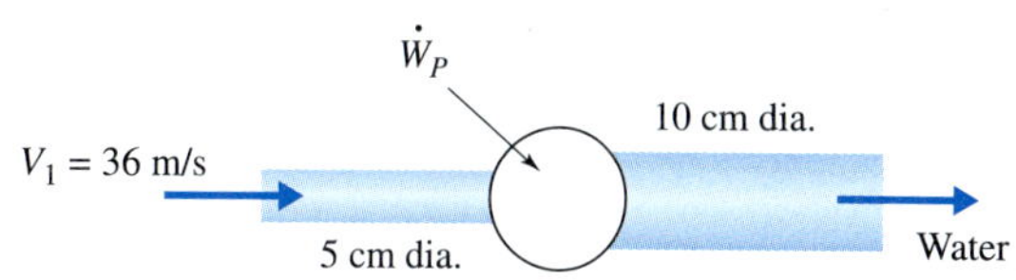

그림 P4.92

4.93 문제 4.92에서 펌프는 20 kW의 모터에서 동력을 공급받는다. 만약 펌프효율이 82%라면, 압력상승을 계산하라.

4.94 효율 87%인 터빈이 직경 50 cm의 관으로부터 2 m^3/s의 물을 공급받는다. 압력강하는 600 kPa이고, 출구 속도는 작다. 터빈의 출력은 얼마인가?

4.95 터빈이 830 kPa의 압력에서 직경 1.8 m의 관으로부터 12.4 m^3/s의 물을 받아 10 000 kW를 공급한다. 직경 2.25 m의 출구관에서의 압력은 124 kPa이다. 터빈의 효율을 구하라.

4.96 20°C와 절대압력 85 kPa에서 무시할 만한 속도를 갖는 공기가 압축기로 들어간다. 절대압력 600 kPa에서 200 m/s의 속도로 배출된다. 5 kg/s의 질량유속에 대해서, 만약 동

력이 1500 kW가 요구된다면 다음의 조건일 때 출구온도를 계산하라.

(a) 열전달이 일어나지 않는다.

(b) 열전달률이 60 kW이다.

4.97 무시할 정도의 속도로 공기가 표준조건에서 압축기로 들어간다. 직경 5 cm의 출구에서 압력, 온도 그리고 속도가 각각 420 kPa(절대압), 150°C 그리고 200 m/s이다. 만약 공기에 의한 열전달이 24 kJ/kg이라면, 압축기에 요구되는 동력을 구하라.

4.98 그림 P4.98과 같이 유량 15 m^3/s인 작은 강이 저수조로 물을 공급한다. 만약 터빈이 80%의 효율이라면, 계속 이용할 수 있는 에너지를 계산하라. 전체 관 계통에 대한 손실계수 $K = 4.5$이다.

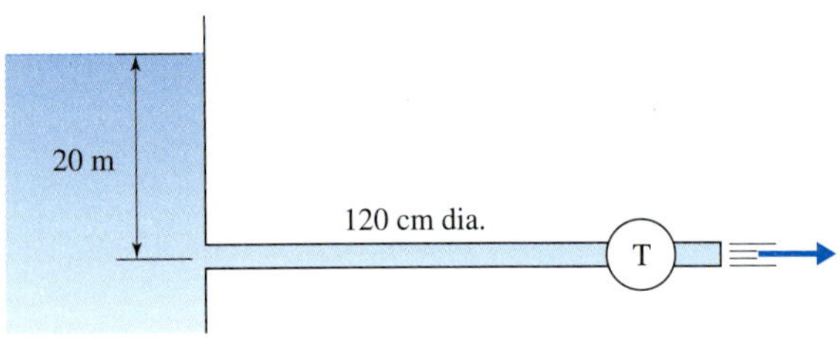

그림 P4.98

4.99 그림 P4.99에 나타낸 계통에서 관 내 평균 속도는 10 m/s이다. 점 A까지 $K = 1.5$이고, B에서 C까지 $K = 6.2$이며, 펌프는 80%의 효율을 갖는다. 만약 $p_C = 200$ kPa라면 p_A와 p_B 그리고 펌프에 필요한 동력을 구하라.

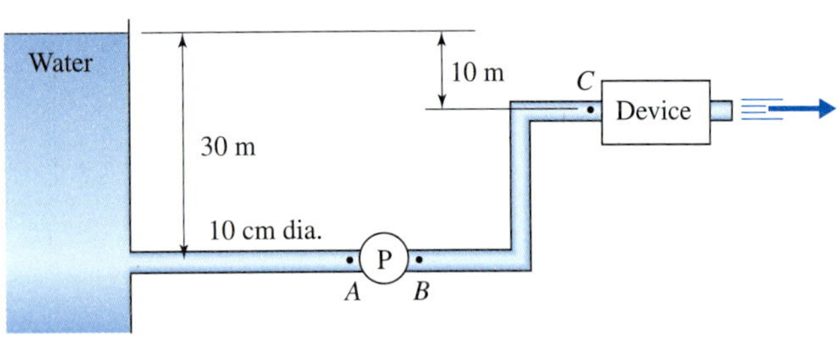

그림 P4.99

4.100 가솔린 연료 엔진이 연료와 공기를 혼합하기 위해 카뷰레타를 사용한다. 가솔린이 그림 P4.100에 나타낸 100 kPa로 유지되는 탱크로부터 5 mm 직경의 관을 통해 6.3 cm^3/s의 율로 펌프에 의해 공급된다. 가솔린은 카뷰레타에서 0.8 mm 노즐을 통해 95 kPa의 압력으로 유출된다. 계통에서의 전수두 손실은 $210\ V^2/2g$이고 V는 관의 평균 속도이다. 펌프의 효율이 75%라면, 펌프에 필요한 동력은 얼마인가?

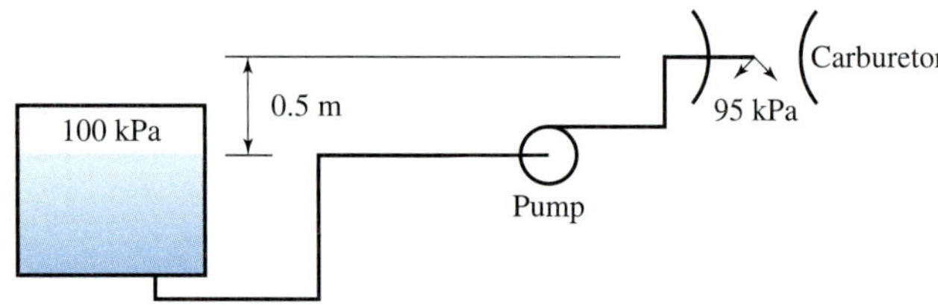

그림 P4.100

4.101 그림 P4.101에 나타낸 터빈의 출력을 물의 유량이 0.5 m^3/s일 때 구하라. 터빈은 효율이 90%이다.

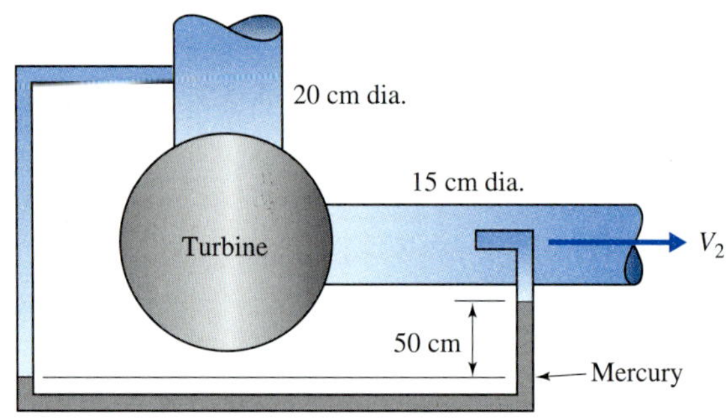

그림 P4.101

4.102 만약 손실계수가 A까지 3.2이고 B에서 C까지 $K = 1.5$이라면, 그림 P4.102에 나타낸 효율 85%의 펌프에 대해 필요한 동력을 구하라. 출구 노즐을 통한 손실은 무시한다. 또한 p_A와 p_B를 계산하라.

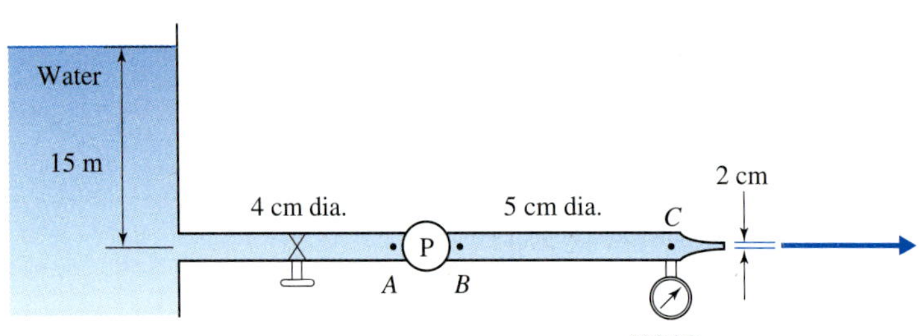

그림 P4.102

4.103 물이 수두 10 m인 저수조에서 나와 직경 10 cm인 수평관을 통해서 흘러 대기로 배출된다. 관의 끝에는 더 작은 직경을 갖는 짧은 관을 연결했다. 축소 부분을 포함해서 손실계수는 2.2이고 축소 부분 이후의 손실은 무시한다. 만약 유량이 0.02 m^3/s일 때, 더 작은 파이프의 최소 직경을 구하라.

4.104 손실은 무시하고 그림 P4.104에 도시된 사각형 수로의 높아진 단면에서 물의 깊이를 구하라. 균일한 속도 분포를 가정한다.

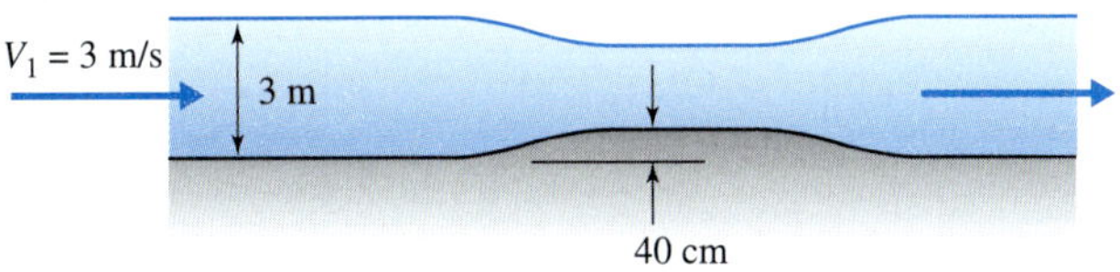

그림 P4.104

4.105 그림 4.105에 나타낸 원통으로 인한 운동에너지 손실률을 와트(W)로 계산하라. ρ = 1.23 kg/m^3인 평면유동으로 가정하고, 원통의 길이당으로 계산하라.

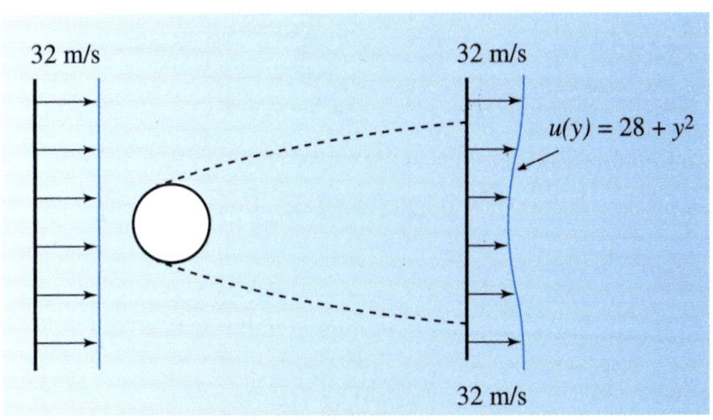

그림 P4.105

4.106 그림 4.106에 나타낸 두 단면 사이의 수두손실을 다음 가정하에서 구하라.

(a) d = 1.2 cm인 관

(b) 1.2 cm × 8 cm의 사각 덕트

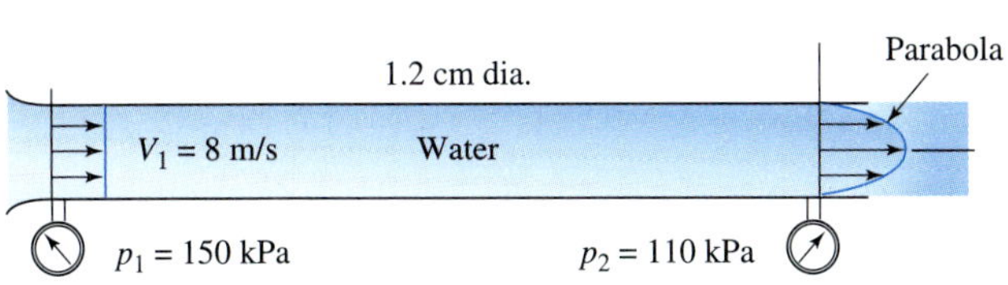

그림 P4.106

4.107 그림 4.105의 하류 위치에서 속도 분포에 대한 운동에너지 보정계수를 계산하라.

4.108 다음 조건일 때, 운동에너지 보정계수를 결정하라.

(a) 직경 2 cm의 파이프 안에서 $u(r) = 10(1 - r^2/R^2)$

(b) 2 cm 높이의 채널에서 $u(y)=10(1 - y^2/h^2)$

4.109 관에서 난류의 속도 분포는 대개 $u(r) = u_{max}(1 - r/R)^{1/n}$로 쓰이며, 여기서 n은 5와 9사이에 있고 7이 가장 일반적인 값이다. 다음 조건일 때, 관의 한 단면을 지나는 운동에너지에 대한 표현식과 운동에너지 보정계수를 구하라.

(a) $n = 5$ **(b)** $n = 7$

(c) $n = 9$

4.110 속도 V_∞로 제트기가 날고 있다. 연료소비량 $\dot{m}_f$를 배출가스의 속도 V_2와 온도 T_2, 입구속도 V_1과 온도 T_1 그리고 항공기에 작용하는 항력 F_D, 입구공기 질량유속 $\dot{m}$과 연료 가열량 q_f (kJ/kg) 등과 같은 다른 유동변수와 연관되게 에너지방정식을 사용하라.

4.111 1340 N의 항력을 받는 자동차가 100 km/hr로 달린다. 연비는 5 km/L이다. 만약 엔진 효율이 15%라면, 연료의 kg당 방출되는 에너지를 결정하라. 연료의 밀도는 680 kg/m^3이다.

4.112 길이 180 m, 직경 2 cm 사이펀이 관개를 위하여 저수조로부터 들판까지 20°C의 물을 공급한다. 저수조 표면 35 cm 아래로 배출된다. 속도 분포는 $u(r) = 2V(1 - r^2/r_o^2)$로 가정되고 여기서 V는 평균 속도이다. 만약 수두손실이 $32\ \nu LV/(D^2g)$로 주어지고, 여기서 L은 사이펀의 길이, D는 사이펀의 직경, 그리고 ν는 물의 동점성계수라고 하면 유량은 얼마인가?

4.113 그림 P4.113에 나타낸 필터 계통에서 물을 펌프를 사용해서 필터를 통해 정상상태로 순환시킨다. 펌프특성곡선은 $H_p = 15 + 11Q - 150Q^2$으로 주어지고 H_p는 m, Q는 m^3/s이다. 계통에 사용된 관의 직경은 10 cm로 일정하다. 계통에 대한 총 손실계수는 관에서의 평균속도를 기준으로 K = 51이다. 유량과 펌프에 필요한 동력을 구하라.

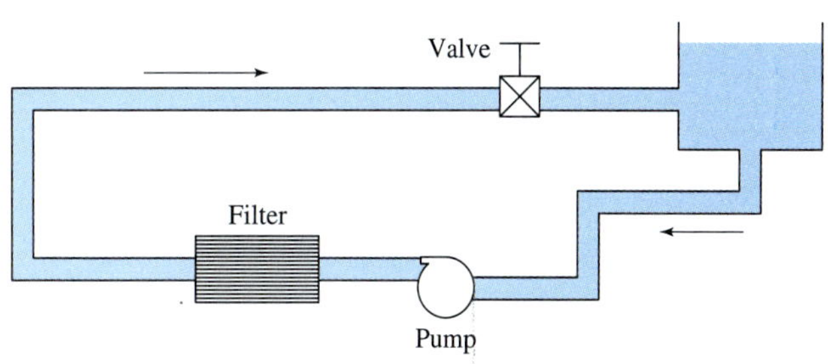

그림 P4.113

4.114 그림 P4.114a에 나타낸 유동 계통에서 펌프에 대한 제조업자의 펌프곡선은 그림 P4.105b로 제공된다. 유량을 추정하라. 총 손실계수는 다음과 같다.

(a) $K = 5$ **(b)** $K = 20$

해는 반복계산 과정을 포함한다. 에너지방정식은 $H_p = H_p(Q)$쓸 수 있고 펌프 곡선에 도시하였다.

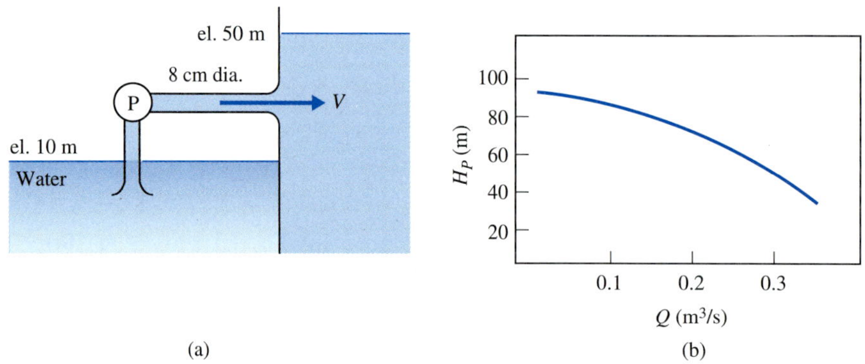

그림 P4.114

4.115 그림 P4.115에 나타낸 워터펌프는 모두 같은 높이에서 입구 하나와 출구 두 개를 갖는다. 만약 펌프의 효율이 85%라면, 펌프동력은 얼마나 필요한가? 관 손실은 무시한다.

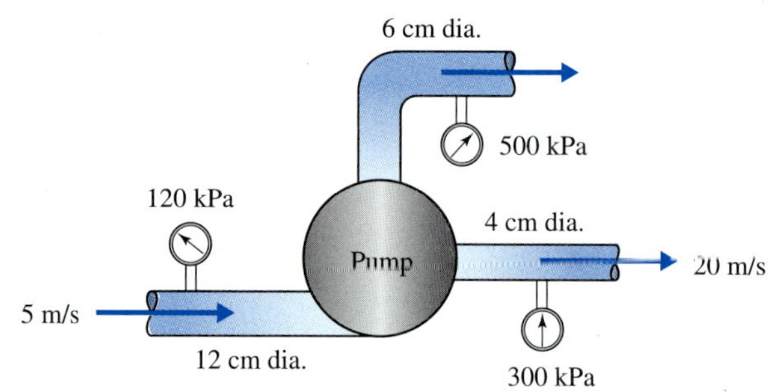

그림 P4.115

운동량 방정식

4.116 물이 압력 p에서 직경 d인 관 내를 흐르고 직경 $d/2$의 노즐을 통해 대기로 배출된다. 다음의 조건에서 물이 노즐에 작용하는 힘을 구하라.

(a) $d = 6$ cm, $p = 200$ kPa

(b) $d = 6$ cm, $p = 400$ kPa

(c) $d = 12$ cm, $p = 200$ kPa

4.117 노즐과 호수는 소방 트럭의 사다리에 붙어 있다. 2000 kPa의 압력을 갖는 9 cm 직경의 호스에 의해 공급되는 노즐을 지지시키기 위하여 필요한 힘은 얼마나 되는가? 노즐의 출구직경은 3 cm이다.

4.118 물이 400 kPa의 압력에서 직경 10 cm의 관을 흘러 수평 노즐로 나간다. 만약 출구 직경이 다음과 같다면 노즐에 작용하는 물의 힘을 계산하라.

(a) 8 cm **(b)** 6 cm

(c) 4 cm **(d)** 2 cm

4.119 그림 P4.119에 도시한 수평 밴드에 작용하는 물의 수평력을 구하라.

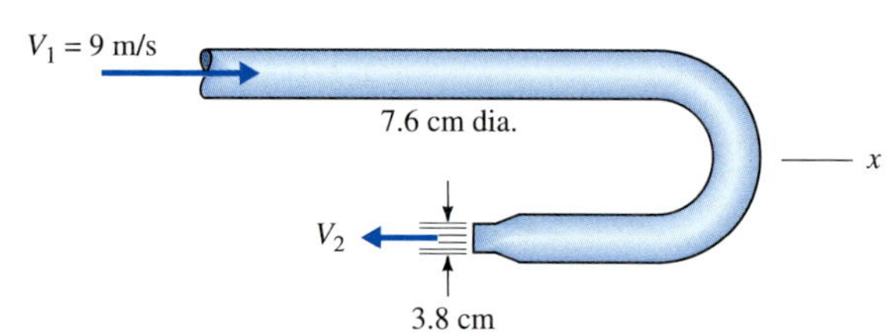

그림 P4.119

4.120 만약 p_1이 다음과 같다면, 그림 P4.120에 나타낸 수평 벤드에서 물의 수평력 성분들을 구하라.

(a) 200 kPa **(b)** 400 kPa

(c) 800 kPa

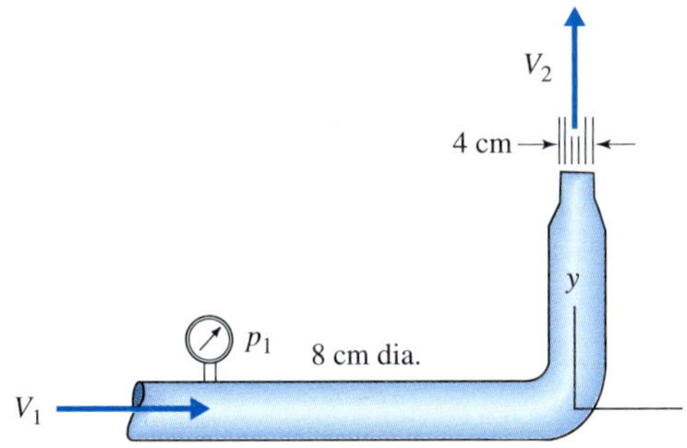

그림 P4.120

4.121 그림 P4.121에 나타낸 관에 오리피스 평판을 고정시키기 위해 필요한 순수 힘은 얼마인가?

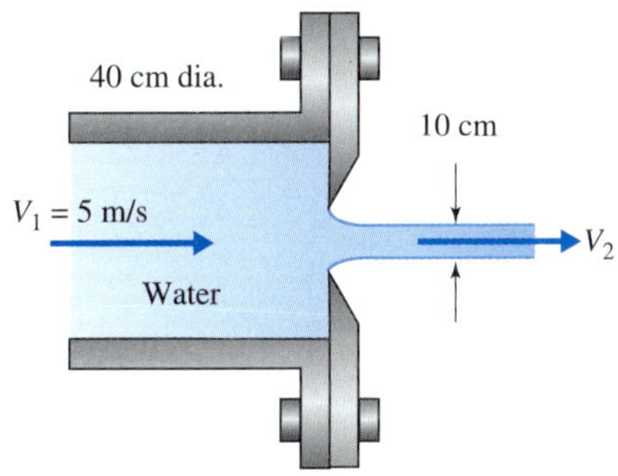

그림 P4.121

4.122 균일한 속도 분포를 가정하고 그림 P4.122에 나타낸 관에 마개를 고정시키기 위해 필요한 힘 F를 구하라. 점성효과는 무시한다.

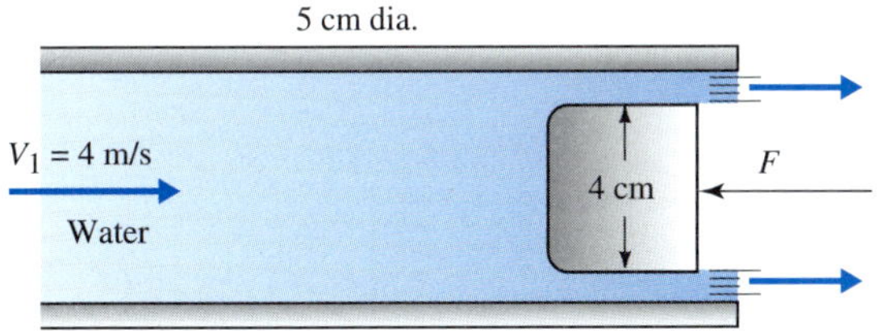

그림 P4.122

4.123 점성효과는 무시하고 균일한 속도 분포로 가정할 때, 그림 P4.123에 나타낸 장애물에 작용하는 수평력 성분을 구하라.

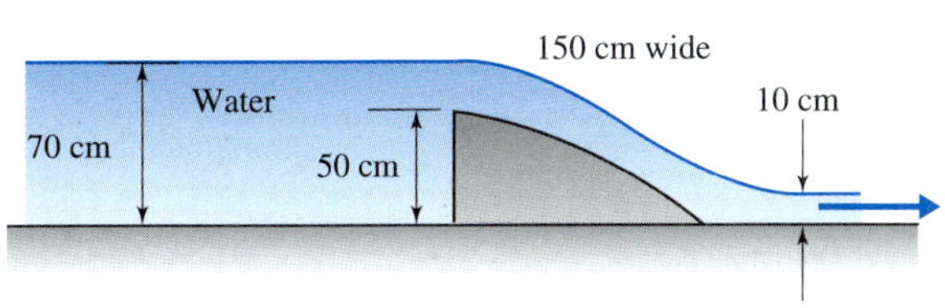

그림 P4.123

4.124 정수력 압력분포, 균일 속도 분포를 가정하고 점성효과를 무시할 때 그림 p4.124에 나타낸 수문을 지지하기 위해 필요한 수평방향 힘을 구하라.

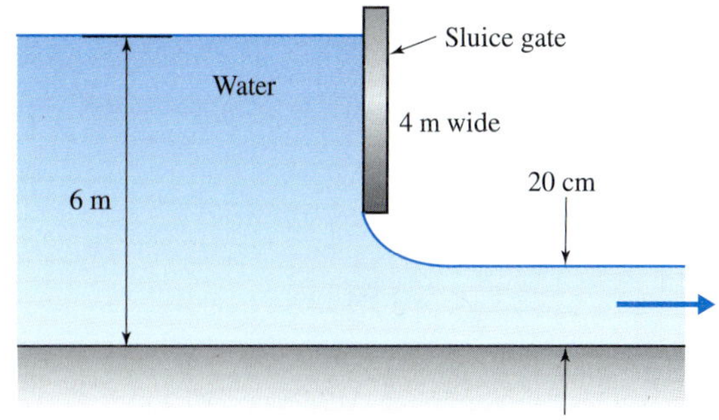

그림 P4.124

4.125 그림 P4.125에 나타낸 사각 채널에서 갑작스런 도약(수력도약)이 발생한다. 다음 조건에서 y_2와 V_2를 각각 구하라.

(a) $V_1 = 8$ m/s, $y_1 = 60$ cm

(b) $V_1 = 12$ m/s, $y_1 = 40$ cm

그림 P4.125

4.126 그림 4.125에서 보듯이 수력 도약이 발생해서 $V_2 = \frac{1}{4}V_1$이 된다. 다음 조건에서 V_1과 y_2를 구하라.

(a) $y_1 = 80$ cm

(b) $y_1 = 0.5$ cm

4.127 유량 9 m^3/s에 대하여 그림 P4.127에 나타낸 수력도약으로 인한 V_2와 y_2를 구하라. 채널 폭은 3 m이고 도약까지의 손실은 무시한다.

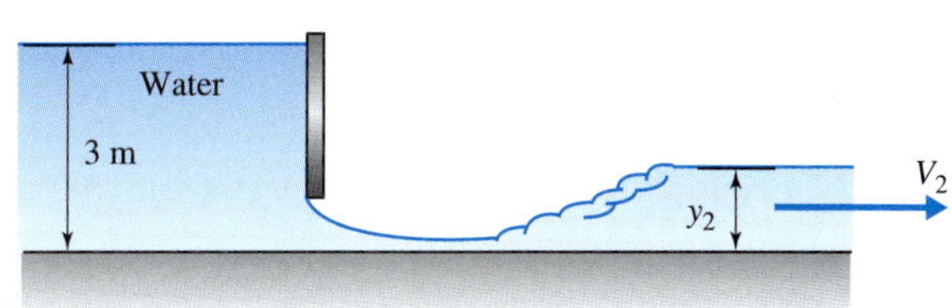

그림 P4.127

4.128 깊이 2 m인 수력도약의 하류에서 속도는 3 m/s로 측정되었다. 도약 전의 속도와 깊이를 계산하라.

4.129 그림 P4.129에 나타낸 계통에 대해 만약 $p_1 = 60$ kPa이고 $V_1 = 20$ m/s일 때, 하류에서의 압력 p_2를 구하라.(주: 관이 급확대된 직후에서의 압력은 p_1이다.)

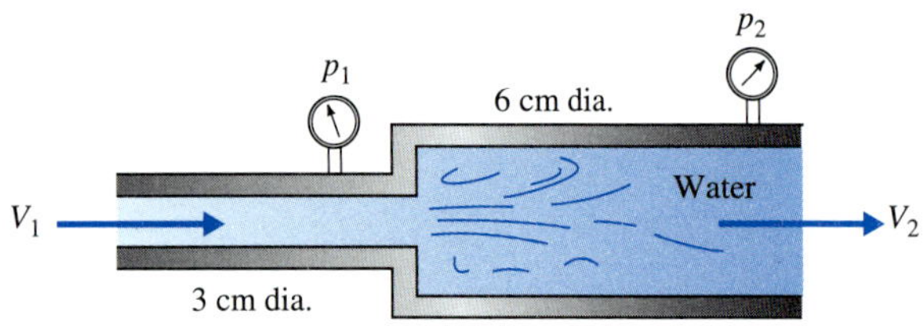

그림 P4.129

4.130 물이 직경 5 cm 관들로 갈라지는 수평 T자형 단면의 직경 10 cm의 관 축(stem) 내를 15 m/s로 흐른다. 만약 갈라진 후 대기로 배출될 때, T자형 단면에 작용하는 물의 힘을 구하라. 점성효과는 무시한다.

4.131 물이 그림 4.131에 나타낸 이중 엘보우를 통해 정상상태로 흐른다. 물이 상부에서 5 m/s로 엘보우 안으로 흐르고, 좌측으로부터 15 m/s로 들어온다. 엘보우를 제 위치에 고정시키는 데 필요한 힘의 수직성분과 수평성분을 결정하라.

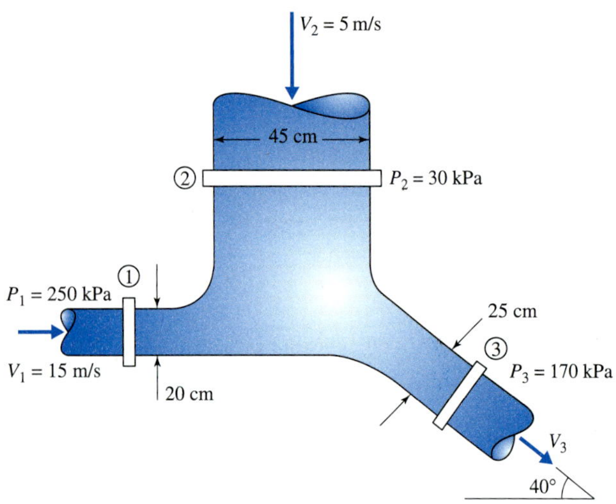

그림 P4.131

4.132 $\dot{m}$ = 300 kg/s의 물이 10 cm 직경의 수평 분류로 수직 평판을 때린다. 다음을 계산하라.

(a) 평판을 정지 상태로 유지하기 위해 필요한 힘

(b) 평판을 제트로부터 멀어지는 방향으로 10 m/s로 이동하는 데 필요한 힘

(c) 제트 쪽으로 10 m/s로 평판을 이동하는 데 필요한 힘

4.133 6 cm 직경의 수평 물 분류가 수직 평판을 때린다. 만약 다음 조건에 필요한 힘이 900 N이라면, 분류로부터 분사되는 속도를 구하라.

(a) 평판의 정지 상태를 유지

(b) 제트로부터 멀어지는 방향으로 9 m/s로 평판을 이동

(c) 제트 쪽으로 9 m/s로 평판을 이동

4.134 만약 다음 조건에 필요한 힘이 700 N이라면, 그림 P4.134에 나타낸 제트에서 분사되는 질량유속을 결정하라.

(a) 원뿔의 정지 상태를 유지

(b) 제트로부터 멀어지는 방향으로 8 m/s로 원뿔을 이동

(c) 제트 쪽으로 8 m/s로 원뿔을 이동

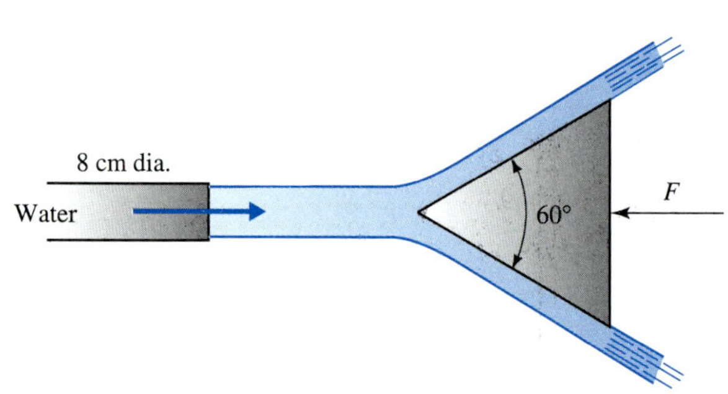

그림 P4.134

4.135 만약 다음 조건일 때, 그림 P4.135에 나타낸 편향된 날개에 작용하는 물의 힘 성분을 계산하라.

(a) 날개가 정지 상태이다.

(b) 날개가 18 m/s로 우측으로 이동한다.

(c) 날개가 18 m/s로 좌측으로 이동한다.

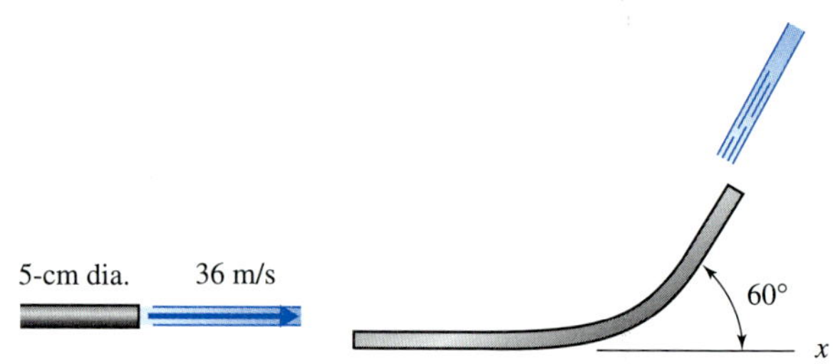

그림 P4.135

4.136 문제 4.135의 날개는 30 rad/s의 회전속도를 갖는 50 cm 반경의 회전익에 붙어 있는 날개열 중의 하나이다. 만약 이러한 물분류가 10개 있을 때, 출력을 구하라.

4.137 만약 다음의 조건이라면, 그림 P4.137에 나타낸 날개에 작용하는 과열증기의 힘 성분들을 결정하라.

(a) 날개는 정지 상태이다.

(b) 날개는 100 m/s로 우측으로 이동한다.

(c) 날개는 100 m/s로 좌측으로 이동한다.

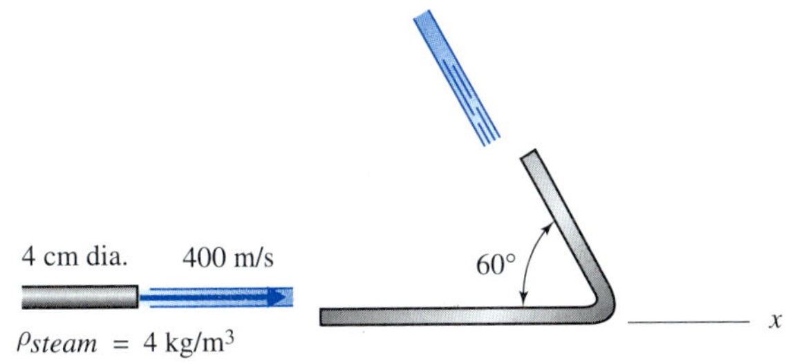

그림 P4.137

4.138 문제 4.137의 날개는 150 rad/s로 회전하는 1.2 m 반경의 회전익에 붙어 있는 날개열 중의 하나이다. 만약 15개의 증기분류가 있다면, 그 출력은 얼마인가?

4.139 그림 P4.139에 나타낸 터빈 날개에 과열 증기분류가 부딪친다. 만약 15개의 분류가 있고, α_1이 다음과 같을 때 터빈의 출력을 구하라.

(a) 45° **(b)** 60°
(c) 90°

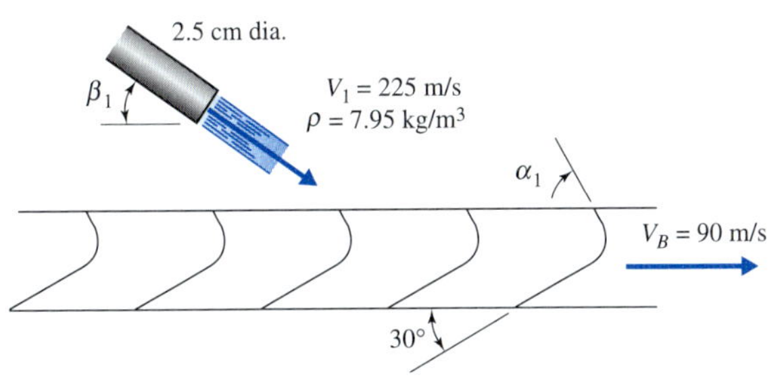

그림 P4.139

4.140 12개의 고속 물분류가 그림 P4.140에 나타낸 것처럼 날개를 때린다. 만약 V_B가 다음과 같을 때, 날개 각도와 출력을 구하라.

(a) 20 m/s **(b)** 40 m/s
(c) 50 m/s

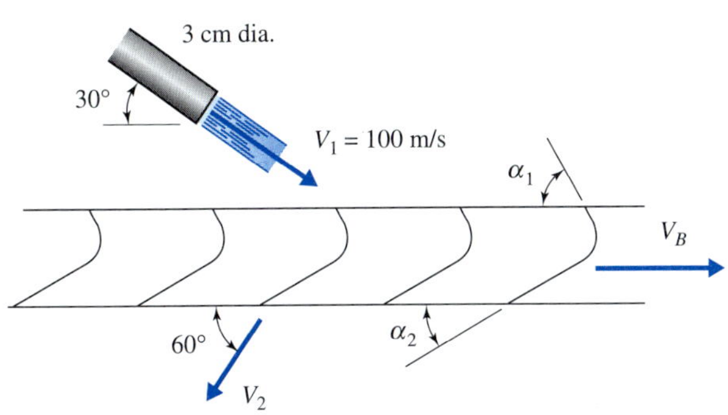

그림 P4.140

4.141 15개의 물분류가 그림 P4.141에 나타낸 것처럼 날개를 때린다. 만약 β_2가 다음과 같을 때, 날개 각도와 동력을 구하라.

(a) 60° **(b)** 70°
(c) 80°

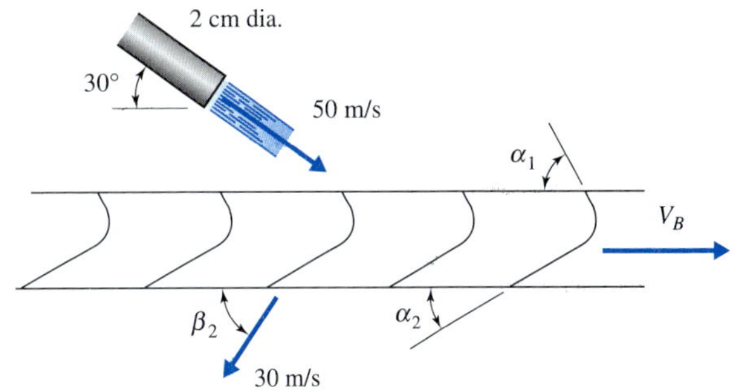

그림 P4.141

4.142 그림 P4.142처럼 물이 사각 분류로부터 흘러나온다. 다음 조건에서 질량유속 $\dot{m}_2$와 $\dot{m}_3$ 및 힘 F를 구하라.

(a) $b = 20, h = 40$ cm, $V_1 = 40$ m/s

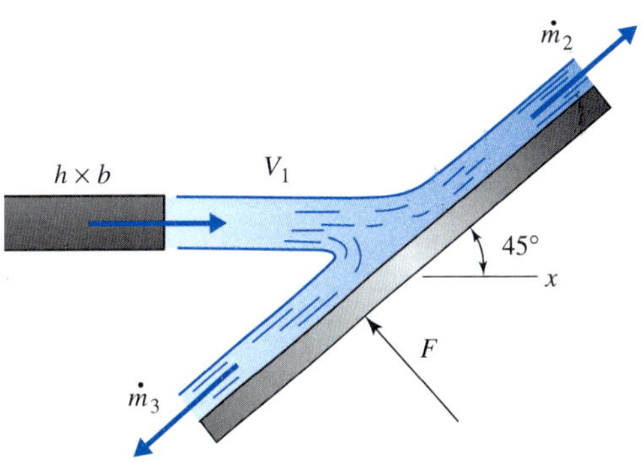

그림 P4.142

4.143 문제 4.142의 평판이 20 m/s로 좌측으로 이동한다. 필요한 동력을 구하라.

4.144 문제 4.142의 평판이 최고 출력을 내기 위해 x 방향으로 이동해야만 하는 속도를 계산하라.

4.145 물 저수조 안에 180° 편향판을 삽입함으로써 100 000 kg의 질량을 가진 대형차의 속도가 느려진다. 만약 60 cm 폭을 갖는 편향판이 물 10 cm를 퍼낼 때, 차가 120 km/h로 움직인다면 감속시키는 초기 가속도를 계산하라. 또한 60 km/h의 속도에 도달하기 위해 필요한 시간을 구하라.

4.146 2.5 m 폭의 제설기가 50 km/h의 속도로 0.8 m 깊이의 눈을 헤집고 나간다. 눈은 제설기의 이동 방향에 수직한 날개를 떠난다. 만약 눈의 밀도가 90 kg/m³이라면 제설작업에 필요한 동력은 얼마인가?

4.147 질량이 5000 kg인 차가 900 km/h로 운전되고 있다. 차는 20 cm 폭을 갖는 물 퍼내는 장치를 깊이 6 cm만큼 낮추어 물을 퍼내며 감속된다(그림 P4.147). 만약 물이 180으로 전환되면 속도가 100 km/h로 감속될 때, 차가 이동한 거리를 계산하라.

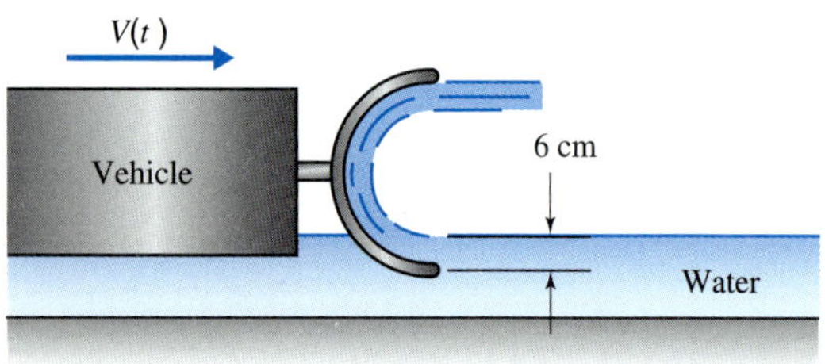

그림 P4.147

4.148 최신 제트엔진은 비행기가 활주로에 닿은 후에 역추력을 얻기 위해 베인을 장착한다. 특수 엔진을 통한 공기 질량유량은 100 kg/s이고 연소 가스는 엔진에 대해 800 m/s의 속도로 엔진을 떠난다. 이 경우 연료-공기비는 1 대 40이다. 그림 P4.148에 나타낸 배치에서 베인에 의해 생산되는 역추력을 계산하라.

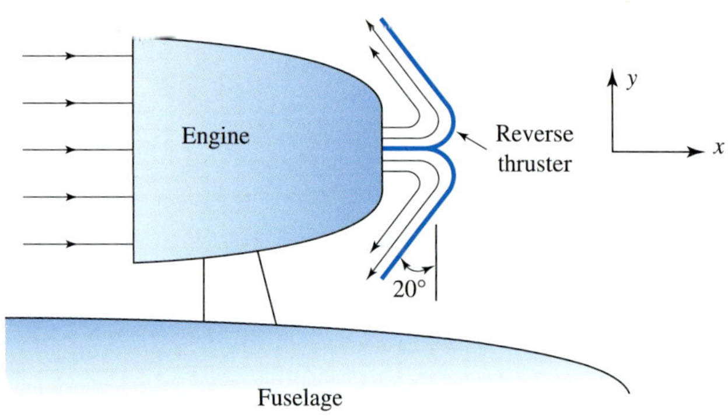

그림 P4.148

4.149 300 kg의 차가 초기 가속도 2 m/s^{2}를 갖도록 요구된다. 6 cm 직경의 물 분류가 180°의 각도로 물을 전환하는 차의 후면에 설치된 베인에 충돌한다. 분류 속도는 얼마나 필요한가? 2초 후의 속도는 얼마가 되는가?

4.150 그림 4.150에 나타낸 습지용 보트가 20 kW의 엔진이 필요한 2 m 직경의 프로펠러에 의해서 50 km/h로 추진된다. 보트의 추력, 프로펠러를 통한 공기의 유량, 그리고 프로펠러의 효율을 계산하라.

그림 P4.150

4.151 항공기는 2.2 m 직경의 프로펠러에 의해서 200 km/h의 속도로 운항된다. 프로펠러 하류의 공기 속도는 항공기에 대해 320 km/h이다. 프로펠러의 날개를 가로지르는 압력 차이와 요구되는 동력을 계산하라. $\rho = 1.2$ kg/m^{3}를 사용하라.

4.152 보트에 부착된 50 cm 직경의 프로펠러는 보트에 대해 상대적으로 60 km/h의 속도를 일으켜 30 km/h로 움직인다. 요구되는 동력과 프로펠러를 통한 물의 질량유속을 구하라.

4.153 제트보트는 물 0.2 m^3/s를 끌어들여 보트에 대해서 상대적으로 20 m/s의 속도로 분출한다. 보트가 10 m/s로 나아갈 때 발생하는 추력과 요구되는 동력을 구하라.

4.154 만약 유량이 0.2 m^3/s라면, 그림 P4.154에 나타낸 수축 평면을 통해 흐르는 물의 운동량 유속 변화를 계산하라. 상, 하류 두 곳의 형상 기울기는 동일하다. 상류 형상분포는 다양한 폭을 갖는 평판 홈 구멍들을 사용하여 만들어진다.

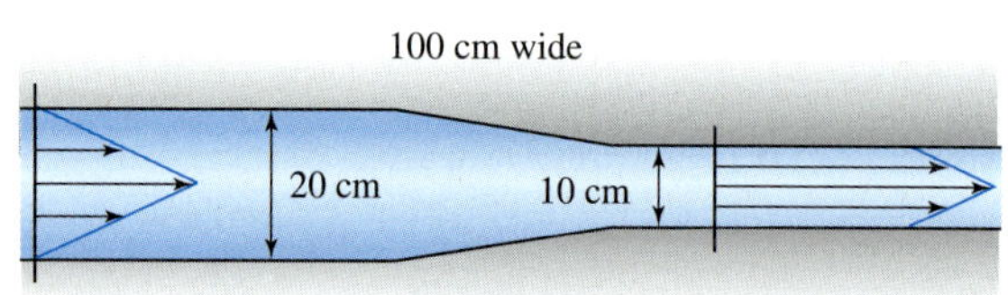

그림 P4.154

4.155 문제 4.154에서 다음의 분포에 대한 운동량 수정계수를 결정하라.

(a) 입구 분포

(b) 출구 분포

4.156 16°C에서 물이 3.8 cm 직경의 수평관 내를 흐르고 9 m 길이의 관에서 210 Pa의 압력강하가 일어났다. 벽에서의 속도구배를 계산하라. $\tau = \mu|du/dr|$를 생각하라.

4.157 그림 P4.157에 나타낸 수평관의 두 단면들 사이의 벽에 작용하는 항력을 구하라.

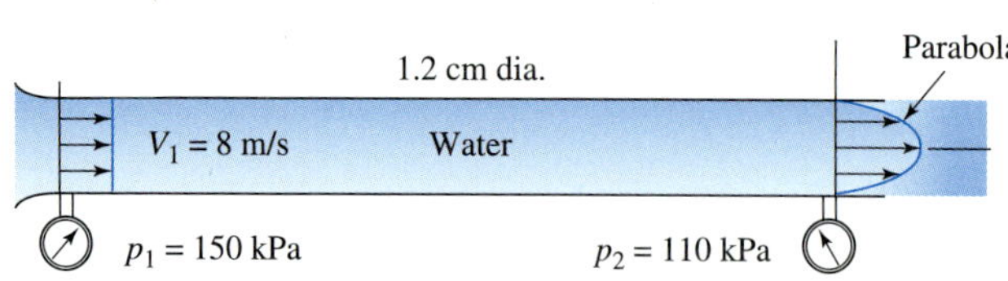

그림 P4.157

4.158 10 m 길이 원통의 하류에서 속도 분포가 그림 P4.158처럼 나타난다. 원통에 작용하는 공기의 힘을 구하라. $\rho = 1.23\ kg/m^3$을 사용하라.

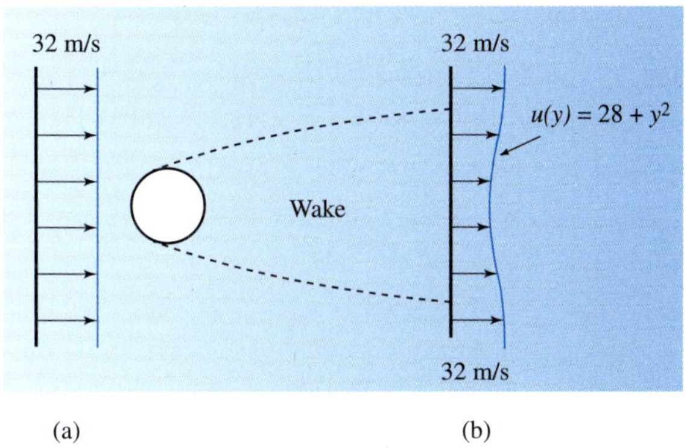

그림 P4.158

4.159 그림 P4.159에 나타낸 편평한 2 m 폭의 평판 상에 작용하는 항력을 계산하라. 점성 영역 밖에서 속도는 균일하다. 다음 각 경우의 검사체적을 선택하라. $\rho = 1.23\ kg/m^3$을 사용하라.

(a) 점성 영역 밖으로 확대된 사각형 검사체적(질량유속은 상부 검사표면을 통과한다)

(b) 상부경계로 유선을 갖는 검사체적(질량유속은 유선을 통과하지 않는다)

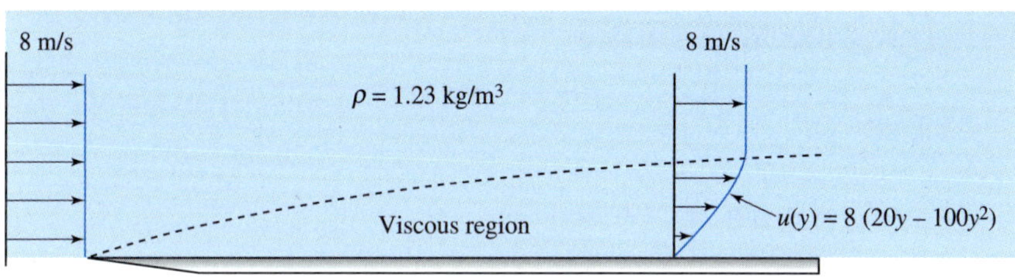

그림 P4.159

운동량과 에너지

4.160 다음 문제의 수력도약에서 손실된 동력을 구하라.

(a) 문제 4.125a **(b)** 문제 4.127

(c) 문제 4.128

4.161 문제 4.129의 확대에 대한 손실계수를 구하라. 계수는 속도 V_1에 근거를 둔다.

4.162 그림 P4.162에 나타낸 원통형 손수레의 가속도와 변수들 사이의 관계를 구하라. 마찰은 무시하고 물과 손수레의 초기 질량은 m_o이다.

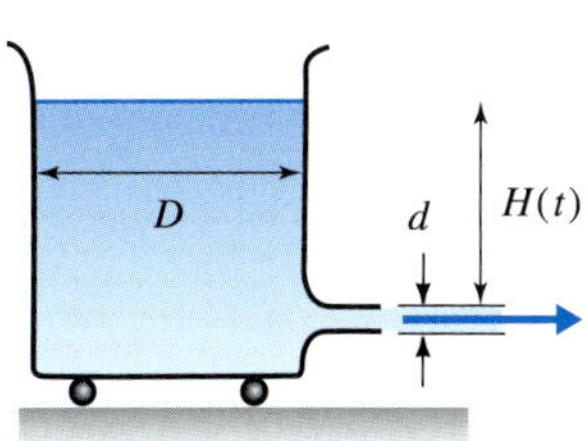

그림 P4.162

4.163 그림 4.163에 나타낸 공기/물 로켓의 $H(t)$를 결정하는 데 필요한 방정식을 세워라.

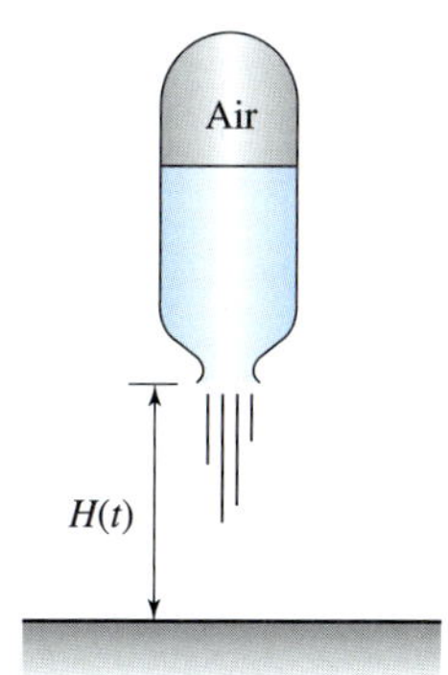

그림 4.163

운동량 모멘트

4.164 스프링클러가 지면과 45°의 각도를 이루고, 팔과 직각을 이루는 노즐을 포함하는 길이가 30 cm인 4개의 팔을 갖는다. 만약 출구 직경이 8 mm이고 4 kg/s의 물이 4개의 노즐로 배출될 때 회전 속도를 구하라.

4.165 4개의 팔이 달린 회전익은 1.2 cm직경의 노즐을 갖는다. 팔에 대해서 60 m/s로 물을 배출하는 노즐은 25 cm 길이의 팔에 대해 직각이고 지면과 평행하다. 만약 회전속도가 30 rad/s라면 출력을 구하라. 팔의 직경은 3.8 cm이다.

4.166 그림 P4.166에 나타낸 것처럼 물이 6 mm 구멍으로 흘러나간다. 만약 20 kg/s가 두 팔에 의해 공급된다면, Ω를 구하라.

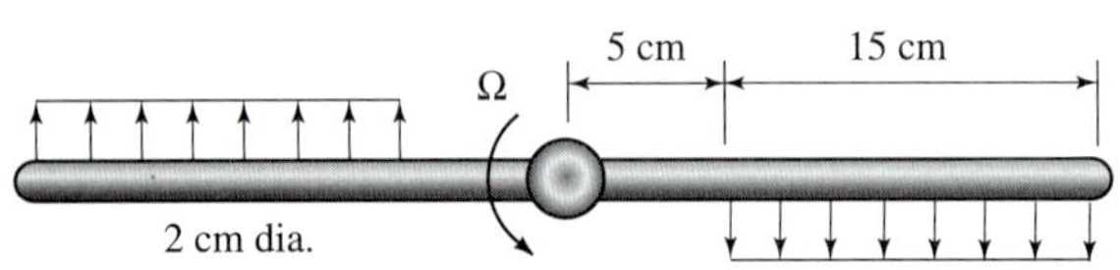

그림 P4.166

4.167 1 kW의 모터가 그림 P4.167에 도시된 회전익을 500 rad/s로 회전시킨다. 모든 손실을 무시할 때 유량을 구하라. ρ = 1.23 kg/m^{3}을 사용한다.

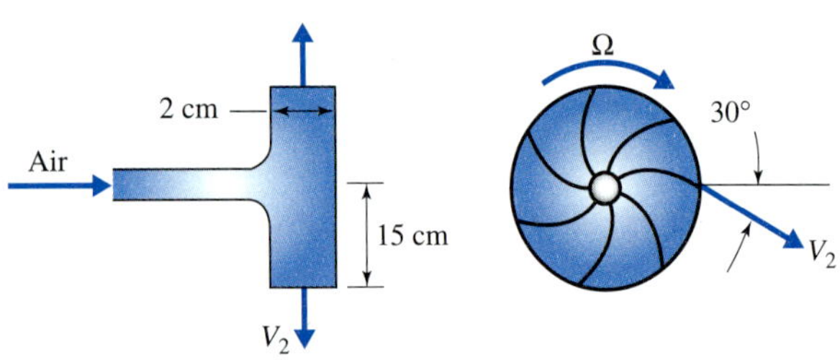

그림 P4.167

4.168 만약 문제 4.164의 스프링쿨러가 t = 0에서 갑자기 작동한다면 $\Omega(t)$에 대한 식을 구하라. 팔의 직경은 2 cm로 가정한다.

4.169 공기가 그림 P4.169에서 푸른색 영역을 통하여 나뭇잎 송풍기의 원심형 공기펌프로 들어간다. 직경이 10 cm, 길이가 1.2 m인 관은 30 cm^{2}의 출구면적을 가는 노즐을 가지고 있다. 출구속도는 240 km/h이다.

(a) 유량을 계산하라.

(b) 만일 총 손실계수가 1.2라면, 펌프수두는 얼마인가?

(c) 펌프가 공기로 공급해야 하는 동력은 얼마인가?

(d) 만일 펌프가 65%의 효율을 가지면, 가솔린 엔진에 요구되는 마력은 얼마인가?

(e) 관 입구에서 압력을 계산하라.(펌프의 하류)

(f) 만약 줄로 10 kg의 송풍기가 매달려 있다면, 노즐 위 30 cm에 위치한 손잡이에 작용해야 하는 힘은 얼마인가? 무게 중심은 출구 위로 70 cm, 왼쪽으로 120 cm에 있다.

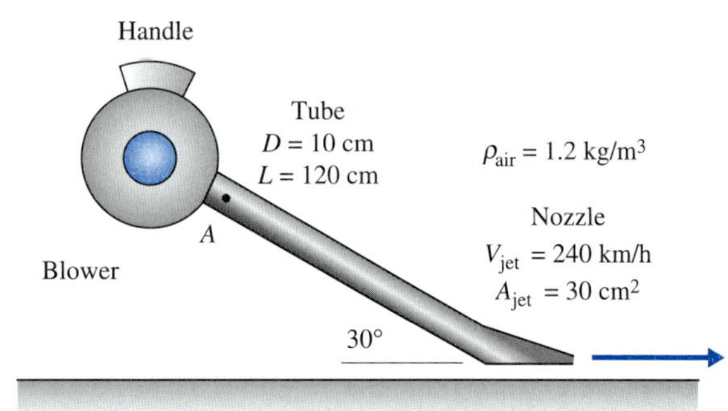

그림 P4.169

이륙하는 상용 제트여객기. 최근의 비행기 효율과 속도의 향상은 아음속이나 천이음속의 속도를 갖는 제트에 대해 입자가 상대적으로 운동하는 공기유동에 관한 미분방정식을 풀게 된 것에 일부분 기인한다. (Mayskyphoto/Shutterstock)

5

기본법칙의 미분형태

The Differential Forms of the Fundamental Laws

개요

학습목표

이 장의 목적은 미분방정식을 유도하고 유체유동에서 속도장과 압력장을 풀기 위해 필요한 경계조건과 초기조건을 기술하는 것이다. 편미분 방정식은 다음을 포함한다:

- ▲ 연속방정식
- ▲ 비점성 유동에 대한 운동량방정식(오일러 방정식)
- ▲ 점성 유동에 대한 운동량방정식(나비에 - 스토크스 방정식)
- ▲ 와도방정식
- ▲ 에너지방정식

많은 예제와 문제들이 유동 상황에 따라 방정식을 단순화하는 방법과 함께 상대적으로 단순한 몇 가지 미분방정식의 응용을 보여줄 것이다.

5.1 서론

본 장에서 다뤄질 내용들은 기초 과정에서는 생략될 수 있다. 이어지는 장들은 다음의 두 가지 방법이 가능하도록 구성되었다. 첫째는 이번 장에서 소개될 일반적 형태의 미분방정식이 적용되거나, 또는 둘째로 일반적 형태의 미분방정식을 적용하지 않고 특정한 기하 형태에 고유한 유동방정식을 유도하는 것이다.

4장에서 기본방정식들은 공간상에 유한한 체적인 고정된 검사체적의 항으로 표현되었다. 이것은 종종 유체역학에서 전반적인 접근 방식으로 기술될 수 있다. 검사체적을 이용하여 해를 구하기 위해서는 피적분 요소(주로 속도와 압력분포)의 근사를 가정하거나, 피적분 요소의 분포가 주어져야 한다. 댐 아래의 유량이나 익형에서의 양력과 같은 적분량을 구하려 하고, 그리고 속도나 압력분포에 대한 적절한 가정을 할 수 없다고 가정하자. 그때는 적분량을 구할 수 있기 전에 피적분함수에 들어가는 분포를 결정해야만 한다. 이것은 기본방정식을 나타내는 편미분방정식의 해를 구함으로써 알 수 있다.

KEY CONCEPT
적분량이 구해지기 전에 피적분량의 분포가 결정되어야 한다.

기본방정식에 대한 미분방정식의 해 풀이는 우리가 관심 있어 하는 적분량을 결정해 줄 뿐만 아니라 그들 안에 어떠한 정보를 포함하고 있다. 예를 들면 우리는 물체상의 최소 압력점 위치나 물체 표면으로부터의 박리유동 영역을 알기를 원할 수 있다. 그래서 우리는 특정 유동에 대해 제기되는 특정 문제에 답하기 위해 종종 미분방정식을 풀 수 있다.

기본 법칙의 미분 형태를 유도하는 데 사용하는 기본 방법에는 두 가지가 있다. 첫 번째는 가우스 이론의 응용을 포함하는 방법이다. 이것은 4장의 기본 방정식의 면적적분을 체적 적분으로 바꿀 수 있는 것으로 피적분 요소들을 하나의 적분으로 모아서 0으로 놓을 수 있다. 여기서 적분은 임의의 검사체적에서 유효하며, 따라서 피적분 요소 자체를 0으로 둘 수 있고 기본 법칙의 미분 형태를 제공한다. 두 번째는 이 책에서 사용된 방법으로 공간상에 미소 체적요소를 가정해서 기본법칙들을 직접 이 요소에 적용시키는 것이다. 두 가지 방법 모두 미분 형태의 기본 방정식을 유도하게 되지만, 첫 번째 방법은 벡터와 텐서의 연산을 필요로 하며 이는 개론 형태의 유체역학 과정에서는 불필요한 수학이라고 생각된다. 본 과정에서 약간의 벡터 연산이 도입되지만 가우스 이론에서 요구되는 정도의 연산 수준은 사용되지 않을 것이다.

미소 요소에 적용되는 질량보존의 법칙은 미분연속방정식을 이끌어 내며; 이것은 밀도 및 속도장과 관련이 있다.[1] 뉴턴의 제2법칙(벡터관계)은 나비에-스토크스 방정식이라고 알려진 편미분방정식을 이끌어 내며, 이것은 속도, 압력 그리고 밀도장과 관련되고 점성과 중력벡터를 포함한다. 열역학 제1법칙은 미분형태의 에너지 방정식을 이끌어 내며, 온도장과 속도, 밀도 및 압력장을 연관시키고 비열과 열전도도를 도입한다. 개론과정에서 고려되는 대부분의 문제들은 온도는 중요한 역할을 하지 않는 등온, 비압축성 유동이다. 이와 같은 유동에서 세 개의 나비에-스토크스 방정식과 연속방정식은 세 개의 속도 성분과 압력 성분에 관계된 4개의 편미분방정식을 제공한다. 따라서 에너지방정식은 필요가 없다. 그러나 우리는 제한된 상황에 사용하기 위하여 에너지방정식을 유도할 것이다.

편미분방정식은 독립변수의 특정한 값에서 종속변수들에 대한 값을 규정하기 위해 조건들을 필요로 한다. 만약 독립변수가 시간이라면 그 조건을 **초기조건**(initial condi-

초기조건: 시간에 의존하는 조건

[1] 종속변수가 하나의 독립변수보다 더 많은 변수에 의존할 경우, 장(field)으로서 언급된다; 즉 $\mathbf{V}(x, y)$는 속도장 그리고 $p(x, y, z, t)$는 압력장이다. 장의 양들을 기술하는 편미분방정식을 종종 장방정식(field equation)이라고 한다.

tions)이라 부르며, 만약 독립변수가 공간좌표라면 그 조건을 **경계조건**(boundary conditions)이라 한다. 모든 문제는 초기치 문제이거나 경계치 문제이다.

경계조건: 공간좌표에 의존하는 조건

유체역학에서 경계조건은 다음의 조건들로부터 발생한다.

- 점성유동에서 점착(no-slip) 조건. 점성은 유체가 벽에 붙게 만들므로 벽에서의 유체의 속도는 벽의 속도라 가정한다. 보통 벽의 속도는 0이다.
- 점성이 없는 흐름에서 속도의 법선성분. 비다공성 벽 근처에서 속도벡터는 벽과 접선방향을 이루어야 한다. 따라서 법선성분은 0이 되어야 한다.
- 자유표면을 갖는 유동에서의 압력. 액체-기체의 경계면을 갖는 유동과 같은 자유표면을 갖는 문제에서 경계면에서의 압력은 알려진 값이다. 예로서 파동이나, 캐비테이션을 포함하는 박리유동이 이에 해당한다.
- 경계면에서의 온도나 온도구배. 만약 경계면에서의 온도가 일정하다면 경계면에 인접한 유체의 온도도 경계면의 온도와 같을 것이다. 만약 경계면이 단열이라면 온도구배는 경계에서 0이 될 것이다.

KEY CONCEPT
점성은 벽에서의 유체속도를 벽의 속도로 가정하게 한다.

비정상유동에서 초기조건은 특정 순간에서유동장의 모든 점에서 세 가지 속도성분이 명시되어야 하며 이 특정 순간은 보통 $t = 0$ 일 때이다. 이 정보는 대기와 같은 많은 상황에서 얻기가 매우 어렵다. 대기의 모든 곳에서 세 속도성분을 구하는 것은 불가능한 일이다.

미분방정식은 선택된 좌표계에 따라 매우 다른 형태를 취한다. 우리는 주로 데카르트 좌표계를 이용하여 벡터 형태로 표현한다. 원통과 구좌표계에 대한 미분방정식은 본 장의 끝부분에 있는 표 5.1에 나타낸다.

5.2 미분 연속방정식

유체유동에서 질량보존을 미소체적에 적용시킴으로써 정확한 유체의 운동을 모델 할 수 있는 편미분방정식을 유도해 보자. 그림 5.1에 나타낸 고정된 미소 검사체적의 각각의 면을 통해 흐르는 질량유속을 고려해 보자. 우리는 이 요소에 들어가는 정미 질량유속을 미소요소의 질량변화율과 같다고 볼 수 있다. 즉,

$$\dot{m}_{\text{in}} - \dot{m}_{\text{out}} = \frac{\partial}{\partial t} m_{\text{element}} \tag{5.2.1}$$

질량보존을 위해 우리는 미소요소의 중심점에서 ρu, ρv 그리고 ρw를 규정하자. 그리고 이러한 값들을 하나의 변수로서 취급한다(참고: 그림 2.3의 압력분포). 그림 5.1은부터 여섯 면의 각각을 흐르는 질량유속을 나타낸다. 식 5.2.1은 다음의 형태를 취한다.

$$\begin{aligned}
&\left[\rho u - \frac{\partial(\rho u)}{\partial x}\frac{dx}{2}\right] dy\, dz - \left[\rho u + \frac{\partial(\rho u)}{\partial x}\frac{dx}{2}\right] dy\, dz \\
&+ \left[\rho v - \frac{\partial(\rho v)}{\partial y}\frac{dy}{2}\right] dx\, dz - \left[\rho v + \frac{\partial(\rho v)}{\partial y}\frac{dy}{2}\right] dx\, dz \\
&+ \left[\rho w - \frac{\partial(\rho w)}{\partial z}\frac{dz}{2}\right] dx\, dy - \left[\rho w + \frac{\partial(\rho w)}{\partial z}\frac{dz}{2}\right] dx\, dy \\
&= \frac{\partial}{\partial t}(\rho\, dx\, dy\, dz)
\end{aligned} \tag{5.2.2}$$

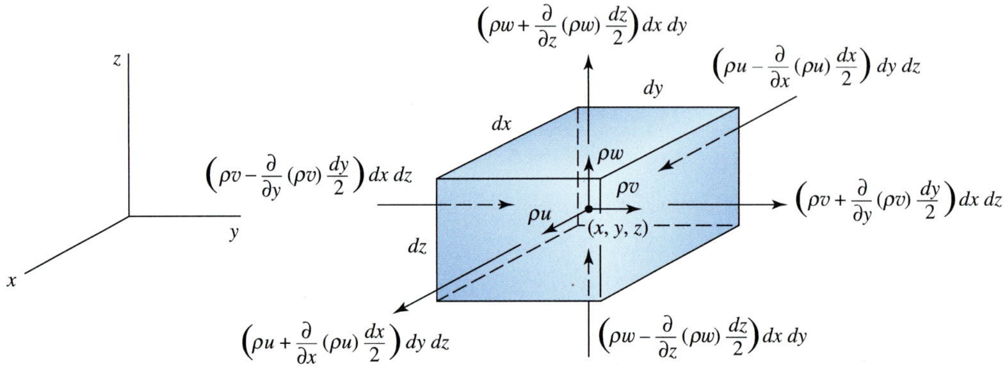

그림 5.1 직각좌표계를 사용한 미소 검사체적

위 식을 정리하고 $dx\, dy\, dz$로 나누면

$$\frac{\partial}{\partial x}(\rho u) + \frac{\partial}{\partial y}(\rho v) + \frac{\partial}{\partial z}(\rho w) = -\frac{\partial \rho}{\partial t} \tag{5.2.3}$$

밀도를 변수로 보기 때문에 우리는 위 식을 미분하면 식 5.2.3은 다음 식으로 정리된다.

$$\frac{\partial \rho}{\partial t} + u\frac{\partial \rho}{\partial x} + v\frac{\partial \rho}{\partial y} + w\frac{\partial \rho}{\partial z} + \rho\left(\frac{\partial u}{\partial x} + \frac{\partial v}{\partial y} + \frac{\partial w}{\partial z}\right) = 0 \tag{5.2.4}$$

또는, 실질도함수(substantial derivative)의 항으로(식 3.2.11 참조) 아래와 같이 나타낼 수 있다.

$$\frac{D\rho}{Dt} + \rho\left(\frac{\partial u}{\partial x} + \frac{\partial v}{\partial y} + \frac{\partial w}{\partial z}\right) = 0 \tag{5.2.5}$$

미분 연속방정식: 질량 보존으로부터 유도된 미분 방정식

이것을 **미분 연속방정식**(differential continuity equation)이라고 한다.

이제 델(del)이라고 하는 기울기 연산자(*gradient operator*)를 사용하기로 하자. 이것을 직각 좌표계로 나타내 보면 다음과 같다.

$$\boldsymbol{\nabla} = \frac{\partial}{\partial x}\hat{\mathbf{i}} + \frac{\partial}{\partial y}\hat{\mathbf{j}} + \frac{\partial}{\partial z}\hat{\mathbf{k}} \tag{5.2.6}$$

연속방정식은 다음 형태로 쓸 수 있다.

$$\frac{D\rho}{Dt} + \rho\,\boldsymbol{\nabla}\cdot\mathbf{V} = 0 \tag{5.2.7}$$

여기서 $\mathbf{V} = u\hat{\mathbf{i}} + v\hat{\mathbf{j}} + w\hat{\mathbf{k}}$이고 $\boldsymbol{\nabla}\cdot\mathbf{V}$는 속도의 발산(*divergence*)라 한다. 연속방정식의 이러한 형태는 어떤 특별한 좌표계에 국한되는 것은 아니며, 이러한 형태는 다양한 좌표계에서 연속방정식을 표현하는 데 이용된다.

비압축성 유동의 경우 유체입자의 밀도는 이동하면서 변하지 않기 때문에 다음과 같다.

$$\frac{D\rho}{Dt} = \frac{\partial \rho}{\partial t} + u\frac{\partial \rho}{\partial x} + v\frac{\partial \rho}{\partial y} + w\frac{\partial \rho}{\partial z} = 0 \tag{5.2.8}$$

비압축성 유동은 식 5.2.8의 각 항이 0이 되는 것을 요구하는 밀도를 일정하다고 가정하는 것보다 덜 제한적인 경우이다. 밀도 구배를 갖는 비압축성 유동은 때때로 **성층유동**(*stratified flow*) 또는 **비균질 유동**(*nonhomogeneous flows*)으로 일컫는 경우도 있다. 대기와 대양의 유동이 그러한 예이다. 비압축성 유동에 대해서 방정식 5.2.5를 사용하면 연속방정식은 다음과 같다.

$$\frac{\partial u}{\partial x} + \frac{\partial v}{\partial y} + \frac{\partial w}{\partial z} = 0 \tag{5.2.9}$$

혹은 벡터 형식으로

$$\boldsymbol{\nabla} \cdot \mathbf{V} = 0 \tag{5.2.10}$$

KEY CONCEPT
비압축성 유동의 경우, $\nabla \cdot \mathbf{V} = 0$이다

비압축성 유동에서 속도벡터의 발산은 0이다. 원통 및 구 좌표계에서의 비압축성 유동에 대한 연속방정식은 표 5.1에 나타냈다. 원통 및 구좌표계에서의 D/Dt의 표현 역시 표 5.1에 나타냈다.

예제 5.1

비압축성 평면유동에서 x 성분 속도가 $u(x, y) = Ay^2$로 주어진다. 평행한 평판 사이의 유동의 경우, 만약 평행평판 사이의 유동에서처럼 $v(x, y)$가 $v(x, 0) = 0$이라면 $v(x, y)$를 결정하라.

풀이

비압축성 평면유동의 미분연속방정식은

$$\frac{\partial u}{\partial x} + \frac{\partial v}{\partial y} = 0$$

평면유동에서 속도성분은 x와 y에만 관련되므로, 주어진 $u(x, y)$를 이용하면

$$\frac{\partial v}{\partial y} = -\frac{\partial u}{\partial x} = -\frac{\partial}{\partial x}(Ay^2) = 0$$

편미분방정식이므로 이것의 해는

$$v(x, y) = f(x)$$

$v(x, 0) = 0$은 $f(x) = 0$을 뜻하므로 결과적으로

$$v(x, y) = 0$$

질량보존에 의해 요구되는 y성분 속도이다. $v(x, y)$가 0이 되지 않기 위해서는 $u(x, y)$가 x에 따라 변하거나 $v(x, 0)$이 0이 아니어야 한다.

예제 5.2

그림 E5.2에 나타낸 대로 공기가 흐르는 파이프 내의 이웃한 세 점 A, B, C는 각각 10 cm 떨어져 있고 속도는 각각 83, 86, 88 m/s로 측정된다. 점 B에서의 온도와 절대압력은 10°C 와 345 kPa이다. 정상 균일유동이라 가정하고 그 점에서의 $d\rho/dx$를 추정하라.

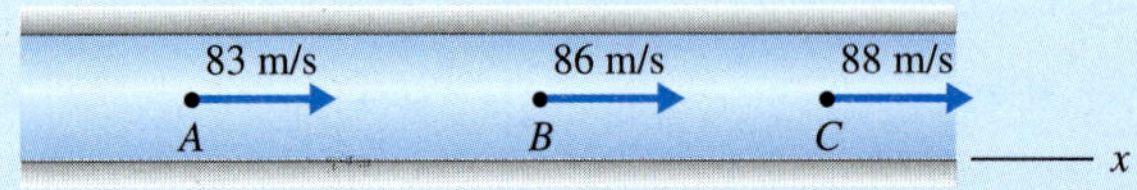

그림 E5.2

풀이

정상 $\left(\dfrac{\partial}{\partial t}=0\right)$, 균일 $\left(\dfrac{\partial}{\partial y}=\dfrac{\partial}{\partial z}=0\right)$유동일 때 연속방정식 (5.2.4)는 다음과 같다.

$$u\frac{d\rho}{dx}+\rho\frac{du}{dx}=0$$

u, ρ는 x만의 함수이므로 상미분을 사용하였다. 속도 도함수를 근사적으로 구하면

$$\frac{du}{dx}\simeq\frac{\Delta u}{\Delta x}=\frac{88-83}{0.2}=25\ \frac{\text{m/s}}{\text{m}}$$

더 정확한 중앙 차분법이 사용되었다[2].

밀도는

$$\rho=\frac{p}{RT}=\frac{345\times10^3\ \text{N/m}^2}{287\ \text{J/kg-K}\times283\ \text{K}}=4.25\ \text{kg/m}^3$$

절대압력과 온도가 사용되었다. 밀도 도함수를 근사적으로 구하면

$$\begin{aligned}\frac{d\rho}{dx}&=-\frac{\rho}{u}\frac{du}{dx}\\&=-\frac{4.25\ \text{kg/m}^3}{86\ \text{m/s}}\times25\ \text{s}^{-1}=-1.23\ \text{kg/m}^4\end{aligned}$$

[2]전진차분법을 사용하면 $\Delta u/\Delta x=(88-86)/0.1=20$ 이고; 후진차분법을 사용하면 $\Delta u/\Delta x=(86-83)/0.1=30$이다. 이 두 근사법은 예제에서 사용한 중앙차분법보다 덜 정확하다. $u(x)$를 세 점 $x-\Delta x$, x, $x+\Delta x$에서 그려 보고 기울기를 나타내면 이러한 사실을 알 수 있다.

예제 5.3

그림 E5.3에 나타낸 $w=0$인 평면 정상, 대칭, 비압축성 유동에서 각 점이 10 mm씩 떨어진 A, B, C, D점에서 x 방향의 속도성분은 5.76, 6.72, 7.61 그리고 8.47 m/s이다. C 점에서의 x 성분 가속도와 B점 위 6 mm에서의 y 성분 속도를 추정하라.

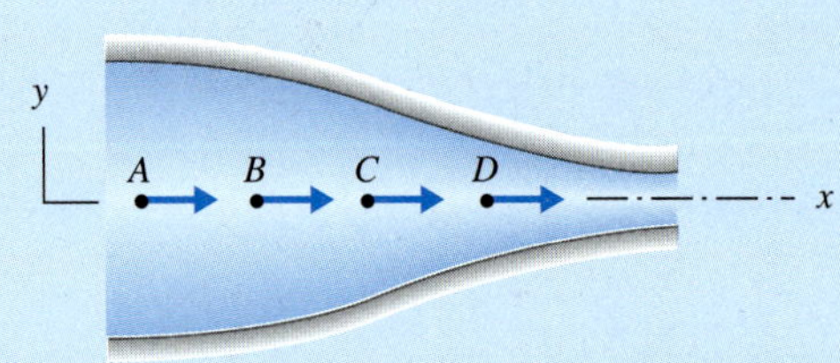

그림 E5.3

풀이

식 3.2.9로부터 중심선상의 구하는 가속도 성분은

$$a_x = \cancelto{0}{\frac{\partial u}{\partial t}} + u\frac{\partial u}{\partial x} + \cancelto{0}{v\frac{\partial u}{\partial y}} + \cancelto{0}{w\frac{\partial u}{\partial z}}$$

$$\cong u\frac{\Delta u}{\Delta x} = 7.61\,\frac{8.47 - 6.72}{0.02} = 666\ \text{m/s}^2$$

대칭유동을 가정하므로 중심선을 따라 $v = 0$이다. 예제 5.2처럼 점 C에서 $\partial u/\partial x$를 근사하기 위해 중앙차분법을 사용한다.

점 B위 6 mm에서 y속도성분은 연속방정식(5.2.9)을 사용하여 구할 수 있다.

$$\frac{\partial v}{\partial y} = -\frac{\partial u}{\partial x}$$

$$\frac{\Delta v}{\Delta y} \simeq -\frac{\Delta u}{\Delta x} = -\frac{7.61 - 5.76}{0.02} = -92.5$$

$$\therefore\ \Delta v = -92.5\ \Delta y = -92.5 \times 0.006 = -0.555\ \text{m/s}$$

점 B에서 $v = 0$이므로 원하는 위치에서 $\Delta v = v - v_B$를 사용하면

$$v = -0.555\ \text{m/s}$$

예제 5.4

연속방정식은 표현 형태를 바꾸는 데 사용할 수 있다. 내부에너지 $\tilde{u}$ 대신에 엔탈피 h를 사용하여 미분에너지 방정식에 나타나는 $\rho\, D\tilde{u}/Dt + p\ \nabla\cdot\mathbf{V}$를 표현해 보라. $h = \tilde{u} + p/\rho$이다(식 1.7.11 참조).

풀이

엔탈피 정의를 사용하면 다음과 같이 쓸 수 있다.

$$\frac{D\tilde{u}}{Dt} = \frac{Dh}{Dt} - \frac{1}{\rho}\frac{Dp}{Dt} + \frac{p}{\rho^2}\frac{D\rho}{Dt}$$

여기서

$$\frac{D}{Dt}\left(\frac{p}{\rho}\right) = \frac{1}{\rho}\frac{Dp}{Dt} - \frac{p}{\rho^2}\frac{D\rho}{Dt}$$

위 관계를 사용하면 원하는 표현식은

$$\rho\frac{D\tilde{u}}{Dt} + p\ \nabla\cdot\mathbf{V} = \rho\frac{Dh}{Dt} - \frac{Dp}{Dt} + \frac{p}{\rho}\frac{D\rho}{Dt} + p\ \nabla\cdot\mathbf{V}$$

연속방정식(5.2.7)을 사용하고 엔탈피를 도입하면 다음과 같이 쓸 수 있다.

$$\rho\frac{D\tilde{u}}{Dt} + p\ \nabla\cdot\mathbf{V} = \rho\frac{Dh}{Dt} - \frac{Dp}{Dt} + \frac{p}{\rho}\frac{Dp}{Dt} + p\left(-\frac{1}{\rho}\frac{D\rho}{Dt}\right)$$

$$= \rho\frac{Dh}{Dt} - \frac{Dp}{Dt}$$

5.3 미분 운동량방정식

5.3.1 일반 공식

우리가 관심을 갖고 있는 비압축성 유동[3]에서 속도장과 압력장을 모르는 상태에서 이를 구하기 위해 정보를 제공하는 미분방정식을 푼다고 가정하자. 미분 연속방정식은 이를 구하기 위한 방정식으로 세 개의 속도 성분이 미지수이다. 미분 운동량방정식은 벡터식으로 우리에게 세 개의 스칼라식을 제공한다. 이러한 각각의 성분 방정식은 속도와 압력장을 결정하는 데 도움이 된다. 그러나 운동량방정식에서 요구되는 힘들을 결정하기 위해서는 응력성분을 반드시 사용해야 하기 때문에 방정식을 유도하는 데 어려움이 있다. 이러한 응력성분들에 대해 알아보기로 하자.

유체유동에서 특정 점에는 9개의 응력성분이 작용한다. 그것들은 τ_{ij}라고 하는 9개의 응력텐서들로서 유체역학에서는 이들 응력들을 최대화 혹은 최소화시킬 필요가 없기 때문에 (고체역학에서는 필요하다) 자세한 응력텐서의 특성을 다루지 않을 것이다. 그러나 방정식 유도에서 9개의 응력성분을 사용해야만 한다. 따라서 이 응력성분들을 적당한 방정식의 속도 및 압력장과 연관시켜야 한다. 한 점에 작용하는 응력성분들이 그림 5.2의 2차 및 3차원 사각형 요소에 표시되었다. 이 요소들은 과장된 점, 육면체 점으로, 간주하자. 응력은 양의 면(수직 벡터는 양의 좌표 방향을 가리킨다)에서는 양의 방향으로 작용하고 음의 면(수직 벡터는 음의 좌표 방향을 가리킨다)에서는 음의 방향을 가리킨다. 응력의 첫 번째 아래첨자는 응력이 작용하는 면을 뜻하며 두 번째 아래첨자는 응력이 작용하는 방향을 뜻한다. 즉 그림 5.2a에서 τ_{xy}는 양의 x면 위에서 양의 y방향으로 작용하고, 음의 x면 위에서는 음의 y방향으로 작용한다. 면에 수직한 방향으로 작용하는 응력성분을 **수직응력**(normal stress)이라 하며 σ_{xx}, σ_{yy}, σ_{zz}는 수직응력 성분이다. 그리고 면에 접선 방향으로 작용하는 응력성분을 **전단응력**(shear stress)이라 하며 성분 τ_{xy}, τ_{yx}, τ_{xz}, τ_{zx}, τ_{yz} 및 τ_{zy}는 전단응력 성분이다.

수직응력: 면적에 수직으로 작용하는 응력성분

전단응력: 면적에 접선방향으로 작용하는 응력성분

유체에서 임의의 점에 9개의 응력 성분이 작용한다. 미분 운동량방정식을 유도하기 위해서 그림 5.3에서 보이는 바와 같은 미소 유체입자에 작용하는 힘을 고려해 보자. 양의 면에 작용하는 힘만 보여준다. 응력성분은 x, y, z와 t의 함수라 가정하며, 따라서 응력성분 값은 각 면의 위치가 조금씩 달라지므로 면에 따라 바뀌게 된다. 체적력은 임의의 방향으로 작용한다고 가정한다.

x 방향에 대해 뉴턴의 제2법칙을 유체 입자에 적용하면, $\Sigma F_x = ma_x$이다. 그림 5.3에 나타낸 입자에 대해 이 식을 적용하면 다음과 같다.

$$\begin{aligned}&\left(\sigma_{xx} + \frac{\partial \sigma_{xx}}{\partial x}\frac{dx}{2}\right) dy\, dz + \left(\tau_{yx} + \frac{\partial \tau_{yx}}{\partial y}\frac{dy}{2}\right) dx\, dz + \left(\tau_{zx} + \frac{\partial \tau_{zx}}{\partial z}\frac{dz}{2}\right) dx\, dy \\ &\quad -\left(\sigma_{xx} - \frac{\partial \sigma_{xx}}{\partial x}\frac{dx}{2}\right) dy\, dz - \left(\tau_{yx} - \frac{\partial \tau_{yx}}{\partial y}\frac{dy}{2}\right) dx\, dz \\ &\quad -\left(\tau_{zx} - \frac{\partial \tau_{zx}}{\partial z}\frac{dz}{2}\right) dx\, dy + \rho g_x\, dx\, dy\, dz = \rho\, dx\, dy\, dz \frac{Du}{Dt}\end{aligned} \tag{5.3.1}$$

여기서 x방향으로 작용하는 중력 **g**벡터의 성분은 g_x, 그리고 Du/Dt는 유체입자의 x성분 가속도이다(식 3.2.9를 참조). 위 식을 체적 $dx\, dy\, dz$로 나누면 다음과 같이 단순화시킬

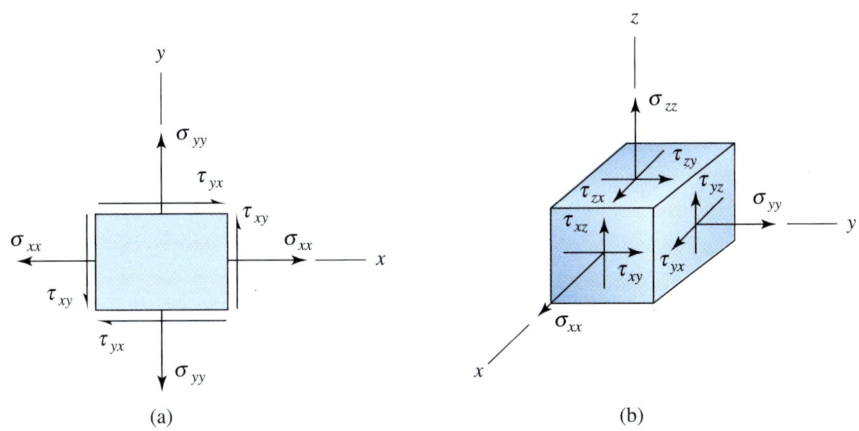

그림 5.2 직각좌표계에서의 응력성분: (a) 이차원 응력성분; (b) 삼차원 응력성분

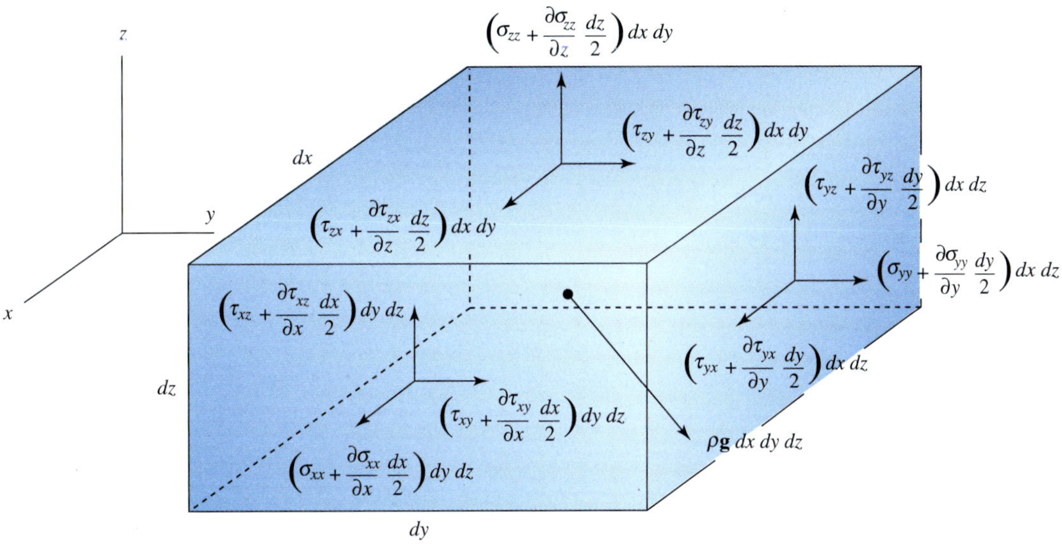

그림 5.3 미소 유체입자에 작용하는 힘

수 있다.

$$\rho \frac{Du}{Dt} = \frac{\sigma_{xx}}{\partial x} + \frac{\partial \tau_{yx}}{\partial y} + \frac{\partial \tau_{zx}}{\partial z} + \rho g_x \tag{5.3.2}$$

y방향과 z방향에 대해서도 같은 방법으로 다음과 같이 유도할 수 있다.

$$\begin{aligned} \rho \frac{Dv}{Dt} &= \frac{\partial \tau_{xy}}{\partial x} + \frac{\sigma_{yy}}{\partial y} + \frac{\partial \tau_{zy}}{\partial z} + \rho g_y \\ \rho \frac{Dw}{Dt} &= \frac{\partial \tau_{xz}}{\partial x} + \frac{\partial \tau_{yz}}{\partial y} + \frac{\sigma_{zz}}{\partial z} + \rho g_z \end{aligned} \tag{5.3.3}$$

우리는 미소요소의 중앙을 통과하는 축에 대한 모멘트를 취하면 다음을 얻을 수 있다.

$$\tau_{yx} = \tau_{xy} \qquad \tau_{yz} = \tau_{zy} \qquad \tau_{xz} = \tau_{zx} \tag{5.3.4}$$

즉, 응력텐서는 대칭임을 알 수 있으며 결론적으로 6개의 독립된 응력성분들만 존재한다.

응력텐서는 일반적으로 다음과 같은 방법으로 나타낸다.

$$\tau_{ij} = \begin{pmatrix} \sigma_{xx} & \tau_{xy} & \tau_{xz} \\ \tau_{yx} & \sigma_{yy} & \tau_{yz} \\ \tau_{zx} & \tau_{zy} & \sigma_{zz} \end{pmatrix} \tag{5.3.5}$$

아래첨자 i, j는 숫자 1, 2, 3을 취한다. 따라서 τ_{12}는 첫째 행, τ_{xy}는 두 번째 열을 나타낸다.

5.3.2 오일러 방정식

여러 유체유동에 대하여, 특히 경계에서 멀리 떨어진 유동(익형 주위의 유동)이나, 갑작스런 변화가 일어나는 지역(축소관을 통한 유동)에서 응력텐서 성분은 다음과 같이 근사화될 수 있다.

$$\tau_{ij} = \begin{pmatrix} -p & 0 & 0 \\ 0 & -p & 0 \\ 0 & 0 & -p \end{pmatrix} \tag{5.3.6}$$

KEY CONCEPT
종종 전단응력 성분을 무시할 수 있을 정도로 작다고 가정한다.

이와 같은 유동에서 점성에 의한 전단응력성분은 무시될 수 있고 수직응력은 음의 압력과 같다고 가정된다. 이것은 베르누이방정식을 유도할 때 그림 3.16에서 한 것과 동일하다. 만약 이러한 응력성분들을 마찰이 없는 유동에 대하여 식 5.3.2와 5.3.3에 다시 도입한다면 다음과 같다.

$$\begin{aligned} \rho \frac{Du}{Dt} &= -\frac{\partial p}{\partial x} + \rho g_x \\ \rho \frac{Dv}{Dt} &= -\frac{\partial p}{\partial y} + \rho g_y \\ \rho \frac{Dw}{Dt} &= -\frac{\partial p}{\partial z} + \rho g_z \end{aligned} \tag{5.3.7}$$

위의 스칼라 방정식은 다음과 같이 벡터 방정식으로 고쳐 쓸 수 있다.

$$\rho \frac{D}{Dt}(u\hat{\mathbf{i}} + v\hat{\mathbf{j}} + w\hat{\mathbf{k}}) = -\left(\frac{\partial p}{\partial x}\hat{\mathbf{i}} + \frac{\partial p}{\partial y}\hat{\mathbf{j}} + \frac{\partial p}{\partial z}\hat{\mathbf{k}}\right) - \rho \mathbf{g} \tag{5.3.8}$$

오일러 방정식: 점성효과를 무시하고 뉴턴의 제2법칙을 적용하여 얻은 3개의 미분방정식

벡터 형태인 잘 알려져 있는 **오일러 방정식**(Euler equation)은

$$\rho \frac{D\mathbf{V}}{Dt} = -\boldsymbol{\nabla} p - \rho \mathbf{g} \tag{5.3.9}$$

만약 밀도가 일정하고 정상유동이라고 가정하면, 식 5.3.9는 베르누이 방정식을 얻기 위해 유선을 따라 적분될 수 있고, 이러한 결과는 3장에서 베르누이 방정식을 유도할 때 같은 가정이 부과되었기 때문에 놀라운 일은 아니다; 이것은 예제 5.6에서 설명될 것이다.

식 5.3.7의 미분 운동량방정식으로 연속방정식에 세 개의 방정식을 추가하게 되면 네 개의 방정식과 네 개의 미지항 u, v, w 그리고 p를 얻게 된다. 따라서 적절한 경계조건과 초기조건들로 비점성, 비압축성 유동에서, 속도와 압력장을 얻게 되는, 해를 구할 수 있을 것이다.

예제 5.5

속도장이 다음과 같이 주어진다.

$$u = \frac{10y}{x^2 + y^2} \qquad v = -\frac{10x}{x^2 + y^2} \qquad w = 0$$

(a) 비압축성 유동이 가능한가? (b) 만약 비압축성이라면 z축을 수직축으로 갖는 마찰이 없는 공기유동이라는 가정하에서 압력구배 ∇p를 구하라. $\rho = 1.23\ \text{kg/m}^3$을 사용하라.

풀이

(a) 속도장이 가능한지 결정하기 위해 연속방정식(식 5.2.9)을 사용한다. 비압축성 유동에서 다음 식이 성립한다.

$$\frac{\partial u}{\partial x} + \frac{\partial v}{\partial y} + \cancelto{0}{\frac{\partial w}{\partial z}} = 0$$

속도성분을 대입하면

$$\frac{\partial}{\partial x}\left(\frac{10y}{x^2 + y^2}\right) + \frac{\partial}{\partial y}\left(-\frac{10x}{x^2 + y^2}\right) = \frac{-10y(2x)}{(x^2 + y^2)^2} - \frac{-10x(2y)}{(x^2 + y^2)^2} = \frac{1}{(x^2 + y^2)^2}[-20xy + 20xy] = 0$$

괄호 안의 값은 확실히 0이 된다. 따라서 주어진 속도장은 비압축성 유동이 된다.

(b) 압력구배는 오일러 방정식을 사용해 구할 수 있다. 각 성분별로 다음과 같이 식을 쓸 수 있다.

$$\rho\frac{Du}{Dt} = -\frac{\partial p}{\partial x} + \cancelto{0}{\rho g_x}$$

$$\therefore \frac{\partial p}{\partial x} = -\rho\left[u\frac{\partial u}{\partial x} + v\frac{\partial u}{\partial y} + \cancelto{0}{w\frac{\partial u}{\partial z}} + \cancelto{0}{\frac{\partial u}{\partial t}}\right]$$

$$= -1.23\left[\frac{10y}{x^2 + y^2}\frac{-20xy}{(x^2 + y^2)^2} + \frac{-10x}{x^2 + y^2}\frac{(x^2 + y^2)10 - 10y(2y)}{(x^2 + y^2)^2}\right]$$

$$= \frac{123x}{(x^2 + y^2)^2}$$

$$\rho\frac{Dv}{Dt} = -\frac{\partial p}{\partial y} + \cancelto{0}{\rho g_y}$$

$$\therefore \frac{\partial p}{\partial y} = -\rho\left[u\frac{\partial v}{\partial x} + v\frac{\partial v}{\partial y} + \cancelto{0}{w\frac{\partial v}{\partial z}} + \cancelto{0}{\frac{\partial v}{\partial t}}\right]$$

$$= -1.23\left[\frac{10y}{x^2 + y^2}\frac{(x^2 + y^2)(-10) + 10x(2x)}{(x^2 + y^2)^2} + \frac{-10x}{x^2 + y^2}\frac{20xy}{(x^2 + y^2)^2}\right]$$

$$= \frac{123y}{(x^2 + y^2)^2}$$

$$\rho\cancelto{0}{\frac{Dw}{Dt}} = -\frac{\partial p}{\partial z} + \rho g_z$$

$$\therefore \frac{\partial p}{\partial z} = \rho g_z = 1.23\ \text{kg/m}^3 \times (-9.81)\ \text{m/s}^2 = -12.07\ \text{N/m}^3$$

따라서 $\quad \boldsymbol{\nabla} p = \dfrac{\partial p}{\partial x}\hat{\mathbf{i}} + \dfrac{\partial p}{\partial y}\hat{\mathbf{j}} + \dfrac{\partial p}{\partial z}\hat{\mathbf{k}} = \dfrac{123}{(x^2 + y^2)^2}(x\hat{\mathbf{i}} + y\hat{\mathbf{j}}) - 12.07\hat{\mathbf{k}}\ \text{N/m}^3$

예제 5.6

정상, 밀도가 일정한 유동을 가정하여 평면유동에서 유선을 따르는 오일러 방정식을 적분하라.

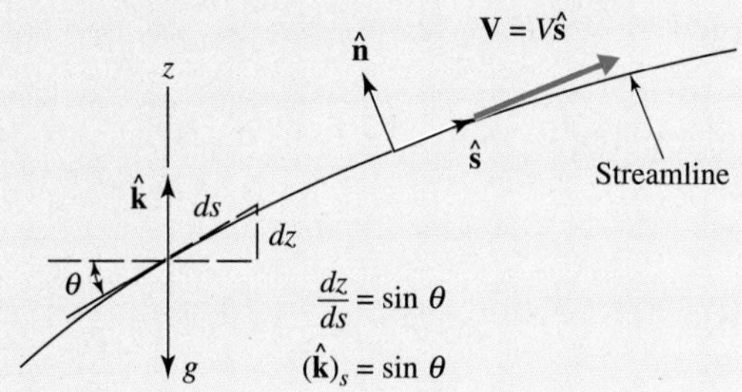

그림 E5.6

풀이

우선 유선을 포함하는 좌표계에서 실질도함수를 표현해 보자. 속도벡터는 유선에 접하므로 다음과 같이 쓸 수 있다.

$$\mathbf{V} = V\hat{\mathbf{s}}$$

그림 E5.6에 나타낸 것처럼 $\hat{\mathbf{s}}$는 유선에 접하는 단위벡터이고 V는 속도의 크기이다. 따라서 평면유동에 대한 실질도함수는

$$\frac{D\mathbf{V}}{Dt} = \frac{\partial \mathbf{V}}{\partial t} + V\frac{\partial (V\hat{\mathbf{s}})}{\partial s} + \overset{0}{\cancel{(V)_n}}\frac{\partial \mathbf{V}}{\partial n} = \frac{\partial \mathbf{V}}{\partial t} + V\frac{\partial V}{\partial s}\hat{\mathbf{s}} + V^2\frac{\partial \hat{\mathbf{s}}}{\partial s}$$

$\partial\hat{\mathbf{s}}/\partial s$는 단위벡터 $\hat{\mathbf{s}}$의 변화로부터 야기된다. 단위벡터의 크기(항상 1의 크기를 갖는다)는 변하지 않으며 방향만 변할 수 있다. 따라서 도함수 $\partial\hat{\mathbf{s}}/\partial s$는 유선에 수직한 방향이고 유선방향 성분 방정식에 포함되지 않는다. 정상유동에서 $\partial\mathbf{V}/\partial t = 0$이다. 결과적으로 유선방향으로 오일러 방정식 (5.3.9)은 다음과 같이 쓸 수 있다.

$$\rho V\frac{\partial V}{\partial s} = -\frac{\partial p}{\partial s} - \rho g\frac{\partial z}{\partial s}$$

유선을 따르는 $\hat{\mathbf{k}}$의 성분은 $(\hat{\mathbf{k}})_s = \partial z/\partial s$ (위의 그림 참조)로 나타낼 수 있다. 좌표를 따라 속도와 압력은 변하기 때문에 방정식에서 편미분을 사용하였다.

밀도가 일정하다고 가정하면 $\partial\rho/\partial s = 0$이므로 위 방정식은

$$\frac{\partial}{\partial s}\left(\rho\frac{V^2}{2} + p + \rho gz\right) = 0$$

유선을 따라 적분하면 다음의 결과를 얻는다.

$$\rho\frac{V^2}{2} + p + \rho gz = \text{const.}$$

또는

$$\frac{V^2}{2} + \frac{p}{\rho} + gz = \text{const.}$$

이것은 물론 베르누이 방정식이다. 밀도가 일정하고 정상유동, 점성효과를 무시하고 관성좌표계에서 유선을 따라 적분하였으므로 베르누이 방정식이 나오리라 예상된다.

5.3.3 나비에-스토크스 방정식

많은 유체에서 응력성분과 속도구배는 선형적인 관계를 보여준다. 이러한 유체들을 **뉴턴 유체**(Newtonian fluid)라 부르며 물, 기름, 그리고 공기 등이 여기에 속한다. 선형성에 추가하여 유체가 **등방성**[4](isotropic)이라면 두 개의 유체 물성치인 점성계수(viscosity) μ와 **이차점성계수**(*second coefficient of viscosity*)인 λ만을 사용하여 응력성분과 속도구배를 연관시키는 것이 가능하다. 종종 **구성방정식**(*constitutive equation*)[5]이라 불리는 응력-속도구배 사이의 관계는 다음과 같다.

뉴턴유체: 응력과 속도구배가 선형관계를 갖는 유체

등방성 유체: 물성치가 주어진 위치에서 방향에 무관한 유체

$$\begin{aligned} \sigma_{xx} &= -p + 2\mu\frac{\partial u}{\partial x} + \lambda\,\nabla\cdot\mathbf{V} & \tau_{xy} &= \mu\left(\frac{\partial u}{\partial y} + \frac{\partial v}{\partial x}\right) \\ \sigma_{yy} &= -p + 2\mu\frac{\partial v}{\partial y} + \lambda\,\nabla\cdot\mathbf{V} & \tau_{xz} &= \mu\left(\frac{\partial u}{\partial z} + \frac{\partial w}{\partial x}\right) \\ \sigma_{zz} &= -p + 2\mu\frac{\partial w}{\partial z} + \lambda\,\nabla\cdot\mathbf{V} & \tau_{yz} &= \mu\left(\frac{\partial v}{\partial z} + \frac{\partial w}{\partial y}\right) \end{aligned} \tag{5.3.10}$$

실질적으로 대부분의 기체, 정확히는 단일 원자 기체에서, 이차점성계수는 점성계수와 다음과 같은 관계를 갖는다.

$$\lambda = -\frac{2}{3}\mu \tag{5.3.11}$$

이것은 스토크스의 가설이라고 알려진 조건이다. 이 관계에서 세 개의 수직응력 평균값과 압력은 동일하다. 즉,

$$-\frac{1}{3}(\sigma_{xx} + \sigma_{yy} + \sigma_{zz}) = p \tag{5.3.12}$$

식 5.3.10을 이용하면 위 식은 $\nabla\cdot\mathbf{V} = 0$인 액체에서 항상 참값이 되며 스토크스의 가설을 이용하면 기체에서도 항상 성립한다.

만약 구성방정식들을 미분 운동량방정식인 (5.3.2)와 (5.3.3)에 대입하고 스토크스의 가설을 이용하면 다음과 같은 결론을 얻을 수 있다.

$$\begin{aligned} \rho\frac{Du}{Dt} &= -\frac{\partial p}{\partial x} + \rho g_x + \mu\left(\frac{\partial^2 u}{\partial x^2} + \frac{\partial^2 u}{\partial y^2} + \frac{\partial^2 u}{\partial z^2}\right) + \frac{\mu}{3}\frac{\partial}{\partial x}\left(\frac{\partial u}{\partial x} + \frac{\partial v}{\partial y} + \frac{\partial w}{\partial z}\right) \\ \rho\frac{Dv}{Dt} &= -\frac{\partial p}{\partial y} + \rho g_y + \mu\left(\frac{\partial^2 v}{\partial x^2} + \frac{\partial^2 v}{\partial y^2} + \frac{\partial^2 v}{\partial z^2}\right) + \frac{\mu}{3}\frac{\partial}{\partial y}\left(\frac{\partial u}{\partial x} + \frac{\partial v}{\partial y} + \frac{\partial w}{\partial z}\right) \\ \rho\frac{Dw}{Dt} &= -\frac{\partial p}{\partial z} + \rho g_z + \mu\left(\frac{\partial^2 w}{\partial x^2} + \frac{\partial^2 w}{\partial y^2} + \frac{\partial^2 w}{\partial z^2}\right) + \frac{\mu}{3}\frac{\partial}{\partial z}\left(\frac{\partial u}{\partial x} + \frac{\partial v}{\partial y} + \frac{\partial w}{\partial z}\right) \end{aligned} \tag{5.3.13}$$

여기서 유체는 **균질유체**(homogeneous fluid)로 가정한다. 즉, 유체의 물성치(예를 들면 점성계수)들은 위치에 무관하다.

균질유체: 물성치가 위치에 무관한 유체

비압축성 유동에서 연속방정식을 이용하면 위 식은 다음과 같이 간단히 된다.

---

[4]등방성 조건은 유체 물성치들이 방향에 무관할 때 존재한다. 폴리머는 비등방성 유체의 예이다.

[5]구성방정식의 전개에 대한 자세한 내용은 연속체 역학을 주제로 하는 교재에서 찾아볼 수 있다.

$$\rho\frac{Du}{Dt} = -\frac{\partial p}{\partial x} + \rho g_x + \mu\left(\frac{\partial^2 u}{\partial x^2} + \frac{\partial^2 u}{\partial y^2} + \frac{\partial^2 u}{\partial z^2}\right)$$
$$\rho\frac{Dv}{Dt} = -\frac{\partial p}{\partial y} + \rho g_y + \mu\left(\frac{\partial^2 v}{\partial x^2} + \frac{\partial^2 v}{\partial y^2} + \frac{\partial^2 v}{\partial z^2}\right) \tag{5.3.14}$$
$$\rho\frac{Dw}{Dt} = -\frac{\partial p}{\partial z} + \rho g_z + \mu\left(\frac{\partial^2 w}{\partial x^2} + \frac{\partial^2 w}{\partial y^2} + \frac{\partial^2 w}{\partial z^2}\right)$$

나비에-스토크스 방정식: 뉴턴의 제2법칙을 비점성, 등방성, 균질유체에 적용하여 얻은 3개의 미분방정식

이것을 Louis M. H. Navier(1785~1836)와 George Stokes(1819~1903)의 이름을 따서 **나비에-스토크스**(Navier-Stokes) 방정식이라고 한다. 이 세 개의 미분방정식과 미분연속방정식으로 네 개의 식과 네 개의 미지수 u, v, w 그리고 p를 갖게 된다. 대개의 경우, 점성계수와 밀도는 아는 것으로 가정되는 유체 물성치들이다. 따라서 적절한 경계조건과 초기조건으로 이들 방정식들은 풀릴 수 있다. 몇 가지 간단한 형태의 유동에 대한 해석적 풀이를 구할 수 있다. 이러한 풀이 중 일부는 7장에서 소개된다. 관심 있는 많은 유동에 대하여 수치적인 해를 결정할 수 있으며 풀이 중 일부는 14장에서 소개된다. 방정식들이 비선형(식 3.2.9에서 알 수 있듯이 가속도 항들이 방정식을 비선형화되게 만든다) 편미분방정식들이기 때문에 우리가 구하는 해가 연구실에서 실질적으로 얻을 수 있는지 확신할 수 없다. 즉, 단 하나의 해만이 존재하는 것이 아니기 때문이다. 예를 들어 층류유동과 난류유동은 동일한 초기조건과 경계조건을 가지고 있을 수도 있지만 두 유동(두 개의 해)은 매우 다르다.

난류유동에 대해 나비에-스토크스 방정식은 해결되지 못하고 있다. 모든 난류유동은 비정상이고 3차원이므로 시간 미분항이 유지되어야 한다. 이것은 모든 종속변수에 대해 초기조건을 요구한다. 즉 u, v, w와 p가 $t = 0$에서 유동장 모든 점에서 주어져야 한다. 그러한 정보는 가능하더라도 구하기가 매우 어렵다. 이러한 상황을 피하기 위해 난류유동의 경우 시간평균 양들이 도입된다. 이 주제는 뒤 장에서 연구될 것이다.

식 5.3.14에 $\hat{\mathbf{i}}$, $\hat{\mathbf{j}}$ 그리고 $\hat{\mathbf{k}}$를 각각 곱하고 더해서 벡터 형태로 나비에-스토크스 방정식을 다음과 같이 표현할 수 있다.

$$\frac{Du}{Dt}\hat{\mathbf{i}} + \frac{Dv}{Dt}\hat{\mathbf{j}} + \frac{Dw}{Dt}\hat{\mathbf{k}} = \frac{D\mathbf{V}}{Dt}$$
$$\frac{\partial p}{\partial x}\hat{\mathbf{i}} + \frac{\partial p}{\partial y}\hat{\mathbf{j}} + \frac{\partial p}{\partial z}\hat{\mathbf{k}} = \boldsymbol{\nabla} p \tag{5.3.15}$$
$$\nabla^2 u\hat{\mathbf{i}} + \nabla^2 v\hat{\mathbf{j}} + \nabla^2 w\hat{\mathbf{k}} = \nabla^2\mathbf{V}$$

여기서 다음의 라플라스 연산자가 사용되었다.

$$\nabla^2 = \frac{\partial^2}{\partial x^2} + \frac{\partial^2}{\partial y^2} + \frac{\partial^2}{\partial z^2} \tag{5.3.16}$$

이들을 결합하면 나비에-스토크스 방정식 (5.3.14)는 벡터 형태를 갖는다.

$$\rho\frac{D\mathbf{V}}{Dt} = -\boldsymbol{\nabla} p + \rho\mathbf{g} + \mu\nabla^2\mathbf{V} \tag{5.3.17}$$

이 벡터 형태를 이용하여 우리는 다른 좌표계에 대해서도 나비에-스토크스 방정식을 표현할 수 있다. 표 5.1에 원통 및 구좌표계에 대한 나비에-스토크스 방정식을 나열하였다.

예제 5.7

모든 유선이 벽에 평행하다고 가정하는 정상, 수평, 사각형 채널에서 x방향 성분 나비에-스토크스 방정식을 간단히 하여라. x방향을 유동 방향으로 하자. (그림 E5.7)

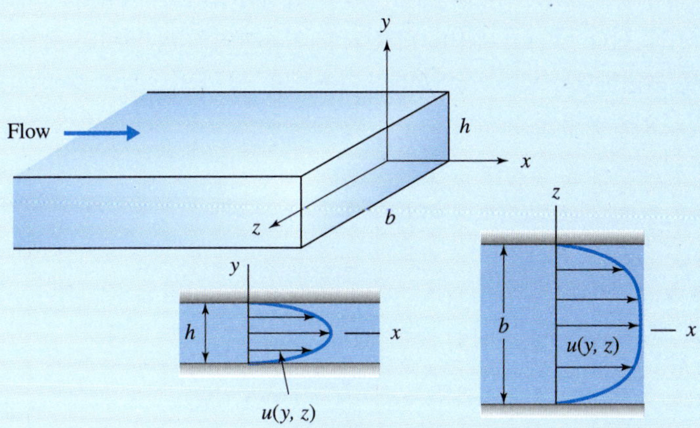

그림 E.5.7

풀이

만약 유선들이 벽과 평행하다면속도의 x방향 성분만이 0이 아니다. $v = w = 0$으로 놓으면 비압축성 유동에 대한 연속방정식(5.2.9)은 다음과 같이 된다.

$$\frac{\partial u}{\partial x} = 0$$

$u = u(y, z)$ 임을 보여주므로 가속도는 다음과 같이 된다.

$$\frac{Du}{Dt} = \cancelto{0}{\frac{\partial u}{\partial t}} + u\cancelto{0}{\frac{\partial u}{\partial x}} + \cancelto{0}{v}\frac{\partial u}{\partial y} + \cancelto{0}{w}\frac{\partial u}{\partial z} = 0$$

따라서 x방향 운동량방정식은 다음과 같이 간략히 된다.

$$0 = -\frac{\partial p}{\partial x} + \cancelto{0}{\rho g_x} + \mu\left(\cancelto{0}{\frac{\partial^2 u}{\partial x^2}} + \frac{\partial^2 u}{\partial y^2} + \frac{\partial^2 u}{\partial z^2}\right)$$

또는

$$\frac{\partial p}{\partial x} = \mu\left(\frac{\partial^2 u}{\partial y^2} + \frac{\partial^2 u}{\partial z^2}\right)$$

적절한 경계조건(점착조건)을 사용하면 앞의 방정식 해를 구할 수 있다. 그림 E5.7에 속도분포를 도시하였다.

5.3.4 와도방정식

나비에-스토크스 방정식으로부터 유도되는 와도방정식 없이는 설명되거나 이해될 수 없는 유체유동 현상이 있다(예제 5.8이 그런 현상을 보여준다). 와도방정식들은 이러한 유동에 대한 직관력을 제공함과 동시에 나비에-스토크스 방정식에서 보이는 압력이나 중력항을 포함하지 않으며 단지 속도를 포함하는 항들을 갖는다. 경계조건들은 거의 속도항만을 포함하기 때문에 와도방정식이 자주 수치해석을 위해 선택되는 방정식이 된다.

와도방정식을 유도하기 위해서 나비에-스토크스 방정식의 벡터 형태인 식 5.3.17에 컬(curl)을 취한다. 이것은 어려운 과정이므로 상세한 설명은 생략하고 개략적인 과정만을 소개하기로 한다. 첫째로 델(del)연산자를 이용하여 벡터 형태인 식 3.2.18의 와도(vorticity)를 정의하도록 하자. 식 5.2.6을 이용하면, 세 개의 스칼라 방정식 3.2.18은 단일 벡터 방정식으로 표현될 수 있다.

$$\boldsymbol{\omega} = \boldsymbol{\nabla} \times \mathbf{V} \tag{5.3.18}$$

여기서 $\boldsymbol{\nabla} \times \mathbf{V}$는 속도의 컬(*curl*)이다. 컬(Curl)은 델(del)연산자와 벡터함수의 벡터곱이다. 둘째로, 가속도를 다음과 같은 벡터 형태로 표현하자.

$$\mathbf{a} = \frac{D\mathbf{V}}{Dt} = \frac{\partial \mathbf{V}}{\partial t} + (\mathbf{V}\cdot\boldsymbol{\nabla})\,\mathbf{V} \tag{5.3.19}$$

여기서 식 3.2.8, 3.2.10 그리고 5.2.6이 사용된다. 마지막으로 나비에-스토크스 벡터 방정식 (5.3.17)의 컬(curl)을 구한다.

$$\boldsymbol{\nabla} \times \left[\rho \frac{\partial \mathbf{V}}{\partial t} + \rho(\mathbf{V}\cdot\boldsymbol{\nabla})\mathbf{V}\right] = -\boldsymbol{\nabla} \times \boldsymbol{\nabla} p + \rho \boldsymbol{\nabla} \times \mathbf{g} + \mu \boldsymbol{\nabla} \times \nabla^2 \mathbf{V} \tag{5.3.20}$$

스칼라 함수의 구배의 컬(curl)과 상수의 컬(curl)은 둘 다 0이다. 또한 우리는 교환 미분에 의해 다음과 같이 쓸 수 있다.

$$\begin{aligned} \boldsymbol{\nabla} \times \frac{\partial \mathbf{V}}{\partial t} &= \frac{\partial}{\partial t} \boldsymbol{\nabla} \times \mathbf{V} = \frac{\partial \boldsymbol{\omega}}{\partial t} \\ \boldsymbol{\nabla} \times \nabla^2 \mathbf{V} &= \nabla^2(\boldsymbol{\nabla} \times \mathbf{V}) = \nabla^2 \boldsymbol{\omega} \end{aligned} \tag{5.3.21}$$

다음에 제시한 것은 좀 어려운 단계로 숙제로 남길 것이다.

$$\boldsymbol{\nabla} \times [(\mathbf{V}\cdot\boldsymbol{\nabla})\mathbf{V}] = (\mathbf{V}\cdot\boldsymbol{\nabla})\boldsymbol{\omega} - (\boldsymbol{\omega}\cdot\boldsymbol{\nabla})\mathbf{V} \tag{5.3.22}$$

ρ와 μ가 일정하다고 가정하면, 식 5.3.20은 **와도방정식**(vorticity equation)이 된다.

와도방정식: 나비에-스토크스방정식에 컬을 취해 유도된 방정식. 와도방정식은 압력과 중력을 포함하지 않는다.

$$\frac{D\boldsymbol{\omega}}{Dt} = (\boldsymbol{\omega}\cdot\boldsymbol{\nabla})\,\mathbf{V} + \nu\,\nabla^2 \boldsymbol{\omega} \tag{5.3.23}$$

와도방정식은 세 개의 스칼라방정식으로 표현될 수 있다. 데카르트 좌표계에서 세 개의 와도방정식들은 다음과 같다.

$$\frac{D\omega_x}{Dt} = \omega_x \frac{\partial u}{\partial x} + \omega_y \frac{\partial u}{\partial y} + \omega_z \frac{\partial u}{\partial z} + \nu\nabla^2\omega_x$$

$$\frac{D\omega_y}{Dt} = \omega_x \frac{\partial v}{\partial x} + \omega_y \frac{\partial v}{\partial y} + \omega_z \frac{\partial v}{\partial z} + \nu\nabla^2\omega_y \qquad (5.3.24)$$

$$\frac{D\omega_z}{Dt} = \omega_x \frac{\partial w}{\partial x} + \omega_y \frac{\partial w}{\partial y} + \omega_z \frac{\partial w}{\partial z} + \nu\nabla^2\omega_z$$

와도는 속도의 컬(curl)이기 때문에 와도방정식들의 모든 항들은 단지 속도와 속도의 도함수인 것에 유의해야 한다. 결론적으로 와도방정식은 종종 운동의 미분방정식을 요구하는 문제를 풀이하는 과정에서 선택되는 방정식이 된다. 사실, 우리는 유선 및 유관과 유사한 개념으로 와선과 와관을 사용한다. **와선**(vortex line)은 와도 벡터가 접하는 선이며, **와관**(vortex tube) 또는 단순히 와류(vortex)는 와선을 포함하는 벽들의 관이다.

KEY CONCEPT
와도방정식은 속도와 속도구배만 포함한다.

와선: 와도벡터에 접하는 선

와관: 와선의 집합체

와도방정식 5.3.23으로부터 흥미로운 결과를 얻을 수 있다. 만약 비점성 유동이 모든 곳에서 비회전이라면(즉, 유동장 모든 점에서 $\omega = 0$), 그 유동은 $D\omega/Dt = 0$이기 때문에 비회전 상태를 유지해야 한다. 이것은 비회전 유동장의 지속성으로 표현된다. 또한 만약 균일 유동장이 물체에 접근하면, 와도(유체입자들의 회전)는 오직 점성의 작용으로 인해 유동에 발생된다. 점성의 효과가 없으면 와도는 접근하는 비회전 유동장에서 발생될 수 없다.

평면유동은 가끔 특별한 관심거리가 된다. 만약 $w = 0$, $u = u(x, y)$ 그리고 $v = v(x, y)$라면 0이 아닌 유일한 와도성분은 ω_z이다. 이러한 유동에서 와도방정식은 다음과 같이 단순한 형태를 갖는다.

KEY CONCEPT
와도는 점성효과가 없는 비회전유동에서 발생할 수 없다.

$$\frac{D\omega_z}{Dt} = \nu\nabla^2\omega_z \qquad (5.3.25)$$

평판유동에서 와도의 변화를 야기하기 위해서는 점성효과를 필요로 한다.

다음의 예제는 와도방정식을 이용하면 매우 쉽게 설명될 수 있는 유동현상을 나타낸다.

예제 5.8

그림 E5.8a에 나타낸 눈보라가 칠 때 나무 앞이나 뒤에 있는 눈들이 움푹 파인다. 와도방정식을 사용하여 이 현상을 설명하라.

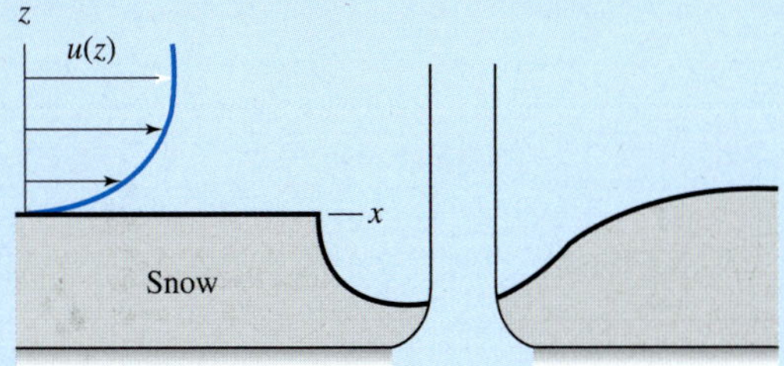

(a)

(계속)

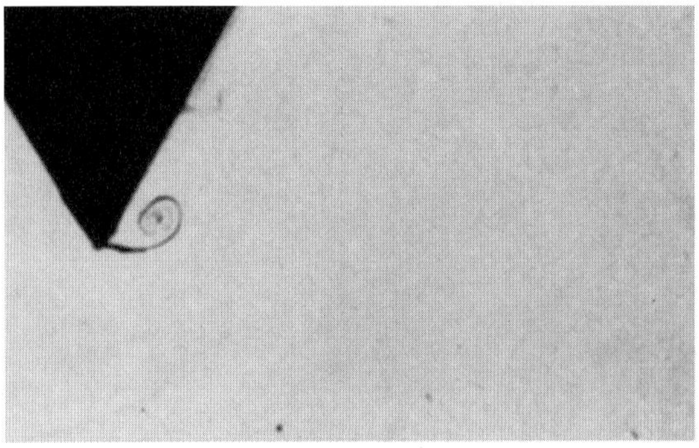

$t = 1.0$ s

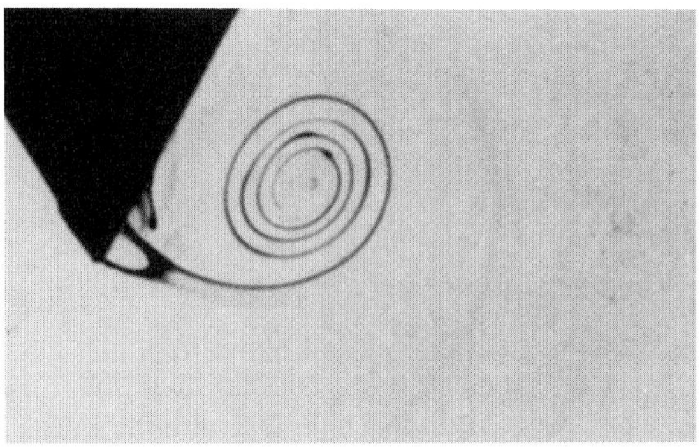

$t = 5.0$ s

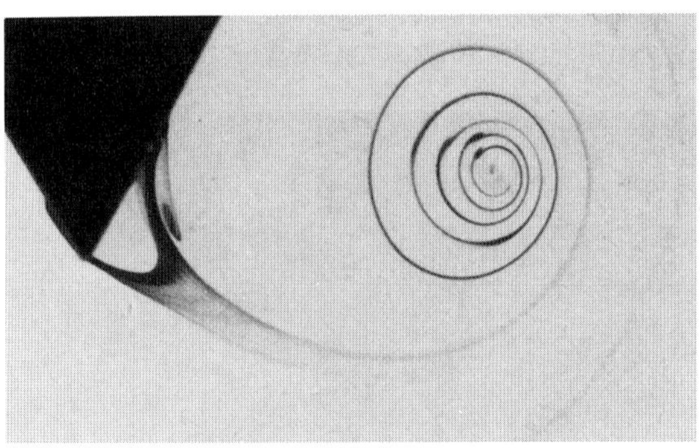

$t = 9.0$ s

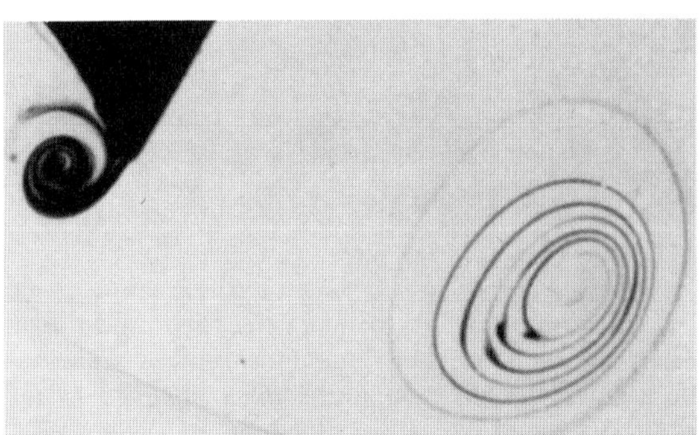

$t = 13.0$ s

그림 5.4 쐐기에서 시작되는 와류. 피스톤이 쐐기 축에 수직으로 물을 공급한다. 쐐기 표면의 작은 구멍으로부터 물로 물감이 분사된다. 특성 레이놀즈수는 1000이다. 피스톤은 12.5초에서 정지하고 마지막 그림에서 와류가 끊어진다.(D. I. Pullin 과 A.E. Perry의 사진)

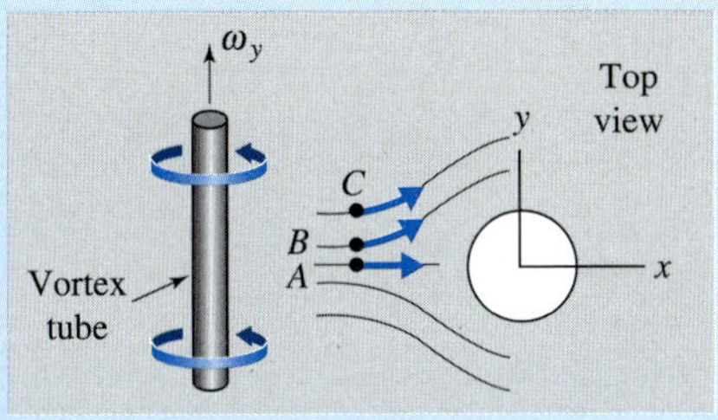

(b)

그림 E5.8

풀이

나무에 접근하는 속도를 x방향으로 하자. 지표 근처의 속도구배는 $\partial u/\partial z$이다. 와도성분들은 다음과 같다(식 3.2.18 참조).

$$\omega_x = 0 \qquad \omega_y = \frac{\partial u}{\partial z} \qquad \omega_z = 0$$

짧은 유동길이이므로 점성을 무시하면 ω_y에 대한 와도방정식(5.3.24)은 다음과 같이 간단히 된다.

$$\frac{D\omega_y}{Dt} = \omega_y \frac{\partial v}{\partial y}$$

나무 근처에서 $v_C > v_B > v_A$이므로 $\partial v/\partial y$는 양이다. ($\partial v/\partial y$는 음의 y에 대해서도 양의 값이다.) ω_y와 $\partial v/\partial y$는 둘 다 양이기 때문에 $D\omega_y/Dt$는 양이고 와관이 나무에 접근함에 따라 ω_y는 증가하게 된다. 이 증가된 와도가 나무 전면에 강한 와류를 발생시켜 그림 E5.8b에 나타낸 바와 같이 눈이 움푹 파이도록 하는 결과를 낳았다. 같은 현상이 모래 폭풍이나 강바닥 기둥 주위의 물 흐름에서 일어난다.

5.4 미분 에너지방정식

유체역학에서 흥미로운 대부분의 문제들은 온도구배를 포함하지 않는다. 모든 곳에서 온도가 일정한 유동이다. 이러한 유동에서는 미분 에너지방정식을 도입하는 것이 필요하지 않다. 그러나 온도구배가 중요한 압축성 그리고 비압축성 유동 상황에서는 미분 에너지방정식이 필요할 수도 있다. 우리는 유도 과정을 크게 단순화시킬 수 있는 점성효과가 무시될 수 있다는 가정하에서 에너지방정식을 유도할 것이다. 많은 경우에 있어 점성으로 인한 전단응력은 작기 때문에 이러한 가정은 받아들일 수 있다. 그러나 전단응력은 대기권에 재돌입하는 위성을 태울 수 있을 정도로 매우 높은 온도를 유발한다. 따라서 전단응력이 중요하면 이에 대한 분석이 포함되어야 한다.

KEY CONCEPT
평면유동에서 와도가 변하기 위해서는 점성효과가 필요하다.

그림 5.5 나타낸 미소 유체요소를 고려하자. 단면 A를 통과하는 열전달률($\dot{Q}$)은 Jean B. J. Forier를 따서 명명한 **푸리에의 열전달 법칙**(*Fourier's law of heat transfer*)에 의해 다음과 같이 주어진다.

$$\dot{Q} = -KA\frac{\partial T}{\partial n} \tag{5.4.1}$$

n은 면적에 수직한 방향이고 K는 **열전도도**(*thermal conductivity*)로서 일정하다고 가정

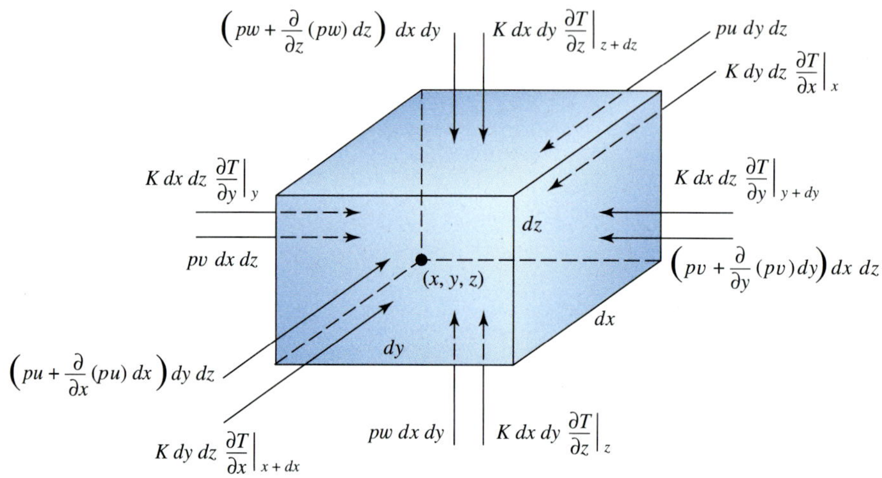

그림 5.5 미소 유체 요소에 작용하는 열전달률과 일률

KEY CONCEPT
전단응력은 위성을 태우는 매우 높은 온도를 유발한다.

된다. 힘에 의해 행해지는 일률은 힘의 작용방향으로의 속도와 힘의 크기와의 곱이다. 압력력 pA에 대해 일률은 다음과 같다.

$$\dot{W} = pAV \tag{5.4.2}$$

여기서 V는 압력력의 작용방향으로의 속도이다. 유체입자에 열역학 제 1법칙(식 1.7.6 참조)을 적용한다면 다음의 결과를 얻을 수 있다.

$$\dot{Q} - \dot{W} = \frac{DE}{Dt} \tag{5.4.3}$$

여기서 D/Dt는 어떤 순간에 주어진 유체입자의 거동을 추적하고 있기 때문에 사용되었다. 그림 5.5에 있는 미소요소를 차지하는 입자에 대해 위에 주어진 관계식으로부터 다음과 같은 식을 이끌어 낼 수 있다.[6]

$$\begin{aligned} &K\, dy\, dz\left(\left.\frac{\partial T}{\partial x}\right|_{x+dx} - \left.\frac{\partial T}{\partial x}\right|_{x}\right) - \frac{\partial}{\partial x}(pu)\, dx\, dy\, dz \\ &\quad + K\, dx\, dz\left(\left.\frac{\partial T}{\partial y}\right|_{y+dy} - \left.\frac{\partial T}{\partial y}\right|_{y}\right) - \frac{\partial}{\partial y}(pv)\, dx\, dy\, dz \\ &\quad + K\, dx\, dy\left(\left.\frac{\partial T}{\partial z}\right|_{z+dz} - \left.\frac{\partial T}{\partial z}\right|_{z}\right) - \frac{\partial}{\partial z}(pw)\, dx\, dy\, dz \\ &\quad = \rho\, dx\, dy\, dz\, \frac{D}{Dt}\left(\frac{u^2 + v^2 + w^2}{2} + gz + \tilde{u}\right) \end{aligned} \tag{5.4.4}$$

여기서 E는 운동에너지, 위치에너지 그리고 내부에너지를 포함하고 있으며, z축은 수직방향을 가정한다. 또한 유체입자의 질량이 일정하기 때문에 $\rho\, dx\, dy\, dz$는 D/Dt연산자의 바깥에 위치할 수 있다. 양변을 $dx\, dy\, dz$로 나누면 그 결과는 다음과 같다.

---

[6]여러 양들을 측정하는 위치 (x, y, z)로 아래 모서리를 사용한다. 수학적으로 Δx, Δy, Δz가 0으로 접근하므로 요소의 모서리나 중앙에서 측정하는 것은 중요하지 않다.

$$K\left(\frac{\partial^2 T}{\partial x^2}+\frac{\partial^2 T}{\partial y^2}+\frac{\partial^2 T}{\partial z^2}\right)-\frac{\partial}{\partial x}(pu)-\frac{\partial}{\partial y}(pv)-\frac{\partial}{\partial z}(pw)$$
$$=\rho\frac{D}{Dt}\left(\frac{u^2+v^2+w^2}{2}+gz+\tilde{u}\right) \tag{5.4.5}$$

위 식을 다음과 같이 정리할 수 있다.

$$K\left(\frac{\partial^2 T}{\partial x^2}+\frac{\partial^2 T}{\partial y^2}+\frac{\partial^2 T}{\partial z^2}\right)-p\left(\frac{\partial u}{\partial x}+\frac{\partial v}{\partial y}+\frac{\partial w}{\partial z}\right)-u\frac{\partial p}{\partial x}-v\frac{\partial p}{\partial y}-w\frac{\partial p}{\partial z}$$
$$=\rho u\frac{Du}{Dt}+\rho v\frac{Dv}{Dt}+\rho w\frac{Dw}{Dt}+\rho g\frac{Dz}{Dt}+\rho\frac{D\tilde{u}}{Dt} \tag{5.4.6}$$

오일러 방정식(5.3.7)은 비점성 유동에 적용될 수 있다. x, y, z, t는 모두 독립변수이므로, 좌변의 마지막 세 개의 항은 우변의 처음의 네 개의 항과 같다.

$$\frac{Dz}{Dt}=\cancelto{0}{\frac{\partial z}{\partial t}}+u\cancelto{0}{\frac{\partial z}{\partial x}}+v\cancelto{0}{\frac{\partial z}{\partial y}}+w\frac{\partial z}{\partial z}=w \tag{5.4.7}$$

에너지방정식을 간단히 하면 다음의 식과 같다.

$$\rho\frac{D\tilde{u}}{Dt}=K\left(\frac{\partial^2 T}{\partial x^2}+\frac{\partial^2 T}{\partial y^2}+\frac{\partial^2 T}{\partial z^2}\right)-p\left(\frac{\partial u}{\partial x}+\frac{\partial v}{\partial y}+\frac{\partial w}{\partial z}\right) \tag{5.4.8}$$

이를 벡터 형태로 표현하면 다음과 같이 된다.

$$\rho\frac{D\tilde{u}}{Dt}=K\nabla^2 T-p\,\boldsymbol{\nabla}\cdot\mathbf{V} \tag{5.4.9}$$

비압축성 기체에 대해서 이 식을 간단히 하기 전에, 내부에너지 대신 아래의 엔탈피의 항으로 재정리하면

$$\tilde{u}=h-\frac{p}{\rho} \tag{5.4.10}$$

식 5.2.7을 사용하면 에너지방정식은 다음과 같이 된다.

$$\rho\frac{Dh}{Dt}=K\nabla^2 T+\frac{Dp}{Dt} \tag{5.4.11}$$

위 식의 변환에 대한 자세한 과정은 예제 5.4를 참조하라.

우리는 두 가지 특별한 경우를 고려해야 한다. 우선 액체 유동에 대하여 $\boldsymbol{\nabla}\cdot\mathbf{V}=0$과 비열[7] c_p가 포함된 $\tilde{u}=c_pT$를 사용하여 식 5.4.9를 단순화시키면 다음과 같이 된다.

---

[7] 액체의 비열은 표에서 c_p로 실린다. 액체의 경우 정적비열은 거의 c_p와 같다. 따라서 액체에 대해 아래첨자를 제거하고 $c_p=c$로 놓는다. 일정하다고 가정하지만 온도에 의존한다. 여기서는 c_p를 사용한다.

$$\frac{DT}{Dt} = \alpha \nabla^2 T \tag{5.4.12}$$

여기서 α는 아래와 같이 정의되는 **열확산계수**(*thermal diffusivity*)이다.

$$\alpha = \frac{K}{\rho c_p} \tag{5.4.13}$$

비압축성 기체유동의 경우에는 흥미로운 결과가 나타나며 예제 5.10은 다음의 결과를 보여준다.

$$\left|\frac{Dp}{Dt}\right| \ll |p\, \boldsymbol{\nabla} \cdot \mathbf{V}| \tag{5.4.14}$$

따라서 식 5.4.9와 식 5.4.11을 비교하면, 식 5.4.11은 단순화되어

$$\rho c_p \frac{DT}{Dt} = K \nabla^2 T \tag{5.4.15}$$

이 되고 이상기체라는 가정 하에 비압축성 기체유동은

$$dh = c_p\, dT \tag{5.4.16}$$

이 된다.

점성효과를 무시할 수 없을 때, 유도 과정에 전단응력성분 때문에 행해진 일을 포함하여야 한다. 위의 모든 미분 에너지방정식의 우변에 어떤 항이 더해질 것이며 이 항을 **소산함수**(*dissipation function*) Φ라 하고 데카르트 좌표계에서는 다음과 같이 표현된다.

$$\Phi = 2\mu\left[\left(\frac{\partial u}{\partial x}\right)^2 + \left(\frac{\partial v}{\partial y}\right)^2 + \left(\frac{\partial w}{\partial z}\right)^2 + \frac{1}{2}\left(\frac{\partial u}{\partial y} + \frac{\partial v}{\partial x}\right)^2 + \frac{1}{2}\left(\frac{\partial v}{\partial z} + \frac{\partial w}{\partial y}\right)^2 + \frac{1}{2}\left(\frac{\partial u}{\partial z} + \frac{\partial w}{\partial x}\right)^2\right] \tag{5.4.17}$$

이제 에너지방정식으로 유동 중에 온도변화가 있는 유체에 관한 문제를 고려할 수 있게 되었다. 이러한 문제들은 압력과 밀도가 상태방정식에 의해 온도와 연관되어 있는 압축성 유동에 분명히 존재한다. 비압축성 기체유동(마하수가 0.3보다 작은)과 액체 유동에서 온도변화는 무시할 수 있기 때문에 미분 에너지방정식은 중요하지 않다. 그러나 만약 온도장이 액체유동이나 비압축성 기체 유동(열교환기, 대기유동, 호수의 기온역전현상, 윤활유동, 자연대류유동) 에서 존재하는 경우, 에너지방정식은 관심 있는 양들과 연관된 추가적인 방정식을 제공한다. 온도구배가 존재하는 액체 유동에서 종종 $\mu = \mu(T)$라고 가정할 필요성이 있으며, 자연대류유동에서는 반드시 $\rho = \rho(T)$라고 가정하여야 한다. 비압축성 기체유동에서는 온도변화가 매우 작기 때문에 보통 점성은 일정하다고 가정할 수 있다.

예제 5.9

그림 E5.9에 나타낸 것처럼 밀도가 일정한 액체가 넓고 사각형의 수평채널을 흐르고 있다. 벽면의 온도는 액체보다 높게 유지된다. 변수 μ를 가정하여 점성소산을 포함하고 정상유동에 대한 미분방정식을 나타내라.

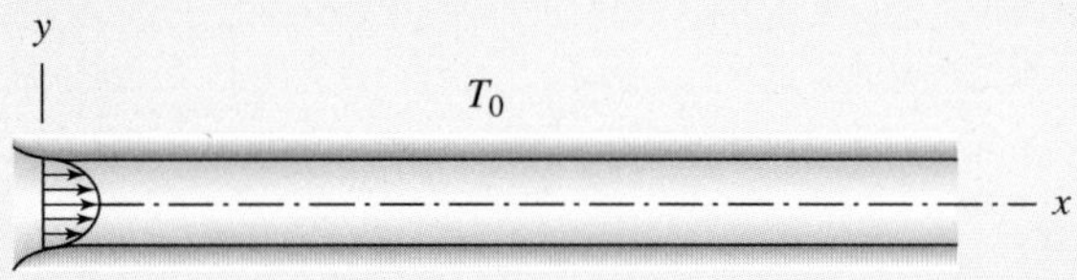

그림 E5.9

풀이

x축을 채널의 중심선과 일치시키고 y축을 수직축으로 놓자. 연속방정식은 다음과 같다.

$$\nabla \cdot \mathbf{V} = \frac{\partial u}{\partial x} + \frac{\partial v}{\partial y} = 0$$

폭이 넓으므로 $w = 0$이다.

유동은 주로 x축 방향으로 있지만 y방향 성분 v의 변화도 고려하여야 한다. z방향으로의 변화는 없을 것이다. 이러한 정상유동의 가속도는 다음과 같다.

$$\frac{Du}{Dt} = u\frac{\partial u}{\partial x} + v\frac{\partial u}{\partial y}$$
$$\frac{Dv}{Dt} = u\frac{\partial v}{\partial x} + v\frac{\partial v}{\partial y}$$

변수 μ를 가정하고, $\nabla \cdot \mathbf{V} = 0$과 식(5.3.10)을 사용하면 식 5.3.2 와 5.3.3은 다음과 같이 된다.

$$\frac{\partial \sigma_{xx}}{\partial x} + \frac{\partial \tau_{xy}}{\partial y} = -\frac{\partial p}{\partial x} + \mu\left(\frac{\partial^2 u}{\partial x^2} + \frac{\partial^2 u}{\partial y^2}\right) + 2\frac{\partial \mu}{\partial x}\frac{\partial u}{\partial x} + \frac{\partial \mu}{\partial y}\left(\frac{\partial u}{\partial y} + \frac{\partial v}{\partial x}\right)$$
$$\frac{\partial \tau_{xy}}{\partial x} + \frac{\partial \sigma_{yy}}{\partial y} = -\frac{\partial p}{\partial y} + \mu\left(\frac{\partial^2 v}{\partial x^2} + \frac{\partial^2 v}{\partial y^2}\right) + 2\frac{\partial \mu}{\partial y}\frac{\partial v}{\partial y} + \frac{\partial \mu}{\partial x}\left(\frac{\partial u}{\partial y} + \frac{\partial v}{\partial x}\right)$$

따라서 운동량방정식은

$$\rho\left(u\frac{\partial u}{\partial x} + v\frac{\partial u}{\partial y}\right) = -\frac{\partial p}{\partial x} + \mu\left(\frac{\partial^2 u}{\partial x^2} + \frac{\partial^2 u}{\partial y^2}\right) + 2\frac{\partial \mu}{\partial x}\frac{\partial u}{\partial x} + \frac{\partial \mu}{\partial y}\left(\frac{\partial u}{\partial y} + \frac{\partial v}{\partial x}\right)$$
$$\rho\left(u\frac{\partial v}{\partial x} + v\frac{\partial v}{\partial y}\right) = -\frac{\partial p}{\partial y} + \mu\left(\frac{\partial^2 v}{\partial x^2} + \frac{\partial^2 v}{\partial y^2}\right) + 2\frac{\partial \mu}{\partial y}\frac{\partial v}{\partial y} + \frac{\partial \mu}{\partial x}\left(\frac{\partial u}{\partial y} + \frac{\partial v}{\partial x}\right)$$

에너지 방정식은 간략화하면

$$u\frac{\partial T}{\partial x} + v\frac{\partial T}{\partial y} = \alpha\left(\frac{\partial^2 T}{\partial x^2} + \frac{\partial^2 T}{\partial y^2}\right) + \frac{2\mu}{c_p}\left[\left(\frac{\partial u}{\partial x}\right)^2 + \left(\frac{\partial v}{\partial y}\right)^2 + \frac{1}{2}\left(\frac{\partial u}{\partial y} + \frac{\partial v}{\partial x}\right)^2\right]$$

여기서 K는 일정하다고 가정하였다. 위의 비선형 편미분 방정식은 해석적인 풀이는 매우 어렵더라도 저유량의 층류유동에 대해서는 적절한 경계조건에서 수치적으로 풀 수 있다(난류는 항상 비정상이고 3차원 유동이다).

예제 5.10

이상기체에서 저속유동에 대해 $|Dp/Dt| \ll |p\, \nabla \cdot \mathbf{V}|$ 임을 보이고 따라서 식 5.4.15가 적절한 방정식인 것을 보여라.

풀이

관 내 유동이 정상, 균일유동이라 간주하면 $|\mathbf{V}| = u$그리고 $Dp/Dt = u\, \partial p/\partial x$이다. 따라서 문제는 다음과 같이 기술할 수 있다.

$$\left| u \frac{\partial p}{\partial x} \right| \ll \left| p \frac{\partial u}{\partial x} \right|$$

점성효과는 작고 결과에 영향을 주지 않으므로 어떤 가능한 점성효과도 무시할 수 있다. 따라서 오일러 방정식(식 5.3.7)은 다음과 같이 사용할 수 있다.

$$\frac{\partial p}{\partial x} = -\rho u \frac{\partial u}{\partial x}$$

음속의 정의(식 1.7.17)와 상태방정식을 이용하면

$$c = \sqrt{\frac{kp}{\rho}} \quad \text{or} \quad p = c^2 \frac{\rho}{k}$$

따라서

$$p \frac{\partial u}{\partial x} = \frac{c^2}{k} \rho \frac{\partial u}{\partial x}$$

위의 문제는 다음과 같이 쓸 수 있나:

$$\left| \rho u^2 \frac{\partial u}{\partial x} \right| \ll \left| \frac{c^2}{k} \rho \frac{\partial u}{\partial x} \right|$$

또는 더 간단하게 쓰면

$$u^2 \ll \frac{c^2}{k}?$$

저속 기체유동에서(즉, $u < 0.3c$ 또는 $\mathrm{M} < 0.3$) 기체의 속도가 음속보다 훨씬 작다고 가정하기 때문에 이것은 사실일 수 있다. k의 차수가 1(공기 $k = 1.4$)임을 알므로 다음과 같은 결론에 영향을 주지 않는다.

$$\left| \frac{Dp}{Dt} \right| \ll |p\, \nabla \cdot \mathbf{V}|$$

5.5 요약

관심 있는 유동을 기술하는 데 사용하는 편미분방정식들을 유도하였다. 이들 방정식들을 비압축성 유동에 대하여 벡터 형태로 요약해 보자.

연속: $$\boldsymbol{\nabla}\cdot\mathbf{V} = 0 \tag{5.5.1}$$

운동량: $$\rho\frac{D\mathbf{V}}{Dt} = -\boldsymbol{\nabla}p + \rho\mathbf{g} + \mu\nabla^2\mathbf{V} \tag{5.5.2}$$

에너지: $$\rho c_p\frac{DT}{Dt} = K\nabla^2 T + \Phi \qquad \text{(액체)} \tag{5.5.3}$$

에너지: $$\rho c_p\frac{DT}{Dt} = K\nabla^2 T + \Phi \qquad \text{(비압축성 기체)} \tag{5.5.4}$$

위와 같은 형태의 방정식을 표현하기 위해 다음을 가정하였다.

- 뉴턴유체 (응력성분과 속도구배 사이의 선형관계)
- 등방성 유체 (유체특성들은 방향과 관계가 없다)
- 균질성 유체 (유체특성 μ, c_p그리고 K는 위치와 관계가 없다)
- 비압축성 유동 (입자의 밀도는 일정하다. 즉, $D\rho/Dt = 0$, 여기서 ρ는 상수일 필요가 없다. 기체유동에서 $M < 0.3$을 요구한다)
- 관성좌표계

와도방정식도 관심 있는 식이고 다음과 같다.

$$\frac{D\boldsymbol{\omega}}{Dt} = (\boldsymbol{\omega}\cdot\boldsymbol{\nabla})\mathbf{V} + \nu\nabla^2\boldsymbol{\omega} \tag{5.5.5}$$

본 장에서 미분방정식 유도 과정에서 층류 또는 난류에 대한 어떠한 전제조건이 없었다. 따라서 이 방정식들은 어떠한 종류의 유동에도 적용될 수 있다. 상대적으로 단순한 형태의 일부 층류유동은 해석적으로 해를 구했으며 다른 많은 유동들은 수치적으로 해가 구해졌다. 그러나 난류유동의 경우에는 가장 단순한 형태에 대해서조차도 해를 구해지지 않는다. 이는 난류가 항상 비정상 유동이고 시간미분항(time-derivative terms)의 존재는 초기조건을 요구하기 때문이다. 즉, $t = 0$에서 관심 있는 영역 내 모든 점에서의 u, v, w가 알려져야 하며, 단순한 관 내 유동의 경우에 가능하더라도 얻기가 어려운 정보이다.

KEY CONCEPT
미분방정식은 층류와 난류에 적용될 수 있다.

표 5.1 비압축성 유동에 대한 기본법칙

Continuity

Cartesian

$$\frac{\partial u}{\partial x}+\frac{\partial v}{\partial y}+\frac{\partial w}{\partial z}=0$$

Cylindrical

$$\frac{1}{r}\frac{\partial}{\partial r}(rv_r)+\frac{1}{r}\frac{\partial v_\theta}{\partial \theta}+\frac{\partial v_z}{\partial z}=0$$

Spherical

$$\frac{1}{r^2}\frac{\partial}{\partial r}(r^2 v_r)+\frac{1}{r\sin\theta}\frac{\partial}{\partial\theta}(v_\theta\sin\theta)+\frac{1}{r\sin\theta}\frac{\partial v_\phi}{\partial\phi}=0$$

Momentum

Cartesian

$$\frac{Du}{Dt}=-\frac{1}{\rho}\frac{\partial p}{\partial x}+g_x+\nu\nabla^2 u$$

$$\frac{Dv}{Dt}=-\frac{1}{\rho}\frac{\partial p}{\partial y}+g_y+\nu\nabla^2 v$$

$$\frac{Dw}{Dt}=-\frac{1}{\rho}\frac{\partial p}{\partial z}+g_z+\nu\nabla^2 w$$

$$\frac{D}{Dt}=\frac{\partial}{\partial t}+u\frac{\partial}{\partial x}+v\frac{\partial}{\partial y}+w\frac{\partial}{\partial z}$$

$$\nabla^2=\frac{\partial^2}{\partial x^2}+\frac{\partial^2}{\partial y^2}+\frac{\partial^2}{\partial z^2}$$

Cylindrical

$$\frac{Dv_r}{Dt}-\frac{v_\theta^2}{r}=-\frac{1}{\rho}\frac{\partial p}{\partial r}+g_r+\nu\left(\nabla^2 v_r-\frac{v_r}{r^2}-\frac{2}{r^2}\frac{\partial v_\theta}{\partial\theta}\right)$$

$$\frac{Dv_\theta}{Dt}+\frac{v_r v_\theta}{r}=-\frac{1}{\rho r}\frac{\partial p}{\partial\theta}+g_\theta+\nu\left(\nabla^2 v_\theta+\frac{2}{r^2}\frac{\partial v_r}{\partial\theta}-\frac{v_\theta}{r^2}\right)$$

$$\frac{Dv_z}{Dt}=-\frac{1}{\rho}\frac{\partial p}{\partial z}+g_z+\nu\nabla^2 v_z$$

$$\frac{D}{Dt}=\frac{\partial}{\partial t}+v_r\frac{\partial}{\partial r}+\frac{v_\theta}{r}\frac{\partial}{\partial\theta}+v_z\frac{\partial}{\partial z}$$

$$\nabla^2=\frac{\partial^2}{\partial r^2}+\frac{1}{r}\frac{\partial}{\partial r}+\frac{1}{r^2}\frac{\partial^2}{\partial\theta^2}+\frac{\partial^2}{\partial z^2}$$

Spherical

$$\frac{Dv_r}{Dt}-\frac{v_\theta^2+v_\phi^2}{r}$$
$$=-\frac{1}{\rho}\frac{\partial p}{\partial r}+g_r+\nu\left(\nabla^2 v_r-\frac{2v_r}{r^2}-\frac{2}{r^2}\frac{\partial v_\theta}{\partial\theta}-\frac{2v_\theta\cot\theta}{r^2}-\frac{2}{r^2\sin\theta}\frac{\partial v_\phi}{\partial\phi}\right)$$

$$\frac{Dv_\theta}{Dt}+\frac{v_r v_\theta-v_\phi^2\cot\theta}{r}$$
$$=-\frac{1}{\rho r}\frac{\partial p}{\partial\theta}+g_\theta+\nu\left(\nabla^2 v_\theta+\frac{2}{r^2}\frac{\partial v_r}{\partial\theta}-\frac{v_\theta}{r^2\sin^2\theta}-\frac{2\cos\theta}{r^2\sin^2\theta}\frac{\partial v_\phi}{\partial\phi}\right)$$

$$\frac{Dv_\phi}{Dt}+\frac{v_\phi v_r}{r}+\frac{v_\theta v_\phi\cot\theta}{r}$$
$$=-\frac{1}{\rho r\sin\theta}\frac{\partial p}{\partial\phi}+g_\phi-\nu\left(\nabla^2 v_\phi-\frac{v_\phi}{r^2\sin^2\theta}+\frac{2}{r^2\sin^2\theta}\frac{\partial v_r}{\partial\phi}+\frac{2\cos\theta}{r^2\sin^2\theta}\frac{\partial v_\theta}{\partial\phi}\right)$$

$$\frac{D}{Dt}=\frac{\partial}{\partial t}+v_r\frac{\partial}{\partial r}+\frac{v_\theta}{r}\frac{\partial}{\partial\theta}+\frac{v_\phi}{r\sin\theta}\frac{\partial}{\partial\phi}$$

$$\nabla^2=\frac{1}{r^2}\frac{\partial}{\partial r}\left(r^2\frac{\partial}{\partial r}\right)+\frac{1}{r^2\sin\theta}\frac{\partial}{\partial\theta}\left(\sin\theta\frac{\partial}{\partial\theta}\right)+\frac{1}{r^2\sin^2\theta}\frac{\partial^2}{\partial\phi^2}$$

Energy

Cartesian

$$\rho\frac{Dh}{Dt}=K\nabla^2T+2\mu\left[\left(\frac{\partial u}{\partial x}\right)^2+\left(\frac{\partial v}{\partial y}\right)^2+\left(\frac{\partial w}{\partial z}\right)^2+\frac{1}{2}\left(\frac{\partial u}{\partial y}+\frac{\partial v}{\partial x}\right)^2+\frac{1}{2}\left(\frac{\partial v}{\partial z}+\frac{\partial w}{\partial y}\right)^2+\frac{1}{2}\left(\frac{\partial u}{\partial z}+\frac{\partial w}{\partial x}\right)\right]$$

Cylindrical

$$\rho\frac{Dh}{Dt}=K\nabla^2T+2\mu\left[\left(\frac{\partial v_r}{\partial r}\right)^2+\left(\frac{1}{r}\frac{\partial v_\theta}{\partial\theta}+\frac{v_r}{r}\right)^2+\left(\frac{\partial v_z}{\partial z}\right)^2+\frac{1}{2}\left(\frac{1}{r}\frac{\partial v_z}{\partial\theta}+\frac{\partial v_\theta}{\partial z}\right)^2+\frac{1}{2}\left(\frac{\partial v_r}{\partial z}+\frac{\partial v_z}{\partial r}\right)^2+\frac{1}{2}\left(\frac{1}{r}\frac{\partial v_r}{\partial\theta}+\frac{\partial v_\theta}{\partial r}-\frac{v_\theta}{r}\right)^2\right]$$

Spherical

$$\rho\frac{Dh}{Dt}=K\nabla^2T+2\mu\left[\left(\frac{\partial v_r}{\partial r}\right)^2+\left(\frac{1}{r}\frac{\partial v_\theta}{\partial\theta}+\frac{v_r}{r}\right)^2+\left(\frac{1}{r\sin\theta}\frac{\partial v_\phi}{\partial\phi}+\frac{v_r}{r}\frac{v_\theta\cot\theta}{r}\right)^2\right]$$
$$+\mu\left[\left(\frac{1}{r\sin\theta}\frac{\partial v_\theta}{\partial\phi}+\frac{\sin\theta}{r}\frac{\partial}{\partial\theta}\left(\frac{v_\theta}{\sin\theta}\right)\right)^2+\left(\frac{1}{r\sin\theta}\frac{\partial v_r}{\partial\phi}+r\frac{\partial}{\partial r}\left(\frac{v_\phi}{r}\right)\right)^2+\left(r\frac{\partial}{\partial r}\left(\frac{v_\theta}{r}\right)+\frac{1}{r}\frac{\partial v_r}{\partial\theta}\right)^2\right]$$

Stresses

Cartesian

$$\sigma_{xx}=-p+2\mu\frac{\partial u}{\partial x}\qquad \tau_{xy}=\mu\left(\frac{\partial u}{\partial y}+\frac{\partial v}{\partial x}\right)$$

$$\sigma_{yy}=-p+2\mu\frac{\partial v}{\partial y}\qquad \tau_{yz}=\mu\left(\frac{\partial v}{\partial z}+\frac{\partial w}{\partial y}\right)$$

$$\sigma_{zz}=-p+2\mu\frac{\partial w}{\partial z}\qquad \tau_{xz}=\mu\left(\frac{\partial u}{\partial z}+\frac{\partial w}{\partial x}\right)$$

Cylindrical

$$\sigma_{rr}=-p+2\mu\frac{\partial v_r}{\partial r}\qquad \tau_{r\theta}=\mu\left[r\frac{\partial}{\partial r}\left(\frac{v_\theta}{r}\right)+\frac{1}{r}\frac{\partial v_r}{\partial\theta}\right]$$

$$\sigma_{\theta\theta}=-p+2\mu\left(\frac{1}{r}\frac{\partial v_\theta}{\partial\theta}+\frac{v_r}{r}\right)\qquad \tau_{\theta z}=\mu\left[\frac{\partial v_\theta}{\partial z}+\frac{1}{r}\frac{\partial v_z}{\partial\theta}\right]$$

$$\sigma_{zz}=-p+2\mu\frac{\partial v_z}{\partial z}\qquad \tau_{rz}=\mu\left[\frac{\partial v_r}{\partial z}+\frac{\partial v_z}{\partial r}\right]$$

Spherical

$$\sigma_{rr}=-p+2\mu\frac{\partial v_r}{\partial r}$$

$$\sigma_{\theta\theta}=-p+2\mu\left(\frac{1}{r}\frac{\partial v_\theta}{\partial\theta}+\frac{v_r}{r}\right)$$

$$\sigma_{\phi\phi}=-p+2\mu\left(\frac{1}{r\sin\theta}\frac{\partial v_\phi}{\partial\phi}+\frac{v_r}{r}+\frac{v_\theta\cot\theta}{r}\right)$$

$$\tau_{r\theta}=\mu\left[r\frac{\partial}{\partial r}\left(\frac{v_\theta}{r}\right)+\frac{1}{r}\frac{\partial v_r}{\partial\theta}\right]$$

$$\tau_{\theta\phi}=\mu\left[\frac{\sin\theta}{r}\frac{\partial}{\partial\theta}\left(\frac{v_\phi}{\sin\theta}\right)+\frac{1}{r\sin\theta}\frac{\partial v_\theta}{\partial\phi}\right]$$

$$\tau_{r\phi}=\mu\left[\frac{1}{r\sin\theta}\frac{\partial v_r}{\partial\phi}+r\frac{\partial}{\partial r}\left(\frac{v_\phi}{r}\right)\right]$$

문제

미분 연속방정식

5.1 발산정리(가우스 정리)는

$$\int_A \mathbf{V}\cdot\hat{\mathbf{n}}\, dA = \int_{V\!\!\!/} \nabla\cdot\mathbf{V}\, dV\!\!\!/$$

로 나타난다. 여기서 $\mathbf{V}$는 임의의 벡터를 나타내고 A는 부피 $V\!\!\!/$를 완전히 에워싼다. 이 정리를 적분 연속방정식 4.3.3에 적용하고 미분 연속방정식 5.2.5를 유도하라.

5.2 그림 P5.2에 나타낸 미소요소를 사용하여 원통 좌표계에서의 미분 연속방정식을 유도하라. 속도벡터는 $\mathbf{V} = (v_r, v_\theta, v_z)$이다.

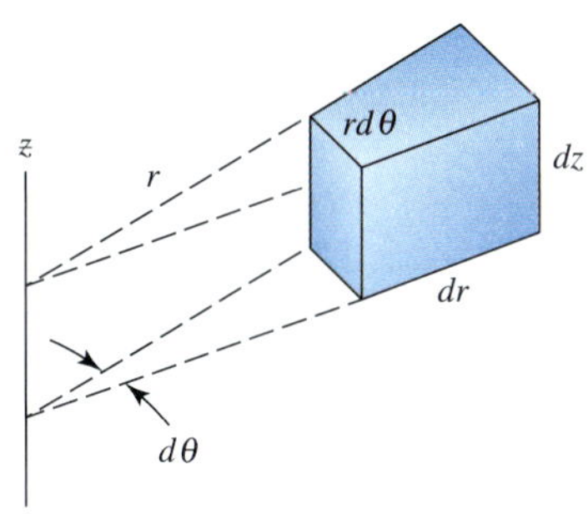

그림 P5.2

5.3 그림 P5.3에 나타낸 미소요소를 사용하여 구좌표계에서의 미분 연속방정식을 유도하라. 속도벡터는 $\mathbf{V} = (v_r, v_\theta, v_\phi)$이다.

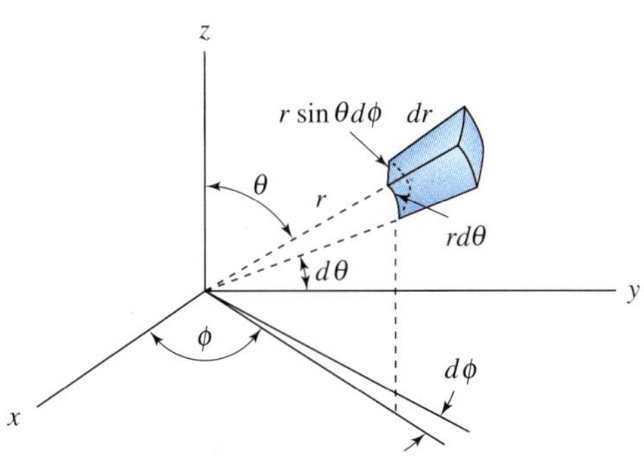

그림 P5.3

5.4 균일 압축성유동이 직경이 일정한 관에서 일어난다. 정상유동에 대해 단순화된 미분 연속방정식을 써라.

5.5 그림 P5.5에 나타낸 산맥 위 공기의 비압축성 유동은 평면, 정상 유동으로 추정될 수 있다. z축이 수직 방향이고 밀도의 변화가 허용된다고 할 때 질량보존을 고려하여 미분방정식을 유도하라.

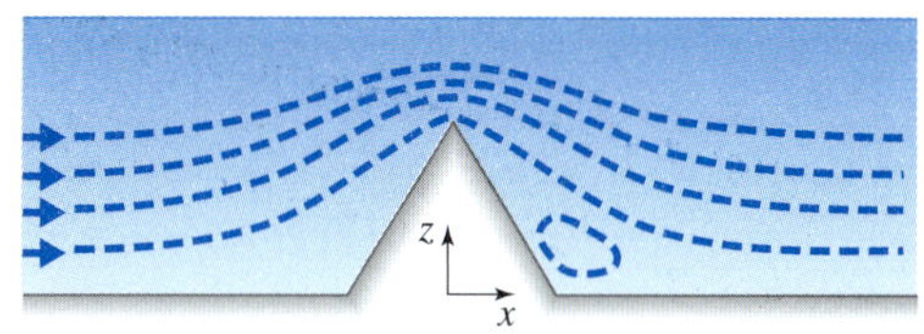

그림 P5.5

5.6 밀도가 깊이에 따라 증가하는 소금물의 성층유동이 그림 5.6에 나타낸 수로 바닥의 장애물 위로 나타난다. z축이 수직 방향이고 평면, 정상 유동을 가정할 때 미분 연속방정식을 유도하라.

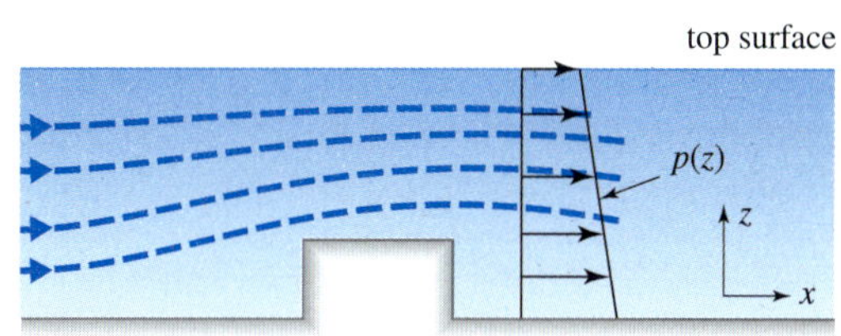

그림 P5.6

5.7 등온 압축성 유동에 대해 다음 식이 성립함을 보여라.

$$\frac{1}{p}\frac{Dp}{Dt} = -\nabla\cdot\mathbf{V}$$

5.8 비압축성 유체가 반경방향으로 하수구(선 또는 원점으로 간주되는)로 흐른다. 다음과 같은 조건에서의 반경 방향 속도성분에 대한 식을 구하라.

(a) 직선 용입(sink) **(b)** 점 용입

5.9 그림 P5.9에 나타낸 이차원 확대채널에서 정상, 층류, 비압축성 유체유동을 고려하자. 채널의 경사벽은 직선이고 유체는 $V_1 = 40$ m/s로 확대 단면으로 들어간다. $H = 1$ m이고 단위 폭을 가정하라.

(a) 채널을 따라가는 방향 x의 함수로 속도성분 u를 결정하라(u는 y에 무관하다).

(b) x방향으로의 유체 가속도를 구하라.

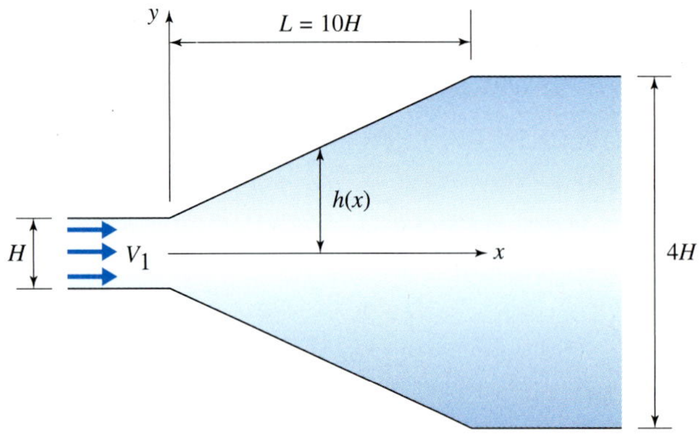

그림 P5.9

5.10 문제 5.9에 주어진 같은 조건에 대해 다음을 구하라.

(a) 속도성분 v

(b) y방향으로의 가속도

5.11 압축성유동이

$$u = 200xy \qquad v = 200(x^2 + y^2) \qquad w = 0 \text{ m/s}$$

로 흐른다. $\rho = 2.3$ kg/m^{3}일 때, 점(2 m, 1 m)에서 밀도의 변화율을 구하라.

5.12 비압축성 평면유동에서 속도성분 u = 상수라면 속도의 y 성분은 어떻게 되는가? 밀도는 어떠한가?

5.13 비압축성 유동에서 u와 v가 크기가 둘 다 0이 아니고 일정한 상수임을 알고 있다. 미분 연속방정식으로부터 w는 어떻게 되는가? 밀도는 어떠한가?

5.14 비압축성 평면유동에서 $u = Ax$이다. $v(x, 0) = 0$일 때 $v(x, y)$를 구하라.

5.15 속도성분 u가 비압축성 평면유동에서 다음과 같이 주어질 때

$$u(x, y) = 10 + \frac{5x}{x^2 + y^2}$$

$v(x, y)$를 결정하라. 이때 $v(x, 0) = 0$이라 한다.

5.16 속도의 θ성분이 다음과 같이 주어진다.

$$v_\theta = -\left(10 + \frac{0.4}{r^2}\right)\cos\theta$$

$v_r(0.2, \theta) = 0$일 때 비압축성 평면유동에 대한 속도의 r 성분을 구하라.

5.17 비압축성 평면유동에서

$$v_\theta = 20\left(1 + \frac{1}{r^2}\right)\sin\theta - \frac{40}{r}$$

이다. $v_r(1, \theta) = 0$일 때 $v_r(r, \theta)$를 구하라.

5.18 비압축성 축대칭유동($v_\phi = 0$)에서 속도성분 v_θ가

$$v_\theta = -\left(10 + \frac{40}{r^3}\right)\sin\theta$$

로 주어진다. $v_r(2, \theta) = 0$일 때 $v_r(r, \theta)$를 구하라.

5.19 관 내 공기속도가 5 cm 씩 떨어진 지점에서 각각 137, 147, 159 m/s로 측정된다. 중간 지점에서 온도가 5 이고, 압력은 절대압 125 kPa이다. 이런 정상, 균일 유동의 중간지점에서 $d\rho/dx$를 구하라.

5.20 x축 위의 x성분 속도(그림 P5.20)는 $u(x) = -20(1 - e^{-x})$ m/s로 주어진다. 이런 평면 비압축성 유동에서 점(2, 0.2)에서의 y성분 속도를 구하라. 좌표 단위는 m이다.

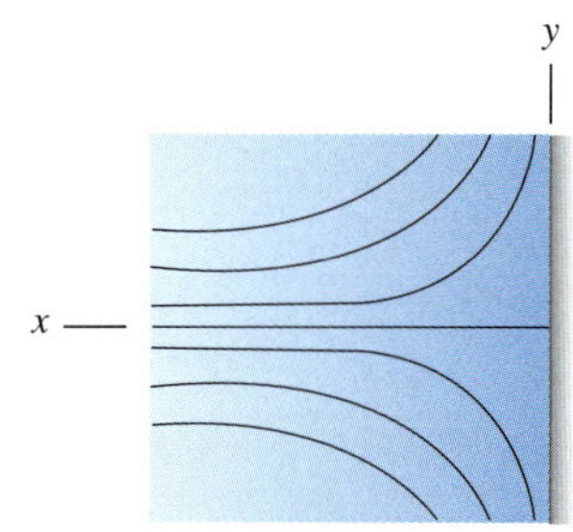

그림 P5.20

5.21 문제 5.20에서 유동을 축대칭이라 가정하고 y대신에 r을, x 대신에 z로 대체하라. (2, 0.2)에서 r속도 성분을 구하라. 좌표 단위는 m이다.

5.22 x축을 따르는 속도성분이 $u(x) = 10 - 40/x^2$ m/s이다.(그림 P5.22) 원통의 반경은 얼마인가? 비압축성 유동으로 가정할 때 (-3, 0.1)에서의 y성분 속도를 구하라. 좌표 단위는 m이다.

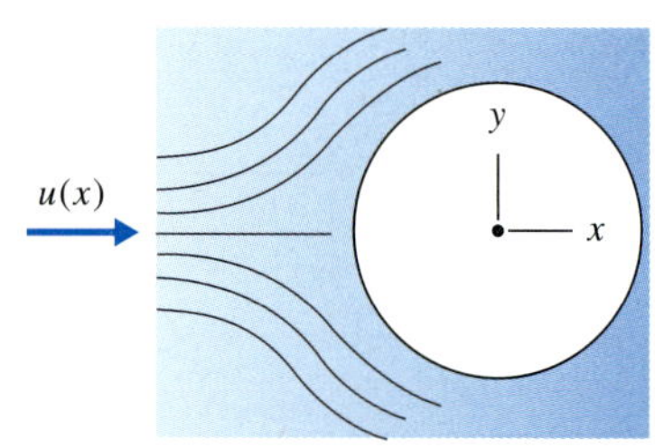

그림 P5.22

5.23 문제 5.22의 유동을 구 주위를 흐르는 유동으로 가정하고 x축 음의 방향을 따라 속도분포가 $v_r(r) = (40/r^2) - 10$ m/s라 하자. 구의 반경은 얼마인가? 비압축성 유동이라 가정할 때 $(-3, 0.1)$에서 θ성분 속도를 구하라. 좌표 단위는 m이다.

5.24 속도 벡터의 x성분이 그림 P5.24에 나타낸 바와 같이 비압축성, 정상 평면 유동상태에서 5 cm씩 떨어진 지점에서 각각 11.3, 12.6, 13.5 m/s로 측정되었다. 다음을 구하라.

(a) 점 B위 4 mm 지점에서의 y성분 속도

(b) 점 B에서의 가속도

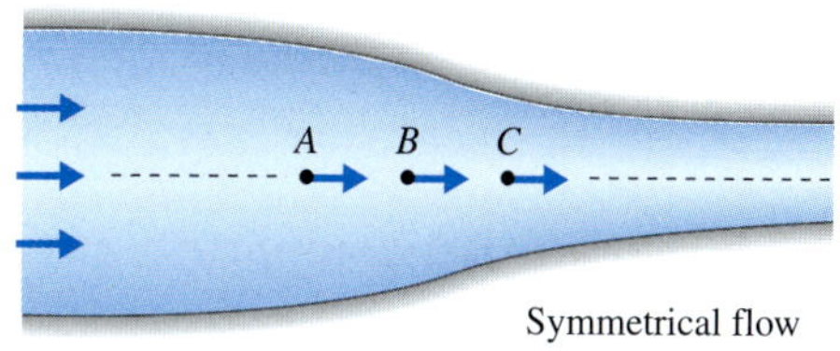

그림 P5.24

미분 운동량방정식

5.25 y방향으로 그림 5.3의 요소 상에 작용하는 힘들을 합하고 식 5.3.3a의 결과를 보여라.

5.26 속도장

$$u = \frac{10x}{x^2 + y^2} \qquad v = \frac{10y}{x^2 + y^2} \qquad w = 0$$

는 비압축성 유동을 나타내는 것이 가능한가? 만약 그렇다면, 체적력을 무시하고, 마찰이 없는 유동이라고 가정할 때 압력구배 ∇p를 구하라.

5.27 속도장

$$v_r = 10\left(1 - \frac{1}{r^2}\right)\cos\theta$$

$$v_\theta = -10\left(1 + \frac{1}{r^2}\right)\sin\theta$$

$$v_z = 0$$

는 비압축성 유동을 나타내는 것이 가능한가? 만약 그렇다면, 체적력을 무시하고, 마찰이 없는 유동이라고 가정할 때 압력구배 ∇p를 구하라.

5.28 속도장

$$v_r = 10\left(1 - \frac{8}{r^3}\right)\cos\theta$$

$$v_\theta = -10\left(1 + \frac{4}{r^3}\right)\sin\theta$$

$$v_\phi = 0$$

을 고려하자. 이것은 비압축성 유동을 표현하는가? 만약 그렇다면 체적력을 무시하고, 마찰이 없는 유동이라고 가정할 때 압력구배 ∇p를 찾아라.

5.29 그림 P5.29에 나타낸 정상 평면 유동에 대해 유선에 접하고 수직인 방향의 좌표인 (s, n)의 항으로 $D\mathbf{V}/Dt$에 대한 식을 구하라. 곡률 반지름을 R이라 하자.

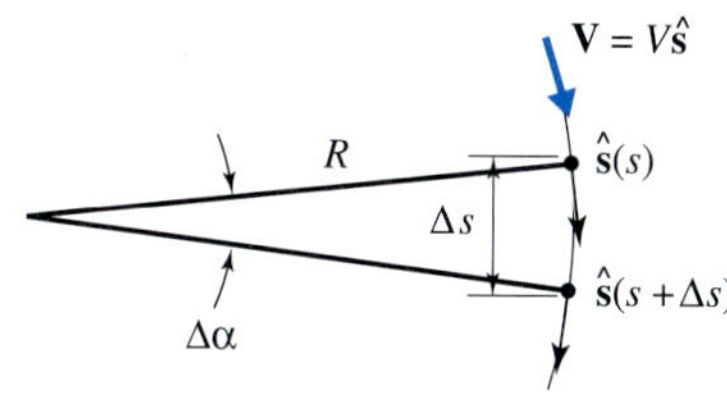

그림 P5.29

5.30 일정 각속도로 회전하는 기준 좌표계에 대해 속도가 구해질 때 오일러 방정식을 써라.

5.31 속도장이 $u = 32(y - 96y^2)$ m/s, $v = 0$, $w = 0$로 주어진다. $\mu = 5 \times 10^{-4}$ kg-s/m^{2}과 $p = 210$ kPa를 사용해서 $y = 2.5$ mm에서의 응력성분들을 보여라. 비율 τ_{xy}/σ_{xx}를 구하라.

5.32 표면 가까이에 있는 속도장이 $u = 10(2y/\delta - y^2/\delta^2)$로 추정된다. 여기서 $\delta = Cx^{4/5}$이다. 만약 $x = 1000$ m에서 $\delta = 8$ m라면, $w = 0$, $v(x, 0) = 0$을 가정해서 $v(x, y)$를 구하라. 또한 $\mu = 2 \times 10^{-5}$ N·s/m^{2}과 $p = 100$ kPa를 사용해서 (1000, 0)에서의 응력성분들을 보여라. 비압축성 유동으로 가정하라.

5.33 정상유동에 대해 Du/Dt가 $(\mathbf{V}\cdot\nabla)\,u$로 쓰여질 수 있고 $D\mathbf{V}/Dt = (\mathbf{V}\cdot\nabla)\,\mathbf{V}$을 보여라. 직각 좌표계를 사용하여 증명하라.

5.34 압축성 유동의 미분 운동량방정식(5.3.13)을 하나의 벡터 형태 방정식으로 나타내라.

5.35 $u = u(y)$, $w = 0$이라 가정할 때, 수평 평행 평판 사이에서의 비압축성 정상유동에 대한 나비에-스토크스 방정식을 단순화하라. 모두 세 개의 방정식으로 나타내라.

5.36 두 개의 긴 수평방향으로 평행한 평판 사이에 위치한 점성 비압축성 유체를 고려하자. 그림 P5.36처럼 두 평판이 서로 반대 방향으로 다른 일정 속도로 움직인다. 압력구배와 무게에 의한 체적력은 없다. 나비에-스토크스 방정식으로 시작해서 두 평판 사이의 층류유동에 대한 속도 분포식을 구하라.

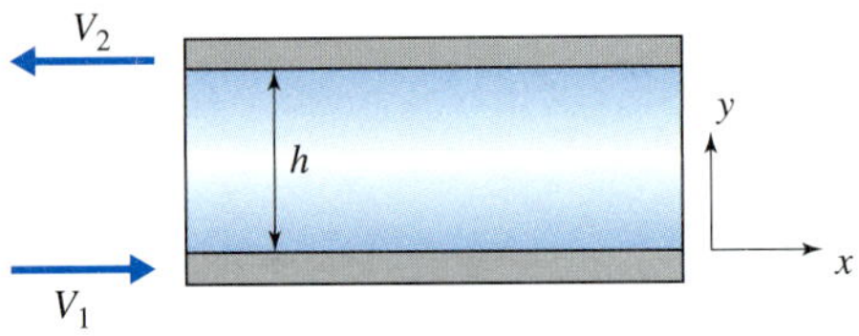

그림 P5.36

5.37 고정된 두 수직 평판 사이의 정상, 비압축성, 층류 유체유동을 고려하자. 만약 유체가 두 평판 사이에서 아래로 움직인다면 나비에-스토크스 방정식을 사용하여 속도 분포식을 구하라.

5.38 $v_z = v_z(r)$, $v_\theta = 0$이라 가정할 때, 수평관 내의 비압축성 정상유동에 대한 나비에-스토크스 방정식을 단순화하라. 모두 세 개의 방정식으로 나타내라.

5.39 그림 P5.39에 나타낸 외부 원통은 고정되고 내부 원통은 속도 V_c로 움직이는 무한히 긴 동심 원통 사이에 정상, 비압축성 유체유동이 흐른다. 수평 원통 사이의 완전히 발달된 층류 축대칭 유동에 대해 내부 원통에 작용하는 항력이 0이 되기 위한 속도 V_c를 구하라.

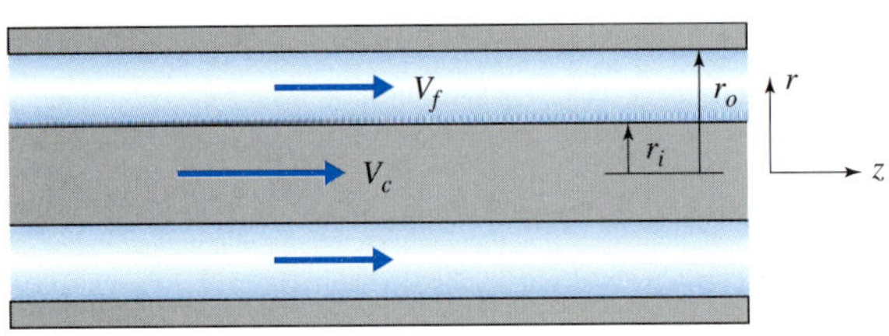

그림 P5.39

5.40 $v_\theta = v_\theta(r)$, $v_\phi = 0$로 동심을 갖는 회전하는 구 사이의 작은 틈에서 유체가 흐른다. 중력을 무시할 때 비압축성 정상유동에 대해 나비에-스토크스 방정식을 단순화하라.

5.41 무한히 긴 동심 수직 원통 사이의 점성 유동을 고려하자. 반경 r_i의 내부 원통은 고정되어 있다. 반경 r_o의 외부 원통은 각속도 ω로 회전한다. 정상, 비압축성, 축대칭 층류유동에 대해 나비에-스토크스 방정식을 사용하여 속도분포를 구하라.

5.42 비압축성 유동에 대한 구성방정식(5.3.10)을 미분 운동량 방정식 5.3.2와 5.3.3에 대입하여 나비에-스토크스 방정식(5.3.14)을 유도하라.

5.43 식 5.3.14에서 점성이 일정한 것으로 가정된다. 만약 온도 구배를 갖는 액체 유동처럼 온도가 일정하지 않다면, $T = T(x, y, z)$이므로 $\mu = \mu(T)$, 따라서 $\mu = \mu(x, y, z)$로 놓아야 한다. 점성이 이정하지 않은 경우를 설명하기 위해 식 5.3.14를 수정하라.

5.44 그림 P5.44에서 나타낸 것처럼 아주 큰 평판이 액체 밑에서 진동한다. 만약 평면 층류유동이 평판에 평행하게만 움직인다면, 운동을 기술하는 미분 방정식을 구하라. 이때 μ = 상수로 가정하라.

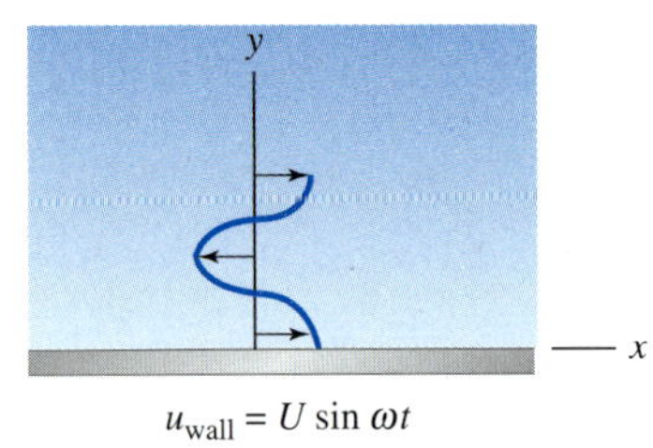

그림 P5.44

5.45 스토크스의 가설이 적용되지 않는 기체 유동에 대해서 $\bar{p}$로 표시된 수직 응력의 음의 평균은 압력 $\bar{p}$와 다를지도 모른다. $(\bar{p} - p)$을 구하라.

와도

5.46 직각좌표계를 사용하여 식 (5.3.22)가 사실임을 보여라.

5.47 균일 유동이 유동에 평행한 방향으로 위치한 그림 5.47에 나타낸 평판 위에 존재한다. 평판은 아주 예리한 선단을 갖는다. 와도 생성의 원인이 되는 항을 확인하라.

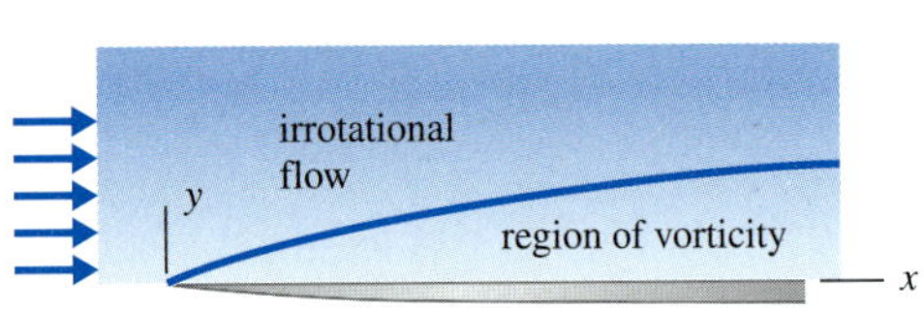

그림 P5.47

5.48 점성효과를 무시할 때, 그림 P5.48에 나타낸 평면유동에서 축소부 바로 뒤 하류인 단면 2에서의 속도분포를 구하라.

힌트: 비점성 유동에서 유체는 벽에 들러붙지 않는다.

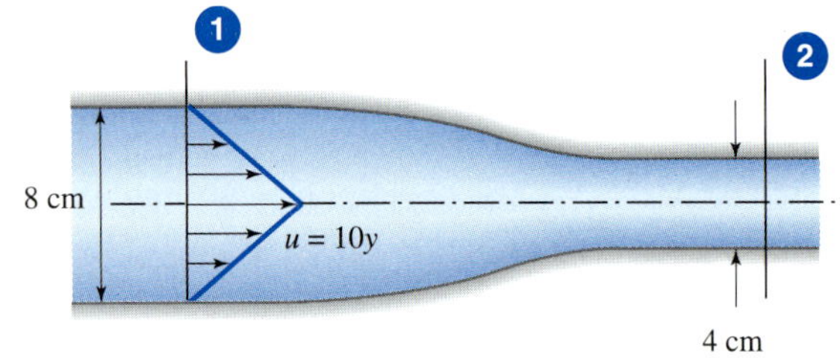

그림 P5.48

5.49 예제 5.8에서 와관이 나무 근처로 접근하면 ω_x는 영인가? 만약 그렇지 않다면, 그 이유는 무엇인가?

미분 에너지방정식

5.50 $\dot{W}_s = \dot{W}_{shear} = \dot{W}_I = 0$을 가정하고, 적분 에너지방정식 4.5.13에 가우스 정리(문제 5.1 참조)를 적용하고 점성효과를 무시할 때 $\dot{Q}_s = \int_{c.s.} K\nabla T \cdot \hat{\mathbf{n}}\, dA$를 사용해서 비압축성 미분 에너지방정식을 유도하라.

5.51 식 5.4.5를 식 5.4.4로부터 증명하라. 2계 도함수의 정의를 상기하라.

5.52 식 5.4.11을 식 5.4.9로부터 증명하라.

5.53 상부로부터 열이 전달되는 호수에서와 같이 온도구배가 아주 크고 속도성분이 매우 작은 액체 유동에 대해 미분 에너지방정식을 단순화하라.

5.54 재진입하는 동안 인공위성에 존재하는 극단의 고온을 설명하는 항을 미분 에너지방정식에서 설명하라.

5.55 직경 2.0 cm의 관에서의 속도분포가 $u(r) = 10(1 - 10000r^2)$ m/s로 주어진다. 20°C의 공기에 대해 벽, 중심, 그리고 중간 위치에서의 소산함수의 크기를 구하라.

5.56 문제 5.44에서 평판이 가열된다. 다음과 같이 가정할 때 미분 에너지방정식과 나비에-스토크스 방정식을 단순화하여 써라.

(a) μ = 일정

(b) $\mu = \mu(T)$

최고 수준의 운동선수들은 기록 향상을 위해 풍동을 활발히 이용하고 있다. 고속 운행에서 공기저항을 많이 받는 자전거, 스키, 봅슬레이 등의 종목들은 직접 풍동 안에 기구를 설치하고 선수도 직접 들어가 각종 자세를 취하며 실험을 진행한다. 여러 양력, 항력 시험 및 가시화 시험을 거쳐 최적의 기구 형상과 선수의 자세 등을 결정하게 된다. (Testing an olympic bicycle in the wind tunnel of the TU Dresden / Alamy)

6

차원해석과 상사

Dimensional Analysis and Similitude

개요

학습목표

이 장의 학습목표는 다음과 같다.

▲ 실험적인 연구를 위해 필요한 유동 변수를 선정한다 .

▲ 다양한 종류의 유동에서의 원형에 모형 연구 결과를 적용할 수 있는 기법을 제시한다.

▲ 수치 연구에 사용되는 미분방정식과 경계조건으로부터 유동 변수를 발췌한다.

▲ 무차원 유동 변수가 어떻게 사용되었는지, 시험제품에서의 질을 측정하기 위하여 어떤 모델 연구가 필요한지, 그리고 정규화된 미분방정식이 어떻게 활용되었는지를 실증하기 위하여 다양한 예제와 문제들을 제시한다.

6.1 서론

차원동차성: 방정식 내의 모든 항은 같은 차원을 갖는다.

유체역학 분야에서 관심을 가지는 현실세계에서의 많은 문제들은 단순히 미분과 적분방정식을 사용해서 해결되지 않는다. 다양한 변수들 사이의 관계를 얻기 위하여 실험적 방법이 필요하다. 그러나 실험적 연구는 보통 비용을 상당히 많이 필요로 하기 때문에 실험을 최소화해야 한다. 이것은 **차원동차성**(dimensional homogeneity), 즉 방정식에서의 모든 항들은 반드시 같은 차원을 갖는다는 개념에 기본을 둔 차원해석(dimensional analysis)을 사용함으로써 해결된다. 예를 들면 베르누이 방정식은 다음과 같은 형태로 기술된다.

$$\frac{V_1^2}{2g} + \frac{p_1}{\gamma} + z_1 = \frac{V_2^2}{2g} + \frac{p_2}{\gamma} + z_2 \tag{6.1.1}$$

각 항에서의 차원은 길이를 나타낸다. 좀 더 나아가 좌변에서 z_1을, 우변에서 z_2를 묶어내면 다음과 같은 식을 얻게 된다.

$$\frac{V_1^2}{2gz_1} + \frac{p_1}{\gamma z_1} + 1 = \left(\frac{V_2^2}{2gz_2} + \frac{p_2}{\gamma z_2} + 1\right)\frac{z_2}{z_1} \tag{6.1.2}$$

이 형태의 베르누이 방정식에서 항들은 모두 무차원이고, 무차원 변수들의 조합으로 방정식을 나타내었으며, 이것이 다음 절에서 다룰 차원 해석의 기본적인 개념이다.

KEY CONCEPT
유동 연구에는 흔히 모형을 사용한다.

실험은 수행능력을 높이기 위하여 엄청나게 큰 비용과 공간을 필요로 한다. 둑과 댐을 흐르는 유동, 부두나 방파제와 파도의 상호작용, 잠수함과 배 주위를 흐르는 유동, 비행기 주위에서 생기는 아음속과 초음속, 그림 6.1에 나와 있는 경기장과 빌딩 주위의 유동, 터빈과 큰 펌프를 통과하는 유동, 그리고 오토바이나 자동차나 트럭 주위에서 생기는 유동 등이 여기에 해당한다. 이와 같은 경우는 보통 연구실에서 실물 원형보다 작은 모형을 가지고 연구를 진행하고 있다. 이 방법은 실형과 비교할 때 상당히 많은 비용절감을 가져오고 다양한 형상이나 유동조건에 대한 연구를 가능하게 해 준다.

또한 작은 크기의 흥미로운 유동도 존재한다. 예를 들면 터빈날개 주위의 유동, 모세관 내의 유동, 미생물 주위의 유동, 소형 제어 밸브를 통한 유동, 낙하 액적 내부와 주위의 유동 등이 있다. 이러한 유동은 실형보다 큰 모형을 사용함으로써 허용정확도 내에서 관찰이 수행될 수 있도록 한다.

상사: 모형 관찰로부터 예견되는 원형 조건에 대한 연구.

상사(similitude)는 모형으로부터 실형 조건을 예측하는 연구이다. 이것은 다음 절의 차원해석에서 다룰 것이다. 상사는 차원해석에서 얻어지는 무차원 변수들의 사용을 포함한다.

버킹엄 π정리: 차원동차성을 얻기 위해 각 단계를 정리한 이론.

차원해석과 상사의 연구에서는 두 가지 접근 방법이 사용된다. 우리는 두 가지 방법 모두 소개할 것이다. 첫 번째는 **버킹엄 π정리**(Buckingham π-theorem)를 사용한 방법이다. 이것은 차원의 동차성을 확보하는 단계들로 구성되어 있다. 이 단계들에 적절한 변수들을 포함시키기 위하여 연구하는 현상들에 대한 지식이 필요하다. 두 번째로는 관찰하는 현상을 묘사하는 데 필요한 미분방정식과 경계조건으로부터 특정한 유동 상황에 영향을 주는 무차원 변수들을 얻는 방법이다.

그림 6.1 도시에 있는 큰 건물의 축척 모형. 건물 주위의 공기 유동이 연구되었다. 바닥면의 거친 부분은 난류를 만들어 낸다(Miniature city/gettyimagesbank).

6.2 차원해석

6.2.1 동기

> **KEY CONCEPT**
> 가능한 한 가장 적은 수의 매개변수가 사용되어야 한다.

유체 유동의 현상은 해석 및 실험적 연구에 있어서 많은 유동이나 기하학적 변수들을 포함한다. 시간과 경비를 줄이는 관점에서 가능한 한 최소 변수들의 조합을 사용해야 한다. 예를 들어 그림 6.2에 있는 미끄럼 밸브에 의한 압력강하를 고려해 보자. 압력강하에 영향을 미칠 가능성이 있는 변수들인 파이프 내의 평균 속도 V, 유체의 밀도 ρ, 유체의 점성계수 μ, 파이프 직경 d, 그리고 간극 높이 h를 변화시키며 실험을 수행하기 위해 다음과 같이 표현할 수 있다.

> **KEY CONCEPT**
> 여기서는 등방성 뉴턴유체만 다룬다. 비등방성 유체는 적절한 응력-변형률 방정식들에 관련된 부가적인 변수를 가지고 있다.

$$\Delta p = f(V, \rho, \mu, d, h) \tag{6.2.1}$$

이 문제에 대해 실험적 연구를 시도하려면, 포함된 변수들에 대한 압력강하의 의존도를 알기 위한 계획을 세워야 한다. 속도를 제외한 모든 변수들을 고정시키고 평균 속도에 대

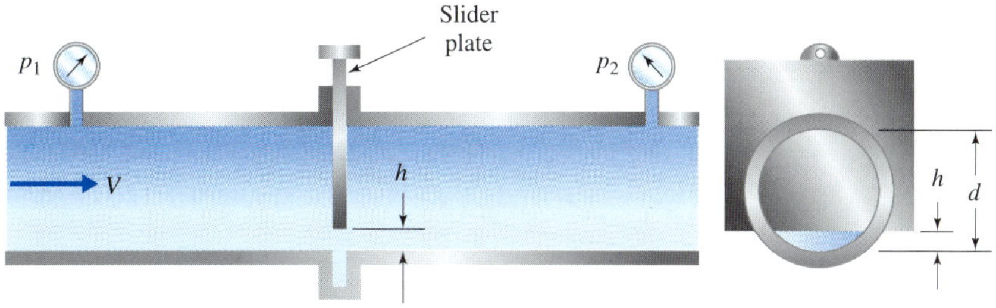

그림 6.2 미끄럼 밸브 주위의 유동

한 압력강하의 의존도를 조사한다. 그러고 나서 파이프 직경을 변화시키며 실험을 반복한다. 이 실험으로 그림 6.3a의 결과를 얻을 수 있다. 간극 높이 h를 변화시키며 실험을 계속하면, 그림 6.3b를 얻을 수 있다. 다른 유체에 대하여 실험할 경우, ρ와 μ의 변화에 따른 곡선을 얻을 수 있다.

KEY CONCEPT
어떠한 방정식이든지 무차원 변수에 관한 식으로 나타낼 수 있다.

식 6.2.1처럼 변수들과 관련된 방정식은 식 6.1.2의 베르누이 방정식과 같은 무차원 변수의 항으로 쓸 수 있다는 것을 고려해야 한다. 그러면 식 6.2.1의 변수들을 무차원 변수로 다음과 같이 쓸 수 있다(다음 절에서 이 작업에 필요한 단계가 제공된다).

$$\frac{\Delta p}{\rho V^2} = f\left(\frac{V\rho d}{\mu}, \frac{h}{d}\right) \tag{6.2.2}$$

사실 이 관계는 매우 간단하다. 고정된 h/d(즉 $h/d = 0.1$)에 대해 $V\rho d/\mu$를 변화시키며(단순히 V를 변화시키면 된다) 실험을 수행하여 그림 6.4와 같은 곡선을 얻을 수 있다. 간극 h를 변화시켜 $h/d = 0.5$로 하여 실험을 반복한다. 최종적으로 전체 실험의 결과로 그림 6.4를 얻을 수 있는 것이다. 이것은 실제 형태의 $f(V\rho d/\mu, h/d)$를 결정하는 데 드는 비용을 크게 줄이는 결과를 가져오며, 하나의 파이프와 한 개의 밸브, 그리고 하나의 유체만을 사용하면 된다.

하지만 어떠한 변수들이 식 6.2.1과 같은 방정식에 포함될 것인지는 분명하지 않다. 이러한 변수들을 선택하기 위해서 물리적 현상의 상세한 이해가 필요하다. 미끄럼 밸브에 의한 압력강하에 영향을 끼치는 변수들 가운데 밀도와 점성은 매우 중요한 변수이지만 미끄럼 판의 두께, 파이프 압력 및 중력은 그렇지 않다. 차원해석의 응용에서 첫 번째로 중요한 단계는 적절한 변수의 선택임을 인식해야 한다.

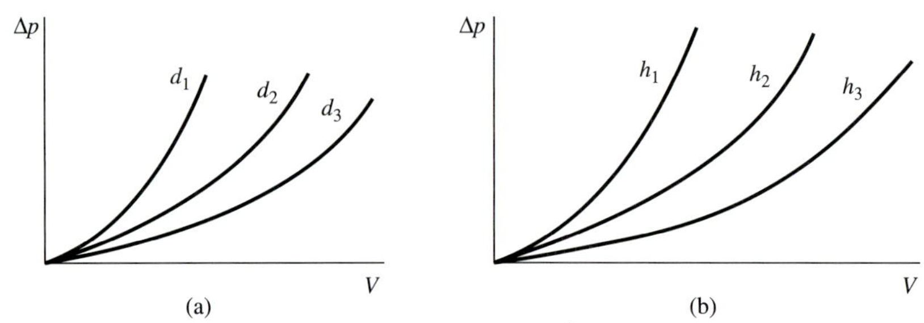

그림 6.3 압력강하 대 속도 곡선: (a) ρ, μ, h 고정. (b) ρ, μ, d 고정.

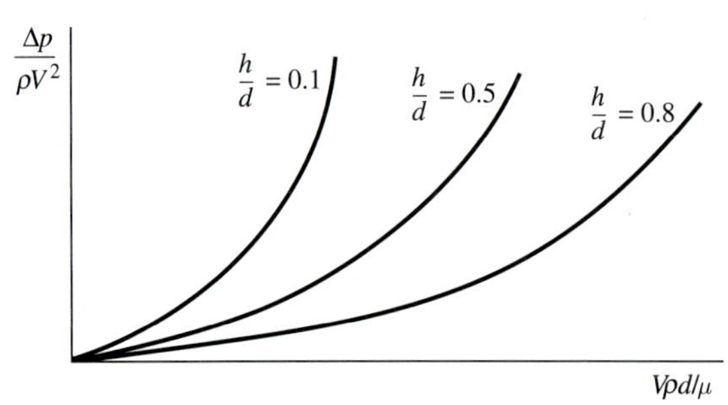

그림 6.4 무차원 압력강하 대 무차원 속도.

6.2.2 차원의 검토

차원해석 기술을 소개하기 전에 유체역학에서 주된 변수들의 차원에 대하여 검토해 보자. 앞에서 소개한 변수는 길이, 시간, 질량, 그리고 다음의 뉴턴의 제2법칙과 관련된 힘과 같은 차원들의 조합의 형태를 갖는다.

$$\Sigma \mathbf{F} = m\mathbf{a} \tag{6.2.3}$$

위 식을 차원의 항으로 나타내면 다음과 같다.

$$F = \frac{ML}{T^2} \tag{6.2.4}$$

KEY CONCEPT
이 장 전체에서 M-L-T 계를 사용할 것이다..

위 식에서 F, M, L, 그리고 T는 각각 힘, 질량, 길이, 시간의 차원이다. 따라서 세 개의 기본차원만 사용하더라도 충분함을 보인다. 식 6.2.4를 보면 알 수 있듯이, M-L-T를 힘의 차원으로 대체할 수 있으므로 여기서는 힘의 차원을 제외한 계를 신택한다.

예를 들어 전자기 분야나 온도 기울기를 포함하는 상호작용과 같은 매우 복잡한 유동 환경을 고려한다면 적절한 차원을 추가하는 것이 필요하다. 그러나 이 책에서는 이상기체의 압축성 유동을 제외한 현상은 다루지 않는다. 압축성 유동의 상태방정식은 열과 위에서 언급한 차원과의 관계를 설명한다.

$$p = \rho RT \tag{6.2.5}$$

여기서 T는 온도를 말하며 다음과 같이 쓸 수 있다.

$$[RT] = [p/\rho] = \frac{F}{L^2} \cdot \frac{L^3}{M} = \frac{ML/T^2}{L^2} \cdot \frac{L^3}{M} = \frac{L^2}{T^2} \tag{6.2.6}$$

여기서 [ ]은 '차원'을 표시한다. 상태방정식은 차원이 추가로 필요하지 않음을 보여 준다.

유체역학에서 관심 있는 변수들의 차원을 표 6.1에 열거하였다. 이 표를 참고하여 문제에서 사용되는 변수들의 차원을 쉽게 구할 수 있다.

6.2.3 버킹엄 π정리

주어진 물리적 문제에서 종속변수 x_1은 다음과 같이 독립변수의 항으로 표현할 수 있다.

$$x_1 = f(x_2, x_3, x_4, \ldots, x_n) \tag{6.2.7}$$

여기서 n은 변수의 총 개수를 나타낸다. 식 6.2.1을 참조하면 Δp는 종속변수이고 V, ρ, μ, d와 h는 독립변수들이다. 버킹엄 π정리는 변수들 중에 m개[1]의 기본차원을 가지는 경우, π 변수라 불리는 $(n - m)$개의 무차원 변수들을 다음과 같은 함수 관계로 나타낼 수 있다는 정리이다.

$$\pi_1 = f_1(\pi_2, \pi_3, \ldots, \pi_{n-m}) \tag{6.2.8}$$

여기서 식 6.2.2와 같이 π_1은 종속변수를 포함하고 나머지 π 변수들은 독립변수만을 포함한다.

[1] m이 기본차원의 수보다 적게 되는 경우가 있다. 예제 6.2에 나와 있다.

표 6.1 유체역학에서 사용되는 변수의 기호와 차원

Quantity	*Symbol*	*Dimensions*
Length	l	L
Time	t	T
Mass	m	M
Force	F	ML/T^2
Velocity	V	L/T
Acceleration	a	L/T^2
Frequency	ω	T^{-1}
Gravity	g	L/T^2
Area	A	L^2
Flow rate	Q	L^3/T
Mass flux	$\dot{m}$	M/T
Pressure	p	M/LT^2
Stress	τ	M/LT^2
Density	ρ	M/L^3
Specific weight	γ	M/L^2T^2
Viscosity	μ	M/LT
Kinematic viscosity	ν	L^2/T
Work	W	ML^2/T^2
Power, heat flux	$\dot{W}, \dot{Q}$	ML^2/T^3
Surface tension	σ	M/T^2
Bulk modulus	B	M/LT^2

KEY CONCEPT
하나의 차원은 두 번 나타나거나 전혀 나타나지 않아야 한다.

차원해석을 성공적으로 적용하기 위해 주목해야 할 또 다른 요구조건은 하나의 차원이 적어도 두 개의 변수에 나타나거나 혹은 전혀 포함되지 말아야 한다는 것이다. 예를 들면 $\Delta p = f(V, l, d)$는 잘못 기술한 것이다. 압력은 힘의 차원을 포함하지만 나머지 V, l, d는 포함하지 않기 때문이다.

π 정리를 적용할 때 사용되는 과정은 다음과 같이 요약된다.

1. $(n - 1)$개의 독립변수에 의존하는 종속변수의 함수 형태를 기술한다. 이 과정에서는 현상에 대한 지식이 필요하다. 종속변수에 영향을 주는 변수들이 포함되어야만 한다. 이러한 변수에는 기하학적 변수, 유동 특성, 그리고 종속변수에 영향을 주는 외적 효과도 포함되어야 한다. 종속변수에 영향을 주지 않는 다른 모든 사항들까지 고려해서는 안 된다. 그뿐만 아니라 서로 종속관계를 가지는 변수들, 예를 들어 반경과 넓이와 같은 변수들이 함께 포함되어서는 안 된다. 식 6.2.7에서 우변에 위치한 변수들은 독립변수여야만 한다.

반복변수: π 변수를 형성하기 위한 남아 있는 각 변수들과 결합하게 되는 변수.

2. m개의 **반복변수**(repeating variable)들을 결정한다. 반복변수들은 나머지 다른 변수들과 교대로 조합하여 무차원 수인 π 변수들을 만들게 된다. 독립변수들 중에 선택된 반복변수들은 모든 기본 차원들을 포함해야 하고 반복변수들로만 π 변수가 만들어지면 안 된다. 각도가 무차원이고 스스로 π 변수를 만들지 않는다면 각도는 반복변수가 될 수 없다.
3. 선정된 반복변수들과 나머지 변수들을 교대로 조합하여 π 변수들을 만든다.
4. $(n - m)$개의 무차원 π 변수들의 함수 형태를 기술한다.

단계 3은 간단한 산술적인 연산에 의해 완성된다. 약간의 관찰력을 필요로 하는 예제를 통해 설명해 보자.

산술 과정이 예제를 통해 설명된다. 표면장력 σ, 속도 V, 밀도 ρ와 길이 l 등의 변수를 조합하여 π 변수를 결정하자. 무차원 변수는 다음과 같이 나타낼 수 있다.

$$\pi = \sigma^a V^b \rho^c l^d \tag{6.2.9}$$

조합된 변수들이 무차원이 되도록 a, b, c, d를 결정해야 한다. 식 6.2.9를 차원의 항으로 나타내면 다음과 같다.

$$M^0 L^0 T^0 = \left(\frac{M}{T^2}\right)^a \left(\frac{L}{T}\right)^b \left(\frac{M}{L^3}\right)^c L^d \tag{6.2.10}$$

기본차원들의 각 지수는 같아야 하므로 다음과 같이 쓸 수 있다.

$$\begin{aligned} M&: \quad 0 = a + c \\ L&: \quad 0 = b - 3c + d \\ T&: \quad 0 = -2a - b \end{aligned} \tag{6.2.11}$$

3개의 연립방정식을 풀면 다음과 같다.

$$a = -c \qquad b = 2c \qquad d = c \tag{6.2.12}$$

따라서 무차원 π 변수는 다음과 같다.

$$\pi = \left(\frac{\rho l V^2}{\sigma}\right)^c \tag{6.2.13}$$

KEY CONCEPT
차원 변수는 나머지 변수들의 차수에 의해 결정된다.

무차원 변수는 지수를 크게 해도 무차원 수이다. 따라서 c는 0이 아닌 임의의 수를 사용하여도 무방하다. 원하는 비에 따라 일반적으로 $c = 1$을 선택하며, 이때 π 변수는 다음과 같다.

$$\pi = \frac{\rho l V^2}{\sigma} \tag{6.2.14}$$

실제로 식 6.2.9에서 $c = 1$로 선택하면 미지수는 3개가 되며 이를 가지고 문제를 풀게 된다. 만약 표면장력 σ를 분자에 1차 지수로 나타내려면 $a = 1$이고 b, c, d는 미지수로 놓을 수 있다.

주: 무차원 π 변수가 한 개뿐이면 함수 형태는 식 6.2.8의 우변이 더 이상 π 변수들을 포함하지 않기 때문에, π 변수가 반드시 상수이어야 한다는 것을 나타낸다. 이것은 임의의 상수를 포함하는 식을 나타내고 이 상수는 실험이나 해석을 통해 결정할 수 있다.

예제 6.1

직경 d, 길이 l을 갖는 원통에 작용하는 항력 F_D를 연구한다. 속도 V인 유체가 원통에 직각 방향으로 흐를 때 무차원 변수들과 관련된 함수 형태를 구하라.

(계속)

풀이

우선 항력에 영향을 주는 변수들이 무엇인지 결정해야 한다. 실제로 항력과 무관한 변수를 포함하게 되면 π 변수가 늘어나게 되고 실험을 통해 추가된 π 변수가 중요하지 않다는 것을 알 수 있다. 마찬가지로 주요 변수가 누락되면 실험에서 문제점이 발생한다. 알맞은 변수를 선택하는 데는 경험이 중요하다. 이 예제에서는 영향 변수로 자유 흐름 속도 V, 유체 점성계수와 밀도 μ, ρ와 원통 직경과 길이 d, l을 선택하면 $n = 6$개의 변수가 된다. 따라서 다음과 같이 나타낼 수 있다.

$$F_D = f(d, l, V, \mu, \rho)$$

변수들은 $m = 3$의 기본차원을 가지는 것을 관찰할 수 있다.

$$[F_D] = \frac{ML}{T^2} \qquad [V] = \frac{L}{T} \qquad [\mu] = \frac{M}{LT} \qquad [d] = L \qquad [l] = L \qquad [\rho] = \frac{M}{L^3}$$

결론적으로 $n - m = 6 - 3 = 3$으로 π 변수들을 예상할 수 있다.

가장 간단한 차원의 조합으로 이루어진 반복변수를 결정해야 한다. 그러나 반복변수들로 π 변수가 만들어지면 안 된다(따라서 d와 l을 반복변수로 동시에 선택해서는 안 된다). 반복변수로 d, V, ρ를 선택하였다. 선택된 3개의 반복변수들과 나머지 변수들을 교대로 조합하여 π 변수를 결정한다. 무차원 수를 결정하기 위해 식 6.2.9를 사용하기보다는 관찰에 의해 π 변수를 결정한다. 반복변수들을 F_D와 조합하면 F_D와 ρ만 질량의 차원을 갖는 것을 알 수 있다. 그러므로 F_D는 반드시 ρ로 나누어야 한다. 또 시간 차원을 가지는 것은 F_D와 V이다. 따라서 F_D는 반드시 V^2으로 나누어져야 한다. 따라서 ρ에 의해 나눠진 F_D는 분자에 L^4의 차원을 갖게 된다. V^2로 나누면 분자에 L^2의 차원이 남게 되므로 분모에 d^2을 취하면 다음과 같이 된다.

$$\pi_1 = \frac{F_D}{\rho V^2 d^2}$$

d, V, ρ가 l과 조합되면 다음과 같다.

$$\pi_2 = \frac{l}{d}$$

마지막 π 변수는 μ와 d, V, ρ를 조합하여 얻는다. 질량 차원은 μ를 ρ로 나누어 제거한다. 시간 차원은 μ를 V로 나누어 없앤다. 따라서 분자에 길이 차원만 남게 되므로 분모에 d가 필요하고 결과적으로 다음과 같이 된다.

$$\pi_3 = \frac{\mu}{\rho V d}$$

최종적인 무차원 변수들의 함수 관계는 다음과 같다.

$$\pi_1 = f_1(\pi_2, \pi_3) \qquad \text{or} \qquad \frac{F_D}{\rho V^2 d^2} = f_1\left(\frac{l}{d}, \frac{\mu}{\rho V d}\right)$$

6개의 변수를 포함하는 최초의 관계식보다 간단한 3개의 변수만을 포함하는 식으로 표현할 수 있다. 위 함수 관계의 자세한 형태를 선택하기 위하여 실제 문제를 풀어야 한다. 해석이나 수치해석적 방법이 어려울 경우에는 실험을 수행해야 한다. 유체역학적인 부분은 대체로 이런 경우에 속한다.

최초 변수 결정에서 중력 g나 속도가 원통과 이루는 각도 θ, 원통 면의 조도 e와 같은 여러 개의 변수를 추가시킬 수 있다. 주요 변수를 누락시키거나 필요하지 않은 변수를 포함시키는 것은 경험의 차이이다. 초보자는 주요 변수를 결정하는 법을 배워야 한다. 그러나 경험자도 특정 현상을 확실히 파악하지 못하고 변수를 누락시킬 수도 있다. 적절한 변수를 결정하기 위해서는 경우에 따라 많은 실험이 요구된다.

예제 6.2

모세관에서의 액체 상승은 연구되었다. 상승 높이 h는 표면장력 σ, 관 직경 d, 액체의 비중량 γ와 액체와 관 사이의 부착 각도 β에 의존한다고 예측되었다. 무차원 변수들의 함수 형태를 기술하라.

풀이

변수들의 관계식은 다음과 같이 쓸 수 있다.

$$h = f(\sigma, d, \gamma, \beta)$$

변수들의 차원은 다음과 같다.

$$[h] = L \qquad [\gamma] = \frac{M}{L^2T^2} \qquad [\beta] = 1 \text{ (dimensionless)} \qquad [\sigma] = \frac{M}{T^2} \qquad [d] = L$$

변수들의 차원을 잘 살펴보면 M/T^2이 σ와 γ에서 동시에 나타나므로 M과 T는 이 문제에서 더 이상 독립된 차원들이 아니다. 따라서 기본차원 L과 M/T^2의 독립적인 군은 2개이다. 결과적으로 반복변수 $m = 2$이고 이것은 σ와 d를 말한다. 반복변수 h와 조합하여 첫 번째 π 변수를 구하면 다음과 같다.

$$\pi_1 = \frac{h}{d}$$

σ와 d를 γ와 조합하여 만든 두 번째 π 변수는 다음과 같다.

$$\pi_2 = \frac{\gamma d^2}{\sigma}$$

마지막으로 각도 β는 그 자체가 무차원이므로 π 변수가 된다.

$$\pi_3 = \beta$$

최종 함수는 다음과 같다.

$$\pi_1 = f_1(\pi_2, \pi_3) \qquad \text{or} \qquad \frac{h}{d} = f_1\left(\frac{\gamma d^2}{\sigma}, \beta\right)$$

주: 여기서 언급해야 할 사항이 몇 가지 더 있다. 각도 β는 이미 π 변수이기 때문에 반복변수로 선택하지 않는다. 또한 반복변수를 세 개 선택하지 않는 이유는 M과 T가 서로 독립적이지 못하기 때문이다.

관련 변수로 중력을 포함시켜야 한다고 생각할 수 있다. 만약 무차원 변수군에 중력이라는 변수를 추가하면 어떠한 π 변수에도 중력이 포함되지 않는 것을 알 수 있으며 결론적으로 중력이 불필요하다는 결론을 낼 수 있다. 중력과 밀도를 비중량을 대신하는 관련 변수로 선택하면 $\gamma = \rho g$이므로 같은 결과를 얻을 수 있다. 이 경우 M/T^2는 차원군으로 고려하지 않아도 된다.

π 변수들의 함수 형태에 대하여 생각해 보자. 위에 나타낸 π 변수 간의 관계는 다음과 같이 서술할 수 있다.

$$\frac{h}{d} = f_1\left(\frac{\sigma}{\gamma d^2}, \beta\right)$$

또한 때때로 다른 반복변수들을 선택할 수도 있다. 따라서 최종 함수 방정식은 다르지만 동등한 형태의 식으로 표현할 수 있다. 실제로 두 번째 함수 형태는 초기 형태를 기본으로 π 변수들의 조합으로 만들어진다.

6.2.4 일반적인 무차원 변수

압력강하 Δp, 특성길이 l, 특성속도 V, 밀도 ρ, 점성계수 μ, 중력 g, 표면장력 σ, 음속 c와 각속도 ω 사이의 일반적인 관계를 고려하여 다음과 같이 나타낼 수 있다.

$$\Delta p = f(l, V, \rho, \mu, g, c, \omega, \sigma) \tag{6.2.15}$$

이 문제에서 l, V, ρ를 반복변수로 하고 π 정리를 적용하면, 다음과 같은 식이 얻어진다.

$$\frac{\Delta p}{\rho V^2} = f_1\left(\frac{V\rho l}{\mu}, \frac{V^2}{lg}, \frac{V}{c}, \frac{l\omega}{V}, \frac{V^2\rho l}{\sigma}\right) \tag{6.2.16}$$

이 식에 나타나는 π 변수들은 유체역학의 현상 중 많은 부분에서 나타나는 일반적인 무차원 변수들로 다음과 같이 정의할 수 있다.

$$\begin{aligned}
\text{Euler number, Eu} &= \frac{\Delta p}{\rho V^2} \\
\text{Reynolds number, Re} &= \frac{V\rho l}{\mu} \\
\text{Froude number}^2\text{, Fr} &= \frac{V}{\sqrt{lg}} \\
\text{Mach number, M} &= \frac{V}{c} \\
\text{Strouhal number}^2\text{, St} &= \frac{l\omega}{V} \\
\text{Weber number}^2\text{, We} &= \frac{V^2 l\rho}{\sigma}
\end{aligned} \tag{6.2.17}$$

각 변수의 물리적 의미는 각 무차원 변수를 힘의 비율로 기술함으로써 찾을 수 있다. 다음과 같은 힘들이 관찰될 수 있다.

---

[2] 프루드수, 스트라울수, 웨버수는 각각 William Froude(1810~1879), Vincenz Strouhal(1850~1922), Moritz Weber(1871~1951)의 이름을 따서 명명되었다.

$$
\begin{aligned}
F_P &= \text{pressure force} = \Delta p A \sim \Delta p l^2 \\
F_I &= \text{inertial force} = mV\frac{dV}{ds} \sim \rho l^3 V \frac{V}{l} = \rho l^2 V^2 \\
F_\mu &= \text{viscous force} = \tau A = \mu \frac{du}{dy} A \sim \mu \frac{V}{l} l^2 = \mu l V \\
F_g &= \text{gravity force} = mg \sim \rho l^3 g \\
F_B &= \text{compressibility force} = BA \sim \rho \frac{dp}{d\rho} l^2 = \rho c^2 l^2 \\
F_\omega &= \text{centrifugal force} = mr\omega^2 \sim \rho l^3 l \omega^2 = \rho l^4 \omega^2 \\
F_\sigma &= \text{surface tension force} = \sigma l
\end{aligned}
\tag{6.2.18}
$$

따라서 다음과 같이 서술할 수 있다.

$$
\begin{aligned}
\text{Eu} &\propto \frac{\text{pressure force}}{\text{inertial force}} \\
\text{Re} &\propto \frac{\text{inertial force}}{\text{viscous force}} \\
\text{Fr} &\propto \frac{\text{inertial force}}{\text{gravity force}} \\
\text{M} &\propto \frac{\text{inertial force}}{\text{compressibility force}} \\
\text{St} &\propto \frac{\text{centrifugal force}}{\text{inertial force}} \\
\text{We} &\propto \frac{\text{inertial force}}{\text{surface tension force}}
\end{aligned}
\tag{6.2.19}
$$

KEY CONCEPT
힘의 비는 유동에서 중요한 변수를 예상하게 해 준다.

만약 무차원 변수들을 힘의 비로 생각한다면 임의의 유동장에서 주요한 인자들을 예측할 수도 있다. 그림 3.8의 파이프 유동이나 그림 3.10의 경계층 유동처럼 점성력이 중요한 경우는 레이놀즈수가 중요한 무차원 변수임을 알 수 있다. 표면장력이 유동에 큰 영향을 미치는 액적 형성이나 저수두를 갖는 둑 위의 유동은 웨버수가 중요한 무차원 변수이다. 다른 유체 유동 현상에도 비슷한 해석이 적용될 수 있다.

식 6.2.16의 일반 관계식에 포함된 모든 무차원 변수들이 어떤 한 유동 현상에 동시에 작용하는 경우는 없다. 또한 압축성 효과와 표면장력이 동시에 작용하는 유동도 존재할 수 없다. 유동장에서 중요한 특성길이가 두 개 이상 존재하는 경우에는 기하 형상과 관련된 무차원비들을 추가시켜야 한다. 유체역학에서 일반적으로 많이 사용되는 유동 무차원 변수들을 표 6.2에 요약하였다.

표 6.2 유체역학에서 사용되는 일반적인 무차원 변수

Parameter	*Expression*	*Flow situations where parameter is important*
Euler number	$\frac{\Delta p}{\rho V^2}$	Flows in which pressure drop is significant: most flow situations
Reynolds number	$\frac{\rho l V}{\mu}$	Flows that are influenced by viscous effects: internal flows, boundary layer flows
Froude number	$\frac{V}{\sqrt{lg}}$	Flows that are influenced by gravity: primarily free surface flows
Mach number	$\frac{V}{c}$	Compressibility is important in these flows, usually if $V > 0.3\,c$
Strouhal number	$\frac{l\omega}{V}$	Flow with an unsteady component that repeats itself periodically
Weber number	$\frac{V^2 l \rho}{\sigma}$	Surface tension influences the flow; flow with an interface may be such a flow

6.3 상사

6.3.1 일반적인 정보

서론에서 기술한 것처럼 상사(similitude)는 실형에서의 조건을 모형 관찰로부터 예측하는 연구이다. 해석적 또는 수치적으로 해가 불가능하거나 불확실성이 존재하는 단순화된 모델, 실제 크기의 실형이 너무 크거나 작아서 실형 크기로 실험이 어려울 경우 일반적으로 모형을 제작하여 실험을 수행한다.

역학적 상사: 모형과 실형 사이에 작용하는 힘의 비율은 전 유동에서 같게 나타난다.

모형 연구를 수행할 때에는 모델에서 측정한 결과값을 가지고 실형에서의 관련된 결과값을 예측할 수 있는 방법을 연구해야 한다. 모형과 실형 사이에 **역학적 상사**(dynamic similarity)가 성립되면, 즉 모형 유동과 실형 유동에 대응하는 질량에 작용하는 힘이 전 유동장에서 같은 비를 갖게 되면 위에서 말한 방법을 개발할 수 있다. 압력, 관성력, 점성력과 중력 등이 존재하는 경우, 유동장의 대응점에서 다음과 같은 역학적 상사가 필요하다.

$$\frac{(F_I)_m}{(F_I)_p} = \frac{(F_P)_m}{(F_P)_p} = \frac{(F_\mu)_m}{(F_\mu)_p} = \frac{(F_g)_m}{(F_g)_p} = \text{const.} \tag{6.3.1}$$

다시 정리하면 다음과 같다.

$$\left(\frac{F_I}{F_P}\right)_m = \left(\frac{F_I}{F_P}\right)_p \qquad \left(\frac{F_I}{F_\mu}\right)_m = \left(\frac{F_I}{F_\mu}\right)_p \qquad \left(\frac{F_I}{F_g}\right)_m = \left(\frac{F_I}{F_g}\right)_p \tag{6.3.2}$$

이 관계는 앞 절에서 보여 준 것처럼 다음과 같이 쓸 수 있다.

$$\text{Eu}_m = \text{Eu}_p \qquad \text{Re}_m = \text{Re}_p \qquad \text{Fr}_m = \text{Fr}_p \tag{6.3.3}$$

만약 위의 힘들만 존재한다면, 다음과 같이 쓸 수 있다.

$$F_I = f(F_P, F_\mu, F_g) \tag{6.3.4}$$

기본차원의 힘 하나만 존재하므로 차원해석(식 6.2.8 참조)은 위 식을 힘의 비로 다음과 같이 쓸 수 있다.

$$\mathrm{Eu} = f(\mathrm{Re}, \mathrm{Fr}) \tag{6.3.5}$$

그러므로 만약 레이놀즈수와 프루드수가 실형과 모형에서 같다면 오일러수도 반드시 같아야 한다는 것을 의미한다. 따라서 실형과 모형 사이의 역학적 상사는 모형의 레이놀즈수와 프루드수를 실형에서의 값들과 같게 놓음으로써 나타낼 수 있다. 만약 압축성이 고려되면, 식 6.3.5에 마하수가 포함될 것이다.

관성력비는 다음과 같이 나타낼 수 있다.

$$\frac{(F_I)_m}{(F_I)_p} = \frac{a_m m_m}{a_p m_p} = \text{const.} \tag{6.3.6}$$

이 관계는 모형과 실형에서 상응하는 유체요소의 질량 사이의 비가 일정하면 해당 각 지점에서의 가속도비도 일정하다는 것을 보여 준다. 가속도비는 다음과 같이 표현할 수 있다.

$$\frac{a_m}{a_p} = \frac{V_m^2/l_m}{V_p^2/l_p} = \text{const.} \tag{6.3.7}$$

모형과 실형 사이의 길이비가 일정하다면 속도비가 일정하다는 것을 보여 준다. 유동장의 모든 대응점에서 속도비가 일정한 것을 **운동학적 상사**(kinematic similarity)라고 한다. 운동학적 상사가 만족되면 축척비를 제외하고는 모형 주위의 유선 형상이 실형의 형상과 같다. 유동장에서 대응하는 점 사이에 길이비가 일정한 것이 **기하학적 상사**(geometric similarity)의 요구조건이고 이것이 만족되면 모형은 실형과 같은 형상을 가지게 된다. 따라서 모형과 실형 사이에 완전한 상사가 성립되려면 다음과 같은 조건을 만족해야 한다.

운동학적 상사: 유동의 모든 위치에서 속도비가 일정한 조건.

KEY CONCEPT
모형에서의 유선 형태가 원형에서 똑같이 나타난다.

기하학적 상사: 모형이 원형과 같은 형상을 갖는 조건.

- 기하학적 상사가 만족되어야 한다.
- 대응 유체 요소의 질량비가 일정해야 한다.
- 식 6.2.17에서 고려되었던 무차원 변수들이 동일해야 한다.

모형과 실형 사이에 완전한 상사가 성립된다면 모형에 대한 측정으로부터 실형에서 구하려 하는 양을 예측할 수 있다. 모형에 대해 항력 F_D를 측정하고 실형에서 대응하는 항력을 예측하려면, 다음과 같이 관성력의 비와 항력의 비를 나열할 수 있다(식 6.2.18 참조).

$$\frac{(F_D)_m}{(F_D)_p} = \frac{(F_I)_m}{(F_I)_p} = \frac{\rho_m V_m^2 l_m^2}{\rho_p V_p^2 l_p^2} \tag{6.3.8}$$

동력이 힘과 속도의 곱인 관계를 이용하여 모형의 동력 입력값을 측정하고 실형의 동력 요구량을 예측할 수 있다.

$$\frac{\dot{W}_m}{\dot{W}_p} = \frac{(F_I)_m V_m}{(F_I)_p V_p} = \frac{\rho_m V_m^2 l_m^2 V_m}{\rho_p V_p^2 l_p^2 V_p} \tag{6.3.9}$$

그러므로 모형 유체(ρ_m/ρ_p 제공), 축척비(l_m/l_p 제공)와 표 6.2로부터 적절한 무차원 수를 선택(V_m/V_p 제공)하여 실형의 양을 예측한다. 예제에서 구체적인 예시를 하겠다.

6.3.2 갇힌 유동

갇힌 유동은 자유표면(액체-기체 표면)이나 경계면(서로 다른 2개의 액체가 형성하는)을 갖지 않는 유동이다. 특정한 영역 내에서의 유동으로 제한된다. 즉 익형, 건물이나 잠수함 등의 물체 주위의 외부유동이나 파이프, 도관 내의 내부유동 등이 여기에 속한다.

KEY CONCEPT
중력은 제한된 유동에서 유동 형태에 영향을 주지 않는다.

갇힌 유동에서의 중력은 유동 형태에 영향을 주지 못한다. 즉 중력의 크기는 변할 수 있지만 유동 형태나 유동량은 변화시키지 못한다. 비압축성 갇힌 유동(모든 액체 유동이나 $M < 0.3$인 기체 유동)에서 가장 큰 영향을 미치는 것은 점성이다. 비압축성 유동에서의 표면장력은 기포 형성에서처럼 주요 인자가 아니다. 또한 정상유동의 경우 진동에 의한 비정상 효과는 존재하지 않으므로 3가지 주된 힘은 압력, 관성력, 점성력이다. 따라서 갇힌 유동에서 역학적 상사는 모형과 실형 사이의 점성력, 관성력과 압력의 비가 같을 때 성립된다. 이 관계를 이용하면 $\text{Eu} = f(\text{Re})$가 되고(식 6.3.5 참조) 갇힌 비압축성 유동에서는 레이놀즈수가 유동을 지배하는 무차원 변수이다. 만약 압축성 효과가 중요하면 마하수가 주요 변수가 된다.

KEY CONCEPT
레이놀즈수는 제한된 비압축성 유동에서 지배적인 무차원 변수이다.

예제 6.3

40 cm 직경의 임펠러를 사용해서 압력상승 400 kPa, 유량 1.5 m^3/s의 물을 전달하도록 설계된 대형 펌프에 대해 실험을 수행하려 한다. 8 cm 직경의 임펠러를 갖는 모형을 사용하려고 한다. 모형 실험에서 사용될 유량과 예상되는 압력상승은 얼마인가? 모형 실험과 실형에서의 유체는 같은 온도의 물이다.

풀이

갇힌 유동 문제에서 상사가 되기 위해서는 모형이나 실형에서 레이놀즈수가 같아야 한다.

$$\text{Re}_m = \text{Re}_p$$

$$\frac{V_m d_m}{\nu_m} = \frac{V_p d_p}{\nu_p}$$

$\nu_\text{m} = \nu_p$이므로 다음을 알 수 있다.

$$\frac{V_m}{V_p} = \frac{d_p}{d_m}$$

$$= \frac{0.4}{0.08} = 5$$

유량비 $Q = VA$를 사용하면 다음과 같다.

$$\frac{Q_m}{Q_p} = \frac{V_m d_m^2}{V_p d_p^2}$$

$$= 5 \times \left(\frac{1}{5}\right)^2 = \frac{1}{5}$$

따라서 다음을 알 수 있다.

$$Q_m = \frac{Q_p}{5} = \frac{1.5}{5} = 0.3\ \text{m}^3/\text{s}$$

(계속)

무차원 압력상승은 오일러수를 사용해서 구한다.

$$\left(\frac{\Delta p}{\rho V^2}\right)_m = \left(\frac{\Delta p}{\rho V^2}\right)_p$$

그러므로 모형의 압력상승은 다음과 같다.

$$\Delta p_m = \Delta p_p \frac{\rho_m}{\rho_p}\frac{V_m^2}{V_p^2}$$
$$= 400 \times 1 \times 5^2 = 10\,000 \text{ kPa}$$

이 예제에서 모형에서의 속도는 실형에서의 속도에 길이비를 곱한 값과 같고 모형에서 압력상승은 실형에서 압력상승에 길이비의 제곱을 곱한 값과 동일함을 알 수 있다. 만약 길이비가 매우 커지면 레이놀즈수를 일정하게 유지하는 것이 매우 어렵다. 이것은 6.3.4절에서 자세하게 취급한다.

6.3.3 자유표면 유동

자유표면 유동은 경계 중의 일부가 압력 경계조건을 포함하는 유동이다. 이런 유동으로는 그림 6.5와 같이 둑이나 댐 위의 유동, 수로나 방수로에서의 유동, 경계면에 의해 분리된 두 유체를 포함하는 유동과 파도가 존재하는 부유 물체 주위의 유동, 잠긴 물체에 발생하는 공동 주위의 유동 등이 있다. 대부분의 이런 유동에서 자유표면의 위치나 속도는 알 수

그림 6.5 컬럼비아강의 Bonneville 갑문과 댐의 모형.(U.S. Army Corps of Engineers Waterways Experiment Station)

KEY CONCEPT
자유표면 유동을 모델링할 때 프루드수를 사용한다.

가 없다. 경계면 양쪽에서의 압력은 같다.[3] 자유표면 유동에서 중력은 자유표면의 위치, 운동을 제어한다. 중력의 영향 때문에 프루드수가 중요한 역할을 한다. 주기 운동이나 표면장력과 압축성 효과를 무시할 수 있는 유동에서는 스트라울수, 웨버수, 마하수 등을 고려하지 않아도 된다. 남아 있는 힘은 점성력뿐이다. 점성효과가 중요한 자유표면 유동은 많다. 만약 실형에서 물을 사용할 경우 모형 연구에서도 가장 경제적인 물을 사용한다. 실제로 대부분 이런 경우로 실험을 하며, 프루드수로부터 다음 관계식을 얻는다.

$$\frac{V_m^2}{l_m g_m} = \frac{V_p^2}{l_p g_p} \qquad \therefore \frac{V_m}{V_p} = \left(\frac{l_m}{l_p}\right)^{1/2} \tag{6.3.10}$$

$g_m = g_p$를 가정했다. 레이놀즈수를 같게 하면($\nu_m = \nu_p$ 사용) 다음과 같다.

$$\frac{V_m l_m}{\nu_m} = \frac{V_p l_p}{\nu_p} \qquad \therefore \frac{V_m}{V_p} = \frac{l_p}{l_m} \tag{6.3.11}$$

이 결과는 모순이다. 즉 모형 연구에서 실형 유동에서와 같은 유체를 사용하면, 프루드수와 레이놀즈수 조건을 동시에 만족시킬 수가 없다. 모형과 실형에서 다른 유체($\nu_m \neq \nu_p$)를 사용하여 양쪽 조건을 모두 만족시키려면 $\nu_m = \nu_p(l_m/l_p)^{3/2}$인 점성계수를 갖는 모형 유체를 선택해야만 한다(이 값은 프루드수와 레이놀즈수 조건을 조합하면 얻어진다). 이런 점성계수를 갖는 유체는 불가능하거나 비현실적이다. 그러므로 점성효과가 중요한 자유표면 유동을 모형화할 때 프루드수는 동일하게 하고 점성효과는 다른 방법으로 포함시킨다. 예를 들어 배 모형의 전 항력을 측정한다면, 점성 항력을 간접적으로 구할 수 있고(이 책에서는 다루지 않는다) 이 값을 전 항력에서 빼서 얻은 값을 표면조파 항력에 의한 것으로 생각한다. 그 후 실형에서의 표면조파 항력은 상사를 이용하여 예측하고 점성항력을 표면조파 항력에 더하여 배에 작용하는 항력을 예측할 수 있다. 보다 좋은 설계에서는 배 선체에 작용하는 점성 항력과 표면조파 항력의 크기가 같다.

[3] 표면장력이 크다면 경계면에서 압력 차이가 발생할 수 있다.

예제 6.4

제안된 설계의 표면조파 항력에 대한 영향을 시험하기 위해 1:20으로 축소된 수상 선박의 모형이 사용된다. 모형 속도 2.4 m/s에서 27.5 N의 항력이 측정되었다. 실형에서 대응되는 속도와 실형에서 예상되는 표면조파 항력은 얼마인가? 점성효과는 무시하고 모형과 실형의 유체는 같다고 가정한다.

풀이

모형과 실형에서 프루드수는 같아야 한다.

$$\mathrm{Fr}_m = \mathrm{Fr}_p \qquad \frac{V_m}{\sqrt{l_m g}} = \frac{V_p}{\sqrt{l_p g}}$$

따라서 정리하면 다음과 같다.

(계속)

$$V_p = V_m\left(\frac{l_p}{l_m}\right)^{1/2} = 2.4\sqrt{20} = 10.7 \text{ m/s}$$

실형에 작용하는 표면조파 항력을 구하기 위해 관성력비와 항력의 비를 같게 놓는다.

$$\frac{(F_D)_m}{(F_D)_p} = \frac{\rho_m V_m^2 l_m^2}{\rho_p V_p^2 l_p^2}$$

$\rho_p = \rho_m$을 사용하면 실형에 작용하는 표면조파 항력을 계산할 수 있다.

$$(F_D)_p = (F_D)_m \frac{\rho_p V_p^2 l_p^2}{\rho_m V_m^2 l_m^2}$$

$$= 27.5 \times \frac{10.7^2}{2.4^2} \times 20^2 = 218.6 \text{ kN}$$

주: 관성력비를 대신하여 중력비를 사용할 수 있다. 하지만 점성력을 무시하였기 때문에 점성력비를 사용할 수는 없다.

6.3.4 고레이놀즈수 유동

KEY CONCEPT
레이놀즈수가 같아지면 종종 모형에서의 속도가 아주 커지게 된다.

역학적 상사를 이루는 무차원 변수가 레이놀즈수인 갇힌 유동에서 모형과 실형에 사용되는 유체가 동일하면 모형에서의 속도는 $V_m = V_p l_p / l_m$인 것에 주의하자. 실형에서의 속도에 축척비를 곱한 것은 모형에서의 속도이다. 따라서 종종 모형에서의 속도가 엄청나게 커지는 경우가 있다. 또한 예제 6.3처럼 모형의 압력과 에너지 소모가 커지는 경우도 있다. 이러한 문제 때문에 고레이놀즈수 유동을 연구하는 데 어려움이 있다.

그러나 모형 연구에서 레이놀즈수를 대응시키지 못하는 경우에도 정당성이 존재한다. 그림 6.6과 같이 레이놀즈수에 따른 항력계수 C_D의 전형적인 곡선(완전한 형태의 곡선은 그림 8.9에 나와 있다)을 보자. 항력계수는 무차원 항력으로 $C_D = \text{drag}/\frac{1}{2}\rho V^2 A$와 같이 정의된다. 레이놀즈수가 10^3~10^5으로 상당히 큰 경우, 유동은 레이놀즈수 변화에 둔감하다. 항력계수는 본질적으로 레이놀즈수에 무관하며 일정하다는 것을 인식해야 한다. 이것은 Re = 10^3에서의 유동이 Re = 10^5에서의 유동과 비슷하다는 것을 의미한다. 따라서 $\text{Re}_p = 10^5$이면, 모형과 실형에서 점성효과가 같기 위해서는 모형에서의 레이놀즈수가 $10^3 < \text{Re}_m < 10^5$ 범위에 있으면 된다. 이것은 프루드수나 마하수와 같은 다른 변수를

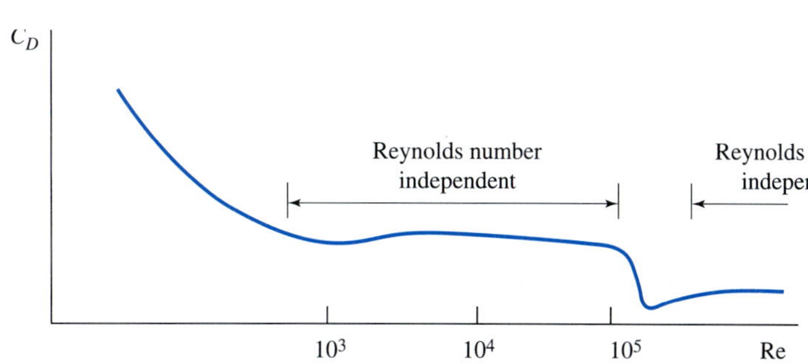

그림 6.6 항력계수 대 레이놀즈수.

적용시킬 수 있도록 해 준다. 그러나 압축성 효과나 자유표면 효과를 무시할 수 있는 고레이놀즈수 유동들은 프루드수나 마하수를 적용시킬 수 없다. 자동차, 대형 굴뚝, 비행선 주위의 유동이 이런 특성을 갖는다. 이런 유동에서는 레이놀즈수가 항력계수가 일정한 범위 내에 있는지를 확인해야 한다. 또한 레이놀즈수가 매우 커도(그림 6.6에서 Re > 5 × 10^5) 유동이 레이놀즈수에 무관해지는 것을 명심해야 한다. 이런 경우에 해당하면 Re_m은 충분히 크다라는 조건만 필요로 한다.

예제 6.5

제안된 설계의 항력을 측정하기 위하여 1:10으로 축소된 자동차 모형을 실험하자. 실형의 속도는 90 km/h이고, 레이놀즈수를 동일하게 하면 풍동에서 모형의 속도는 얼마인가? 이 조건에서 항력비는 얼마인가?

풀이

모형과 실형의 유체는 같다. 따라서 레이놀즈수를 일치시키면 다음과 같이 된다.

$$\frac{V_m l_m}{\nu_m} = \frac{V_p l_p}{\nu_p} \qquad \therefore \; V_m = V_p \frac{l_p}{l_m}$$

$$= 90 \times 10 = 900 \text{ km/h}$$

물론 이 속도에서는 실형에서는 존재하지 않는 압축성 효과가 발생한다. 그러므로 모형 연구는 적절하지 않다는 결론을 얻을 수 있다.

모형에서 이 속도를 사용하면 항력비는 다음과 같다.

$$\frac{(F_D)_p}{(F_D)_m} = \frac{\rho_p V_p^2 l_p^2}{\rho_m V_m^2 l_m^2} \qquad \therefore \; \frac{(F_D)_p}{(F_D)_m} = 1$$

따라서 모형과 실형에 레이놀즈수를 동일하게 적용하여 같은 유체를 사용하면 모형에서의 항력은 실형에서의 항력과 같다는 것을 알 수 있다.

예제 6.6

예제 6.5에서 모형과 실형의 레이놀즈수를 동일하게 하면 모형에서 속도가 압축성 영역에 존재한다는 것을 알 수 있다(즉 M > 0.3 또는 V_m > 360 km/h). 실제 가능한 모형 연구를 수행하기 위해 특성길이 10 cm의 모형에 90 km/h의 속도를 사용할 수 있는가? 항력계수($C_D = F_D/\frac{1}{2}\rho V^2 A$, A는 투영 면적)는 Re > 10^5 범위에서 레이놀즈수에 무관하다고 가정하자. 모형에서 1.2 N의 항력이 측정되었다면 실형에서 대응되는 항력은 얼마인가?

풀이

풍동에서 l_m = 0.1 m의 제안된 모형으로 90 km/h의 속도로 실험을 하였다. $\nu = 1.6 \times 10^{-5}$ m^2/s를 사용하여 레이놀즈수를 구하면 다음과 같다.

$$Re_m = \frac{V_m l_m}{\nu_m} = \frac{(90 \times 1000/3600) \times 0.1}{1.6 \times 10^{-5}} = 1.56 \times 10^5$$

(계속)

모형에서의 Re가 10^5보다 크므로 실형과 모형 사이에 상사가 존재한다고 가정할 수 있다. 따라서 속도 90 km/h는 충분히 크다고 볼 수 있다.

모형에 작용하는 1.2 N의 항력에 대응하는 90 km/h로 움직이는 실형에 대한 항력은 다음과 같다.

$$\frac{(F_D)_p}{(F_D)_m} = \frac{\rho_p V_p^2 l_p^2}{\rho_m V_m^2 l_m^2} \qquad \therefore (F_D)_p = (F_D)_m \frac{\cancelto{1}{\rho_p}}{\rho_m} \frac{\cancelto{1}{V_p^2}}{V_m^2} \frac{l_p^2}{l_m^2} = 1.2 \times 10^2 = 120 \text{ N}$$

이 예제에서는 Re > 10^5인 영역에서 항력이 레이놀즈수에 무관하다고 가정하는 것을 주의하자. 만약 Re = 10^5 이상에서 항력계수가 계속 변하면(실험 데이터로 증명되어야 한다) 지금까지의 해석은 그에 상응하게 수정되어야 한다.

6.3.5 압축성 유동

대부분의 압축성 유동에서 레이놀즈수는 너무 크므로(그림 6.6 참조) 중요 변수가 아니다. 압축성 효과의 주요 무차원 수는 마하수이다. 따라서 특정한 모형 연구에서 다음과 같은 식이 요구된다.

$$\mathrm{M}_m = \mathrm{M}_p \qquad \text{or} \qquad \frac{V_m}{c_m} = \frac{V_p}{c_p} \tag{6.3.12}$$

만약 실형에서 공기가 유체로 사용되고 모형 연구가 풍동에서 수행된다면 $c_m \simeq c_p$로 가정한다. 이것은 모형에서의 속도가 실형에서 대응되는 속도와 같다는 것을 보여 준다. 물론 음속이 다르면 속도 비율도 달라지게 된다.

예제 6.7

900 km/h의 속도를 갖는 풍동의 공기 속도로 20°C에서 자유 유선으로부터 비행기 동체 부분의 돌출부까지의 압력상승이 34 kPa로 측정되었다. 만약 실제 비행 고도가 12 km로 예정되어 있다면 실형에서의 속도와 예상되는 돌출부의 압력상승은 얼마인가?

풀이

풍동 속도 900 km/h에 대응되는 실형에서의 속도를 구하기 위해 마하수를 같게 놓는다.

$$\mathrm{M}_m = \mathrm{M}_p \qquad \text{or} \qquad \frac{V_m}{\sqrt{kRT_m}} = \frac{V_p}{\sqrt{kRT_p}}$$

따라서 V_p는 다음과 같이 된다.

$$V_p = V_m\left(\frac{kRT_p}{kRT_m}\right)^{1/2} = 900\left(\frac{216.7}{293}\right)^{1/2} = 774 \text{ km/h}$$

실제 동체의 돌출부에서의 압력은 다음과 같이 계산된다.

(계속)

$$\frac{\Delta p_m}{\rho_m V_m^2} = \frac{\Delta p_p}{\rho_p V_p^2}$$

$$\therefore \quad \Delta p_p = \Delta p_m \frac{\rho_p}{\rho_m} \frac{V_p^2}{V_m^2}$$

$$= 34 \times 0.2546 \times \frac{774^2}{900^2} = 6.4 \text{ kPa}$$

밀도비와 온도 T_p는 부록 B에서 구한다.

6.3.6 주기적 유동

많은 유동에서 주기 운동이 일어나는 영역이 존재한다. 그런 유동으로는 다리, TV송수신탑, 전선이나 고층 건물 같은 원통 물체를 유체가 지나가면서 발생되는 주기적인 유체 운동(8.3.2절에서는 이것을 와류발산이라 부른다), 송풍기를 지나는 유동, 유체 기계를 지나는 유동 등이 있다. 이와 같은 유동들에서 주기 운동을 적절히 모델링하기 위해서는 스트라울수를 동일하게 설계하여야 한다.

$$\frac{V_m}{\omega_m l_m} = \frac{V_p}{\omega_p l_p} \tag{6.3.13}$$

스트라울수와 더불어 반느시 일치시켜야 하는 무차원 변수들이 존재할 경우도 있나. 점성유동에서는 레이놀즈수, 자유표면에서는 프루드수, 압축성 유동에서는 마하수이다.

예제 6.8

50 km/h로 작동하게 설계된 대형 공기 터빈을 1:15 축소 모형으로 실험하려 한다. 풍동에서 공기 속도를 얼마로 사용하여야 하며, 실형 속도 5 rpm을 묘사하기 위해 사용해야 하는 각속도는 얼마인가? 실형 출력이 500 kW로 설계되었다면 모형에서 예상되는 출력은 얼마인가?

풀이

풍동 속도는 큰 레이놀즈수를 만드는 데 필요한 속도 이상이면 무방하다. 실형에서 작동되는 속도 50 km/h와 같은 속도를 선택하여 레이놀즈수가 10^5이 되는 최소 특성길이를 구하자.

$$\text{Re} = \frac{Vl}{\nu} \qquad 10^5 = \frac{(50 \times 1000/3600) \times l}{1.6 \times 10^{-5}} \qquad \therefore l = 0.12 \text{ m}$$

분명히 대형 풍동에서 큰 날개 길이를 유지할 수 있다.

각속도는 스트라울수를 일치시켜서 구할 수 있다.

$$\frac{V_m}{\omega_m l_m} = \frac{V_p}{\omega_p l_p} \qquad \therefore \omega_m = \omega_p \frac{\overset{1}{\cancel{V_m}}}{\cancel{V_p}} \frac{l_p}{l_m} = 5 \times 1 \times 15 = 75 \text{ rpm}$$

풍속은 같다고 가정하며 출력은 힘과 속도의 곱이 되므로

(계속)

$$\frac{\dot{W}_m}{\dot{W}_p} = \frac{\rho_m V_m^3 l_m^2}{\rho_p V_p^3 l_p^2}$$

또는 다음과 같다.

$$\dot{W}_m = \dot{W}_p \frac{\rho_m}{\rho_p} \frac{V_m^3}{V_p^3} \frac{l_m^2}{l_p^2} = 500 \times \left(\frac{1}{15}\right)^2 = 2.22 \text{ kW}$$

6.4 정규화된 미분방정식

KEY CONCEPT 미분방정식을 사용할 때는 많은 경우에 무차원 형태로 표현해야 한다.

5장에서 등방성, 균질 뉴턴유체를 포함하는 유동 현상을 표현하기 위한 미분방정식을 유도하였다. 이 유동은 층류 또는 난류, 정상 혹은 비정상, 압축성 또는 비압축성일 수도 있고, 갇힌 유동 또는 자유표면 유동, 표면장력 효과가 중요하거나 무시될 수 있는 유동일 수도 있다. 상당 부분 미분 방정식을 사용할 때 무차원 혹은 표준화된 형태의 미분방정식을 사용한다. 이 형태의 방정식은 차원을 가진 방정식 형태에는 포함되어 있지 않은 정보를 준다. 이 정보는 차원해석에 의해 제공되는 정보와 비슷하다. 비압축성 균일유동을 기술하는 미분방정식을 표준화할 것이므로 에너지방정식은 필요하지 않다.

방정식을 표준화하기 이전에 이전 식들을 검토해 보자. 연속방정식과 나비에-스토크스 방정식의 벡터 형태는 다음과 같다.

$$\begin{aligned} &\boldsymbol{\nabla}\cdot\mathbf{V} = 0 \\ &\rho\frac{D\mathbf{V}}{Dt} = -\boldsymbol{\nabla}p - \rho g\boldsymbol{\nabla}h + \mu\nabla^2\mathbf{V} \end{aligned} \tag{6.4.1}$$

여기서 h는 수직 방향이다. 처음 우변의 두 항은 같은 형태(스칼라 함수의 구배)이므로 다음과 같이 조합할 수 있다.

$$\boldsymbol{\nabla}p + \rho g\boldsymbol{\nabla}h = \boldsymbol{\nabla}p_k \tag{6.4.2}$$

여기서 동압 p_k는 다음과 같이 정의된다.

$$p_k = p + \rho gh \tag{6.4.3}$$

나비에-스토크스 방정식을 **동압**(kinetic pressure)의 항으로 나타내면 다음과 같다.

동압: 유체의 운동에 의해서만 생기는 압력

$$\rho\frac{D\mathbf{V}}{Dt} = -\boldsymbol{\nabla}p_k + \mu\nabla^2\mathbf{V} \tag{6.4.4}$$

따라서 유체의 운동이 정지되면 p_k는 0이 된다.

압력 p가 경계조건에서 사용되지 않으면 방정식에 중력 효과를 함축시킨 동압 p_k를 유지할 수 있다. 이는 중력 효과를 '숨긴다(hiding)'라고 말한다. 만약 압력이 경계조건에 들어온다면, 식 6.4.3으로 돌아가고 중력이 중요한 변수가 된다.

KEY CONCEPT 관심 문제 요점을 가장 잘 표현하는 특성량을 선택한다.

미분방정식과 경계조건을 표준화하기 위하여 문제를 잘 기술할 수 있는 특성을 가진 변수들을 선택해야 한다. 예를 들어 평균 속도 V와 주요 크기 l을 갖는 유동을 생각해 보

자. 무차원 속도와 좌표 변수들은 다음과 같다.

$$u^* = \frac{u}{V} \qquad v^* = \frac{v}{V} \qquad w^* = \frac{w}{V} \qquad x^* = \frac{x}{l} \qquad y^* = \frac{y}{l} \qquad z^* = \frac{z}{l} \tag{6.4.5}$$

여기서 *은 무차원 양을 나타내다. 특성 압력은 비점성 유동에서 자유 유선과 정체점 사이의 압력상승의 두 배(즉, ρV^2)로 잡을 수 있다. 진동 주기와 같은 특성 시간이 존재하지 않으면 특성 시간은 유체 입자가 속도 V로 거리 l을 움직이는 데 걸리는 시간(즉, l/V)이다. 따라서 다음과 같이 쓸 수 있다.

$$p^* = \frac{p}{\rho V^2} \qquad t^* = \frac{t}{l/V} \tag{6.4.6}$$

식 6.4.5의 무차원 양을 사용하면 다음과 같이 쓸 수 있다.

$$\begin{aligned} \mathbf{V}^* &= u^*\hat{\mathbf{i}} + v^*\hat{\mathbf{j}} + w^*\hat{\mathbf{k}} \\ &= \frac{u}{V}\hat{\mathbf{i}} + \frac{v}{V}\hat{\mathbf{j}} + \frac{w}{V}\hat{\mathbf{k}} = \frac{\mathbf{V}}{V} \\ \boldsymbol{\nabla}^* &= \frac{\partial}{\partial x^*}\hat{\mathbf{i}} + \frac{\partial}{\partial y^*}\hat{\mathbf{j}} + \frac{\partial}{\partial z^*}\hat{\mathbf{k}} \\ &= l\frac{\partial}{\partial x}\hat{\mathbf{i}} + l\frac{\partial}{\partial y}\hat{\mathbf{j}} + l\frac{\partial}{\partial z}\hat{\mathbf{k}} = l\boldsymbol{\nabla} \end{aligned} \tag{6.4.7}$$

위 관계를 나비에-스토크스 방정식과 연속방정식에 도입하면 다음과 같다.

$$\begin{aligned} \rho\frac{V}{l/V}\frac{D^*\mathbf{V}^*}{Dt^*} &= -\frac{\rho V^2}{l}\boldsymbol{\nabla}^* p_k^* + \mu\frac{V}{l^2}\nabla^{*2}\mathbf{V}^* \\ \frac{V}{l}\boldsymbol{\nabla}^*\cdot\mathbf{V}^* &= 0 \end{aligned} \tag{6.4.8}$$

여기서 D^*/Dt^*는 무차원 물체 미분(material derivative)을 나타낸다. 최종적으로 무차원 형태는 다음과 같다.

$$\begin{aligned} \frac{D^*\mathbf{V}^*}{Dt^*} &= -\boldsymbol{\nabla}^* p_k^* + \frac{\mu}{\rho V l}\nabla^{*2}\mathbf{V}^* \\ \boldsymbol{\nabla}^*\cdot\mathbf{V}^* &= 0 \end{aligned} \tag{6.4.9}$$

레이놀즈수가 표준화된 나비에-스토크스 방정식에서 계수로 도입되는 것을 주목하자.

$$\mathrm{Re} = \frac{\rho V l}{\mu} \tag{6.4.10}$$

KEY CONCEPT
경계조건을 통하여 무차원 변수를 계산한다.

이제 경계조건을 생각해 보자. 고정된 경계에서의 점착조건 $\mathbf{V}^* = 0$은 고정된 경계의 기하 형상을 규정하는 데 필요한 기하 변수이다. 예를 들면 조도 변수 e/l(여기서 e는 조도 요소의 평균 높이), 두께 변수 t/l(t는 터빈날개의 최대 두께), 돌출부 반경 변수 r_0/l(r_0는 비행체의 돌출부 반경) 등이 여기에 포함된다.

또 다른 경계조건은 입구 속도 분포, 즉 $u(y)/V$이다. 이것은 입구 유동의 형상이나 난류 와류 조건과 관련된 변수의 도입을 의미한다. 이 특성은 특정 유동에서 매우 중요하다.

또한 경계의 일부가 회전 부품처럼 진동할 수 있다. 이런 경계에서는 유체의 속도가 회전 부분의 속도와 같아야 하는데, 즉 $v = r\omega$가 되어야 한다. 이것은 스트라울수 St를 도입하게 된다.

$$v^* = \mathrm{St}\, r^* \tag{6.4.11}$$

여기서 스트라울수는 다음과 같다.

$$\mathrm{St} = \frac{\omega l}{V} \tag{6.4.12}$$

또 다른 경계조건은 다른 변수를 도입하게 되는 자유표면 조건이다. 표면장력 효과가 무시되면 압력은 자유표면을 통과하며 일정해야 한다. 공기-물 표면에 대해 이 조건은 자유표면에서 $p = 0$을 요구한다. 식 6.4.3으로 돌아가, 표준화하면 결과적으로 프루드수를 서술할 수 있다.

$$\rho V^2 p_k{}^* = \rho V^2 p^* + \rho g l h^* \qquad \text{or} \qquad p_k{}^* = p^* + \frac{gl}{V^2} h^* \tag{6.4.13}$$

$$\mathrm{Fr} = \frac{V}{\sqrt{lg}} \tag{6.4.14}$$

최종적으로 액적 형성 문제처럼 경계조건에 표면장력을 포함시킬 수 있다. 이런 경계조건은 2개의 곡률반경을 포함하게 되며 표준화된 방정식으로 나타내면 다음과 같다.

$$\Delta p^* = \frac{\sigma}{l\rho V^2}\left(\frac{1}{r_1^*} + \frac{1}{r_2^*}\right) \tag{6.4.15}$$

여기서 웨버수가 도입된다.

$$\mathrm{We} = \frac{V^2 l \rho}{\sigma} \tag{6.4.16}$$

6.3절에서 마하수를 제외한 모든 무차원 변수를 소개하였다. 표준화된 에너지방정식에서도 도입될 수 있는데 이는 숙제로 남겨 둔다.

KEY CONCEPT
미분방정식과 경계조건들은 관심 변수들을 모두 포함해야 한다.

사실 어떤 특정 유동을 나타내기 위해 미분방정식을 쓸 수 있다면 방정식과 경계조건이 관련된 모든 변수를 포함하게 된다. 따라서 방정식과 경계조건이 알려진 유동에서는 실제로 버킹엄 π정리가 필요하지 않다.

또한 표준화된 방정식이나 경계조건으로부터 상사 조건을 얻을 수 있다. 목적은 모형과 실형에 대해 표준화된 미분방정식과 경계조건을 같게 만드는 것이다. 만약 같다면, 실형과 모형의 해는 같다.[4] 표준화된 경계조건이 같다는 조건하에 기하학적 상사가 만족될

KEY CONCEPT
상사 조건은 정규화된 문제에도 만족해야 한다.

[4]해의 유일성 문제는 이후에 고려하지 않을 것이며 여기서 간단히 언급하겠다. 예를 들면 똑같은 조건과 방정식을 가지고도 한쪽에서는 층류유동 결과를 도출하고 다른 쪽에서는 난류 또는 이차 층류유동 결과를 얻을 수 있다. 이는 전혀 다른 해가 존재할 수 있다는 것을 말한다.

수 있다. 또한 방정식과 경계조건이 모형과 실형에서 같기 위해서는 모형과 실형 모두에 대해 무차원 변수가 같아야 한다. 따라서 상사 조건은 표준화된 문제에 포함된다.

6.5 요약

실험은 연구 목적에 영향을 주는 변수의 개수를 줄임으로써 매우 간단하게 할 수 있다. 압력변화에 대한 함수관계

$$\Delta p = f(V, \rho, \mu, d, h) \tag{6.5.1}$$

를 매우 간단하게 표현할 수 있다.

$$\frac{\Delta p}{\rho V^2} = f\left(\frac{V\rho d}{\mu}, \frac{h}{d}\right) \tag{6.5.2}$$

유동에서 가장 많이 쓰이는 매개변수는 아래와 같다.

$$\text{Re} = \frac{V\rho l}{\mu}, \quad \text{Fr} = \frac{V}{\sqrt{lg}}, \quad \text{M} = \frac{V}{c}, \quad \text{Eu} = \frac{\Delta p}{\rho V^2}, \quad \text{St} = \frac{l\omega}{V}, \quad \text{We} = \frac{V^2 l\rho}{\sigma} \tag{6.5.3}$$

여기서 l은 특성길이를 나타낸다.

모형 실험에 사용되는 이 중요한 변수들은 임의의 유동장에서 아래와 같이 정의된다.

Confined flows: $$\text{Re} = \frac{V\rho l}{\mu} \tag{6.5.4}$$

Free-surface flows: $$\text{Fr} = \frac{V}{\sqrt{lg}} \tag{6.5.5}$$

High-Reynolds-number flows: $$\text{Re} > (\text{Re})_{\text{minimum}} \tag{6.5.6}$$

Compressible flows: $$\text{M} = \frac{V}{c} \tag{6.5.7}$$

Periodic flows: $$\text{St} = \frac{V}{l\omega} \tag{6.5.8}$$

나비에-스토크스 방정식은 무차원 변수를 사용하여 아래와 같이 표현한다.

$$\frac{D\mathbf{V}}{Dt} = -\boldsymbol{\nabla} p_k + \frac{1}{\text{Re}} \nabla^2 \mathbf{V} \tag{6.5.9}$$

여기서 p_k는 동압을 나타낸다. 레이놀즈수가 방정식에 포함되어 있으므로 그 식에서 변수들은 모두 다 무차원이라는 것을 알 수 있다. 단순화를 위해 별표(*) 없이도 무차원 형태의 방정식을 기술할 수 있다.

공학기초 복습문제

6.1 동력 W, 직경 d, 압력 강하 Δp, 그리고 평균 속도 V를 이용하여 무차원 수(group)를 만들어라.

(A) $\frac{W}{d^2 V \Delta p}$ **(B)** $\frac{\dot{W}}{V\Delta p}$

(C) $\frac{\dot{W}d}{V\Delta p}$ **(D)** $\frac{\dot{W}}{Vd\Delta p}$

6.2 유동의 속도는 지름 d, 길이 l, 중력 g, 회전 속도 ω, 그리고 점도 μ에 의존한다는 것이 제안되었다. 속도에 영향을 끼치지 않는 변수를 선택하라.

(A) μ **(B)** ω

(C) g **(D)** d와 l

6.3 9:1 스케일의 자동차모형이 풍동속에서 12m/s를 시뮬레이션 하려면 속도가 몇이어야 하는가? 압축성 효과는 무시한다.

(A) 108 m/s **(B)** 12 m/s

(C) 4 m/s **(D)** 1.33 m/s

6.4 수중 구조물 주변 유동이 20도 풍동에서 10:1 스케일로 연구되었다. 4 m/s, 10도 물을 시뮬레이션 하기 위해선 풍동의 속도는 얼마인가?

(A) 4.61 m/s **(B)** 40 m/s

(C) 31.6 m/s **(D)** 461 m/s

6.5 제방 상류의 2 m/s를 16:1 스케일의 모델로 모사하려면 속도가 얼마나 되어야 하는가?

(A) 2 m/s **(B)** 1 m/s

(C) 0.5 m/s **(D)** 0.25 m/s

6.6 수로에서 25:1 스케일 배 모형의 힘이 10N으로 측정되었다. 배 모형에는 어느 정도의 힘이 요구되는가? 점성효과는 무시한다.

(A) 156 kN **(B)** 62.5 kN

(C) 6250 N **(D)** 250 N

문제

6.7 식 6.1.1을 V_1^2으로 나누고 g를 곱하여 무차원 형태의 베르누이 방정식을 적으라. 식 6.1.2와 같은 형태로 방정식을 표현하라.

6.8 F-L-T 단위계를 사용하여 다음 각 양의 차원을 나타내라.

(a) 질량 유속 **(b)** 압력

(c) 밀도 **(d)** 점성계수

(e) 일 **(f)** 동력

(g) 표면장력

차원 해석

6.9 일률(동력)의 차원이 표 6.1에 목록으로 나온 ML^2/T^3이란 것을 증명하라.

6.10 유체 유동에서 속도 V가 차원 l, 유체 밀도 ρ, 그리고 점성 μ로 되어 있다고 가정할 때, 레이놀즈수 $Vl\rho/\mu$가 일정하다는 것을 증명하라.

6.11 유체 유동에서 속도 V가 표면장력 σ, 유체 밀도 ρ, 그리고 직경 d로 되어 있다고 가정할 때, 웨버수 $V^2 d\rho/\sigma$가 일정하다는 것을 증명하라.

6.12 물체 낙하 속도 V가 물체의 질량 m, 중력 g와 낙하하는 높이 H로 되어 있다고 가정하자. V에 대한 표현으로 나타내라.

6.13 둘러싸고 있는 유체의 점성 μ와 밀도 ρ를 포함해서 문제 6.8을 반복하라. 유체의 저항에 대한 설명도 포함하라.

6.14 예제 6.1의 반복 변수인 l, V, ρ를 선택하여 F_D에 대해 표현하라. 예제 6.1에 나와 있는 형태라는 것을 보여라.

6.15 예제 6.1의 반복 변수인 d, μ, V를 선택하여 F_D에 대해 표현하라. 예제 6.1의 표현과 같다는 것을 보여라.

6.16 예제 6.2의 변수 목록에 중력 g를 포함해서 h에 대한 표현식으로 나타내라.

6.17 질량 m, 각속도 ω, 임펠러의 반경 R로 원심력 F_c에 대한 표현식을 나타내라.

6.18 빔의 수직 응력 σ는 굽힘 모멘트 M, 중립축으로부터의 거리 y, 관성 I에 관한 함수이다. 만일 σ가 y와 함께 선형적으로 변화한다고 할 때 다른 변수들과 σ가 관련되어 있음을 나타내라.

6.19 매끈한 파이프에서 평균 속도가 점성계수, 직경과 압력구배 $\partial p/\partial x$에 관련된다고 할 때 평균 속도에 대한 관계식을 구하라.

6.20 개방된 탱크의 측면 구멍으로부터 흐르는 물의 속도는 표면으로부터 구멍까지의 높이 H, 중력과 물의 밀도에 관련된다. 변수들 간의 관계식을 구하라.

6.21 개방된 탱크의 측면 구멍으로부터 분출되는 유체의 속도가 표면으로부터 구멍까지의 높이 H, 유체 점성계수와 밀도, 중력과 구멍 직경에 관련될 때, 속도에 대한 관계식을 유도하라.

6.22 파이프에서 압력 강하 Δp는 평균 속도, 파이프 직경, 동점성계수, 파이프 길이 L, 벽면 조도 높이 e와 유체 밀도에 관련된다. Δp에 대한 관계식을 구하라.

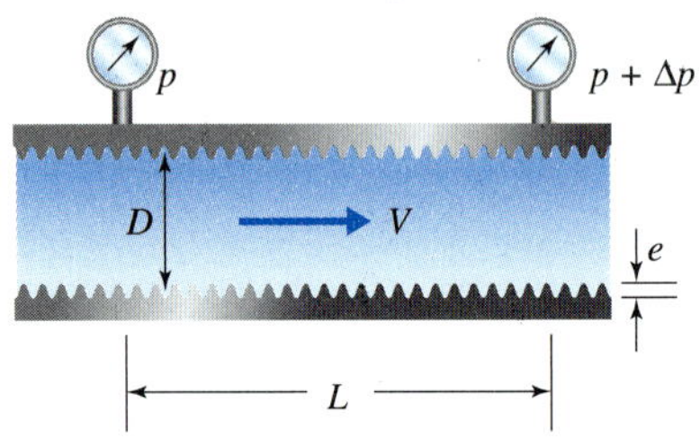

그림 P6.22

6.23 익형(그림 P6.23) 위의 항력 F_D에 영향을 주는 적절한 변수들을 선택하고 무차원 변수들의 항으로 관계식을 구하라.

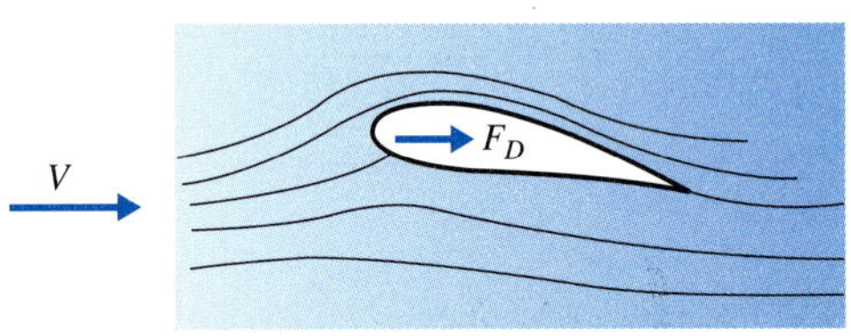

그림 P6.23

6.24 개수로에서 유량 Q는 수력 반경 R, 단면적 A, 벽면 조도 높이 e, 중력 g, 그리고 경사 S에 관한 함수로 되어 있다. (a) M-L-T 시스템과 (b) F-L-T 시스템을 이용하여 Q와 다른 변수들의 관계를 구하라.

6.25 얕은 물에서 물결 전파 속도는 액체 깊이 h, 중력 g, 표면장력 σ와 액체 밀도 ρ에 관련된다. 전파 속도에 대한 식을 구하라. 그림 P6.25을 참조하라.

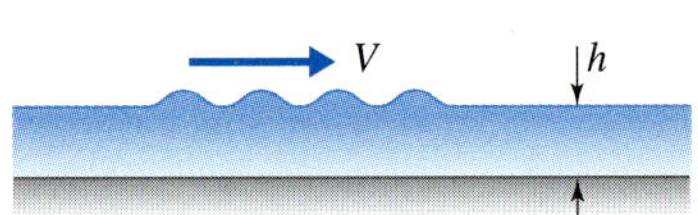

그림 P6.25

6.26 구에 작용하는 항력 F_D는 속도 V, 점성계수 μ, 밀도 ρ, 표면 조도 높이 e, 자유 유선 요동 강도 I(무차원 양)와 직경 D에 관련된다. F_D에 대한 식을 구하라.

6.27 배에 작용하는 항력은 밀도, 점성, 중력, 배의 속도 그리고 특성길이의 함수로 고려된다. $F_D = f(\rho, \mu, g, V, l)$을 묘사하기 위한 적합한 형태의 무차원 수를 결정하라.

6.28 비행기 프로펠러로부터의 추력 T(뉴턴단위), 프로펠러 지름 D, 공기밀도 ρ, 점성 μ, 그리고 속도 V의 함수이다. $T = f(\rho, D, \mu, V)$를 묘사하기 위한 적합한 형태의 무차원 수를 결정하라.

6.29 그림 P6.29과 같이 액체 내에서 낙하하는 매끈한 구의 항력 F_D는 구의 속도 V, 구의 밀도 ρ_s, 액체 밀도 ρ, 점성계수 μ, 구의 직경 D, 그리고 중력 g와 관련된다. (a) M-L-T 시스템과 (b) F-L-T 시스템을 이용하여 F_D에 대한 표현을 나타내라.

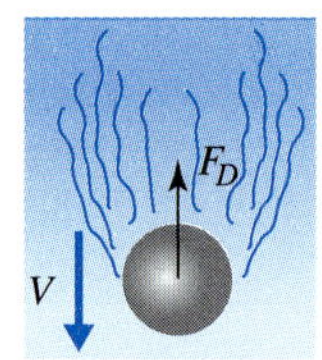

그림 P6.29

6.30 골프공의 항력 F_D는 속도, 점성계수, 밀도, 직경, 홈 깊이, 홈 반경과 단위 면적당 홈의 수로 측정된 홈의 집중도 C에 기인한다. F_D와 다른 변수들의 관계식을 구하라.

6.31 원통으로부터 유출되는 와류의 진동수 f는 점성계수, 밀도, 속도, 그리고 직경과 관련된다. f에 대한 관계식을 유도하라.

6.32 익형에 작용하는 양력 F_L은 비행체 속도 V, 음속 c, 유체 밀도, 익형의 현 길이 l_c, 익형 두께 t와 받음각 α에 기인한다. F_L에 대한 관계식을 구하라.

6.33 직경 d인 원판이 벽면으로부터 거리 t만큼 떨어져 있다고 할 때, 밀도가 ρ, 점성계수가 μ인 유체에서 각속도 ω로 원판을 회전시키기 위해 필요한 토크에 대한 식을 유도하라. 또한 소요 동력에 대한 식으로 나타내라.

6.34 현수교에 달린 케이블(그림 P6.34)이 어떤 풍속 조건에 대해 큰 진동을 하는 것으로 관찰되었다. 케이블에 작용하는 주기력에 영향을 미치는 변수를 선정하고, 단순화된 무차원 변수들의 관계식을 나타내라.

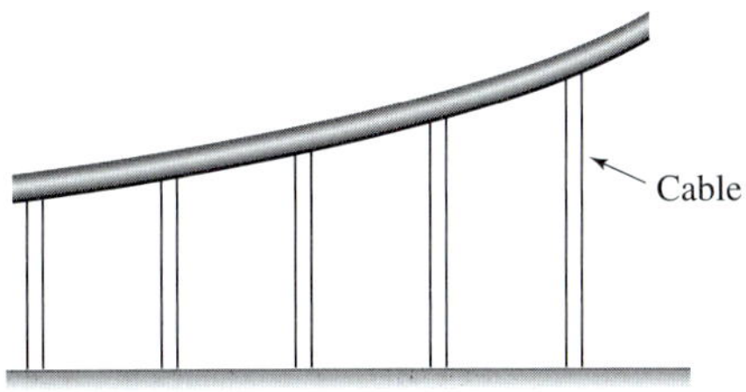

그림 P6.34

6.35 진공청소기는 팬을 이용해 압력 강하 Δp가 일어나게 한다. 이 압력 강하와 임펠러 직경 D, 폭 h, 회전 속도 ω, 공기 밀도 ρ, 입구와 출구 직경 d_i, d_o와의 관계를 유도하라. 또한 팬의 소요 동력에 대한 식으로 표현하라.

6.36 교반기를 회전시키는 데 필요한 최대 토크에 대한 식을 유도하라. 단, 진동수, 진동하는 동안 교반기가 회전하는 각속도, 교반기의 직경, 패들의 공칭 높이, 패들의 길이, 패들 수, 액체 깊이와 액체 밀도에 관련하여 운동이 일어난다고 가정한다.

6.37 둑 위로 흘러 넘치는 물의 유량은 물의 수두, 둑의 폭, 중력, 점성계수, 밀도와 표면장력에 관련된다. 유량과 다른 변수와의 관계를 구하라.

6.38 과일 분무기의 분무에서 액적 크기는 공기 속도, 분무 제트 속도, 분무 제트 출구 직경, 액체 분무 표면장력, 점성계수와 공기 밀도에 영향을 받는다. 액적 직경과 다른 변수와의 관계를 구하라.

6.39 그림 P6.39에 나타낸 토크 T와 다른 변수들 간의 관계를 구하라.

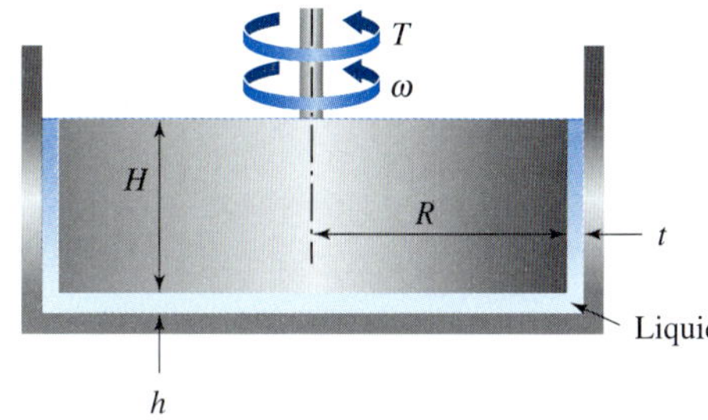

그림 P6.39

6.40 점도계는 액체 높이가 일정한 개방된 탱크로 구성된다. 작은 직경의 관이 보정된 체적으로 흘러 들어간다. 관련된 변수를 사용하여 점성계수에 대한 식을 유도하라.

6.41 그림 P6.41의 축을 회전시키는 데 필요한 토크 T에 대한 식을 유도하라.

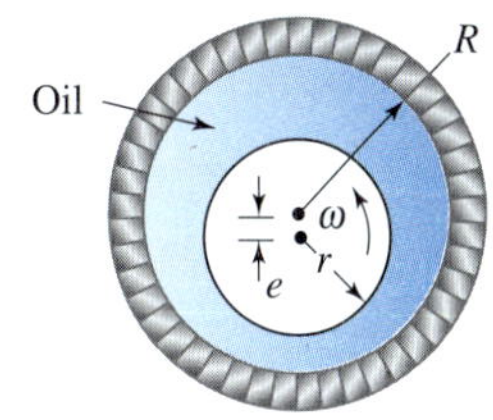

그림 P6.41

6.42 그림 P6.42의 수력 도약에서 깊이 y_2에 대한 식을 유도하라.

그림 P6.42

6.43 액체 유동(진동)에서 줄로 매달린 원통의 진동수에 대한 식을 유도하라.

상사

6.44 모델 연구를 수행한 후에는 원형에서 관심을 가지는 변수들을 예측하는 것이 필요하다. 다음 각 변수들의 원형에 대한 모델 비를 밀도, 속도와 길이의 항으로 나타내라: 유량 Q, 압력 강하 Δp, 압력에 의한 힘 F_p, 전단응력 τ_0, 토크 T, 열전달량 $\dot{Q}$.

6.45 1:7 축소 모형을 사용하여 1.5 m^3/s의 유량으로 200 kW를 발생시키는 대형 터빈을 상사시키려고 한다. 다음의 조건일 때 이 모형에 사용해야 할 유량과 예상되는 출력은 얼마인가?

(a) 모형과 원형에 같은 온도의 물을 사용한다.

(b) 모형 연구에서 물은 25°C이고 원형 연구에서 물은 10°C이다.

6.46 대형 펌프에서 특정한 변경에 따른 결과를 1:5 축소 모형을 이용하여 실험한다. 원형 펌프는 800 kg/s의 질량 유량에서 600 kPa의 압력 상승이 일어난다. 다음의 조건일 때 모형에서 사용될 질량 유량과 예상되는 압력 상승을 결정하라.

(a) 모형과 원형에서 같은 온도의 물이 사용된다.

(b) 모형 연구에서는 30°C 물을, 원형에서는 15°C 물을 사용한다.

6.47 대형 펌프의 1:10 축소 모형의 부품에 작용한 힘이 50 N으로 측정된다. 원형과 모형 모두에 물이 사용된다면 원형 부품에 작용하는 힘은 얼마인가?

(a) 같은 온도의 물이 사용된다.

(b) 원형에서는 10°C 물이, 모형에서는 20°C 물이 사용된다.

6.48 자동차의 1:10 축소 모형 연구가 제안된다. 원형 연구에서 100 km/h의 속도를 원한다. 모형 연구에서 선택해야 할 풍동 속도는 얼마인가? 또 이러한 속도 선택이 적절한지 기술하라.

6.49 어뢰의 1:10 축소 모형 연구가 제안된다. 원형 연구에서 90 km/h의 속도가 관찰된다. 풍동 또는 수력 설비가 사용될 수 있는가?

6.50 1:10 스케일 비행기 프로펠러 모형이 풍동을 사용한 실험실에서 테스트를 받고 있다. 프로토타입은 V=200 km/h, 고도 8000 m이다. 프로토타입과 모델이 기하학적 상사성을 가지고 있다 가정하여 문제 6.28의 결과를 이용하여 역학적 상사를 만족시켜라. (a) 표준대기 조건에서의 풍동에서 공기의 속도는 어느 정도인가? (b) 모델에 10 N의 추력이 작용한다면 프로토타입에 작용하는 추력은 얼마인가?

6.51 낮은 고도에서 50 m/s의 속도로 비행하도록 제안된 저속 익형에 대한 모형 연구를 수행하려 한다. 1:10 축소 모형을 만든다면 풍동에서 얼마의 속도가 사용되어야 하는가? 이 실험의 정당성에 대해 논하라. 20°C의 수로에서 시험을 수행하는 것은 타당한가? 수로에서 연구할 때, 모형과 원형 사이의 항력비를 구하라.

6.52 75 cm 직경의 파이프 내를 흐르는 −2°C 오일(SAE-10W)의 모형 연구가 20°C의 물을 이용하여 수행된다. 평균 속도가 같으려면 직경의 크기가 얼마인 파이프를 사용해야 하는가? 예상되는 압력 강하는 얼마인가? S_{oil} = 0.9이다.

6.53 0.025 mm 길이를 갖는 미생물이 초당 몸길이의 0.1배의 비율로 물속을 움직이고 있다. 수로나 풍동에서 모델 연구가 가능하겠는가?

6.54 완전한 상사성을 가진 1:30의 축소 모형이 시험되고 있다. 모형 실험에서 유체의 점성계수는 얼마가 되어야 하는가? 그런 유체는 가능한가? 어떤 결론을 내릴 수 있는가?

6.55 10 m/s의 원형 배의 속도를 1:60 축소 모형을 이용하여 모의실험을 하려고 한다. 모형 실험에서의 속도는 얼마가 되어야 하는가? 모형에서 10 N의 끄는 힘이 측정되었다면 원형에서는 얼마만큼의 힘이 예상되는가? 점성 효과는 무시하라.

6.56 둑 위로 흐르는 물의 유량이 2 m^3/s이다. 수로에서 둑의 1:10 축소 모형이 시험된다.

(a) 얼마의 유량을 사용해야 하는가?

(b) 모형에 대해 12 N의 힘이 측정되었다면, 원형에서 예상되는 힘은 얼마인가?

6.57 수중익의 1:10 축소 모형이 수로에서 시험되어 6 m/s의 속도에서 4 N의 힘이 측정된다. 원형에서 예상되는 속도와 힘을 결정하라. 점성 효과는 무시한다.

6.58 배의 프로펠러를 1:10 축소 모형으로 연구한다.

(a) 원형 속도가 600 rpm이라면, 프로펠러가 표면 근처에서 작동한다고 가정하고, 모형의 프로펠러 속도를 결정하라.

(b) 모형에서 1.2 N·m의 토크가 측정되었다면 원형에서 예상되는 크기는 얼마인가?

6.59 수상 비행기의 플랫폼이 6 m/s의 수로 속도 특성을 갖는 수로에서 연구된다. 수상 비행기가 100 m/s에서 올라간다면, 어떤 모형 비율이 선택되어야 하는가?

6.60 잠수함에서 특정한 형상 변경에 따른 영향을 평가하기 위해 1:30의 축소 모형 연구가 제안된다. 원형은 직경이 2 m이고 15 m/s로 이동하도록 설계되었다. 모형이 수조에서 2 m/s로 예인되고 항력은 2.15 N으로 측정된다. 이 실험에서 상사가 존재하는가? 만약 그렇다면 원형에 필요한 동력을 예측하라.

6.61 배의 굴뚝에서 유출되는 연기는 굴뚝 바깥쪽 갑판 아래로 퍼져서 승객들을 불편하게 만든다. 이 문제를 4 m 직경 굴뚝의 1:20 축소 모형으로 연구하려고 한다. 배는 10 m/s로 이동한다. 이 연구에서 사용될 수 있는 풍동의 공기 속도 범위는 얼마인가?

6.62 비행선(공기 속을 이동하는 대형 풍선)의 모형 연구가 수행된다. 10 m 직경의 비행선이 20 m/s로 이동한다. 풍동에서 40 cm 직경의 모형, 또는 20°C 수로에서 10 cm 직경의 모형 사용을 제안한다면 어느 것을 선택해야 하는가? 풍동 모형은 15 m/s의 속도에서 사용되고 3.2 N의 항력이 측정된다고 가정한다. 수로에서 2.4 m/s의 속도를 갖는 수로 모형에 예상되는 힘은 얼마인가? 원형에 대한 항력을 극복하기

위해 예측되는 마력은 얼마인가? Re > 10^5이면 유동은 레이놀즈수에 무관하다고 가정한다.

6.63 높이가 300 m이고 직경이 15 m인 발전소 굴뚝의 모형 연구가 수행된다. 굴뚝은 두께가 400 m인 지상의 경계층 내에 잠겨 있다. 1.25 m 두께의 경계층을 갖는 풍동에서의 연구 수행이 가능한가?

6.64 비행기의 1:20 축소 모형이 23°C 풍동에서 시험되고 있다. 모형 연구에서 200 m/s의 속도가 사용되고 10 N의 항력이 측정된다. 시험이 다음과 같은 높이에서 수행된다면 원형에서의 속도와 항력은 얼마인가?

(a) 해수면

(b) 5000 m

(c) 10 000 m

6.65 익형의 1:10 축소 모형이 0°C의 외부 공기를 사용하는 풍동에서 시험된다. 시험은 10 000 m의 고도에서 비행기 속도 250 m/s를 모사하려고 한다. 얼마의 풍동 속도를 사용해야 하는가? 받음각 5°로 모형의 특정 위치에서 속도 290 m/s, 절대 압력이 80 kPa로 측정되었다면 대응되는 위치에서 원형에 예상되는 속도와 압력은 얼마인가, 그리고 받음각은 몇 도인가?

6.66 배의 프로펠러를 1:10 축소 모형으로 수로에서 시험하려 한다. 프로펠러의 회전 속도가 2000 rpm이라면 모형의 회전 속도는 얼마가 되는가?

(a) 프루드수가 유동을 지배하는 경우

(b) 레이놀즈수가 유동을 지배하는 경우

6.67 대형 풍력 기계의 1:10 축소 모형을 60 m/s의 속도를 갖는 풍동에서 시험하여 12 N·m의 토크가 측정되었다. 점성 효과는 무시되기 때문에 이것은 15 m/s의 풍속을 모사한다. 원형에 예상되는 토크는 얼마인가? 만약 모형이 500 rpm으로 회전한다면 모사되는 원형의 각속도는 얼마인가?

6.68 돌고래의 수중 연구가 1:10 축소 모형을 사용하여 수행된다. 10 m/s의 돌고래 수영 속도와 매초 한 번의 수영 동작이 모사된다. 수로에서 사용될 수 있는 속도는 얼마이고 그 속도에서 매초 얼마나 많은 수영 동작이 사용되어야 하는가?

6.69 배 모형 시험은 배의 디자인에 있어 매우 중요한 항력을 예측하는 데 사용된다. 모델 저항 시험은 보통 토우잉 탱크 안에서 행해진다. 일정한 속도로 기계적으로 끌려가게 하는 운반대에 의해 배모형(작은 토우잉 탱크는 1.2~2.2 m 큰 탱크 4~10 m)이 끌려진다. 캐리지의 장치에 의해 모델의 저항성이 기록되어진다. 보통 테스트는 여러 개의 등속도에 의해 행해지며 결과적으로 저항 곡선이 얻을 수 있다. 항력계수는 $C_D = \rho V^2 A/2$이다. A는 물에 잠긴 면적이고 l^2에 비례한다. 차원해석으로부터 $C_D = f\,(\text{Re, Fr})$로 쓸 수 있다. 항력은 마찰항력과 웨이브(wave) 항력, 두 개의 요소로 구성되어 있기 때문에, $C_D = C_f + C_w$로 쓸 수 있다. 두 힘이 독립적이라 가정하면 마찰항력은 오로지 레이놀즈수만의 함수이고, 웨이브 항력은 프라우드(Froude) 수의 함수이다. [$C_f = f\,(\text{Re})$, $C_w = f\,(\text{Fr})$]. 모델과 프로토타입 간 Re와 Fr상사를 만족시키지 않으므로 Fr을 역학적 상사를 달성하기 위해 사용하고 Re를 마찰항력을 결정하는 데 사용한다. 그 결과 모델테스트 데이터로부터 다음을 계산할 수 있다.

$$(C_D)_m = \left(\frac{F_D}{\frac{1}{2}\rho V^2 A} \right)_m = (C_f)_m + (C_w)_m.$$

배의 마찰저항이 평판의 마찰저항과 비슷하다고 가정하면, $(C_f)m$을 Re_m 그리고 적당한 방정식으로부터 계산할 수 있다. 웨이브 항력계수는 $(C_w)_m = (C_D)_m - (C_f)_m$를 활용하여 결정될 수 있다. $(\text{Fr})_p = (\text{Fr})_m$을 활용하여 $(C_w)_p = (C_w)_m$를 결정할 수 있다. 그리고 Re_p로부터 $(C_f)_p$를 계산할 수 있다. 결국 프로토타입의 항력계수를 다음과 같이 계산할 수 있다. $(C_D)_p = (C_f)_p + (C_w)_p$ 모델에 대한 테스트 데이터가 표 P6.69(1) 그리고 P6.69(2)에 나와 있다.

표 6.69(1)

Model Features	Model Data (1:20 scale)
Wetted area (m^2)	12.205
Model length (m)	7.11
Water temperature (°C)	12.6

표 6.69(2) 상사를 위한 실험데이터

V(m/s)	F_D (N)
0.805	17.189
0.995	25.49
1.199	35.80
1.399	49.450
1.599	69.66
1.759	92.18
1.899	132.98

만약 프로토타입이 19.2도 바닷물에서 사용된다면 다음을 결정하라:

(a) 이 데이터를 사용하여 프로토타입에 대해 항력계수를 계산하라.

(b) 항력과 Re의 그래프를 그려라.

(c) 항력 대 Fr의 그래프를 그려라.

정규화된 미분방정식

6.70 연속방정식을 특성 속도 V, 길이 l, 밀도 ρ_0와 시간 f^{-1}(f는 진동수)를 사용하여 정규화하라.

$$\frac{\partial \rho}{\partial t} + \frac{\partial}{\partial x}(\rho u) + \frac{\partial}{\partial y}(\rho v) = 0$$

어떤 무차원 변수들이 도입되는가?

6.71 오일러 방정식을 특성 속도 U, 길이 l, 압력 ρU^2과 시간 f^{-1}(f는 진동수)를 사용하여 정규화하라.

$$\frac{\partial \mathbf{V}}{\partial t} + u\frac{\partial \mathbf{V}}{\partial x} + v\frac{\partial \mathbf{V}}{\partial y} + w\frac{\partial \mathbf{V}}{\partial z} = -\frac{\nabla p}{\rho}$$

도입되는 무차원 변수를 구하라.

6.72 오일러 방정식을 특성 속도 U, 길이 l, 압력 ρU^2과 시간 l/U를 사용하여 정규화하라.

$$\rho\frac{D\mathbf{V}}{Dt} = -\nabla p - \rho g \nabla h$$

정규화된 방정식에서 도입되는 무차원 변수를 결정하라.

6.73 그림 P6.73처럼 유체가 큰 수평 평판 사이에서 정지해 있다. 위 평판이 U의 속도로 갑자기 움직인다. 이러한 유체 운동 결과를 나타내는 나비에-스토크스 방정식이 다음과 같이 단순화되는 것을 보여라.

$$\frac{\partial u}{\partial t} = \nu\frac{\partial^2 u}{\partial y^2}$$

이 방정식을 특성 속도 U, 길이 h, 시간 **(a)** h/U 그리고 **(b)** h^2/ν를 사용하여 정규화하라. 결과식에 나타나는 무차원 변수를 확인하라.

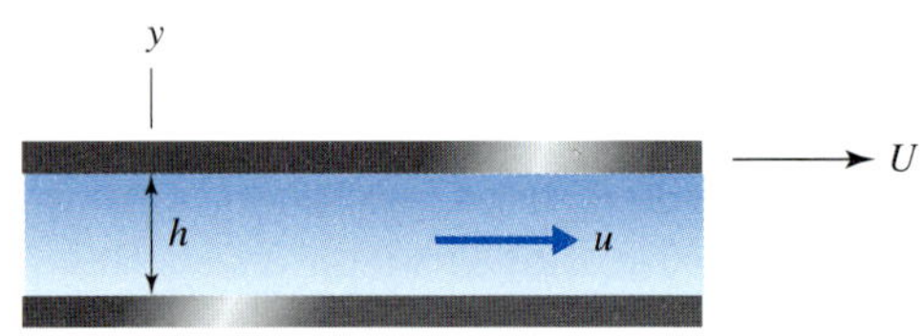

그림 P6.73

6.74 유체가 직경 d를 갖는 수평 파이프 내를 흐른다(그림 P6.74). 유동이 갑자기 평균 속도 V로 증가된다. 그림에 나타낸 좌표축을 사용하여 나비에-스토크스 방정식이 다음과 같이 단순화되는 것을 보여라.

$$\rho\frac{\partial u}{\partial t} = -\frac{\partial p}{\partial x} + \mu\left(\frac{\partial^2 u}{\partial r^2} + \frac{1}{r}\frac{\partial u}{\partial r}\right)$$

이 방정식을 특성 속도 V, 길이 d, 시간 **(a)** d/V 그리고 **(b)** d^2/ν를 사용하여 정규화하라. 결과식에 나타나는 무차원 변수를 확인하라.

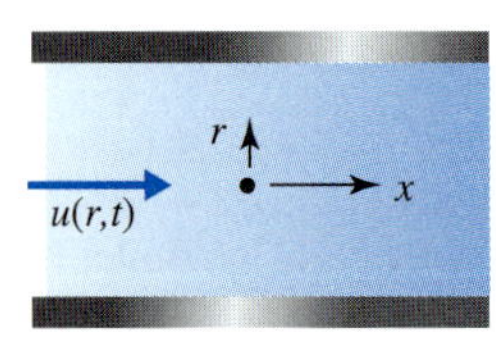

그림 P6.74

6.75 꿀과 같은 점성이 큰 액체가 수직의 평평한 표면을 흘러 내려간다. 표면을 따라 내려감에 따라 두께가 감소한다(그림 P6.75). 정상유동에 대한 식을 다음과 같이 나타낼 수 있음을 보여라. y 방향의 속도는 무시한다.

$$\rho u \frac{\partial u}{\partial x} = \mu \left(\frac{\partial^2 u}{\partial x^2} + \frac{\partial^2 u}{\partial y^2} \right) + g$$

이 방정식을 특성 길이 $h(x = 0$에서 측정된), 속도 V(평균 속도)를 사용하여 정규화하라. 결과식에 나타나는 무차원 변수를 확인하라.

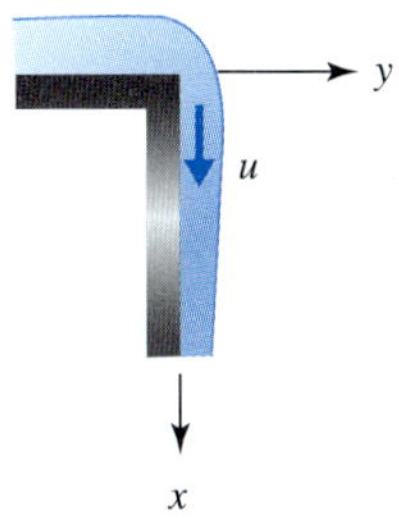

그림 P6.75

6.76 다음의 에너지방정식을 특성 속도 U, 길이 l과 온도 T_0를 사용하여 무차원화하라.

$$\rho c_p \left(u \frac{\partial T}{\partial x} + v \frac{\partial T}{\partial y} \right) = K \nabla^2 T$$

다음의 프란틀수의 항으로 표시되는 무차원 변수를 나타내라.

$$\text{Pr} = \mu \frac{c_p}{K}$$

6.77 압축성 유동의 미분 운동량방정식

$$\rho \frac{D\mathbf{V}}{Dt} = -\boldsymbol{\nabla} p + \mu \nabla^2 \mathbf{V} + \frac{\mu}{3} \boldsymbol{\nabla}(\boldsymbol{\nabla} \cdot \mathbf{V})$$

과 에너지방정식

$$\rho c_v \frac{DT}{Dt} = K \nabla^2 T - p \boldsymbol{\nabla} \cdot \mathbf{V}$$

을 특성 양 ρ_0, p_0, T_0, U, 그리고 l을 사용하여 무차원화하라. 특성 시간은 l/U이다. 음속은 $c = \sqrt{kRT_0}$이다. $\text{Pr} = \mu c_p / K$일 때, 결과식에 나타나는 무차원 변수를 구하라.

Trans Alaska Pipeline은 여러 지형을 거쳐 원유를 매우 먼 거리로 이송한다. 펌프장은 점성력과 고도 변화로 인한 압력 손실을 극복하기 위해 일정 간격으로 위치해 있다. (U.S. Bureau of Land Management)

7

내부유동

Internal Flows

개요

학습목표

이 장의 학습목표는 다음과 같다.

▲ 층류와 난류 유동의 입구영역에서 유동의 발달거리를 계산한다.

▲ 파이프, 평행한 평판, 회전하는 실린더에 대한 층류유동의 해를 구한다.

▲ 파이프 내의 난류유동을 자세히 고찰하고, 특히 손실에 관심을 둔다.
▲ 단일 배관 시스템에서 원심펌프에 대한 유량을 계산한다.
▲ 개수로에서의 유량을 결정한다.
▲ 층류와 난류의 입구영역과 발달된 유동에 대한 여러 가지 예와 문제들을 제공하고 벽면 마찰과 다양한 장비들로 인한 손실을 다루며, 개수로 유동에 대해 설명한다.

7.1 서론

이 장에서는 비압축성 내부유동에서의 점성 영향을 공부할 것이다. 이들 유동은 공학에서 매우 중요하다. 파이프 내에서의 유동은 의심할 여지 없이 내부유동이다. 내부유동은 오늘날 항공기 산업과 수력발전소, 유체를 수송하는 시스템, 농부의 관개 시스템(보, 수로, 양수장 등), 공장의 유체수송 파이프 시스템 및 최근에는 인체의 정맥과 동맥, 컴퓨터 프린터의 잉크 분사 등에 유용하게 이용된다. 6장에서 우리는 유동의 점성 효과를 표현하는 레이놀즈수에 대해 배웠다.

$$\mathrm{Re} = \frac{V\rho l}{\mu} \tag{7.1.1}$$

레이놀즈수는 관성력에 대한 점성력의 비율이다. 이 비율이 커지면 점성력이 상대적으로 작아지며 관성력은 증가하게 된다. 짧은 구간에서 갑작스러운 유동 단면의 변화가 발생되었을 때 이러한 것은 일반적 사실이다 그러나 개수로 또는 긴 파이프에서는 이러한 경우가 발생되지 않는다. 파이프의 벽 면적과 같이 표면적이 비교적 클 때 점성효과가 아주 중요하게 관련되며 이는 유체역학에서 매우 중요한 변수이다.

KEY CONCEPT
표면적이 상대적으로 클 때는 점성효과가 중요하게 된다.

평행한 평판 사이와 모든 파이프, 회전하는 실린더 사이, 개방된 개수로에서의 내부유동에 대해 세밀하게 다룰 것이다. 충분히 낮은 레이놀즈수(원관에서 $\mathrm{Re} < 2000$, 넓은 수로에서 $\mathrm{Re} < 1500$)에서는 층류유동이 일어나며, 충분하게 높은 레이놀즈수에서는 난류유동이 일어난다. 더 상세한 토론은 3.3.3절을 참고하라. 우선 층류에 대해 논의하고 나서 난류에 대해 알아보자.

7.2 입구유동과 발달된 유동

발달된 층류유동: 유동 방향에 따라서 속도 분포가 변화하지 않는 유동.

내부의 유동을 연구할 때는 관내의 발달된 유동이 매우 중요한 연구 대상이다. 첫 번째로 층류유동에 대해 알아보자. 속도 분포가 유동 방향에 따라 변화가 없을 때 **발달된 층류유동**(developed laminar flow)이 된다. 그림 7.1은 층류유동의 입구영역에서 유동 방향에 따라 변화하는 속도 분포를 보여 주고 있다. 이상적으로는 저수조의 파이프 입구에서 균일 유동이 시작된다.(실제로는 벽면에 얇은 점성층이 있다.) 점성응력이 횡단면 전체에 영향을 미칠 때까지 벽 점성층은 비점성 코어길이 L_i에 걸쳐서 발달한다. 형상은 발달된 유동이 될 때까지 점성효과 때문에 형상 발달 영역에서 계속 변화된다. 비점성 코어길이는 레이놀즈수와 입구 쪽 속도 분포의 모양, 관의 기하학적 구조에 따라 입구길이 L_E의 ⅓~¼이다.

KEY CONCEPT
층류유동에서 비점성 코어길이는 입구길이의 ⅓~¼이다.

입구 쪽에서 균일유동 형상인 원형관의 층류유동에서 입구길이는 다음과 같다.

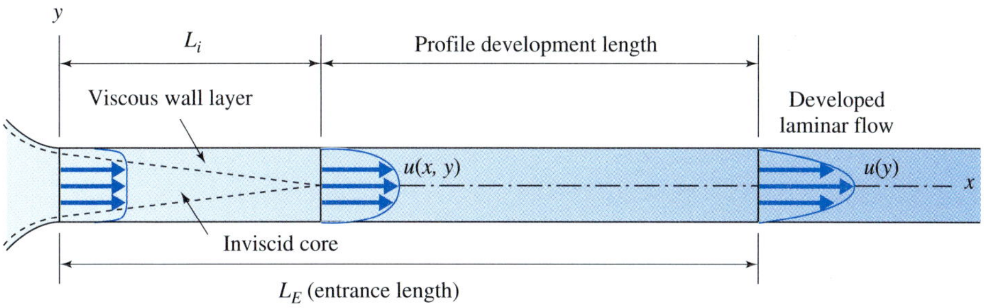

그림 7.1 파이프 또는 폭이 넓은 직사각형 수로 내에서의 층류유동의 입구길이.

$$\frac{L_E}{D} = 0.065\text{Re} \qquad \text{Re} = \frac{VD}{\nu} \tag{7.2.1}$$

여기시 레이놀즈수는 평균속도와 직경을 기반으로 한다. 파이프 내 층류유동에서의 레이놀즈수는 유동조건을 조심스럽게 조절하면서 매끄럽게 유지시킨다면 40 000을 초과할 수도 있다. 그러나 공학적으로 적용하기 위해서는 층류에서 레이놀즈수 2000을 넘지 않도록 설정한다. 이것은 파이프의 진동과 파동유동, 파이프 벽의 조도 때문이다.

단면비(단면비는 폭을 평면 바닥과 위 사이의 거리로 나눈 값)가 높은 평판 사이 수로 유동에서 입구 속도분포가 균일한 경우 입구길이는

$$\frac{L_E}{h} = 0.04\text{Re} \qquad \text{Re} = \frac{Vh}{\nu} \tag{7.2.2}$$

이며 여기서는 레이놀즈수는 평균속도와 평판들 사이의 거리를 기초로 한다. 비점성 코어 길이는 입구길이의 1/3이다. 층류유동은 Re = 7700을 초과하지 않으며, 공학적 입장에서 층류는 대부분 Re = 1500을 최대한도로 사용한다.

그림 7.2에 나와 있는 바와 같이 파이프 내 난류유동일 때 상황은 약간 다르다. 유동의 모든 특성이 유동 방향 내에서 변화하지 않을 때 발달된 유동이 발생한다. 이것은 후에 난류에 대해서 다룰 때 자세히 설명할 것이다. 비점성 코어가 끝나면 형상 발달 영역이 뒤

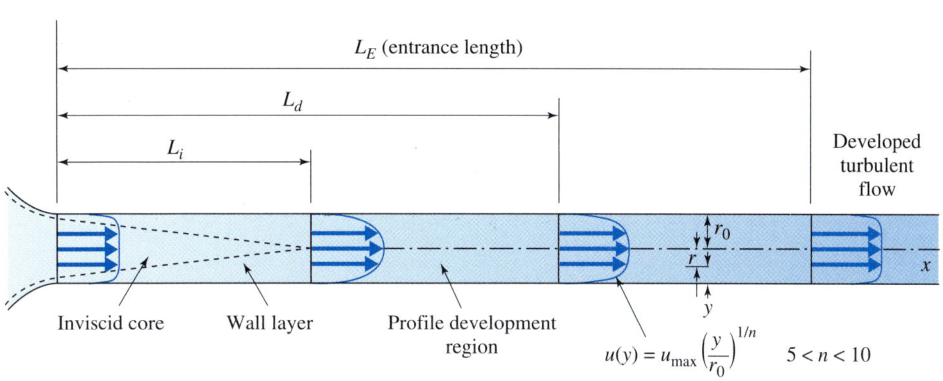

그림 7.2 파이프 내에서 발달된 난류유동의 속도 분포

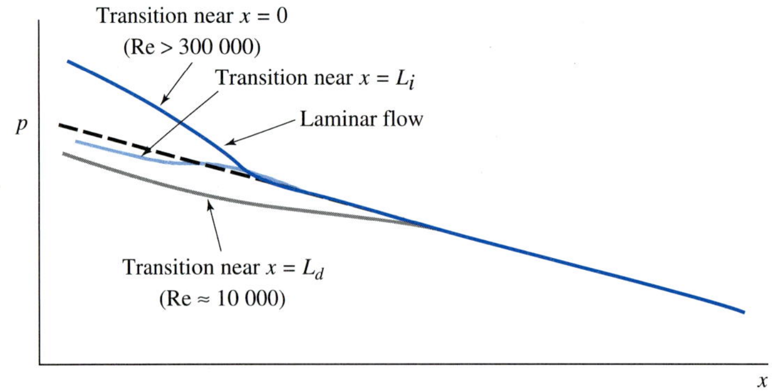

그림 7.3 수평 파이프 내에서 난류유동과 층류유동의 압력 변화.
(미시간 주립대학교 Jack Backus박사의 박사학위 논문 인용.)

따르고 이 영역은 $x = L_d$에서 끝난다. 그러나 난류유동의 상세한 구조가 발달하는 데는 추가 거리가 소요된다. 상세 구조는 벽을 통한 열전달량의 정확한 계산을 위해 중요하다. 레이놀즈수(Re > 10^5)가 큰 파이프 내의 유동은 $x = 0$ 근처에서 난류 변이가 시작되며, 다음과 같은 실험값을 얻을 수 있다.

$$\frac{L_i}{D} \simeq 10 \qquad \frac{L_d}{D} \simeq 40 \qquad \frac{L_E}{D} \simeq 120 \tag{7.2.3}$$

KEY CONCEPT
발달된 난류유동은 유동 방향에 따른 유동 특성이 일정하다.

Re = 4000인 난류유동에서는 앞서 말한 발달영역의 길이가 실질적으로 더 크며, 아마 5배가 될 것이다. 낮은 Re의 난류유동에서는 난류유동으로의 천이가 형상 발달영역 내에서 일어난다. 따라서 입구영역의 대부분은 상대적으로 벽 전단력이 작은 층류구역이다. 실험적 자료는 저레이놀즈수 난류유동에 이용될 수 없다.

KEY CONCEPT
만일 난류유동이 천이 근처에서 일어난다면 변화선이 L_i 부근에서 시작된다.

그림 7.3은 압력 변화를 보여 주고 있다. 충분히 큰 x좌표 이후에는 압력이 x에 따라 선형적으로 감소된다. 만일 난류로의 천이가 입구 근처에서 일어난다면 압력의 선형적 변화는 L_i 부근에서 시작되고, 입구영역에서의 압력구배[$p(x)$곡선의 기울기]는 발달된 유동영역에서보다 클 것이다. 만약 낮은 Re 수 유동에서와 같이 L_d 근처에서 천이가 발생된다면, 선형 변화는 천이영역 끝에서 시작되고 입구영역에서의 압력구배가 발달된 유동의 압력구배보다 작을 것이다.

층류유동에서 압력 변화는 정성적으로 큰 레이놀즈수에서의 양상과 유사하다. 압력구배는 벽에서 더 높은 전단응력과 운동량의 증가 때문에 발달된 유동영역에서보다 더 높게 나타난다.

7.3 파이프 내의 층류유동

이 절에서는 파이프 내의 비압축성, 정상 및 발달된 층류유동에 대해서 알아보는데 이는 그림 7.4에 나와 있다. 두 가지 방법, 즉 요소적인 접근과 적절한 나비에-스토크스 방정식의 직접적인 풀이를 사용할 것이다.

7.3.1 요소적 접근

유체의 체적 요소가 그림 7.4에 나와 있다. 이 체적을 유체가 흘러 들어가고 나가는 미소

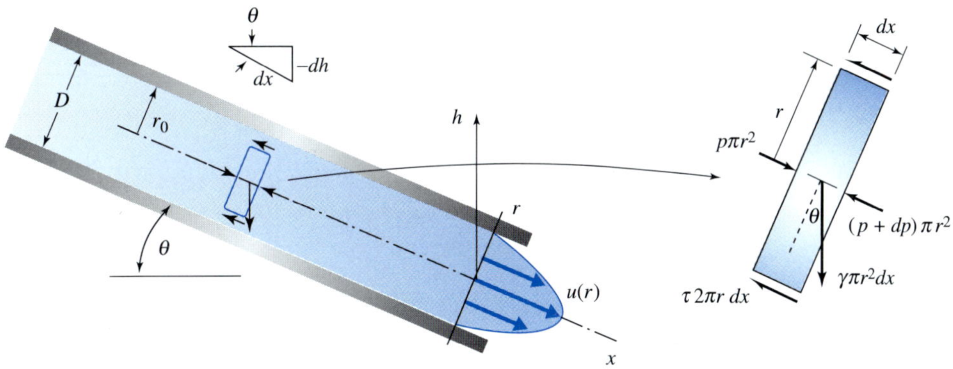

그림 7.4 경사진 원형관 내에서의 발달된 유동

검사체적으로 간주할 수도 있고, 힘이 작용하는 미소 유체 질량으로 간주할 수도 있다. 만약 이것이 검사체적이라면 식 4.6.6을 적용할 수 있다. 유체 질량으로 간주하는 경우에는 뉴턴의 제2법칙을 적용할 수 적용할 수 있다. 속도 분포는 x 방향에 따라 변하지 않으므로 유입 운동량과 유출 운동량이 같으며, 그 결과로 힘의 합이 0이다. 즉 질량 요소에 가속이 없으므로, 모든 힘의 합이 0이 된다. 따라서 x축 방향의 힘의 합력은

KEY CONCEPT
x 방향에 대한 속도분포가 변하지 않기 때문에, 힘의 합력은 0이 된다.

$$p\pi r^2 - (p + dp)\pi r^2 - \tau 2\pi r\, dx + \gamma \pi r^2\, dx \sin\theta = 0 \tag{7.3.1}$$

이며 간략하게 하면

$$\tau = -\frac{r}{2}\frac{d}{dx}(p + \gamma h) \tag{7.3.2}$$

이 된다. 여기서 $\sin\theta = -dh/dx$이고, 수직인 방향을 h로 정의한다. 식 7.3.2는 층류 또는 난류에 적용된다. 층류에서 큰 전단응력[1]은 속도구배와 점성(식 1.5.5참조)에 관계가 있으며, 이는 다음과 같이 쓸 수 있다.

$$-\mu\frac{du}{dr} = -\frac{r}{2}\frac{d}{dx}(p + \gamma h) \tag{7.3.3}$$

이 발달된 유동에서는 $u = u(r)$이므로, 위 식으로부터 $d(p + \gamma h)/dx$는 상수이어야 한다는 결론을 얻을 수 있다. 즉 이 값은 x에 따라 변하지 않으며, 또한 반지름 방향 가속도가 없으므로 유체 정역학에 따르면 $(p + \gamma h)$는 r에 따라서도 변하지 않는다. 속도 분포를 얻기 위해 식 7.3.3을 적분하면 다음과 같다.

$$u(r) = \frac{r^2}{4\mu}\frac{d}{dx}(p + \gamma h) + A \tag{7.3.4}$$

여기서 A는 적분상수이며, $r = r_0$일 때 $u = 0$을 적용하면 A를 계산할 수 있다. 속도 분포는

$$u(r) = \frac{1}{4\mu}\frac{d(p + \gamma h)}{dx}(r^2 - r_0^2) \tag{7.3.5}$$

와 같은 포물선 형태를 가진다. 이런 유동을 **푸아죄유 유동**(Poiseuille flow)이라 부른다.

푸아죄유 유동: 평행한 평판사이나 원형관 내의 포물선 분포 유동 가진 층류유동

위 결과는 적절한 나비에-스토크스 방정식의 적분을 통해서 얻을 수 있으며, 이는 다

[1] 전단응력은 그림 7.4에 나와 있는 것처럼 양의 값이다. du/dr가 음이기 때문에 $\tau = -\mu\, du/dr$에서 마이너스 부호가 필요하다.

음절에서 설명한다. 이것에 관심이 없다면 7.3.3절로 넘어가면 된다.

7.3.2 나비에-스토크스 방정식 적용

원형 파이프 내의 발달된 유동의 유선들은 $v_r = v_\theta = 0$ 그리고 $u = u(r)$이기 때문에 벽면에서 소용돌이가 없이 평행하다. 표 5.1의 원통좌표계를 기준으로 한 x축 나비에-스토크스 방정식은 다음과 같다.

$$\rho\left(\frac{\partial u}{\partial t} + v_r\frac{\partial u}{\partial r} + \frac{v_\theta}{r}\frac{\partial u}{\partial \theta} + u\frac{\partial u}{\partial x}\right) = -\frac{\partial p}{\partial x} + \gamma\sin\theta + \mu\left(\frac{\partial^2 u}{\partial r^2} + \frac{1}{r}\frac{\partial u}{\partial r} + \frac{1}{r^2}\frac{\partial^2 u}{\partial \theta^2} + \frac{\partial^2 u}{\partial x^2}\right) \tag{7.3.6}$$

(Annotations: steady; Streamlines ∥ wall; no swirl; developed flow; symmetric flow; developed flow)

KEY CONCEPT
각각의 입자는 가속되지 않는다. 심지어 $u = u(r)$.

파이프 내의 유동은 가속화되지 않기 때문에 좌변은 0이 된다. 식 7.3.6을 $\sin\theta = -dh/dx$을 사용하여 간단히 정리하면 다음과 같다.

$$\frac{1}{\mu}\frac{\partial}{\partial x}\left(p + \gamma h\right) = \frac{1}{r}\frac{\partial}{\partial r}\left(r\frac{\partial u}{\partial r}\right) \tag{7.3.7}$$

식 7.3.6의 우변 괄호 안의 처음 두 항들은 결합되었다. 이 식의 좌변은 기껏해야 x 함수이고 우변은 r에 대한 함수이다.

KEY CONCEPT
여기서 u가 오직 하나의 변수에 따르기 때문에 상미분 연산자를 사용한다.

$$\frac{1}{r}\frac{d}{dr}\left(r\frac{du}{dr}\right) = \lambda \tag{7.3.8}$$

λ는 상수[2]이고, u는 변수 r에 따라서만 변하므로 상미분 도함수로 표기했다. 식의 양변에 r을 곱하고 적분을 하면 다음과 같다.

$$r\frac{du}{dr} = \frac{\lambda}{2}r^2 + A \tag{7.3.9}$$

r로 양변을 나눈 후에 적분을 하면 다음과 같다.

$$u(r) = \frac{\lambda}{4}r^2 + A\ln r + B \tag{7.3.10}$$

속도는 $r = 0$일 때 유한하므로 $A = 0$이다. 또한 $r = r_0$일 때 $u = 0$이므로 B를 계산할 수 있고

$$u(r) = \frac{\lambda}{4}(r^2 - r_0^2) = \frac{1}{4\mu}\frac{d}{dx}(p + \gamma h)(r^2 - r_0^2) \tag{7.3.11}$$

[2]상수 λ가 x의 함수라면 u가 x에 따라 변하기 때문에, 이 가정은 관 내 유동에서 합당하지 않다. λ가 r의 함수라면 $p + \gamma h$는 r에 따라 변하기 때문에, 이것 역시 합당하지 않다. 따라서 λ는 상수이다.

을 얻는다. 이것은 파이프 내의 포물선 속도 분포 유동이며, 푸아죄유(Jean L. Poiseuille)유동이라 부른다.

7.3.3 파이프 유동의 특징

파이프 내에 발달된 정상, 층류유동의 속도 분포는 다음과 같다.

$$u(r) = \frac{1}{4\mu}\frac{d(p+\gamma h)}{dx}(r^2 - r_0^2) \tag{7.3.12}$$

평균 속도 V는 적분식으로 구할 수 있다.

$$V = \frac{Q}{A} = \frac{1}{\pi r_0^2}\int_0^{r_0} u(r)\, 2\pi r\, dr$$

$$= \frac{2}{r_0^2}\int_0^{r_0}\frac{1}{4\mu}\frac{d(p+\gamma h)}{dx}(r^2 - r_0^2) r\, dr = -\frac{r_0^2}{8\mu}\frac{d(p+\gamma h)}{dx} \tag{7.3.13}$$

또는 수평[3] 원형관에서의 압력강하 Δp는 평균 속도로 나타내기도 한다.

$$\Delta p = \frac{8\mu V L}{r_0^2} \tag{7.3.14}$$

여기서 발달된 유동에 대해 dp/dx가 상수이므로 $\Delta p/L = -dp/dx$를 사용했다. 압력구배는 음수 값을 가지지만, 압력강하는 양수 값을 가진다는 점에 주의해야 한다.

KEY CONCEPT
압력강하는 압력 구배가 음의 값일 때 양의 값이다.

식 7.3.12에서 $r = 0$일 때 최대 속도를 나타내므로

$$u_{max} = -\frac{r_0^2}{4\mu}\frac{d(p+\gamma h)}{dx} \tag{7.3.15}$$

이고 또한(식 7.3.13 참조)

$$V = \frac{1}{2}u_{max} \tag{7.3.16}$$

이다. 전단응력은 다음과 같다.

$$\begin{aligned}\tau &= -\mu\frac{du}{dr} \\ &= -\frac{r}{2}\frac{d(p+\gamma h)}{dx}\end{aligned} \tag{7.3.17}$$

$r = r_0$일 때 $\tau = \tau_0$라고 놓으면 길이 L인 수평관에서 압력강하 Δp는 다음과 같다.

$$\Delta p = \frac{2\tau_0 L}{r_0} \tag{7.3.18}$$

여기서 $dp/dx = -\Delta p/L$을 사용했다.

[3] 기울어진 관에서 압력 p는 $p + \gamma h$로 대치된다.

벽전단계수: 무차원 벽전단계수는 층류와 난류에서 모두 유효하다.

파이프 유동에서 중요한 **마찰계수**(friction factor) f를 도입하면 무차원 벽면 전단력은 다음과 같이 정의되고

$$f = \frac{\tau_0}{\frac{1}{8}\rho V^2} \tag{7.3.19}$$

다음을 알 수 있다.

$$\frac{\Delta p}{\gamma} = h_L = f\frac{L}{D}\frac{V^2}{2g} \tag{7.3.20}$$

여기서 h_L는 무차원 수두손실(식 4.5.17참조)이다. 이 식은 다르시-바이스바하 방정식(*Darcy-Weisbach equation*)[4]이라고 부른다. 식 7.3.14와 7.3.20을 결합하면 다음과 같다.

$$f = \frac{64}{\text{Re}} \tag{7.3.21}$$

이 식은 층류영역에서만 사용한다. 이 식을 식 7.3.20에 다시 대입하면

$$h_L = \frac{32\mu LV}{\gamma D^2} \tag{7.3.22}$$

KEY CONCEPT
수두손실은 층류유동에서 평균속도에 비례한다.

이 된다. 수두손실은 평균속도(유량)에 직접 비례한다. 이 결과는 일반적으로 비원형관의 발달된 층류유동에도 많이 적용된다.

예제 7.1

그림 E7.1을 보면 매우 작은 직경의 수평 튜브가 공급 저수지에 연결되어 있다. 10초 동안 출구 쪽으로 6600 mm^3 물이 배출된다면, 이때 물의 점성은 얼마인가?

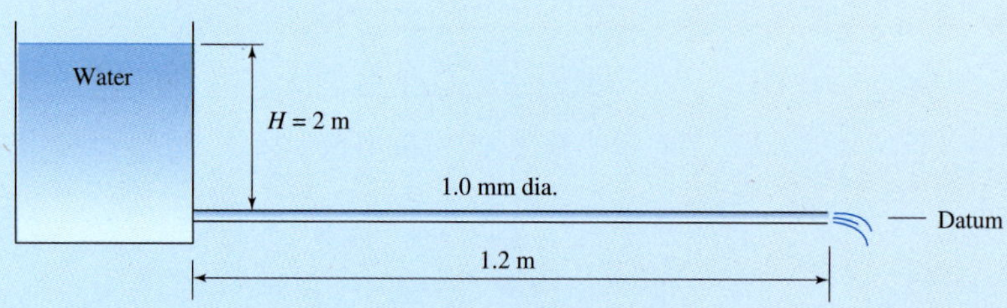

그림 E7.1

풀이

관이 매우 작기 때문에 점성 영향에 의해 속도가 매우 작을 것이라는 것을 예측할 수 있고, 자유표면으로부터 관 입구까지 베르누이 방정식을 적용하고 자유표면에서 속도 수두를 0으로 놓으면 대입하면 다음과 같다.

$$\cancelto{0}{\frac{p_0}{\gamma}} + H = \cancelto{0}{\frac{V^2}{2g}} + \frac{p}{\gamma}$$

(계속)

[4]이 방정식은 층류유동과 난류유동 모두에서 잘 맞는다.

여기에서는 $p_0 = 0$로 게이지 압력을 사용하였다. 튜브의 입구에서 $V^2/2g \cong 0$이라 가정하면 다음과 같이 된다.

$$p = \gamma H = 9800 \times 2 = 19\,600 \text{ Pa}$$

출구 압력은 대기압이므로 무시하며, 따라서

$$\frac{\Delta p}{L} = \frac{19\,600}{1.2} = 16\,300 \text{ Pa/m (N/m}^3\text{)}$$

이고 평균 속도 값은

$$V = \frac{Q}{A} = \frac{6600 \times 10^{-9}/10}{\pi \times 0.001^2/4} = 0.840 \text{ m/s}$$

이다. $p/\gamma = 2$ m와 비교되는 속도수두 $V^2/2g = 0.036$ m는 무시할 정도로 매우 작음을 알 수 있다. 그래서 압력 값으로 식 7.3.14에 대입하면 다음을 얻는다.

$$\mu = \frac{r_0^2}{8V}\frac{\Delta p}{L} = \frac{0.0005^2 \text{ m}^2}{8 \times 0.84 \text{ m/s}}(16\,300 \text{ N/m}^3) = 6.06 \times 10^{-4} \text{ N·s/m}^2$$

또한 Re는

$$\text{Re} = \frac{\rho V D}{\mu} = \frac{1000 \text{ kg/m}^3 \times 0.84 \text{ m/s} \times 0.001\text{m}}{6.06 \times 10^{-4} \text{N·s/m}^2} = 1390$$

이고 Re < 2000이므로 확실히 층류유동이고 입구 길이는 다음과 같다.

$$L_E = 0.065 \text{ Re} \times D = 0.065 \times 1390 \times 0.001 = 0.09 \text{ m}$$

이 값은 전체 길이의 약 8%이고, 충분히 작은 값이다. 따라서 이 계산은 신뢰할 수 있다고 가정한다.

예제 7.2

정상 비입축성 발달된 유동일 때(그림 E7.2)수평 동심관 사이에서의 속도 분포와 유량을 구하라.

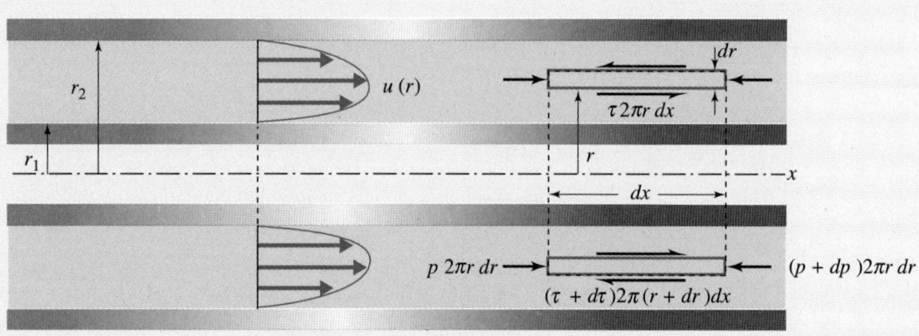

그림 E7.2

풀이

얇은 링 형상의 요소에 작용하는 합력은

$$p2\pi r\, dr - (p + dp)2\pi r\, dr + \tau 2\pi r\, dx - (\tau + d\tau)2\pi(r + dr)\, dx = 0$$

(계속)

이며 간략하게 정리하면 다음과 같다.

$$\frac{dp}{dx} = -\frac{\tau}{r} - \frac{d\tau}{dr} - \underbrace{\frac{d\tau}{r}}_{\text{neglect}}$$

그리고 $\tau = -\mu\, du/dr$을 대입하면 (외부벽 근처에서 du/dr는 $(-)$이다.)

$$\frac{dp}{dx} = \mu\left(\frac{1}{r}\frac{du}{dr} + \frac{d^2u}{dr^2}\right)$$

$$= \frac{\mu}{r}\frac{d}{dr}\left(r\frac{du}{dr}\right)$$

이 된다. 양변에 rdr을 곱하고, μ 로 나누어 적분하면

$$r\frac{du}{dr} = \frac{1}{2\mu}\frac{dp}{dx}r^2 + A$$

이다. 양변에 dr/r을 곱하고, 다시 적분하면

$$u(r) = \frac{1}{4\mu}\frac{dp}{dx}r^2 + A\ln r + B$$

이다. 여기서 $r = r_1$, $r = r_2$일 때 각각 $u = 0$이다.

$$0 = \frac{1}{4\mu}\frac{dp}{dx}r_1^2 + A\ln r_1 + B$$

$$0 = \frac{1}{4\mu}\frac{dp}{dx}r_2^2 + A\ln r_2 + B$$

A와 B에 대해 풀면

$$A = \frac{1}{4\mu}\frac{dp}{dx}\frac{r_1^2 - r_2^2}{\ln(r_2/r_1)}$$

$$B = -A\ln r_2 - \frac{r_2^2}{4\mu}\frac{dp}{dx}$$

이다. 그러므로

$$u(r) = \frac{1}{4\mu}\frac{dp}{dx}\left[r^2 - r_2^2 + \frac{r_2^2 - r_1^2}{\ln(r_1/r_2)}\ln(r/r_2)\right]$$

이고 유량은

$$Q = \int_{r_1}^{r_2} u(r)2\pi r\, dr$$

$$= -\frac{\pi}{8\mu}\frac{dp}{dx}\left[r_2^4 - r_1^4 - \frac{(r_2^2 - r_1^2)^2}{\ln(r_2/r_1)}\right]$$

이다. $r_1 \to 0$일 때, 속도 분포는 파이프 내에서의 포물선 분포로 접근한다. $r_1 \to r_2$일 때, 이와 같은 분포는 평행한 평판 유동의 분포에 접근한다. 이 두 가지 결론은 이 장의 문제에 제시되어 있다.

7.4 평행한 평판 사이의 층류유동

그림 7.5에 나와 있는 바와 같이 위쪽 판이 속도 U로 움직이고 있는 평행한 판 사이의 비압축성, 정상의 발달된 유동에 대해서 생각해 보자.

7.4.1 요소적 접근

그림 7.5에 도시된 바와 같이 z 방향이 단위 깊이인 요소 체적을 생각해보자. x 축 방향 힘의 합력은

$$p\,dy - (p + dp)\,dy - \tau\,dx + (\tau + d\tau)\,dx + \gamma\,dx\,dy\sin\theta = 0 \tag{7.4.1}$$

이며 어떤 가속도도 존재하지 않으므로 힘의 합은 0과 동일하게 설정한다. 압력이 단지 x 축을 따라서만 변화하며, y 축 방향의 변화는 a가 극히 작으므로 무시한다. $dx\,dy$로 나눈 후에, 간략하게 하면

$$\frac{d\tau}{dy} = \frac{dp}{dx} - \gamma\sin\theta \tag{7.4.2}$$

이것은 1차원 유동이므로 전단응력은

$$\tau = \mu\frac{du}{dy} \tag{7.4.3}$$

그림에서 $du/dy > 0$인 아래 평판 부근에서 체적요소를 잡았다.

$\sin\theta = -dh/dx$을 대입하면 그 결과는

$$\mu\frac{d^2u}{dy^2} = \frac{dp}{dx} + \gamma\frac{dh}{dx} = \frac{d}{dx}(p + \gamma h) \tag{7.4.4}$$

이다. 즉 발달된 유동에서 $u = u(y)$이므로, 좌변은 단지 y 함수이고 우변은 y 함수이므로 상수이다. 그러므로 양변을 μ 로 나누고 두 번 적분하면

$$u(y) = \frac{y^2}{2\mu}\frac{d}{dx}(p + \gamma h) + Ay + B \tag{7.4.5}$$

이며 여기서 A와 B는 적분상수이다. $y = 0$일 때 $u = 0$이고 $y = a$일 때 $u = U$이므로

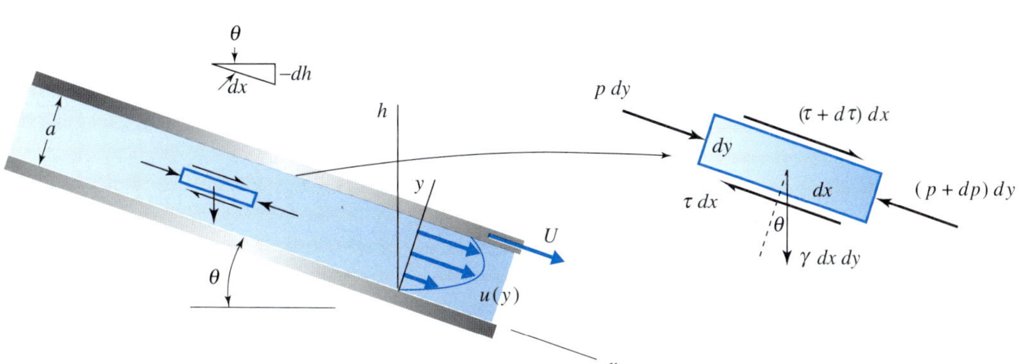

그림 7.5 두 평판 사이의 발달된 유동

$$A = \frac{U}{a} - \frac{a}{2\mu}\frac{d}{dx}(p + \gamma h) \quad \text{and} \quad B = 0 \tag{7.4.6}$$

이 된다. 속도 분포는 포물선형이다.

$$u(y) = \frac{1}{2\mu}\frac{d}{dx}(p + \gamma h)(y^2 - ay) + \frac{U}{a}y \tag{7.4.7}$$

쿠에트 유동: 오직 평판의 운동에 의해 선형 분포를 갖는 유동

유동이 단지 평판의 운동에만 의한 경우(선형 속도분포), 이 유동을 **쿠에트 유동**(Couette flow)이라 한다. 유동이 오직 압력구배에 기인하면, $U = 0$이고 이 유동은 푸아죄유 유동이라 한다.

다음 장에서는 나비에-스토크스 방정식을 적분하는 것을 배운다. 만약 이 내용이 관심 없으면 7.4.3절로 이동하라.

7.4.2 나비에-스토크스 방정식 적용

평행한 두 평판 사이의 발달된 유동에서는 유선들이 평판에 평행이므로 $u = u(y)$ 그리고 $v = w = 0$이다. x 방향의 나비에-스토크스 방정식은 다음과 같다.

$$\begin{aligned}\rho\left(\overset{\text{steady}}{\cancel{\frac{\partial u}{\partial t}}} + u\overset{\text{developed flow}}{\cancel{\frac{\partial u}{\partial x}}} + \underset{0}{\cancel{v}}\frac{\partial u}{\partial y} + \underset{0}{\cancel{w}}\frac{\partial u}{\partial z}\right) \\ = -\frac{\partial p}{\partial x} + \mu\left(\underset{\text{developed flow}}{\cancel{\frac{\partial^2 u}{\partial x^2}}} + \frac{\partial^2 u}{\partial y^2} + \underset{\text{wide channel}}{\cancel{\frac{\partial^2 u}{\partial z^2}}}\right) + \gamma\sin\theta\end{aligned} \tag{7.4.8}$$

만약 평행한 평판을 수로의 윗면과 아랫면이라 한다면, 수로는 매우 넓어야 한다. 식 7.4.8을 $\sin\theta = -dh/dx$를 이용하여 정리하면

$$\frac{\partial^2 u}{\partial y^2} = \frac{1}{\mu}\frac{d}{dx}(p + \gamma h) \tag{7.4.9}$$

이다. 식의 좌변은 기껏해야 y에 대한 함수이며, 우변은 x에 대한 함수이다. 그러므로

$$\frac{\partial^2 u}{\partial y^2} = \lambda \tag{7.4.10}$$

이며 x, y는 독립된 변수들이기 때문에 λ는 상수이다. 두 번 적분하게 되면

$$u(y) = \frac{\lambda}{2}y^2 + Ay + B \tag{7.4.11}$$

이며 A와 B는 적분상수이다. $y = 0$일 때 $u = 0$ 그리고 $y = a$일 때 $u = U$이므로

$$A = \frac{U}{a} - \frac{\lambda a}{2} \quad \text{and} \quad B = 0 \tag{7.4.12}$$

이 된다. 위의 상수들을 이용하여 식 7.4.11을 다음과 같이 쓸 수 있다.

$$\begin{aligned} u(y) &= \frac{\lambda}{2}(y^2 - ay) + \frac{U}{a}y \\ &= \frac{1}{2\mu}\frac{d}{dx}(p + \gamma h)(y^2 - ay) + \frac{U}{a}y \end{aligned} \tag{7.4.13}$$

만약 유동이 오직 평판의 움직임으로 인한 것이라고 하면 이것을 쿠에트 유동이라고 하며, 유동이 압력차에 의한 것이라면, 즉 $U = 0$, 푸아죄유 유동이라고 한다.

7.4.3 단순화된 유동현상

위의 결과식을 이용하여 고정된 평판들 사이의 속도 분포를 다음과 같이 쓸 수 있다($U = 0$).

$$u(y) = \frac{1}{2\mu}\frac{d(p + \gamma h)}{dx}(y^2 - ay) \tag{7.4.14}$$

이와 같은 분포식을 사용하여 단위 폭당 유량을 구하면 다음과 같다.

$$\begin{aligned} Q &= \int u\,dA \\ &= \int_0^a \frac{1}{2\mu}\frac{d(p + \gamma h)}{dx}(y^2 - ay)\,dy = -\frac{a^3}{12\mu}\frac{d(p + \gamma h)}{dx} \end{aligned} \tag{7.4.15}$$

평균 속도 V도 구할 수 있다.

$$\begin{aligned} V &= \frac{Q}{a \times 1} \\ &= -\frac{a^2}{12\mu}\frac{d(p + \gamma h)}{dx} \end{aligned} \tag{7.4.16}$$

이 식은 평균 속도 항으로 압력강하를 나타내는 데 사용할 수 있으며, 수평한[5] 관로에 사용된다.

$$\Delta p = \frac{12\mu VL}{a^2} \tag{7.4.17}$$

여기서 dp/dx는 발달된 유동에서 일정하므로 $\Delta p/L = -dp/dx$를 사용했다.

최대 속도가 $y = a/2$에서 발생되므로, 식 7.4.14로부터

$$u_{\max} = -\frac{a^2}{8\mu}\frac{dp}{dx} \tag{7.4.18}$$

이다. 그러므로 평균 속도와 최대 속도와의 관계는 다음과 같다.

$$V = \frac{2}{3}u_{\max} \tag{7.4.19}$$

[5] 기울어진 관에서 압력 p는 $p + \gamma h$로 대치된다.

전단응력은 다음과 같이 된다.

$$\tau = \mu \frac{du}{dy} = \frac{1}{2}\frac{dp}{dx}(2y - a) \tag{7.4.20}$$

벽면, 즉 $y = 0$에서

$$\tau_0 = -\frac{a}{2}\frac{dp}{dx} \tag{7.4.21}$$

가 된다. 수평 관로의 길이 L에서 압력강하 Δp를 구할 수 있다.

$$\Delta p = \frac{2\tau_0}{a} L \tag{7.4.22}$$

$dp/dx = -\Delta p/L$이므로 이 식을 더 편리한 형태로 나타낼 수 있다.

$$\frac{\Delta p}{\gamma} = f\frac{L}{2a}\frac{V^2}{2g} \tag{7.4.23}$$

마찰계수: 무차원 벽 전단응력으로서 층류와 난류에서 모두 유효하다.

여기서 마찰계수 f는 다음과 같이 정의된다.

$$f = \frac{\tau_0}{\frac{1}{8}\rho V^2} \tag{7.4.24}$$

수두손실(식 4.5.17참조)항을 쓰면 식 7.4.23은 다음과 같다.

$$h_L = f\frac{L}{2a}\frac{V^2}{2g} \tag{7.4.25}$$

식 7.4.17과 7.4.21,7.4.24를 결합하면, 다음과 같은 식을 구할 수 있다.

$$f = \frac{8}{\rho V^2}\left(-\frac{a}{2}\frac{dp}{dx}\right) = \frac{8}{\rho V^2}\left(-\frac{a}{2}\right)\left(-\frac{12\mu V}{a^2}\right) = \frac{48\mu}{\rho a V} = \frac{48}{\text{Re}} \tag{7.4.26}$$

여기서 레이놀즈수 $\text{Re} = \rho a V/\mu$를 사용하였다. 위 식을 식 7.4.25에 대입하면

$$h_L = \frac{12\mu L V}{\rho a^2 g} \tag{7.4.27}$$

을 얻는다. 수두손실은 일반적으로 층류유동에서 평균 속도에 비례한다.

KEY CONCEPT
폭이 넓은 개수로는 폭이 높이의 8배 이상인 경우를 말한다.

평행한 판 사이에서의 비압축성 정상 층류 유동에 대해 관심 있는 대부분의 물리량들을 계산했다. 이 식은 물론 폭이 높이의 최소한 8배 이상인 넓은 개수로에서 적용된다. 단면비가 작은 수로에서는 끝단 효과가 중요해지므로, 그림 7.5에 나타난 체적 요소의 양 옆에 추가적인 전단응력을 더하든지, 식 7.4.8에서 $\partial^2 u/\partial z^2$ 항을 유지해야 한다. 결과는 편미분방정식이 되고 그 해는 이 교재의 범위를 넘어선다.

예제 7.3

그림 E7.3에서 폭이 50 cm인 평행한 평판 사이에 16°C의 물이 레이놀즈수 1500으로 유동한다. (a) 물의 유량, (b) 벽에서의 전단응력, (c) 거리 3 m에서 일어나는 압력강하, (d) $y = 0.5$ cm 에서의 속도를 계산하라.

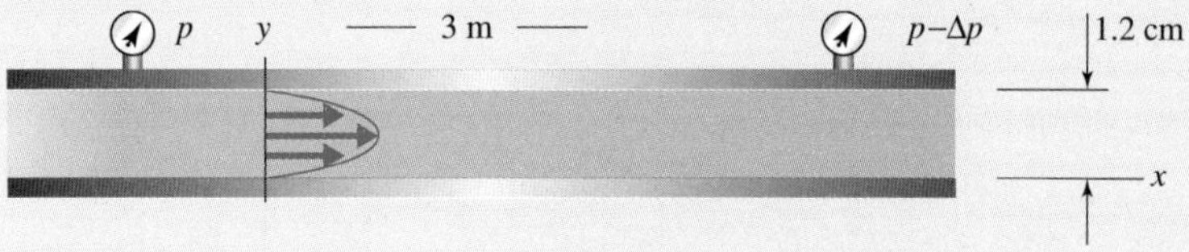

그림 E7.3

풀이

레이놀즈수가 1500이므로 유동은 층류상태이다.

(a) 평균 속도로 레이놀즈수를 정의하면

$$1500 = \frac{Va}{\nu}$$

$$\therefore V = \frac{1500\nu}{a} = \frac{1500 \times 1.11 \times 10^{-6}}{1.2 \times 10^{-2}} = 0.14 \text{ m/s}$$

이므로 다음을 얻게 된다.

$$Q = VA = 0.14 \times \frac{1.2 \times 50}{10^4} = 0.84 \times 10^{-3} \text{ m}^3/\text{s}$$

$$= 0.84 \text{ L/s}$$

(b) 압력구배는 식 7.4.17로부터

$$\frac{\Delta p}{L} = \frac{12\mu V}{a^2} = \frac{12 \times 1.11 \times 10^{-3} \times 0.14}{(0.012)^2} = 12.95 \text{ Pa/m}$$

이며 벽면에서의 전단응력은 식 7.4.22에서 다음과 같이 된다.

$$\tau_0 = \frac{a}{2}\frac{\Delta p}{L} = \frac{0.012}{2} \times 12.95 = 0.078 \text{ Pa}$$

(c) 거리 3 m에서의 압력강하는 다음과 같이 구할 수 있다.

$$\Delta p = 12.95L = 12.95 \times 3 = 38.85 \text{ Pa}$$

(d) 식 7.4.14의 속도 분포로부터

$$u(y) = \frac{1}{2\mu}\frac{dp}{dx}(y^2 - ay)$$

$$= \frac{1}{2 \times 1.11 \times 10^{-3}}(-12.95)\left(y^2 - 0.012\,y\right) = -5833(y^2 - 0.012y)$$

이다. 여기서 $dp/dx = -\Delta p/L$을 사용하였다. $y = 0.5$ cm에서 속도는

$$u = -5833[(0.005)^2 - 0.012 \times 0.005] = 0.204 \text{ m/s}$$

이다. 유체 물성치의 유효숫자가 세 자리이므로 여기서도 세 자리를 사용하였다.

예제 7.4

위쪽 판이 속도 U로 움직이고 아래 판($y = 0$)은 고정되어 있는 두 평행 평판 사이 유동에서 아래 판에서의 전단응력이 0이 될 때 압력구배에 관한 식을 구하라. 또한 여러 압력구배 값에 따른 속도 분포를 그림으로 나타내라. 평판들은 수평으로 가정한다.

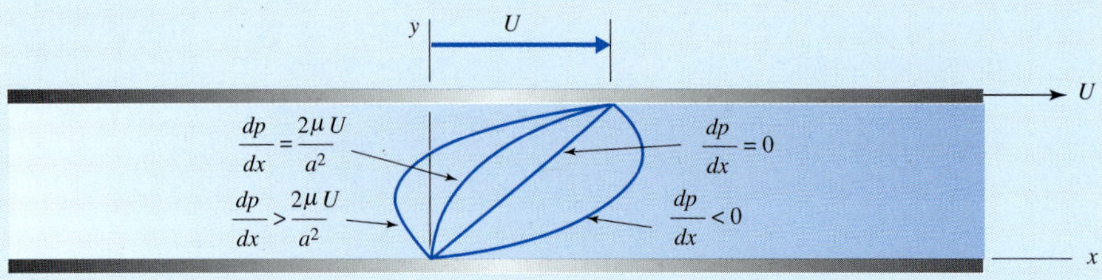

그림 E7.4

풀이

위쪽 평판이 속도 U로 움직이는 평행 평판 유동에서 속도 분포는 식 7.4.13에 주어져 있다. $dh/dx = 0$으로 놓으면

$$u(y) = \frac{1}{2\mu}\frac{dp}{dx}(y^2 - ay) + \frac{U}{a}y$$

을 얻는다. 전단응력은

$$\tau = \mu\frac{du}{dy}$$

$$= \frac{1}{2}\frac{dp}{dx}(2y - a) + \mu\frac{U}{a}$$

이다. 만약에 $y = 0$에서 $\tau = 0$이면 $y = 0$에서 $du/dy = 0$이며, 압력구배는 다음과 같다.

$$\frac{dp}{dx} = \frac{2\mu U}{a^2}$$

dp/dx가 위 값보다 커지면, du/dy는 $y = 0$에서 음수이고, 속도 u는 $y = 0$ 근처에서 음수가 될 것이다. $dp/dx = 0$이라면, 선형 속도 분포가 나타남을 알 수 있다.

$$u(y) = \frac{U}{a}y$$

만일 dp/dx가 음수이면, 평판 사이 모든 y 값에 대해 $(y^2 - ay)$가 음수이므로 $u(y)$는 선형 속도 분포보다 클 것이다.

그림 E7.4에 나와 있는 바와 같이 몇 개의 dp/dx에 대한 속도 분포 $u(y)$를 모두 정량적으로 표시할 수 있다.

7.5 회전하는 실린더 사이의 층류유동

그림 7.6에서와 같이 회전하는 동심원 실린더 사이에 완전히 발달된 정상유동에서는 비교적 간단하게 해를 얻을 수 있다. 이것은 특히 윤활 분야에서 적용할 수 있다. 여기서 유체는 기름이며 내부의 실린더 회전축 사이에 있다. 우리가 해결할 수 있는 층류유동은 외부

실린더의 각속도가 $\omega_2 = 0$으로 주어지며, 레이놀즈수[6]가 1700 이하일 때이다. 레이놀즈수가 1700이 넘으면 2차 층류유동(다른 속도 분포를 갖는 유동)이 생길 수 있으며, 궁극적으로는 난류유동으로 발달할 것이다. 사실 Re > 1700에서는 여러 형태의 층류유동(서로 다른)이 관찰된 바 있다.

KEY CONCEPT
층류유동 계산은 Re = 1700까지 유효할 것이다.

7.5.1 요소적 접근

체적력은 미분방정식에서 무시되며, 또한 실린더는 수직이라고 가정한다. 압력이 θ에 따라 변하지 않으며, 그림 7.6b에서와 같이 얇은 실린더 형태의 미소 요소가 사용될 것이다. 어떠한 각가속도도 작용하지 않기 때문에 이 요소에 작용하는 토크의 합은 0이다. 이것을 다음과 같이 쓸 수 있다.

$$\tau 2\pi r L \times r - (\tau + d\tau)2\pi(r + dr)L \times (r + dr) = 0 \tag{7.5.1}$$

여기서 L은 실린더의 길이이며, 3차원 끝단의 영향을 피하기 위해서는 폭 $(r_1 - r_2)$인 틈새보다 훨씬 길어야 한다. $dr \rightarrow 0$으로 접근할 때 높은 차수의 3개 항은 무시되며, 식 7.5.1을 요약하면 다음과 같다.

$$2\tau + r\frac{d\tau}{dr} = 0 \tag{7.5.2}$$

1차원 구성방정식(표 5.1)과 $\tau = -\tau_{r\theta}$을 고려하면 전단응력은 다음과 같다.

$$\tau = -\mu r \frac{d}{dr}\left(\frac{v_\theta}{r}\right) \tag{7.5.3}$$

이 결과는

$$-2\mu r \frac{d}{dr}\left(\frac{v_\theta}{r}\right) - r\mu \frac{d}{dr}\left[r\frac{d}{dr}\left(\frac{v_\theta}{r}\right)\right] = 0 \tag{7.5.4}$$

인데 μr로 나누고 dr을 곱한 후 적분하면

$$2\frac{v_\theta}{r} + r\frac{d}{dr}\left(\frac{v_\theta}{r}\right) = A \tag{7.5.5}$$

가 된다. 미분 결과 $\frac{d}{dr}\left(\frac{v_\theta}{r}\right) = \frac{1}{r}\frac{dv_\theta}{dr} - \frac{v_\theta}{r^2}$를 대입하고 다시 정리하면

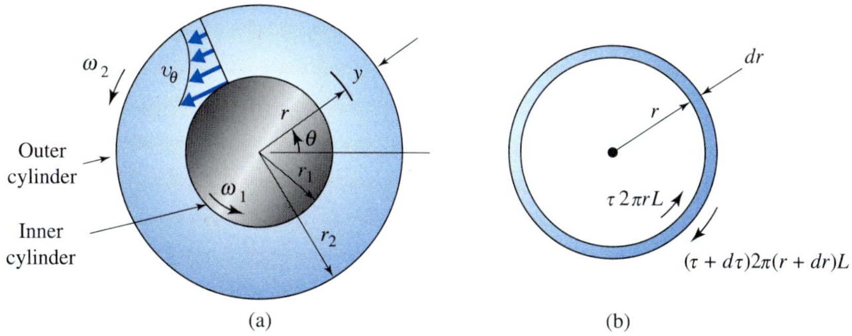

그림 7.6 동심 실린더 사이의 유동: (a) 기본적 유동 변수, (b) 실린더 사이의 유체 요소.

[6] 레이놀즈수 $Re = \omega_1 r_1 \delta/\nu$로 정의되며, 여기서 $\delta = r_2 - r_1$이다.

$$\frac{dv_\theta}{dr} + \frac{v_\theta}{r} = A \tag{7.5.6}$$

즉

$$\frac{1}{r}\frac{d}{dr}(rv_\theta) = A \tag{7.5.7}$$

이다. $r\,dr$을 곱하고, 다시 적분하면 다음을 얻는다.

$$v_\theta(r) = \frac{A}{2}r + \frac{B}{r} \tag{7.5.8}$$

경계조건은 $r = r_1$에서 $v_\theta = r_1\omega_1$이고 $r = r_2$에서 $v_\theta = r_2\omega_2$이다. 이와 같은 조건에서 다음과 같은 상수를 구할 수 있다.

$$A = 2\frac{\omega_2 r_2^2 - \omega_1 r_1^2}{r_2^2 - r_1^2} \qquad B = \frac{r_1^2 r_2^2(\omega_1 - \omega_2)}{r_2^2 - r_1^2} \tag{7.5.9}$$

적절한 나비에-스토크스 방정식으로부터 같은 결과를 얻을 수 있다. 만약 이 부분에 흥미가 없으면 7.5.3절로 넘어가면 된다.

7.5.2 나비에-스토크스 방정식 적용

동심원 실린더 사이의 정상, 층류유동에서는 유선이 원형이므로 $v_r = v_z = 0$, $v_\theta = v_\theta(r)$, $\partial p/\partial\theta = 0$이다. 표 5.1에서 θ 성분 나비에-스토크스 방정식은 다음과 같다.

$$\left(\underbrace{\frac{\partial v_\theta}{\partial t}}_{\text{steady}} + \underbrace{v_r}_{0}\frac{\partial v_\theta}{\partial r} + \frac{v_\theta}{r}\underbrace{\frac{\partial v_\theta}{\partial \theta}}_{\text{symmetric flow}} + v_z\underbrace{\frac{\partial v_\theta}{\partial z}}_{0} + \underbrace{\frac{v_r v_\theta}{r}}_{0}\right)$$
$$= -\frac{1}{r}\underbrace{\frac{\partial p}{\partial \theta}}_{0} + \mu\left[\frac{\partial^2 v_\theta}{\partial r^2} + \frac{1}{r}\frac{\partial v_\theta}{\partial r} + \frac{1}{r^2}\underbrace{\frac{\partial^2 v_\theta}{\partial \theta^2}}_{\text{symmetric flow}} + \underbrace{\frac{\partial^2 v_\theta}{\partial z^2}}_{\text{long cylinders}} + \frac{2}{r^2}\underbrace{\frac{\partial v_\theta}{\partial \theta}}_{\text{symmetric flow}} - \frac{v_\theta}{r^2}\right] \tag{7.5.10}$$

이를 정리하면

$$0 = \frac{\partial^2 v_\theta}{\partial r^2} + \frac{1}{r}\frac{\partial v_\theta}{\partial r} - \frac{v_\theta}{r^2} \tag{7.5.11}$$

$$\frac{d^2 v_\theta}{dr^2} + \frac{d}{dr}\left(\frac{v_\theta}{r}\right) = 0 \tag{7.5.12}$$

이 되고 한 번 적분하면

$$\frac{dv_\theta}{dr} + \frac{v_\theta}{r} = A \tag{7.5.13}$$

즉

$$\frac{1}{r}\frac{d}{dr}(rv_\theta) = A \tag{7.5.14}$$

이다. 한 번 더 적분하면

$$v_\theta = \frac{A}{2}r + \frac{B}{r} \tag{7.5.15}$$

이 된다. 경계조건 $r = r_1$에서 $v_\theta = r_1\omega_1$, $r = r_2$에서 $v_\theta = r_2\omega_2$를 적용하면 다음과 같이 나타낼 수 있다.

$$A = 2\frac{r_2^2\omega_2 - r_1^2\omega_1}{r_2^2 - r_1^2} \qquad B = \frac{r_1^2 r_2^2(\omega_1 - \omega_2)}{r_2^2 - r_1^2} \tag{7.5.16}$$

7.5.3 고정된 외부 실린더의 유동

베어링에서 축이 회전하는 것과 같은 대부분의 상황을 위해 외부 실린더는 고정되어 있다. $\omega_2 = 0$으로 할 때, 속도 분포는

$$v_\theta = \frac{r_1^2\omega_1}{r_2^2 - r_1^2}\left(\frac{r_2^2}{r} - r\right) \tag{7.5.17}$$

이다. 내부 실린더에서의 전단응력 τ_1을 구하면(표 5.1 참조 및 $\tau = \tau_{r\theta}$로 설정)

$$\begin{aligned}\tau_1 &= -\left[\mu r \frac{d}{dr}\left(\frac{v_\theta}{r}\right)\right]_{r=r_1} \\ &= \mu\frac{2}{r_1^2}\frac{r_1^2 r_2^2\omega_1}{r_2^2 - r_1^2} = \frac{2\mu r_2^2\omega_1}{r_2^2 - r_1^2}\end{aligned} \tag{7.5.18}$$

이고 길이 L의 내부 실린더 회전에 필요한 토크 T는

$$\begin{aligned}T &= \tau_1 A_1 r_1 \\ &= \frac{2\mu r_2^2\omega_1}{r_2^2 - r_1^2} 2\pi r_1 L r_1 = \frac{4\pi\mu r_1^2 r_2^2 L\omega_1}{r_2^2 - r_1^2}\end{aligned} \tag{7.5.19}$$

이다. 축을 회전시키기 위해 필요한 동력 $\dot{W}$는 각속도 ω_1에 토크를 곱하면 된다.

KEY CONCEPT
동력은 각속도와 토크의 곱이다.

$$\begin{aligned}\dot{W} &= T\omega_1 \\ &= \frac{4\pi\mu r_1^2 r_2^2 L\omega_1^2}{r_2^2 - r_1^2}\end{aligned} \tag{7.5.20}$$

이 동력은 점성 저항력을 극복하기 위하여 필요하다. 그리고 이는 내부에너지와 유체 온도가 증가하는 원인이 된다. 유체로부터 이 에너지를 제거하기 위해 특수한 열교환기가 사용된다.

예제 7.5

그림 7.6에서 길이 25 cm인 실린더 2개 사이의 고리 내에 채워져 있는 기름의 점성을 계산하라. 움직이지 않는 외부 실린더의 직경은 8 cm이다. 직경 7.8 cm인 내부 실린더는 토크가 0.12 Nm일 때 3800 rpm으로 회전하고 있다. 기름의 비중은 0.85이다. 실린더 양단에서의 토크는 무시한다.

풀이

레이놀즈수가 1700보다 작다고 가정하고, 식 7.5.19에 대입하면 다음과 같다.

$$\mu = \frac{T(r_2^2 - r_1^2)}{4\pi r_1^2 r_2^2 L\omega_1}$$

$$= \frac{0.12\ \text{N}\cdot\text{m}(0.04^2 - 0.039^2)\ \text{m}^2}{4\pi \times 0.04^2\ \text{m}^2 \times 0.039^2\ \text{m}^2 \times 0.25\ \text{m} \times (3800 \times 2\pi/60)\ \text{rad/s}} = 0.00312\ \text{N}\cdot\text{s/m}^2$$

$\nu = \mu/\rho$를 사용하여 레이놀즈수를 확인해 보면

$$\text{Re} = \frac{\omega_1 r_1 \delta}{\nu} = \frac{(3800 \times 2\pi/60)\ \text{rad/s} \times 0.039\ \text{m} \times 0.002/2\ \text{m}}{0.0013/(1000 \times 0.85)\text{m}^2/\text{s}} = 845$$

이는 1700 미만이기 때문에 처음 가정한 계산을 적용할 수 있다.

예제 7.6

그림 E7.6에서와 같이 내부 실린더가 외부 실린더에 가까이 있다. 평행한 평판 사이의 압력구배가 0이고 한 평판이 움직이는 쿠에트 유동과 같으며. 원주 방향 속도 분포는 선형 분포에 가깝다. 속도 분포를 구하라.

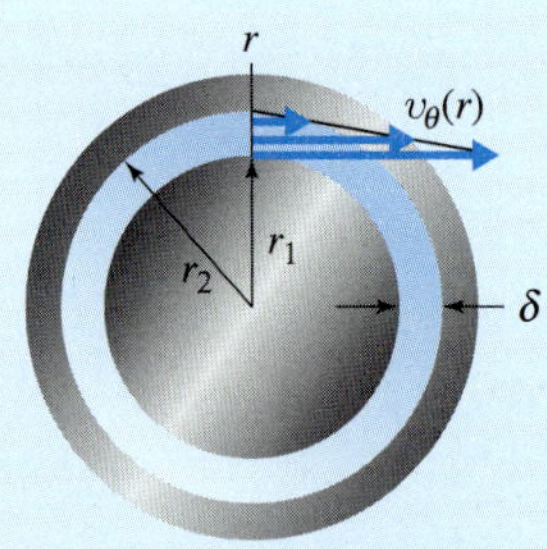

그림 E7.6

풀이

$\omega_2 = 0$일 때 속도 분포(식 7.5.17)는 다음과 같다.

$$v_\theta(r) = \frac{r_1^2\omega_1}{r_2^2 - r_1^2}\left(\frac{r_2^2}{r} - r\right)$$

$$= \frac{r_1^2\omega_1}{r_2^2 - r_1^2}\frac{r_2^2 - r^2}{r} = \frac{r_1^2\omega_1}{r_2^2 - r_1^2}(r_2 - r)\frac{r_2 + r}{r}$$

(계속)

외부 실린더로부터 안쪽 방향으로 측정되는 새로운 독립변수 y를 도입하면 $r + y = r_2$(그림 7.6 참조)와 같다. $\delta = r_2 - r_1$으로 놓고 위의 식을 다시 쓰면 다음과 같다.

$$v_\theta(r) = \frac{r_1^2\omega_1(r_2 - r)}{(r_2 - r_1)(r_2 + r_1)}\frac{r_2 + r}{r}$$

$$= \frac{r_1^2\omega_1 y}{\delta(r_2 + r_1)}\frac{2r_2 - y}{r_2 - y}$$

내부 반경이 외부 반경으로 접근할 때 $r_1 \simeq r_2$라고 쓸 수 있다. 단, $r_2 \simeq r_1 \simeq R$이라 놓으면 $r_2 + r_1 \simeq 2R$이고 $y \ll R$이므로

$$\frac{2R - y}{R - y} \simeq 2$$

이다. 속도 분포를 간략하게 하면 다음과 같다.

$$v_\theta(y) = \frac{R^2\omega_1 y}{\delta\, 2R} \times 2 = \frac{R\omega_1}{\delta}y$$

이 식은 선형 속도 분포를 나타내고 $\delta \ll R$인 경우에 대한 유동의 훌륭한 근사해이다.

7.6 파이프 내의 난류유동

원형관 내의 발달된 난류유동에 관한 연구는 파이프 내의 유동에서 실제적으로 많이 응용되고 있다. 파이프 내 유동은 대부분 난류유동이다.

주위가 고요한 실험실에서 파이프 내 유동의 레이놀즈수 40,000에서 층류유동이 관찰된다. 하지만 표준 작동상태에서 다음 식으로 주어지는 레이놀즈수가 2000을 넘으면 언제라도 난류유동으로 바뀔 수 있다.

$$\text{Re} = \frac{VD}{\nu}$$

레이놀즈수가 2000과 4000 사이에서는 유동이 층류와 난류유동 사이에서 무작위로 바뀔 수 있다. 예를 들면 직경이 5 mm인 관에서 20°C의 물이 흐른다면 난류유동이 되기 위한 평균 속도는 0.8 m/s이다. 이것은 분수대에서 물을 마실 때 나타나는 상황이다. 큰 직경 관 내에서의 평균 속도는 난류유동이 일어날 만큼 충분히 크게 나타난다.

KEY CONCEPT
식수 분수대의 물을 마실 때 난류유동이 발생한다.

난류유동에서는 세 방향의 속도 성분이 모두 0이 아니며, 그림 7.7은 시간에 따라 각 방향 성분들을 측정한 값들이다. 여기서 u, v, w는 각각 x 방향과, r 방향, θ 방향의 속도를 나타내고 있다. 공학자들은 불규칙하게 변하는 유동 속도 성분에 대해서는 관심이 없으므로 다음과 같이 시간 평균치를 사용한다.

$$u = \bar{u} + u' \qquad v = \bar{v} + v' \qquad w = \bar{w} + w' \tag{7.6.1}$$

KEY CONCEPT
기호 위의 막대는 시간평균 값이다.

여기서 $\bar{u}, \bar{v}, \bar{w}$는 시간평균[7] 속도를 나타내며, u', v', w'은 변동 성분을 나타낸다. 예로 시

[7]여기서 T는 $\bar{u}$로부터 모든 시간을 무시할 만큼 충분히 큰 시간이며, 발달한 파이프 내 유동에서 $\bar{u}$는 0이 아니며, $\bar{u} = \bar{v} = 0$일 것이다. 그것은 그림 7.7에서 보여 주고 있다.

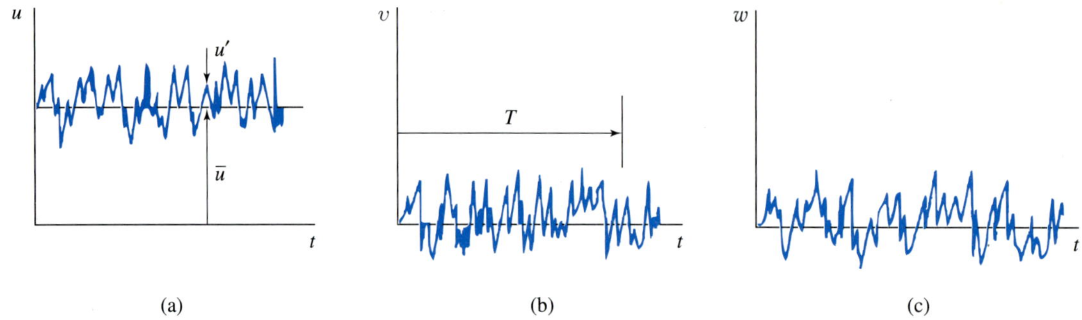

그림 7.7 난류 파이프 유동의 속도 구성요소: (a) x 축 성분 속도, (b) r 축 성분 속도, (c) θ 축 성분속도

간평균 속도 $\bar{u}$는 다음과 같이 정의된다.

$$\bar{u} = \frac{1}{T}\int_0^T u(t)\, dt \tag{7.6.2}$$

예제 7.7

정상 난류유동에서 $\overline{u'} = 0$과 $\overline{\frac{\partial u}{\partial y}} = \frac{\partial \bar{u}}{\partial y}$을 증명하라.

풀이

$\overline{u'} = 0$을 구하기 위하여 식 7.6.1의 $u(t)$를 식 7.6.2에 대입하면 다음과 같다.

$$\begin{aligned}\bar{u} &= \frac{1}{T}\int_0^T (\bar{u} + u')dt \\ &= \frac{1}{T}\int_0^T \bar{u}\, dt + \frac{1}{T}\int_0^T u'\, dt \\ &= \bar{u}\frac{1}{T}\int_0^T dt + \overline{u'} \\ &= \bar{u} + \overline{u'}\end{aligned}$$

즉 $\bar{u}$는 시간에 독립이며, 따라서 다음을 얻는다.

$$\overline{u'} = 0$$

미분계수 $\partial u/\partial y$에 대한 시간평균은

$$\begin{aligned}\overline{\frac{\partial u}{\partial y}} &= \frac{1}{T}\int_0^T \frac{\partial u}{\partial y}\, dt \\ &= \frac{\partial}{\partial y}\left(\frac{1}{T}\int_0^T u\, dt\right) = \frac{\partial}{\partial y}\bar{u}\end{aligned}$$

이다. 양변을 $\partial u/\partial y$로 나누고, 시간 T에 대해서 나누면 다음 결과가 나온다.

$$\overline{\frac{\partial u}{\partial y}} = \frac{\partial \bar{u}}{\partial y}$$

7.6.1 미분방정식

시간평균 속도 분포를 얻기 위해 풀어야 할 미분방정식은 입자 접근 방식을 사용하여 유도된다. 나비에-스토크스 방정식은 시간평균이 가능하여 동일한 미분방정식으로 된다.

그림 7.8에 나와 있는 수평한 관내의 난류유동 상황을 고려하자. x 축 y 축의 속도 성분인 u와 v를 사용한다. 유체입자[8]는 유동을 통해서 임의적으로 움직인다. 유체입자는 순간 변동속도 v' 때문에 미소 면적 dA를 통해 이동한다. 유체입자가 x 성분 속도가 높은 인접해 있는 층으로 들어감으로써 인접해 있는 층들에 지체 효과가 나타난다. x 성분 속도가 낮은 인접층으로 움직이는 유체 입자는 느리게 움직이는 유체를 가속하는 경향이 있다. 미소면적 dA를 통해 유체 입자가 임의적으로 운동하기 때문에 발생되는 x 성분의 힘은 다음과 같다(식 4.6.6 참조).

$$dF = -\rho v' dA\, u' \tag{7.6.3a}$$

여기서 u'은 운동량 교환으로 인한 x 성분 속도의 음의 변화량이며, $\rho v' dA$는 단면적을 통과하는 질량유량이므로 음의 부호를 붙여 dF를 양으로 만든다. 양변을 dA면적으로 나누어, '응력'을 구하게 된다. 이 응력은 난류 전단응력이라 한다.

$$\tau_{\text{turb}} = \frac{dF}{dA} = -\rho u' v' \tag{7.6.3b}$$

여기서 양의 v'은 음의 u'을 만들어 내므로 평균적으로 $u'v'$은 음수값이다. 여기서 '전단응력'은 실제 운동량 변화이지만, 응력과 같은 효과를 가지고 있어서 이것을 전단응력이라 한다.

KEY CONCEPT
양의 v'은 음의 u'을 만들어 낸다.

시간평균 난류 전단응력은 종종 겉보기 전단응력이라 부르고 있다. 이것은 다음과 같이 나타난다.

$$\bar{\tau}_{\text{turb}} = -\rho \overline{u'v'} \tag{7.6.4}$$

w' 성분(θ 방향에서)은 x 성분 속도가 더 높거나 더 낮은 층으로 유체 입자가 움직이도록 하지 않기 때문에 $\overline{u'w'}$이 0임을 주의해야 한다. 같은 논리로 $\overline{v'w'} = 0$이다.

특정한 위치에서의 총 전단응력은 점성과 운동량 교환 둘 다에 기인하며 다음과 같은 식으로 쓸 수 있다.

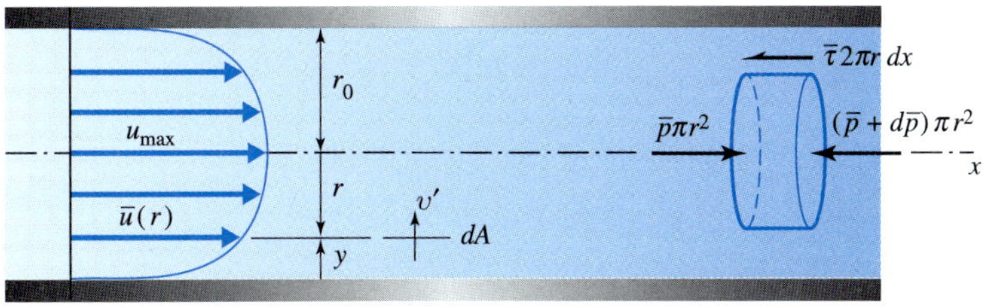

그림 7.8 수평 파이프 내에서의 난류유동

[8]유체 입자는 비교적 질량이 작고, 많은 수의 분자로 구성되어 있으며, 이러한 유체 입자는 하나의 입자처럼 움직이는 경향이 있다.

$$\bar{\tau} = \bar{\tau}_{\text{lam}} + \bar{\tau}_{\text{turb}}$$
$$= \mu\frac{\partial\bar{u}}{\partial y} - \rho\overline{u'v'} \tag{7.6.5}$$

전단응력은 그림 7.8에서 수평한 실린더 요소들의 합력으로부터 압력구배와 관련된다. 그 결과 식은 다음과 같다.

$$\bar{\tau} = -\frac{r}{2}\frac{d\bar{p}}{dx} = \frac{r\Delta\bar{p}}{2L} \tag{7.6.6}$$

KEY CONCEPT
점성 전단력은 매우 얇은 점성 벽면층에서는 0이 아니다.

전단응력 분포는 층류유동일 때와 같이 난류유동에서도 선형으로 나타난다(식 7.3.17). 벽면에서는 속도 변동이 0이므로 벽에서의 난류 전단응력도 0이고, 총 전단력은 그림 7.9에 나와 있는 것처럼 중심선 $r = 0$ 또는 $y = r_0$일 때 0이다. 점성 전단력은 그림 7.9b에 나와 있듯이 벽면 근처의 매우 얇은 점성 벽면층(δ_ν 두께)에서만 0이 아니다. 난류 전단력은 점성 벽면층 내의 벽 근처에서 최댓값에 도달한다.

2개의 방정식을 결합하여 시간평균 속도 분포를 구하면 다음과 같다.

$$\frac{r}{2}\frac{d\bar{p}}{dx} = \rho\overline{u'v'} + \mu\frac{d\bar{u}}{dr} \tag{7.6.7}$$

KEY CONCEPT
$\overline{u'v'}$값은 해석적으로 결정할 수 없다.

여기서 $r + y = r_0$를 사용했으므로 $dy = -dr$이다. 발달된 유동에서는 $d\bar{p}/dx$ = 일정이다. 그러므로 r의 변화에 따른 $\overline{u'v'}$ 식을 알 수 있으면 미분방정식을 풀 수 있다. 그러나 해석적으로 $\overline{u'v'}$을 결정할 수 없으므로 $\overline{u'v'}$에 관한 실험식을 알기 전까지는 방정식 7.6.7의 해를 구할 수 없다. 따라서 그 대신 속도 분포 $\bar{u}(y)$에 대한 경험식을 사용한다. 다음 절에서 이를 다루기 전에 와도점성과 혼합 길이 및 상관계수에 대해서 언급하기로 한다.

식 7.6.7에서 미지수 $\overline{u'v'}$ 값을 사용하는 대신 다음 관계식으로 정의되는 와도점성 η를 도입한다.

$$\overline{u'v'} = \eta\frac{d\bar{u}}{dr} \tag{7.6.8}$$

η는 동점성계수와 같은 차원을 가지고 있다. 와도점성을 사용하면 미분방정식은 다음과 같다.

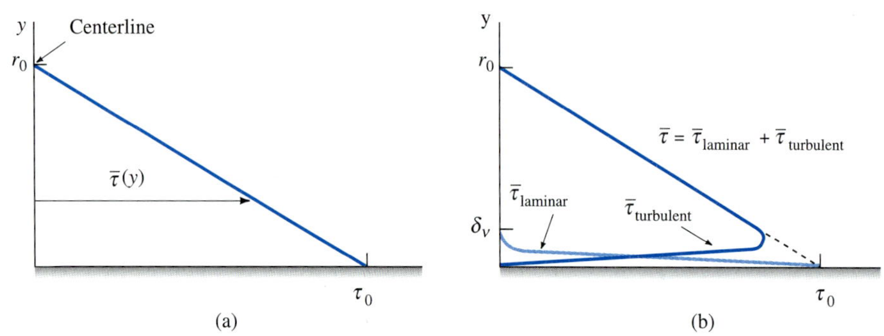

그림 7.9 발달된 파이프 유동 내에서의 전단응력 분포

$$\frac{r}{2}\frac{d\overline{p}}{dx} = \rho(\nu + \eta)\frac{d\overline{u}}{dr} \tag{7.6.9}$$

난류 유동이 유체 입자 사이의 불규칙하고 혼란스러운 혼합 과정이라는 관점에서, 혼합길이 l_m을 도입할 수 있고, 혼합길이는 다른 입자와 상호작용 전 입자의 이동 거리이다. 운동량 상호 교환에 관계된 추리에 기반하여 와도점성과 혼합길이에 대한 관계식을 다음과 같이 쓸 수 있다.

$$\eta = l_m^2\left|\frac{d\overline{u}}{dy}\right| \tag{7.6.10}$$

상관계수 K_{uv}는 무차원화된 난류 전단응력 계수이며, 난류운동을 묘사할 때 사용되고, 값의 범위는 ±1이며 다음과 같이 정의된다.

$$K_{uv} = \frac{\overline{u'v'}}{\sqrt{\overline{u'^2}}\sqrt{\overline{v'^2}}} \tag{7.6.11}$$

여기서 시간 평균값은 식 7.6.2로 정의되었다.

η 값과 l_m 값, K_{uv} 값은 r (또는 y)의 함수이며 간단하게 변수 $\overline{u'v'}$를 대신할 수 있다. 이 값들을 사용해서 식 7.6.7을 간단히 할 수는 없지만, 약간 다른 형태의 방정식으로 만들 수 있다. 해석적인 방법들을 사용하여 $\overline{u}(r)$을 구할 수 없기 때문에 η, l_m, K_{uv}는 실험적 자료에 의존해야 한다.

KEY CONCEPT
η 값과 l_m 값, K_{uv} 값은 간단하게 변수 $\overline{u'v'}$ 를 대신할 수 있다.

예제 7.8

그림 7.9b의 벽 근처에서 난류 전단력이 최대값을 가지며 비교적 일정하다는 것을 그림 E7.8에서 보여 주고 있다. 점성에 의한 전단력은 매우 작다. 혼합 길이는 벽으로부터의 거리에 비례한다고 가정한다. 이 가정하에 $\overline{u}(y)$가 벽 근처에서 대수 함수적임을 보여라.

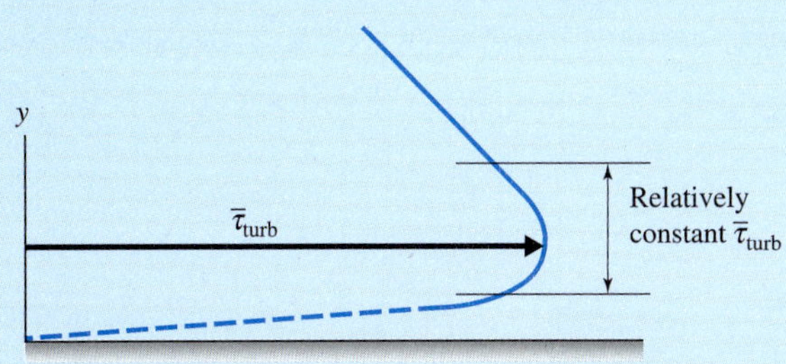

그림 E7.8

풀이

점성전단을 무시하고, 식 7.6.5와 7.6.8과 7.6.10을 결합하면 다음과 같다.

$$\overline{\tau}_{turb} = \rho\eta\frac{d\overline{u}}{dy} = \rho l_m^2\left(\frac{d\overline{u}}{dy}\right)^2$$

$\overline{\tau}_{turb}$ = 일정 = c_1이고 다음과 같다고 가정한다.

(계속)

$$l_m = c_2 y$$

그 결과

$$c_1 = \rho c_2^2 y^2 \left(\frac{du}{dy}\right)^2$$

또는

$$y \frac{d\bar{u}}{dy} = c_3$$

가 되는데 여기서 $c_3 = \sqrt{c_1/\rho c_2^2}$ 이다. 이를 적분하면 다음을 얻는다.

$$\bar{u}(y) = c_3 \ln y + c_4$$

따라서 앞에서 말한 가정으로 우리는 벽 근처의 난류 영역에서 대수 분포가 나타날 것이라고 예측할 수 있다. 실험 자료로부터 구해진 자료로 우리는 이 가정이 관 내 난류유동에서 적합하다고 결론을 내릴 수 있다.

7.6.2 속도 분포

그림 7.10에 나와 있는 것처럼 관 내에서 시간평균 속도 분포는 평균 벽조도 높이 e의 크기에 따라 크게 좌우된다. 비록 유리와 플라스틱의 조도는 $e = 0$로 매끄럽다고 가정하게 되지만 확대하여 보았을 때 모든 물질은 '거칠다'. (e의 크기는 그림 7.13에 나열되어 있다.) 앞 절에서 기술한 바와 같이, 층류 전단은 두께 δ_ν의 점성 벽층 내의 근처에서 의미가 크다. 만일 두께 δ_ν가 충분하게 크고, 벽조도 요소들이 유동에 영향을 끼칠 수 없다면, 이때 벽은 매끄럽다고 할 수 있다. 이와 같은 상태를 수력학적으로 매끄럽다고 한다. 만일 점성 벽층이 상대적으로 얇으면, 조도는 상대적으로 커지면서 벽은 거칠다고 할 수 있다. 상대조도 e/D와 레이놀즈수는 관이 거칠거나 매끄러운 정도를 결정하기 위해 사용된다. 다음 절에서 설명할 마찰계수 자료로부터 알 수 있다.

KEY CONCEPT
만약 δ_ν두께가 충분히 크고 이때 벽면이 매끄럽다면 파이프는 수력학적으로 매끄럽다고 할 수 있다.

발달된 난류유동에서는 속도 분포를 구할 수 없다. 왜냐하면 $\overline{u'v'}$를 해석적으로 결정할 수 없기 때문이다. 그러므로 $\bar{u}(y)$를 구하기 위해 경험적인 자료를 직접 이용하고, 식 7.6.7을 이용해서는 구하지 않는다. 난류유동에서 중요한 두 가지 일반적인 표현은 다음과 같다.

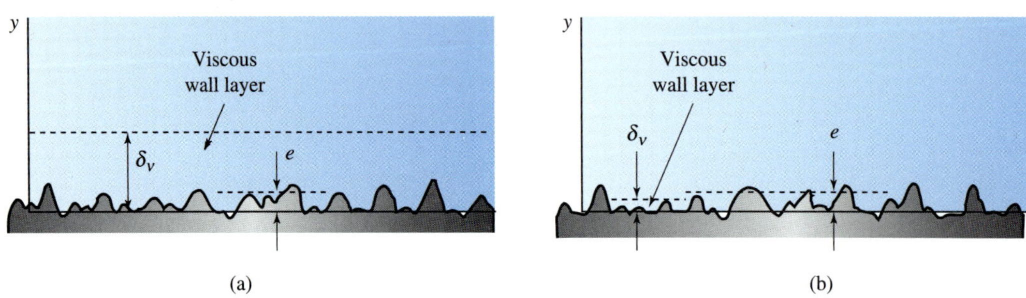

그림 7.10 (a) 매끄러운 벽, (b) 거친 벽

매끄러운 벽에서와 거친 벽에서 속도 분포로 나타내는 것이 첫 번째 방법이다. 만일 유동이 그림 7.10a에서와 같이 매끄러운 벽을 가지고 있으면, 벽 지역과 벽 외부 지역의 2개 유동 지역으로 나눌 수 있다. 벽 지역에서의 특성속도와 특성길이는 **전단속도**(shear velocity)[9] $u_\tau = \sqrt{\tau_0/\rho}$와 **점성길이**(viscous length) ν/u_τ에 의해 정의된다. 매끄러운 관에서 벽 지역의 무차원 속도 분포는 다음과 같다.

전단속도: $\sqrt{\tau_0/\rho}$의 크기를 전단속도라고 정의한다.

점성길이: 점성길이 ν/u_τ는 난류유동에서의 특성길이이다.

$$\frac{\bar{u}}{u_\tau} = \frac{u_\tau y}{\nu} \text{ (viscous wall layer)} \qquad 0 \le \frac{u_\tau y}{\nu} \lesssim 5 \qquad (7.6.12)$$

$$\frac{\bar{u}}{u_\tau} = 2.44 \ln \frac{u_\tau y}{\nu} + 4.9 \text{ (turbulent region)} \qquad 30 < \frac{u_\tau y}{\nu},\ \frac{y}{r_0} < 0.15 \qquad (7.6.13)$$

구간 $5 < u_\tau y/\nu < 30$ 즉, 완충 영역에서는 실험 자료가 그림 7.11a처럼 어느 곡선과도 일치하지 않고 양 끝에서 두 곡선과 합쳐진다. 점성 벽층의 두께는 δ_ν이며 이 층 안에서 난류 유동이 시작되는 것으로 생각된다. 이 층의 시간평균 속도분포는 선형이다. 그러나 이 층은 순간 순간 매우 시간에 의존적이다. 벽 지역의 바깥쪽 끝은 레이놀즈수에 매우 의존적이며 그림처럼 낮은 레이놀즈수에 대해서는 $u_\tau y/\nu = 3000$ 근처에 위치할 것이다.

KEY CONCEPT
점성벽층은 난류유동이 유발되는 지역으로 생각되고 있다.

거친 관에서는 난류가 벽의 돌출부에서 시작되기 때문에 점성 벽층은 중요한 역할을 하지 못한다. 따라서 벽 지역에서는 오직 대수 함수적인 속도 분포만을 필요로 한다. 거친 벽에서 특성길이는 평균 벽조도 높이 e이고, 무차원 속도 분포식은 다음과 같다.

$$\frac{\bar{u}}{u_\tau} = 2.44 \ln \frac{y}{e} + 8.5 \qquad \frac{y}{r_0} < 0.15 \qquad \text{(wall region)} \qquad (7.6.14)$$

여기서 상수 8.5와 2.44는 실험 자료와 정확히 일치한다.

외부 지역은 그림 7.11b에서 보여 주며, 특성길이는 r_0이다. 속도결손($u_{max} - \bar{u}$)은 u_τ를 사용하여 무차원화되고, 매끄러운 관과 거친 관 모두에서 다음과 같은 경험식으로 주어진다.

$$\frac{u_{max} - \bar{u}}{u_\tau} = 2.44 \ln \frac{r_0}{y} + 0.8 \qquad \frac{y}{r_0} \le 0.15 \qquad \text{(outer region)} \qquad (7.6.15)$$

$0.15 < y/r_0 \le 1$범위에서의 분포를 완성하려면 추가적인 경험식이 필요하다.

벽 지역과 외부 지역은 그림 7.11a에 나와 있는 바와 같이 겹쳐진다. 이 겹쳐진 지역에서는 최대 속도를 나타내기 위해 위의 식을 결합시킬 수 있다. 매끄러운 관에서는

$$\frac{u_{max}}{u_\tau} = 2.44 \ln \frac{u_\tau r_0}{\nu} + 5.7 \qquad \text{(smooth pipes)} \qquad (7.6.16)$$

[9] 전단속도 u_τ는 가상 속도이며 실제 유동장에서의 유속과는 아무런 관계가 없다. 이 값은 속도의 크기로, 실험 데이터를 일반적인 속도장에 적용하게 해준다. 점성거리 역시 가상의 값이다.

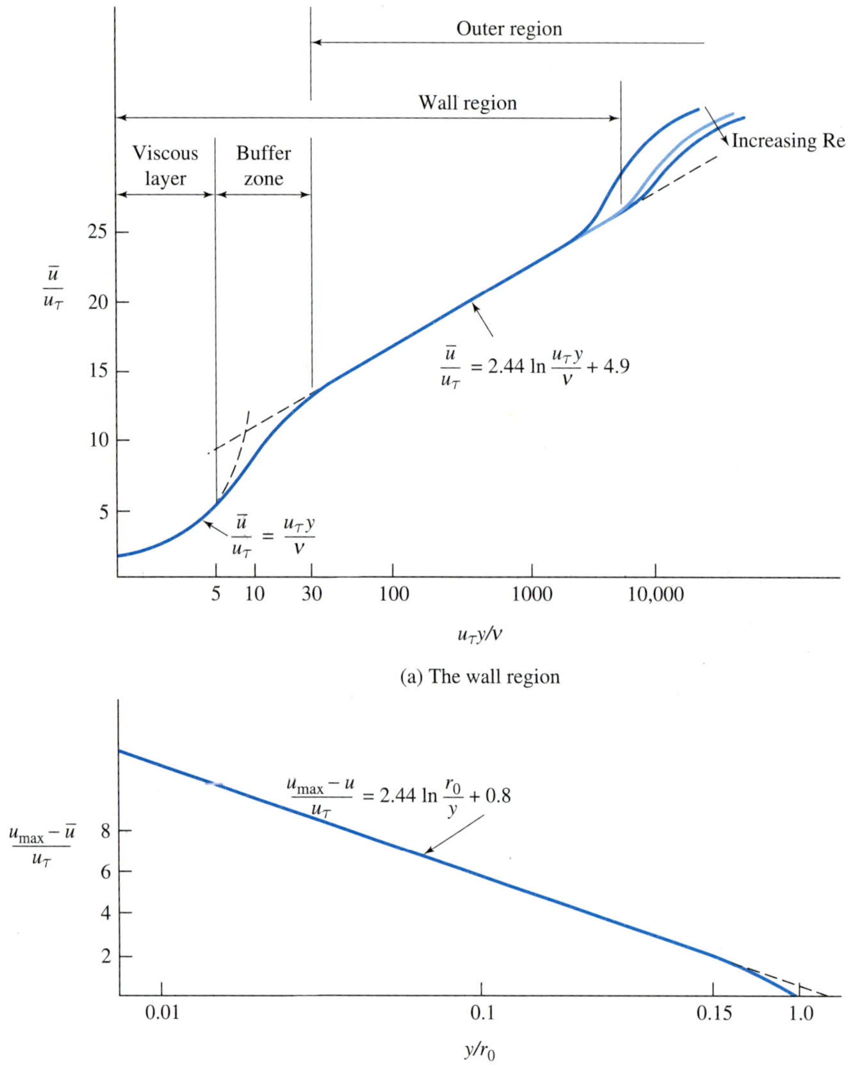

(b) The outer region

그림 7.11 매끄러운 관내에서의 실험 관계식; (a) 벽 지역, (b) 외부 지역(J. Laufer, The Structure of Turbulence in Fully Developed Pipe Flow, NACA report 1174,1954.)

이고 거친 관에서는

$$\frac{u_{max}}{u_\tau} = 2.44 \ln \frac{r_0}{e} + 9.3 \qquad \text{(rough pipes)} \qquad (7.6.17)$$

이다.

관의 특정한 반경에서의 실제 시간평균 속도를 자주 사용하지는 않지만, 가끔씩은 사용되므로 위의 속도 분포는 완전성을 위해 제시되어 있다. 그러나 u_{max}를 구하기 위해서는 u_τ를 알아야 하고, u_τ를 위해서는 τ_0를 알아야 한다. τ_0를 구하기 위해서는 다음과 같은 압력구배를 사용한다.

$$\tau_0 = -\frac{r_0}{2}\frac{dp}{dx} \qquad (7.6.18)$$

또한 식 7.3.19의 마찰계수로부터 구할 수도 있다. 만일 dp/dx와 f를 알지 못하면 마찰계수 f의 근사값을 구하기 위해 다음처럼 멱급수 형태의 속도 분포식을 사용할 수 있다.

대체적으로 난류유동의 간단한 형태의 묘사는 멱법칙을 통해 충분히 가능하다.

$$\frac{\bar{u}}{u_{\max}} = \left(\frac{y}{r_0}\right)^{1/n} \tag{7.6.19}$$

여기서 y는 관 내 벽에서 측정되고 n은 5와 10 사이의 정수이다. 이 속도 분포를 사용하여 다음과 같이 평균 속도를 구할 수 있다.

$$V = \frac{1}{\pi r_0^2}\int_0^{r_0} \bar{u}(r) 2\pi r\, dr = \frac{2n^2}{(n+1)(2n+1)} u_{\max} \tag{7.6.20}$$

이 평균 속도 분포는 그림 7.12의 층류 분포와 비교된다.

지수 n 값과 마찰계수와의 관계는 다음과 같은 경험식으로 주어진다.

$$n = \frac{1}{\sqrt{f}} \tag{7.6.21}$$

상수 n은 레이놀즈수와 관 벽의 조도 e/D에 따라 5부터 10까지 변한다. 매끄러운 관에서의 지수 n은 표 7.1과 같이 레이놀즈수와 연관된다.

멱법칙 분포는 모든 n에서 $(d\bar{u}/dy)_{\text{wall}} = \infty$이므로 벽에서 기울기를 구하는 데 사용하지는 못할 것이다.

그러므로 벽 전단응력을 예측하는 데에는 사용할 수 없다. 벽 전단력은 식 7.6.21과 7.3.19를 조합하여 구할 수 있다. 또한 관의 중심선에서 양의 기울기를 가지며, 여기서는 기울기가 0이 되어야 하므로 중심선 부근에서는 유효하지 않게 된다.

관 내에서 운동에너지 보정계수 (식 4.5.27 참조)는 n이 각각 5와 7, 10일 때 1.11과

KEY CONCEPT
멱법칙 분포는 중심 또는 벽면에서 경사를 구하는 데 사용할 수 없다.

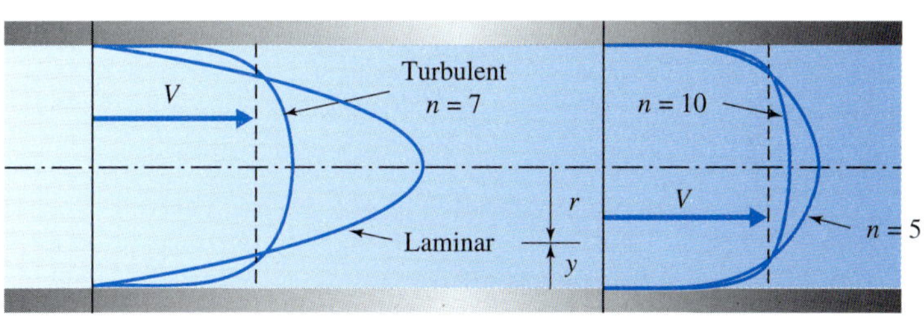

그림 7.12 난류 속도 분포

표 7.1 매끄러운 관에서의 지수 n

$Re = VD/\nu$	4×10^3	10^5	10^6	$>2 \times 10^6$
n	6	7	9	10

1.06, 1.03이 된다. $n > 7$인 경우에는 이 값이 1에 근접하기 때문에, 난류유동의 문제를 풀 때에는 종종 에너지 방정식에서 이 값을 1로 놓는다.

예제 7.9

20°C의 물이 1.6 m/s의 평균 속도로 직경 10 cm의 관에 흐른다. 만일 표면 조도높이가 0.046 mm라면 벽은 거친가 아니면 매끄러운가? 그림 7.10을 참고 한다.

풀이

벽이 거친지 매끄러운지를 결정하기 위해서는 조도의 높이와 점성 벽층의 두께를 비교해야 한다. 먼저 점성 벽층의 두께를 구해야 한다. 그림 7.11로부터 점성층 두께는 $u_\tau y/\nu = 5$, $y = \delta_\nu$으로 놓고 구한다. 레이놀즈수는

$$\begin{aligned}\text{Re} &= \frac{VD}{\nu}\\ &= \frac{1.6 \times 0.1}{10^{-6}} = 1.6 \times 10^5\end{aligned}$$

이다. 표 7.1을 참고하면 $n \simeq 7.5$이므로, 식 7.6.21로부터

$$\begin{aligned}f &= \frac{1}{n^2}\\ &= \frac{1}{7.5^2} = 0.018\end{aligned}$$

이다. 식 7.3.19로부터 벽 전단응력을 계산하면

$$\begin{aligned}\tau_0 &= \frac{1}{8}\rho V^2 f\\ &= \frac{1}{8} \times 1000 \times 1.6^2 \times 0.018 = 5.8\ \text{Pa}\end{aligned}$$

이고 마찰속도는 전단속도의 정의로부터 알아낸다.

$$\begin{aligned}u_\tau &= \sqrt{\frac{\tau_0}{\rho}}\\ &= \sqrt{\frac{5.8}{1000}} = 0.076\ \text{m/s}\end{aligned}$$

이다. 점성 벽층의 두께는

$$\begin{aligned}\delta_\nu &= \frac{5\nu}{u_\tau}\\ &= \frac{5 \times 10^{-6}}{0.076} = 6.6 \times 10^{-5}\ \text{m} \quad \text{or} \quad 0.066\ \text{mm}\end{aligned}$$

이다. 여기서 조도의 크기는 0.046 mm이며, 벽은 매끄럽다(그림 7.10a 참조). 만약 파이프가 $e = 0.26$ mm인 주철로 만들어졌다면 벽은 거칠 것이다.

점성벽층의 크기는 관 반지름 0.1%밖에 안 된다는 것을 유념하라. 점성벽층은 대개 매우 얇다.

예제 7.10

그림 E7.10에서 4 cm 직경의 매끄러운 수평관에 20°C의 물이 0.004 m^3/s로 유동한다. 멱법칙을 사용하여 (a) 마찰계수, (b) 최대 속도, (c) $u = V$가 되는 반경 방향 위치, (d) 벽 전단력, (e) 10 m 길이에서의 압력 강하, (f) 최대 속도(식 7.6.16을 사용)를 구하라.

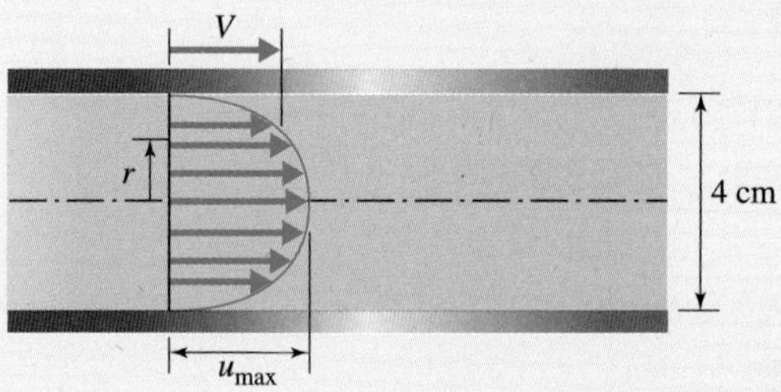

그림 E7.10

풀이

(a) 평균속도는

$$V = \frac{Q}{A} = \frac{0.004}{\pi \times 0.02^2} = 3.18$$

이며 레이놀즈수는

$$\text{Re} = \frac{VD}{\nu} = \frac{3.18 \times 0.04}{10^{-6}} = 1.27 \times 10^5$$

이다. 표 7.1을 참고하면 마찰계수는 $n \simeq 7.5$이고 식 7.6.21로부터 다음을 얻는다.

$$f = \frac{1}{n^2}$$
$$= \frac{1}{7.5^2} = 0.018$$

(b) 식 7.6.20을 이용하여 최대 속도를 구하면 다음과 같다.

$$u_{max} = \frac{(n+1)(2n+1)}{2n^2} V$$
$$= \frac{8.5 \times 16}{2 \times 7.5^2} \times 3.18 = 3.84 \text{ m/s}$$

(c) 식 7.6.19를 이용하여 $u = V = 3.18$ m/s인 벽으로부터 거리를 구하면 다음과 같다.

$$\frac{\bar{u}}{u_{max}} = \left(\frac{y}{r_0}\right)^{1/7.5}$$
$$\therefore y = r_0 \left(\frac{u}{u_{max}}\right)^{7.5}$$
$$= 2\left(\frac{3.18}{3.84}\right)^{7.5} = 0.49 \text{ cm}$$

그러므로 반경 위치는 다음과 같다.

$$r = r_0 - y$$
$$= 2 - 0.49 = 1.51 \text{ cm}$$

(계속)

(d) 식 7.3.19를 이용하면 벽 전단력은 다음과 같다.

$$\tau_0 = \frac{1}{8}\rho V^2 f$$
$$= \frac{1}{8} \times 1000 \times 3.18^2 \times 0.018 = 23 \text{ Pa}$$

(e) 식 7.6.18에 $\Delta p/L = -dp/dx$를 이용하여 압력강하를 구하면 다음과 같다.

$$\Delta p = \frac{2\tau_0 L}{r_0}$$
$$= \frac{2 \times 23 \times 10}{0.02} = 23\,000 \text{ Pa} \quad \text{or} \quad 23 \text{ kPa}$$

(f) 식 7.6.16을 이용하려면 전단속도를 알아야 한다.

$$u_\tau = \sqrt{\frac{\tau_0}{\rho}}$$
$$= \sqrt{\frac{23}{1000}} = 0.152 \text{ m/s}$$

그러므로 최대 속도 u_{max}은

$$u_{max} = 0.152\left(2.44 \ln \frac{0.152 \times 0.02}{10^{-6}} + 5.7\right) = 3.84 \text{ m/s}$$

으로 (b)에서 멱법칙 공식에 의해 구한 값과 동일하다. 식 7.6.20으로 답을 구하는 것보다 정확한 값을 얻을 수 있다. 실험 자료는 유효숫자 세 자리를 초과한 정확도는 제공하지 않는다.

7.6.3 발달된 파이프 내 유동의 손실

대부분의 파이프에서 계산되는 값은 수두손실에 의한 값이다. 만약 파이프 내 발달된 유동에서의 수두손실을 알고 있다면, 압력 변화를 계산해서 펌프 용량를 구할 수 있다. 파이프 내 발달된 유동의 에너지 방정식(식 4.5.17)으로부터 다음 식을 얻을 수 있다.

$$h_L = \frac{\Delta(p + \gamma h)}{\gamma} \tag{7.6.22}$$

발달된 유동에서 벽면의 전단력으로부터 생기는 수두손실은 다르시-바이스바하 방정식(식 7.3.20)의 마찰계수와 연관되어 있다.

$$h_L = f\frac{L}{D}\frac{V^2}{2g} \tag{7.6.23}$$

KEY CONCEPT
마찰계수를 알고 있다면 수두 손실과 압력 강하를 구할 수 있다.

따라서 만약 마찰계수를 알고 있다면 수두손실과 압력강하를 구할 수 있다.

마찰계수 f는 유동에 영향을 미치는 다양한 값들에 의존한다. 이것을 나열하면

$$f = f(\rho, \mu, V, D, e) \tag{7.6.24}$$

인데 여기서 벽면의 평균 조도 높이 e는 벽면의 거칠기에 의한 영향을 반영한 것이다. 그리고 6.2절의 차원해석을 통해 다음 식을 구할 수 있다.

$$f = f\left(\frac{\rho VD}{\mu}, \frac{e}{D}\right) \tag{7.6.25}$$

여기서 e/D는 상대조도이다.

완전히 발달된 파이프 유동에서 레이놀즈수와 마찰계수 사이의 관계 자료가 넓은 범위의 벽 거칠기에 대해 구해져 있다. 이러한 자료의 결과는 그림 7.13에 나타나 있으며, 흔히 **무디 선도**(*Moody diagram*)로 불리운다. 무디 선도의 몇 가지 특징들은 다음과 같다.

- 상대조도 e/D로부터 계산되는 벽면조도의 주어진 값에 대해, 충분히 큰 레이놀즈수에서 마찰계수는 일정한 값이 되며, 이 영역을 **완전한 난류영역**(*completely turbulent regime*)이라 한다. 평균조도의 크기 e는 점성 벽층 두께 δ_ν보다 크고 따라서 점성효과는 무시된다. 유동 저항은 주로 유동장 내로 튀어 나와 있는 돌출부에 의해 발생된다.
- 상대조도 e/D가 작은 경우에는 레이놀즈수가 감소함에 따라 천이구역 내에서 마찰계수가 증가하며, 결국 매끄러운 관과 같은 현상이 나타난다. 돌출부는 점성 벽층에 잠겨서 주된 흐름에 영향을 미치지 못한다.
- 레이놀즈수가 2000보다 작으면, 층류유동의 마찰계수가 나타난다. 임계영역은 난류유동을 층류유동에 연결시켜 주며 층류유동과 난류유동이 교대로 존재하는 진동현상이 나타난다.
- 무디 선도에서 e 값은 새 파이프에 대한 값을 나타낸다. 하지만 이 관이 시간이 지남에 따라 부식되고 더럽혀지게 될 때 관의 직경과 조도가 변하게 되며 결과적으로 마찰계수가 증가하게 된다. 그러므로 이러한 요인들을 생각하여 관로를 설계해야 한다.

KEY CONCEPT
충분히 큰 레이놀즈수에서 마찰계수는 일정한 값을 갖는다.

다음에 주어진 경험식은 Re > 4000에 대한 무디 선도 상의 곡선들을 표현한다.

매끄러운 파이프 유동:
$$\frac{1}{\sqrt{f}} = 0.86 \ln \mathrm{Re}\sqrt{f} - 0.8 \tag{7.6.26}$$

완전한 난류영역:
$$\frac{1}{\sqrt{f}} = -0.86 \ln \frac{e}{3.7D} \tag{7.6.27}$$

천이영역:
$$\frac{1}{\sqrt{f}} = -0.86 \ln \left(\frac{e}{3.7D} + \frac{2.51}{\mathrm{Re}\sqrt{f}}\right) \tag{7.6.28}$$

매끄러운 관 방정식과 완전한 난류 구조 방정식을 연결시켜 주는 천이영역 방정식(수식 7.6.28)은 **콜브룩 방정식**(Colebrook equation)으로 알려져 있다. 식 7.6.26은 $e = 0$일 때 콜브룩 방정식이고 식 7.6.27은 Re = ∞일 때 콜브룩 방정식이다.

콜브룩 방정식: 이 방정식은 매끈한 관의 방정식과 완전 난류유동 방정식이 결합된 방정식이다.

길이가 L인 직선 관에서 발달된 난류유동에 대해 세 경우의 문제로 분류할 수 있다.

Category	*Known*	*Unknown*
1	Q, D, e, ν	h_L
2	D, e, ν, h_L	Q
3	Q, e, ν, h_L	D

경우 1은 무디 선도를 사용할 때 반복과정이 필요 없다. 경우 2와 3은 공학설계 상황에서 부딪치는 문제들과 유사하며 무디 선도를 이용할 때 시행착오 과정을 거치게 된다. 각각의

KEY CONCEPT
경우 2와 3의 문제는 시행착오법을 사용한다.

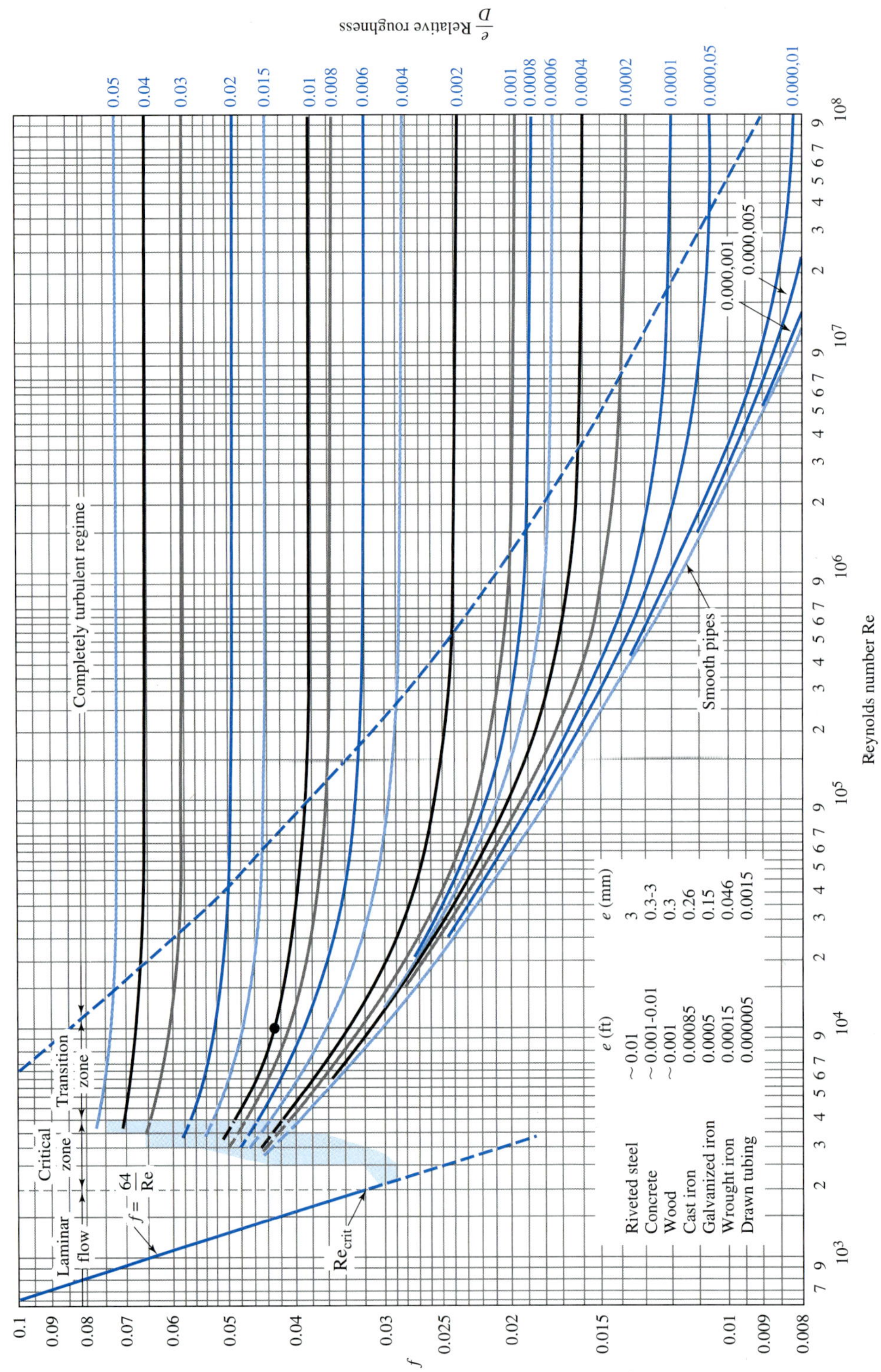

그림 7.13 무디 선도(L.F.Moody, Trans. ASME, Vol. 66,1944.)(e/D= 0.006이고 rmRe=10^4 일 때 f=0.043 임에 주의하라)

유형은 예제에서 설명할 것이다.

무디 선도를 이용하되 시행착오법을 사용하지 않고 마찰계수를 구하려면 경험적으로 유도된 식을 사용하면 된다. 보통 파이프 유동에서 가장 좋은 공식은 스와미(Swamee)와 제인(Jain)(1976)의 식이다. 다음에 주어진 식들은 위의 각 유형에서의 미지수에 대한 근사값을 양함수 형태로 계산할 수 있도록 해준다.

$$h_L = 1.07 \frac{Q^2 L}{g D^5} \left\{ \ln\left[\frac{e}{3.7D} + 4.62 \left(\frac{\nu D}{Q} \right)^{0.9} \right] \right\}^{-2} \qquad \begin{matrix} 10^{-6} < e/D < 10^{-2} \\ 3000 < \text{Re} < 3 \times 10^8 \end{matrix} \quad (7.6.29)$$

$$Q = -0.965 \left(\frac{g D^5 h_L}{L} \right)^{0.5} \ln\left[\frac{e}{3.7D} + \left(\frac{3.17 \nu^2 L}{g D^3 h_L} \right)^{0.5} \right] \qquad \text{Re} > 2000 \quad (7.6.30)$$

$$D = 0.66 \left[e^{1.25} \left(\frac{L Q^2}{g h_L} \right)^{4.75} + \nu Q^{9.4} \left(\frac{L}{g h_L} \right)^{5.2} \right]^{0.04} \qquad \begin{matrix} 10^{-6} < e/D < 10^{-2} \\ 5000 < \text{Re} < 3 \times 10^8 \end{matrix} \quad (7.6.31)$$

식 7.6.30은 무디 선도와 정확히 일치한다. 그리고 식 7.6.29와 7.6.31은 무디 선도와 약 2% 이내의 오차를 보인다. 이 정도의 오차는 공학계산에서 허용될 수 있는 값이다. 선도는 5% 이내의 오차를 갖는 실험값에 기반한 것이라는 것을 알아야 한다. 그러므로 앞에서 말한 스와미와 제인의 3개의 공식은 프로그램된 휴대용 계산기에 입력하여 쉽게 사용할 수 있으며, 설계기사들이 자주 사용한다. 다음의 예제들은 이러한 근사 공식들의 사용에 대해 설명하고 있다.

KEY CONCEPT
무디 선도의 오차는 5% 이내 이다.

예제 7.11

24°C의 물이 길이가 450 m이고 직경이 3.8 cm인 단철 수평 파이프를 2.75 L/s의 유량으로 수송된다. (a) 무디 선도와 (b) 실험식을 사용하여 길이 450 m의 파이프에 대한 압력강하를 계산하라.

풀이

(a) 평균 속도는

$$V = \frac{Q}{A} = \frac{2.75 \times 10^{-3}}{\pi \times (0.019)^2} = 2.43 \text{ m/s}$$

이고 레이놀즈수는

$$\text{Re} = \frac{VD}{\nu} = \frac{2.43 \times 0.038}{9.1 \times 10^{-7}} = 1.01 \times 10^5$$

이다. 그림 7.13으로부터 e를 얻고, $D = 4/100$ m을 사용하면

$$\frac{e}{D} = \frac{0.000046}{0.038} = 0.0012$$

을 얻는다. 무디 선도로부터 마찰계수를 구한다.

$$f = 0.023$$

수두손실은 다음과 같이 계산된다.

$$h_L = f \frac{L}{D} \frac{V^2}{2g}$$

$$= 0.023 \frac{450}{0.038} \frac{(2.43)^2}{2 \times 9.8} = 82 \text{ m}$$

(계속)

마찰계수가 유효숫자 2자리까지 구해졌기 때문에 수두손실도 2자리 유효숫자까지 주어진다. 압력강하는 식 7.622에 의해 알 수 있다.

$$\Delta p = \gamma h_L$$
$$= 9810\ \text{N/m}^3 \times 82\ \text{m} = 804420\ \text{N/m}^2 \quad \text{or} \quad 804.4\ \text{kPa}$$

(b) $D = 0.038$ m 조건과 식 7.6.29를 사용하면

$$h_L = 1.07\frac{(2.75\times10^{-3})^2\times450}{9.81\times(0.038)^5}\left\{\ln\left[\frac{0.0012}{3.7}+4.62\left(\frac{9.1\times10^{-7}\times0.038}{0.00275}\right)^{0.9}\right]\right\}^{-2}$$
$$= 82\ \text{m}$$

가 된다. 실험식을 이용하여 얻은 결과는 무디 선도를 사용해서 구한 값과 일치한다.

예제 7.12

기름($S = 0.9$, $\nu = 10^{-5}\ \text{m}^2/\text{s}$)을 수송하는 길이 300 m, 직경 10 cm인 단철 수평 파이프에서 압력강하는 700 kPa이다. (a) 무디 선도와 (b) 실험식을 사용하여 유량을 계산하라.

풀이

(a) 상대조도는 다음과 같다.

$$\frac{e}{D} = \frac{0.046}{100} = 0.00046$$

완전한 난류유동(레이놀즈수는 필요 없다)이라 가정한다. 무디 선도로부터

$$f = 0.0165$$

이고 수두손실은

$$h_L = \frac{\Delta p}{\gamma_{\text{oil}}} = \frac{700\,000\ \text{N/m}^2}{9800\ \text{N/m}^3\times0.9} = 79.4\ \text{m}$$

이다. 식 7.6.23으로부터 속도를 계산하면

$$V = \left(\frac{2gDh_L}{fL}\right)^{1/2} = \left(\frac{2\times9.8\ \text{m/s}^2\times0.1\ \text{m}\times79.4\ \text{m}}{0.0165\times300\ \text{m}}\right)^{1/2} = 5.61\ \text{m/s}$$

이고 레이놀즈수를 계산하면

$$\text{Re} = \frac{VD}{\nu} = \frac{5.61\ \text{m/s}\ \times0.1\ \text{m}}{10^{-5}\ \text{m}^2/\text{s}} = 5.61\times10^4$$

이다. 레이놀즈수와 $e/D = 0.00046$을 이용하면, 무디 선도로부터 마찰계수는 다음과 같다.

$$f = 0.023$$

실제의 정확한 마찰계수를 대입하여 속도를 다시 계산하면

$$V = \left(\frac{2\times9.8\times0.1\times79.4}{0.023\times300}\right)^{1/2} = 4.75\ \text{m/s}$$

가 된다. 그러면 레이놀즈수는

(계속)

$$\mathrm{Re} = \frac{4.75 \times 0.1}{10^{-5}} = 4.75 \times 10^4$$

이 된다. 무디 선도의 $f = 0.023$이 일치하게 된다. 그러므로 유량은 다음과 같다.

$$Q = VA = 4.75 \times \pi \times 0.05^2 = 0.037\ \mathrm{m^3/s}$$

f가 유효숫자 2자리이므로 2자리 유효숫자까지 나타내었다.

(b) 경우 2에 대한 실험식 7.6.30을 이용하여 유량을 계산하면 다음과 같다.

$$Q = -0.965\left(\frac{9.8 \times 0.1^5 \times 79.4}{300}\right)^{0.5} \ln\left[\frac{0.00046}{3.7} + \left(\frac{3.17 \times 10^{-10} \times 300}{9.8 \times 0.1^3 \times 79.4}\right)^{0.5}\right]$$
$$= -0.965 \times 5.096 \times 10^{-3} \times (-7.655) = 0.038\ \mathrm{m^3/s}$$

실험식을 이용해서 얻은 결과는 무디 선도를 사용해서 구한 값과 일치한다.

예제 7.13

20°C 물을 0.002 m^3/s로 수송하고자 한다. 400 m의 길이에 수두손실이 30 m를 초과하지 않는 관의 직경을 (a) 무디 선도와 (b) 실험식을 이용해서 계산하라.

풀이

(a) 이 문제에서는 직경을 알지 못하므로, 시행착오법을 이용해 풀어야 한다. 평균속도와 직경의 관계식은 다음과 같다.

$$V = \frac{Q}{A} = \frac{0.002}{\pi D^2/4} = \frac{0.00255}{D^2}$$

마찰계수와 직경의 관계식은 다음과 같다.

$$h_L = f\frac{L}{D}\frac{V^2}{2g}$$

$$30 = f\frac{400}{D}\frac{(0.00255/D^2)^2}{2 \times 9.8}$$

$$\therefore D^5 = 4.42 \times 10^{-6} f$$

레이놀즈수는 다음과 같다.

$$\mathrm{Re} = \frac{VD}{\nu} = \frac{0.00255D}{D^2 \times 10^{-6}} = \frac{2550}{D}$$

지금, 무디 선도와 그 밖의 관련된 것을 점검하여 f 값을 추측해야 한다. 먼저 $f = 0.03$으로 가정한다. 그리고 이에 따른 값은 표에 정리하였다. f의 두 번째 추정 값은 첫 번째에 대입하여 구할 수 있다.

f	D(m)	Re	e/D	f (Fig. 7.13)
0.03	0.0421	6.06×10^4	0.000036	0.02
0.02	0.0388	6.57×10^4	0.000039	0.02

f 값은 0.02로 결정한다. 따라서 직경은 3.88 cm이다. 이 직경은 시중에서 판매하는 표준화 직경이 아니기 때문에

(계속)

$$D = 4\text{ cm}$$

로 선택한다. 이 튜브의 수두손실은 문제에 주어진 30 m보다 작을 것이다. 직경이 더 큰 튜브를 선택하더라도 기준은 만족하겠지만 비용이 증가하므로 선택해서는 안 된다.

(b) 경우 3을 이용한 실험식과 식 7.6.31을 이용하여 직경을 계산하면 다음과 같다.

$$D = 0.66\left[(1.5 \times 10^{-6})^{1.25}\left(\frac{400 \times 0.002^2}{9.81 \times 30}\right)^{4.75} + 10^{-6} \times 0.002^{9.4}\left(\frac{400}{9.81 \times 30}\right)^{5.2}\right]^{0.04}$$
$$= 0.66[5.163 \times 10^{-33} + 2.102 \times 10^{-31}]^{0.04} = 0.039\text{ m}$$

그러므로 튜브는 $D = 4$ cm로 선택된다. 무디 선도를 이용해도 같은 결과를 얻을 수 있다.

7.6.4 비원형관 내에서의 손실

비원형관에서의 수두손실에 대해서는 수력반경 R을 사용하면 비교적 좋은 결과를 얻을 수 있다. 수력반경은 다음과 같이 정의한다.

$$R = \frac{A}{P} \tag{7.6.32}$$

접수길이: 유체가 고체 경계에 접촉하고 있는 부분의 길이이다.

여기서 A는 단면적이고, P는 **접수길이**(wetted perimeter)이다. 접수 길이는 유체가 고체 경계에 접촉하고 있는 부분의 길이이다. 원형관에 가득 찬 유동에서 수력반경은 $R = r_0/2$이다. 그러므로 r_0를 $2R$로 대신할 수 있다. 그리고 무디 선도에서

$$\text{Re} = \frac{4VR}{\nu} \qquad \begin{matrix}\text{relative}\\ \text{roughness}\end{matrix} = \frac{e}{4R} \tag{7.6.33}$$

이고 수두손실은

$$h_L = f\frac{L}{4R}\frac{V^2}{2g} \tag{7.6.34}$$

이다. 이 수력 반경을 사용하기 위한 단면으로는 단면적 비가 4:1보다 작은 직사각형, 정삼각형, 또는 타원형 등이 있다. 환형과 같은 기타 형상들은 오차를 유념해야 한다.

예제 7.14

표준상태의 공기가 수평으로 매끄러운 30 cm × 20 cm의 직사각형 덕트에서 유량 0.24 m^3/s로 500 m 거리를 지나가고 있다. 이때의 압력강하를 구하라.

풀이

수력반경은

$$R = \frac{A}{P} = \frac{0.3 \times 0.2}{(0.3 + 0.2) \times 2} = 0.06\text{ m}$$

이고 평균 속도는

(계속)

$$V = \frac{Q}{A} = \frac{0.24}{0.3 \times 0.2} = 4.0 \text{ m/s}$$

이다. 레이놀즈수는

$$\text{Re} = \frac{4VR}{\nu} = \frac{4 \times 4 \times 0.06}{1.5 \times 10^{-5}} = 6.4 \times 10^4$$

이며 무디 선도에서 매끄러운 파이프의 마찰계수는

$$f = 0.0196$$

이다. 따라서

$$h_L = f\frac{L}{4R}\frac{V^2}{2g} = 0.0196\,\frac{500 \text{ m}}{4 \times 0.06 \text{ m}}\,\frac{4^2 \text{ m}^2/\text{s}^2}{2 \times 9.8 \text{ m/s}^2} = 33.3 \text{ m}$$

이며 압력강하는 다음과 같다.

$$\Delta p = \rho g h_L = 1.23 \times 9.8 \times 33.3 = 402 \text{ Pa}$$

7.6.5 파이프 내 유동의 부차적 손실

파이프 내에 발달된 유동으로 인해 발생하는 손실을 계산하는 방법은 잘 알고 있을 것이다. 그러나 관로 시스템은 밸브와 엘보, 확대, 축소, 입구, 출구, 굽힘 등으로 인해 추가적인 손실이 초래된다. 이러한 손실들이 식 7.6.23의 마찰손실을 초과해도 **부차적 손실**(*minor loss*)로 언급되고 있다. 이와 같은 요소들은 속도 벡터의 크기 및 방향을 변하게 하여 결과적으로 손실이 발생된다. 일반적으로 유동이 이런 요소들에 의해 점차 가속하게 되면, 손실은 매우 작다. 비교적 큰 손실은 갑작스러운 확대나 갑작스러운 축소에서 발생된다. 그 이유는 박리구역이 발생되기 때문이다(박리 유동은 주 유동이 벽으로부터 분리될 때 발생한다).

KEY CONCEPT
부차적 손실이 마찰 손실보다 클 수도 있다.

부차적 손실은 다음과 같이 손실계수 K의 항으로 정의된다.

$$h_L = K\frac{V^2}{2g} \tag{7.6.35}$$

K의 값은 다양한 부속품들과 관로 시스템의 관심 있는 형상 변화 부위들에 대해 실험을 통해 결정되었다. 한 가지 예외는 면적 A_1에서 A_2로 급 확대되는 경우인데 이때 손실은 다음과 같이 계산된다.(예제 4.14에 풀이 있음)

$$h_L = \left(1 - \frac{A_1}{A_2}\right)^2 \frac{V_1^2}{2g} \tag{7.6.36}$$

그러므로 급확대에 의한 손실계수는 다음과 같다.

$$K = \left(1 - \frac{A_1}{A_2}\right)^2 \tag{7.6.37}$$

만일 A_2가 상당히 크면(예를 들어 파이프에서 저수조로 나갈 때), $K = 1.0$이다. 이것은 전체의 운동에너지를 잃어버리기 때문이다.

KEY CONCEPT
엘보의 손실계수는 2차유동으로 인해 발생한다.

단면적의 변화가 없는 관의 부속품인 굽은 관 또는 엘보에서는 비교적 큰 손실계수를 갖는다. 이 결과는 그림 7.14와 같이 높은 압력 영역에서 낮은 압력 영역으로 흐르는 유동에 의해 생성되는 2차유동이 원인이 된다(식 3.4.15 참조). 2차유동은 유체가 긴 굽힘관 또는 엘보를 지나면서 결국 소멸된다. 게다가 박리영역은 엘보의 날카로운 모서리에서 발생된다. 박리영역의 유동과 2차유동을 지속시키기 위해서는 에너지가 필요하다. 손실된 에너지는 손실계수를 통해서 측정된다.

다양한 형상에서의 손실계수는 표 7.2와 그림 7.15에서 제시되어 있다. 글로브 밸브는 밸브를 부분적으로 닫을 때 큰 손실을 유발하므로 유량을 조절하는 데 사용된다. 다른 유형의 밸브들은 파손될 우려가 있으므로 유동을 조절하는 데 사용해서는 안 된다.

베나콘트랙타: 급축소관 내의 최소 단면적 부분.

급축소관과 오리피스의 손실계수는 대략적으로 구할 수 있다. 유동 수축부로부터 베나콘트랙타에 이르기 전까지의 손실은 무시하고, 갑작스런 확장을 할 때의 손실계수(K)를 사용하여 계산하면 계수의 근삿값을 얻을 수 있다. 그림 7.16은 **베나콘트랙타**(vena

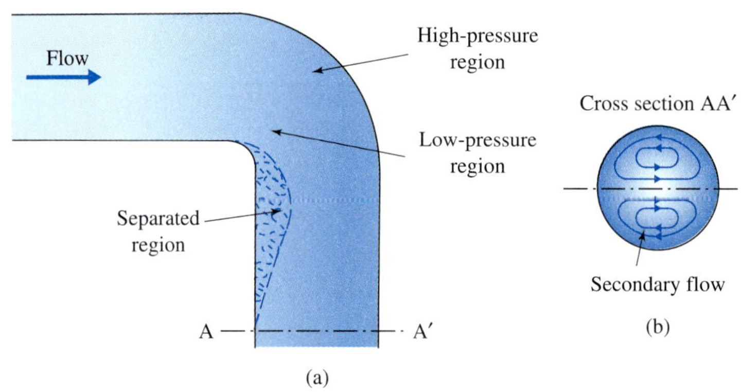

그림 7.14 엘보 내의 유동.

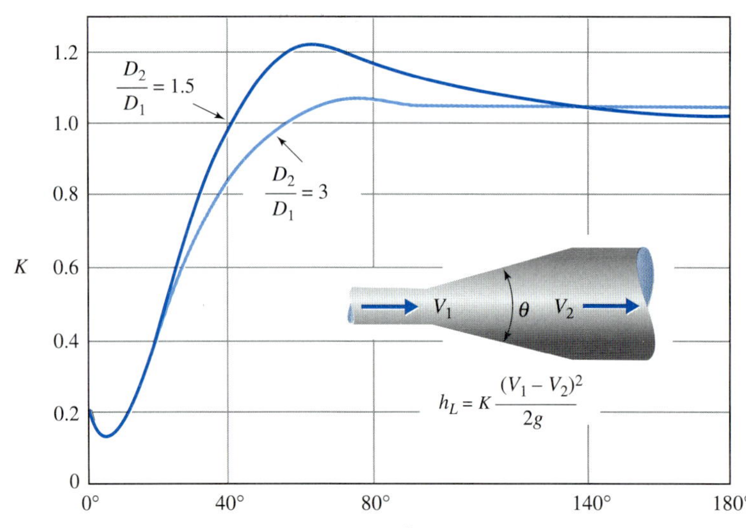

그림 7.15 원뿔형 확대노즐 내에서의 손실계수.(A.H.Gibson, Vol.93, 1912)

표 7.2 공칭 손실계수 K(난류유동)

Type of fitting	*Screwed*		*Flanged*		
Diameter	2.5 cm	10 cm	5 cm	10 cm	20 cm
Globe valve (fully open)	8.2	5.7	8.5	6.0	5.8
(half open)	20	14	21	15	14
(one-quarter open)	57	40	60	42	41
Angle valve (fully open)	4.7	1.0	2.4	2.0	2.0
Swing check valve (fully open)	2.9	2.0	2.0	2.0	2.0
Gate valve (fully open)	0.24	0.11	0.35	0.16	0.07
Return bend	1.5	0.64	0.35	0.30	0.25
Tee (branch)	1.8	1.1	0.80	0.64	0.58
Tee (line)	0.9	0.9	0.19	0.14	0.10
Standard elbow	1.5	0.64	0.39	0.30	0.26
Long sweep elbow	0.72	0.23	0.30	0.19	0.15
45° elbow	0.32	0.29			
Square-edged entrance		0.5			
Reentrant entrance		0.8			
Well-rounded entrance		0.03			
Pipe exit		1.0			
Sudden contraction[b] — Area ratio 2:1		0.25			
5:1		0.41			
10:1		0.46			
Orifice plate — Area ratio A/A_0 1.5:1		0.85			
2:1		3.4			
4:1		29			
$\geq$ 6:1		$2.78\left(\frac{A}{A_0}-0.6\right)^2$			
Sudden enlargement[c]		$\left(1-\frac{A_1}{A_2}\right)^2$			
90° miter bend (without vanes)		1.1			
(with vanes)		0.2			
General contraction (30° included angle)		0.02			
θ (70° included angle)		0.07			

[a]Values for other geometries can be found in *Technical Paper 410*, The Crane Company, 1957.
[b]Based on exit velocity V_2.
[c]Based on entrance velocity V_1.

contracta)의 영역 A_C(수렴 흐름이 하류지역으로 확장되기 시작하는 곳에서 최소 단면적이 존재한다)을 설명하는 데 필요한 정보를 제공한다.

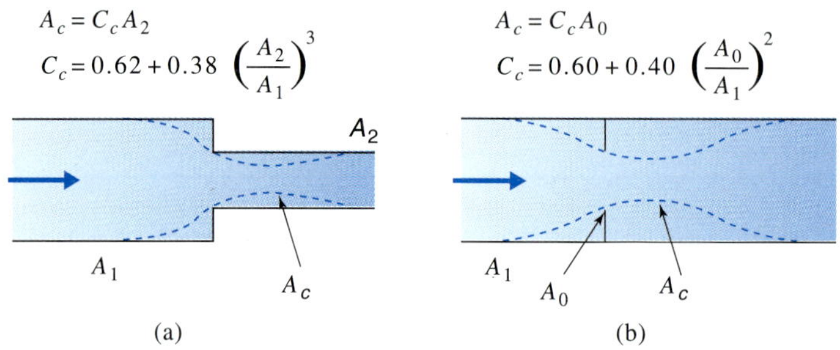

그림 7.16 축소관과 오리피스 내의 베나콘트랙타: (a) 급축소관, (b) 오리피스.

관의 손실계수는 등가길이 L_e로 나타낼 수 있다. 식 7.6.35와 7.6.23을 사용하여 다음과 같이 쓰면

$$K \frac{V^2}{2g} = f \frac{L_e}{D} \frac{V^2}{2g} \tag{7.6.38}$$

관계식

$$L_e = K \frac{D}{f} \tag{7.6.39}$$

을 얻는다. 그러므로 마찰계수가 $f = 0.02$인 직경 20 cm 파이프의 직각 유입부는 등가길이 $L_e = 5$ m인 관으로 대체할 수 있다.

KEY CONCEPT
긴 관에서는 일반적으로 부차적 손실은 무시한다.

마지막으로 부차적 손실의 크기에 관해서 설명하고자 한다. 관로 시스템이 중간 길이(직경의 100배) 관에서는 부차적 손실을 포함시키며, 마찰손실과 크기를 비슷하게 여긴다. 비교적 짧은 거리에서 그 밖의 손실은 마찰손실보다 실제적으로 크게 나타난다. 그리고 긴(직경의 1000배) 관에서는 일반적으로 부차적 손실들은 무시한다.

예제 7.15

직경 10 cm의 연철 파이프(그림 E7.15)를 통하여 유량이 0.04 m^3/s로 흐를 경우, 두 저수조의 높이 차이 H를 구하라.

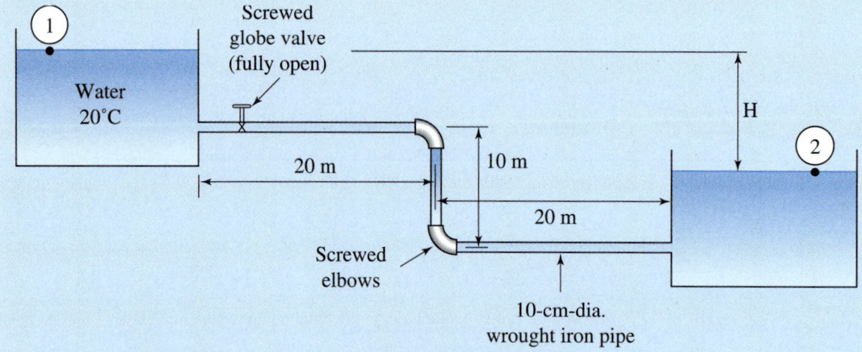

그림 E7.15

(계속)

풀이

2개의 저수조 표면들을 포함하는 검사체적에 에너지방정식을 적용한다. 여기서 $V_1 = V_2 = 0$이고 $p_1 = p_2 = 0$이다.

$$0 = z_2 - z_1 + h_L$$

그러므로 $z_1 - z_2 = H$으로 놓으면 다음을 얻는다.

$$H = (K_{\text{entrance}} + K_{\text{valve}} + 2K_{\text{elbow}} + K_{\text{exit}}) \frac{V^2}{2g} + f\frac{L}{D}\frac{V^2}{2g}$$

평균 속도, 레이놀즈수, 상대조도는

$$V = \frac{Q}{A} = \frac{0.04}{\pi \times 0.05^2} = 5.09 \text{ m/s}$$

$$\text{Re} = \frac{VD}{\nu} = \frac{5.09 \times 0.1}{10^{-6}} = 5.09 \times 10^5$$

$$\frac{e}{D} = \frac{0.046}{100} = 0.00046$$

이며 무디 선도에서 다음을 알 수 있다.

$$f = 0.0173$$

표 7.2에 나와 있는 각각의 손실계수를 사용하여 결과 값을 구하면 다음과 같다.

$$H = (0.5 + 5.7 + 2 \times 0.64 + 1.0)\frac{5.09^2}{2 \times 9.8} + 0.0173\frac{50}{0.1}\frac{5.09^2}{2 \times 9.8}$$

$$= 11.2 + 11.4 = 22.6 \text{ m}$$

주: 500 m 길이 내에 5개의 부차적 손실 요소가 있으므로 마찰 손실은 부차적 손실과 거의 같다.

예제 7.16

급축소 단면적 $A_1/A_2 = 2$에 대한 손실계수를 구하라. 모든 손실이 베나콘트랙타에서 A_2까지의 확대 부분에서 발생하고, 축소 부분에서 베나콘트랙타까지는 손실이 없다고 가정하라(그림 7.16 참조). 표 7.2와 비교하라.

풀이

베나콘트랙타에서 면적 A_2까지의 수두손실은 다음과 같다(급확대관에 대한 표 7.2 참조).

$$h_L = \left(1 - \frac{A_c}{A_2}\right)^2 \frac{V_c^2}{2g}$$

연속방정식으로부터 다음과 같이 쓸 수 있다.

$$V_c = \frac{A_2}{A_c} V_2$$

그러므로 V_2로 인한 수두손실은

$$h_L = \left(1 - \frac{A_c}{A_2}\right)^2 \left(\frac{A_2}{A_c}\right)^2 \frac{V_2^2}{2g}$$

(계속)

이고 그래서 식 7.6.35의 손실계수는

$$K = \left(1 - \frac{A_c}{A_2}\right)^2 \left(\frac{A_2}{A_c}\right)^2$$

이다. 그림 7.16에 나와 있는 C_c를 사용하면

$$\frac{A_c}{A_2} = C_c = 0.62 + 0.38\left(\frac{1}{2}\right)^3 = 0.67$$

을 얻고 마지막으로

$$K = (1 - 0.67)^2 \frac{1}{0.67^2} = 0.24$$

가 된다. 이것은 표 7.2에 주어진 0.25와 흡사하다.

7.6.6 수력구배선과 에너지구배선

식 4.5.17의 에너지방정식은 다음과 같다.

$$-\frac{\dot{W}_s}{\dot{m}g} = \frac{V_2^2 - V_1^2}{2g} + \frac{p_2 - p_1}{\gamma} + z_2 - z_1 + h_L \qquad (7.6.40)$$

수력구배선: 관 내 유동에서 수력구배선은 관 중심에서 p/γ만큼 위에 위치한다.

에너지구배선: 관 내 유동에서 에너지구배선은 수력구배선보다 $V^2/2g$만큼 위에 위치한다.

이 식은 길이의 차원을 가지고 있으며, 관례상 수력구배선과 에너지구배선에 적용된다. **수력구배선**(HGL: hydraulic grade line)은 그림 7.17에서 점선으로 표시되어 있다. 이 선은 관로 시스템에서 관의 중심 위 거리 p/γ에 위치해 있는 점들의 궤적으로 나타나거나, 미리 선택된 기준선 위 $p/\gamma + z$에 있는 점들의 궤적으로 만들어진다. 피에조미터 튜브의 액체는 HGL까지 올라간다. **에너지구배선**(EGL: energy grade line)은 그림 7.17에서 실선으로 나타나 있다. 이 선은 HGL위로 거리가 $V^2/2\text{g}$인 점들의 궤적이나 미리 선택된 기준선 위로 거리가 $V^2/2g + p/\gamma + z$인 점들의 궤적으로 형성된다. 피토관 내의 액체는 EGL까지 상승한다. HGL과 EGL에 대해서는 다음 사항들에 주목해야 한다.

- 속도가 0으로 접근하면 EGL과 HGL은 서로 접근한다. 따라서 수조에서는 서로 같고 표면상에 존재한다(그림 7.17 참조)
- 결과적으로 EGL은 파이프에서의 손실 때문에 유동 방향에 따라 하향 기울기를 갖고, 따라서 HGL도 마찬가지이다. 단위 길이당 손실이 클수록 기울기는 커진다. 파이프에서 평균 속도가 증가함에 따라 단위 길이당 손실도 증가한다.
- 기하학적 형상의 갑작스러운 변화에 따른 손실이 일어날 때마다 HGL과 EGL에 갑작스런 변화가 생기고, 그림 7.17에서는 밸브나 급 확대부에 나타나 있다.
- 펌프의 경우처럼 유체에 유용한 에너지가 더해질 때마다 HGL과 EGL에 도약이 발생되고, 터빈의 경우처럼 유동에서 유용한 에너지가 빠져나갈 때마다 강하가 발생된다.
- HGL이 파이프의 중심선을 통과하는 점에서는 압력이 0이다. 만약 파이프가 HGL 위에 놓이면 파이프 내는 진공이 되는데, 가능하다면 관로 시스템 설계 시 이와 같은 상태는 피하는 것이 좋다. 흡입관 설계에서는 예외가 된다.

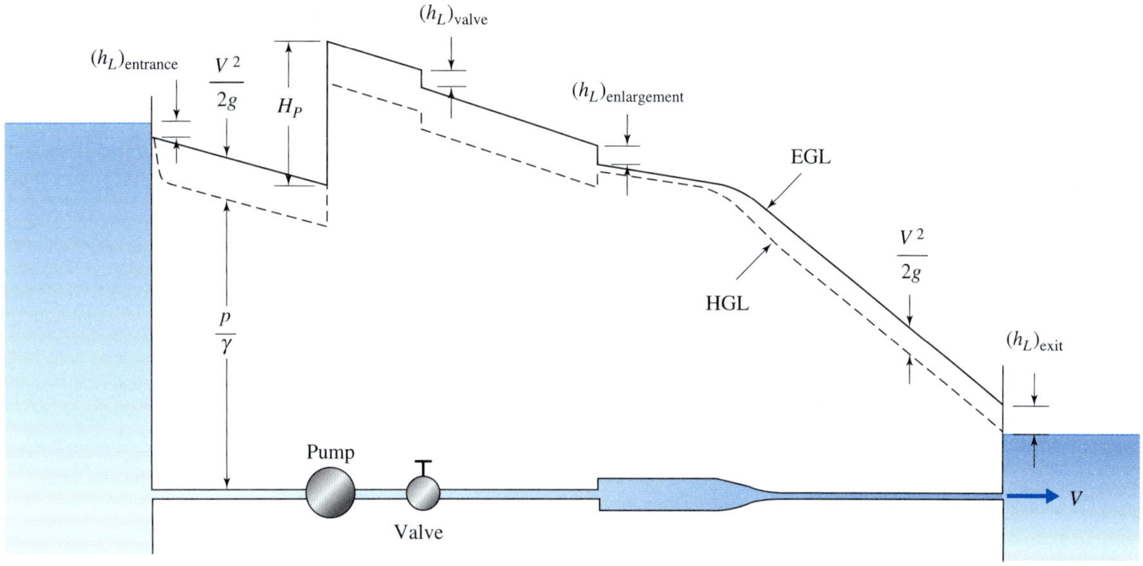

그림 7.17 배관 시스템에서의 수력구배선과 에너지구배선.

에너지구배선과 수력구배선의 개념은 개수로 유동에도 적용된다. 개수로에서 HGL은 자유 표면과 일치하며, EGL은 자유 표면보다 $V^2/2g$ 만큼 위에 있다. 개수로에서의 균일유동은 다음 절에서 논의하고 10장에서는 불균일 개수로 유동에 대해 취급한다.

KEY CONCEPT
만약 파이프가 HGL 위에 있으면 파이프 안은 진공이다.

예제 7.17

그림 E7.17에서 20°C 물이 2개의 저수조 사이에 0.06 m^3/s 유량으로 유동하고 있다. HGL과 EGL을 도시하라. 공동현상이 나타나지 않는 최소의 직경 D_B를 계산하라.

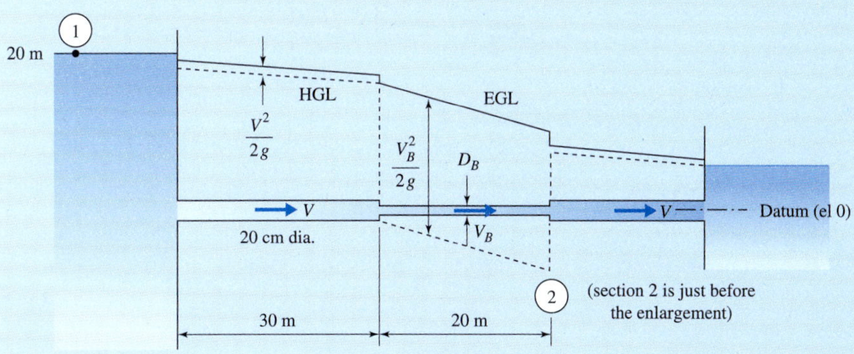

그림 E7.17

풀이

입구, 축소, 확대와 출구에 있어서의 갑작스러운 변화를 고려하여 EGL과 HGL을 그린다. 작은 관에서의 큰 속도수두(EGL과 HGL의 차이)는 빠른 속도 때문이다. 직경이 20 cm인 관에서 속도와 레이놀즈수, 상대조도를 계산하면 다음과 같다.

(계속)

$$V = \frac{Q}{A} = \frac{0.06}{\pi \times 0.20^2/4} = 1.91 \text{ m/s}$$

$$\text{Re} = \frac{VD}{\nu} = \frac{1.91 \times 0.2}{10^{-6}} = 3.8 \times 10^5$$

$$\frac{e}{D} = \frac{0.26}{200} = 0.0013$$

그림 7.13으로부터 $f = 0.022$이므로 작은 파이프 내에서 속도와 레이놀즈수와 상대조도는 다음과 같다.

$$V_B = \frac{0.06}{\pi D_B^2/4} = \frac{0.0764}{D_B^2}$$

$$\text{Re} = \frac{0.0764 \times D_B}{D_B^2 \times 10^{-6}} = \frac{76\,400}{D_B}$$

$$\frac{e}{D_B} = \frac{0.00026}{D_B}$$

20°C 물의 수증기 압력(2490 Pa 절대)이 최소 허용 압력이라는 사실로부터 관의 가능한 최소 직경을 계산할 수 있다. 관과 HGL 사이의 거리가 관 내의 압력을 나타내므로 단면 2에서 최소 압력이 발생할 것이다. 저수조 표면인 단면 1과 단면 2 사이에 에너지 방정식을 적용하면 다음과 같다.

$$\cancelto{0}{\frac{V_1^2}{2g}} + \frac{p_1}{\gamma} + z_1 = \frac{V_B^2}{2g} + \frac{p_2}{\gamma} + \cancelto{0}{z_2} + K_{\text{ent}}\frac{V_A^2}{2g} + K_{\text{cont}}\frac{V_B^2}{2g} + f_A\frac{L_A}{D_A}\frac{V^2}{2g} + f_B\frac{L_B}{D_B}\frac{V_B^2}{2g}$$

여기서 아래첨자 A는 직경 20 cm 파이프를 나타낸다. 위 식을 절대압력을 사용하여 간단히 쓰면 다음과 같다.

$$\frac{101\,000}{9810} + 20 = \frac{(0.0764/D_B^2)^2}{2 \times 9.81}\left(1 + 0.25 + f_B\frac{20}{D_B}\right) + \frac{2450}{9810}$$

$$+ \left(0.5 + 0.022\frac{30}{0.2}\right)\frac{1.91^2}{2 \times 9.81}$$

$$98\,600 = \frac{1.25}{D_B^4} + f_B\frac{20}{D_B^5}$$

여기서 $K_{\text{ent}} = 0.5$를 사용하고, $K_{\text{cont}} = 0.25$라고 가정하였다. 위 식은 다음과 같이 시행착오법을 사용해서 풀어야 한다.

$D_B = 0.1$ m로 놓으면, $e/D = 0.0026$이고 $\text{Re} = 7.6 \times 10^5$이다. 그러므로 $f = 0.026$ 일 때 다음과 같다.

$$98\,600 \overset{?}{=} 12\,500 + 52\,000$$

$D_B = 0.09$ m로 놓으면, $e/D = 0.0029$ 이고 $\text{Re} = 8.4 \times 10^5$이다. 그러므로 $f = 0.027$일 때 다음과 같다.

$$98\,600 \overset{?}{=} 19\,000 + 91\,000$$

(계속)

0.1 m는 너무 크고 0.09 m는 너무 작다. 사실 0.09 m 값은 약간 작을 뿐이다. 따라서 안전을 위해, 0.1 m의 더 큰 파이프 크기를 선택해야만 한다. 만일 9.5 cm 직경의 파이프가 시중에 있으면, 그것을 선택한다. 또한 시중에 일반화된 크기인 10 cm로 선택할 수도 있다.

$$D_B = 10 \text{ cm}$$

또한 축소에 대한 면적비 2:1의 가정은 너무 작은 것을 주의하라. 실제는 4:1이다. 이 면적비에서 $K_{\text{cont}} \simeq 0.4$이다. 이 값은 결과에 영향을 미치지 못한다.

7.6.7 펌프를 포함한 단순한 파이프 시스템

이 장에서 고려했던 문제는 펌프를 포함하지 않고 있다. 만약 원심펌프가 파이프 시스템에 포함되고 유량을 알고 있다면 우리가 이미 배웠던 공식을 적용하여 문제를 해결할 수 있다. 만약 유량이 미지수이면, 원심펌프가 만드는 수두와 펌프의 효율 η_p(식 4.5.26 참조)는 유량에 따라 변하므로 시행착오 방법으로 해결할 수 있다. 그림 7.18에서 펌프의 특성곡선은 실선으로 표시되어 있다. 제조사는 생산되는 각 원심펌프에 대한 특성곡선을 제공하고 있다. 이런 곡선은 유량 Q와 펌프수두 H_p의 관계식을 나타낸다. 또 다른 식은 에너지 방정식을 이용해 다음과 같은 형태로 쓸 수 있다(다음 예제의 에너지방정식 참조).

KEY CONCEPT
만약 유량이 주어졌다면, 이미 배웠넌 공식에 적용할 수 있다.

$$H_P = c_1 + c_2 Q^2 \tag{7.6.41}$$

이 식은 **시스템 요구 곡선**(system demand curve)을 나타낸다. 이것은 특성곡선과 함께 필요 유량을 산출하기 위해서 동시에 풀어야 한다. 펌프에서 동력을 결정하기 위해서는 효율 η_p를 사용한다.

시스템 요구 곡선: 에너지방정식은 미지의 유량에서 펌프수두와 관련이 있다.

이러한 관로 시스템에서는 에너지 방정식에서 도출되는 필요 수두가 유량 Q에 따라 증가한다. 그리고 펌프 특성곡선은 Q에 따라 H_p가 감소됨을 보여 준다. 여기서 2개의 곡선이 한 점에서 교차하게 되고 이것을 시스템의 작동점이라고 한다. 예제를 통해서 해결 방법을 설명할 것이다.

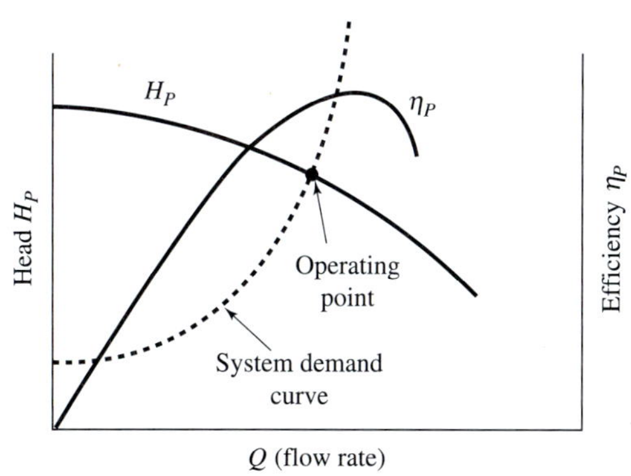

그림 7.18 펌프 특성 곡선과 시스템 요구 곡선.

예제 7.18

그림 E7.18b와 같이 펌프 특성곡선이 주어진 경우, 그림 E7.18a의 단순 배관 시스템에서 유량을 구하라. 또한 펌프에 필요한 동력을 구하라.

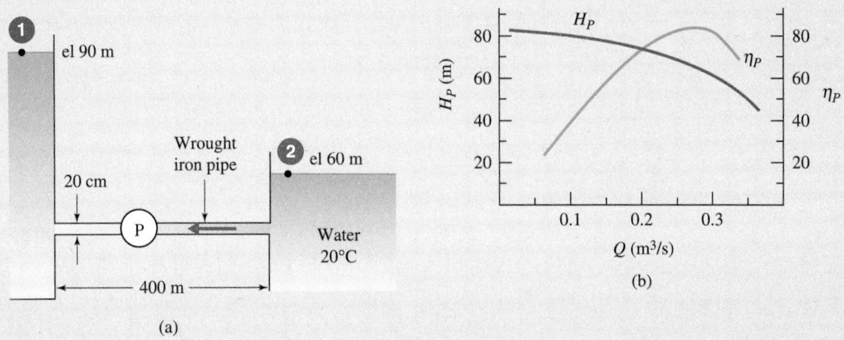

그림 E7.18

풀이

유동을 완전한 난류로 가정하여 레이놀즈수가 충분하게 크다고 하자. $e/D = 0.046/200 = 0.00023$을 사용하면 무디 선도로부터 마찰계수는 다음과 같다.

$$f = 0.014$$

에너지방정식(식 7.6.40 참조), $H_P = -\dot{W}_S/\dot{m}g$를 두 표면 사이에 적용하여 다음 식을 구한다.

$$H_P = \cancelto{0}{\frac{V_2^2 - V_1^2}{2g}} + z_2 - z_1 + \cancelto{0}{\frac{p_2 - p_1}{\gamma}} + h_L$$

$$\begin{aligned} H_P &= 90 - 60 + \left(K_{\text{entrance}} + K_{\text{exit}} + f\frac{L}{D}\right)\frac{V^2}{2g} \\ &= 30 + \left(0.5 + 1.0 + 0.014\,\frac{400}{0.2}\right)\frac{Q^2}{2 \times 9.8 \times [\pi \times 0.1^2]^2} \\ &= 30 + 1520Q^2 \end{aligned}$$

즉

이다. 시스템 요구 곡선과 펌프 특성곡선 $H_p(Q)$는 지금 시행착오법으로 풀 수 있다. 실제로 특성곡선과 동력곡선은 교차되어 있고, 작동유량 Q를 구할 수 있다. $Q = 0.2$ m³/s: $(H_p)_{\text{energy}} = 91$ m, $(H_p)_{\text{char}} \simeq 75$ m와 $Q = 0.15$ m³/s: $(H_p)_{\text{energy}} = 64$ m, $(H_p)_{\text{char}} \simeq 75$ m와 $Q = 0.17$ m³/s: $(H_p)_{\text{energy}} = 74$ m, $(H_p)_{\text{char}} \simeq 76$ m을 대입하여 계산하면 다음 결과가 나온다.

$$Q = 0.17 \text{ m}^3/\text{s}$$

레이놀즈수는 $\text{Re} = DQ/A\nu = 0.2 \times 0.17/(\pi \times 0.1^2 \times 10^{-6}) = 1.08 \times 10^6$이다. 이 값은 충분하게 크지만, 최저 펌프 동력을 구하면

$$\begin{aligned} \dot{W}_P &= \frac{Q\gamma H_P}{\eta_P} \\ &= \frac{0.17 \times 9800 \times 75}{0.65} = 198\,000 \text{ W} \quad \text{or} \quad 198 \text{ kW} \end{aligned}$$

이고 여기서 효율 $\eta_p = 0.65$는 $Q = 0.17$ m³/s일 때 특성곡선을 통해서 구할 수 있다.

주: $L/D > 1000$이므로 부차적 손실은 무시될 수도 있었다.

7.7 개수로에서의 균일 난류유동

이 장에서 공부하는 내부유동은 개수로에서 정상 균일유동(깊이가 일정)이며, 그림 7.19에서 보여 주고 있다. 이 유동은 7.6.3절에서 언급된 다르시-바이스바하 관계식을 사용하여 이미 다룰 수 있었다. 사실 그 방법은 여기서 소개할 일반적인 방법보다 좋은 결과를 예측할 수 있다. 양쪽 모두 예제를 통하여 비교될 것이다. 하지만, 거친 개수로의 균일유동에서는 덜 복잡한 방법으로 해석된다.

그림 7.19에 도시된 수로의 두 단면 사이에 에너지방정식을 적용하면 다음과 같다.

$$0 = \cancelto{0}{\frac{V_2^2 - V_1^2}{2g}} + \cancelto{0}{\frac{p_2 - p_1}{\gamma}} + z_2 - z_1 + h_L \tag{7.7.1}$$

수두손실을 나타내면

$$\begin{aligned} h_L &= z_1 - z_2 \\ &= L \sin\theta = LS \end{aligned} \tag{7.7.2}$$

이고 여기서 L은 두 단면 사이의 개수로 길이이며, S는 개수로의 기울기이다. 그 값은 매우 작으며, $\sin\theta \simeq S$로 가정할 수 있다.(S를 비중과 혼동해서는 안 된다.)

식 7.7.2로부터 $h_L = LS$ 이므로 다르시-바이스바하 방정식(식 7.6.31)은 다음의 형태로 된다.

$$LS = f\frac{L}{4R}\frac{V^2}{2g} \qquad \therefore RS = \frac{f}{8g}V^2 \tag{7.7.3}$$

여기서 R은 수력반경이 된다. 개수로는 항상 큰 레이놀즈수를 갖기 때문에 마찰계수는 완전 난류 영역에서 일정하다. 그러므로 위 식은 다음과 같이 쓸 수 있고

$$V = C\sqrt{RS} \tag{7.7.4}$$

여기서 **셰지계수**(*Chezy coefficient*) C는 차원을 갖는 상수이다. 위 식을 셰지식이라 부른다. 셰지계수는 개수로의 조도와 수력반경(파이프에서의 f 처럼)에 관계되며 다음과 같이 표현된다.

KEY CONCEPT
개수로는 일반적으로 큰 레이놀즈수를 갖고, 마찰계수는 완전 난류 영역에 있다.

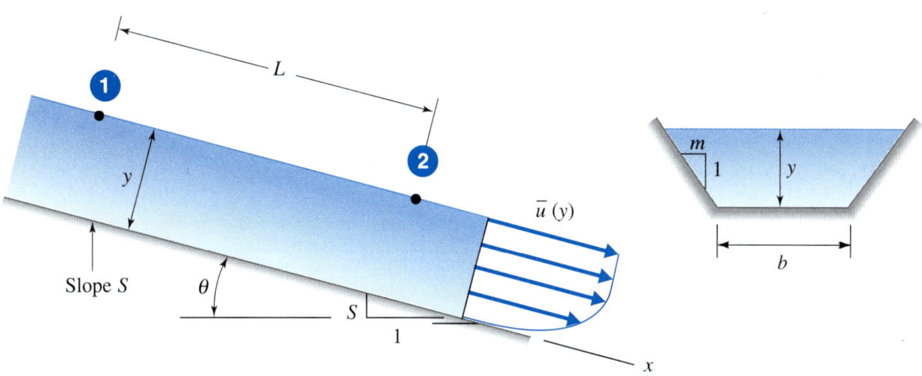

그림 7.19 개수로 내의 균일유동.

표 7.3 매닝 n의 평균값

Wall material	*Manning n*
Planed wood	0.012
Unplaned wood	0.013
Finished concrete	0.012
Unfinished concrete	0.014
Sewer pipe	0.013
Brick	0.016
Cast iron, wrought iron	0.015
Concrete pipe	0.015
Riveted steel	0.017
Earth, straight	0.022
Corrugated metal flumes	0.025
Rubble	0.03
Earth with stones and weeds	0.035
Mountain streams	0.05

표 (7.3)의 각주: 이 표의 값은 수력반경이 3 m보다 큰 경우에 매우 큰 유량을 갖는다. 그런 큰 도관에서는 매닝 n을 10~15%까지 증가시켜야 한다.

$$C = \frac{c_1}{n} R^{1/6} \tag{7.7.5}$$

만약 SI 단위계를 사용한다면, 차원상수 c_1은 1.0이 된다. 무차원 상수 n은 벽면에서의 조도와 직접 연관되어 있다. 이것은 매닝(*Manning*) n이라 불린다. 여러 가지 벽 물질 값들은 표 7.3에 정리하였다.

개수로 유동 문제에서 주요 관심사인 유량은 다음과 같은 식을 통해 구할 수 있다.

$$Q = \frac{c_1}{n} A R^{2/3} S^{1/2} \qquad c_1 = 1.0 \text{ for SI units} \tag{7.7.6}$$

이것이 셰지-매닝 방정식이다.

매끄러운 표면의 개수로에 사용하는 셰지-매닝 방정식은 거친 벽에서는 사용하지 않는 것이 좋다. 유리 또는 플라스틱과 같은 표면이 매끄러운 개수로에서는 그림 7.13에서의 f 값을 이용한 다르시-바이스바하 관계식을 사용한다(7.6.3절 참조).

예제 7.19

16°C물이 깊이가 1.2 m이고 폭이 3.6 m인 직사각형의 완결된 콘크리트 수로에서 흐르고 있으며 기울기는 0.0016으로 측정되었다. (a) 셰지-매닝 방정식과 (b) 다르시-바이스바하 방정식을 이용하여 유량을 구하라.

풀이

수력반경을 계산하면 다음과 같다.

$$R = \frac{A}{P} = \frac{yb}{2y + b} = \frac{1.2 \times 3.6}{2 \times 1.2 \times 3.6} = 0.72 \text{ m}$$

(a) 표 7.3에서 $n = 0.012$이고 $c = 1$이다. 셰지-매닝 방정식을 사용하면, 다음과 같이 된다.

$$\begin{aligned} Q &= \frac{1}{n} AR^{2/3}S^{1/2} \\ &= \frac{1}{0.012} \times (1.2 \times 3.6) \text{ m}^2 \times (0.72)^{2/3} \text{ m}^{2/3} \times 0.0016^{1/2} = 11.57 \text{ m}^3/\text{s} \end{aligned}$$

(b) 상대조도는 무디 선도로부터 알 수 있으며, $e = 0.00045$ m(이것은 완결된 콘크리트)를 사용한다.

$$\frac{e}{4R} = \frac{0.00045}{4 \times 0.72} = 0.00016$$

완전한 난류유동이라 가정하고, 무디 선도로부터 마찰계수를 구하면 다음과 같다.

$$f = 0.013$$

다르시-바이스바하 방정식(식 7.7.3)으로 속도를 구하면 다음과 같다.

$$\begin{aligned} \therefore V &= \left(\frac{8RgS}{f}\right)^{1/2} \\ &= \left(\frac{8 \times 0.72 \text{ m} \times 9.81 \text{ m/s}^2 \times 0.0016}{0.013}\right)^{1/2} = 2.64 \text{ m/s} \end{aligned}$$

유량은 다음과 같다.

$$Q = VA = 2.64 \times 1.2 \times 3.6 = 11.4 \text{ m}^3/\text{s}$$

이 2개의 결과 값은 2% 이내에 있으며, 이런 유형 문제에서 허용되는 공차이다. 그러나 무디 선도를 사용하여 정확한 값을 찾아낼 수도 있을 것이다.

예제 7.20

그림 E7.20에 나와 있는 바와 같이 직경 1.0 m 콘크리트 파이프의 0.4 m 깊이에서 20°C 물을 수송한다. (a) 셰지-매닝 방정식과 (b) 다르시-바이스바하 방정식을 이용하여 유량을 구하라.

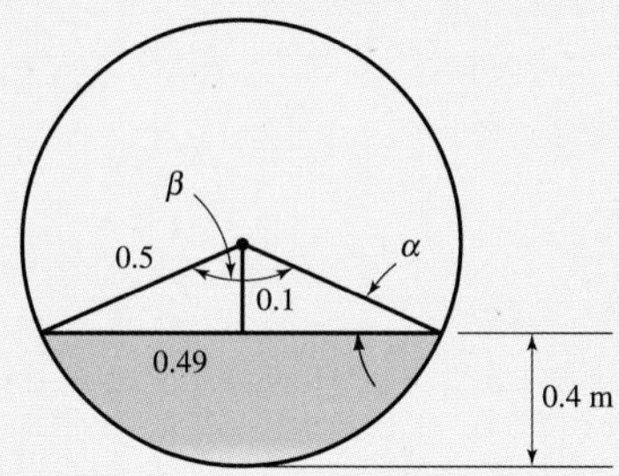

그림 E7.20

풀이

그림 E7.20의 파이프 도면을 통해 다음과 같이 계산할 수 있다.

$$\alpha = \sin^{-1}\frac{0.1}{0.5} = 11.54°$$

$$\therefore \beta = 180 - 2 \times 11.54 = 156.9°$$

$$\therefore A = \pi \times 0.5^2 \times \frac{156.9}{360} - 0.49 \times 0.1 = 0.2933 \text{ m}^2$$

$$P = 2\pi \times 0.5 \times \frac{156.9}{360} = 1.369 \text{ m}$$

수력반경은 다음과 같이 구해진다.

$$R = \frac{A}{P} = \frac{0.2933}{1.369} = 0.2142 \text{ m}$$

(a) 표 7.3에서 $n = 0.015$이고 $c_1 = 1.0$이다. 셰지-매닝 방정식을 사용하면

$$Q = \frac{1.0}{n} AR^{2/3}S^{1/2} = \frac{1.0}{0.015} \times 0.2933 \times 0.2142^{2/3} \times 0.001^{1/2} = 0.22 \text{ m}^3\text{/s}$$

이다. n은 중간 값으로 사용했다.

(b) 콘크리트 파이프에서의 상대조도 값인 $e = 2.0$ mm를 사용한다.

$$\frac{e}{4R} = \frac{2}{4 \times 214.2} = 0.0023$$

완전한 난류유동이라 가정하고, 무디 선도로부터 마찰계수를 구하면 다음과 같다.

$$f = 0.025$$

다르시-바이스바하 방정식에서 속도를 산출하면 다음과 같다.

$$\therefore V = \left(\frac{8RgS}{f}\right)^{1/2} = \left(\frac{8 \times 0.2142 \times 9.81 \times 0.001}{0.025}\right)^{1/2} = 0.820 \text{ m/s}$$

유량은 다음과 같다.

$$Q = VA = 0.820 \times 0.2933 = 0.24 \text{ m}^3\text{/s}$$

유량 값은 위의 결과로부터 8% 이내에 있다. 이 정도 공차는 허용범위 내에 든다. 따라서 두 번째 방법이 적용하기에 더 어렵다.

7.8 요약

관로와 넓은 개수로에서 층류 입구길이는 다음과 같다.

$$\frac{L_E}{D} = 0.065\ \text{Re} \qquad \frac{L_E}{h} = 0.04\ \text{Re} \tag{7.8.1}$$

높은 레이놀즈수 난류유동에서 관로 입구길이는 다음과 같다.

$$\frac{L_E}{D} = 120 \tag{7.8.2}$$

파이프와 넓은 수로의 층류에서 압력과 마찰계수는 각각 다음과 같다.

$$\Delta p = \frac{8\mu VL}{r_0^2} \qquad f = \frac{64}{\text{Re}} \qquad \text{pipe} \tag{7.8.3}$$

$$\Delta p = \frac{12\mu VL}{a^2} \qquad f = \frac{48}{\text{Re}} \qquad \text{channel} \tag{7.8.4}$$

여기서 a는 수로의 높이이다.

밖의 실린더가 고정되어 있을 때 안의 실린더가 회전하는 데 필요한 토크는 다음과 같다.

$$T = \frac{4\pi\mu r_1^2 r_2^2 L\omega_1}{r_2^2 - r_1^2} \tag{7.8.5}$$

난류유동에서 수두손실은 다음과 같은 식으로 계산한다.

$$h_L = f\frac{L}{D}\frac{V^2}{2g} \tag{7.8.6}$$

여기서 f는 그림 7.13의 무디 선도를 사용하여 구할 수 있다. 부차적 손실은 다음 식으로 주어진다.

$$h_L = K\frac{V^2}{2g} \tag{7.8.7}$$

여기서 손실계수 K는 표 7.2에 나열되어 있다.

펌프를 포함한 관로계에서 유량을 알지 못할 때, 그림 E7.18과 같이 펌프의 특성곡선을 통해서 유량을 구할 수 있다. 예제 7.18은 이러한 과정을 설명하고 있다.

개방된 개수로 유동에서의 유량은 주로 다음과 같은 방정식을 사용하여 계산한다.

$$Q = \frac{c_1}{n} A R^{2/3} S^{1/2} \qquad c_1 = 1.0 \text{ for SI units} \tag{7.8.8}$$

여기서 n은 표 7.3에서 찾을 수 있다.

공학기초 복습문제

7.1 포물선 분포는 파이프 유동에서 측정된다. 이 유동은 다음 중 어느 것인가?

I. 층류유동　　**(A)** I과 III
II. 발달된 유동　　**(B)** I, II와 III
III. 정상유동　　**(C)** I, II와 IV
IV. 대칭유동　　**(D)** I, II, III과 IV

7.2 평행한 평판에서 속도 분포는 Vy/h로 계산된다. 여기서 y는 낮은 평판에서 측정되며, h는 평판 사이의 거리를 의미한다. 다음 중 옳은 것은 무엇인가?

I. 유동은 층류이다.
II. 낮은 평판은 V 속도로 움직이며, 나머지 것들은 움직이지 않는다.
III. 낮은 평판은 움직이지 않으며, 나머지 것들은 V 속도로 움직인다.
IV. 정상유동이다.

(A) I, II와 IV　　**(B)** II와 III
(C) I과 III　　**(D)** I과 IV

7.3 액체의 레이놀즈수가 4000일 때 파이프 유동은 어떠한가?

(A) 층류유동이다.
(B) 난류유동이다.
(C) 천이유동이며, 난류와 층류 사이 진동(oscillating)이다.
(D) 단정지을 수 없는 유동이다.

7.4 파이프의 난류유동에서 수두손실에 대한 옳은 설명은 무엇인가?

(A) 제곱 속도로 변화
(B) 유량에 직접 비례
(C) 레이놀즈수의 증가에 따라 감소
(D) 파이프의 길이에 직접 비례

7.5 무디 선도에서 마찰계수 f에 대한 곡선은 충분히 큰 레이놀즈수에 대해 수평이 된다. 그 이유는 무엇인가?

(A) 벽 조도 요소는 벽 점성층을 통해서 얻어진다.
(B) 벽 점성층은 벽 조도 요소에 완벽하게 대응한다.
(C) 점성효과는 유동을 지배한다.
(D) 관성효과는 유동에서 중요한 요소가 되지 않는다.

7.6 직경이 2 cm인 아연관 15 m 이상에서 압력강하가 60 Pa이었다. 만약 파이프가 수평이라면, 물의 유량은 얼마인가? 단, $\nu = 10^{-6}\ \text{m}^2/\text{s}$이다.

(A) 6.82 L/s　　**(B)** 2.18 L/s
(C) 0.682 L/s　　**(D)** 0.218 L/s

7.7 물이 직경 8 cm의 파이프 아래로 30°경사와 일정한 압력으로 유동한다. 주철관에서의 평균 속도를 구하라. 단, $\nu = 10^{-6}\ \text{m}^2/\text{s}$이다.

(A) 0.055 m/s　　**(B)** 0.174 m/s
(C) 1.75 m/s　　**(D)** 5.5 m/s

7.8 밀도가 900 kg/m 인 액체가 직경 6 cm 주철관에서 수직 아래로 흐르고 있다. 평균 속도가 4 m/s 일 때 20 m 관에서의 압력상승을 계산하라. 단, $\nu = 8 \times 10^{-6}\ \text{m}^2/\text{s}$이다.

(A) 250 kPa　　**(B)** 100 kPa
(C) 77 kPa　　**(D)** 10.2 kPa

7.9 물의 유동이 한 면이 4 cm인 정방형 주철관에서 일어나고 있다. 수평한 주철관에서 유량이 0.02 m^3/s일 때 40 m 이상에서의 압력강하를 구하라. $\nu = 10^{-6}\ \text{m}^2/\text{s}$이다.

(A) 162 kPa　　**(B)** 703 kPa
(C) 1390 kPa　　**(D)** 1590 kPa

7.10 새로 설계된 밸브를 시험하고 있다. 액체 벤젠이 밸브를 통해 유동하고 있는 경우 가장 중요한 매개변수는 무엇인가?

(A) 프루드수　　**(B)** 레이놀즈수
(C) 마하수　　**(D)** 오일러수

7.11 수로계를 설치하는 것은 아주 어렵다. 공학 설계 기사가 확신해야 하는 것은 다음 중 무엇인가?

(A) 수력구배선이 항상 파이프선보다 위에 있다.
(B) 에너지구배선이 항상 파이프선보다 위에 있다.
(C) 정체압력은 파이프선 상에 존재한다.
(D) 파이프의 높이를 무시해서는 안 된다.

7.12 물이 폭이 2.4 m, 깊이 80 cm인 직사각형 콘크리트 개수로에서 흐르고 있다. 최대 근사 유량은 얼마인가? 단, 기울기는 0.002이다.

(A) 2.2 m^3/s　　**(B)** 3.4 m^3/s
(C) 4.6 m^3/s　　**(D)** 6.2 m^3/s

문제

층류유동 또는 난류유동

7.13 천이가 일어나는 임계 레이놀즈수($Re = VD/\nu$)가 2000이라면 20°C 물이 층류 상태로 파이프에서 흐를 수 있는 최대 속도 V는 얼마인가? 파이프의 직경은 아래와 같다.

(a) 2 m **(b)** 2 cm

(c) 2 mm

7.14 20°C 물이 폭이 넓은 강에서 흐른다. 천이가 일어나는 임계 레이놀즈수($Re = Vh/\nu$)가 1500일 때 이 값을 사용하여 강의 깊이 h가 다음과 같을 때 층류유동이 되는 평균속도 V를 계산하라.

(a) 4 m **(b)** 1 m

(c) 0.3 m

7.15 10°C 물이 주차장의 얇은 판 내에서 0.5 cm의 깊이로 평균속도 0.45 m/s로 흐르고 있다. 유동은 층류인가 난류인가?

7.16 폭 20 m, 깊이 1.4 m인 상에서 물이 매우 잔잔하게 흐르고 있다. 강에 떠 있는 잎이 2초에 1 m를 움직이는 것으로 관측된다. 유동은 층류인가 난류인가? 레이놀즈수의 정의는 문제 7.14를 참조하라.

7.17 2 cm 직경의 파이프에서 유동이 일어난다. 만약 임계 레이놀즈수가 다음과 같다면 20°C 물이 층류유동으로 흐를 수 있는 최대 속도는 얼마인가?

(a) $Re = 2000$ **(b)** $Re = 40\,000$

입구유동과 발달된유동

7.18 만약 물이 2×10^{-4} m^3/s의 유량으로 다음 조건에서 흐른다면 4 cm 직경의 파이프에서의 층류 입구길이는 얼마인가?

(a) 10°C **(b)** 20°C

(c) 40°C **(d)** 80°C

7.19 20°C 공기가 4 cm 직경의 파이프를 통해 흐르는 실험 설비에서 층류유동이 일어난다. 레이놀즈수가 다음과 같을 때 평균속도, 비점성 코어길이와 입구길이를 계산하라.

(a) 1000 **(b)** 80 000

7.20 6 cm 직경의 파이프가 탱크에서 시작하여 50 m 떨어진 수조로 20°C 물을 0.025 m^3/s로 수송한다. 발달된 유동이라는 가정이 타당한가?

7.21 연구소 실험은 그림 P7.21과 같이 직경 2 mm 튜브에서 층류를 만들기 위해 설계되어 있다. 저장고로부터 물이 튜브를 통해서 수송된다. 만약에 18 L의 물이 2시간 동안 수송된다면, 입구길이는 무시할 수 있는가?

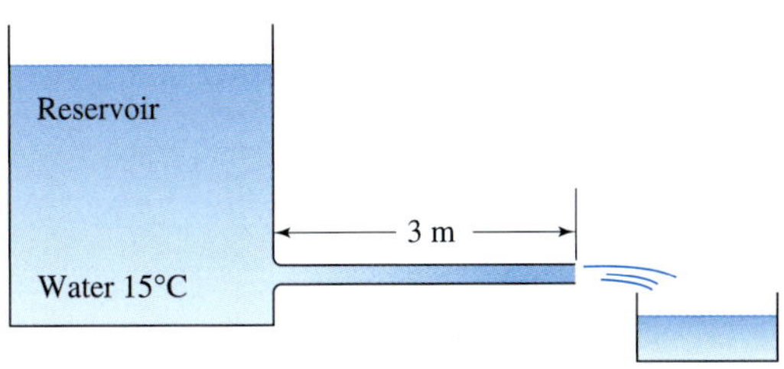

그림 P7.21

7.22 23°C 공기가 평행한 평판 사이의 유동 연구 과제에서 작동 유체로 사용된다. 평판이 1.2 cm 떨어져 있다면 층류유동에 대해 가능한 가장 긴 입구길이는 얼마인가? 가장 짧은 입구길이는 얼마인가?

7.23 25°C 공기가 연구 실험실 내의 6 cm 직경의 파이프에서 층류와 난류 상태로 존재할 수 있다(입구 근처의 몇 철사는 유동을 난류로 만드는 데 사용된다). 평균 속도가 5 m/s일 때 층류유동의 입구영역 길이와 난류유동의 입구영역 길이를 비교하라.

7.24 20°C 물이 평균 속도 0.2 m/s로 수조로부터 4 cm 직경의 파이프를 통해 흐른다. 유동이 다음의 상태일 경우 비점성 코어길이와 입구길이를 평가하라.

(a) 층류 **(b)** 난류

7.25 길이 Δx와 반경 r_0를 갖는 증분 검사체적을 도시하라. 그리고 층류유동에 대해 $(\Delta p/\Delta x)_{\text{entrance}} > (\Delta p/\Delta x)_{\text{developed}}$임을 보여라.

7.26 다음과 같은 조건하에 그림 7.3의 난류유동에 대해 관찰되는 압력 변화를 설명하라.

(a) 레이놀즈수가 큰 유동($Re > 300\,000$)

(b) 레이놀즈수가 작은 유동($Re \simeq 10\,000$)

(c) 레이놀즈수가 중간인 유동

파이프에서의 층류유동

7.27 운동 압력으로서 $p_k = p + \gamma h$를 정의하고 식 7.3.5나 7.3.11을 p_k에 관하여 나타내라. $dp_k/dx = \Delta p_k/L$라 할 수 있는가? 여기서 L은 Δp_k에 의해 측정되는 길이이다. $u(r)$을 $\Delta p_k/L$에 관하여 표현하라.

7.28 식 7.3.13이 사실인지 증명하라.

7.29 20°C 물을 수송하는 2 cm 직경의 파이프 단면에 대해 0.5 kPa의 압력 강하가 일어난다. 레이놀즈수가 1600이라면 수평 단면의 길이는 얼마인가? 또한 벽면에서의 전단응력과 마찰계수를 구하라.

7.30 그림 P7.30은 40°C 물이 직경 10 mm인 파이프를 Re = 1500으로 흐르는 것을 나타낸다. 파이프가 기울어진 각과 유량을 구하라(압력강하는 발생하지 않는다).

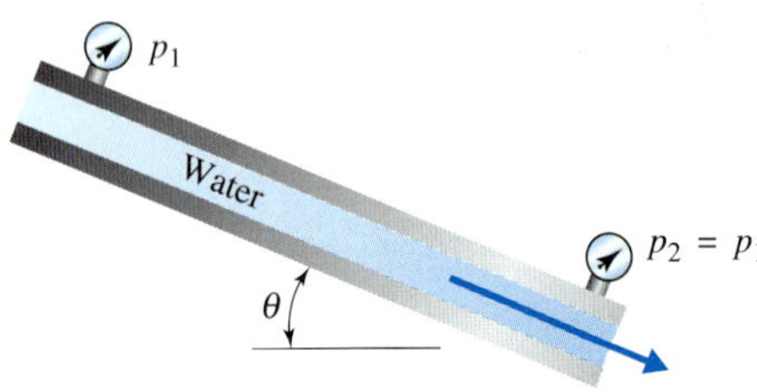

그림 P7.30

7.31 액체가 2 cm 직경을 갖는 파이프를 통해 12 L/min의 유량으로 펌프로 수송된다. 액체가 다음과 같을 경우 10 m 길이의 수평 단면에 대한 압력강하를 계산하라.

(a) 20°C SAE-10W오일

(b) 20°C 물

(c) 40°C 글리세린

7.32 수직 방향의 2 cm 직경의 파이프에 압력강하 없이 액체가 흐르고 있다. 액체가 다음과 같을 때 층류유동을 가정하여 유량을 구하라.

(a) 5°C 물

(b) 25°C SAE-30W오일

(c) 20°C 글리세린

층류유동이라는 가정이 타당한가?

7.33 원관 내에서 20°C SAW-10W 기름이 3.3 L/s로 수송될 때, 층류유동이 되기 위한 최대 지름을 구하라. 이때 수평 관로 10 m에 해당하는 압력강하를 구하라.

7.34 그림 P7.34에 나와 있는 매끈한 파이프를 통한 유량을 계산하라. 입구영역의 길이는 얼마인가? 층류유동으로 가정한다.

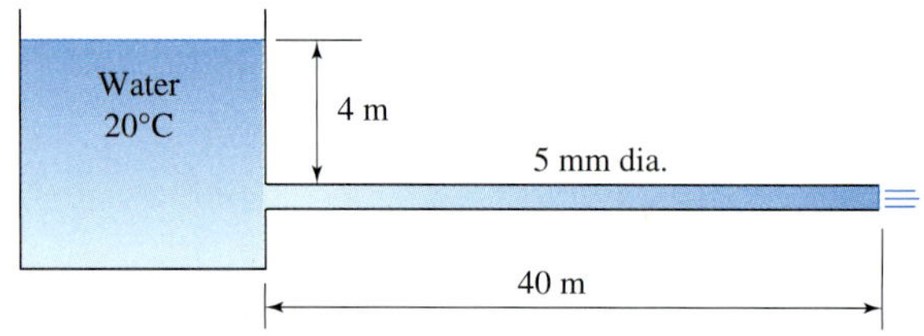

그림 P7.34

7.35 직경이 작은 관의 제조업자는 실제 직경이 정확한지 알고 싶어 한다. 그림 P7.34와 같은 실험장치가 4 m의 수두로 20°C 물을 수송하는 4 m 길이의 수평관에 사용된다. 만약 3.4 L의 물이 60분 동안에 모였다면 입구영역 효과를 무시할 경우 관의 내부 직경은 얼마인가? 실제 입구영역 효과는 무시할 수 있는가?

7.36 20°C 공기가 2 cm 직경을 갖는 수평 파이프 내를 흐른다. 층류유동에 대해 10 m 길이의 단면을 통한 최대 압력강하를 계산하라. $\rho = 1.27 \text{ kg/m}^3$로 가정한다.

7.37 20°C 물이 10°C의 각도를 이루는 그림 P7.37의 4 mm 직경의 파이프 내를 흐른다. 10 m 길이의 단면에 대해 압력 상승이 6 kPa이다. 유동의 레이놀즈수와 벽면 전단응력을 구하라. 층류유동으로 가정한다.

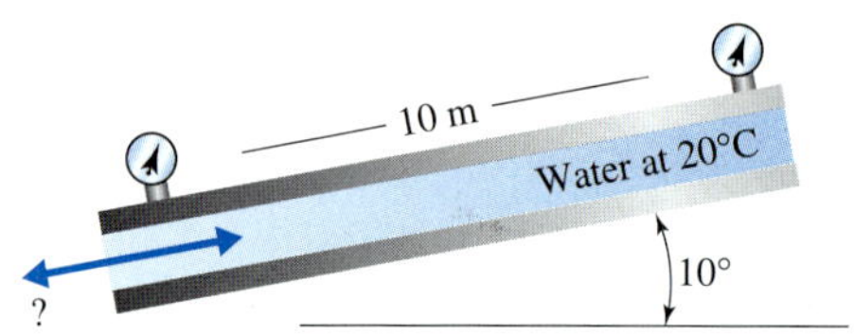

그림 P7.37

7.38 실험 연구에서 레이놀즈수 40 000으로 10 cm 직경의 파이프를 통해 20°C 공기가 흐르는 층류유동이 요구된다. 예상되는 최대 속도는 얼마인가? 발달된 유동에서 10 m 수평 길이에 대한 압력강하는 얼마인가? 입구영역의 길이는 얼마인가? $\rho = 1.2$ kg/m을 사용하라.

7.39 그림 P7.39의 층류 액체 유동에서 유량이 $\pi R^2\sqrt{2gH}$로 되기 위해 피토관이 위치해야 할 반경 방향 위치를 계산하라.

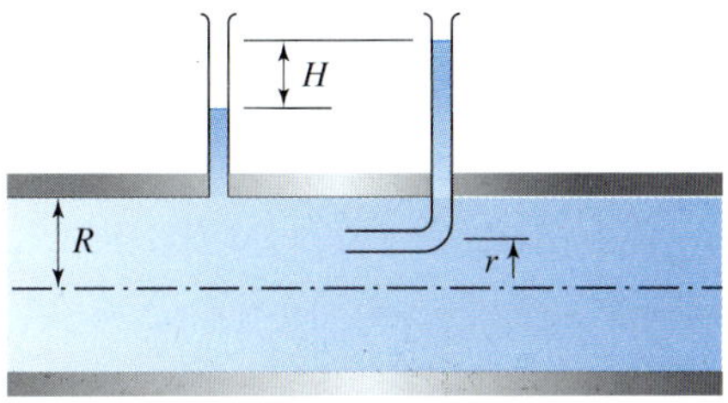

그림 P7.39

7.40 20°C 물이 2 mm 직경을 갖는 수직 파이프에서 층류유동을 하고 있다. 만약 압력이 일정하다면 유량은 얼마인가? 층류유동으로 가정한 것이 합당한가?

7.41 수직 방향의 40 mm 직경의 파이프에 물이 4.0 L/min으로 아래방향으로 흐르고 있다. (a) 10 m 길이의 압력 강하를 구하라. (b) 단위길이당 마찰 손실 수두를 구하라. (c) 파이프 벽면에서의 전단응력은 얼마인가? 단, $\mu = 1.14 \times 10^{-3}$ N·s/m^{2}이다.

7.42 파이프 내의 발달된 층류유동에서 다음 조건을 만족하는 반경 방향 위치를 구하라.

(a) 속도가 평균 속도와 같다.

(b) 전단응력이 벽면 전단응력의 반이다.

7.43 내부 반경과 외부 반경이 $r_0/2$와 r_0인 환형관을 통해 흐르는 유량에 대한 반경 r_0인 파이프를 통해 흐르는 유량의 비를 구하라. 압력구배가 같은 발달된 층류유동으로 가정하라.

7.44 16°C 물의 층류유동이 5 cm 직경을 갖는 수평 파이프에서 Re = 20 000으로 연구 실험실에서 얻어진다. 발달된 유동의 10 m길이의 단면에 대한 수두손실, 벽면 전단응력과 입구영역의 길이를 계산하라.

7.45 그림 P7.45에서 직경이 2 cm와 3 cm인 동심의 두 수평 파이프 사이에 20°C 물이 흐르고 있다. 100 Pa 압력강하는 완전히 발달된 층류의 10 m를 넘는 위치에서 측정되었다. 내부 파이프에서의 유량과 전단응력을 구하라.

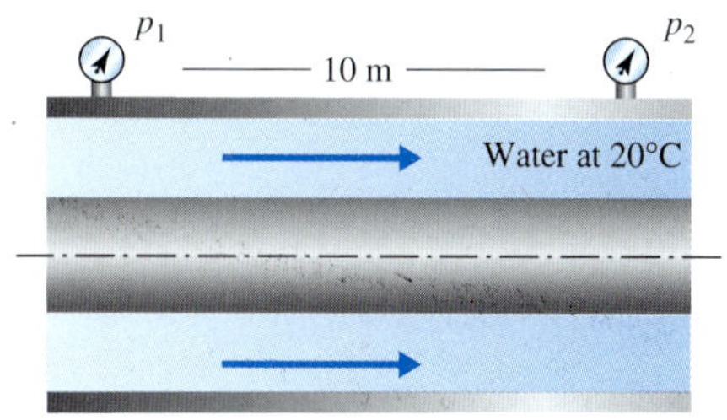

그림 P7.45

7.46 20°C의 공기가 각각 직경 2 cm와 3 cm를 갖는 두 개의 동심 수평 파이프 사이의 환형관을 흘러서 10 m 길이에 대해 압력강하가 10 Pa 발생한다. 평균 속도와 내부 파이프에서의 전단응력을 구하라. 발달된 층류유동이라 가정한다.

7.47 유체가 두 개의 동심 수평 파이프 사이의 환형관을 흐른다. 내부 파이프의 온도를 외부 파이프보다 높게 유지시켜 환형관 내의 점성계수는 일정하다고 가정할 수 없고 $\mu = \mu(T)$가 된다. 발달된 층류유동이라 가정하고 $u(r)$을 얻기 위해 풀어야 할 미분방정식을 유도하라.

7.48 예제 7.2의 속도 분포는 $r_1 \to 0$이면 파이프 유동의 속도로 접근하고, $r_1 \to r_2$이면 평행한 평판 유동의 속도에 접근하는 것을 보여라.

평행 평판 사이의 층류유동

7.49 Re = 2000이고 1 cm × 40 cm의 수평 수로에서 유동이 일어난다. 유체가 다음과 같을 때 유량을 계산하라.

(a) 15°C 물

(b) 15°C 대기 공기

7.50 무게가 40 N인 1 m × 1 m의 판이 그림 P7.50과 같이 속도 0.2 m/s로 경사면을 내려간다. θ의 값이 다음과 같을 때 유체의 점성계수를 구하라.

(a) 20° **(b)** 30°

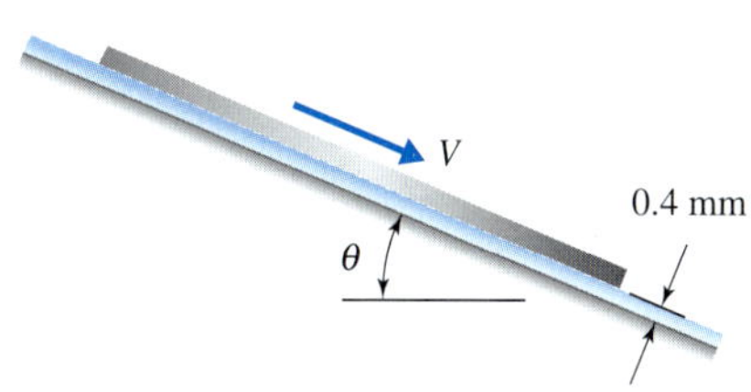

그림 P7.50

7.51 문제 7.50의 평판과 평면 사이에 20°C의 물이 존재한다. θ의 값이 다음과 같을 때 평판의 속도를 계산하라.

(a) 20°C **(b)** 30°C

7.52 20°C 물이 깊이 6 mm, 폭이 50 m인 20 의 경사면을 흘러 내려간다. 층류유동을 가정하여 유량과 레이놀즈수를 계산하라. 또 최대 속도와 벽면 전단응력을 구하라.

7.53 20°C 물이 폭 100 m의 주차장을 깊이 10 mm, 경사구배 0.00015로 흘러 내려간다. 층류유동을 가정하여 유량과 레이놀즈수를 계산하라. 또 마찰계수와 벽면 전단응력을 구하라.

7.54 20°C 공기를 수송하는 90 cm × 2 cm의 사각 수평수로의 60 m 길이에 대해 50 Pa의 압력강하가 측정된다. 최대 유량과 관련 레이놀즈수를 계산하라. $\rho = 1.2\ \text{kg/m}^3$을 사용하라.

7.55 그림 P7.55에서 압력차 $p_A - p_B$는 96 kPa로 측정된다. 층류유동을 가정하여 폭이 큰 수로에서의 마찰계수를 구하라. 유동 방향은 알지 못한다.

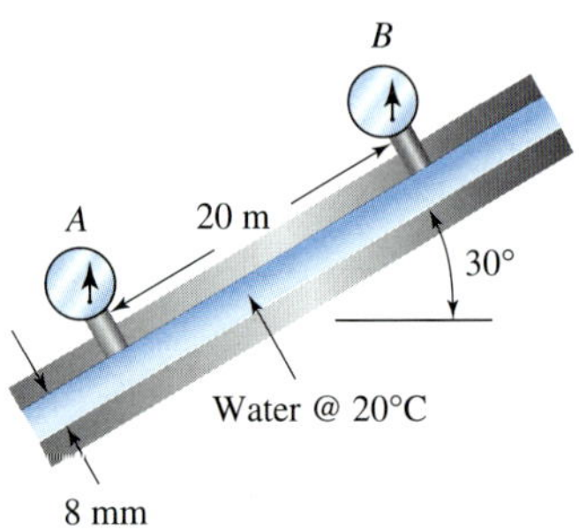

그림 P7.55

7.56 27°C와 4.2 MPa에서 SAE-10W 오일을 함유하는 압력 용기의 5 cm 두께 쪽에 0.5 mm × 100 mm의 크기를 갖는 틈새가 존재한다. 틈새로부터 존재할 수 있는 최대 유량은 얼마인가? 발달된 층류유동으로 가정하라.

7.57 그림 P7.57에 나와 있는 평행 평판 사이로 공기가 흐른다. 다음 조건에서 압력구배를 구하라.

(a) 위 표면의 전단응력이 0인 경우

(b) 아래 표면의 전단응력이 0인 경우

(c) 유량이 0인 경우

(d) $y = 2$ mm에서 속도가 4 m/s인 경우

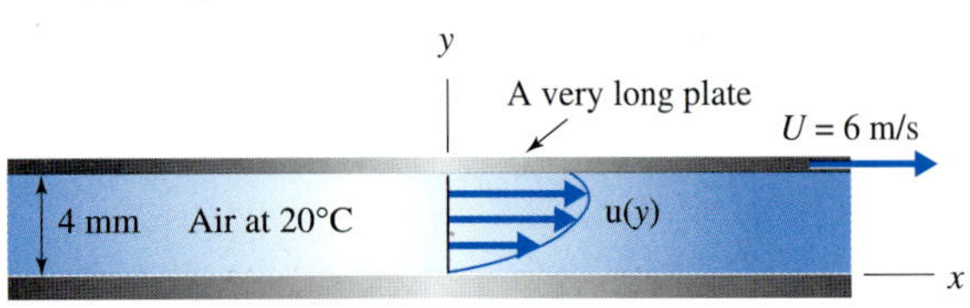

그림 P7.57

7.58 6 mm만큼 떨어진 수평 평행 평판 사이로 흐르는 50°C 공기에서 압력구배 −20 Pa/m가 발생한다. 다음 조건에서 위 평판의 속도를 구하라.

(a) 위 표면의 전단응력이 0인 경우

(b) 아래 표면의 전단응력이 0인 경우

(c) 유량이 0인 경우

(d) $y = 2$ mm에서 속도가 2 m/s인 경우

7.59 나비에-스토크스 방정식을 이용하여 (a) 아래쪽 평판은 고정되어 있고 위쪽 평판은 2 m/s의 속도로 움직이는 10 mm 떨어진 평행 평판 사이에서 압력에 의한 유동의 속도 분포를 구하라. 점성이 0.4 N·s/m 인 오일이 비압축성 정상 층류유동을 하고 있다고 가정한다. (b) (a)에서의 답에 기초하여, 평판 중간에서 속도가 0이 되도록 하는 압력구배를 구하라.

7.60 거리 h인 두 기울어진 평행 평판 사이에 비압축성 완전발달 정상 층류유동이 흐른다고 가정할 때, 그림 P7.60과 같이 위쪽 평판은 U의 속도로 등속도로 움직이고 아래쪽 평판은 고정되어 있다. 나비에-스토크스 방정식으로부터 두 평판 사이의 속도에 대한 표현을 구하라. dp/dx는 일정하다고 가정한다.

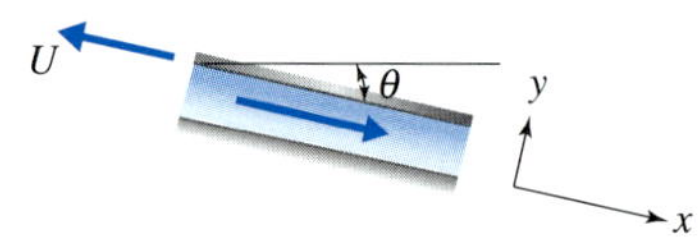

그림 P7.60

7.61 $\mu = 5 \times 10^{-3}\ \text{kg·s/m}^2$인 오일이 그림 P7.61과 같이 봉과 표면 사이의 동심 공간에 차 있다. 만약 $V = 15$ m/s라면 힘 F는 얼마인가? $dp/dx = 0$으로 가정한다.

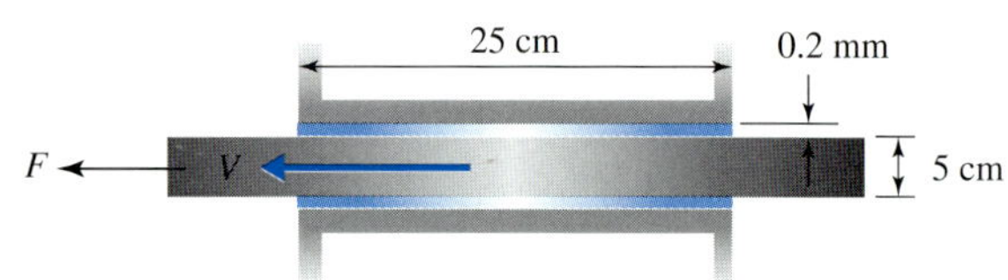

그림 P7.61

7.62 그림 P7.62에 나와 있는 봉을 30 rad/s로 회전시키는 데 필요한 토크 T를 계산하라. 간극을 채우는 유체는 20°C SAE-10W 오일이고 층류 속도 분포라 가정한다.

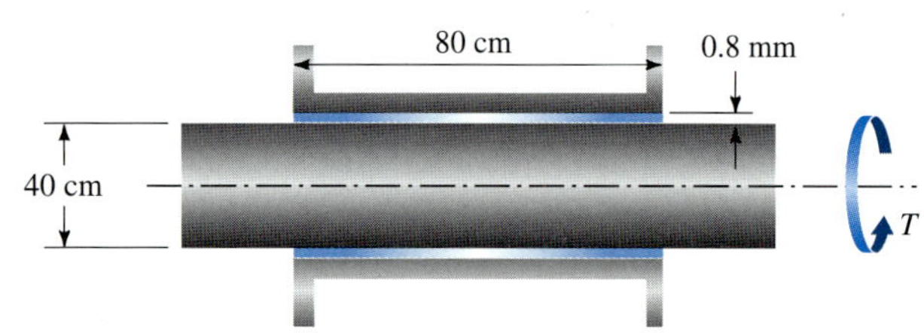

그림 P7.62

7.63 $\mu = 0.01 \text{ N·s/m}^2$인 오일이 그림 P7.63에 나와 있는 간극을 채우고 있다. 층류 속도 분포라 가정하여 원판을 회전시키는 데 필요한 토크를 계산하라. 층류 유동이라는 가정이 정당한가? $S = 0.86$을 사용하라.

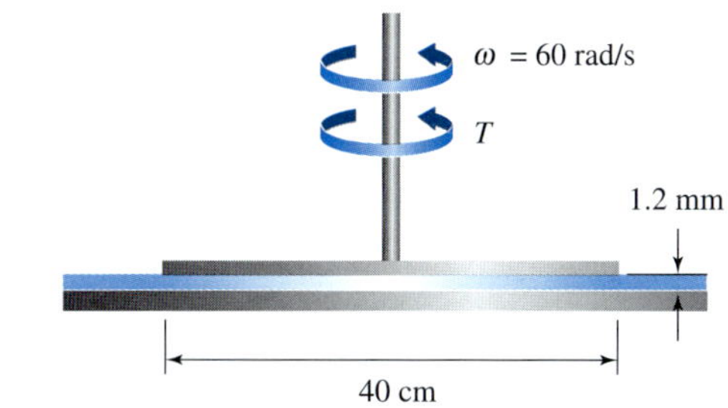

그림 P7.63

7.64 그림 P7.64에 나와 있는 20 cm 직경의 내부 원통을 회전시키는 데 필요한 토크를 구하라. 20°C SAE-30W 오일이 간극에 차 있다. 층류 속도 분포라 가정한다.

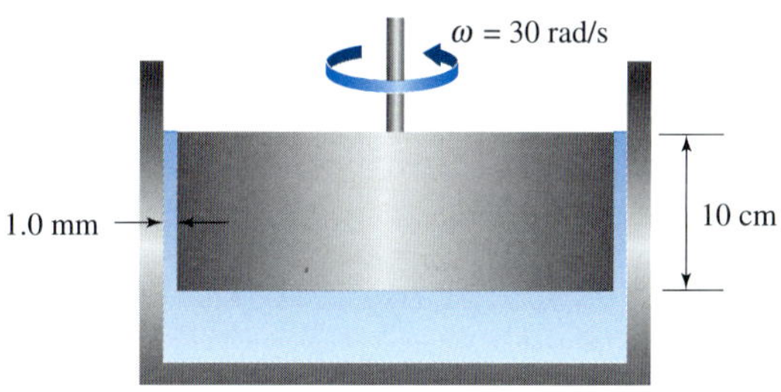

그림 P7.64

7.65 그림 P7.65 나와 있는 원추를 회전시키는 데 필요한 토크를 구하라. $\mu = 0.01 \text{ N·s/m}^2$인 오일이 간극에 차 있다. 층류 속도 분포라 가정한다.

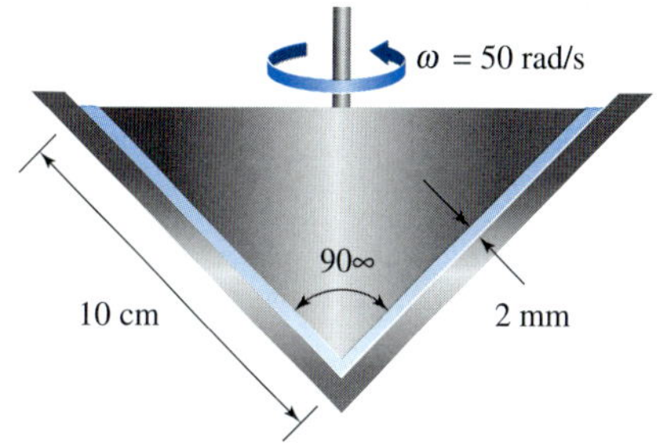

그림 P7.65

7.66 높은 레이놀즈수를 만드는 유동과 그림 P7.66에서 보여 주는 개수로 설치는 미시간 주립대학교의 John Foss 교수에 의해 제안되었다. 그것은 흡입 개수로에서 항상 치명적인 누설을 피하게 하였다.(상류의 팬은 큰 레이놀즈수를 얻을 수 없게 만드는 날개 와류를 생성하게 된다.) 만약 수로의 폭이 1.2 m이고 Re = 7000일 경우 70% 효율을 갖는 팬의 동력 요구량을 평가하라.

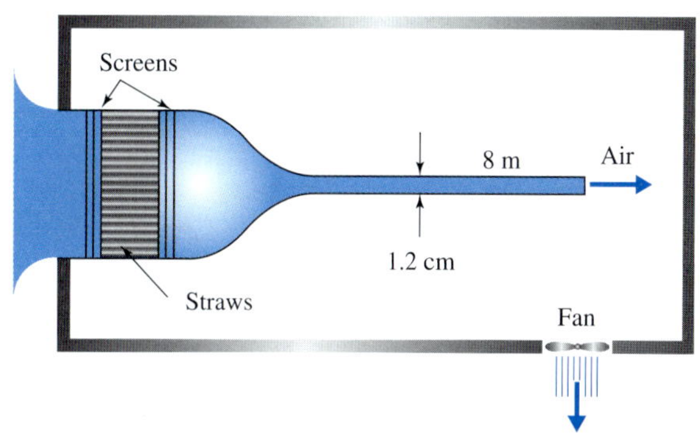

그림 P7.66

회전하는 실린더에서의 층류유동

7.67 반경 R을 갖는 긴 원통이 대형 액체 용기 내에서 회전한다. 액체에서의 속도 분포를 구하라. 만약 액체가 10°C 물이라면 1000 rpm으로 길이 1 m, 직경 5 cm의 원통을 회전시키는 데 필요한 토크는 얼마인가? 층류유동을 가정한다.

7.68 40°C SAE-10W 오일이 각각 2 cm와 3 cm의 반경을 갖는 길이 40 cm의 동심 원통 사이의 간극을 채우고 있다. 만약 외부 원통이 고정되어 있다면 내부 원통을 3000 rpm으로 회전시키는 데 필요한 토크는 얼마인가? 또 얼마의 동력이 요구되는가? 실제로 식 7.5.17이 속도 분포임을 검증하라.

7.69 반경 5 cm의 고정된 원통 내부에서 반경 4 cm의 원통이 40 rad/s로 회전하는 데 필요한 토크는 0.015 N m이다. 동심 원통의 길이는 50 cm이다. 유체의 점성계수를 계산하라. $S = 0.9$를 사용한다. 실제로 식 7.5.17이 속도 분포임을 증명하라.

7.70 그림 7.6의 내부 원통이 고정될 경우 외부 원통을 회전시키는 데 필요한 토크에 대한 식을 구하라.

7.71 식 7.5.17의 속도 분포를 사용하여 문제 7.62를 다시 풀라. 그리고 선형 속도 분포를 가정할 때 오차 퍼센트를 구하라.

난류유동

7.72 비압축성 유체의 연속방정식에 시간평균을 취하여 다음과 같은 2개의 연속방정식 결과를 보여라. 순간 연속방정식은

$$\frac{\partial u'}{\partial x} + \frac{\partial v'}{\partial y} + \frac{\partial w'}{\partial z} = 0$$

이고 시간평균 연속방정식은

$$\frac{\partial \bar{u}}{\partial x} + \frac{\partial \bar{v}}{\partial y} + \frac{\partial \bar{w}}{\partial z} = 0$$

이다.

7.73 다음 관계를 사용하여 시간평균 가속도 $\overline{Du}/Dt$와 $\bar{D}\bar{u}/Dt$ 사이의 차에 대한 식을 구하라.

$$\overline{u'\frac{\partial u'}{\partial x}} + \overline{v'\frac{\partial u'}{\partial y}} + \overline{w'\frac{\partial u'}{\partial z}} = \frac{\partial}{\partial x}\overline{u'^2} + \frac{\partial}{\partial y}\overline{u'v'} + \frac{\partial}{\partial z}\overline{u'w'}$$

7.74 문제 7.73에 나와 있는 관계식이 성립함을 증명하라. (힌트: 순간 연속방정식을 사용하라.)

7.75 폭이 넓은 수평 수로에서 발달된 유동에 대해 시간평균 x 성분 나비에-스토크스 방정식은 다음과 같이 나타낼 수 있음을 보여라.

$$\rho\frac{\partial}{\partial y}\overline{u'v'} = -\frac{\partial \bar{p}}{\partial x} + \mu\frac{\partial^2 \bar{u}}{\partial y^2}$$

$\bar{\tau}_{lam} = \mu(\partial\bar{u}/\partial y)$와 $\bar{\tau}_{turb} = -\rho\overline{u'v'}$를 사용하여 시간평균 나비에-스토크스 방정식을 응력의 항으로 나타내라.

7.76 난류유동일 때 임의의 점에서의 속도 성분이 다음 표와 같다. 그 점에서 $\bar{u}$, $\bar{v}$, $\overline{u'^2}$, $\overline{v'^2}$와 $\overline{u'v'}$을 구하라.

표 1

t (s)	u (m/s)	v (m/s)	t (s)	u (m/s)	v (m/s)
0.00	16.1	1.6	0.06	17.1	−1.4
0.01	25.7	−5.4	0.07	28.6	6.7
0.02	10.6	−8.6	0.08	6.7	−5.2
0.03	17.3	3.5	0.09	19.2	−8.2
0.04	5.2	4.1	0.10	21.6	1.5
0.05	10.2	− 6.0			

7.77 발달된 난류유동에서 짧은 반경 거리에 대해 시간평균 속도가 다음 표와 같다. 9 m 길이의 수평 단면에 대해 압력강하가 400 Pa로 측정된다. r = 0.21 m에서 $\overline{u'v'}$을 구하라. ρ = 1.85 kg/m^{3}이고 ν = 1.46 × 10^{-5} m^2/s인 공기가 흐르고 있다.

r (m)	0.18	0.19	0.21	0.22
$\bar{u}$ (m/s)	25	23	21	18.2

7.78 문제 7.77의 자료에서 r = 0.21 m일 때 $\overline{u'^2}$ = 29 m^2/s^2, $\overline{v'^2}$ = 14 m^2/s^{2}으로 측정된다. 와류 점성계수, 상관계수와 혼합길이는 얼마인가?

7.79 그림 P7.79에 나와 있는 것처럼 층류유동 내 임의의 점에서 속도 성분이 측정된다. 그 점에서 $d\bar{u}/dy$ = −10 s^{-1}일 때 $\overline{u'v'}$, η, l_m 그리고 K_{uv}를 구하라.

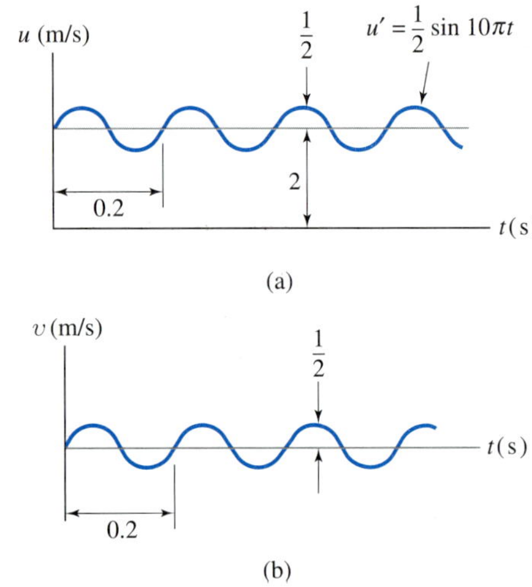

그림 P7.79

7.80 e = 0.26 mm인 20 cm 직경의 파이프가 20°C 물을 수송한다. 평균 속도가 다음과 같을 때 파이프가 매끈한지 또는 거친지를 결정하라.

(a) 0.02 m/s **(b)** 0.2 m/s

(c) 2 m/s

7.81 40°C SAE-30 오일이 평균 속도 6 m/s로 10 cm 직경의 파이프로 수송된다. 파이프가 수력학적으로 매끈하다면 조도 요소에 허용되는 최대 크기는 얼마인가?

7.82 다음 각 경우에 파이프에서의 최대 속도를 계산하라.

(a) 문제 7.80a **(b)** 문제 7.80c

7.83 10 cm 직경을 갖는 매끈한 파이프 내의 난류유동에서 20°C 물의 속도 분포는 $\bar{u}$ = 9.2$y^{1/7}$ m/s로 근사화된다. 다음을 구하라.

(a) 벽면 전단응력

(b) 벽에서의 속도구배 $d\bar{u}/dy$

(c) 압력구배

(d) r = 2.5 cm에서의 η 값

7.84 20°C 물이 12 cm직경을 갖는 수평 파이프 내를 70 L/s로 흐르고 있다. 식 7.6.19의 지수 n을 구하라. 최대 속도는 얼마인가?

7.85 원형 파이프에서 $u = u_{max}(y/r_0)^{1/n}$을 사용하여 운동에너지 수정 인자가 $n = 5$에 대해서는 1.10이고 $n = 10$에 대해서는 1.03임을 보여라.

7.86 20°C 물이 직경 10 cm의 파이프를 평균 속도 10 m/s로 흐르고 있다. $u = u_{max}(y/r_0)^{1/n}$ $(n = 7)$를 사용하여 점성 전단응력과 난류 전단응력을 r의 함수로 도시하라 또한 $d\bar{p}/dx$를 구하라.

7.87 10°C의 SAE-10W 오일이 직경 80 cm의 매끈한 파이프 내에서 1.2 m^3/s로 수송된다.

(a) 레이놀즈수를 구하라.

(b) 마찰계수를 구하라.

(c) 식 7.6.20을 사용해서 최대 속도를 구하라.

(d) 점성 두께를 구하라.

(e) 대수 속도 분포를 사용한 해와 (c)의 결과를 비교하라.

7.88 문제 7.87에서 파이프를 주철 파이프로 대체한다. (그림 7.13에 e의 값이 나와 있다.) 대수함수를 사용한 속도 분포에서 최대 속도를 구하라.

7.89 40°C 물을 수송하는 10 cm 직경의 매끈한 수평 파이프에 5 m 떨어져 위치한 게이지로 측정한 압력 강하가 10 kPa이다. 다음을 구하라.

(a) 벽면 전단응력

(b) 최대 속도

(c) 평균 속도

(d) 레이놀즈수

(e) 유량

7.90 12 cm 직경의 수평 파이프가 10°C의 SAE-10W 오일을 수송한다. 파이프의 10 m 길이의 단면에 대해 압력강하가 다음과 같을 때 벽면 전단응력, 평균 속도와 유량을 구하라.

(a) 5 kPa **(b)** 20 kPa

(c) 200 kPa

7.91 문제 7.89에 대해 다음과 같은 조건의 유동 속도 분포선 좌표를 만들어 보라.

(a) 로그함수 분포

(b) 멱법칙 분포

파이프와 덕트 내의 난류유동

7.92 20°C 물이 직경 8 cm 플라스틱 파이프에서 20 L/s로 흐르고 있다. 다음을 이용하여 마찰계수를 구하라.

(a) 무디 선도 **(b)** 식 7.6.26

7.93 15°C 물이 직경 10 cm의 주철에서 0.03 m^3/s로 흐르고 있다. 다음을 이용하여 마찰계수를 구하라.

(a) 무디 선도

(b) 식 7.6.26 ~ 7.6.28 중 하나

7.94 20°C 물이 직경 4 cm의 주철 파이프에서 흐르고 있다. 평균 속도가 다음과 같을 때 무디 선도를 사용하여 마찰계수를 구하라.

(a) 0.025 m/s **(b)** 0.25 m/s

(c) 2.5 m/s **(d)** 25 m/s

7.95 0.02 m^3/s 유량이 직경 10 cm의 단단한 주철관에서 흐르고 있다. 무디 선도를 사용하여 파이프의 수송 조건이 다음과 같을 경우, 수평한 100 m 위치를 지나는 곳의 압력강하를 구하라.

(a) 20°C 물

(b) 60°C 글리세린

(c) 30°C SAE-30W

(d) 10°C 등유

식 7.6.29를 사용한 결과와 비교하라.

7.96 15°C 물이 직경 3.8 cm의 파이프 내를 유량 1.65 L/s로 흐른다. 무디 선도를 사용해서 다음의 파이프가 유체를 수송할 때 180 m 길이의 구간에 대한 수두 손실을 구하라.

(a) 주철

(b) 아연철

(c) 단철

(d) 플라스틱

7.97 20°C, 절대압력 500 kPa에서 10 cm 직경을 갖는 플라스틱 파이프 내에서 1.2 kg/s의 질량 유속이 발생한다. 비압축성 유동을 가정하고, 무디 선도를 사용하여 흐르는 유체가 다음과 같을 때 100 m 길이의 단면에 대한 압력강하를 구하라.

(a) 공기

(b) 이산화탄소

(c) 수소

식 7.6.29를 사용한 결과와 비교하라.

7.98 SAE-30W 오일이 직경 15 cm의 수평 단철 파이프 내를 0.08 m^3/s로 흐른다. 오일의 온도가 다음과 같을 때 100 m 길이에 대한 압력강하를 구하라.

(a) 0°C **(b)** 30°C

(c) 60°C **(d)** 90°C

식 7.6.29를 사용한 결과와 비교하라.

7.99 다음 각 경우에 파이프를 선택할 때 그림 7.13에 열거된 어떤 재질을 선택할지 결정하라. 각 경우에 5 cm의 직경을 갖는 파이프에 물 20°C의 400 L/min 유량으로 시험을 수행한다. 10 m 길이의 수평 파이프에 대해 다음과 같은 압력강하가 측정된다.

(a) 파이프 1: 36 kPa

(b) 파이프 2: 24 kPa

(c) 파이프 3: 19 kPa

7.100 10°C 물이 6 cm 직경을 갖는 플라스틱 파이프 내를 8.3 L/s의 유량으로 30° 경사를 따라 흘러 올라간다. 90 m 길이의 파이프에 대한 압력 변화를 구하라.

7.101 40°C 물이 5 cm 직경의 단철 파이프의 수평 단면 내를 유량 0.02 m^3/s로 흐른다. 파이프가 매끄러운 관인지 거친 관인지를 구별할 수 있는 조건을 구하라.

7.102 80 cm 직경의 콘크리트 파이프가 20°C의 빗물을 5 m^3/s로 수송한다. 수평 파이프의 100 m 길이 단면에 대해 예상되는 압력강하는 얼마인가?

7.103 10 cm 직경의 수평 주철 파이프 200 m 길이에 대한 압력강하가 500 kPa을 넘지 않아야 한다. 유체가 다음과 같을 때 최대 유량을 계산하라.

(a) 20°C 물

(b) 20°C 글리세린

(c) 20°C SAE-10W 오일

(d) 20°C 등유

7.104 직경 4 cm의 수평 파이프의 100 m 길이에 대해 압력강하가 200 kPa를 넘지 않아야 한다. 파이프 재질이 다음과 같을 때 20°C 물이 수송된다면 최대 유량은 얼마인가?

(a) 주철

(b) 단철

(c) 플라스틱

7.105 벽면 마찰에 의한 손실을 제외하고 모든 손실을 무시할 때 직경이 다음과 같은 경우에 대해 그림 P7.105에 나와 있는 파이프를 통한 유량을 계산하라.

(a) 4 cm

(b) 8 cm

(c) 12 cm

(d) 16 cm

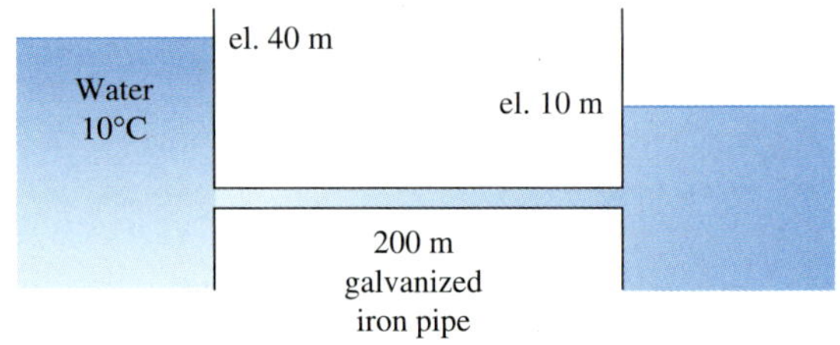

그림 P7.105

7.106 12 cm 직경을 갖는 단철 파이프의 기체 유동에서 400 m 길이의 단면에 대해 400 Pa의 압력강하가 허용된다. 온도와 절대압력이 40°, 200 kPa이라면 기체가 다음과 같을 때 최대 질량 유속은 얼마인가?

(a) 공기 **(b)** 이산화탄소

(c) 수소

7.107 15°C 물을 수송하는 1.2 m 직경의 수평 콘크리트 파이프의 180 m 길이에 대해 압력하가 210 kPa을 넘지 않아야 한다. 수송할 수 있는 유량은 얼마인가? 다음을 사용하여 구하라.

(a) 무디 선도

(b) 식 7.6.30

7.108 100 m 길이의 수평 단면에 대해 압력강하가 200 kPa을 넘지 않도록 0.002 m^3/s의 유량이 수송된다면 유체가 다음과 같을 때 선택해야 할 플라스틱 관의 크기를 결정하라.

(a) 20°C 물

(b) 60°C 글리세린

(c) 20°C 등유

(d) 40°C SAE-10W 오일

7.109 20°C 물을 5 m^3/s로 수송하며 수평 파이프 단면의 300 m 길이에 대해 수두손실이 20 m가 넘지 않을 콘크리트 파이프의 크기를 다음을 사용하여 결정하라.

(a) 무디 선도

(b) 식 7.6.31

7.110 농부는 호수의 표면 밑 3 m 거리에 위치한 들판으로부터 1200 m 떨어진 호수에서 10°C 물을 용수하기를 원한다. 분당 400 L 물이 필요하다. 다음을 사용하여 관의 직경을 구하라.

(a) 무디 선도

(b) 식 7.6.31

7.111 30°C 대기 공기가 4 m^3/s로 사각 금속판 도관(매끈한)을 통해 수송된다. 200 m 수평 길이에 대해 수두손실이 10 m를 넘지 않으려면 도관의 크기는 어떻게 결정하여야 하는가?

7.112 20°C 물이 2 cm × 4 cm의 매끈한 도관을 통해 수송되고 2 m의 수평 길이에 대해 80Pa의 압력강하가 일어난다. 유량은 얼마인가?

7.113 4 cm × 10 cm의 플라스틱 도관이 20°C 물을 수송한다. 수평 단면에 대해 5 m 떨어져 위치한 게이지에서 100 Pa의 압력강하가 측정된다. 유량을 구하라.

7.114 1.2 m의 폭을 갖는 개방된 사각 콘크리트 수로(e = 1.5 mm 사용)가 수조로부터 10,000 m 떨어진 위치에 20°C 물을 수송한다. 수로의 경사는 0.0015이고 물의 깊이는 다음과 같을 때 무디 선도를 사용해 유량을 계산하라.

(a) 0.3 m **(b)** 0.6 m
(c) 0.9 m

부차적 손실

7.115 갑작스러운 팽창에 의한 손실계수가 출구 속도 V_2를 근거로 할 경우, A_1과 A_2에 관해서 손실계수를 구하라.

7.116 식 3.4.15를 참조하여 그림 7.14에서 고압과 저압 지역이 왜 존재하는지를 설명하라. 또 B에서 C까지 선을 따라 굽은 지점의 내부의 모퉁이에서 굽은 지점의 외부 모퉁이까지의 속도 분포를 그림 P7.116 안에 스케치하라. 왜 굽은 지점을 지나간 후에 2차유동이 발생하는지를 설명하라.

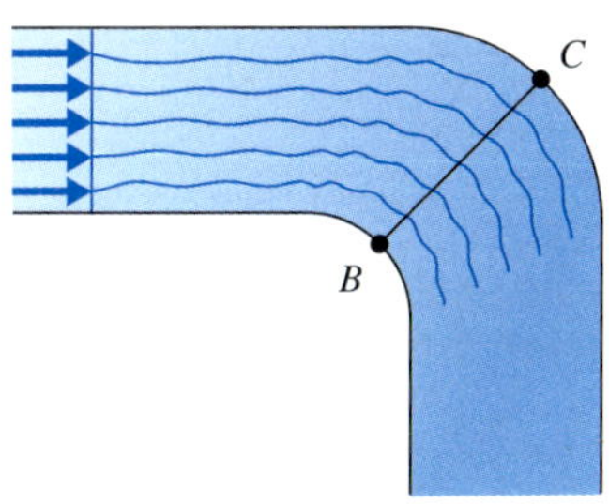

그림 7.116

7.117 그림 P7.117의 각 계통에 대해 만약 20°C 공기의 Q = 0.02 m^3/s이고 p_1 = 50 kPa이라면, p_2는 얼마인가?

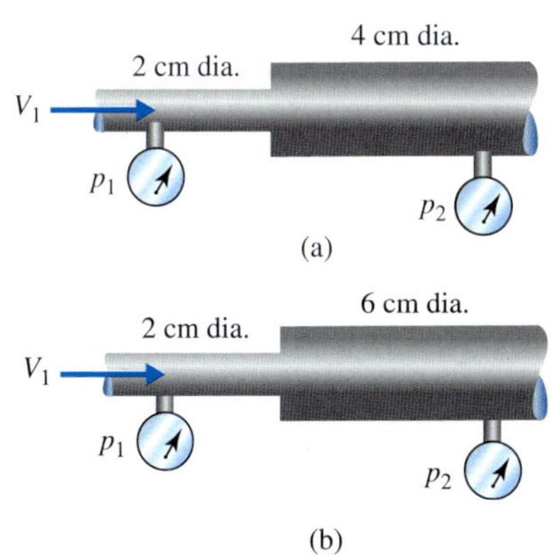

그림 P7.117

7.118 문제 7.117에서 급확대를 확대각 20로 대체하여 문제를 다시 풀라.

7.119 그림 P7.119의 각 계통에 대해 그림 7.16의 자료를 사용해 V_2에 근거한 손실계수를 구하라.

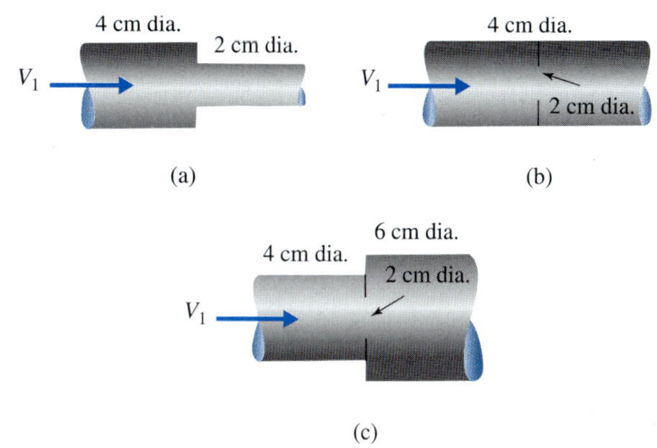

그림 P7.119

7.120 그림 P7.120의 파이프로부터 측정된 유량은 3.3 L/s이다. 밸브의 손실계수를 구하라. 벽면의 마찰은 무시한다.

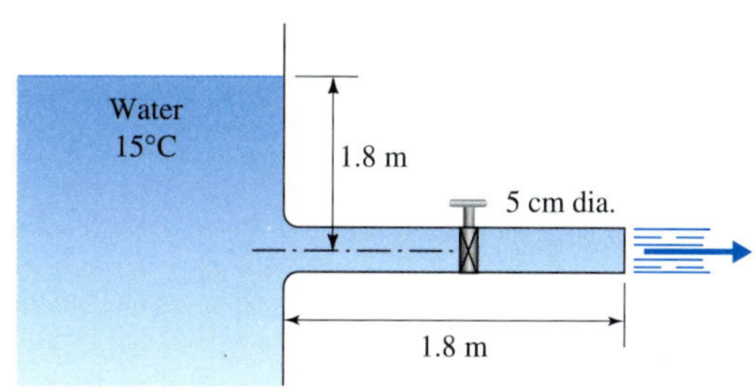

그림 P7.120

7.121 그림 P7.121의 파이프에서 측정된 유량은 6 L/s이다. H가 다음과 같을 경우 밸브의 손실계수를 구하라.

(a) 4 cm **(b)** 8 cm

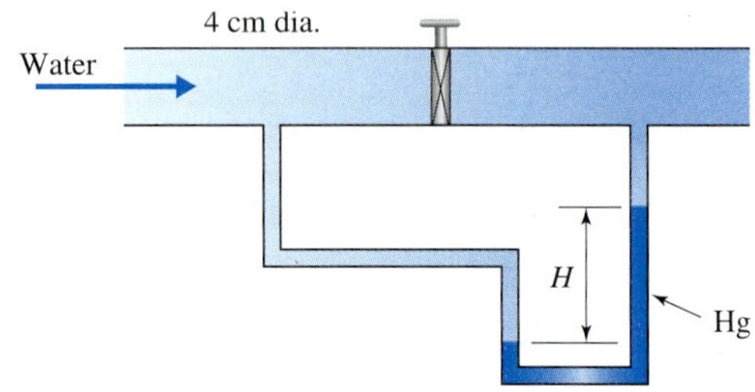

그림 P7.121

단순 배관 시스템

7.122 그림 P7.122에 나와 있는 파이프로부터의 유량을 구하라. EGL과 HGL을 도시하라.

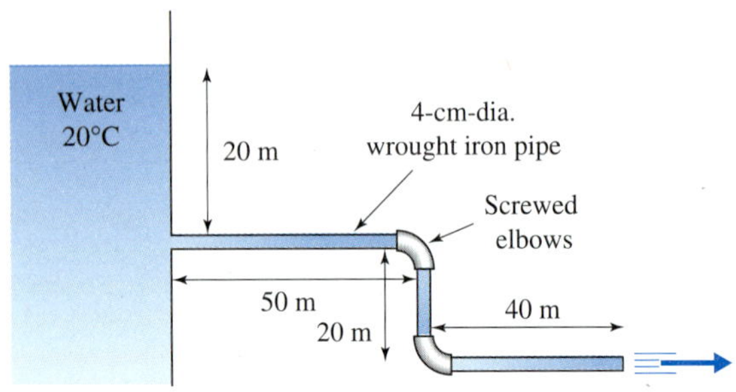

그림 P7.122

7.123 21°C 물이 사각 모서리 입구를 갖는 수조에 연결된 10 cm 직경 360 m 길이의 주철 수평 파이프로부터 흐른다. 유동을 조절하는 나사식 글로브 밸브는 반이 열려 있다. 출구 위의 수조 높이가 다음과 같을 때 유량을 구하라.

(a) 4.5 m **(b)** 9 m **(c)** 18 m

7.124 그림 P7.124에 나와 있는 플라스틱 사이펀을 통해 예상되는 유량을 다음 각 직경에 대해 계산하라.

(a) 4 cm **(b)** 8 cm **(c)** 12 cm

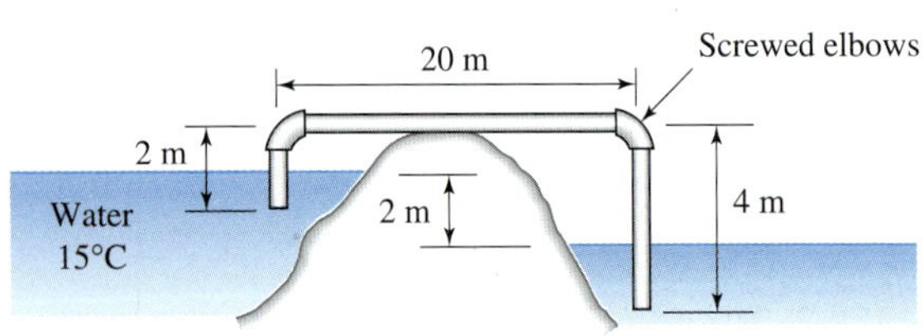

그림 P7.124

7.125 그림 P7.125에 나와 있는 주조 파이프에서 다음의 H 값에 대해 유량과 최소 압력을 계산하고 HGL과 EGL을 도시하라.

(a) $H = 10$ m

(b) $H = 20$ m

(c) $H = 30$ m

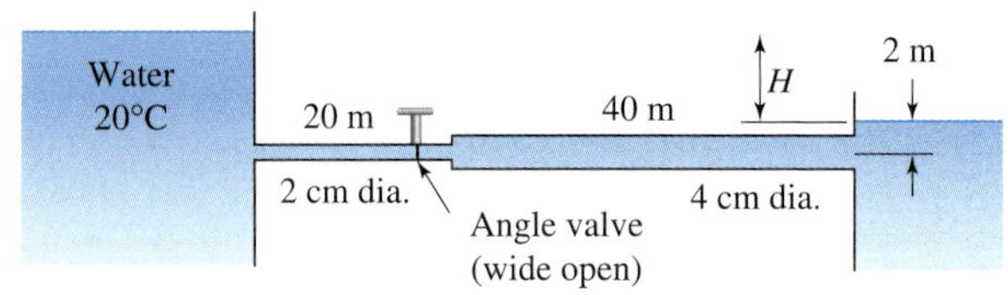

그림 P7.125

7.126 35°C 물이 욕조로부터 2.5 cm 직경의 플라스틱 파이프를 통해 공기가 가득 찬 배수 파이프로 흐른다. 10 m의 파이프 내에 두 개의 표준 엘보가 있다. 배수 파이프가 욕조 수면 아래 0.8 m에 위치할 경우 10 L의 물을 모으는 데 필요한 시간을 구하라.

7.127 그림 P7.127에 나와 있는 것처럼 표준 엘보를 갖는 3 cm 직경의 플라스틱 파이프가 물을 사이펀으로 빼내는 데 사용된다. 사이펀이 작동할 최대 높이 H를 계산하라.

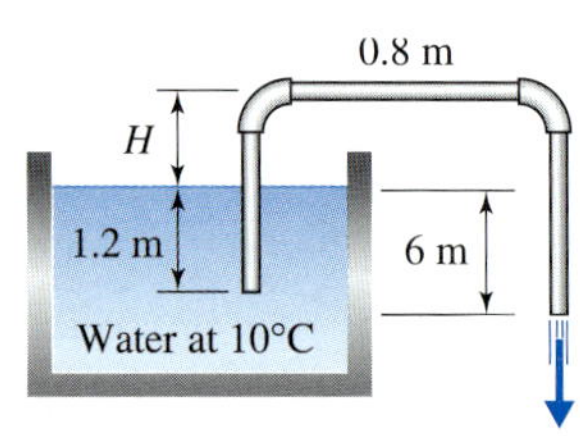

그림 P7.127

7.128 12 L 잔디 분무기에 20°C 물 8 L가 들어 있다. 높이가 1.2 m이고 직경이 8 mm인 구리관($e \simeq 0$)으로 바닥에 닿는다. 길이 1.2 m이고 직경 5 mm인 매끈한 호스가 구리관에 연결된다. 호스 끝에는 2 mm 직경의 노즐이 있다. 분무기가 100 kPa로 가압된다면 노즐을 떠나는 초기 속도는 얼마인가?

7.129 수조 표면의 높이차가 다음과 같다면 그림 P7.129의 파이프를 통한 최대 유량은 얼마인가?

(a) 80 m
(b) 150 m
(c) 200 m

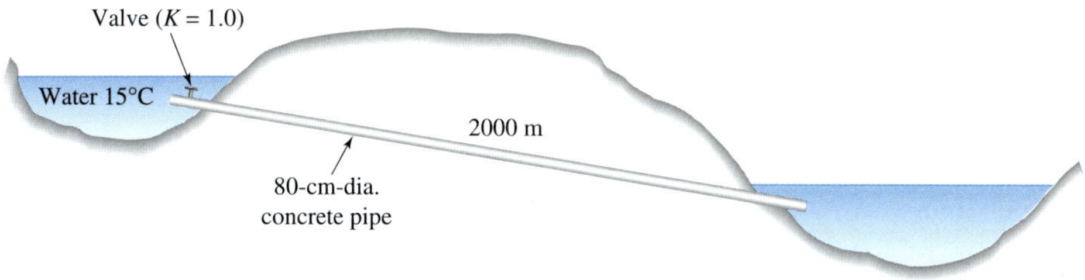

그림 P7.129

7.130 9.4 mm 직경과 60 m 길이의 플라스틱 파이프가 20°C 물을 문제 7.129의 상황과 비슷하게 샘으로부터 3 m 아래 연못으로 수송한다. 물이 상대적으로 빨리 이동하는 흐름에서 천천히 이동하는 흐름으로 바뀌는 것으로 관찰된다. 이 현상을 계산을 통해 설명하라.

7.131 15°C 물이 수조로부터 수조 표면 위 10 m에 위치한 장치로 300 m의 주철 파이프를 통해 펌프로 올려진다. 장치로 들어갈 때의 압력은 200 kPa이다. 나사식 부품으로 두 개의 엘보, 사각 모서리 입구와 앵글 밸브가 있다. 유량이 16 L/s이고 파이프 직경이 다음과 같을 때 필요한 펌프 동력을 구하라. (80% 효율로 가정하라.)

(a) 4 cm **(b)** 8 cm
(c) 12 cm

7.132 그림 P7.132의 파이프에서 유량이 0.01 m^3/s가 되는 데 필요한 펌프(85% 효율) 동력은 얼마인가? 펌프가 위치할 수 있는 왼쪽 수조로부터의 최대 거리는 얼마인가?

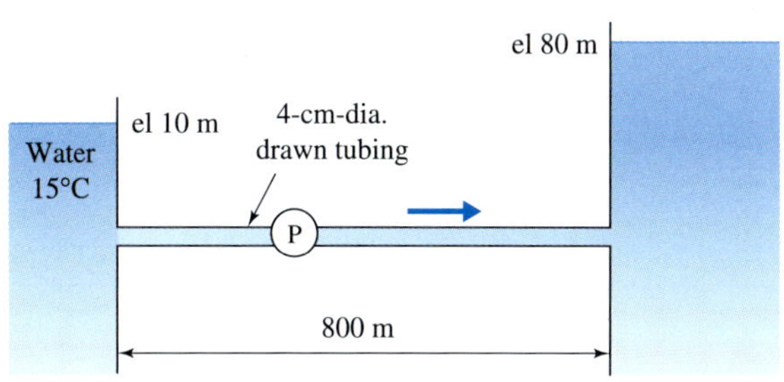

그림 P7.132

7.133 그림 P7.133의 파이프에서 유량이 2 m^3/s로 흐른다. 수조 표면의 높이차가 다음과 같다면 터빈(85% 효율)의 예상 출력은 얼마인가?

(a) 20 m **(b)** 60 m
(c) 100 m

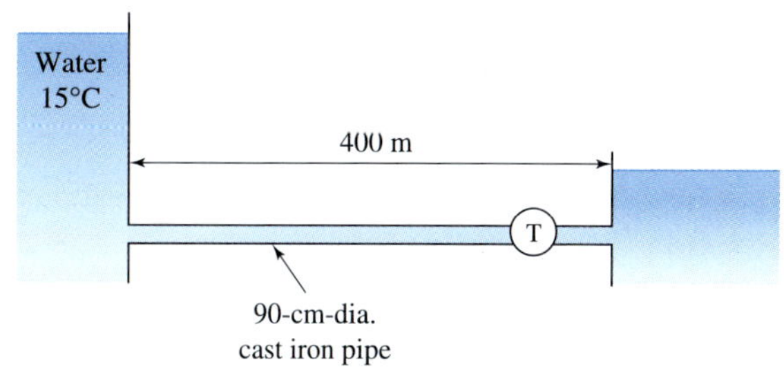

그림 P7.133

7.134 그림 P7.134의 파이프 계통에 필요한 펌프(75% 효율) 동력은 얼마인가? 펌프가 위치할 수 있는 수조로부터의 최대 거리는 얼마인가? (힌트: 노즐 손실 무시)

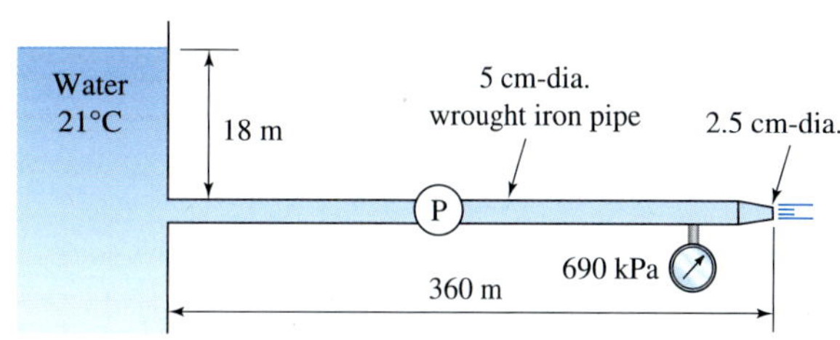

그림 P7.134

7.135 그림 P7.135의 펌프는 예제 7.18에 나와 있는 특성곡선을 갖는다.

(a) 펌프에 요구되는 유량과 동력을 구하라.
(b) EGL과 HGL을 도시하라.
(c) 공동현상이 가능하다면, 펌프가 위치할 수조로부터의 최대 거리를 결정하라.

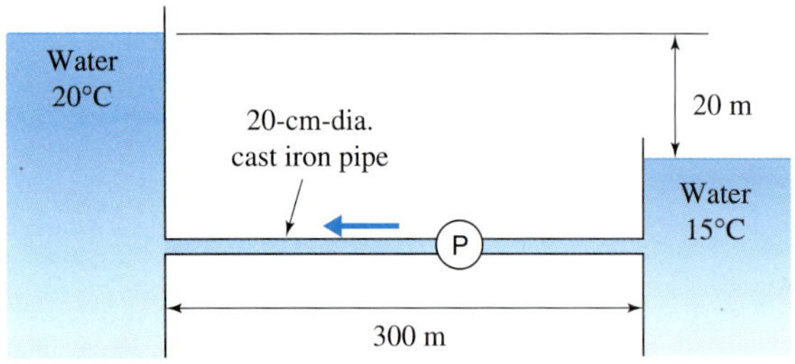

그림 P7.135

7.136 문제 7.135에서 유동 방향을 반대로 하여 문제를 다시 풀라.

7.137 문제 7.135에서 펌프가 터빈으로 대체된다. 만약 $\eta_T = 0.88$이라면 출력은 얼마인가? 터빈의 특성곡선은 $H_T = 0.8Q$이고 H_T는 m로 측정되고 Q는 L/s이다.

7.138 그림 P7.138의 펌프가 예제 7.18에 나와 있는 특성곡선을 갖는다. 유량을 결정하라.

(a) 펌프 동력 요구량을 계산하라.

(b) 펌프 입구에서의 압력을 계산하라.

(c) 펌프 출구에서의 압력을 계산하라.

(d) EGL과 HGL을 도시하라.

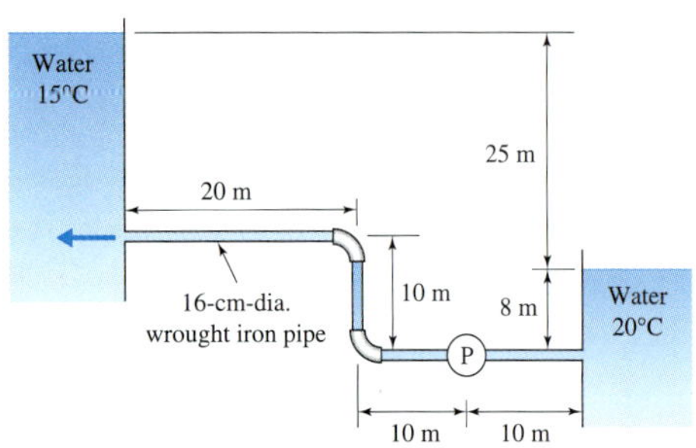

그림 P7.138

7.139 문제 7.138에서 유동 방향을 반대로 하여 문제를 다시 풀라.

7.140 그림 P7.140의 여과 장치에서 물이 펌프에 의해 필터를 투과하여 순환되고 있다. 펌프의 특성 곡선이 $H_p = 10 + 12Q - 150Q^2$로 주어진다.(H_p의 단위는 m이고 Q는 m^3/s이다.) 파이프의 직경은 10 cm이다. 총 파이프의 길이는 60 m이고 파이프의 마찰 계수는 $f = 0.04$이다. 이때 유량과 펌프로 들어가는 입력을 구하라. 모든 벤드는 베인 없는 90 마이터 벤드이다.

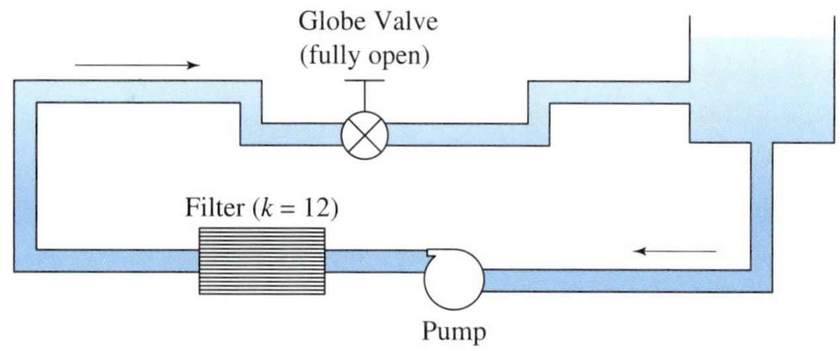

그림 P7.140

7.141 그림 P7.141에 나와 있는 특성 곡선을 갖는 터빈이 파이프라인 내에 포함되어 있다. 터빈 출력을 계산하라. $\eta_T = 0.90$으로 가정한다.

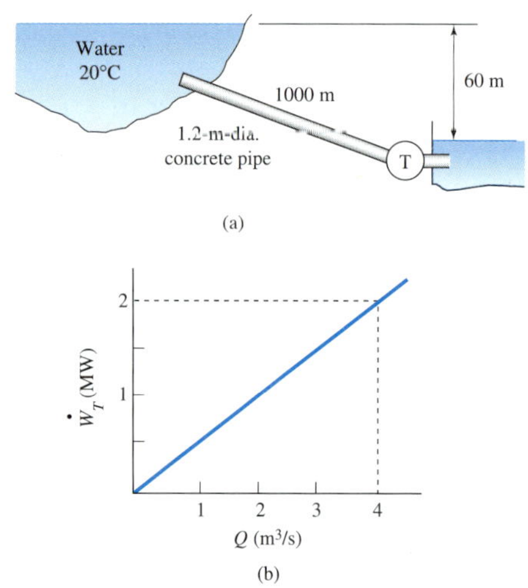

그림 P7.141

개수로 유동

7.142 일정한 깊이로 흐르는 수로에서 유한한 길이 내의 액체를 포함하는 검사체적을 사용하여 벽면에 작용하는 평균 전단응력을 구하라. 물은 3 m 폭을 갖는 사각 수로를 1.8 m 깊이에서 경사 0.001로 흐른다.

7.143 문제 7.142에서 언급한 접근방법을 사용하여 물과 접촉하는 40 cm 직경의 원형 도관의 벽 부분에 작용하는 평균 전단응력을 결정하라. 물은 10 cm의 일정한 깊이에서 흐르고 경사는 0.0016이다.

7.144 다음 식을 사용하여 2 m 폭을 갖는 평평한 사각 나무 수로 내의 유량을 계산하라. 수로의 경사는 0.001이고 깊이는 60 cm이다.

(a) 셰지-매닝 방정식

(b) 다르시-바이스바하 방정식

7.145 물이 1.8 m 직경의 마무리 처리를 한 도관을 0.0012의 경사로 흐른다. 유동의 깊이가 다음과 같을 때 유량을 예측하라.

(a) 약 1.8 m
(b) 1.7 m
(c) 0.9 m
(d) 0.45 m
(e) 0.15 m

7.146 그림 P7.146에 나와 있는 수로에 대해 유량과 평균 속도를 구하라. 경사 $S = 0.001$이고 다음 식을 사용하라.

(a) 셰지-매닝 방정식
(b) 다르시-바이스바하 방정식

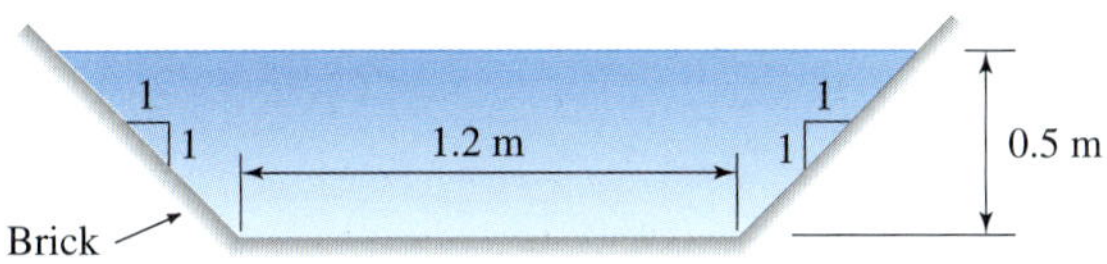

그림 P7.146

7.147 $S = 0.001$을 갖는 2 m 폭의 사각 벽돌 수로에서 5 m^3/s의 유량이 흐르기 위한 깊이는 얼마인가? 다음 식을 사용하라.

(a) 셰지-매닝 방정식
(b) 다르시-바이스바하 방정식

7.148 똑바른 강의 단면이 그림 P7.148에 나와 있는 것처럼 근사화된다. 깊이가 얼마일 때 100 m^3/s의 유량이 흐르는가? 경사는 0.001이다.

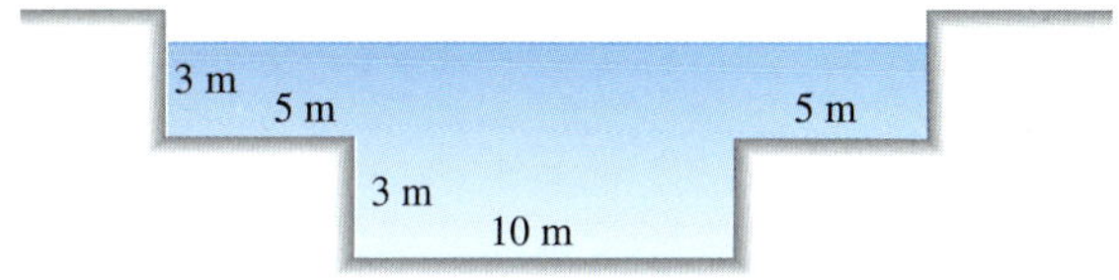

그림 P7.148

7.149 그림 P7.149에 나와 있는 수로에 대해 $S = 0.0016$일 때 유동 깊이를 구하라. 유량은 10 m^3/s이고 수로는 다음 재질로 만들어진다.

(a) 평평한 나무
(b) 벽돌

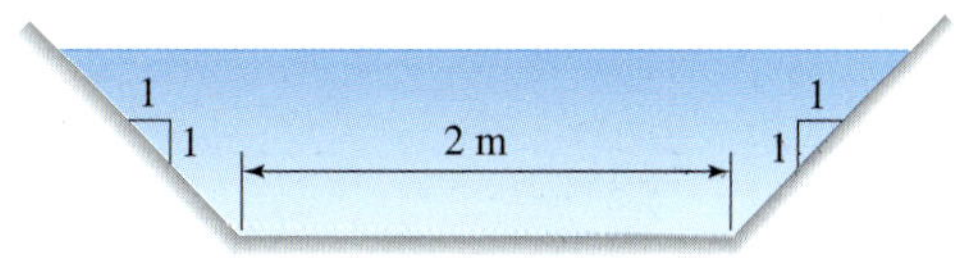

그림 P7.149

7.150 물이 1.2 m 직경의 하수 파이프 내를 660 L/s의 유량으로 흐른다. 경사가 0.001이라면 깊이는 얼마인가?

7.151 물이 80 cm 직경의 하수 파이프 내를 0.2 m^3/s 유량으로 흐른다. 경사가 0.001이라면 깊이는 얼마인가?

소형 비행선은 공기보다 가벼운 기구로서, 전진하는 동안 접하게 되는 항력을 줄이기 위해 유선형으로 제작된다. 대략 1000 m 길이의 대형 비행선은 세계를 여행하는 크루즈와 같이 이용될 수 있고 뱃멀미도 피할 수 있어야 한다.(Goodyear Tire와 Rubber Company)

8

외부유동
External Flows

개요

학습목표

이 장의 학습목표는 다음과 같다.

- ▲ 박리유동과 표면을 따라 흐르는 유동에 대해 논의한다.
- ▲ 양력계수와 항력계수를 소개한다.
- ▲ 다양한 물체에 관하여 항력을 결정한다.
- ▲ 와류발산과 유선형의 영향을 살펴본다.

▲ 공동현상이 발생하는 때를 알아본다.
▲ 날개에 관한 양력과 항력을 계산한다.
▲ 관심 있는 유동을 구성할 수 있게 몇 가지 간단한 퍼텐셜 유동을 덧붙여 본다.
▲ 평판에서의 층류와 난류의 경계층을 분석해 본다.
▲ 다양한 외부유동에서 관심 있는 변수들이 어떻게 결정되는지를 보여 주는 예제와 문제들을 제공한다.

8.1 서론

외부유동에 관한 연구는 항공기의 다양한 요소들 주변의 기류 분석에 있어서 항공 엔지니어에게 매우 중요하다. 사실 외부유동에 관한 현재의 많은 지식들은 공기역학 문제에 관한 연구에서 비롯된 것이다. 그러나 외부유동은 다른 엔지니어들도 상당한 관심을 갖고 있는데 터빈날개, 자동차, 빌딩, 운동 경기장, 굴뚝, 분무 입자, 다리의 교각, 잠수함의 관로, 강의 퇴적물, 그리고 적혈구 주변의 유체 유동은 외부유동의 관점에서만 이해할 수 있는 다양한 현상을 보여 준다.

가장 간단한 기하학적 구조일지라도 물체 표면의 압력 분포와 물체 외부의 유동장을 결정하는 일은 어려운 것이다. 이 주제를 논하기 위해서 저레이놀즈수 유동(Re $<$ 5)과 고레이놀즈수 유동(Re $>$ 1000)을 생각해 봐야 한다. 크리핑 유동(creeping flow) 또는 스토크스 유동(Stokes flow)이라 불리는 저레이놀즈수 유동은 공학 분야 응용(분무 입자와 적혈구 세포 주위에서의 유동, 작은 틈 사이의 윤활, 다공성 매체의 유동은 예외)에서는 거의 발생되지 않기 때문에 이 책에서는 다루지 않겠다. 그 부분은 전문가들이 연구해야 할 부분이다. 우리는 고레이놀즈수 유동에만 주목할 것이다. 그러나 스토크스 유동의 예를 그림 8.1에서 보여주기는 했다.

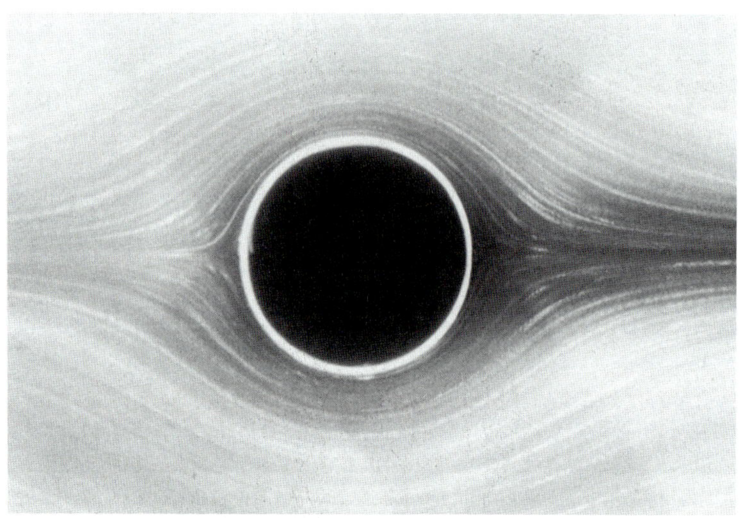

그림 8.1 Re=0.16일 때 원형 원통을 지나는 유동. 유체는 왼쪽에서 오른쪽으로 흐른다. 퍼텐셜 유동의 형태와 외견상으로 유사하다. 원통형 알루미늄 주위의 유동특성을 나타낸다.(The Parabolic Press, Stanford, California)

고레이놀즈수 유동은 (1) 자동차, 헬리콥터, 잠수함, 저속 비행기, 이착륙 시의 상업용 비행기, 빌딩, 터빈날개 등과 같은 물체와 관련된 비압축성 유동, (2) 배나 다리 교각과 같이 자유표면을 포함하는 유체의 유동, (3) 항공기, 미사일, 그리고 총알같이 고속 물체($V > 100$ m/s)를 포함하는 압축성 유동의 세 영역으로 나눌 수 있다. 우리는 이 장에서 첫 번째 범주의 유동에 초점을 맞출 것이고 고체 경계면이나 다른 물체로부터 멀리 떨어진 물체의 경우를 고려할 것이다. 그림 8.2에서와 같은 유동은 경계면이나 다른 물체에 대해 상당한 영향을 받게 된다. (d)의 경우 얇은 물체는 자유표면의 영향을 무시하기 위해서는 적어도 물체 길이의 5배의 깊이에 위치해야 한다. 그림 8.2의 유동들은 기초 과정에서 다루지 않는다.

KEY CONCEPT
공학적 응용에서 저레이놀즈수 유동은 거의 발생하지 않는다.

고레이놀즈수 비압축성 유동은 그림 8.3에 나와 있는 것처럼 뭉툭한 물체 주위의 유동과 유선형 물체 주위의 유동으로 나눌 수 있다. 정체점 부근의 경계층(3.3.2절 참조)은 층류 경계층이고 레이놀즈수가 충분히 클 때 하류에서 난류 경계층으로 천이된다. 뭉툭한 물체에 대해서는 유동이 물체로부터 박리되어 재순환 유동 구역인 **박리영역**(separated region)을 형성하기도 하고, 유선형 물체의 경우에는 단순히 끝단을 떠난다(여기에 작은 박리영역이 형성될 수도 있다). 그림과 같이 속도 결손(velocity defect)에 의해 특징지어지는 **후류**(wake)는 점점 영역이 성장하면서(확산) 물체 뒤에 형성된다. 후류의 경계, 박리영역, 난류 경계층은 전적으로 시간에 따라 변한다. 그림에서 후류의 시간 평균의 위치가 점선에 의해 나타나 있다. 점성에 의한 전단응력은 얇은 경계층과 박리영역 그리고 후류 부분에 집중된다. 이들 영역의 바깥에서의 유동은 비점성유동과 유사하다.

박리영역: 재순환 유동이 일어나는 구역.

후류: 확산에 의해 속도 결손이 커지는 영역.

그림에서처럼 질량은 유선을 가로지르지 않기 때문에 박리영역은 자유유동과 질량을 교환하지 않는다고 가정할 수 있다. 그러나 순간적인 시점에서 볼 때 박리 유선은 시간에 따라 크게 변하고 이러한 비정상(unsteady) 특성 때문에 박리영역에서는 자유유동과 천천히 질량을 교환할 수 있다.

박리영역과 후류에 관해 몇 가지를 언급하겠다. 박리영역은 결국은 닫혀지게 된다. 후

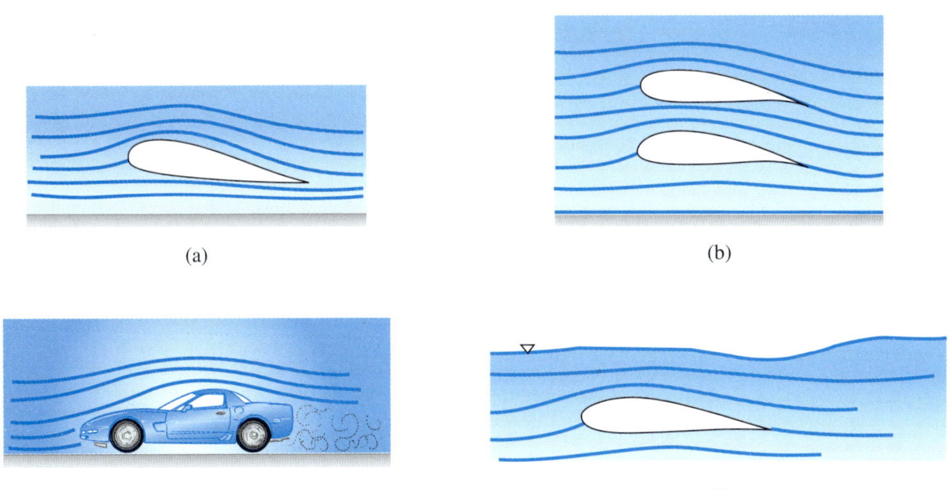

그림 8.2 잠긴 유동의 예: (a) 고체 경계 주위의 유동, (b) 두 개의 터빈 날개 사이의 유동, (c) 자동차 주위의 유동, (d) 자유 표면 근방의 유동.

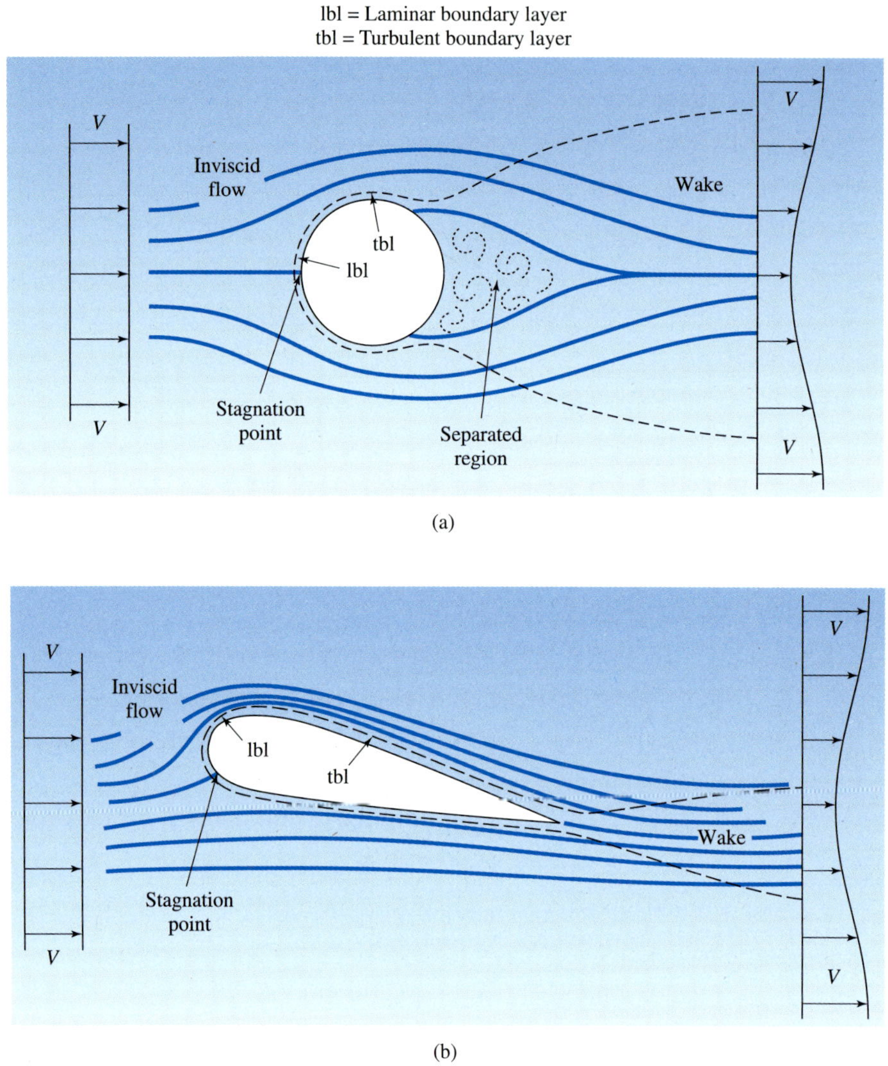

그림 8.3 뭉툭한 물체와 유선형 물체 주위의 유동

KEY CONCEPT
후류는 주 유동으로 확산되고 결국 사라지게 된다.

류는 주 유동으로 확산되고 그 영역이 과도하게 커짐에 따라 결국 사라지게 된다(유체는 자유유동 속도로 되돌아가게 된다). 시간 평균 유선들은 박리영역으로 들어가지 못하고 후류로 빠져나가게 된다. 박리영역은 항상 후류 안에 있다.

항력: 유동 방향으로 유체가 물체에 가하는 힘.

양력: 유동 방향에 수직으로 작용하는 힘.

뭉툭한 물체 주위의 유동은 관 내부의 난류유동에 대해 행해지는 것과 같이 보통 이론적 방법이 아닌 실험과 관찰에 의해서 다루어지며 우리는 이 절차를 따른다. 우선 유동의 방향으로 유체가 물체에 가하는 힘인 **항력**(drag)에 집중한다. **양력**(lift)은 유동 방향에 수직으로 8.4절에 설명된 것처럼 항공기 날개 형상에서 관심사이다. 유동장의 세부 내용은 관심의 대상이 아니므로 본 기초 과정에서는 다루지 않는다. 우리는 항력을 F_D, 양력을 F_L로 표시하고 무차원 상수로서 항력계수(drag coefficient)와 양력계수(lift coefficient)를 다음과 같이 정의한다.

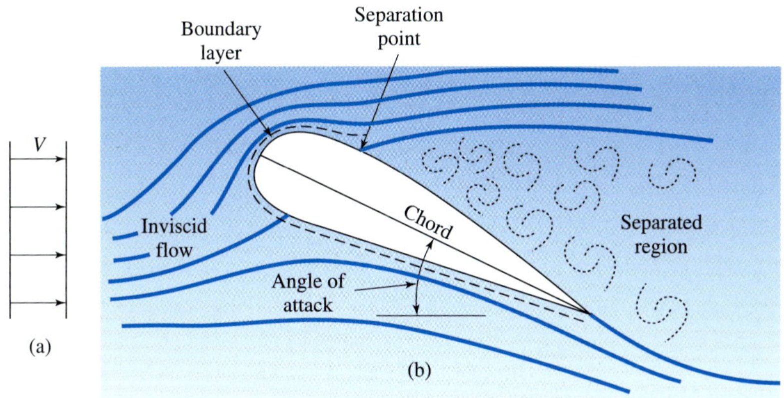

그림 8.4 실속에서의 유선형 물체.

$$C_D = \frac{F_D}{\frac{1}{2}\rho V^2 A} \qquad C_L = \frac{F_L}{\frac{1}{2}\rho V^2 A} \tag{8.1.1}$$

여기서 A는 거의 대부분 투영 면적(유동 방향의 수직으로 투영된 면)으로 생각한다. 항공기 날개의 형상에서 면적은 익현을 기준으로 한다(그림 8.4 참조). 몇 가지 일반적인 형상에 대한 항력계수는 8.3.1절에 있다. 뭉툭한 물체의 항력은 박리영역 내의 유동에 의해 지배를 받기 때문에 뭉툭한 물체 앞부분의 경계층의 성장과 벽에서의 점성 전단에 관련된 연구는 거의 관심의 대상이 아니다. 이런 이유로 항력계수를 제공해 주는 실험 데이터에 관심을 갖게 된다.

KEY CONCEPT
뭉툭한 물체의 항력은박리영역 내의 유동에 의해 지배를 받는다.

박리영역이 미미할 정도로 작거나 존재하지 않는 유선형 물체 주위의 유동은 층류와 난류 경계층의 상세한 연구에 대한 관심을 불러일으킨다. 날개와 같이 평면 유선 표면에서 발달되는 경계층은 보통 충분히 얇고 표면의 곡률도 무시할 수 있으므로 이러한 문제는 0이 아닌 압력구배(nonzero pressure gradient)를 갖는 평판 위에서 발달하는 경계층 문제로 취급할 수 있다. 우리는 0의 압력구배(zero pressure gradient)를 갖는 평판의 유동에 대해서 상세히 보여 줄 것이다. 일단 이 문제를 이해한다면 압력구배의 영향을 논할 수 있다. 만약 유선형 물체 위의 경계층의 유동을 결정할 수 있다면, 항력은 물체 표면에서 작용하는 압력과 전단응력의 결과이기 때문에 계산할 수 있다.

그림 8.3과 8.4에 나와 있는 것처럼 경계층 밖에는 비점성, 자유 유선 유동(free-stream flow)이 존재한다. 먼저 우리는 자유 유선 유동을 알고 있다고 가정할 것이다. 경계층에서 속도 분포가 결정되기 전에 비점성유동의 해를 알아야 한다. 경계층이 매우 얇기 때문에 경계층을 완전히 무시하고 적절한 비점성 방정식으로 해를 찾는다. 비점성유동의 해는 물체의 양력, 그리고 경계층 유동의 해에 사용되는 두 개의 값인 압력구배와 경계층에서의 속도를 계산하는 데 이용된다. 비점성유동을 알고 경계층의 유동이 결정되면 유선형 물체에 대한 유동에 관련된 값들을 얻을 수 있다.

KEY CONCEPT
비점성, 자유 유선 유동은 경계층 밖에 존재한다.

8.2 박리

뭉툭한 물체 주위의 유동에 관련된 실험에 의거한 데이터를 제시하기 전에 박리의 일반

익현: 비행기 앞부분에서 비행기 날개 뒷전까지 연결된 선.

실속: 유선형 몸체 앞쪽 부분 가까이에서 박리가 발생하는 유동 조건.

적인 성질에 대해 논의할 것이다. 박리는 주 유선 유동이 물체를 벗어날 때 발생하여 그림 8.3a에서와 같이 유동의 박리영역을 발생시킨다. 박리가 비행기 날개의 앞부분 근처의 유선형 물체에서 일어날 때는 충분히 큰 받음각[angle of attack, 다가오는 유동이 **익현**(chord, 날개 앞에서 뒤까지 연결한 직선)과 만드는 각]을 가지고 있고 이러한 유동 상황은 그림 8.4에서 보여 주는 것처럼 **실속**(stall)으로 불린다. 실속은 순항 중인 비행체에 매우 바람직하지 않고, 그것이 터빈날개에서 발생하면 효율성을 떨어뜨린다. 그러나 비행기가 착륙할 때나 곡예비행을 하는 때에는 매우 큰 항력을 필요로 하므로 실속이 적용된다. 하지만 뭉툭한 물체에 대해서 박리는 높은 레이놀즈수에서 피할 수 없는 현상이므로 박리 효과에 대해 이해해야만 한다.

KEY CONCEPT
뭉툭한 물체 주위에서 박리는 고레이놀즈수 조건하에 항상 일어난다.

박리점의 위치는 주로 물체의 형상에 의존한다. 물체가 구조의 갑작스런 변화를 가지고 있으면 그림 8.5에서 보여 주는 것과 같이 박리는 돌연 변화부나 그 근처에서 일어날 것이다. 그러나 보이는 바와 같이 평평한 표면 위의 상류에서도 발생할 것이다. 그리고 어떤 부분에서는 재부착이 발생할 것이다. 갑작스러운 구조 변화가 없는 표면에서의 박리점의 위치를 예측하는 데 사용될 수 있는 기준을 세워 보자.

그림 8.5의 단 바로 앞에 있는 평평한 표면 위의 유동을 고려하자. 박리점 앞부분의 영역은 그림 8.6에서 확대해서 보여 주고 있다. y 방향은 벽에 수직이고 x 방향은 벽을 따라 주어진다. 박리점의 하류에서는 벽 부근의 x 방향 속도가 음이 되므로 벽에서 $\partial u/\partial y$는 음이 된다. 박리점 상류에서 벽 근처의 x 방향 속도는 양이고 벽에서 $\partial u/\partial y$는 양의 값이다. 그러므로 박리점은 $(\partial u/\partial y)_{\text{wall}} = 0$인 곳으로 정의한다.

KEY CONCEPT
박리점은 $(\partial \mu/\partial y)_{\text{wall}} = 0$에서의 점으로 정의한다.

속도가 낮고 압력이 높은 정체 영역에 유동이 접근함에 따라 평평한 표면에서 박리가 발생하는 것을 보자. 유동이 정체 영역으로 가까워지게 되면 압력이 증가한다. 즉 $\partial p/\partial x > 0$이며, 압력구배는 양수이다. 보통 박리는 바람직하지 못하기 때문에 양의 압력구배는 역압력구배(adverse pressure gradient), 음의 압력구배는 순압력구배(favorable pressure gradient)라고 불린다. 일반적으로 역압력구배는 유동 방향의 속도를 감소시킨다. 역압력구배가 충분한 거리에 걸쳐 표면에 작용하면 박리가 생길 것이다. 이것은 디퓨저(diffuser)의 벽과 같이 평판인 경우에도 적용되는 것이 사실이다. 8.6.7절에서 자세하게 보도록 하자.

형상과 압력구배의 영향뿐만 아니라 몇 가지 변수들이 박리에 영향을 미친다. 여기에는 매우 중요한 변수인 레이놀즈수를 포함하여 벽의 거칠기, 자유유동 파동 강도(free-

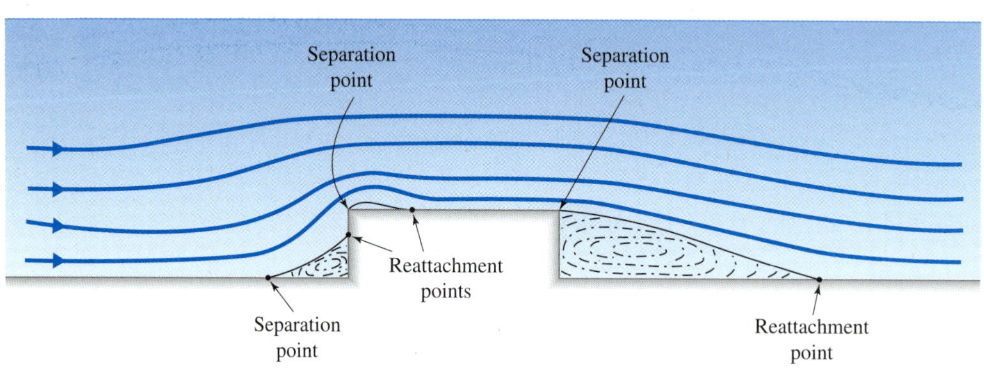

그림 8.5 갑작스런 구조의 변화에 의한 박리.

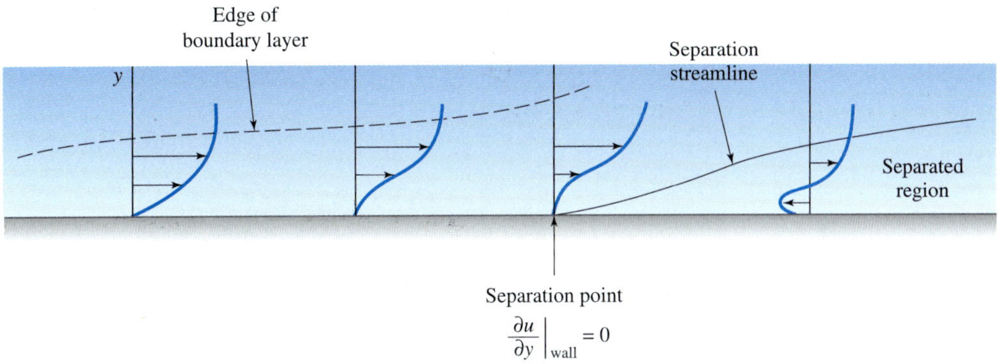

그림 8.6 역압력구배로 인한 평판 위에서의 유동의 박리.

stream fluctuation intensity)[1](경계로부터 떨어져 존재하는 교란의 강도), 그리고 가끔 중요한 영향을 미치는 벽면의 온도가 포함된다.[2] 예를 들어 구 주위의 유동을 떠올려 보자. 충분히 작은 레이놀즈수에서는 박리가 발생하지 않을 것이다. 레이놀즈수가 특정한 값으로 증가할 때, 박리가 후면 부분에서 작은 영역에 걸쳐서 발생하게 될 것이다. 이 영역은 레이놀즈수가 증가함에 따라 커지지만 레이놀즈수가 증가해도 박리영역이 더 이상 커지지 않는 충분히 큰 레이놀즈수가 나타날 것이다. 박리 전의 경계층은 아직 층류이다. 박리 전의 경계층이 난류가 되기 전에 흥미로운 현상이 일어난다. 구의 후면으로 갑자기 박리점이 이동하여 박리영역과 항력이 감소하는 결과를 낳는다. 이러한 현상은 그림 8.7에 나와 있는 바와 같이 층류 경계층의 속도 분포와 난류 경계층의 속도 분포를 비교하여 설명할 수 있다. 관로의 유동에서처럼 난류의 형상은 벽 부근에서 훨씬 더 큰 구배를 갖고(벽의 전단응력이 훨씬 더 크다) 벽 부근의 유체의 운동량도 난류 경계층에서 훨씬 더 커진다. 주어진 형상에서 벽 부근의 속도를 0으로 줄이기 위해 보다 먼 거리가 필요해지고 결론적으로 박리점이 뒷부분으로 이동하는 것이 그림 8.8에 잘 나타나 있고, 여기서 두 경우 움직이는 구의 속도는 같다[(b)의 구 앞부분에는 사포가 붙어 있다]. 그림 8.8a에서 박리는 순압력구배 영역인 구의 앞부분에서 발생되는 것을 볼 수 있다. 이런 박리는 유체가 구 주위를 움직일 때 원심력 효과에 의한 것이다. 항력이 감소되는 현상은 다음 절에 나오

KEY CONCEPT
박리 전에 경계층이 난류가 됨에 따라 박리점이 뒤쪽으로 이동한다.

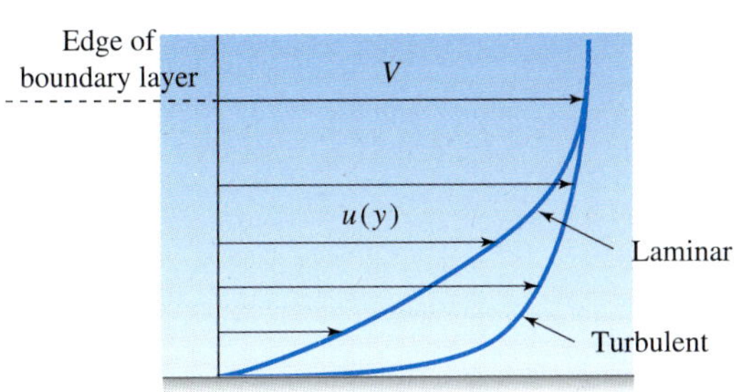

그림 8.7 층류와 난류 속도 분포의 비교.

[1] u'을 파동이라 하면 자유유동 파동 강도는 $\sqrt{\overline{u'^2}}/V$로 정의된다. 0.001의 수치는 매우 낮고 0.1은 매우 높다.

[2] 만약 유체가 굳게 지지된 물체를 지나 흐르게 되면 지지계의 떨리는 정도는 박리 현상에 영향을 미칠 것이다. 외부 음파도 또한 중요할 수 있다.

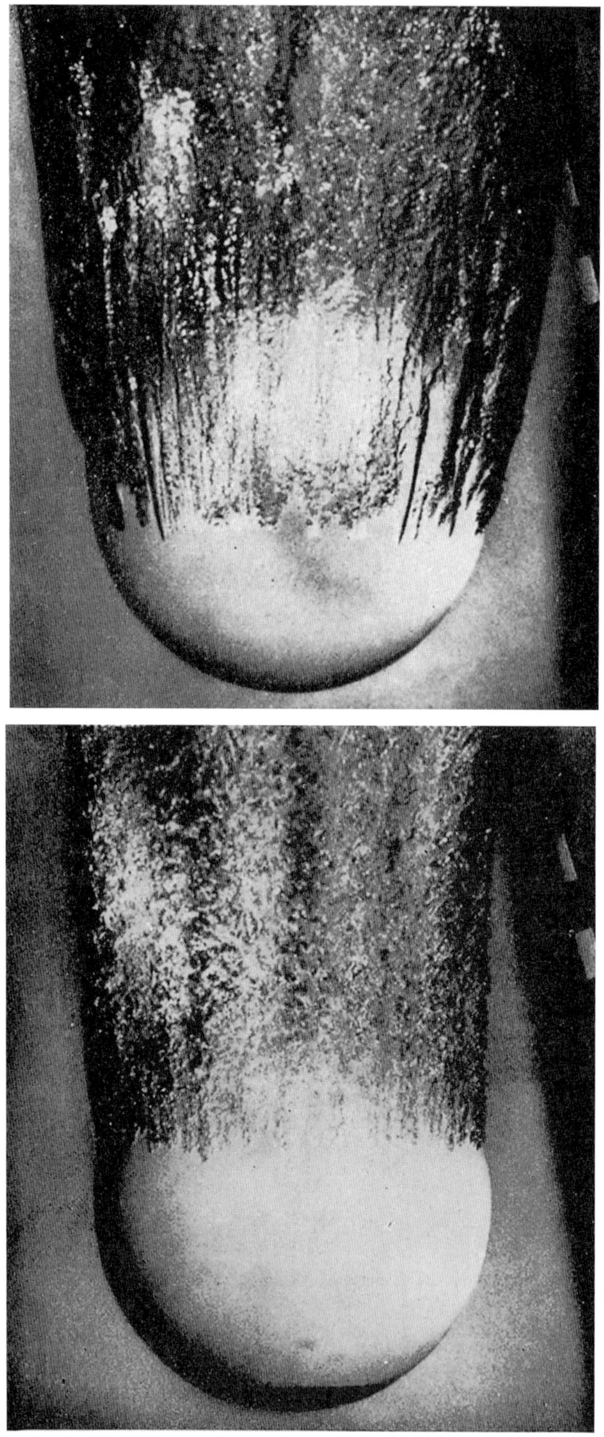

(a)

(b)

그림 8.8 박리에 대한 경계층 천이의 효과: (a) 박리 전의 층류 경계층, (b) 박리 전의 난류 경계층(U.S. Navy)

는 구와 원통에 대한 항력계수 곡선의 떨어짐에서 볼 수 있다.

8.3 잠겨진 물체 주변의 유동

8.3.1 항력계수

차원해석의 연구로부터 중력, 열, 표면장력의 영향을 무시하는 비압축성, 정상유동에 영향을 미치는 주된 유동 변수가 레이놀즈수이고 가끔 다른 중요한 변수들로서 상대 표면 조도, 자유유동 속도의 파동 강도가 있다는 것을 알았다.

갑작스런 형상의 변화가 없는 두 물체의 항력계수 곡선이 주어질 것이다. 매끄러운 구와 매끄러운 긴 원통에 대한 항력계수가 그림 8.9에 레이놀즈수의 넓은 영역에서 나타나고 있다. Re < 1에서는 박리 현상이 생기지 않는 크리핑 유동(기는 흐름)이다. 구에 대해 이런 크리핑 유동 문제에 대해 해석한 결과는 다음과 같다.

$$C_D = \frac{24}{\text{Re}} \qquad \text{Re} < 1 \tag{8.3.1}$$

박리는 Re ≃ 10에서 물체 뒷부분의 미세한 부분에 걸쳐 관찰된다. 박리영역은 Re ≃ 1000까지 레이놀즈수가 증가함에 따라 넓어지고 그 이상이 되면 박리영역의 확장은 끝난다. 이 박리영역이 확장되는 동안 항력계수는 감소한다. Re = 1000에서 항력의 95%는 형상항력(물체에 작용하는 압력에 의한 항력)에 의한 것이고 5%는 마찰항력(물체에 작용하는 전단응력에 의한 항력)에 의한 것이다.

항력계수 곡선은 매끄러운 물체에 대해 $10^3 < \text{Re} < 2 \times 10^5$의 범위에 걸쳐서 비교적 평평하다. 박리점 이전의 경계층은 층류이고 박리영역은 그림 8.8a에 나와 있는 것과 같다. $\text{Re} \simeq 2 \times 10^5$에서 매끄러운 표면과 낮은 자유유동 파동 강도 때문에 박리 이전의 경계층은 난류의 상태로 천이되고 경계층의 증가된 운동량은 그림 8.8b처럼 박리를 뒷부분으로 '밀게' 되고 상당한 항력(60~80%)이 감소된다. 만약 표면이 거칠거나(골프공의 홈) 자유유동이 높은 자유유동 파동 강도를 가지면 C_D 곡선에서 급격한 감소가 $\text{Re} \simeq 8 \times 10^4$에서 일어날 수 있다. 낮은 항력이 흔히 바람직하기 때문에 표면의 거칠기를 종종 추가하여 낮은 항력을 유도하기도 한다. 골프공의 홈은 비거리를 50~100% 정도 증가시킨다.

> **KEY CONCEPT**
> 골프공의 홈(딤플)은 비거리를 50~100% 정도로 증가시킬 수 있다.

항력의 갑작스런 감소 후에 C_D 곡선은 다시 레이놀즈수의 증가와 함께 상승하는 것이 관찰된다. 실험 데이터는 구의 경우 $\text{Re} > 10^6$에 대해, 그리고 원통의 경우 $\text{Re} > 6 \times 10^7$에 대해서는 사실상 적용되지 않는다. 그러나 레이놀즈수가 큰 경우에 $C_D = 0.2$의 값이 적용된다. 몇몇 공학자들은 레이놀즈수가 큰 경우에 $C_D = 0.4$를 원통에 사용하지만 데이터에서 보이듯이 너무 낮다. 추가적인 실험적 데이터가 요구된다.

유한 길이의 원통과 타원형의 원통에 대한 항력계수가 표 8.1에 나타나 있다. 유한 길이의 원통은 두 개의 자유단으로 가정한다. 만약 한 끝이 고체면에 고정되어 있으면 그 길이는 표 8.1을 사용할 때 두 배가 되어야 한다. 급격한 형상의 변화를 갖는 뭉툭한 물체는 상대적으로 레이놀즈수에 둔감한 박리영역을 갖는다. 몇 가지 일반적인 형상에 대한 항력계수를 표 8.2에 나타내었다.

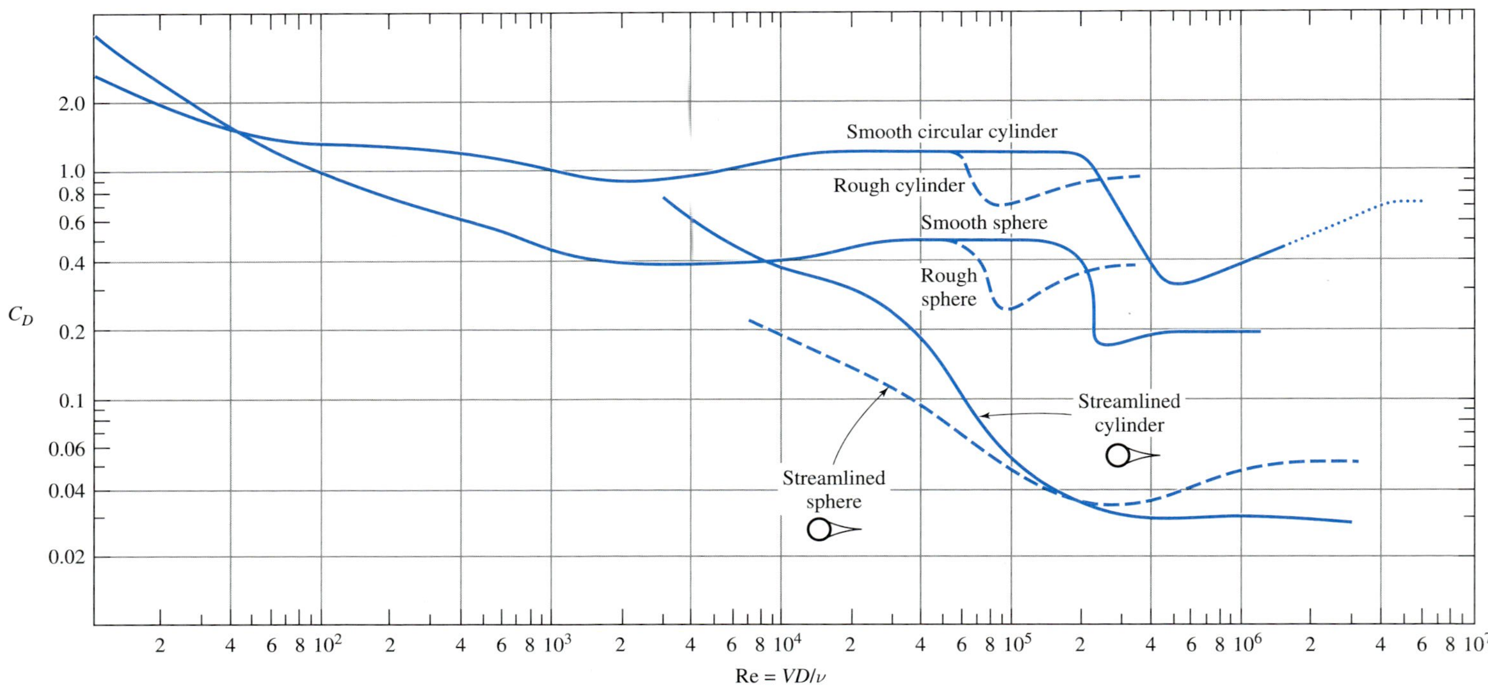

그림 8.9 긴 원통과 구 주위의 유동에 대한 항력계수.(E. Achenbach, J. Fluid Mech., Vol. 46, 1971, and Vol. 54, 1972 참조.)

표 8.1 자유단[b]을 갖는 유한 길이의 원형 원통[a]과 무한 길이의 타원형 원통의 항력계수

Circular cylinder		*Elliptic cylinder*[c]		
$\dfrac{Length}{Diameter}$	$\dfrac{C_D}{C_{D\infty}}$	$\dfrac{Major\ axis}{Minor\ axis}$	Re	C_D
∞	1	2	4×10^4	0.6
40	0.82	4	10^5	0.46
20	0.76	4	2.5×10^4 to 10^5	0.32
10	0.68	8	2.5×10^4	0.29
5	0.62	8	2×10^5	0.20
3	0.62			
2	0.57			
1	0.53			

[a] $C_{D\infty}$ is the drag coefficient for the infinite-length circular cyulinder obtained in Fig. 8.9.
[b] If one end is fixed to a solid surface, double the length of the cylinder.
[c] Flow is in the direction of the major axis.

표 8.2 다양한 모양의 뭉툭한 물체들에 대한 항력계수

Object		Re	C_D
Square cylinder → □ w (w)	$L/w = \infty$	$> 10^4$	2.0
	$L/w =$ 1 (cube)	$> 10^4$	1.1
rounded corners ($r = 0.2w$)	$L/w = \infty$	10^5	1.2
Rectangular plates →| w	$L/w = \infty$	$> 10^3$	2.0
	$L/w =$ 20	$> 10^3$	1.5
	$L/w =$ 5	$> 10^3$	1.2
	$L/w =$ 1	$> 10^3$	1.1
Circular cylinder → □ D (L)	$L/D =$ 0.1 (disk)	$> 10^3$	1.1
	$L/D =$ 4	$> 10^3$	0.9
	$L/D =$ 7	$> 10^3$	1.0
Semicircular cylinder → D		$> 10^4$	2.2
Semicircular cylinder → ᗡ		$> 10^4$	1.2
Semicircular shell →)		2×10^4	2.3
Semicircular shell → (		2×10^4	1.1
Equilateral cylinders → ◁	2.0	$> 10^4$	2.0
Equilateral cylinders → ▷	1	$> 10^4$	1.4
Cone → ◁ (α)	$\alpha =$ 30°	$> 10^4$	0.6
	$\alpha =$ 60°	$> 10^4$	0.8
	$\alpha =$ 90°	$>10^4$	1.2
Solid hemisphere → ◗		$> 10^4$	1.2
Solid hemisphere → ◖		$> 10^4$	0.4
Hollow hemisphere → D		$> 10^4$	1.4
Hollow hemisphere → ᗡ		$> 10^4$	0.4
Parachute		$> 10^7$	1.4

(계속)

표 8.2 (계속)

Automobile			
1920	—	$> 10^5$	0.80
Modern, with square corners	—	$> 10^5$	0.30
Modern, with rounded corners	—	$> 10^5$	0.29
Van		$> 10^5$	0.42
Bicycle, upright rider			1.1
racing, bent over			0.9
racing, drafting			0.5
Semitruck, standard			0.96
with streamlined deflector			0.76
with deflector and gap seal			0.70

예제 8.1

3 m × 3 m의 표지판이 직경 30 cm이고 높이 18 m인 봉의 꼭대기에 붙어 있다(그림 E8.1). 풍속 30 m/s에 대해 하단부가 견딜 수 있는 최대 모멘트를 구하라.

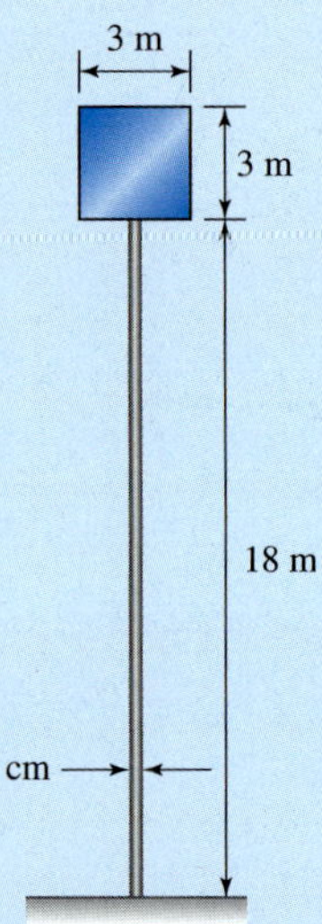

그림 E8.1

풀이

바람이 표지판에 수직으로 불 때 표지판에 작용하는 최대 힘 F_1이 발생한다.

$$F_1 = C_D \times \frac{1}{2}\rho V^2 A$$
$$= 1.1 \times \frac{1}{2} \times 1.2 \text{ kg/m}^3 \times 30^2 \text{ m}^2/\text{s}^2 \times 3^2 \text{ m}^2 = 5346 \text{ N}$$

C_D가 표 8.2에 주어지고 $\rho = 1.2$ kg/m^{3}이다. 원통 봉(투영 면적 $A = 18 \times 0.3$ m^2)에 작용하는 힘 F_2는 다음과 같다.

(계속)

$$F_2 = C_D \times \frac{1}{2}\rho V^2 A$$
$$= 0.8 \times \frac{1}{2} \times 1.2 \times 30^2 \times 5.4 = 2332.8\ \text{N}$$

그림 8.9에서 C_D는 구해지고 이때 높은 강도의 파동도(거친 원통)를 갖는다고 가정하면 Re = 30 × 0.3/1.46 × 10^{-5} = 6.2 × 10^5이다. 양단이 모두 고정단이기 때문에 표 8.1의 배수 인자를 사용하지 않는다.

지지하고 있는 하단부에서 저항할 수 있는 최대 모멘트는 다음과 같다.

$$M = d_1F_1 + d_2F_2$$
$$= 19.5 \times 5346 + 9 \times 2332.8 = 125.24\ \text{kN}\cdot\text{m}$$

이때 힘은 각 면적의 중심에 작용한다고 가정한다.

예제 8.2

직경 30 cm의 매끈한 구(S = 1.02)에 대하여 다음 각 경우의 종단 속도를 구하라: (a) 20°C의 공기 중에 낙하할 때, (b) 20°C의 수중에서 낙하할 때.

풀이

(a) 떨어지는 물체가 종단 속도에 이르면 물체의 무게는 물체에 작용하는 항력과 균형을 이룬다. $\Sigma F = 0$과 식 8.1.1을 이용하면 다음을 얻는다.

$$W = F_D$$
$$\therefore \gamma_{\text{sphere}} \times \frac{4}{3}\pi R^3 = C_D \times \frac{1}{2}\rho V^2 A$$

구의 체적은 $\frac{4}{3}\pi R^3$이고 $\gamma_{\text{sphere}} = S\gamma_{\text{water}}$이다. 그리고 투영 면적은 $A = \pi R^2$이므로

$$S\gamma_{\text{water}} \times \frac{4}{3}\pi R^3 = C_D \times \frac{1}{2}\rho V^2 \pi R^2$$

속도는 다음과 같이 표현된다.

$$V = \left(\frac{8RS\gamma_{\text{water}}}{3\rho C_D}\right)^{1/2} = \left(\frac{8 \times 0.15\ \text{m} \times 1.02 \times 9800\ \text{N/m}^3}{3 \times 1.20\ \text{kg/m}^3 \times C_D}\right)^{1/2} = \frac{57.7}{\sqrt{C_D}}$$

레이놀즈수가 매우 크다고 가정하면 그림 8.8로부터 $C_D = 0.2$의 값이 사용된다.

$$V = \frac{57.7}{\sqrt{0.2}} = 129\ \text{m/s}$$

가정된 C_D의 값을 검토하기 위해 레이놀즈수를 구해 보아야 한다.

$$\text{Re} = \frac{VD}{\nu} = \frac{129 \times 0.3}{1.6 \times 10^{-5}} = 2.42 \times 10^6$$

이 값은 곡선을 초과한 것이므로 데이터에 적용될 수 없다. 우리는 항력계수가 0.2로 일정하다고 가정할 것이다. 그러므로 종단 속도는 129 m/s이다.

(계속)

(b) 물에 낙하하는 경우 부력 B와 항력 F_D를 고려해야 한다. 그러므로 힘의 합은 다음과 같다.

$$W = F_D + B$$

$$\therefore \gamma_{\text{sphere}} \times \frac{4}{3}\pi R^3 = C_D \times \frac{1}{2}\rho V^2 A + \gamma_{\text{water}} \times \frac{4}{3}\pi R^3$$

그리고 다음을 얻는다.

$$(S-1)\gamma_{\text{water}} \times \frac{4}{3}\pi R^3 = C_D \times \frac{1}{2}\rho V^2 \pi R^2$$

$\rho = 1000\ \text{kg/m}^3$을 이용하면 결과는 다음과 같다.

$$V = \left(\frac{8R(S-1)\gamma_{\text{water}}}{3\rho C_D}\right)^{1/2} = \left(\frac{8 \times 0.15 \times 0.02 \times 9800}{3 \times 1000 \times C_D}\right)^{1/2} = \frac{0.28}{\sqrt{C_D}}$$

레이놀즈수가 (a)의 경우보다 작음을 알 수 있다. 그래서 그 범위를 $2 \times 10^4 < \text{Re} < 2 \times 10^5$으로 가정한다. 그러면 $C_D = 0.5$이고 결과는 다음과 같다.

$$V = 0.40\ \text{m/s}$$

이 경우 레이놀즈수는 다음과 같다.

$$\text{Re} = \frac{VD}{\nu} = \frac{0.40 \times 0.3}{10^{-6}} = 1.2 \times 10^5$$

이것은 요구되는 범위 내에 있다. 그러므로 종단 속도는 0.40 m/s로 예상된다. 만약 구가 거칠다면(표면에 모래가 접착됨) C_D의 값은 작아지고 속도는 증가하게 된다.

8.3.2 와류발산

KEY CONCEPT
원형 실린더에서 와류는 서로 반대쪽에서 규칙적이면서 교대로 발생한다.

원형 원통과 같이 길고 뭉툭한 물체는 유체의 유동에 수직으로 놓여 있을 때 특히 흥미로운 현상을 나타낸다. 소용돌이 또는 와류(회전하는 유체의 영역)는 그림 8.10에 나와 있는 것처럼 서로 반대쪽으로부터 규칙적이면서 교대로 물체로부터 떨어지게 된다. 이때 하류의 유동은 카르만(Theodor von Kármán, 1881~1963)의 이름을 따서 카르만 보텍스열(Kármán vortex street)이라고 불린다. 이것은 레이놀즈수의 범위 $40 < \text{Re} < 10\,000$에서 일어나고 $\text{Re} = 300$ 이상에서 난류가 동반되어 발생된다. 레이놀즈수가 낮은 경우와 높은 경우의 와류발산(vortex shedding) 사진이 그림 8.11에 나타나 있다.

차원해석은 발산 주기에 대한 표현을 찾기 위해 적용되기도 한다. 고레이놀즈수 유동에 대해, 즉 점성력이 중요하지 않을 때, 발산 주기 f (Hz)는 속도와 직경에만 의존한다. 따라서 $f = f(V, D)$로 표현된다. 차원해석을 이용하여 fD/V가 일정하다는 것을 알 수 있다. 무차원의 양으로 표현되는 발산 주기는 스트라울수로 표현된다.

$$\text{St} = \frac{fD}{V} \tag{8.3.2}$$

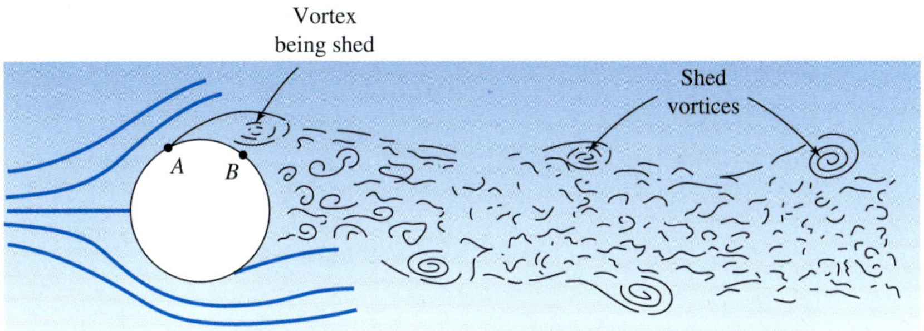

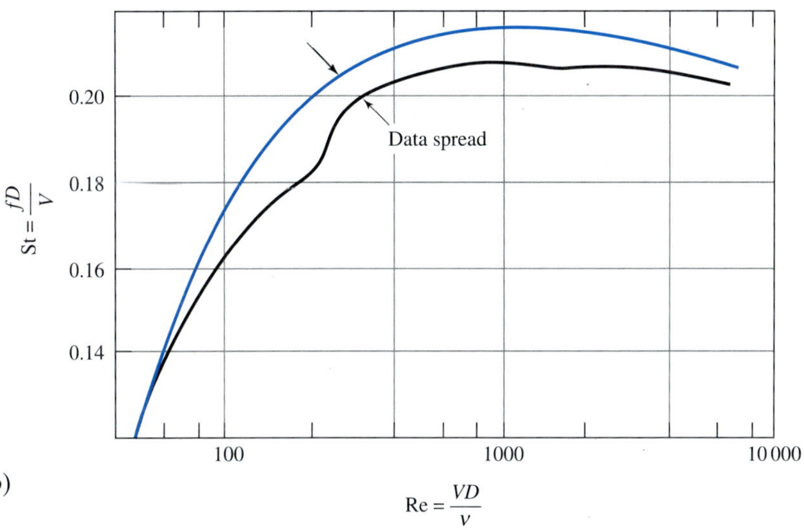

그림 8.10 원통으로부터의 와류발산: (a) 와류발산, (b) 스트라울수 대 레이놀즈수.(NACA Rep. 1191, A. Roshko, 1954.)

그림 8.10의 실험 결과로부터 스트라울수는 $300 < \text{Re} < 10\,000$에서 기본적으로 일정(0.21)함을 관찰할 수 있다. 그러므로 주기는 상대적으로 큰 레이놀즈수의 범위에 걸쳐서 속도에 정비례하게 된다.

엔지니어나 건축가는 탑이나 다리 등과 같이 와류가 떨어져 나가는 구조물을 설계할 때 매우 주의해야 한다. 와류가 발산될 때 작은 힘이 구조물에 작용하게 된다. 만약 확산 주기가 구조물의 고유진동수[3](배음의 일종)에 근접하게 되면 공진 현상이 일어나게 되어 매우 높은 비율로 증폭된다. 예를 들어 공진이 텔레비전 탑에서 발생할 때 작용하는 힘에 의한 탑의 변형은 너무 커져서 케이블이 끊어지게 되며 구조의 붕괴를 초래하게 된다. 이것은 실제로 많이 일어나고 있고 심한 손상과 많은 사상을 초래한다. 타코마(Tacoma Narrows) 현수교의 붕괴는 의심할 여지가 없는 와류발산에 의한 손상 결과이다. 정현수선과 역현수선에서 교대로 바뀌어 '급속히 진행되는' 전선들은 심각한 손상을 초래할 수 있는 또 다른 예이다. 이 손상은 전선이 얼었을 때 바람에 대해서 훨씬 넓은 단면적을 제공함으로써 일어날지도 모른다.

KEY CONCEPT
공진 현상이 발생할 때 작용 힘에 대한 반응은 매우 높은 비율로 증폭된다.

[3]고유진동수는 구조물을 '두드릴 때' 진동하는 진동수이다.

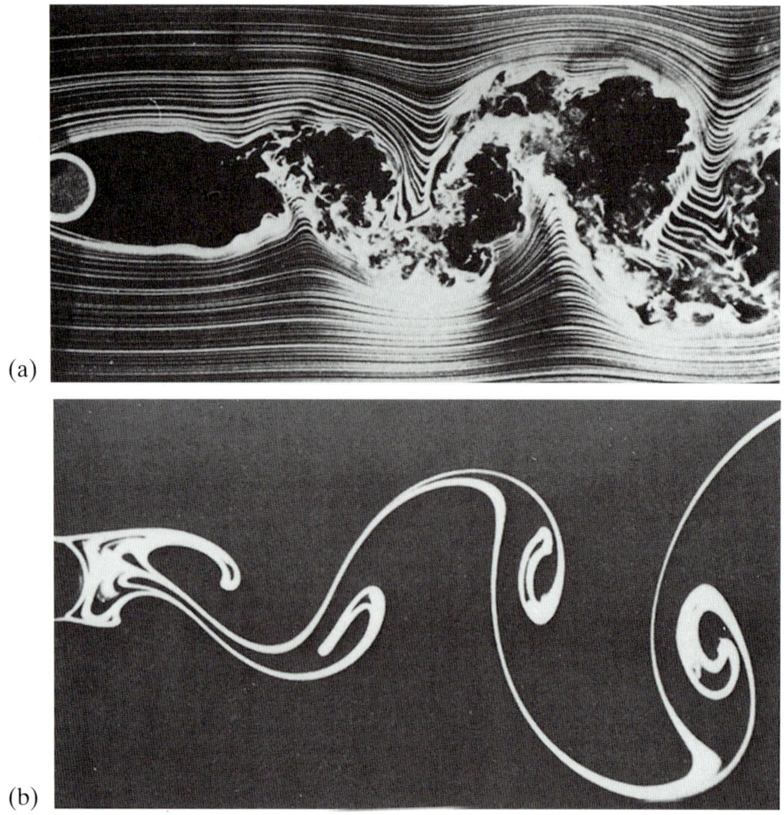

그림 8.11 높고 낮은 레이놀즈수에서의 와류발산: (a) Re=10 000(Thomas Corke and Hassan Nagib), (b) Re=140(Sadatoshi Taneda)

예제 8.3

30°C 공기의 낮은 속도를 원통과 그림 8.10에서의 원통 상에 있는 점 A와 B 사이에 압력 탭(tap)을 사용하여 측정하고자 한다. 속도의 범위는 $0.1 < V < 1$ m/s로 예상된다. 원통의 크기는 얼마로 선택되어야 하며 속도 $V = 1$ m/s에 대해 압력 측정 장치에 의해 측정되는 주기는 얼마인가?

풀이

레이놀즈수는 와류발산의 범위(즉 4000)에 있어야 한다. 최대 속도에 대해 직경은 다음과 같이 구해진다.

$$4000 = \frac{VD}{\nu}$$

$$= \frac{1.0 \times D}{1.6 \times 10^{-5}}$$

$$\therefore D = 0.064 \text{ m} \qquad \text{Select } D = 6 \text{ cm}$$

(계속)

$V = 0.1$ m/s에서 레이놀즈수는 $0.1 \times 0.06/1.6 \times 10^{-5} = 375$이다. 와류발산은 일어날 것이다. 그래서 이것은 타당하다. 예상되는 속도 $V = 1.0$ m/s에서 와류발산의 주기는 그림 8.10으로부터 스트라울수가 0.21임을 이용하여 구해진다. 그러므로 다음 결과가 나온다.

$$0.21 = \frac{fD}{V}$$

$$= \frac{f \times 0.06}{1.0}$$

$$\therefore f = 3.5 \text{ hertz}$$

8.3.3 유선형화

유동이 원통이나 구와 같이 뭉툭한 물체의 표면에 부딪치면 그것은 뒷부분의 정체점으로 진행함에 따라 좀 더 높은 압력의 영역으로 이동하게 된다. 충분히 큰 레이놀즈수에서 (Re > 10) 표면 부근에서 천천히 움직이는 경계층 유동은 뒷부분의 정체점 근처에서의 높은 압력 영역으로 진행할 수 없게 되어 물체에서 박리된다. 물체를 **유선형**으로 만들면 (streamlining) 물체 뒷부분의 높은 압력이 감소되어 표면 부근의 느린 유동이 약간 고압인 영역까지 다다를 수 있게 된다. 유체는 유선형 물체의 뒷전까지 계속 진행할 수 없을 수도 있지만 박리영역은 뭉툭한 물체에서의 초기 박리영역의 수 퍼센트 정도로 감소될 것이다. 뒷전의 사이각은 20°보다 크지 않아야 하고 그렇지 않으면 박리영역은 너무 커지고 유선형의 효과를 무력화하게 될 것이다. 유선형 원통과 구에 대한 항력계수를 그림 8.9에 나타내었다.

유선형화: 물체 뒤편의 고압을 감소시켜 느린 표면유동이 뒷전까지 다다를 수 있게 해준다.

KEY CONCEPT
유선형화가 효과를 갖기 위해서는 뒷전에서의 각도가 20°보다 더 크면 안 된다.

물체가 유선형일 때, 표면적은 상당히 증가한다. 이때 압력항력은 많이 감소되나 표면의 전단항력은 증가한다. 항력을 최소화하기 위해서는 압력항력과 전단항력의 합을 최소화하면 된다. 결과적으로 유선형 물체는 너무 길어지면 전단항력이 짧은 물체에서의 압력항력과 전단항력의 합보다 커질 수밖에 없다. 그러므로 최적화의 절차가 필요하다. 이런 절차는 지지대에 대해 두께와 현의 길이의 비가 0.25라는 것을 이끌어 낸다.

분명히 저레이놀즈수 유동에 대해(Re < 10) 항력은 주로 전단항력 때문이고 그래서 유선형은 불필요하며 표면적이 증가하므로 항력이 증가하게 된다.

마지막으로 유선형의 또 다른 이점으로 보통 주기적인 와류발산이 제거된다는 점을 언급할 수 있다. 와류발산에 의해 생성되는 진동은 종종 바람직하지 못해서, 유선형이 항력을 감소시킬 뿐만 아니라 진동도 제거할 수 있다.

예제 8.4

60 m/s로 비행하는 곡예비행기의 지지대는 직경이 4 cm이고, 길이는 24 cm이다. 원통형 지지대와 유선형 지지대, 각각의 경우에 작용하는 항력을 계산하라. 원형 원통으로부터의 와류발산이 일어날 것으로 예상하는가?

(계속)

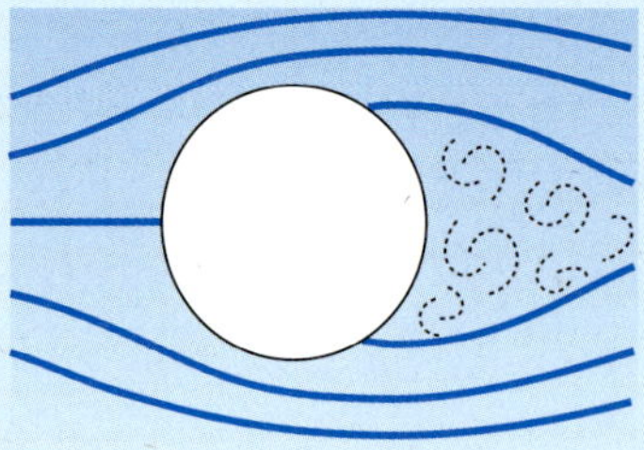

그림 E8.4(a)

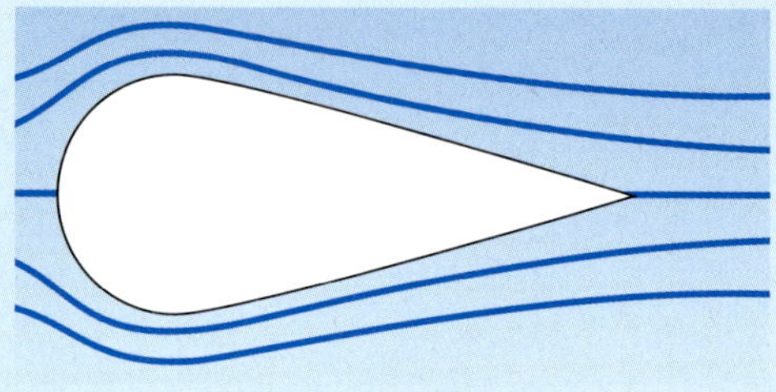

그림 E8.4(b)

풀이

원통과 유선형 지지대에 관계되는 레이놀즈수는 $T = 20°C$로 가정했을 때 다음과 같다.

$$\begin{aligned} Re &= \frac{VD}{\nu} \\ &= \frac{60 \times 0.04}{1.5 \times 10^{-5}} = 1.6 \times 10^5 \end{aligned}$$

매끈한 표면으로 가정하면 항력계수는 그림 8.9로부터 $C_D = 1.2$이다. 그러므로 항력은 다음과 같다.

$$\begin{aligned} F_D &= C_D \times \frac{1}{2}\rho V^2 A \\ &= 1.2 \times \frac{1}{2} \times 1.20 \text{ kg/m}^3 \times 60^2 \text{ m}^2/\text{s}^2 \times (0.24 \times 0.04) \text{ m}^2 = 24.9 \text{ N} \end{aligned}$$

유선형 지지대에 대해 그림 8.9로부터 $C_D = 0.04$이다. 이때 항력은 다음과 같다.

$$\begin{aligned} F_D &= C_D \times \frac{1}{2}\rho V^2 A \\ &= 0.04 \times \frac{1}{2} \times 1.20 \times 60^2 \times (0.24 \times 0.04) = 0.82 \text{ N} \end{aligned}$$

그러므로 여기서 항력이 97%만큼 상당히 많이 감소하고 있음을 볼 수 있다.

레이놀즈수가 너무 크기 때문에 와류발산은 원형 원통에서 예상되지 않는다.

8.3.4 공동현상

공동현상: 압력이 증기압보다 작을 때 발생하는 액체에서 증기로의 상 변화.

공동현상(cavitation)은 국부적인 압력이 증기압보다 작거나 같을 경우 액체에서 일어나는 액체에서 증기로의 매우 빠른 변화이다. 공동현상이 처음 일어나는 곳은 유동장에서 압력이 가장 낮은 부분이다. 공동현상의 네 가지 유형은 다음과 같이 정의된다.

1. 이동(traveling) 공동현상에서 기포나 공동이 형성되어 하류로 휩쓸리고 없어지게 된다.
2. 고정(fixed) 공동현상에서는 증기의 고정된 공동이 박리된 영역으로 존재한다. 박리영역은 물체에 다시 붙기도 하고 물체의 뒷부분을 둘러싸면서 주 유동에 의해 갇히게 된다. 이러한 경우는 슈퍼캐비테이션(supercavitation)이라 불린다.

3. 와류(vortex) 공동현상은 프로펠러를 떠나는 끝단 와류에서 볼 수 있는 고속, 저압 와류의 중심부에 나타난다.
4. 진동(vibratory) 공동현상은 압력 파동이 액체를 지날 때 존재하게 된다. 압력 파동은 고압에 뒤따라 저압이 나타나는 압력 펄스를 구성한다. 파동(또는 진동)의 저압 부분에서 공동현상이 발생된다.

기포가 형성되고 붕괴되는 공동현상의 첫 번째 유형은 잠재적인 손상과 관련이 있다. 붕괴로 인한 순간적인 압력은 매우 높고(약 1400 MPa) 배의 프로펠러에 발생하여 스테인리스강 구성요소에 손상을 초래할 수 있다.

캐비테이션 수(cavitation number) σ는 다음과 같이 정의된다.

$$\sigma = \frac{p_\infty - p_v}{\frac{1}{2}\rho V^2} \tag{8.3.3}$$

KEY CONCEPT
순간적인 고압은 스테인리스강 요소에 손상을 줄 수 있다.

공동현상은 캐비테이션 수가 물체의 형상과 레이놀즈수에 의존하는 임계 캐비테이션 수 σ_{crit}보다 작을 때 발생하게 된다. 여기서 p_∞는 물체의 영향을 받지 않는 자유유동의 절대 압력이고 p_v는 증기압이다. σ가 σ_{crit} 이하로 감소할 때, 공동현상은 강도가 증가하고 이동 공동현상에서 고정 공동현상으로 그리고 슈퍼캐비테이션으로 변해 간다.

물체의 항력계수는 캐비테이션 수에 의존하고 작은 캐비테이션 수에 대해 다음과 같이 주어진다.

$$C_D(\sigma) = C_D(0)(1 + \sigma) \tag{8.3.4}$$

여기서 일반 형태에 대한 $C_D(0)$ 값들이 $\text{Re} \simeq 10^5$에 대하여 표 8.3에 표시되어 있다.

물 밖으로 배를 들어 올리기 위해 사용되는 날개 모양 물체인 수중익은 언제나 공동현상과 관련이 있다. $10^5 < \text{Re} < 10^6$에서 전형적인 수중익선에 대한 항력과 양력계수 그리고 임계 캐비테이션 수가 표 8.4에 주어져 있다. 여기서 레이놀즈수는 익현의 길이에 근거하고 C_D와 C_L에 사용되는 면적은 익현과 길이의 곱이다.

표 8.3 뭉툭한 물체에 대해서 캐비테이션 수가 0일 경우의 항력계수

Two-dimensional body				*Axisymmetric body*			
Geometry		θ	$C_D(0)$	*Geometry*		θ	$C_D(0)$
Flat plate		—	0.88	Disk		—	0.8
Circular cylinder		—	0.50	Sphere		—	0.30
		120	0.74	Cone		120	0.64
Wedge	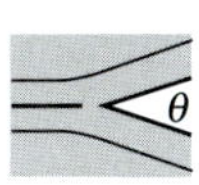	90	0.64		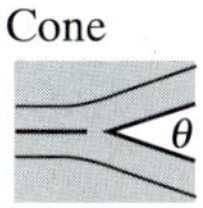	90	0.52
		60	0.49			60	0.38
		30	0.28			30	0.20

표 8.4 전형적인 수력익에 대한 항력과 양력계수 그리고 임계 캐비테이션 수

Angle (°)	*Lift coefficient* C_L	*Drag coefficient* C_D	*Critical cavitation number* σ_{crit}
−2	0.2	0.014	0.5
0	0.4	0.014	0.6
2	0.6	0.015	0.7
4	0.8	0.018	0.8
6	0.95	0.022	1.2
8	1.10	0.03	1.8
10	1.22	0.04	2.5

예제 8.5

수중익이 8°의 받음각으로 15°C 물의 표면 아래 50 cm에서 작동하면서 14 m/s로 움직이고 있다. 만일 수중익의 현 길이가 60 cm이고 길이가 1.8 m라면, 이때의 양력과 항력은 얼마인가? 캐비테이션이 존재하는가?

풀이

절대압력 p_∞는 다음과 같다.

$$p_\infty = \gamma h + p_{\text{atm}}$$

$$= 9810 \times 0.5 + 1.01 \times 10^5 = 105.9 \text{ kPa absolute}$$

증기압은 $p_v = 1.765$ kPa이다. 따라서 다음과 같이 된다.

$$\sigma = \frac{p_\infty - p_v}{\frac{1}{2}\rho V^2}$$

$$= \frac{(105.9 - 1.765) \times 10^3}{\frac{1}{2} \times 1000 \times 14^2} = 1.06$$

이것이 1.8보다 작다는 것을 알 수 있다. 그러므로 캐비테이션이 존재한다.

표 8.4에서 C_L을 찾으면, 양력은 다음과 같다.

$$F_L = C_L \times \frac{1}{2}\rho V^2 A$$

$$= 1.1 \times \frac{1}{2} \times 1000 \text{ kg/m}^3 \times 14^2 \text{ m}^2/\text{s}^2 \times (0.6 \times 1.8) \text{ m}^2 = 116.4 \text{ kN}$$

표 8.4에서 C_D를 찾으면, 항력은 다음과 같다.

$$F_D = C_D \times \frac{1}{2}\rho V^2 A$$

$$= 0.03 \times \frac{1}{2} \times 1000 \times 14^2 \times (0.6 \times 1.8) = 3.17 \text{ kN}$$

8.3.5 부가질량

앞 절에서 일정 속도로 움직이는 물체에 대하여 알아보았다. 이 절에서는 유체 내에서 정지 상태에서 가속되는 물체를 고려한다. 물체가 가속되면 물체뿐만 아니라 물체를 둘러싸고 있는 유체도 가속이 되어 물체에 불균형 힘이 작용된다고 할 수 있다. 주위의 유체를 가속시키는 데에는 물체만 가속시키는 것 이상으로 더 많은 힘이 필요하다. 가속되는 유체의 질량을 고려하는 비교적 간단한 방법은 물체의 질량에 부가질량(added mass)이라고 불리는 m_a를 더하는 것이다. 대칭축 방향으로 움직이고 있는 대칭 물체에 대한 운동 방향의 힘을 합하면 수평 운동에 대해 다음을 얻는다.

KEY CONCEPT
물체의 가속뿐만 아니라 물체 주위의 유체에 대해서도 가속이 일어난다.

$$F - F_D = (m + m_a)\frac{dV_B}{dt} \tag{8.3.5}$$

여기서 V_B는 물체의 속도이고 F_D는 항력이다. 정지 상태로부터 초기 가속도에 대하여 F_D는 0이다.

부가질량은 물체에 의해 배제된 유체의 질량 m_f와 다음 식에 의해 관계된다.

$$m_a = km_f \tag{8.3.6}$$

여기서 k는 부가질량 계수이다. 구에 대해서 $k = 0.5$이고, 장축이 단축의 두 배인 타원체가 장축 방향으로 움직일 때 $k = 0.2$이고, 긴 원통이 축에 수직인 방향으로 움직일 때 $k = 1.0$이다. 이러한 값은 비점성유동에 관해 계산된 것이고 점성력을 무시하기 위해서 정지 상태로부터 움직이는 운동에 적용된다.

밀도가 높은 물체가 공기 중에서 가속될 때 부가질량은 무시할 만큼 작아서 일반적으로 고려하지 않는다. 액체에서 정지 상태로부터 가속되는 질량은 부가질량에 의해 더 영향을 받고 이것은 일반적으로 고려되어야 한다. 진동파 운동을 받고 있는 연안의 구조물은 주기적인 힘을 받고 있으며 이런 힘들은 부가질량을 고려한 결정이어야 한다.

예제 8.6

비중이 2.5인 구를 물 속에서 가만히 놓는다. 초기 가속도를 계산하라. 만일 부가질량이 무시된다면 오차는 몇 %인가?

풀이

0의 항력을 가진 수직 방향의 힘의 합력은 다음과 같다.

$$W - B = (m + m_a)\frac{dV_B}{dt}$$

B는 부력이다. 적절한 양을 대입하면 다음과 같다. 여기서 구의 체적을 $\forall$라고 하자.

$$S\gamma_{\text{water}}\forall - \gamma_{\text{water}}\forall = (\rho_{\text{water}}S\forall + 0.5\rho_{\text{water}}\forall)\frac{dV_B}{dt}$$

(계속)

그러므로 다음을 얻는다.

$$g(S-1) = (S+0.5)\frac{dV_B}{dt}$$

가속도는 다음과 같이 된다.

$$\frac{dV_B}{dt} = \frac{g(S-1)}{S+0.5} = \frac{9.8(2.5-1)}{2.5+0.5} = 4.90\ \text{m/s}^2$$

부가질량을 무시하면 가속도는 다음과 같이 된다.

$$\frac{dV_B}{dt} = \frac{g(S-1)}{S} = \frac{9.8(2.5-1)}{2.5} = 5.88\ \text{m/s}^2$$

이때 오차는 20%이다.

8.4 날개에서의 양력과 항력

원통과 같은 뭉툭한 물체에서는 물체 뒷부분의 경계층에서 강한 역압력구배 때문에 박리가 발생한다. 날개는 역압력구배를 감소시키기 위해 유선형으로 설계되어 그림 8.12에 나와 있는 것과 같이 보통 작은 받음각에 대해서 박리가 일어나지 않는다. 박리가 없으면 항력은 경계층에서의 점성의 영향으로 인해 주로 벽의 전단응력 때문에 발생된다.

날개의 경계층은 매우 얇아서 날개 주위의 유동장(유신 형태와 압력 분포)을 풀 때는 무시할 수 있다. 경계층이 매우 얇기 때문에 벽에서의 압력은 경계층의 존재에 대한 영향을 거의 받지 않는다. 그러므로 날개의 양력은 주어진 비점성유동의 해로부터 주어진 벽의 압력 분포를 적분함으로써 근삿값으로 구할 수 있다. 다음 절에서는 이것을 어떻게 하는지를 설명할 것이다. 이 절에서는 간단한 실험 결과만 제시한다.

KEY CONCEPT
익형에서의 양력은 비점성유동의 해를 적분함으로써 근사화할 수 있다.

날개에 대한 항력은 벽에 대한 전단응력에 대해 경계층의 방정식(단순화된 나비에-스토크스 방정식)을 풀고 적절한 적분을 수행함으로써 예측할 수 있다. 비점성유동장은 벽의 압력구배와 벽에서의 비점성유동 속도가 경계층유동에 대해 풀기 위해 필요하기 때문에 경계층 문제를 풀기 전에 알고 있어야 한다. 경계층의 계산은 8.6절에서 소개하고 이 절에서는 항력의 실험적 결과만 설명하겠다.

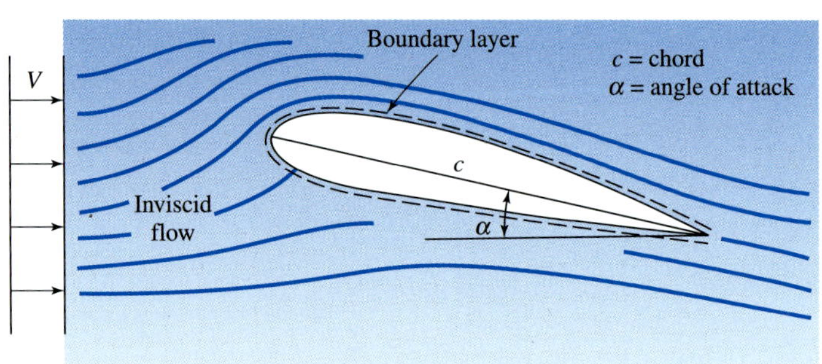

그림 8.12 받음각에서 날개 주위의 유동.

앞 절에서의 계수와 비교할 때 여기서의 항력계수는 매우 작게 보일지도 모른다. 날개에 대해서는 훨씬 더 큰 투영 면적이 사용된다. 즉 비행기의 면적은 그림 8.12에 나와 있는 것처럼 익현의 길이 c와 길이 L의 곱이다. 그래서 항력과 양력의 계수는 다음과 같이 정의된다.

$$C_D = \frac{F_D}{\frac{1}{2}\rho V^2 cL} \qquad C_L = \frac{F_L}{\frac{1}{2}\rho V^2 cL} \tag{8.4.1}$$

전형적인 날개에 대한 양력과 항력의 계수는 그림 8.13에 주어져 있다. 특별히 설계된 날개에 대해서는 항력계수가 0.0035 정도로 낮을지도 모르지만, 최대 양력계수는 약 1.5 정도이다. 최소 항력계수의 상태 부근에서 설계 양력계수(순항 조건)는 0.3 정도이다. 이것은 받음각은 2° 정도이고 실속 상태인 16°와는 차이가 크다.

KEY CONCEPT
설계 양력계수는 최소의 항력계수 조건에 가깝다.

전형적인 날개는 대칭이 아니다. 그러므로 영의 받음각에서도 양력계수는 양수이다. 양력은 직접적으로 받음각에 비례하나 실속 전에서는 선형 함수에서 벗어난다. 항력계수는 전형적인 날개에서 또한 약 5도 정도의 받음각에서 선형적으로 증가한다. 그러고 나서 받음각에 대해서 비선형적이다.

비교적 낮은 속도에서 이착륙하기 위해서는 그림 8.13에서의 최대 1.7보다 훨씬 큰 양력계수를 얻어야 할 필요가 있다. 또는 만약 상대적으로 낮은 양력계수가 얻어지게 된다면 면적 $c \times L$이 매우 커야 한다. 사실 두 가지 모두 이루어진다. 보조익은 각 날개로부터 바깥쪽으로 나오게 되며, 익현의 길이가 증가하고 또한 보조익의 받음각이 증가한다. 구멍은 그림 8.14에서와 같이 높은 압력의 공기를 아랫면에서 상대적으로 낮은 운동량 경계층

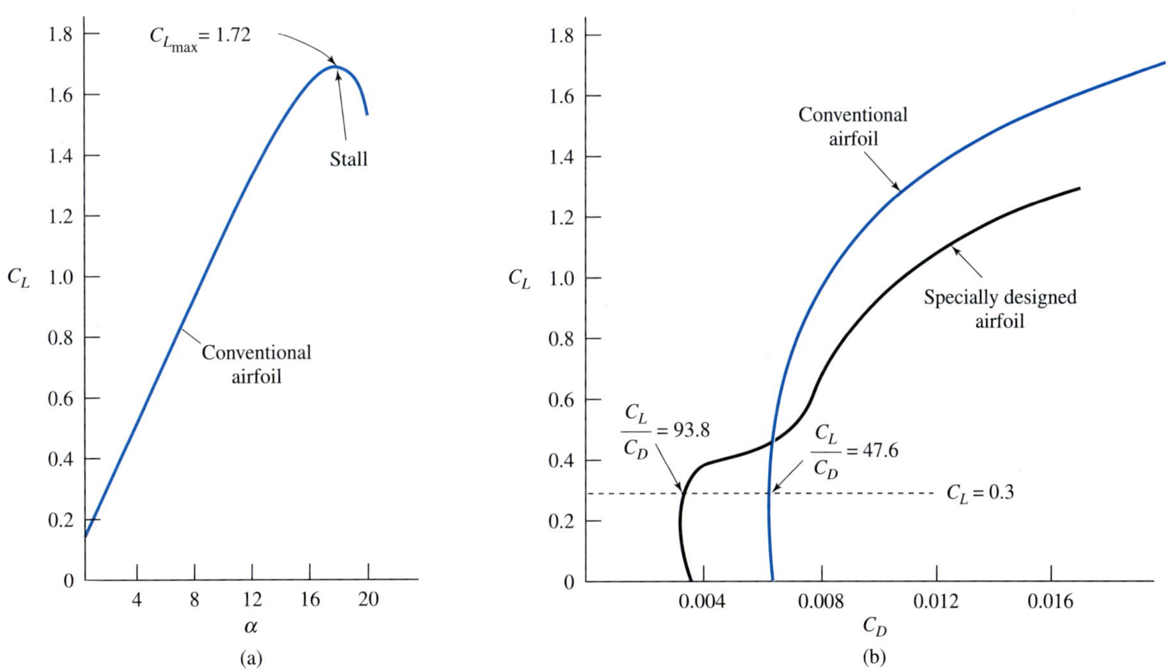

그림 8.13 $\text{Re} = Vc/\nu \simeq 9 \times 10^6$에서 날개의 양력계수와 항력계수.

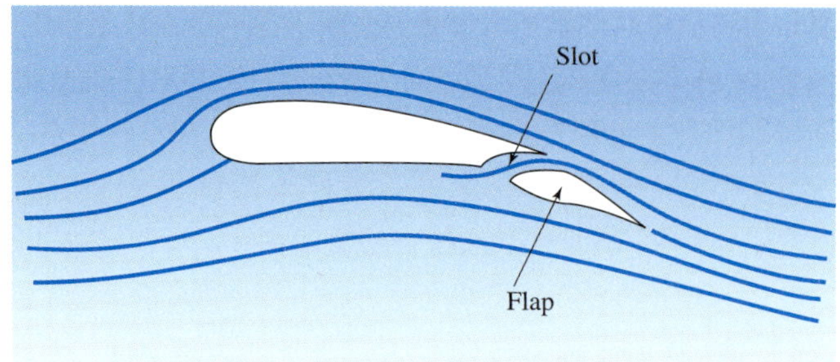

그림 8.14 박리 제어를 위한 틈을 가진 보조익

> **KEY CONCEPT**
> 날개 사이의 구멍들은 고압 공기가 날개로부터 박리되는 것을 막고, 느린 유동의 공기가 활성화되도록 한다.

유동인 맨 윗면으로 움직이는 데 사용된다. 이것은 보조익으로부터의 박리를 방지하여 높은 양력을 유지하도록 한다. 양력계수는 하나의 구멍을 가진 보조익에서 2.5, 두 개의 구멍을 가진 보조익에서 3.2까지 커질 수 있다. 현대의 비행기는 경계층의 유동이 날개의 윗면으로부터 박리되지 않도록 하기 위해서 세 개의 구멍을 가진 세 개의 보조익을 직렬로 가지고 있기도 한다.

> **날개폭:** 익형의 유효 길이 는 끝에서 끝단까지의 거리이다.

항공기에 작용하는 전체 양력은 일차적으로 날개에 의해 공급된다. 양력의 계산에 사용되는 날개의 유효 길이는 동체가 날개 중심부의 양력이 생기도록 작용하기 때문에 끝과 끝 사이의 거리인 **날개폭**(wingspan)으로 취한다. 항력의 계산에는 날개, 동체, 꼬리 부분에 작용하는 전단을 포함해야 한다.

항력계수는 날개에서 일반적으로 마하수가 약 0.75까지는 일정하다. 그러고 나서 그림 8.15에서와 같이 갑작스런 상승이 마하수가 1에 도달할 때까지 발생한다. 그리고 항력계수는 서서히 떨어진다. 그러므로 속도가 $M = 1$의 상태는 피해야 한다. 따라서 항공기는 $M = 1$ 근처의 높은 항력계수를 피하기 위해 $M < 0.75$나 $M > 1.5$에서 비행한다. $M = 1$ 부근의 유동 지역은 아음속에서 초음속까지 진동한다. 이러한 진동은 힘을 초래하므로 피하는 게 좋다.

> **KEY CONCEPT**
> 날개의 앞쪽 가장자리에서의 수직 속도 성분은 마하수를 계산 하는 데 사용된다.

날개의 앞 가장자리 수직 속도 성분이 그림 8.15에 나와 있는 마하수를 계산하는 데 사용되기 때문에 후퇴익의 사용이 유용하다. 후퇴익을 가진 상태에서 $M = 0.8$의 순항 속도는 흔하지 않다. 연료의 소비량은 필요한 동력에 의존하고 동력은 항력과 속도의 곱으로 나타나므로 연료의 소비량은 다른 변수들이 일정하다고 가정하면 항력이 속도의 제곱에 비례하므로 속도의 세제곱에 비례한다. 정해진 거리를 이동할 때 속도가 느리면 엔진

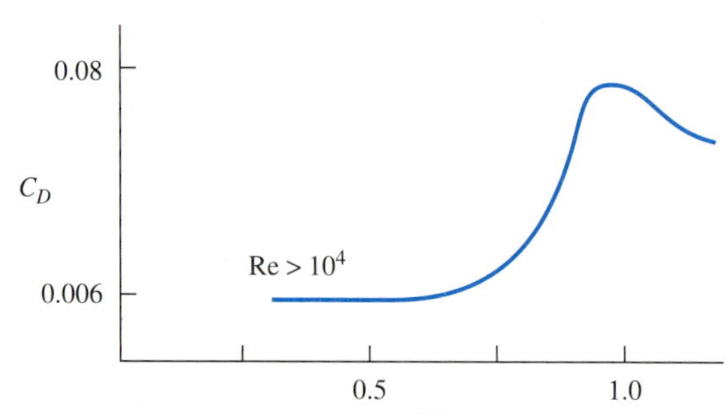

그림 8.15 전형적인 후퇴익이 없는 날개에 대한 항력계수와 마하수와의 함수 관계.

은 보다 오래 작동할지라도 연료 절약이 된다.

날개에 대한 마지막 설명은 유한한 날개의 영향에 관한 것이다. 유한한 날개 주위의 유동을 이해하기 위해서는 와류에 대해 알아야 한다. 유체 입자가 와류의 중심에 대해 회전하고 있고 유동장을 따라 이동한다. 그림 8.16과 그림 8.17의 날개의 밑면에는 고압이 작용하고 맨 윗면에는 저압이 작용한다. 날개의 끝단 주위의 밑면으로부터 맨 윗면으로 공기의 유동을 발생시키고 보이는 바와 같이 강한 끝단 와류가 생긴다. 분포된 와류는 또한 날개를 따라 흘러가고 그들은 두 개의 큰 후류 와류로 모아진다. 맑은 날 높이 날고 있는 비행기의 뒤편에 두 개의 이동 와류(trailing vortex)는 가시적인 하얀 수증기의 자국을 낼 것이다. 이동 와류는 큰 비행기의 뒷부분에 상당한 거리(약 15 km 정도) 동안 지속되고 90 m/s의 속도는 작은 비행기를 뒤집어 버릴 수 있다. 또한 이동 와류는 하강 속도 성분인 세류(downwash)를 유도하게 되고 이는 비행기의 설계에서 고려되어야 한다. 꼬리 부분은 이들 세류의 영향을 최소화하기 위해 높게 위치해 있다.

KEY CONCEPT
큰 비행체 뒤 편에 있는 이동 와류는 작은 비행체를 제어할 수 없게 하는 원인이 될 수 있다.

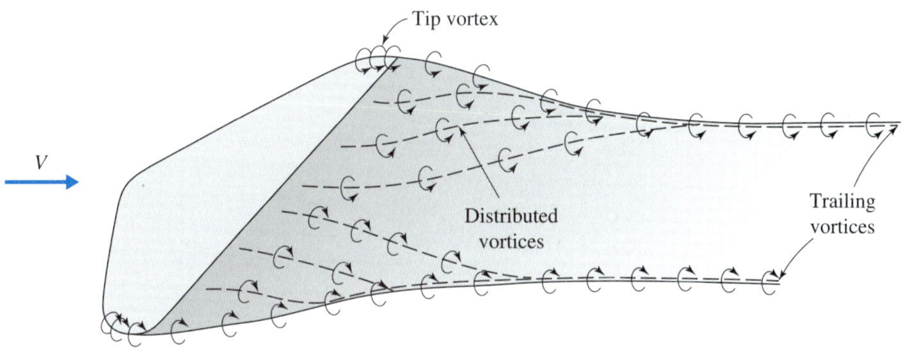

그림 8.16 이동 와류.

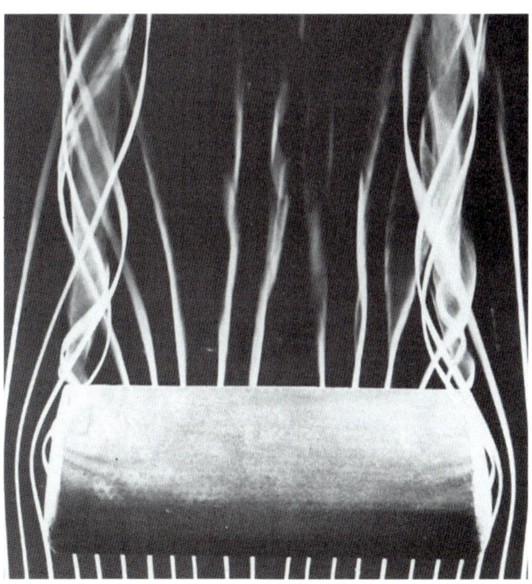

그림 8.17 직각 날개의 이동 와류. 유동은 날개 표면 전체에 걸쳐 있다. 와류 응어리의 중심은 날개 뒷전의 끝에서 떠난다. 모형은 레이놀즈수가 100 000일 때 연기 풍동에서 실험되었다.(Parabolic Press, Stanford, California)

예제 8.7

한 경비행기의 무게가 10 000 N이고 날개폭은 12 m이며 현의 길이는 1.8 m이다. 그리고 탑재 하중은 2000 N으로 예상된다. 이 경우 다음을 예측하라: (a) 받음각이 88일 때의 이륙 속도, (b) 실속 속도, (c) 50 m/s로 순항할 때 날개에 필요한 동력.

풀이

(a) 비행기의 양력은 그 무게와 같다. 탑재 하중을 포함한 전체 무게는 12 000 N이다. 따라서 식 8.4.1에서 양력계수는 다음과 같다.

$$V = \left(\frac{F_L}{\frac{1}{2}\rho C_L c L} \right)^{1/2}$$

$$= \left(\frac{12\ 000\ \text{N}}{\frac{1}{2} \times 1.20\ \text{kg/m}^3 \times 1.0 \times 1.8\ \text{m} \times 12\ \text{m}} \right)^{1/2} = 30.4\ \text{m/s}$$

여기서 그림 8.13으로부터 $\alpha = 8°$에서 $C_L = 1.0$을 사용하고 경비행기는 낮은 고도에서 날기 때문에 $\rho = 1.2 \text{kg/m}^3$을 사용하였다.

(b) 실속 속도를 구하기 위해 그림 8.13으로부터 최대 양력계수 1.72를 사용하면 다음과 같다.

$$V_{\text{stall}} = \left(\frac{F_L}{\frac{1}{2}\rho C_L c L} \right)^{1/2}$$

$$= \left(\frac{12\ 000}{\frac{1}{2} \times 1.20 \times 1.72 \times 1.8 \times 12} \right)^{1/2} = 23.2\ \text{m/s}$$

(c) 순항 동안 요구되는 동력은 항력과 속도의 곱으로 표현된다. 설계 양력계수는 0.3이고 일반적인 날개를 가정하면 그림 8.13으로부터 $C_D = 0.0063$이 된다. 그러므로 다음을 얻는다.

$$F_D = \frac{1}{2}\rho V^2 c L C_D$$

$$= \frac{1}{2} \times 1.20\ \text{kg/m}^3 \times 50^2\ \text{m}^2/\text{s}^2 \times 1.8\ \text{m} \times 12\ \text{m} \times 0.0063 = 204\ \text{N}$$

동력은 다음과 같이 된다.

$$\text{power} = F_D \times V$$

$$= 204\ \text{N} \times 50\ \text{m/s} = 10\ 200\ \text{W} \quad \text{or} \quad 13.7\ \text{hp}$$

항력은 동체와 꼬리 부분을 포함하여야 하므로 전체 동력은 상당히 커질 것이다.

8.5 퍼텐셜 유동 이론

8.5.1 기본 유동 함수

비점성유동은 고레이놀즈수 유동에서 경계층과 후류의 바깥 부분에 존재한다. 날개의 경계층은 매우 얇기 때문에 비점성유동은 실제 흐름에 대해 매우 근접함을 보인다. 이것은 표면의 압력 분포를 예측하는 데 사용되고, 양력의 적절한 추정을 가능하게 한다. 또한 8.6절의 경계층의 해에서 경계조건으로 사용되는 속도를 제공해 준다. 그런 해로부터 항력을 추정하고 박리의 위치를 예측할 수 있다. 결과적으로 비점성유동의 해는 외부유동에 대한 연구에 매우 중요하다. 분명히 앞 장의 실험 결과를 사용한다면 비점성유동의 자세한 해는 필요하지 않다. 반면에 만약 필요한 미분방정식을 사용하여 양력이나 항력과 같은 양을 예측하고 박리점의 위치를 찾는다면 비점성유동의 해는 필요하다.

KEY CONCEPT
비점성유동의 해는 외부유동 연구에 매우 중요하다.

스칼라 함수 ϕ의 구배로 주어진 속도장을 고려해 보자.

$$\mathbf{V} = \nabla\phi \tag{8.5.1}$$

여기서 ϕ는 속도 **퍼텐셜 함수**(velocity potential function)로 불린다. 이 같은 유동장은 **퍼텐셜 유동**(potential flow 또는 비회전유동)이라 불리고 속도벡터의 컬로 표현되는 소용돌이 운동(ω)이 0이라는 특성을 포함한다. 이것은 다음으로 표현된다.

퍼텐셜 유동: 유체의 와도가 0인 유동.

$$w = \nabla \times \mathbf{V} = 0 \tag{8.5.2}$$

퍼텐셜 유동에서 와도가 0이라는 것은 $\mathbf{V} = \nabla\phi$로 놓고 방정식 8.5.2를 직교좌표계에서 확장시킴으로써 쉽게 알 수 있다. 와도를 포함하지 않는(즉 회전하지 않는) 유체 입자는 점성의 작용 없이 와도를 얻을 수 없다. 수직 압력과 질량의 중심에 작용하는 물체 힘은 유체의 입자에 회전을 전할 수 없다. 이 결과는 나비에-스토크스 방정식(식 5.3.17, 상세하게 알고 싶다면 5.3.4절을 참조하라)의 컬을 취해 얻어진 와도방정식(vorticity equation)으로부터 알 수 있다. 와도방정식은 다음과 같다.

KEY CONCEPT
퍼텐셜 유동에서 와도는 '0'이다.

$$\frac{D\boldsymbol{\omega}}{Dt} = (\boldsymbol{\omega} \cdot \nabla)\,\mathbf{V} + \nu\nabla^2\boldsymbol{\omega} \tag{8.5.3}$$

만약 $\omega = 0$일 때, $D\omega/Dt$가 0이 안 되는 유일한 방법은 마지막 항을 통해 작용되는 점성 효과라는 것을 명심하자. 만약 점성효과가 비점성유동에서처럼 없다면 $D\omega/Dt = 0$이고 와도는 0으로 남아야 한다.

스칼라 함수의 구배에 의해 주어진 속도는 비압축성 유동에 의해 미분방정식으로 주어진다.

$$\nabla \cdot \nabla\phi = \nabla^2\phi = 0 \tag{8.5.4}$$

위 식은 라플라스(Pierre S. Laplace, 1749~1827)의 이름을 따서 라플라스 방정식(Laplace's equation)으로 알려지고 있다. 직교좌표에서 이것은 다음과 같이 쓸 수 있다.

$$\frac{\partial^2\phi}{\partial x^2} + \frac{\partial^2\phi}{\partial y^2} + \frac{\partial^2\phi}{\partial z^2} = 0 \tag{8.5.5}$$

이 방정식은 적절한 경계조건에 의해 풀 수 있다. 그러나 3차원 문제에서는 매우 어렵고 그래서 우리는 x와 y에 의존하는 속도계수 u와 v의 평면유동에 우리의 초점을 맞춰야 한다. 이것은 2차원 날개와 원통 주위의 유동처럼 다른 평면유동에 적용할 수 있다.

식 8.5.5의 해를 풀기 전에 우리의 평면 유체 유동 연구에 유용하게 될 다른 스칼라 함수를 정의해 보자. 연속방정식

$$\frac{\partial u}{\partial x} + \frac{\partial v}{\partial y} = 0 \tag{8.5.6}$$

에서 정의를 이끌어 낸다. 다음과 같이 놓으면

$$u = \frac{\partial \psi}{\partial y} \qquad \text{and} \qquad v = -\frac{\partial \psi}{\partial x} \tag{8.5.7}$$

유선 함수: 유선 함수는 유선을 따라 일정하다.

연속방정식이 자연스럽게 만족되는 것을 알 수 있다. 스칼라 함수 $\psi(x, y)$는 **유선 함수**(stream function)라고 불린다. 유선의 수학적 표현인 $\mathbf{V} \times d\mathbf{r} = 0$을 사용해서 평판유동에 대해 $udy - vdx = 0$임을 알 수 있다. 방정식 8.5.7을 여기에 대입하면

$$\frac{\partial \psi}{\partial y} dy + \frac{\partial \psi}{\partial x} dx = 0 \tag{8.5.8}$$

이 된다. 물론 $d\psi = 0$이다. 그래서 ψ는 유선을 따라 일정하다. 예제 8.9에서 두 유선 사이의 차이$(\psi_2 - \psi_1)$가 두 유선 사이의 단위 깊이당 유량과 같게 되는 것을 알 수 있다.

평면유동에서의 와도 벡터는 $w = 0$과 변화가 없는 z에 의해 단지 z 요소만 가지게 된다. 와도는 다음과 같다.

$$\omega_z = (\boldsymbol{\nabla} \times \mathbf{V})_z = \frac{\partial v}{\partial x} - \frac{\partial u}{\partial y} \tag{8.5.9}$$

퍼텐셜 유동에 대해 와도가 0이 되어야 한다. 그래서 식 8.5.9 대신 식 8.5.7을 사용하면 다음과 같다.

$$\frac{\partial^2 \psi}{\partial x^2} + \frac{\partial^2 \psi}{\partial y^2} = 0 \tag{8.5.10}$$

이로써 유선 함수 ψ와 퍼텐셜 함수 ϕ은 평면유동에 의한 라플라스 방정식을 만족하는 것을 알 수 있다.

특정한 유동에 대한 라플라스 방정식의 해를 구하는 대신 다른 방법을 사용할 것이다. 우리는 라플라스 방정식을 만족시키는 상대적으로 간단한 함수를 찾고 나서 관련된 유동을 만들어 내는 이 간단한 함수들을 중첩할 것이다. 이 방법을 사용해 어떤 평면유동이든지 원하는 함수로 만들어 낼 수 있다. 그러므로 사실상 라플라스 방정식을 풀지 않아도 된다.

KEY CONCEPT
관련된 유동을 만들어 낼 수 있는 간단한 함수를 적용할 것이다.

간단한 함수들을 표현하기 전에 ϕ와 ψ에 관련된 몇 가지 점들을 추가로 살펴보자. 방정식 8.5.1과 8.5.7을 사용하여 다음을 알 수 있다.

$$u = \frac{\partial \phi}{\partial x} = \frac{\partial \psi}{\partial y} \qquad v = \frac{\partial \phi}{\partial y} = -\frac{\partial \psi}{\partial x} \tag{8.5.11}$$

ϕ와 ψ의 미분 사이의 이들 관계는 복잡한 복소 변수의 이론으로부터 코시(Augustin L. Cauchy, 1789~1857)와 리만(Georg F. Riemann, 1826~1866)의 이름을 딴 유명한 코

시-리만 방정식(Cauchy-Riemann equation)이다. 함수 ϕ와 ψ는 라플라스 방정식을 만족시키는 조화함수와 복소변수 속도 퍼텐셜이라 불리는 해석 함수(analytic function) $(\phi + i\psi)$를 형성한다. 모든 효과적인 정리를 가진 복잡한 변수들의 이론은 그래서 이 제한된 종류의 문제에 적합할 수 있다. 즉 평면이고 비압축성인 퍼텐셜 유동에 국한된다. 다음의 한 예제에서 유선과 일정 퍼텐셜 선이 서로 직각으로 교차함을 알 수 있을 것이다.

KEY CONCEPT
유선과 일정 퍼텐셜 선은 서로 직각으로 교차한다.

예제 8.8

스칼라 퍼텐셜 함수는 $\phi = A\tan^{-1}(y/x)$에 의해 주어진다. 유선 함수 c(x, y)를 구하라.

풀이

식 8.5.11에 의해 ϕ와 ψ 사이의 관계가 주어진다.

$$\frac{\partial\psi}{\partial y} = \frac{\partial\phi}{\partial x} = \frac{\partial}{\partial x}\left(A\tan^{-1}\frac{y}{x}\right) = -\frac{Ay}{x^2 + y^2}$$

이것은 다음과 같이 적분된다.

$$\int\frac{\partial\psi}{\partial y}dy = -A\int\frac{y}{x^2+y^2}dy$$

$$\therefore \psi = -\frac{A}{2}\ln(x^2 + y^2) + f(x)$$

편미분이 사용되므로 x의 함수가 추가되어야 한다. 이제 이 식을 x에 대해 미분하면 다음과 같다.

$$\frac{\partial\psi}{\partial x} = -A\frac{x}{x^2+y^2} + \frac{df}{dx}$$

이것은 $(-\partial\phi/\partial y)$와 같아야 한다.

$$-\frac{Ax}{x^2+y^2} + \frac{df}{dx} = -\frac{Ax}{x^2+y^2}$$

그러므로 다음과 같이 쓸 수 있다.

$$\frac{df}{dx} = 0 \qquad \text{or} \qquad f = C$$

ϕ와 ψ는 미분에 의해 속도를 구하는 데 사용되므로 상수는 중요하지 않다. 보통 0으로 놓는다. 그러므로 C는 다음과 같다.

$$\psi = -\frac{A}{2}\ln(x^2 + y^2)$$

예제 8.9

어떤 두 유선 사이의 유선 함수의 차이는 두 유선 사이의 단위 깊이당 유량과 같음을 보여라. 단위 깊이당 유량은 q로 표현한다.

풀이

그림 E8.9에 나와 있는 것과 같이 매우 근접한 두 유선 사이의 유동을 계산해 보자. 요소 면적을 통과하는 단위 깊이당 유량은 다음과 같다.

(계속)

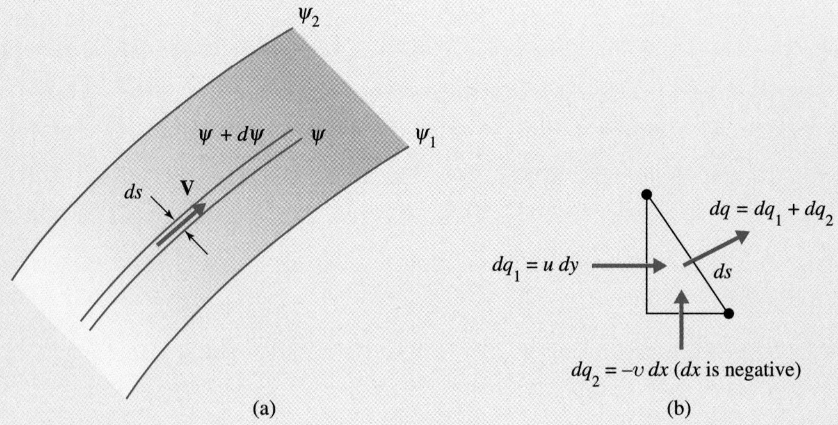

그림 E8.9

$$
\begin{aligned}
dq &= dq_1 + dq_2 \\
&= udy - vdx \\
&= \frac{\partial \psi}{\partial y} dy + \frac{\partial \psi}{\partial x} dx = d\psi
\end{aligned}
$$

두 유선 사이 $\psi = \psi_1$과 $\psi = \psi_2$에서 적분한다면 결과는 다음과 같다.

$$q = \psi_2 - \psi_1$$

그러므로 문제에 대한 서술이 증명되었다.

예제 8.10

평면, 비압축성, 퍼텐셜 유동의 유선과 등퍼텐셜 선이 서로 직교하는 것을 보여라.

풀이

만약 한 점에서 유선의 기울기와 등퍼텐셜 선의 기울기의 곱이 −1이 되면 두 선은 직교한다. 유선의 기울기(그림 E8.10a)는 다음과 같다.

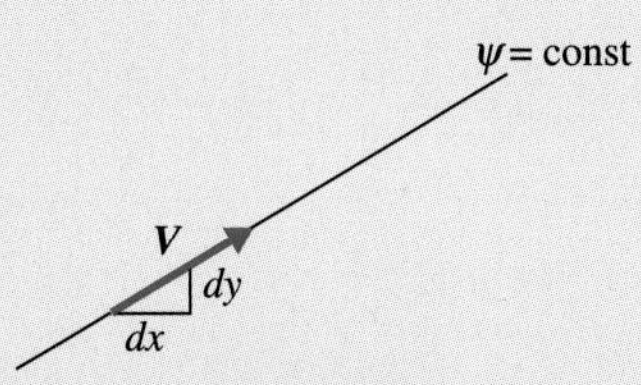

그림 E8.10a

$$\left.\frac{dy}{dx}\right|_{\psi = \text{const}} = \frac{v}{u}$$

등퍼텐셜 선의 기울기는 다음과 같다.

(계속)

$$d\phi = \frac{\partial \phi}{\partial x} dx + \frac{\partial \phi}{\partial y} dy = 0$$

등퍼텐셜 선을 따라서 ϕ = 일정이므로 다음을 얻는다.

$$\left.\frac{dy}{dx}\right|_{\phi = \text{const}} = -\frac{\partial \phi / \partial x}{\partial \phi / \partial y} = -\frac{u}{v}$$

그러므로 유선의 기울기와 등퍼텐셜 선의 기울기의 곱은 -1이 되는 것을 알 수 있다.

$$\left.\frac{dy}{dx}\right|_{\phi = \text{const}} = -\left(\left.\frac{dy}{dx}\right|_{\psi = \text{const}}\right)^{-1}$$

따라서 유선이 등퍼텐셜 선과 만나는 곳에서는 직교해야 한다. 둑을 넘어가는 유동에 대한 유선과 등퍼텐셜 선의 그림(물체에서 멀리 떨어진 곳에서는 등간격이 되게 함)은 그림 E8.10b에 나와 있고 이는 유동망(flow net)이라 불린다. 이와 같은 그림은 비점성유동에서 관심의 대상이 되는 점에서의 속도를 근사화하는 데 사용될 수 있다. 압력은 베르누이 방정식을 사용하여 구할 수 있다.

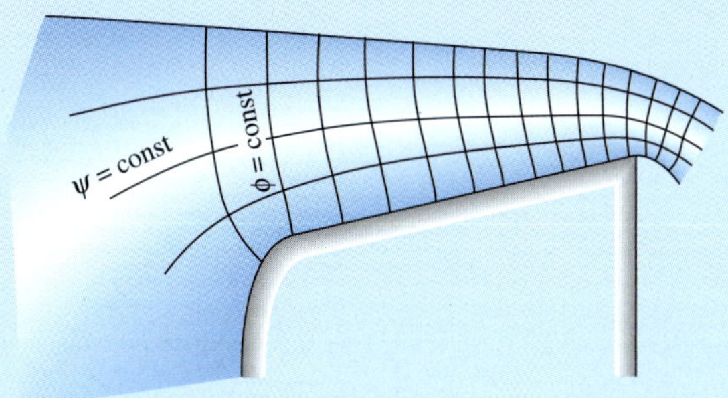

그림 E8.10b

8.5.2 단순해

이제 라플라스 방정식을 만족시키는 상대적으로 간단한 몇몇 함수들을 확인해 보자. 그러나 극좌표계를 사용하는 좀 더 편리한 것이 있다. 속도 성분은 다음과 같은 형태를 취한다.

$$\nabla^2 \psi = \frac{1}{r}\frac{\partial}{\partial r}\left(r\frac{\partial \psi}{\partial r}\right) + \frac{1}{r^2}\frac{\partial^2 \psi}{\partial \theta^2} = 0 \tag{8.5.12}$$

$$\nabla \cdot \mathbf{V} = \frac{1}{r}\frac{\partial}{\partial r}(rv_r) + \frac{1}{r}\frac{\partial v_\theta}{\partial \theta} = 0 \tag{8.5.13}$$

$$v_r = \frac{1}{r}\frac{\partial \psi}{\partial \theta} = \frac{\partial \phi}{\partial r} \qquad v_\theta = -\frac{\partial \psi}{\partial r} = \frac{1}{r}\frac{\partial \phi}{\partial \theta} \tag{8.5.14}$$

그림 8.18에 나와 있는 네 개의 간단한 유동에 대해 다음과 같이 명명하고 그에 대응하는 함수를 소개한다. 이름과 함수는 다음과 같다.

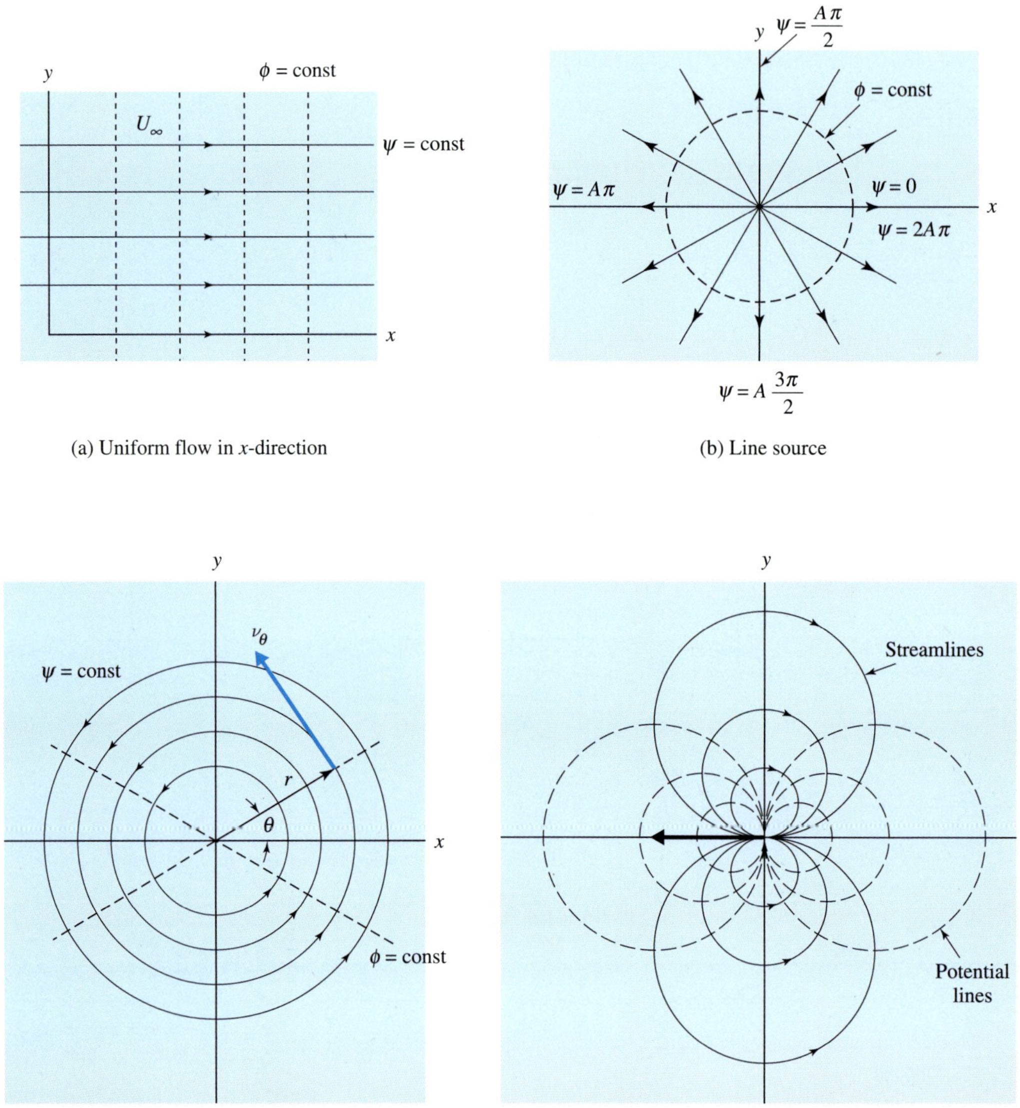

(a) Uniform flow in *x*-direction

(b) Line source

(c) Irrotational vortex

(d) Doublet

그림 8.18 네 개의 단순한 퍼텐셜 유동.

Uniform flow: $$\psi = U_\infty y \qquad \phi = U_\infty x \tag{8.5.15}$$

Line source: $$\psi = \frac{q}{2\pi}\theta \qquad \phi = \frac{q}{2\pi}\ln r \tag{8.5.16}$$

Irrotational vortex: $$\psi = \frac{\Gamma}{2\pi}\ln r \qquad \phi = \frac{\Gamma}{2\pi}\theta \tag{8.5.17}$$

Doublet: $$\psi = -\frac{\mu \sin\theta}{r} \qquad \phi = -\frac{\mu\cos\theta}{r} \tag{8.5.18}$$

균일유동 속도 U_∞는 x 방향으로 가정한다. y 방향의 성분을 원하면 적절한 항이 간단히 추가된다. 소스 강도(source strength) q는 용출로부터 발생한 단위 깊이당 체적 유량이고 음의 부호이면 싱크(sink)를 형성한다. 와류 강도(vortex strength) Γ는 원점에 대한 순환이고 다음과 같이 정의한다.

$$\Gamma = \oint_L \mathbf{V} \cdot d\mathbf{s} \tag{8.5.19}$$

L은 원점 주위의 폐곡선(원을 주로 사용)이고 시계 방향이 양의 부호이다. 더블릿 강도(doublet strength) μ는 x 방향의 더블릿에 대한 것이다. 큰 화살표(그림 8.18d)는 더블릿의 방향을 보여 준다. 다른 방향의 더블릿은 거의 관련된 것이 아니므로 여기서 고려하지 않는다.

위에 나타나 있는 네 개의 유동 중에서 더블릿은 상당히 이해하기 힘든 부분이다. 같은 강도의 소스와 싱크가 매우 근거리에 위치하는 것처럼 보인다. 더블릿의 유용성은 다른 유동의 생성에 있다. 비회전 와류는 물이 배수관이나 수력 댐의 터빈 안으로 소용돌이 치면서 들어갈 때 자주 볼 수 있다.

KEY CONCEPT
더블릿은 같은 강도의 소스와 싱크가 매우 근거리에 위치하는 것처럼 보인다.

네 개의 단순 유동에 대한 속도 성분은 방정식 8.5.11과 8.5.14의 직교좌표계와 극좌표계를 이용하여 다음과 같이 쉽게 표현된다.

Uniform flow:
$$u = U_\infty \qquad v = 0$$
$$v_r = U_\infty \cos\theta \qquad v_\theta = -U_\infty \sin\theta \tag{8.5.20}$$

Line source:
$$v_r = \frac{q}{2\pi r} \qquad v_\theta = 0$$
$$u = \frac{q}{2\pi}\frac{x}{x^2+y^2} \qquad v = \frac{q}{2\pi}\frac{y}{x^2+y^2} \tag{8.5.21}$$

Irrotational vortex:
$$v_r = 0 \qquad v_\theta = -\frac{\Gamma}{2\pi r}$$
$$u = -\frac{\Gamma}{2\pi}\frac{y}{x^2+y^2} \qquad v = \frac{\Gamma}{2\pi}\frac{x}{x^2+y^2} \tag{8.5.22}$$

Doublet:
$$v_r = -\frac{\mu\cos\theta}{r^2} \qquad v_\theta = -\frac{\mu\sin\theta}{r^2}$$
$$u = -\mu\frac{x^2-y^2}{(x^2+y^2)^2} \qquad v = -\mu\frac{2xy}{(x^2+y^2)^2} \tag{8.5.23}$$

예제 8.11

단순화된 회오리바람과 같은 대기 중의 비회전 와류에서 멀리 떨어진 압력은 게이지 압력으로 0이다. $r = 20$ m에서 속도가 20 m/s라면 $r = 2$ m에서의 압력은 얼마인가?(비회전 와류는 r이 매우 작으면 더 이상 회오리바람의 좋은 모델이 되지 않는다. 회오리바람의 '눈' 안에서는 유동이 강체 운동과 비슷하다.)

풀이

비회전 와류에 대해 다음을 알고 있다.

$$v_\theta = -\frac{\Gamma}{2\pi r}$$

그러므로 다음과 같이 쓸 수 있다.

$$\begin{aligned}\Gamma &= -2\pi r v_\theta \\ &= -2\pi \times 20 \times 20 = -800\pi \text{ m}^2/\text{s}\end{aligned}$$

$r = 2$ m에서 속도는 다음과 같다.

$$v_\theta = -\frac{-800\pi}{2\pi \times 2} = 200 \text{ m/s}$$

이러한 비압축성, 비점성, 정상상태유동에 대한 베르누이 방정식으로부터 다음과 같은 압력을 얻는다.

$$\overset{0}{\cancel{p_\infty}} + \overset{0}{\cancel{\frac{U_\infty^2}{2}}}\rho = p + \frac{v_\theta^2}{2}\rho$$

$$\begin{aligned}\therefore p &= -\frac{1}{2}\rho v_\theta^2 \\ &= -\frac{1}{2} \times 1.20 \times 200^2 = -24\,000 \text{ Pa}\end{aligned}$$

음의 부호는 진공을 의미한다.

8.5.3 중첩

KEY CONCEPT
가장 복잡한 비압축성 평면 유동은 이 단순 유동들을 이용해서 나타낼 수 있다.

8.5.2절에서 표현한 단순한 유동들은 매우 흥미로운 분야이다. 그 이유는 공학기술에서 중요한 복잡한 유동을 형성하기 위하여 중첩되어 사용될 수 있기 때문이다. 사실 비압축성의 가장 복잡한 평면유동도 이 단순한 유동들을 사용해서 생성될 수 있다. 예를 들면 홈이 있는 고양력 장치를 가진 날개 주위의 유동을 가정해 보자. 또 날개의 표면을 비교적 큰 패널의 수(200개 정도)로 나누고, 각 패널의 중앙에 소스나 싱크(혹은 대신에 더블릿)을 설치하여 균일유동과 비회전 와류를 추가하고, 그러고 나서 패널 소스 강도를 적용함으로써[4] 원하는 비점성유동을 생성할 수 있다. 모델의 개발과 계산을 수행하기 위한 컴퓨터 사용 방법은 이 책에서 다루지 않겠다.

이 절에서 순환이 있는 경우와 없는 경우에 원형 원통 주위의 유동에 의해 생성된 중첩을 설명한다. 먼저 균일유동과 더블릿을 중첩시킨다. 그 결과는 다음과 같다.

[4] 소스 강도는 각 패널 중심에서 수직인 속도 성분이 0이 되도록 조절된다. 와류 강도는 뒷부분의 정체 점이 날개 뒷전에 위치하도록 조절된다.

$$\psi = U_\infty y - \frac{\mu \sin\theta}{r} \tag{8.5.24}$$

속도 성분 v_r은 다음과 같다($y = r\sin\theta$라 하자).

$$\begin{aligned} v_r &= \frac{1}{r}\frac{\partial\psi}{\partial\theta} \\ &= U_\infty \cos\theta - \frac{\mu}{r^2}\cos\theta \end{aligned} \tag{8.5.25}$$

$v_r = 0$인 반경 r_c가 있을까? $v_r = 0$이라 놓으면 다음을 알 수 있다.

$$r_c = \sqrt{\frac{\mu}{U_\infty}} \tag{8.5.26}$$

이 반경에서 v_r은 모든 θ에서 0이 되고 따라서 원 $r = r_c$는 유선이 되어야 한다.

정체점들은 원 $v_\theta = 0$ 상에서 $r = r_c$으로 놓음으로써 알 수 있다. 그 결과는 다음과 같다.

$$\begin{aligned} v_\theta &= -\frac{\partial\psi}{\partial r} \\ &= -U_\infty \sin\theta - \frac{\mu\sin\theta}{r_c^2} = -2U_\infty \sin\theta = 0 \end{aligned} \tag{8.5.27}$$

따라서 $\theta = 0$와 180°에서 $v_\theta = 0$이 됨을 알 수 있다. 그림 8.19a에 이 유동이 나와 있다. 우리는 $r = r_c$인 원형 유선의 외부 유동에만 관심을 갖는다.

> **KEY CONCEPT**
> 박리점까지의 압력 분포는 퍼텐셜 유동 의 해에 의해 예측된 것 처럼 거의 같다.

만약 원통에서의 압력 분포를 알고 싶으면 베르누이 방정식을 $V = 0$이고 $p = p_0$인 정체점과 원통의 임의의 점 사이에 적용하면 된다.

$$\begin{aligned} p_c &= p_0 - \rho\frac{v_\theta^2}{2} \\ &= p_0 - 2\rho U_\infty^2 \sin^2\theta \end{aligned} \tag{8.5.28}$$

이것은 양력과 항력이 모두 0인 대칭적인 압력 분포를 제공한다. 0인 양력에 대한 예측은 실제 유동에서는 허용되지만 0인 항력의 결과는 완전히 받아들일 수 없다. 이것은 비점성 유동의 해를 무시하는 것일지도 모른다. 하지만 그림 8.19b에서의 실제 유동과 비교하면 박리점까지의 측정된 원통 위의 압력 분포는 퍼텐셜 유동의 해에 의해 예측된 것과 같이 거의 같다. 그러므로 퍼텐셜 유동의 해는 비록 박리유동이 일어나는 뭉툭한 물체에 대해서도 매우 유용하다. 낮은 레이놀즈수에서는 점성의 영향이 얇은 경계층에만 국한되지 않는다. 그래서 퍼텐셜 유동의 이론은 유용하지 않다.

회전하는 원통 주위의 유동을 고려해 보자. 이것은 비회전 더블릿과 균일유동에 비회전 와류가 더해짐으로써 만들어진다.

$$\psi = U_\infty y - \frac{\mu\sin\theta}{r} + \frac{\Gamma}{2\pi}\ln r \tag{8.5.29}$$

원형 유선을 구성하는 와류유동은 속도 성분 v_r이 $r = r_c$에 영향을 주지 않으므로 v_r의 원통은 변하지 않는다. 그러나 정체점은 변화하고 $v_\theta = 0$에서 $r = r_c$로 놓으면 찾을 수 있다. 즉 $\mu = U_\infty r_c^2$으로 놓으면 된다.

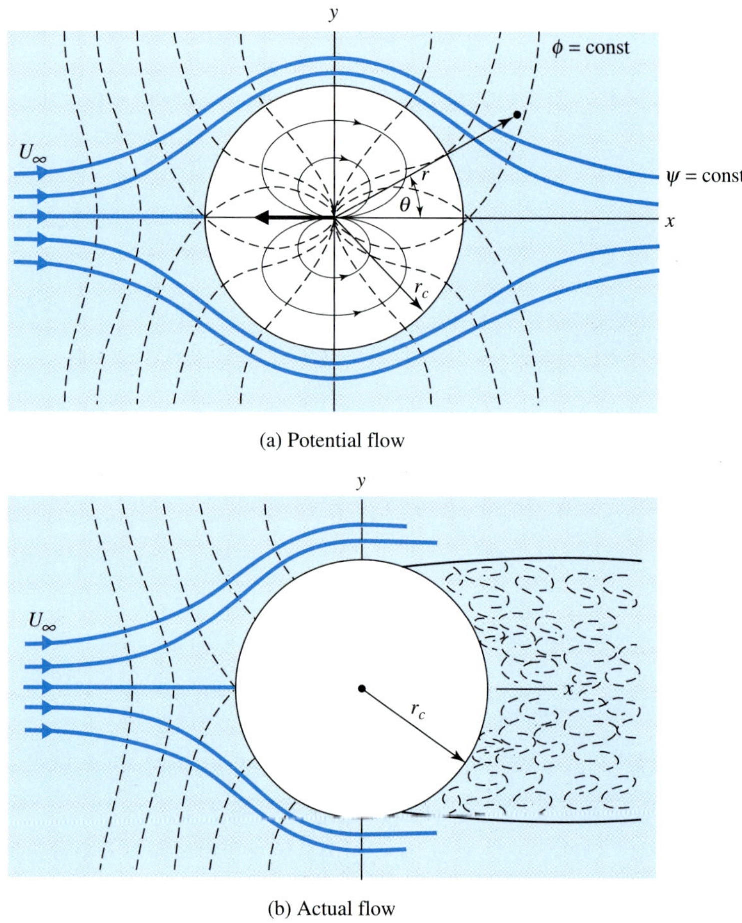

그림 8.19 원형 원통 주위의 유동

$$v_\theta = -\frac{\partial \psi}{\partial r} = -2U_\infty \sin\theta - \frac{\Gamma}{2\pi r_c} = 0 \tag{8.5.30}$$

이것은 그림 8.20에 나와 있는 것과 같이 정체점의 위치를 나타낸다. (a)에서 정체점은 $r = r_c$인 원통의 위에 있지만, (b)에서는 단일 정체점이 원통으로부터 $\theta = 270°$ 떨어진 만큼 충분히 큰 순환이 있다.

베르누이 방정식은 다음과 같은 압력 분포를 준다.

$$p_c = p_0 - \rho\frac{U_\infty^2}{2}\left(2\sin\theta + \frac{\Gamma}{2\pi r_c U_\infty}\right)^2 \tag{8.5.31}$$

KEY CONCEPT

$\rho U_\infty \Gamma$는 모든 원통에서 완벽한 양력 값을 제공한다.

이것을 적분하면 항력은 0이 되고 단위 길이당 양력은 다음과 같다.

$$F_L = -\int_0^{2\pi} p_c \sin\theta \, r_c d\theta = \rho U_\infty \Gamma \tag{8.5.32}$$

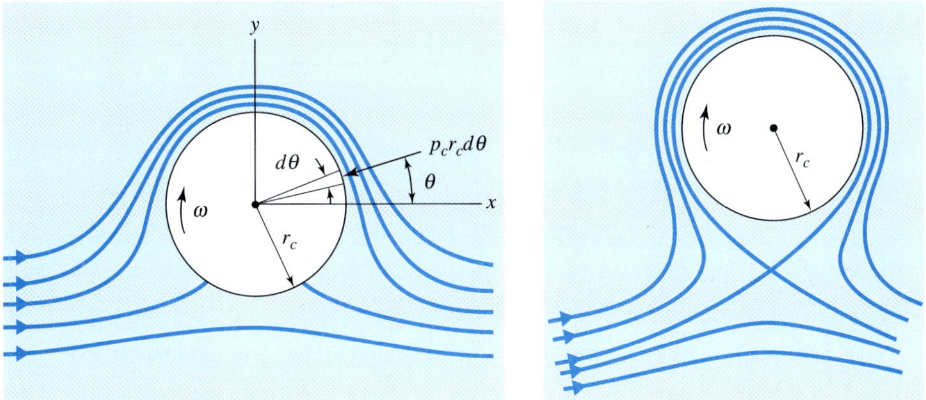

(a) $\Gamma < 4\pi U_\infty r_c$ (b) $\Gamma > 4\pi U_\infty r_c$

그림 8.20 회전하는 원형 원통 주위의 유동.

양력에 대한 이 식은 날개를 포함한 모든 원동에서 완벽한 양력 값을 제공한다. 항력이 0이라는 결론과 더불어 쿠타-주코프스키 정리(Kutta-Joukowsky theorem)를 형성한다.

단순 유동을 이용한 다른 중첩 예들은 문제에서 다루기로 한다.

예제 8.12

15°C인 공기가 4.5 m/s의 속도로 움직이고 있는 대기 중에서, 직경이 20 cm인 원통이 1000 rpm으로 시계 방향으로 회전하고 있다. 정체점의 위치와 원통 위에서의 최소 압력을 구하라.

풀이

순환은 다음과 같이 계산된다.

$$\Gamma = \oint_L \mathbf{V} \cdot d\mathbf{s}$$
$$= 2\pi r_c^2 \omega = 2\pi \times (0.1)^2 \times \frac{1000 \times 2\pi}{60} = 6.57 \text{ m}^2/\text{s}$$

이것은 $4\pi U_\infty r_c = 4\pi \times 4.5 \times 0.1 = 5.65 \text{ m}^2/\text{s}$보다 크므로 정체점은 원통(그림 8.20b 참조)으로부터 떨어져서

$$r_0 = -\frac{\Gamma}{4\pi U_\infty \sin 270^\circ} = \frac{6.57}{4\pi \times 4.5 \times (-1)} = 0.116 \text{ m}$$

단지 하나의 정체점이 존재한다.

최소 압력은 $\theta = 90°$인 부분에 위치한다. 자유유동으로부터 그 지점까지 베르누이 방정식을 사용하고 $p_\infty = 0$으로 놓음으로써 다음과 같은 결과를 얻는다.

$$\overset{0}{\cancel{p_\infty}} + \rho \frac{U_\infty^2}{2} = p_{\min} + \frac{\rho}{2}(v_\theta)_{\max}^2$$

$$\therefore p_{\min} = \frac{\rho}{2}[U_\infty^2 - (v_\theta)_{\max}^2] = \frac{\rho}{2}\left[U_\infty^2 - \left(-2U_\infty \sin 90^\circ - \frac{\Gamma}{2\pi r_c}\right)^2\right]$$

$$= \frac{1.2 \text{ kg/m}^3}{2}\left[(4.5)^2 - \left(2 \times 4.5 + \frac{6.57}{2\pi \times 0.1}\right)^2\right] \text{m}^2/\text{s}^2 = -215.1 \text{ Pa}$$

8.6 경계층 이론

8.6.1 일반 배경

높은 레이놀즈수의 외부유동에 대한 연구에서 점성의 영향이 물체 근처와 물체 뒤의 후류 부분과 경계층, 유동의 얇은 층에 국한된다는 것을 관찰하였다. 날개와 같은 유선형 물체에 대한 항력의 적절한 근삿값은 벽의 점성 전단응력을 적분함으로써 구할 수 있다. 벽의 전단응력을 예측하기 위해서는 벽에서의 속도 구배를 알아야 한다. 이것은 경계층 내부의 유동장에 대한 완전한 해(즉 나비에-스토크스 방정식의 해)를 필요로 한다. 그런 해는 또한 가능한 박리점의 위치를 예상하게 해준다. 이 절에서 우리는 0의 압력구배를 갖는 평판 위의 경계층 유동에 대한 해를 구하는 방법을 제공하고 적분방정식과 미분방정식을 얻어낸다. 이 단순한 유동은 응용 분야가 넓다. 평판이나 곡면 위에서의 0이 아닌 압력구배의 유동은 여기서는 다루지 않는다.

KEY CONCEPT
경계층의 끝은 실제 유동에서 관찰할 수 없다.

KEY CONCEPT
경계층의 압력은 비점성유동 해의 벽에서의 압력이다.

이제 경계층의 몇몇 특성들을 살펴보자. $\delta(x)$의 두께를 갖는 경계층의 끝은 실제 유동에서 관찰될 수 없다. 그림 8.21과 같이 임의로 자유유동 속도(자유유동 속도는 비점성 유동의 벽속도 $U(x)$이다)의 99%와 동등한 속도를 갖는 곳을 경계층의 끝으로 정의한다. 경계층이 너무 얇기 때문에, 경계층의 압력은 비점성유동의 해로부터 예측된 압력 $p(x)$로 가정된다.

경계층은 그림 8.22에서처럼 평판의 앞 가장자리에서 0의 두께를 갖는 층류 또는 뭉툭한 물체나 날개의 정체점에서 유한한 두께를 갖는 것(그림 8.3)으로부터 시작된다. 자유유동 속도, 점성, 압력구배, 벽의 조도, 자유유동의 파동 정도, 그리고 벽의 강성에 의존하는 x_T 이후에 층류는 그림에서처럼 천이 영역을 거쳐 바로 난류로 변해 간다. 0의 압력구배를 갖는 평판 위의 유동에 대해, 이 천이 과정은 거친 평판 위에서나 높은 자유유동 파동도를 갖는 유동인 경우에는 $U_\infty x_T/\nu = 3 \times 10^5$에서 일어나고 낮은 자유유동 파동도를 갖는 매끈한 강성 평판 위에서는 $U_\infty x_T/\nu = 5 \times 10^5$에서 일어난다. 연구실에서 극히 낮은 파동 정도에 대해 층류 유동은 매끈한 강성 물체에서 $U_\infty x_T/\nu = 10^6$까지 관측된 적도 있다.

$U_\infty x/\nu$는 국부 레이놀즈수이고 $U_\infty x_T/\nu$는 임계 레이놀즈수이다. 매끈한 강성 평판과 매우 낮은 자유유동 파동 정도에 대해 0의 압력구배 유동은 약 6×10^4 정도의 국부 레이

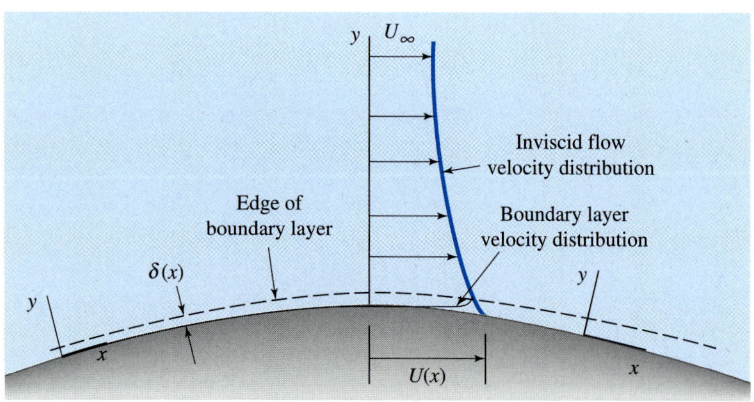

그림 8.21 곡면에서의 경계층.

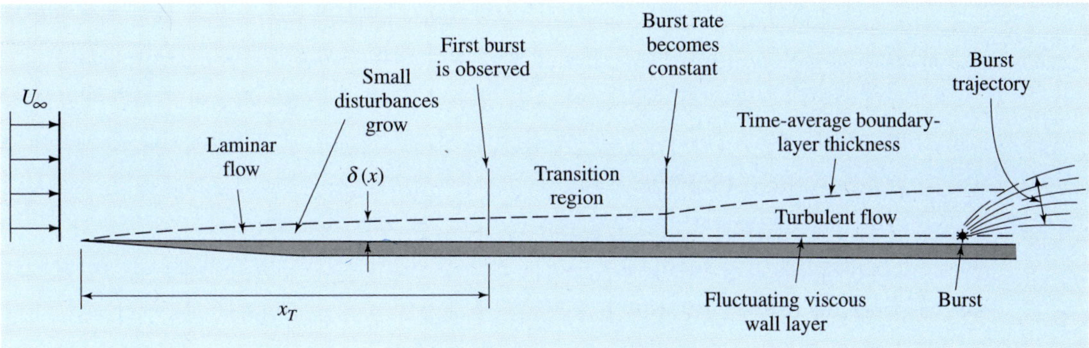

그림 8.22 천이를 갖는 경계층.

놀즈수에서 불안정하게 된다(즉 작은 교란이 일어난다). 작은 교란이 초기에는 2차원 파로 성장하다가 3차원 파로 성장하고 결국 난류 지점으로 튀게 된다. 초기의 튐(burst)은 천이 영역의 시작 부분을 형성한다. 천이 영역은 상대적으로 짧고 보통 계산에서 무시한다. x_T까지의 유동은 층류로 가정하고 x_T이후의 유동은 난류로 고려한다.

KEY CONCEPT
천이 지역은 상대적으로 짧고 보통 계산할 때 무시한다.

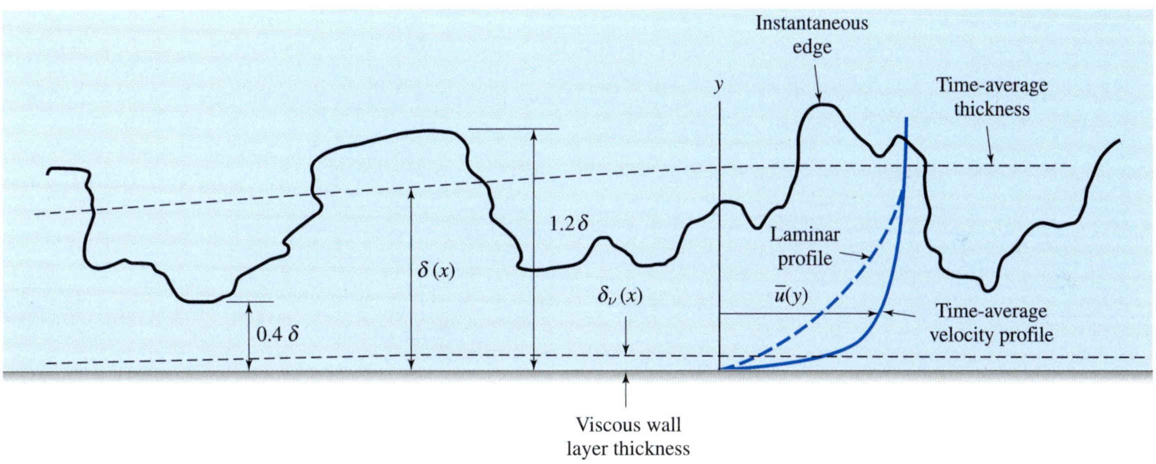

(a)

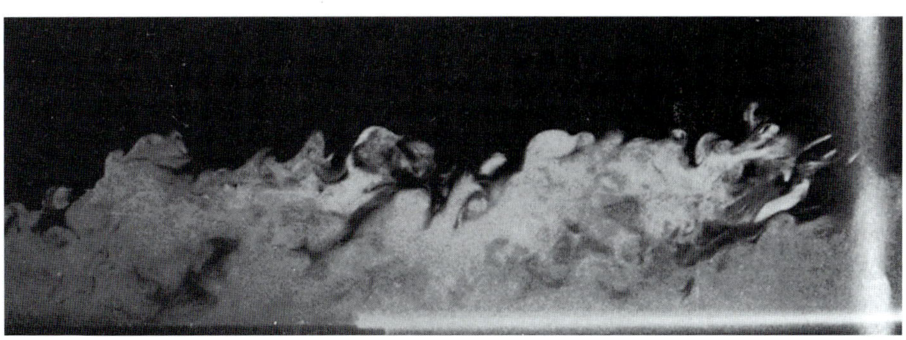

(b)

그림 8.23 난류 경계층: (a) 명명법에 의한 스케치, (b) 경계층의 유선 방향 단면도.(R. E. Falco)

KEY CONCEPT
난류 형상은 층류 형상보다 벽에서 급한 기울기를 갖는다.

KEY CONCEPT
경계층에서의 점성효과는 위성이 타버리기도 하는 원인이 된다.

KEY CONCEPT
우리는 높은 정확도를 가지는 속도 분포에 가깝게 할 수 있다.

난류 경계층의 두께는 층류의 경우보다 훨씬 더 빠르게 두꺼워진다. 또한 벽의 전단도 훨씬 더 큰 값을 갖는다. 잠긴 점성 벽 층을 갖는 난류 경계층이 그림 8.23a에 나타나 있고 실제 사진은 그림 8.23b에서 보여 주고 있다. 시간 평균 두께는 $\delta(x)$이고 시간 평균 점성 벽 층의 두께는 $\delta_\nu(x)$이다. 두 개의 층 모두 실제로 시간에 매우 의존적이다. 순간적인 경계층의 두께는 0.4δ와 1.2δ 사이에서 변한다. 난류의 형상은 그림 8.23a에서 볼 수 있듯이 같은 경계층 두께를 가지고 층류보다 벽에서 급한 기울기를 갖는다.

마지막으로 경계층이 매우 얇다는 것을 강조하고 싶다. 두꺼운 경계층이 그림 8.24에서 일정한 비율로 그려져 있다. x_T까지는 층류이고 그 후로는 난류로 가정했다. 속도가 빨라지면 경계층의 두께는 감소한다. 만약 $U_\infty = 100$ m/s로 가정하면 경계층은 거의 같은 크기로 나타내기 힘들지만 모든 점성효과는 얇은 경계층에 한정된다. 속도는 0으로부터 매우 큰 구배를 갖는다. 이 얇은 층에서 점성소산의 영향은 충분히 높은 온도를 발생시킬 만큼 매우 커서 위성이 재진입 시 타버리기도 한다.

8.6.2 폰카르만 적분방정식

그림 8.24에 나와 있는 경계층에서의 속도 분포로부터 $y = \delta$에서 $u = 0.99U_\infty$이고 $y = 0$에서 $u = 0$으로 짧은 거리(경계층의 두께)에 걸쳐서 속도가 감소하는 것을 볼 수 있다. 그러므로 층류와 난류 모든 경우에 대하여 충분한 정확성을 가지고 속도 분포에 가정할 수 있다는 것은 놀라운 일이 아니다. 만약 속도 분포를 알고 있다면 연속 및 운동량 적분방정식으로 경계층의 두께, 벽 진단, 그리고 항력을 예측할 수 있을 것이다. 다음으로 경계층에 대한 적분방정식을 유도해 보자.

그림 8.25a에서처럼 같은 미소 검사체적을 고려하자. 적분 연속방정식으로 $\dot{m}_{\text{top}}$ (그림 8.25b)을 찾을 수 있다. 단위 깊이를 가정하면 다음과 같다.

$$\begin{aligned}\dot{m}_{\text{top}} &= \dot{m}_{\text{out}} - \dot{m}_{\text{in}} \\ &= \frac{\partial}{\partial x}\int_0^\delta \rho u \, dy \, dx\end{aligned} \tag{8.6.1}$$

적분 운동량방정식은 다음과 같은 형태를 취한다.

$$\Sigma F_x = \dot{mom}_{\text{out}} - \dot{mom}_{\text{in}} - \dot{mom}_{\text{top}} \tag{8.6.2}$$

여기서 $\dot{mom}$은 x 방향의 운동량 플럭스(flux)를 나타낸다. 그림 8.25c와 8.25d를 참조하고 고차항을 무시하면 다음과 같다.

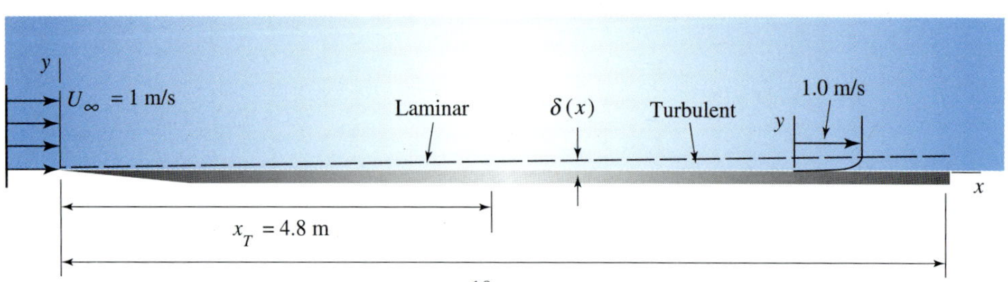

그림 8.24 $\text{Re}_{\text{crit}} = 3 \times 10^5$인 공기에서의 경계층.

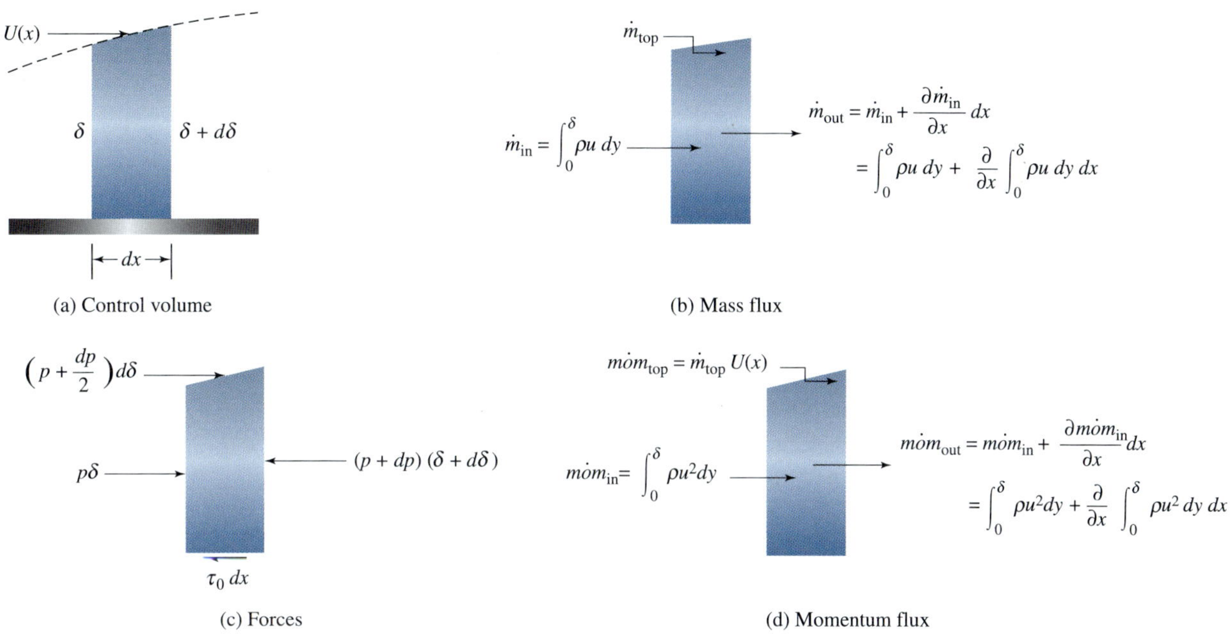

그림 8.25 변수 $U(x)$의 경계층에 대한 검사체적.

$$-\delta\, dp - \tau_0 dx = \frac{\partial}{\partial x}\int_0^\delta \rho u^2\, dy\, dx - \left(\frac{\partial}{\partial x}\int_0^\delta \rho u\, dy\, dx\right) U(x) \qquad (8.6.3)$$

$\dot{m}_{top}$은 방정식 8.6.1에서 주어진다. $U(x)$는 상수로 가정하지 않았다. $-dx$로 나누면 다음을 얻는다.

$$\tau_0 + \delta\frac{dp}{dx} = U(x)\frac{d}{dx}\int_0^\delta \rho u\, dy - \frac{d}{dx}\int_0^\delta \rho u^2\, dy \qquad (8.6.4)$$

적분은 단지 x만의 함수이기 때문에 상미분을 사용하고 있다. 이 방정식은 종종 폰카르만 적분방정식(von Kármán intergral equation)으로 불린다.

0의 압력구배를 가지는 평판 위의 유동은 $dp/dx = 0$이고 $U(x) = U_\infty$이므로 폰카르만 적분방정식은 다음과 같이 단순화된 형태를 취한다.

$$\begin{aligned}\tau_0 &= \frac{d}{dx}\int_0^\delta \rho u U_\infty dy - \frac{d}{dx}\int_0^\delta \rho u^2\, dy \\ &= \frac{d}{dx}\int_0^\delta \rho u(U_\infty - u)\, dy\end{aligned} \qquad (8.6.5)$$

속도 분포가 가정되면 위 방정식을 가지고 $\tau_0(x) = \mu \partial u/\partial y|_{y=0}$에서 $\delta(x)$와 $\tau_0(x)$를 구할 수 있다. 이것은 다음 절에서 층류와 난류의 경계층에 대하여 설명할 것이다.

경계층 이론에서 종종 사용되는 두 개의 길이가 있다. 그들은 배제 두께(displacement thickness) δ_d와 운동량 두께(momentum thickness) θ이고 다음과 같이 정의한다.

$$\delta_d = \frac{1}{U}\int_0^\delta (U - u)\,dy \tag{8.6.6}$$

$$\theta = \frac{1}{U^2}\int_0^\delta u(U - u)\,dy \tag{8.6.7}$$

배제 두께는 연속성을 고려함으로써 알 수 있듯이 경계층에서 속도 결손으로 인한 자유유동 유선의 배제량이다. 운동량 두께는 마찰 때문에 손실된 운동량과 같은 운동량을 갖는 속도가 U인 유체층의 두께와 같다. 운동량 두께는 가끔 난류 경계층의 연구에서 특성길이로써 사용된다. 이 장 끝의 문제들에서 δ_d와 θ의 사용을 설명할 것이다. 폰카르만 적분방정식 8.6.5의 형태를 취한다는 것을 주목해야 한다. ρ가 일정하다고 가정하면 다음과 같이 된다.

$$\tau_0 = \rho U_\infty^2 \frac{d\theta}{dx} \tag{8.6.8}$$

8.6.3 층류 경계층에서의 근사해

폰카르만 적분방정식을 이용하면 0의 압력구배를 가지는 평판 위의 층류 경계층의 정확한 근사해를 구할 수 있다. 다음은 제안된 속도 분포를 만족시키는 네 가지 조건을 나타낸다.

$$\begin{aligned} u &= 0 && \text{at} \quad y = 0 \\ u &= U_\infty && \text{at} \quad y = \delta \\ \frac{\partial u}{\partial y} &= 0 && \text{at} \quad y = \delta \\ \frac{\partial^2 u}{\partial y^2} &= 0 && \text{at} \quad y = 0 \end{aligned} \tag{8.6.9}$$

처음 3개의 조건은 속도 분포의 스케치로부터 확실하게 알 수 있다. 그리고 네 번째 조건은 벽에서의 $u = v = 0$, 벽 위에서의 $\partial^2 u/\partial x^2 = 0$, 그리고 평판 위에서의 정상유동 고려에 의한 $dp/dx = 0$, x 성분의 나비에-스토크스 방정식 5.3.14로부터 얻는다.

3차 다항식은 위의 네 개의 조건을 만족시킬 것이다. 다음 식을 가정하자.

$$\frac{u}{U_\infty} = A + By + Cy^2 + Dy^3 \tag{8.6.10}$$

여기서 A, B, C, D는 x의 함수이다. 네 개의 조건을 사용하면 다음을 알 수 있다.

$$A = 0 \qquad B = \frac{3}{2\delta} \qquad C = 0 \qquad D = -\frac{1}{2\delta^3} \tag{8.6.11}$$

그러므로 층류유동에 대한 우수한 근사적인 속도 분포는 다음과 같다.

$$\frac{u}{U_\infty} = \frac{3}{2}\frac{y}{\delta} - \frac{1}{2}\left(\frac{y}{\delta}\right)^3 \tag{8.6.12}$$

이제 이 속도 분포를 이용하여 $\delta(x)$와 $\tau_0(x)$를 구해 보자. 폰카르만 적분방정식 8.6.5에서 다음을 얻는다.

$$\begin{aligned}\tau_0 &= \frac{d}{dx}\int_0^\delta \rho\left(\frac{3y}{2\delta}-\frac{y^3}{2\delta^3}\right)\left(1-\frac{3y}{2\delta}+\frac{y^3}{2\delta^3}\right)U_\infty^2 dy \\ &= 0.139\rho U_\infty^2 \frac{d\delta}{dx}\end{aligned} \tag{8.6.13}$$

벽에서의 $\tau_0(x) = \mu\ \partial u/\partial y|_{y=0}$을 알고 있고 또한 3차 분포(식 8.6.12)를 사용하면 다음과 같다.

$$\tau_0 = \mu\left(U_\infty \frac{3}{2\delta}\right) \tag{8.6.14}$$

$\tau_0(x)$에 대한 앞의 표현들을 같게 놓으면 다음을 얻게 된다.

$$\delta\, d\delta = \frac{\frac{3}{2}\mu U_\infty}{0.139\rho U_\infty^2}dx = 10.8\frac{\nu}{U_\infty}dx \tag{8.6.15}$$

$x = 0$(앞쪽 언저리)에서 $\delta = 0$을 사용하면 방정식 8.6.15는 다음과 같이 적분된다.

$$\delta = 4.65\sqrt{\frac{\nu x}{U_\infty}} = 4.65\frac{x}{\sqrt{\mathrm{Re}_x}} \tag{8.6.16}$$

Re_x는 국부 레이놀즈수이다. 이것을 방정식 8.6.14에 대입하면 벽 전단응력은 다음과 같다.

$$\begin{aligned}\tau_0 &= 0.323\rho U_\infty^2\sqrt{\frac{\nu}{xU_\infty}} \\ &= \frac{0.323\rho U_\infty^2}{\sqrt{\mathrm{Re}_x}}\end{aligned} \tag{8.6.17}$$

전단응력은 $\frac{1}{2}\rho U_\infty^2$으로 나눔으로써 무차원화된다. **국부 표면마찰계수**(local skin friction coefficient) c_f는 다음과 같다.

국부 표면마찰계수: 무차원화한 벽 전단응력.

$$\begin{aligned}c_f &= \frac{\tau_0}{\frac{1}{2}\rho U_\infty^2} \\ &= \frac{0.646}{\sqrt{U_\infty x/\nu}} = \frac{0.646}{\sqrt{\mathrm{Re}_x}}\end{aligned} \tag{8.6.18}$$

만약 벽 전단이 길이 L에 걸쳐 적분된다면 단위 폭당의 결과는 다음과 같다.

$$\begin{aligned}F_D &= \int_0^L \tau_0\, dx = 0.646\rho U_\infty\sqrt{U_\infty L\nu} \\ &= \frac{0.646\rho U_\infty^2 L}{\sqrt{\mathrm{Re}_L}}\end{aligned} \tag{8.6.19}$$

표면마찰계수(skin friction coefficient) C_f에 관하여 쓰면 다음과 같다.

표면마찰계수: 무차원화한 항력.

$$C_f = \frac{F_D}{\frac{1}{2}\rho U_\infty^2 L} \tag{8.6.20}$$

$$= \frac{1.29}{\sqrt{U_\infty L/\nu}} = \frac{1.29}{\sqrt{\text{Re}_L}}$$

여기서 Re_L은 평판 끝에서의 레이놀즈수이다.

전단응력 τ_0는 $x \to 0$일 때 무한이 된다는 점에 주목하자. 그러므로 앞 가장자리 부근에서 벽 전단의 근사해인 $\tau_0(x)$의 적절한 근삿값을 기대할 수 없다. 하지만 항력에 대한 표현은 허용된다.

위의 결과는 편미분방정식(8.6.6절 참조)의 해로부터 얻어진 결과를 비교할 때 상당히 좋다. 경계층 두께는 7% 작게 나온다. 그러므로 만약 정확한 해는 방정식 8.6.16의 상수가 5가 되어야 한다. 벽 전단은 3% 낮게 나온다. 식 8.6.17에서 상수는 0.332가 될 것이다.

예제 8.13

포물선 속도 분포를 가정하고 경계층의 두께와 벽 전단을 구하라. 이 결과를 위의 결과들과 비교하라.

풀이

포물선 속도 분포는 다음과 같이 가정된다.

$$\frac{u}{U_\infty} = A + By + Cy^2$$

식 8.6.9의 네 번째 조건은 생략된다. 이 조건들을 대입하면 다음과 같다.

$$0 = A$$

$$1 = A + B\delta + C\delta^2$$

$$0 = B + 2C\delta$$

따라서 다음을 얻는다.

$$A = 0 \qquad B = \frac{2}{\delta} \qquad C = -\frac{1}{\delta^2}$$

속도 분포는 다음과 같이 된다.

$$\frac{u}{U_\infty} = 2\frac{y}{\delta} - \frac{y^2}{\delta^2}$$

이것을 폰카르만 적분방정식 8.6.5에 대입하면 다음과 같다.

$$\tau_0 = \frac{d}{dx}\int_0^\delta \rho U_\infty^2\left(2\frac{y}{\delta} - \frac{y^2}{\delta^2}\right)\left(1 - \frac{2y}{\delta} + \frac{y^2}{\delta^2}\right)dy$$

$$= \frac{2}{15}\rho U_\infty^2 \frac{d\delta}{dx}$$

(계속)

또한 $\tau_0 = \mu\, \partial u/\partial y|_{y=0}$을 이용하면 다음과 같다.

$$\tau_0 = \mu U_\infty \frac{2}{\delta}$$

위의 두 방정식으로부터 다음을 얻는다.

$$\delta\, d\delta = 15\, \frac{\nu}{U_\infty}\, dx$$

$x = 0$에서 $\delta = 0$을 사용하여 적분하면 다음과 같다.

$$\delta = 5.48\sqrt{\frac{\nu x}{U_\infty}}$$

이것은 3차 다항식에서 사용한 것보다 18%가 더 높고 더 정확한 값인 $5\sqrt{\nu x/U_\infty}$ 보다는 10%가 더 높다.

벽 전단은 다음과 같이 된다.

$$\tau_0 = \frac{2\mu U_\infty}{\delta}$$
$$= 0.365\rho U_\infty^2\sqrt{\frac{\nu}{xU_\infty}}$$

이것은 3차 다항식에서 사용한 것보다 13%가 더 높고 더 정확한 값인 $0.332\,\rho U_\infty^2\sqrt{\nu/xU_\infty}$ 보다는 10%가 더 높은 값을 보인다. 경계층이 매우 얇기 때문에, 3차원과 포물선 또는 실제 분포는 약간의 차이를 보인다. 그림 8.24의 분포를 참조하라.

8.6.4 난류 경계층: 멱법칙

난류 경계층 유동에 대해 원하는 정보를 얻기 위한 두 가지 방법이 있다. 두 방법 모두 실험 데이터를 이용하지만 이 절에서 설명하는 것은 둘 중에서 더 간단한 방법이다. 다음 절에서 제시될 두 번째 방법은 대부분의 응용에서 원하는 정보보다 많은 것을 얻을 수 있으며 더 정확하다. 첫 번째 방법은 멱법칙 방정식을 가지고 먼저 속도 분포에 대한 데이터를 맞추어 표현한다. 멱법칙 형태는 다음과 같다.

$$\frac{\bar{u}}{U_\infty} = \left(\frac{y}{\delta}\right)^{1/n} \qquad n = \begin{cases} 7 & \mathrm{Re}_x < 10^7 \\ 8 & 10^7 < \mathrm{Re}_x < 10^8 \\ 9 & 10^8 < \mathrm{Re}_x < 10^9 \end{cases} \tag{8.6.21}$$

여기서 Re_x는 다음과 같다.

$$\mathrm{Re}_x = \frac{U_\infty x}{\nu} \tag{8.6.22}$$

폰카르만 적분방정식은 벽에서의 전단응력을 알아낸 때를 제외하고는 층류에 대해 사용된 단계를 따라서 적용된다. 멱법칙 형태(식 8.6.21)는 $(\partial\bar{u}/\partial y)_{y=0} = \infty$을 나타낸다. 그러므로 분포는 특히 전단응력의 경우에 벽 근처에서 불충분한 결과를 보인다. 그래서 $\tau_0 = (\mu\,\partial\bar{u}/\partial y)_{y=0}$ 대신 실험 관계식을 사용한다. 국부 표면마찰계수와 경계층의 두께와의 관계를 나타내며 블라시우스(Paul R. H. Blasius, 1883~1970)의 이름을 딴 블라

KEY CONCEPT
평판의 앞쪽 가장자리에는 커다란 층류 영역이 있다.

시우스 공식은 다음과 같다.

$$c_f = 0.046\left(\frac{\nu}{U_\infty \delta}\right)^{1/4} \tag{8.6.23}$$

또는 τ_0와 c_f 와 관계된 방정식 8.6.18의 c_f의 정의를 사용하면 전단응력 관계는 다음과 같다.

$$\tau_0 = 0.023\,\rho U_\infty^2\left(\frac{\nu}{U_\infty \delta}\right)^{1/4} \tag{8.6.24}$$

폰카르만 적분방정식은 τ_0에 대한 두 번째 표현을 제공한다. 방정식 8.6.5에서 $\mathrm{Re}_x < 10^7$(식 8.6.21)을 가지고 속도 분포에 대입해서 다음을 얻는다.

$$\begin{aligned}\tau_0 &= \frac{d}{dx}\int_0^\delta \rho U_\infty^2\left(\frac{y}{\delta}\right)^{1/7}\left[1-\left(\frac{y}{\delta}\right)^{1/7}\right]dy \\ &= \frac{7}{72}\rho U_\infty^2\frac{d\delta}{dx}\end{aligned} \tag{8.6.25}$$

τ_0에 대한 위의 두 표현을 결합하면 다음과 같이 된다.

$$\delta^{1/4}\,d\delta = 0.237\left(\frac{\nu}{U_\infty}\right)^{1/4}dx \tag{8.6.26}$$

앞 가장자리에서 난류유동이라고 가정하면(층류 부분은 보통 꽤 짧다, 즉 $L \gg x_T$) 이 결과는 다음과 같이 쓸 수 있다.

$$\begin{aligned}\delta &= 0.38x\left(\frac{\nu}{U_\infty x}\right)^{1/5} \\ &= 0.38x\mathrm{Re}_x^{-1/5} \qquad \mathrm{Re}_x < 10^7\end{aligned} \tag{8.6.27}$$

δ에 대한 이 표현을 방정식 8.6.23에 다시 대입하면 다음과 같다.

$$c_f = 0.059\ \mathrm{Re}_x^{1/5} \qquad \mathrm{Re}_x < 10^7 \tag{8.6.28}$$

그리고 $n = 7$을 가지고 필요한 적분을 수행하면 그 결과는 다음과 같다.

$$C_f = 0.073\ \mathrm{Re}_L^{-1/5} \qquad \mathrm{Re}_L < 10^7 \tag{8.6.29}$$

KEY CONCEPT
점성 벽 층은 매우 불안정하다.

여기서 $\mathrm{Re}_L = U_\infty L/\nu$은 다음과 같다. 위의 관계는 상당한 오차 없이 $\mathrm{Re}_x \simeq 10^8$까지 확장될 수 있다.

만약 L이 x_T 정도로 크지 않다면, $L = 3x_T$이다. 평판의 앞쪽 가장자리에는 커다란 층류 영역이 있고 표면마찰계수는 다음과 같이 수정할 수 있다.

$$C_f = 0.073\mathrm{Re}_L^{-1/5} - 1700\mathrm{Re}_L^{-1} \qquad \mathrm{Re}_L < 10^7 \tag{8.6.30}$$

이 관계는 $\mathrm{Re}_{\mathrm{crit}} = 5 \times 10^5$에서 천이가 발생한다는 것을 토대로 한 것이다. 만약 $\mathrm{Re}_{\mathrm{crit}} = 3 \times 10^5$이면 1700의 상수가 1060으로 대체될 것이다. 또한 $\mathrm{Re}_{\mathrm{crit}} = 6 \times 10^5$이면 2080이 된다.

예제 8.14

자유유동 속도가 $U_\infty = 5$ m/s일 때 4 m 길이의 긴 평판 표면의 끝단에서 경계층의 두께를 구하라. 이때 유체는 30°C 대기 중의 공기이다. 또한 폭이 5 m일 때 항력을 계산하라. (a) 유동에서 층류 부분은 무시하고 계산하라. (b) $Re_{crit} = 5 \times 10^5$을 사용하여 층류 부분을 고려하라.

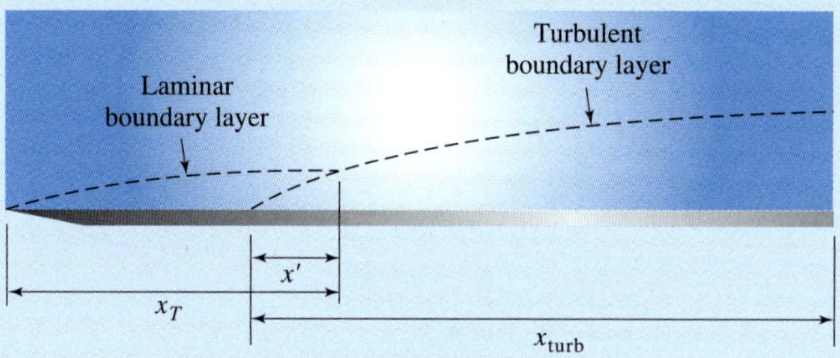

그림 E8.14

풀이

(a) 앞 가장자리로부터 난류유동임을 가정하자. 경계층의 두께는 식 8.6.27에 주어진 것과 같다. 그러므로 다음과 같이 된다.

$$\delta = 0.38x\text{Re}_x^{-1/5}$$
$$= 0.38 \times 4 \times \left(\frac{5 \times 4}{1.6 \times 10^{-5}}\right)^{-1/5} = 0.0917 \text{ m}$$

항력은 식 8.6.29를 사용한다.

$$F_D = C_f \times \frac{1}{2}\rho U_\infty^2 Lw$$
$$= 0.073\left(\frac{5 \times 4}{1.6 \times 10^{-5}}\right)^{-1/5} \times \frac{1}{2} \times 1.16 \text{ kg/m}^3 \times 5^2 \text{ m}^2/\text{s}^2 \times 4 \text{ m} \times 5 \text{ m} = 1.28 \text{ N}$$

위의 예측은 $\text{Re}_L < 10^7$을 가정한 것이다. 레이놀즈수는 다음과 같다.

$$\text{Re}_L = \frac{5 \times 4}{1.6 \times 10^{-5}} = 1.25 \times 10^6$$

그러므로 계산은 올바르다.

(b) 이제 경계층의 층류 부분을 고려하자. 그림 E8.14에 나와 있는 것처럼 거리 x_T는 다음과 같다.

$$\text{Re}_{crit} = 5 \times 10^5 = \frac{U_\infty x_T}{\nu}$$
$$\therefore x_T = 5 \times 10^5 \times 1.6 \times \frac{10^{-5}}{5} = 1.6 \text{ m}$$

경계층 두께 x_T는 식 8.6.16에서 상수 4.65가 보다 정확한 값인 5.0으로 대체된다.

$$\delta = 5\sqrt{\frac{x\nu}{U_\infty}}$$
$$= 5\sqrt{\frac{1.6 \text{ m} \times 1.6 \times 10^{-5} \text{ m}^2/\text{s}}{5 \text{ m/s}}} = 0.0113 \text{ m}$$

(계속)

난류유동의 가상의 원점은 식 8.6.27을 이용하여 다음과 같이 구할 수 있다.

$$x'^{4/5} = \frac{\delta}{0.38}\left(\frac{U_\infty}{\nu}\right)^{1/5}$$

$$\therefore x' = \left(\frac{0.0113}{0.38}\right)^{5/4}\left(\frac{5}{1.6\times10^{-5}}\right)^{1/4} = 0.292 \text{ m}$$

$x_{\text{turb}} = 4 - 1.6 + 0.292 = 2.69$ m이다. 식 8.6.27을 사용하여 표면 끝에서의 두께를 계산하면 다음과 같다.

$$\delta = 0.38x\left(\frac{\nu}{U_\infty x}\right)^{1/5}$$

$$= 0.38\times2.69\times\left(\frac{1.6\times10^{-5}}{5\times2.69}\right)^{1/5} = 0.067 \text{ m}$$

(a)의 값은 정확한 해와 비교할 때 37% 높다.

보다 정확한 항력은 식 8.6.30으로 구해진다.

$$\begin{aligned} F_D &= C_f \times \frac{1}{2}\rho U_\infty^2 Lw \\ &= [0.073\,\text{Re}_L^{-1/5} - 1700\text{Re}_L^{-1}]\times\frac{1}{2}\rho U_\infty^2 Lw \\ &= \left[0.073\left(\frac{5\times4}{1.6\times10^{-5}}\right)^{-1/5} - 1700\left(\frac{5\times4}{1.6\times10^{-5}}\right)^{-1}\right]\times\frac{1}{2}\times1.16\times5^2\times4\times5 \\ &= 0.88 \text{ N} \end{aligned}$$

(a)에서 예측된 값은 45% 크다. 비교적 짧은 표면에 대해서 층류의 영역을 무시하면 상당한 오차가 발생한다.

마지막으로 배제 두께와 운동량 두께를 $n = 7$을 사용하여 계산하면 다음과 같다.

$$\begin{aligned} \delta_d &= 0.048x\text{Re}_x^{-1/5} \\ \theta &= 0.037x\text{Re}_x^{-1/5} \end{aligned} \qquad (8.6.31)$$

8.6.5 난류 경계층: 실험식

0의 압력구배를 가지고 평판에서의 난류유동을 예측하는 두 번째 방법은 전적으로 데이터를 기본으로 한다. 다소 복잡하지만 멱법칙보다 정확하다. 시간 평균 난류 속도 분포는 그림 8.26에 나와 있는 것과 같이 내부 영역(inner region)과 외부 영역(outer region)의 두 영역으로 나눌 수 있다. 내부 영역은 자기 유사(self-similar, 무차원 종속변수가 단지 하나의 무차원 독립변수에 의존한다) 관계로 특징지어진다.

KEY CONCEPT
u_T는 전단 속도라고 불리는 가상 속도이다.

$$\frac{\bar{u}}{u_\tau} = f\left(\frac{u_\tau y}{\nu}\right) \qquad (8.6.32)$$

여기서 전단 속도(shear velocity) u_t는 다음과 같다.[5]

[5]전단 속도는 가상적인 속도이며 난류 경계층 유동의 실험 관계식에서 종종 $\sqrt{\tau_0/\rho}$ 양이 등장하기 때문에 여기서 정의된다.

$$u_\tau = \sqrt{\frac{\tau_0}{\rho}} \tag{8.6.33}$$

외부 영역에서의 속도 분포는 자기 유사 관계에 의해 다음과 같이 주어진다.

$$\frac{U_\infty - \bar{u}}{u_\tau} = f\left(\frac{y}{\delta}\right) \tag{8.6.34}$$

여기서 $(U_\infty - \bar{u})$는 속도 결손(velocity defect)이다.

내부 영역은 그림 8.26b에서와 같이 점성 벽 층, 완충 영역, 난류 영역 세 부분으로 확실히 나누어진다. 높은 파동도의 점성 벽 층(viscous wall layer)은 주어진 식에 의해 선형 시간 평균 분포를 갖는다.

KEY CONCEPT
점성 벽 층은 매우 불안정하다.

$$\frac{\bar{u}}{u_\tau} = \frac{u_\tau y}{\nu} \tag{8.6.35}$$

ν/u_τ는 난류 영역에서의 특성길이이다. 그러므로 벽에서의 무차원 길이는 다음과 같이 나타낸다.

$$y^* = \frac{u_\tau y}{\nu} \tag{8.6.36}$$

점성 벽 층은 매우 얇고 $y^* \simeq 5$까지 확장한다. 대수적 분포는 $y^* \simeq 50$에서 $y/\delta \simeq 0.15$까지 존재한다. 이러한 자기 유사 난류 영역(turbulent zone)에서는 다음을 얻는다.

$$\frac{\bar{u}}{u_\tau} = 2.44 \ln \frac{u_\tau y}{\nu} + 4.9 \qquad 50 < \frac{u_\tau y}{\nu} \qquad \frac{y}{\delta} < 0.15 \tag{8.6.37}$$

난류 영역의 바깥 경계의 위치는 레이놀즈수에 크게 의존한다. 바깥 경계에 위치한 $u_\tau y/\nu$의 값은 보이는 것과 같이 레이놀즈수가 증가함에 따라 증가한다. 특정한 속도 분포를 갖지 않는 완충 영역(butter zone)은 두 개의 자기 유사 영역을 연결시킨다.

외부 영역은 속도 결손과 y/δ를 관련짓는다. 난류 영역에서 속도 결손의 분포는 그림 8.26c에 나타나 있고 다음과 같다.

$$\frac{U_\infty - \bar{u}}{u_\tau} = -2.44 \ln \frac{y}{\delta} + 2.5 \qquad 50 < \frac{u_\tau y}{\nu} \qquad \frac{y}{\delta} < 0.15 \tag{8.6.38}$$

$y/\delta = 0.15$와 $y/\delta = 1$에서 연구자들은 많은 관계식을 가지고 데이터를 표현했다. 그 중 하나는 다음과 같다.

$$\frac{U_\infty - \bar{u}}{u_\tau} = -3.74 \ln \frac{y}{\delta} \qquad \frac{y}{\delta} > 0.15 \tag{8.6.39}$$

위 방정식들은 벽에서의 전단응력 u_τ에 의존하는 전단 속도 τ_0를 포함한다. 벽에서 타당성 있는 방정식은 $\tau_0 = \mu\, \partial u/\partial y|_{y=0}$을 사용하여 간단하게 동일함을 보여 주는 방정식 8.6.35이다. 여기서 τ_0는 계산할 수 없다. 그러므로 관계식은 τ_0(또는 마찬가지로 c_f)를 나타내야 한다. 사용되는 여러 관계식 중에서 훌륭한 결과를 나타낸 하나는 다음과 같다.

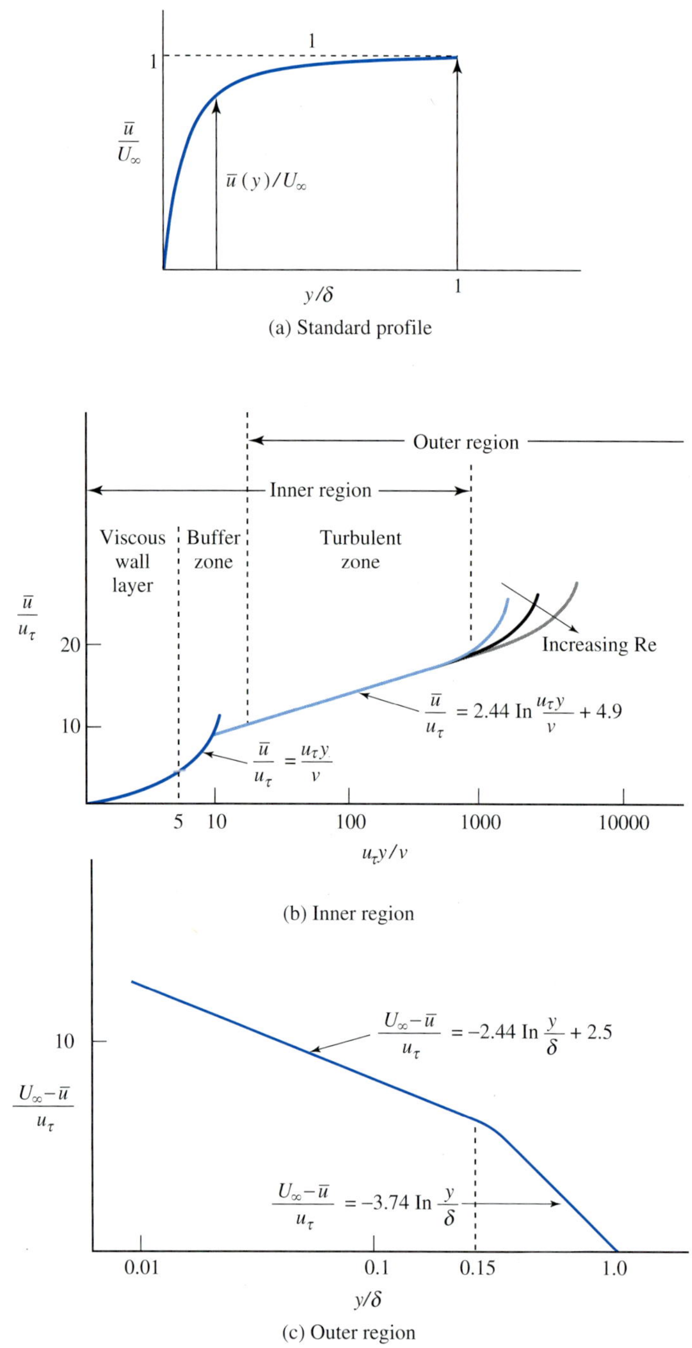

(a) Standard profile

(b) Inner region

(c) Outer region

그림 8.26 난류 경계층에서의 속도 분포.

$$c_f = \frac{0.455}{(\ln 0.06\text{Re}_x)^2} \tag{8.6.40}$$

이 국부 표면마찰계수는 τ_0를 결정하게 해주고, 따라서 관련이 있는 어떤 지점에서의 u_τ를 결정하게 해 준다. u_τ를 알고 있는 상태에서 속도 분포로부터 알고 싶은 다른 성질들을 계산할 수 있다.

KEY CONCEPT
국부 표면마찰계수는 τ_0를 결정하게 해 주고 따라서 u_τ도 결정하게 한다.

앞 가장자리부터 난류 영역이라고 가정하면 전단응력은 항력을 계산해서 적분할 수 있다. 그리고 표면마찰계수는 다음과 같이 된다.

$$C_f = \frac{0.523}{(\ln 0.06\text{Re}_L)^2} \tag{8.6.41}$$

이 관계식은 매우 좋고 2% 또는 그 이하의 오차를 가지고 $\text{Re}_L = 10^9$까지 사용될 수 있다. $\text{Re}_L = 10^{10}$에서도 약 4%의 오차밖에 갖지 않는다. 층류 영역에 대해 계산하면 방정식 8.6.30에 포함된 같은 항은 방정식 8.6.41에서 뺄 수 있다.

결론적으로 매우 용이한 관계는 일반적인 난류 영역에 대해서 두 개의 대수적인 분포를 조합함으로써 얻어진다. 방정식 8.6.37을 방정식 8.6.38에 대입하면 다음과 같은 결과를 얻는다.

$$\frac{U_\infty}{u_\tau} = 2.44 \ln \frac{u_\tau \delta}{\nu} + 7.4 \tag{8.6.42}$$

u_τ를 알고 있다면 이 방정식을 써서 δ를 쉽게 계산할 수 있다.

예제 8.15

대기의 공기가 15°C이고 $U_\infty = 30$ m/s일 때 길이가 4.5 m인 평판의 끝에서의 점성 벽 층 두께 δ_ν와 경계층 두께를 계산하라. 또한 폭이 30 m일 때 한쪽 면의 항력을 계산하라. 실험 데이터를 이용하라.

풀이

점성 벽 층의 두께를 구하기 위해 전단 속도와 벽 전단을 알아야 한다. 식 8.6.40을 이용하면 벽 전단응력과 전단 속도는 다음과 같다.

$$\begin{aligned}\tau_0 &= \frac{1}{2}\rho U_\infty^2 c_f \\ &= \frac{1}{2}\rho U_\infty^2 \frac{0.455}{(\ln 0.06\text{Re}_x)^2} \\ &= \frac{1}{2} \times 1.2\ \text{kg/m}^3 \times 30^2\ \text{m}^2/\text{s}^2 \frac{0.455}{\left(\text{In}\ 0.06 \dfrac{30 \times 4.5}{1.46 \times 10^{-5}}\right)^2} = 1.404\ \text{Pa}\end{aligned}$$

(계속)

$$u_\tau = \sqrt{\frac{\tau_0}{\rho}} = \sqrt{\frac{1.404\ \text{N/m}^2}{1.2\ \text{kg/m}^3}} = 1.082\ \text{m/s}$$

점성 벽 층 두께는 $y^* = 5$를 가지고 식 8.6.36을 이용하여 결정한다.

$$\frac{u_\tau \delta_\nu}{\nu} = 5$$

$$\delta_\nu = \frac{5\nu}{u_\tau} = \frac{5 \times 1.46 \times 10^{-5}}{1.082} = 6.75 \times 10^{-5}\ \text{m}$$

경계층의 두께는 식 8.6.42를 사용하여 구한다.

$$\frac{U_\infty}{u_\tau} = 2.44 \ln \frac{u_\tau \delta}{\nu} + 7.4$$

$$\frac{30}{1.082} = 2.44 \ln \frac{1.082 \times \delta}{1.46 \times 10^{-5}} + 7.4 \qquad \therefore \delta = 0.056\ \text{m} = 5.6\ \text{cm}$$

층류 영역을 고려한 항력은 식 8.6.41을 사용하여 계산한다.

$$\begin{aligned} F_D &= C_f \times \frac{1}{2} \rho U_\infty^2 L w \\ &= \frac{0.523}{(\ln 0.06 \text{Re}_L)^2} \times \frac{1}{2} \rho U_\infty^2 L w \\ &= \frac{0.523}{\left(\ln 0.06 \dfrac{30 \times 4.5}{1.46 \times 10^{-5}}\right)^2} \times \frac{1}{2} \times 1.2\ \text{kg/m}^3 \times 30^2\ \text{m}^2/\text{s}^2\ (4.5\ \times 3)\ \text{m}^2 = 21.8\ \text{N} \end{aligned}$$

경계층의 층류 부분은 무시하였다.

예제 8.16

길이가 40 m이고 잠긴 깊이가 8 m인 배의 한쪽 면에 작용하는 최대 경계층의 두께와 항력을 계산하라. 배는 10 m/s로 움직이고 있다. (a) 실험적 방법을 사용하라. (b) 멱법칙을 사용한 결과와 비교하라.

풀이

(a) 식 8.6.42로부터 경계층의 두께는 구해진다. 우선 방정식 8.6.40으로부터 τ_0를 구하고 그 후 u_τ를 구하면 다음과 같다.

$$\begin{aligned} \tau_0 &= \frac{1}{2} \rho U_\infty^2 \frac{0.455}{(\ln 0.06 \text{Re}_L)^2} \\ &= \frac{1}{2} \times 1000\ \text{kg/m}^3 \times 10^2\ \text{m}^2/\text{s}^2 \ \frac{0.455}{\left(\ln 0.06 \dfrac{10 \times 40}{10^{-6}}\right)^2} = 78.8\ \text{Pa} \end{aligned}$$

$$\therefore u_\tau = \sqrt{\frac{\tau_0}{\rho}}$$

$$= \sqrt{\frac{78.8\ \text{N/m}^2}{1000\ \text{kg/m}^3}} = 0.28\ \text{m/s}$$

(계속)

식 8.6.42로부터 최대 경계층의 두께를 구하면 다음과 같다.

$$\frac{U_\infty}{u_\tau} = 2.44 \ln \frac{u_\tau \delta}{\nu} + 7.4$$

$$\frac{10}{0.28} = 2.44 \ln \frac{0.28\delta}{10^{-6}} + 7.4 \qquad \therefore \delta = 0.39 \text{ m}$$

항력은 다음과 같이 계산된다.

$$\begin{aligned} F_D &= C_f \times \tfrac{1}{2} \rho U_\infty^2 Lw \\ &= \frac{0.523}{\left(\ln 0.06 \dfrac{10 \times 40}{10^{-6}}\right)^2} \times \frac{1}{2} \times 1000 \times 10^2 \times 40 \times 8 = 29\,000 \text{ N} \end{aligned}$$

(b) 먼저 레이놀즈수를 계산하면 $\text{Re} = 10 \times 40/10^{-6} = 4 \times 10^8$이다. $n = 9$를 선택하면 식 8.6.25는 다음과 같이 된다.

$$\begin{aligned} \tau_0 &= \frac{d}{dx} \int_0^\delta \rho U_\infty^2 \left(\frac{y}{\delta}\right)^{1/9} \left[1 - \left(\frac{y}{\delta}\right)^{1/9}\right] dy \\ &= \frac{9}{110} \rho U_\infty^2 \frac{d\delta}{dx} \end{aligned}$$

식 8.6.24의 τ_0에 이 값을 대입하면 다음과 같다.

$$\delta^{1/4}\, d\delta = 0.281\, (\nu/U_\infty)^{1/4}\, dx$$

$x = 0$에서 $\delta = 0$을 가정하면 다음을 얻는다.

$$\begin{aligned} \delta &= 0.433x\, \text{Re}_x^{-1/5} \\ &= 0.433(40) \left(\frac{10 \times 40}{10^{-6}}\right)^{-1/5} = 0.33 \text{ m} \end{aligned}$$

이 값은 15% 정도 더 작다.
항력을 구하면 다음과 같다.

$$\begin{aligned} F_D &= 0.071 \text{Re}_L^{-1/5} \times \tfrac{1}{2} \rho U_\infty^2 Lw \\ &= 0.071 \left(\frac{10 \times 40}{10^{-6}}\right)^{-1/5} \times \frac{1}{2} \times 1000 \times 10^2 \times 40 \times 8 = 21\,600 \text{ N} \end{aligned}$$

이 값은 25% 정도 더 작다. 따라서 멱법칙 방정식은 상당한 오차를 포함하고 있다는 것을 알 수 있다.

8.6.6 층류 경계층 방정식

층류 경계층에 대한 8.6.3절에 나타난 해는 속도 분포를 근사화하기 위해 3차 다항식을 사용하여 근사화한 해였다. 이 절에서 우리는 나비에-스토크스 방정식을 단순화하고 0 압력 구배를 가지는 평판에서의 층류 경계층에 대해 더 정확한 해를 표현한다.

정상, 비압축성, 평면유동에 대해 x 성분 나비에-스토크스 방정식은 다음과 같다(식 5.3.14에서 볼 수 있고 중력 항은 무시한다).

$$u \frac{\partial u}{\partial x} + v \frac{\partial u}{\partial y} = -\frac{1}{\rho} \frac{\partial p}{\partial x} + \nu \left(\frac{\partial^2 u}{\partial x^2} + \frac{\partial^2 u}{\partial y^2}\right) \qquad (8.6.43)$$

KEY CONCEPT
경계층에서 y 방향으로압력변동이 없다.

경계층 이론에서 경계층은 매우 얇다고(그림 8.22처럼) 가정되고, 그래서 경계층에서 y 방향으로 압력 변동이 없다. 즉 $p = p(x)$이다. 게다가(이것은 매우 중요한 점이다) 압력 $p(x)$는 벽 압력과 같이 비점성유동 해로 주어진다. 그러므로 압력은 미지수가 아니다. 이는 단지 u와 v의 두 개의 미지수를 남겨 둔다. 식 8.6.43은 하나의 식과 연속방정식을 제공한다.

$$\frac{\partial u}{\partial x} + \frac{\partial v}{\partial y} = 0 \tag{8.6.44}$$

또 다른 것도 제공한다. y 성분의 나비에-스토크스 방정식은 모든 항들이 무시할 정도로 작기 때문에(확실하게 그림 8.24에 따르면 $v \ll u$) 경계층 이론을 사용할 수 없다.

게다가 알고 있는 압력구배를 단순화하면 y 방향(그림 8.24에 그려진 것을 참조)에 존재하는 큰 구배 $\partial^2 u/\partial x^2$ 보다 훨씬 작은 것이 확실하다. 결론적으로 $\partial^2 u/\partial x^2$을 무시하고, 경계층 방정식은 다음과 같이 된다.

$$u\frac{\partial u}{\partial x} + v\frac{\partial u}{\partial y} = -\frac{1}{\rho}\frac{dp}{dx} + \nu\frac{\partial^2 u}{\partial y^2} \tag{8.6.45}$$

여기서 압력구배 dp/dx는 비점성유동 해로부터 알려진 것을 가정한 것이다. 이것은 종종 프란틀(Ludwig Prandtl, 1875~1953)의 이름을 딴 프란틀의 경계층 방정식(Prandtl boundary layer equation)이라고 부른다. 남겨진 항을 무시할 수 있는 것은 아니다. y 성분 v는 매우 작을지 모르지만, 속도구배 $\partial u/\partial y$는 확실하게 매우 크다. 그러므로 곱은 유지되는 것이다.

0의 압력구배를 가지는 평판에서의 유동을 고려해 보자. 또한 유선 함수를 도입해 보자.

$$u = \frac{\partial \psi}{\partial y} \qquad v = -\frac{\partial \psi}{\partial x} \tag{8.6.46}$$

경계층 방정식은 다음과 같이 된다.

$$\frac{\partial \psi}{\partial y}\frac{\partial^2 \psi}{\partial x \partial y} - \frac{\partial \psi}{\partial x}\frac{\partial^2 \psi}{\partial y^2} = \nu\frac{\partial^3 \psi}{\partial y^3} \tag{8.6.47}$$

이 형태에서 x와 y 종속은 분리되지 않는다. 만약 이 식을 다음과 같이 놓음으로써 변형시키면(이런 변형은 시행착오와 경험에 의해 선택된다)

$$\xi = x \qquad \eta = y\sqrt{\frac{U_\infty}{\nu x}} \tag{8.6.48}$$

그 결과는 다음과 같이 된다.

$$-\frac{1}{2\xi}\left(\frac{\partial \psi}{\partial \eta}\right)^2 + \frac{\partial \psi}{\partial \eta}\frac{\partial^2 \psi}{\partial \xi \partial \eta} - \frac{\partial \psi}{\partial \xi}\frac{\partial^2 \psi}{\partial \eta^2} = \nu\frac{\partial^3 \psi}{\partial \eta^3}\sqrt{\frac{U_\infty}{\nu \xi}} \tag{8.6.49}$$

이 식은 식 8.6.47보다 더 어려운 식을 풀기 위해 생긴 것일지도 모르지만 이 식에서 j의 위치를 봄으로써 변수를 다음과 같이 분리한다.

표 8.5 $dp/dx = 0$일 때 층류 경계층에 대한 해

$\eta = y\sqrt{\dfrac{U_\infty}{\nu x}}$	F	$F' = u/U_\infty$	$\frac{1}{2}(\eta F' - F)$	F''
0	0	0	0	0.3321
1	0.1656	0.3298	0.0821	0.3230
2	0.6500	0.6298	0.3005	0.2668
3	1.397	0.8461	0.5708	0.1614
4	2.306	0.9555	0.7581	0.0642
5	3.283	0.9916	0.8379	0.0159
6	4.280	0.9990	0.8572	0.0024
7	5.279	0.9999	0.8604	0.0002
8	6.279	1.0000	0.8605	0.0000

$$\psi(\xi, \eta) = \sqrt{U_\infty \nu \xi}\, F(\eta) \qquad (8.6.50)$$

속도 성분은 식 8.6.48과 8.6.50을 사용하여 다음과 같이 나타낼 수 있다.

$$u = \frac{\partial \psi}{\partial y} = U_\infty F'(\eta)$$
$$v = -\frac{\partial \psi}{\partial x} = \frac{1}{2}\sqrt{\frac{\nu U_\infty}{x}}\,(\eta F' - F) \qquad (8.6.51)$$

식 8.6.50을 식 8.6.49에 대입하면 비선형 상미분방정식의 결과는 다음과 같다.

$$F\frac{d^2F}{d\eta^2} + 2\frac{d^3F}{d\eta^3} = 0 \qquad (8.6.52)$$

이 식은 편미분방정식 8.6.47로 대신할 수 있다. 이제 경계조건을 알아보자.

경계조건들[$u(x, 0) = 0$, $v(x, 0) = 0$ 그리고 $u(x, y > \delta) = U_\infty$]은 다음과 같은 형태를 취한다.

$$F = F' = 0 \text{ at } \eta = 0 \qquad \text{and} \qquad F' = 1 \text{ at large } \eta \qquad (8.6.53)$$

상미분방정식(식 8.6.52)과 경계조건(식 8.6.53)으로 구성되어 있는 경계값 문제는 컴퓨터를 사용하여 수치적으로 풀어 낼 수 있다. 이 결과는 표 8.5로 만들어져 있다. 마지막 두 행은 각각 v와 τ_0를 넣어 만들어졌다.

$u = 0.99U_\infty$ 지점에서 경계층 두께라 정의하는 것은 $\eta = 5$에서 발생한다는 것을 표 8.5에서 알 수 있다. 그러므로 식 8.6.48에서 $\eta = 5$와 $y = \delta$라 하면 다음을 얻는다.

$$\delta = 5\sqrt{\frac{\nu x}{U_\infty}} \qquad (8.6.54)$$

다음을 사용하면

$$\frac{\partial u}{\partial y} = \frac{\partial u}{\partial \eta}\frac{\partial \eta}{\partial y} = U_\infty F''\sqrt{\frac{U_\infty}{\nu x}} \qquad (8.6.55)$$

$dp/dx = 0$을 가지는 층류 경계층의 벽 전단은

$$\tau_0 = \mu \frac{\partial u}{\partial y}\bigg|_{y=0} = 0.332\, \rho U_\infty^2 \sqrt{\frac{\nu}{xU_\infty}} \tag{8.6.56}$$

이다. 국부 표면마찰계수는

$$c_f = \frac{0.664}{\sqrt{\text{Re}_x}} \tag{8.6.57}$$

이고 표면마찰계수는

$$C_f = \frac{1.33}{\sqrt{\text{Re}_L}} \tag{8.6.58}$$

이다. 수치적으로 식 8.6.6과 8.6.7을 적분하면, 변위와 운동량 두께를 찾아낼 수 있다.

$$\delta_d = 1.72 \sqrt{\frac{\nu x}{U_\infty}} \qquad \theta = 0.644 \sqrt{\frac{\nu x}{U_\infty}} \tag{8.6.59}$$

예제 8.17

30°C의 공기가 2 m/s의 속도로 길이 8 m이고 폭 2 m인 평판 위를 흐르고 있다. 전 길이에 걸쳐서 경계층에 층류유동이 존재한다고 할 때 길이 $x = 8$ m에서 다음을 계산하라: (a) v의 최대 속도, (b) 벽 전단응력, (c) 경계층을 통과하는 유량, (d) 판에 작용하는 항력.

풀이

(a) 경계층 이론에서 y 방향의 속도는 매우 작다고 가정한다. $x = 8$ m에서 최대 속도는 식 8.6.51을 사용하여 구한다.

$$\begin{aligned} v &= \sqrt{\frac{\nu U_\infty}{x}} \times \frac{1}{2}(\eta F' - F) \\ &= \sqrt{\frac{1.6 \times 10^{-5} \times 2}{8}} \times 0.86 = 0.00172 \text{ m/s} \end{aligned}$$

$U_\infty = 2$ m/s와 비교해 보라.

(b) $x = 8$ m에서 벽 전단응력은 식 8.6.56을 사용하여 구한다.

$$\begin{aligned} \tau_0 &= 0.332 \rho U_\infty^2 \sqrt{\frac{\nu}{U_\infty x}} \\ &= 0.332 \times 1.16 \text{ kg/m}^3 \times 2^2 \text{ m}^2\text{/s}^2 \sqrt{\frac{1.6 \times 10^{-5} \text{ m}^2\text{/s}}{2 \text{ m}^2\text{/s} \times 8 \text{ m}}} \\ &= 0.00154 \text{ Pa} \end{aligned}$$

(c) $x = 8$ m에서 경계층을 통과하는 유량은 다음과 같이 계산된다.

$$Q = \int_0^\delta u \times w dy = w \sqrt{\frac{\nu x}{U_\infty}} \int_0^5 U_\infty F' \, d\eta$$

여기서 식 8.6.51과 8.6.48로부터 u와 y를 대입했다. $\int F' \, d\eta = F$이므로 유량은 다음과 같다.

(계속)

$$Q = wU_\infty \sqrt{\frac{\nu x}{U_\infty}}\,[F(5) - F(0)^{\nearrow 0}]$$

$$= 2\text{ m} \times 2\text{ m/s}\sqrt{\frac{1.6 \times 10^{-5}\text{ m}^2\text{/s} \times 8\text{ m}}{2\text{ m/s}}} \times 3.28 = 0.105\text{ m}^3\text{/s}$$

(d) 항력은 다음과 같이 계산된다.

$$F_D = \tfrac{1}{2}\rho U_\infty^2 LwC_f$$

$$= \frac{1}{2} \times 1.16\text{ kg/m}^3 \times 2^2\text{ m}^2\text{/s}^2 \times 8\text{ m} \times 2\text{ m} \times \frac{1.33}{\sqrt{2 \times 8/1.6 \times 10^{-5}}}$$

$$= 0.049\text{ N}$$

8.6.7 압력구배의 영향

KEY CONCEPT
강한 음의 압력구배는 난류 경계층을 다시 층류로 만든다.

앞 절에서 0의 압력구배를 가지는 평판 위의 경계층에 대해 중점을 두었다. 이것은 가장 간단한 경계층 유동이고 공학적으로 관련된 많은 유동을 설계함에 있어 도움을 주고 있다. 비록 비교적 낮은 압력구배를 포함하더라도 경계층 유동은 주목할 만큼 바뀐다. 사실 강한 음의 압력구배(negative pressure gradient, 수축에서의 유동과 같이)는 난류 경계층을 다시 층류로 만든다. 즉 난류를 지속하는 점성 벽 층에서 난류의 생성은 멈춰지고 층류 경계층은 회복된다. 양의 압력구배(positive pressure gradient)는 경계층을 빠르게 두껍게 하고 결과적으로 박리를 야기한다. 이들 두 영향은 그림 8.27의 사진처럼 나타난다.

날개와 같은 곡률을 가진 어떤 평면 물체에 대한 유동은 0이 아닌 압력구배를 가지는 평판에서의 유동으로 모델링될 수 있다. 경계층의 두께가 곡률반경보다 아주 작아 추가적인 곡률의 항은 방정식에서 무시한다. 벽에서 비점성유동의 해는 경계층의 끝에서의 압력구배 dp/dx와 속도 $U(x)$ 값을 제공한다. 비행기의 코 부분의 유동과 같은 축대칭 유동에 대해서는 원통좌표계에서의 경계층 방정식이 사용되어야 한다.

압력구배는 벽에서 2차 미분 $\partial^2 u/\partial y^2$의 값을 결정한다. $u = v = 0$인 벽에서의 경계층 방정식으로부터

$$\frac{dp}{dx} = \mu \left.\frac{\partial^2 u}{\partial y^2}\right|_{y=0} \tag{8.6.60}$$

층류나 난류 경계층 유동이 마찬가지이다. 0의 압력구배에 대한 2차 미분 항은 벽에서 0이다. 벽에서 1차 미분이 가장 크고 y가 증가함에 따라 감소하기 때문에 2차 미분은 양의 y에 대하여 음이 되어야 한다. 이러한 분포가 그림 8.28a에 그려져 있다.

KEY CONCEPT
음의 압력구배에서는 유동이 분리되는 것이 감소되는 경향이 있다.

음의 압력구배(순압력구배)에 대해 벽 근처에서 속도 분포의 기울기는 벽과 경계층에 걸쳐 음의 2차 미분을 가지므로 상대적으로 크다. 벽 근방의 운동량은 그림 8.28b에 나와 있는 것처럼 0의 압력구배의 경우보다 더 크고, 그래서 박리하는 유동이 감소되는 경향을 보인다. 난류의 생성은 방해되고 재층류화는 충분히 큰 음의 압력구배에서 일어날지도 모른다.

양의 압력구배(역압력구배)가 유동에 부가되면 벽에서의 2차 미분은 양이 되고 유동은 (c) 또는 (d) 부분에 보이는 바와 같이 될 것이다. 만약 역압력구배가 충분한 거리에 걸

(a)

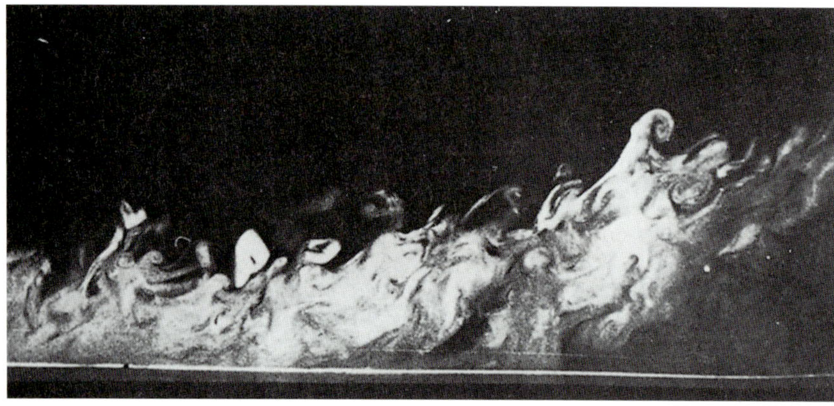

(b)

그림 8.27 난류유동에 대한 강한 압력구배의 영향: (a) 큰 음의 압력구배는 유동을재층류화할 수 있다. (b) 큰 양의 압력구배는 경계층 두께의 빠른 성장의 원인이 된다.(R. E. Falco)

쳐 작용하면 (d) 부분은 표면으로부터 박리된 유동을 가지는 유동 현상을 나타낼 것이다. 벽 근처에서 더 높은 압력 흐름은 벽 근처에서 위 방향으로 낮은 운동량의 유동을 보이는 것과 같이 역유동으로 만든다. $\partial u/\partial y = 0$인 지점이 박리가 일어나는 곳이다.

압력구배를 가지는 층류 경계층의 문제는 컴퓨터에서 보편적인 수치 기법을 이용하여 풀 수 있다. 절차는 알고 있는 압력구배를 가지고 단순화된 경계층 미분방정식 8.6.45를 사용하면 상대적으로 간단하다. 난류의 경우 전단응력의 항은 포함되어야 한다. 확실한 수치해들을 결과로 한 난류의 모델들이 개발되고 있다. 실험 결과들은 내부유동에서의 경우처럼 난류유동 문제에서 자주 필요하다.

8.7 요약

항력계수와 양력계수는 다음과 같이 정의된다.

$$C_D = \frac{\text{Drag}}{\frac{1}{2}\rho V^2 A} \qquad C_L = \frac{\text{Lift}}{\frac{1}{2}\rho V^2 A} \tag{8.7.1}$$

여기서 면적은 뭉툭한 물체의 투영 면적이며 날개에서 익현과 길이의 곱이다.

원통에서 와류발산은 레이놀즈수가 $300 < \text{Re} < 10\,000$의 범위일 때 언제나 일어난다. 발산의 진동수는 스트라울수로부터 찾는다.

$$\text{St} = \frac{fD}{V} \tag{8.7.2}$$

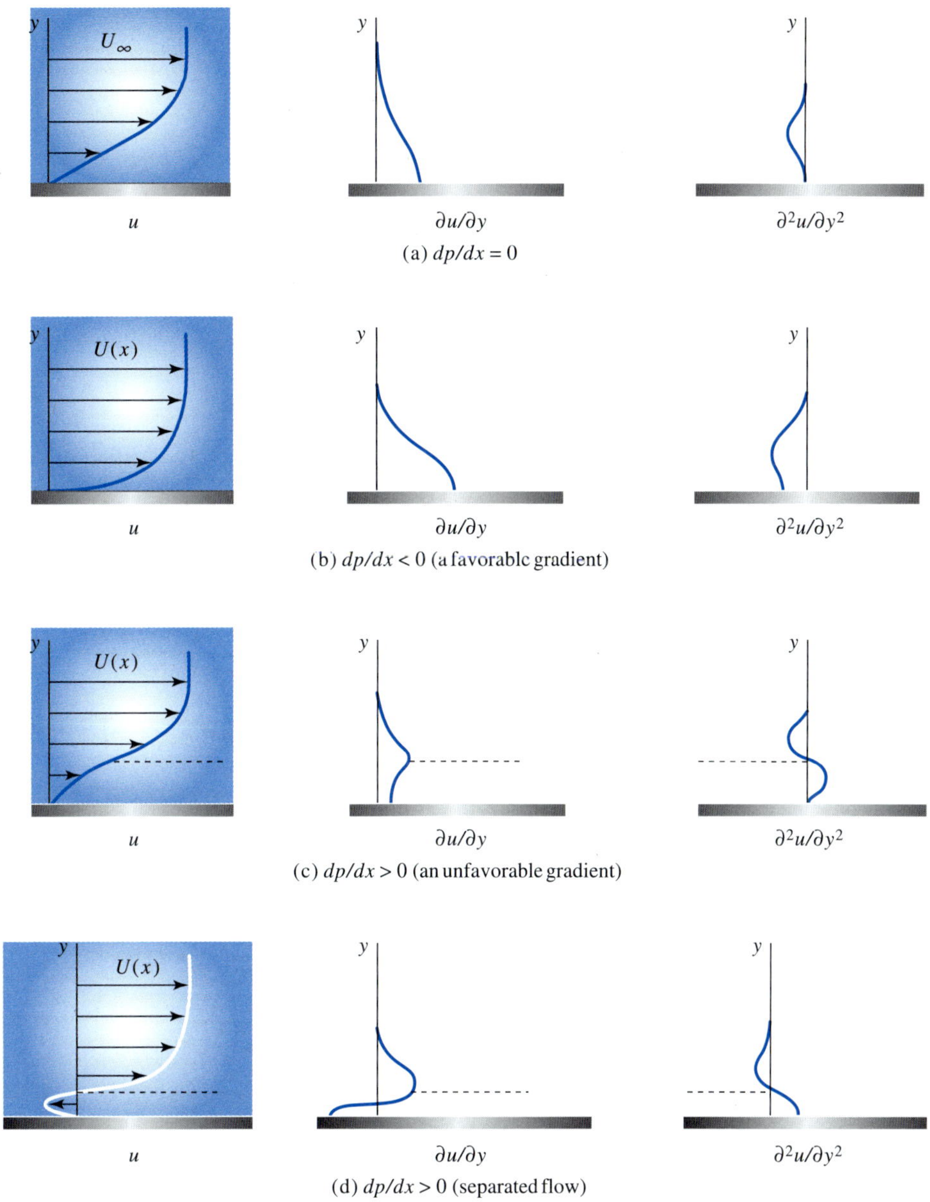

그림 8.28 압력구배의 영향.

여기서 f의 단위는 헤르츠이다.

평면 퍼텐셜 유동은 다음의 단순 유동의 중첩에 의하여 구성된다.

$$\begin{aligned}
&\text{Uniform flow:} && \psi = U_\infty y \\
&\text{Line source:} && \psi = \frac{q}{2\pi\theta} \\
&\text{Irrotational vortex:} && \psi = \frac{\Gamma}{2\pi}\ln r \\
&\text{Doublet:} && \psi = -\frac{\mu}{r}\sin\theta
\end{aligned} \tag{8.7.3}$$

회전 원통의 유선 함수는 다음과 같이 주어진다.

$$\psi_{\text{cylinder}} = U_\infty y - \frac{\mu}{r}\sin\theta + \frac{\Gamma}{2\pi}\ln r \tag{8.7.4}$$

여기서 원통의 반경은 다음과 같다.

$$r_c = \sqrt{\frac{\mu}{U_\infty}} \tag{8.7.5}$$

속도 구성성분은 다음과 같다.

$$\begin{aligned} u &= \frac{\partial\psi}{\partial y} & v &= -\frac{\partial\psi}{\partial x} \\ v_r &= \frac{1}{r}\frac{\partial\psi}{\partial\theta} & v_\theta &= -\frac{\partial\psi}{\partial r} \end{aligned} \tag{8.7.6}$$

0의 압력구배를 갖는 평판에서의 층류 경계층의 정확한 해는 다음과 같다.

$$\delta = 5\sqrt{\frac{\nu_x}{U_\infty}} \qquad c_f = 0.664\sqrt{\frac{\nu}{xU_\infty}} \qquad C_f = 1.33\sqrt{\frac{\nu}{LU_\infty}} \tag{8.7.7}$$

앞쪽 언저리로부터의 난류유동에 대해 $\eta = 7$인 멱법칙으로 다음을 얻는다.

$$\delta = 0.38x\left(\frac{\nu}{xU_\infty}\right)^{1/5} \qquad c_f = 0.059\left(\frac{xU_\infty}{\nu}\right)^{1/5} \qquad C_f = 0.073\left(\frac{\nu}{LU_\infty}\right)^{1/5} \tag{8.7.8}$$

너비당 벽 전단응력과 항력은 각각 다음과 같다.

$$\tau_0 = \frac{1}{2}c_f\rho U_\infty^2 \qquad F_D = \frac{1}{2}C_f\rho U_\infty^2 L \tag{8.7.9}$$

공학기초 복습문제

8.1 유선형에서 항력은 주로 무엇 때문인가?

(A) 후류

(B) 유동 방향에 작용하는 압력 성분

(C) 전단응력

(D) 뒤 가장자리의 박리영역

8.2 골프공은 그것의 비행거리를 증가시키기 위해 움푹 파인 홈을 가지고 있다. 비행거리가 더 먼 움푹 파인 홈의 공과 표면이 매끄러운 공에 대한 설명 중 가장 옳은 것을 고르라.

(A) 전단응력은 움푹 파인 공이 더 작다.

(B) 움푹 파인 공은 효율적인 작은 직경을 가지고 있다.

(C) 움푹 파인 공의 후류가 더 작다.

(D) 표면이 매끄러운 공의 앞쪽에서 압력이 더 크다.

8.3 홍수로 인한 10°C 물이 속도 0.8 m/s를 가지고 8 mm 직경의 울타리 선 위에 흐르고 있다. 다음 중 어느 것이 옳은가?

(A) 박리가 없는 스토크스 유동이다.

(B) 박리영역은 선의 가장 뒤쪽에 있다.

(C) 항력은 박리영역에서 상대적으로 낮은 압력 때문에 발생한다.

(D) 박리영역은 단지 선 뒤쪽의 작은 영역에서 생긴다.

8.4 80 km/hr의 바람 속에서 직경이 10 m인 구형 물탱크의 항력은 약 얼마인가?

(A) 6300 N **(B)** 4700 N

(C) 3200 N **(D)** 2300 N

8.5 4 m의 매끄러운 원통은 대기의 공기 속도가 40 m/s일 때 항력이 60 N이다. 원통의 직경은 얼마인가?

(A) 127 mm **(B)** 63 mm

(C) 26 mm **(D)** 4.1 mm

8.6 와류들이 4 m/s의 공기 유동으로 인해 직경이 2 cm인 원통에서 발산한다. 원통의 하부 유동으로 되는 와류들이 얼마나 떨어지는가?

(A) 44 cm **(B)** 23 cm

(C) 9 cm **(D)** 4 cm

8.7 유선형은 주로 어떤 것에 의해 항력을 감소시키는가?

(A) 벽 전단을 감소시키는 것

(B) 정체 지역에서 압력을 감소시키는 것

(C) 박리 유동 지역을 감소시키는 것

(D) 후류를 제거하는 것

8.8 만약 이륙 시의 받음각이 10°가 된다면 1200 kg의 비행기에 대해 필요한 이륙 속도는 얼마인가? 유효 날개 면적(현과 길이의 곱)은 16 m^2이다.

(A) 22 m/s **(B)** 33 m/s

(C) 44 m/s **(D)** 55 m/s

문제

박리유동

8.9 부착된 유동과 박리된 유동에 대해서 받음각이 클 때 날개 주위의 유동을 그려 보라. 또한 두 유동에 대한 상부와 하부 표면에서의 예상되는 압력 분포를 그려 보라. 바람직한 압력구배와 바람직하지 못한 압력구배의 영역을 분류하라.

8.10 구형 입자가 20 m/s의 속도로 20°C의 대기에서 움직인다. Re = 5와 Re = 10^5에 대하여 이 입자의 직경은 얼마이어야 하는가? 그러한 각각의 레이놀즈수에서 예상되는 유동장을 도시하라. 유동의 모든 영역을 찾아보라.

8.11 트레일러가 트랙터보다 훨씬 높은 상태에서 트랙터의 지붕에 공기 디플렉터(air deflector)가 있는 경우와 없는 경우 각각에 대하여 세미트럭(트랙터와 트레일러)을 지나는 예상되는 유동을 대략적으로 그려 보라. 옆면에서 보이는 박리영역과 경계층 그리고 후류를 도시하라.

8.12 긴 사각형 빌딩에 공기가 불어 지나가고 있다. 박리유동 영역, 비점성유동 영역, 경계층, 그리고 후류를 포함하여 예상되는 유동장을 도시하라. 긴 면에 평행하게 부는 바람을 따라서 위에서 본 것을 도시하라.

8.13 직경이 2 cm인 구가 Re = 5로 움직이고 있다. 만약 그것이 다음의 유체에 잠겨 있다면 다음 조건에서의 구의 속도는 얼마인가?

(a) 15°C의 물

(b) 80°C의 물

(c) 15°C의 대기

8.14 20°C의 공기가 20 m/s의 속도로 원통형 물체 주위를 흐른다. 그 물체가 각각 다음과 같을 때 레이놀즈수를 구하라.

(a) 직경이 6 m인 굴뚝

(b) 직경이 6 cm인 깃대

(c) 직경이 6 mm인 철사

Re = VD/ν을 사용한다. 이때 박리유동이 예상되는가?

8.15 직경이 2 m인 디스크(그림 P8.15) 앞면의 압력 분포가 $p(r) = p_0(1 - r^2)$로서 근사적으로 표현된다. 만일 20°C 대기 공기 유동에서 속도 V가 20 m/s라면, 이 디스크에 대한 항력과 항력계수는 얼마인가? 후면에서의 압력은 0으로 간주하라.

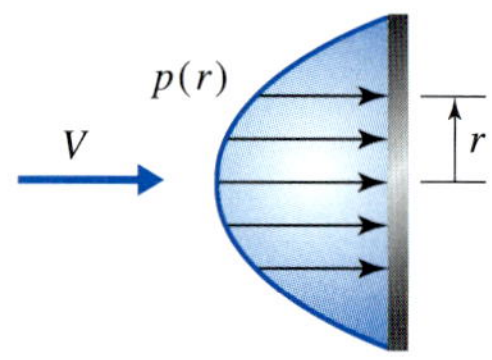

그림 P8.15

8.16 30 cm × 30 cm의 평판이 수력익으로 작동한다. 만일 그것이 10°의 받음각을 유지하고 바닥면의 압력은 20 kPa, 윗면의 압력은 진공압 10 kPa일 때 양력과 항력을 구하라. 전단력 효과는 무시하라. 또한 만일 수력익의 속력이 5 m/s라면 양력계수와 항력계수는 얼마인가? 양력계수와 항력계수의 정의에서 평판의 표면적을 사용하라.

8.17 그림 P8.17에서 볼 수 있듯이 대칭 날개가 받음각 5°로 고도 12 000 m에서 날고 있다. 만일 p_l = 26 kPa와 p_u = 8 kPa이라면, 전단력을 무시할 때 양력계수와 항력계수는 얼마인가?

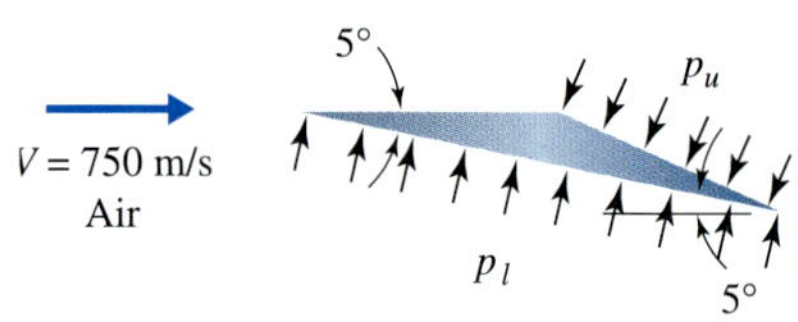

그림 P8.17

8.18 직경이 10 cm인 구의 항력계수는 C_D = 1.0으로 주어진다. 구가 대기 중에서 떨어질 때 다음의 경우에 대해 항력을 계산하라.

(a) 해수면에서 **(b)** 30 000 m에서

(c) 10°C의 물에서

8.19 20°C 대기의 공기 유동 속에서 직경이 50 cm인 매끈한 구가 받는 항력을 계산하라.

(a) 6 m/s일 때 **(b)** 15 m/s일 때

8.20 직경이 4.45 cm인 골프공이 날아갈 때 항력을 감소시키기 위해 표면을 거칠게 하였다. 항력의 갑작스런 하락이 일어나는 레이놀즈수가 거칠기(움푹 파임)에 의해 3×10^5에서 6×10^4으로 감소된다면 골프공의 비행 길이가 상당히 증가할 것이라고 생각되는가? 적절한 계산을 하여 그 이유를 기술하라.

8.21 직경이 10 cm인 매끈한 구가 15°C의 대기 중에서 2.2 N의 항력을 받고 있다.

(a) 공기의 유속은 얼마인가?

(b) 속도를 증가시켰을 때 동일한 항력을 발생시키는 속도가 존재하는가? (힌트: 난류)

8.22 직경이 20 cm인 매끈한 구가 20°C의 수로에서 4.2 N의 항력을 받고 있다. 항력계수와 레이놀즈수를 계산하라.

8.23 직경이 2 m인 굴뚝이 60 m 높이로 서 있다. 40 m/s의 바람에 견디도록 설계되었다. 이 속도에서 작용되는 전체 힘은 얼마인가? 그리고 하단 끝 부분이 버티는 데 필요한 모멘트는 얼마인가? 20°C의 대기 공기를 가정하라.

8.24 깃대가 세 부분으로 구성되어 있다. 직경이 5 cm이고 길이가 10 m인 꼭대기 부분, 직경이 7.5 cm이고 길이가 15 m인 중간 부분, 그리고 직경이 10 cm이고 길이가 20 m인 하단 부분으로 구성되어 있다. 바람이 25 m/s로 불 때 깃대에 작용하는 전체 힘과 고정 하단에 작용하는 모멘트를 구하라. 이때 다음의 각 경우에 대하여 계산하라.

(a) −30°C인 겨울날

(b) 35°C인 여름날

8.25 15°C의 대기 유동 중에 길이가 1.8 m인 원통에서 Re = 10^5일 때 항력은 45 N이 요구된다. 이때 유속은 얼마이고 원통의 직경은 얼마여야 하는가?

8.26 그림 P8.26과 같이 상단의 직경이 2 m이고 하단의 직경은 8 m인 높이 20 m의 구조물이 있다. 직경이 높이에 따라 선형적으로 변화한다면 바람이 30 m/s로 불 때 전체 항력은 얼마인가? 대기의 온도는 20°C이다.

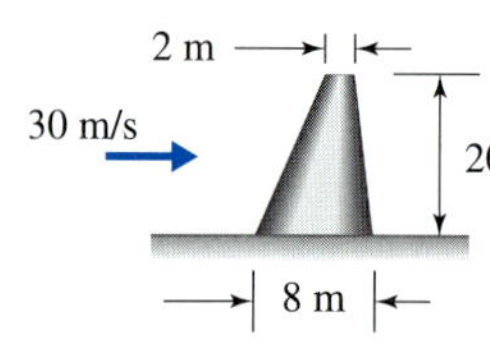

그림 P8.26

8.27 강구(S = 7.82)가 20°C의 물속에 떨어진다. 구의 직경이 다음과 같을 때 종말 속도를 구하라.

(a) 10 cm **(b)** 5 cm

(c) 1 cm **(d)** 2 mm

8.28 직경이 50 cm인 구가 지구 부근의 15°C 대기 중에 떨어질 때 구의 비중이 다음과 같다. 각 경우의 종말 속도를 추정하라.

(a) 0.005 **(b)** 0.02 **(c)** 1.0

8.29 팔, 다리, 머리, 몸통을 적절하게 근사화하여 스카이다이버의 종말 속도를 계산하라. 20°C의 대기 온도를 가정하라.

8.30 고속으로 주행하는 최근의 자동차에 작용하는 항력은 주로 형상항력에 의한다는 가정하에 다음의 속도로 주행할 때 3.2 m^2의 단면적을 갖는 자동차에 요구되는 힘(마력)은 얼마인가?

(a) 80 km/h **(b)** 90 km/h

(c) 100 km/h

8.31 그림 P8.31과 같이 2 m × 3 m인 표지판의 무게는 400 N이다. 표지판을 넘어뜨리기 위해서는 얼마의 유속이 필요한가?

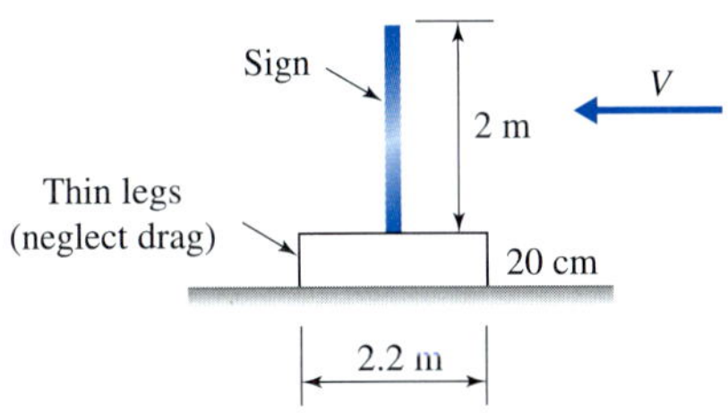

그림 P8.31

8.32 직경이 60 cm이고 길이가 6 m인 원통에 20°C의 공기가 40 km/h로 축에 수직으로 불고 있을 경우 작용하는 항력을 계산하라. 다음과 같은 원통의 경우에 대해 계산하라.

(a) 매우 긴 원통 부분일 때

(b) 양단이 자유단일 때

(c) 상단부는 자유단이고 하단부는 고정됐을 때

8.33 80 kg의 낙하산병이 고도 3000 m에서 뛰어내린다. 다음의 상황에서 낙하산병의 착지 속도를 추정하라.

(a) 가능한 한 몸을 웅크릴 때

(b) 8 m 직경의 가벼운 낙하산을 사용할 때

(c) 2 m 직경의 보조 낙하산을 사용할 때

8.34 세미트럭이 일 년에 평균 90 km/h의 속도로 200 000 km를 운행한다. 항력을 감소시키기 위해 유선형 변류기가 추가될 때 절약되는 양은 얼마인가? 연료비는 0.40 $/L이고 보조 장치는 1리터당 평균 1.2 km를 운행한다.

8.35 직사각형인 자동차를 수송하는 차의 단면부는 1.8 m × 0.6 m이다. 90 km/h로 운행할 때 수송하는 차로 인한 추가 동력(마력)을 추정하라.

8.36 백미러가 위치한 자동차 모퉁이의 속도는 자동차 속도의 1.6배라고 가정하자. 100 km/h의 자동차 속도에 대해 직경이 10 cm인 두 개의 백미러에 의해 요구되는 마력은 얼마인가?

8.37 25°C의 공기가 4 m 길이의 원추에 수직으로 20 m/s로 불고 있다. 이 원추의 한 끝단의 직경은 30 cm이고 다른 끝단의 직경은 2 m이다. 물체에 작용하는 항력을 계산하라. 물체의 각 원통 요소에 대해 $C_D = 0.4$라고 가정하자.

8.38 직경이 80 cm이고 무게가 0.5 N인 기구(그림 P8.38)에 온도가 20°C인 헬륨이 압력 20 kPa로 채워져 있다. 선의 무게를 무시한다면 a의 값이 다음과 같을 때 속도 V는 얼마인가?

(a) 80°

(b) 70°

(c) 60°

(d) 50°

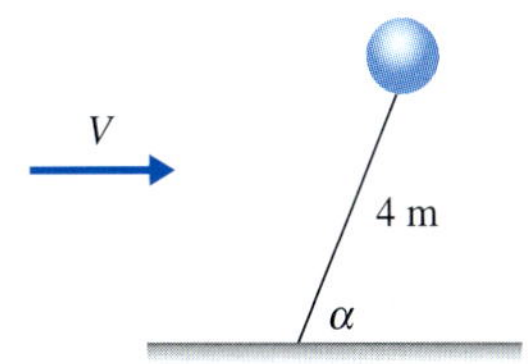

그림 P8.38

8.39 그림 P8.39과 같이 새로 세워진 나무에 대하여 접합부의 흙공이 5000 N·m의 모멘트에 저항하는 능력을 가지고 있다. 나무가 넘어갈 수 있는 바람의 최소 속도를 예측하라. 공기 유동 중에 있는 원통에 대하여 $C_D = 0.4$라고 가정하자.

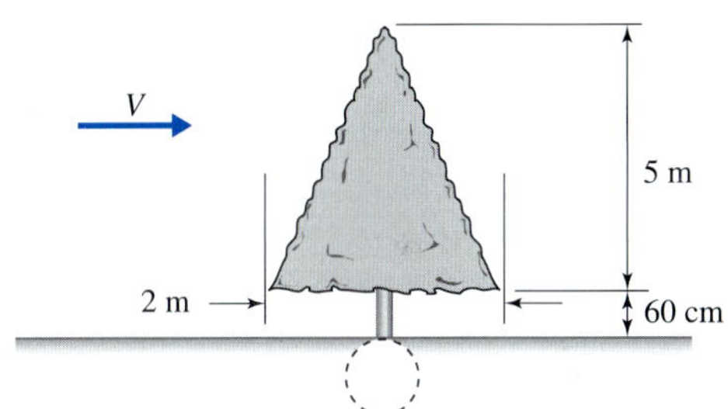

그림 P8.39

8.40 표지판 1.2 m × 0.6 m가 피자 배달차의 위에 부착되어 있다. 차는 일주일에 6일 하루에 10시간 운행한다. 표지판을 붙임으로써 1년에 추가되는 차의 연료 비용은 얼마인가? 차의 평균 속도는 40 km/h이고 연료비는 0.30 $/L, 엔진/구동의 효율은 30%이고 연료는 12 000 kJ/kg이다.

8.41 자전거를 직립해서 탈 때 40 km/h의 속도로 달릴 수 있다. 이때 운행자의 투영 면적은 0.56 m^2로 주어진다. 운행자가 경주의 자세를 취하면 그때 투영 면적은 0.40 m^2이 된다고 하자. 이때 항력계수가 20% 감소한다고 하면 같은 에너지가 소비될 때 증가된 속도를 계산하라.

8.42 단면적이 3 m^2인 자동차가 40 hp의 엔진에 의해 구동된다. 구동 효율이 90%일 때 가능한 최대 속도를 계산하라.(엔진은 변속기 이전에 생성된 동력에 의해 평가된다.)

와류발산

8.43 직경이 3 mm인 전화선으로부터 와류발산이 발생될 수 있는 속도 범위는 얼마인가? 와류가 발산되는 소리를 들을 수 있는가?(인간은 20~20 000 Hz까지 들을 수 있다.)

8.44 철사가 15°C의 물속에서 그 축에 수직으로 속도 1.8 m/s로 끌려가고 있다. 와류발산이 일어나지 않을 직경은 얼마인가?(큰 것과 작은 것 둘 다 구하라.)

8.45 저속을 측정하는 것은 매우 어렵다. 저속의 공기 유속을 결정하기 위해 10 cm 직경의 원통으로부터 유출된 와류들이 0.2 Hz로 발생된다고 측정되었다. 온도가 20°C일 때 공기의 유속을 결정하라.

8.46 유동 사진에서 와류들이 직경 2 m의 원통으로부터 0.002 Hz로 유출되는 것을 볼 수 있다. 원통은 20°C 물속에서 움직이고 있다. 원통의 속도는 얼마인가?

8.47 그림 P8.47에서 볼 수 있듯이 현수교의 지지선이 고유진동수 $T/(\pi \rho L^2 d^2)$ Hz를 갖는다. T는 장력이고 ρ는 선의 밀도이며 L은 길이이다. 선으로부터 유출되는 와류들은 공진을 일으켜 다리를 파괴시킬 수도 있다. 어떤 1.6 cm 직경의 강선이 30 000 N의 힘을 받고 있다. 10 m/s의 바람에서 공진을 일으킬 선의 길이는 얼마인가?(주: 3차와 5차 조화로도 공진을 일으킬 수 있다. 세 길이 모두를 계산하라.)

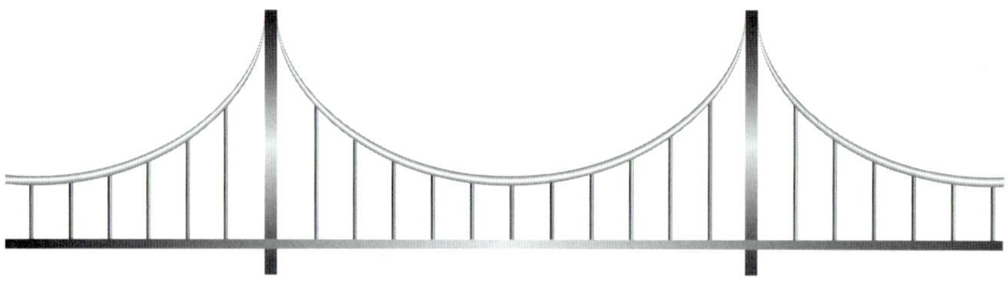

그림 P8.47

유선형

8.48 15 cm 직경의 연통이 소형트럭에 1.8 m의 높이로 세워져 있다. 속도가 90 km/h일 때 연통 때문에 필요한 마력을 계산하라. 연통이 유선형일 때 감소되는 마력을 계산하라.

8.49 직경이 8 cm이고 길이가 2 m인 매끈한 원통에 수직으로 3 m/s의 바람이 불고 있다. 항력을 계산하라. 원통이 유선형으로 바뀌면 항력의 감소율은 얼마인가? T = 20°C라고 가정하라.

8.50 강의 바닥으로부터 2 m 위로 나와 있는 직경 80 cm의 원통에 물이 흘러 지나가고 있다. 평균 유속을 2 m/s라 할 때 원통에 작용하는 항력을 계산하라. 원통이 유선형화된다면 항력의 감소율은 얼마가 되는가?

8.51 직경 2 cm의 원형 관이 50 km/h로 비행하도록 설계된 초경량 비행기의 지지대로 사용된다. 관이 20 m의 직관일 때 관에 의해 소모되는 동력은 얼마인가? 만약 관이 유선형화된다면 관에 필요한 동력의 감소는 얼마나 되겠는가?

8.52 자전거를 타는 사람이 최고 속도 50 km/h로 달릴 수 있다. 이 사람의 머리에 의한 항력을 계산하라. 만약 그가 유선형의 꼭 맞는 모자를 쓰고 있다면 감소되는 항력은 얼마나 되는가?

공동현상

8.53 유선형 지지대에 대한 임계 캐비테이션 수는 0.7이다. 공동현상이 생기지 않도록 하는 지지대를 부착하는 물체의 최대 속도를 구하라. 물체는 수면의 5 m 밑에서 움직이고 있다.

8.54 40 cm 깊이에서 작동하도록 설계된 수력익은 현의 길이가 40 cm이고 길이는 10 m이다. 속도 12 m/s에서 양력 200 kN이 요구된다. 받음각과 항력을 계산하라. 이러한 상태에서 공동현상이 존재하는가?

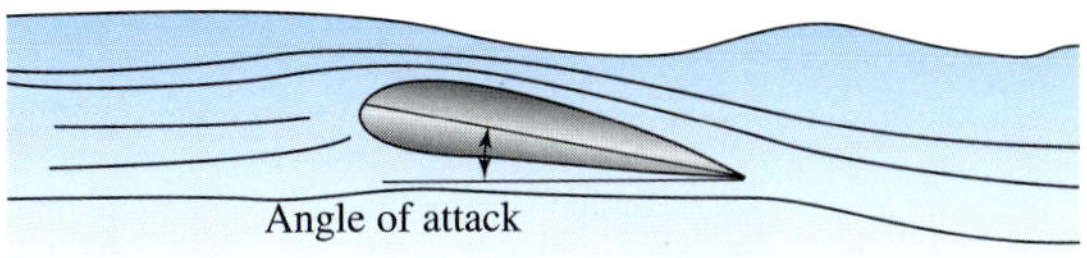

그림 P8.54

8.55 40 cm 깊이에서 작동하도록 설계된 수력익은 현의 길이가 40 cm이고 길이는 10 m이다. 속도 9 m/s에서 양력 200 kN이 요구된다. 받음각과 항력을 계산하라. 이러한 상태에서 공동현상이 존재하는가?

8.56 구와 비슷한 형상을 한 물체의 직경이 약 0.8 m이다. 수면 5 m 이하에서 20 m/s의 속도로 끌려가고 있다. 물체에 작용하는 항력을 계산하라.

8.57 2200 kg의 소해정은 4개의 모퉁이에 있는 수중익선들이 양력을 제공하면서 물 위에서 운행할 수 있도록 설계되었다. 수력익이 40 cm의 현의 길이를 가지고 있고 그들이 68의 받음각을 가지고 수면 60 cm 아래에서 작동한다면 전체 수력익의 길이는 얼마인가? 배는 50 m/s로 운행하고 있다.

부가질량

8.58 직경이 40 cm이고 하중이 400 N인 구가 물속에서 정지 상태로부터 벗어난다. 초기 가속도를 계산하라.

(a) 부가질량을 무시하라.

(b) 부가질량을 포함시켜라.

8.59 길이가 최대 직경의 두 배인 잠수정이 타원형과 유사한 형태를 갖추고 있다. 부가질량이 무시된다면 그것의 비중이 1.2일 때 초기 가속도의 계산에서 발생되는 오차는 얼마인가?

날개에서의 양력과 항력

8.60 작은 비행기의 사각형 날개가 있다. 현의 길이는 1.3 m, 날개 길이는 10 m이다. 220 km/h로 비행할 때, 날개는 18 kN의 공기역학적 힘을 받는다. 양력-항력간 비율은 3이다. 날개의 양력계수를 결정하라.

8.61 양력-항력 실험이 풍동에서 행해진다. NACA0012 에어포일이 사용된다. 에어포일의 현의 길이는 15 cm이고 날개 길이는 45 cm이다. 힘 측정 장치를 사용하여 Re = 4.586 × 10^5일때 양력이 60 N임을 측정했다. 양력계수는 $C_L = 2\pi \sin\alpha$로 주어지고 α는 받음각이다. 이러한 조건에서 받음각을 얼마인가?

8.62 탑재물을 포함하여 질량이 1000 kg인 비행기가 속도 80 m/s로 10 km 고도에서 순항하도록 설계되었다. 유효 날개 면적은 약 15 m^2이다. 양력계수와 받음각을 계산하라. 순항하는 동안 날개에 요구되는 동력은 얼마인가? 일반적인 날개로 가정하라.

8.63 1500 kg의 비행기가 순항 속도 80 m/s로 10 km 고도에서 3000 N의 탑재량을 운송하도록 설계되었다. 유효 날개 면적은 20 m^2이다. 일반적인 날개로 가정하고 다음을 계산하라.

(a) 받음각이 10°일 때의 이륙 속도

(b) 착륙 시의 실속 속도

(c) 날개를 움직이기 위해 동력의 45%가 필요할 경우 순항에 요구되는 동력

8.64 문제 8.63에서 이륙이 해수면에서 시도된다는 가정이 필요하였다. 고도 2000 m인 와이오밍주에서 이륙 속도는 얼마나 되겠는가?

8.65 문제 8.63의 비행기가 10 km 상공이 아닌 2 km 상공에서 날아가고 있다. 순항에 필요한 동력의 증가나 감소를 계산하라.

8.66 문제 8.63의 비행기에 부가 하중 6000 N이 추가되었다. 받음각이 10°로 유지될 때 이륙 속도를 계산하라.

8.67 받음각은 실속 상태 근방으로 선택되고 다음의 각 경우에 비상 상태에서 250 000 kg인 비행기에 대한 최소 착륙 속도를 계산하라.

(a) 홈이 있는 보조익이 없다.

(b) 하나의 홈이 있는 보조익이 사용된다.

(c) 두 개의 홈이 있는 보조익이 사용된다.

날개폭은 60 m이고 날개의 평균 현의 길이는 8 m이다.

8.68 문제 8.65에서 고도나 온도는 주어지지 않았으므로 비행기가 표준 해수면의 상태에서 착륙한다고 가정된다. 다음의 각 조건에서 비행기가 착륙할 경우 비상 착륙 시의 속도의 증가나 감소율을 계산하라.

(a) 고도 1600 m인 덴버에서

(b) 온도가 −40°C인 해수면에서

(c) 온도가 50°C인 해수면에서

8.69 제안된 비행기는 거대한 날개를 닮았고 비행기의 날개는 그림 P8.69과 같다. 그것의 날개폭은 200 m이고 그 현의 길이는 평균 30 m이다. 일반적인 날개를 가정하여 고도 8 km에서 속도 800 km/h로 순항하도록 설계된 탑재량을 포함한 비행기의 전체 무게를 추정하라. 또한 필요한 동력을 계산하라.

그림 P8.69

와도, 속도 퍼텐셜, 그리고 유선 함수

8.70 나비에-스토크스 방정식에 컬을 취하여 와도방정식(식 8.5.3)이 나오는 것을 보여라(식 5.3.20 참조).

8.71 식 8.5.3에 포함된 세 속도 성분의 와도방정식을 직교좌표계를 이용하여 나열하라. $\boldsymbol{\omega} = \omega_x\hat{\mathbf{i}} + \omega_y\hat{\mathbf{j}} + \omega_z\hat{\mathbf{k}}$.을 이용하라.

8.72 평면유동($w = 0$이고 $\partial/\partial z = 0$)에 대해서 와도방정식 8.5.3을 간단하게 하라. $\omega = (\omega_x, \omega_y, \omega_z)$을 이용하라. 와도를 포함하는 짧은 수축부를 통과하는 유동과 같은 비점성 평면유동에서 ω_z의 크기에 대한 결론은 무엇인가?

8.73 그림처럼 수축되는 유로를 고려해 보자. 와류튜브가 위, 아래 평판의 경계영역에 존재한다 가정하자. 와도방정식을 사용하여 장애물 후류의 x축 와도의 존재성을 설명하라.

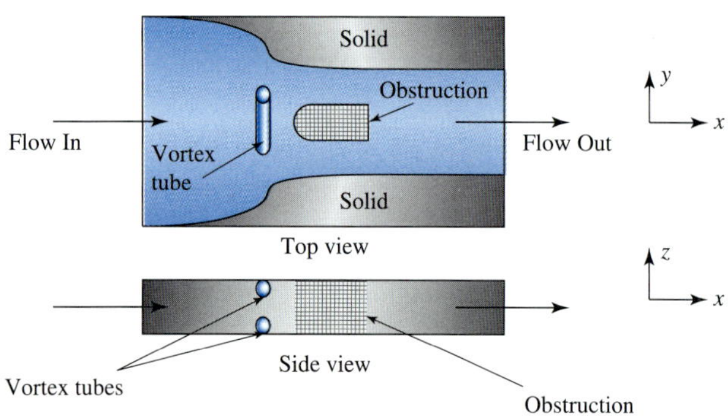

그림 P8.73

8.74 다음 중 어떤 유동이 비회전유동인지 결정하고 만약 있다면 그 유동의 속도 퍼텐셜 함수를 구하라.

(a) $\mathbf{V} = 10x\hat{\mathbf{i}} + 20y\hat{\mathbf{j}}$

(b) $\mathbf{V} = 8y\hat{\mathbf{i}} + 8x\hat{\mathbf{j}} - 6z\hat{\mathbf{k}}$

(c) $\mathbf{V} = (x\hat{\mathbf{i}} + y\hat{\mathbf{j}})/\sqrt{x^2 + y^2}$

(d) $\mathbf{V} = (x\hat{\mathbf{i}} + y\hat{\mathbf{j}})/(x^2 + y^2)$

8.75 높이가 $2h$인 수로 중심에 위치한 반경 r_c인 원형 원통 주위의 유동에 대한 라플라스 방정식을 풀려고 한다. 원통으로부터 떨어진 속도 분포는 균일하다. 필요한 경계조건을 기술하라. $y = -h$에서 $\psi = 0$이라 가정하자. 좌표계의 원점은 원통의 중심에 위치한다.

8.76 직교좌표계를 이용하여 균일 속도 $100\hat{\mathbf{i}} + 50\hat{\mathbf{j}}$에 대한 유동 함수와 속도 퍼텐셜을 구하라.

8.77 유동이 유동 함수 $\psi = 40\tan^{-1}(y/x)$로 표현된다.

(a) 극좌표계로 유동 함수를 표현하라.

(b) 이 유동은 비압축성인가? 그렇다면 이유를 설명하라.

(c) 속도 퍼텐셜을 구하라.

(d) 가속도가 $-10\ \text{m/s}^2$인 반경을 구하라.

8.78 유동에 대한 유동 함수는 $\psi = 20\ln(x^2 + y^2)\ \text{m}^2/\text{s}$이다. 이 비압축성 유동에 대한 복소수 속도 퍼텐셜을 구하라. 만약 원점으로부터 멀리 떨어진 곳의 압력이 20 kPa이라면 물이 흐르고 있을 때 (0, 20 cm) 지점에서의 압력은 얼마인가?

8.79 유동 함수는 다음과 같다.

$$\psi = 10y - \frac{10y}{x^2 + y^2}$$

(a) $\nabla^2\psi = 0$임을 보여라.

(b) 속도 퍼텐셜 $\phi(x, y)$를 구하라.

(c) 물이 흐르고 있다고 가정하여 $x = -\infty$에서 압력이 $p = 50$ kPa일 때 x축에 따른 압력 분포를 구하라.

(d) 정체점들을 구하라.

8.80 유동의 속도 퍼텐셜은 다음과 같다.

$$\phi = 10x + 5\ln(x^2 + y^2)$$

(a) 이 함수가 라플라스 방정식을 만족함을 보여라.

(b) 유동 함수 $\psi(x, y)$를 구하라.

(c) 물이 흐르고 있다고 가정하여 $x = -\infty$에서 압력이 $p = 100$ kPa일 때 x축에 따른 압력 분포를 구하라.

(d) 정체점들을 구하라.

(e) $x = -2$ m, $y = 0$인 지점에서의 가속도를 구하라.

8.81 높이가 0.2 m인 넓은 수로에서 속도 분포가 $u(y) = y - y^2/0.2$로 주어진다. 이 유동에 대한 유동 함수를 구하라. 속도 분포를 적분하고 $\Delta\psi$를 이용하여 유량을 구하라. 식 8.5.2를 참조하여 속도 퍼텐셜이 존재하지 않는 이유를 설명하라.

단순 유동들의 중첩

8.82 원점에서 강도가 $0.45\,\pi\ \text{m}^2/\text{s}$인 소스와 9 m/s의 균일유동이 중첩되어 형성된 물체가 그림 P8.82에 나와 있다.

- **(a)** 정체점들을 구하라.
- **(b)** 물체의 y절편을 구하라.
- **(c)** $x = \infty$에서 물체의 두께를 구하라.
- **(d)** $(x = -0.3\ \text{cm},\ y = 0)$에서의 u를 구하라.

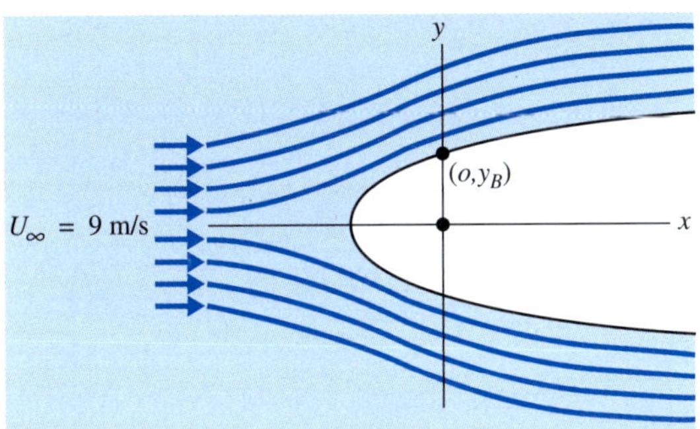

그림 P8.82

8.83 소스와 싱크의 강도가 똑같이 $\pi\ \text{m}^2/\text{s}$이고 각각 $(-1\ \text{m}, 0)$과 $(1\ \text{m}, 0)$에 위치한다. 그리고 균일 속도 10 m/s의 균일유동과 중첩되어 랭킨 타원체(Rankine oval)를 형성한다. 타원체의 길이와 최대 두께를 계산하라. $x = -\infty$에서 $p = 10\ \text{kPa}$이면 물이 흐를 때 최소 압력은 얼마인가?

8.84 한 타원체가 강도가 똑같이 $2\pi\ \text{m}^2/\text{s}$이고 각각 (21, 0)과 (1, 0)에 위치하는 소스와 싱크가 속도 2 m/s의 균일유동과 중첩되어 형성된다. 정체점들의 위치와 (24, 0)과 (0, 4) 지점에서의 속도를 구하라. 거리 단위는 미터이다.

8.85 강도가 $2\pi\ \text{m}^2/\text{s}$인 두 소스가 각각 (0, 1)과 (0, 21)에 위치한다. 결과적인 유동을 그리고 정체점들을 찾으라. (1, 1) 지점에서의 속도를 구하라. 거리 단위는 미터이다.

8.86 문제 8.82의 두 소스가 균일유동과 중첩된다. 이때의 유동을 스케치하고 정체점들을 찾으라. 그리고 다음의 각 경우에 형성된 물체의 y절편을 찾으라.

- **(a)** $U_\infty = 10\ \text{m/s}$
- **(b)** $U_\infty = 1\ \text{m/s}$
- **(c)** $U_\infty = 0.2\ \text{m/s}$

8.87 강도가 $60\ \text{m}^3/\text{s}$인 더블릿이 8 m/s인 물의 균일유동과 중첩된다. 다음을 계산하라.

- **(a)** 형성되는 원통의 반경
- **(b)** $x = -\infty$로부터 정체점까지의 압력 증가량
- **(c)** 원통 표면에서의 속도 $v_\theta(\theta)$
- **(d)** 정체점으로부터 원통 표면의 최소 압력점까지의 압력 감소량

8.88 강도가 $4\pi\ \text{m}^2/\text{s}$인 싱크가 강도가 $20\pi\ \text{m}^2/\text{s}$인 와류와 중첩된다.

- **(a)** 초기에 $(x = 0,\ y = 1\ \text{m})$에 위치하는 입자의 궤적선을 도시하라. 직선의 연장선으로 45° 마다 접선을 사용하라.
- **(b)** (0, 1)에서의 가속도를 계산하라.
- **(c)** $p(10, 10) = 20\ \text{kPa}$이면, 대기 중의 공기가 흐르고 있을 때 p(0, 0.1)은 얼마인가?

8.89 그림 P8.89에 나와 있는 원통은 강도가 $40\ \text{m}^3/\text{s}$인 더블릿과 10 m/s의 균일유동이 중첩되어 생성된다.

- **(a)** y축을 따라 원통으로부터 $y = \infty$까지의 속도를 스케치하라.
- **(b)** $(x = -4\ \text{m},\ y = -3\ \text{m})$에서의 속도를 계산하라.
- **(c)** 전반부에 걸쳐 퍼텐셜 유동이라 가정하고 후반부에 걸쳐서는 압력이 일정하다고 가정하여, 원통에 대한 항력계수를 계산하라.

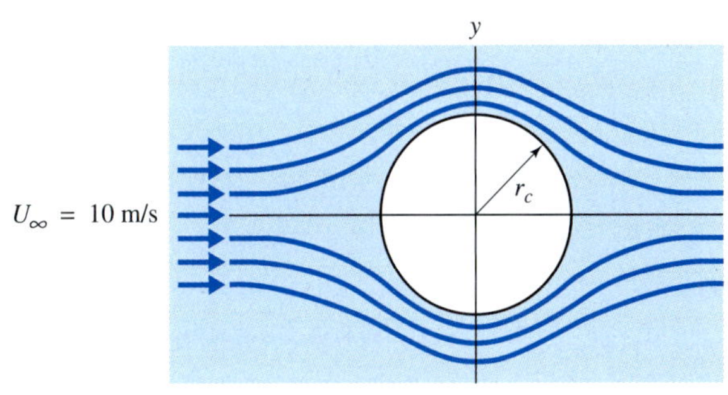

그림 P8.89

8.90 직경이 2 m인 원통이 속도 4 m/s인 균일 유동장에 위치해 있다.

- **(a)** x축을 따라 원통으로부터 $x = -\infty$까지의 속도를 도시하라.

(b) 원통 전반부의 v_θ를 구하라.

(c) $x = -\infty$에서 $p = 50$ kPa일 때 원통 전반부 표면 위에서의 $p(\theta)$를 구하라.

(d) 후반부의 압력이 일정하고 $\theta = 90°$에서의 값과 같을 때 길이 1 m의 원통에 작용하는 항력을 구하라.

8.91 $U_\infty = 9$ m/s인 자유유동, $\mu = 36$ m^2/s인 더블릿, 그리고 $\Gamma = 90$ m^2/s인 와류를 중첩해 보라. $x = -\infty$에서 $p = 0$이고 대기 중의 공기가 흐르고 있다고 가정하여 정체점들을 구하고 원통 표면에서의 최소 압력과 최대 압력을 추정하라.

8.92 직경 0.8 m의 원통이 20 m/s로 유동하는 대기의 공기 중에 놓여 있다. 표면에 정체점이 하나만 존재하게 되는 원통의 회전 속도를 구하라. $x = -\infty$에서 $p = 0$일 때 원통에 작용하는 최소 압력을 계산하라.

8.93 대기 중에서 3 m/s인 공기의 유동장에서 직경이 1.2 m인 원통이 120 rpm으로 회전하고 있다. $x = -\infty$에서 $p = 0$일 때 정체점들을 결정하고 원통의 최소 및 최대 압력을 계산하라.

8.94 18 m 길이의 날개(끝에서 끝까지 측정) 주위의 순환이 1400 m^2/s의 값을 갖는다. 105 m/s의 속도로 9000 m의 고도에서 비행할 때 날개에 의해 생성되는 양력을 계산하라.

8.95 90° 모퉁이 (2 m, 2 m)에서 단위 미터당 강도 2π m^2/s인 소스로 인한 속도를 구하고 싶다. 영상법(method of image), 즉 적절한 위치에 하나 이상의 소스를 추가하여 $u(x, y)$, $v(x, y)$를 구하여 속도장을 구하라.

8.96 다공성 매체를 통과하는 유동이 라플라스 방정식과 관계되는 속도 퍼텐셜 함수를 이용하여 묘사되었다. 천연 가스가 어떤 지하 바위 구조물 내부에 저장될 수 있다. 그림 P8.96과 같이 유정은 액체가 통과하지 못하는 바위층 부근에 위치한다. 유정에서 단위 미터당 0.2 m^3/s가 분출될 경우 (4 m, 3 m) 위치에서 예상되는 속도를 구하라. 문제 8.95의 영상법을 참조하라.

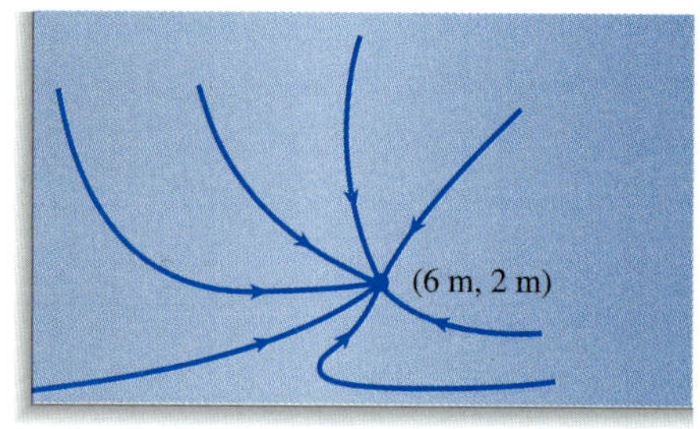

그림 P8.96

경계층

8.97 고도가 다음과 같을 때 90 m/s로 비행하는 날개에 난류가 예상되는 선단으로부터의 길이는 얼마인가?

(a) 0 m **(b)** 3600 m **(c)** 9000 m

$Re_{crit} = 6 \times 10^5$을 사용하고 0의 압력구배를 갖는 평판이라고 가정한다.

8.98 상업적 제트라이너에 사용되는 에어포일은 평판으로 근사화 시킬수 있다. 천이구간에서 난류가 예상되는 리딩 엣지(leading edge) 로부터의 거리를 결정하라. 제트는 9000 m 고도에서 800 km/h로 비행하며 압력과 온도는 각각 31 kPa , −43°C이다.

8.99 0의 압력구배를 갖는 평판 위의 경계층이 풍동 안에서 연구된다. $U_\infty = 10$ m/s라면 다음의 각 평판 위에서 난류가 예상되는 길이는 선단으로부터 얼마인가?

(a) 높은 자유유동 교란도를 갖는 고정 평판

(b) 낮은 자유유동 교란도를 갖는 고정 평판

(c) 낮은 자유유동 교란도를 갖는 진동 평판

(d) 높은 자유유동 교란도를 갖는 진동 평판

(e) (b)의 유동에 대해 작은 교란이 성장하리라고 예상되는 거리를 구하라.

8.100 평판이 수로 안에 위치해 있을 경우에 대하여 문제 8.95를 반복하라.

8.101 매끈한 평판 위에서 층류 영역이 최소한 2 m가 요구된다. 풍동과 수로를 이용할 수 있다. 각각에 대해 선택될 수 있는 최대 속도는 얼마인가? 낮은 자유유동 교란 강도를 갖는다고 가정하라.

8.102 문제 8.89의 원통 앞면에 존재하는 경계층에서의 압력 $p(x)$와 경계층의 끝에서의 속도 $U(x)$를 결정하라. 물이 흘러갈 때 정체점에서의 압력이 20 kPa이라 하자. x는 정체점으로부터 측정된 거리라 하자. 그림 8.19를 보라.

8.103 그림 P8.103에서처럼 경계층이 문제 8.90의 앞면의 정체점으로부터 발달된다. 원통의 앞면에서 경계층의 성장에 대한 해를 구하기 위해 필요한 $U(x)$와 $p(x)$를 결정하라. 정체점으로부터 x를 측정하라.

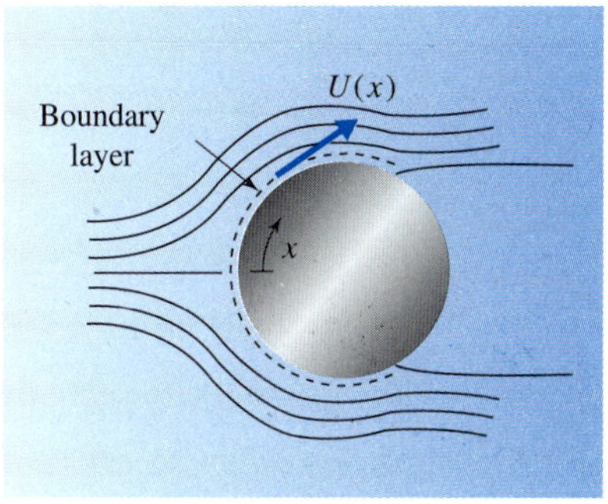

그림 P8.103

8.104 그림 P8.104과 같이 수축부를 통과하는 비점성 균일유동을 가정하여 평판 위에서 경계층의 성장에 대한 해를 구하는 데 필요한 $U(x)$와 dp/dx를 구하라. $\rho = 1.0\ \text{kg/m}^3$인 1차원 유동을 가정하라.

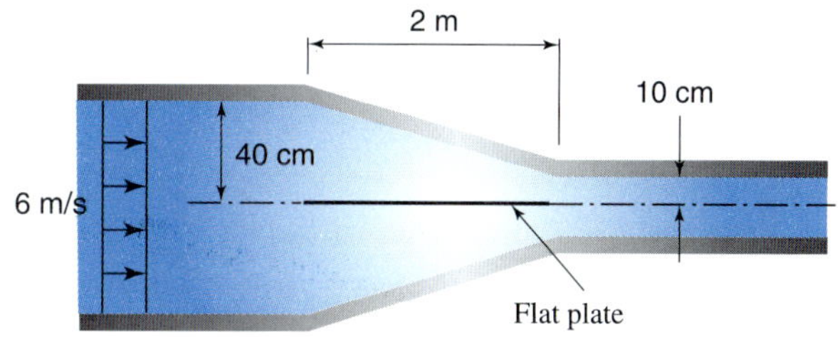

그림 P8.104

폰카르만 적분방정식

8.105 식 8.6.1과 8.6.3의 마지막 형태에서의 상세한 풀이를 설명하라. 그림 8.23을 참조하라.

8.106 폰카르만 적분방정식 8.6.4가 다음과 같은 형태로 되는 것을 보여라.

$$\tau_0 = -\delta \frac{dp}{dx} + \rho \frac{d}{dx}\int_0^\delta u(U-u)\,dy - \rho \frac{dU}{dx}\int_0^\delta u\,dy$$

$\int_0^\delta u$는 x만의 함수라는 것을 주목하라.

8.107 문제 8.106의 폰카르만 적분방정식이 다음과 같은 형태로 되는 것을 보여라.

$$\tau_0 = \rho \frac{d}{dx}(\theta U^2) + \rho\delta_d U \frac{dU}{dx}$$

이것을 유도하기 위해서는 베르누이 방정식 $p + \rho U^2/2 =$ const가 미분되어 다음과 같이 된다는 것을 보여야 한다.

$$\frac{dp}{dx} = -\rho U \frac{dU}{dx} = -\frac{\rho}{\delta}\frac{dU}{dx}\int_0^\delta U\,dy$$

8.108 0의 압력구배를 가지는 경계층에서 $u = U_\infty \sin(\pi y/2\delta)$이라 가정하고 다음을 계산하라.

(a) $\delta(x)$

(b) $\tau_0(x)$

(c) $y = \delta$이고 $x = 3$ m일 때 v

8.109 선형 속도 분포를 가정하고 $\delta(x)$와 $\tau_0(x)$를 구하라. 층류 경우의 해석해에 대한 오차를 계산하라. $dp/dx = 0$을 이용하라.

8.110 경계층 분포는 다음과 같이 근사적으로 표현된다.

$$u = 3U_\infty \frac{y}{\delta} \qquad 0 < y \le \delta/6$$

$$u = U_\infty\left(\frac{y}{\delta} + \frac{1}{3}\right) \qquad \delta/6 < y \le \delta/2$$

$$u = U_\infty\left(\frac{y}{3\delta} + \frac{2}{3}\right) \qquad \delta/2 < y \le \delta$$

$\delta(x)$와 $\tau_0(x)$를 결정하라. 층류 경우의 해석해에 대한 오차를 계산하라.

8.111 풍동 측정부의 벽이 평행하고 풍동 중심부에서의 속도는 그림 P8.107과 같이 가속된다. $dp/dx = 0$이 되어 일정 풍동 속도를 유지하도록 하려면 벽이 $\delta_d(x)$ 거리만큼 바깥쪽으로 벌어져야 함을 보여라. 풍동이 정사각형이라면 $dp/dx = 0$이 되기 위하여 한쪽 벽이 얼마나 바깥쪽으로 이동해야 하는가?

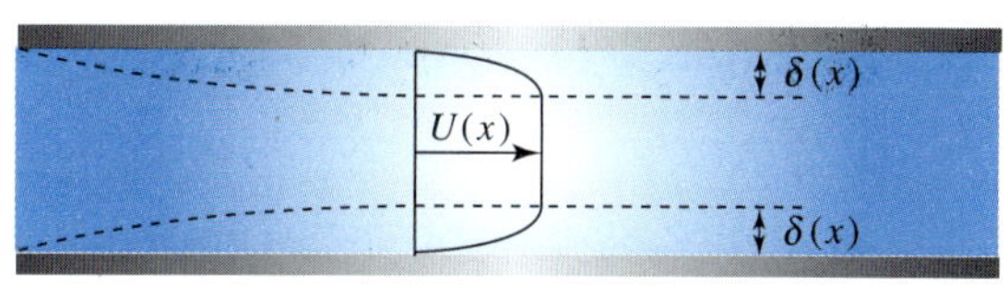

그림 P8.111

8.112 경계층(그림 P8.108)에서 주어진 x 위치에 대한 속도 분포는 다음과 같이 주어진다.

$$u(y) = 10\left(2\frac{y}{\delta} - \frac{y^2}{\delta^2}\right)$$

선단에서 한 유선이 평판으로부터 2 cm 떨어져 있다. $x =$ 3 m에서 이 유선은 평판으로부터 얼마나 떨어지게 되는가?(즉 h는 얼마인가?) 또한 $x = 3$ m에서의 배제 두께를 계산하라. 배제 두께를 $(h - 2)$ cm와 비교하라.

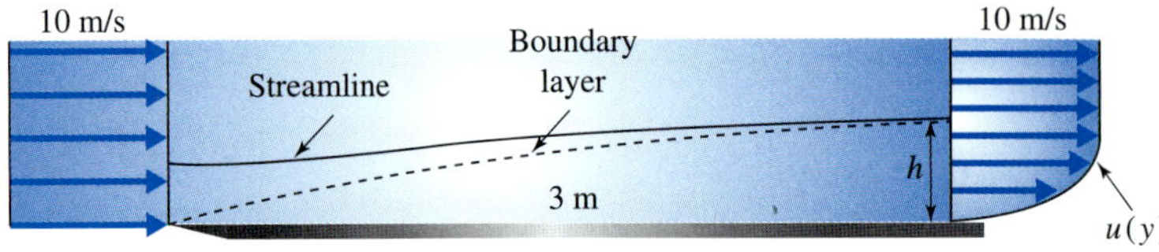

그림 P8.112

8.113 풍동의 실험 부위에서 압력구배가 0이 되게 하고자 한다. 실험 부위가 직사각형의 단면이고 30°C의 공기가 절대압력 160 kPa로 가압될 때 한 벽(다른 세 벽들은 곧고 서로 평행이거나 수직이다)의 배제 방정식은 무엇인가? 경계층의 속도 분포는 $u/U_\infty = 2y/\delta - y^2/\delta^2$이라 가정하라. 배제 방정식 $y(x)$에서 $x = 0$일 때 $y = 0$이라 가정하자.

8.114 다음과 같은 조건에서 층류 경계층에 대한 δ_d와 θ를 구하라.

(a) 삼차 속도 분포

(b) 포물선형 속도 분포

(c) $u = U_\infty \sin(\pi y/2\delta)$

해석해인 $\delta_d = 1.72\sqrt{\nu x/U_\infty}$ 및 $\theta = 0.644\sqrt{\nu x/U_\infty}$와 비교하여 오차를 계산하라.

8.115 길이가 6 m이고 폭이 5 m인 평판 위에서 15°C 대기의 공기가 4 m/s의 속도로 흘러서 층류를 유지하고 있다. 포물선형 속도 분포를 가정하여 다음을 계산하라.

(a) $x = 6$ m에서 δ

(b) $x = 6$ m에서 τ_0

(c) 한 면에 미치는 항력

(d) $x = 3$ m와 $y = \delta$에서 v

8.116 삼차 분포로 가정하고 문제 8.115을 해결하라.

층류와 난류 경계층

8.117 길이가 2 m이고 폭이 4 m인 평판 위에서 20°C 대기의 공기가 10 m/s의 속도로 흘러가고 있다. 다음의 가정하에 최대 경계층의 두께와 한쪽 면이 받는 항력을 계산하라.

(a) 전 영역에서 층류일 때

(b) 전 영역에서 난류일 때

8.118 유체 유동이 20 m/s의 속도로 평판 위에서 흐르고 있다. $x = 6$ m에서 δ와 τ_0를 계산하라.

(a) 20°C의 대기 공기일 경우

(b) 20°C의 물인 경우

층류 부분은 무시하라.

8.119 난류 속도 분포를 $\bar{u} = U_\infty(y/\delta)^{1/7}$으로 가정하라. $y = \delta$에서 이 분포는 조건들을 만족시키는가? 벽에서 전단응력을 계산할 수 있는가? 경계층 두께는 같다고 가정하고 삼차 층류속도 분포와 1/7승의 멱법칙에 의한 속도를 한 그림에 나타내라.

8.120 15°C 대기의 공기가 6 m/s의 속도로 흘러가고 있을 때 길이가 3.6 m이고 폭이 15 m인 평판의 한 면에 미치는 항력을 다음의 각 경우에 대하여 계산하라.

(a) $\text{Re}_{\text{crit}} = 3 \times 10^5$

(b) $\text{Re}_{\text{crit}} = 5 \times 10^5$

(c) $\text{Re}_{\text{crit}} = 6 \times 10^5$

8.121 길이가 1 m이고 폭이 2 m이며 선단이 날카로운 평판이 20°C 물속에서 1.2 m/s의 속도로 자신과 평행하게 끌려가고 있다. 다음에 각 경우에 대해 전체 항력을 구하라.

(a) $\text{Re}_{\text{crit}} = 3 \times 10^5$

(b) $\text{Re}_{\text{crit}} = 6 \times 10^5$

(c) $\text{Re}_{\text{crit}} = 9 \times 10^5$

8.122 60 km/h의 속도로 움직이는 공기가 해변으로부터 100 km의 거리에서 0의 경계층 두께를 갖는다고 하자. 해변에서 경계층의 두께와 벽 전단응력을 다음의 경우에 각각 구하라.

(a) 1/7승 멱법칙

(b) 실험 데이터

$T = 20$°C이다.

8.123 문제 8.118의 조건에서 다음을 계산하라.

(a) 점성 벽 층의 두께

(b) 해변에서의 배제 두께

8.124 평판에서 15°C 대기의 공기가 90 m/s의 속도로 흘러가고 있다. $x = 6$ m에서 다음을 계산하라.

(a) 국부 표면마찰계수

(b) 벽에서의 전단응력

(c) 점성 벽 층의 두께

(d) 경계층의 두께

8.125 평판 위에 20°C의 물이 10 m/s의 속도로 흘러가고 있다. $x = 3$ m에서 다음을 계산하라.

(a) 점성 벽 층의 두께

(b) 점성 벽 층 끝단에서의 속도

(c) 난류영역 바깥쪽 끝단에서의 y 값

(d) 경계층의 두께

8.126 측면의 면적이 10 m × 100 m인 배가 10 m/s의 속도로 움직이고 있을 때 총 전단 항력을 계산하라. 경계층의 최대 두께는 얼마인가?

8.127 은퇴한 교수들을 위한 길이 600 m, 100 m 직경인 비행선이 순항하고 있다. 0의 압력구배를 가지는 평판이라고 가정하고 항력을 계산하라. 코와 뒷부분의 항력은 무시하라.

(a) 만약 비행선의 속도가 15 m/s라면 4개의 엔진 각각에 필요한 동력은 얼마인가?

(b) 비행선의 한 부분이 헬륨, 엔진, 장비, 1.2×10^6 kg의 질량을 가지는 구조로 채워져 있다면 하중은 얼마인가?

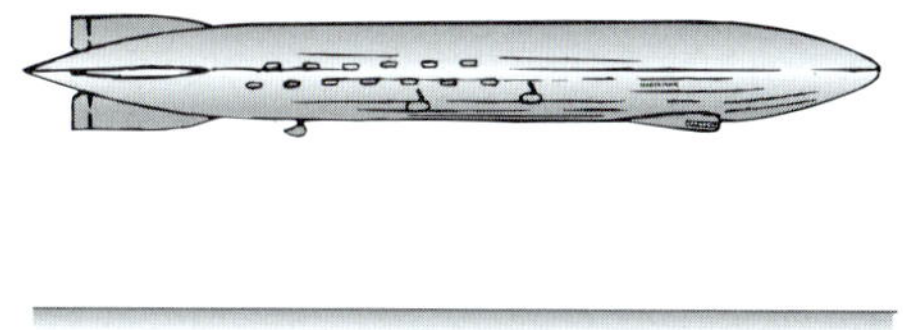

그림 P8.127

층류 경계층 방정식

8.128 $dp/dx = 0$이라 가정하고, 식 8.6.45에서 식 8.6.47이 되는 것을 보여라.

8.129 다음을 상기해 보자.

$$\frac{\partial \psi}{\partial y} = \frac{\partial \psi}{\partial \xi}\frac{\partial \xi}{\partial y} + \frac{\partial \psi}{\partial \eta}\frac{\partial \eta}{\partial y}$$

위 식으로부터 다음과 같이 된다.

$$\frac{\partial^2 \psi}{\partial y^2} = \frac{\partial}{\partial y}\left(\frac{\partial \psi}{\partial y}\right) = \frac{\partial(\partial\psi/\partial y)}{\partial \xi}\frac{\partial \xi}{\partial y} + \frac{\partial(\partial\psi/\partial y)}{\partial \eta}\frac{\partial \eta}{\partial y}$$

식 8.6.47로부터 식 8.6.49가 됨을 보여라.

8.130 식 8.6.51이 앞의 식들로부터 유도됨을 보여라.

8.131 적절한 경계조건을 가지고 삼차 룽게-쿠타 방법(또는 적절한 수치 알고리즘)을 사용하여 식 8.6.52를 풀고 표 8.5의 결과를 확인하라.(이것은 컴퓨터가 존재하기 이전에 블라시우스 박사 논문 작업이었다.)

8.132 평판 위에 20°C의 공기가 5 m/s의 속도로 흘러가면서 층류 경계층이 존재한다. $x = 2$ m에서 다음을 계산하라.

(a) 벽 전단응력

(b) 경계층 두께

(c) v의 최대 속도

(d) 경계층을 통과하는 유량

8.133 평판 위에 15°C의 공기가 4.5 m/s의 속도로 흘러가면서 층류 경계층이 존재한다. $x = 1.8$ m에서 다음을 계산하라.

(a) 벽 전단응력

(b) 경계층 두께

(c) v의 최대 속도

(d) 경계층을 통과하는 유량

8.134 0의 압력구배를 갖는 평판 위에 20°C의 물이 5 m/s의 속도로 흘러가고 있다. $x = 2$ m에서 다음을 계산하라.

(a) 벽 전단응력

(b) 경계층 두께

(c) 경계층을 통과하는 유량

8.135 경계층 두께를 정의할 때 δ를 $u = 0.999U_\infty$인 y의 지점으로 정한다면 다음의 각 경우에 경계층 두께는 얼마인가?

(a) 문제 8.128 **(b)** 문제 8.129

8.136 문제 8.132의 경계층에 대하여 $u = 0.5U_\infty$인 y의 지점을 구하라. 그 지점에서 v는 얼마인가? 또한 그곳의 전단응력은 얼마인가?

8.137 $y = \delta$와 $y = 10\delta$ 사이에서 v는 일정하다고 가정하라. 0의 압력구배를 갖는 평판에서 $0 \le y < 10\delta$에 대해 $u(y)$를 도시하라. 그런 다음 $y = 10\delta$에서 $v = 0$을 가정하라. 이때 $u(y)$를 도시하라. 그리고 적절한 방정식을 참조하여 설명하라.

8.138 문제 8.115에 나와 있는 평판의 끝 부분에서의 경계층 속도 분포를 도시하라. 그리고 같은 두께의 블라시우스 속도 분포를 같은 그림에 도시하라.

압력구배의 영향

8.139 그림 P8.139에 표시된 각 지점에서 원통의 표면 부근에 수직인 속도 분포를 도시하라. 유동은 C에서 박리된다.

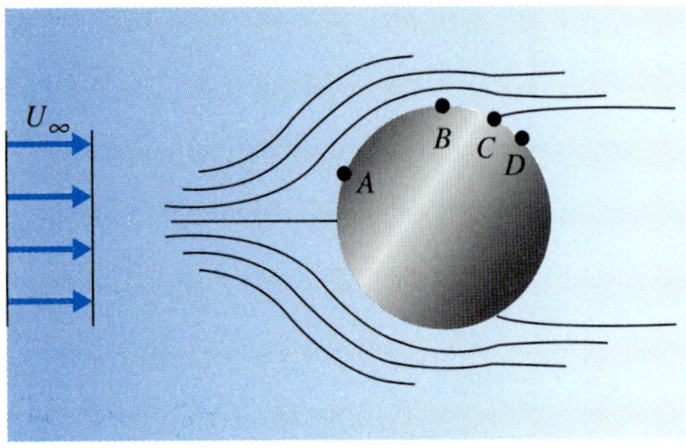

그림 P8.139

8.140 상대적인 두께를 보여 주는 그림 P8.140에 표시된 지점에 대해서 예상되는 경계층의 속도 분포를 도시하라. 이 유동은 점 A 이후에 난류로 천이된다. 그리고 점 D에서 박리가 일어난다. 한 그림에 모든 속도 분포를 도시하라. 각 지점에서의 압력구배 부호를 표시하라.

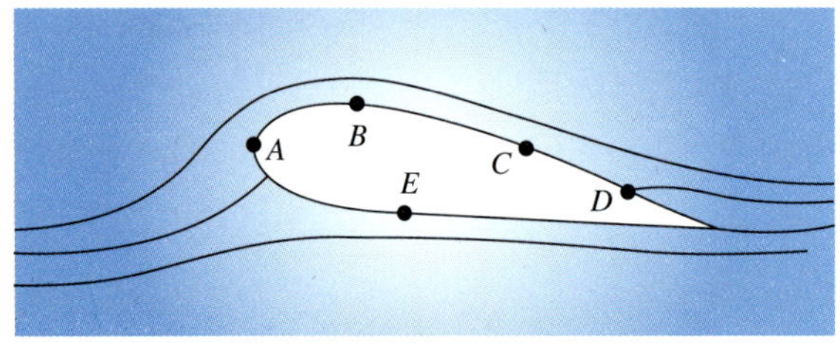

그림 P8.140

9.1 서론

압축성 유동: 유선을 따라 밀도가 변하는 기체의 유동

KEY CONCEPT
기체의 유동이 모두 압축성 유동은 아님.

이 장에서는 유선을 따라서 밀도가 변화하는 기체의 유동에 대해서 다루기로 한다. 이처럼 밀도가 변화하는 유동을 **압축성 유동**이라고 하며, 해를 구하기 위해서 연속 방정식, 에너지방정식 및 운동량 방정식에 대한 적분 형을 적용한다.

기체 유동이 모두 압축성 유동은 아니며, 또한 압축성 유동이 모두 기체 유동은 아니다. 낮은 속력에서, 즉 마하수($M = V/\sqrt{kRT}$) 0.3 이하에서 기체 유동은 비압축성 유동으로 취급될 수 있으며, 유동에 의한 밀도 변화가 무시할 수 있을 정도로 작으므로(약 3% 이하) 이는 타당하다. 비압축성 기체 유동은 공학적 관심의 대상이 되는 다양한 경우에서 관찰되며, 이들 중 많은 경우가 앞에서 설명되었다. 그러나 반드시 밀도 변화가 고려되어야 하는 유동들이 있으며, 그 중에는 상업 및 군사적 목적의 항공기 주위에 발생하는 기체 유동, 제트엔진의 기체유동, 압축기나 터빈에서의 기체 유동이 포함된다.

또한 압축성 효과가 중요한 역할을 하는 액체 유동도 존재하며, 수격현상(Water hammer)및 수면 아래에서의 폭발로 인한 압축파는 압축성 액체 유동의 좋은 예이다. 바위의 압축은 지진으로 인한 종파와 횡파가 지구표면을 통해 전파되는 것으로 설명된다. 이 장에서는 기체 유동에서의 압축성 효과에 대해 살펴본다.

아주 단순한 유동 상태에 대하여 압축성 효과에 대해 알아보자. 관로상의 주어진 유동 방향의 위치에 대해서 속도는 균일하므로 유동에 수직한 방향으로의 속도 변화는 없다. 이러한 균일 유동에 대해 연속방정식을 적용하면 다음과 같은 결과를 얻을 수 있다. (식 4.3.5 참조)

$$\dot{m} = \rho_1 A_1 V_1 = \rho_2 A_2 V_2 \tag{9.1.1}$$

균일, 압축성 유동에 대한 운동량 방정식은 다음과 같다. (식 4.5.6 참조)

$$\Sigma \mathbf{F} = \dot{m}(\mathbf{V}_2 - \mathbf{V}_1) \tag{9.1.2}$$

위치에너지의 변화를 무시한다면 에너지방정식은 다음과 같다. (식 4.4.17과 4.4.18 참조)

$$\frac{\dot{Q} - \dot{W}_S}{\dot{m}} = \frac{V_2^2 - V_1^2}{2} + h_2 - h_1 \tag{9.1.3}$$

여기서 $h = \tilde{u} + p/\rho$이다. 기체가 정압비열을 갖는 이상기체라고 가정하면, 에너지방정식은 다음과 같이 표현할 수 있다.

$$\frac{\dot{Q} - \dot{W}_S}{\dot{m}} = \frac{V_2^2 - V_1^2}{2} + c_p(T_2 - T_1) \tag{9.1.4}$$

또는 다음과 같이 쓸 수 있다.

$$\frac{\dot{Q} - \dot{W}_S}{\dot{m}} = \frac{V_2^2 - V_1^2}{2} + \frac{k}{k-1}\left(\frac{p_2}{\rho_2} - \frac{p_1}{\rho_1}\right) \tag{9.1.5}$$

여기서 다음의 열역학적 관계식과 이상기체법칙을 이용하였다.

$$h_2 - h_1 = c_p(T_2 - T_1) \tag{9.1.6a}$$

$$c_p = R + c_v \tag{9.1.6b}$$

$$k = \frac{c_p}{c_v} \tag{9.1.6c}$$

$$p = \rho RT \tag{9.1.7}$$

서로 다른 두 지점에서의 엔트로피 변화를 계산하고자 한다면 다음의 엔트로피에 대한 정의를 사용하여야 한다.

$$\Delta S = \int \frac{\delta Q}{T}\bigg|_{\text{reversible}} \tag{9.1.8}$$

여기서 δQ는 미소 열량이다. 열역학 제 1법칙을 사용하면 위 식은 일정 비열을 갖는 이상기체에 대하여 다음과 같이 표현할 수 있다.

$$\Delta s = c_p \ln \frac{T_2}{T_1} - R \ln \frac{p_2}{p_1} \tag{9.1.9}$$

만일 단열과정($Q = 0$)이고 가역(손실이 없음)과정이면, 식 9.1.8의 엔트로피 변화는 0이다(즉, 유동은 등엔트로피이다). 만약 유동이 등엔트로피이면 위 식은 다음의 관계를 나타내기 위하여 이상기체법칙과 함께 사용될 수 있다.

$$\frac{T_2}{T_1} = \left(\frac{p_2}{p_1}\right)^{(k-1)/k} \qquad \frac{p_2}{p_1} = \left(\frac{\rho_2}{\rho_1}\right)^k \tag{9.1.10}$$

다음 절에서는 압축성 유동을 공부하는데 있어 중요한 요소인 마하수에 대해 소개한다.

9.2 음속과 마하수

음속은 작은 크기의 압력 교란이 유체를 통과할 때의 속도이다. 이는 조약돌을 호수에 던졌을 때 반경방향 바깥쪽으로 퍼지는 잔물결, 중력파와 유사하다. 그림 9.1과 같이 파이프를 통과하는 작은 압력 교란인 **음파**(sound wave)를 고려하여 음속을 정의한다. 그림 9.1a와 같이 음파는 고정된 위치에 있는 관찰자로부터 상대속도 c로 움직이고 있으며, 이로 인해 압력, 밀도 및 온도는 각각 미소 변화량 Δp, $\Delta \rho$, ΔT만큼 변한다. 또한 음파의 바로 뒤의 유체에는 음파의 이동으로 인하여 속도 ΔV가 발생한다. 이해를 돕기 위해 관찰자가 음파의 이동속도로 음파와 함께 이동하고 있는 것으로 가정하면 관찰자에게는 음파가 정지된 것으로 보일 것이다. 이때 유동은 그림 9.1b에서 보는 바와 같이 음속 c로 오른쪽으로부터 음파에 접근하는 것으로 보인다. 음파를 전후하여 유동 특성은 서로 다른 값을 지니며, 유동 하류에서의 속도는 $c + \Delta V$로 나타낼 수 있으며, ΔV는 속도의 미소 변화량이다. 만약 유동 속도가 감소한다면 음파는 오른쪽으로 움직이고, 유동 속도가 증가한다면 왼쪽으로 움직인다. 유동 속도가 음파의 속도와 $V = c$로 같다면 음파는 정지 상태로 보인다.

음파: 움직이지 않는 관찰자에게 상대적으로 음속으로 이동

그림 9.1c에서와 같이 음파를 둘러싸고 있는 작은 검사체적에 대해 연속방정식과 에너지방정식을 적용해 보면 연속방정식(9.1.1)은 다음과 같다.

$$\rho A c = (\rho + \Delta\rho)A(c + \Delta V) \tag{9.2.1}$$

이는 다음과 같이 표현할 수 있다.

$$\rho \Delta V = -c\Delta\rho \tag{9.2.2}$$

여기서 고차원 항인 $\Delta\rho\ \Delta V$는 $\Delta\rho$가 밀도 ρ의 작은 변화율이어서 $\Delta\rho \ll \rho$이기 때문에 무시되었다.

유동 방향에 대하여 운동량 방정식을 적용하면 다음과 같은 식을 구할 수 있다.

$$pA - (p + \Delta p)A = \rho A c(c + \Delta V - c) \tag{9.2.3}$$

이를 단순화하기 위해서, 고차 항을 무시하면

$$-\Delta p = \rho c\ \Delta V \tag{9.2.4}$$

위 식을 식 9.2.2와 조합하면 다음과 같다.

$$c = \sqrt{\frac{\Delta p}{\Delta\rho}} \tag{9.2.5}$$

여기서 Δp와 $\Delta\rho$가 아주 작기 때문에 다시 정리하면 다음과 같다.

$$\frac{\Delta p}{\Delta\rho} \simeq \frac{dp}{d\rho} \tag{9.2.6}$$

진폭이 작고 중간대역의 주파수를 지닌 음파(18000 Hz 이상)는 이동 시 엔트로피의 변화가 없으므로 다음과 같은 관계가 성립된다.

$$\frac{p}{\rho^k} = \text{const.} \tag{9.2.7}$$

이는 다음과 같이 미분될 수 있다.

$$\frac{dp}{d\rho} = k\frac{p}{\rho} \tag{9.2.8}$$

식 9.2.5를 사용하면 음속은 다음과 같이 주어진다.

$$c = \sqrt{\frac{kp}{\rho}} \tag{9.2.9}$$

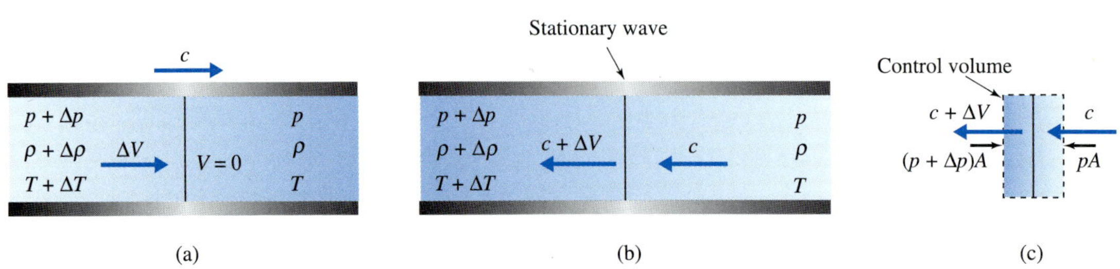

그림 9.1 음파: (a) 고정관찰자 (b) 음파와 함께 움직이는 관찰자 (c) 음파를 둘러싸고 있는 검사체적

이상기체법칙을 사용하여 정리하면 다음과 같다.

$$c = \sqrt{kRT} \tag{9.2.10}$$

고주파대역의 음파는 마찰을 발생시키며, 이러한 과정은 등엔트로피이지만 등온과정에 의해 더 근사화될 수 있다. 이상기체의 경우 등온과정이라는 전제하에 근사화시키면 다음의 결과를 얻을 수 있다.

$$c = \sqrt{RT} \tag{9.2.11}$$

액체나 고체를 통과하는 작은 음파들에 대해서는 **체적계수**(*bulk modulus*)가 사용된다. 체적계수는 압력의 차원을 가지며 $\rho\, dp/d\rho$와 동일하고, 물에 대해서 2110 MPa의 값을 갖는다. 체적계수는 압력 및 온도 변화에 따라 작은 변화량을 보인다. 식 9.2.5를 이용하면, 물에서 작은 진폭의 압력파가 1450 m/s의 속도로 전파됨을 알 수 있다.

KEY CONCEPT
물속에서 낮은 진폭의 압력 파는 1450 m/s의 속도로 이동

압축성 유동을 공부하는데 사용되는 중요한 요소는 식 3.3.3에서 소개된 **마하수**(*Mach number*)라고 불리는 무차원 속도이며 다음과 같이 정의된다.

$$\mathrm{M} = \frac{V}{c} \tag{9.2.12}$$

만약 M < 1이면 유동은 **아음속**(*subsonic*) 유동이고, M > 1이면 **초음속**(*supersonic*) 유동이다.

만약 소리의 진원지 위치가 고정되어 있으면, 음파는 음속 c로 진원지로부터 반경 방향 바깥으로 이동한다. 그림 9.2a는 시간증분 Δt에 따른 음파의 위치를 보여준다. 그림 9.2b는 음파의 이동속도보다 작은 속도 V로 이동하고 있는 진원지를 나타내고 있다. 음파는 진원지보다 전방으로 전파되므로 음속보다 낮은 속도로 비행하는 항공기는 항상 자신의 접근을 알려야 한다. 그러나 그림 9.2c의 경우와 같이 음속보다 빠른 속도로 비행하는 물체의 경우에는 그렇지 않다. 그림에서 원추의 바깥 부분은 **비교란 영역**(*zone of silence*)이므로 초음속으로 접근하는 물체가 관찰자의 머리 위를 통과할 때까지, 즉 그림상의 **마하 원추**(*Mach cone*)가 관찰자를 지날 때까지 관찰자는 물체의 접근을 알 수 없다. 마하 원추각 α는 다음과 같다.

KEY CONCEPT
M > 1의 상태로 접근할 경우, 도달 전에 감지하지 못함

$$\alpha = \sin^{-1}\frac{c}{V} = \sin^{-1}\frac{1}{\mathrm{M}} \tag{9.2.13}$$

지금까지의 논의는 **마하파**(*Mach wave*)라고 불리는 작은 진폭의 음파에 한정되었다. 이러한 음파는 항공기 앞의 뾰족한 부분이나 선단이 날카로운 항공기 날개에서 형성된다. 만약 항공기 앞부분이 무디거나 날개의 머리 부분이 충분히 날카롭지 않다면, 초음속 항공기는 **충격파**(shock wave)라고 불리는 큰 진폭의 파동을 발생시킬 것이다. 충격파는 위에 언급한 비교란 영역을 형성하지만 충격파에 의해 형성된 소리의 진원지에서의 초기 각도는 마하파의 경우보다 더 커질 것이다. 충격파는 다음 절에서 고려될 것이다.

충격파: 큰 진폭의 파장은 뭉툭한 물체에 의해 생성된다.

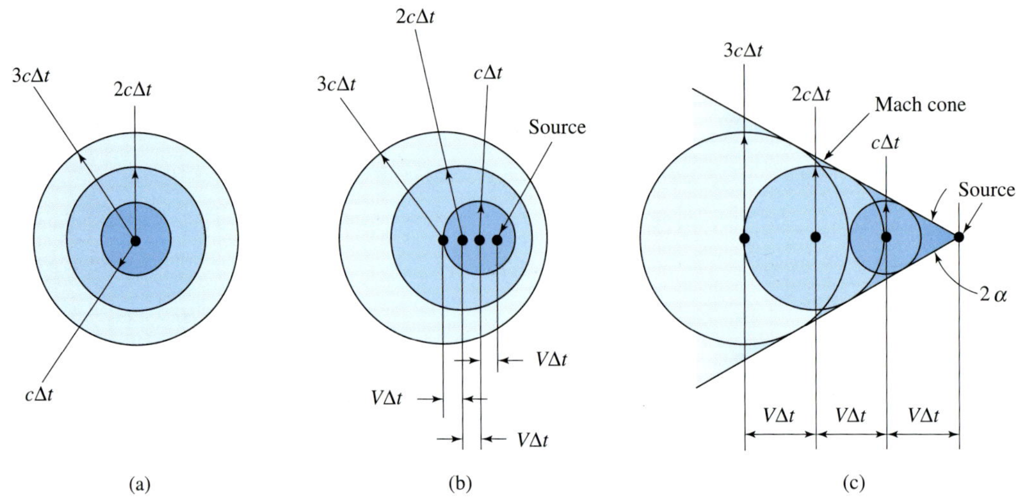

그림 9.2 진원지로부터 전파되는 음속: (a) 고정된 진원지 (b) 움직이는 진원지 ($V < c$) (c) 움직이는 진원지 ($V > c$)

예제 9.1

M = 3인 속도로 앞부분이 뾰족한 모양의 추진체가 관찰자 위를 통과한다. 추진체의 속도를 계산하고, 추진체의 움직임이 처음으로 인지될 때 관찰자로부터의 거리를 구하라.

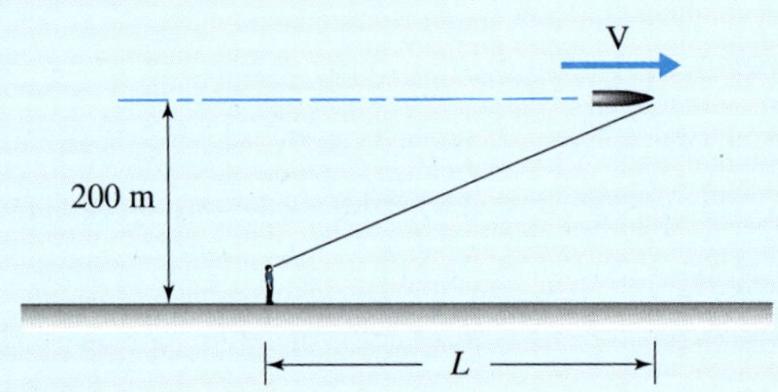

그림 E9.1

풀이

마하수 3에서 속도는 다음과 같다.

$$V = \mathrm{M}c = \mathrm{M}\sqrt{kRT}$$

$$= 3\sqrt{1.4 \times 287\ \mathrm{J/kg \cdot K} \times 288\ \mathrm{K}} = 1021\ \mathrm{m/s}$$

여기에 15°C 평균 온도를 가정하였다. 관찰자 위로의 높이 h와 거리 L을 이용하면 다음을 얻을 수 있다.

$$\sin\alpha = \frac{h}{\sqrt{L^2 + h^2}} = \frac{1}{\mathrm{M}}$$

위의 수치를 대입하면 다음과 같다.

(계속)

$$\frac{200}{\sqrt{L^2 + 200^2}} = \frac{1}{3}$$

따라서 수평 거리는 다음과 같이 구할 수 있다.

$$L = 566 \text{ m}$$

주의: kRT의 단위로는 $\frac{\text{N}\cdot\text{m}}{\text{kg}\cdot\text{K}} \times \text{K} = \frac{\text{N}\cdot\text{m}}{\text{N}\cdot\text{s}^2/\text{m}} = \frac{\text{m}^2}{\text{s}^2}$ k는 무 차원이다.

9.3 등엔트로피 노즐 유동

단면적이 변화하는 관의 한 단면이나 관로를 통과하는 기체 유동에 있어서 정상, 균일 유동 및 등엔트로피 유동이라는 근사화가 실제 유동 상황과 거의 정확하게 일치하는 경우가 많다. 제트엔진의 전면의 디퓨저(diffuser) 내의 유동, 터빈 날개를 통과하는 배기가스의 유동, 로켓 엔진의 노즐 내의 유동, 파손된 천연가스 수송관의 균열 부를 통한 유동, 그리고 기체 유동을 측정하기 위한 측정기를 통한 유동 등은 모두 정상, 균일 유동 및 등엔트로피 유동으로 모델링 될 수 있는 유동의 예들이다. 그림 9.3에서와 같이 미소 검사체적을 통과하는 유동을 관찰해 보도록 하자. 단면적이 변화하는 경우에 있어서 연속방정식은 다음과 같다.

KEY CONCEPT
정상상태, 등엔트로피 및 균일한 유동은 많은 유동상황을 관찰함에 있어 좋은 접근법이다.

$$\rho A V = \text{const.} \tag{9.3.1}$$

위 식을 dx 만큼 떨어져 있는 두 지점에 적용시키면 다음과 같이 나타낼 수 있다.

$$\rho A V = (\rho + d\rho)(A + dA)(V + dV) \tag{9.3.2}$$

위 식에서 일차항만을 남기고 나머지 고차 항을 무시하면 식 9.3.2는 다음과 같이 정리된다.

KEY CONCEPT
미분항 중 일차항만 사용

$$\frac{dV}{V} + \frac{dA}{A} + \frac{d\rho}{\rho} = 0 \tag{9.3.3}$$

이때 에너지방정식은 다음과 같이 쓸 수 있다. (식 9.1.5 참조)

$$\frac{V^2}{2} + \frac{k}{k-1}\frac{p}{\rho} = \text{const.} \tag{9.3.4}$$

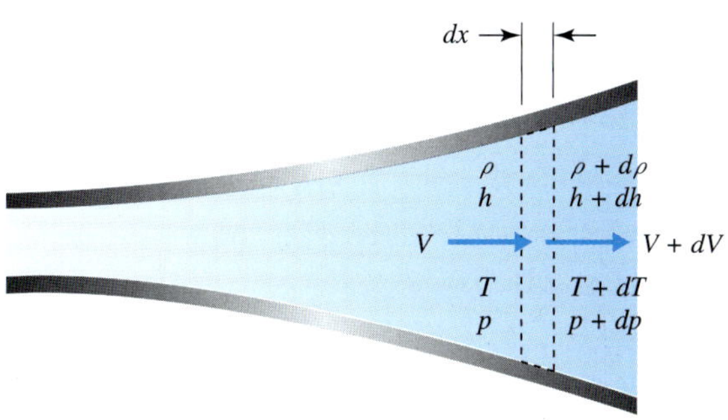

그림 9.3 균일, 등엔트로피 유동

위 식을 현재 고려하고 있는 유동 상태에 적용하면 다음과 같은 형태가 된다.

$$\frac{V^2}{2} + \frac{k}{k-1}\frac{p}{\rho} = \frac{(V+dV)^2}{2} + \frac{k}{k-1}\frac{p+dp}{\rho+d\rho} \tag{9.3.5}$$

여기서 일차항만을 고려하면 다음과 같이 정리된다.

$$V\,dV + \frac{k}{k-1}\frac{\rho\,dp - p\,d\rho}{\rho^2} = 0 \tag{9.3.6}$$

등엔트로피 과정에 대하여 식 9.2.8을 적용하면 다음의 결과를 얻을 수 있다.

$$V\,dV + k\frac{p}{\rho^2}\,d\rho = 0 \tag{9.3.7}$$

여기에 식 9.3.3의 $d\rho/\rho$에 대한 식을 대입하면 다음과 같다.

$$\frac{dV}{V}\left(\frac{\rho V^2}{kp} - 1\right) = \frac{dA}{A} \tag{9.3.8}$$

위 식을 음속 c에 관하여 정리하면 다음과 같이 정리할 수 있다.

$$\frac{dV}{V}\left(\frac{V^2}{c^2} - 1\right) = \frac{dA}{A} \tag{9.3.9}$$

여기서 마하수를 도입하면 단면적이 변화하는 경우의 등엔트로피 균일 유동에 대한 다음과 같은 중요한 관계식을 얻을 수 있다.

$$\frac{dV}{V}(\mathrm{M}^2 - 1) = \frac{dA}{A} \tag{9.3.10}$$

식 9.3.10으로부터 다음의 사항들을 알 수 있다.

1. 만약 단면적이 증가하고, $dA > 0$, $\mathrm{M} < 1$이면, $dV > 0$이 되어야 한다. 이때 유동은 아음속 유동이 되기 위해 감속된다.
2. 만약 단면적이 증가하고 $\mathrm{M} > 1$이면, $dV > 0$이 되어야 한다. 이때 유동은 초음속 유동이 되기 위해서 유동 단면적이 증가하는 부분에서 가속된다.
3. 만약 단면적이 감소하고 $\mathrm{M} < 1$이면, $dV > 0$이 되고 유동 속도가 증가한다.
4. 만약 단면적이 감소하고 $\mathrm{M} > 1$이면, $dV < 0$이 되고 유동 속도가 감소한다.
5. $dA = 0$인 목 부분에서는 $dV = 0$이거나 $\mathrm{M} = 1$, 또는 두 경우 모두 다일 수 있다.

노즐: 유동을 가속시키는 장치

디퓨저: 유동을 감속시키는 장치

만약 가속을 위한 장치가 **노즐**(nozzle)이라고 할 경우 위의 2와 3은 노즐에 대한 관찰이며, 1과 4의 결과는 감속을 위한 장치인 **디퓨저**(diffuser)이다. 초음속 유동은 확대 단면에서의 가속 유동과 축소 단면에서의 감속 유동이라는 다소 놀라운 결과를 도출한다. 사실 이러한 상황은 고속도로에서 교통 혼잡이 발생하고 있는 지점을 떠올리면 쉽게 이해할 수 있다. 즉, 초음속 유동은 교통 혼잡을 모델링하는 데 이용될 수도 있다.

위의 관찰 결과는 초음속 유동이 저장조에 직접 부착된 축소 부에서 발생할 수 없음을 알려주고 있다. 만약 탱크 내에 저장된 기체를 분사함으로써 초음속 유동이 발생한다면, 우선 저장조로부터 $\mathrm{M} = 1$이 되는 목 부분에 이르기까지 축소 노즐이 있어야 하며 그

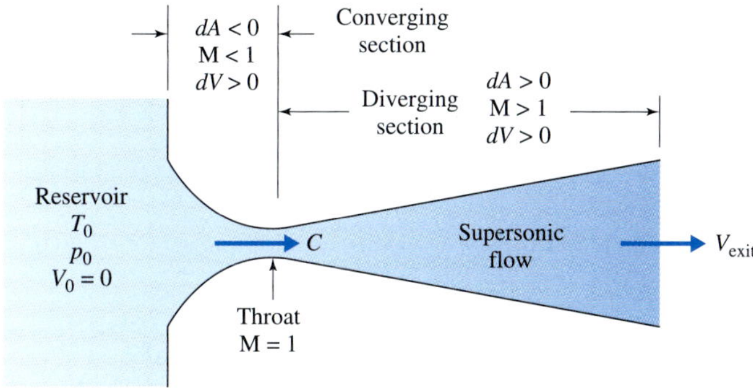

그림 9.4 초음속 노즐

이후에는 M > 1이 되기 위한 확대 노즐(디퓨저)가 설치되어야 한다. 그림 9.4는 이러한 상황을 잘 나타낸다.

이제 노즐에서의 등엔트로피 유동에 대해 좀 더 자세히 살펴보자. $V_0 = 0$인 저장조와 유동 경로상의 어느 한 부분 사이의 에너지방정식은 다음과 같다.

$$c_p T_0 = \frac{V^2}{2} + c_p T \tag{9.3.11}$$

아래 첨자 0은 $V = 0$을 의미하므로, 이 아래 첨자를 지닌 물리량들은 종종 **정체 량**(stagnation quantity)이라 불린다. $V = \mathrm{M}c$, $c_p/c_v = k$, $c_p = c_v + R$, $c = \sqrt{kRT}$이므로 위의 에너지방정식은 다음과 같이 나타낼 수 있다.

정체 량: $V = 0$인 위치의 값으로 써 아래첨자는 '0'으로 표기함

$$\frac{T_0}{T} = 1 + \frac{k-1}{2}\mathrm{M}^2 \tag{9.3.12}$$

등엔트로피 유동에서 압력과 밀도 비는 다음과 같이 표현된다.

$$\begin{aligned} \frac{p_0}{p} &= \left(1 + \frac{k-1}{2}\mathrm{M}^2\right)^{k/(k-1)} \\ \frac{\rho_0}{\rho} &= \left(1 + \frac{k-1}{2}\mathrm{M}^2\right)^{1/(k-1)} \end{aligned} \tag{9.3.13}$$

만약 초음속 유동이 목 부분의 유동 하류에서 발생한다면 목에서는 M = 1이 되며, 위 첨자 '*'을 이용하여 목 부분의 단면적은 임계면적(*critical area*)으로 표시한다. 이때의 임계비는 다음과 같다.

$$\begin{aligned} \frac{T^*}{T_0} &= \frac{2}{k+1} \\ \frac{p^*}{p_0} &= \left(\frac{2}{k+1}\right)^{k/(k-1)} \\ \frac{\rho^*}{\rho_0} &= \left(\frac{2}{k+1}\right)^{1/(k-1)} \end{aligned} \tag{9.3.14}$$

KEY CONCEPT
가상의 목을 정하여 그 임계면적을 참고한다.

실제 목 단면적을 모르더라도 가상의 목을 정하여 그 단면적(임계면적)을 기준으로 하는 참고 자료를 만들 수 있다. 실질적으로 부록 D의 표 D.1은 그런 가상의 임계면적과 관련된 자료들을 포함하고 있다. 그 예로서 $k = 1.4$에서의 임계값들은 다음과 같다.

$$p^* = 0.5283\, p_0 \qquad T^* = 0.8333\, T_0 \qquad \rho^* = 0.6340\, \rho_0 \tag{9.3.15}$$

다음의 식으로부터 노즐을 통과하는 질량유량에 대한 방정식을 구할 수 있다.

$$\begin{aligned} \dot{m} &= \rho AV \\ &= \frac{p}{RT} AM \sqrt{kRT} = \frac{p}{\sqrt{T}} \sqrt{\frac{k}{R}} AM \end{aligned} \tag{9.3.16}$$

식 9.3.12와 식 9.3.13을 이용하면, 위 식은 다음과 같이 표현할 수 있다.

$$\begin{aligned} \dot{m} &= \frac{p_0\left(1 + \dfrac{k-1}{2}\mathrm{M}^2\right)^{k/(1-k)}}{\sqrt{T_0}\left(1 + \dfrac{k-1}{2}\mathrm{M}^2\right)^{-1/2}} \sqrt{\frac{k}{R}} AM \\ &= p_0 \sqrt{\frac{k}{RT_0}}\, \mathrm{M}A \left(1 + \frac{k-1}{2}\mathrm{M}^2\right)^{(k+1)/2(1-k)} \end{aligned} \tag{9.3.17}$$

만약 $\mathrm{M}^* = 1$인 곳이 임계면적이라면 다음의 결과를 얻을 수 있다.

$$\dot{m} = p_0 A^* \sqrt{\frac{k}{RT_0}} \left(\frac{k+1}{2}\right)^{(k+1)/2(1-k)} \tag{9.3.18}$$

위 식은 노즐에서의 질량유량이 단지 저장조의 조건과 임계면적 A^*만의 함수임을 보여주고 있다. 식 9.3.17과 식 9.3.18을 조합하면 단면적 비 A/A^*는 마하수의 함수로 나타낼 수 있다.

$$\frac{A}{A^*} = \frac{1}{\mathrm{M}} \left[\frac{2 + (k-1)\mathrm{M}^2}{k+1}\right]^{(k+1)/2(k-1)} \tag{9.3.19}$$

위의 단면적 비의 값은 공기 유동일 경우에 대하여 부록 D(표 D.1)에 정리되어 있다.

등엔트로피 노즐 유동에서 마지막으로 고려해야 할 부분으로 질량유량에 대해 저장조의 압력과 리시버의 압력이 미치는 영향이 있다. 우선 축소 단면적을 갖는 노즐을 검토해 보고 그 다음으로 축소 노즐과 확대 노즐이 연결되어 있는 경우를 검토해 보도록 한다. 그림 9.5a에서와 같이 축소 노즐이 저장조에 부착되어 있고, 그림 9.5b의 왼쪽에 있는 곡선과 같이 리시버 내 압력은 노즐을 통과하는 질량유량을 증가시키기 위해 감소된다. 리시버 압력 p_r이 임계압력(공기의 경우 $p_r = 0.5298\, p_0$)에 도달했을 때 출구에서의 마하수 M_e는 1이 된다. p_r이 임계값 이하로 줄어들 경우 질량유량은 증가하지 않을 것이고, 질식유동(*choked flow*)이 그림 9.5b의 왼쪽 곡선에 나타낸 바와 같이 발생한다. 만약 목의 단면적이 임계면적과 같다면, 즉 목에서의 마하수가 $\mathrm{M} = 1$이라면 식 9.3.18에서와 같이 $\dot{m}$은 목의 단면적 A^*와 저장조의 유동 조건의 함수이다. 따라서 임계압력 이하로 감소한 p_r은 유동 상류에 전혀 영향을 미치지 않는다. 이는 파동이 음속으로 이동하므로 타당하다

KEY CONCEPT
임계압력 미만의 p_r을 제거하는 것은 상류유동에 영향을 주지 않는다.

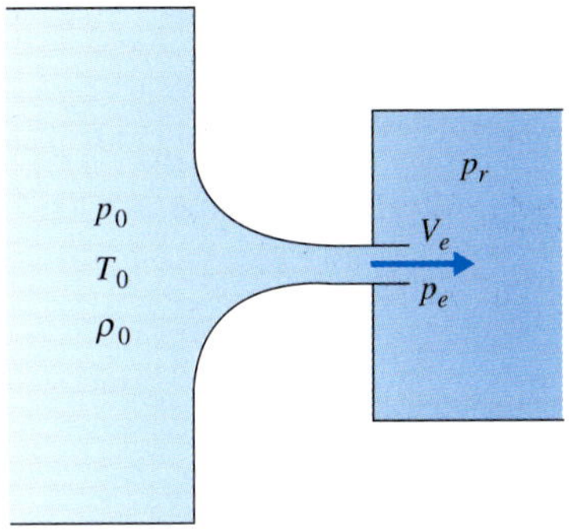

(a)

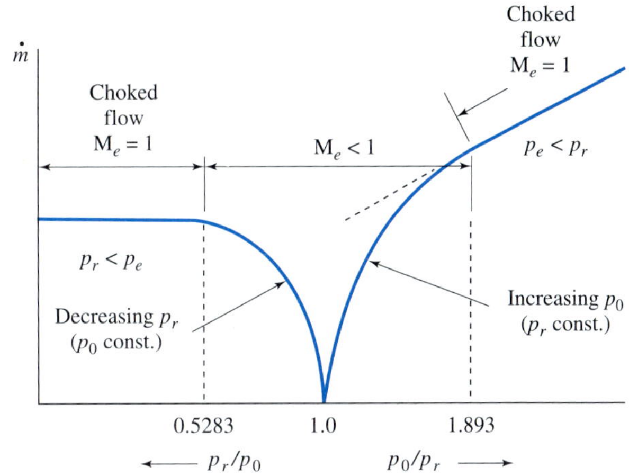

(b)

그림 9.5 축소 노즐

고 할 수 있다. 즉, p_r이 감소한다면 저장조 출구에서의 유동 속도가 음속과 같고 상류 방향으로의 파동의 확산이 불가능하므로, 유동 조건이 변화한 상류 방향으로의 파동의 이동은 더 이상 지속될 수 없다.

만약 축소 노즐에서 p_r이 일정하게 유지되고 저장조 압력(T_0 또한 일정하게 유지)이 증가한다면, 질식유동이 $M_e = 1$일 때 다시 발생한다. 그러나 p_0이 계속 증가하면 그림 9.5b의 오른쪽 곡선의 경우와 같이 질량유량이 증가함을 식 9.3.18을 통해 알 수 있다. 출구 압력 p_e는 출구에서 마하수 $M_e = 1$일 때 p_r과 같으며, 이것이 질식유동의 조건이다. 질식유동에서 출구 압력 p_e은 가스 수송관이 파열되었을 때의 조건과 유사하게 되어 리시버 압력 p_r보다 커질 것이다.

지금까지 출구 압력 p_e가 리시버 압력 p_r을 초과할 수 있는 과정에 대하여 설명하였다. 만약 $p_e > p_r$이면, 노즐 출구에서의 유동은 그림 9.6에 도시된 바와 같이 보다 급격하게 그 방향이 바뀔 수 있으며, 이러한 유동 상태는 9.8절에서 논의될 것이다.

KEY CONCEPT
만약 $p_e > p_r$이면, 노즐 출구에서의 유동은 날카롭게 변할 수 있다.

이제 그림 9.7에 나타낸 것과 같은 저장조와 리시버가 축소-확대 노즐로 연결된 경우를 고려해보자. 이 경우 저장조의 압력은 일정하고 리시버의 압력은 감소하며 그림 9.7에 다양한 리시버 압력 비 p_r/p_0에 대하여 노즐 내 위치의 함수로서 압력비 p/p_0를 도시하였

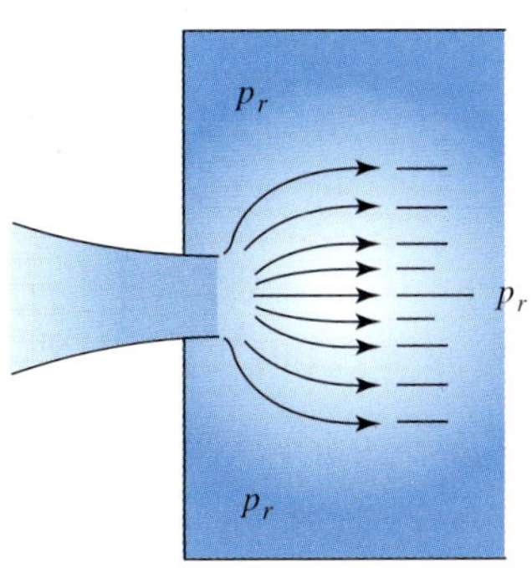

그림 9.6 $p_e > p_r$일 때의 노즐 출구 유동

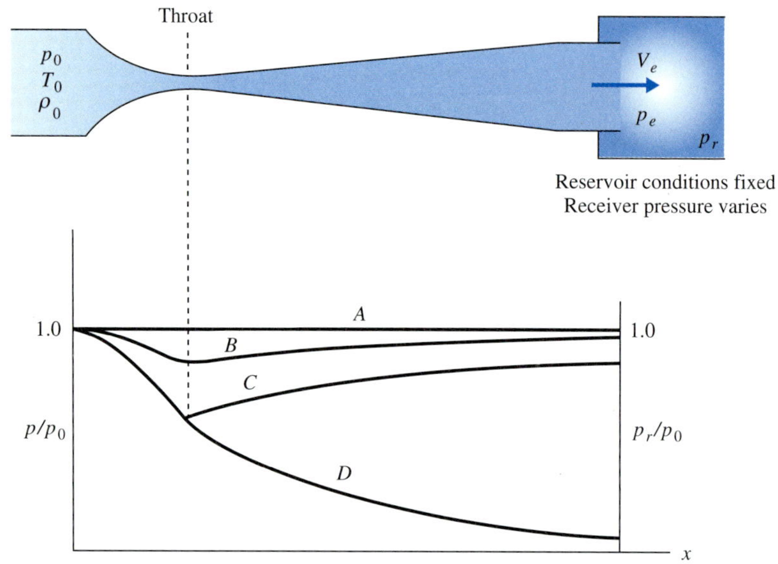

그림 9.7 축소-확대 노즐

다. 만약 $p_r/p_0 = 1$이면, 이는 곡선 A와 일치하는 경우로 유동이 발생하지 않는다. 그러나 만약 p_r이 감소한다면 곡선 B가 되고, 목에서 최소 압력이 발생하는 아음속 유동이 노즐 내에 발생한다. 압력이 더 감소됨에 따라 곡선 C에서 도시된 바와 같이 목에서 마하수가 1이 되는 결과에 도달할 것이다. 그러나 유동은 노즐 전반에 걸쳐 아음속이다. 곡선 C보다 상당히 낮은 곳에서는 노즐 전반에 걸쳐 등엔트로피 유동을 발생시키는 또 다른 리시버 압력이 존재하며, 이는 곡선 D로 나타낼 수 있다. 이들 두 개의 특정한 압력 사이에서 리시버 압력은 노즐 내에 등엔트로피가 아닌 유동, 즉 충격파와 같이 등엔트로피라는 가정이 타당하지 않은 유동을 발생시킨다. 만약 리시버 압력이 곡선 D의 값보다 작다면, 노즐 출구 압력 p_e는 리시버 압력 p_r보다 더 커지게 됨을 알 수 있다. 노즐에서의 질량유량은 곡선 A에서 곡선 C로 이동함에 따라 증가하지만, 리시버 압력이 곡선 C의 값 이하로 감소한다면 더 이상의 질량유량의 증가는 없다. 질량유량은 식 9.3.17로 주어진다.

KEY CONCEPT
노즐은 저장된 에너지를 운동에너지로 전환시킨다.

마지막으로 노즐과 디퓨저의 효율을 살펴보자. 노즐의 용도는 식 9.1.3에서 $\dot{Q} = \dot{W}_S = 0$으로 묘사된 바와 같이 엔탈피(저장된 형태의 열에너지로 간주될 수 있다)를 운동에너지로 바꾸는 것이며, 그 효율은 다음과 같이 정의된다.

$$\begin{aligned}\eta_N &= \frac{(\Delta \text{KE})_{\text{actual}}}{(\Delta \text{KE})_{\text{isentropic}}} \\ &= \frac{h_0 - h_e}{h_0 - h_{es}}\end{aligned} \tag{9.3.20}$$

여기서 h_e는 실제 출구 엔탈피이고 h_{es}는 등엔트로피적 출구 엔탈피이다. 대형 노즐일수록 벽면에서의 점성 효과로 인한 상대 손실이 적기 때문에, 효율은 90~99% 사이로 나타난다.

KEY CONCEPT
디퓨저는 압력을 회복시킨다.

디퓨저의 용도는 유체의 유동 속도를 감소시켜 압력을 회복하는 것이다. 디퓨저에서 압력회복계수(*pressure recovery factor*) C_p는 다음과 같이 정의된다.

$$C_p = \frac{\Delta p_{\text{actual}}}{\Delta p_{\text{isentropic}}} \tag{9.3.21}$$

이런 계수들은 유동이 벽으로부터 박리될 때(이런 박리를 피하기 위하여 아음속 영역에서 협각이 약 10 이하가 되어야 한다)에는 약 40% 정도의 값을 지니며 85%까지 변화한다. 이러한 박리 현상을 방지하기 위해 확대각이 큰 디퓨저의 경우에는 베인(Vanes)을 설치할 수 있으며, 이 경우 각각의 베인 사이의 각은 10°이하로 확대될 수 있다. 확대 노즐(디퓨저)의 경우에 벽면에서의 점성벽층(viscous wall layer)이 축소 노즐의 경우보다 더 두꺼우므로 점성의 영향이 더욱 크다. 아음속 확대 노즐에서의 유동 역시 벽면으로부터 박리되는 경향이 있을 것이라고 생각할 수 있겠지만, 그렇지는 않다. 다음 장에서 공부할 부분인 부채꼴 모양의 팽창 팬(expansion fan)은 초음속 유동으로 하여금 보다 날카로운 각으로 방향 전환이 발생하므로, 이를 통해 보다 큰 협각을 갖는 초음속 노즐이 제작될 수 있다.

KEY CONCEPT
초음속노즐은 큰 협각을 포함해 제작될 수 있다.

예제 9.2

공기가 온도 20°C 절대압력 500 kPa로 유지되는 저장조를 빠져나와 (a) 절대압력 300 kPa와 (b) 절대압력 200 kPa로 유지되는 리시버 안으로 유입된다. 출구 면적이 10 cm^{2}일 때, 질량유량을 구하라. 먼저 방정식을 사용하고 나서 부록 D(표 D.1)에 있는 등엔트로피 유동표를 이용하라.

풀이

질량유량을 구하기 위하여 등엔트로피 유동을 가정한다. 공기에 대해 $\mathrm{M}_e = 1$인 결과에 대한 리시버 압력은 다음과 같다.

$$p_r = 0.5283\, p_0 = 0.5283 \times 500 = 264.2 \text{ kPa}$$

(a) 부분에 대해서 $p_r > 264.2$ kPa일 때 $\mathrm{M}_e < 1$, (b) 부분에 대해서 질식유동이 일어나고 $p_r < 264.2$ kPa일 때 $\mathrm{M}_e = 1$이다.

(a) 출구의 마하수를 구하기 위하여 식 9.3.13은 다음과 같이 표현할 수 있다.

$$1 + \frac{k-1}{2}\mathrm{M}^2 = \left(\frac{p_0}{p}\right)^{(k-1)/k}$$

또는 다음과 같다.

$$\mathrm{M}_e^2 = \frac{2}{k-1}\left(\frac{p_0}{p}\right)^{(k-1)/k} - \frac{2}{k-1}$$

$$= \frac{2}{0.4}\left(\frac{500}{300}\right)^{0.2857} - \frac{2}{0.4} = 0.7857 \qquad \therefore \mathrm{M}_e = 0.8864$$

질량유량은 식 9.3.17에 의해 다음과 같이 구할 수 있다.

$$\dot{m} = p_0\sqrt{\frac{k}{RT_0}}\,\mathrm{M}A\left(1 + \frac{k-1}{2}\mathrm{M}^2\right)^{(k+1)/2(1-k)}$$

$$= 500\,000\sqrt{\frac{1.4}{287 \times 293}} \times 0.8864 \times 0.001\left(1 + \frac{0.4}{2} \times 0.8864^2\right)^{-2.4/0.8}$$

$$= 1.167 \text{ kg/s}$$

(계속)

(b) 질식유동이 발생하므로 $M_e = 1$이고 식 9.3.18을 사용하면 다음과 같다.

$$\dot{m} = p_0 A^* \sqrt{\frac{k}{RT_0}\left(\frac{k+1}{2}\right)^{(k+1)/2(1-k)}}$$

$$= 500\,000 \times 0.001 \sqrt{\frac{1.4}{287 \times 293}\left(\frac{2.4}{2}\right)^{-2.4/0.8}} = 1.181 \text{ kg/s}$$

등엔트로피 유동 표(표 D.1)를 이용하여 (a)와 (b)를 풀어보자.

(a) 압력비 $p/p_0 = 300/500 = 0.6$에 대해서, 해를 구하기 위하여 보간을 하면 다음과 같다.

$$M_e = \frac{0.6041 - 0.6}{0.6041 - 0.5913} \times 0.02 + 0.88 = 0.886$$

$$\frac{T_e}{T_0} = \frac{0.6041 - 0.6}{0.6041 - 0.5913}(0.8606 - 0.8659) + 0.8659 = 0.864$$

$$T_e = 0.864 \times 293 = 253 \text{ K}$$

속도와 밀도는 각각 다음과 같이 구할 수 있다.

$$V = \text{M}c = 0.886\sqrt{1.4 \times 287 \times 253} = 282 \text{ m/s}$$

$$\rho = \frac{p}{RT} = \frac{300}{0.287 \times 253} = 4.13 \text{ kg/m}^3$$

질량유량은 다음과 같다.

$$\dot{m} = \rho A V$$

$$= 4.13 \times 0.001 \times 282 = 1.165 \text{ kg/s}$$

(b) 질식유동에 대해서 $p_e/p_0 = 0.5283$임을 알고 있다. 표를 통해 다음을 알 수 있다.

$$\frac{T_e}{T_0} = 0.8333 \quad \text{and} \quad \frac{p_e}{p_0} = 0.5283$$

따라서 온도, 속도, 밀도는 각각 다음과 같다.

$$T = 0.8333 \times 293 = 244.2 \text{ K}$$

$$V = \text{M}c = 1 \times \sqrt{1.4 \times 287 \times 244.2} = 313.2 \text{ m/s}$$

$$\rho = \frac{p}{RT} = \frac{0.5283 \times 500}{0.287 \times 244.2} = 3.769 \text{ kg/m}^3$$

질량유량은 다음과 같이 구할 수 있다.

$$\dot{m} = \rho A V$$

$$= 3.769 \times 0.001 \times 313.2 = 1.180 \text{ kg/s}$$

그러므로 방정식을 이용한 결과들은 표를 이용한 결과와 동일하다.

예제 9.3

출구 면적이 40 cm^{2}이고 목 면적이 10 cm^{2}인 축소-확대 노즐이 온도 20°이고 절대압력이 p = 500 kPa인 저장조에 부착되어 있다. 등엔트로피 유동에 대한 목에서 M = 1에 대해 두 개의 출구 압력을 구하라. 또한, 관계된 출구 압력과 속도를 구하라.

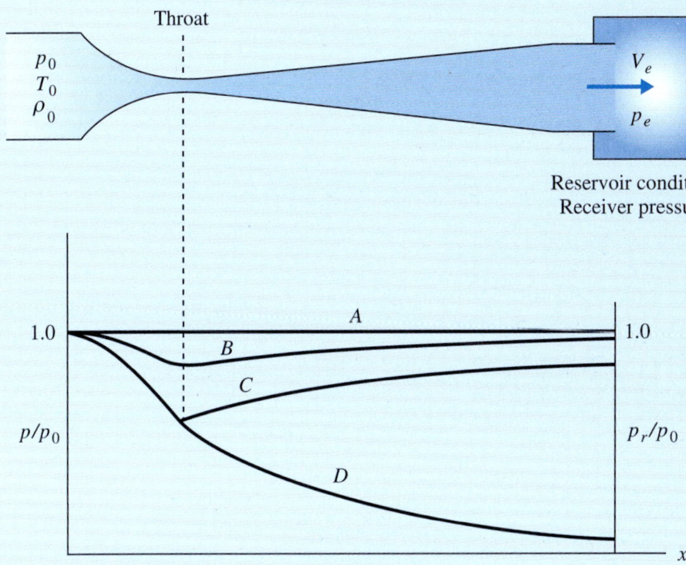

그림 E9.3

풀이

구하고자 하는 출구 압력은 그림 9.7의 곡선 C와 D에 관계되어 있다. 이때 면적 비는 다음과 같다.

$$\frac{A}{A^*} = \frac{40}{10} = 4$$

시행착오법을 이용하여 M에 대해 식 9.3.19를 풀 수 있다. 그러나 이것은 등엔트로피 유동 표(표 D.1)을 사용하면 더 간단하다. $A/A^* = 4$에 대해 두 개의 항목이 있다. 보간 법은 다음과 같다.

$$\left(\frac{p}{p_0}\right)_C = \frac{4.182 - 4.0}{4.182 - 3.673}(0.9823 - 0.9864) + 0.9864 = 0.9849$$

$$\left(\frac{p}{p_0}\right)_D = \frac{4.0 - 3.999}{4.076 - 3.999}(0.02891 - 0.02980) + 0.02980 = 0.02979$$

여기서 등엔트로피가 되는 두 개의 출구 압력은 다음과 같다.

$$p_C = 492.4 \text{ kPa} \qquad \text{and} \qquad p_D = 14.9 \text{ kPa}$$

곡선 C의 유동 상태를 만들어내기 위하여 필요한 리시버와 저장조 사이의 압력 차(7.6 kPa)는 매우 작다는 것에 주목하자. 온도 비와 마하수는 다음과 같이 보간할 수 있다.

(계속)

$$\left(\frac{T}{T_0}\right)_C = 0.3576(0.9949 - 0.9961) + 0.9961 = 0.9957$$

$$\left(\frac{T}{T_0}\right)_D = 0.01299(0.3633 - 0.3665) + 0.3665 = 0.3665$$

$$\mathrm{M}_C = 0.3576 \times 0.02 + 0.14 = 0.147$$

$$\mathrm{M}_D = 0.01299 \times 0.02 + 2.94 = 2.94$$

따라서 곡선 C와 D에 관계된 출구 온도는 다음과 같다.

$$T_C = 0.9957 \times 293 = 291.7 \text{ K}$$

$$T_D = 0.3665 \times 293 = 107.4 \text{ K}$$

$V = \mathrm{M}c$으로부터 속도를 구할 수 있다.

$$V_C = 0.147\sqrt{1.4 \times 287 \times 291.7} = 50.3 \text{ m/s}$$

$$V_D = 2.94\sqrt{1.4 \times 287 \times 107.4} = 611 \text{ m/s}$$

예제 9.4

기체 유동은 마하수가 0.3보다 작을 때 비압축성 유동으로 가정한다. $\mathrm{M} = 0.3$인 기류에 대해 계산할 경우 오차가 포함된 정체압력을 구하라.

풀이

비압축성 기류에 대해 손실이 없는 에너지방정식(4.4.20)은 다음과 같다.

$$p_0 = p_1 + \rho\frac{V_1^2}{2}$$

정체점에서의 $V_0 = 0$이다.

$k = 1.4$인 등엔트로피 유동 방정식(9.3.13)은 다음과 같이 주어진다.

$$p_0 = p_1(1 + 0.2\mathrm{M}_1^2)^{3.5}$$

2차 다항식 $(1 + x)^n = 1 + nx + n(n-1)x^2/2! + \cdots$을 이용하고 $x = 0.2\mathrm{M}_1^2$으로 놓고 위 방정식을 정리하면 다음과 같다.

$$p_0 = p_1(1 + 0.7\mathrm{M}_1^2 + 0.175\mathrm{M}_1^4 + \cdots)$$

위 식은 다음과 같이 쓸 수 있다. (식 9.2.9와 식 9.2.12 참조)

$$p_0 - p_1 = p_1\mathrm{M}_1^2(0.7 + 0.175\mathrm{M}_1^2 + \cdots)$$

$$= \frac{\rho_1 V_1^2}{1.4}(0.7 + 0.175\mathrm{M}_1^2 + \cdots)$$

$$= \rho_1\frac{V_1^2}{2}(1 + 0.25\mathrm{M}_1^2 + \cdots)$$

$\mathrm{M}_1 = 0.3$을 대입하면, 다음과 같이 정리된다.

(계속)

$$p_0 - p_1 = \rho_1 \frac{V_1^2}{2}(1 + 0.0225 + \cdot\cdot\cdot)$$

이를 비압축성 방정식과 비교해 보면, 오차는 2%보다 약간 더 크다. 그러므로 $M_1 = 0.3$ 이하인 기체 유동($V \cong 100$ m/s 인 표준대기)을 비압축성 유동으로 간주하는 것은 타당하다고 할 수 있다.

9.4 수직충격파

앞의 절에서는 음속으로 이동하는 작은 진폭의 파동을 검토하였으나, 본 절에서는 큰 진폭을 갖는 파동에 대해 검토할 것이며, 동시에 압력 및 온도에 미치는 파동의 영향과 그 전파 속도가 고려될 것이다. 이러한 큰 진폭의 파동의 예로는 발사된 포탄의 앞부분이나 로켓 혹은 제트엔진 노즐로부터의 출구 유동, 초음속 항공기 주위의 기류, 폭발 시 발생하는 압력파 전면에서의 유동이 있다. 이러한 기체를 통해서 전파되는 큰 진폭의 파동을 **충격파**(shock wave)라고 부른다. 이들 충격파는 유동에 대해 수직이거나 혹은 경사각을 가질 수 있으나, 본 절에서는 관 내부 또는 전면이 무딘 물체에서 직접적으로 발생하는 수직충격파에 대해 살펴보도록 한다. 그림 9.8의 사진은 구의 전면에 발생하는 충격파를 보여준다.

충격파: 기체를 통해 전파되는 큰 진폭의 파동

충격파를 통과하는 순간의 유동 특성들의 변화는 아주 짧은 거리에 걸쳐 발생한다. 일반적으로 그 거리는 약 10^{-4} mm정도의 차수를 가지며 이는 분자의 평균자유경로의 수 배 정도이다. 충격파 내에서의 점성으로 인한 소산이나 열전도는 본 절에서는 다루어지지 않을 것이다. 충격파는 두께가 0인 불연속선으로 가정되어 적분 형 방정식이 적용될 것이다.

KEY CONCEPT
충격파 전체에 걸쳐 발생하는 변화는 매우 짧은 거리에 걸쳐서 발생한다.

속도 V_1을 가지고 움직이는 수직충격파를 고려해 보자. 그림 9.9에서 나타낸 것처럼 관내 유체가 속도 V_1으로 이동한다고 가정함으로써 수직충격파를 정지하고 있는 상태로 가정할 수 있다. $A_1 = A_2$이므로 연속방정식은 다음과 같다.

$$\rho_1 V_1 = \rho_2 V_2 \qquad (9.4.1)$$

또한 $\dot{Q} = \dot{W}_S = 0$이므로 에너지방정식(9.1.5)은 다음과 같다.

$$\frac{V_2^2 - V_1^2}{2} + \frac{k}{k-1}\left(\frac{p_2}{\rho_2} - \frac{p_1}{\rho_1}\right) = 0 \qquad (9.4.2)$$

외력은 오직 압력만이 작용하므로 운동량 방정식(9.1.2)는 다음과 같다.

$$p_1 - p_2 = \rho_1 V_1 (V_2 - V_1) \qquad (9.4.3)$$

위의 세 방정식을 이용하여 세 개의 미지수를 구할 수 있다. 즉, ρ_1, V_1, p_1을 알고 있다면 ρ_2, V_2, p_2을 구할 수 있고, 이를 통해 T_2와 M_2도 구할 수 있다.

KEY CONCEPT
세 개의 미지수의 해를 구하기 위해 세 개의 방정식이 필요하다.

그러나 위의 방정식들을 마하수 M_1와 M_2의 항으로 표현하는 것이 더욱 편리하다. 이

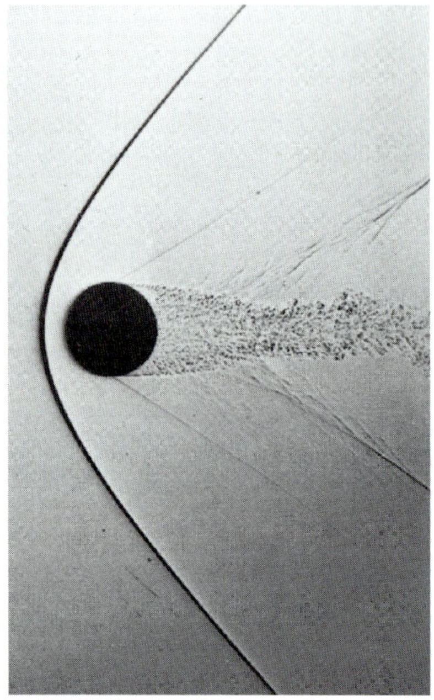

그림 9.8 M = 1.53일 때 구의 전면에서 관찰된 충격파 (A.C.Charters)

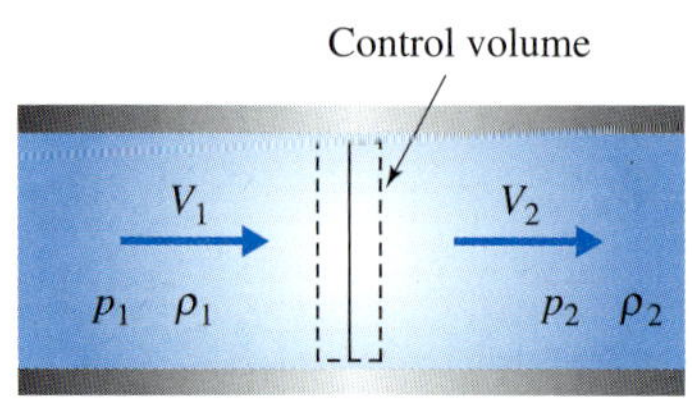

그림 9.9 관 내의 고정된 충격파

렇게 함으로써 위에 나열된 세 개의 연립방정식을 푸는 대신에 더 간단하게 해결할 수 있는 하나의 방정식을 얻을 수 있다. 이를 위해 식 9.4.3을 $\rho_1 V_1 = \rho_2 V_2$의 관계를 이용하여 다시 정리하면 다음과 같다.

$$p_1\left(1 + \frac{\rho_1 V_1^2}{p_1}\right) = p_2\left(1 + \frac{\rho_2 V_2^2}{p_2}\right) \tag{9.4.4}$$

$\mathrm{M}^2 = V^2\rho/\rho k$을 위 식에 대입하면 운동량 방정식은 다음과 같다.

$$\frac{p_2}{p_1} = \frac{1 + k\mathrm{M}_1^2}{1 + k\mathrm{M}_2^2} \tag{9.4.5}$$

비슷한 방법으로 $p = \rho RT$일 때 에너지방정식(9.4.2)는 다음과 같이 구할 수 있다.

$$T_1\left(1 + \frac{k-1}{kRT_1}\frac{V_1^2}{2}\right) = T_2\left(1 + \frac{k-1}{kRT_2}\frac{V_2^2}{2}\right) \tag{9.4.6}$$

또는 $\mathrm{M}^2 = V^2/kRT$을 대입하면 다음과 같다.

$$\frac{T_2}{T_1} = \frac{1 + \dfrac{k-1}{2}\mathrm{M}_1^2}{1 + \dfrac{k-1}{2}\mathrm{M}_2^2} \tag{9.4.7}$$

만약 $\rho = p/RT$을 연속방정식(9.4.1)에 대입하면 다음 식을 얻을 수 있다.

$$\frac{p_1 V_1}{RT_1} = \frac{p_2 V_2}{RT_2} \tag{9.4.8}$$

$V = \mathrm{M}\sqrt{kRT}$을 사용하면 다음과 같이 구할 수 있다.

$$\frac{p_2}{p_1}\frac{\mathrm{M}_2}{\mathrm{M}_1}\sqrt{\frac{T_1}{T_2}} = 1 \tag{9.4.9}$$

식 9.4.5와 식 9.4.7의 압력과 온도의 비를 대입하면, 연속방정식은 다음 형태가 된다.

$$\frac{\mathrm{M}_1\left(1 + \dfrac{k-1}{2}\mathrm{M}_1^2\right)^{1/2}}{1 + k\mathrm{M}_1^2} = \frac{\mathrm{M}_2\left(1 + \dfrac{k-1}{2}\mathrm{M}_2^2\right)^{1/2}}{1 + k\mathrm{M}_2^2} \tag{9.4.10}$$

따라서 다음 식에 의해 수직충격파 전단 및 후단에서의 마하수 사이의 관계를 나타낼 수 있다.

$$\mathrm{M}_2^2 = \frac{\mathrm{M}_1^2 + \dfrac{2}{k-1}}{\dfrac{2k}{k-1}\mathrm{M}_1^2 - 1} \tag{9.4.11}$$

위 식은 압력과 온도의 비를 M_1만의 함수로 나타낼 수 있게 하며, 운동량 방정식(9.4.5)은 다음과 같이 나타낼 수 있다.

$$\frac{p_2}{p_1} = \frac{2k}{k+1}\mathrm{M}_1^2 - \frac{k-1}{k+1} \tag{9.4.12}$$

또한 에너지방정식은 다음과 같다.

$$\frac{T_2}{T_1} = \frac{\left(1 + \dfrac{k-1}{2}\mathrm{M}_1^2\right)\left(\dfrac{2k}{k-1}\mathrm{M}_1^2 - 1\right)}{\dfrac{(k+1)^2}{2(k-1)}\mathrm{M}_1^2} \tag{9.4.13}$$

$k = 1.4$인 공기의 경우, 앞의 세 방정식은 다음과 같다.

$$\begin{aligned} \mathrm{M}_2^2 &= \frac{\mathrm{M}_1^2 + 5}{7\mathrm{M}_1^2 - 1} \\ \frac{p_2}{p_1} &= \frac{7\mathrm{M}_1^2 - 1}{6} \\ \frac{T_2}{T_1} &= \frac{(\mathrm{M}_1^2 + 5)(7\mathrm{M}_1^2 - 1)}{36\mathrm{M}_1^2} \end{aligned} \tag{9.4.14}$$

위 방정식들 중 첫 번째 식으로부터 다음의 사항들을 알 수 있다.

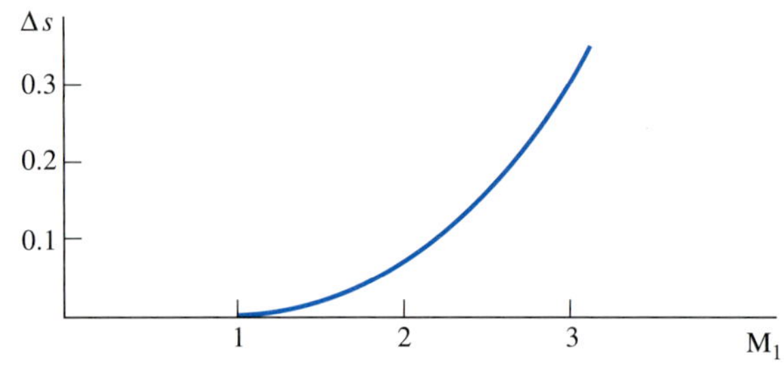

그림 9.10 공기 중에서 수직충격파의 엔트로피 변화

- 만약 $M_1 = 1$이면, $M_2 = 1$이 되고 충격파는 존재하지 않는다.
- 만약 $M_1 > 1$이면, $M_2 < 1$이 되고 수직충격파가 초음속 유동을 아음속 유동으로 전환시킨다.
- 만약 $M_1 < 1$이면, $M_2 > 1$이 되고 아음속 유동은 수직충격파에 의해 초음속 유동으로 변환될 수 있다. 그러나 이 가능성은 열역학 제 2법칙에 의해 발생할 수 없으며, 이는 고립된 계에서의 엔트로피의 감소를 요구하기 때문에 불가능하다.

KEY CONCEPT
아음속 유동에서 초음속 유동으로 변환시키는 유한파는 존재하지 않는다.

위에서 언급된 불가능성은 다음의 식에서 주어진 엔트로피의 증가를 고려함으로써 이해할 수 있다.

$$\begin{aligned} s_2 - s_1 &= c_p \ln \frac{T_2}{T_1} - R \ln \frac{p_2}{p_1} \\ &= c_p \ln \frac{2 + (k-1)M_1^2}{2 + (k-1)M_2^2} - R \ln \frac{1 + kM_1^2}{1 + kM_2^2} \end{aligned} \tag{9.4.15}$$

$k = 1.4$인 공기에 대해 그림 9.10은 M_1과 M_2의 관계를 나타낸 식 9.4.11을 이용하여 엔트로피와 마하수의 관계를 나타내었다. 그래프에서 $M_1 < 1$일 때에는 엔트로피가 감소함을 알 수 있으며, 이는 불가능하다.

위의 방정식들에 포함된 열역학적 상태량들 사이의 관계는 그림 9.11의 T-s 선도에 관련 지어 설명할 수 있다. 수직충격파 상류에서의 조건은 1, 하류에서의 조건은 2로 나타내었다. 1과 2를 연결하는 점선은 충격파의 내부에서 발생하는 비가역과정이다. $\dot{Q} = \dot{W}_S = 0$일 때, 에너지방정식은 다음과 같다.

$$\frac{V_1^2}{2c_p} + T_1 = \frac{V_2^2}{2c_p} + T_2 \tag{9.4.16}$$

정체온도는 유동이 등엔트로피적으로 정지 상태가 되었을 때의 온도로 정의된다. 따라서 에너지방정식은 그림에 나타난 것처럼 다음과 같다.

$$T_{01} = T_{02} \tag{9.4.17}$$

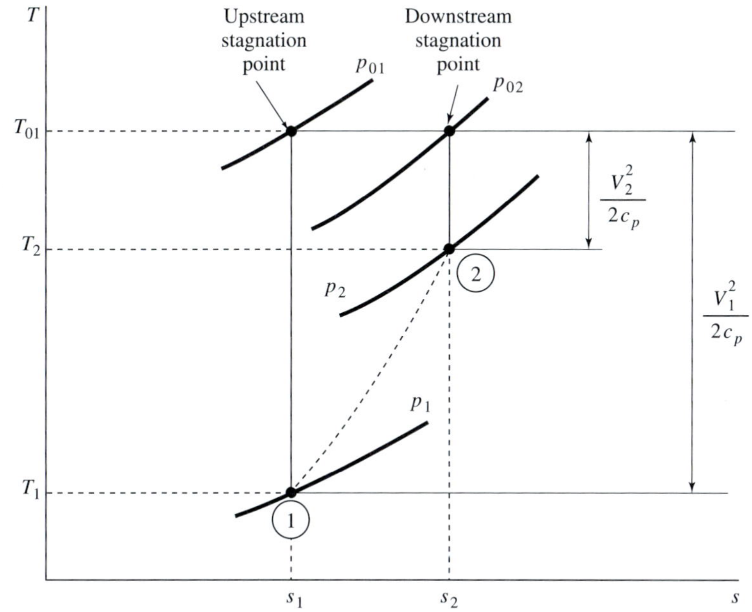

그림 9.11 수직충격파의 T-s 선도

$p_{02} < p_{01}$으로의 정체압력의 상당한 감소 역시 그림 9.11에서 관찰된다. 만약 엔트로피가 1에서 2까지 증가한다면, $T_{01} = T_{02}$으로 유지될 때 정체압력 p_{02}는 그림에서와 같이 반드시 감소한다.

문제 풀이를 위하여 압력비, 온도비, 유동 하류에서의 마하수, 정체압력 비를 유동 상류에서의 마하수로 내타낸 기체표(Gas Table)를 사용할 수 있으며, 부록 D(표 D.2)는 $k = 1.4$일 때의 기체표로 식 9.4.14의 온도 및 압력 비 등을 포함하고 있다. 여기서 M_2는 항상 1보다 작고, p_2는 항상 p_1보다 크며, T_2는 항상 T_1보다 높고, p_{02}는 항상 p_{01}보다 작음에 유의해야 한다.

예제 9.5

수직충격파가 15°C이고 대기압이 80 kPa인 정체대기 내에서 450 m/s의 속도로 지나간다. 충격파 하류 쪽의 온도와 압력을 구하라. (a) 방정식을 사용해서 구하고 (b) 기체 표를 사용해서 구하라.

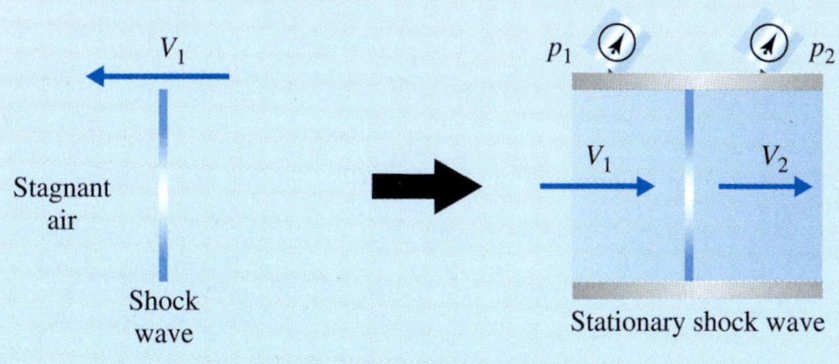

그림 E9.5

(계속)

풀이

V_1 = 450 m/s이고 p_1 = 80 kPa인 정체 공기를 고려해 보자. (a) 간소화된 방정식(9.4.14)를 사용하여, 상류 쪽의 마하수를 구할 수 있다.

$$\mathrm{M}_1 = \frac{V_1}{c_1} = \frac{V_1}{\sqrt{kRT_1}}$$

$$= \frac{453 \text{ m/s}}{\sqrt{1.4 \times 287 \text{ J/kg} \cdot \text{K} \times 289 \text{ K}}} = 1.33$$

압력과 온도는 다음 식에서 구할 수 있다.

$$p_2 = \frac{p_1(7\mathrm{M}_1^2 - 1)}{6}$$

$$= \frac{82(7 \times 1.33^2 - 1)}{6} = 155.5 \text{ kPa (abs.)}$$

$$T_2 = \frac{T_1(\mathrm{M}_1^2 + 5)(7\mathrm{M}_1^2 - 1)}{36\mathrm{M}_1^2}$$

$$= \frac{289(1.33^2 + 5)(7 \times 1.33^2 - 1)}{36 \times 1.33^2} = 349.6 \text{ K}$$

(b) (a)에서 M_1 = 1.323을 사용하였다. 표 D.2에서 보간법을 사용하면 다음과 같다.

$$\frac{p_2}{p_1} = \frac{1.33 - 1.32}{1.34 - 1.32}(1.928 - 1.8) + 1.866 = 1.897$$

$$\frac{T_2}{T_1} = \frac{1.33 - 1.32}{1.34 - 1.32}(1.216 - 1.204) + 1.204 = 1.21$$

주어진 값을 이용하여 다음을 구할 수 있다.

$$p_2 = 82 \times 1.897 = 155.5 \text{ kPa}$$

$$T_2 = 289 \times 1.21 = 349.7 \text{ K}$$

$$= 79.7°\text{C}$$

예제 9.6

수직충격파가 700 m/s의 속력으로 표준조건의 정체되어 있는 다른 공기를 통해 전파된다. 그림 E9.6에 나타낸 바와 같이 순간적으로 충격파 뒤 쪽의 공기에서 발생되는 속력을 구하라.

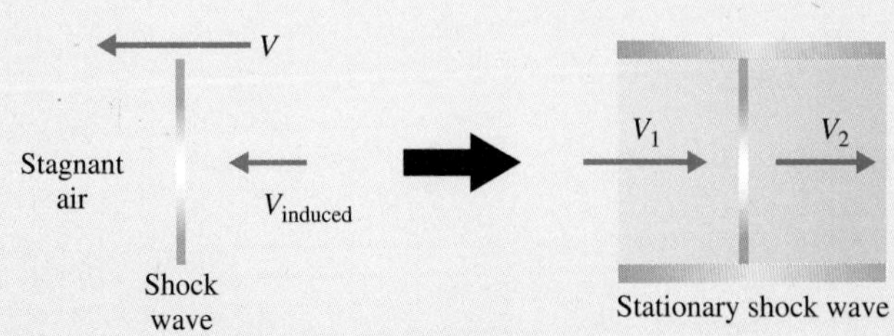

그림 E9.6

(계속)

풀이

표준조건에서의 온도는 15°C이다. 상류의 마하수는 다음과 같다.

$$\mathrm{M}_1 = \frac{V_1}{c_1} = \frac{V_1}{\sqrt{kRT_1}} = \frac{700}{\sqrt{1.4 \times 287 \times 288}} = 2.06$$

식 9.4.14를 사용하여 다음을 구할 수 있다.

$$\mathrm{M}_2 = \left(\frac{\mathrm{M}_1^2 + 5}{7\mathrm{M}_1^2 - 1}\right)^{1/2} = \left(\frac{2.06^2 + 5}{7 \times 2.06^2 - 1}\right)^{1/2} = 0.567$$

$$T_2 = \frac{T_1(\mathrm{M}_1^2 + 5)(7\mathrm{M}_1^2 - 1)}{36\mathrm{M}_1^2}$$

$$= \frac{288(2.06^2 + 5)(7 \times 2.06^2 - 1)}{36 \times 2.06^2} = 500.2\ \mathrm{K}$$

이것으로 다음을 계산할 수 있다.

$$V_2 = \mathrm{M}_2 c_2 = 0.567\sqrt{1.4 \times 287 \times 500.2} = 254.4\ \mathrm{m/s}$$

이 속도는 700 m/s에서 충격파가 정지한 공기에 접근하는 것을 가정하고 있다. 만일 V_1에 반대로 움직이는 700 m/s의 속도를 더하면 유도되는 속도는 다음과 같다.

$$V_{\mathrm{induced}} = V_2 - V_1$$
$$= 254.4 - 700 = -446\ \mathrm{m/s}$$

여기서 음의 부호는 V_1이 오른쪽으로 움직일 경우 유도된 속도가 왼쪽으로 움직임을 의미한다. 이 유도된 속도는 충격파의 전파 방향과 같은 방향이다. 이렇게 큰 속도는 고에너지 폭탄의 폭발 중심에서 나타날 수 있다.

9.5 축소-확대 노즐에서의 충격파

등엔트로피 유동에서의 축소-확대 노즐은 이미 앞 절에서 검토되었다. 즉 그림 9.7과 그림 9.12의 C와 D 곡선 사이에서의 저장조와 리시버 사이의 압력비들과, 유동 내의 충격파는 내측 또는 외측 노즐에서 발생한다는 것을 알 수 있었다. 만일 $p_r/p_0 = a$(a는 수직축 우측에 위치)라면, 수직충격파는 확대 노즐 내부에 존재한다. 충격파의 위치를 찾기 위해서는 시행착오적인 방법이 필요하기 때문에, 대개의 경우 충격파의 위치는 학생들의 문제풀이를 위해 사전에 지정된다. $p_r/p_0 = b$일 때 수직충격파는 노즐의 출구 면에 위치한다. 압력비가 b보다 작고 e보다 크면 두 가지 형태의 경사충격파가 발생하며, 하나는 중앙부에 수직충격파가 있는 경우로서 $p_r/p_0 = c$가 이러한 경우에 해당된다. 다른 한 가지 경우는 $p_r/p_0 = d$로 주어진 경우로, 오직 경사충격파만이 존재한다. 경사충격파가 발생하는 경우의 압력 비는 본 장에서는 검토되지 않을 것이다. d에서 e로 이동함에 따라 경사충격파는 점점 약해져서 결국에는 모든 충격파가 소멸되고 $p_r/p_0 = e$가 되는 등엔트로피 유동이 된다. e 이하의 압력비에서는 매우 복잡한 유동이 발생한다. 유동은 팽창파(expansive wave; 등엔트로피 파동으로 다음 절에서 논의될 것이다)로 인해 노즐 출구에서 갑작스럽게 구부러진 뒤 동일한 팽창파로 인해 되돌아온다. 이로 인해 높은 고도용 로켓엔진에서 볼 수 있는 것과 같은 배기가스의 유동이 발생한다. 이제 축소-확대 노즐의 몇몇 예제를 다루어 보자. 이를 위한 새로운 식은 필요치 않다.

KEY CONCEPT
충격파의 위치는 연습문제에 나타나 있다.

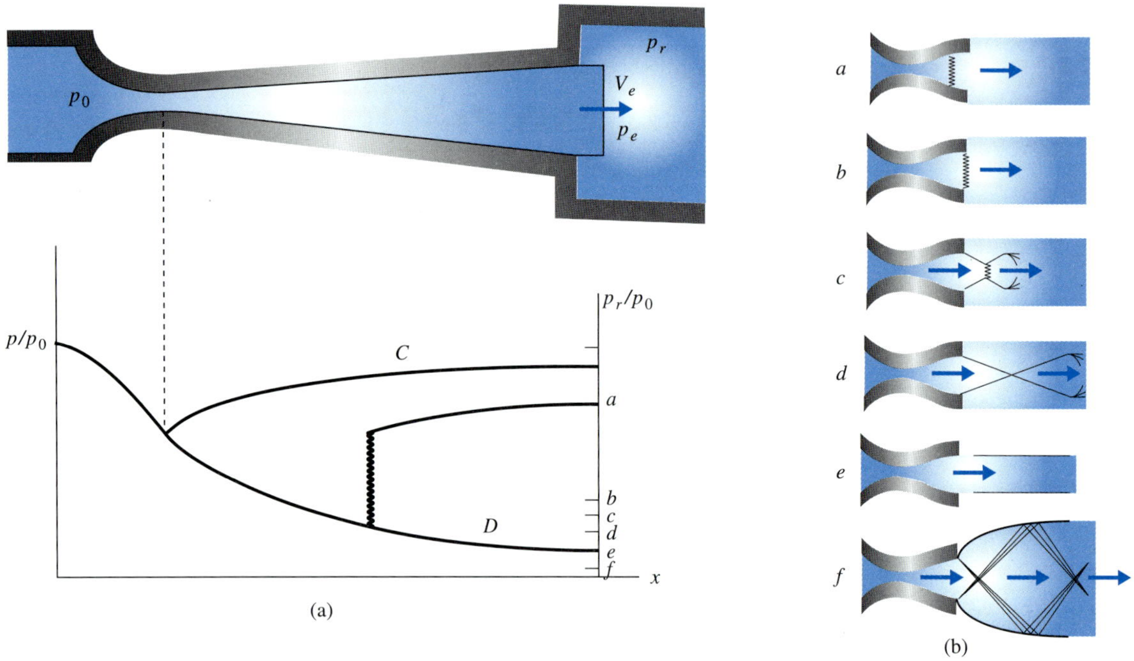

그림 9.12 축소-확대 노즐

예제 9.7

목 부분의 직경이 5 cm이고 출구의 직경이 10 cm인 축소-확대 노즐이 있다. 저장조는 실험용이며 대기조건은 20°C절대압력 90 kPa이다. 공기는 수직충격파가 노즐의 출구평면을 가로지르도록 유지되는 리시버로부터 일정하게 공급된다. 리시버의 압력과 질량유량을 구하라.

풀이

등엔트로피 유동은 상태 1에서 수직충격파의 전면인 저장조의 출구 평면, 즉 목에서 생긴다. 초음속 유동은 목의 임계면적이 만들어지는 목의 하류에서 발생한다. 그러므로 다음과 같다.

$$\frac{A_1}{A^*} = \frac{10^2}{5^2} = 4$$

등엔트로피 유동표(표 D.1)에서 보간법을사용하여 다음을 구할 수 있다.

$$M_1 = 2.94 \qquad \frac{p_1}{p_0} = 0.0298$$

그러므로 충격파 앞쪽의 압력은 다음과 같다.

$$\begin{aligned} p_1 &= p_0 \times 0.0298 \\ &= 90 \times 0.0298 = 2.68 \text{ kPa} \end{aligned}$$

수직충격파표(표 D.2)로부터 $M_1 = 2.94$를 사용하면 다음을 얻을 수 있다.

(계속)

$$\frac{p_2}{p_1} = 9.918$$
$$\therefore p_2 = 9.918 \times 2.68 = 26.6 \text{ kPa}$$

이것은 그림 9.12에서 $p_r/p_0 = b$일 때 보이는 것과 같이 출구 평면을 가로지르는 충격파를 파악하기 위해 필요한 리시버 압력이다.

노즐을 지나가는 질량유량을 구하기 위해서는 목 부분의 고려가 반드시 필요하다. $M_t = 1$, $V_t = c_t$이므로 다음과 같이 나타낼 수 있다.

$$\dot{m} = \rho_t A_t V_t = \frac{p_t}{RT_t} A_t \sqrt{kRT_t} = p_t A_t \sqrt{\frac{k}{RT_t}}$$

등엔트로피 유동표(표 D.1)에서 다음과 같이 구할 수 있다.

$$\frac{p_t}{p_0} = 0.5283 \qquad \frac{T_t}{T_0} = 0.8333$$

그러므로 질량유량은 다음과 같다.

$$\dot{m} = (0.5283 \times 90\,000) \times \frac{\pi \times 0.05^2}{4} \sqrt{\frac{1.4}{287 \times (0.8333 \times 293)}}$$
$$= 0.417 \text{ kg/s}$$

위의 식에서 압력은 반드시 파스칼로 측정됨을 기억하라.

예제 9.8

저장조 안의 20°C절대압력 200 kPa의 공기가 직경 5 cm의 목을 통하여 흐르고 직경 10 cm의 노즐로부터 분사된다. 직경이 7.5 cm인 위치에서 수직충격파가 위치하기 위하여 필요로 하는 압력을 계산하라.

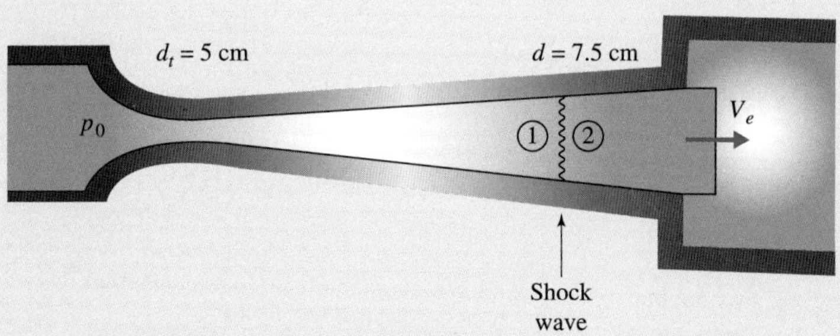

그림 E9.8

풀이

그림 9.12의 $p_r/p_0 = a$인 유동에 대한 기체 표를 사용하면 목은 $M_t = 1$인 초음속 유동의 임계 지역이다. 면적비는 다음과 같다.

$$\frac{A_1}{A^*} = \frac{7.5^2}{5^2} = 2.25$$

(계속)

이 면적비를 가지고 부록 D(표 D.1)에서 다음을 구한다.

$$\mathrm{M}_1 = 2.33$$

그리고 이 마하수를 가지고 부록 D(표 D.2)로부터 다음을 구할 수 있다.

$$\mathrm{M}_2 = 0.531 \qquad \frac{p_{02}}{p_{01}} = 0.570$$

저장조의 압력은 $p_0 = p_{01}$이므로 다음과 같다.

$$p_{02} = 0.570 \times 200 = 114 \text{ kPa}$$

등엔트로피 유동은 출구 쪽의 수직충격파 직후에 상태 2에서 발생한다. 그러므로 $\mathrm{M}_2 = 0.531$에서 부록 D(표 D.1)로부터 다음을 구할 수 있다.

$$\frac{A_2}{A^*} = 1.285$$

또 A_e를 출구 면적이라 하면 면적 비는 다음과 같다.

$$\frac{A_e}{A^*} = \frac{A_2}{A^*} \times \frac{A_e}{A_2} = 1.285 \times \frac{10^2}{7.5^2} = 2.284$$

마하수와 압력비는 위의 면적비와 관계가 있다.

$$\mathrm{M}_e = 0.265 \qquad \frac{p_e}{p_{0e}} = 0.952$$

충격파와 출구 사이의 등엔트로피 유동에서 $p_{02} = p_{0e}$임을 알 수 있다. 그러므로 출구 압력은 다음과 같이 구할 수 있다.

$$p_e = p_{02} \times 0.952 = 114 \times 0.952 = 109 \text{ kPa}$$

요구되는 결과를 얻음으로써 임계면적 비의 유용성을 알 수 있다.

예제 9.9

그림 E9.9에서 보는 바와 같이 유동에서 정체 압력을 측정하는 데 사용되는 장치인 피토관을 공기 유동에 집어넣고 절대압력 300 kPa을 측정한다. 유동의 압력은 절대압력 75 kPa로 측정된다. 만약 프로브의 정체점에서 온도가 150°C로 측정된다면 자유유동속도 V를 구하라.

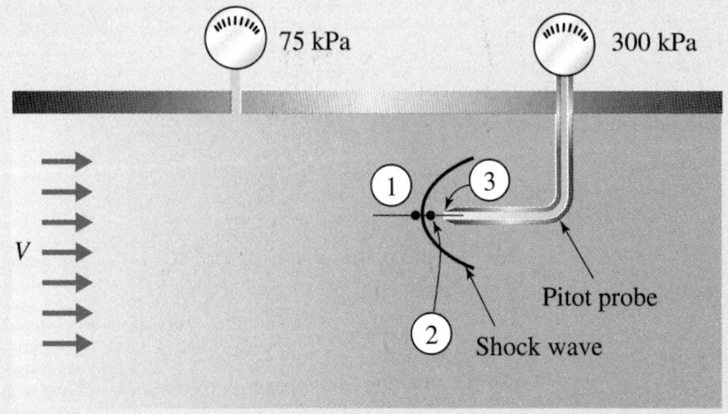

그림 E9.9

(계속)

풀이

무딘 물체가 초음속 유동 안에 놓여 있을 때 피토 프로브의 전면부에서 보이는 것처럼 물체 주변은 수직충격파의 형태가 나타난다. 정체점에서 피토 프로브의 전면과 만나는 유동은 상태 1에서 상태 2까지 수직충격파를 통하여 지나간다. 즉, 상태 2의 유동은 등엔트로피적으로 정체점인 상태 3까지 감속된다.

2에서 3까지는 등엔트로피 과정이므로 식 9.3.2을 사용할 수 있다.

$$\frac{p_3}{p_2} = \left(1 + \frac{k-1}{2}\mathrm{M}_2^2\right)^{k/(k-1)}$$

수직충격파를 가로지르므로 다음과 같다. (식 9.4.12 참조)

$$\frac{p_2}{p_1} = \frac{2k}{k+1}\mathrm{M}_1^2 - \frac{k-1}{k+1}$$

또한, 마하수는 식 9.4.11에 의해 구할 수 있다.

$$\mathrm{M}_2^2 = \frac{(k-1)\mathrm{M}_1^2 + 2}{2k\mathrm{M}_1^2 - k + 1}$$

위의 세 방정식을 이용하여 약간의 수학적 조작을 통해 초음속 유동에서 레일리-피토관 공식(*Rayleigh-pitot-tube formula*)이 다음과 같이 유도된다.

$$\frac{p_3}{p_1} = \frac{\left(\dfrac{k+1}{2}\mathrm{M}_1^2\right)^{k/(k-1)}}{\left(\dfrac{2k\mathrm{M}_1^2}{k+1} - \dfrac{k-1}{k+1}\right)^{1/(k-1)}}$$

$k = 1.4$, $p_3 = 300$ kPa, $p_1 = 75$ kPa를 대입하면, 다음과 같은 식을 구할 수 있다.

$$\frac{300}{75} = \frac{(1.2\mathrm{M}_1^2)^{3.5}}{(1.167\mathrm{M}_1^2 - 0.1667)^{2.5}}$$

시행착오법(trial and error)을 거쳐 다음과 같은 값을 얻을 수 있다.

$$\mathrm{M}_1 = 1.65$$

수직충격파 이후의 마하수는 수직충격표(표 D.2)를 이용하여 구할 수 있다.

$$\mathrm{M}_2 = 0.654$$

위의 마하수를 가지고 등엔트로피 유동표(표 D.1)를 이용하면, 상태 2에서의 온도를 구할 수 있다.

$$\begin{aligned} T_2 &= T_3 \times 0.921 \\ &= 423 \times 0.921 = 389.6 \text{ K} \end{aligned}$$

수직충격 앞에서의 온도는 수직충격표(표 D.2)를 이용함으로써 알 수 있다.

$$\frac{T_2}{T_1} = 1.423$$

$$\therefore T_1 = \frac{T_2}{1.423} = 274 \text{ K}$$

(계속)

수직충격 전 속도는 다음과 같다.

$$V_1 = M_1 c_1 = M_1 \sqrt{kRT_1}$$

$$= 1.65\sqrt{1.4 \times 287 \times 274} = 547 \text{ m/s}$$

9.6 노즐을 통과하는 증기 유동

노즐 내에서의 증기 유동은 공학적으로 매우 중요한 문제이다. 이 장에서는 발전소의 터빈 노즐을 통과하는 고압의 증기 유동과 같은 경우를 논의하기로 한다. 실질적으로, 과열되지 않은 증기는 이상기체와 같이 거동하지 않으므로 c_p와 c_v를 상수라고 가정할 수 없기 때문에 증기표를 참조하여야 한다. 그림 9.12에서의 노즐을 과열증기가 통과하는 문제로 고려해보자. 만약 충격파가 발생하지 않는다면 유동은 등엔트로피일 것이고, 그림 9.13의 T-s 선도와 같은 팽창과정으로 보일 것이다. 유동을 정체상태인 저장조에서 출발한다고 가정하고, 노즐 목에서의 유동은 상태 t로 표시되며, 확대 노즐을 빠져나가는 출구에서의 유동은 상태 e로 나타내기로 한다.

증기의 출구에서의 상태는 물방울이 응축된 상태일 가능성이 높다. 그러나 유동속도가 충분히 빠를 경우, 열전달로 인하여 응축된 물방울이 형성될 시간이 충분치 않을 것이다. 이것은 **과포화**(*super saturation*)라 **불리는 준인징 평형**(*metastable equilibrium*)으로서, 평형상태 e'보다 비평형상태인 e가 된다. 준평형상태 e의 온도를 계산하기 위해 증기는 이상기체라고 가정하며, 따라서 $Tp^{k/(k-1)}$ = 일정 을 적용할 수 있다. 만약 출구길이가 충분히 길다면 **응축충격**(*condensation shock*)이 발생하게 되는데, 본 과정에서는 이 현상에 대해 논의하지 않을 것이다.

증기가 과포화상태이기 때문에 비열비가 일정하다고 가정함으로써, 노즐을 통과하는 증기 유동에 대한 높은 정확도를 갖는 등엔트로피 유동 모델을 도출할 수 있다. 증기의 비열비로 $k = 1.3$을 이용하면 넓은 온도 범위에서 근사해를 구할 수 있다. 식 9.3.14의 임계압력비는 다음과 같다.

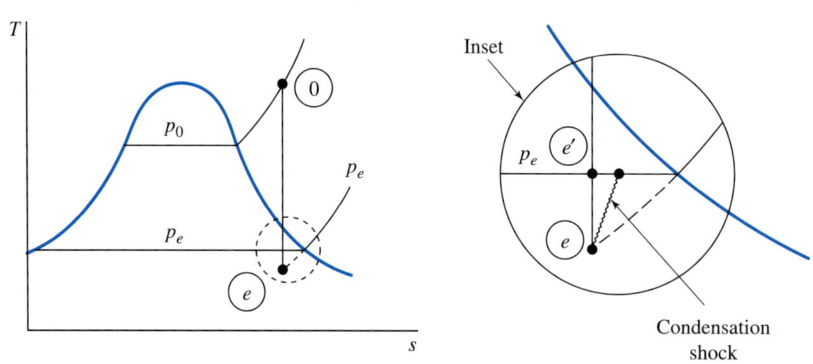

그림 9.13 증기의 등엔트로피 팽창

$$\frac{p^*}{p_0} = \left(\frac{2}{k+1}\right)^{k/(k-1)} = 0.546 \tag{9.6.1}$$

만약 포화증기가 노즐로 유입된다면 증기가 일부 포함된 액체 액적들이 형성될 것이다. 따라서 응축충격은 발생하지 않으며, $k = 1.14$에 대한 임계압력비는 0.577이 된다.

예제 9.10

증기가 입구조건 300°C 절대압력 800 kPa의 저장조로부터 출구 상태가 절대압력 100 kPa인 등엔트로피적으로 팽창한다. 만약 초음속 유동으로 변하고자 할 때, 필요한 목과 출구의 직경을 계산하라. 질량유량은 2 kg/s이다.

풀이

증기표로부터(열역학 교재 참조) 다음을 얻을 수 있다

$$s_0 = s_e = 7.2336 \text{ kJ/kg}\cdot\text{K}$$
$$h_0 = 3056.4 \text{ kJ/kg}$$

준안정 평형상태의 온도를 구하기 위해 다음을 사용한다.

$$T_e = T_0\left(\frac{p_e}{p_0}\right)^{(k-1)/k} = 593\left(\frac{100}{800}\right)^{0.3/1.3} = 367 \text{ K} \quad \text{or} \quad 94°\text{C}$$

위 온도를 적용하여 증기표에서 보간법을 사용하고, 출구 질량 x_e를 삽입하면 다음과 같다.

$$7.2336 = 1.239 + 6.90x_e$$
$$\therefore x_e = 0.968$$

위의 값들을 이용하여 출구에서의 엔탈피와 비체적을 구할 수 있다.

$$h_e = 394 + 0.968 \times 2273 = 2594 \text{ kJ/kg}$$
$$v_e = 0.001 + 0.968 \times (2.06 - 0.001) = 1.99 \text{ m}^3/\text{kg}$$

에너지방정식을 이용하면, 출구 속도는 다음과 같다.

$$\frac{V_0^2}{2}\overset{0}{\nearrow} + h_0 = \frac{V_e^2}{2} + h_e$$
$$\therefore V_e = \sqrt{2(h_0 - h_e)} = \sqrt{2(3056 - 2594) \times 1000} = 961 \text{ m/s}$$

kJ을 J로 바꾸기 위해 1000을 곱한다. 질량유량의 정의로부터 다음을 구할 수 있다.

$$m_e = \rho_e A_e V_e$$
$$2 = \frac{1}{1.99} \times \frac{\pi d_e^2}{4} \times 961$$
$$\therefore d_e = 0.0726 \text{ m} \quad \text{or} \quad 7.26 \text{ cm}$$

목의 직경을 결정하기 위해, 임계면적이 되어야 할 목에 대해 알아야 한다. 따라서 식 9.6.1으로부터 다음을 구할 수 있다.

$$p^* = 0.546\, p_0 = 437 \text{ kPa}$$

(계속)

위 압력과 $s^* = s_0 = 7.2336$ kJ/kg · K를 이용하고, h^*와 V^*를 알기 위해 증기 표를 이용한다. 에너지방정식을 통해 V^*를 알 수 있으며, 그 결과로 d_t를 알 수 있다. 그러나 비열이 일정하다고 가정한다면 더 간단해지며, $k = 1.3$에 대하여 식 9.3.18을 사용하면 다음과 같은 결과를 얻게 된다.

$$\dot{m} = p_0 A^* \sqrt{\frac{1.3}{RT_0}\left(\frac{2.3}{2}\right)^{2.3/-0.6}}$$

$$2 = 800\,000\,\frac{\pi d_t^2}{4}\sqrt{\frac{1.3}{462 \times 573}} \times 0.585$$

$$\therefore d_t = 0.049 \text{ m} \quad \text{or} \quad 4.9 \text{ cm}$$

이미 T_e를 예상함에 있어서 비열이 일정하다고 가정하였기 때문에 앞에서의 가정은 합당하다고 볼 수 있다. 위 식은 높은 정확도를 갖는 식이므로, $k = 1.3$는 합리적인 가정이 된다.

9.7 경사충격파

이 절에서는 일정한 진폭을 가지고 있으며 유입 유동에 대해 직각이 아닌 경사충격파에 관해 살펴보도록 한다. 이를 위해 경사충격파에 대해 x 방향으로 유동이 유입된다고 가정한다. 또한 유동은 경사충격파를 통과한 후 유동 방향에 대해 수직의 속도 성분을 갖게 되며, 충격파 전면 및 후면에서의 유동은 정상, 균일 유동이라고 가정한다.

경사충격파는 그림 9.14에 묘사된 바와 같이 초음속 날개의 앞부분이나 급격히 구부러지는 모서리 부분에서 형성된다. 또한 경사충격파는 초음속으로 비행하는 원추나 총탄과 같은 축대칭 물체에서 형성되기도 한다. 본 교재에서는 평판 유동의 경우에 발생하는 경사충격파에 대해서만 살펴보기로 한다.

KEY CONCEPT
경사충격파는 유동의 방향을 평판에 평행한 속도벡터로 변환시킨다.

경사충격파는 유동의 방향을 바꿈으로써 속도벡터 $\mathbf{V}_2$가 평판의 벽면과 평행이 되도록 한다. 이때 두 속도벡터 사이의 각으로 인해 또 다른 변수가 필요하다. 그러나 이러한 문제들은 추가적으로 접선 방향 운동량 방정식을 이용하여 해를 구할 수 있다.

경사충격파 문제를 분석하기 위해 그림 9.15에서와 같이 경사충격파의 일부를 포함하고 있는 검사체적을 설정하기로 한다. 유동 상류에서는 오직 x 방향 속도벡터 성분만이 존재한다고 가정하자. 따라서 경사충격파는 유동 상류의 속도벡터와 β의 각을 이루게 되며,

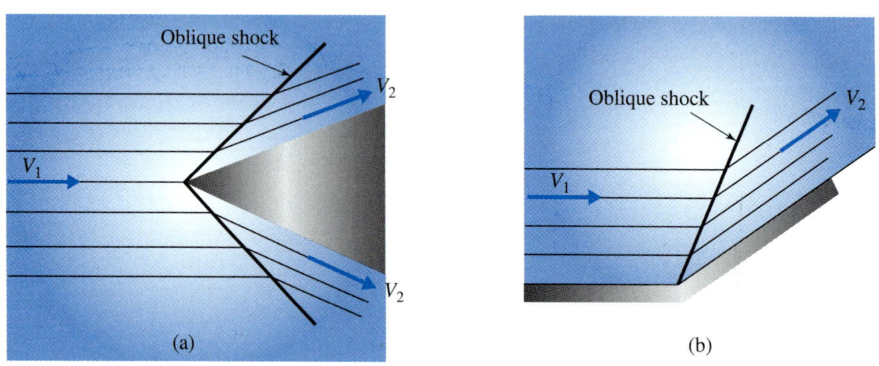

그림 9.14 초음속 유동에서의 경사충격파: (a) 대칭적 쐐기 유동 (b) 모서리 유동

유동은 굴절각(*deflection angle*) 또는 쐐기각(*wedge angle*) θ로 경사충격파를 통과하게 되어 V_2는 벽에 수평한 방향을 갖는다. 이때 속도벡터는 경사충격파에 대해 수직 및 수평 성분을 갖게 된다. 경사충격파에 대해 수평인 속도 성분은 유체가 충격파를 통과하여 흐르지 못하도록 하며, 따라서 $A_1 = A_2$인 연속 방정식은 다음과 같다.

$$\rho_1 V_{1n} = \rho_2 V_{2n} \tag{9.7.1}$$

압력은 경사충격파에 수직하게 작용하므로 경사충격파에 대해 수평으로 작용하는 힘은 발생하지 않는다. 그러므로 수평 방향에 대한 운동량 방정식은 검사체적으로 유입되는 수평 성분 운동량과 검사체적을 빠져나가는 수평 성분 운동량을 같게 놓음으로써 성립한다.

$$\dot{m}_1 V_{1t} = \dot{m}_2 V_{2t} \tag{9.7.2}$$

혹은 $\dot{m}_1 = \dot{m}_2$을 이용하여 다음을 알 수 있다.

$$V_{1t} = V_{2t} \tag{9.7.3}$$

수직 방향에 대한 운동량 방정식은 아래와 같이 나타낼 수 있다.

$$p_1 - p_2 = \rho_2 V_{2n}^2 - \rho_1 V_{1n}^2 \tag{9.7.4}$$

$V^2 = V_n^2 + V_t^2$의 관계를 이용하면, 에너지방정식은 다음과 같이 표현된다.

$$\frac{V_{1n}^2}{2} + \frac{k}{k-1}\frac{p_1}{\rho_1} = \frac{V_{2n}^2}{2} + \frac{k}{k-1}\frac{p_2}{\rho_2} \tag{9.7.5}$$

여기서 접선 방향 성분들은 무시되었다. 두 개의 속도벡터의 접선성분들은 수직충격파의 해를 구하기 위해 사용된 세 방정식, 즉 연속방정식, 수직 운동량 방정식, 에너지방정식에 포함되지 않았다는 점을 주목해야 한다. 즉, 수직충격파에 대한 방정식들에서, V_1과 V_2대신에 V_{1n}과 V_{2n}을 각각 대입함으로써 해를 구할 수 있는 것이다. 또한 M_1과 M_2대신에도 M_{1n}과 M_{2n}을 대입해야 한다.

KEY CONCEPT
두 속도벡터의 접선성분은 방정식에 대입하지 않는다.

이제 경사충격파와 각도 β와 굴절각 θ와의 관계를 알아보자. 그림 9.15와 연속방정식 (9.7.1)을 이용하면 다음의 관계를 얻을 수 있다.

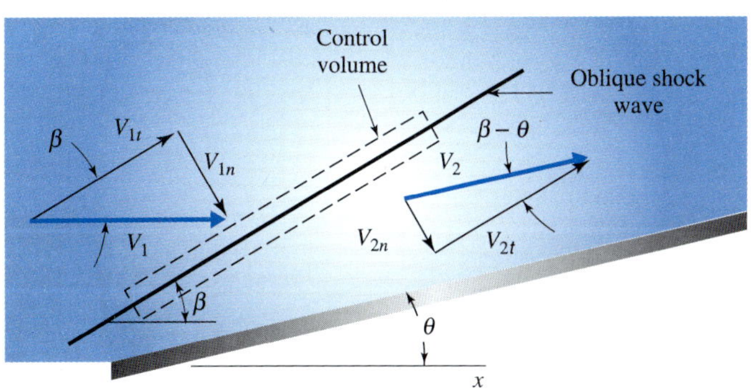

그림 9.15 경사충격파의 일부를 포함하고 있는 검사체적

$$\frac{\rho_2}{\rho_1} = \frac{V_{1n}}{V_{2n}} = \frac{V_{1t}\tan\beta}{V_{2t}\tan(\beta - \theta)} = \frac{\tan\beta}{\tan(\beta - \theta)} \tag{9.7.6}$$

수직충격파 식 (9.4.12)와 (9.4.13)으로부터 다음과 같은 밀도비를 정의할 수 있다.

$$\frac{\rho_2}{\rho_1} = \frac{p_2 T_1}{p_1 T_2} = \frac{(k+1)\mathrm{M}_{1n}^2}{(k-1)\mathrm{M}_{1n}^2 + 2} \tag{9.7.7}$$

위 식을 식 9.7.6에 대입하면 아래의 관계식을 얻을 수 있다.

$$\tan(\beta - \theta) = \frac{\tan\beta}{k+1}\left[k - 1 + \frac{2}{\mathrm{M}_1^2 \sin^2\beta}\right] \tag{9.7.8}$$

주어진 M_1 값에 대해 위 방정식은 경사충격파의 경사각 β와 굴절각 θ의 관계를 보여주고 있다. 위 식에 있는 세 개의 변수 β, θ, M_1은 그림 9.16과 같은 관계를 갖고 있으며, 이를 살펴봄으로써 다음의 몇 가지 관계를 알 수 있다.

- 유동상류의 특정한 마하수 M_1과 주어진 굴절각 θ에서 두 개의 가능한 경사충격파의 경사각 β가 존재하며, 이 중 큰 각은 "강한" 충격에 해당하며 작은 각은 "약한" 충격에 해당한다.
- 주어진 굴절각 θ에 대해, 오직 하나의 경사각 β가 존재하는 최소 마하수가 있다.
- 주어진 굴절각 θ에 대해, M_1이 특정 곡선에 대한 최솟값보다 작을 경우 경사충격파는 존재하지 않으며, 충격파는 그림 9.17에 나타낸 것과 같이 물체로부터 분리된다. 또한 주어진 M_1값에 대해 충격파의 분리를 야기하는 충분히 큰 값의 θ가 존재한다.

경사충격파의 전, 후면을 가로질러 존재하는 압력 상승 정도는 약한 충격이나 강한 충격 중 어떤 충격파가 발생하는지를 나타낸다. 압력 상승이 상대적으로 작을 경우에는 M_2

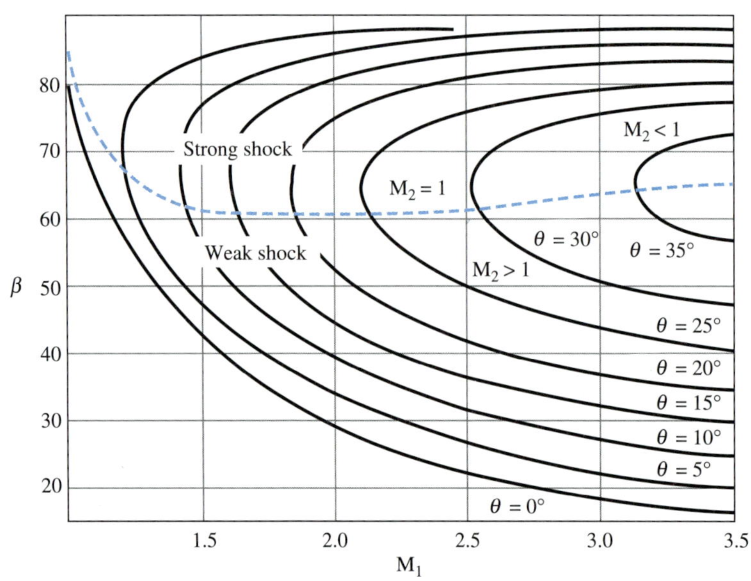

그림 9.16 경사충격파의 관계 (k = 1.4)

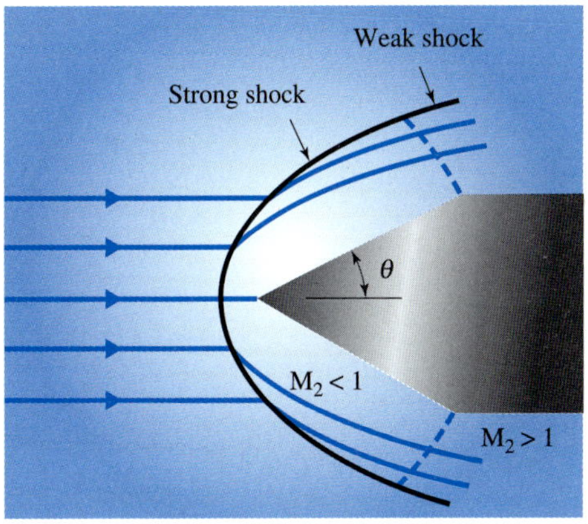

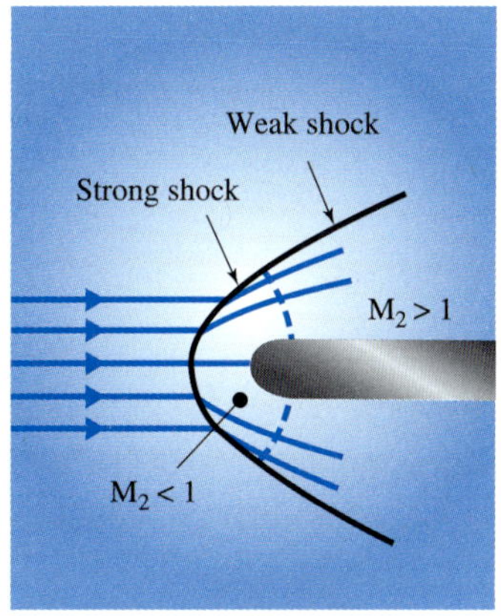

그림 9.17 분리된 충격파: (a) 쐐기 주위의 유동 (b) 무딘 물체 주위의 유동

예제 9.11

그림 E9.11에서 보이는 바와 같이 쐐기 위를 공기가 $M_1 = 3$으로 흐르고 있다. 약한 충격이 벽으로부터 반사된다. 반사파의 M_3 값과 β_3 값을 결정하라.

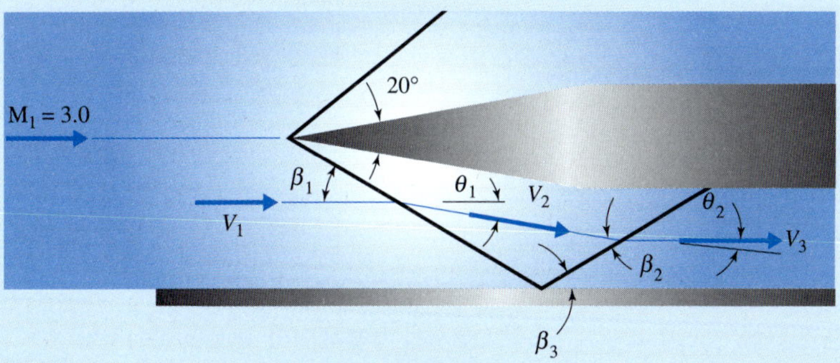

그림 E9.11

풀이

그림 9.16으로부터 $\theta_1 = 10°$와 $M_1 = 3.0$일 때, 약한 충격에서 $\beta_1 = 27.5$임을 알 수 있다. 이로부터 다음을 구할 수 있다.

$$M_{1n} = 3 \sin 27.5° = 1.39$$

충격 표를 이용하여 다음을 구한다.

$$M_{2n} = 0.744 = M_2 \sin(27.5° - 10°)$$
$$\therefore M_2 = 2.48$$

반사된 충격은 다시 유체를 10°로 변화시켜야 하는데, 이 경우 $\theta_2 = 10°$정도가 된다. 이 쐐기각과 약한 충격에 대한 그림 9.16에서 $M_2 = 2.48$임을 알 수 있으며, 이를 통해 $\beta_2 = 33°$임을 얻을 수 있다. 이는 다음과 같은 결과를 도출한다.

$$M_{2n} = 2.48 \sin 33° = 1.35$$

(계속)

충격표로부터 다음을 구할 수 있다.

$$M_{3n} = 0.762 = M_3 \sin 23°$$
$$\therefore M_3 = 1.95$$

구하고자 하는 각은 다음과 같이 계산한다.

$$\beta_3 = \beta_2 - 10° = 23°$$

그림 9.16을 통해서는 정확한 계산을 할 수 없다는 것을 유의해야 한다. 시행착오법을 통해 β의 정확성을 개선시키기 위해 식 9.7.8이 사용된다.

> 1인 약한 충격이 발생하며, 압력 상승이 상대적으로 큰 경우 $M_2 < 1$인 강한 충격이 발생한다. 물체 주위의 분리된 충격의 경우 정체유선(stagnation streamline)에 대한 수직 충격이 존재한다는 사실에 유의해야 하며, 이는 처음에는 강한 경사충격파가 도달하고, 그 뒤를 이어 약한 경사충격파, 그리고 마지막으로 마하파가 도달하기 때문이다. 참고로 초음속에서 이동 중인 무딘 물체의 경우에는 충격파가 항상 물체 표면으로부터 분리된다.

9.8 등엔트로피 팽창파

이 절에서는 그림 9.18의 경우와 같은 볼록한 모퉁이 주위의 초음속 유동에 대해 살펴보기로 한다. 먼저 그림 (a)와 같이 유한 진폭을 갖는 유동을 고려해 보자. V_2가 벽면에 평행하기 위해서는 유동이 각 θ로 굴절되어야 하며, 운동량 보존법칙에 의해 속도벡터의 접선 성분은 보존된다. 이는 그림에서와 같이 $V_2 > V_1$라는 결과를 가져오며, 만약 $M_{1n} < 1$인 아음속 유동의 경우 $M_{2n} > 1$인 초음속 유동으로의 속도 증가가 발생한다. 이와 같은 상황은 앞서 설명한 그림 9.10의 경우와 같이 열역학 제2법칙에 위배되므로 불가능하다. 결과적으로 유한 진폭을 갖는 충격파의 모서리 부분에서의 굴절은 불가능하다.

다음으로 충격파가 모서리 부분을 통과할 수 있도록 하는 구조로서 그림 9.18b를 고려해보자. 이 경우 모서리로부터 무한한 마하파로 구성된 부채꼴 모양의 팽창파가 발생함으로써 충격파는 모서리 부분을 통과할 수 있게 된다. 이러한 구조는 각각의 마하파가 등엔트로피 파이기 때문에 열역학 제 2법칙에 위배되지 않는다. 여기서 한 개의 마하파가 미치는 영향을 적분함으로써 전반적으로 마하파가 미치는 영향을 알 수 있다. 그림 9.19는 한 개의 마하파로 인한 미소 속도 변화를 보여준다. 마하파를 포함하고 있는 검사체적에서 접선 방향 운동량은 보존되므로, 경사충격파의 경우와 마찬가지로 접선 방향 속도 성분은 변하지 않는다. 속도 삼각형을 이용하면 다음과 같은 관계식을 얻을 수 있다.

$$V_t = V \cos \mu = (V + dV) \cos(\mu + d\theta) \tag{9.8.1}$$

만약 $d\theta$가 매우 작다면,[1] $\cos(\mu + d\theta) = \cos(\mu) - d\theta \sin(\mu)$가 된다.

[1]삼각함수공식 에 의하여, $\cos(\alpha + \beta) = \cos\alpha \cos\beta - \sin\alpha \sin\beta$가 된다. $\cos d\theta = 1$이고, $\sin d\theta = \mathrm{du}$이면 $\cos(\mu + d\theta) = \cos\mu - d\theta \sin\mu$가 된다.

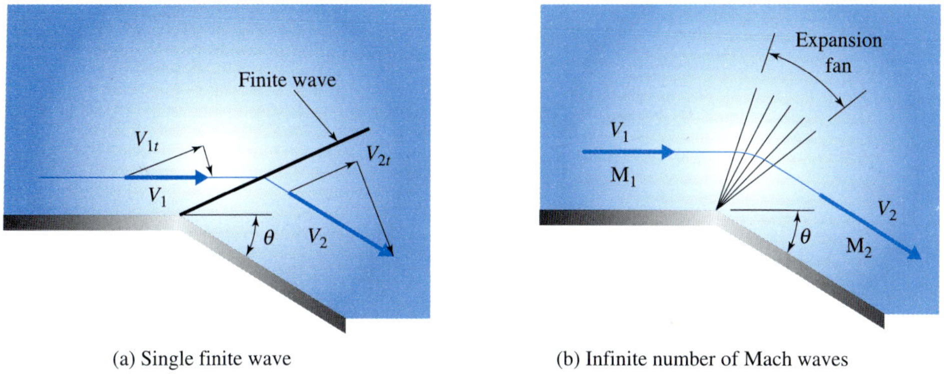

그림 9.18 볼록한 모서리 주위의 초음속 유동: (a) 단일 유한 파 (b) 무수한 마하파

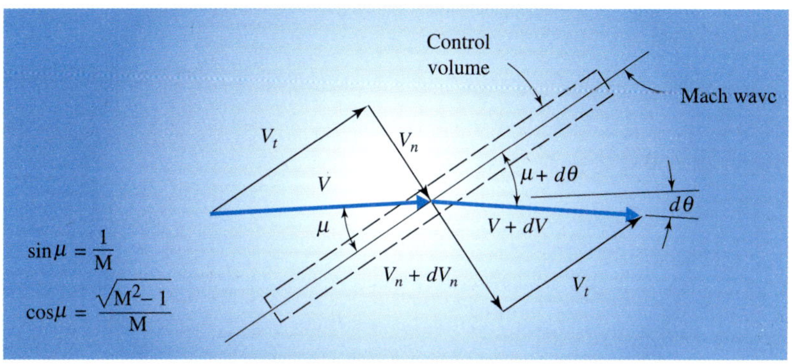

그림 9.19 마하파

$$V \sin \mu \, d\theta = \cos \mu \, dV \tag{9.8.2}$$

$\sin \mu = 1/\mathrm{M}$ (식 9.2.13)와 $\cos \mu = (\sqrt{\mathrm{M}^2 - 1})/\mathrm{M}$을 대입하면 다음을 구할 수 있다.

$$d\theta = \sqrt{\mathrm{M}^2 - 1}\,\frac{dV}{V} \tag{9.8.3}$$

여기서 $V = \mathrm{M}\sqrt{kRT}$이므로 미분한 뒤 정리하면 다음과 같다.

$$\frac{dV}{V} = \frac{d\mathrm{M}}{\mathrm{M}} + \frac{1}{2}\frac{dT}{T} \tag{9.8.4}$$

에너지방정식 $\frac{1}{2}V^2 + kRT/(k-1) =$ 일정 을 미분한다.

$$\frac{dV}{V} + \frac{1}{(k-1)\mathrm{M}^2}\frac{dT}{T} = 0 \tag{9.8.5}$$

두 개의 식을 결합하고 dT/T는 소거한다.

$$\frac{dV}{V} = \frac{2}{2 + (k-1)\mathrm{M}^2}\frac{d\mathrm{M}}{\mathrm{M}} \tag{9.8.6}$$

위 식은 식 9.8.3에 대입하면 다음과 같이 θ와 M 사이의 관계식을 얻을 수 있다.

$$d\theta = \frac{2\sqrt{M^2 - 1}}{2 + (k - 1)M^2}\frac{dM}{M} \tag{9.8.7}$$

위 식은 마하수(그림 9.18에서 M_2)와 유입유동이 M = 1이 되는 각도 사이의 관계를 알기 위해 M = 1일 때 $\theta = 0$이라는 조건을 사용하여 적분하면 다음의 관계식을 얻을 수 있다.

$$\theta = \left(\frac{k + 1}{k - 1}\right)^{1/2} \tan^{-1}\left[\frac{k - 1}{k + 1}(M^2 - 1)\right]^{1/2} - \tan^{-1}(M^2 - 1)^{1/2} \tag{9.8.8}$$

프란틀-마이어 함수: 초음속 유동이 변화하는 각 θ

M의 함수인 각 θ를 **프란틀-마이어**(Prandtl-Meyer) 함수라고 부르며, $k = 1.4$일 경우에 대해 부록 D(표 D.3)에 정리되어 있다. 따라서 식 9.8.8에 대해 시행착오법을 이용하여 해를 구할 필요는 없다. 압력이나 온도 등에 변화가 있을 경우 등엔트로피 유동 방정식을 이용하여 구할 수 있다. 유동 방향을 바꾸는 수많은 마하파는 **팽창파**(*expansion wave*)라 할 수 있다.

예제와 문제풀이를 통해 충격파가 볼록한 모서리를 통과함에 따라 마하수와 속도가 증가함을 알 수 있었으며, 충격파가 모서리 부분을 큰 각으로 통과하는 중에도 충격파는 벽으로부터 분리되지 않았다. 그러나 아음속 유동의 경우에는 굴절각이 작은 경우에도 충격파가 벽으로부터 분리되었다.

KEY CONCEPT
벽을 따라 흐르는 유동은 큰 각을 지닌 모퉁이를 지날 때 유지된다.

만약 식 9.8.8의 M 값에 M = ∞을 대입할 경우 최대 각도 $\theta = 130.5°$가 되는 것을 볼 수 있다. 이것은 온도와 압력이 절댓값 0임을 의미한다. 물론 기체는 이러한 상황에 도달하기 전에 액체가 된다. 그러나 각 130.5°는 최댓값으로, 이 문제의 요점은 초음속 유동의 경우 90° 이상인 θ가 가능하다는 것이다. 이것은 우주의 진공 속으로 배기가스를 배출하는 로켓 엔진의 경우, 연소된 가스가 배기 노즐에서 큰 각으로 굴절된다면 배기가스가 우주선체의 벽에 부딪힐 우려가 있기 때문에 배기 노즐의 설계를 위한 제한 조건이 된다.

KEY CONCEPT
초음속 유동은 큰 각을 지닌 모퉁이를 흐르는 것이 가능하다.

예제 9.12

마하수2, 온도 500°C 절대압력 200 kPa의 공기가 20°의 볼록한 각을 가지고 모서리 주위로 흐른다. (그림 E 9.12 참조) M_2, p_2, T_2, V_2를 구하라.

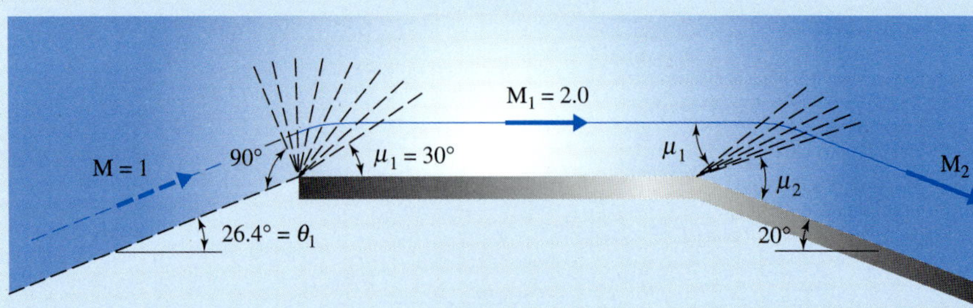

그림 E9.12

(계속)

풀이

부록 D (표 D.3)에서 M = 1의 참고 조건을 이용한다. 따라서 M = 1인 유동으로부터 유래되고 스케치로 도시한 유동을 시각화한다. 표로부터 굴절각에 추가로 20°을 늘린다면 볼록한 모서리를 돌아가는 M = 1에서의 $\theta_2 = 46.4°$인 유동과 동일하다. 유동이 등엔트로피이므로, 이 방법을 간단히 겹쳐 놓을 수 있다. 따라서 표에서의 각 $\theta = 46.4°$에 대해 $M_2 = 2.83$임을 알 수 있다.

$$M_2 = 2.83$$

등엔트로피 유동 표(표 D.1)로부터 다음을 구한다.

$$p_2 = p_1 \frac{p_0}{p_1}\frac{p_2}{p_0}$$

$$= 200 \times \frac{1}{0.1278} \times 0.0352 = 55.1 \text{ kPa}$$

$$T_2 = T_1 \frac{T_0}{T_1}\frac{T_2}{T_0}$$

$$= 773 \times \frac{1}{0.5556} \times 0.3844 = 534.8 \text{ K} \quad \text{or} \quad 261.8°\text{C}$$

속도 V_2을 구한다.

$$V_2 = M_2 \sqrt{kRT_2}$$

$$= 2.83\sqrt{1.4 \times 287 \times 534.8} = 1312 \text{ m/s}$$

9.9 요약

각도 α인 원뿔형의 바깥쪽에 마하파를 발생시키는 초음속 물체의 비교란영역이 존재한다.

$$\sin \alpha = \frac{1}{M} \tag{9.9.1}$$

이때 마하수가 $M = V/c$ 이고 $c = \sqrt{kRT}$이다.

다음 관계를 통해 아음속 유동과 초음속 유동이 축소-확대 노즐 내에서 어떻게 운동하는지를 예측할 수 있다.

$$\frac{dV}{V}(M^2 - 1) = \frac{dA}{A} \tag{9.9.2}$$

$M^* = 1$일 때 단면적이 A^*인 노즐을 지나가는 질량유량은 다음과 같다.

$$\dot{m} = p_0 A^* \sqrt{\frac{k}{RT_0}}\left(\frac{k+1}{2}\right)^{(k+1)/2(1-k)} \tag{9.9.3}$$

이때 p_0와 T_0는 저장조 내의 압력과 온도이다. 등엔트로피 유동의 온도, 압력, 속도는 다음과 같다.

$$\frac{T_0}{T} = 1 + \frac{k-1}{2}M^2, \quad \frac{p_0}{p} = \left(1 + \frac{k-1}{2}M^2\right)^{k/(k-1)}, \quad \frac{V^2}{2} = c_p(T_0 - T) \tag{9.9.4}$$

수직충격파를 가로지르는 유동 변수는 보존방정식, 운동량방정식, 에너지방정식에서 구할 수 있다.

$$\rho_1 V_1 = \rho_2 V_2, \qquad p_1 - p_2 = \rho_1 V_1 (V_2 - V_1),$$
$$\frac{V_2^2 - V_1^2}{2} + \frac{k}{k-1}\left(\frac{p_2}{\rho_2} - \frac{p_1}{\rho_1}\right) = 0 \tag{9.9.5}$$

위의 방정식을 푸는 것보다, 주로 수직충격 표(표 D.2)를 사용한다.

경사충격파에 평행한 속도 성분은 변하지 않는다. 수직 속도 성분인 V_n이 위의 식에서 수직충격파의 V에 대입되며, 부록 D(표 D.2)에서는 M_n이 M에 대입된다. 쐐기각 θ은 경사각 β와 관계에서 알 수 있다.

$$\tan(\beta - \theta) = \frac{\tan\beta}{k+1}\left[k - 1 + \frac{2}{M_1^2 \sin^2\beta}\right] \tag{9.9.6}$$

또는 그림 9.16을 이용하여 시행착오법으로 구할 수 있다.

M = 1인 유동의 팽창파에서의 각 θ는 프란틀-마이어(Prandtl-Meyer) 함수를 이용하여 구할 수 있다.

$$\theta = \left(\frac{k+1}{k-1}\right)^{1/2} \tan^{-1}\left[\frac{k-1}{k+1}(M^2 - 1)\right]^{1/2} - \tan^{-1}(M^2 - 1)^{1/2} \tag{9.9.7}$$

θ을 알 경우 M은 시행착오법으로 구할 수 있다. 그러나 주로 부록 D(표 D.3)을 이용한다.

문제

9.1 열역학에서 정압비열 c_p는 대개 0.24 kcal/kg·°C로 사용된다. 부록 B(표 B.4)로부터 정압비열 c_p는 1.004 kJ/kg·K이다. 이들 두 값이 같음을 제시하라. 또한, 두 단위에 대해서 정적비열 c를 계산하라. (주: 정압비열 c_p 값은 SI 단위계를 사용할 때에는 열역학과 유체역학에서 같은 것을 사용한다.)

9.2 $c_p = Rk/(k-1)$ 임을 증명하라.

9.3 식 9.1.7과 9.1.9을 사용해서 식 9.1.10을 증명하라.

9.4 식 9.1.3, 9.1.4와 9.1.5의 에너지방정식에 대한 여러 형태를 증명하라.

음속

9.5 식 9.2.7을 사용해서 식 9.2.8을 증명하라.

9.6 만약 등온과정으로 가정한다면, 고주파 (즉 호각소리)의 음속이 속력 $c = \sqrt{RT}$로 진행됨을 보여라.

9.7 정상 유동에서의 작은 단열 교란상태에 대해서 에너지방정식이 $\Delta h = -c\Delta V$ 형태를 취하여짐을 증명하라.

9.8 물을 통과하는 미소 파동의 전파속도가 대략 1450 m/s 임을 밝혀라.

9.9 두 개의 돌이 호수의 한쪽 편에 함께 던져졌다. 다른 편에서 머리에 물을 담그고 있던 사람이 0.6초 후에 떨어지는 소리를 들었다. 호수에서 얼마나 떨어져 있는가?

9.10 당신과 당신의 친구가 허리 깊이의 물에서 10 m 떨어진 곳에 서 있다. 당신이 두 개의 돌을 함께 물 아래로 던진다. 만약 친구의 머리가 물 아래에 있다면 돌이 함께 떨어진 후에 얼마나 지나서 친구가 그 소리를 듣겠는가?

9.11 만약 다음 높이와 속도로 비행기가 날고 있다면 비행기에 대한 마하수를 구하라.

(a) 해발고도, 200 m/s

(b) 4500 m, 180 m/s

(c) 10 000 m, 200 m/s

(d) 18 000 m, 180 m/s

(e) 10 000 m, 200 m/s

9.12 도끼로 나무에서 조금 떨어진 상태로 나무를 베고 있다. 디지털 손목시계를 사용해서 도끼 소리가 귀까지 도달하는 데 1.21초 걸리는 것을 관찰하였다. 만약 온도가 $-10°C$이라면 도끼로부터 떨어진 거리를 계산하라.

9.13 번개를 보고 2초 후에 천둥소리가 들렸다. 번개가 치는 곳까지의 거리를 구하라.

9.14 선단이 뾰족한 발사체가 1000 m/s의 속도로 군 시험장에 있는 당신 머리 위를 통과한다. (그림 P9.14) 이것은 고도가 1000 m이며, 여기서 $T = -10°C$임을 알고 있다. 머리 위로 이것이 지나간 다음 어느 정도 후에야 소리를 들을 수 있겠는가? 이것은 어느 정도 떨어져 있는가? 마하수를 구하라.

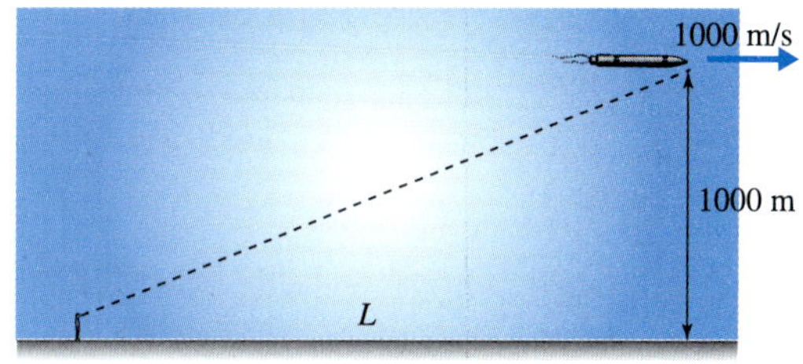

그림 P9.14

9.15 풍동의 실험구간을 통과하는 뾰족한 선단의 탄환에 대한 마하각을 볼 수 있는 특수카메라가 있다. 만약 마하각이 22로 측정될 때, 탄환의 속도를 m/s단위로 구하라. 표준조건으로 가정한다.

9.16 작은 진폭의 파가 압력상승이 15 Pa로 측정되는 해수면에서 표준대기를 통과한다. 감소한 속도와 온도 상승의 관계를 추정하라.

등엔트로피 유동

9.17 다음 식들의 전개에 필요한 모든 단계를 나타내라.

(a) 식 9.3.2에서 식 9.3.3

(b) 식 9.3.5에서 식 9.3.10

(c) 식 9.3.11에서 식 9.3.12

(d) 식 9.3.16에서 식 9.3.18

(e) 식 9.3.17에서 식 9.3.19

9.18 정체압을 측정하는 기구인 피토관은 비행기의 속도를 결정하는 데 이용된다. 비행기에 부착된 이 관은 10 kPa을 측정하였다. 만일 다음 고도에서 비행하고 있을 때, 비행기의 속도를 구하라. 자유유동에서부터 정체점까지는 등엔트로피 과정으로 가정한다.

(a) 3000 m **(b)** 10 000 m

9.19 정체압을 측정하는 데 사용되는 피토관이 15°C 대기 중을 이동하는 비행기 표면의 선단에서 4 kPa의 압력을 표시하였다. 다음 조건에서 가정되는 이 비행기의 속도를 계산하라.

(a) 등엔트로피 유동

(b) 비압축성 유동

또한 (b)에 대한 퍼센트 차이를 계산하라.

9.20 출구 직경이 2 cm인 축소 노즐은 절대압력 200 kPa과 25로 유지되는 저장조에 부착되어 있다. 식들만을 사용해서 만약 리시버 압력이 아래와 같을 때에 공기의 질량유량을 구하라.

(a) 절대압력 100 kPa

(b) 절대압력 130 kPa

9.21 그림 P9.21과 같이 출구직경이 3 cm인 축소 노즐은 절대압력 200 kPa과 20로 유지되는 저장조에 부착되어 있다. 식들만을 사용해서 만약 리시버 압력이 아래와 같을 때에 공기의 질량유량을 구하라.

(a) 100 kPa **(b)** 150 kPa

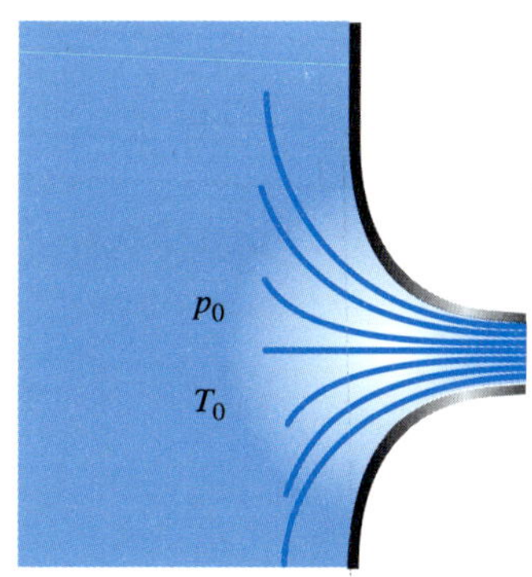

그림 P9.21

9.22 등엔트로피 유동표(표 D.1)를 이용해서 문제 9.20을 다시 풀어라.

9.23 등엔트로피 유동표를 이용해서 문제 9.21을 다시 풀어라.

9.24 공기가 저장조로부터 (T_0 = 30°C, p_0 = 절대 압력 400 kPa) 출구 직경 10 cm인 축소 노즐을 통해 밖으로 흐른다. 출구 압력이 얼마일 때 $M_e = 1$이 되겠는가? 이 조건에 대한 질량유량을 구하라. 등엔트로피 유동 표를 사용하라.

9.25 공기가 T_0 = 10°C인 저장조에 붙어 있는 축소 노즐로부터 흘러나온다. 만약 6 cm 직경의 노즐에서 대기압으로 배출된다면, M_e = 1이 되는데 필요한 저장조의 압력은 얼마인가? 이 상태에 대한 질량유량을 구하라.

9.26 공기가 T_0 = 5인 저장조에 붙어 있는 축소 노즐로부터 흘러나온다. 만약 7 cm 직경의 노즐에서 대기압으로 배출된다면, M_e = 1이 되는데 필요한 저장조의 압력은 얼마인가? 이 상태에 대한 질량유량을 구하라. 이 저장조의 압력이 2배가 되었을 때의 증가된 질량유량을 구하라.

9.27 25 cm 직경의 공기 배관이 절대압력 500 kPa으로 가압되어서 갑자기 파열된다. (그림 P9.27) 출구영역은 나중에 30 cm^{2}로 측정되었다. 만약 10°C 공기가 새기 전에 6분이 경과하였다면, 손실되는 공기의 유량을 추정하라.

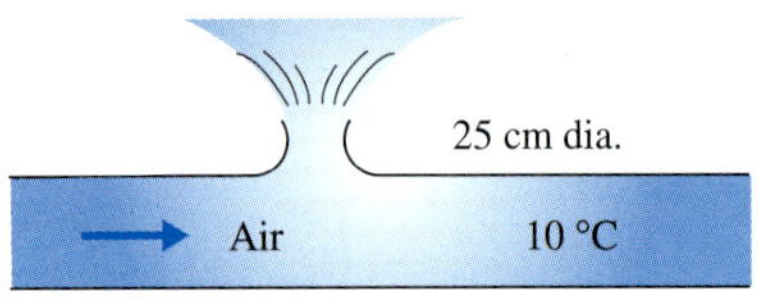

그림 P9.27

9.28 축소 노즐은 T_0 = 27°C이고 절대압력 p_0 = 200 kPa인 헬륨이 들어 있는 저장조에 부착되어 있다. M_e = 1로 주어질 때 저장조의 압력을 구하라. 그리고 직경 6 cm인 목 부분에서 직경이 15 cm인 출구 확대 부분이 붙어 있다. M_t = 1로 주어지는 최대 리시버의 압력을 구하라.

9.29 벤츄리관은 직경이 10 cm에서 5 cm로 감소되었다가 다시 10 cm로 돌아가는 파이프에서 공기의 질량유량을 측정하는 데에 사용된다. 입구에서의 압력이 300 kPa이고 최소 직경 부분에서는 240 kPa이다. 만약 상류의 온도가 20°C일 때 질량유량을 구하라.

9.30 공기는 저장조로부터 축소 노즐로 22°C 200 kPa (게이지 압력)으로 공급된다.목의 넓이는 9.7 cm^{2}이며 출구의 넓이는 13 cm^{2}이다. 목에서 M = 1인 등엔트로피 유동으로 가정하였을 때 출구에서 공기의 속도를 구하라.

9.31 문제 9.30의 축소 노즐과 같은 상황에서 목에서의 마하수가 0.72일 때 출구에서의 속도를 구하라.

9.32 그림 P9.30과 같이 공기가 파이프를 통과한다. 파이프의 직경은 10 cm에서 5 cm로 감소되었다가 다시 10 cm로 증가한다. 입구에서의 압력은 310 kPa이고, 파이프 내부의 직경이 감소된 부분의 압력은 250 kPa이다. 만약 상류의 온도가 16°C일 때 질량유량을 구하라.

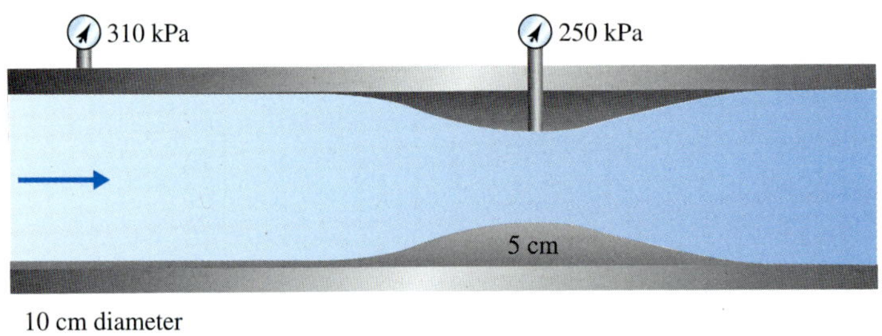

그림 P9.32

9.33 공기가 30°C와 절대압력 200 kPa로 유지되는 저장조의 10 cm 직경의 목을 가지는 축소-확대 노즐을 통해서 흐른다. M = 3일 때의 직경을 구하라.

9.34 공기가 20°C 절대압력 500 kPa로 유지되는 저장조로부터 축소-확대 노즐로 흐른다. 목과 출구 직경은 각각 5 cm와 15 cm이다. 만약 완전 등엔트로피 유동이 발생한다면 두 저장조의 압력은 M = 1에서 얼마나 되는가? 단순히 방정식만을 사용하여 풀어라.

9.35 문제 9.34을 등엔트로피 유동 표를 사용해서 다시 구하라.

9.36 공기가 14.6 kg/s의 질량유량으로 노즐로부터 흐른다. 만약 T_0 = 16°C, p_0 = 830 kPa, p_e = 103 kPa(abs)일 때 등엔트로피 유동에 대한 목과 출구에서의 직경을 구하라. 그리고 출구 속도도 구하라.

9.37 공기가 20°C와 절대압력 2 MPa로 유지되는 저장조로부터 흐르고 M_e = 4인 노즐에서 배출된다. 리시버의 압력은 유동이 전체 노즐에 걸쳐서 아음속이 될 때까지 증가한다. 리시버 내의 압력을 구하라.

9.38 작은 풍동은 저장소로부터 3.0 MPa 그리고 320 K의 공기를 공급받는다. 저장소로부터 노즐까지의 유동은 그림 p9.38과 같으며 등엔트로피 과정이다. 만약 테스트 영역의 마하수가 2.8이라면 테스트 영역의 압력과 속도를 계산하라.

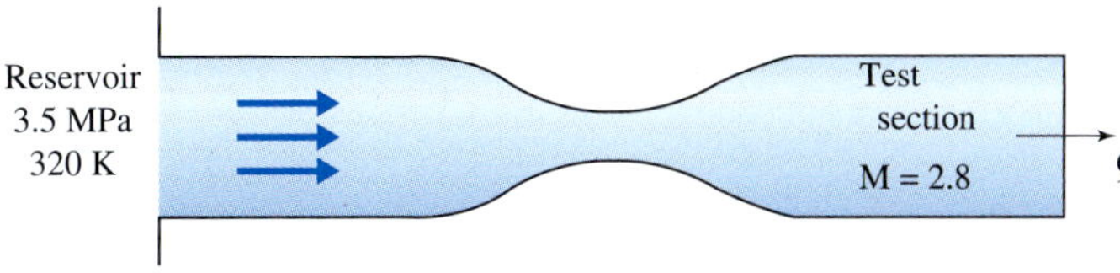

그림 P9.38

9.39 저장소(p_0 = 600 kPa, T_0 = 30°C의 공기가 축소-확대 노즐로 등엔트로피로 공급된다. 축소 노즐 목의 이전 부분에서 마하수는 0.5이며 축소 노즐의 목의 단면적은 12.4 cm^{2}이다 다음을 구하라.

- **(a)** 만약 축소-확대 노즐의 목이 10 cm^{2}이라면 축소 노즐의 목에서 압력, 온도 그리고 속도를 구하라.
- **(b)** 만약 목에서의 M = 1이라면 출구에서 초음속이 이루어질 수 있는 압력은 무엇인가?
- **(c)** 만약 출구에서의 마하수가 2라면 출구에서의 면적과 질량유량은 무엇인가?

9.40 직경 10 cm인 파이프 안에서 공기가 30°C 150 m/s 속도로 흐른다. 벤츄리관은 유량을 측정하는 데 사용된다. 초음속 유동이 발생하지 않기 위한 관의 최소 직경을 구하라.

9.41 96%의 노즐효율에 대해서 문제 9.24를 다시 풀어라.

9.42 질소 기체가 마하수 3.0, 100°C 절대압력 100 kPa에서 디퓨저로 유입된다. 질량유량은 10 kg/s이고, 출구속도는 작다. 디퓨저가 등엔트로피 유동으로 가정될 때, 디퓨저를 묘사하고 그리고 목의 단면적, 출구 압력 그리고 온도를 구하라.

9.43 질소 기체가 마하수 3.0, 95°C 절대압력 103 kPa에서 디퓨저로 유입된다. 질량유량은 3 kg/s이고, 출구속도는 작다. 디퓨저가 등엔트로피 유동으로 가정될 때, 디퓨저를 묘사하고 목의 단면적, 출구 압력 그리고 온도를 구하라.

9.44 로켓은 질량이 80 000 kg이고, T_e = 1000°C에서 연소된 가스를 분출하는 여섯 개의 노즐이 달린 플랫폼으로부터 수직으로 상승한다. 만약 연소된 기체가 이산화탄소로 가정될 때, 직경이 50 cm인 각 노즐에서의 출구 속도를 구하라.

9.45 100 kg인 남자가 작은 공기흡입 제트기관을 등에 매고 지면에서 수직으로 상승한다. (그림 P9.41) 기관은 200 cm^{2}의 출구 단면적을 가진다. 600°C로 연소된 기체가 기관에서 배출되는 속도를 구하라.

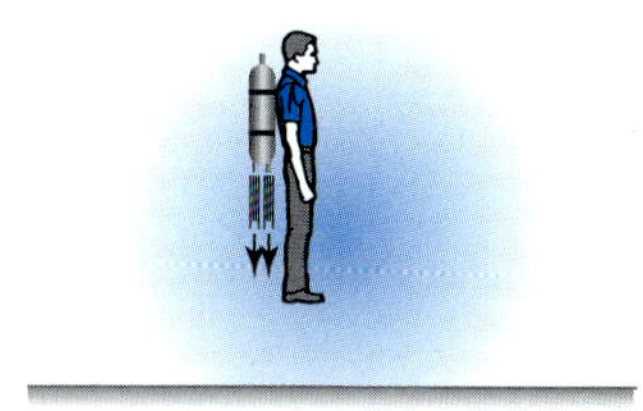

그림 P9.45

9.46 축소-확대 노즐은 직경이 40 cm인, 저장조에 볼트로 고정되어 있다. 목과 출구의 직경은 각각 5 cm와 10 cm이다. 만약 T_0 = 27°C, p_e = 100 kPa이고, 공기의 등엔트로피 유동이 초음속 노즐의 전체에서 발생한다면, 저장조에 노즐을 고정시키는 데 필요한 힘을 구하라.

9.47 만약 비행기 주위의 기류가 비압축성 유동으로 형상화되면, 착륙 또는 이륙하는 동안에 비행기의 최대 속도를 **(a)** m/s, **(b)** km/h로 구하라. 자유유동부터 정체 점가지의 압력에서 3%의 오차를 허용한다. 표준조건으로 가정한다.

수직충격파

9.48 수직충격파 이전의 압력, 온도, 속도가 각각 절대압력 80 kPa, 10°C 1000 m/s이다. 공기에 대한 M_1, M_2, p_2, T_2, ρ_2를 구하라. 다음을 각각 사용하라.

- **(a)** 기본 방정식
- **(b)** 수직충격표

9.49 수직충격파 이전의 압력, 온도 그리고 속도는 각각 절대압력 80 kPa, 278 K 그리고 900 m/s이다. 공기에 대한 M_1, M_2, p_2, T_2, ρ_2를 구하라. 다음을 각각 사용하라.

- **(a)** 기본 방정식
- **(b)** 수직충격표

9.50 랭킨-위고니오(*Rankine-Hugoniot*) 관계식

$$\frac{\rho_2}{\rho_1} = \frac{(k+1)\,p_2/p_1 + k - 1}{(k-1)\,p_2/p_1 + k + 1}$$

을 유도하라. 여기서 밀도비를 수직충격파를 가로지르는 압력비에 연관시켰다. $p_2/p_1 \gg 1$에 대해서 강한 충격을 가로지르는 공기에 대하여 제한된 밀도비를 구하라.

9.51 빠르게 밖으로 이동하는 충격파가 생성될 때, 폭발이 지구의 표면 위에서 일어난다. 주어진 위치에서 마하수는 2.0이다. 충격 바로 뒤의 압력과 감소된 속도를 구하라.

9.52 절대압력 200 kPa와 20에서 강한 수직충격파를 통과하는 공기의 마하수는 M_2 = 0.5이다. V_1, p_2, ρ_2를 구하라.

9.53 절대압력 150 kPa, 15°C에서 강한 수직충격파를 통과하는

공기의 마하수는 $M_2 = 0.5$이다. V_1, p_2, ρ_2를 구하라.

9.54 무딘 물체가 10000 m높이에서 1000 m/s의 속도로 이동한다. 정체점에 접근하는 유동은 수직충격파를 통과하고, 정체점에 대하여 등엔트로피적으로 감소한다. 정체점에서의 p_0와 T_0를 구하라.

9.55 피토관은 p = 800 kPa, T = 40°C, M = 3.0인 파이프의 기류 속에 삽입되었다(그림 P9.51). 측정되는 압력을 구하라.

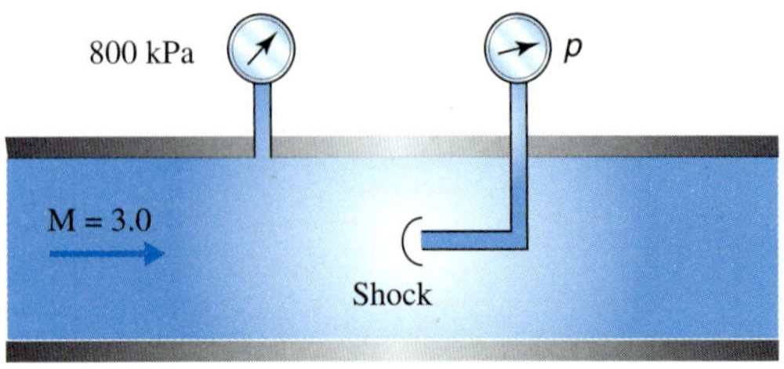

그림 P9.55

9.56 공기가 직경 5 cm인 목과 직경 10 cm인 출구를 가지는 노즐을 통해서 25°C의 저장조로부터 대기로 유출된다. 목에서 M = 1이 되는 저장조의 압력은 얼마인가? 또한 질량유량을 구하라. 이 저장조의 압력을 유지하기 위해서 목 직경을 4 cm로 줄였다. 발생하는 질량유량을 구하라. 그림 9.12처럼 압력분포를 도시하라.

9.57 공기가 직경 5 cm인 목과 직경 10 cm인 출구를 가지는 노즐을 통해서 20°C의 저장조로부터 대기로 유출된다. 수직충격파가 출구에 위치하는데 필요한 저장조의 압력을 구하라. 또한 충격 전후 목 부분에서의 속도와 압력을 구하라.

9.58 공기가 직경 5 cm인 목과 직경 10 cm인 출구를 가지는 노즐을 통해서 17°C의 저장조로부터 대기로 유출된다. 수직충격파가 출구에 위치하는 데 필요한 저장조의 압력을 구하라. 또한 충격 전후 목 부분에서의 속도와 압력을 구하라.

9.59 공기가 25°C 500 kPa로 유지되는 저장조로부터 목과 출구의 직경이 각각 5 cm와 10 cm인 노즐을 통해서 유출된다. 직경이 8 cm인 곳에서 수직충격파가 위치하는데 필요한 리시버의 압력을 구하라. 또한 출구에서 충격전의 속도를 구하라.

증기 유동

9.60 4 kg/s의 증기가 400°C 1.2 MPa 상태의 저장조로부터 축소-확대 노즐을 통하여 대기로 유출된다. 만약 초음속 유동인 동시에 등엔트로피 유동이 전체적으로 확대영역에 배출될 때의 목과 출구 직경을 구하라.

9.61 증기가 350°C 1000 kPa의 저장조로부터 15 kg/s로 유출된다. 축소 노즐의 출구 직경을 구하라.

9.62 증기가 370°C 1 MPa(abs) 상태의 저장조로부터 3.65 kg/s로 유출된다. 축소 노즐의 출구 직경을 구하라.

9.63 압력 조절탱크(헤더)는 직경 1.5 cm인 목을 가진 노즐장치에서 400°C 1.2 MPa로 증기를 공급한다. 노즐은 절대 압력 120 kPa을 소비한다. 만약 유동이 거의 등엔트로피일 때, 질량유량과 출구온도를 구하라.

경사충격파

9.64 속도, 온도 그리고 압력이 각각 800 m/s, 30°C 40 kPa (abs)인 기류는 벽으로부터 방사되는 경사충격파로 인해 급격한 20°의 모서리를 만들며 굴절된다.

(a) 약한 충격에 대한 하류의 마하수, 압력 그리고 속도를 구하라.

(b) 강한 충격에 대한 하류의 마하수, 압력 그리고 속도를 구하라.

(c) 만약 오목한 모서리각이 35°일 때, 모서리 유동상태를 도시하라.

9.65 두 개의 경사충격이 그림 P9.61에 도시된 것처럼 교차한다. 만약 기류가 원래의 방향대로 평행하게 출발할 때 반사되는 각을 구하라. 또한 M_3를 구하라.

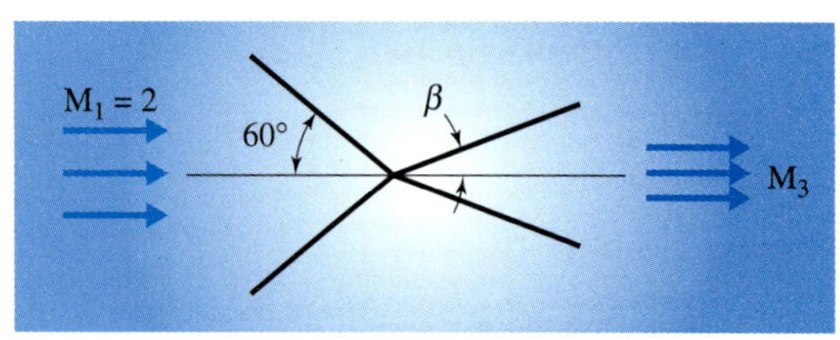

그림 P9.65

9.66 각 35°의 경사충격파는 평면 벽으로부터 반사된다. 상류에서 마하수 M_1은 3.5이고 T_1 = 0°C이다. 기류에 대해서 반사된 경사충격파 이후의 V_3을 구하라.

9.67 그림 P9.67와 같이 초음속 입구는 입구에서 수직충격파가 입구 쪽을 향하도록 설계할 수 있고, 또한 약한 경사충격파를 제공하기 위하여 쐐기가 사용될 수 있다. 도시된 유동으로부터 압력 p_3와 경사충격이 없는 수직충격파 뒤에 존재하는 압력을 비교하라.

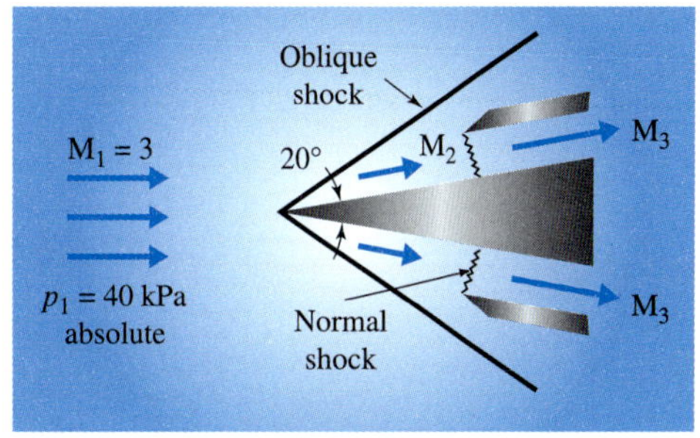

그림 P9.67

팽창파

9.68 $M_1 = 3$, $T_1 = -20°C$, $p_1 = 20$ kPa인 초음속 기류는 25°의 볼록한 모서리로 굴절된다. 팽창파 이후의 M_2, p_2, V_2, T_2를 구하라. 또한 파의 사이의 각을 구하라.

9.69 $M_1 = 2$, $T_1 = 0°C$, $p_1 = 20$ kPa인 초음속 기류는 볼록한 모서리로 굴절된다. 만약 $M_2 = 4$일 때, 모서리의 각 θ는 얼마인가? 또한 T_2와 V_2를 구하라.

9.70 $M_1 = 2$, $T_1 = -2°C$, $p_1 = 35$ kPa인 초음속 기류는 볼록한 모서리로 굴절된다. 만약 $M_2 = 4$일 때, 모서리의 각 θ는 얼마인가? 또한 T_2와 V_2를 구하라.

9.71 그림 P9.68에 도시된 평판이 5°의 각에서 날개로 사용된다. 경사충격파와 팽창팬은 원래의 방향에 대하여 평행한 날개 뒤에서 유동과 함께 기류가 평판에 부착되게 한다. 다음을 구하라.

(a) 평판의 낮은 면과 상류에서의 압력

(b) 하류에서 마하수 M_{2u}와 M_{2l}

(c) 양력계수가 $C_L = \text{lift}/(\frac{1}{2}\rho_1 V_1^2 A)$으로 정의된다. $\rho_1 V_1^2 = kM_1^2 \rho_1$임을 유의한다.

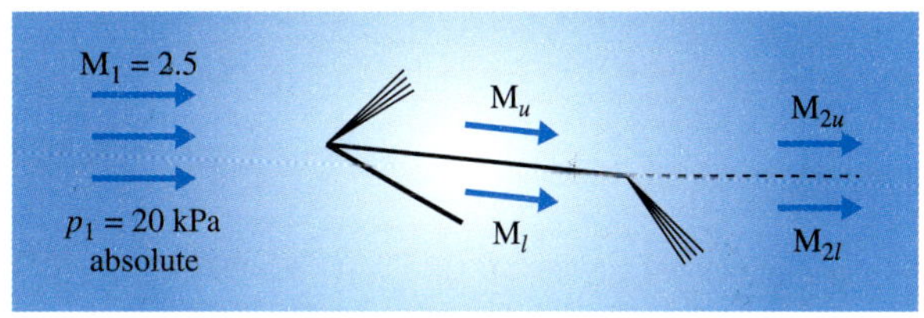

그림 P9.71

9.72 그림 P9.69에 도시된 초음속 날개가 0으로 날고 있다. 항력계수 $C_D = \text{drag}/(\frac{1}{2}\rho_1 V_1^2 A)$을 계산하라. $\rho_1 V_1^2 = kM_1^2 \rho_1$임을 유의한다.

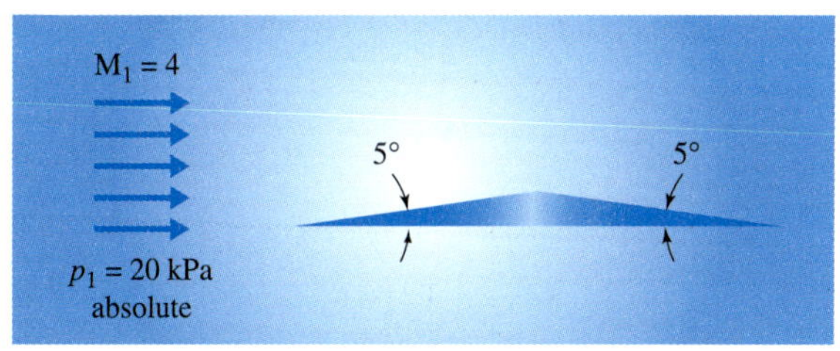

그림 P9.72

9.73 문제 9.69에서의 날개가 5로 비행할 경우, 양력 C_L과 항력계수 C_D를 구하라. C_L와 C_D의 정의에 대해서는 문제 9.69와 9.69를 참조한다.

콜럼비아강 유역의 프로젝트 일부인 와루케(Wahluke) 지류 수로는 수로 공사의 한 예이며, 강물을 수 km 떨어진 곳까지 보낼 수 있다. (U.S. Bureau of Reclamation)

10

개수로 유동

Flow in Open Channels

개요

학습목표

이 장의 학습목표는 다음과 같다.

▲ 여러 가지 형태의 개수로 유동과 자유표면 유동을 소개한다.
▲ 균일유동 적용을 위하여 다양한 형상 단면에서 세지-매닝 방정식을 사용한다.
▲ 급변유동 상황에서 에너지와 운동량 정리를 유도한다.
▲ 불균일 점진변화유동에서 미분방정식을 유도한다.
▲ 종단면 합성 방법을 소개한다. - 제어 방법과 수면 형상 분류를 포함한 개수로 유동을 정성적으로 설명한다.
▲ 점진변화유동에서 수치적인 계산 방법을 유도하고 소개한다.
▲ 균일유동, 급변유동, 점진변화유동의 많은 예를 소개한다.
▲ 종단면 합성의 다양한 예시와 설계 적용에 역점을 둔 복잡한 개수로 유동을 묘사한다.

10.1 서론

자유표면 유동은 아마도 지상에서 접할 수 있는 가장 일반적으로 일어나는 유동 현상이다. 바다에서 물결치는 파도, 흐르는 강물, 그리고 빗물의 지표면 유동 등이 자연에서 일어나는 예이다. 인공적인 상황으로는 운하, 하수관, 지붕이나 주차장 같은 스며들지 않는 물체 위의 배수와 항구에서의 파도 운동 등이 포함된다.

자유표면: 공기와 물의 상층부 사이의 경계.

이런 모든 상황에서 유동은 **자유표면**(free surface)이라 불리는 공기와 물의 상층부 사이의 경계에 의해 특징지어진다. 자유표면에서의 압력은 일정하게 되는데, 많은 경우 대기압이 된다. 그런 경우 수력구배선과 액체 자유표면은 일치한다. 공학적 응용에서 많은 개수로를 통하여 작동유체인 물이 흐른다. 그러나 이 장에서 다루는 원리들은 자유표면을 형성하며 흐르는 다른 유체에도 적용될 수 있다.

일반적으로 자유 표면의 높이는 일정하게 유지되지 않으며, 유속에 따라 변할 수 있다. 또한 유동은 빈번히 3차원을 갖기 때문에 복잡하다. 다행히 2차원이나 1차원으로까지 단순화할 수 있는 경우가 많다. 강어귀[1]나 호수에서 깊이를 따라 수직 방향으로 평균 유동 형태를 취할 때, 수평면으로는 2차원 유동으로 간주할 수 있다. 강이나 수로에서의 유동은 일반적으로 하상으로부터의 위치 좌표 변화에 따라 1차원으로 취급된다. 이 장에서는 1차원 유동만 고려한다.

그림 10.1a는 수로에서의 대표적인 중심선 속도 분포를 나타내는데, 속도 형상은 주어진 단면에서 3차원이다(그림 10.1b 참조). 경계면에서의 전단 응력은 일정하지 않게 되는데, 자유표면에서의 전단응력은 무시할 수 있지만, 접수길이를 따라 전단응력은 변한다. 어떤 경우에는 2차 흐름의 존재가 최대 속도를 자유표면 약간 아래에서 발생하도록 만든다. 관례에 따라 y는 가장 깊은 위치에서 자유표면까지의 깊이로 정의되며, y는 좌표가 아님을 주의해야 한다. 평균속도는 다음 관계식을 이용하여 구할 수 있다.

$$V = \frac{1}{A}\int_A v\, dA \tag{10.1.1}$$

[1] 강어귀는 해양의 조류 영향을 받는 강의 하류 부분이다.

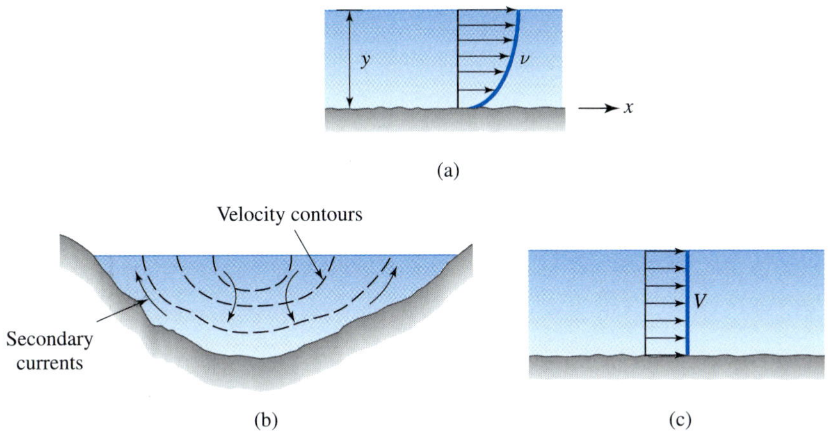

그림 10.1 자유표면유동: (a) 중심선 속도 분포, (b) 단면, (c) 1차원 모델.

1차원 모델에서 속도는 주어진 단면 모두에서 V와 같다고 가정한다. 이러한 모델은 우수한 결과를 제공하고 널리 사용된다. 개수로 유동은 대부분 난류일 것이고 그림 10.1c처럼 속도 형상은 큰 오차 없이 거의 일정하다고 가정하기 때문에 1차원 모델로 적용한다.

10.2 개수로 유동

10.2.1 자유표면 유동의 분류

수로 유동은 그림 10.1에 나와 있는 것처럼 비록 주어진 단면에서 속도 형상이 존재하더라도 평균 속도에 의해 특징지어진다. 유동은 정상 또는 비정상 상태와 균일 또는 불균일 유동으로 분류된다. 정상유동은 깊이 y 뿐만 아니라 평균속도 V가 시간에 독립적인 것을 의미하고, 반면에 비정상유동은 독립변수로서 시간이 고려되어야 한다. 균일유동은 V와 y가 유동방향으로의 위치 좌표에 독립적인 것을 뜻한다. 불균일유동은 V와 y가 그 좌표를 따라 크기가 변하는 것을 의미한다. 가능한 유동조합 형태를 표 10.1에 나타내었는데, 위치 좌표는 x로 표시하였다.

정상상태, 균일유동에서는 일정한 단면을 갖는 수로에서 종단속도에 도달하게 될 때, 평균속도가 일정할 뿐만 아니라 깊이도 역시 변하지 않는다. 정상상태, 불균일유동은 강이나 인공적인 수로에서 일반적으로 발생한다. 그런 상황에서는 유동이 두 가지 방법으로 일어나게 된다. 상대적으로 짧은 유역(구간)에서 깊이와 속도가 급격히 변하는 천이(transition)가 발생한다.

KEY CONCEPT
상대적으로 짧은 유역에서 깊이와 속도의 급격한 변화가 발생하는 것을 천이라 한다.

표 10.1 1차원 자유표면 유동의 조합

유동형태	평균속도	깊이
정상상태, 균일유동	V = 일정	y = 일정
정상상태, 불균일유동	$V = V(x)$	$y = y(x)$
비정상상태, 균일유동	$V = V(t)$	$y = y(t)$
비정상상태, 불균일유동	$V = V(x, t)$	$y = y(x, t)$

급변유동: 깊이와 속도의 급격한 변화.

점진변화유동: 수로의 더 넓은 유역을 따라 속도와 깊이가 느리게 변하는 유동.

이러한 유동을 **급변유동**(rapidly varied flow)이라 부르는데, 수력도약(예제 4.12 참조), 저수지나 호수로부터 가파른 수로로 유입되는 유동, 수로로부터 자유 낙수구에 가까운 유동, 다리 교각과 수문 같은 장애물 주위의 유동 등을 예로 들 수 있다.

폭이 넓은 수로를 따라서는 속도와 깊이가 급하게 변하지 않고 오히려 느리게 변하게 된다. 여기서 물 표면은 연속적이라고 간주될 수 있는데, 이러한 영역을 **점진변화유동**(gradually varied flow)으로 부른다. 점진변화 정상유동의 예는 강에 위치한 댐에 의해 생성되는 역류(backwater)와 폭포에 근접할 때 강물 표면 수위가 하락하는 것을 예로 들 수 있다. 그림 10.2는 급변 유동(RVF)과 점진변화유동(GVF)이 수로 유역에서 동시에 어떻게 생길 수 있는가를 설명해 준다. 수직 방향 크기가 수평 방향 크기보다 더 큰 것을 주목해야 하며, 개수로 유동 상황을 나타낼 때 이러한 크기의 일그러짐은 일반적이라 할 수 있다.

비정상 균일유동은 드물게 일어나지만, 비정상 불균일유동은 일반적이다. 강에서의 홍수, 강어귀로 몰려오는 높은 파도(또는 수력 해일, hydraulic bore), 운하에서 제어하는 유동 등이 후자의 예이다. 많은 상황에서 이런 유동들은 충분히 정상 균일유동 또는 정상 불균일유동으로 간주되기도 한다. 비정상유동은 기본적으로 이 교재에서 다루는 범위를 벗어나기 때문에 여기서는 다루지 않을 것이다. 한 가지 예외는 이동하는 수력도약인 수력해일인데, 이것은 준정상상태로 분석될 수 있다.

10.2.2 프루드수의 중요성

개수로에서 유동을 유지시키는 주요 메커니즘은 중력이다. 예를 들면 두 저수지 사이의 높이차는 그들을 연결하는 수로를 통해 물을 흐르게 한다. 이런 중력 효과를 나타내는 변수를 프루드수(Froude number)라 하고, 다음 식으로 표기된다.

$$\mathrm{Fr} = \frac{V}{\sqrt{gL}} \tag{10.2.1}$$

위 식은 6장에서 관성력과 중력의 비로 언급한 바 있다. 개수로 유동에서는 V가 평균 유속이고, L은 대표 길이이다. 사각형 단면을 갖는 수로에서 L은 유동 깊이 y가 된다.

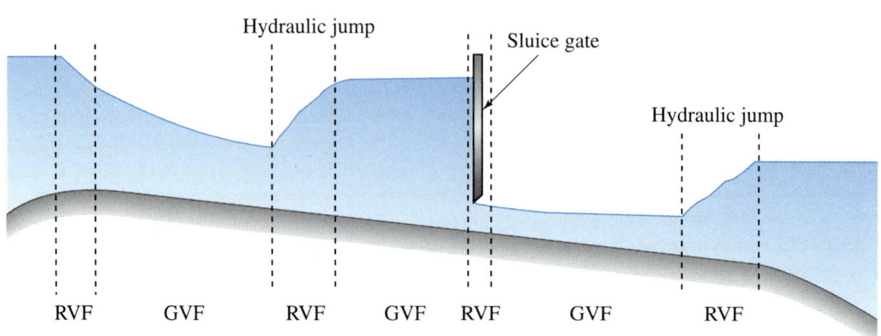

그림 10.2 수로에서의 정상, 불균일유동..

프루드수는 개수로 유동 해석에서 지배적인 역할을 하는데, 이 장의 후반부에 전개될 많은 관계식에 나타나게 된다. 더구나 프루드수의 크기를 알면 유동 영역에 대한 중요 특성을 확인할 수 있다. 예를 들어 만약 Fr > 1이면, 유동은 상대적으로 큰 속도와 낮은 깊이를 갖는다. 반면에 Fr < 1이면, 속도는 상대적으로 느리고 깊이는 상대적으로 커진다. 급류, 계단형 폭포, 또는 폭포 근처를 제외하고 대부분의 강에서는 프루드수가 1보다 작다. 수로를 건설할 때, 프루드수가 1보다 크거나 작게 설계할 수 있다. 또는 수로를 따라 프루드수가 1보다 크거나 작게 변화할 수 있도록 설계할 수도 있다.

10.2.3 정수압 분포

그림 10.3에 나타낸 것처럼 유동이 거의 수평인 수로를 고려한다. 이런 경우, 유역 내에서 유체의 수직가속도는 매우 작거나 없고 유선은 거의 평행을 유지한다. 이런 조건은 많은 개수로 유동에서 일반적이고, 실제로 약간의 변화가 존재하더라도 유선은 평행하다고 가정된다. 수직 방향 가속도가 거의 0이기 때문에 수식 방향으로의 압력 분포는 정수압으로 결론 내릴 수 있다. 따라서 임의의 깊이에서 $(p + \gamma z)$는 일정하게 유지되고 수력구배선은 물의 자유표면과 일치한다. 개수로 유동에서는 z를 수로 바닥의 높이로, y를 유동 깊이로 표시하는 것이 관례이다. 수로 바닥에서 $p/\gamma = y$이므로, 수력구배선은 합 $(y + z)$로 주어진다. 이 장에서 다루는 개념들은 정수압 분포를 가정하여 전개한다.

10.3 균일유동

10.6절의 불균일유동을 공부하기 전에 정상상태 균일유동 또는 단순 균일유동의 단순 유동조건에 관심을 집중하자. 균일유동은 드물지만 수로에서 발생한다면 깊이와 속도가 수로를 따라 변하지 않게 되고, 따라서 최종 조건이 얻어지게 된다. 이 절에서는 균일 유동에 덧붙여 개수로 단면 형상을 다룬다. 공식은 균일과 불균일유동 모두에 적용된다. 이러한 내용의 일부는 7.7절에서 취급하였는데, 여기서는 완성도를 높이며 검토한다.

KEY CONCEPT
수로 단면은 규칙적인 것이나 불규칙적인 것으로 고려될 수 있다.

10.3.1 수로 형상

수로 단면은 규칙적인 형상이나 불규칙적인 형상으로 고려될 수 있다. **규칙 단면**(regular

규칙 단면: 수로 길이를 따라 형상이 변하지 않는 단면.

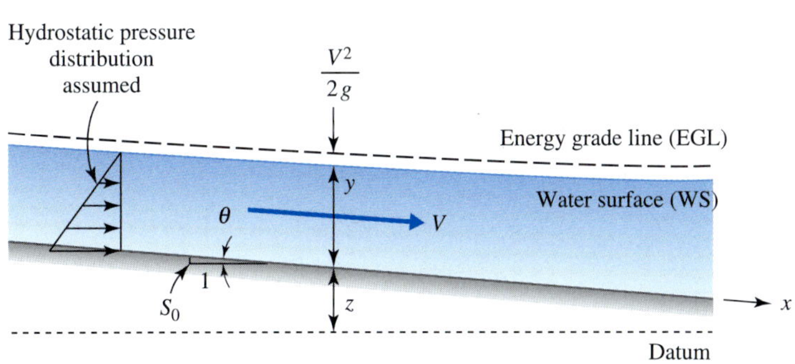

그림 10.3 개수로 유동 유역.

불규칙 단면: 기하학적 형상 변화를 갖는 단면.

section)은 수로 길이를 따라 변하지 않는 것이고, 반면에 **불규칙 단면**(irregular section)은 기하학적 형상 변화를 갖는다. 이 장에서는 주로 규칙단면 형상을 갖는 수로를 고려한다. 그림 10.4에 세 가지 일반적인 기하학적 단면 형상을 나타내었다.

가장 간단한 수로 형상은 사각 단면인데, 단면적은 다음과 같이 주어진다.

$$A = by \qquad (10.3.1)$$

접수길이: 액체와 수로 사이의 접촉된 선의 길이.

여기서 b는 수로 바닥의 폭이다(그림 10.4a 참조). 개수로 유동에서 중요한 또 다른 변수는 접수길이, 수력반경, 그리고 자유표면의 폭이다. **접수길이**(wetted perimeter) P는 액체와 수로 사이의 접촉된 선의 길이이다. 사각 수로일 경우 접수길이는 다음과 같다.

$$P = b + 2y \qquad (10.3.2)$$

수력 반경: 유동 면적을 접수길이로 나눈 값.

수력 반경(hydraulic radius) $\boldsymbol{R}$은 면적을 접수길이로 나눈 값으로 다음과 같다.

$$R = \frac{A}{P} = \frac{by}{b + 2y} \qquad (10.3.3)$$

자유표면 폭(free-surface width) B는 사각 단면의 경우 바닥 폭 b와 같다.

사다리꼴 단면(그림 10.4b)은 경사진 측면 벽의 추가 특성을 갖는다. 만약 m_1이 한쪽 측면 벽의 수직 변화에 대한 수평 변화의 비이고, m_2가 또 다른 측면 벽의 상응되는 값이라면, 면적, 접수길이, 그리고 자유표면 폭은 다음과 같이 주어진다.

$$A = by + \frac{1}{2}y^2(m_1 + m_2) \qquad (10.3.4)$$

$$P = b + y\left(\sqrt{1 + m_1^2} + \sqrt{1 + m_2^2}\right) \qquad (10.3.5)$$

$$B = b + y(m_1 + m_2) \qquad (10.3.6)$$

사각 단면은 사다리꼴 단면 정의에 포함되는 것을 알 수 있다. 왜냐하면 m_1과 m_2가 0인 수직 측면 벽에 대해 A, P 그리고 B의 관계는 동일하기 때문이다. 또한 b = 0이면, 식 10.3.4~10.3.6은 삼각형 단면 형상의 수로를 나타낸다.

배수나 하수 계통에서 많은 자유표면 유동은 원형 도관을 통하여 흐르기 때문에 원형 단면은 고려해야 할 중요한 단면이다. 만약 d가 도관 직경이면, 유동 단면적, 접수길이, 그

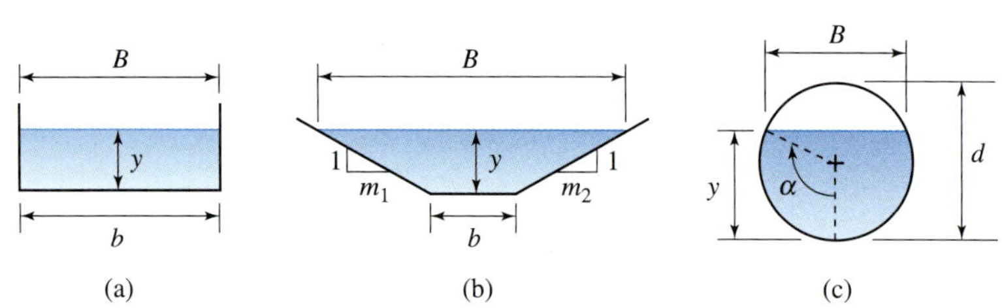

그림 10.4 대표적인 규칙 단면: (a) 사각형, (b) 사다리꼴, (c) 원형.

리고 자유 표면 폭은 다음과 같이 주어진다.

$$A = \frac{d^2}{4}(\alpha - \sin\alpha\cos\alpha) \tag{10.3.7}$$

$$P = \alpha d \tag{10.3.8}$$

$$B = d\sin\alpha \tag{10.3.9}$$

여기서 α는 다음과 같다.

$$\alpha = \cos^{-1}\left(1 - 2\frac{y}{d}\right) \tag{10.3.10}$$

각도 α는 그림 10.4c에 정의하였다.

일반 단면 형상은 $A(y)$, $P(y)$, $R(y)$ 그리고 $B(y)$와 같은 함수 형태로 표현할 수 있다. 함수 표현은 위에 주어진 모든 해석적 형태를 포함하고 불규칙적인 수로를 기술하는데 사용될 수 있다. 예를 들면 강 단면에서 유동 단면적과 접수길이는 표의 형태로 나타낼 수 있고 깊이의 함수로 수치정보를 얻기 위해 곡선 맞춤이나 내삽법 같은 방법을 사용할 수 있다. 이러한 단계는 컴퓨터에 기초한 해석에 유용하다.

복합 단면은 여러 부단면으로 이루어진다. 보통 이런 부단면은 해석적 형태를 갖는다. 그림 10.5a에 도시한 예는 주 수로와 범람원(flood plain)으로 구성된다. 그림 10.5b에 도시한 것처럼 주 수로는 사다리꼴 단면으로, 범람원은 사각형 단면으로 근사화된다. 그런 복합 단면에 대해 해석적 표현을 유도할 수 있다. 그러나 기하 변수에 대한 함수 형태를 고려하는 것이 더 유용할 수도 있다. 두 단면이 결합되는 깊이에서 함수가 불연속적일 것이라는 점에 주의하자.

이 장에서 대부분의 이론적 전개는 사각형 단면에 집중된다. 따라서 개수로 유동 해석과 관련된 수학을 단순화해 준다. 비록 방정식이 더 복잡한 형상에서 상대적으로 단순화되었더라도 물리적 현상 이해와 얻어진 결론은 대부분의 일반적인 프리즘형 단면에 응용될 것이다. 다양한 전개와 개념이 주어질 때 사각형 단면과 다른 형태의 단면 형상 사이에 분명한 차이점이 발생하게 된다.

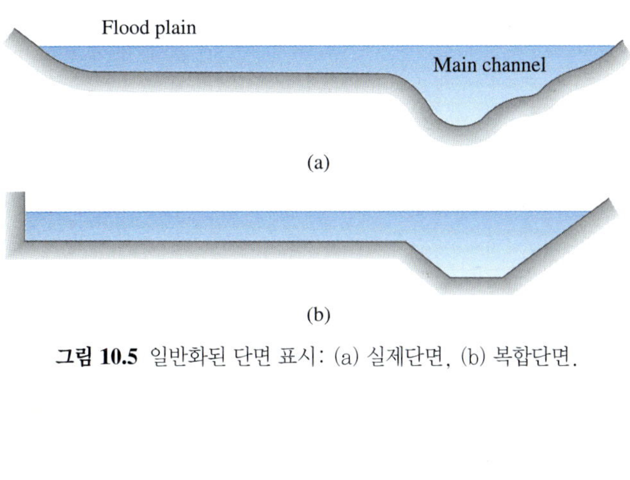

그림 10.5 일반화된 단면 표시: (a) 실제단면, (b) 복합단면.

10.3.2 균일 유동에 대한 방정식

KEY CONCEPT
균일유동은 깊이와 속도가 길이를 따라 변하지 않을 때 발생한다.

균일유동은 깊이와 속도가 수로를 따라 변하지 않을 때 즉, 최종조건이 수로에서 얻어질 때 일어난다. 이런 조건하에서 에너지구배선, 수면, 그리고 수로 바닥은 평행하다. 균일유동은 다음과 같은 형태의 식으로 예측될 수 있는 것을 7.7절에서 설명하였다.

$$V = C\sqrt{RS_0} \tag{10.3.11}$$

여기서 S_0는 수로 바닥의 경사, C는 세지(Chezy) 계수인데, 유동이 완전한 난류로 가정되므로 레이놀즈수에 무관하다. C를 **매닝**(Manning) 관계식을 사용하여 수로 조도 및 수력반경과의 관계로 나타내는 것이 일반적인 공학적 관례이다.

$$C = \frac{c_1}{n} R^{1/6} \tag{10.3.12}$$

SI 단위계에서 $c_1 = 1$이다. 식 10.3.11과 10.3.12를 유량 정의와 조합하면 세지-매닝 방정식을 구할 수 있다.

$$Q = \frac{c_1}{n} AR^{2/3}\sqrt{S_0} \tag{10.3.13}$$

매닝 계수 n은 표 7.3에 나타내었다.

KEY CONCEPT
균일유동과 관련된 깊이는 균일 깊이 또는 수직 깊이라고 부른다.

균일유동과 관련된 깊이는 y_0로 표시하는데, **균일 깊이** (uniform depth) 또는 **수직 깊이**(normal depth)라고 부른다. 강에서는 형상의 불규칙성 때문에 균일유동이 거의 일어나지 않는다. 인공적인 수로에서는 수문, 위어, 또는 유출구 등과 같은 유동 제어 장치 때문에 유동이 계속 변하므로 균일유동은 거의 존재하지 않는다. 그러나 점진변화유동 조건을 해석할 때 y_0는 수로에 존재하게 될 수면의 형태를 어느 정도 평가하는 기준을 제공하기 때문에 결정해야 한다. 중력 유동을 갖는 하수구망 설계 시 비록 많은 시간 동안 불균일유동이더라도 종종 균일유동이라 가정하고 식 10.3.13을 사용한다.

식 10.3.13을 살펴보면 Q, n 또는 S_0에 대해 명시적으로 풀 수 있음을 보여주는데, 예제 7.19와 7.20을 예로 들 수 있다. 나머지 변수는 주어지고 y_0를 구하는 경우에는 시행착오법이나 해석 툴을 사용한다.

예제 10.1

바닥 폭이 2.4 m이고 측면 경사가 수평 2에 수직 1인 사다리꼴 단면 수로를 통하여 4.5 m^3/s의 유량으로 물이 흐른다(그림 10.4b 참조). $n = 0.012$, $s_0 = 0.0001$일 때 y_0를 구하라.

풀이

주어진 형상 자료는 $b = 2.4$ m와 $m_1 = m_2 = 2$이다. $R = A/P$, $c_1 = 1$을 이용하여 식 10.3.13을 다시 정리하면 다음과 같다.

$$\frac{A^{5/3}}{P^{2/3}} = \frac{nQ}{\sqrt{S_0}}$$

(계속)

주어진 자료와 사다리꼴 단면 형상을 대입하면 다음을 얻는다.

$$\frac{\left[2.4y_0 + \frac{1}{2}y_0^2(2+2)\right]^{5/3}}{[2.4 + y_0(2\sqrt{1+2^2})]^{2/3}} = \frac{0.012 \times 4.5}{\sqrt{0.0001}}$$

시행착오법 또는 수치해석 툴을 이용하여 해를 구하면 $y_0 = 1.28$ m이다.

예제 10.2

직경이 5 m인 원형 콘크리트 관을 통하여 균일유동이 발생하고 있다(그림 10.4c 참조). 단, 유동 깊이는 일정하지 않다. 매닝 계수 $n = 0.0131$, 수로 경사는 $S_0 = 0.0005$이다. (a) $y = 3$ m에서의 유량을 구하라. (b) 유량-깊이 관계를 그래프로 도시하라.

풀이

(a) 먼저, 식 10.3.10을 이용하여 α를 구한다.

$$\alpha = \cos^{-1}(1-2y/d)$$
$$= \cos^{-1}(1-2\times 3/5) = 101.54° \text{ or } 101.54 \times \pi/180 = 1.772 \text{ rad}$$

식 10.3.7을 이용하여 유동 단면적과 접수길이를 구하면 다음과 같다.

$$A = \frac{d^2}{4}(\alpha - \sin\alpha\cos\alpha) = \frac{5^2}{4}(1.772 - \sin 101.54° \cos 101.54°) = 12.3 \text{ m}^2$$

$$p = \alpha d = 1.772 \times 5 = 8.86 \text{ m}$$

수력반경은 다음과 같다.

$$R = \frac{A}{P} = \frac{12.3}{8.86} = 1.388 \text{ m}$$

마지막으로, $y = 3$ m에서의 유량은 다음과 같이 구할 수 있다.

$$Q = \frac{1}{n}AR^{2/3}S^{1/2} = \frac{1}{0.013} \times 12.3 \times 1.388^{2/3} \times 0.0005^{0.5} = 26.3 \text{ m}^3/\text{s}$$

(b) Mathcad는 그래프를 작도하는데 사용된다. 직경, 매닝 계수, 수로 경사 값이 알고리즘에 들어가면 정답이 일반화된다는 것에 유의하자. 식 10.3.7과 10.3.8은 각각 유동 단면적, 접수길이를 정의하는데 사용된다. SI 단위계나 English 단위계를 사용하여 변수 c_1을 적절히 정의한다. 이 문제에서는 $c_1 = 1$을 사용한다. MATLAB 해는 부록 E, 그림 E.1에 나타내었다.

내경, 매닝 계수, 수로 경사

$d := 5 \quad n := 0.013 \quad S_0 := 0.0005 \quad c_1 := 1.0$

기하학적 함수

$$\alpha(y) := \text{acos}\left(1 - 2\cdot\frac{y}{d}\right)$$

$$A(y) := \frac{d^2}{4}\cdot(\alpha(y) - \sin(\alpha(y))\cdot\cos(\alpha(y)))$$

(계속)

$$P(y) := \alpha(y) \cdot d$$

$$R(y) := \frac{A(y)}{P(y)}$$

유량함수(예, 매닝 식)

$$Q(y) := \frac{c_1}{n} \cdot A(y) \cdot R(y)^{\frac{2}{3}} \cdot \sqrt{S_0}$$

깊이-유량 도식화

$$y := 0, 0.01..d$$

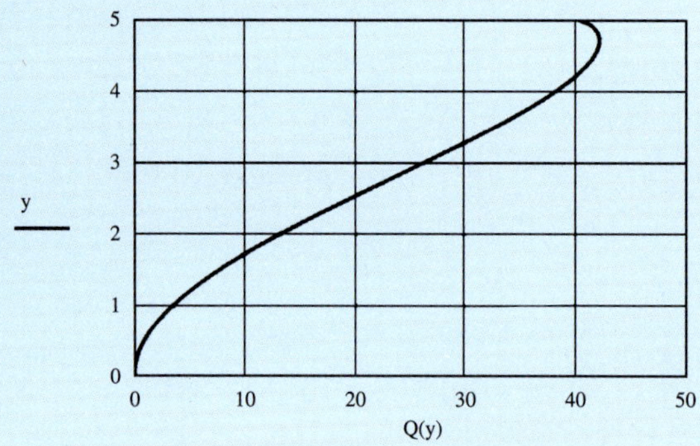

10.3.3 최대 효율 단면

전형적으로 Q, n과 S_0가 주어질 때 적절한 형상 단면을 선정하거나 지정하는 것으로 균일유동을 갖는 수로 설계 작업을 수행할 수 있다. 일단 단면 형상이 선정되면, 단면의 최적 크기는 최소 유동 저항 기준에 부합하여 설계 작업을 수행한다. 단위 길이당 유동 저항은 표면 전단응력과 접수길이의 곱과 같다. 균일유동에 대해 검사체적을 사용하고 작은 경사 S_0를 가정하면 $\sin\theta \approx S_0$(그림 10.3 참조)가 되어 합력은 다음과 같음을 알 수 있다.

$$\tau_0 P = \gamma A S_0 \tag{10.3.14}$$

그러므로 최소 저항 기준은 면적을 정의하는 변수에 대해 최소 단면적을 요구하는 것과 동등하다. 또한 셰지-매닝 방정식이 반드시 만족되어야 한다. Q, n과 S_0가 주어지고 $R = A/P$이므로 식 10.3.13은 다음과 같이 나타낼 수 있다.

$$P = cA^{5/2} \tag{10.3.15}$$

여기서 c는 상수이다. 예를 들어 폭이 b, 깊이가 y인 사각형 단면 수로를 고려하자. 최적 수력 단면은 식 10.3.15에서 A가 b만의 함수가 되도록 구성하여 구할 수 있다. 그러므로 $A = by$, $P = b + 2y$를 사용하여 P를 A와 b의 항으로 나타낸다.

$$P = b + \frac{2A}{b} \tag{10.3.16}$$

위 결과를 식 10.3.15에 대입하면 다음과 같다.

$$b + \frac{2A}{b} = cA^{5/2} \tag{10.3.17}$$

이제 A가 b에 종속적인 것을 고려하여 식 10.3.17을 b에 대해 미분하면 다음과 같다.

$$1 + \frac{2}{b}\frac{dA}{db} - \frac{2A}{b^2} = \frac{5}{2}cA^{3/2}\frac{dA}{db} \qquad (10.3.18)$$

A를 최소화하는 b의 값을 구하는 것이 목적이므로 $dA/db = 0$으로 놓으면, 다음 결과를 얻는다.

$$\frac{2A}{b^2} = 1 \qquad (10.3.19)$$

또는 $A = by$를 사용하면 다음과 같다.

$$b = 2y \qquad (10.3.20)$$

따라서 사각형 단면 수로의 폭이 흐르는 물 깊이의 두 배가 되면 물은 가장 효율적으로 흐를 것이다.

사다리꼴 단면에서는 b를 제거하고 P를 A, y 그리고 m의 함수 (여기서 $m = m_1 = m_2$)로 표시하여 식 10.3.15을 이용하는 것이 더 간단하다. 그리고 A를 m과 y의 함수로 생각하여 A의 구배 벡터를 0으로 하면 A의 최솟값을 구할 수 있다. 결과는 $m = \sqrt{3}/3$ 또는 수평에 대한 측면 경사각이 60°이다. 결과적으로 육각형 형상이 반원에 가장 잘 접근하는 사다리꼴이다. 검토는 연습문제로 남겨 둔다.

유동 저항에 기초한 최적 기준이 항상 사용될 수는 없고 사실은 다른 설계 인자보다 덜 중요할지도 모른다. 이외에도 굴착 형태에 대해 고려해야 하는데, 수로 윤곽이 정해지지 않았다면 양 벽면의 경사 안정성과 바닥의 침식 가능성을 고려해야 한다.

10.4 에너지 개념

수로를 따라 임의 위치에서의 에너지는 수평면으로부터 측정된 수직 깊이 z, 유동 깊이 y, 그리고 운동에너지 수두 $V^2/2\,g$의 합이다. 이러한 합을 에너지 구배선으로 정의하고 **전에너지**(total energy) H라 부른다.

전에너지: 수평면으로부터 측정된 수직 깊이, 유동 깊이, 그리고 운동에너지의 합을 전에너지라 한다.

$$H = z + y + \frac{V^2}{2g} \qquad (10.4.1)$$

$V^2/2\,g$ 항과 관련된 운동에너지 수정 인자는 1로 가정한다(4.4.4절 참조). 이것은 단순한 형상을 갖는 대부분의 프리즘형 수로에서는 일반적인 관례인데, 난류 유동이 내포될 경우 거의 일정하기 때문이다. 4.4절에서 전개한 기본 에너지방정식은 수로의 두 단면 사이의 실제 유체에서 손실이 일어나기 때문에, 결과적으로 전에너지는 일정하게 유지되지 않을 것임을 설명한다. 에너지 평형은 간단히 다음 관계식으로 주어진다.

$$H_1 = H_2 + h_L \qquad (10.4.2)$$

여기서 h_L은 수두손실이다. 개수로 유동 계통에 에너지를 공급해 줄 수 있는 유일한 방법은 기계적인 펌프를 사용하거나 액체를 끌어올리게 하는 것이다. 식 10.4.2는 점진변화유동뿐만 아니라 급변유동에도 적용할 수 있다. 이 식은 많은 응용에서 운동량, 연속방정식과 함께 사용될 것이다.

10.4.1 비에너지

비에너지: 에너지를 수로 바닥에 대하여 측정하는 것.

개수로 유동에서 에너지를 수로 바닥에 대해 측정하는 것이 편리한데, 복잡한 유동 상황을 해석하는데 있어 유용한 방법이라 할 수 있다. 이러한 측정값을 **비에너지**(specific energy)라 부르고 E로 나타낸다.

$$E = y + \frac{V^2}{2g} \tag{10.4.3}$$

따라서 비에너지는 유동 깊이 y와 운동에너지 수두 $V^2/2g$의 합이다.

비유량: 전 유량을 수로 폭으로 나눈 값(사각 단면 수로에서만 타당함).

사각형 단면. 사각형 단면에서 비에너지는 깊이 y의 함수로 표현될 수 있다. **비유량**(specific discharge) q는 전 유량을 수로 폭으로 나눈 값으로 정의되고 다음과 같다.

$$q = \frac{Q}{b} = Vy \tag{10.4.4}$$

따라서 사각형 단면 수로에서 비에너지는 다음과 같은 형태로 표기할 수 있다.

$$E = y + \frac{q^2}{2gy^2} \tag{10.4.5}$$

임계 깊이: 비에너지가 최솟값을 갖는 깊이.

교번 깊이: 주어진 비에너지 및 유량에서 발생 가능한 두 개의 유동 깊이.

이러한 $E-y$관계를 그림 10.6a에 도시하였다. 비유량은 적어도 최소 에너지를 요구하는 것이라 할 수 있는데, 이러한 최소 에너지를 임계 **에너지**(critical energy) E_c라 한다. 이에 대응되는 깊이 y_c를 **임계 깊이**(critical depth)라 부른다. 비에너지가 E_c보다 크면 두 개의 깊이가 가능하다. 이러한 것을 **교번 깊이**(alternate depth)라 한다. 일정한 q에 대해 E_c보다 큰 주어진 E값에서 식 10.4.5는 y의 3차 방정식이 된다. 양의 값을 갖는 두 개

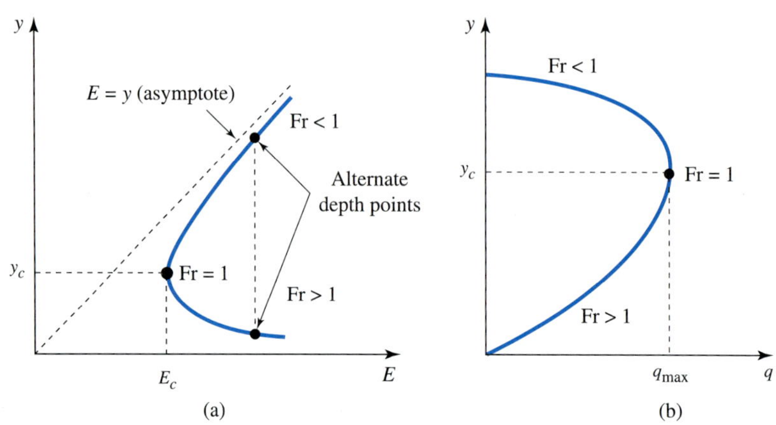

그림 10.6 깊이에 따른 비에너지와 비유량의 변화:
(a) 일정한 q에 대한 $E-y$ 관계, (b) 일정한 E에 대한 $q-y$관계.

의 y해가 교번 깊이이다.[2]식 10.4.5를 표현하는 다른 방법으로 E는 일정하다고 생각하고 q를 변하게 하는 것이다. 식 10.4.5를 이용하여 다음과 같이 q를 구할 수 있다.

$$q = \sqrt{2gy^2(E - y)} \tag{10.4.6}$$

이 관계를 그림 10.6b에 도시하였다. 이런 형태의 에너지 관계는 천이영역에 걸쳐 비에너지가 거의 일정하게 유지되는 유동을 분석하는데 유용하다. 예를 들면 수로 입구에서 유량에 따른 수로 폭의 변화와 깊이의 변화이다. 최대 단위유량 q_{max}는 임계 깊이에서 발생함을 유의하자.

임계 깊이 y_c는 식 10.4.5로부터 y에 대한 E의 미분을 0과 같게 놓으면 구할 수 있다.

$$\frac{dE}{dy} = 1 - \frac{q^2}{gy^3} = 0 \tag{10.4.7}$$

$q = Vy$이므로 최소 E의 조건은 다음과 같다.

$$1 - \frac{V^2}{gy} = 1 - \mathrm{Fr}^2 = 0 \tag{10.4.8}$$

사각형 단면 수로에서의 프루드수는 다음 식으로 표기된다.

$$\mathrm{Fr} = \frac{V}{\sqrt{gy}} = \frac{q}{\sqrt{gy^3}} \tag{10.4.9}$$

따라서 식 10.4.8에서 최소 에너지에 대해 프루드수는 1과 같다. 식 10.4.7에서 깊이를 q의 항으로 풀면 다음과 같다.

$$y = y_c = \left(\frac{q^2}{g}\right)^{1/3} \tag{10.4.10}$$

이 관계는 임계 깊이를 비유량의 항으로 나타내 준다. 임계유동 조건에서 q를 소거하기 위해 식 10.4.5와 10.4.10을 조합하면 E_c는 다음과 같이 나타낼 수 있다.

$$E_c = \frac{3}{2}y_c \tag{10.4.11}$$

$E-y$곡선에서 y_c보다 더 큰 깊이에 대해 유동은 상대적으로 느리거나 평온하며 $\mathrm{Fr} < 1$이다. 그런 상태를 아임계유동(subcritical flow)이라 부른다. 역으로 임계 깊이보다 작은 깊이에서의 유동은 상대적으로 급하거나 쏜살같이 흐르며 $\mathrm{Fr} > 1$이고 초임계유동(supercritical flow)이 된다. $E-y$선도는 일정한 비유량에 대해 깊이 변화에 따른 비에너지 변화를 나타낸다. 사각형 단면의 폭이 천이영역에서 변할 때처럼 q가 변하는 것도 가능하다. q가 증가함에 따라 $E-y$곡선은 그림 10.6a에서 오른쪽으로 이동한다. 주어진 비에너지에 대해 식 10.4.6에서 q의 최대화는 최대 유량에서 임계 조건이 일어나는 것을 보여주게 되는데 이는 연습 문제로 남겨 둔다(그림 10.6b 참조).

---

[2] $E-y$ 곡선은 두 개의 점근선 $E = y$와 $y = 0$ 사이에 위치한다. 관계식에 의해 정의되는 다른 곡선은 음의 y값에서 존재하는데, 개수로 유동에서는 물리적 의미를 갖지 않으므로 고려하지 않는다.

일반 단면. 일반 단면에서 비에너지는 전 유량 Q와 단면적 A의 항으로 쓸 수 있다.

$$E = y + \frac{Q^2}{2gA^2} \tag{10.4.12}$$

최소 에너지 조건은 식 10.4.12를 y에 대해 미분하면 구할 수 있다.

$$\frac{dE}{dy} = 1 - \frac{Q^2}{gA^3}\frac{dA}{dy} \tag{10.4.13}$$

깊이의 증분 변화에 대해 대응되는 면적의 변화는 $dA = B\,dy$이다. 식 10.4.13을 0으로 놓으면 최소 에너지 조건은 다음과 같이 된다.

$$1 - \frac{Q^2B}{gA^3} = 0 \tag{10.4.14}$$

식 10.4.8과 유사하게 식 10.4.14의 두 번째 항은 프루드수의 제곱이 된다,

$$\mathrm{Fr} = \sqrt{\frac{Q^2B}{gA^3}} = \frac{Q/A}{\sqrt{gA/B}} = \frac{V}{\sqrt{gA/B}} \tag{10.4.15}$$

비율 A/B를 수력 깊이(hydraulic depth)라 부르고 이것을 사용하여 프루드수의 정의를 일반화할 수 있다. 사각형 단면 수로에서는 A/B가 y와 동일하다는 것을 쉽게 증명할 수 있다.

그림 10.6의 비에너지 선도는 천이 문제에 대해 해를 구체화하는 유용한 방법을 제공힌다. 비록 수지적으로 문제의 해를 구할 수 있더라도 도식적 해의 평가는 틀린 해를 선택하는 것을 방지할 뿐 아니라 유용한 물리적 통찰력을 제공해 줄 수 있다.

예제 10.3

유량 $Q = 3\ \mathrm{m^3/s}$로 $m_1 = m_2 = 1.0$인 삼각 수로를 물이 흐르고 있다. 물의 깊이가 2.5 m일 때 비에너지, 프루드수, 수력 깊이와 교번 깊이를 구하라.

풀이

$b = 0$이고, 유동 면적과 수면의 폭은 식 10.3.4와 10.3.6을 이용하여 계산할 수 있다.

$$\begin{aligned} A &= \frac{1}{2}y^2(m_1 + m_2) \\ &= \frac{1}{2} \times 2.5^2 \times (1 + 1) = 6.25\ \mathrm{m^2} \\ B &= (m_1 + m_2)y \\ &= (1 + 1) \times 2.5 = 5.0\ \mathrm{m} \end{aligned}$$

식 10.4.12와 10.4.15를 사용하면, E와 Fr는 각각 다음과 같다.

$$\begin{aligned} E &= y + \frac{Q^2}{2gA^2} \\ &= 2.5 + \frac{3^2}{2 \times 9.81 \times 6.25^2} = 2.51\ \mathrm{m} \end{aligned}$$

(계속)

$$\mathrm{Fr} = \sqrt{\frac{Q^2B}{gA^3}}$$
$$= \sqrt{\frac{3^2 \times 5}{9.81 \times 6.25^3}} = 0.137$$

수력 깊이는 다음과 같다.

$$\frac{A}{B} = \frac{6.25}{5.0} = 1.25 \text{ m}$$

교번 깊이는 에너지 방정식을 사용하여 계산한다. $A = y^2$을 사용하면 다음 식을 얻는다.

$$2.51 = y + \frac{3^2}{2 \times 9.81 \times (y^2)^2}$$
$$= y + \frac{0.459}{y^4}$$

시행착오법을 이용하여 위 식의 해를 구하면 $y = 0.71$ m임을 알 수 있다.

10.4.2 천이에서 에너지 방정식의 사용

10.2.1절에서 언급하였듯이 천이(transition)란 깊이와 속도가 변하는 상대적으로 짧은 수로 영역으로 불균일 급변유동을 일으킨다. 유동에서 그런 변화를 일으키는 메커니즘은 일반적으로 하나 또는 그 이상의 기하학적 수로 형상 변수의 변화이다.[3] 이러한 영역 내에서 에너지방정식은 천이에서 유동을 해석하거나 천이의 설계를 도와주는 데 효율적으로 사용될 수 있다. 이 절에서는 방법론을 검증하기 위하여 두 가지 응용 사례를 다루게 되며, 다른 형태의 천이도 유사하게 취급할 수 있다.

축소 수로. 짧은 영역에 대해 거리 h만큼 바닥이 상승된 사각형 단면 수로를 고려하자(그림 10.7a 참조). 천이에서 깊이의 변화는 에너지 방정식을 사용하여 해석할 수 있다. 첫 번째 근사로 천이에서 손실을 무시할 수 있다. 천이 상류에서 비에너지가 주어진다고

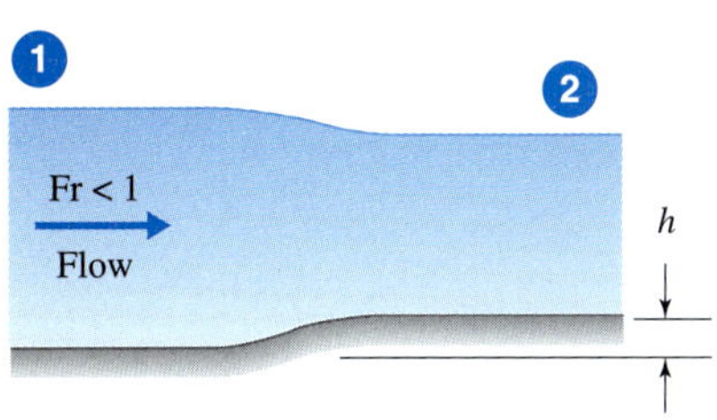

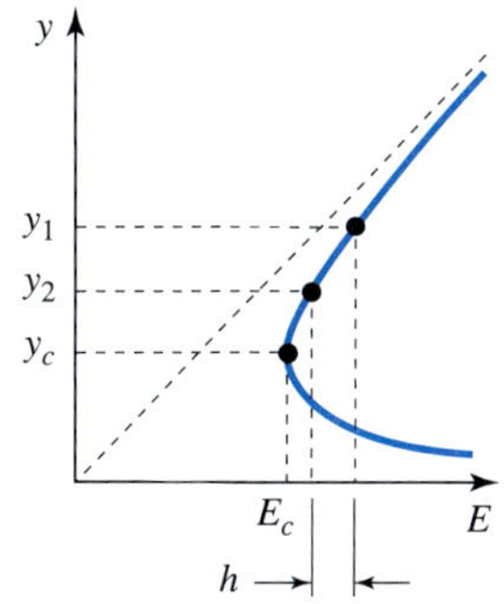

그림 10.7 축소 수로: (a) 상승된 수로 바닥, (b) 비에너지 선도.

[3]이것에 대한 주목할 만한 예외가 수력도약으로, 운동량 원리를 사용하여 10.5.2절에서 다룰 것이다.

가정하자. $H = E + z$을 사용하여, 식 10.4.2를 위치 1에서 천이영역의 끝인 위치 2까지 적용한다.

$$E_1 = E_2 + h \tag{10.4.16}$$

천이 끝 부분에서 깊이 y_2는 $E-y$선도(그림 10.7b 참조)를 관찰하면 찾을 수 있다. 위치 1에서 아임계유동이면, y_1은 비에너지 선도에서 보이는 것처럼 상부에 위치한다. h의 크기는 $y_2 > y_c$가 되도록 상대적으로 작게 선택된다. 그러므로 위치 2에서도 비슷하게 아임계유동이 된다. 그러나 h가 더 증가하면 천이에서 마침내 최소 에너지 상태에 도달된다. 최소 에너지 조건은 때때로 **초킹(질식)조건**(choking condition) 또는 **초킹(질식)유동**(choked flow)으로 불린다. 일단 초킹유동이 일어나면 h가 증가함에 따라 깊이와 속도 변화는 더 이상 천이 근처에 국한되지 않는다. 천이에서 상당히 떨어진 거리의 상류와 하류 모두에서 영향이 관찰될 수 있다.

KEY CONCEPT
초킹유동 또는 초킹조건은 천이영역에서 비에너지가 최솟값을 갖는 것을 내포한다.

천이 영역에서 수로 폭의 감소는 수로 바닥의 상승과 비슷한 상황을 일으키는 것을 증명해야 할 것이다. 대부분의 일반적인 천이영역은 폭과 바닥 상승의 변화를 내포하고 있다.

예제 10.4

폭이 3 m인 사각형 단면 수로를 통하여 깊이 1.55 m에서 속도 $V_1 = 1.83$ m/s로 물을 수송한다. 그림 E10.4와 같이 바닥이 $h = 0.20$ m만큼 상승된 천이영역으로 유동이 들어간다. 천이에서의 깊이와 속도, 그리고 초킹이 일어날 h를 구하라.

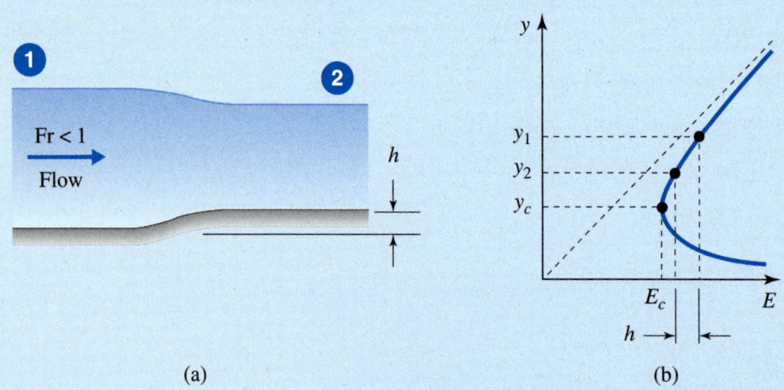

그림 E10.4

풀이

비유량을 구하기 위해 식 10.4.4를 사용하면 다음과 같다.

$$\begin{aligned} q &= V_1 y_1 \\ &= 1.83 \times 1.55 = 2.84 \text{ m}^2/\text{s} \end{aligned}$$

위치 1에서 프루드수는 다음과 같이 1보다 작음을 알 수 있다.

$$\begin{aligned} \text{Fr} &= \frac{V_1}{\sqrt{g y_1}} \\ &= \frac{1.83}{\sqrt{9.81 \times 1.55}} = 0.47 \end{aligned}$$

(계속)

그러므로 위치 1에서는 아임계유동이다. 위치 1에서 비에너지는 식 10.4.3을 사용하여 구할 수 있다.

$$E_1 = y_1 + \frac{V_1^2}{2g}$$
$$= 1.55 + \frac{1.83^2}{2 \times 9.81} = 1.72 \text{ m}$$

위치 2에서 비에너지는 식 10.4.16을 사용하여 구한다.

$$E_2 = E_1 - h$$
$$= 1.72 - 0.20 = 1.52 \text{ m}$$

만약 $E_2 > E_c$이면, 깊이 y_2를 구하는 것이 가능하다. 그러므로 먼저 E_c를 계산한다. 식 10.4.10과 10.4.11로부터 임계 조건은 다음과 같음을 알 수 있다.

$$y_c = \left(\frac{q^2}{g}\right)^{1/3} = \left(\frac{2.84^2}{9.81}\right)^{1/3} = 0.94 \text{ m}$$
$$E_c = \frac{3y_c}{2} = 3 \times \frac{0.94}{2} = 1.41 \text{ m}$$

따라서 $E_2 > E_C$이므로 y_2을 계산할 수 있다. 깊이 y_2는 알려진 값을 식 10.4.5에 대입하여 구할 수 있다.

$$1.52 = y_2 + \frac{2.84^2}{2 \times 9.81 \times y_2^2}$$

해를 구하면 다음과 같다.

$$y_2 = 1.26 \text{ m}$$
$$\therefore V_2 = \frac{q}{y_2}$$
$$= \frac{2.84}{1.26} = 2.25 \text{ m/s}$$

주어진 형상으로 천이에서 초임계유동이 될 수 있는 방법이 없기 때문에 위치 2에서는 아임계유동이 된다.
위치 2에서 발생하는 임계유동의 h 값은 식 10.4.16에서 $E_2 = E_C$로 놓으면 구할 수 있다.

$$h = E_1 - E_c = 1.72 - 1.40 = 0.31 \text{ m}$$

임계유동을 갖는 수로 입구. 호수나 저수지로부터 짧은 완만한 봉 위를 통해 수로로 들어가는 유동을 고려하자(그림 10.8 참조). 만약 수로 경사가 급하면 유동은 수로로 자유롭게 유출될 것이고 입구영역의 하류에서 초임계유동이 일어날 것이다. 봉의 상류에서는 아임계유동으로 고려될 수 있다. 봉에서 유동 영역은 아임계로부터 초임계로 변하므로 봉에서는 임계유동이어야 한다. 유량을 결정하기 위해 봉에서의 임계유동 조건과 관련하여 급변유동이 봉 위에서 일어난다고 가정한다. 예제를 통해 이 과정을 설명한다.

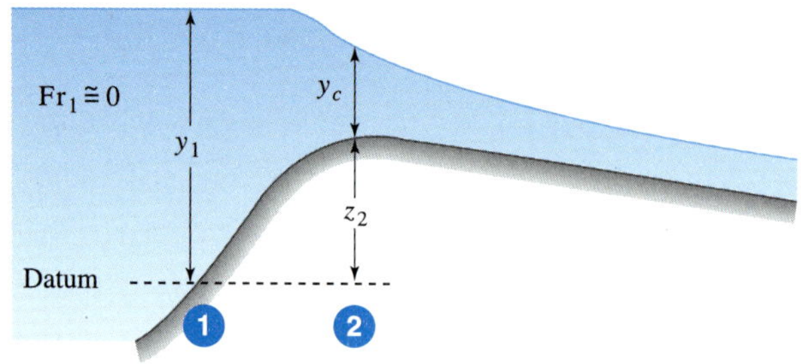

그림 10.8 임계유동을 갖는 저수지로부터 수로 입구로의 유출.

예제 10.5

바닥 폭 $b = 5.0$ m이고 측면 경사 변수 $m_1 = m_2 = 2.0$인 사다리꼴 단면 수로로 저수지로부터 물이 자유롭게 흐른다. 저수지에서 수면의 높이가 입구 봉 위로 2.3 m이다. 천이에서의 손실과 입구 상류 저수지에서의 속도를 무시할 수 있다고 가정하여 천이에서의 임계 깊이와 수로에서의 유량을 구하라.

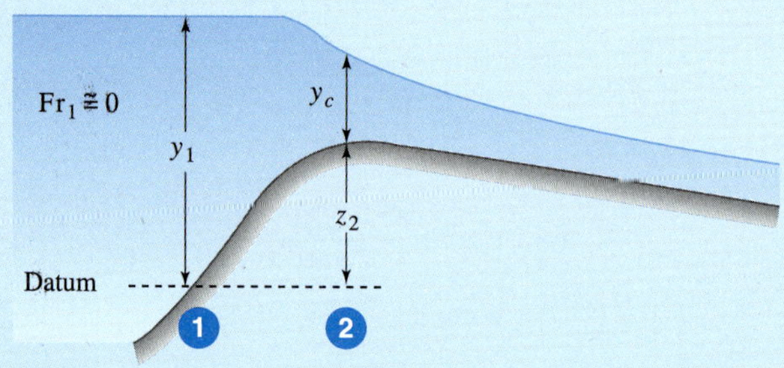

그림 E10.5

풀이

그림 10.5의 저수지에서 운동에너지를 무시할 수 있으므로($V_1 \approx 0$), 위치 1에서의 전에너지는 y_1이다. 위치 1과 2에서의 전 에너지가 동일하다고 놓으면 다음 식을 얻을 수 있다.

$$y_1 = E_2 + z_2$$

임계 조건이 위치 2에서 일어나므로 식 10.4.12와 10.4.14를 조합하여 유량을 소거하면 다음 결과를 얻는다.

$$E_2 = y_c + \frac{A}{2B}$$

두 식에서 E_2를 제거하면 다음과 같다.

$$y_1 - z_2 = y_c + \frac{A}{2B} = y_c + \frac{by_c + \frac{1}{2}(m_1 + m_2)y_c^2}{2[b + (m_1 + m_2)y_c]}$$

주어진 자료를 대입하면 다음 식으로 나타낼 수 있다.

$$2.3 = y_c + \frac{5y_c + \frac{1}{2}(2 + 2)y_c^2}{2[5 + (2 + 2)y_c]}$$

(계속)

위 관계식은 y_c의 2차식이기 때문에, 양의 근을 선택하면 다음과 같이 나타낼 수 있다.

$$y_c = 1.70 \text{ m}$$

계속해서 $A = 14.28 \text{ m}^2$와 $B = 11.80$ m를 구할 수 있다. 식 10.4.14를 사용하여 유량을 구하면 다음과 같다.

$$Q = \sqrt{\frac{gA^3}{B}}$$

$$= \sqrt{\frac{9.8 \times 14.3^3}{11.8}} = 49.3 \text{ m}^3/\text{s}$$

에너지 손실. 아임계유동일 때 수로 확대부나 축소부에서의 에너지 손실은 상대적으로 작다고 알려져 있다. 그러나 어떤 상황에서는 손실을 고려하는 것이 필요할지도 모른다. 식 10.4.2는 천이 손실에서 고려할 수 있는 손실 항을 포함한다. 실험을 통해 유도된 다음 식들을 사용할 수 있는데, 수로 확대부에서는 다음과 같다.

$$h_L = K_e\left(\frac{V_1^2}{2g} - \frac{V_2^2}{2g}\right) \tag{10.4.17}$$

그리고 수로 축소부에서는 다음 식을 사용한다.

$$h_L = K_c\left(\frac{V_2^2}{2g} - \frac{V_1^2}{2g}\right) \tag{10.4.18}$$

식 10.4.17에서 K_e는 확대계수이다. 급격한 확대부에서는 $K_e = 1.0$을, 잘 설계된 또는 완만한 확대부에서는 $K_e = 0.2$을 사용하도록 제안되어 있다(King과 Brater, 1963). 식 10.4.18에서 축소계수 K_c에 대하여 돌연 축소부에서는 $K_c = 0.5$, 잘 설계된 축소부에서는 $K_c = 0.10$을 사용한다. 초임계유동이면, 현저한 정립파(standing wave) 형태가 천이영역과 천이영역 하류를 통해 생성될 수 있다. 이런 유동에서는 파동역학을 고려한 적절한 설계가 요구된다(Chow, 1959; Henderson, 1966).

10.4.3 유동 계측

개수로에서 유동을 계측하는 가장 일반적인 방법은 **위어**(weir)를 사용하는 것이다. 기본적으로 **위어**는 유량을 측정하기 위해 유체가 통로나 간극을 통해 흘러가도록 수로에 설치한 장애물이다. 필요에 따라 특수한 위어들이 설계되어 왔다. 이 절에서는 두 가지 기본 형태인 광봉(broad-crest)위어와 예봉(sharp-crest)위어를 소개한다.

위어: 수로에 설치되는 기기로 개구 또는 구멍을 통하여 유체를 흐르게 하며, 유량 측정을 위해 설계된다.

적절하게 설계된 위어는 구조물 상류에서 아임계유동을 갖게 될 것이고, 모아진 유동은 위어 상부 또는 봉 근처에서 임계 조건으로 가속된다. 그 결과 유량과 위어 상류 깊이와의 상관관계가 만들어질 수 있다. 하류에서의 넘쳐흐르는 물을 **내프**(nappe)라 부르는데, 이는 보통 대기로 자유롭게 유출된다. 위어 성능에 영향을 주는 많은 인자들이 있다.

KEY CONCEPT
모아진 유동은 위어 봉 근처에서 임계 조건으로 가속된다.

그것들 중 중요한 것은 3차원 유동 형태, 난류 영향, 마찰 저항, 표면 장력과 내프 하부의 통풍량이다. 여기에 나타낸 단순화된 유도 과정은 베르누이 방정식에 기초한다. 다른 효과들은 이상 유량을 **유량계수**(discharge coefficient) C_d로 수정하여 설명될 수 있다. 실제 유량은 이상 유량과 유량계수의 곱이다. 가능하다면 원하는 정확도를 얻기 위해 적당한 장소에서 특정한 위어를 보정하는 것이 유리하다.

광봉위어. 광봉위어(broad-crested weir)를 그림 10.9에 도시하였다. 초킹유동을 갖기 위해 수로 바닥 위로 충분한 높이를 갖는다. 그리고 넘쳐흐르는 물의 유선이 평행이 되도록 충분히 길어서 정수압 분포를 갖는다. 그러면 임의의 위치 2에서 임계유동 조건이 존재한다.

사각형 단면 수평 수로를 가정하고 위어의 높이를 h라 하자. 위치 1은 위어의 상류 점으로 유동이 상대적으로 교란되지 않는다. 그리고 Y는 위어의 상부로부터 그 점의 자유표면까지 수직 방향 길이이다. 위치 1에서 자유표면 위치 2까지 베르누이 방정식을 적용하고 위치 1에서 운동에너지 수두를 무시하면($V_1 \approx 0$) 다음 결과를 얻는다.

$$h + Y = h + y_c + \frac{V_c^2}{2g} \tag{10.4.19}$$

위 식에서 V_C를 구하면 다음과 같다.

$$V_c = \sqrt{2g(Y - y_c)} \tag{10.4.20}$$

유동에 수직이고 폭이 b인 위어에 대해 이상 유량은 다음과 같다.

$$Q = by_cV_c = by_c\sqrt{2g(Y - y_c)} \tag{10.4.21}$$

$Y = E_C$일 때, 식 10.4.11은 y_c와 Y의 관계를 얻기 위해 사용되고, 식 10.4.21에 대입하면 다음을 얻는다.

$$Q = \frac{2}{3}\sqrt{\frac{2}{3}g}\; bY^{3/2} \tag{10.4.22}$$

위어 상부의 적절하게 완만한 상류 가장자리에 대해, 식 10.4.22는 실제 유동의 몇 퍼센트 내에서 정확하다. 그러므로 유량계수는 적용되지 않는다.

예봉위어. 예봉위어(sharp-crested weir)는 유동에 직각으로 위치한 수직 평판으로

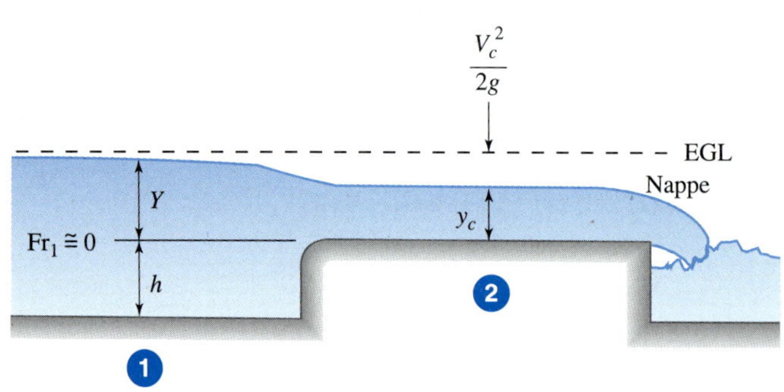

그림 10.9 광봉위어.

날카로운 모서리의 봉을 포함하므로 내프는 자유 제트 유동같이 움직인다. 그림 10.10은 수로의 전체 폭을 가로질러 확장된 수평봉을 갖는 사각위어를 보여 준다. 측면 벽이 존재하기 때문에 측면 축소부는 존재하지 않는다.

이상화된 유동 상황을 정의해 보자. 수직 평면에서 봉 위로 유동이 지나갈 때 유동은 수축되지 않기 때문에 유선은 평행하다고 할 수 있다. 또한 내프에서 대기압이 존재하고, 위치 1에서 운동에너지를 무시할 수 있는($v_1 \approx 0$) 균일유동이 존재한다. 베르누이 방정식을 대표 유선을 따라 적용하고(그림 10.10a 참조) 내프에서의 국부 속도인 v_2를 구하면 다음과 같다.

$$v_2 = \sqrt{2g\eta} \tag{10.4.23}$$

만약 b가 유동에 수직인 봉의 폭이라면 이상 유량은 다음과 같다.

$$Q = b\int_0^Y v_2\, d\eta = b\int_0^Y \sqrt{2g\eta}\, d\eta = b\frac{2}{3}\sqrt{2g}\, Y^{3/2} \tag{10.4.24}$$

지수의 크기가 거의 정확함을 실험을 통해 보여 주었지만, 그림 10.10b에 나와 있는 실제 유동을 예측하기 위해서는 유량 계수 C_d가 정확하게 적용되어야 한다.

$$Q = C_d \frac{2}{3}\sqrt{2g}\, b\, Y^{3/2} \tag{10.4.25}$$

유량계수는 축소 효과, 접근 속도, 점성 계수와 표면 장력의 영향을 반영한다. 실험으로 얻어진 C_d에 대한 공식이 다음과 같이 주어진다(Chow,1959).

$$C_d = 0.61 + 0.08\frac{Y}{h} \tag{10.4.26}$$

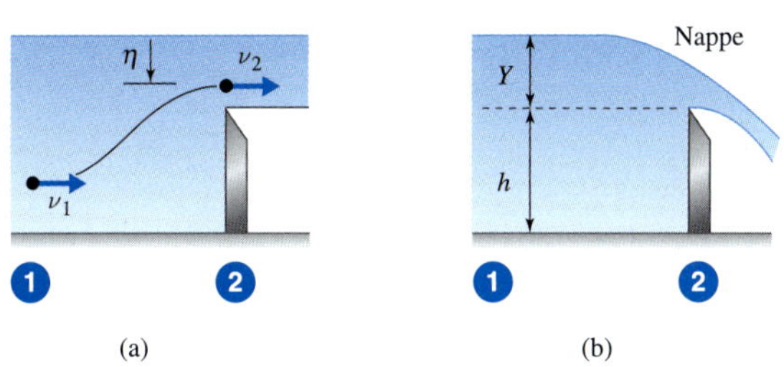

그림 10.10 사각 예봉위어:(a) 이상 유동, (b) 실제 유동.

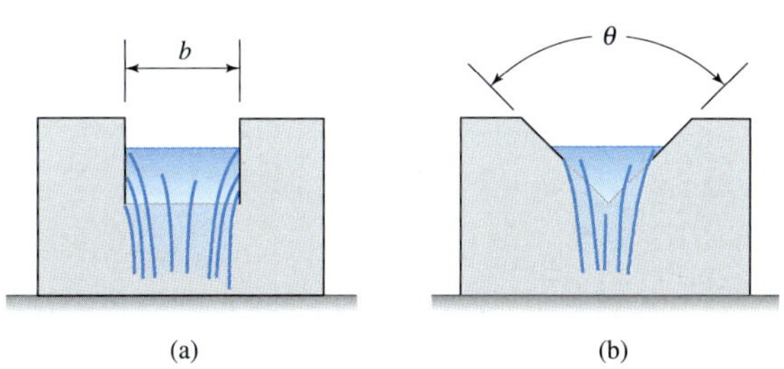

그림 10.11 축소된 사각과 V 노치위어: (a) 사각, (b) V 노치.

일반적으로 Y/h 비가 작을 경우 $C_d = 0.61$이다. 그림 10.11a와 같이 위어 봉이 측면 벽까지 확장되지는 않지만 끝단에서 축소부가 나타나도록 허용되면, 위어의 유효한 폭은 $(b - 0.2Y)$로 근사화될 수 있다.

V노치위어(그림 10.11b 참조)는 적은 유량의 측정에서 사각위어보다 정확하다. 사각위어 관계식을 전개한 유사한 방법으로 이상적인 유량은 봉 위의 내프를 통한 국소 속도를 적분하여 구할 수 있다. 유량 계수를 적용하면 다음과 같다.

$$Q = C_d \frac{8}{15} \sqrt{2g} \left(\tan \frac{\theta}{2}\right) Y^{5/2} \tag{10.4.27}$$

물을 사용하고 θ가 22.5°에서 120°까지 변하는 경우, 공학적 계산에서 $C_d = 0.58$의 값이 허용될 수 있다는 실험결과가 제시된 바 있다(King과 Bratter, 1963). 식 10.4.27의 유도는 연습문제로 남겨둔다.

통상적으로 위에서 유도된 식들은 SI 또는 English 단위계로 사용될 수 있다.

예제 10.6

$b = 1.25$ m, $Y = 0.35$ m이고 $h = 1.47$ m이며 측면 벽과 끝단에서 축소부가 발생하는 사각예봉위어 위를 지나는 물의 유량을 결정하라. 90° V노치위어를 사각위어 대신 사용하면 비슷한 유량을 얻기 위해 필요한 Y는 얼마인가?

풀이

사각위어에 대해 식 10.4.26을 사용하면 유량계수는 다음과 같다.

$$C_d = 0.61 + 0.08\frac{Y}{h} = 0.61 + 0.08 \times \frac{0.35}{1.47} = 0.63$$

식 10.4.25에 대입하여 계산하면 다음을 얻는다.

$$\begin{aligned} Q &= C_d \frac{2}{3}\sqrt{2g}\, bY^{3/2} \\ &= 0.63 \times \frac{2}{3} \times \sqrt{2 \times 9.81} \times 1.25 \times 0.35^{3/2} \\ &= 0.48 \text{ m}^3/\text{s} \end{aligned}$$

끝단에서 축소부가 존재하면 위어의 유효 측은 $0.2Y$ 만큼 줄어들기 때문에 다음을 구할 수 있다.

$$\begin{aligned} Q &= C_d \frac{2}{3}\sqrt{2g}\,(b - 0.2Y)\, Y^{3/2} \\ &= 0.63 \times \frac{2}{3} \times \sqrt{2 \times 9.81} \times (1.25 - 0.2 \times 0.35) \times 0.35^{3/2} \\ &= 0.45 \text{ m}^3/\text{s} \end{aligned}$$

유량 $Q = 0.48$ m^3/s일 때, 식 10.4.27을 사용하여 90° V노치위어의 Y를 구하면 다음과 같다.

$$\begin{aligned} Y &= \left[\frac{Q}{C_a \times \dfrac{8}{15} \times \sqrt{2g}\tan(\theta/2)}\right]^{2/5} \\ &= \left[\frac{0.482}{0.58 \times \dfrac{8}{15} \times \sqrt{2 \times 9.81} \times \tan 45°}\right]^{2/5} = 0.66 \text{ m} \end{aligned}$$

기타 유량 계측 방법. 다른 형태의 위어는 면들이 상류나 하류 방향으로 기울어진 것들이 있다(V노치형, 평행사변형, 불규칙형). 또한 댐의 방수로 단면은 완만한 봉을 갖는 위어로 간주될 수 있다. King과 Brater(1963)는 이런 형태에 대한 선택과 사용에 대해 상세한 정보를 제공하였다.

개방 수로의 특수한 형태는 초킹유동이 생성되도록 목의 형상을 제한하여 수력도약이 동반되는 임계유동을 형성하는 것이다. 특정한 표준 단면을 사용하여 만들 때 그 수로를 **파샬 수로**(Parshall flume)라 부른다(그림 10.12 참조). 유량을 예측하기 위해 광범위한 보정을 통해 신뢰성 있는 경험식을 확립한다. 목의 폭이 0.3 m~2.4 m일 때, 유량은 다음 식을 이용하여 구할 수 있다.

파샬 수로: 초킹유동이 생성되도록 목의 형상을 제한하여 수력도약이 동반되는 임계유동을 형성하는 수로.

$$Q = 4\,(0.0283)\,BH^{1.522B^{0.026}} \tag{10.4.28}$$

위 식에서 $H = H'/0.3048$, $B = B'/0.3048$이다. 여기서 H'는 그림 10.12에 나타낸 상류 위치에서 측정한 깊이이다. H'과 B'은 m단위로 측정되고, Q는 m^3/s 단위를 갖는다. 다른 단위계를 사용하여 식 10.4.28을 유도할 수 도 있다.

강의 자연 단면에서 위어를 설치하는 것이 불가능할 수 있다. 그런 경우에는 유선 관측을 이용하여 유량을 측정할 수 있다. 검사 위치는 관측점 상류에 위치시키고 강의 주어진 깊이나 **수위**(stage)에 대해 유속계를 사용하여 2차원 속도 분포를 측정한다. 계속해서 속도 분포를 수치적으로 적분하여 유량을 계산하게 된다. 이러한 일련의 계측을 통하여 수위-유량 곡선을 만들 수 있는데, 이것은 강 수위를 측정하여 유량을 추정하는 데 사용될 수 있다.

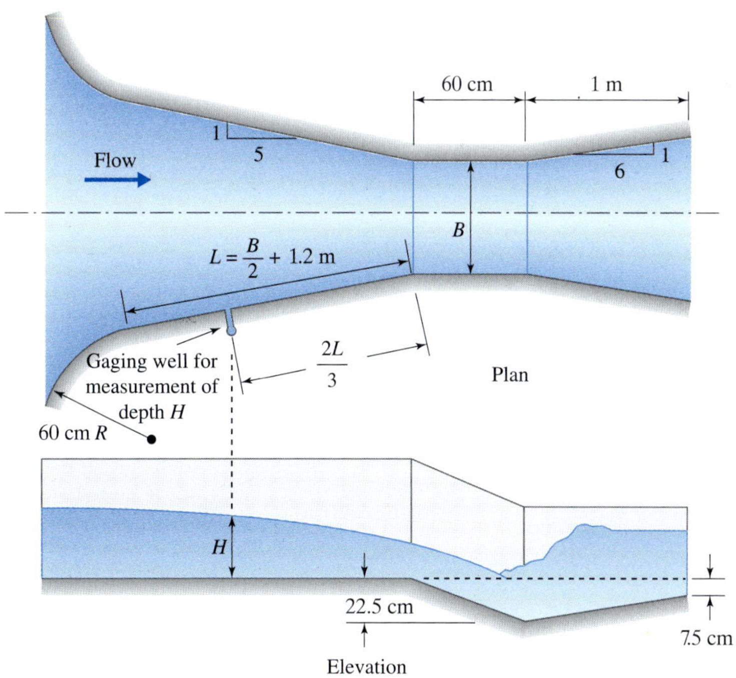

그림 10.12 파샬 수로(Henderson, Open Channel Flow, 1st, 1966. Pearson Education, Inc., Upper Saddle River, New Jersey)

10.5 운동량 개념

앞 절에서 에너지방정식이 급변유동에 어떻게 적용되는지 특히, 천이영역에서 유동을 분석하기 위해 어떻게 사용되는지 고찰하였다. 운동량방정식 역시 그런 상황의 현상을 해석하기 위해 사용된다. 에너지방정식 및 연속방정식과 함께 사용될 때 운동량방정식은 수력도약을 초래하는 문제를 포함한 모든 중요한 천이 문제를 간결하게 해석하는 방법을 제공해 준다.

10.5.1 운동량방정식

그림 10.13a에 도시한 바와 같이 장애물 상류의 초임계유동을 갖는 개수로 유역을 고려하자. 폭은 변화가 없지만 깊이는 가파른 변화를 갖는 급변유동을 나타낸다. 일반적으로 그런 변화는 유동 내의 장애물이나 수력도약에 기인한다. 상류는 초임계유동이고 하류는 아임계유동이다. 다른 유동 영역도 고려할 수 있는데, 예를 들면 전체 검사체적을 아임계 조건으로 할 수 있다. 각 상황을 하나의 공식으로 접근할 수 있다.

일반화된 유동 상황은 천이영역에 대한 운동방정식을 전개하기 위해 사용될 수 있다. 그림 10.13a에 대응되는 검사체적이 그림 10.13b에 나타나 있다. 압력 분포는 정수압으로 가정되고 정수압의 합력은 $\gamma A\bar{y}$로 주어지는데, 거리 $\bar{y}$는 자유표면으로부터 측정된 도심까지의 거리이다. 잠겨 있는 장애물은 힘 F를 유동 방향과 반대 방향으로 검사체적에 부가한다. 4.5절에 나타낸 선형 운동량방정식을 검사체적에 x 방향으로 적용하면 다음과 같다.

$$\gamma A_1\bar{y}_1 - \gamma A_2\bar{y}_2 - F = \rho Q\,(V_2 - V_1) \tag{10.5.1}$$

마찰력이 식 10.5.1에 포함되지 않는 것을 유의하자. 마찰력은 보통 다른 항에 비해 매우 작으므로 무시될 수 있다. 마찬가지로, 수로 경사가 작을 경우 유동 방향의 중력항도 무시할 수 있다. 식 10.5.1을 다시 정리하면 다음과 같다.

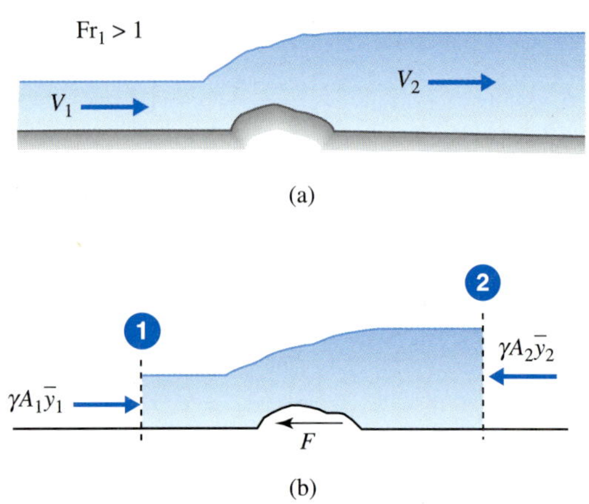

그림 10.13 장애물 주위 수로 유동: (a) 이상화한 유동, (b) 검사체적.

$$M_1 - M_2 = \frac{F}{\gamma} \tag{10.5.2}$$

여기서 M_1과 M_2는 각각 위치 1과 2에서 정수압에 의한 힘과 운동량 유속을 포함하는 항이다. M을 **운동량 함수**(momentum function)라 부르는데, 일반적인 프리즘형 단면에서 다음과 같이 주어진다.

$$M = A\bar{y} + \frac{Q^2}{gA} \tag{10.5.3}$$

사각형 단면에서는 $A\bar{y} = by^2/2$ 이기 때문에 운동량 함수는 다음과 같다.

$$M = \frac{by^2}{2} + \frac{bq^2}{gy} = b\left(\frac{y^2}{2} + \frac{q^2}{gy}\right) \tag{10.5.4}$$

식 10.5.4를 그림 10.14에 도시하였다 주어진 M과 q에 대해 두 개의 양의 근 y가 존재한다. 그들을 **공액**(conjugate)깊이 또는 **대응**(sequent)깊이라 부른다. 곡선의 윗부분($y > y_c$)은 아임계유동에 적용되고 아랫부분 ($y < y_c$)은 초임계유동에 적용된다. 그림 10.13a에서 M_1과 M_2 값을 알 수 있는데, 잠겨 있는 장애물의 상류는 초임계유동을, 하류는 아임계유동을 나타낸다. M_1과 M_2 사이의 수평 거리는 F/γ와 같다. 수력도약이 일어나지 않으면 하류는 초임계유동이 된다. 대응되는 운동량 함수 값을 M_2'로 표기한다.

공액깊이 또는 대응 깊이: 주어진 운동량 함수나 유량에서 발생 가능한 두 개의 유동 깊이.

최소 M과 관련된 깊이는 식 10.5.3에서 M을 y에 대해 미분하여 구할 수 있다.

$$\frac{dM}{dy} = A - \frac{BQ^2}{gA^2} = 0 \tag{10.5.5}$$

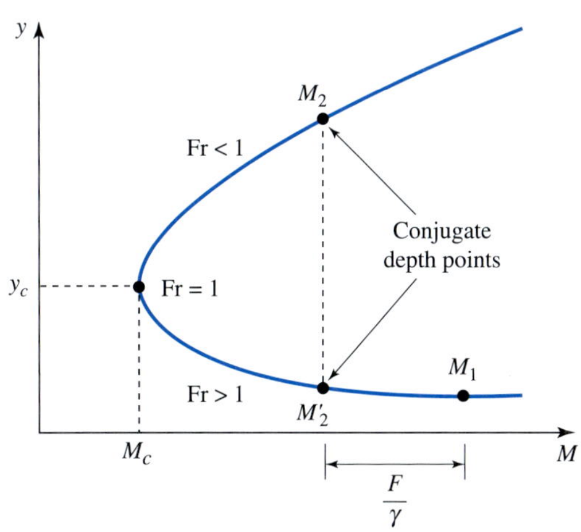

그림 10.14 깊이에 따른 운동량 함수 변화.

$d(A\bar{y})/dy = A$ 임을 주목하자.[4] 따라서 최소 M의 조건은 다음 식으로 나타낼 수 있다.

$$Q^2B = gA^3 \tag{10.5.6}$$

이 결과는 식 10.4.14와 동일하다. 그러므로 최소 M의 조건은 최소 에너지 조건과 동등한, 즉 프루드수가 1인 임계유동임을 알 수 있다.

천이영역에 적용된 운동량방정식. 특정한 위치에 적용되는 합력이나 또는 천이영역을 가로질러 정의되지 않는 손실이 현저하게 존재할 때, 속도나 깊이 변화를 구하기 위해서 운동량방정식은 매우 자주 활용된다. 에너지방정식과 연속방정식은 자유롭게 사용할 수 있음을 기억해야 하고 어떤 관계식이 필요한지를 결정해야 한다. 어떤 경우에는 연속방정식과 함께 에너지방정식 및 운동량방정식 모두가 적용되어야 하는데, 아래에 주어진 예제를 통해 해석 기법을 설명하고자 한다.

예제 10.7

폭이 5 m인 사각형 단면 수로에서 물이 14.0 m^3/s로 유출되고 있다(그림 E10.7 참조). y_1 = 2 m이고 y_2 = 0.5 m 일 때, 수문에 작용하는 힘을 구하라.

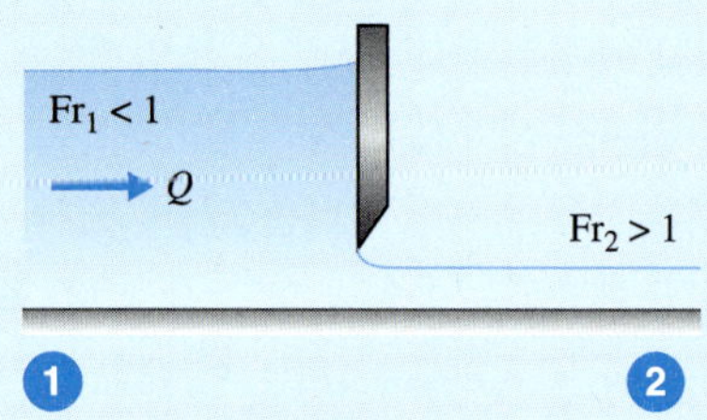

그림 E10.7

풀이

식 10.5.3을 사용하면 1과 2에서의 운동량 함수는 다음 식으로 나타낼 수 있다.

(계속)

[4]이것은 정의 $\bar{y} = (1/A)\int(y-\eta)\,dA$에서 관찰할 수 있다. 라이프니츠(Leibnitz) 법칙을 사용하여 $((\bar{y}A))$를 미분하면 다음을 얻을 수 있다.

$$\begin{aligned}\frac{d}{dy}(\bar{y}A) &= \frac{d}{dy}\int_0^y (y-\eta)w(\eta)d\eta \\ &= (y-\eta)w(\eta)\Big|_{\eta=y} + \int_0^y w(\eta)d\eta \\ &= 0 + A = A\end{aligned}$$

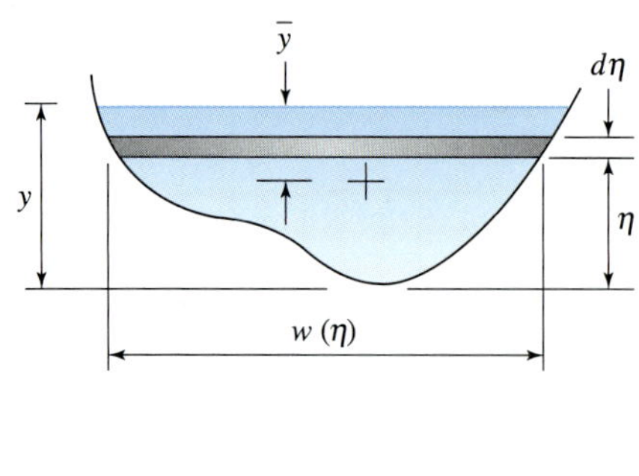

$$M_1 = A_1\bar{y}_1 + \frac{Q^2}{gA_1}$$
$$= 5 \times 2 \times 1 + \frac{(14)^2}{9.81 \times 5 \times 2} = 12.0\ \text{m}^3$$
$$M_2 = A_2\bar{y}_2 + \frac{Q^2}{gA_2}$$
$$= 5 \times 0.5 \times 0.25 + \frac{(14)^2}{9.81 \times 5 \times 0.5} = 8.62\ \text{m}^3$$

검사체적에 작용하는 합력은 식 10.5.2를 사용하여 다음과 같이 구할 수 있다.

$$F = \gamma(M_1 - M_2)$$
$$= 9800 \times (12.0 - 8.62) = 33\ 100\ \text{N}$$

따라서 수문에는 하류 방향으로 33.1 kN 크기의 힘이 작용한다.

10.5.2 수력도약

수력도약(hydraulic jump)은 초임계 상태에서 흐르는 유체가 급작스럽게 천이를 거쳐 아임계 상태를 겪는 현상이다. 도약의 상류와 하류 경계조건이 위치뿐만 아니라 크기를 결정해 준다. 이상적인 수력도약 현상을 그림 10.15에 도시하였다. 도약의 강도는 광범위하게 변하는데, 표 10.2에 나와 있는 것처럼 한쪽으로는 상대적으로 가벼운 교란이 일어나지만 다른 한편으로는 현저한 박리나 와류가 형성된다. 따라서 도약과 관련된 에너지 손실은 모르는 것으로 간주하기 때문에 초기 해석에서는 에너지방정식을 사용하지 않는다. 바닥을 따라 마찰이 없고 잠겨 있는 장애물이 없다고 가정할 때, 즉 F를 0으로 놓으면 식 10.5.2는 $M_1 = M_2$가 된다. 사각형 단면에 대해 식 10.5.4를 이 관계에 대입하면 다음을 얻을 수 있다.

수력도약: 초임계 상태에서 흐르는 유체가 급작스럽게 천이를 거쳐 아임계 상태를 겪는 현상.

$$\frac{q^2}{g}\left(\frac{1}{y_1} - \frac{1}{y_2}\right) = \frac{1}{2}\left(y_2^2 - y_1^2\right) \tag{10.5.7}$$

인수분해하여 정리하고, $\text{Fr}_1^2 = q^2/gy_1^3$을 사용하면 다음을 얻는다.

$$\text{Fr}_1^2 = \frac{1}{2}\frac{y_2}{y_1}\left(\frac{y_2}{y_1} + 1\right) \tag{10.5.8}$$

위 식은 무차원이고 도약 상류에서의 프루드수와 상류 깊이에 대한 하류 깊이 비의 관계를 나타낸다. 만약 Fr_1이 주어지면 식 10.5.8은 y_2/y_1에 대한 2차식인 것을 알 수 있다.

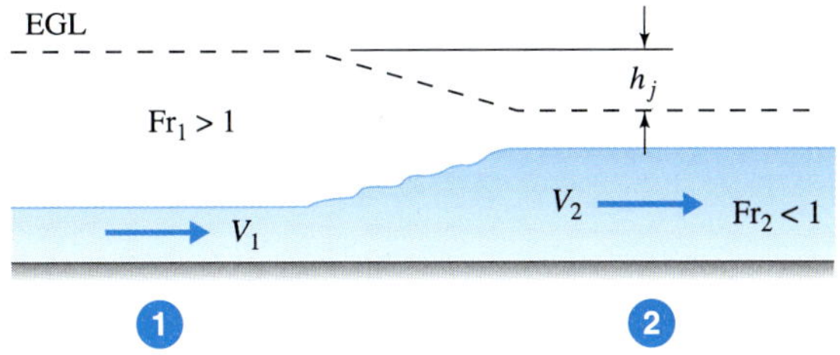

그림 10.15 이상화된 수력도약.

표 10.2 수평 사각형 단면 수로에서의 수력도약.

Upstream Fr	*Type*	*Description*	
1.0–1.7	Undular	Ruffled or undular water surface; surface rollers form near Fr = 1.7	
1.7–2.5	Weak	Prevailing smooth flow; low energy loss	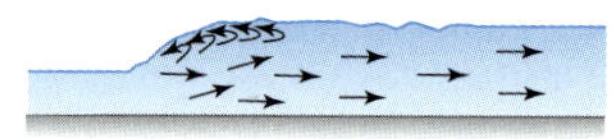
2.5–4.5	Oscillating	Intermittent jets from bottom to surface, causing persistent downstream waves	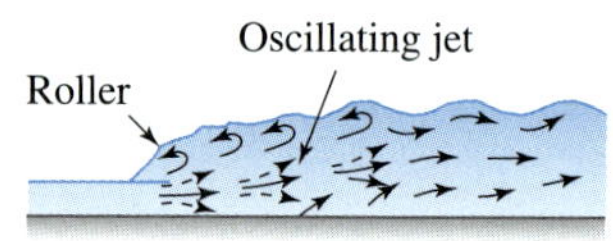
4.5–9.0	Steady	Stable and well-balanced; energy dissipation contained in main body of jump	
>9.0	Strong	Effective, but with rough, wavy surface downstream	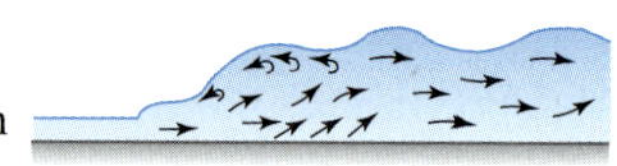

Source: Adapted with permission from Chow, 1959. (Adapted from Chow, 1959)

y_2/y_1에 대하여 해를 구하면 다음과 같다.

$$\frac{y_2}{y_1} = \frac{1}{2}\left(\sqrt{1 + 8\text{Fr}_1^2} - 1\right) \tag{10.5.9}$$

물리적으로 의미 있는 해를 구하기 위해 근 앞에 양의 부호가 선택된다.

식 10.5.9는 깊이와 프루드수의 아래첨자를 반대로 하여도 역시 유효하다는 것에 주목해야 한다.

$$\frac{y_1}{y_2} = \frac{1}{2}\left(\sqrt{1 + 8\text{Fr}_2^2} - 1\right) \tag{10.5.10}$$

사각형 단면 수로에서 수력도약과 관련된 이론적인 에너지 손실은 위치 1과 2에서의 깊이와 유동이 주어지면 결정할 수 있다. 도약을 가로질러 발생하는 수두손실 h_j를 포함하여 1과 2사이에 그림 10.15에 도시한 것처럼 에너지방정식을 적용한다. 식 10.5.7과 연속방정식을 조합하면 약간의 대수 계산을 통해 다음 식을 구할 수 있다.

$$h_j = \frac{(y_2 - y_1)^3}{4y_1y_2} \tag{10.5.11}$$

식 10.5.8에서 식 10.5.11까지는 사각형 단면 수로에서 대부분의 수력도약 문제를 해결하는 유용한 형태이다.

표 10.2는 상류 프루드수에 대해 수력도약 현상을 가정할 수 있는 여러 형태를 보여준다. 4.5 < Fr < 9.0인 정상상태의 잘 발달된 도약은 댐이나 배수구 하류에서의 에너지 소산기로 자주 사용된다. 도약의 주요 부분은 현저한 난류와 에너지 소산을 갖는 잠겨 있는 제트 유동에 의해 동반되는 쇄파(breaking waves)와 큰 물결의 존재로 특징지어진다. 하류에서 수면은 상대적으로 평탄하다. 프루드수가 4.5와 9.0사이의 범위를 벗어나면 바람직하지 않는 도약이 존재하고 원하지 않는 하류 표면파가 생성될 수 있다. 도약의 길이는 전면으로부터 잔잔한 물이 존재하는 하류까지의 거리이다. 정상 도약은 대략 상류 깊이의 6배 정도의 길이를 갖는다.

예제 10.8

수력 도약이 4 m 폭을 갖는 사각형 단면 수로에서 일어난다. 수로에서의 유량은 7.5 m^3/s이고 도약 상류의 깊이는 0.20 m이다. 도약 하류의 깊이, 하류와 상류에서의 프루드수와 도약에 의한 에너지 소산율을 구하라.

풀이

단위 유량과 상류 프루드수를 구하면 다음과 같다.

$$q = \frac{Q}{b} = \frac{7.5}{4} = 1.88\ \text{m}^2/\text{s}$$

$$\text{Fr}_1 = \frac{q}{\sqrt{gy_1^3}} = \frac{1.88}{\sqrt{9.81 \times 0.20^3}} = 6.71$$

하류 깊이는 식 10.5.9를 사용하여 계산한다.

$$y_2 = \frac{y_1}{2}\left(\sqrt{1 + 8\text{Fr}_1^2} - 1\right) = \frac{0.20}{2}\left(\sqrt{1 + 8 \times 6.71^2} - 1\right) = 1.80\ \text{m}$$

하류 프루드수는 다음과 같다.

$$\text{Fr}_2 = \frac{q}{\sqrt{gy_2^3}} = \frac{1.88}{\sqrt{9.81 \times 1.80^3}} = 0.25$$

도약에서의 수두손실은 식 10.5.11을 이용하여 구할 수 있다.

$$h_j = \frac{(y_2 - y_1)^3}{4y_1y_2} = \frac{(1.80 - 0.20)^3}{4 \times 0.20 \times 1.80} = 2.84\ \text{m}$$

(계속)

그러므로 도약에서의 에너지 소산율은 다음과 같다.

$$\gamma Q h_j = 9800 \times 7.5 \times 2.84 = 2.09 \times 10^5 \text{ W} \quad \text{or} \quad 209 \text{ kW}$$

KEY CONCEPT
이동하는 수력도약은 비교란 영역으로 전파될 때 안정된 전면을 유지하는 관점에서 양의 서지파라 한다.

이동하는 수력도약. 이동하는 수력도약은 **서지**(surge) 또는 **수력해일**(hydraulic bore)로 불리며 그림 10.16a에 나와 있다. 교란되지 않은 영역으로 속도 w로 전파될 때 안정된 전면을 유지하는 관점에서 양의 서지파라 불린다. 그런 파는 하류 수문을 갑자기 낮추거나 또는 상류 위치에서 수로로 급하게 물을 방출하면 발생될 수 있다. 이러한 비정상 급변유동은 검사체적에 반대 방향으로 해일 속도 w를 중첩시켜 정상상태 문제로 편하게 해석할 수 있다(그림 10.16b 참조). 전면은 고정된 것처럼 보이고 위치 1과 2에서 상대 속도는 각각 $V_1 + w$, $V_2 + w$와 같다.

마찰이 없는 수평 사각형 단면 수로에서 움직이는 해일을 가정하자 Fr_1의 정의에서 V_1대신 $V_1 + w$를 대입하면 식 10.5.9를 적용할 수 있고 다음과 같이 구할 수 있다.

$$\frac{y_2}{y_1} = \frac{1}{2}\left[\sqrt{1 + 8\frac{(V_1 + w)^2}{gy_1}} - 1\right] \tag{10.5.12}$$

연속방정식을 그림 10.16b의 검사체적에 적용하면 다음을 얻는다.

$$y_1(V_1 + w) = y_2(V_2 + w) \tag{10.5.13}$$

식 10.5.12와 10.5.13은 5개의 변수 y_1, y_2, V_1, V_2, w를 포함한다. 이들 중 3개는 나머지 두 개를 풀기 위해 반드시 알아야 한다. 어떤 변수가 미지수인가에 따라 식 10.5.12와 10.5.13의 해는 명시적이거나 시행착오법을 적용하여야 한다.

잠겨 있는 물체에 작용하는 항력. 만약 물체가 유동장에 잠겨 있다면 항력은 다음과 같은 방법으로 나타낼 수 있다.

$$F = C_D A \rho \frac{V^2}{2} \tag{10.5.14}$$

여기서 C_D는 항력계수이고 A는 유동에 수직한 투영 면적이다. 잠겨 있는 여러 물체의 항력계수에 대한 자료가 8.3.1절에 주어져 있다. 개수로 유동에서는 자유표면이 존재하기 때문에 항력계수는 마찰과 박리에 의한 항력뿐 아니라 조파 항력을 고려하여 수정되어야 한다. 개수로 유동에서 잠겨 있는 물체의 예로는 파이프라인과 교각이 있다. 이런 상황에서

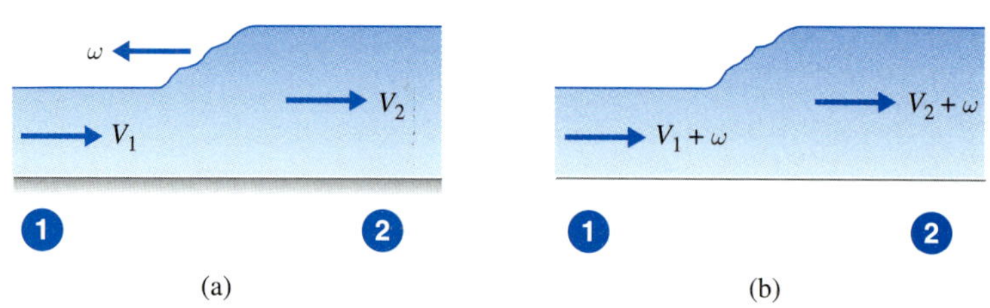

그림 10.16 이동하는 수력도약: (a) 상류로 이동하는 전면, (b) 중첩에 의해 정지된 것처럼 보이는 전면.

예제 10.9

사각형 단면 수로를 따라 물이 속도 2.5 m/s , 깊이 1.5 m로 흐른다. 수문이 갑자기 완전히 닫혀서 상류로 전달되는 서지가 발생된다고 할 때, 서지 속도와 서지 전의 깊이를 구하라.

풀이

문이 닫혔으므로 하류 속도 $V_2 = 0$이다. 식 10.5.12와 10.5.13은 두 개의 미지수 w와 y_2를 포함한다. y_2를 제거하기 위해 두 식을 조합하고 $V_1 = 2.5$와 $y_1 = 1.5$를 대입하면 다음과 같다.

$$2.5 + w = \frac{w}{2}\left[\sqrt{1 + 8\frac{(2.5 + w)^2}{9.81 \times 1.5}} - 1\right]$$

시행착오법을 이용하여 위 식의 해를 구하면 $w = 3.41$ m/s. 식 10.5.13을 사용하여 y_2를 계산한다.

$$y_2 = y_1 \frac{V_1 + w}{V_2 + w}$$

$$= 1.5 \times \frac{2.5 + 3.41}{3.41} = 2.60 \text{ m}$$

는 수력도약이 존재하지 않을 수도 있다.

설계 응용을 그림 10.17에 도시하였다. 배플 블록(baffle blocks)은 **감세지**(stilling basin)로 알려진 수로 영역 안에 위치하는 장치로 수력도약의 위치를 안정시켜 주고 유동 에너지의 소산을 도와준다. 일반적으로 배플 블록은 $Fr_1 > 4.5$인 경우에 사용된다. 예제 10.10은 배플 블록이 어떻게 수력도약의 하류 운동량 함수 크기를 감소시켜 하류 깊이를 감소시키고 에너지 소산을 증가시키는지 보여 준다. 추가 부속물, 접근속도, 물살로 토사가 흘러내려서 생긴 우묵한 곳(scour)과 공동 현상 같은 인자들을 반드시 고려해야 하므로 실제로 감세지를 해석하거나 설계하는 데 식 10.5.14는 거의 사용되지 않는다. 대신에 기존의 감세지 관찰이나 실험실 모형 연구에 근거하여 설계 표준이 확립되어 있다(U.S. Department of Interior, 1974; Roberson 등, 1988).

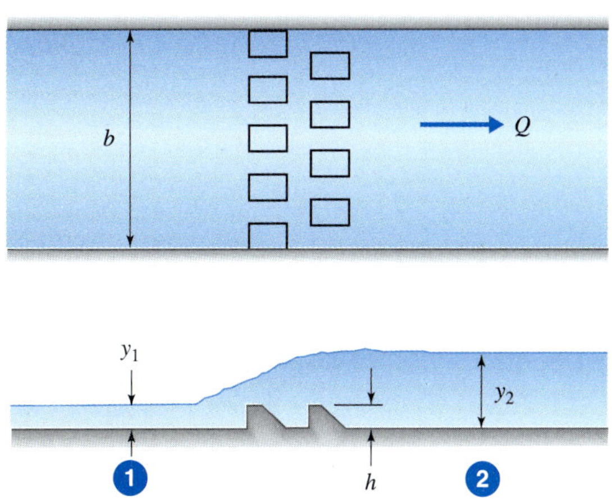

그림 10.17 배플 블록을 갖는 감세지

예제 10.10

에제 10.8에 나와 있는 유동 상황에서 일련의 배플 블록이 그림 E10.10처럼 수로 내에 위치해 있다. 실험을 통해 블록들이 유동 내에 잠겨 있으면 유효 항력 계수가 0.25가 되는 것으로 나타났다. 만약 블록 높이가 0.15 m이고 유량과 상류 깊이가 같게 유지될 경우, 도약 하류의 깊이와 도약에 의한 에너지 소산율을 구하라.

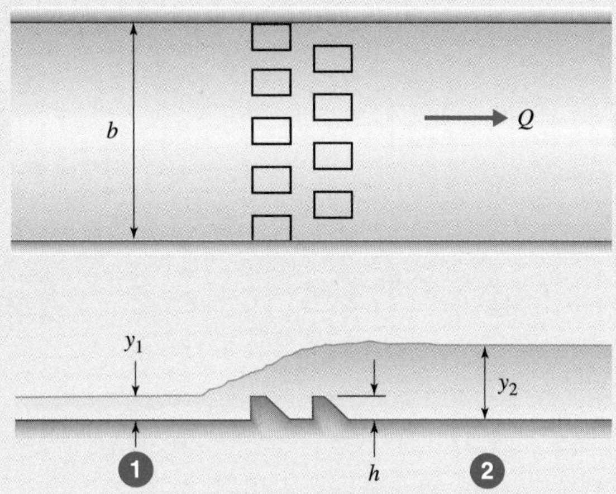

그림 E10.10

풀이

장애물(즉, 배플 블록)이 검사체적 내에 위치하므로 식 10.5.2를 사용해야 한다. 상류속도는 다음과 같다.

$$V_1 = \frac{Q}{A_1}$$
$$= \frac{7.5}{4 \times 0.2} = 9.38 \text{ m/s}$$

배플 블록으로 인한 힘 F는 식 10.5.14를 사용하여 계산한다.

$$F = C_D A \rho \frac{V_1^2}{2}$$
$$= 0.25 \times (4 \times 0.15) \times 1000 \times \frac{9.38^2}{2} = 6600 \text{ N}$$

전면 면적은 수로 폭과 블록 높이 곱으로 된다는 것을 유의하자. 식 10.5.2에 주어진 조건을 대입하고 사각형 단면 수로의 M을 정의하는 식 10.5.4를 사용한다. 또한 $q = 7.5/4 = 1.88 \text{ m}^2\text{/s}$을 대입하면 다음을 구할 수 있다.

$$b\left(\frac{y_1^2}{2} + \frac{q^2}{gy_1}\right) - b\left(\frac{y_2^2}{2} + \frac{q^2}{gy_2}\right) = \frac{F}{\gamma}$$
$$4\left(\frac{0.2^2}{2} + \frac{1.88^2}{9.81 \times 0.2}\right) - 4\left(\frac{y_2^2}{2} + \frac{1.88^2}{9.81 y_2}\right) = \frac{6600}{9800}$$

(계속)

위 식을 정리하면 다음과 같다.

$$y_2^2 + \frac{0.721}{y_2} = 3.31$$

y_2는 1.7 m가 된다. 1과 2 사이의 비에너지 변화는 다음과 같다.

$$\begin{aligned} E_1 - E_2 &= y_1 + \frac{q^2}{2gy_1^2} - \left(y_2 + \frac{q^2}{2gy_2^2}\right) \\ &= 0.2 + \frac{1.88^2}{2 \times 9.81 \times 0.2^2} - \left(1.70 + \frac{1.88^2}{2 \times 9.81 \times 1.70^2}\right) \\ &= 2.94 \text{ m} \end{aligned}$$

그러므로 에너지 소산율은 다음과 같다.

$$\begin{aligned} \gamma Q(E_1 - E_2) &= 9800 \times 7.5 \times 2.94 \\ &= 2.16 \times 10^5 \text{ W} \quad \text{or} \quad 216 \text{ kW} \end{aligned}$$

10.5.3 운동량방정식의 수치해

비사각형 단면 수로에 대해 수력도약 또는 다른 문제를 해석하기 위해 운동량 관계식을 직접적으로 사용할 수 있다. 기법은 다음과 같이 설명된다. 도약의 상류인 위치 1에서 조건이 주어진 평행사변형 단면을 갖는 수로를 고려하자. 결과적으로 M_1과 F는 상수가 되고, 식 10.5.2는 다음과 같이 쓸 수 있다.

$$M_2 - M_1 + \frac{F}{\gamma} = 0 \tag{10.5.15}$$

여기서 M_2는 y_2의 함수이다. 위치 2에서 $m_1 = m_2 = m$인 평행사변형 단면 형상을 도입하면 위의 관계는 다음과 같이 나타낼 수 있다.

$$\frac{y_2^2}{6}(2my_2 + 3b) + \frac{Q^2}{g(by_2 + my_2^2)} - M_1 + \frac{F}{\gamma} = 0 \tag{10.5.16}$$

위 식은 이분법(interval having), 가위치법(false position), 뉴턴법 같은 적당한 수치기법을 사용하여 y_2에 대한 해를 구할 수 있다. 이러한 방법들은 수치해석에 대한 책을 참고하기 바란다(Chapra and Canale, 1998 참조). $F = 0$으로 놓으면 수력도약 하류에서의 조건을 구하는 관계가 되고, 추가해서 $m = 0$으로 놓으면 사각형 단면을 갖는 수로에서의 수력도약 문제의 해를 구할 수 있다.

예제 10.11

수력 도약이 $m_1 = m_2 = 2.5$ 인 삼각형 단면 수로에서 발생한다. 유량이 20 m^3/s이고 $y_c = 1.67$ m이다. 도약 상류에서 $y_1 = 0.75$ m, $Fr_1 = 7.42$, $M_1 = 29.35$ m^3이다. 도약 하류에서 공액 깊이 y_2를 구하라.

풀이

식 10.5.16에서 $F = 0$ 을 사용하면 다음과 같다.

$$\frac{y_2^2}{6} \times 2 \times 2.5y_2 + \frac{20^2}{9.81 \times 2.5y_2^2} - 29.35 = 0$$

위 식을 정리하면 다음과 같다.

$$f(y_2) = y_2^3 + \frac{19.58}{y_2^2} - 35.23 = 0$$

y_2를 구하기 위해 가위치법을 사용한다. 첫 번째 단계는 y_u와 y_l로 표시되는 상한값과 하한값을 정하는 것이다. $Fr_1 > 1$이고 $y_2 > y_c$이므로 적절한 하한값은 $y_l = y_c = 1.67$ m이다. 상한값은 5 m로 가정한다.

Iteration	y_u	y_l	$f(y_u)$	$f(y_l)$	y_r	$f(y_r)$	Sign of $f(y_l) \times f(y_r)$	ε
1	5	1.67	90.55	−23.55	2.357	−18.61	—	
2	5	2.357	90.55	−18.61	2.808	−10.61	—	
3	5	2.808	90.55	−10.61	3.038	−5.076	—	
4	5	3.038	90.55	−5.067	3.142	−2.231	—	
5	5	3.142	90.55	−2.231	3.187	−0.944	—	
6	5	3.187	90.55	−0.944	3.205	−0.393	—	
7	5	3.205	90.55	−0.393	3.213	−0.162	—	2.5×10^{-3}
8	5	3.213	90.55	−0.162	3.216	−0.0672	—	9.4×10^{-4}
9	5	3.216	90.55	−0.0672	3.218	−0.0277	—	4.9×10^{-4}

해를 위의 표에 나타내었다. 각 반복 과정을 통하여 근의 새로운 어림값 y_r을 얻을 수 있다.

$$y_r = \frac{y_u f(y_l) - y_l f(y_u)}{f(y_l) - f(y_u)}$$

곱 $f(y_l) \times f(y_r)$은 어떤 부구간에 대해 근이 얻어질 것인가를 결정하기 위해 만들어진다. 만약 $f(y_l) \times f(y_r) < 0$이면 $y_u = y_r$이고, 그렇지 않으면 $y_l = y_r$이다. 초기에 $f(y_u)$와 $f(y_l)$은 반대 부호이어야 한다. 다음과 같이 정의된 상대 오차 ε이 규정된 값보다 작아질 때까지 반복 계산한다.

$$\varepsilon = \left| \frac{y_r^{\text{new}} - y_r^{\text{old}}}{y_r^{\text{old}}} \right|$$

이 예제에서 ε은 0.0005이다. 9번 반복 후의 결과는 $y_2 = 3.22$ m이고 세 자리 유효숫자까지 반올림하였다. Mathcad 또는 MATLAB을 사용하여 계산시간을 절약할 수 있다. 부록 E의 그림 E.2와 E.3을 참고하기 바란다.

10.6 불균일 점진변화유동

많은 개수로 유동을 고찰할 때에는 수심이나 유속이 변할 수 있지만 너무 급격히 변하지 않는 상대적으로 긴 유역에서의 정확한 해석을 반드시 포함하여야 한다. 앞의 두 절에서는 개수로에서 상대적으로 짧은 유역, 또는 천이에서 일어나는 불균일 급변유동을 다루었다. 이절에서는 수면이 연속적으로 잔잔한 불균일 점진변화유동에 관심을 갖는다. 둘 사이의 현저한 차이점으로 급변유동에서는 심각한 문제점이 없다면 때로는 손실을 무시할 수 있는 반면에, 점진변화유동에서는 수로를 따라 분포된 전단응력에 의한 손실을 포함시키는 것이 필요하다. 전단응력은 유동 저항의 주요 메커니즘이다.

점진변화유동은 정상, 불균일유동 형태로 y와 V가 갑작스런 또는 빠른 변화를 보이지 않지만 대신 점진적으로 변하기 때문에 수면을 연속적이라고 간주될 수 있다. 그 결과 수로를 따라 거리 x에 대한 y의 증분을 기술할 수 있는 미분방정식을 전개하는 것이 가능하다. 이러한 해석은 수로 형상, 유량 크기와 주어진 경계 조건에 기초하여 수면 형상을 가정할 수 있는 어려 경향을 예측할 수 있게 해준다. 비분방징식의 수치적 평가는 공학 설계 기준을 제공한다.

10.6.1 점진변화유동에 대한 미분방정식

대표적인 불균일 점진변화유동을 그림 10.18에 도시하였다. 증분 길이 Δx에 대해 수심과 유속은 천천히 변하는 것으로 알려져 있다. 에너지구배선의 경사는 S로 표시한다. 균일유동과 대조적으로 에너지구배선의 경사, 수면과 수로 바닥은 더 이상 평행하지 않다. y와 V의 변화가 점진적이므로 증분 길이 Δx에 대한 에너지 손실은 셰지-매닝 방정식으로 나타낼 수 있다. 이것은 균일유동에 유효한 식 10.3.13이 점진변화유동 조건에서 S를 구하는데 사용될 수 있고 표 7.3에 나와 있는 조도계수를 적용할 수 있음을 의미한다. 추가적인 가정조건으로 규칙 단면, 작은 수로 경사, 정수압 분포와 1차원 유동을 포함한다.

$S\Delta x$로 주어지는 손실항 h_L를 사용하여 위치 1과 2사이에 에너지방정식을 적용한다. 만약 위치 2에서의 전 에너지를 위치 1에서의 에너지와 거리 Δx에 대한 에너지 증분 합으로 나타낼 수 있다면, 식 10.4.2는 다음과 같다.

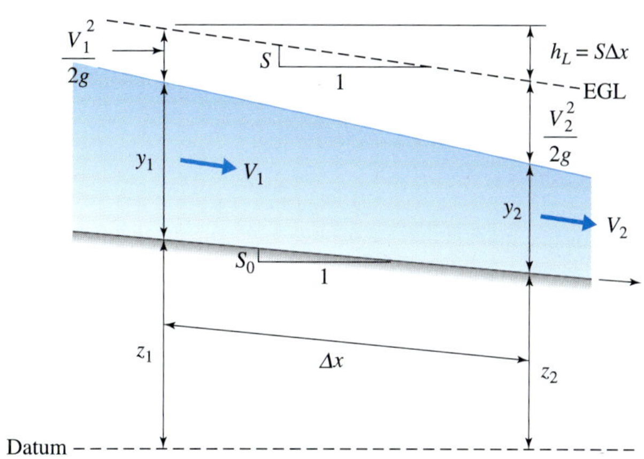

그림 10.18 불균일 점진변화유동.

$$H_1 = H_2 + S\,\Delta x = H_1 + \frac{dH}{dx}\Delta x + S\,\Delta x \tag{10.6.1}$$

$H = y + z + V^2/2\text{ g}$과 $dz/dx = -S_o$를 위 관계식에 대입하여 정리하면 다음과 같다.

$$S - S_0 = -\frac{d}{dx}\left(y + \frac{V^2}{2g}\right) \tag{10.6.2}$$

우변 항은 $-dE/dx$이고, 식 10.4.13과 10.4.15를 사용하면 다음과 같이 변형된다.

$$\frac{dE}{dx} = \frac{dE}{dy}\frac{dy}{dx} = (1 - \text{Fr}^2)\frac{dy}{dx} \tag{10.6.3}$$

마지막으로 에너지 관계식에 대입하여 수면 경사 dy/dx를 구하면 다음과 같다.

$$\frac{dy}{dx} = \frac{S_0 - S}{1 - \text{Fr}^2} \tag{10.6.4}$$

이것이 점진변화유동에 대한 미분방정식이고 임의의 규칙 단면 형상을 갖는 수로에 유효하다.

예제 10.12

점진변화유동에 대해 적절한 검사체적을 사용하여 에너지구배선의 경사 S가 $T_o/\gamma R$과 동등함을 보여라.

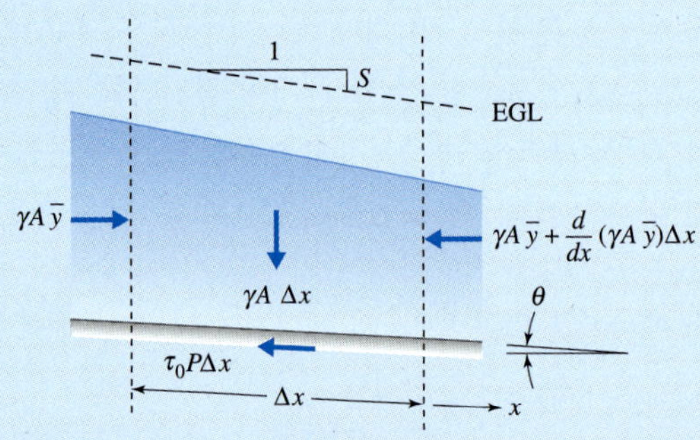

그림 E10.12

풀이

검사체적을 그림 E10.12에 도시하였다. 검사 체적에 작용하는 합력은 정수압의 증분 변화 $[\gamma d(A\bar{y})/dx]\Delta x$, x 방향으로의 무게 성분 $\gamma A\sin\theta\Delta x$와 저항 항인 $T_oP\Delta x$에 기인한다. 운동량방정식

$$\Sigma F_x = \dot{m}(V_{2x} - V_{1x})$$

과 $V_{2x} - V_{1x} = (dV/dx)\,\Delta x$의 관계를 사용하면 다음 식을 구할 수 있다.

$$-\gamma\frac{d}{dx}(A\bar{y})\,\Delta x + \gamma A\sin\theta\,\Delta x - \tau_0 P\,\Delta x = \rho VA\frac{dV}{dx}\Delta x$$

위 식은 $P = A/R$와 다음 식을 사용하여 간단히 나타낼 수 있다.

(계속)

$$\frac{d(A\bar{y})}{dx} = \frac{d(A\bar{y})}{dy}\frac{dy}{dx} = A\frac{dy}{dx}$$

위 관계를 대입하고, 관련 식을 검사 체적의 무게인 $\gamma A \Delta x$로 나누면 다음을 얻는다.

$$-\frac{dy}{dx} + \sin\theta - \frac{\tau_0}{\gamma R} = \frac{V}{g}\frac{dV}{dx}$$

작은 θ 대해 $\sin\theta \simeq S_o$이므로, 위 방정식은 다음과 같이 정리된다.

$$\frac{\tau_0}{\gamma R} - S_0 = -\frac{dy}{dx} - \frac{V}{g}\frac{dV}{dx}$$
$$= -\frac{d}{dx}\left(y + \frac{V^2}{2g}\right)$$

식 10.6.2와 비교하면 우변은 $S - S_o$와 같다. 따라서 다음과 같이 나타낼 수 있다.

$$\frac{\tau_0}{\gamma R} - S_0 = S - S_0$$

즉 다음과 같다.

$$S = \frac{\tau_0}{\gamma R}$$

10.6.2 수면 형상

식 10.6.4의 해에 기초하여 수면 형상을 분류하는 것이 가능하다(Beakhmeteff, 1932). 이를 위해 수직 깊이와 임계 깊이를 결정하는 것이 필수적이다. 일단 수로 특성과 유량이 확립되면 y_o와 y_c를 쉽게 구할 수 있음을 상기하자. 표 10.3은 수면 형상을 분류한 것이다. 임계경사 S_c는 y_c와 관련있는데, y_c를 셰지-매닝 방정식에 대입하면 경사를 구할 수 있다. 수로 경사는 S_o가 S_c보다 상대적으로 작은지, 큰지, 또는 같은지에 따라 각각 완만경사, 급경사, 임계경사로 나타낼 수 있다. 수평경사는 $S_o = 0$일 때 존재하고 역경사는 $S_o < 0$일 때 발생한다. 표 10.3을 살펴보면 12가지 형상이 가능함을 알 수 있다. 각 형상은 문자/숫자의 조합으로 분류되는데, 문자는 수로 경사를 나타낸다. M은 완만, S는 급격, C는 임계, H는 수평, A는 역을 의미한다. 아래첨자 숫자는 y_o와 y_c에 대한 y의 범위를 표시한다. 유동은 y_c 위나 아래 깊이에서, 그리고 y_o 위나 아래 깊이에서 일어날 수 있다.

각 형상의 x에 대한 y의 변화는 표 10.3에서 구할 수 있다. 주어진 Q, n, S_o와 수로 형상에 대해, 해석은 S와 Fr이 y에 따라 어떻게 변하는지를 결정하는 것으로 귀결된다. 셰지-매닝 방정식을 살펴보면 y가 증가함에 따라 S가 감소하는 것을 알게 된다. 마찬가지로 y가 증가함에 따라 S가 감소하는 것을 알게 된다. 마찬가지로 y가 증가함에 따라 프루드수는 감소한다. 식 10.6.4의 분자항은 다음 부등식을 가정하게 된다. 즉 $y > y_o$에서 $(S_o - S) > 0$이고, $y < y_o$에서 $(S_o - S) < 0$이다. 또한 분모항은 $y > y_o$에서 $(1 - \mathrm{Fr}^2) > 0$, $y < y_o$에서 $(1 - \mathrm{Fr}^2) < 0$과 같이 변한다. 이러한 기준을 사용하여 dy/dx의 부호를 판단할 수 있다. 덧붙여서 식 10.6.2를 사용하면 dE/dx의 부호도 구할 수 있다.

표 10.3 수면 형상 분류

Channel slope	*Profile type*	*Depth range*	Fr	$\frac{dy}{dx}$	$\frac{dE}{dx}$	
Mild $S_0 < S_c$ $y_0 > y_c$	M_1	$y > y_0 > y_c$	< 1	> 0	> 0	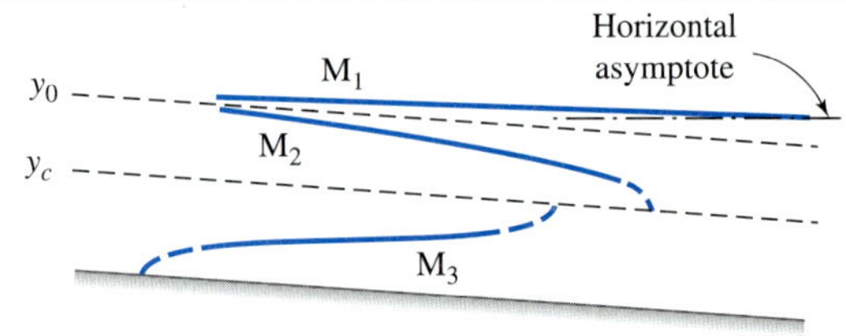
	M_2	$y_0 > y > y_c$	< 1	< 0	< 0	
	M_3	$y_0 > y_c > y$	> 1	> 0	< 0	
Steep $S_0 > S_c$ $y_0 < y_c$	S_1	$y > y_c > y_0$	< 1	> 0	> 0	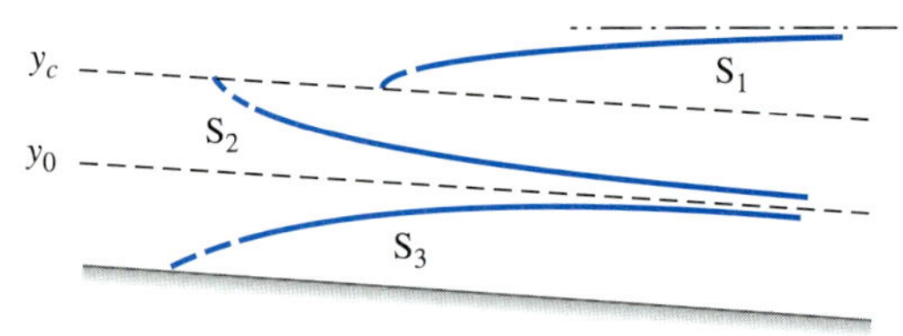
	S_2	$y_c > y > y_0$	> 1	< 0	> 0	
	S_3	$y_c > y_0 > y$	> 1	> 0	< 0	
Critical $S_0 = S_c$ $y_0 = y_c$	C_1	$y > y_c$ or y_0	< 1	> 0	> 0	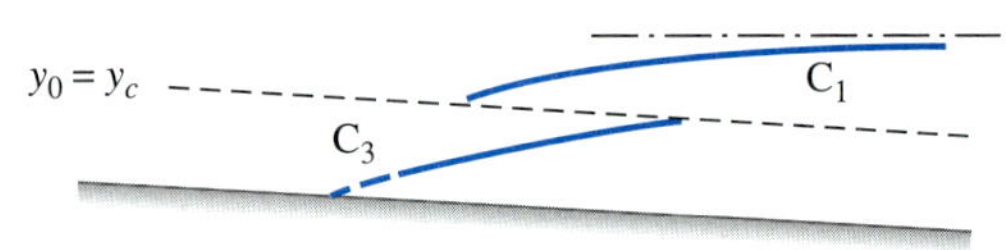
	C_3	y_c or $y_0 > y$	> 1	> 0	< 0	
Horizontal $S_0 = 0$ $y_0 \to \infty$	H_2	$y > y_c$	< 1	< 0	< 0	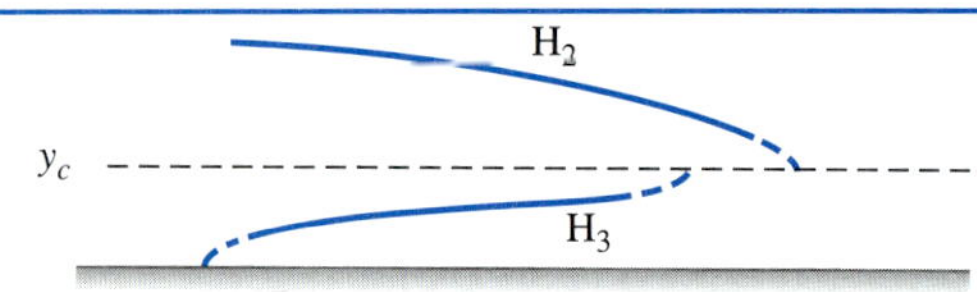
	H_3	$y_c > y$	> 1	> 0	< 0	
Adverse $S_0 < 0$ y_0 undefined	A_2	$y > y_c$	< 1	< 0	< 0	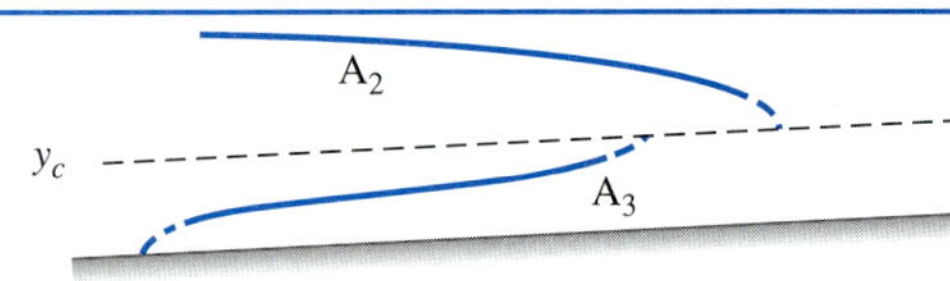
	A_3	$y_c > y$	> 1	> 0	< 0	

형상의 경계는 다음과 같이 확립될 수 있다[5].

1. y가 y_o로 접근함에 따라 S는 S_o로 접근한다. 그러므로 dy/dx는 0으로 접근하거나, 달리 표현하면 수면이 점근적으로 y_o에 접근한다. 이것은 곡선 M_1, M_2, S_2, S_3에 적용된다.
2. y가 커짐에 따라 속도는 작아지고 S와 Fr은 0에 도달한다. 따라서 dy/dx는 S_o에 접근한다. 그러므로 수면은 수평 점근선에 접근한다. 곡선 M_1, S_1, C_1이 이런 형태이다.
3. y가 y_c에 접근함에 따라 dy/dx는 결코 도달할 수 없는 제한 값으로 즉, 무한히 커진다. 초임계유동에서 M_3, H_3, A_3 곡선이 y_c에 접근하면 수력도약이 일어나고 수면에 불연속이 생긴다. 그리고 S_2 곡선 초기에 급격한 가속이 일어나고 유선은 평

[5] x는 수로 바닥에 평행하게 측정되고, y는 수로 바닥으로부터 수직으로 측정된다. 그러므로 dx/dy와 dE/dx는 수평 기준선이 아니라 수로 바닥에 대해 평가된다.

행하지 않게 된다. 아음속유동이면(M_2, H_2, A_2), y_c 근처에서 급격한 감소가 일어나고 유선은 더 이상 평행하지 않게 된다. 이런 모든 상황에서 유동은 더 이상 1차원이 아니므로 식 10.6.4는 유효하지 않다.

표 10.3에 나와 있는 형상에서 유동이 존재하려면 유한한 깊이가 필요하므로 0으로 접근하는 y의 이론적 제한 값에 물리적 의미는 없다. 임계경사 조건에 대해 y가 C_1이나 C_2 형상으로부터 y_c로 접근함에 따라 $dy/dx > S_c$이고, y가 매우 커지면 dy/dx가 수평 점근선에 다가가는 것을 보이는 것은 연습문제로 남겨 둔다.

예제 10.13

폭이 넓은 사각형 단면 수로를 가정하여 식 10.6.4의 우변을 전개함으로써 y에 따라 dy/dx가 어떻게 변하는지를 보여라.

풀이

폭이 넓은 사각형 단면 수로에서 $b \gg y$를 가정하면 접수길이는 대략 $P \simeq b$이다. 그러면 수력반경은 $R = A/P \simeq (by)/b = y$가 된다. $Q = qb$이므로 S를 구하기 위해 사용되는 셰지-매닝 방정식은 다음과 같이 단순화할 수 있다.

$$S = \frac{(qbn)^2}{(by^{5/3})^2} = \frac{(qn)^2}{y^{10/3}}$$

셰지-매닝 방정식에서 $c_1 = 1$로 가정한다. 사각형 단면에 대해 프루드수의 제곱은 다음 식으로 나타낼 수 있다(식 10.4.9 참조).

$$\mathrm{Fr}^2 = \frac{q^2}{gy^3}$$

식 10.6.4에 대입하면 다음을 구한다.

$$\frac{dy}{dx} = \frac{S_0 - (qn)^2/y^{10/3}}{1 - q^2/(gy)^3}$$

$(qn)^2 y_o^{-10/3} = S_o$이고 $\mathrm{Fr}_c^2 = q^2/(gy_c^3) = 1$이므로 다음 식으로 나타낼 수 있다.

$$\frac{dy}{dx} = S_0 \frac{1 - (y_0/y)^{10/3}}{1 - (y_c/y)^3}$$

위 식은 표 10.3의 수면 형상을 구하기 위해 식 10.6.4의 대안으로 사용될 수 있다.

10.6.3 유동제어와 임계유동

표 10.3에 나와 있는 여러 형상의 존재는 수로 내 주어진 위치에서 규정된 경계조건과 연관이 있다. 제어는 종종 경계 조건을 정의하게 된다. 단면에서 깊이와 유량과의 관계가 확립될 수 있을 때 **제어**(control) 단면이 존재한다. 제어 단면이 특정한 위치로부터 멀리 떨어진 수면에 영향을 미치는 방법은 사각형 단면 수로에서 임계 상태 근처의 유동을 조사하면 알 수 있다.

KEY CONCEPT
단면에서 깊이와 유량과의 관계를 설정하는 수로 형상을 통하여 유동 제어가 이루어진다.

식 10.5.12는 사각형 단면 수로에서 상류 방향으로 이동하는 유한한 크기의 서지(surge)에 대한 표현이다. y_2가 y_1으로 접근함에 따라 서지의 크기는 무한히 작아진다. 이 파는 유동을 교란시키려는 다른 천이 단면과 유동제어 구조물에 의해 생성될 수 있다. 식 10.5.12에서 y_1과 y_2는 y로, 그리고 V_1은 V로 대체될 수 있다. 또한 파를 하류 방향으로 움직이게 하면 다음 식을 얻을 수 있다.

$$1 = \frac{1}{2}\left[\sqrt{1 + 8\frac{(V - w)^2}{gy}} - 1\right] \tag{10.6.5}$$

w에 관하여 해를 구하면 다음과 같다.

$$w = V \pm \sqrt{gy} = V \pm c \tag{10.6.6}$$

여기서 $c = \sqrt{gy}$로 **전파속도**(celerity)이다. 전파속도는 미소 파동이 속도 0인 비교란 지역으로 전파되는 속도이다. 비사각형 단면 수로에 대해서는, $c = \sqrt{gA/B}$이다. 따라서 만약 교란이 수로의 중류 위치에서 일어나면, 두 개의 미소 파동이 생성된다. 첫 번째 파의 전면은 $V - c$의 속도로 상류로 전파되고, 두 번째 파는 $V + c$의 속도로 하류로 이동할 것이다. 이것은 고정된 위치에서의 관찰자 즉, 파 운동을 관찰하려고 기슭에 서 있는 사람에 의해 상대적으로 관측되는 것이다.

임계유동 조건을 갖는 사각형 단면 수로에서 $\text{Fr} = V/\sqrt{gy} = 1$ 또는 $V = \sqrt{gy} = c$이다. 그러므로 임계유동일 때, 교란에 의해 생성된 첫 번째 파의 전면은 상류로 이동하는 것이 아니라 정지해 있는 것처럼 보이는 "정립파(standing wave)"가 된다. 반대 방향의 파동은 $2c$의 속도로 하류로 지나가게 된다. 만일 $\text{Fr} < 1$이면, 첫 번째 파는 상류로 이동하고, 반대 방향파는 $2c$보다 작은 속도로 하류로 이동한다. 수로에서 $\text{Fr} > 1$이면, $V > c$이므로 모든 파는 하류로 지나간다. 따라서 유동을 교란하는 메커니즘을 내포하므로 아임계 ($\text{Fr} < 1$)유동이면, 제어단면은 상류 유동 조건에만 영향을 미친다. 마찬가지로 초임계($\text{Fr} > 1$) 유동이면, 제어단면은 하류 유동 조건에만 영향을 미친다. 이것은 그림 10.19a와 같이 상류가 아임계 상태이고 하류가 초임계 상태인 수로에 위치한 수문에서 설명할 수 있다. M_1 형상은 수문 위에서 생성되고, M_3형상은 수문 아래에 존재한다. 수문의 이

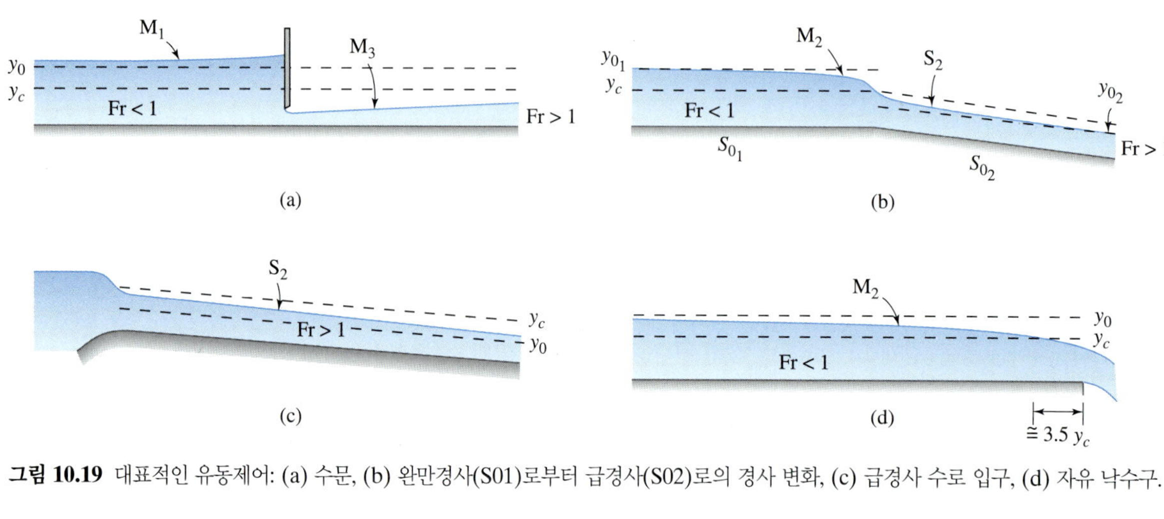

그림 10.19 대표적인 유동제어: (a) 수문, (b) 완만경사(S01)로부터 급경사(S02)로의 경사 변화, (c) 급경사 수로 입구, (d) 자유 낙수구.

동은 두 형상의 성질에 영향을 미친다. 수문을 낮추면 범위가 길어지고 올리면 반대효과를 일으킨다.

표 10.3에 나와 있는 형상은 모두 제어에 의해 영향을 받는다. 그림 10.19는 여러 가지 형상을 생성하는 몇 가지 유동제어를 나타낸다. 임계 깊이는 유효 제어와 연관이 있다. 천이영역 내 어느 위치에서 임계유동을 일으키는 수문, 위어, 댐과 수로(flume)가 여기에 속하는 예들이다. 또한 제어 단면은 수로 경사가 완만한 상류에서 급격한 하류가 되는 분기점에 위치할 수 있다(그림 10.19b 참조). 급경사 수로 입구(그림 10.19c 참조)는 봉에서 임계유동이 일어나는 상류 유동제어의 예이다. 완만한 경사에서는 임계유동이 상류로부터 짧은 거리에서 발생한다(그림 10.19d 참조). 그림 10.19에 도시하지 않은 다른 유동제어로는 초킹이 작용하는 축소 수로와 완만한 경사에서 임의 위치에 존재하는 균일유동을 들 수 있다.

10.6.4 형상 합성

개수로 유동의 이해와 정확한 설계, 그리고 해석을 위해 유동제어와 제어 가능한 형상과의 상호 작용에 대한 인식이 요구된다. 유동제어는 근본적으로 천이영역이므로, 필요한 깊이-유량 관계를 결정하기 위해 10.4절과 10.5절에서 언급한 급변유동 원리를 사용할 수 있다. 일단 유동제어가 확인되면 형상을 선택할 수 있고 유동제어의 영향 범위를 확립할 수 있다.

그림 10.20에 도시한 예를 들어보자. 저수지로부터 가파른 수로로 유동이 들어가고, 따라서 수로 입구에 임계유동이 존재한다. 유량의 크기와 S_2형상 모두 입구에서의 깊이에 의해 영향을 받는다. 그러므로 깊이는 유동제어 역할을 한다. 수로 끝 하류에 위치한 하부 저수지는 상류에서 계획한 S_1형상을 확립하기 위한 제어 역할을 한다. 초임계유동에서 아임계 유동으로 변하면 임의의 내부 위치에서 수력도약이 발생한다. 도약 위치는 S_2형상에 복합 깊이 곡선을, 그리고 S_1곡선과의 교점을 계산하여 구할 수 있다. 하류에 위치한 저수지 높이를 더 낮추면 도약이 하류 방향으로 이동하게 되고, 결과적으로 수로로부터 지나가게 된다. 하부 저수지 높이를 높이면 도약 위치는 상류로 이동한다. 도약이 입구 영역으로 이동하면 상류 제어는 더 이상 존재하지 않게 된다. 형상 합성의 추가 예제는 10.7절에 서술하였다.

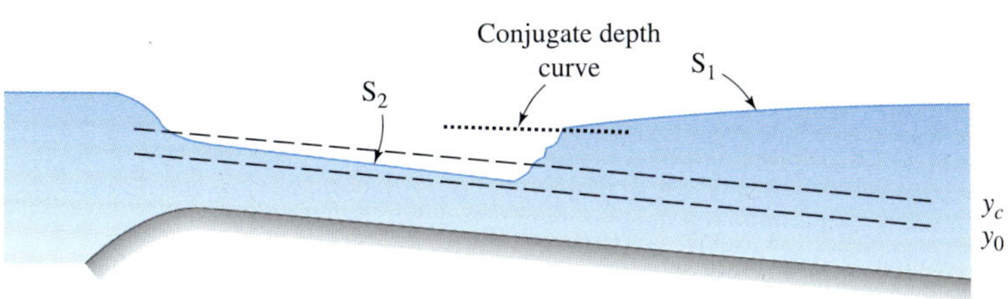

그림 10.20 형상 합성.

예제 10.14

사각형 단면 수로에서 $b = 3$ m, $n = 0.015$, $S_0 = 0.0005$, 그리고 $Q = 5$ m^3/s이다. 수로 입구에서 0.15 m 깊이의 유동이 수문으로부터 방출된다. 균일유동 조건이 입구 영역으로부터 충분히 멀리 떨어진 곳에 확립될 수 있을 만큼 수로는 길다(그림 E10.14a 참조). 입구 근처에서의 수면 형상 특성을 설명하라.

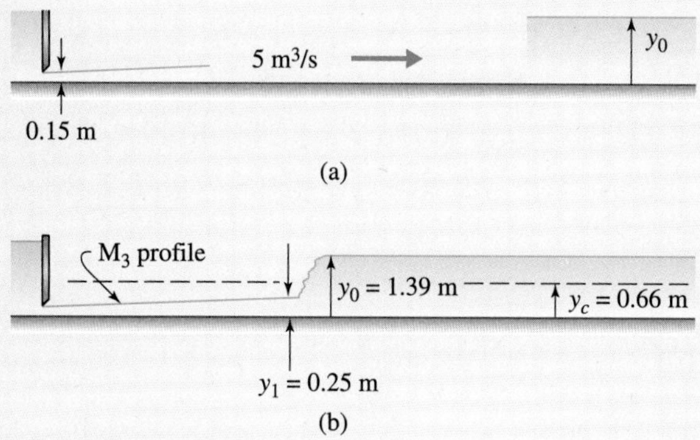

그림 E10.14

풀이

우선 수로의 형태를 결정하기 위해 y_0와 y_c를 구한다. y_o를 구하기 위해 예제 10.1에서 구한 방법을 따른다. 주어진 자료를 다음과 같이 셰지-매닝 방정식에 대입한다.

$$\frac{(3y_0)^{5/3}}{(3+2y_0)^{2/3}} = \frac{0.015 \times 5}{\sqrt{0.0005}} = 3.354$$

위 식으로부터 $y_0 = 1.39$ m를 구한다. 그 다음으로 임계 깊이를 구해 보면 다음과 같다.

$$y_c = \left(\frac{q^2}{g}\right)^{1/3}$$

$$= \left[\frac{(5/3)^2}{9.81}\right]^{1/3} = 0.66 \text{ m}$$

$y_0 > y_c$이므로 완만한 경사 조건이 존재한다. 수문은 유동제어 역할을 하게 되고, M_3형상은 입구에서 시작하여 수력도약에 의해 끝나게 된다. 도약 하류에는 균일유동 조건이 제어 역할을 하게 되며, 따라서 그 위치에서 깊이는 y_0이고, 프루드수는 다음과 같다.

$$\text{Fr}_0 = \frac{q}{\sqrt{gy_0^3}}$$

$$= \frac{5/3}{\sqrt{9.81 \times 1.39^3}} = 0.325$$

식 10.5.10을 사용하여 수력도약 전의 깊이를 다음과 같이 구할 수 있다.

$$y_1 = \frac{y_0}{2}\left(\sqrt{1 + 8\text{Fr}_0^2} - 1\right)$$

$$= \frac{1.39}{2}\left(\sqrt{1 + 8 \times 0.325^2} - 1\right) = 0.25 \text{ m}$$

매닝 계수가 유효숫자 2자리까지 주어졌기 때문에 깊이 y_c와 y_1은 유효숫자 2자리까지 계산하였다(그림 E10.14b 참조).

10.7 수면 형상의 수치해석

10.6절에서 점진변화유동에 대한 여러 특성의 이해와 해석을 다루었다. 중요 과정의 개요를 요약하면 다음과 같다. 수면 형상은 수로 형상, 조도와 유동에 대한 적절한 정보를 사용하거나, 적당한 유동제어를 결정 또는 가정하여 합성되거나 예측될 수 있다. 일단 만족스러운 형상 합성이 이루어지면 원하는 수면 형상과 수반되는 에너지구배선을 수치적으로 계산해야 한다.

점진변화유동을 수치적으로 고찰하기 위해 선택된 방법에 관계없이, 일정한 경사를 갖는 수로 유역에 대한 수면 형상의 완전한 해석은 보통 다음과 같은 단계를 따른다.

1. 수로 형상, 수로 경사 S_0, 조도 계수 n, 그리고 유량 Q가 주어지거나 가정된다.
2. 수직 깊이 y_0와 임계 깊이 y_c를 결정한다.
3. 수로 유역의 상류와 하류 끝에서 제어(즉, 유동 깊이)를 확립한다.
4. y를 구하기 위해 식 10.6.4를 적분한다. 따라서 E는 x의 함수가 되고 유역 내에 수력 도약이 일어날 가능성을 보여 준다.

프리즘형 수로에 대해 y_0는 세지-매닝 방정식을 적용하고 함수의 근을 구하여 계산할 수 있다.

$$\frac{Qn}{c_1AR^{2/3}\sqrt{S_0}} - 1 = 0 \tag{10.7.1}$$

마찬가지로 y_c는 다음 형태의 프루드수를 적용하여 구한다.

$$\frac{Q^2B}{gA^3} - 1 = 0 \tag{10.7.2}$$

식 10.7.1과 10.7.2의 해를 구하기 위해 가위치법이나 이분법(Chapra and Canale, 1988)같은 수치적 방법, 또는 전산해석 툴을 사용할 수 있다.

식 10.7.1의 형태로 주어진 세지-매닝 방정식은 균일유동뿐만 아니라 비균일유동에서도 깊이-유량 변화를 나타내는 데 사용된다. 따라서 식 10.7.1에서 S_0는 에너지구배선의 경사 S로 대체될 수 있고, S에 대해 다음과 같이 구할 수 있다.

$$S(y) = \frac{Q^2n^2}{c_1^2\,[A(y)]^2\,[R(y)]^{4/3}} \tag{10.7.3}$$

위 식에서 Q와 n은 주어지거나 가정되므로, 식 10.7.3의 우변은 y 만의 함수이다.

이 절에서는 수직 깊이와 임계 깊이에 따른 수면 형상을 계산하는 2가지 수치해석 방법을 소개하려고 한다. 첫 번째는 가장 널리 쓰이는 **표준 단계법**(standard step method), 두 번째는 정확한 수치적분법을 사용하는 방법이다. Excel, Mathcad, MATLAB과 같은 소프트웨어를 사용하여 해를 구할 수 있다. 세 번째 방법은 수로 단면의 기하학적 형상 특성을 단순화하고 식 10.6.4의 적분 형태의 식을 사용하는 분석적 방법이다.

10.7.1 표준 단계법

점진변화유동 문제의 해를 구하기 위한 수치해석 과정을 전개하기 위해 식 10.6.2를 사용한다. 그림 10.21에 도시한 수로 유역에 적용하면, 다음 식을 구할 수 있다.

$$\begin{aligned}\frac{dE}{dx} &= \frac{d}{dx}\left(y + \frac{V^2}{2g}\right)\\ &= S_0 - S(y)\end{aligned} \tag{10.7.4}$$

x_i와 x_{i+1} 사이에서 y와 V의 작은 변화에 대해 식 10.7.4를 다음과 같이 근사화할 수 있다.

$$\begin{aligned}E_{i+1} - E_i &= \int_{x_i}^{x_{i+1}} [S_0 - S(y)]\, dx\\ &\simeq (x_{i+1} - x_i)[S_0 - S(y_m)]\end{aligned} \tag{10.7.5}$$

여기서 $y_m = (y_i + 1 + y_i)/2$이다. x_{i+1}에 대해 식 10.7.5의 해를 구하면 다음과 같다.

$$x_{i+1} = x_i + \frac{E_{i+1} - E_i}{S_0 - S(y_m)} \tag{10.7.6}$$

계산은 제어점이나 깊이가 주어진 다른 점에서 시작하여 단계별로 수행한다. 수로를 따라 수면 형상을 구하려면, $i = 1, \ldots, k$에 대해 x_i, y_i와 E_i를 계산한다. 여기서 k는 유역 반대 끝의 위치이다. x_k와 달리 위치 x_i는 고정될 필요가 없기 때문에 임의 값을 취할 수 있다. 위치 i에서 시작하여 $i + 1$에서의 계산은 다음과 같이 진행한다.

1. $y_i + 1$를 선택한다.
2. y_m은 y_i와 y_{i+1}로부터 구하고, $S(y_m)$은 식 10.7.3에서 구하여 E_{i+1}를 식 10.4.12로부터 계산한다.
3. 식 10.7.6으로부터 x_{i+1}를 계산한다.
4. 위치 k에서, 주어진 x_k의 값에 대해 식 10.7.6이 만족될 때까지 y_k의 시험 값을 가정한다.

표준 단계법은 스프레드시트(spreadsheet) 풀이를 이용하여 수행할 수 있다.

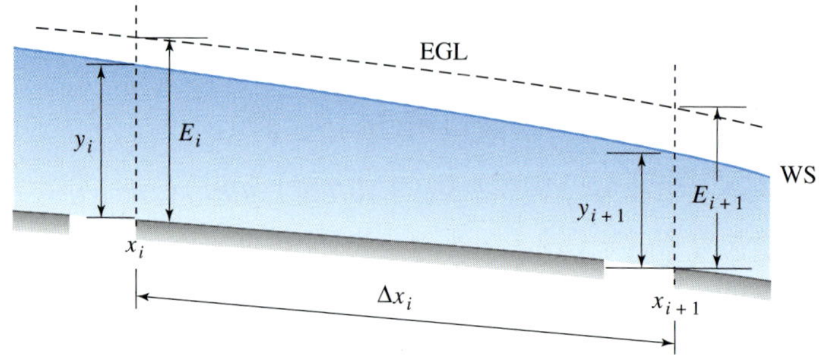

그림 10.21 점진변화유동 계산을 위한 기호 표시.

예제 10.15

물이 $b = 7.5$ m, $m_1 = m_2 = 2.5$인 긴 사다리꼴 단면 수로를 $Q = 22\ \text{m}^3/\text{s}$로 흐르고 있다. 자연 낙수구가 수로 하류 끝단, $x = 2000$ m에 위치한다. $n = 0.015$, $S_0 = 0.0006$인 경우, 자유 낙수구로부터 대략 800 m 상류에서의 수면 형상과 에너지구배선을 구하라.

풀이

주어진 자료를 식 10.7.1과 10.7.2에 대입하여 y_0와 y_c를 결정한다.

$$\frac{22 \times 0.015 \times \left[7.5 + 2y_0\sqrt{1 + (2.5)^2}\right]^{2/3}}{\left[7.5y_0 + \frac{1}{2}y_0^2(2.5 + 2.5)\right]^{5/3}\sqrt{0.0006}} - 1 = 0$$

$$\frac{(22)^2 \times [7.5 + y_c(2.5 + 2.5)]}{9.8 \times \left[7.5y_c + \frac{1}{2}y_c^2(2.5 + 2.5)\right]^3} - 1 = 0$$

이 방정식의 근들은 Excel Solver®을 사용하여 구할 수 있으며, 그 해는 $y_0 = 1.29$ m와 $y_c = 0.86$ m이다. 따라서 수로는 완만한 형태이고 제어는 수로 하류 끝단 자유 낙수구에 가까울 것이다. 정확도의 큰 손실 없이, 임계 조건이 자유 낙수구에 존재하는 것으로 가정할 수 있다. 표 10.3을 참조하면 낙수구 상류 형상은 M_2형태가 될 것이다. 표 E10.15는 Excel 스프레드시트 계산을 나타낸다. 윗부분은 Solver를 이용해서 구한 임계 깊이와 수직 깊이를 나타낸다. 나머지를 나타내는 열에는 0과 근접한 매우 작은 수가 있는 것을 알 수 있다(위의 두 결과식 참조). 표의 밑 부분은 표준 단계법을 보여준다. 첫 번째에서 다섯 번째까지 y열에 임의의 깊이 값을 선택한 후 직접 계산을 수행한다. 초기 x값(2000 m)은 x 열 첫 번째 칸에 위치시키고, 남은 거리는 이전 페이지에서 설명한 것처럼 구한다. 여섯 번째에서는 요구 값 1200 m에 근접한 거리까지 각기 다른 y 값을 선택한다. 거리가 1230 m일 때 1.27 m의 깊이를 구할 수 있다. 단계법 및 수직 깊이와 임계 깊이를 계산한 스프레드시트 관련식은 부록 E에 수록하였다. 또한, 이 문제에 관한 MATLAB 풀이는 부록 E의 그림 E.5에 도시하였다.

표 E10.15

	Depth [m]	Residual
Critical	0.865	1.087E-06
Normal	1.292	1.812E-06

Station	y [m]	A [m²]	V [m/s]	E [m]	y_m [m]	$S(y_m)$	Δx [m]	x [m]
1	0.865	8.358	2.632	1.218				2000
2	0.950	9.381	2.345	1.230	0.908	2.165E-03	−8	1992
3	1.050	10.631	2.069	1.268	1.000	1.527E-03	−41	1951
4	1.150	11.931	1.844	1.323	1.100	1.081E-03	−114	1837
5	1.250	13.281	1.656	1.390	1.200	7.866E-04	−357	1480
6	1.270	13.557	1.623	1.404	1.260	6.574E-04	−250	1230

예제 10.16

길이가 300 m인 사다리꼴 단면 수로를 통하여 $Q = 25\ m^3/s$로 물이 흐른다. 단면의 역 측면 경사가 $m_1 = m_2 = 2.5$이고, 바닥 폭 5 m, 바닥 경사 $S_0 = 0.005$, 매닝 계수는 $n = 0.013$이다. 상류 깊이가 $y_u = 0.55$ m이고 하류 깊이가 $y_d = 2.15$ m일 때, 수면 형상과 에너지구배선을 구하라.

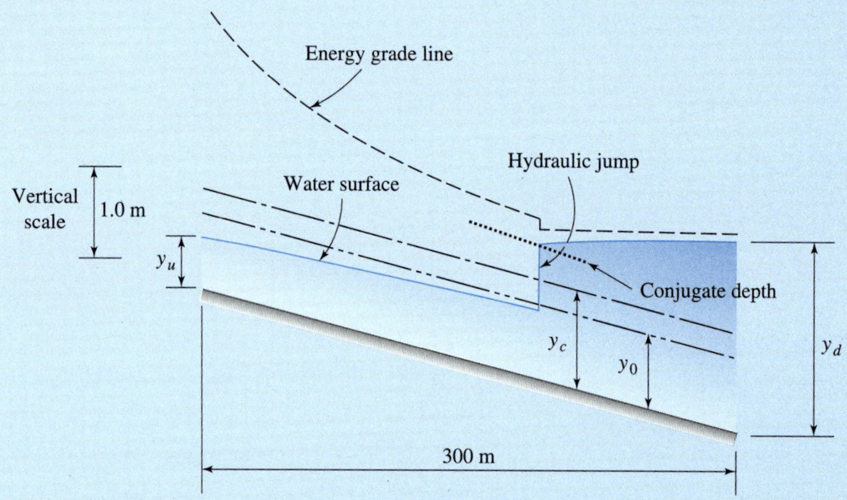

그림 E10.16

풀이

표 E10.16은 표준 단계법을 이용한 Excel 스프레드시트 해를 보여 준다. 우선 중력 상수와 매닝 방정식의 상관계수 c_1과 같은 입력 데이터를 넣는다. 두 단면의 역 측면경사가 같기 때문에, 단일 값 m을 넣는다. 그리고 Solver를 이용하여 임계 깊이와 수직 깊이를 계산한다. $y_c > y_0$이므로 경사는 급경사이다. 하나의 제어 점은 상류 끝단이고, S_3형상이 수로 상단부에 존재한다. y_u 부터 시작한 첫 번째부터 일곱 번째까지 계산된 형상은 깊이가 0.85 m, 길이가 288 m이다. 그리고 깊이 y_d로부터 시작하여 y가 임계 깊이에 도달하면 끝나는 수로 끝단부의 아홉 번째 지점에서 S_1의 형태를 계산할 수 있다. 수로 입구로부터 대략 190 m 떨어진 하류에 수력도약이 발생한다. S_3 형상에 복합 깊이를 도시하고 S_1형상과의 교차점을 구하면 그림 E10.16에서처럼 수력도약을 구할 수 있다. 복합 깊이 y_{cj}는 Excel Solver를 이용하여 계산하였다.

(계속)

표 E10.16

$Q =$	25	$n =$	0.013	$S_0 =$	0.005	$L =$	300	$g =$	9.81
$b =$	5	$m =$	2.5	$y_u =$	0.55	$y_d =$	2.15	$c_1 =$	1.00

	Depth	Residual
$y_c =$	1.124	−2.26E-07
$y_0 =$	0.864	4.363E-07

Station	y	A	V	E	y_m	$S(y_m)$	Δx	x	y_{cj}	Residual
1	0.550	3.506	7.130	3.141						
2	0.600	3.900	6.410	2.694	0.575	2.189E-02	26	26	1.901	8.81E-07
3	0.650	4.306	5.806	2.368	0.625	1.624E-02	29	56	1.802	5.19E-07
4	0.700	4.725	5.291	2.127	0.675	1.231E-02	33	88	1.711	1.68E-07
5	0.750	5.156	4.848	1.948	0.725	9.500E-03	40	128	1.628	9.30E-07
6	0.800	5.600	4.464	1.816	0.775	7.449E-03	54	182	1.550	3.85E-07
7	0.850	6.056	4.128	1.719	0.825	5.923E-03	105	288	1.477	5.07E-07
9	2.150	22.306	1.121	2.214				300		
10	2.050	20.756	1.204	2.124	2.100	1.575E-04	−19	281		
11	1.950	19.256	1.298	2.036	2.000	1.924E-04	−18	263		
12	1.850	17.806	1.404	1.950	1.900	2.371E-04	−18	245		
13	1.750	16.406	1.524	1.868	1.800	2.951E-04	−17	228		
14	1.650	15.056	1.660	1.791	1.700	3.713E-04	−17	211		
15	1.550	13.756	1.817	1.718	1.600	4.728E-04	−16	195		
16	1.450	12.506	1.999	1.654	1.500	6.102E-04	−15	180		
17	1.350	11.306	2.211	1.599	1.400	7.998E-04	−13	167		
18	1.250	10.156	2.462	1.559	1.300	1.067E-03	−10	157		
19	1.124	8.778	2.848	1.537	1.187	1.514E-03	−6	151		

10.7.2 수치적분법

규칙 단면을 갖는 수로에 대해 식 10.6.4의 해를 구할 수 있는 유용한 많은 수치방법이 있고, 모두 설계와 해석 목적을 위해 충분한 정확도의 해를 제공한다. 사다리꼴 법칙이나 심프슨(Simpson) 법칙을 사용한 적분 기법이나 룽게-쿠타(Runge-Kutta) 기법을 사용한 미분 형태의 해법은 대표적인 예이다. 이런 방법의 기초가 되는 이론이나 알고리즘은 수치 기법에 관한 많은 교재에서 찾을 수 있다. McBean과 Perkins(1975)는 점진변화유동에 적용된 사다리꼴 적분법의 사용과 관련된 수렴 문제에 대해 논의하였다.

유용한 적분법은 2점 가우스-르장드르 구적법(two-point Gauss-Legendre quadrature)(Chapra and Canale, 1988)이다. 이 방법은 특히 컴퓨터를 사용할 때 적합하고 일반적으로 사다리꼴 적분법이나 심프슨 적분법보다 더 정확하다. 식 10.6.4를 적분 형태로 나타내면 다음과 같다.

$$\begin{aligned} x_{i+1} &= x_i + \int_{y_i}^{y_{i+1}} \frac{1 - \mathrm{Fr}^2}{S_0 - S}\, dy \\ &= x_i + \int_{y_i}^{y_{i+1}} G(y)\, dy \end{aligned} \tag{10.7.7}$$

마지막 적분항은 가우스-르장드르(Gauss-Legendre) 공식에 의해 다음과 같이 근사화된다.

$$\begin{aligned} \int_{y_i}^{y_{i+1}} G(y)\, dy = \frac{y_{i+1} - y_i}{2} \Bigg[& G\left(\frac{y_{i+1} + y_i - \sqrt{3}/3(y_{i+1} - y_i)}{2} \right) \\ & + G\left(\frac{y_{i+1} + y_i + \sqrt{3}/3(y_{i+1} - y_i)}{2} \right) \Bigg] \end{aligned} \tag{10.7.8}$$

다음의 예제를 통해 이 알고리즘의 사용법을 설명한다.

예제 10.17

예제 10.15를 가우스-르장드르 구적법을 이용하여 재해석하라.

풀이

Mathcad를 이용한 해법은 다음과 같다. 주어진 데이터를 입력하고 함수를 정의한 다음, 수직 깊이와 임계 깊이를 계산한다. 그 후, 식 10.7.7과 10.7.8을 이용하여 깊이를 반복해서 대입하여 거리의 상응 값을 계산한다.

입력값:

Q : = 22　　M : = 2.5　　b : = 7.5　　L : = 2000

S_0 : = 0.0006　　n : = 0.015　　g : = 9.81

(계속)

함수 정의:

$$A(y) := b \cdot y + M \cdot y^2 \qquad B(y) := b + 2 \cdot M \cdot y \qquad P(y) := b + 2 \cdot y \cdot \sqrt{1+M^2}$$

$$S(y) := \frac{Q^2 \cdot n^2}{A(y)^{3.3333} \cdot P(y)^{-1.3333}} \quad Fr(y) := \sqrt{\frac{Q^2 \cdot B(y)}{g \cdot A(y)^3}} \quad G(y) := \frac{1 - Fr(y)^2}{S_0 - S(y)}$$

$$E(y) := y + \frac{Q^2}{2 \cdot g \cdot A(y)^2}$$

수직 깊이와 임계 깊이 계산:

$$y_n := \text{root}(S(y) - S_0, y, 0.01, 5) \qquad y_n = 1.292$$

$$y_c := \text{root}(Fr(y) - 1, y, 0.01, 5) \qquad y_c = 0.865$$

상류에서 S2형상 계산:

$$X_0 := 2000 \qquad y_0 := y_c \qquad \Delta y := 0.10 \qquad N := 4$$

$$i := 1, 2 .. N$$

$$y_i := y_{i-1} + \Delta y$$

$$x_i := x_{i-1} + \frac{\Delta y}{2} \cdot \left(G\left(\frac{y_i + y_{i-1} - \frac{\sqrt{3}}{3} \cdot \Delta y}{2} \right) + G\left(\frac{y_i + y_{i-1} + \frac{\sqrt{3}}{3} \cdot \Delta y}{2} \right) \right)$$

깊이, 거리, 비에너지 계산:

$$y = \begin{pmatrix} 0.865 \\ 0.965 \\ 1.065 \\ 1.165 \\ 1.265 \end{pmatrix} \qquad x = \begin{pmatrix} 2 \times 10^3 \\ 1.988 \times 10^3 \\ 1.938 \times 10^3 \\ 1.798 \times 10^3 \\ 1.257 \times 10^3 \end{pmatrix} \qquad E(y) = \begin{pmatrix} 1.218 \\ 1.235 \\ 1.275 \\ 1.333 \\ 1.4 \end{pmatrix}$$

10.7.3 불규칙 단면 수로

예제 10.15에서 설명한 방법은 규칙 단면 수로에서 잘 적용된다. 유동단면이 불규칙적일 경우, 보통 고정된 위치에서 주어지는 수로 유역에 대한 형상을 계산할 때, 각 위치에서 시행착오 해가 요구된다. Henderson(1966)은 굴곡부와 확대부에서 일어나는 와류 손실과 복합 단면에 대한 수정을 포함하는 계산 방법에 관한 개요를 설명하였다. 복합 단면에 대하여 에너지구배선의 경사는 다음과 같다.

$$S = \frac{Q^2}{(\Sigma K_i)^2} \tag{10.7.9}$$

여기서 K_i는 부단면 i의 **전달자**(converyance)라 불린다;

$$K_i = \left(\frac{c_1 A R^{2/3}}{n} \right)_i \tag{10.7.10}$$

운동에너지 계수는 반드시 운동에너지 항에 적용되어야 한다. 복합 단면에 사용하면 다음과 같다.

$$\alpha = \frac{(\Sigma A_i)^2}{(\Sigma K_i)^3} \sum \left(\frac{K_i^3}{A_i^2} \right) \tag{10.7.11}$$

이러한 복잡성 때문에, 컴퓨터 코드 형태로 단계법 과정을 사용하는 것이 편리하다. 미국 육군공정대(United States Army Corps of Engineers)는 자연 수로에 사용하기 위해 알고리즘 "HEC-RAS River Analysis System"을 개발하였다. 해는 표준 단계법에 기초하고 개인 컴퓨터에서도 사용이 가능하다. 이 프로그램과 문서는 웹사이트 www.hec.usace.army.mil /software/hec-ras/.에서 다운로드 받을 수 있다.

10.7.4 직접적분법

폭이 넓은 사각형 단면 수평 수로를 가정하여 식 10.6.4를 직접 적분할 수 있다. 더 일반적인 적분법은 여러 모양의 비수평 프리즘형 수로에 대해 유효하다(Chow, 1959). 세지-매닝 방정식에서 $A^2R^{4/3}$이 y^N에 비례하고, 프루드수에서는 A^3/B가 y^M에 비례한다고 가정하자. 여기서 M과 N은 상수이다. 그러면 식 10.6.4는 다음과 같이 쓸 수 있다.

$$dx = \frac{1}{S_0} \left[\frac{1 - (y_c/y)^M}{1 - (y_0/y)^N} \right] dy \tag{10.7.12}$$

식 10.7.12의 해는 다음과 같다.

$$x = \frac{y_0}{S_0} \left[u - F(u, N) + \left(\frac{y_c}{y_0} \right)^M \frac{J}{N} F(v, J) \right] \tag{10.7.13}$$

여기서 $u = y/y_0$, $v = u^{N/J}$, $J = N/(N - M + 1)$, 그리고 F는 변화유동 함수이다.

$$F(u, N) = \int_0^u \frac{d\eta}{1 - \eta^N} \tag{10.7.14}$$

식 10.7.14는 수치적으로 계산될 수 있고, 변화유동 함수 결과를 부록 E의 표 E.1에 수록하였다. N의 값은 $N = 2\frac{1}{2}$, 3, 그리고 $3\frac{1}{3}$인 경우가 폭이 넓은 사각형 단면 수로 가정과 일치하기 때문에 일반적으로 사용된다(예제 10.13 참조). 함수 F는 원하는 적분 상수를 가질 수 있다. 변화유동 함수표에서 상수는 $F(0, N) = F(\infty, N) = 0$이 되도록 조정된다. 한 위치에서 다른 곳까지 적분을 직접 수행하게 되므로 중간 계산은 필요하지 않다. 이 방법은 정밀도의 손실 없이는 중간 단계를 피할 수 없는 수치기법과는 대조적이다.

예제 10.18

경사 $S_0 = 0.001$을 갖는 폭이 넓은 사각형 단면 수로를 통하여 폭 m 당 $q = 3.72\ m^2/s$의 유량이 흐른다. 주어진 위치에서 깊이는 3 m이다. 깊이가 2.5 m인 상류의 거리를 구하라. 매닝 계수는 0.025이다.

풀이

폭이 넓은 사각형 단면 수로에 대해 예제 10.13으로부터 $N = 3.33$, $M = 3$을 구하였다. 따라서 J을 다음과 같이 계산할 수 있다.

$$J = \frac{N}{N - M + 1} = \frac{3.33}{3.33 - 3 + 1} = 2.5$$

또한 예제 10.13으로부터 y_0를 계산할 수 있다.

$$y_0 = \left(\frac{q^2 n^2}{S_0}\right)^{3/10} = \left(\frac{3.72^2 \times 0.025^2}{0.001}\right)^{3/10} = 1.91\ \text{m}$$

또한 y_c도 구할 수 있다.

$$y_c = \left(\frac{q^2}{g}\right)^{1/3} = \left(\frac{3.72^2}{9.81}\right)^{1/3} = 1.12\ \text{m}$$

이 값들을 식 10.7.13에 대입하여 정리하면 다음과 같다.

$$\begin{aligned} x &= \frac{1.91}{0.001}\left[u - F(u, 3.33) + \left(\frac{1.12}{1.91}\right)^3 \times \frac{2.5}{3.33} F(v, 2.5)\right] \\ &= 1910[u - F(u, 3.33) + 0.151 F(v, 2.5)] \end{aligned}$$

$y_0 > y_c$이고 하류 위치에서 $y > y_0$이므로 형상은 M_1 곡선이다. 깊이가 3 m인 하류 위치에서는 다음과 같다.

$$u = \frac{y}{y_0} = \frac{3}{1.91} = 1.57 \quad \text{and} \quad v = u^{N/J} = 1.57^{3.33/2.5} = 1.825$$

부록 E의 표 E.1로부터 기록된 값들 사이에 선형 내삽법을 사용하면 다음을 구할 수 있다.

$$F(1.57, 3.33) = 0.166 \quad \text{and} \quad F(1.825, 2.5) = 0.300$$

깊이가 2.5 m인 위어 상류의 거리를 구하기 위해 하류 위치를 구하는 방법과 유사하게 다음 계산을 수행한다.

$$x = 1910(1.57 - 0.166 + 0.151 \times 0.300) = 2763\ \text{m}$$

따라서 깊이 3 m로부터 깊이 2.5 m인 두 위치 사이의 거리는 2763 − 1536 = 1227 m, 즉 대략 1230 m이다.

$$u = \frac{2.5}{1.91} = 1.31 \quad \text{and} \quad v = 1.31^{3.33/2.5} = 1.43$$

$$F(1.31, 3.33) = 0.578 \quad \text{and} \quad F(1.43, 2.5) = 0.474$$

$$x = 1910(1.31 - 0.578 + 0.151 \times 0.474) = 1536\ \text{m}$$

10.8 요약

자유표면의 존재로 개수로 유동은 관 유동에 비해 복잡하다. 또한 정상상태일지라도 유속과 깊이는 가변적이기 때문에 수로 내 유동은 일반적으로 불균일하다. 7장에서와 같이, 10.3절에서 제한적인 경우에서의 균일유동에 대해 소개하였다-실제로 일어나지는 않아도 중요하다. 개수로 유동의 마찰 손실은 수학적으로 수로 단면의 형상과 수력학적 특성에 의한 속도, 유량과 관련된 셰지-매닝 방정식으로 나타낼 수 있다. 에너지보존법칙과 운동량보존법칙은 10.4절과 10.5절에서 소개하였으며, 수로의 천이영역이나 수력도약과 같은 급변 불균일유동에 적용하였다. 임계 깊이와 복합 깊이는 프루드수의 정의를 따라 유도하였다. 비에너지는 천이유동 해석을 위해 유용한 개념이라는 것을 알 수 있었다. 이 장에서는 수학적 편리성을 위하여 직사각형 단면 수로를 사용하여 대부분의 관계식을 전개하였다. 직사각형 단면 수로를 사용하여 전개한 기법과 결론들은 직사각형 단면 수로가 아닐 때에도 적용할 수 있다. 표 10.4에 이 장에서 전개한 여러 식들을 요약하였다.

불균일 점진변화유동은 깊이와 유속이 연속적으로 변하는 수로에서 일어난다. 10.6절에서는 점진변화유동에 에너지방정식을 적용하여 수면 형상을 수학적으로 표현하였다. 수로 유역에 따라 발생하는 다양한 유동 형태를 분류하였다. 또한 급변유동과 점진변화유동의 수면 거동을 어떻게 이해할 것인지, 수면 형상에 대한 수치적 계산을 하기 전에 필요한 과제가 무엇인지를 다루었다. 10.7절에서는 점진변화유동 방정식의 적분을 위한 다양한 수치기법을 소개하였으며, 스프레드시트, 컴퓨터 소프트웨어, 그리고 근사 적분법을 이용하는 예제를 다루었다. 아마도 가장 유용한 풀이 방법은 다른 문제들에 손쉽게 적용할 수 있는 일반적인 알고리즘을 갖고 있는 스프레드시트를 사용하는 것이라 할 수 있다.

표 10.4 직사각형 단면과 일반 단면 형상에 적용되는 공식

Section	Fr	y_c	E	M
Rectangular	$\dfrac{q}{\sqrt{gy^3}}$	$\left(\dfrac{q^2}{g}\right)^{1/3}$	$y + \dfrac{q^2}{2gy^2}$	$\dfrac{by^2}{2} + \dfrac{q^2}{gy}$
General	$\dfrac{Q/A}{\sqrt{gA/B}}$	$\dfrac{Q^2B}{gA^3} = 1$	$y + \dfrac{Q^2}{2gA^2}$	$A\bar{y} + \dfrac{Q^2}{gA}$

문제

10.1 밀폐 관로(closed-conduit)와 자유표면 조건 모두에 대해 다음 유동 형태의 예를 각각 들고, 이를 도식적으로 나타내라.

(a) 정상, 균일유동

(b) 비정상, 불균일유동

(c) 정상, 불균일유동

(d) 비정상, 균일유동

10.2 물이 원형 관로에서 4 m^3/s로 자유표면을 이루며 흐른다. 임계 깊이 $y_c = 0.3$ d가 되는 직경 d를 구하라. 단, 임계유동 조건에서 $Q^2B/(gA^3) = 1$이다.

10.3 다음을 정상 또는 비정상, 균일 또는 불균일유동으로 분류하라.

(a) 기슭에 서 있는 관찰자가 볼 때 강 위에 떠 있는 통나무를 지나서 흐르는 물

(b) 강 흐름을 따라 이동하는 뗏목 위의 관찰자가 볼 때 강 급류를 지나서 흐르는 물

(c) 둑에 서 있는 관찰자에 의한 점진적인 강우로 인하여 생성되는 강에서 이동하는 홍수파

(d) 프리즘형 단면 수로에서 이동하는 수력도약을 도약과 같은 속도로 둑 위를 달리며 관찰할 때

균일유동

10.4 각각의 규칙적인 수로 단면에 대해 R과 y에 대한 곡선, 그리고 $AR^{2/3}$과 y에 대한 곡선을 작도하라.

(a) 원형 단면, $d = 2$ m

(b) 사다리꼴 단면, $b = 3$, $m_1 = m_2 = 2.5$

(c) 복합 단면(그림 P10.4 참조)

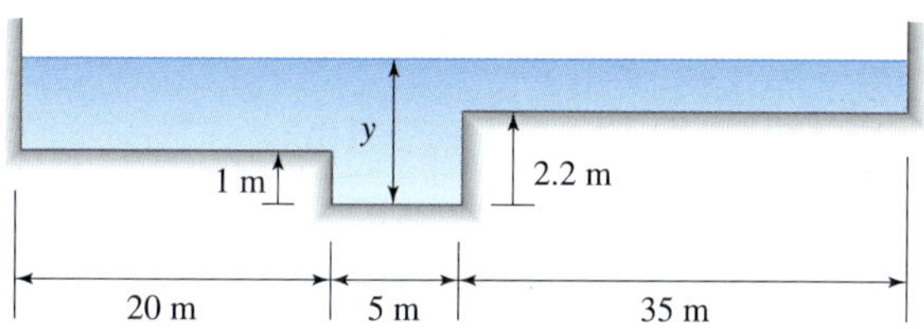

그림 P10.4

10.5 사다리꼴 단면 수로에서 유동 저항에 근거한 최대 효율단면을 구하라. 단, 양 측면 경사는 동일하다고 가정한다. 즉 $m_1 = m_2$이다.

10.6 다음 조건에 대해 균일 깊이 y_0, 면적 A, 그리고 접수길이 P를 구하라.

(a) 사다리꼴 단면 수로, $m_1 = 2.5$, $m_2 = 3.5$, $b = 4.5$ m, $Q = 35$ m^3/s, $n = 0.015$, $S = 0.000035$

(b) 원형단면 수로, $d = 2.1$ m, $Q = 4.25$ m^3/s, $n = 0.012$, $S = 0.0001$

(c) 원형단면 수로, $d = 1.8$ m, $Q = 3.3$ m^3/s, $n = 0.012$, $S = 0.001$

(d) 사다리꼴 단면 수로, $Q = 15$ m^3/s, $n = 0.011$, $S = 0.00013$, '최대효율' 단면

(e) 사각단면 수로, $b = 7.5$ m, $Q = 33$ m^3/s, $n = 0.020$, $S = 0.00004$

10.7 $m_1 = m_2 = 1.75$인 사다리꼴 단면 수로에서 균일유동이 발생한다. 수로를 통하여 평균유속 1.4 m/s로 유량 4.0 m^3/s를 수송한다. 만약 $n = 0.015$, $S = 0.0001$이면 바닥 폭과 균일깊이는 얼마인가?

10.8 보통 배수로(gutter)라 불리는 수로 단면을 강수기를 대비하여 보도의 연석(curb) 옆 거리 측면에 만든다(그림 P10.8 참조). 도로를 따라 경사 $S = 0.00005$이고, 매닝 조도계수 $n = 0.015$이다. 균일유동 조건을 가정하고 다음에 답하라.

(a) 유동깊이 $y_0 = 12$ cm일 때 유량

(b) $Q = 80$ L/s일 때 유동깊이 y_0

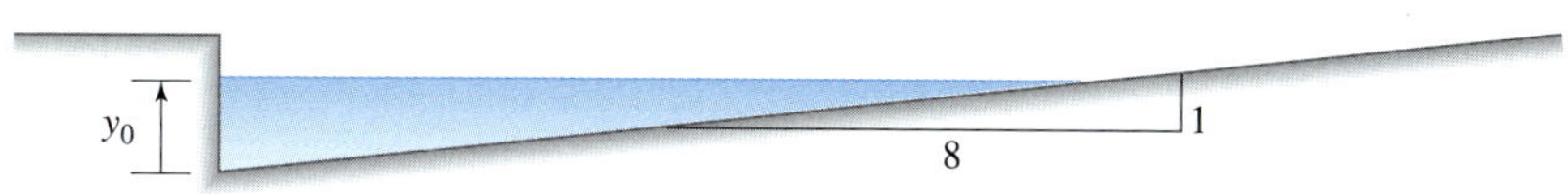

그림 P10.8

10.9 원형 단면을 갖는 하수관이 콘크리트($n = 0.014$)로 만들어진다. 균일유동 조건에서 배관 단면의 절반이 채워진 상태로, 즉 $y = d/2$로 물을 수송한다. 여기서 d는 배관 직경일 때, 다음을 구하라.

(a) $S = 0.00003$, $Q = 1.75$ m^3/s일 때 d

(b) $S = 0.000005$, $d = 1.3$ m일 때 Q

(c) $d = 0.75$ m, $Q = 0.45$ m^3/s일 때 S_0

에너지 개념

10.10 사각형 단면 수로에서 주어진 비에너지에 대해 비유량이 최댓값 q_{max}를 가질 때 임계유동이 존재함을 보여라.

10.11 사각형 단면에 대한 비에너지 관계식(식 10.45)을 임계수두 y_c에 대해 표준화하여 무차원화할 수 있다. y/y_c를 종좌표, E/y_c를 횡좌표로 선택하여 작도하라. 그리고 수학적인 최소점을 나타내라.

10.12 깊이 25 m의 사각형 단면 수로에 3 m/s의 속도로 물이 흐른다. 다음과 같은 수로 바닥면의 변화로 인한 수면 높이의 변화를 구하라.

- **(a)** 20 cm 상승(상층 계단), 손실 무시
- **(b)** '잘 설계된' 15 cm 상승
- **(c)** 변화가 일어나지 않는 특별한 상류 유동 조건에 대해 허용 가능한 최대 상승, 손실 무시
- **(d)** '잘 설계된' 20 cm 하강(하층 계단)

10.13 폭 5 m인 사각형 단면 수로에 물이 흐르고 있다. 유동 깊이는 2 m이고 유량은 25 m^3/s이다. 수로 폭이 다음과 같이 변할 때 깊이 변화를 구하라.

- **(a)** 50 cm 증가, 손실 무시
- **(b)** 25 cm 감소, '잘 설계된' 천이루 가정

10.14 폭 b를 갖는 사각형 단면 수로에서 아래에 주어진 깊이 y, 속도 V로 흐름이 발생한다. 이 위치의 하류에는 높이 h를 갖는 상층 계단이 존재한다. 손실을 무시하고 천이영역에서 임계유동이 동시에 발생하기 위해 필요한 폭의 변화를 구하라. 주어진 조건은 다음과 같다.

b = 3 m, y = 3 m,
V = 3 m/s, h = 70 cm

10.15 물이 20 m 폭을 갖는 사각형 단면 수로를 흐르고 있다. 천이 단면에서 수로 바닥이 짧은 거리에 대해 h = 0.1 m만큼 낮아졌다가 다시 원래의 높이로 올라간다(그림 P10.15 참조). y = 1.22 m, Q = 4.8 m^3/s이고 손실을 무시할 경우 다음에 답하라.

- **(a)** 천이를 통해 수평 수면을 유지하기 위해 필요한 수로 폭의 변화를 구하라.
- **(b)** 천이에서 임계유동을 발생하게 하는 폭의 변화는 얼마인가?

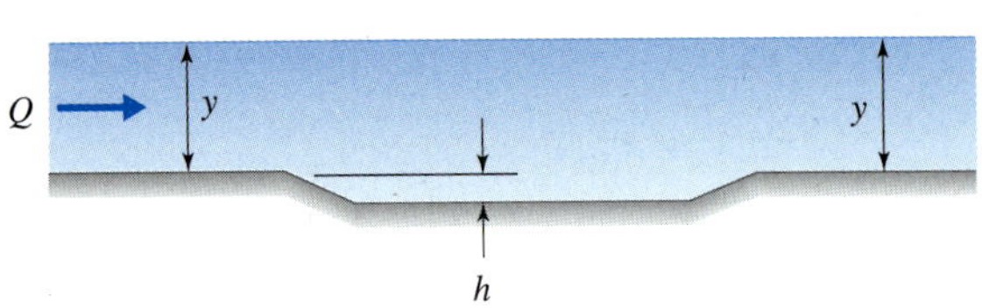

그림 P10.15

10.16 물이 사각형 단면 수로에서 수심 2.15 m, 단위 유량 55 m^2/s로 흐른다. 에너지 손실은 무시할 수 있다.

- **(a)** 상류깊이를 증가시키지 않고 유동이 흐르는 상승된 바닥의 최대높이 h는 얼마인가?
- **(b)** $E-y$ 선도에 해를 도시하라.
- **(c)** 수면과 에너지구배선을 도시하라.
- **(d)** 수로바닥이 h보다 더 크게 올라가면 천이 상류에서 일어나게 될 변화 형태를 논하라.

10.17 호수가 가파른 수로로 유출된다. 수로 입구에서 호수 높이는 수로바닥 위 2.5 m이다. 손실을 무시하고 다음 형상에 대한 유량을 구하라.

- **(a)** 사각형 단면, b = 4 m
- **(b)** 사다리꼴 단면, b = 3 m, $m_1 = m_2$ = 2.5
- **(c)** 원형 단면, d = 3.5 m

10.18 저수지로부터 개수로 출구에 가파른 유동조건이 존재한다. 수로 폭은 아직 고정되지 않았지만 입구에서의 깊이와 유량은 주어진다. 다음 형상에 대해 필요한 수로 폭을 구하라.

- **(a)** 사각형 단면, y = 1 m, Q = 18 m^3/s
- **(b)** 사다리꼴 단면, $m_1 = m_2$ = 3, = 1 m, Q = 18 m^3/s

10.19 급변유동이 위치 C에서 자유 낙수구를 갖는 사각턱에서 일어난다(그림 P10.19 참조). 유역전체에 걸쳐 손실을 무시할 수 있을 때 다음을 구하라.

- **(a)** 유량
- **(b)** 위치 A, B, C에서의 깊이

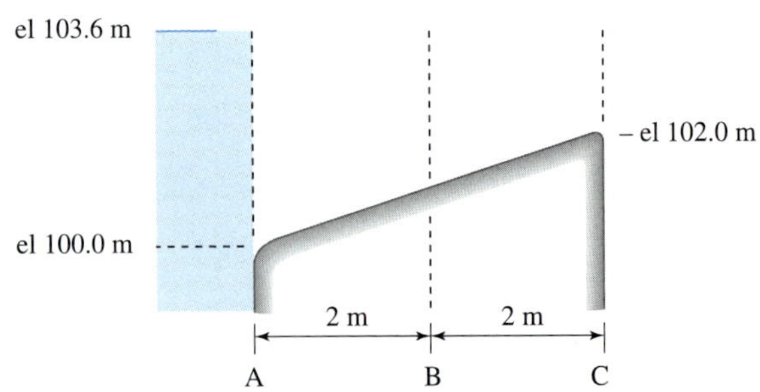

그림 P10.19

10.20 가위치법 또는 다른 선호하는 기법을 사용하여 규칙 수로에서의 임계 깊이를 구하는 컴퓨터 알고리즘을 작성하라. 그리고 다음에 주어진 조건으로 개발 프로그램을 검증하라.

- **(a)** 원형 단면, Q = 5 m^3/s, d = 2.5 m
- **(b)** 사각형 단면, Q = 3.5 m^3/s, b = 3.6 m

(c) 사다리꼴 단면, Q =120 m^3/s, b = 10 m, m_1 = m_2 = 5

(d) 삼각형 단면, Q = 7 m^3/s, m_1 = 2.5, m_2 = 3.0

10.21 그림 P10.21에 도시된 수로 단면에서 유량이 16.5 m^3/s일 때 임계 깊이를 구하라.

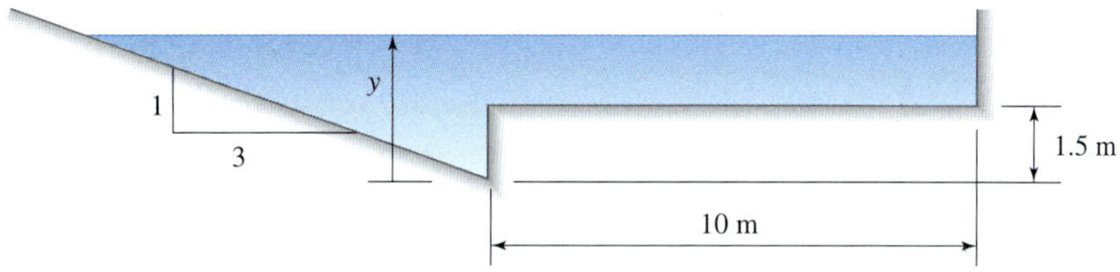

그림 P10.21

10.22 그림 P10.22에 도시된 복합 수로 단면에서 다음과 같은 유량조건에서의 임계 깊이 y_c를 구하라.

(a) Q = 55 m^3/s **(b)** Q = 3.5 m^3/s

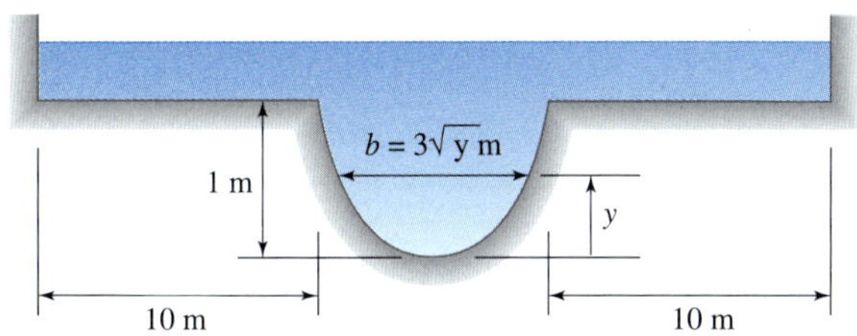

그림 P10.22

10.23 포물형 단면 수로(그림 P10.23 참조)가 함수 $\eta = 0.1x^2$으로 표시된다. 만약 Q = 25 m^3/s이고, y = 2.00 m이면, 대안 수심은 얼마인가?

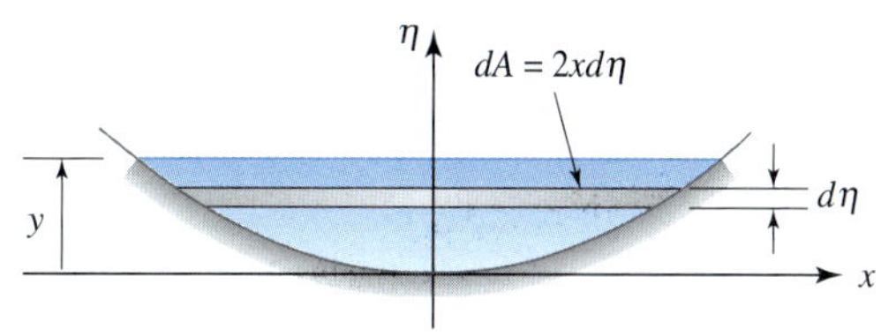

그림 P10.23

10.24 프리즘형 단면 수로 형상, 유량과 유동깊이가 주어질 때 대안 수심을 구하는 컴퓨터 알고리즘을 이분법을 사용하여 작성하라.

10.25 V노치에 대해 Q를 Y의 함수로 표현하는 관계식(식 10.4.27)을 유도하라.

10.26 잔해 블록이 그림 P10.26과 같이 강의 폭 전체에 걸쳐 쌓여 있다. 강의 단면은 근사적으로 사각형이고 b = 15 m, Q = 22.5 m^3/s, y_0 = 1.2 m, 그리고 h = 0.2 m이다.

(a) 손실을 무시하고 잔해물 근처에서의 급변 수면을 분석하라.

(b) 에너지구배선과 수면을 도시하라.

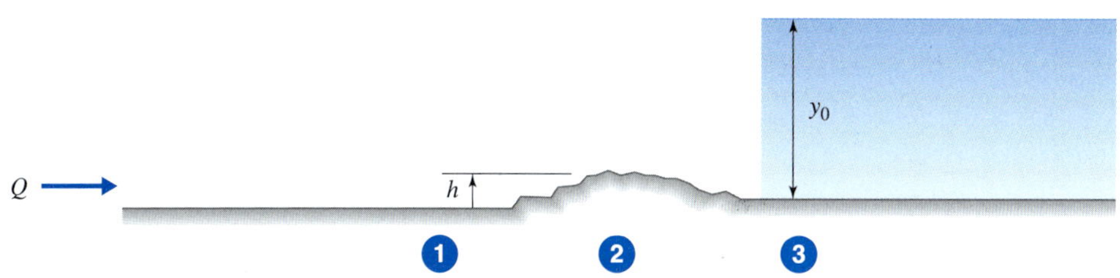

그림 P10.26

10.27 그림 P10.27에 도시된 위어의 이론적 유량에 대한 식을 전개하라.

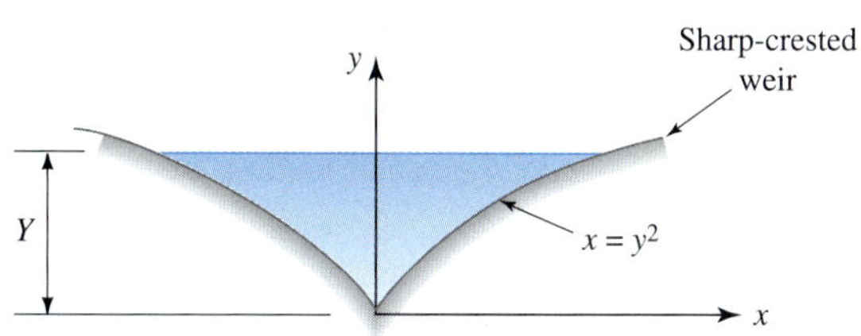

그림 P10.27

10.28 파샬 수로가 유량을 측정하기 위해 작은 시내 속에 위치해 있다. 목 부분의 폭은 1 m이다.

(a) 측정된 상류 깊이가 0.36 m일 때 유량을 계산하라.

(b) H가 0.15~0.45 m일 때 Q와 H의 관계를 작도하라.

10.29 폭 35 m의 사각형 단면 수로 내를 물이 주어진 깊이와 유량으로 흐르고 있다. 높이 60 cm의 잠겨 있는 상승된 단면이 그림 P10.29에 도시된 것처럼 수로 속에 위치한다. 상승된 단면은 수로 폭 전체에 걸쳐 있고 손실은 무시할 수 있도록 설계한다. 수면과 에너지구배선을 구하라.

(a) $y = 1.5$ m, $Q = 4$ m^3/s일 때

(b) $y = 1.0$ m, $Q = 3$ m^3/s일 때

(c) 위에 주어진 (a), (b) 조건하에서 상승된 단면이 광봉위어와 비슷한 형태로 작용하는지 정성적으로 설명하라.

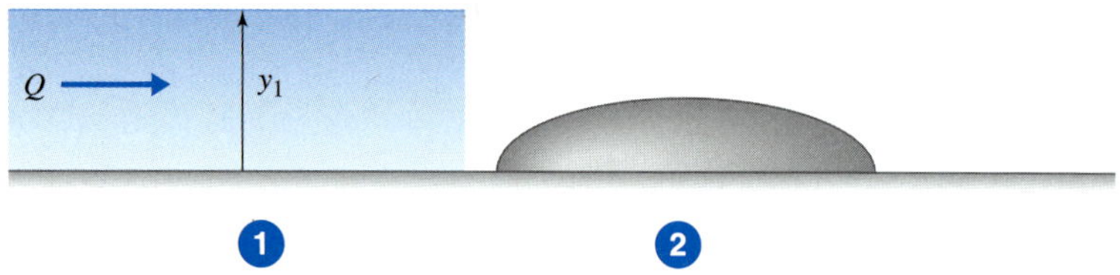

그림 P10.29

10.30 유량이 Q_1과 Q_2 사이에서 변하는 강에서의 광봉위어를 설계하라. 위어 상류의 최대 깊이는 y_2를 넘지 않으며, 최소깊이는 y_1보다 작지 않다. 주어진 조건은 다음과 같다.

$$Q_1 = 0.15 \text{ m}^3/\text{s},\ Q_2 = 30 \text{ m}^3/\text{s},\ y_1 = 1.05 \text{ m},\ y_2 = 1.75 \text{ m}$$

10.31 그림 P10.31에 나와 있는 두 저수지 사이에 물을 수송할 수로를 설계하라. 저수지 사이의 수평 거리는 L이며, 유역 전체에 걸쳐 균일유동을 가져야 한다. 저수지 A의 수면이 입구에서 수로 바닥 위로 h보다 크지 않아야 한다. 수로는 단면이 사각형으로 콘크리트로 만든다. 입구와 출구 손실을 무시하고 수로 입구에서 균일 아임계유동으로 가정한다. 주어진 조건은 다음과 같다.

$$\text{El}_A = 501.8 \text{ m},\ \text{El}_B = 500.2 \text{ m},\ L = 1500 \text{ m},\ h = 2 \text{ m},\ b = 2.5 \text{ m}$$

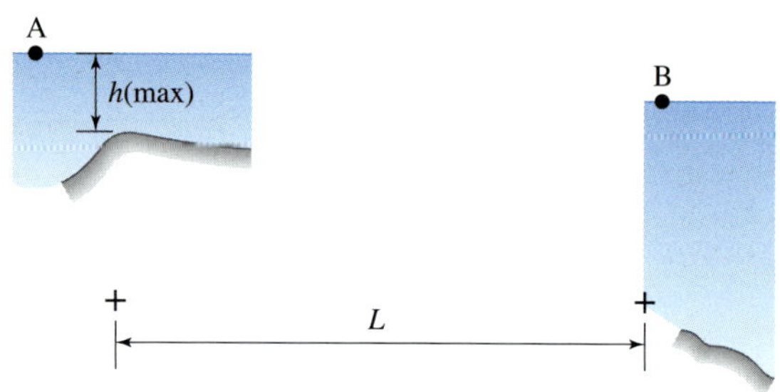

그림 P10.31

운동량 개념

10.32 사각형 단면에 대한 운동량 함수, 식 10.54를 $b(y_c)^2$에 대해 표준화하여 무차원으로 만들 수 있다. y/y_c를 종좌표, $M/(by_c)^2$를 횡좌표로 하는 그래프를 작도하라.

10.33 문제 10.24의 대안 수심 대신에 공액 깊이를 계산하는 알고리즘을 작성하라.

10.34 폭이 넓은 사각형 단면 수로에서 깊이 y의 유동이 흐른다. 이 수로에 대한 건설 사업은 중심선에 대해 w간격으로 방죽(cofferdam)을 수로 내에 설치할 계획을 가지고 있다(그림 P10.34 참조). 방죽 위치 1과 2 사이에서 에너지 손실이 없다고 가정하고 상류로의 역류 영향이 없는 방죽의 최대 허용 직경(즉 상류 깊이의 증가가 없는)과 각 방죽($C_D = 0.15$)에서의 저항력을 구하라. 주어진 조건은 다음과 같다.

$$q = 1.5 \text{ m}^2/\text{s},\ y = 1.8 \text{ m},\ w = 6 \text{ m}$$

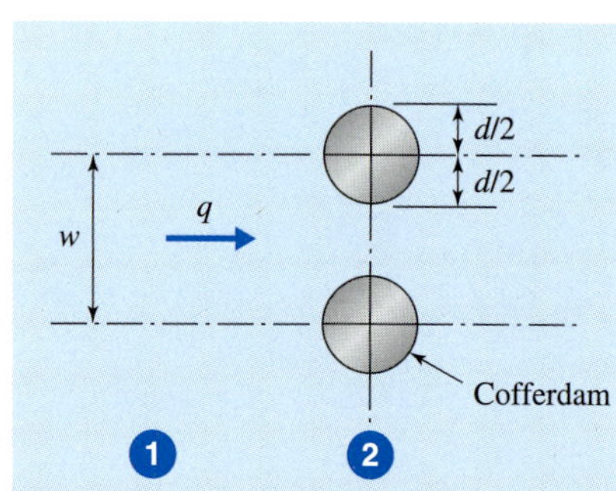

그림 P10.34

10.35 임시 파이프라인(직경 200 mm, $C_D = 0.30$)이 유동 방향에 수직으로 강바닥에 위치한다. 강의 단면은 근사적으로 사각이고 폭은 100 m이다. 파이프 하류의 유동 깊이는 2.5 m이고, 평균 유속은 3 m/s이다. 바닥면의 경사와 저항을 무시할 때, 다음을 구하라.

(a) 파이프 상류의 유동 조건(예: 깊이와 속도)

(b) 파이프에 작용하는 저항력

10.36 수력도약이 그림 P10.36에 나타낸 것처럼 물이 흐르는 삼각형 단면 수로 내에 위치한 턱 위에서 발생한다. 역측면경사는 $m_1 = m_2 = 3$, 항력계수 $C_D = 0.40$이고 턱의 높이 $h = 0.3$ m이다. 만약 $y_1 = 0.50$ m이고 $y_2 = 1.8$ m라면, 이때의 유량은 얼마인가?

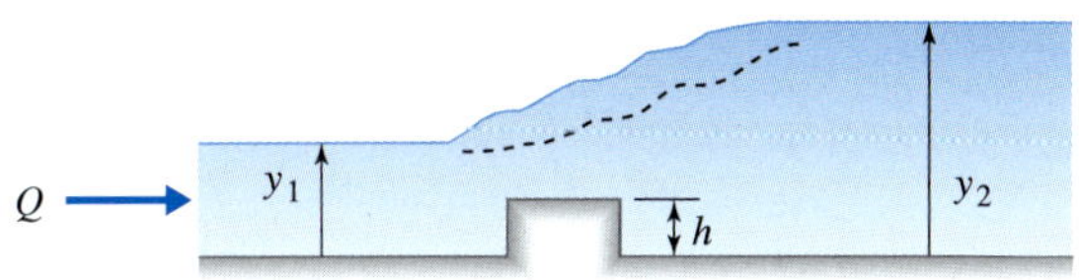

그림 P10.36

10.37 사각형 단면 수로 내를 깊이 1.6 m에서 속도 0.85 m/s로 물이 흐르고 있다. 하류에서 유량이 갑자기 0으로 줄어들어 서지가 상류로 전파된다. 서지 뒤의 깊이와 속도, 그리고 서지파의 속도를 구하라.

10.38 사각형 단면 수로 깊이 y에서 유속 V로 물이 흐르고 있다. 하류 위치에서 유량이 갑자기 60%만큼 줄어서(즉 초깃값의 40%까지) 상류로 서지가 전파된다. 서지 후의 깊이와 속도, 그리고 서지파의 속도를 구하라. 주어진 조건은 다음과 같다.

$$y = 1.5\text{ m},\ V = 1\text{ m/s}$$

10.39 물이 $y_1 = 0.5$ m, $b = 7.5$ m, 그리고 $Q = 20\text{ m}^3/\text{s}$인 사각형 단면 수로 유역으로 유입된다(그림 P10.39 참조). 수력도약이 턱의 상류(위치 2)에서 일어나고 위치 3의 턱에서 임계조건이 생성된다. 도약부 상부에서의 손실을 제외하고는 다른 손실은 무시한다. 다음을 구하라.

(a) 위치 2와 3에서의 깊이

(b) 요구되는 턱의 높이 h

(c) 턱에 작용하는 합력

(d) 수면과 에너지구배선을 도시하라.

(e) 도약의 성질과 특성을 기술하라.

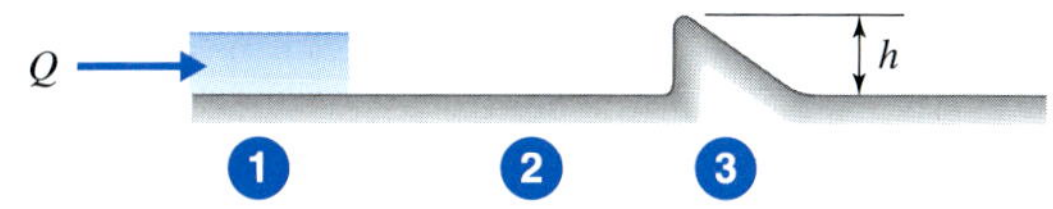

그림 P10.39

10.40 그림 P10.40에 도시된 것처럼 수문 아래 5 m 폭을 갖는 수평 사각형 단면 수로 내로 물이 흐르고 있다. 깊이 y_1과 y_2는 각각 2.5 m와 10 cm이다. 위치 1, 2와 3사이의 거리는 충분히 짧아서 급변유동 조건이 일어날 수 있다고 가정한다. 다음을 구하라.

(a) 유량

(b) 도약 하류인 위치 3의 깊이

(c) 수력도약으로 손실된 동력

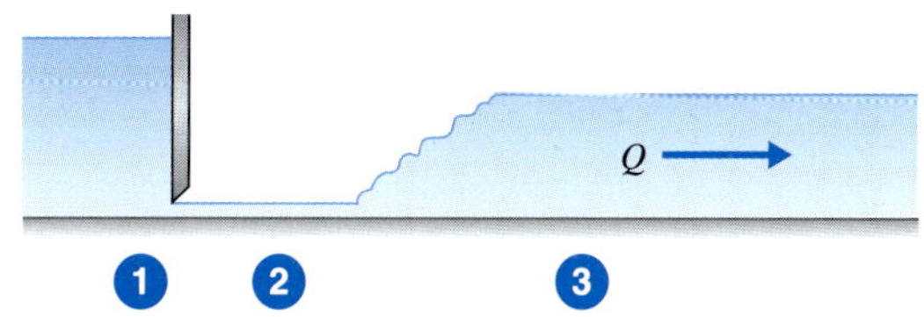

그림 P10.40

10.41 천이유동이 그림 P10.41에 나타낸 것처럼 사각형 단면 수로 입구에서 발생한다. 위치 1에서는 충분히 깊기 때문에 속도를 무시할 수 있다. $b = 3$ m, $\text{Fr}_3 = 0.75$, 그리고 $Q = 5.55\text{ m}^3/\text{s}$일 때 다음을 구하라.

(a) 위치 1, 2와 3에서 기준선에 대한 수면 높이.
위치 1과 3 사이의 수면과 에너지구배선을 도시하라.

(b) 위치 2와 3 사이의 수로 바닥에 작용하는 수평 합력

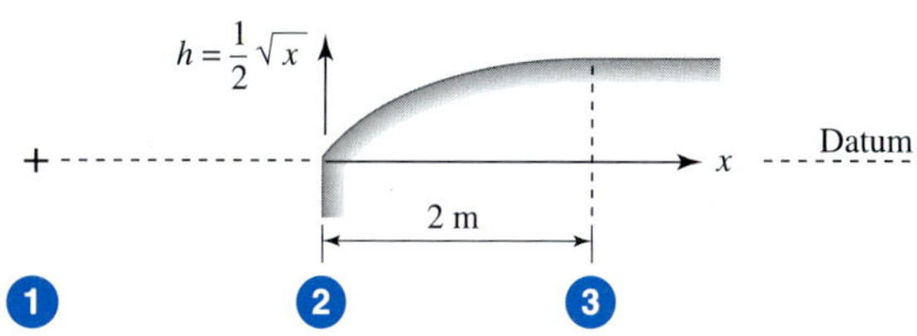

그림 P10.41

10.42 물이 $b = 5$ m, $m_1 = m_2 = 3$인 사다리꼴 단면 수로 내로 흐른다. 상류 깊이 $y_1 = 1.1$ m이고 유량 Q=60 m^3/s인 고정된 수력도약이 일어난다. 하류 깊이 y_2와 도약에 의해 소산된 동력을 구하라.

10.43 폭이 4 m인 사각형 단면 수로 내에 수로와 같은 폭을 갖는 사각 계단이 존재한다. 유동 조건은 $y_1 = 0.5$ m, $V_1 = 8$ m/s, 그리고 $y_2 = 2$ m이다.

(a) C_D = 1.2이면 계단높이 h는 얼마인가?

(b) 계단이 존재하지 않는다면 y_2는 얼마인가?

10.44 사각수로(그림 P10.44 참조)의 상승 계단은 0.17 m이다. 수력도약이 계단 위에서 일어난다. 도약 하류인 위치 2에서 깊이는 y_2 = 1.5 m이고, 프루드수는 Fr_2 = 0.40이다. 수로 폭이 5 m이고 계단에 대한 항력계수 C_D = 0.35일 때, 유량 Q와 도약 상류 깊이 y_1을 구하라.

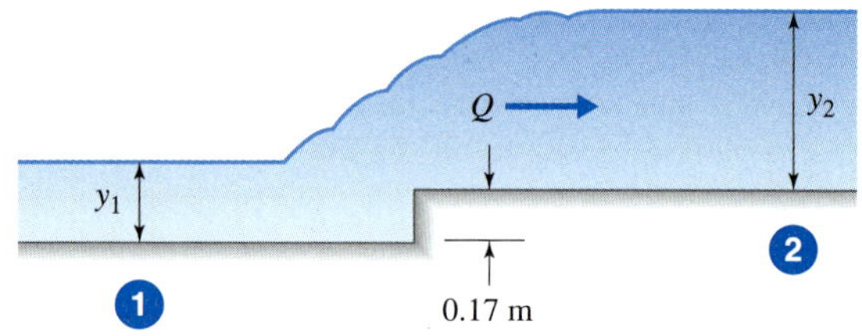

그림 P10.44

불균일 점진변화유동

10.45 그림 P10.45에 나타낸 것과 같은 바닥 형상을 갖는 사각형 단면 수로의 조건은 b = 8 m, n = 0.014, S = 0.004이다. 다음을 구하라.

(a) 수로에서의 유량

(b) 수면과 에너지구배선을 도시하라.

(c) 수력도약의 존재 가능성

(힌트: 수로 입구에서 임계유동 조건을 가정한다.**)**

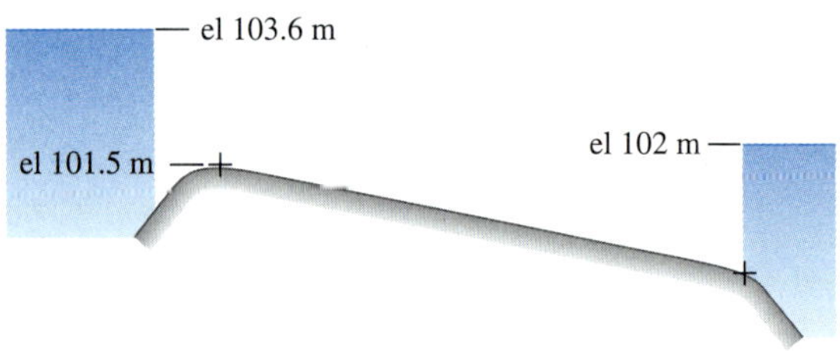

그림 P10.45

10.46 폭이 b, s_0 = 0.0163, 그리고 n = 0.012인 긴 사각형 단면 수로에서 균일유동이 발생한다. 짧은 거리에 대해 Δz 만큼 수로 바닥이 상승되어 수로가 변화한다. 천이영역처럼 변화가 완만하게 일어난다고 생각하여 손실은 무시할 수 있다고 가정한다. 천이가 어떠한 변화를 일으키는지 설명하라. 관련된 모든 급변유동 계산을 해석에 포함시키며, 점진변화유동 형상을 검증하고, 수면과 에너지구배선을 도시하라. 주어진 조건은 다음과 같다.

$$Q = 0.35 \text{ m}^3/\text{s},\ b = 1.80 \text{ m},\ \Delta z = 100 \text{ mm}$$

10.47 S_0 = 0.0013일 때 문제 10.46을 재해석하라.

10.48 물이 b = 4 m, n = 0.012, L = 500 m그리고 S_0 = 0.00087인 사각형 단면 수로를 흐른다. 유량은 33 m^3/s이며, 수로 입구에서 깊이가 0.68 m이고 하류 끝단에 자유 낙수구 조건이 존재한다. 수면과 에너지구배선의 성질을 결정하기 위해 형상을 합성하라.

10.49 폭이 3 m인 긴 사각형 단면 수로에서 y_0 = 1.54 m로 8.5 m^3/s의 유동이 발생한다. 수로 폭 1.8 m까지 완만히 축소된다.

(a) 손실을 무시하고 축소부와 축소부 바로 상류에서 예상되는 깊이를 구하라. E-y 선도에 해를 나타내라.

(b) 축소부 상류의 점진변화유동 형상을 분류하라.

10.50 물이 m_1 = 3.5, m_2 = 2.5, S_0 = 0.001 그리고 n = 0.014인 삼각형 단면 수로에서 20 m^3/s로 유출되고 있다. 수로 입구에서의 깊이는 0.50 m이고, 300 m 떨어진 하류에서의 깊이는 2.5 m이다. 300 m 유역에서의 수면 특성을 설명하라.

10.51 긴 수로가 하류 끝단으로부터 500 m에서 바닥 경사의 변화를 갖는다. 천이 상류에서 경사는 S_{01} = 0.0003이고, 천이 하류에서 경사는 S_{02} = 0.005이다. 수로 하류 유역은 그 위치에서의 높이가 수로 바닥 위 3 m를 갖는 저수지에서 끝난다. 상부 유역은 매우 길고 천이로부터 멀리 떨어진 상류에는 정상유동 조건으로 흐른다. 수로 단면은 사다리꼴이고 바닥 폭은 3 m, m_1 = m_2 = 1.8, n = 0.012, 그리고 유량은 17.5 m^3/s이다. 천이에서 먼 상류 위치에서부터 수로 끝까지 수면과 에너지구배선의 특성을 설명하라.

10.52 폭 b = 4 m인 사각형 단면 수로에서 수직 깊이가 y_{01} = 0.93 m에서 y_{02} = 1.42가 되도록 경사가 변화한다. 천이 영역으로부터 멀리 떨어진 상류와 하류에서 균일한 깊이로 유동이 발생하며 유동제어 역할을 하게 된다. 유량은 15 m^3/s이다. 영역 전체에 대해 수면과 에너지구배선의 변화를 구하라.

10.53 그림 P10.53에 도시되어 있는 부분적인 수면 형상은 폭 b = 3 m인 사각형 단면 수로에 대한 것으로 유량 Q = 5 m^3/s의 물이 흐르고 있다.

(a) 수로에서 수력도약이 발생하는가? 만약 그렇다면, 위치 A의 상류 또는 하류 어느 곳에 위치하는가?

(b) 수면과 에너지구배선을 도시하고, 알려진 수면 형상과 일치하는지 설명하라.

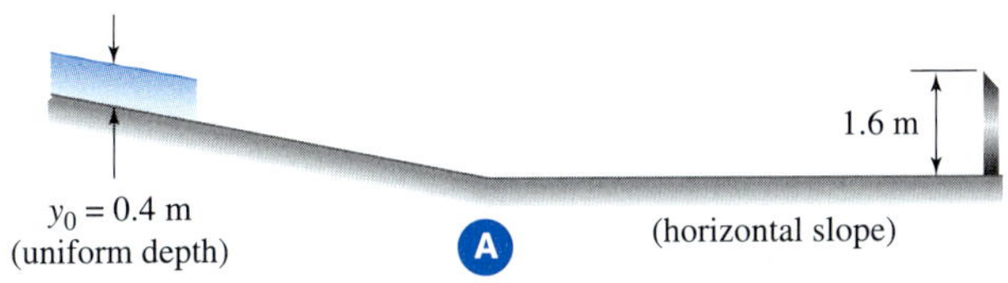

그림 P10.53

10.54 매우 긴 사각형 단면 수로(그림 P10.54 참조)에서 위치 A와 C에서는 정상유동 조건을 가지며, 위치 B에서는 바닥 경사가 변한다.

(a) 위치 A와 C 사이에서 수력도약이 발생할 것이다. 이것이 사실인 이유를 설명하라.

(b) 위치 A와 C 사이에 존재하는 두 개의 발생 가능한 수면형상을 분류하고 도시하라.

(c) 적당한 논리와 계산으로 도약이 위치 B의 상류 또는 하류 어디에서 일어날 것인가를 결정하라.

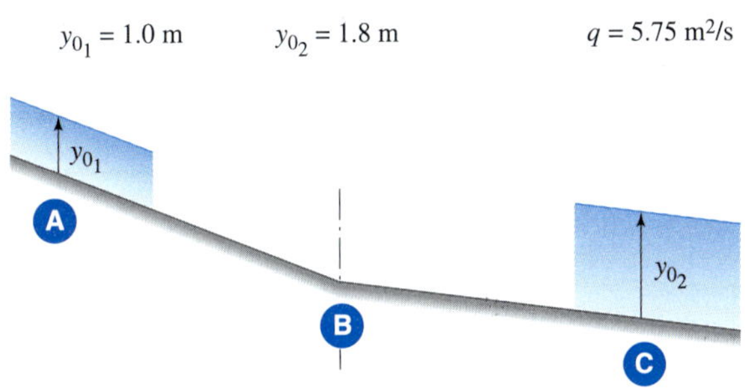

그림 P10.54

10.55 매우 긴 사각형 단면 수로(그림 P10.55 참조)에서 위치 C로부터 떨어진 상류 A와 하류 D 각각에서 정상유동 조건을 갖는다. C에서 경사 변화가 그림 P10.55에 나타낸 것처럼 일어난다.

(a) 수면을 분류하고 A와 D 사이에서 수면과 에너지구배선을 도시하라.

(b) A와 B 사이에 정상유동 조건이 일어나도록 A의상류 짧은 거리에 위치한 천이 높이 h를 구하라.

(c) B의 하류에 존재하는 유동형태를 설명하라.

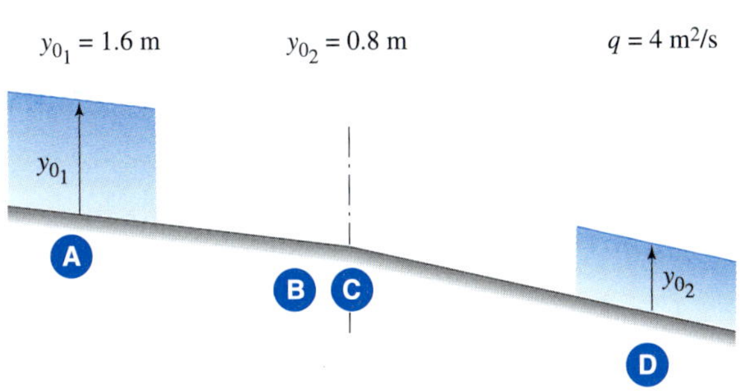

그림 P10.55

10.56 직경 $d = 2.5$ m, $S_0 = 0.001$, $n = 0.015$, $L = 500$ m의 원형 도관 내부를 물이 $Q = 2.5$ m^3/s로 흐르고 있다. 입구에서 물 깊이(y_0)는 0.4 m이고, 출구에는 자유 낙수구가 존재한다. 도관 내부 수면의 특성을 설명하라.

10.57 문제 10.51의 결과를 이용하여, 원하는 수치적 방법을 사용하여 수면형상과 에너지구배선을 계산하라.

10.58 사각형 단면 수로($b = 5$ m, $S_0 = -0.001$)를 통하여 $Q = 3$ m^3/s의 유량이 흐른다. 주어진 위치에서 깊이는 $y_1 = 2$ m이고, 그 위치의 하류에서 깊이는 $y_2 = 1.8$m이다. 매닝 계수 $n = 0.02$이다.

(a) 위치 1과 2 사이의 거리를 구하라.

(b) 어떤 형태의 수면 형상이 존재하는가?

10.59 사각형 단면 수로(그림 P10.59 참조)가 다음의 특성을 갖는다. $b = 1$ m, $S_0 = 0.0002$, $n = 0.017$ 120 °V노치위어가 유량을 측정하기 위해 수로 내에 설치되는데, 위어의 노치바닥이 수로 바닥 위 0.5 m에 위치한다. 위어 상류에서 깊이 Y는 0.37 m로 계측된다.

(a) 수로에서의 유량을 구하라.

(b) 위어에서 멀리 떨어진 상류에서 균일유동일 때, 수면의 특성을 기술하라.

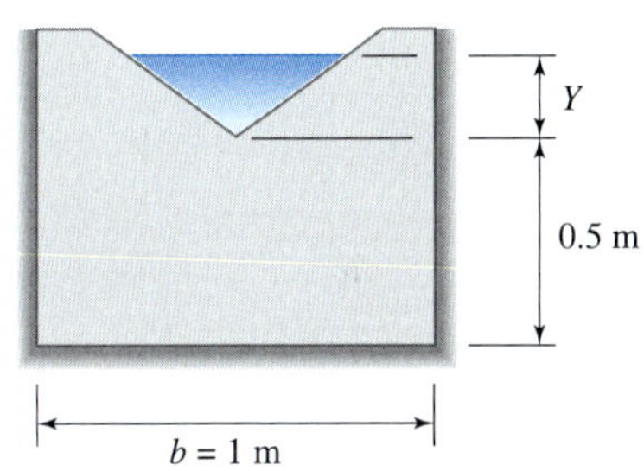

그림 P10.59

10.60 점진변화유동이 $n = 0.013$, $S_0 = 0.005$, $b = 2.5$ m인 사각형 단면 수로에서 발생한다. 위치 1에서 깊이는 1.05 m이고, 위치 2에서 깊이는 1.2 m이다. 두 위치가 50 m 떨어져 있을 경우, 유량을 구하고 유동형태를 설명하라.

10.61 폭이 b인 매우 긴 사각형 단면 수로(그림 P10.61 참조)의 일부 유역에서 유량 Q, 깊이 y_0인 균일유동이 발생한다. 수로 끝에서 유동은 자유 낙수구로 종료된다, 또한 출구에서 수로 폭은 매우 짧은 거리에서 폭 b_1으로 줄어든다. 위치 A와 B 사이의 수면에서 일어나는 변화를 가능한 한 상세히 설명하라. 설명을 위해 $E - y$ 선도를 사용하라. 주어진 조건은 다음과 같다.

$Q = 5.5\ \text{m}^3/\text{s}, y_0 = 0.5\ \text{m}, b = 3\ \text{m},$
$b_1 = 1.5\ \text{m}.$

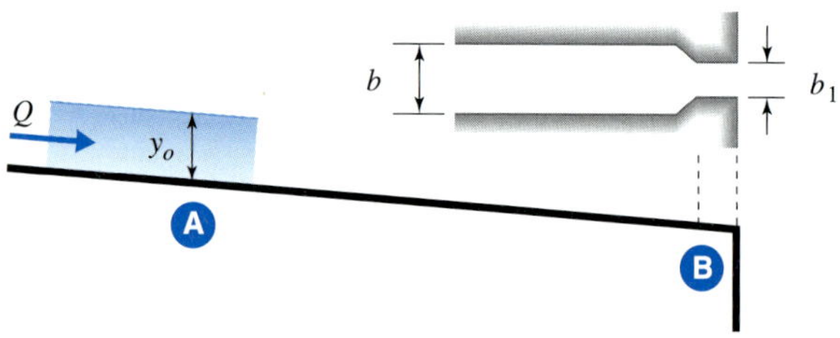

그림 P10.61

10.62 수문이 $b = 4$ m, $n = 0.014$, $S_0 = 0.0008$인 긴 사각형 단면 수로 내에 위치한다. 수문의 상류깊이는 $y_1 = 1.85$ m이고, 수문의 하류깊이는 $y_2 = 0.35$ m이다. 손실을 무시할 때, 수문 양쪽의 수면 형상을 계산하라.

10.63 다음 자료[6]를 사용하여 형상을 확인하고, 수면과 에너지구배선을 일정한 비례로 작도하라.

$Q =$ 3.5	$n =$ 0.011	$S_0 =$ 0.001	$L =$ 200	$g =$ 9.81
$b =$ 5	$m =$ 2.5	$y_u =$ 0.80	$y_d =$ 2.00	$c_1 =$ 1.00

	Depth	Residual
$y_c =$	1.356	−3.44E-07
$y_0 =$	1.442	−4.23E-07

Station	y	A	V	E	y_m	$S(y_m)$	Δx	x	y_{cj}	Residual
1	0.800	5.600	6.250	2.791						
2	0.850	6.056	5.779	2.552	0.825	8.311E-03	33	33	2.044	−5.98E-07
3	0.900	6.525	5.364	2.366	0.875	6.689E-03	33	65	1.961	−3.09E-07
4	0.950	7.006	4.996	2.222	0.925	5.443E-03	33	98	1.883	8.24E-07
5	1.000	7.500	4.667	2.110	0.975	4.472E-03	32	130	1.809	−7.46E-07
6	1.050	8.006	4.372	2.024	1.025	3.706E-03	32	162	1.740	−9.44E-08
7	1.100	8.525	4.106	1.959	1.075	3.097E-03	31	193	1.674	2.14E-07
8	1.150	9.056	3.865	1.911	1.125	2.606E-03	30	223	1.611	4.94E-07
7	2.000	20.000	1.750	2.156				200		
8	1.975	19.627	1.783	2.137	1.988	2.770E-04	−26	174		
9	1.950	19.256	1.818	2.118	1.963	2.916E-04	−26	147		
10	1.925	18.889	1.853	2.100	1.938	3.073E-04	−27	121		
11	1.900	18.525	1.889	2.082	1.913	3.240E-04	−27	94		
12	1.875	18.164	1.927	2.064	1.888	3.417E-04	−27	67		
13	1.850	17.806	1.966	2.047	1.863	3.607E-04	−27	40		
14	1.825	17.452	2.006	2.030	1.838	3.810E-04	−27	13		

[6]이 데이터는 Excel 스프레드시트로 만들었다.

10.64 다음 자료[7]를 사용하여 형상을 확인하고, 수면과 에너지구배선을 일정한 비례로 작도하라.

(a)

$Q =$	3.5	$n =$	0.013	$S_0 =$	0.005	$L =$	100	$g =$	9.81
$b =$	2.5	$m =$	0	$y_u =$	0.30	$y_d =$	0.95	$c_1 =$	1.00

	Depth	Residual
$y_c =$	0.585	−8.58E-07
$y_0 =$	0.508	−1.42E-07

Station	y	A	V	E	y_m	$S(y_m)$	Δx	x	y_{cj}	Residual
1	0.300	0.750	4.667	1.410						
2	0.325	0.813	4.308	1.271	0.313	2.154E-02	8	8	0.985	6.45E-07
3	0.350	0.875	4.000	1.165	0.338	1.702E-02	9	17	0.932	−4.60E-07
4	0.375	0.938	3.733	1.085	0.363	1.369E-02	9	26	0.884	6.34E-07
5	0.400	1.000	3.500	1.024	0.388	1.119E-02	10	36	0.840	3.55E-07
6	0.425	1.063	3.294	0.978	0.413	9.272E-03	11	47	0.799	2.00E-07
7	0.450	1.125	3.111	0.943	0.438	7.774E-03	13	60	0.762	4.40E-07
8	0.475	1.188	2.947	0.918	0.463	6.587E-03	16	76	0.727	9.05E-07
9	0.500	1.250	2.800	0.900	0.488	5.635E-03	29	104	0.694	2.22E-07
10	0.950	7.006	0.500	0.963				100		
11	0.850	6.056	0.578	0.867	0.900	9.698E-04	−24	76		
12	0.800	5.600	0.625	0.820	0.825	1.236E-03	−13	64		
13	0.750	5.156	0.679	0.773	0.775	1.474E-03	−13	51		
14	0.700	4.725	0.741	0.728	0.725	1.781E-03	−14	36		
15	0.650	4.306	0.813	0.684	0.675	2.183E-03	−16	21		
16	0.600	3.900	0.897	0.641	0.625	2.725E-03	−19	2		

(b)

$Q =$	125	$n =$	0.013	$S_0 =$	0.005	$L =$	300	$g =$	32.2
$b =$	8	$m =$	0	$y_u =$	1.00	$y_d =$	3.00	$c_1 =$	1.49

	Depth	Residual
$y_c =$	1.965	−1.04E-07
$y_0 =$	1.710	−4.30E-04

Station	y	A	V	E	y_m	$S(y_m)$	Δx	x	y_{cj}	Residual
1	1.000	8.000	15.625	4.791						
2	1.100	8.800	14.205	4.233	1.050	2.155E-02	34	34	3.311	−3.50E-07
3	1.200	9.600	13.021	3.833	1.150	1.634E-02	35	69	3.102	8.20E-07
4	1.300	10.400	12.019	3.543	1.250	1.269E-02	38	107	2.914	5.79E-07
5	1.400	11.200	11.161	3.334	1.350	1.007E-02	41	148	2.744	3.35E-07
6	1.500	12.000	10.417	3.185	1.450	8.135E-03	48	195	2.589	2.31E-07
7	1.600	12.800	9.766	3.081	1.550	6.674E-03	62	258	2.447	3.00E-07
8	1.700	13.600	9.191	3.012	1.650	5.549E-03	126	384	2.317	2.58E-07
9	3.000	37.500	3.333	3.173				300		
10	2.800	33.600	3.720	3.015	2.900	1.105E-03	−40	260		
11	2.600	29.900	4.181	2.871	2.700	1.349E-03	−39	220		
12	2.400	26.400	4.735	2.748	2.500	1.674E-03	−37	183		
13	2.200	23.100	5.411	2.655	2.300	2.121E-03	−32	151		
14	2.000	20.000	6.250	2.607	2.100	2.751E-03	−21	129		
15	1.965	19.478	6.417	2.605	1.983	3.247E-03	−1	128		

[7] 이 데이터는 Excel 스프레드시트로 만들었다.

10.65 직방형 저수지(그림 P10.65 참조) 내에 위치한 댐 상류에서의 배수 곡선을 고려하자. 주어진 조건은 다음과 같다. 수직 깊이 $y_0 = 3.92$ m, $Q = 125$ m^3/s, $S_0 = 0.0004$, $n = 0.025$, $y_A = 11$ m, $y_B = 12$ m .

(a) 저수지 내의 유동형태를 설명하라.

(b) A와 B 사이의 거리를 구하라.

(c) 수면과 에너지구배선을 작도하라.

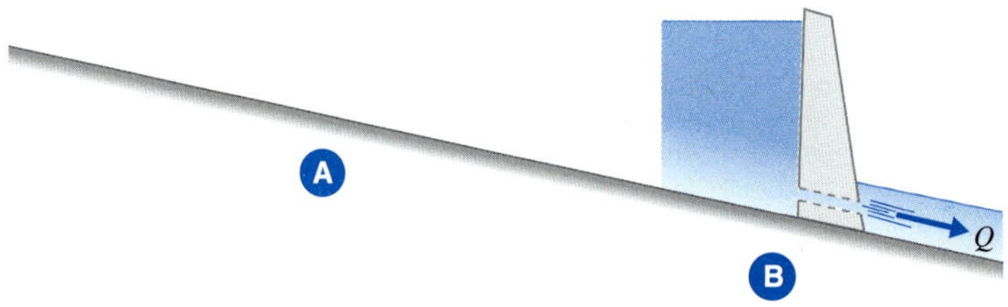

그림 P10.65

10.66 사각형 단면 수로가 그림 P10.66에 나타낸 것처럼 경사 변화를 갖는다. 수로 폭은 3.66 m이고, $n = 0.017$, $S_{02} = 0.00228$ 그리고 $Q = 15.38$ m^3/s이다.

(a) 수력도약이 균일유동 조건에서 끝나도록 하기 위해 수로 하류에서 반드시 존재해야 하는 깊이를 구하라.

(b) $y_{01} = 0.6$ m일 때, 몇 번의 깊이 증분을 이용하여 수력도약까지의 길이(L_j)를 계산하라.

(c) 수면과 에너지구배선을 도시하고, 모든 점진변화유동 형상을 설명하라.

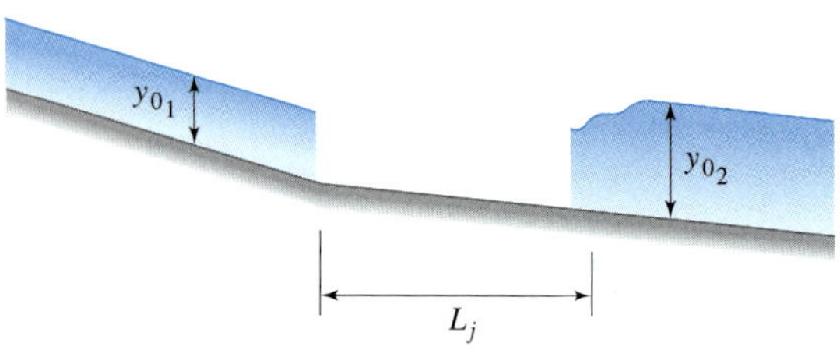

그림 P10.66

10.67 그림 P10.67에 나와 있는 세수로에서 표준깊이와 임계깊이가 각각 긴점선(- - -)과 점선(· · ·)으로 표시되어 있다. 각 계통에 대해 하나의 가능한 복합 형상을 도시하고, 모든 점진변화유동 수면을 설명하라.

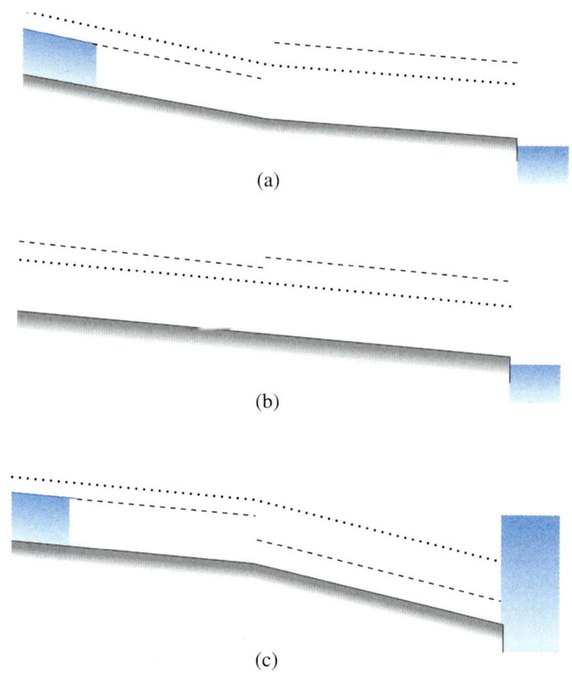

그림 P10.67

10.68 $b = 20$ m, $S_0 = 0.0005$ m, $n = 0.016$인 광폭 사각형 단면 수로로 근사화될 수 있는 강에서 $Q = 19\ \text{m}^3/\text{s}$의 설계 유동이 발생한다. 작은 댐이 홍수조절 계획의 일환으로 수로 내에 설치된다(그림 P10.68 참조). 댐의 높이 $h = 6$ m이고, 댐 끝단에서의 유동깊이 $y_{teo} = 0.10$ m이다. 콘크리트 배수구 에이프런($n = 0.014$)이 댐 하류에 위치한다. 에이프런의 목적은 주어진 설계조건에서 강바닥의 침식을 막기 위해 댐 하류에서 일어날 수 있는 수력도약을 강바닥으로부터 멀리하는 것이다. 에이프런 끝에서 수력도약 뒤의 깊이는 $y_2 = 0.75$ m이다. 다음을 구하라.

(a) 수력도약에 의해 소산된 동력(kW)

(b) 에이프런의 설계길이

(c) 댐의 상류, 그리고 댐 끝단과 수력도약 사이의 점진변화유동 형상

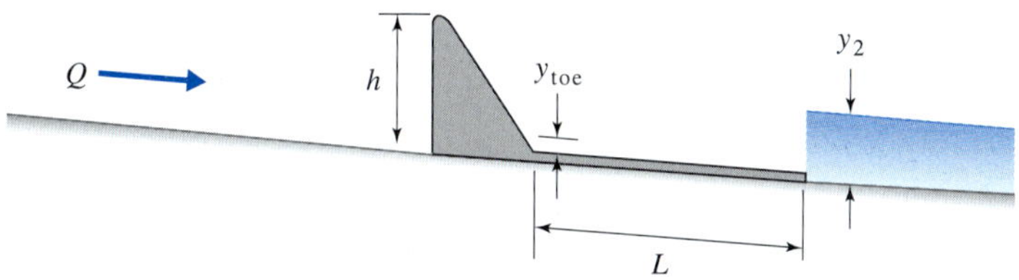

그림 P10.68

10.69 폭이 매우 큰 사각형 단면 수로가 다음 조건을 갖는다. $S_0 = 0.0005$, $n = 0.017$, $q = 1.2\ \text{m}^3/\text{s}$ 임의 위치인 A에서 깊이는 0.65 m이고, 위치 B에서 깊이는 0.90 m이다

(a) 위치 B가 위치 A의 상류인가 또는 하류인가?

(b) 변화유동 함수를 사용하여 위치 A와 B 사이의 거리를 구하라.

10.70 강 하구에서 바다로 강물이 흐른다. 하구는 출구에서 깊이가 7 m이고, $S_0 = 0.0001$, $n = 0.015$인 폭이 매우 넓은 수로로 근사화될 수 있다. 하구로부터 바다로 폭 m당 유량이 $q = 1.5\ \text{m}^3/\text{s}$라면, 바다 깊이가 6, 5, 4, 2 m일 때 상류의 거리는 얼마인가?

10.71 강의 단면이 그림 P10.71에 도시된 것처럼 두 개의 사각형으로 근사화될 수 있다. 수로 유동 조건과 크기는 다음과 같다. $b_1 = 150$ m, $z_1 = 4$ m, $n_1 = 0.03$, $b_2 = 5$ m, $z_2 = 0$ m, 그리고 $n_2 = 0.02$. 에너지구배선의 경사가 $S_0 = 0.005$이고, 깊이가 $y = 5$ m일 때 다음을 구하라.

(a) 복합단면에 대한 에너지계수

(b) 유량

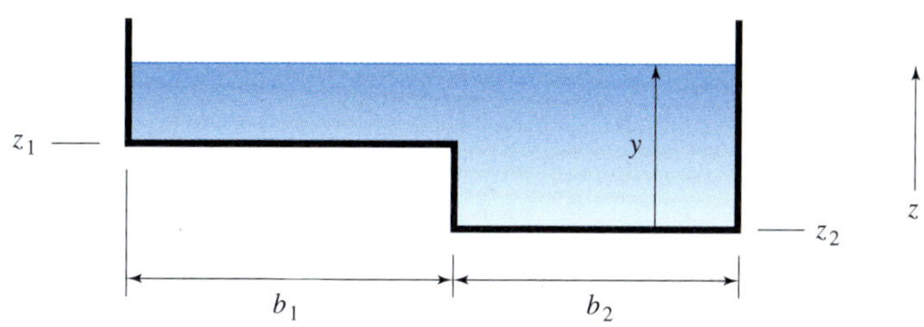

그림 P10.71

10.72 문제 10.71과 동일한 강의 단면을 고려하자. 아래 표에 강을 따라 두 위치 x에서의 자료가 주어져 있다. 하류 위치 $x = 400$ m에서 유량 $Q = 280\ \text{m}^3/\text{s}$일 때, 깊이 $y = 3.0$ m이다. 시행착오법을 이용하여 상류 위치 $x = 0$에서의 깊이 y를 구하라.

x (m)	b_1 (m)	b_2 (m)	z_1 (m)	z_2 (m)	n_1	n_2
0	115	107	16.7	15.0	0.05	0.03
400	149	91	17.7	15.1	0.05	0.03

전산 유체역학의 발전을 통해 공학자는 복잡한 터보기계의 유동 패턴을 예측할 수 있게 되었다. 아래: 예측된 카플란 러너의 날개에서의 압력 분포, 위: 설계 해석으로 개선되기 전(왼쪽)과 후(오른쪽)의 펌프/터빈의 쪽문을 통과하는 유동 패턴. (Courtesy of Voith Hydro)

11

터보기계

Turbomachinery

개요

학습목표

이 장의 학습목표는 다음과 같다.

- ▲ 각운동량 법칙을 이용하여 펌프의 기본 이론을 유도한다.
- ▲ 반경류, 혼합류, 축류 펌프를 설명하고, 원형 펌프 데이터의 제시 및 이상 조건과의 편차를 설명한다.
- ▲ 무차원 펌프 계수를 소개하고, 이들이 터보기계의 설계 및 해석을 위한 자료를 만드는 데 상사법칙과 함께 어떻게 사용되는지를 설명한다.
- ▲ 펌프가 어떻게 관로 설계 및 해석에 포함되는지를 설명한다.
- ▲ 기본 터빈 이론, 터빈의 종류와 선정 및 관로 시스템에서의 운전 등 터빈의 기초 내용을 소개한다.

11.1 서론

터보기계는 일반적으로 회전하는 프로펠러나 날개를 이용하여 흐르는 유체로부터 에너지를 빼내거나 공급하는 데 사용되는 기계이다. 일반적으로 펌프라고 하는 터보펌프는 시스템에 에너지를 가하여 압력을 증가시키고, 유동을 발생시키며 유량을 증가시킨다. 터빈은 시스템으로부터 에너지를 빼앗아 전기 등 다른 종류의 유용한 에너지로 변환시킨다. 펌프는 액체를 이송하도록 설계된 배관계에서 필수적인 요소이다. 펌프와 마찬가지로 공기나 다른 기체에 일을 가할 경우 터보기계는 송풍기, 팬, 압축기로 불린다. 단순히 터빈이라고도 불리는 수차는 고압의 물로부터 동력을 발생시키는 기계이며, 동력을 발생시키기 위해 상대적으로 큰 통로나 터널을 통해 유체가 밀폐된 터빈으로 공급된다. 증기터빈이나 공기터빈도 공학적으로 상당한 중요성을 가지고 있으나, 이런 기계들은 열역학 등의 과목에서 다루어질 것이다.

위의 예들은 내부유동을 이용하도록 설계된 터보기계에 관한 것들이다. 반면에 풍차는 주위의 외부유동을 이용하여, 대기의 자연 운동에 포함된 에너지를 유용한 전기 동력으로 변환한다. 4.6.4절에 나타난 바와 같이 프로펠러는 주변 유체에 일을 가하여 추진력을 만들어 원하는 경로로 나가게 하는 반면, 정지해 있는 팬은 공기를 순환하는 일을 수행한다. 모든 터보기계는 회전하는 프로펠러나 날개(vane)를 이용하여 유체로부터 일을 받거나 줄 수 있는 능력이 있다는 특징이 있다. 터보기계는 용적형 피스톤 펌프에서처럼 전달되는 일정한 유체 용적이 없다.

이 장의 대부분은 물이나 휘발유와 같은 액체를 운송하는 펌프에 관해 중점적으로 다룬다. 원심 및 원심 펌프를 자세히 다루며, 혼합류 및 축류 펌프도 일부 다룬다. 다음에는 터보기계의 선정과 설계에 중요한 도구인 차원해석을 다루며, 배관계에서의 펌프의 적절한 선정 및 장착에 대해서도 논의할 것이다. 마지막으로 기본적 특성을 중심으로 터빈을 소개할 것이다.

11.2 터보펌프

터보펌프: 임펠러와 하우징으로 구성된 펌프.

KEY CONCEPT
펌프의 일반적인 세 종류는 반경류, 혼합류, 축류이다.

터보펌프(turbopump)는 두 주요 부분으로 이루어져 있다. 두 부분은 액체에 회전운동을 가하는 임펠러(impeller)와 고압에서 액체를 임펠러 지역으로 유입하고 유출하도록 안내하는 펌프 하우징(housing) 또는 케이싱(casing)이다. 그림 11.1은 전형적인 단흡입(single suction) 원심 펌프(radial-flow pump)를 보여 준다. 임펠러는 축에 장착되어 있고, 대부분 전기 모터에 의해 구동된다. 케이싱은 흡입 및 유출 노즐을 포함하며, 임펠러 조립부를 싸고 있다. 임펠러를 둘러싸는 케이싱 부분은 벌류트(volute)라고 한다. 액체가 흡입 노즐을 통하여 임펠러 중심(eye)으로 들어가서 슈라우드(shroud)를 통과하면서 임펠러 날개(vane)에 의해 회전 운동이 발생한다. 액체는 송출 노즐을 통해 고압으로 벌류트 케이싱 주변 방향으로 나온다. 어떤 단흡입 임펠러는 전면 슈라우드가 없이 개방형이다. 양흡입(double suction) 임펠러는 액체가 양방향으로 유입된다.

원심 펌프에서는 임펠러 날개가 일반적으로 뒤쪽으로 휘어져 있으며 임펠러의 폭이 좁다. 임펠러가 넓어질수록 날개는 두 개의 곡률을 가지며 흡입단에서 비틀리게 된다. 이런 펌프는 원심 펌프보다 낮은 압력 증가로 액체를 수송하게 되며 혼합류 펌프(mixed-

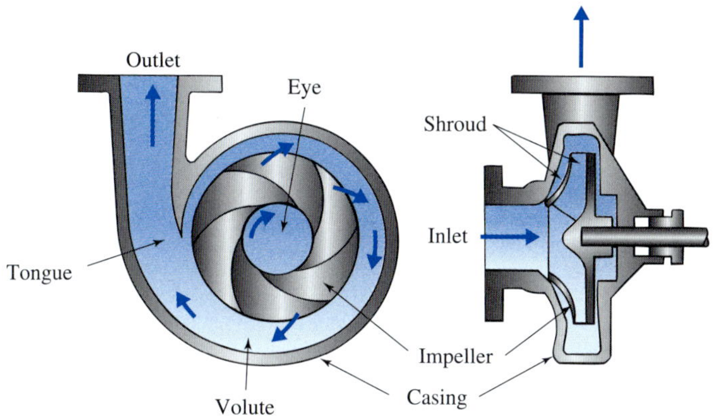

그림 11.1 단흡입 펌프.

flow pump)라고 한다. 원심 펌프의 반대는 축류 펌프(axial-flow pump)이다. 축류 펌프의 특징은 유체가 임펠러 지역을 축선과 평행한 축 방향으로 유입 및 유출되는 점이다. 전형적으로 축류 펌프는 액체를 이송할 때, 상대적으로 압력 상승이 적다. 축류 펌프와 일부 혼합류 펌프의 임펠러는 슈라우드로 둘러싸이지 않고 개방되어 있다. 다양한 종류의 임펠러가 그림 11.2에 나타나 있다.

11.2.1 반경류 펌프(원심 펌프)

대표적인 원심 펌프가 그림 11.1에 나타나 있다. 이런 종류의 펌프는 일반적으로 원심 펌프(centrifugal pump)라고 불리며, 현재 가장 일반적으로 사용되는 펌프이다. 원심 펌프에 대한 기초 해석을 수행하고, 이를 이용하여 송출 유량과 상승 수두 사이의 이론적 관계를 제공한다. 또한 터보기계에서 발생하는 운동량 교환 방법에 관해 이해가 쉽게 될 수 있도록 설명한다. 실제로 펌프는 효율이 1보다 낮게 운전되며, 이는 이론적으로 이상적인 조건에서 운전되지 않고 있음을 의미한다. 따라서 터보펌프의 실제 운전 특성을 결정하기 위해서는 실험을 수행해야 한다.

KEY CONCEPT
반경류 또는 원심 펌프는 높은 수두에서 상대적으로 적은 송출을 하도록 설계된다.

기초 이론. 터보기계에서의 실제 유동은 상당한 점성효과와 박리 패턴을 동반하는 복잡한 3차원 양상을 나타낸다. 원심 펌프에 관한 단순한 이론을 만들기 위하여 점성을 무시하고 임펠러 지역을 통과하는 유동을 이상적인 2차원 유동으로 가정한다. 그림 11.3a는 임펠러 지역을 둘러싸는 검사체적을 정의한다. 유동은 입구 검사표면을 통하여 들어가서 출구 표면을 통하여 나온다. 검사체적의 내부에는 일련의 날개가 있으며, 날개는 축을 일

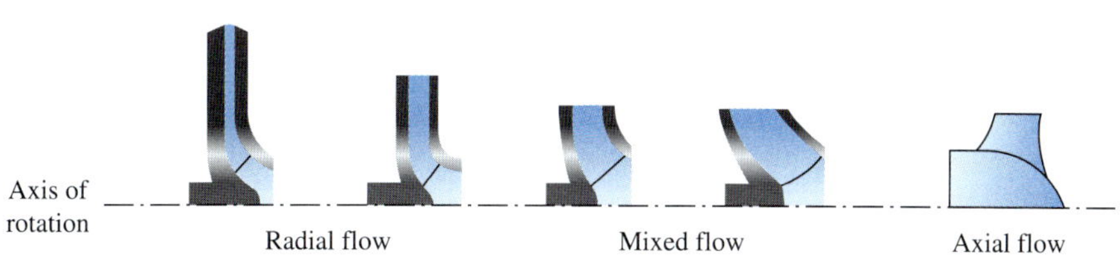

그림 11.2 다양한 종류의 펌프 임펠러.

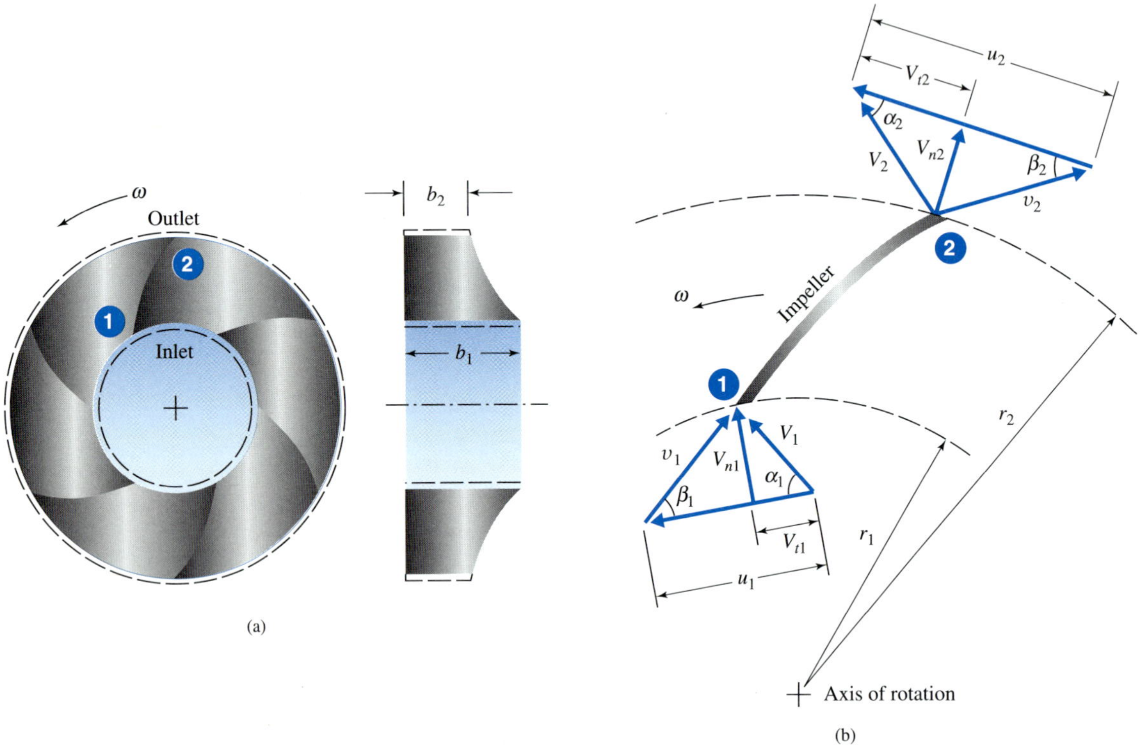

그림 11.3 이상적인 원심 임펠러: (a) 임펠러 검사체적, (b) 검사표면에서의 속도 다이어그램.

정한 각속도 ω로 회전하고 있다.

특정한 시각에서의 검사체적의 일부가 그림 11.3b에 나타나 있다. 입구 1 위치와 출구 2 위치에서의 이상적인 속도 벡터가 그려져 있다. 속도 벡터 다이어그램에서 V는 절대 속도, V_t는 V의 접선 방향 성분, V_n은 V의 반경 또는 수직 방향 성분이다. 날개깃의 주변 또는 원주 방향 속력은 $u = \omega \mathbf{r}$이고, 여기서 r은 검사표면의 반경이다. V와 u 사이의 각도는 α이다. 유체의 날개에 대한 상대 속도는 v이다.

상대 속도는 항상 날개에 접한다고 가정한다. 즉 검사체적 내에서는 유체가 날개에 의해 완전히 인도된다. u와 v 사이의 각도는 β이고, 날개를 따라 유체가 완전히 인도된다고 가정하였으므로 β는 날개깃 각을 나타낸다.

식 4.6.3에서 각운동량 관계는 정상유동에 대해 다음과 같이 나타난다.

$$\Sigma \mathbf{M} = \int_{\text{c.s.}} \rho \mathbf{r} \times \mathbf{V}(\mathbf{V} \cdot \hat{n})\, dA \tag{11.2.1}$$

그림 11.3의 검사체적에 적용되면, 이 식은 다음과 같이 되는데

$$T = \rho Q(r_2 V_{t2} - r_1 V_{t1}) \tag{11.2.2}$$

여기서 T는 검사체적의 유체에 가해지는 토크이며, 우변은 검사체적을 통과하는 각운동량의 플럭스이다.

유체에 전달된 동력은 ω와 T의 곱이다.

$$\omega T = \rho Q(u_2 V_{t2} - u_1 V_{t1}) \tag{11.2.3}$$

그림 11.3b의 속도 벡터 다이어그램으로부터 $V_{t1} = V_1 \cos \alpha_1$이고, 따라서 식 11.2.3은 다음과 같다.

$$\omega T = \rho Q(u_2 V_2 \cos \alpha_2 - u_1 V_1 \cos \alpha_1) \tag{11.2.4}$$

손실이 없는 이상적인 경우에 대해 전달동력은 $\gamma Q H_t$이며, 여기서 H_t는 펌프를 통한 이론적 압력 수두 상승이다. 따라서 오일러의 터보기계 관계식은 다음과 같다.

$$\begin{aligned} H_t &= \frac{\omega T}{\gamma Q} \\ &= \frac{u_2 V_2 \cos \alpha_2 - u_1 V_1 \cos \alpha_1}{g} \end{aligned} \tag{11.2.5}$$

식 11.2.5를 이용하면 임펠러 지역을 통과하는 유동의 속성을 이해할 수 있다. 코사인 법칙에 의하여 다음과 같이 쓸 수 있다.

$$v_1^2 = u_1^2 + V_1^2 - 2u_1 V_1 \cos \alpha_1$$

$$v_2^2 = u_2^2 + V_2^2 - 2u_2 V_2 \cos \alpha_2$$

이 식을 식 11.2.5에 대입하면 다음을 얻는다.

$$H_t = \frac{V_2^2 - V_1^2}{2g} + \frac{(u_2^2 - u_1^2) - (v_2^2 - v_1^2)}{2g} \tag{11.2.6}$$

우변의 첫 항은 유체가 임펠러를 통과하며 얻은 운동에너지를 나타내며 둘째 항은 임펠러를 통한 압력의 상승을 설명한다. 이는 에너지방정식을 임펠러에 적용하여, H_t에 대해 풀면 알수 있다.

$$H_t = \frac{p_2 - p_1}{\gamma} + z_2 - z_1 + \frac{V_2^2 - V_1^2}{2g} \tag{11.2.7}$$

식 11.2.6과 11.2.7에서 H_t를 소거하면 다음 식을 얻는다.

$$\frac{p_1}{\gamma} + z_1 + \frac{v_1^2 - u_1^2}{2g} = \frac{p_2}{\gamma} + z_2 + \frac{v_2^2 - u_2^2}{2g} = \text{const} \tag{11.2.8}$$

이 식은 회전 좌표계에서의 베르누이 방정식이다. 대부분 $z_2 - z_1$이 $(p_2 - p_1)/\gamma$보다 작으므로, 이 항은 무시할 수 있으며, 따라서 압력 차이는 다음과 같다.

$$p_2 - p_1 = \frac{\rho}{2}\left[(v_1^2 - u_1^2) - (v_2^2 - u_2^2)\right] \tag{11.2.9}$$

식 11.2.5에서 펌프의 '최적(best) 설계'는 임펠러에 들어가는 각운동량을 0으로 하여 최대의 압력 상승을 발생시키는 것임을 알 수 있다. 그림 11.3b에서 $\alpha_1 = 90°$, $V_{n1} = V_1$이면 식 11.2.5는 다음과 같이 된다.

$$H_t = \frac{u_2 V_2 \cos \alpha_2}{g} \tag{11.2.10}$$

그림 11.3의 속도 벡터 삼각형에서 $V_2 \cos \alpha_2 = u_2 - V_{n2} \cot \beta_2$이므로 식 11.2.10은 아래와 같다.

$$H_t = \frac{u_2^2}{g} - \frac{u_2 V_{n2} \cot \beta_2}{g} \tag{11.2.11}$$

출구 지역에서 검사체적에 대해 연속방정식을 적용하면 다음과 같은 관계식을 얻는다.

$$V_{n2} = \frac{Q}{2\pi r_2 b_2} \tag{11.2.12}$$

여기서 b_2는 점 2에서 임펠러의 폭이다. 식 11.2.12를 11.2.11에 대입하고, $u_2 = \omega r_2$를 이용하면 아래의 관계식을 얻는다.

$$H_t = \frac{\omega^2 r_2^2}{g} - \frac{\omega \cot \beta_2}{2\pi b_2 g} Q \tag{11.2.13}$$

일정 속도로 운전되는 펌프에 대해서는 식 11.2.13을 아래와 같은 식으로 표현할 수 있다.

$$H_t = a_0 - a_1 Q \tag{11.2.14}$$

여기서 a_0와 a_1은 상수이다. 식 11.2.13은 이론 수두 곡선(theoretical head curve)이며 그림 11.4a에 나타난 바와 같이 기울기 $-a_1$인 직선이다. 날개깃 각 β_2의 영향은 그림 11.4b에 나타나 있다. 앞쪽으로 휘어진 날개깃 각($\beta_2 > 90°$)은 불안정할 수 있으며, 운전점을 찾기 위해 펌프가 진동하는 서지(surge) 현상이 발생할 수 있다. 뒤쪽으로 휘어진 날개깃 각($\beta_2 < 90°$)이 일반적으로 선호된다.

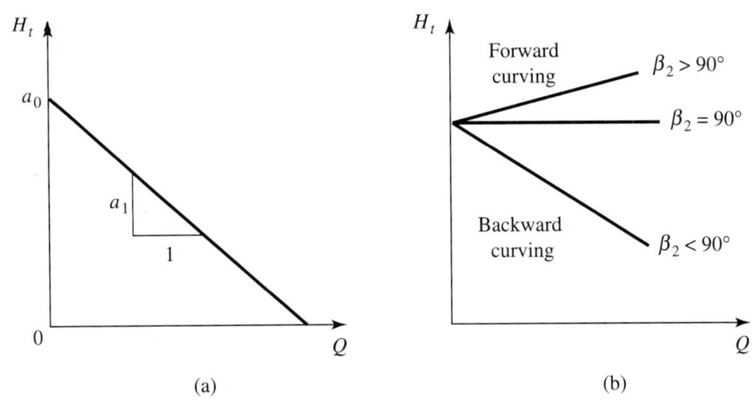

그림 11.4 이상적 펌프의 성능 곡선.

예제 11.1

원심 펌프가 다음 사양을 갖는다.

$$\beta_1 = 44^\circ \qquad r_1 = 21 \text{ mm} \qquad b_1 = 11 \text{ mm}$$
$$\beta_2 = 30^\circ \qquad r_2 = 66 \text{ mm} \qquad b_2 = 5 \text{ mm}$$

이상 조건을 가정하고(마찰이 없고, 날개깃 두께가 작고 이를 따라 유체가 유동한다), $\alpha_1 = 90^\circ$인 임펠러가 2500 rev/min으로 회전할 때, 다음을 구하라: (a) 임펠러를 통과할 때의 송출 유량, 이론 수두, 요구 동력, 압력 상승, (b) 이론 수두-유량 곡선. 단, 유체는 물이다.

풀이

(a) 그림 E11.1a에서 보여 주듯이 점 1에서의 속도 벡터 다이어그램을 그린다. 회전각속도는 적절한 단위로 환산된다.

$$\omega = 2500 \frac{2\pi}{60} = 261.8 \text{ rad/s}$$

r_1에서 임펠러의 속력은 다음과 같다.

$$u_1 = \omega r_1 = 261.8 \times 0.021 = 5.50 \text{ m/s}$$

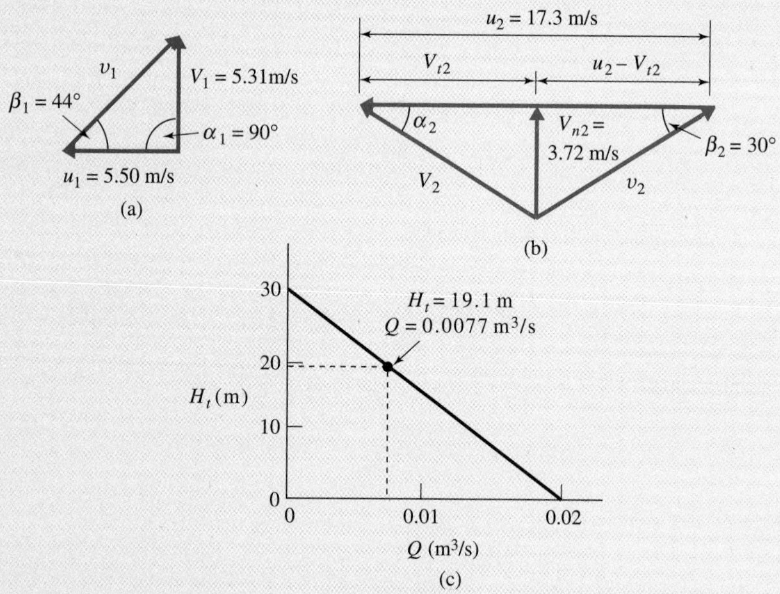

그림 E11.1

속도 벡터 다이어그램에서 다음을 알 수 있다.

$$V_1 = u_1 \tan \beta_1 = 5.50 \tan 44^\circ = 5.31 \text{ m/s}$$

$\alpha_1 = 90^\circ$, $V_1 = V_{n1}$이므로 $V_{n1} = 5.31$ m/s이다. 송출 유량은 다음과 같다.

$$\begin{aligned} Q &= 2\pi r_1 b_1 V_{n1} \\ &= 2\pi \times 0.021 \times 0.011 \times 5.31 = 7.71 \times 10^{-3} \text{ m}^3/\text{s} \end{aligned}$$

점 2에서 속도의 수직 성분은

$$V_{n2} = \frac{Q}{2\pi r_2 b_2} = \frac{7.71 \times 10^{-3}}{2\pi \times 0.066 \times 0.005} = 3.72 \text{ m/s}$$

(계속)

이고 출구에서 임펠러의 속력은 다음과 같다.

$$u_2 = \omega r_2 = 261.8 \times 0.066 = 17.28 \text{ m/s}$$

점 2에서의 속도 다이어그램은 그림 E11.1b에 나타나 있다. 속도 다이어그램으로부터 다음을 알 수 있다.

$$u_2 - V_{t2} = \frac{V_{n2}}{\tan \beta_2} = \frac{3.72}{\tan 30°} = 6.44 \text{ m/s}$$

따라서 다음을 얻는다.

$$V_{t2} = u_2 - 6.44 = 17.28 - 6.44 = 10.84 \text{ m/s}$$

$$\alpha_2 = \tan^{-1}\frac{V_{n2}}{V_{t2}} = \tan^{-1}\frac{3.72}{10.84} = 18.9°$$

$$V_2 = \frac{V_{t2}}{\cos \alpha_2} = \frac{10.84}{\cos 18.9°} = 11.46 \text{ m/s}$$

이론 수두는 식 11.2.10으로 다음과 같이 계산된다.

$$H_t = \frac{u_2 V_2 \cos \alpha_2}{g} = \frac{17.28 \times 11.46 \times \cos 18.9°}{9.81} = 19.1 \text{ m}$$

이론 요구 동력은 다음과 같다.

$$\dot{W}_p = \gamma Q H_t = 9810 \times (7.71 \times 10^{-3}) \times 19.1 = 1440 \text{ W}$$

압력 상승은 다음과 같이 에너지방정식으로부터 구해진다.

$$p_2 - p_1 = \left(H_t + \frac{V_1^2 - V_2^2}{2g}\right)\gamma$$

$$= \left[19.1 + \frac{(5.31)^2 - (11.46)^2}{2 \times 9.81}\right] \times 9810 = 1.36 \times 10^5 \text{ Pa}$$

(b) 이론 수두-유량 곡선은 식 11.2.13이다. 이 예제의 경우

$$H_t = \frac{(\omega r_2)^2}{g} - \frac{\omega \cot \beta_2}{2\pi b_2 g} Q$$

$$= \frac{(261.8 \times 0.066)^2}{9.81} - \frac{261.8 \cot 30°}{2\pi \times 0.005 \times 9.81} Q$$

$$= 30.4 - 1471Q$$

을 얻으며 곡선은 그림 E11.1c에 나타나 있다.

수두-유량 관계: 성능 곡선. 실제 유체 유동의 경우 이론 수두 곡선은 실질적으로 얻기 힘들며, 실제 수두-유량 곡선을 구하기 위해 실험을 해야 한다. 흡입 지역(그림 11.3의 1 위치)에서 송출 위치(2 위치)까지 에너지방정식을 적용하면

$$H_P = \left(\frac{p}{\gamma} + \frac{V^2}{2g} + z\right)_2 - \left(\frac{p}{\gamma} + \frac{V^2}{2g} + z\right)_1 \qquad (11.2.15)$$
$$= H_t - h_L$$

인데 여기서 H_P는 펌프를 통과하는 실제 수두, h_L은 펌프를 통과하는 손실이다. 유체에 전달되는 실제 동력은 $\dot{W}_f$로 표시되며

$$\dot{W}_f = \gamma Q H_P \tag{11.2.16}$$

임펠러에 전달되는 동력 $\dot{W}_P$은 **제동 동력**(brake power)으로 불리며, 다음과 같이 주어진다.

제동 동력: 임펠러에 전달되는 동력.

$$\dot{W}_P = \omega T \tag{11.2.17}$$

손실이 없다면 $\dot{W}_f$는 $\dot{W}_P$와 같다. 실제로 $\dot{W}_f < \dot{W}_P$이므로 펌프의 효율(pump efficiency)[1] η_P는 다음과 같이 정의된다.

$$\eta_P = \frac{\dot{W}_f}{\dot{W}_P} = \frac{\gamma Q H_P}{\omega T} \tag{11.2.18}$$

펌프 설계의 목적 중 하나는 가능한 한 효율을 높게 만드는 것이다. 이론 수두 곡선과 실제 수두 곡선이 그림 11.5에서 비교되어 있다. 두 곡선의 차이는 다음과 같은 영향에 의해 발생한다: (1) 유체가 임펠러 지역으로 유입되기 전의 회전, (2) 유체가 임펠러 지역으로 들어올 때 날개깃을 따라오지 못해 발생하는 박리, (3) 통로의 확장에 의한 박리. 또한 벌류트와 임펠러 사이에 있는 유체 입자의 속도 차이에 의한 누수와 높은 전단변형률은 손실을 더 증가시킨다. 마지막으로 임펠러 날개깃은 설계 송출 유량에서 최대 효율을 갖도록 설계되며, 다른 송출 유량에서 성능은 저하된다.

대표적인 펌프와 그 성능 곡선이 그림 11.6에 나타나 있다. 이 곡선은 펌프의 제조사

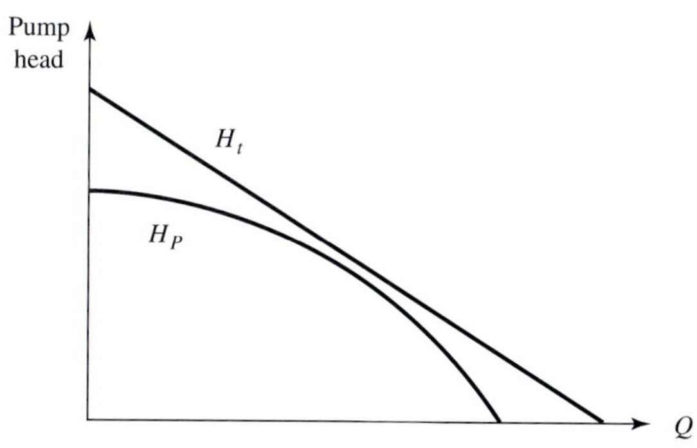

그림 11.5 원심 펌프의 이론과 실제 성능 곡선의 비교.

[1] 더 정확하게 식 11.2.18의 효율 η_P는 전효율(overall efficiency)이다. 펌프에 대해 다른 효율도 아래와 같이 정의될 수 있다.

수력효율: $\eta_H = \dfrac{H_P}{H_t}$

체적효율: $\eta_V = \dfrac{Q}{Q + Q_L}$, $\quad Q_L$ = 누수 유량

기계효율: $\eta_M = \dfrac{\gamma H_t (Q + Q_L)}{T\omega}$

각 효율의 곱이 전효율이다($\eta_P = \eta_H \eta_V \eta_M$).

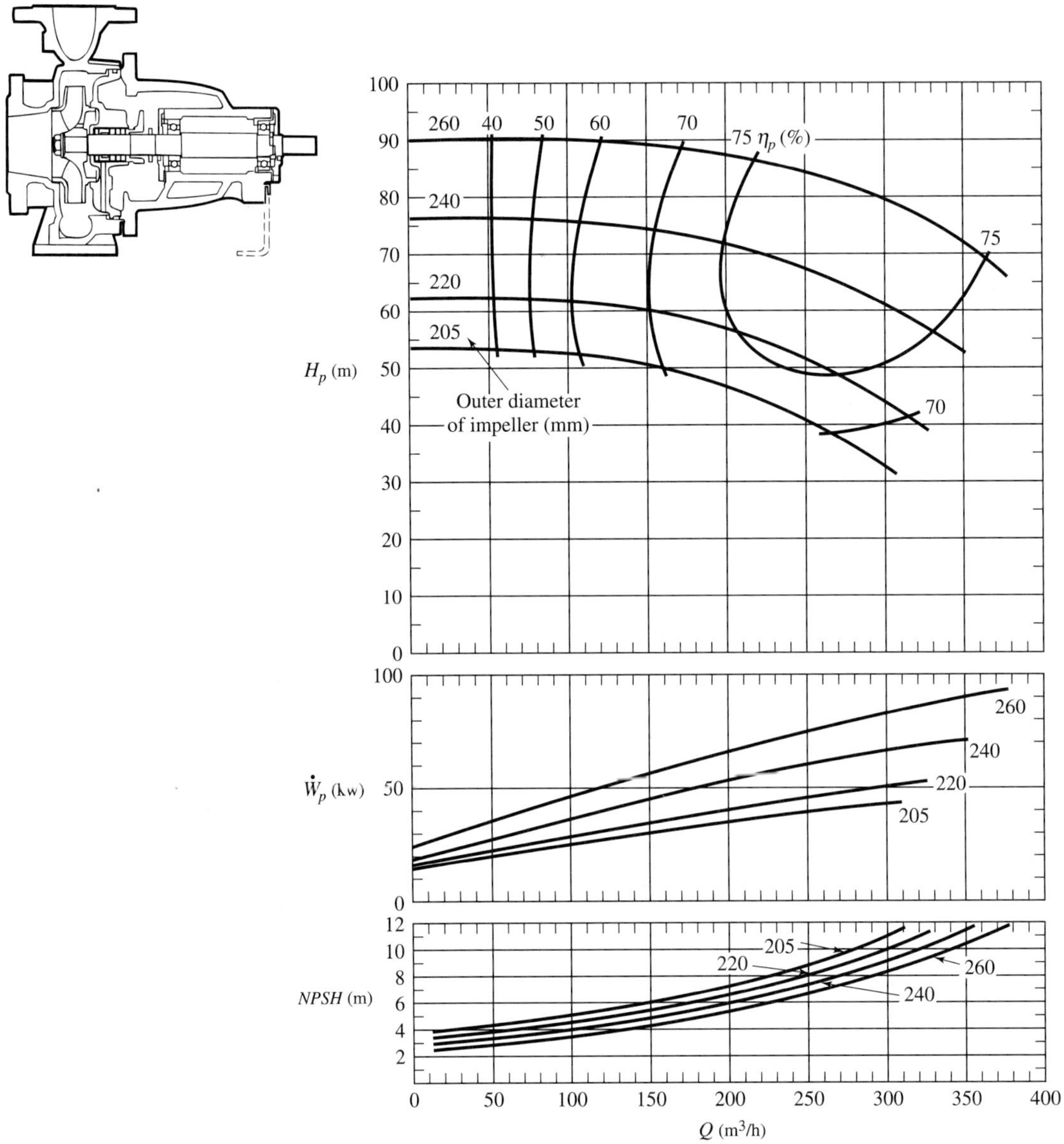

그림 11.6 원심 펌프와 N = 2900 rpm(ω = 304 rad/s)인 경우 네 개의 다른 임펠러에 대한 성능 곡선. 사용 유체는 20°C 물이다.(Sulzer Pumps Ltd.)

에서 제공된 것이다. 일반적으로 한 개 이상의 임펠러 직경에 대해 성능 곡선이 제공되며, 그림에서는 4개의 임펠러에 대해 나타나 있다. 일반적으로 수두–유량 성능 곡선 외에 등효율, 동력, 유효흡입수두(NPSH: net positive suction head) 곡선도 추가적으로 제공된다. 유효흡입수두는 캐비테이션(공동현상)의 발생과 연관되어 있으며, 이는 11.2.3절에서 다룬다.

11.2.2 축류 및 혼합류 펌프

축류 펌프에 대한 속도 다이어그램은 그림 11.7에 나타나 있다. 축류 펌프에서는 반경유동이 없으므로 유체 입자가 들어온 반경 위치에서 나가게 되므로, $u_1 = u_2 = u$이다. 균일유동을 가정하면, 연속방정식에 의해 $V_{n1} = V_{n2} = V_n$이다. 식 11.2.5는 원심 펌프뿐 아니라 축류 펌프에도 유효하므로, $V_2 \cos \alpha_2 = u - V_n \cot \beta_2$와 $V_1 \cos \alpha_1 = V_n \cot \alpha_1$을 이용하면 다음을 얻는다.

KEY CONCEPT
축류 펌프는 낮은 수두에서 상대적으로 많은 유량을 송출한다.

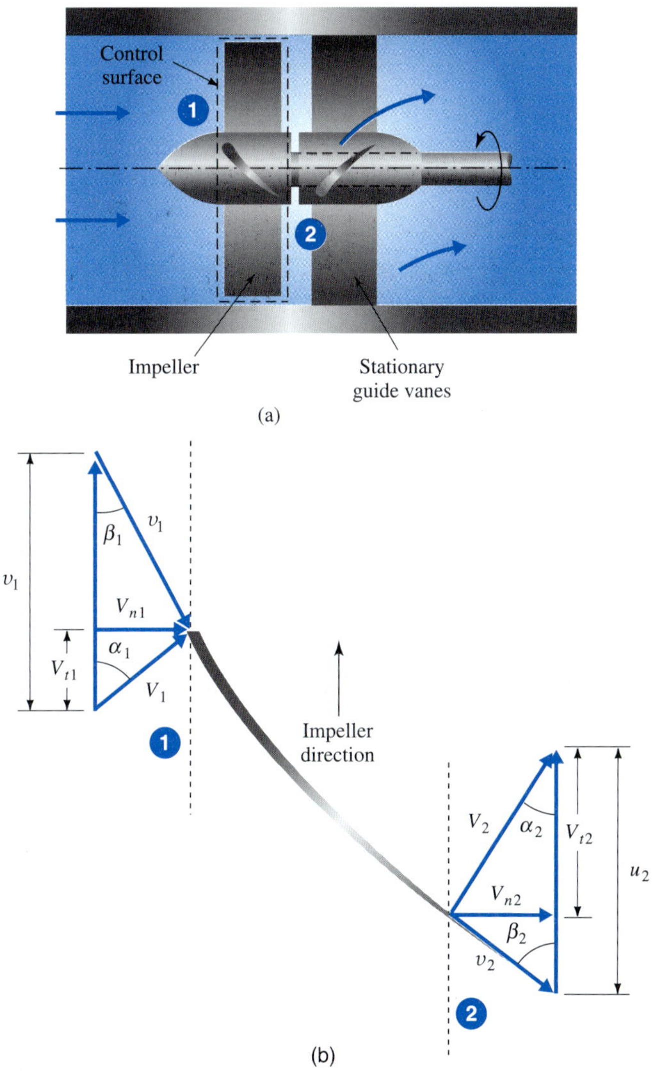

그림 11.7 이상적인 축류 펌프 임펠러: (a) 임펠러 검사체적, (b) 검사표면에서의 속도 다이어그램

$$H_t = \frac{u^2}{g} - \frac{uV_n}{g}(\cot\alpha_1 + \cot\beta_2) \quad (11.2.19)$$

이러한 형태의 터보기계 관계식은 이상적인 절대 속도 입구각 α_1이 날개(vane)나 고정 날개(stator)에 의해 정해지는 경우 유용하다. 만일 유입 전 회전이 없고 $\alpha_1 = 90°$이면 이론 수두 식 11.2.19는 다음과 같이 된다.

$$H_t = \frac{u^2}{g} - \frac{uV_n\cot\beta_2}{g} \quad (11.2.20)$$

이 관계식은 원심 펌프에서 이론 수두와 임펠러 출구 파라미터의 관계를 나타내는 식 11.2.11과 같다. 그러나 식 11.2.11은 원심 펌프의 임펠러 바깥 주변부에서 유효하며, 이 위치에서 모든 유체 입자는 최대 수두에 도달한다. 반면에 축류 펌프에는 유체 입자가 검사체적의 특정 반경 위치에서 들어와서 나가므로, 식 11.2.20은 특정 반경 위치에서 적용된다. 이 경우 수두는 축에서 최솟값을, 원주에서 최댓값을 가지며, 총 수두는 적분된 평균값이다. 축류 임펠러는 임펠러 지역에서 일정한 축 속도를 유지하도록 설계되어 있으므로, 날개 각은 입구에서 출구 지역뿐 아니라 원주에서 축으로 점진적으로 증가한다. 그림 11.8은 전형적인 축류 펌프와 그 성능 곡선을 보여 준다.

일반적으로 임펠러 지역의 유동은 날개에 의한 회전성 보텍스 유동과 임펠러를 통과하는 실질적 유동의 두 가지 성분으로 구성된다. 보텍스 유동은 원심 펌프의 경우 반경 방향으로 나가는 유동에 중첩되나, 축류 펌프의 경우 축류 유동에 중첩된다. 혼합류 펌프의 경우는 이 두 종류 유동의 중간이다. 원심 펌프와 축류 펌프에 대한 설명은 혼합류 펌프에 대해서도 적용된다. 혼합류 펌프와 성능 곡선은 그림 11.9에 나타나 있다.

KEY CONCEPT
혼합류 펌프는 원심 펌프와 축류 펌프의 중간 정도로 수두와 유량을 송출한다.

원심 펌프의 경우와 마찬가지로 축류 및 혼합류 펌프의 성능 특성은 이상적인 경우와 다르다. 일반적으로 원심 펌프는 상대적으로 높은 수두에 낮은 유량을 수송하기 위해 설계되었고 축류 펌프는 낮은 수두에 많은 유량을 수송하도록 설계되어 있다. 혼합류 펌프는 이 사이의 수두와 유량에서 사용된다. 요구 설계 조건을 고려한 펌프의 선정 방법은 11.4절에서 다룬다.

예제 11.2

임펠러의 상류에 고정된 안내 날개 또는 정지 날개를 갖는 축류 펌프가 설계되었다. 정지 날개는 유체가 임펠러 지역으로 들어갈 때 75°의 각(α_1)을 갖게 한다. 임펠러는 날개 출구각 $\beta_2 = 70°$이고, 회전 각속도가 500 rpm이다. 검사체적은 외경 $D_o = 300$ mm, 내경 $D_i = 150$ mm이다. 150 L/s의 액체($S = 0.85$)가 펌핑될 경우, 이론 수두와 요구 동력을 구하라.

풀이

우선 속도의 수직 성분 V_n은 다음과 같다.

$$V_n = \frac{Q}{A} = \frac{Q}{(\pi/4)(D_o^2 - D_i^2)} = \frac{0.15}{(\pi/4)(0.3^2 - 0.15^2)} = 2.83 \text{ m/s}$$

(계속)

임펠러의 원주 속도 u는 평균 반경을 기준으로 계산한다.

$$u \simeq \omega \frac{D_o + D_i}{4} = 500\left(\frac{2\pi}{60}\right)\frac{0.3 + 0.15}{4} = 5.89 \text{ m/s}$$

이론 수두 H_t는 식 11.2.19로 계산된다.

$$H_t = \frac{u}{g}[u - V_n(\cot \alpha_1 + \cot \beta_2)] = \frac{5.89}{9.81}[5.89 - 2.83(\cot 75° + \cot 70°)] = 2.46 \text{ m}$$

마지막으로 이상 조건을 가정하면, 요구 동력은 다음과 같다.

$$\dot{W}_P = \gamma Q H_t = (9810 \times 0.85) \times 0.15 \times 2.46 = 3080 \text{ W} \qquad \text{or} \qquad 3.1 \text{ kW}$$

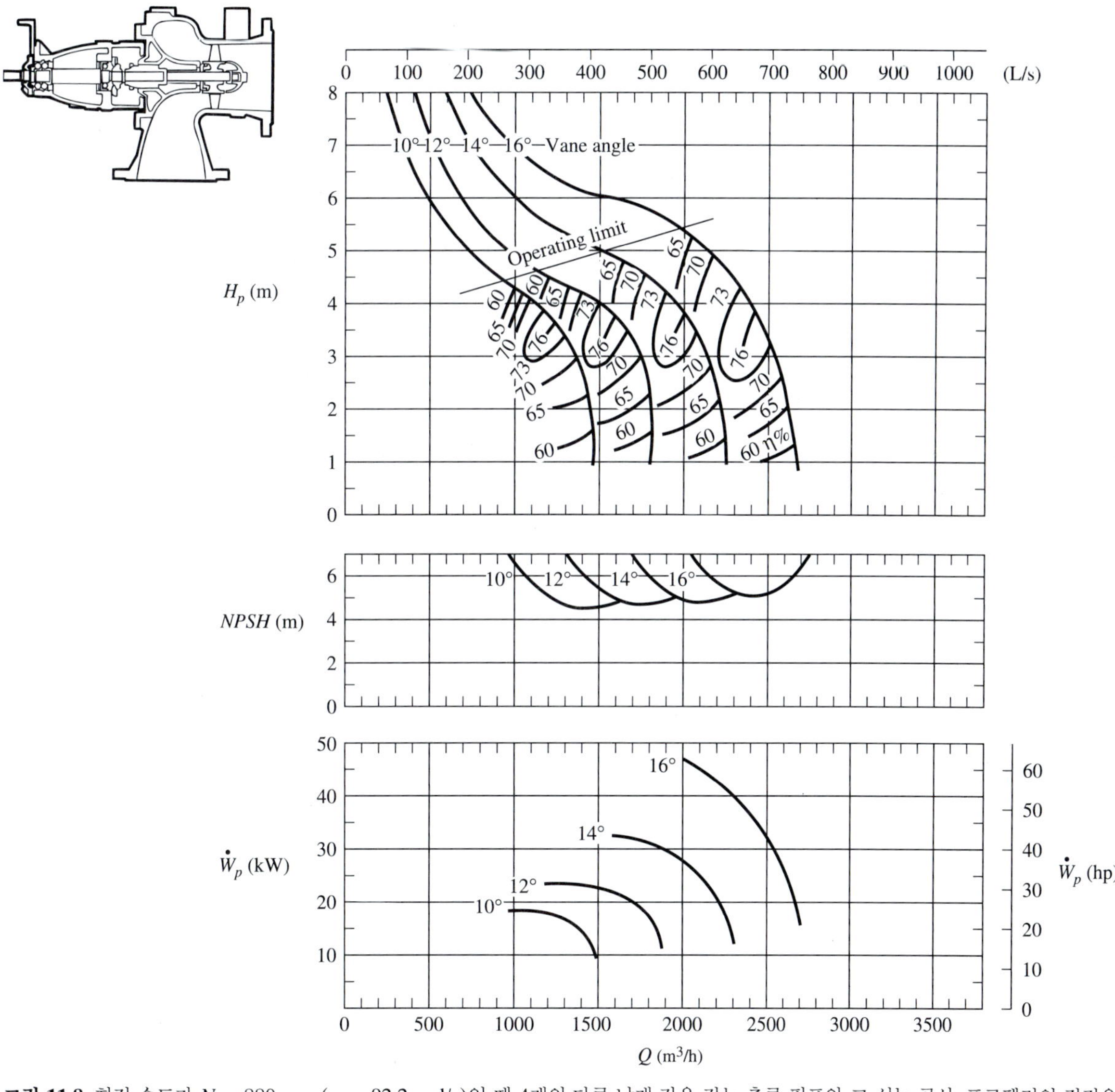

그림 11.8 회전 속도가 $N = 880$ rpm($\omega = 92.2$ rad/s)일 때 4개의 다른 날개 각을 갖는 축류 펌프와 그 성능 곡선. 프로펠러의 직경은 500 mm이며 액체는 20°C 물이다(Sulzer Pumps Ldt.).

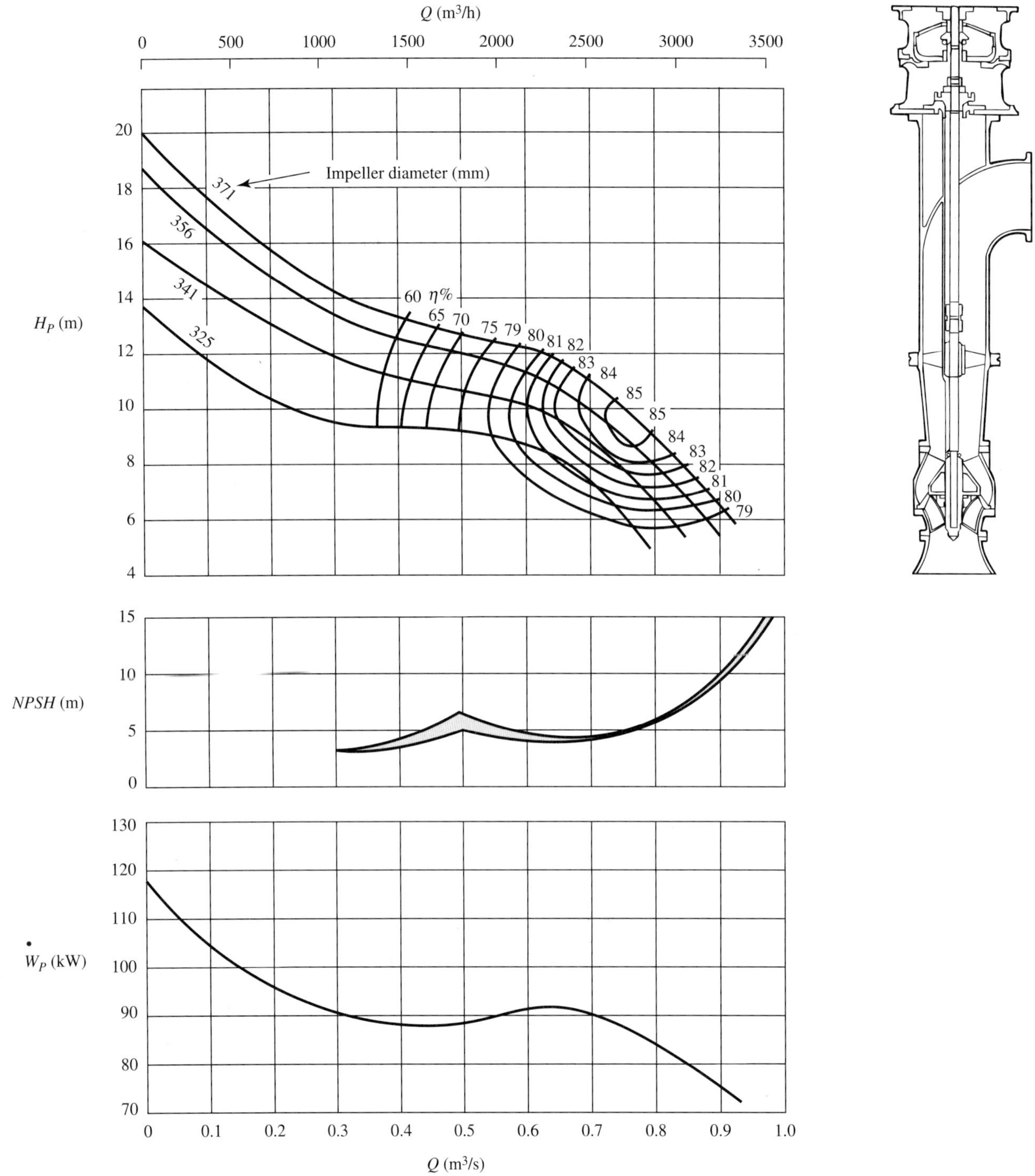

그림 11.9 혼합류 펌프와 N = 970 rpm(ω = 102 rad/s) 경우 네 개의 다른 임펠러와 날개 각에 대한 특성곡선. 펌핑 유체는 20°C 물이다. (Sulzer Pumps Ltd.)

11.2.3 터보기계에서의 캐비테이션(공동현상)

캐비테이션(cavitation)은 터보기계 내에서 국소 압력이 액체의 증기압 이하로 떨어지는 경우를 말하며, 결과적으로 증기로 찬 공동부가 형성된다. 공동부가 터보기계 내에서 압력이 높은 지역으로 전달되면 급속하게 붕괴되며 국소적으로 매우 높은 압력이 발생한다. 고체 경계면 근처에서 붕괴되는 기포는 표면을 약화시키고, 반복된 붕괴 후 피팅(점식), 침식 및 표면의 피로가 발생한다. 터보기계에서 캐비테이션은 소음, 진동, 수두-유량 및 효율 곡선의 하향을 야기한다. 터보기계에서 가장 손상이 발생하기 쉬운 지역은 임펠러 뒷면에 압력이 낮은 지역의 바로 윗부분이다(그림 11.10). 일반적으로 급격한 방향의 변화, 면적의 증가, 유선의 부족이 터보기계에서의 캐비테이션 손상을 일으키는 원인이다(Karassik 등, 1986).

캐비테이션: 국소 압력이 액체의 증기압 이하로 떨어지는 곳에서 증기 기포가 형성되는 조건.

터보기계를 적절하게 설계하기 위해서는 캐비테이션의 발생 가능성을 최소화하여야 한다. 그러나 불리한 운전 조건에서 압력이 저하되어 캐비테이션이 발생할 수 있다. 캐비테이션의 가능성을 명시하기 위하여 캐비테이션수와 유효흡입수두의 두 파라미터가 사용된다. 두 파라미터의 상관관계와 사용에 대해 아래에서 설명한다.

그림 11.11처럼 펌프가 작동하고 있다고 가정한다. 1위치는 흡입부 액체 표면이고 2위치는 펌프 내의 최소 압력점이다. 1에서 2 위치로의 에너지방정식을 절대압력을 사용하여 쓰면 다음과 같다.

$$\frac{V_2^2}{2g} = \frac{p_{\text{atm}} - p_2}{\gamma} - \Delta z - h_L \tag{11.2.21}$$

여기서 h_L은 점 1과 점 2 사이에서 발생한 손실, $\Delta z = z_2 - z_1$이고 1 위치에서 운동에너지는 무시한다고 가정한다. 2 위치에서 가능한 최소 압력은 증기압이므로, 이를 식에 대입하면 식 11.2.21의 좌변은 2 위치에서 캐비테이션에 임박한 시기에 가능한 최대 운동에너지 수두이다. 따라서 유효흡입수두(NPSH)는 아래와 같이 정의된다.

그림 11.10 임펠러 지역에서 캐비테이션 기포의 분포.(Sulzer Pumps Ltd.)

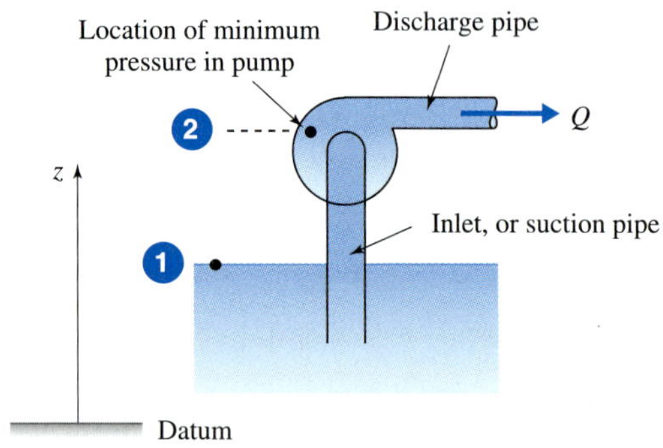

그림 11.11 펌프에 대한 캐비테이션 장치 구성.

$$NPSH = \frac{p_{\text{atm}} - p_v}{\gamma} - \Delta z - h_L \tag{11.2.22}$$

*NPSH*는 터빈에 대해서도 사용될 수 있으나, 식 11.2.22의 h_L 항의 부호가 바뀌고, 1 위치는 터빈의 송출부 유체 표면을 지칭한다. 따라서 터보펌프의 설계 요구조건은 아래와 같다.

$$NPSH \le \frac{p_{\text{atm}} - p_v}{\gamma} - \Delta z - h_L \tag{11.2.23}$$

터보기계 제조사가 제공하는 성능 데이터에는 대부분 실험실에서 시험하여 얻어진 *NPSH* 곡선이 포함된다. 그림 11.6, 11.8, 11.9에 *NPSH* 곡선이 나타나 있다. *NPSH* 곡선을 통해 터보기계를 사용할 수 있는 최대 Δ_z의 값을 결정할 수 있다. 이 값을 얻기 위해서는 h_L 값을 알아야 한다.

예제 11.3

그림 11.6의 직경 240 mm 펌프가 저수조 위에 설치될 때, 캐비테이션이 발생하지 않고 운전될 수 있는 흡입구 수면 위치를 구하라. 물 온도는 15°C이고 250 m^3/h로 펌핑된다. 손실을 무시하고 대기압은 101 kPa이다.

풀이

그림 11.6에서 보면, 송출 유량 250 m^3/h에서 240 mm 직경 임펠러의 *NPSH*는 약 7.4 m이다. 15°C에서 물의 증기압 $p_v = 1666$ Pa이고 $\gamma = 9800$ N/m^3이다. 식 11.2.22에서 hL50를 적용하여 Δz를 계산하면 다음과 같다.

$$\Delta z = \frac{p_{\text{atm}} - pv}{\gamma} - NPSH - h_L = \frac{101\,000 - 1666}{9800} - 7.4 - 0 = 2.74 \text{ m}$$

따라서 펌프는 흡입 저수조 수면보다 약 2.7 m 위에 설치할 수 있다.

식 11.2.22의 우변을 펌프의 총 수두 H_P로 나누면 σ를 얻는다.

$$\sigma = \frac{1}{H_p}\frac{(p_{\text{atm}} - p_v)}{\gamma} - \Delta z - h_L \tag{11.2.24}$$

여기서 σ는 토마 캐비테이션수(Thoma cavitation number)이다. 이 파라미터는 *NPSH*를 대체하는 캐비테이션의 설계 기준으로 사용된다. 캐비테이션이 임박함을 나타내는 임계 캐비테이션수(critical cavitation number)는 실험적으로 결정된다. 따라서 캐비테이션이 발생하지 않는 경우 σ는 임계 캐비테이션수보다 커야 한다. 캐비테이션수는 무차원이므로, 차원이 있는 *NPSH*보다 선호된다.

11.3 터보기계의 차원해석과 상사성

공학 실무에서 터보기계의 개발과 사용은 다른 유체역학의 응용 분야보다 차원해석의 활용을 통해 더 많은 도움을 받을 수 있다. 펌프나 터빈 제조사는 차원해석을 활용하여 상대적으로 작은 수의 터보기계를 시험하고 개발할 수 있으며, 수두와 유량의 넓은 범위를 포괄할 수 있는 일련의 제품을 생산할 수 있다. 6장에서 공부한 상사성과 차원해석이 이 절에서 터보기계에 적용된다.

11.3.1 무차원 계수

터보기계에서 중요한 파라미터는 동력, 회전수, 임펠러 외경, 송출 유량, 임펠러 전후의 압력 변화, 유체의 밀도 및 점도 등이다. 이 파라미터와 차원은 표 11.1에 주어져 있다. 이러한 변수들 사이의 관계는 다음과 같은 함수로 주어진다.

$$f(\dot{W}, \omega, D, Q, \Delta p, \rho, \mu) = 0 \tag{11.3.1}$$

ω, ρ, D를 반복변수로 사용하면, 몇 개의 유용한 무차원 그룹이 유도되며, 이는 아래와 같다.

$$C_{\dot{W}} = \frac{\dot{W}}{\rho\omega^3 D^5} \quad \textbf{power coefficient} \tag{11.3.2}$$

$$C_P = \frac{\Delta p}{\rho\omega^2 D^2} \quad \textbf{pressure coefficient} \tag{11.3.3}$$

$$C_Q = \frac{Q}{\omega D^3} \quad \textbf{flow rate coefficient} \tag{11.3.4}$$

$$\text{Re} = \frac{\omega D^2 \rho}{\mu} \quad \textbf{Reynolds number} \tag{11.3.5}$$

Δp 대신에 γH를 사용하는 것이 일반적이므로, 식 11.3.3은 아래와 같이 바뀐다. 여기서 H는 펌프의 경우 압력 수두 증가, 터빈의 경우는 압력 수두 강하를 나타낸다.

표 11.1 터보기계의 파라미터

Parameter	*Symbol*	*Dimensions*
Power	$\dot{W}$	ML^2/T^3
Rotational speed	ω	T^{-1}
Outer diameter of impeller	D	L
Discharge	Q	L^3/T
Pressure change	Δp	M/LT^2
Fluid density	ρ	M/L^3
Fluid viscosity	μ	M/LT

$$C_H = \frac{gH}{\omega^2 D^2} \qquad \textbf{head coefficient} \tag{11.3.6}$$

C_Q, $C_{\dot{W}}$, C_H를 그룹화하여 펌프에 관한 또 다른 파라미터를 얻는다.

$$\frac{C_Q C_H}{C_{\dot{W}}} = \frac{\gamma Q H}{\dot{W}} = \eta_P \qquad \text{(pump)} \tag{11.3.7}$$

그러므로 효율도 또한 상사성 파라미터이다. 터빈에 대하여 효율은 다음과 같이 주어진다.

KEY CONCEPT
송출 유량, 수두, 동력계수는 무차원 성능 곡선을 만드는 데 사용된다.

$$\frac{C_{\dot{W}}}{C_Q C_H} = \frac{\dot{W}}{\gamma Q H} = \eta_T \qquad \text{(turbine)} \tag{11.3.8}$$

여기서 $\dot{W}$는 출력 동력이다.[2]

무차원 파라미터 사이의 상관관계는 그림 11.12에 나타나 있듯이 무차원 성능 곡선의 형태로 표시된다. 이 곡선은 그림 11.6[3]의 터보기계에 관한 것이다. 그림 11.8의 축류 펌프와 그림 11.9의 혼합류 펌프에 관한 무차원 성능 곡선은 그림 11.13과 11.14에 각각 나타나 있다. 수직 점선은 최고 또는 '최대' 효율에서의 운전 조건을 표시한다.

터보기계의 유동에서 점성효과가 중요하나, 그림 11.12~11.14에 레이놀즈수는 나타나 있지 않다. 레이놀즈수뿐 아니라 상대 표면 거칠기도 포함될 수 있다. 점성력과 표면 거칠기는 펌프의 작동에 영향을 미칠 수 있다고 알려져 있으나, 이를 고려하는 것이 상대적으로 어려우므로 레이놀즈수, 표면 거칠기, 펌프 손실의 영향은 일반적으로 무시한다. 펌프의 통로에서 유동은 난류가 매우 심하며, 펌프의 표면 거칠기 변화도 심하다. 더욱이 마찰 손실은 임펠러나 케이싱에의 확장 유동에 의해 발생하는 와류와 박리에 의한 손실에 비해 중요하지 않을 수 있다. 따라서 레이놀즈수의 영향은 상사성을 고려할 때 대부분 직접적으로 고려되지 않는다. 대신 다음 두 성능 특성을 명심해야 한다: (1) 큰 펌프는 같은 종류의 작은 펌프에 비해 거칠기와 간격비가 작으므로, 상대적으로 작은 손실과 높은 효

---

[2]산업 현장에서는 무차원 계수 대신에 소위 상동 단위(homologous unit)가 일반적으로 사용된다. 또 그룹 간의 관계는 다음과 같다.

Dimensionless coefficient	C_Q	C_H	$C_{\dot{W}}$
Homologous unit	$\frac{Q}{ND^3}$	$\frac{H}{N^2D^2}$	$\frac{\dot{W}}{N^3D^5}$

상동 단위에서는 밀도와 중력가속도가 없고, 회전 속도는 분당 회전수 N으로 표시된다. 상동 단위는 차원이 있음을 유념해야 한다.

[3]그림 11.12의 Ω_P는 비속도이며, 이는 11.3.3절에서 정의한다.

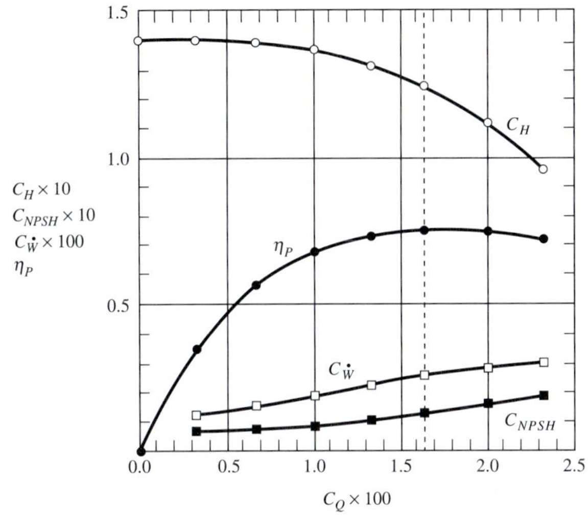

그림 11.12 그림 11.6의 펌프에 대한 무차원 원심 펌프의 성능 곡선. D = 240 mm, $\Omega_P = 0.61$

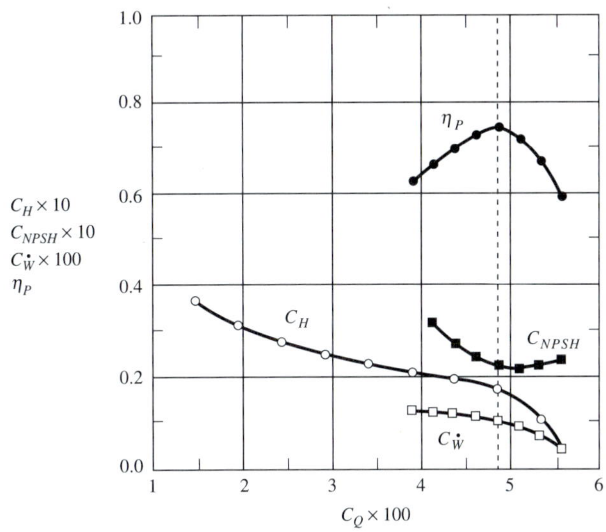

그림 11.13 그림 11.8의 펌프에 대한 무차원 축류 펌프의 성능 곡선. D = 500 mm, 날개 각= 14°, Ω_P = 4.5.

율을 나타낸다. (2) 점도가 높은 유체에서는 펌프 수두와 효율이 감소하며, 주어진 송출 유량에 필요한 동력이 증가한다.

무차원 유효흡입수두 계수 C_{NPSH}도 그림 11.12~11.14에 나타나 있다. 이 계수는 식 11.3.6의 H를 식 11.2.22의 *NPSH*로 대체하여 정의된다.

11.3.2 상사법칙

6장에서 설명한 상사성의 원칙에 따라 유사한 기하학적 형상을 한 두 펌프 사이의 상사성 관계는 다음과 같이 정리될 수 있다.

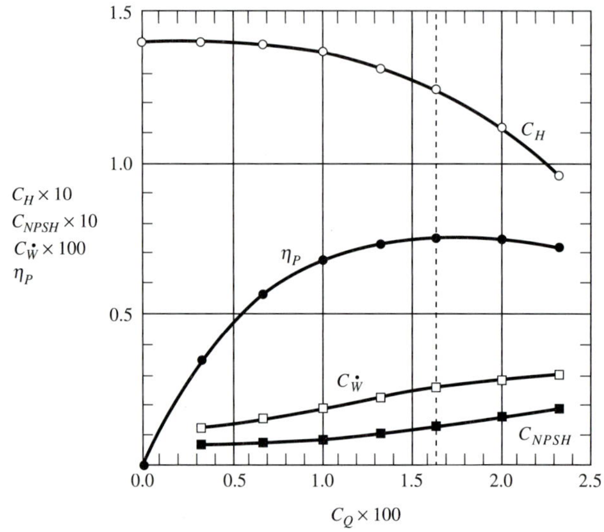

그림 11.14 그림 11.9의 펌프에 대한 무차원 혼합류 펌프의 성능 곡선. D = 371 mm, $\Omega_P = 3.1$.

예제 11.4

2.5 m의 수두에 0.65 m^3/s의 물을 전달하기 위한, 그림 11.3에 나와 있는 축류 펌프의 속도, 크기, 요구 동력을 구하라.

풀이

펌프의 데이터는 그림 11.3에서 구한다. 그림의 설계 또는 최대 효율 $\eta_P = 0.75$에서 다음을 얻는다.

$$C_Q = 0.048 \qquad C_H = 0.018 \qquad C_{\dot{W}} = 0.0012$$

식 11.3.4와 11.3.6은 미지수 ω와 D를 구하는 데 사용된다. 식 11.3.6을 정리하여 ωD에 대해 풀면 다음과 같다.

$$\omega D = \sqrt{\frac{gH_P}{C_H}} = \sqrt{\frac{9.81 \times 2.5}{0.018}} = 36.9 \text{ m/s}$$

식 11.3.4를 ωD를 알고 있는 수로 생각하고 정리하여 D에 대해 풀면 다음과 같다.

$$D = \sqrt{\frac{Q}{C_Q \omega D}} = \sqrt{\frac{0.65}{0.048 \times 36.9}} = 0.61 \text{ m}$$

$\omega D = 36.9$에 $D = 0.61$ m를 대입하여 다음을 얻는다.

$$\omega = \frac{36.9}{D} = \frac{36.9}{0.61} = 60.5 \text{ rad/s} \qquad \text{or} \qquad 578 \text{ rpm}$$

물의 밀도 $\rho = 1000 \text{ kg/m}^3$이다. 펌프 동력은 식 11.3.2를 사용하여 결정한다.

$$\dot{W}_P = C_{\dot{W}} \rho \omega^3 D^5 = 0.0012 \times 1000 \times 60.5^3 \times 0.61^5 = 2.2 \times 10^4 \text{ W}$$

따라서 속도, 크기, 요구 동력은 각각 약 580 rpm, 610 mm, 22 kW이다.

$$(C_{\dot{W}})_1 = (C_{\dot{W}})_2 \text{ or } \frac{\dot{W}_2}{\dot{W}_1} = \frac{\rho_2}{\rho_1}\left(\frac{\omega_2}{\omega_1}\right)^3\left(\frac{D_2}{D_1}\right)^5 \tag{11.3.9}$$

$$(C_H)_1 = (C_H)_2 \text{ or } \frac{H_2}{H_1} = \frac{g_1}{g_2}\left(\frac{\omega_2}{\omega_1}\right)^2\left(\frac{D_2}{D_1}\right)^2 \tag{11.3.10}$$

$$(C_Q)_1 = (C_Q)_2 \text{ or } \frac{Q_2}{Q_1} = \frac{\omega_2}{\omega_1}\left(\frac{D_2}{D_1}\right)^3 \tag{11.3.11}$$

터보기계의 상사법칙(turbomachinery similarity rule)으로 불리는 이 식들은 기하학적으로 유사한 터보기계를 설계하거나 선정하는 데 사용된다. 또한 이 식은 속도, 유체, 크기의 변화에 따른 영향을 검토하는 데 사용된다. 유체를 달이나 우주정거장까지 이송할 수 있는 펌프를 설계할 수도 있다!

식 11.3.7로부터 $\eta_1 = \eta_2$를 예측할 수 있으나, 앞에서 설명한 대로 큰 펌프는 유사한 기하학적 형상의 작은 펌프에 비해 더 효율적이다. 일반적으로 인정되는 크기와 효율의 실험적 관계(Stepanoff, 1957)는 다음과 같다.

KEY CONCEPT
상사법칙은 기하학적으로 유사한 터보기계의 변수들을 연관시키거나, 주어진 기계 변수의 변화를 검토하는 데 사용된다.

$$\frac{1-(\eta_P)_2}{1-(\eta_P)_1} = \left(\frac{D_1}{D_2}\right)^{1/4} \tag{11.3.12}$$

이 관계식은 η_P를 η_T로 대체하여 터빈에도 사용된다.

예제 11.5

그림 11.14의 성능 곡선을 갖는 혼합류 펌프의 성능 곡선을 구하라. 600 rpm으로 운전할 때 요구 송출 유량은 2.5 m^3/s이다. 설계 효율점에서 요구 동력과 요구 *NPSH*는 얼마인가? 물이 사용된다고 가정한다.

풀이

그림 11.14에서 설계 효율 $\eta_P = 0.85$이고 이때 다른 계수 값은 다음과 같다.

$$C_Q = 0.15 \qquad C_H = 0.067 \qquad C_{\dot{W}} = 0.0115 \qquad C_{NPSH} = 0.035$$

회전 속도를 rad/s로 바꾸면 다음과 같다.

$$\omega = 600 \times \frac{\pi}{30} = 62.8 \text{ rad/s}$$

펌프의 직경은 식 11.3.4에서 계산한다.

$$D = \left(\frac{Q}{\omega C_Q}\right)^{1/3} = \left(\frac{2.5}{62.8 \times 0.15}\right)^{1/3} = 0.64 \text{ m}$$

식 11.3.2와 11.3.6을 사용하여 요구 동력과 *NPSH*를 계산한다.

(계속)

$$\dot{W}_P = \rho\omega^3 D^5 C_{\dot{W}}$$
$$= 1000 \times 62.8^3 \times 0.64^5 \times 0.0115 = 3.1 \times 10^5 \text{ W}$$

$$NPSH = \frac{\omega^2 D^2}{g} C_{NPSH}$$
$$= \frac{62.8^2 \times 0.64^2}{9.81} \times 0.035 = 5.8 \text{ m}$$

따라서 요구 동력이 310 kW이고 요구 $NPSH$는 5.8 m이다. 성능 곡선은 식 11.3.10과 11.3.11을 사용하여 구한다.

$$H_2 = \frac{\omega_2^2 D_2^2}{g}(C_H)_1$$
$$= \frac{62.8^2 \times 0.64^2}{9.81}(C_H)_1 = 165(C_H)_1$$

$$Q_2 = \omega_2 D_2^3 (C_Q)_1$$
$$= 62.8 \times 0.64^3 (C_Q)_1 = 16.5(C_Q)_1$$

$(C_H)_1$, $(C_Q)_1$, η_P는 그림 11.14에서 읽어서 아래 표를 작성할 수 있다. 4열과 5열은 상사 식에서 계산된 Q_2와 H_2이다. 최고 효율에서 $H_2 = 10.4$ m이고 Q_2는 2.54 m³/s이다. 특성 곡선은 그림 E11.5에 그려져 있다.

$(C_Q)_1$	$(C_H)_1$	η_P	$Q_2(m^3/s)$	H_2(m)
0	0.138		0	22.8
0.019	0.123		0.31	20.3
0.039	0.110		0.64	18.2
0.058	0.099		0.96	16.3
0.077	0.091	0.59	1.27	15.0
0.096	0.088	0.70	1.58	14.5
0.116	0.085	0.78	1.91	14.0
0.135	0.076	0.84	2.23	12.5
0.154	0.063	0.85	2.54	10.4
0.174	0.046	0.79	2.87	7.6

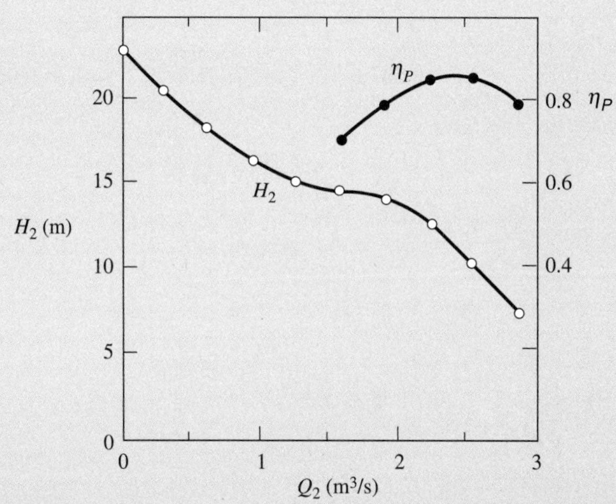

그림 E11.5

11.3.3 비속도

같은 계열의 터보기계를 이 기계의 최적조건에서 운전을 특징짓는 무차원수와 연관시킬 수 있다. 이런 무차원수가 **비속도**(specific speed)이며, 다음과 같은 방법으로 정의된다. 펌프의 비속도 Ω_P는 ω, Q, H_P를 알고 있을 때 펌프가 최고 효율에서 운전되고 있음과 관련된 무차원 파라미터이다. 이는 식 11.3.4와 11.3.6에서 D를 소거하여 얻어지며, 회전 속도 ω의 1차 함수로 표시된다.

비속도: 최고 효율에서 터보기계의 운전을 나타내는 무차원수.

$$\Omega_P = \frac{C_Q^{1/2}}{C_H^{3/4}} = \frac{\omega Q^{1/2}}{(gH_P)^{3/4}} \tag{11.3.13}$$

식 11.3.13에서 ω는 모터에 의해 결정되고, Q와 H_P는 최대 효율점에서의 값이 사용된다.

펌프의 예비 선정은 비속도에 의해 결정될 수 있다. 그림 11.15는 원심 펌프의 경우 Ω_P에 따라 최대 효율과 송출 유량이 어떻게 변하는지를 보여 준다. 비속도는 그림 11.2의 임펠러의 종류와 관계되며 다음과 같다.

$$\begin{array}{ll} \Omega_P < 1 & \text{radial-flow pump} \\ 1 < \Omega_P < 4 & \text{mixed-flow pump} \\ \Omega_P > 4 & \text{axial-flow pump} \end{array} \tag{11.3.14}$$

터빈에 대해서 비속도 Ω_T는 주어진 ω, H_T, $\dot{W}_T$에서 최고 효율점에서 운전되는 동일 계열의 펌프와 연관되는 무차원 파라미터이다. 식 11.3.2와 11.3.6에서 직경 D를 소거하면, 비속도는 ω의 1차식으로 다음과 같이 나타난다.

$$\Omega_T = \frac{C_{\dot{W}}^{1/2}}{C_H^{5/4}} = \frac{\omega(\dot{W}_T/\rho)^{1/2}}{(gH_T)^{5/4}} \tag{11.3.15}$$

다른 종류의 터빈에 대한 Ω_T의 비교는 11.5절에서 설명한다.[4]

캐비테이션의 또 다른 척도는 흡입 비속도(suction specific speed) S이다. 펌프에서 비속도를 정의했을 때와 유사하게, 펌프나 터빈의 흡입 비속도는 다음과 같다.

$$S = \frac{\omega Q^{1/2}}{(gNPSH)^{3/4}} \tag{11.3.16}$$

여기서 기하학적으로 유사한 두 펌프는 같은 유량계수 C_Q에서 운전될 경우 같은 S 값을 갖는다. 바꿔 말하면 같은 S 값은 펌프가 다르게 운전될 때 유사한 캐비테이션 특성을 갖는다. S의 설계 값은 실험에 의해 결정된다. 캐비테이션이 없으면 식 11.3.16은 더 이상 유효하지 않다.

[4] 식 11.3.13과 11.3.15 대신에 산업 현장에서는 차원이 있는 비속도가 일반적으로 사용된다. 따라서 펌프에 대해서 차원이 있는 상동 비속도(homologous specific speed)는 $(N_s)_P = NQ^{1/2}/H^{3/4}$이고, 터빈에서 이에 상응하는 상동 비속도는 $(N_s)_T = N\dot{W}^{1/2}/H^{5/4}$이다. 이 식에서 Q의 단위는 gal/min, ft^3/sec, 또는 m^3/s이고 H는 ft 또는 m, $\dot{W}$는 마력, kW이며 N은 rpm이다.

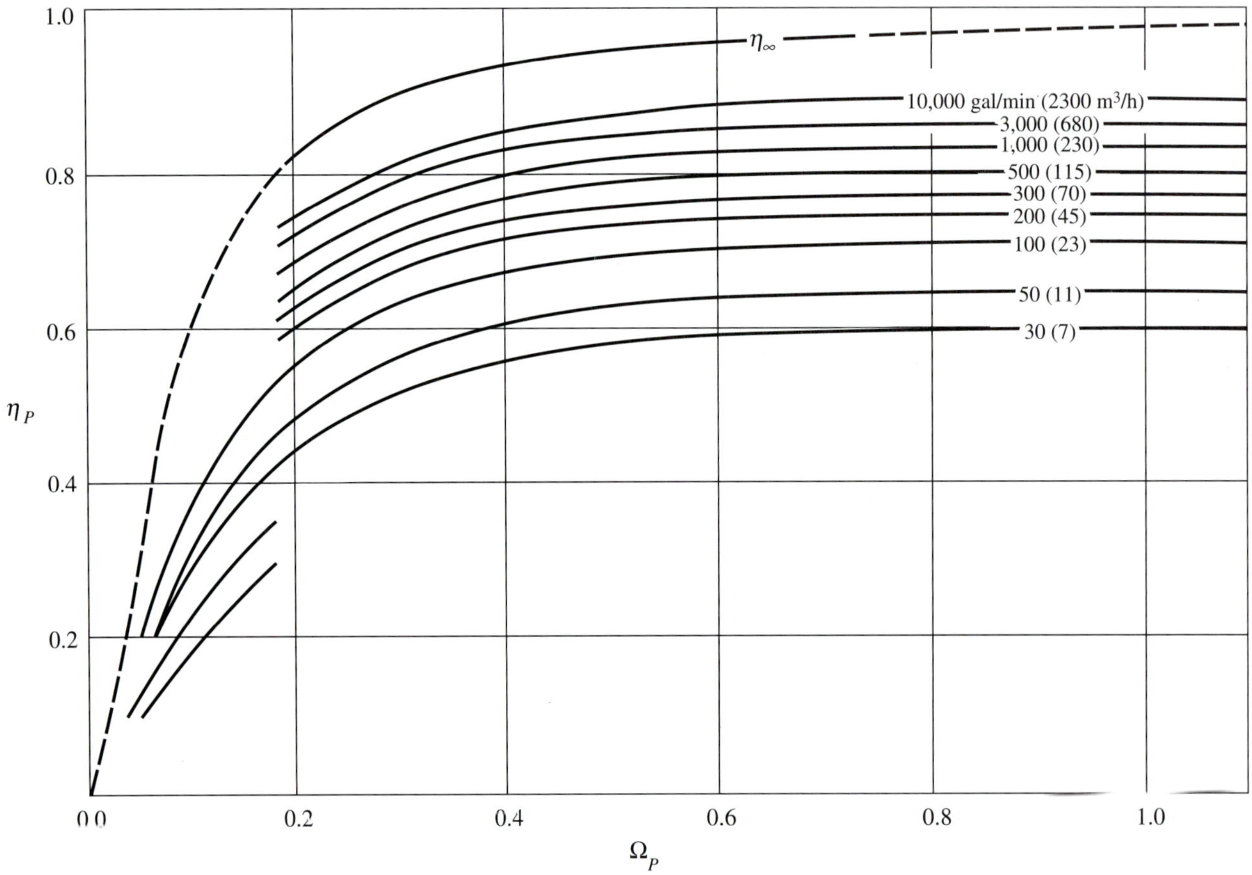

그림 11.15 원심 펌프의 비속도와 송출 유량의 함수로 표시된 최고 효율.(PUMP HANDBOOK, 2ND EDITION(DURO) by Karassik. Copyright 1986 by McGraw-Hill Companies, Inc.-Books.)

예제 11.6

450 kPa의 압력 상승에서 물을 30 L/s 이송할 수 있는 펌프를 선정하라. 회전수는 3600 rpm을 초과하지 않는다고 가정한다.

풀이

비속도를 알기 위해 다음이 필요하다.

$$\omega = 3600 \times \frac{\pi}{30} = 377 \text{ rad/sec}$$

$$H_P = \frac{\Delta p}{\rho g} = \frac{450}{1000} \times \frac{1000}{9.81} = 45.9 \text{ m}$$

$$Q = 30 \times 10^{-3} \text{ m}^3/\text{s} = 0.03 \text{ m}^3/\text{s}$$

식 11.3.13을 사용하여 비속도를 구하면 다음과 같다.

$$\Omega_P = \frac{\omega\sqrt{Q}}{(gH_P)^{3/4}}$$

$$= \frac{377\sqrt{0.03}}{(9.81 \times 45.9)^{3/4}} = 0.67$$

(계속)

식 11.3.14로부터 원심 펌프가 적합함을 알 수 있다. 그림 11.12의 펌프는 비속도가 0.61이므로 효율이 약간 낮아지긴 해도 사용할 수 있다. $\Omega_P \simeq 0.61$(그림 11.12)에서 각속도는 식 11.3.13을 이용하여 얻어진다.

$$\omega = \frac{\Omega_P (gH_P)^{3/4}}{\sqrt{Q}}$$

$$= \frac{0.61 \times (9.81 \times 45.9)^{3/4}}{\sqrt{0.03}} = 344 \text{ rad/s}$$

따라서 필요한 회전수는 $344 \times 30/\pi = 3300$ rpm이며, 3600 rpm을 초과하지 않는다. 필요한 직경은 그림 11.12를 이용하여 최대효율에서 $C_Q = 0.0165$를 이용하여 계산한다. 이 값을 식 11.3.4에 대입하면 직경을 결정할 수 있다.

$$D = \left(\frac{Q}{C_Q \omega}\right)^{1/3}$$

$$= \left(\frac{0.03}{0.0165 \times 344}\right)^{1/3} = 17.4 \text{ cm}$$

11.4 관로 시스템에서의 터보펌프 사용

관로 시스템에서 요구하는 유동을 만족하는 펌프를 선정하기 위해서는 터보펌프의 기본적 이해와 더불어 관로 시스템에 설치된 펌프의 수력학적 해석이 필요하다. 한 개의 관과 펌프의 연결은 7.6.7절에서 해석하였다. 예제 7.16에서 시스템의 요구 곡선이 얻어졌고, 송출 유량과 요구 펌프 수두의 해를 구하는 시도가 있었다. 이 방법은 단순 관로 시스템에도 확장되어, 펌프 성능 곡선을 이용하거나 펌프의 일정한 동력 입력을 가정하는 방법이 사용된다. 관로 시스템에서는 펌프 성능 곡선이 다항 관계식으로 표시되어 선형화된 에너지방정식에 포함되어 사용되거나 일정한 펌프 동력 요구조건이 적용된다.

이 절에서는 펌프의 선정 방법에 대하여 좀 더 자세히 고찰한다. 이 방법은 관로 시스템이 요구하는 유량 및 압력을 만족할 뿐 아니라, 캐비테이션이 발생하지 않음을 보장하므로 가장 효율적인 펌프를 선정할 수 있다.

11.4.1 펌프를 시스템 요구에 맞춤

두 저수조 사이에 유체를 배송하는 펌프를 포함한 관로를 고려해 보자. 관로 시스템의 요구 곡선(system demand curve)은 다음과 같이 정의된다.

$$H_P = (z_2 - z_1) + \left(f\frac{L}{D} + \Sigma K\right)\frac{Q^2}{2gA^2} \qquad (11.4.1)$$

KEY CONCEPT
시스템의 요구 곡선과 펌프의 수두–유량 곡선의 교차점은 운전 수두와 송출 유량을 결정한다.

여기서 각 저수조는 대기압이고, 위와 아래의 저수조의 높이는 각각 z_1, z_2이다. z_2는 z_1

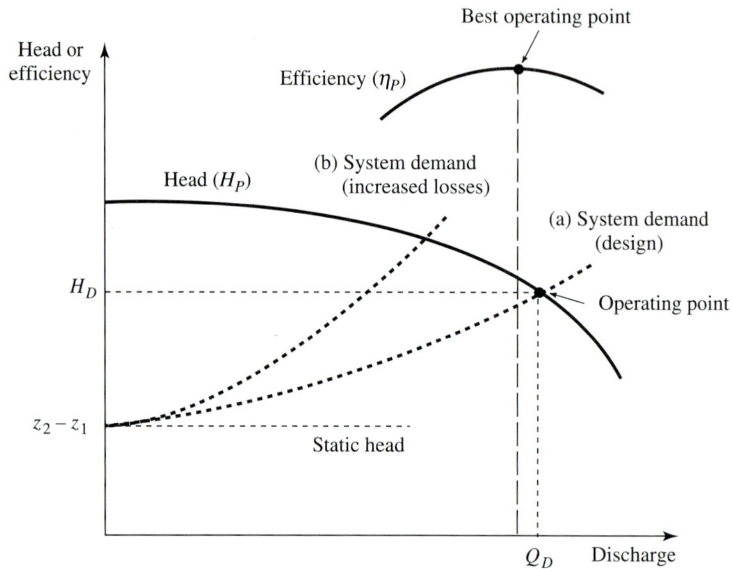

그림 11.16 펌프의 특성 곡선과 시스템의 요구 곡선

보다 높을 필요는 없으며 마찰계수 f는 송출량(레이놀즈수)에 따라 변할 수 있다. ΣK 항은 7.6.4절에서 설명한 부차 손실을 나타낸다. 식 11.4.1은 그림 11.16의 (a) 곡선을 나타낸다. 우변의 첫 항은 정압 수두를, 둘째 항은 마찰과 부차 손실로 인한 수두손실이다. 요구 곡선의 기울기는 관로 시스템의 손실계수의 합에 의해 결정된다. 그림 11.16의 (b) 곡선이 나타내듯이 손실계수가 증가하면 주어진 송출 유량에 필요한 펌프 수두가 증가한다. 관로 시스템은 요구 곡선에서 밸브의 잠금과 같은 일시적인 변화를 겪을 수 있으며, 장기적으로는 관로의 노화가 영구적으로 손실계수를 증가시킬 수 있다. 어떤 경우이거나 관로 시스템의 요구 곡선은 그림에서처럼 (a)에서 (b)로 변한다.

주어진 설계 송출 유량에 대해 식 11.3.14는 비속도에 근거한 펌프의 선정을 가능하게 한다. 펌프의 종류가 결정되면, 그림 11.16과 같은 제조사의 특성 곡선으로부터 적절한 크기가 선정된다. 원하는 관로 시스템 요구 곡선과 특성 곡선과의 교차점은 설계 수두(design head) H_D와 설계 송출 유량(design discharge) Q_D를 결정한다. 교차점은 최적 운전점(best operating point)으로 표시된 펌프의 최고 효율점이나 이에 가깝게 발생하는 것이 바람직하다.

11.4.2 펌프의 병렬 및 직렬 연결

요구되는 수두나 유량이 광범위한 경우에 펌프를 설치해야 할 때에는 하나의 펌프가 요구 영역을 모두 만족할 수 없다. 이럴 경우 더 효율적으로 운전하기 위하여 펌프를 직렬 또는 병렬로 연결해서 사용할 수 있다. 여기서는 펌프가 한 위치에서 짧은 관으로 연결되었다고 가정한다.

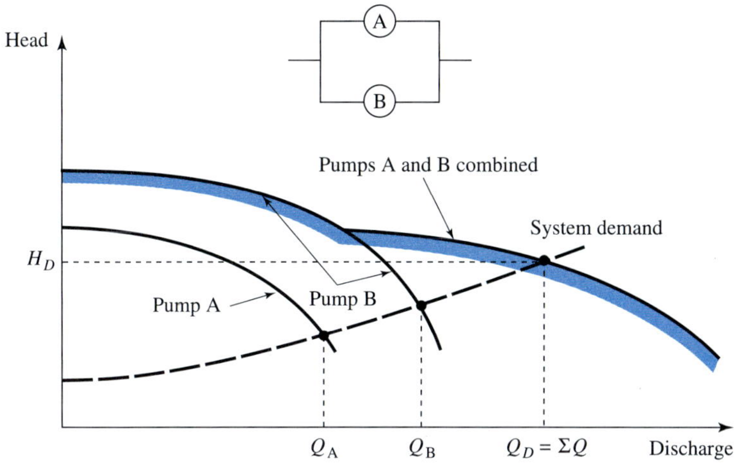

그림 11.17 병렬로 운전되는 펌프의 특성 곡선.

유량의 요구가 광범위하게 변할 경우 두 개나 그 이상의 펌프가 병렬로 연결될 수 있다(그림 11.17). 각 펌프는 필요한 유량 요구에 맞춰 각각 켤 수 있다. 이런 방법으로 높은 효율에서 운전이 이루어진다. 병렬로 운전할 때 동일한 펌프를 이용할 필요는 없으나, 각 펌프를 바람직하지 않은 지역에서 운전하면 안 된다. 병렬 운전의 경우 결합된 특성 곡선은 각 펌프의 수두는 같고 총 송출량은 각 펌프의 송출량의 합 ΣQ와 같다고 해서 구해진다. 그림 11.17에서는 펌프 A와 펌프 B를 각각 운전할 경우와, 펌프 A와 B를 함께 운전할 경우의 세 운전점이 나타나 있음을 주목한다. 다른 설계 운전점은 유량을 줄이거나 펌프의 속도를 변화시켜 얻어질 수 있다. 병렬 연결에서 펌프의 총 효율은 다음과 같다.

$$\eta_P = \frac{\gamma H_D \Sigma Q}{\Sigma \dot{W}_P} \tag{11.4.2}$$

여기서 $\Sigma \dot{W}_P$는 펌프에서 요구하는 동력의 합이다.

높은 수두가 필요할 경우에는 펌프를 직렬로 설치하여 각 펌프의 수두 상승보다 큰 수두 상승을 만들 수 있다(그림 11.18). 각 펌프의 송출 유량이 같으므로 특성곡선은 각 펌프의 수두를 더하여 구한다. 두 펌프가 같을 필요는 없다. 그림 11.18에서 펌프 A의 절체(shutoff) 수두가 관로 시스템의 정압 수두보다 낮으므로 펌프 A만으로는 유체를 이송할 수 없는 관로 시스템의 요구 곡선을 나타낸다. 펌프 B만으로 또는 A와 B를 함께 운전할 경우의 두 운전점이 있다. 총 효율은 다음과 같다.

$$\eta_P = \frac{\gamma (\Sigma H_P) Q_D}{\Sigma \dot{W}_P} \tag{11.4.3}$$

여기서 ΣH_P는 각 펌프의 수두의 합이다.

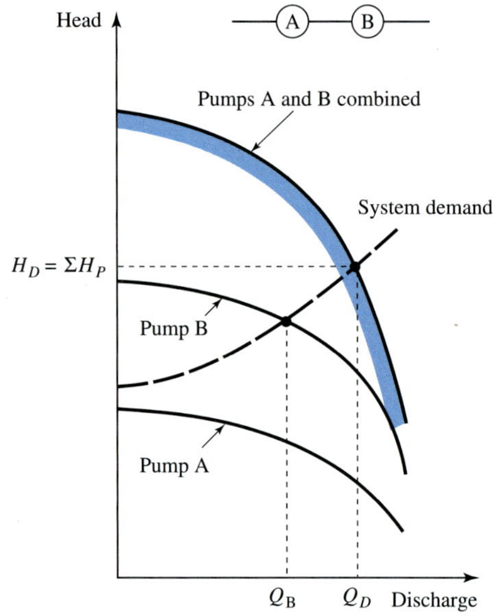

그림 11.18 직렬로 운전되는 펌프의 특성 곡선.

예제 11.7

두 저수조 사이에 다음과 같은 특성의 관로를 통하여 물이 펌핑된다: D = 300 mm, L = 70 m, f = 0.025, ΣK = 2.5. 원심 펌프의 특성 곡선은 다음 식과 가깝다.

$$H_P = 22.9 + 10.7Q - 111Q^2$$

여기서 H_P의 단위는 m이고 Q는 m^3/s이다.

송출 유량 Q_D와 펌프 수두 H_D를 다음 조건에서 구하라: (a) $z_2 - z_1$ = 15 m, 한 펌프만 운전; (b) $z_2 - z_1$ = 15 m, 두 개의 동일한 펌프를 병렬로 운전; (c) $z_2 - z_1$ = 25 m일 경우 펌프의 배열, 유량 및 수두

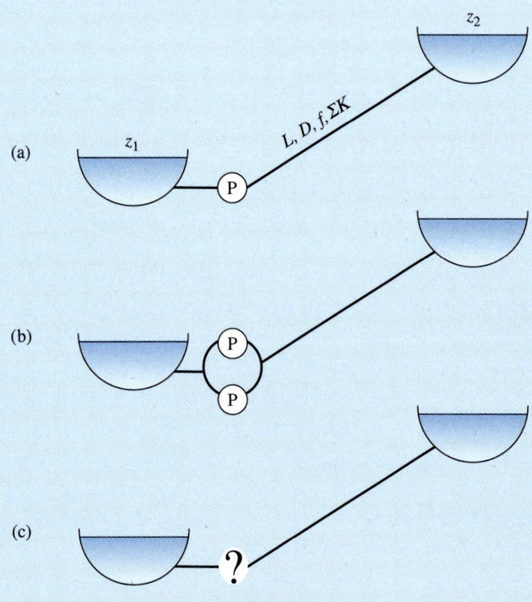

그림 E11.7

(계속)

풀이

(a) 관로 시스템의 요구 곡선(식 11.4.1)을 먼저 얻는다.

$$H_P = (z_2 - z_1) + \left(f\frac{L}{D} + \Sigma K\right)\frac{Q^2}{2gA^2}$$
$$= 15 + \left(\frac{0.025 \times 70}{0.3} + 2.5\right)\frac{Q^2}{2 \times 9.81(\pi/4 \times 0.3^2)^2}$$
$$= 15 + 85Q^2$$

운전점을 찾기 위해, 펌프의 특성 곡선과 관로 시스템의 요구 곡선을 같다고 하면 다음과 같다.

$$15 + 85Q_D^2 = 22.9 + 10.7Q_D - 111Q_D^2$$

계산하여 Q_D에 관하여 정리하면 다음과 같다.

$$195Q_D^2 - 10.7Q_D - 7.9 = 0$$
$$\therefore Q_D = \frac{1}{2 \times 195}[10.7 + \sqrt{10.7^2 + 4 \times 195 \times 7.9}] = 0.23 \text{ m}^3/\text{s}$$

관로 시스템의 요구 곡선을 사용하여 H_D를 계산하면 다음과 같다.

$$H_D = 15 + 85 \times 0.23^2 = 19.5 \text{ m}$$

(b) 두 개의 병렬 연결 펌프에 대해, 특성 곡선은 다음과 같다.

$$H_P = 22.9 + 10.7\left(\frac{Q}{2}\right) - 111\left(\frac{Q}{2}\right)^2$$
$$= 22.9 + 5.35Q - 27.75Q^2$$

이 식을 관로 시스템의 요구 곡선과 같다고 하여 Q_D에 대해 풀면 다음과 같다.

$$15 + 85Q_D^2 = 22.9 + 5.35Q_D - 27.75Q_D^2$$
$$112.8Q_D^2 - 5.35Q_D - 7.9 = 0$$
$$\therefore Q_D = \frac{1}{2 \times 112.8}[5.35 + \sqrt{5.35^2 + 4 \times 112.8 \times 7.9}] = 0.29 \text{ m}^3/\text{s}$$

설계 수두를 계산하면 다음과 같다.

$$H_D = 15 + 85 \times 0.29^2 = 22.2 \text{ m}$$

(c) z22z1이 한 펌프의 절체 수두보다 높으므로(25 > 22.9 m) 두 펌프를 직렬로 연결하여 운전해야 한다. 합쳐진 펌프 곡선은 다음과 같다.

$$H_D = 2(22.9 + 10.7Q - 111Q^2)$$
$$= 45.8 + 21.4Q - 222Q^2$$

관로 시스템의 요구 곡선은 $z_2 - z_1 = 25$ m이므로 다음과 같이 바뀐다.

$$H_D = 25 + 85Q^2$$

위의 두 식을 같다고 하여 Q_D와 H_P에 대해 풀면 다음을 얻는다.

$$25 + 85Q_D^2 = 45.8 + 21.4Q_D - 222Q_D^2$$

또는

(계속)

$$307Q_D^2 - 21.4Q_D = 20.8 = 0$$

$$\therefore Q_D = \frac{1}{2 \times 307}\left[21.4 + \sqrt{21.4^2 + 4 \times 307 \times 20.8}\right] = 0.30\ \text{m}^3/\text{s}$$

그리고

$$H_D = 25 + 85 \times 0.30^2 = 32.7\ \text{m}$$

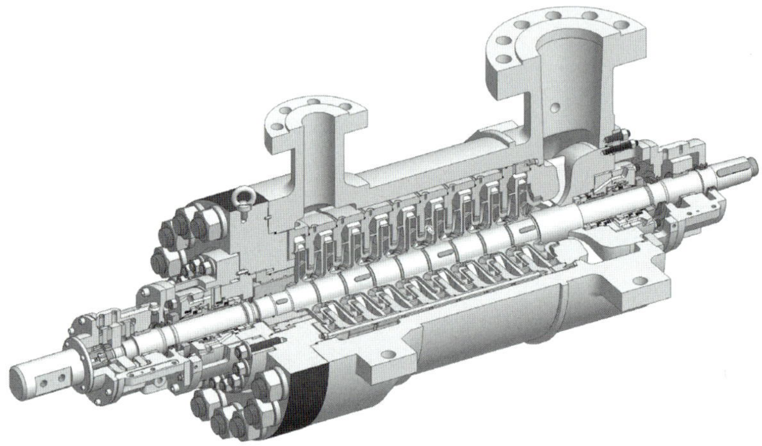

그림 11.19 4단 원심 펌프.(Sulzer Pumps Ltd.)

11.4.3 다단 펌프

여러 펌프를 직렬로 설치하는 대신 다단 펌프를 사용할 수 있다(그림 11.19). 기본적으로 여러 임펠러는 하나의 케이싱에 들어 있으며, 한 임펠러 단의 출구는 다음 단의 입구로 유출한다. 이런 펌프는 매우 높은 압력을 발생시킬 수 있다. 그림 11.19의 펌프는 압력 수두가 1500~3400 m 범위이며, 송출 유량은 4500 m^3/h에서 260 m^3/h로 변한다. 8단까지 선택할 수 있으며 최고 속도는 약 8000 rpm이다.

KEY CONCEPT

터빈은 펌프와는 반대로 관로 시스템에서 유동하는 물의 유용한 에너지를 얻는다.

11.5 터빈

러너: 터빈의 움직이는 요소.

반동 터빈: 유동 에너지와 운동에너지를 모두 이용하는 터빈.

충동 터빈: 유체가 러너에 충돌하기 전에 노즐을 통하여 유동 에너지를 운동에너지로 변환해야 하는 터빈.

세상에는 충분히 큰 수두와 유량이 있는 곳이 많으며, 이곳에서 수력 터빈을 이용하여 전기 동력을 만든다. 펌프와는 반대로, 터빈은 관로에서 흐르는 유체로부터 유용한 에너지를 얻는다. 터빈의 움직이는 요소를 **러너**(runner)라고 하는데, 이는 회전축에 부착된 날개나 버킷(bucket)으로 구성된다. 유체에서 유용한 에너지는 회전 러너에 의해 축으로 전달되고, 회전축에 의해 전달되는 토크는 전기 발전기를 구동한다. 수력 터빈은 크기와 용량에서 5 kW 정도를 발전하는 소형으로부터 400 MW 이상의 수력발전용까지 다양하다.

두 종류의 터빈이 있는데 **반동 터빈**(reaction turbine)은 유체의 유동 및 운동에너지를 모두 사용하며, 대기보다 높은 압력의 밀폐된 공간에서 에너지 변환이 발생한다. 반동 터빈은 사용 가능한 수두에 따라 프랜시스 또는 프로펠러형으로 세분될 수 있다. **충동 터빈**(impulse turbine)을 사용하기 위해서는 유체가 러너에 충돌하기 전에 유체의 유동 에

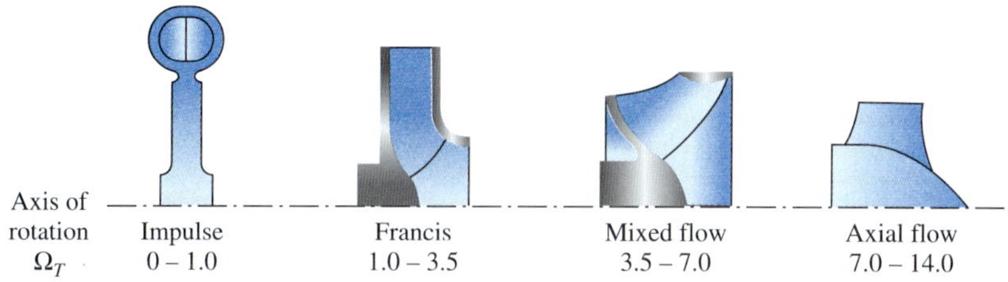

그림 11.20 다양한 종류의 터빈 러너.

너지를 노즐을 이용하여 운동에너지로 변환해야 한다. 에너지는 대기압 정도 압력의 고속의 제트 형태이다. 터빈은 그림 11.20에서 나타나듯이 터빈의 비속도에 따라 분류될 수 있다. 펠턴 수차(Pelton wheel)는 충동 터빈의 특별한 형태이다(11.5.2절).

11.5.1 반동 터빈

반동 터빈에서 유동은 유체를 러너로 통과시키는 벌류트에서 발생한다(그림11.21). 조절이 가능한 안내 날개[guide vane, 쪽문(wicket gate)]는 러너 상류에 위치하며, 이는 러너 입구의 속도 접선 성분을 조절한다. 따라서 유체는 안내 날개를 떠나 각운동량을 얻어 러너로 유입된다. 유체가 러너 지역을 이동하면서 각운동량이 감소하며 러너에 토크를 가하여 축을 구동하여 동력을 발생시킨다. 유동은 러너에서 흡출관(draft tube)으로 불리는 디퓨저로 흘러 나가며, 여기서 남아 있는 운동에너지가 유동에너지로 변환된다.

프랜시스 터빈. 프랜시스 터빈에서는 안내 날개를 통해 들어오는 유동이 러너 날개의 입구에서 큰 접선 방향의 속도 성분을 갖고 반경 방향으로 유입된다(그림 11.22). 유체가 러너를 통과하면서 접선 방향의 속도는 줄어들면서 축 방향의 속도를 갖는다. 러너를 나가면서 유체 속도는 접선 방향 성분이 거의 없어지며 축 방향 속도가 대부분이다. 러너에서의 압력은 대기압 이하이다.

러너에 전달되는 이론 토크는 그림 11.22의 검사체적에 식 11.2.1을 적용하여 얻는다. 이때 펌프 토크 관계식 11.2.2의 유도에서 사용되었던 가정을 적용한다. 결과 식은 다음과 같다.

$$T = \rho Q(r_1 V_{t1} - r_2 V_{t2}) \tag{11.5.1}$$

토크에 각속도 ω를 곱하면 축에 전달되는 동력은 다음과 같다.

$$\begin{aligned} \dot{W}_T &= \omega T \\ &= \rho Q(u_1 V_1 \cos \alpha_1 - u_2 V_2 \cos \alpha_2) \end{aligned} \tag{11.5.2}$$

터빈에 들어가는 유체 동력은 다음과 같다.

$$\dot{W}_f = \gamma Q H_T \tag{11.5.3}$$

여기서 H_T는 터빈에서의 실제 수두 강하이다. 따라서 전효율은 다음과 같다.

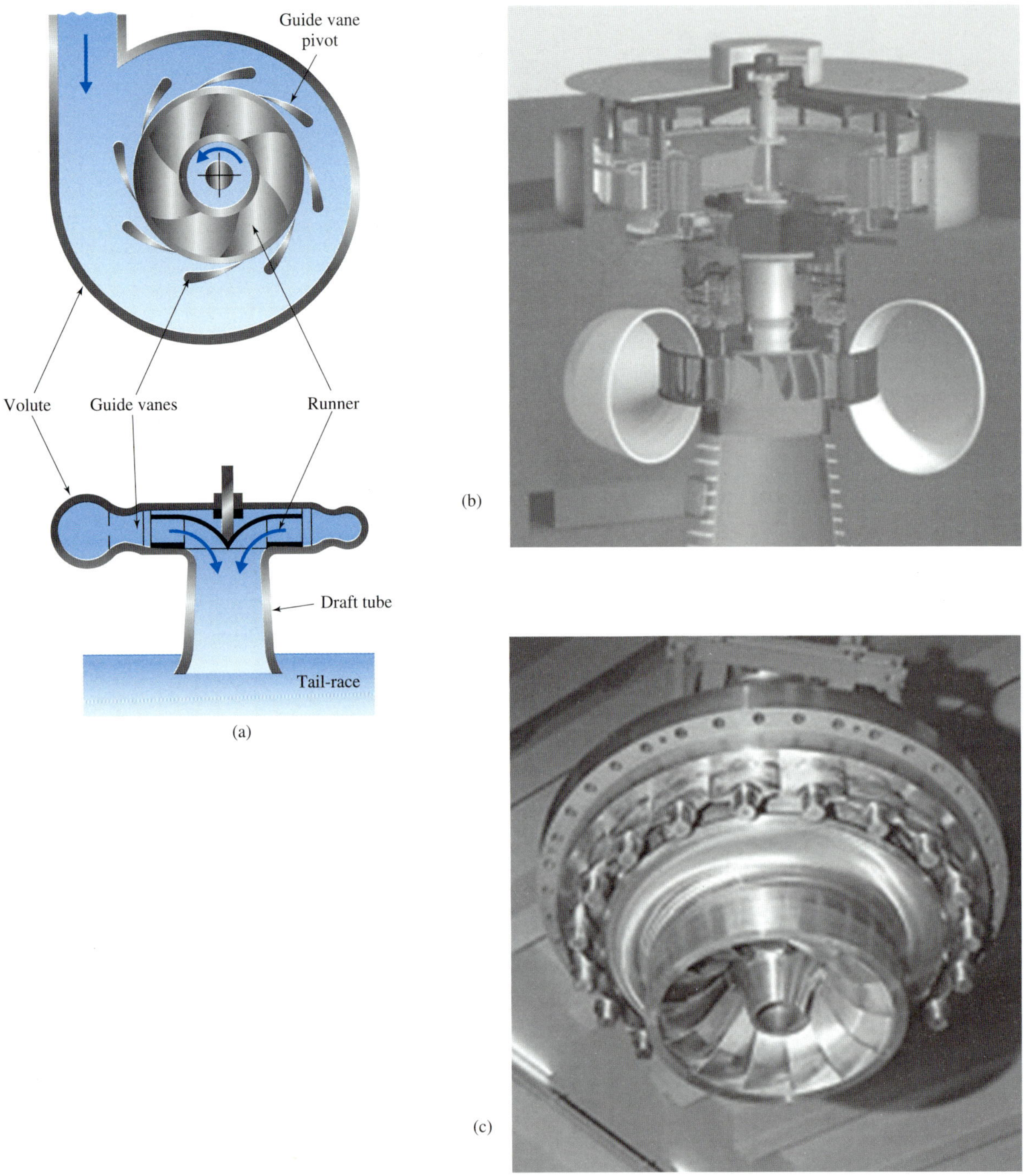

그림 11.21 반동 터빈(프랜시스형): (a) 개요도, (b) 오스트레일리아 빅토리아 폭포 발전소의 나선형 프랜시스 터빈, (c) 브라질 이타이푸 발전소 터빈의 러너.(Voith Siemens Hydro Power Generation, Inc.)

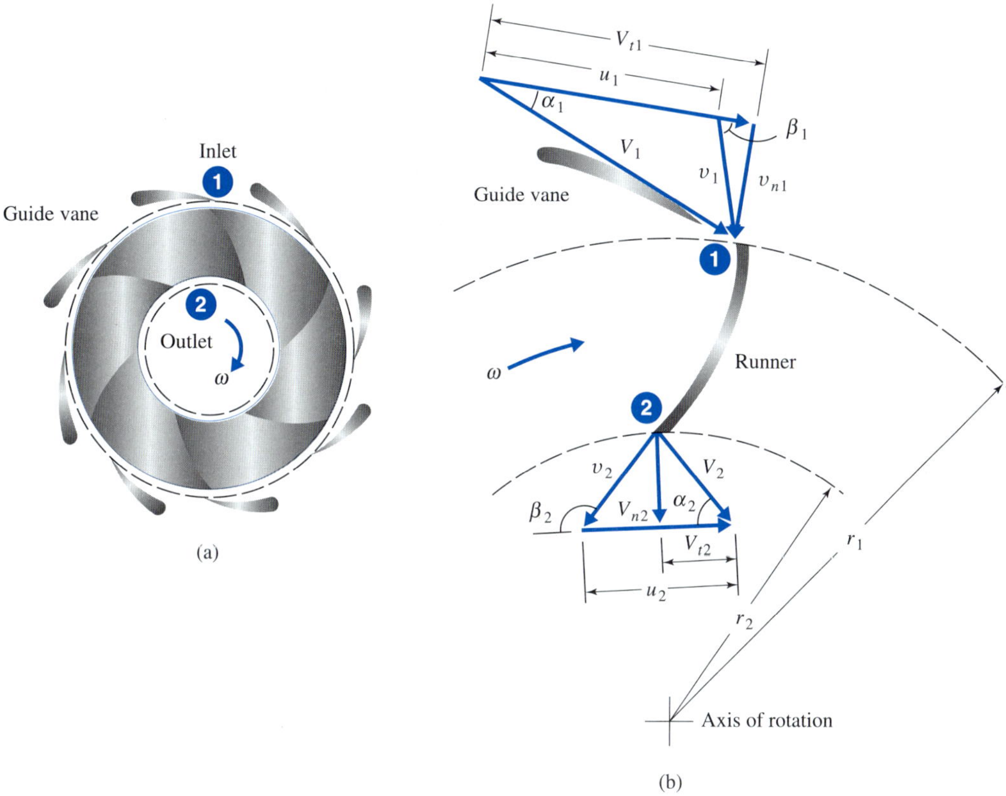

그림 11.22 이상적인 프랜시스 터빈 러너: (a) 러너의 검사체적, (b) 검사표면에서의 속도 다이어그램

$$\eta_T = \frac{\dot{W}_T}{\dot{W}_f} = \frac{\omega T}{\gamma Q H_T} \tag{11.5.4}$$

안내 날개의 작용은 그림 11.22b의 속도 다이어그램을 참고하여 설명할 수 있다. 유체가 안내 날개에 의해 완전히 인도된다고 가정하면 러너 입구에서 접선 속도는 다음과 같다.

$$V_{t1} = V_{n1} \cot \alpha_1 \tag{11.5.5}$$

속도 다이어그램에서 접선 속도는 아래와 같이 주어진다.

$$V_{t1} = u_1 + V_{n1} \cot \beta_1 \tag{11.5.6}$$

반경 속도 성분은 유량 Q와 러너의 폭 b_1으로 표시될 수 있다.

$$V_{n1} = \frac{Q}{2\pi r_1 b_1} \tag{11.5.7}$$

식 11.5.5~11.5.7을 결합해서 V_{t1}과 V_{n1}을 소거하여 α_1에 대해 풀면 다음과 같다.

$$\cot \alpha_1 = \frac{2\pi r_1^2 b_1 \omega}{Q} + \cot \beta_1 \tag{11.5.8}$$

각속도가 일정한 경우, 적절한 러너 입구 각을 유지하기 위하여 Q가 변하면 안내 날개 각이 조정된다.

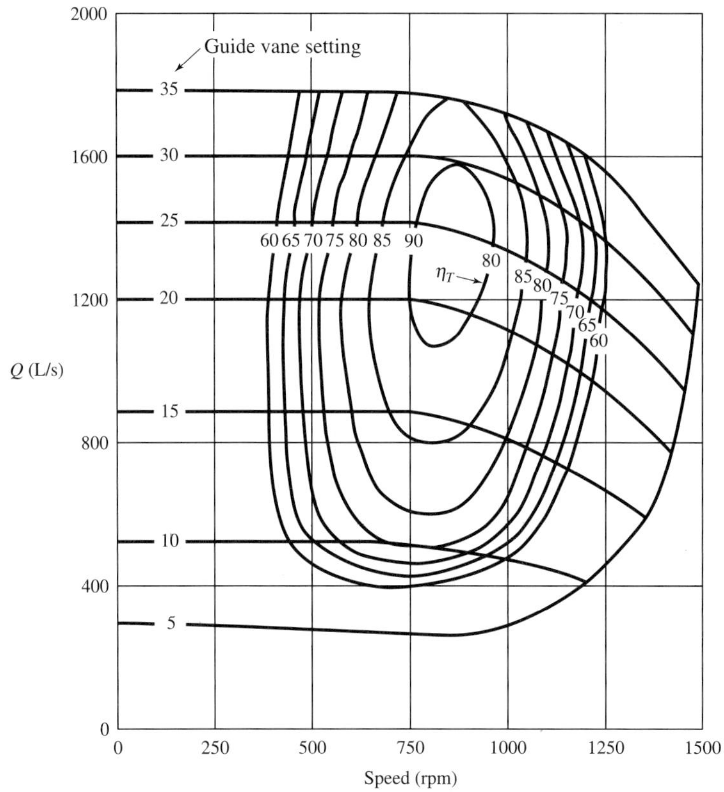

그림 11.23 프랜시스 터빈의 등효율 곡선: D = 500 mm, H_T = 50 m.(Gilbert Gilkes and Gordon, Ltd.)

일상적으로 터빈은 거의 일정한 수두 H_T에서 운전되므로 성능 특성이 펌프와는 다른 관점에서 고려된다. 일정 수두에서 펌프가 운전될 경우 중요한 것은 송출 유량, 속도, 효율의 변화이다. 이 세 변수 간의 상관관계는 그림 11.23의 등효율 곡선에 나타나 있다. 주어진 안내 날개 설정에서 속도의 증가에 따른 송출 유량의 감소를 주목한다. 다음과 같은 메커니즘에 의해 효율이 감소한다: (1) 마찰 수두손실과 흡출관 수두손실, (2) 유동 입구 각과 날개깃 각의 불일치로 인한 박리, (3) 유용한 동력 출력 발생 전까지 적절한 터빈 속도를 달성할 필요성, (4) 베어링과 밀봉 등에 의한 기계적 손실.

프랜시스 터빈의 대표적인 무차원 성능 곡선이 그림 11.24에 나타나 있다. 속도와 수두가 일정하고, 안내 날개는 최고 효율을 달성하기 위해 송출 유량이 변함에 따라 자동적으로 조절된다.

축류 터빈. 축류 터빈에서는 유동이 회전축과 평행하다(그림 11.25). 프랜시스 터빈과는 달리 액체의 각운동량은 날개깃을 통과하면서 거의 일정하게 남아 있고 속도의 접선 성분은 감소된다. 고정 날개깃과 회전 날개깃 터빈이 모두 사용되며, 회전 날개깃 터빈인 카플란 터빈은 수두의 변화를 수용하도록 날개깃 각의 조절이 가능하다. 축류 터빈은 수평이나 수직으로 설치가 가능하며, 모두 낮은 수두에 설치하는 데 적합하다.

캐비테이션 고려 사항. 11.2.3절에서 정의된 유효흡입수두($NPSH$)와 캐비테이션수는 터빈에도 응용된다. 식 11.2.21부터 11.2.23까지에서 손실 항의 부호가 양이 된다. 식

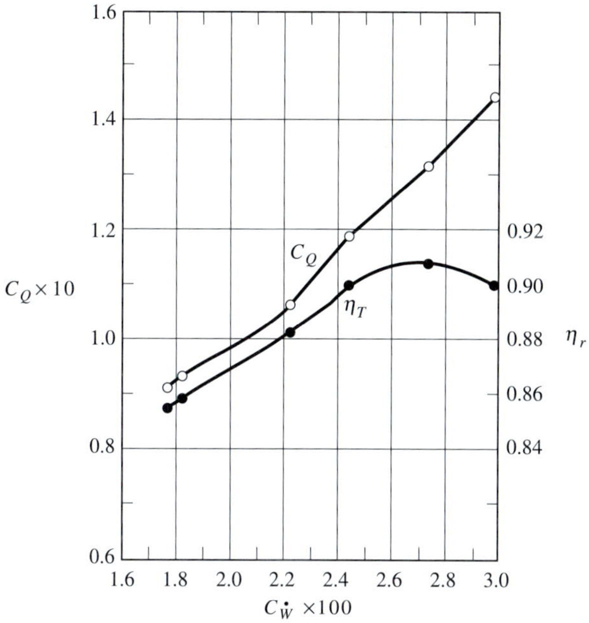

그림 11.24 프랜시스 터빈 원형의 성능 곡선: D = 1000 mm, ω = 37.7 rad/s, Ω_T = 1.063, C_H = 0.23. (Gilbert Gilkes and Gordon, Ltd.)

예제 11.8

러너 반경이 r_1 = 300 mm, r_2 = 150 mm인 반동 터빈이 다음 조건에서 운전되고 있다: Q = 0.057 m^3/s, ω = 25 rad/s, α_1 = 30°, V_1 = 6 m/s, α_2 = 80°, V_2 = 3 m/s. 이상 조건을 가정하고 러너에 가해진 토크, 터빈의 수두, 유체 동력을 구하라. ρ = 1000 kg/m^{3}을 사용하라.

풀이

가해진 토크는 식 11.5.1을 사용하여 계산하면 다음과 같다.

$$\begin{aligned} T &= \rho Q(r_1 V_{t1} - r_2 V_{t2}) \\ &= \rho Q(r_1 V_1 \cos \alpha_1 - r_2 V_2 \cos \alpha_2) \\ &= 1000 \times 0.057(0.3 \times 6 \times \cos 30° - 0.15 \times 3 \times \cos 80°) \\ &= 84.4 \text{ N} \cdot \text{m} \end{aligned}$$

이상 조건에서 축에 전달된 동력은 터빈의 유체 동력 입력과 같다(η_T = 1). 따라서 다음과 같이 쓸 수 있다.

$$\begin{aligned} \dot{W}_f &= \dot{W}_T \\ &= \omega T \\ &= 25 \times 84.4 = 2110 \text{ W} \qquad \text{or} \qquad 2.11 \text{ kW} \end{aligned}$$

터빈의 수두는 식 11.5.3을 사용하면 다음과 같다.

$$\begin{aligned} H_T &= \frac{\dot{W}_f}{\gamma Q} \\ &= \frac{2110}{9810 \times 0.057} = 3.77 \text{ m} \end{aligned}$$

11.2.24에서 정의된 펌프의 토마 캐비테이션수는 터빈에 대해서 다음과 같이 주어진다.

$$\sigma = \frac{1}{H_T}\left(\frac{p_{\mathrm{atm}} - p_v}{\gamma} - \Delta z + h_L\right) \tag{11.5.9}$$

전형적으로 2 위치는 러너의 출구를, 1 위치는 흡출관 출구의 유체 표면을 가리킨다(그림 11.26a).

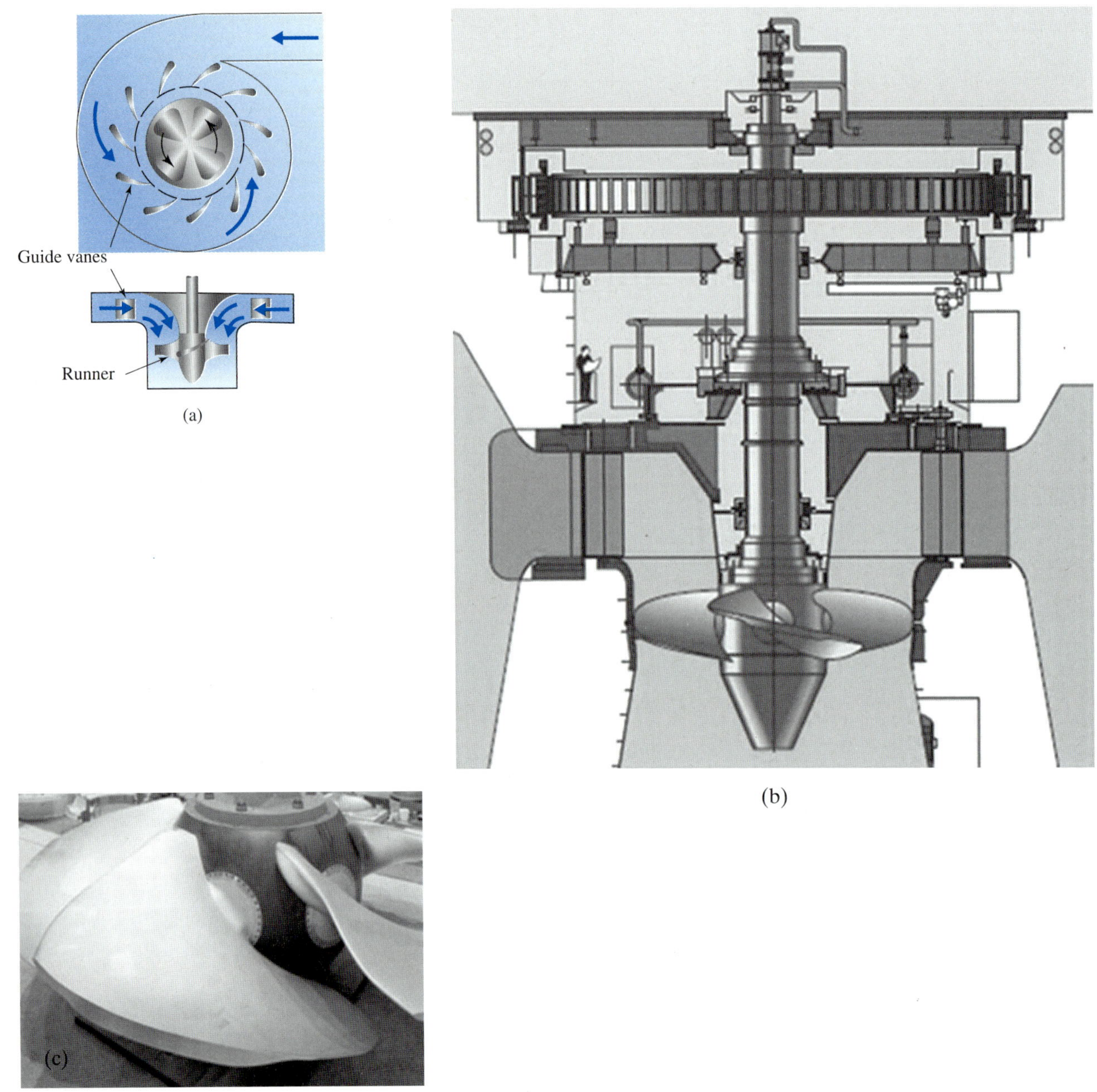

그림 11.25 축류 터빈(카플란형): (a) 개략도, (b) 측면도, (c) 오스트리아 Altenwörth 발전소에 있는 터빈 날개깃.(Voith Siemens Hydor Power Generation, Inc.)

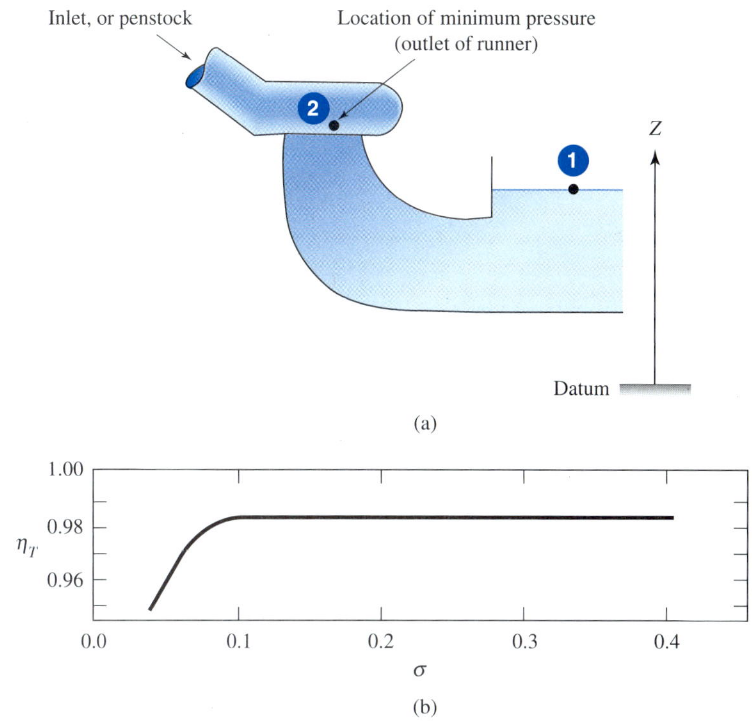

그림 11.26 캐비테이션 고려 사항: (a) 개략도, (b) 대표적인 캐비테이션수 곡선.(Voith Siemens Hydro Power Generation, Inc.)

캐비테이션수는 일반적으로 터빈의 캐비테이션 거동을 특징짓는 데 사용된다. 그림 11.26b는 터빈 제조사의 실험에 의해 얻어진 캐비테이션수와 터빈 효율 간의 대표적 상관도이다. 이런 그림을 이용하여 상류수 및 방류수 높이의 설정 등 운전 절차가 수립되며, 또한 허용 가능한 캐비테이션수의 수준이 결정될 수 있다.

11.5.2 충동 터빈

펠턴 수차(그림 11.27)는 하나 또는 여러 개의 고정 입구 노즐, 러너와 케이싱의 세 기본 요소로 구성된 충동 터빈이다. 러너는 회전하는 휠에 장착된 여러 버킷으로 구성된다. 노즐 상류의 압력 수두는 노즐에서 분출되는 물 제트에 포함된 운동에너지로 변환된다. 제트가 회전하는 버킷에 충돌하면서 운동에너지는 회전 토크로 변환된다. 버킷은 유동을 반으로 나누어 수평면에서 상대 속도 벡터를 거의 180° 회전하도록 만들어졌다. 뒤따라오는 버킷 때문에 이상적인 각도인 180°를 만들기 어렵다.

앞 절에서 설명한 각운동량 방정식이 그림 11.28의 검사체적에 적용될 수 있다. 마찰을 무시하면 액체 제트에 의해 휠에 전달되는 토크는 다음과 같다.

$$T = \rho Q r (V_1 - u)(1 - \cos\beta_2) \tag{11.5.10}$$

여기서 Q는 모든 제트에서의 송출 유량이고 $u = r\omega$이다. 여기서 r은 그림 11.27b에 나타난 휠의 반경이다. 유체에 의해 터빈 러너에 전달되는 동력은 다음과 같다.

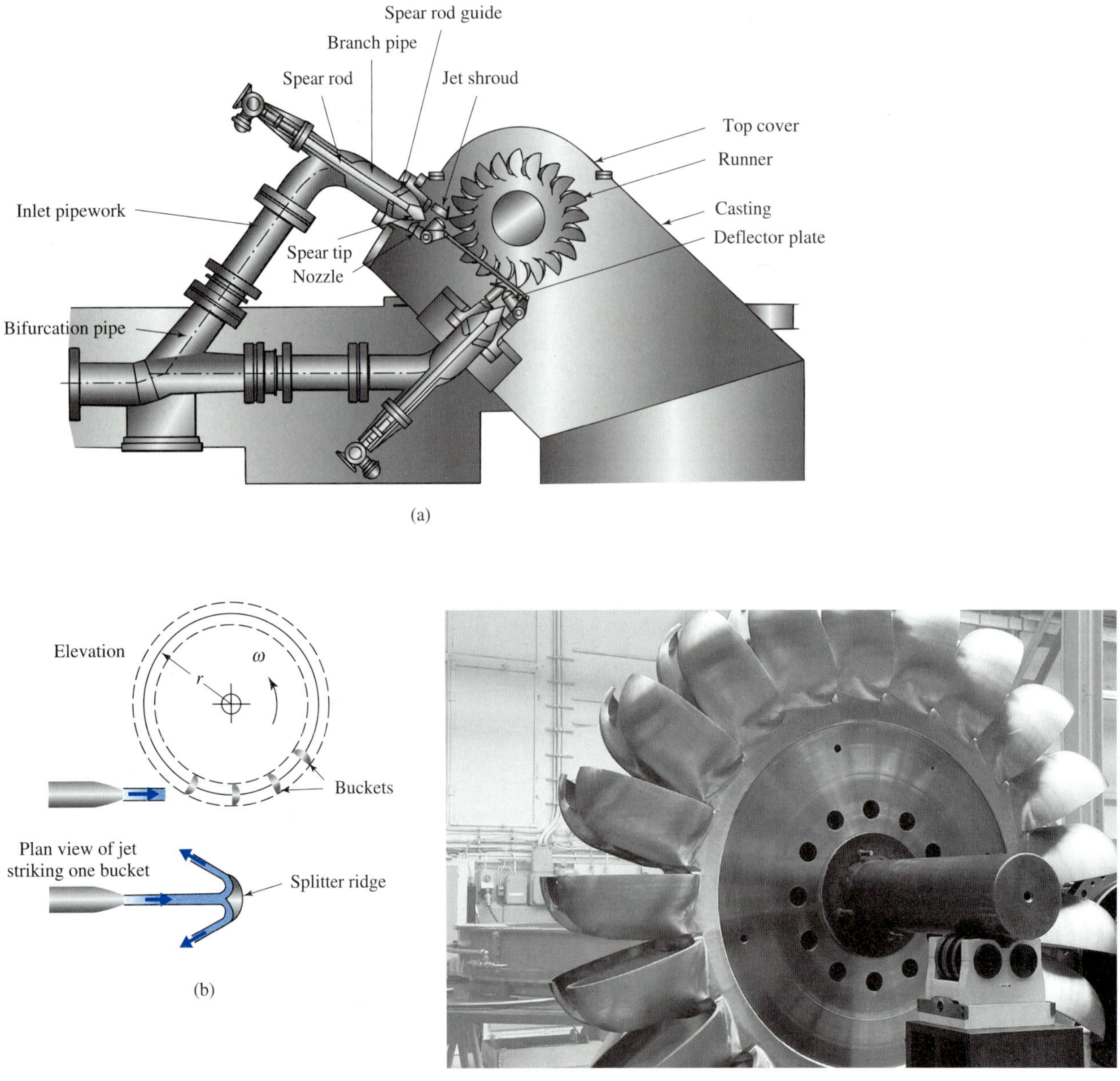

그림 11.27 충동 터빈(펠턴형): (a) 전형적인 두 쌍의 제트형 장치(Gilbert Gilkes and Gordon, Ltd.), (b) 제트가 부딪치는 버킷, (c) 미국 New Colgate 발전소의 펠턴 러너(Voith Siemens Hydro Power Generation, Inc.).

$$\dot{W}_T = \rho Q u (V_1 - u)(1 - \cos \beta_2) \tag{11.5.11}$$

대체로 β_2는 160°와 168° 사이에서 변한다. 식 11.5.11을 u에 관하여 미분하여 0과 같다고 하면, 최대 동력은 $u = V_1/2$에서 발생한다. 제트 속도는 유효(available) 수두 H_T로 주어진다.

$$V_1 = C_v \sqrt{2gH_T} \tag{11.5.12}$$

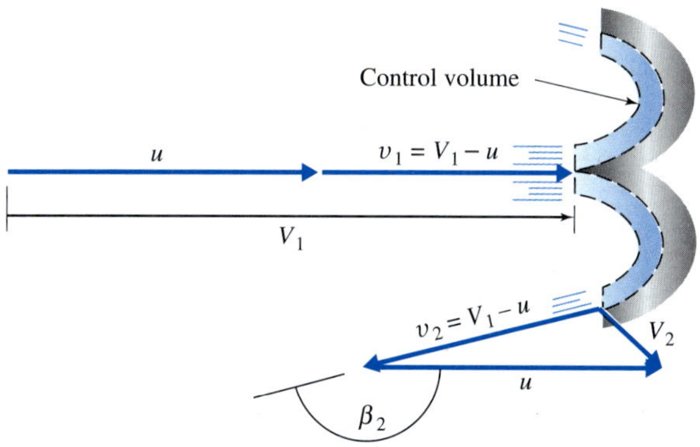

그림 11.28 펠턴 버킷의 속도 벡터 다이어그램

속도계수(velocity coefficient) C_v는 노즐 손실을 보상하며 일반적으로 $0.92 \leq C_v \leq 0.98$이다. 효율은 다음과 같다.

$$\eta_T = \frac{\dot{W}_T}{\gamma Q H_T} \tag{11.5.13}$$

식 11.5.11과 11.5.12를 이 식에 대입하여 정리하면 다음과 같이 된다.

$$\eta_T = 2\phi(C_v - \phi)(1 - \cos\beta_2) \tag{11.5.14}$$

여기서 속력계수(speed factor) ϕ는 다음과 같이 정의된다.

$$\phi = \frac{r\omega}{\sqrt{2gH_T}} \tag{11.5.15}$$

최대 효율은 $\phi = C_v/2$에서 발생한다. 그림 11.29는 식 11.5.14를 $C_v = 0.94$, $\beta_2 = 168°$

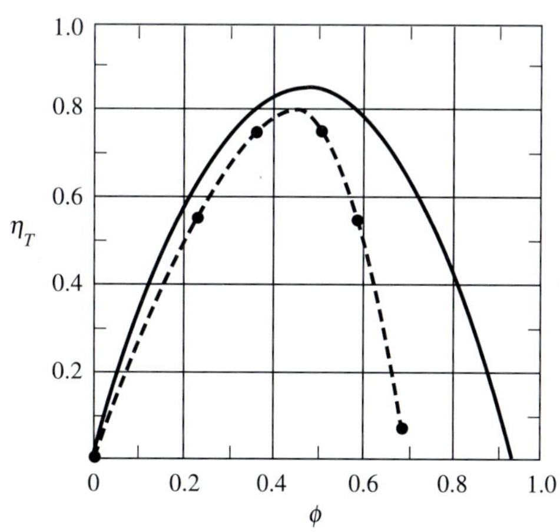

그림 11.29 실험실 수준의 펠턴 터빈의 속력계수와 효율과의 관계: 실선은 식 11.5.14($C_v = 0.94$, $\beta_2 = 168°$)를, 점선은 실험 데이터를 나타낸다.

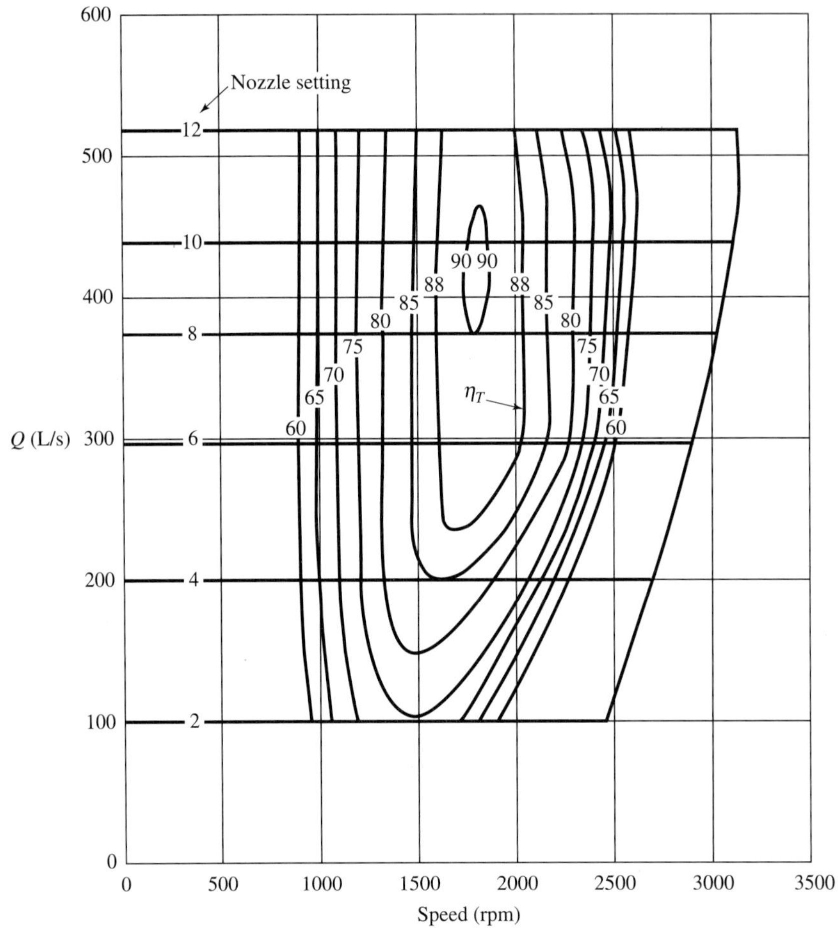

그림 11.30 펠턴 터빈의 등효율 곡선: D = 500 mm, H_T = 500 m.(Gilbert Gilkes and Gordon, Ltd.)

에 대하여 그린 그림이다. 부가적으로 실험실 수준의 펠턴 수차 데이터도 나타나 있다. 이론 최대 효율은 0.874이고, 실험 최대 효율은 약 0.80이다. 효율은 다음과 같은 이유로 감소하였다: (1) 액체 제트는 균일한 속도로 버킷에 충돌하지 않는다. (2) 제트가 버킷과 분기부(splitter)에 충돌 시 손실이 발생한다. (3) 버킷과 분기부의 회전에 의한 마찰 손실이 존재한다. (4) 노즐에서 마찰 손실이 있다.

Q, ω, η_T 사이의 상관관계가 그림 11.30의 등효율 곡선에 나타나 있다. 일정 수두와 노즐 설치에서, 노즐 출구가 대기압이므로 송출 유량이 일정하다. 펠턴 터빈 원형에 대한 대표적인 무차원 성능 곡선이 그림 11.31에 나타나 있다.

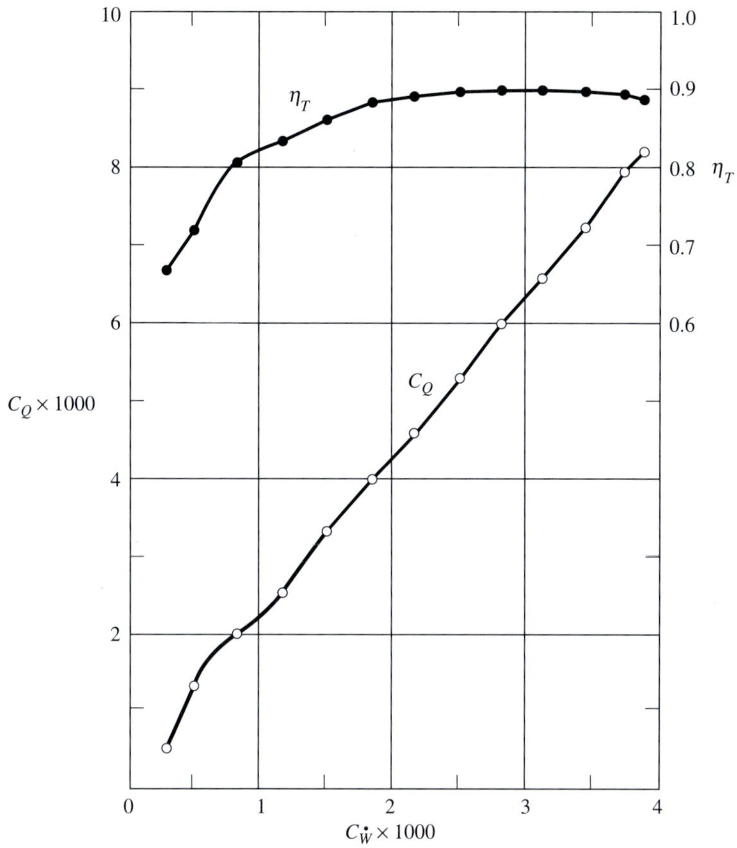

그림 11.31 펠턴 터빈 원형의 성능 곡선: D = 1000 mm, ω = 75.4 rad/s, Ω_T = 0.135, C_H = 0.52. (Gilbert Gilkes and Gordon, Ltd.)

예제 11.9

펠턴 터빈이 각속도 400 rpm으로 회전하면서 60 m 물 수두에서 67.5 kW를 발전한다. 한 노즐의 베이스에서 입구관 직경이 200 mm 이다. 운전 조건은 C_v = 0.97, f = 0.46, η_T = 0.83이다. 다음을 구하라: (a) 체적 유량, (b) 제트의 직경, (c) 휠 직경, (d) 노즐 베이스에서의 입구관 압력.

풀이

(a) 송출 유량은 식 11.5.13으로부터 계산된다.

$$Q = \frac{\dot{W}_T}{\gamma H_T \eta_T} = \frac{67\ 500}{9810 \times 60 \times 0.83} = 0.138\ \text{m}^3/\text{s}$$

(b) 식 11.5.12에서 제트의 속력은 다음과 같다.

$$V_1 = C_v \sqrt{2gH_T} = 0.97\sqrt{2 \times 9.81 \times 60} = 33.3\ \text{m/s}$$

제트의 면적은 유량을 V_1으로 나누면 된다.

$$A_1 = \frac{Q}{V_1} = \frac{0.138}{33.3} = 4.14 \times 10^{-3}\ \text{m}^2$$

(계속)

여기서 제트의 직경 D_1은 다음과 같다.

$$D_1 = \sqrt{\frac{4}{\pi} A_1} = \sqrt{\frac{4}{\pi} \times 4.14 \times 10^{-3}} = 0.0726 \text{ m} \quad \text{or} \quad 73 \text{ mm}$$

(c) 식 11.5.15를 사용하여 휠 직경 D를 얻는다.

$$D = 2r = \frac{2\phi}{\omega}\sqrt{2gH_T}$$

$$= \frac{2 \times 0.46}{400 \times \pi/30}\sqrt{2 \times 9.81 \times 60} = 0.754 \text{ m} \quad \text{or} \quad 754 \text{ mm}$$

(d) 입구관의 면적은 다음과 같다.

$$A = \frac{\pi}{4} \times 0.20^2 = 0.0314 \text{ m}^2$$

노즐 상류의 피에조미터 수두는 H_T와 같으며, 따라서 여기서의 압력은 다음과 같다.

$$p = \gamma\left(H_T - \frac{Q^2}{2gA^2}\right)$$

$$= 9810\left(60 - \frac{0.138^2}{2 \times 9.81 \times 0.0314^2}\right)$$

$$= 5.79 \times 10^5 \text{ Pa} \quad \text{or} \quad \text{approximately 580 kPa}$$

11.5.3 터빈의 선정과 운전

주어진 설치 조건에서 적절한 터빈 유형의 예비 선정은 비속도를 기준으로 한다. 그림 11.20은 Ω_T에 따라 터빈의 임펠러가 어떻게 변하는지를 보여 준다. 충동 터빈은 일반적으로 300 m 이상의 수두에서 가장 경제적으로 운전되나, 작은 것의 경우 60 m 이하의 수두에서도 사용된다. 프랜시스 터빈은 300 m 이상의 수두에서도 사용이 가능하며, 프로펠러 터빈은 30 m 이하의 수두에서 일반적으로 사용된다. 그림 11.32는 다양한 수차의 사용 범위를 보여 준다.

미니하이드로(minihydro) 또는 마이크로하이드로(microhydro) 터빈 장치는 최근에 개발도상국뿐 아니라 미국 등 선진국에서도 새로운 관심을 모으고 있다. 미국에서는 에너지 비용이 증가하여 이들의 사용을 장려하는 프로그램이 생기고 있다. 마이크로하이드로는 100 kW 이하의 용량을, 미니하이드로는 100~1000 kW의 용량을 갖는 터빈으로 분류된다. 제조사들은 표준형의 터빈을 점차적으로 더 개발하고 있다. 특수한 소형 펠턴, 프랜시스, 프로펠러 터빈 외에 교차류 터빈(cross–flow turbine)이 사용되고 있다. 이 터빈은 다른 충동 터빈에 비해 높은 회전수를 갖는 충동 터빈이다. 또 다른 방법은 상품화된 펌프를 이용하여 반대 방향으로 운전하는 것이다. 터빈 모드에서 최고 효율 운전점은 펌프 모드에서 펌프를 최고 효율점에서 운전할 때보다 높은 수두와 유량을 필요로 한다.

펌프와 터빈의 역동작이 가능한 장치는 펌프를 해서 저장이 가능한 수력 발전 장치에서 사용된다. 일반 발전소의 요구 전력이 크지 않은 동안 물은 낮은 저수조에서 높은

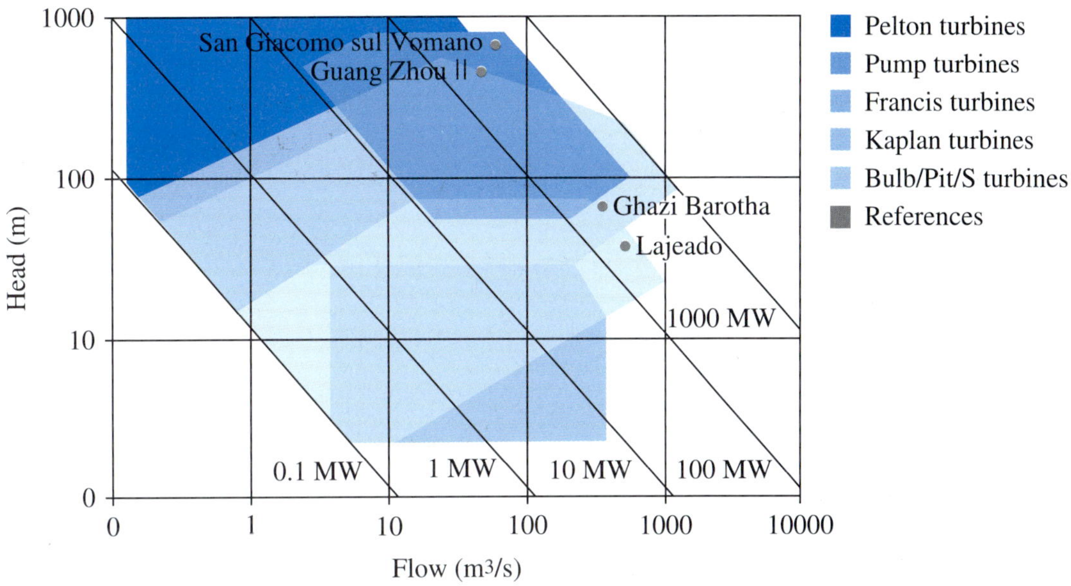

그림 11.32 수차의 응용 범위.(Voith Siemens Hydro Power Generation, Inc.)

저수조로 펌핑된다. 나중에 전기 동력 요구가 커지는 기간 동안 높은 저수조에서 물이 방류되어 발전을 위해 펌프가 역으로 회전하게 된다. 그림 11.33은 발전기와 모터가 결합된 가역 프랜시스 펌프/터빈 장치를 보여 준다. 이런 장치는 각 모드에서 효율적으로 운전하기 위해 특별한 설계 고려 사항이 필요하다. 펌프에서 터빈 모드로, 또는 역으로 유동을 바꾸는 문제는 이 책의 범주를 벗어나는 매우 복잡한 과도적 문제이다. 전 시스템을 통과하는 많은 물의 방향을 반대로 바꿔야 하며, 이를 위해서는 특별한 기술이 개발되어야 한다.

그림 11.33 오스트리아 Kühtai 발전소의 펌프 터빈의 러너, 분배기, 위 덮개.(Voith Siemens Hydro Power Generation, Inc.)

예제 11.10

제안된 펌프-저장 전기 발전 계획을 위해 송출량 2100 m^3/s, 수두 113 m가 이용 가능하다. 가역 프랜시스 펌프/터빈을 설치하려 한다. 터빈 모드에서 운전 시 $\Omega_T = 2.19$, 회전수 240 rpm, 효율 80%이다. 각 장치에서 발생하는 동력을 구하고, 필요한 장치의 수를 구하라.

풀이

각 장치에서 발생하는 동력은 식 11.3.15의 비속도 정의를 사용하여 구한다. 동력에 대해 풀면 다음과 같다.

$$\dot{W}_T = \rho\left[\frac{\Omega_T}{\omega}(gH_T)^{5/4}\right]^2$$
$$= 1000\left[\frac{2.19}{240 \times \pi/30}(9.81 \times 113)^{5/4}\right]^2 = 3.11 \times 10^8 \text{ W}$$

식 11.5.13으로부터 각 장치에서의 송출량은 다음과 같다.

$$Q = \frac{\dot{W}_T}{\gamma H_T \eta_T}$$
$$= \frac{3.11 \times 10^8}{9800 \times 113 \times 0.8} = 351 \text{ m}^3/\text{s}$$

필요한 장치의 수는 유용한 송출량을 각 장치의 송출량으로 나눈 것과 같다. 즉 2100/351 = 5.98, 따라서 6개 장치가 필요하다.

11.6 요약

이 장에서는 회전하는 임펠러와 날개를 이용하여 에너지를 공급하거나 추출하는 펌프나 터빈을 집중적으로 다루었다. 우선 반경류 또는 원심 펌프를 강조하여 설명하였고, 이상적인 수두-송출 관계식을 얻기 위해 각운동량 정리를 사용하였다. 이 식을 펌프의 설계 및 해석에 사용되는 실험적으로 구한 실제 수두-유량 곡선과 비교하였다. 축류와 혼합류 펌프를 소개하였고, 이 펌프와 원심 펌프와의 차이점과 적절한 펌프의 설계와 선정을 위한 펌프 효율의 중요성과 캐비테이션과 관련된 유효흡입수두 선도를 설명하였다.

다음에는 차원해석과 상사성을 펌프와 터빈에 대해 적용하였다. 이를 통해 얻은 세 가지 주요한 무차원 수는 동력계수, 유량계수, 수두계수이다. 이 계수를 결합하여 펌프와 터빈의 효율과 펌프와 터빈에 대한 비속도를 구하였다. 한 계열의 펌프와 터빈은 무차원 형태의 한 곡선으로 나타낼 수 있었다. 관로에서 요구하는 수두와 송출에 적절히 대응하기 위해 펌프를 단일, 병렬, 직렬로 연결하여 사용하는 방법을 예시하였다.

마지막으로 반동, 축류, 충동 터빈의 다양한 응용과 다양한 수력 설계 조건에 관련된 터빈 기초 이론을 다루면서 터빈에 관한 간략한 소개를 하였다.

문제

기초 이론

11.1 그림 P11.1에 나타난 각 터보기계에 대해 토크, 동력, 입력 또는 출력 수두를 구하라. 이들은 펌프인가, 터빈인가? 모든 기계에 대해 다음 데이터는 공통이다: 바깥 반경 300 mm, 안 반경 150 mm, Q = 0.057 m^3/s, ρ = 1000 kg/m^3, ω = 25 rad/s.

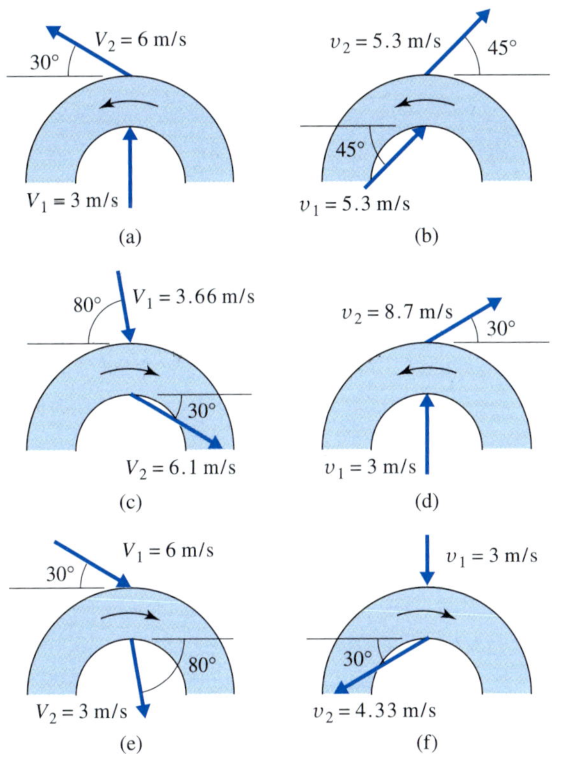

그림 P11.1

11.2 원심 펌프가 800 rpm으로 회전하고 있다. 임펠러는 일정한 날개 폭 b_1 = 50 mm, b_2 = 25 mm, 반경 r_1 = 40 mm, r_2 = 125 mm을 갖는다. 날개 각은 β_1 = 45°, β_2 = 30°이다. 날개 입구에서 각운동량이 없다고 가정하고, 이상적인 유량, 임펠러를 통한 수두 증가, 이론 토크와 요구 동력을 구하라.

11.3 펌프의 흡입관 및 송출관이 차압식 수은 액주계에 연결되어 있다. 흡입관의 직경이 200 mm이고 송출관의 직경이 150 mm이다. 사용되는 액체의 비중 S = 0.81이고 수은 액주계 눈금값 차이는 600 mm이다. 송출 유량이 115 L/s일 때, 펌프의 수두 증가를 구하라. 흡입관 및 송출관의 중심선은 같은 높이이다.

11.4 r_2 = 6 cm, b_2 = 10 mm, β_2 = 60°인 원심 펌프가 등유(S = 0.80)를 7.6 L/s 유량으로 펌핑할 때, 회전수는 2000 rpm이다. '최적 설계' 입구 조건에 대해, 이론 압력 수두 증가와 유체 동력을 구하라.

11.5 축류 펌프가 임펠러 상류에 고정 날개를 갖고 있으며, 이는 유동에 대해 60° 각을 만든다. 임펠러 끝단의 반경이 285 mm이고 허브의 반경은 135 mm이다. 펌프의 이론 수두 증가가 2.85 m이고 물을 유량 0.57 m^3/s로 이송할 경우, 임펠러 출구에서 평균 날개 각을 구하라. 회전 속도는 1500 rpm이다.

11.6 그림 P11.6의 시스템에 대해 물이 펌프를 통해 50 L/s로 흐른다. 제조사가 이 유량에서 제공하는 유효흡입수두는 3 m이다. 캐비테이션 없이 펌프를 운전할 수 있는 최대 설치 위치 Δz를 구하라. 흡입관의 손실을 모두 포함시켜라.

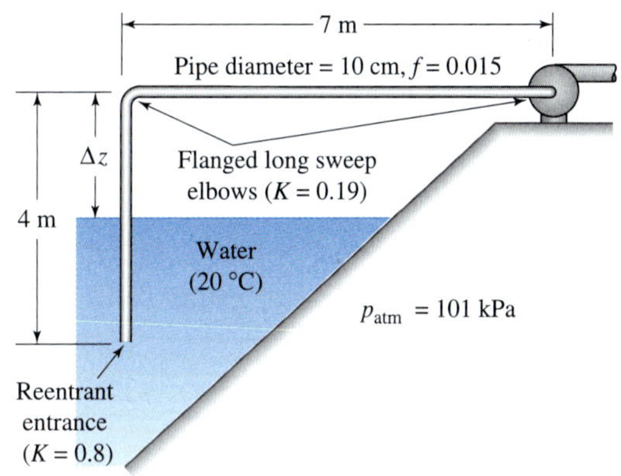

그림 P11.6

11.7 펌프를 시험하는 동안, 펌프 입구에서 게이지 압력이 −68 kPa, 물 온도 27°C일 때 캐비테이션이 발생하지 않았다. 입구 관 직경이 10 cm, 펌프 수두가 35 m, 송출 유량이 50 L/s이다.

(a) 대기압이 101.3 kPa이라면, *NPSH*와 캐비테이션 수는 얼마인가?

(b) 대기압이 83 kPa인 위치에서 펌프가 동일 유량과 수두를 발생시킨다면, 캐비테이션을 피하기 위해서 필요한, 입구 저수조에 대한 펌프 높이 변화는 얼마인가?

차원해석과 상사성

11.8 그림 11.9의 371 mm 직경 펌프를 고려한다. 펌프를 1200 rpm으로 운전할 때 0.8 m^3/s의 물을 수송할 경우, 수두 증가와 유체 동력을 구하라.

11.9 문제 11.8에서, 물 온도 50°C, 대기압 101 kPa에서 펌프가 흡입 저수조보다 얼마나 높은 위치에서 1200 rpm으로 운전될 수 있는가?

11.10 그림 11.6의 직경 205 mm 원심 펌프의 무차원 성능 곡선을 구하고, 이 곡선을 그림 11.12의 곡선과 비교하라. 이 두 곡선의 차이가 왜 발생했는지 설명하라.

11.11 특성이 그림 11.6과 같은 220 mm 직경 펌프가 3300 rpm으로 운전된다면, 송출량이 200 m^3/h일 때 수두와 *NPSH*는 얼마인가?

11.12 펌프가 1800 rpm으로 회전할 때, 22 m의 수두 증가로 기름($S = 0.86$)을 150 L/s로 수송할 펌프가 필요하다. 이때 어떤 종류의 펌프가 가장 적합한가?

11.13 2000 rpm에서 최고 효율로 운전할 때, 104 m의 수두 증가에서 0.17 m^3/s의 물을 수송하기 위한 펌프가 필요하다. 이때 가장 적합한 펌프의 종류를 결정하라.

11.14 축류 펌프의 무차원 성능 곡선으로 그림 P11.13를 참조하라. 물을 750 rpm에서1240 L/s 유량으로 수송하고자 한다. 다음을 결정하라.

(a) 유용한 수두, 직경, 동력, 필요한 *NPSH*

(b) 실제 수두-송출 유량 및 동력-송출 유량 곡선

11.15 400 rpm으로 운전되는 펌프가 물을 85 L/s 송출한다. 펌프의 총 수두 증가는 7.6 m이고, 효율은 0.7이다. 이 펌프의 2/3 크기의 두 번째 펌프가 동역학적 상사성을 갖고 400 rpm으로 운전되고 있다. 이 펌프는 지구 중력의 50%의 중력장을 갖는 인공위성에 설치되었다. 이 펌프의 송출 유량, 수두 증가, 요구 동력은 얼마인가?

11.16 물을 19.5 m의 수두 증가에서 22.7 m^3/min의 유량으로 수송할 때, 600 rpm에서 최적으로 운전하도록 설계되었다. 어떤 종류의 펌프를 추천할 수 있는가?

11.17 문제 11.16의 조건에서 펌프를 운전할 때 최대 효율이 0.70이다. 이 펌프가 30.5 m의 수두에서 최대 효율로 물을 수송하기 위한 회전수, 송출 유량, 요구 동력을 구하라.

11.18 제조사가 기하학적으로 상사한 펌프에 대해 송출 유량과 수두를 모두 두 배로 증가시키려고 한다. 이때 회전수와 직경의 변화를 구하라.

11.19 물을 60 m의 수두에 대해 180 L/s로 송출하기 위해 펌프가 필요하다. 회전수는 약 1400 rpm이다. 본문에서 적합한 무차원 성능 곡선을 사용하여 최고 효율에서 운전되는 속력과 펌프의 크기를 구하라.

11.20 액체($\gamma = 8830\ N/m^3$)를 200 kW의 요구 동력에서 0.66 m^3/s로 수송하기 위한 펌프의 종류, 크기 및 속력을 구하라.(힌트: 펌프 속력은 1000 rpm과 2000 rpm 사이에서 변할 수 있다.)

터보펌프의 사용

11.21 그림 P11.21의 시스템에 대해 임펠러 속력 600 rpm에서 1 m^3/s 물을 수송하기 적합한 펌프를 추천하라.

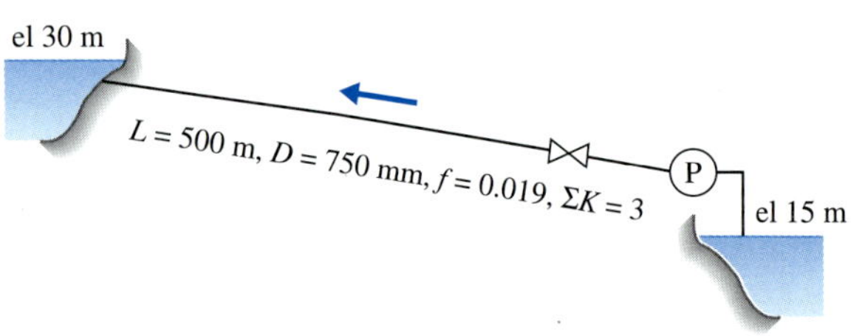

그림 P11.21

11.22 다음 성능 데이터는 1350 rev/min의 일정 속력으로 물을 수송하는 216 mm 양흡입 원심 펌프에 대한 시험 결과이다.

Q (m^3/min)	H (m)	η_P
0	12.2	0
0.454	12.8	0.26
0.905	13.1	0.46
1.36	13.4	0.59
1.81	13.4	0.70
2.27	13.1	0.78
2.72	12.2	0.78
3.80	11.0	0.74

H와 Q, η_P와 Q, $\dot{W}_P$와 Q의 관계를 도시하라. 요구 곡선이 $5 + Q^2$인 시스템에서 펌프를 운전할 때, 송출 유량, 수두, 요구 동력을 구하라. 요구 곡선에서 Q는 m^3/min이다.

11.23 기름($S = 0.85$)이 그림 P11.23a의 관로를 통해 수송된다. 그림 P11.23b의 특성 곡선을 사용하여, 기름을 14.2 L/s로 수송하는 데 필요한 임펠러 직경, 속력, 입력 동력을 구하라. 펌프의 효율이 곡선에서 나타난 값과 같으리라 예상되는가?

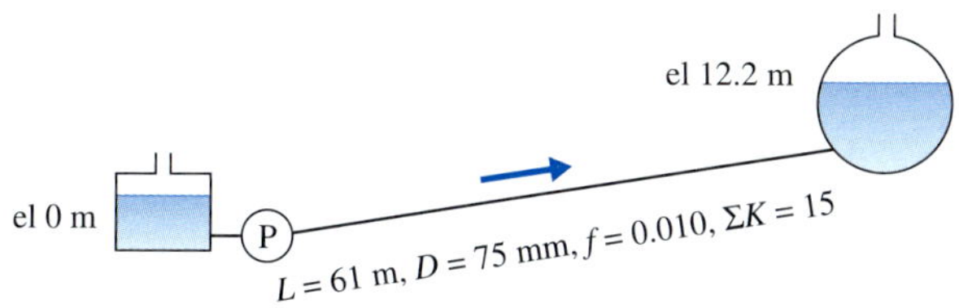

그림 P11.23

11.24 문제 11.22의 펌프 데이터를 참조하여, 펌프가 1200 rpm으로 운전될 경우 송출 유량, 수두, 요구 동력을 구하라. 이 조건에서 운전 효율은 1350 rpm에서 운전할 때와 같은가?

11.25 문제 11.22의 펌프 데이터에 대해, C_H와 C_Q, $C_{\dot{W}}$와 C_Q, η_P와 C_Q의 무차원 펌프 곡선을 도시하라. 펌프의 비속도는 얼마인가?(주: 양흡입 펌프에 대해서는 비속도 계산 시 송출 유량의 반을 사용한다.)

11.26 수력학 실험실에서 폐회로 유동 장치가 사용된다. 이 장치는 300 mm 직경의 수력학적으로 매끈한 관으로 제작되었다. 네 벤드의 각 손실계수는 0.1이고 회로의 총 길이는 14 m이다. 설계 속도는 V = 3 m/s이다. 약 300 rpm으로 운전되는 축류 펌프가 사용될 예정이다. 축류 펌프가 적합한지를 확인하라.

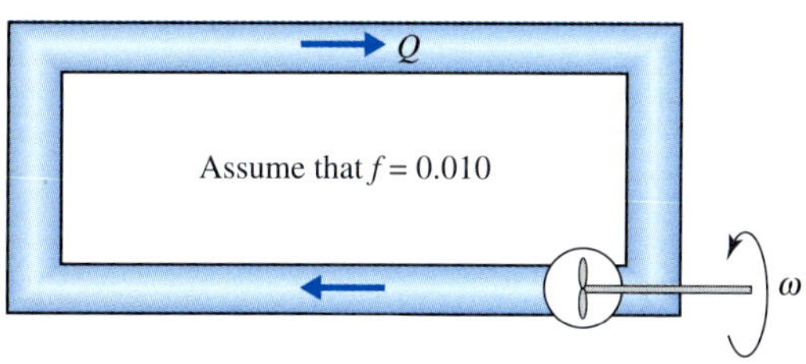

그림 P11.26

11.27 문제 11.26에서 이용 가능한 축류 펌프는 그림 11.13 계열의 펌프라고 가정한다. 임펠러의 직경이 관의 직경에 의해 제한될 경우 회전 속력과 수두 상승을 구하라.

11.28 그림 11.6의 직경 240 mm 펌프가 요구 곡선이 $62 + 270Q^2$인 관로 시스템에서 물을 수송하기 위해 사용된다. 여기서 Q는 m^3/s이다. 송출 유량, 요구 입력 동력 및 필요한 $NPSH$를 구하라.

(a) 한 펌프 사용

(b) 두 펌프를 병렬로 연결하여 사용

11.29 속력 2500 rpm, 압력 상승 1000 kPa에서 액체 암모니아(ρ = 607 kg/m^3)를 600 m^3/h로 수송하고자 한다.

(a) 이 일에 가장 적합한 펌프 종류를 결정하라.

(b) 적절한 무차원 펌프 특성 곡선을 사용하여 펌프 요구조건을 만족하는 데 필요한 직경과 단의 수를 구하라.

11.30 원유(S = 0.86)가 직경 45 cm 주철관을 통해 5 km 펌핑된다. 상류에서 하류까지 높이 증가는 200 m이다. 사용 가능한 펌프가 그림 11.6의 240 mm 직경 원심 펌프라면, 최적의 효율 운전을 위해 몇 개의 펌프가 직렬로 연결되어야 하는나? 요구 동력을 구하라.

11.31 주민을 위해 설계된 급수 관로망이 25cm 직경 통로를 통해 물을 공급받는다(그림 P11.31). 지하수 위치 때문에 물을 관로망에 공급하는 주요 물 공급부에서 45 m 아래에 펌프가 설치되었다. 펌프 흡입구의 수력구배선은 펌프보다 22.5 m 높다. 주요 물 공급부의 설계 송출량이 32 L/s, 압력이 550 kPa이다. 그림 11.12를 이용하여 설계 요구조건을 만족하는 크기, 속력, 펌프 단의 수와 요구 마력을 구하라. 펌프 임펠러의 직경은 20 cm이고, 공급관의 마찰계수는 f = 0.02로 일정하다고 가정한다.

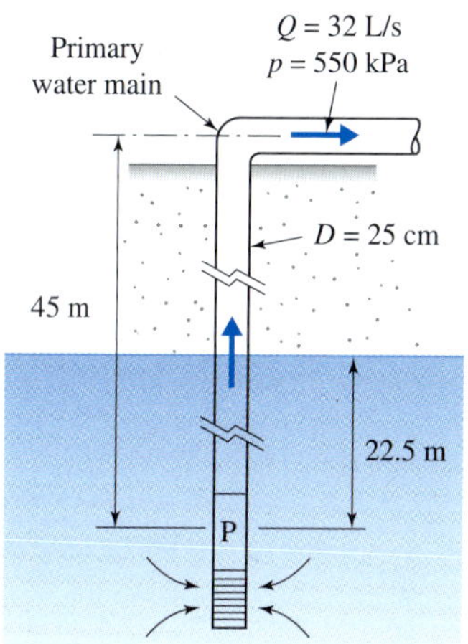

그림 P11.31

11.32 모델 펌프(그림 P11.32)가 2400 rpm의 속력으로 80°C의 물을 수송한다. 입구 압력이 절대압력 p_i = 83 kPa, 입구 속도 V_i = 6 m/s에서 펌프의 캐비테이션이 발생한다.

(a) 모델 펌프의 $NPSH$를 계산하라. p_i가 측정된 입구부와 펌프의 캐비테이션 지역 사이에서의 손실과 높이 변화는 무시한다.

(b) 모델보다 4배 큰 원형 펌프가 1000 rpm으로 운전될 때 원형 펌프의 요구 $NPSH$는 얼마인가?

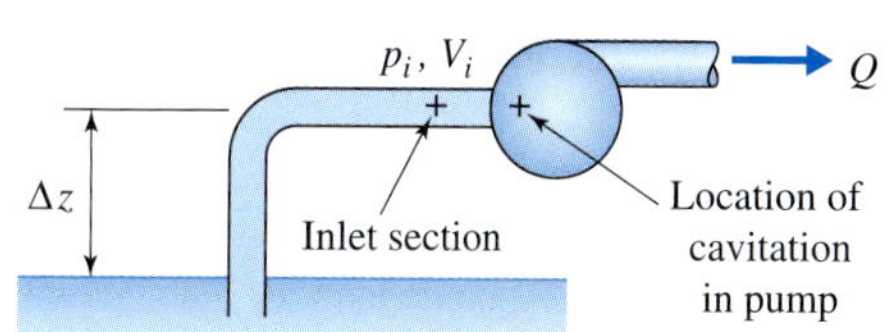

그림 P11.32

11.33 아래에서 위 저수조로 물을 1.25 m^3/s로 수송하여야 한다. 아래 저수조 수면의 높이가 20 m이고, 위 저수조의 높이는 23 m이다. 750 mm 직경 관의 길이는 60 m이다. 마찰계수는 $f = 0.02$로 일정하다고 가정하고, 입출구 손실계수는 각각 0.5와 1.0이다.

- **(a)** 임펠러의 속력이 600 rpm이라면, 이 시스템에 가장 적합한 펌프의 종류는 얼마인가?
- **(b)** 적절한 펌프 곡선에서 합리적인 효율을 가정하고, 펌프 운전에 필요한 동력을 kW로 구하라.

11.34 20°C 사염화탄소가 대기에 열려 있는 탱크로부터 길이 200 m, 직경 50 mm인 매끈한 수평관을 통해 펌핑되어, 대기로 3 m/s의 속도로 송출된다. 탱크 내 액체의 높이는 관 위로 3 m이다. 펌프는 저수조 바로 후부 관입구에 설치된다.

- **(a)** 시스템의 요구를 충족하는 펌프의 크기와 속력을 구하라.
- **(b)** 펌프 입구에서 유용한 유효흡입수두는 얼마인가? 펌프와 탱크 사이의 짧은 흡입관에서의 손실은 무시한다. 대기압을 101 kPa로 가정한다.
- **(c)** 시스템의 수력구배선을 도시하라.

11.35 1 m × 2 m 시험 단면을 갖는 풍동이 1.5 m 직경의 축류 팬에 의해 작동된다. 시험 단면에서의 속도가 20 m/s이고, 팬의 회전 속도가 2500 rpm이다. 터널에서의 손실을 무시한다고 가정할 때 팬의 성능 곡선이 그림 11.13이다.

- **(a)** 팬 운전에 필요한 동력을 계산하라.
- **(b)** 팬을 통한 압력 상승은 얼마인가?

터빈

11.36 프랜시스 터빈이 다음의 치수를 갖는다: $r_1 = 4.5$ m, $r_2 = 2.5$ m, $b_1 = b_2 = 0.85$ m, $\beta_1 = 75°$, $\beta_2 = 100°$. 각속도는 120 rpm이고 송출량은 150 m^3/s이다. 러너 입구에서 박리가 없을 때, 안내 날개 각, 이론 토크, 수두 및 동력을 구하라.

11.37 1/5 크기의 모델 프랜시스 터빈이 1.8 m 수두에서 360 rpm으로 회전 시 3 kW가 발생한다. 원래 크기의 터빈이 5.8 m의 수두에서 작동할 때의 속력과 동력을 구하라. 두 터빈 모두 최고 효율에서 운전된다고 가정한다.

11.38 러너 직경 1 m, 45 m 수두에서 최대 동력 2200 kW, 속력 240 rpm인 터빈의 성능을 연구하기 위하여 모델이 제작되었다. 상응하는 모델의 수두가 7.5 m, 동력이 9 kW일 때, 모델러너의 직경과 속력을 결정하라.

11.39 수력발전소가 유용한 $H_T = 80$ m, $Q = 3$ m^3/s를 갖고 있다. 그림 11.23에서의 최적 효율에서 운전 특성을 갖도록 프랜시스 터빈을 사용하도록 제안되었다. 터빈의 필요한 속력과 직경을 구하라.

11.40 그림 P11.40의 설치를 위한 동력 출력, 터빈의 종류, 속력을 구하라. 밸브에서의 손실을 제외한 모든 부차 손실은 무시한다.

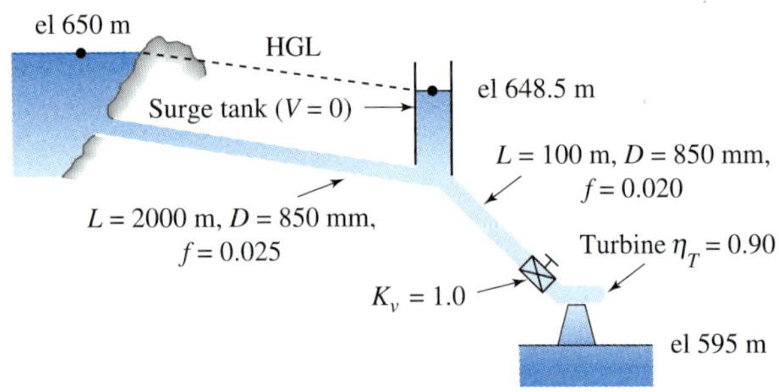

그림 P11.40

11.41 실 수두 3 m, 송출량 0.312 m^3/s, 효율 0.9에서 420 rpm으로 운전되는 수차가 필요하다. 1/6 축소 모델을 2000 rpm에서 물을 사용하여 시험 운전하였다. 모델 터빈의 수두 강하, 유량, 출력 동력, 기대 효율을 구하라.

11.42 펠턴 수차가 120 m 수두, 200 rpm 속력에서 4.5 MW를 발생시킨다. 그림 11.28의 최대 효율에서의 실험 자료를 사용하여, 요구 유량, 수차 직경, 제트의 직경, 제트의 수, 비속도를 구하라.

11.43 반동 수차의 설치에는 일반적으로 흡출관(그림 11.25a)이 사용된다. 이는 러너의 유체 운동에너지를 유동 에너지로 변환하는 역할을 한다. $Q = 85$ m^3/s, $H_T = 31.8$ m에서 운전되는 터빈을 고려한다. 러너 출구의 흡출관 반경이 2.5 m이고 관 출구 직경이 5.0 m이다. 흡출관에서의 손실은 무시할 수 있다.

- **(a)** 20°C 물에 대해, 그림 P11.43에서 $z_2 - z_1 = 2.5$

m라면 러너 출구에서의 압력은 얼마인가?

(b) 허용 캐비테이션수가 $\sigma = 0.14$라면, 허용 가능한 $z_2 - z_1$은 얼마인가?

11.44 미시간호 동쪽 기슭에 루딩턴(Ludington)에 있는 양수 저장 시스템(그림 P11.44)은 발전 운전 시 총 2082 m^3/s의 유량을 송출하는 여섯 개의 수로로 구성된다. 각 터빈은 0.85 효율에서 427,300마력을 발생시킨다. 설계 조건에 만족하도록 운전하기 위해 필요한 수로의 직경은 얼마인가? 사용되는 터빈의 종류를 구분하라.

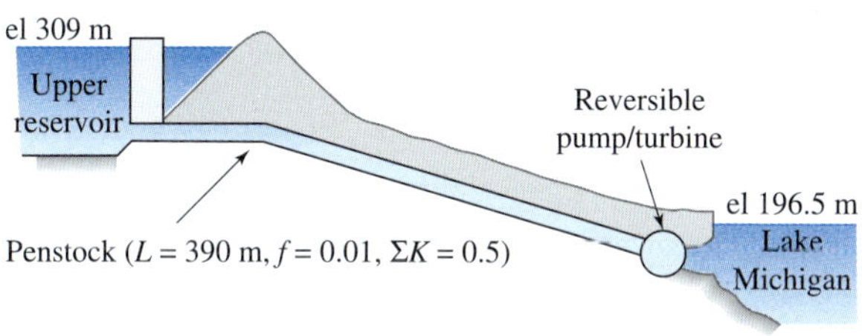

그림 P11.44

11.45 그림 P11.23와 같은 계열의 프랜시스 터빈이 9.5 m 수두에서 480 rpm의 속력으로 운전된다. 터빈이 최고 효율에서 운전될 경우 러너 직경, 송출량, 동력을 구하라.

11.46 저수조 수위에서 쌍 러너 펠턴 수차의 네 노즐까지의 가용 수두가 305 m이다. 공급관(수로)의 길이가 3 km, 마찰계수 $f = 0.02$, $\Sigma K = 2.0$이다. 터빈은 0.85의 효율로 10.4 MW를 발생시킨다.

(a) 터빈에서의 수두가 가용 수두의 95%라면, 수로의 직경은 얼마인가?

(b) 각 노즐의 $C_v = 0.98$이라면, 각 노즐의 직경은 얼마인가?

11.47 저수두 수력발전 프로젝트에서, 물 282 m^3/s의 유량이 3.7 m 수두에서 가능하다. 회전수 50 rpm에서 비속도 2.42인 프랜시스 터빈을 사용하려 한다. 필요한 터빈 수와 각 터빈에서의 발생 동력을 구하라. 효율은 0.9로 가정한다.

11.48 프랜시스 터빈 대신 프로펠러 터빈이 사용될 경우 문제 11.47을 다시 계산하라. 비속도는 4.15, 효율은 0.9라고 가정한다.

11.49 땅 주인이 그림 P11.49a와 같이 높은 저수조를 건설하였다. 주인은 1200 L/min 유량이 연속적으로 가능하다고 예상하여, 자가 발전용으로 작은 프랜시스 터빈을 설치하고자 한다.

(a) 터빈에 전달되는 유체 동력은 얼마인가?

(b) 그림 11.23의 특성을 갖는 터빈과 상사한 터빈이 설치된다면, 터빈의 속력과 크기는 얼마인가?

(c) 적절한 실험식을 사용하여, 이 시설의 효율을 예측하라. 발전기에 전달되는 동력은 얼마인가?

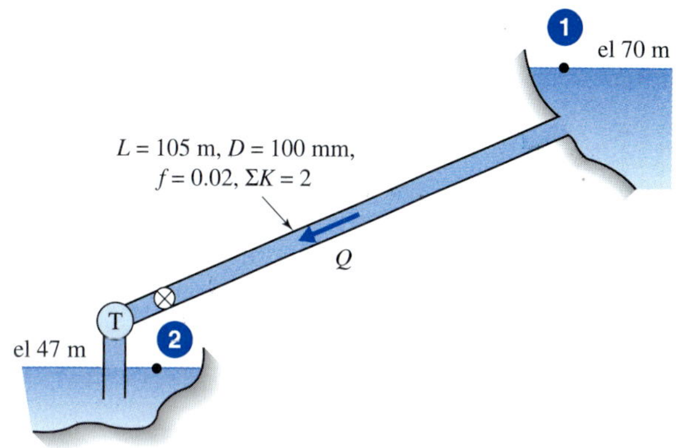

그림 P11.49

11.50 수로와 터빈의 통과 유량 0.25 m^3/s를 기준으로(그림 P11.50) 수력발전 설계가 제안된다. 마찰계수 $f = 0.015$로 일정하고, 부차손실은 무시한다고 가정한다.

(a) 터빈 효율이 0.85라고 가정하고, 예상되는 동력을 kW로 구하라.

(b) 원하는 회전 속도가 1200 rpm이라면, 설치 터빈 종류가 프랜시스 터빈임을 보여라.

(c) 이 터빈의 크기, 실제 속도 및 동력 출력을 결정하라.

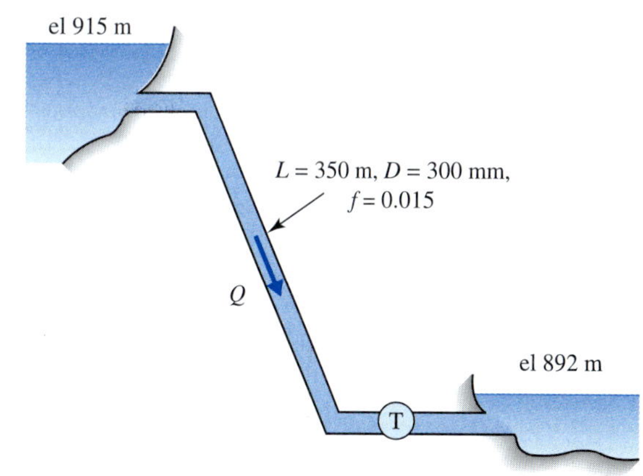

그림 P11.50

풍동 내 포뮬러원(Formula One) 경주 자동차의 모델. 유동 패턴, 속도 분포, 자동차 표면 압력이 측정된다. 이 실험은 항력을 감소시켜 원형 자동차의 속력을 증가시키기 위해 실시된다. (All American Racers)

12

유체역학에서의 측정

Measurements in Fluid Mechanics

개요

학습목표

이 장의 학습목표는 다음과 같다.

▲ 다양한 유동 변수가 어떻게 측정되는지 설명한다. 예를 들면 단면에 대한 평균 유량이나 압력과 같은 적분형 측정뿐 아니라, 유동의 국소 지역에서의 압력과 속도 등의 측정도 포함한다.

▲ 유동장을 가시화하는 기술과 장치를 소개한다.

▲ 실험실이나 현장에서 데이터를 수집할 때 발생하는 불확실성 분석과 오차 확산(propagation)의 개념을 소개하고, 비선형 유동 측정에서의 회귀 분석 사용을 예시한다.

12.1 서론

공학 실험실과 산업 현장에서 유체의 특성과 압력, 속도, 유량 등 다양한 유동 변수를 측정하는 것은 매우 중요하며 많은 경우에서 이런 필요성은 명확하다. 그 예로 관이나 수로에서의 유량, 강에서의 오염물이나 침전물의 부하, 고층 건물 표면에서의 최고 압력 및 건물 주위의 유동 패턴, 고속으로 주행하는 자동차나 트럭의 항력, 상업용 항공기의 유동장, 언덕 지형에서의 속도 분포, 바다나 호수 파도의 크기 및 분포 등을 들 수 있다.

유체역학의 측정은 공학자에게만 중요한 것이 아니다. 진단을 하는 의료진은 인체의 심혈관 및 폐 기능을 감시하는 데 관심이 있다. 농업, 석유, 가스, 화학, 음료, 상수 및 폐수 산업은 매년 많은 투자를 요구하며, 이런 분야의 유동의 측정에서의 불확실성은 매우 중요한 물질적 및 금전적 고려 사항이다.

유동 변수의 측정을 위해 많은 기기가 개발되고 있으며, 각각은 특정한 목적을 위해 설계된다. 측정 업무를 수행하기 전에 특정 변수 측정의 필요성을 명백히 정의하는 것이 중요하다. 적절한 측정 장치의 선정 및 성공적 측정을 위해, 관련된 유체역학과 물리적 원리의 이해가 필수적이며, 다양한 측정 방법의 차이에 대해서도 알아야 한다. 예를 들어 송출 유량은 단면 속도 분포의 적분으로 계산되며, 특정 위치에서 평균 속도를 계산하기 위해 섭동(fluctuating) 속도가 시간 평균되어야 한다. 반면에 비정상유동의 과도 특성을 관찰하기 위해서는 매우 작은 표본 체적에서의 순간 속도가 측정되어야 한다. 변수 기록의 정확성은 단순한 액주계 눈금이나 계기 눈금판을 눈으로 읽는 것부터 여러 변수를 나타내는 진입의 고속 디지털 샘플링까지 다양하다.

이 장의 목표는 공학자가 실험실이나 산업 현장에서 유동 변수의 측정에 적용할 수 있는 기초적 개념과 방법을 소개하는 것이다. 이 장에서는 먼저 유체역학의 교육 및 연구실에서 보편적으로 사용되는 실험 방법의 일반 개요를 설명한다. 이 내용은 자세하지는 않으나, 부가적 정보에 관한 참고문헌이 제시되어 있다. 다음 두 절에서는 압력, 속도, 유량의 측정에 사용되는 방법과 계측기를 소개한다. 다음으로 유동 가시화에 대해 설명하고, 마지막 절에서는 데이터 획득(acquisition)과 데이터 분석 방법에 관한 내용을 다룬다.

12.2 국소 유동 변수의 측정

국소 유동 측정은 상대적으로 작은 유체 표본 체적에 대한 측정을 의미한다. 일반적으로 이 체적은 매우 작아 측정된 양이 유동장의 한 점에서의 크기를 나타낸다고 할 수 있다. 중요한 두 유동 변수는 압력과 속도이며 그 외에 온도, 밀도, 점도 등이 있다. 이 장에서는 앞의 두 변수에 대해서만 설명한다.

12.2.1 동적 응답과 평균

유동 측정은 유동이 정상 또는 비정상인지에 따라 분류될 수 있다. 물리량의 크기가 시간에 따라 일정할 경우, 이 값은 정상상태 값이라 한다. 반대로 물리량이 시간에 따라 변할 경우, 측정은 과도 또는 비정상이다. 과도 측정은 더욱 특별한 측정 장치를 필요로 한다. 대부분의 측정 장치는 감지된 물리량에 반응하는 데 일정한 시간이 필요하다. 과도 측정에서는 이 반응 시간이 물리량의 중요한 변화가 발생할 수 있는 시간보다 매우 작아야 한다. 정상상태 측정에서는 측정 시스템이 유동 상태에 반응할 수 있는 충분한 시간 후에 값을 읽으면 된다. 난류유동과 같이 많은 경우에는 국소 유동이 비정상이지만, 레이놀즈 응력, 난류 강도 등 물리량의 시간 평균값만 얻으면 된다. 이 경우 측정에 있어 시간 평균 방법이 포함되어야 한다. 또한 계측기는 압력 외란(disturbance)의 파장 등 측정 변수의 공간적 변화를 측정할 수 있도록 충분히 작아야 한다. 일반적으로 공간 및 시간 해상도의 문제는 유동의 크기와 유동 외란의 크기에 적합한 측정기를 선정함으로써 해결하여야 한다. 자세한 내용은 Goldstein(1996)을 참조한다.

12.2.2 압력

유체의 압력은 다양한 방법으로 측정된다. 사용하는 측정기의 종류는 특정한 용도에서 요구하는 정밀도와 세부 사항에 따라 선택한다. 사실상 모든 압력 측정은 액주계의 원리나 결정체, 막, 관, 판과 같은 고체 재료를 변형하는 압력을 전기 신호나 기계적 신호로 바꾸는 개념을 기초로 한다. 압력 측정은 정적 및 동적 모드로 수행된다. 시간에 따라 변하는 압력은 유동의 비정상 특성과 압력의 외란에서 발생하는데, 이는 수력학적 또는 음향학적 교란에 의해 발생한다. 난류유동의 경우 비정상 특성이 항상 존재하므로, 종종 정압 측정은 시간에 대한 평균으로 측정한다. 대표적인 압력계와 트랜스듀서는 다음에서 설명한다.

액주계. 액주계(manometer)는 2.4.3절에서 설명되었다. 액주계는 정압을 측정하는 간편하고 저렴한 장치이며, 움직이는 기계 부품이 없다. 경사관 액주계(그림 12.1a) 또는 미세 액주계(micromanometer, 그림 2.6)를 사용하면 고정밀 측정이 가능하다. 압력 구멍이 덕트나 관 내벽에 수직으로 버(burr) 없이 적절하게 가공되고 직경이 충분히 작으면 (보통 1 mm 이하), 정압은 정확하게 측정된다(그림 12.1b). 압력 공(tap)은 유동의 불규칙성을 보상하기 위해 덕트의 원주 방향으로 여러 개 설치하여 평균값을 구한다.

부르돈 게이지. 상대적으로 높은 정압 측정을 위한 저가의 압력계는 부르돈 게이지(Bourdon gage)이다(그림 12.2). 부르돈게이지는 곡선의 평평한 관으로, 내압에 의해 외측으로 팽창한다. 다이얼 계기에 연결된 기계적 링크에 의해 압력을 눈금으로 나타낸다. 적절하게 설계하면 좋은 정확도를 나타내나, 압력의 맥동이 큰 경우에는 관이 손상되므로 사용하면 안 된다.

압력 트랜스듀서. 압력 트랜스듀서(pressure transducer)는 정상 또는 비정상의 수력

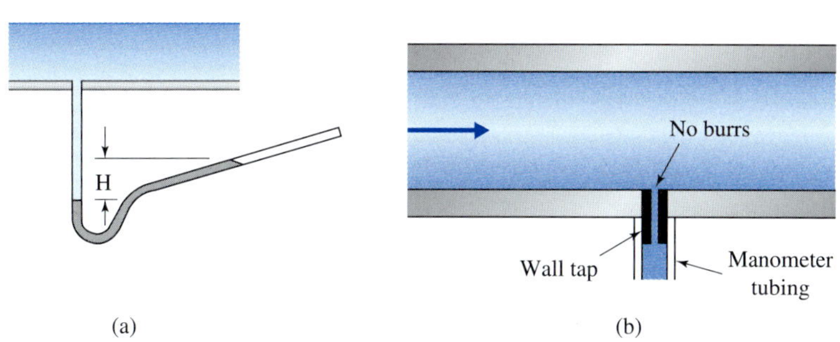

그림 12.1 압력을 측정하는 데 사용되는 액주계: (a) 경사관 액주계, (b) 피에조미터 구멍.

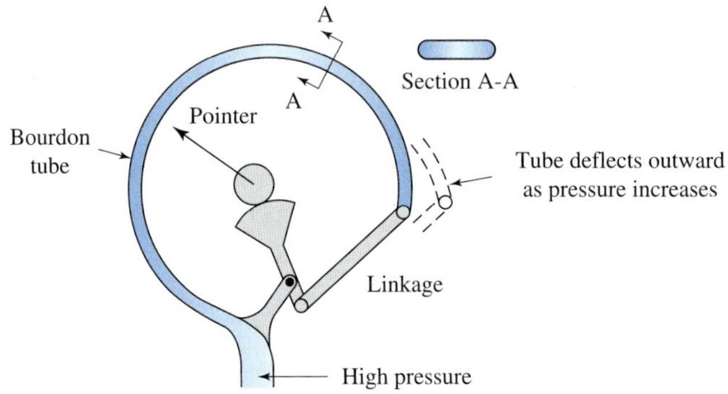

그림 12.2 부르돈관 압력 게이지.

학적 또는 음향학적 압력을 측정하도록 설계된 전기기계 장치이다. 이는 압력 변화에 반응하는 유연한 막이나 압전 요소로 구성된다(그림 12.3). 모든 장치는 전기 회로가 필요하므로, 가격이 비싸다. 장치의 출력이 전기 신호이므로, 데이터를 자동 저장 및 획득하기 위한 데이터 획득 장치(acquisition system)와 쉽게 연결할 수 있다.

콘덴서 마이크로폰(그림 12.3a)은 항공 음향학에서 일반적으로 사용된다. 이는 압력에 의해 막이 변형하여 정전 용량이 변하는 콘덴서이다. 이 장치는 작은 압력(100마이크로바)을 측정하므로 매우 민감하며, 액체에 사용하기에는 적합하지 않다. 일반적으로 액체에 사용하는 압전 트랜스듀서는 변형이 발생하면 전기장을 발생시키는 결정체(석영 등)를 이용한다(그림 12.3b). 이런 측정기는 직경이 2.5 mm 이하로 매우 작게 만들 수 있으며 관 벽에 평평하게 부착될 수 있다. 반응이 매우 빠르므로 광범위한 동압 범위(완전 진

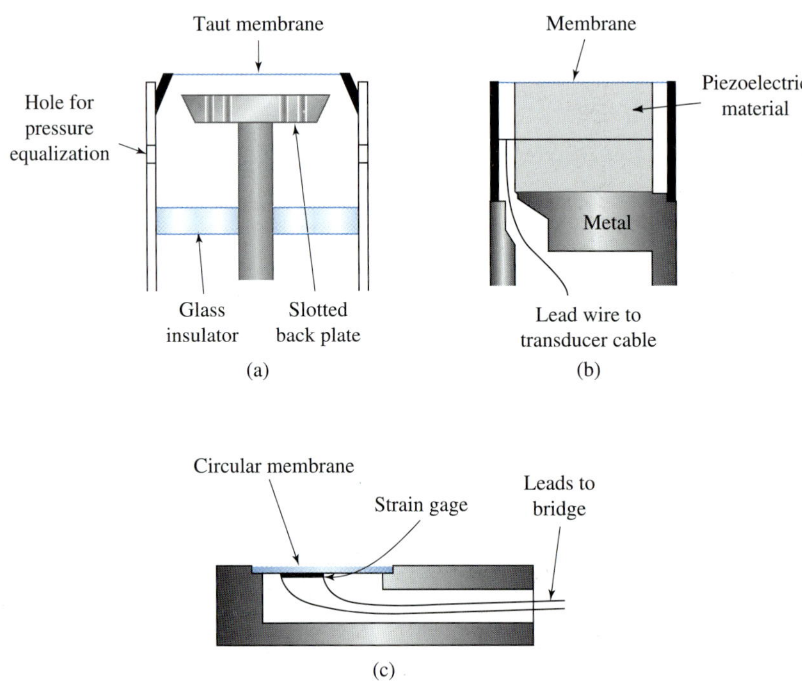

그림 12.3 압력 트랜스듀서: (a) 콘덴서 마이크로폰, (b) 압전 트랜스듀서, (c) 스트레인게이지 트랜스듀서.

공에서 20 MPa)를 측정할 수 있다. 스트레인게이지 트랜스듀서는 액체에 사용할 수 있는 또 다른 종류의 트랜스듀서이며, 막에 부착되어 막의 변형을 전기 신호로 변환할 수 있는 스트레인 게이지(그림 12.3c)를 이용한다. 신호 평균값이 변하거나(DC drift) 민감도에 변화가 있으나, 튼튼하고, 신뢰성이 높고, 진동에 민감하지 않다.

12.2.3 속도

유체 속도는 유동에서 가장 중요하다. 속도를 측정함으로써 유량을 계산할 수 있고, 박리 지역, 정체 지역 및 다른 유동 특성을 밝혀서 유선 패턴을 만들 수 있다. 국소(한 점에서) 속도, 공간 평균 속도, 속도장의 세 종류의 속도 측정이 있는데, 이 절에서는 처음 두 개에 대해 다루고, 나머지는 12.4절에서 다룬다.

국소 속도는 실제로 유동의 작은 지역에서 측정된다. 요구되는 정확도는 원하는 적용 분야에 따라 다르다. 예를 들면 유동 단면의 여러 점에서 측정한 시간 평균 속도를 기록한 후 적분하여 송출 또는 유량을 알 수 있다. 반면에 유동 지역의 특정 위치에서 시간에 따른 난류 속도 성분의 변화를 알아야 할 필요도 있다.

속도 측정용 기기는 요구하는 측정의 종류에 따라 복잡성과 가격이 다양하다. 비교적 좁은 지역의 비정상 난류 속도 성분을 측정하기 위해서는 레이저-도플러 속도계나 열선 유속계가 일반적으로 사용된다. 공간적으로 넓은 지역의 속도를 측정하는 피토관이나 프로펠러 유속계와 같은 덜 복잡한 기기는 정상류 또는 시간에 따라 천천히 변하는 유속의 측정에 적합하다.

입자를 이용한 속도 측정. 유체와 밀도가 같은 입자들이 유동에 뿌려져서 유동장의 시각적 영상을 제공할 수 있다. 이 중 물에서의 수소 기포와 공기 중의 입자에 대해서는 12.4절에서 설명한다. 물에서 사용되는 다른 입자는 물과 밀도가 같은 플라스틱 입자, 섞이지 않는 염색된 액적, 액체 표면이나 원하는 깊이에 설치한 찌(float)가 있다. 미세 유동장 등 많은 유동에서 속도 측정을 위해서 매우 작은 천연 불순물을 적절한 광학 장치를 이용하여 관찰하기도 한다.

피토정압관. 피토정압관은 3.4절에서 설명되었다. 이 장치는 베르누이 방정식을 이용하여 국소적 평균 속도를 측정한다. 마찰을 무시한 정상유동에서 속도 u는 다음과 같다.

$$u = \sqrt{\frac{2}{\rho}(p_T - p)} \tag{12.2.1}$$

여기서 p_T는 전압 또는 정체압이며, p는 정압이다. 식 12.2.1은 피토관이 유동을 방해하지 않고, 속도 u와 평행하게 정렬되었을 경우에만 유효하다. **프란틀관**(Prandtl tube)이라고 하는 특별한 기기가 그림 12.4에 나타나 있다. 수평관을 따라 정압 공(구멍)이 있어서, 앞단을 통과한 유동에 의해 감소한 압력이 수직 관(stem)에 의한 압력 증가와 평형을 이룬다. 일반적으로 피토관 직경을 기준으로 한 레이놀즈수가 1000 정도이므로, 점성효과는 중요하지 않다. 유동이 피토관과 평행하지 않으면, 요(yaw)각 5°에서 측정 오차가 약 1% 정도이며 이 이상에서는 측정 오차가 클 수 있다. 프로브가 벽에 가깝게 있을 경우, 유선이 프로브와 벽의 상호작용에 의해 굴절된다. 프로브와 벽 사이의 거리가 프로브 직경의

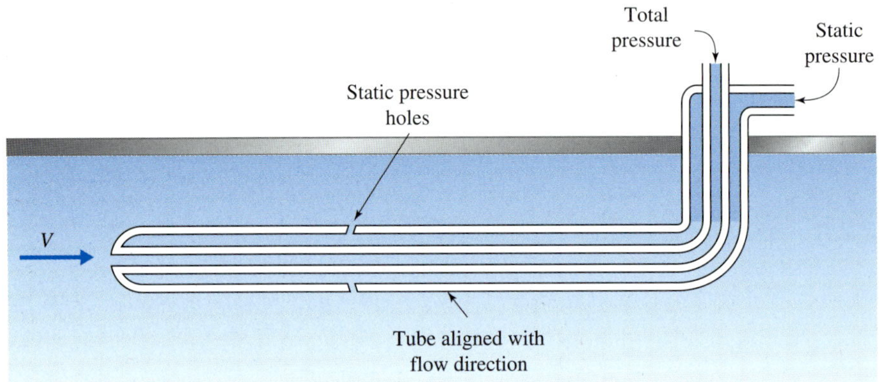

그림 12.4 피토정압관.

두 배보다 작을 경우 오차가 발생한다. 난류유동에서는 실제 압력이 측정 압력보다 낮으며, 일반적으로 난동 강도가 10% 이하이면 신뢰성이 있다.

비슷한 형태의 프로브에는 피토관(pitot tube) 또는 충돌관(impact tube), 프레스톤관(Preston tube), 정압관(static tube), 요미터(yaw meter)가 있다. 피토관은 전압(total pressure)을 측정하고, 정압관은 정압을 측정하며, 요미터는 유동 방향을 측정한다. 프레스톤관은 특별한 형태의 피토관으로, 매끈한 표면의 벽에서 경계층 전단응력을 측정하는 데 사용된다. 이 기기는 기본적으로 벽 근처의 평균 속도를 측정하는 주삿바늘이다. 교정 및 설계에 대한 자세한 내용은 Bean(1971)을 참조하라.

컵 또는 프로펠러 유속계. 컵 또는 프로펠러 유속계는 기체나 액체의 속도를 측정하는 데 사용된다. 이는 비교적 크고, 따라서 측정값은 상대적으로 큰 면적의 공간 평균값이 된다. 이 유속계는 높은 정밀도가 필요하지 않은 경우에 사용된다. 컵 유속계의 한 종류인 전류계(current meter, 그림 12.5a)는 물에서 속도를 측정하고, 유사한 기기는 공기 속도의 측정에 사용될 수 있다. 컵 유속계는 항상 한 방향으로 회전하므로 유동 방향을 알지 못한다. 반면에 프로펠러 유속계(propeller anemometer)는 유동의 방향이 바뀌면 역회전한다(그림 12.5b). 그러나 컵 유속계와는 대조적으로 유동 방향으로 정렬해야 한다. 공기의 속도를 측정하기 위한 덕트에 내장된 프로펠러 유속계가 그림 12.5c에 나타나 있다. 덕트가 없는 프로펠러가 사용될 수 있으며, 예로 바람 날개(wind vane, 그림 12.5d)가 있다. 프로펠러는 관 안에 삽입되어 유량계로 사용된다. 이런 장치는 모두 센서에 부착된 계수기나 전기기계 표시 장치가 회전수를 보여 주며, 이로부터 교정 시험을 통해 속도로 환산된다.

열유속계. 열(열선)유속계[thermal(hot wire) anemometer]는 공기 중에서 속도를 측정하는 데 사용된다. 이 기기는 텅스텐, 백금, 백금-이리듐으로 만들어진 작은 도선으로 구성되는데, 이 선은 절연되어 지지체에 고정되어 있다(그림 12.6). 전선 센서는 일반적으로 길이 2 mm, 직경이 5 μm이나, 더 작은 전선(길이 0.2 mm, 직경 1 μm)도 사용된다. 전선이 가열되면, 유속계는 유동의 변화에 따른 열전달의 변화를 감지한다. 일반적

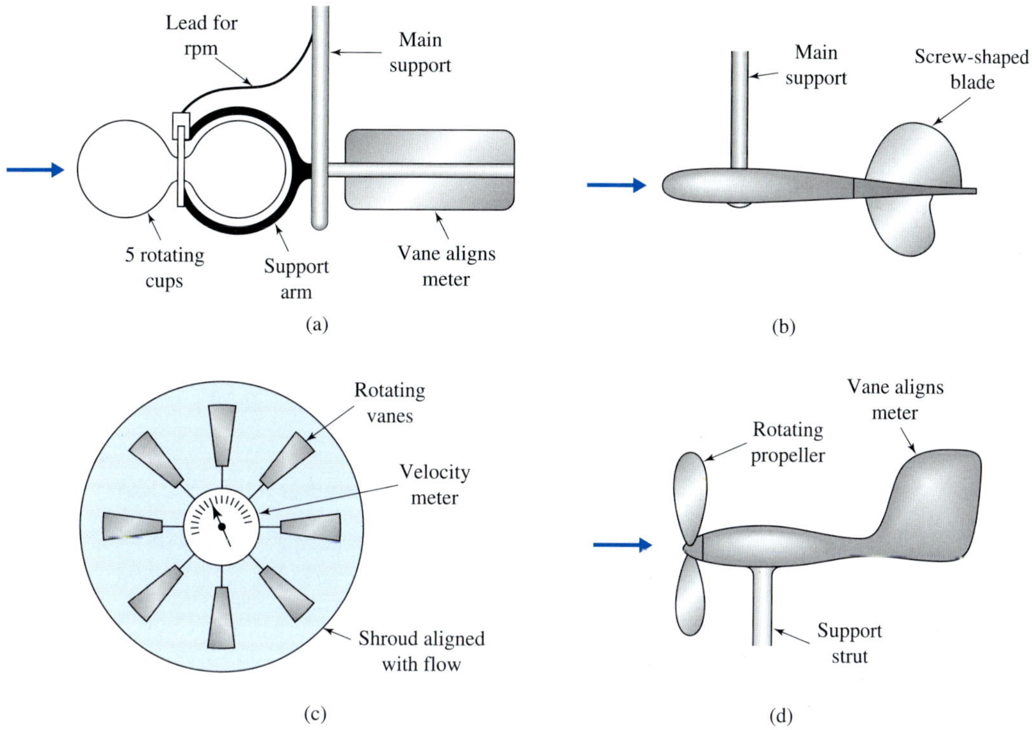

그림 12.5 유속계: (a) 전류계, (b) 프로펠러 유속계, (c) 덕트에 내장된 프로펠러 유속계, (d) 바람 날개 유속계.

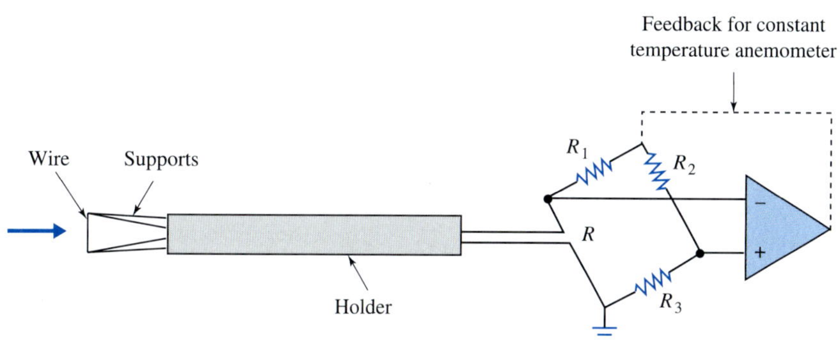

그림 12.6 열선유속계.

으로 전선의 온도는 250°C이다.

가장 일반적인 회로는 등온도 방식으로 작동하는 것이나(그림 12.6), 예전에는 등전류 방식도 사용되었다. 프로브를 통과하는 속도가 증가하면, 열선은 냉각되므로 전선의 온도와 저항이 감소한다. 전기 회로는 열선의 저항과 온도를 최초의 값으로 조절하기 위하여 전류를 증가시키며, 이런 과정은 순간적으로 이루어진다. 증폭기의 전압이나 센서의 전류는 프로브를 통과하는 속도와 상관관계가 있다. 출력은 속도에 대해 비선형이고, 민감도는 속도가 증가함에 따라 감소한다. 종종 신호는 전기 회로에 의해 선형화된다. 측정 눈금의 퍼센트 민감도는 거의 일정하여 광범위한 속도가 측정될 수 있다. 비압축성 유동에서 온도와 밀도가 일정할 경우, 섭동 강도가 20% 이하이면 속도 성분의 측정을 위해 열선유속계가 사용될 수 있다. 평균 속도, 섭동 강도, 난류 스펙트럼이 계산될 수 있다. 단선 유속계는 속도의 수직 성분만을 측정한다. 열선을 유동의 방향과 잘 일치시키면, 평균 유동 방향의 평균 성분 및 섭동 성분을 측정할 수 있다. 난류 측정에서 $\overline{u'v'}$의 상관관계를 얻기 위해서(u′과 v'은 작은 섭동 성분), 두 속도 성분은 × 모양으로 선을 교차하여 만든 프로브를 이용하여 측정할 수 있다. 세 속도 성분은 × 형 프로브를 회전시키거나, 세 번째 도선을 첨가하여 측정할 수 있다.

고형 입자를 포함한 액체나 기체에서는 도선 대신 튼튼한 원통형 필름 센서를 사용한다. 이 센서는 열선 센서와 같은 원리로 작동하나, 크기가 크므로 후류에 난류를 발생시킨다. 이렇게 발생한 난류는 유동장의 원래 난류 강도를 측정하는 성능을 감소시킨다. 열선 유속계는 속도 측정 이외에도 압력이나 송출량을 감지하는 데 사용된다.

레이저–도플러 속도계. 유동장에 프로브를 삽입하지 않고 속도 측정이 용이한 기기는 레이저–도플러 속도계(LDV: laser–doppler velocimeter)이다. 가장 많이 사용되는 LDV는 그림 12.7에서 보여 주는 이중빔(dual–beam) 형태이다. 산란된 광의 주파수는 광신호를 전기 신호로 변환하는 광 검출기를 사용하여 측정한다. 간단한 측정 원리는 다음과 같다. 두 광의 교차점에서 Δx의 간격을 갖는 프린지 패턴(fringe pattern)이 발생한다. 프린지 패턴을 통과하는 입자들이 산란한 빛은 주파수 f로 변하는데, 이 주파수는 프린지의 수직 속도 성분 u에 비례한다.

$$u = \frac{\Delta x}{\Delta t} = \frac{\lambda f}{2\sin(\theta/2)} \qquad (12.2.2)$$

여기서 λ는 레이저 광의 파장이고, θ는 광의 각도이다. 유동의 역류는 움직이는 프린지 패턴을 사용하여 감지할 수 있다. 타원형의 측정 체적은 직경이 0.1 mm, 길이가 1.0 mm 정도로 매우 작다. 이 현상을 충분히 해석하기 위해서는 파동 광학에 관한 자세한 설명이 필요하므로 이 책에서는 다루지 않는다.

LDV로는 기체와 액체의 속도를 모두 측정할 수 있다. 액체는 일반적으로 살포

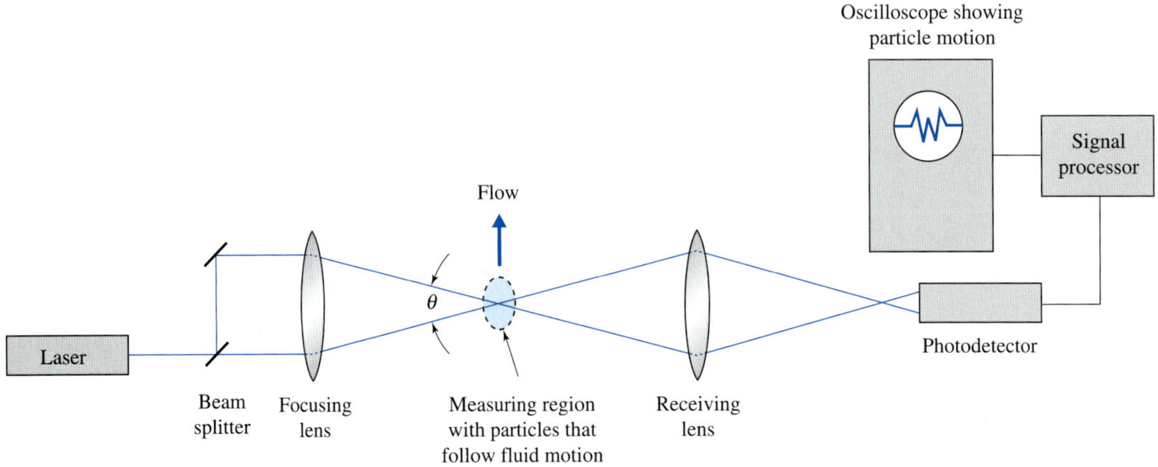

그림 12.7 이중빔 레이저-도플러 속도계.

(seeding) 입자로 작용하는 불순물을 포함하고 있으나, 기체의 경우는 대체로 아주 작은 액적이나 고형 입자를 인위적으로 살포해야 한다. 일반적으로 LDV는 2 mm/s에서 초음속까지 범위의 속도 측정이 가능하다. 주파수 응답은 30 kHz까지 가능하므로, 난류 속도 성분의 측정이 가능하다. 열선유속계와는 달리 LDV는 교정이 필요 없으며, 역류도 비교적 쉽게 측정할 수 있다. LDV는 초기 가격이 비싸며 출력 신호의 처리를 위해 많은 전자계측기가 필요하며, 계수형(counter type)의 신호 처리기가 일반적으로 사용된다. LDV는 초음속 유동, 펌프 유동, 자연 대류, 증기 및 가스 터빈 유동, 연소 유동, 혈액 유동, 개수로 유동의 측정에 이용된다.

12.3 유량 측정

송출량 또는 체적 유량이라고도 하는 유량의 측정은 유체 유동에서 가장 일반적으로 많이 사용되는 측정이다. 복잡성, 크기, 정밀도가 다양한 많은 장치들이 유량을 측정하기 위하여 발명되거나 적용되었다. 일반적으로 유량 측정은 직접적 또는 정량적 측정을 사용하는 방법과 간접적 또는 비율적(간접 측정량을 유량으로 환산하는) 측정을 사용하는 방법이 있다. 정량적 측정법은 정해진 시간 동안에 유체의 체적이나 무게를 측정하는 것이다. 측정 기기의 예로는 유체 중량 측정 탱크, 왕복형 피스톤, 기체에 대해서는 벨로스(bellows)나 액체 밀봉 드럼(drum)이 있다. 이런 직접적 측정 기기는 비교적 크고 주파수 응답 특성이 좋지 않다. 그러나 고도의 정밀도와 정확도가 있어서 간접적 측정기의 교정을 위한 표준으로 주로 사용된다.

간접적 또는 비율적 측정기는 두 요소로 구성된다. 주 요소는 유체와 접촉하는 부품이며, 부차적 요소는 주 요소의 반응을 측정 가능한 양으로 변환하는 부품이다. 이들의 작동원리는 속도–면적 측정, 압력 강하 상관관계, 수력학적 항력 등으로 분류된다. 비율적 측정 기기는 가격이 저렴하고, 공간을 적게 차지하므로 산업 현장 및 실험실에서 많이 사용된다. 일반적인 몇 가지 종류를 아래에서 설명한다.

12.3.1 속도–면적 방법

12.2.3절에서 설명한 다양한 속도 측정 기기는 유동장의 단면에 삽입되어 유량을 측정할 수 있다. 따라서 열선유속계, 레이저–도플러 유속계, 피토정압관, 풍속계를 면적을 아는 관이나 덕트에 설치하여 유량을 측정하도록 교정하여 사용할 수 있다. 정상유동의 경우 교정을 하지 않고 유동 단면적에 대해 속도 프로브를 규칙적으로 이동하거나, 여러 곳의 속도를 동시에 측정하는 레이크(rake)를 사용하여 속도 분포를 측정할 수 있다. 이후에 단면적에 대해 속도 분포를 수치적으로 적분하여 송출 유량을 얻을 수 있다. 이 방법은 닫힌 통로나 개수로 유동에 모두 사용되고 있다.

12.3.2 차압계

차압계는 단순하고, 신뢰성이 높고, 튼튼하고, 가격이 저렴하여 산업 현장이나 실험실에서 널리 사용된다. 일반적으로 많이 사용되는 세 가지 유형인 오리피스 유량계, 벤투리 유량계, 유동 노즐을 설명한다. 덕트나 관에 유동 방해물을 삽입하여 유동을 방해하면, 방해물 전후에 압력차가 발생한다. 이 압력 강하를 교정하여 유량과의 상관관계를 구하며, 이 압력-유량 곡선이 차압을 측정하여 유량을 결정하는 데 사용될 수 있다. 이 절에서는 단면이 원형인 관의 비압축성 유체의 유량 측정만을 다룬다.

차압계의 기본 송출 유량 관계는 다음과 같이 설명한다. 그림 12.8은 대표적인 차압계인 박판(thin-plate) 오리피스 유량계를 보여 준다. 원형 덕트의 정상유동이 단면적 A_0인 오리피스를 만나 하류에 제트가 발생한다. 오리피스 하류에서 유선이 최소 유동 면적 A_c로 좁아지고, 이곳을 베나콘트랙타(vena contracta)라고 한다. 압력 공(tap)은 방해부 상류의 방해받지 않는 지역(1 위치)과 하류 베나콘트랙타 주위(2 위치)의 두 곳에 설치한다. 마찰이 없는 이상 비압축성 유동을 가정하고, 상류부에서 베나콘트랙타까지 중앙 유선을 따라 베르누이 정리를 적용하면 다음과 같다.

$$\frac{V_1^2}{2g} + \frac{p_1}{\gamma} + z_1 = \frac{V_c^2}{2g} + \frac{p_c}{\gamma} + z_c \tag{12.3.1}$$

마찬가지로 연속방정식은 다음과 같다.

$$V_1 A_1 = V_c A_c \tag{12.3.2}$$

식 12.3.1과 12.3.2를 연립하여 V_c에 대해 풀면 다음을 얻는다.

$$V_c = \sqrt{\frac{2g(h_1 - h_c)}{1 - (A_c/A_1)^2}} \tag{12.3.3}$$

여기서 h_1과 h_c는 다음과 같다.

$$h_1 = \frac{p_1}{\gamma} + z_1 \qquad h_c = \frac{p_c}{\gamma} + z_c \tag{12.3.4}$$

이상 송출 유량은 면적에 베나콘트랙타에서의 평균 속도를 곱하면 된다.

$$\begin{aligned} Q_i &= A_c V_c \\ &= \frac{A_c}{\sqrt{1 - (A_c/A_1)^2}} \sqrt{2g(h_1 - h_c)} \end{aligned} \tag{12.3.5}$$

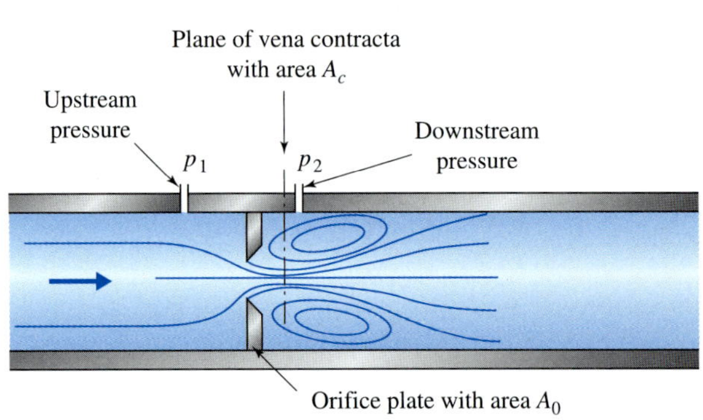

그림 12.8 오리피스 유량계를 통과하는 유동.

실제 유량과 이상 유량과의 차이는 주로 다음 두 가지 이유 때문이다. 실제 유동에서는 마찰 때문에 중심선 속도가 각 단면에서 평균 속도보다 크다. 둘째로 관계식에서 베나콘트랙타의 피에조미터 수두 h_c는 하류 압력공에서의 수두 h_2로 대체된다. 또한 베나콘트랙타의 면적을 알 수 없으므로 식 12.3.5에서 A_c 대신에 C_cA_0를 사용하는데, 여기서 C_c는 수축계수이다. 이러한 차이 때문에 수축계수와 속도계수의 곱인 송출계수 C_d를 도입하여, 실제 송출 유량 Q를 다음 관계식으로 구한다.

$$Q = \frac{C_d A_0}{\sqrt{1 - (C_c A_0 / A_1)^2}} \sqrt{2g(h_1 - h_2)} \tag{12.3.6}$$

대부분의 차압계가 사용되는 원형 단면의 경우, 직경비를 사용하는 것이 편리하다.

$$\beta = \sqrt{\frac{A_0}{A_1}} = \frac{D_0}{D} \tag{12.3.7}$$

여기서 D는 관 직경이다. 식 12.3.6을 다음과 같이 편리하게 나타낼 수 있다.

$$Q = KA_0 \sqrt{2g(h_1 - h_2)} \tag{12.3.8}$$

여기서 K는 유량계수이다.

$$K = \frac{C_d}{\sqrt{1 - C_c^2 \beta^4}} \tag{12.3.9}$$

차원해석을 통하여 C_d와 K는 레이놀즈수에 종속적임을 알 수 있다. 레이놀즈수는 입구나 방해물 위치에서 값으로 정하는 것이 편리하다.

오리피스 유량계. 박판 오리피스 유량계(그림 12.9)는 $0.2 \le \beta \le 0.8$ 범위에서 제작된다. 그림에 압력공을 설치하는 두 방법이 나타나 있다: (1) 오리피스에서 25 mm 상류와 하류에 설치된 플랜지공(tap), (2) 오리피스 판에서 한 직경 상류와 반 직경 하류에 설치된 공(tap). 두 번째 방법은 더 큰 차압을 감지할 수 있고 기하학적 상사 법칙을 따르므로 선호된다. 그림에는 나타나 있지 않지만, 세 번째 방법은 오리피스 상류와 하류에 바로 근접한 관 벽에 공을 설치하는 방법이며, 이 공을 코너공(corner tap)이라 한다.

그림 12.10은 실험적으로 결정한 유량계수 K를 β와 Re_0의 함수로 나타낸 것이다. 이 자료는 코너공을 사용하여 구하였지만, 플랜지공이나 D:D/2 공을 사용하여도 그림 12.10과 같은 결과를 얻는다. 더 정밀한 측정을 위해서 다양한 공에 대한 자료가 나와 있는 Bean(1971)을 참조하라. 주어진 β에 대해 레이놀즈수가 크면 K 값은 거의 일정하나, 레이놀즈수가 감소하면 K는 처음에 최댓값까지 증가하였다가 감소한다. 최댓값은 b 값에 따라 레이놀즈수 100과 1000 사이에서 발생하며, 여기서 K는 베나콘트랙타의 감소된 면적에 의해 큰 영향을 받는다.

송출 유량을 알면 오리피스에서의 레이놀즈수도 알 수 있다. 따라서 그림 12.10에서 K 값을 직접 읽을 수 있으며 식 12.3.8에서 $(h_1 - h_2)$가 결정된다. 그러나 설치된 액주계나 압력 트랜스듀서로부터 $(h_1 - h_2)$ 값을 알고, 식 12.3.8과 그림 12.10을 사용하여 유량을 알고 싶은 경우가 많다. 이럴 경우 Re_0에 의해 결정되는 K 값을 알 수 없다. 일반적으

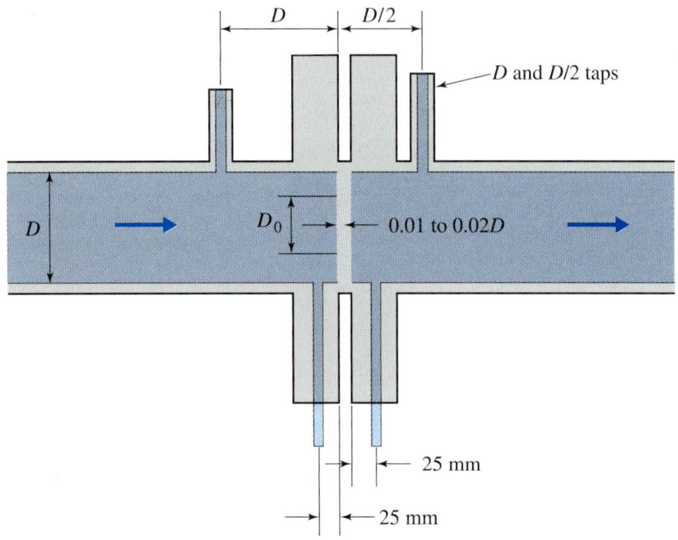

그림 12.9 박판 오리피스 유량계.

로 K 값을 크다고 가정하고 K 값을 구한 후, 식 12.3.8을 반복적으로 이용하여 시행착오로 정확도를 향상시킨다. 그러나 반복적으로 그림 12.10을 읽지 않고, 다음의 교정식을 사용하는 것이 더욱 편리하다.

$$Q = C(h_1 - h_2)^m \tag{12.3.10}$$

여기서 C와 m은 최적 맞춤(best fit) 기준에 가장 적합한 상수이다. 잘 알려진 기준인 최소 제곱법에 대해서는 12.5.3절을 참조하라.

오리피스가 액체 측정에는 가장 널리 사용되는 차압계이다. 왜냐하면 가격이 저렴하고 기존 관에 설치가 쉽기 때문이다. 오리피스 후류에서 회복될 수 없는 큰 수두손실이 발생하는 것이 단점이다.

벤투리 유량계. 벤투리 유량계는 관에서 유선화된 방해물을 통과하는 유선과 유사한 모양을 갖는다. 고전적인 허셜(Herschel) 벤투리 유량계는 크기가 크고, 설치가 불편하며, 제조 가격이 비싸므로 최근에는 잘 사용되지 않는다. 이 유량계는 21° 원추형 입구 수축부와 짧은 관형 목(throat), 7° 또는 8°의 원추형 확장부로 구성된다. 송출계수는 거의 1에 가깝다. 반면에 현대의 벤투리관(그림 12.11)은 표준 유동 노즐 입구부[ISA 1932 표준(Bean, 1971)]와 30° 이하의 원추형 출구 확장부로 구성된다. 사용이 추천되는 레이놀즈수는 $1.5 \times 10^5 \sim 2 \times 10^6$이다.

식 12.3.8은 오리피스뿐 아니라 벤투리에도 유효하며, 대표적인 유량계수 K 값은 레이놀즈의 함수로 표현된다. 유동 통로의 유선화로 벤투리 유량계의 수두손실은 오리피스 유량계에 비해 매우 적다. 베나콘트랙타가 없으며, 따라서 송출계수 C_d도 거의 1에 가깝다.

유동 노즐. 유동 노즐은 그림 12.12에 나타나 있다. 유동 노즐은 노즐의 한 직경 상류와 반 직경 하류에 압력공을 설치하여 표준 형상으로 구성된다. 장반경 및 단반경의 두 표

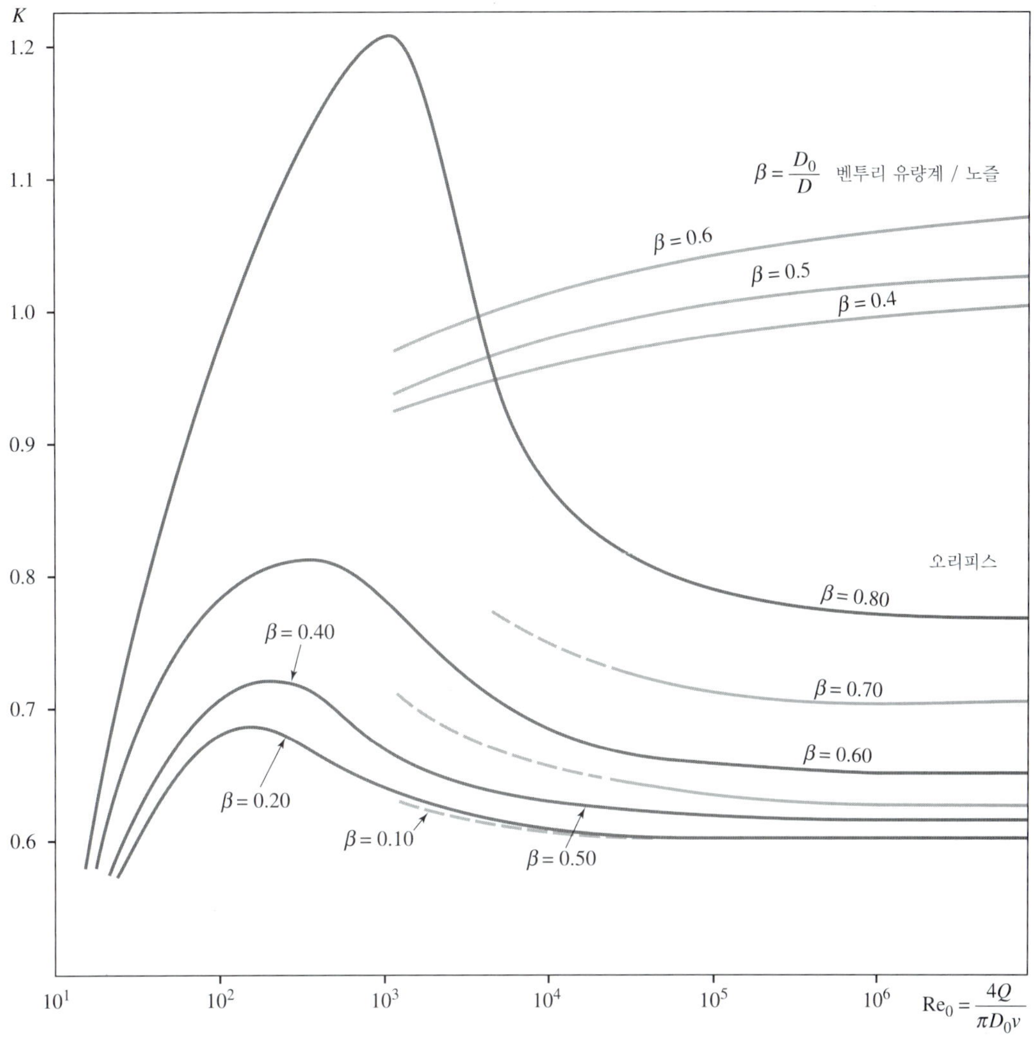

그림 12.10 오리피스, 노즐, 벤투리 유량계에 대한 레이놀즈수의 유량계수.

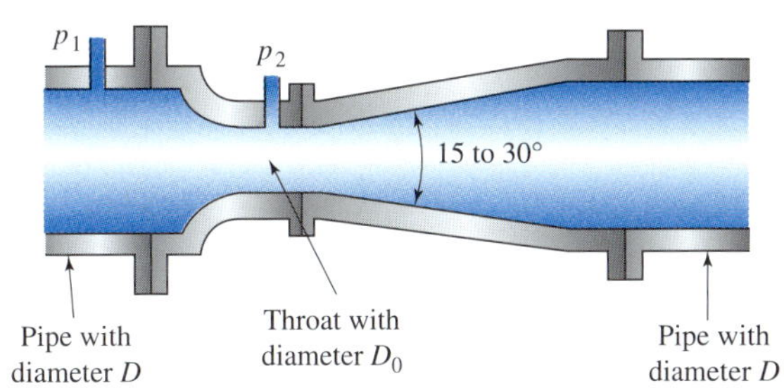

그림 12.11 벤투리 유량계.

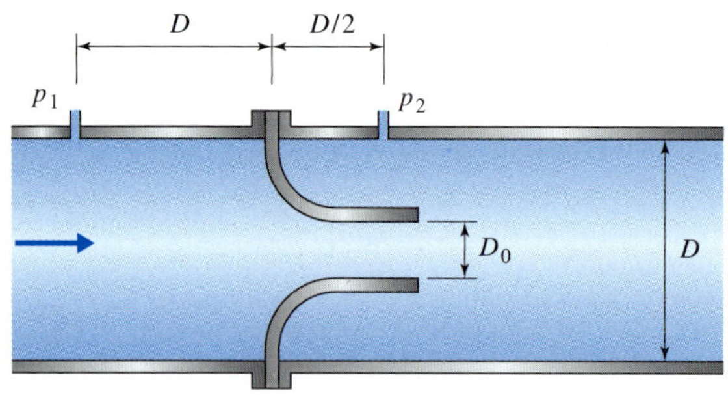

그림 12.12 유동 노즐.

준 형상이 있다. 노즐 하류에 확장 부분이 없으므로 총 수두손실은 오리피스와 유사하나, 베나콘트랙타가 거의 없고 송출계수가 1에 가깝다. 압력공이 D:D/2에 설치될 때, 그림 12.10에 나와 있듯이 유량계수 K는 벤투리 유량계와 거의 같게 레이놀즈수에 따라 변한다. 유량 노즐은 오리피스 판에 비해 부식이나 마모가 적다는 장점이, 벤투리 유량계에 비해서는 값이 싸고 설치가 간단하다는 장점이 있다.

엘보 유량계. 비교적 단순한 유량계가 관 엘보(elbow)의 내측과 외측에 압력공을 설치하여 제작될 수 있다(그림 12.13). 선형 운동량 정리를 엘보의 유체를 둘러싸는 검사체적에 적용하면(또는 유선의 수직 방향으로 오일러 방정식을 적용하면), 유동방정식을 유도할 수 있다.

$$Q = KA\sqrt{\frac{R}{D}\frac{\Delta p}{\rho}} \tag{12.3.11}$$

여기서 R은 엘보의 곡률 반경이고 Δp는 벤드(bend)의 원심력에 의해 발생하는 압력차이다. 유량계수 K는 유량계를 실제 위치에 설치하고 교정하므로 정확하게 결정될 수 있다. 그러나 입구로부터 45° 반경 평면에 압력공을 설치한 90° 엘보에 대해 K의 관계식은 다음과 같다(Bean, 1971).

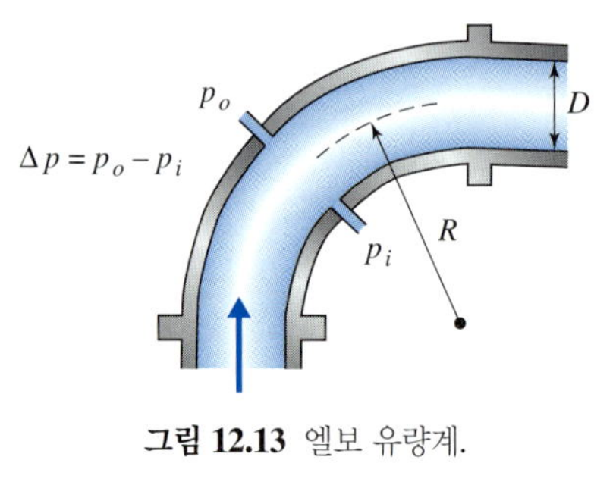

그림 12.13 엘보 유량계.

$$K = 1 - \frac{6.5}{\sqrt{\text{Re}}} \tag{12.3.12}$$

이 식은 $10^4 \leq \text{Re} = VD/\nu \leq 10^6$이고 $R/D \geq 1.5$일 경우 유효하다. 엘보 유량계는 다른 어느 차압계에 비해 가격이 싸고, 대부분의 배관계에는 엘보가 있으므로 추가적인 수두손실이 발생하지 않는다.

12.3.3 다른 종류의 유량계

터빈 유량계. 터빈 유량계는 유동하는 유체에 의해 회전하는 덕트 내부에 설치된 프로펠러로 구성된다. 프로펠러의 각속도는 송출 유량과 상관관계가 있으며, 회전수는 12.2.3절에서 설명한 유속계에서의 측정법과 같다. 비교적 넓은 유량 범위에서, 유량은 ±0.25%의 정밀도로 측정될 수 있다(Goldstein, 1996). 낮은 유량 범위에서는 점성효과가 제한 요소이며, 높은 유량 범위에서 정밀도는 날개 끝과 전자 센서의 상호작용에 의해 제한된다. 각 터빈 유량계는 개별적으로 교정되어야 한다. 이들은 일반적으로 연료 공급로의 유량을 감시하는 데 사용된다.

로터미터. 로터미터(rotameter)는 유동이 수직 상향으로 흐르는 테이퍼(tapered) 관으로 구성된다(그림 12.14). 찌(float)가 유량에 따라 위아래로 움직이다가 잠긴 찌의 중량과 항력이 균형을 이루는 위치에서 멈춘다. 찌의 수직 위치와 유량의 관계를 이용하여 눈금을 정한다. 찌의 위치는 유량과 선형적으로 비례하도록 적절하게 설계할 수 있으며, 필요에 따라 찌의 위치와 유량이 로그 함수로 비례하게 설계할 수 있다. 수두손실은 관의 마찰 손실과 찌의 손실의 합에 의해 결정된다. 로터미터는 차압 유량계와 같이 정밀하지는 않으며, 일반적으로 최댓값의 5% 정도의 정밀도를 갖는다.

타깃 유량계. 그림 12.15는 타깃 유량계(target meter)를 보여 주는데, 이것은 유동에

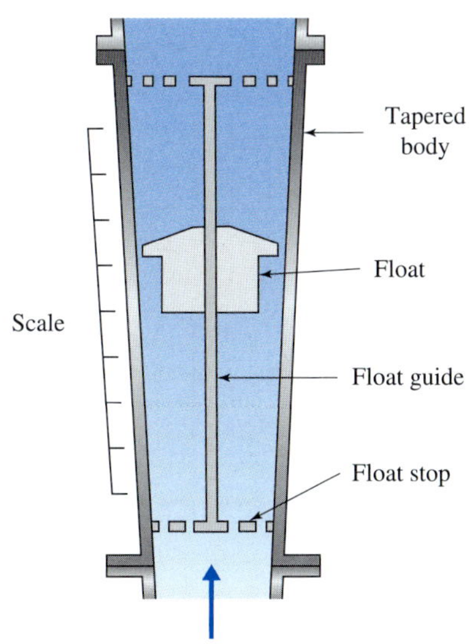

그림 12.14 로터미터.

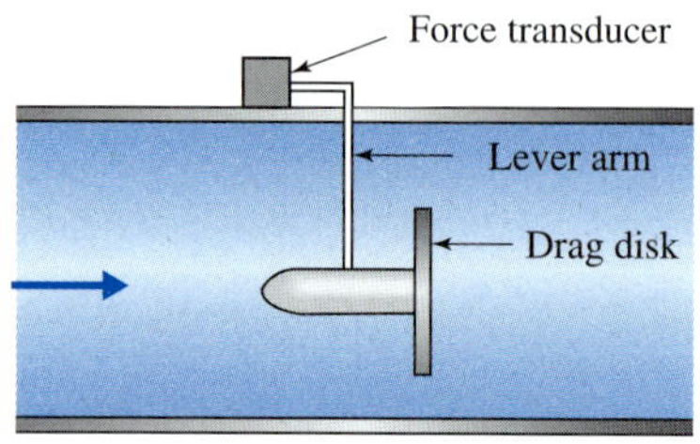

그림 12.15 타깃 유량계.

잠겨 있는 지지대에 매달린 원판으로 이루어진다. 지지대는 레버암(lever arm)과 연결되든지, 표면에 스트레인게이지가 부착된다. 원판에 작용하는 유체 항력이 지지대를 약간 휘게 하며, 이를 이용해 측정된 항력이 유량과 상관관계를 갖는다. 이 장치는 충분히 강해서 원판의 움직임이나 회전없이 항력을 측정하여야 하며, 그렇지 않으면 항력의 특성이 바뀐다. 이 기기는 항력 방향의 측정으로 역류를 측정할 수 있으므로, 양방향 유량계로 사용할 수 있다는 장점을 가지고 있다. 항력 유량계는 튼튼하고 침전물을 포함한 유체의 유량 측정에 사용될 수 있다.

전자기 유량계. 이 유량계는 관을 둘러싸는 자기 코일과 전극으로 구성된 비관입적(nonintrusive) 유량계이다(그림 12.16). 코일은 유체와 절연되고, 전극은 유체와 접촉한다. 유체에는 전류가 흐를 정도로 충분한 전해질이 녹아 있어야 한다. 유체가 코일에 의해 발생한 자기장을 통과할 때, 액체는 유동에 비례하는 유도 전압을 발생시킨다. 전자기 유량계는 혈액 및 해류 유동의 측정 등 많은 분야에 사용된다. 다양한 직경 범위의 상품화된 제품이 있으며, 대체로 비싸고 액체에만 사용될 수 있다.

음향 유량계. 음향 또는 초음파 유량계는 다음 두 원리를 기초로 한다. 첫 번째로 유동 경로를 가로질러 송출하는 초음파 송신기/수신기를 사용한다(그림 12.17). 측정된 이동 시간 또는 역수인 주파수의 차이는 속도 또는 유량과 직접적으로 비례한다. 두 번째로 음향파가 유동장에 전송되어 유체 내의 입자나 불순물에 의해 산란되는 도플러 효과를 사용한다. 송신기와 수신기 사이의 도플러 주파수 변화는 유량과 관계된다. 전자기 유량계와 같이 음향 유량계는 비관입적이며 관 유동이나 자유표면 유동에서 사용되고 있다.

보텍스 유량계. 보텍스 유량계(vortex–shedding meter)는 유동 방향과 수직으로 관 내에 설치된 하나 또는 여러 개의 지주(strut)로 구성된다. 레이놀즈수가 임계값 이상이

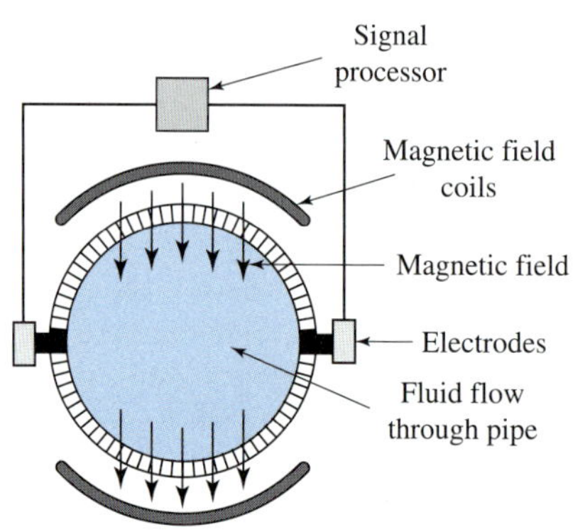

그림 12.16 전자기 유량계.

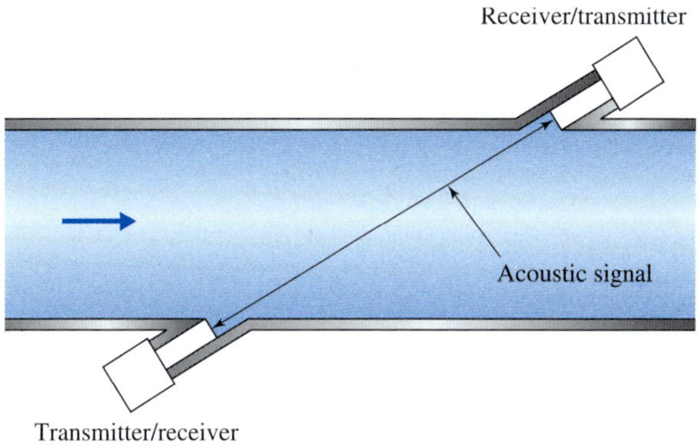

그림 12.17 음향 유량계.

되면 지주 뒤 후류 지역에 보텍스가 발생한다(8.3.2절 참조). 지주 뒤에서 발생하는 주기적인 보텍스의 발산(shedding)은 그림 8.9에 나와 있듯이 레이놀즈수와 관계가 있다. 보텍스 발산 주파수를 감지하는 다양한 장치가 사용된다. 예로는 지주 표면 하류에 설치한 압력 트랜스듀서 또는 지주 표면의 열 유속(flux)의 변화를 측정하는 열 센서가 있다. 보텍스 유량계는 유량 크기가 두 자릿수인 범위까지 측정이 가능하다.

코리올리 가속도 유량계. 이 유량계는 코리올리 가속도(Coriolis-acceleration) 법칙(식 3.2.15)을 이용한다. 전형적으로 관 내 액체 유동의 측정에 사용된다. 측정할 액체로 채워진 U자형 튜브가 U자 끝단은 정지한 상태로 U 평면에 수직 방향으로 진동한다. 튜브에 흐르는 액체는 튜브의 대칭 축에 대해 비틀림 운동을 발생시킨다. 이 운동의 크기는 유량과 비례하며, 주파수는 유체의 밀도와 상관관계가 있다. 이 유량계는 비침습적 방법으로 유량과 밀도를 측정한다.

개수로 유량계. 10.4.3절에서 개수로 유동을 다루면서 유량 측정이 설명되었다. 광봉위어와 예봉위어에 대한 유량 관계식이 유도되었고, 다른 유량 측정법도 설명되었다. 자세한 내용은 10.4.3절을 참조한다.

12.4 유동 가시화

투명한 유동장은 여러 가지 방법으로 가시화되고 있다. *An Album of Fluid Motion* (Van Dyke, 1982)에는 수백 개의 사진이 잘 나타나 있다. 이 책은 연기, 염료, 거품, 섀도그래프(shadowgraph, 실루엣 사진), 슐리렌(schlieren) 영상, 간섭법 등으로 가시화된 유동을 보여 준다. 대개 관심이 있는 유동 특성을 가장 잘 보여 주는 가시화 방법을 선택한다. 예를 들어 액체 유동에서 유적선을 가시화하기 위해 입자가 사용되고, 유동에서 혼합 과정을 연구하기 위해 염료를 방출하고, 경계층의 발달을 연구하기 위해 풍동 상류에 연기를 방출하며, 고체 표면 위의 공기 유동 패턴은 표면을 점성 액체로 코팅하여 가시화되는데 표면 주위의 유선과 일치하는 줄무늬선이 생긴다. 이런 다양한 기술들을 이 절에서 설명한다.

유적선, 유맥선, 유선은 3장에서 이미 정의되었다. 이런 유동선을 정의한 목적은 유동장의 운동을 묘사하는 데 도움을 주기 위해서이다. 유적선은 일정 시간 동안에 거품이나 밀도가 같은 작은 구와 같은 입자의 운동을 추적하여 만든다. 이 선은 저속 사진이나 비디

오를 사용하여 나타낼 수 있다. 반면에 연기의 자취선, 일련의 매우 작은 거품, 고정된 위치에서 연속적으로 방출되는 염료는 사진 또는 동영상으로 기록하여, 유맥선을 관찰한다. 유맥선의 발생을 주기적으로 단절하여, 시간 유맥선(time streakline)을 만들 수 있다.

12.4.1 트레이서

트레이서(tracer)는 유동 패턴의 관찰이 가능하도록 유체에 넣는 첨가물이다. 효율적인 트레이서는 유동 패턴을 바꾸지 않고, 유동과 함께 이동하며 쉽게 관측된다. 트레이서는 밀도차에 의한 중력이나 원심력에 영향을 받지 않아야 한다. 더욱이 크기는 최소한 유동장의 길이 스케일에 비해 한 자릿수 이하는 작아야 한다. 여러 트레이서를 다음에서 설명한다.

수소 기포. 매우 얇은 금속선이 직류 전기 회로의 음극이 되어 물속에 담기고, 적당한 전도성 재료가 양극이 된다. 회로에 전압이 가해지면 음극에서 수소 기포가 발생하고, 양극에서는 산소 기포가 발생한다. 이때 중요한 반응은 물의 전기분해인 $2H_2O \rightarrow 2H_2 + O_2$이다. 대개 수소 기포는 산소 기포에 비해 작고 더 많이 발생하므로 트레이서로 사용된다. 기포는 유동에 의해 음극선에서부터 연속적 판형으로 이동한다. 만일 전압이 간헐적으로 인가되면, 각각의 유맥선이 만들어진다. 그림 12.18은 이런 패턴을 보여 준다. 일반적인 물은 전류가 흐를 수 있도록 충분한 전해질이 있으며, 기포 발생을 증가시키기 위해 황산나트륨 같은 전해질을 첨가하기도 한다. 적당한 속도 영역에서(선 직경을 기준으로 한 레이놀스수가 20보다 작아야 한다) 0.025~0.05 mm 정도의 매우 가는 선을 사용하면 부력의 영향을 무시할 정도의 작은 기포를 만들 수 있다.

화학 시약. 물의 pH 변화에 색이 변하는 유기화학물질이 있다. 예를 들면 티몰블루(thymol blue) 용액은 pH 8.0에서 노란색이나 pH 9.2에서 푸른색이며, 페놀레드(phenol red) 용액은 pH 6.8에서 노란색이나 pH 8.2에서 붉은색이다. 염기 용액의 주입으로 pH가 변화하면 액체의 색이 변하게 된다. 물이 착색된 기간은 수소 이온의 분자 확산 및 난류에

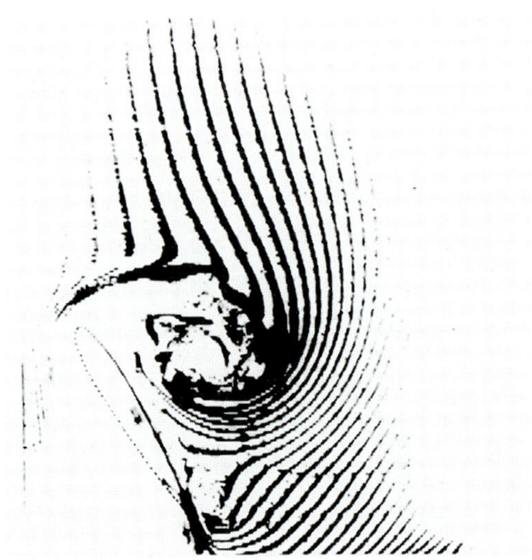

그림 12.18 회전하는 날개 주변의 박리 유동을 보여 주는 수소 기포 유맥선.(M. Koochesfahani)

그림 12.19 Re = 1760에서 원통 뒤의 난류 후류.(R. Falco)

따라 다르다. 이는 고체-액체 상 전달 현상을 연구하는 데 사용된다. 화학 시약은 금속 표면에 접촉하고 표면이 음의 전하를 띠면, 표면에 접촉한 근처의 용액은 색이 변한다.

공기 중 입자. 공기 중의 입자로 헬륨 기포가 사용될 수 있다. 비누와 물의 혼합물을 적절하게 선택하여 부력을 받지 않는 헬륨 가스가 채워진 비누 거품을 만들 수 있다. 이 헬륨 기포는 직경 4 mm 정도로 만들 수 있다. 고체 입자나 액적이 사용될 수 있으나 중력의 영향을 무시하기 위해서 매우 작아야 한다. 이런 작은 입자를 유동 가시화에 사용하기 위해서는 매우 강한 광원이 필요하다.

연기는 복잡한 유동 현상의 자세한 구조를 연구하기 위해 성공적으로 사용되고 있다. 이는 풍동에서 유동 가시화에 가장 많이 사용되는 트레이서이다. 연기-선(smoke-wire) 방법이라는 주입 방법은 가는 전기 열선에서 증발하는 기름으로 연기를 발생시킨다. 이 방법은 선의 직경을 기준으로 한 레이놀즈수가 20보다 작은 경우의 유동에 사용될 수 있다. 이런 유동 구조의 예가 그림 12.19에 있다. 연기는 작은 직경의 튜브나 여러 개의 유맥선을 발생시키기 위해 '레이크(rake)'로부터 방출될 수 있다.

속도 측정법. 최근 2차원 또는 3차원 유동장을 동시에 측정하는 기술이 발달하여, 펄스 광 속도계를 이용한 방법(그림 12.20)이 개발되었다. 이 장치는 유체에 포함된 작은 입

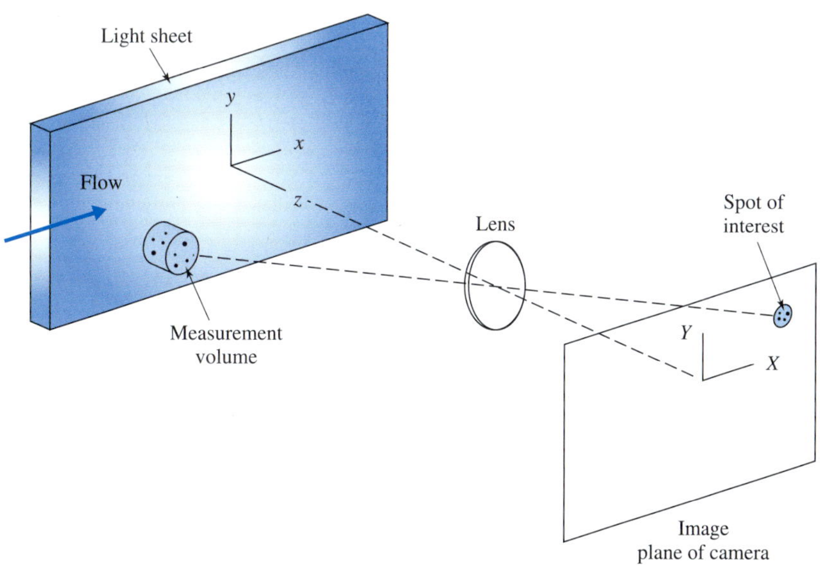

그림 12.20 펄스 광 속도계.(R. Adrian)

(a)

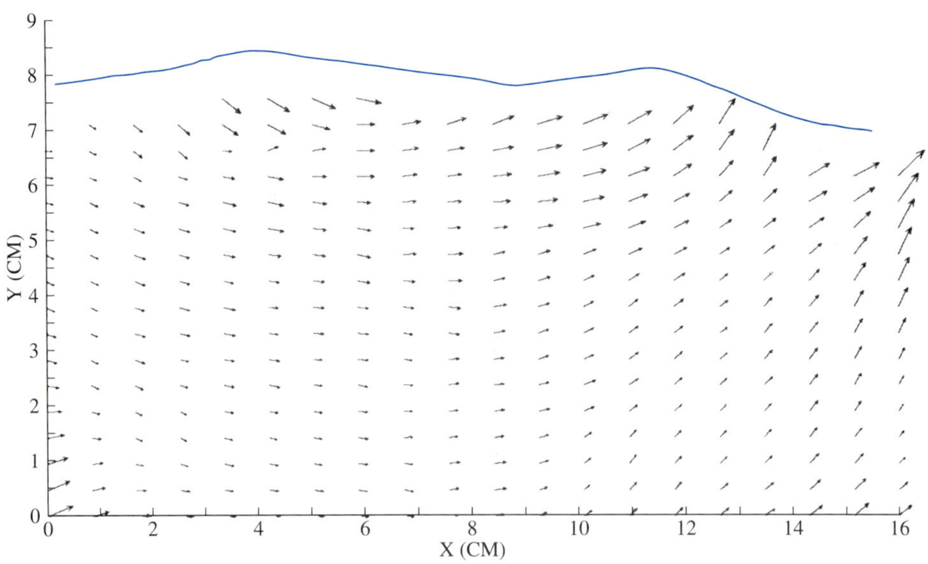

(b)

그림 12.21 입자 영상 속도 측정법(PIV): (a) 입자 유적선 사진, (b) 스케일링된 속도 벡터. (Bouwmeester)

자를 짧은 노출 시간 동안 조명할 수 있는 펄스 광원과 빛과 동기화되어 입자의 위치를 기록할 수 있는 카메라로 구성된다. 각 마커의 속도는 $\Delta s/\Delta t$로 구해지며, 여기서 Δs는 마커의 변위, Δt는 노출 사이의 시간이다. 이 방법은 입자 영상 속도 측정법(PIV: particle image velocimetry)이라고도 한다. 마커로는 대체로 1~20 μm의 입자를 사용한다. PIV의 예가 그림 12.21에 나타나 있다. PIV뿐 아니라 액체에서의 광색성 염료, 기체에서의 광색성 에어로졸, 액체나 기체에 사용되는 분자 인광과 같은 분자 마커를 사용한 방법이 최근에 발전되고 있다. **분자 표지 속도 측정법**(MTV: molecular tagging velocimetry)의 한 예가 그림 12.22a와 b에 나타나 있다. 이 그림에서는 비침습적인 격자가 표지된 후 짧은 시간 동안 이동된 사진을 보여 준다. 두 격자를 CCD 카메라로 찍은 후 해석하여 그림 12.22c와 같은 속도장을 얻었다. 이 그림에서는 속도장의 반만 나타나 있다. 대칭축은 점선으로 표시되었으며 상자는 그림 12.22a와 b에서 얻은 벡터를 포함하는 지역의 범위를 나타낸다. 속도 측정법은 특히 폭발, 통로나 덕트의 과도 유동, 내연기관 유동, 기포의 성장과 붕괴, 액체-고체 상호작용, 난류유동의 구조 등을 연구하는 데 유용하다.

터프트와 기름막. 표면에서의 유동 가시화는 표면에 터프트(tuft)를 붙여서 사용하거나, 표면에서 떨어진 유동을 관찰할 때는 터프트를 철사에 지지시켜 사용한다. 표면 터프트는 층류에서 난류로의 천이를 관찰하기 위해 사용될 수 있다. 또한 터프트는 유동 박리를 정성적으로 연구하는 데 사용될 수 있는데, 터프트의 격렬한 움직임이나 상류 방향을 가리키는 경향은 박리가 발생함을 확인시켜 준다. 공기 중에서는 고체 표면에 뚜렷한 줄무늬 패턴이 생기도록 기름을 분포시켜서 표면 유동 패턴을 가시화할 수 있다. 유동의 역류가 발생할 경우 줄무늬 패턴은 유동 방향을 나타내지 못하므로 패턴을 해석하는 것이 항상 쉽지는 않다.

사진과 조명. 유동 가시화를 위하여 정지, 스테레오, 영화 카메라와 같은 다양한 종류의 카메라가 사용된다(Adrian, 1986). 해상도의 향상으로 비디오 카메라가 많이 사용되며, 어떤 종류의 카메라는 컴퓨터와 연결되어 정량적 정보를 얻을 수 있다. 레이저, 텅스텐, 제논 조명뿐 아니라 스트로보(stroboscope)는 트레이서를 가시화하기 위해 통상적으로 사용된다. 응용 분야에 따라서 유맥선을 가시화하기 위해 일정한 조명을 사용하여 영상을 얻기도 하고, 정지화면을 위해 카메라 셔터에 의해 작동되는 광 펄스나 스트로보를 사용하여 영상을 얻을 수 있다. 2차원 평면의 가시화가 필요한 경우에는 시험부에 창을 통해 좁은 평면 광을 만들어 조명할 수 있다. 그림 12.23은 비정상 후류 유동에서 폭 방향(spanwise) 구조와 혼합 유동장을 가시화하기 위한 레이저 유발 형광(LIF) 기술을 나타낸다. 3차원 영상은 스테레오 영상이나 홀로그래피를 사용하여 얻을 수 있다.

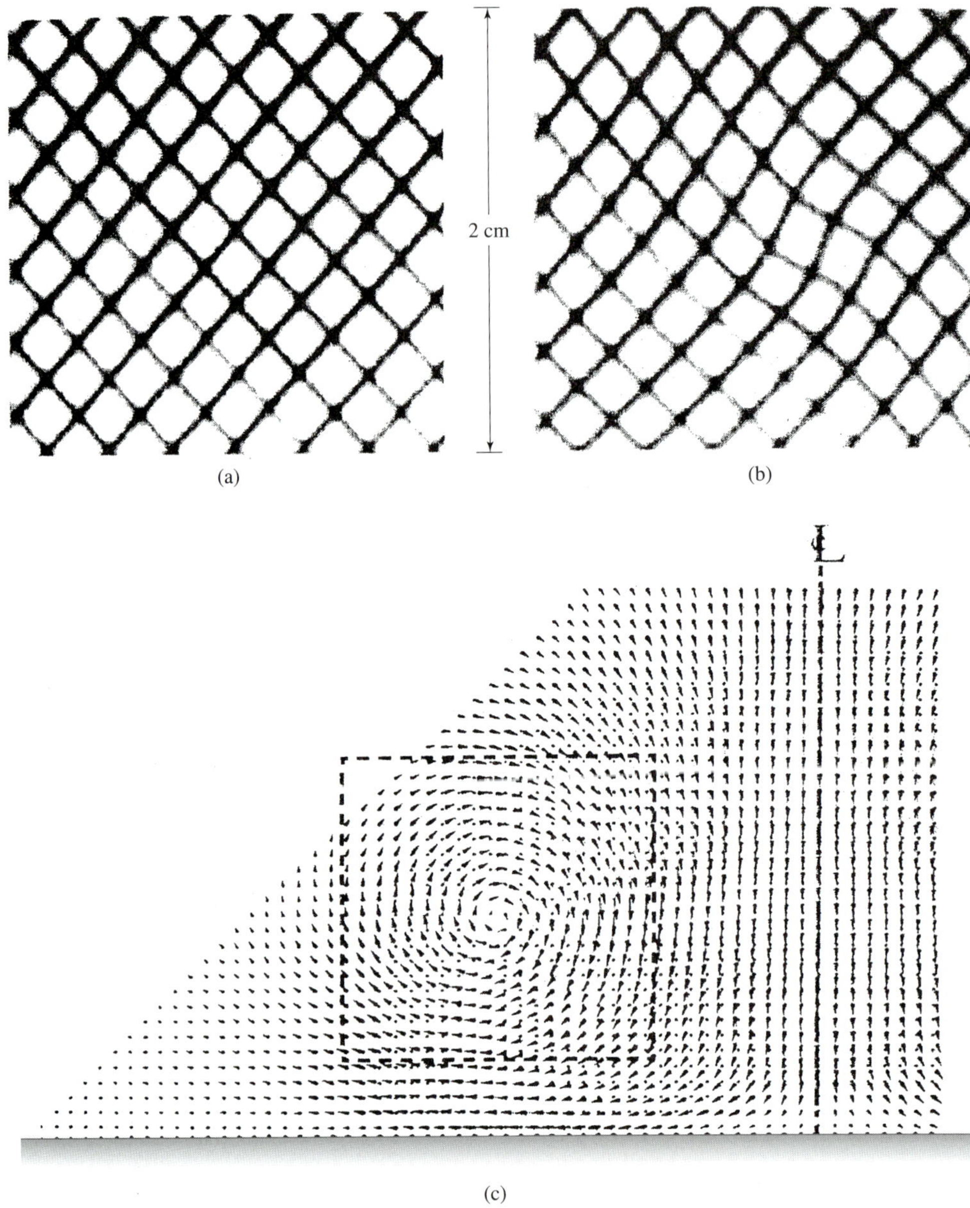

그림 12.22 분자 표지 속도 측정법(MTV): (a) 레이저로 표지 후 보텍스 링 내부의 샘플 격자, (b) 6 ms 이후 이동한 격자, (c) 벽에 접근하는 보텍스 링의 속도장.(C. Gendrich, M. Koochesfahani)

12.4.2 굴절률을 이용한 방법

굴절률을 이용한 세 가지 방법은 슐리렌, 섀도그래프, 간섭법이다. 이는 자연적으로 또는 인위적으로 밀도차가 변할 때 유동을 가시화하려는 방법으로 기체와 액체에서 모두 사용될 수 있다. 이 방법은 투명한 유체 매체에서 굴절률의 변화와 이에 의한 조사된 빛의 굴절을 이용한다. 이 방법은 대부분 2차원 유동의 연구에 사용되며, 빛은 유동장에 수직으로 조사되므로 측정 결과는 시험 부위의 적분된 측정값이다. 굴절률은 유체의 열역학적 상태

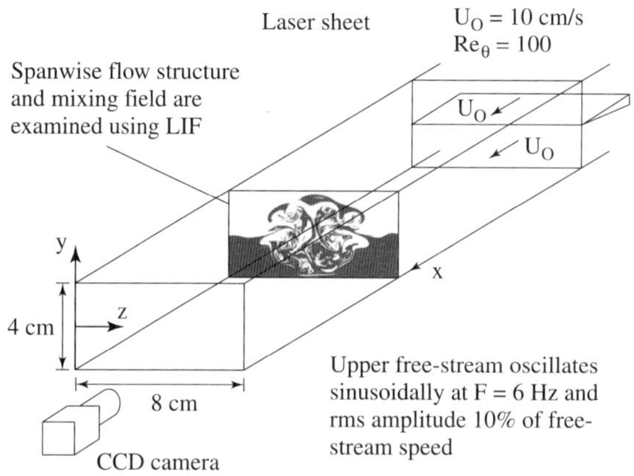

(a)

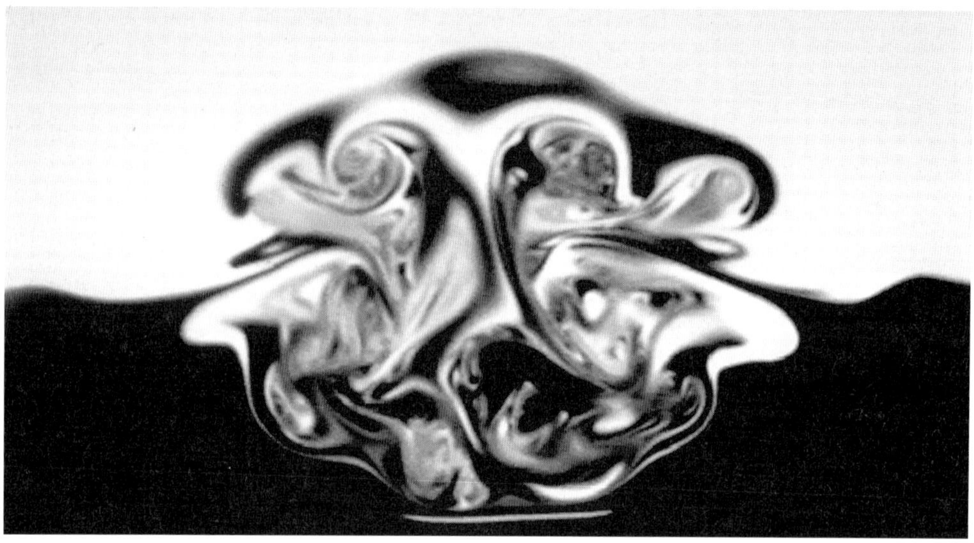

(b)

그림 12.23 레이저 유발 형광(LIF): (a) 실험 장치 배치 (b) LIF로 측정된 자세한 폭 방향 유동 구조.(C. MacKinnon, M. Koochesfahani)

의 함수이며, 일반적으로 밀도에만 의존한다. 이러한 방법으로 연구되는 유동의 예는 충격파를 동반한 고속 유동, 대류 유동, 화염과 연소 유동장, 밀도가 다른 유체의 혼합, 열 및 물질 전달을 동반한 강제 대류 유동 등이다.

시험 부위를 통과한 후 주변 공기로 나올 때 광선의 각도를 슐리렌 시스템을 이용하여 측정할 수 있는데(그림 12.24a), 이 각은 굴절률의 1차 공간 미분 값에 비례한다. 광선은 굴절률이 증가하는 방향으로 대부분의 매체에서는 밀도가 높은 방향으로 휜다. 대표적인 슐리렌 영상이 그림 12.24b에 나타나 있다. 섀도그래프 시스템은 방해받은 빛의 선형 변위를 측정한다(그림 12.25). 슐리렌 영상과는 달리 섀도그래프의 광 패턴은 굴절률의 2차 미분에 의해 결정된다.

섀도그래프와 슐리렌 시스템은 정성적인 유동 가시화 방법이나 간섭계는 정량적 연구에 종종 사용된다. 간섭계는 광 경로 길이의 차에 반응한다. 밀도가 변하는 유동장은 광학적 변화가 있으므로, 전달된 광파의 위상이 방해받지 않은 광파에 상대적으로 변한다. 두

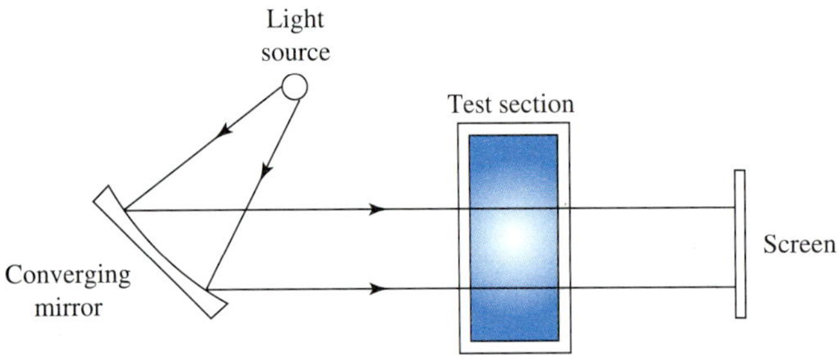

(a)

(b)

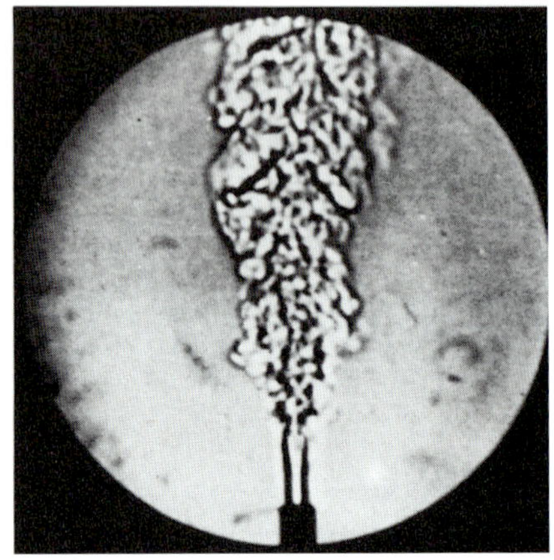

그림 12.24 슐리렌 시스템: (a) 개략도, (b) 대기로 유입되는 헬륨 제트.(R. Goldstein)

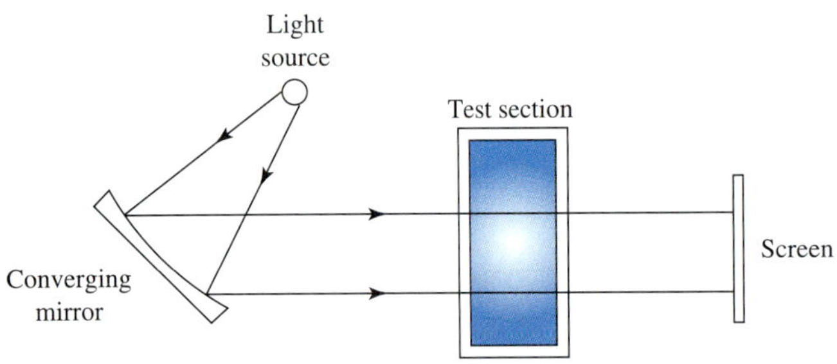

(a)

(b)

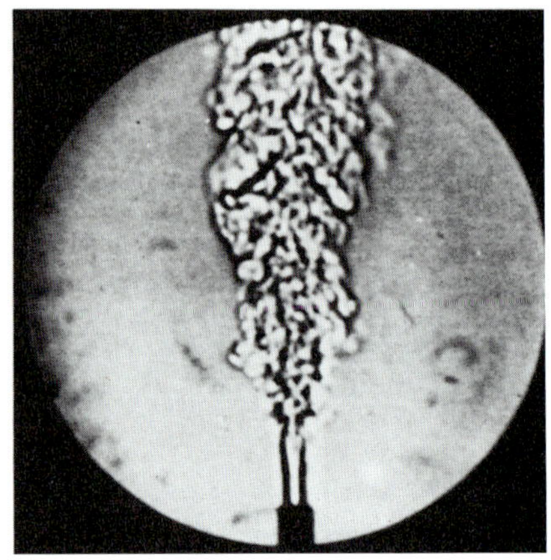

그림 12.25 섀도그래프 시스템: (a) 개략도, (b) 대기로 유입되는 헬륨 제트.(R. Goldstein)

광선 간섭계는 위상 차이를 측정하도록 설계되었다(그림 12.26a). 방해받은 광선과 그렇지 않은 광선이 다시 만나면, 유동장의 밀도 변화의 척도인 간섭 무늬가 스크린에 나타난다. 간섭 무늬 그림은 그림 12.26b에 나타나 있다.

12.5 데이터 획득과 분석

이 절에서는 컴퓨터를 이용한 유동 데이터의 자동 획득에 대해 개략적으로 소개한다. 다음에는 다른 변수를 측정하여 어떤 유동 변수를 간접적으로 측정할 때 불확실성이 어떻게 전달되는지를 포함하여 데이터의 불확실성을 다루는 방법을 설명한다. 마지막으로 많은 유동 관계식은 지수 함수를 포함하므로, 지수 데이터의 곡선 맞춤(curve fitting) 방법을 제시한다.

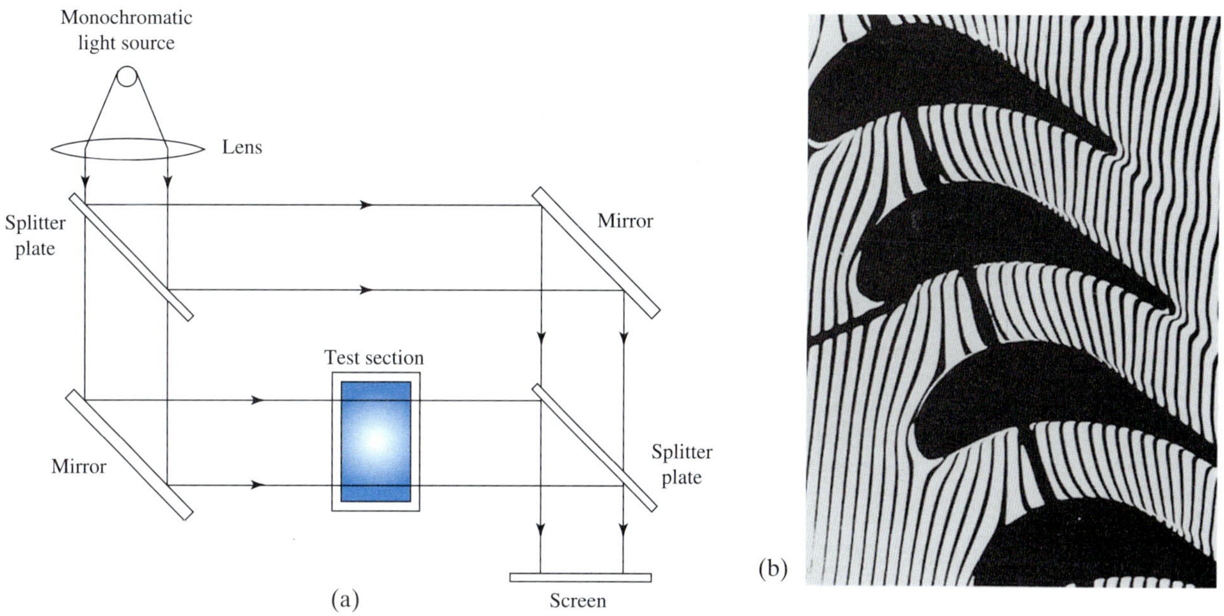

그림 12.26 마하-젠더 간섭계: (a) 개략도, (b) 가열된 가스터빈 날개 위의 유동.(R. Goldstein)

12.5.1 데이터의 디지털 기록

앞 절에서 설명된 몇몇 측정은 정상상태, 시간 평균, 제곱 평균값을 단순히 계기에서 직접 읽으면 되었다. 예를 들어 오리피스 유량계에 부착된 액주계를 읽든지, 베인 속도계의 디지털 rpm을 감시하든지, 부르돈관에 지시된 압력을 기록하든지 하는 것이다. 이런 방법으로 획득된 데이터는 원하는 목표에는 충분히 정확할 수 있으며 데이터를 수집하는 더 복잡한 방법은 비용이 들고 불필요할 수 있다. 반면에 더 복잡한 자료 획득 방법이 필요할 경우도 있다. 예를 들면 스트레인게이지 압력계를 이용하여 관로의 과도 압력을 감시하거나, 자유 기류 유동에서 난류 속도 섭동을 관찰하는 것은 연속적이고 정확하게 데이터를 기록해야 한다. 또 다른 예는 비정상 유동장을 알기 위하여 2차원 평면에서 움직이는 여러 입자의 운동을 기록하는 것이다. 이런 측정을 위해서는 데이터를 자동으로 신속하고 정확하게 기록해야 한다.

개인용 컴퓨터의 개발은 유동 데이터의 자동 획득에 혁신적으로 기여하였다. 사용되는 많은 트랜스듀서는 전압 출력 신호(아날로그 신호)를 발생시키며, 이 신호는 컴퓨터에 자료로 저장되고 처리되기 전에 디지털 신호로 변환되어야 한다. 현재에는 개인용 컴퓨터의 중앙 처리 유닛 버스(bus)에 삽입될 수 있는 많은 플러그인(plug-in) 아날로그 입출력 보드가 있다. 이 입출력 보드는 입력 다중 출력 장치(multiplexer), 입력 증폭기, 샘플앤드홀드(sample and hold) 회로, 하나 또는 여러 개의 디지털 아날로그 변환기, 접속 및 시간 회로로 구성된다. 또한 어떤 장치에는 내장된 RAM(random access memory), ROM(read only memory), 실시간 시계(clock) 등이 포함된다. 프로그램이 불필요하거나 최소한의 노력으로 사용이 가능한 소프트웨어도 있다.

12.5.2 불확실성 분석

유동을 측정할 때 주어진 변수의 측정값이 완전히 정확할 수 없다는 것을 알아야 한다. 계측기는 변수의 '참값'을 측정하는 것이 아니고, 그 값의 근삿값을 제공한다. 측정을 할 때마다 "과연 측정이 얼마나 정확할까?"하는 중요한 질문에 답해 봐야 한다. 측정과 관계된 부정확성은 오차보다는 불확실성으로 간주될 수 있다. 오차(error)는 참값과 기록된 값과의 변하지 않는 고정된 차이이나, 불확실성(uncertainty)은 각 측정 시 발생하는 오차의 통계학적 값이다.

이 절의 목적은 유동 측정의 불확실성이 결과로 어떻게 전파되는지에 대해 설명하는 것이다. 이 방법은 다양하게 사용되는데, 계산 결과와 수집된 데이터가 일치하는지 또는 허용할 만한 범위를 벗어나는지를 판단하는 데 도움을 주며, 더욱 중요하게는 실험이나 측정 절차를 향상시키는 데 도움을 줄 수 있다. 이 방법은 정확한 교정(calibration)이나 타당한 실험 기법 대신 사용하는 것은 아니며 우수하고 신뢰성 있는 결과를 얻는 데 부가적인 도움이 된다. 여기서는 간단한 개요만 소개하고, 이 주제에 관한 자세한 설명은 Coleman and Steele(1989)나 Kline(1985)를 참조한다.

불확실성은 다음 세 가지로 분류될 수 있다: (1) 계측기의 교정에 의한 불확실성, (2) 데이터 획득에 의한 불확실성, (3) 데이터 정리로 인한 불확실성. 총 불확실성은 편의(bias)와 정밀도(precision)의 합이다. 편의는 시험 중에 존재하는 계통적(systematic) 불확실성으로 어떤 종류의 변수를 반복 측정하는 동안 일정하게 유지된다. 편이를 평기히기 위해 적용되는 통계식은 없으므로 그 값은 추정한 값이다. 교정과 독립적 측정이 이 추정에 도움을 줄 수 있다. 정밀도는 반복성이라고도 하는데, 변수를 반복 측정하여 얻어지며 정밀도의 지표로 표준편차를 사용한다. 유동 측정에서 흔히 발생하는 반복 측정이 되지 않았을 경우, 한 값이 사용되나 그 정밀도는 감소한다. 그림 12.27은 불확실성이 어떻게 정의되는지를 보여 준다. 데이터를 표본 추출한 실선이 가우스 분포를 갖는다고 가정한다. 변수 xi는 측정된 특정한 변수값 또는 피측정값(measurand)이고, $\langle x_i \rangle$는 모든 측정 변수의 평균, δx_i는 불확실성 구간 또는 x_i의 정밀도라 한다. 피측정값의 불확실성은 다음과 같이 주어진다.

$$x_i = < x_i > \pm \delta x_i \tag{12.5.1}$$

더욱이 피측정값을 정해진 정밀도로 기록할 확률과 편의를 명시할 필요가 있다.

데이터의 불확실성을 정의할 뿐 아니라 측정의 불확실성을 결과로 전파시킬 필요가 있다. 두 단계 과정은 다음에 설명되어 있다.

1. **피측정값의 불확실성을 설명한다.** 각 피측정값은 독립적 관찰이고 가우스 분포를 띤다고 가정한다. 각 피측정값의 정밀도는 같은 확률 P에서 측정되어야 한다. 예를 들어 피측정값이 위어 상류의 수위와 유량인 위어 유량계를 교정하는 실험을 생각해 보자. 수위는 수위계를 사용하여 측정하고, 유량은 물이 주어진 체적을 채우는 데 필요한 시간을 측정하여 기록한다. 따라서 두 피측정값은 독립적이다. 더욱이 경험과 반복 측정 결과로 다음과 같이 말하는 것은 합리적이다: (1) 편의(bias)가

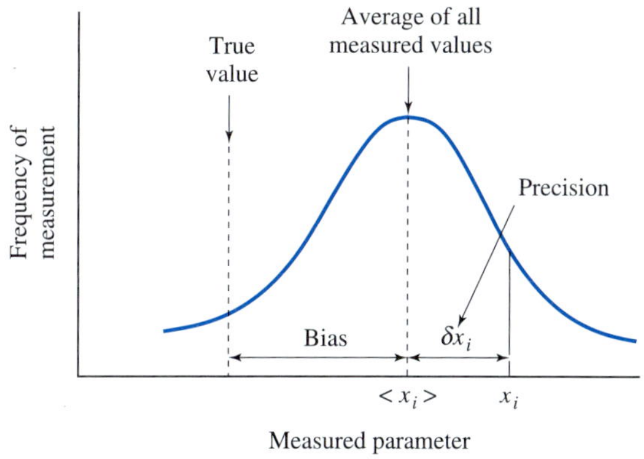

그림 12.27 데이터 추출과 연관된 불확실성.

없다. (2) 각 피측정값에 대해 기록된 정밀도는 $P = 0.95$의 확률을 갖는다. 즉 피측정값을 21번 읽으면 20번은 정밀도 범위 안에 있다.

2. **전체 불확실성 구간을 계산한다.** 파라미터 R이 피측정값 $x_1, x_2, \ldots, x_n$에서부터 계산된 값을 나타낸다고 하면 $R(x_1, x_2, \ldots, x_n)$이다. 여기서 R은 지정한 구간에서 연속적이고 연속적 미분 값을 갖는다고 가정한다. 두 변수 사이에는 상관관계가 없고 불확실성 구간의 상관관계도 없다고, 즉 서로 독립적이라고 가정한다. 그렇다면 전체 불확실성 δR은 R을 피측정값 $x_1, x_2, \ldots, x_n$에 대해 테일러 급수로 전개하여 제곱합의 제곱근 값을 구하여 얻을 수 있다.

$$\delta R = \left[\left(\frac{\partial R}{\partial x_1}\delta x_1\right)^2 + \left(\frac{\partial R}{\partial x_2}\delta x_2\right)^2 + \cdots + \left(\frac{\partial R}{\partial x_n}\delta x_n\right)^2\right]^{1/2} \tag{12.5.2}$$

R의 식이 복잡하여 식 12.5.2의 미분 값을 얻기 어려울 경우가 있다. 이런 경우 해석을 단순화하기 위해 편미분을 유한 차분으로 근사화하여 사용할 수 있다. 예를 들어 첫 번째 편미분에 대해 전향(forward) 유한 차분 근삿값을 사용하면 다음과 같다.

$$\frac{\partial R}{\partial x_1} \approx \frac{R(x_1 + \delta x_1, x_2, \ldots, x_n) - R(x_1, x_2, \ldots, x_n)}{(x_1 + \delta x_1) - x_1} \tag{12.5.3}$$

여기서 분모의 유한 차분 구간은 불확실성 구간 δx_1과 같다. 식 12.5.3의 분자는 다른 변수를 고정하고 $x_1 + \delta x_1$과 x_1에서 얻은 R 값의 차이이다. 식 12.5.2의 다른 편미분 값도 비슷하게 표현되며, 이 결과를 관계식에 다시 대입하면 원하는 결과를 얻는다.

$$\delta R \approx \left\{\begin{aligned} &[R(x_1 + \delta x_1, x_2, \ldots, x_n) - R(x_1, x_2, \ldots, x_n)]^2 \\ &\quad + [R(x_1, x_2 + \delta x_2, \ldots, x_n) - R(x_1, x_2, \ldots, x_n)]^2 \\ &\qquad + \cdots + [R(x_1, x_2, \ldots, x_n + \delta x_n) - R(x_1, x_2, \ldots, x_n)]^2 \end{aligned}\right\}^{1/2} \tag{12.5.4}$$

식 12.5.4는 스프레드시트(spreadsheet) 알고리즘을 이용하여 쉽게 계산할 수 있다.

식 12.5.2나 12.5.4는 δR의 근삿값을 알려 준다. 전체 불확실성 구간은 수행된 모든 실험 전체의 표준편차에서 구해진다.

예제 12.1

그림 E12.1a에서와 같이 관에서 오리피스 유량계를 통과하는 물의 유량과 압력 데이터가 얻어진다. 오리피스의 직경이 35.4 mm이고 관의 직경은 50.8 mm이다. 원래의 데이터는 같이 제공된 표에서와 같은 형태로 나타난다. 둘째 열은 유량 Q, 셋째 열은 정밀도 δQ(편의 0, $P = 0.95$)를 나타내며, 넷째 열에는 $\Delta h = h_1 - h_2$가 주어져 있다. 추가로 각 측정 압력의 정밀도도 $\delta(\Delta h) = 0.025$ m(편의 0, $P = 0.95$)로 유량과 같게 결정되었다. 다섯째와 여섯째 열에는 레이놀즈수와 식 12.3.8을 사용하여 계산한 유량계수 K가 나타나 있다. Q와 Δh의 불확실성을 추정한 결과를 이용하여 K의 불확실성을 구하라.

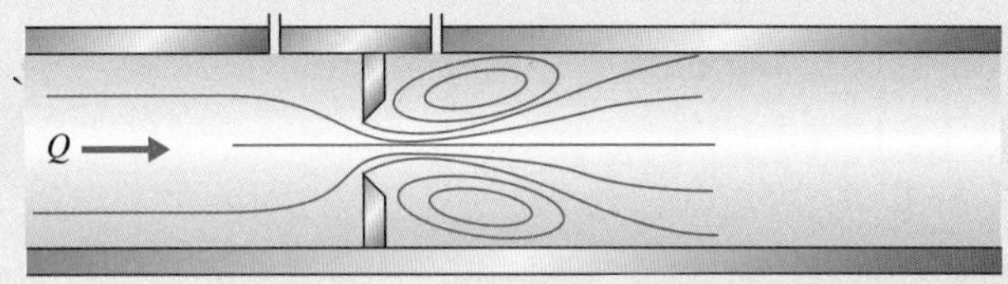

그림 E1.1a

풀이

Q와 Δh의 불확실성을 K로 전파하기 위해 식 12.3.8은 식 12.5.4와 함께 사용한다. 예를 들면 $i = 6$인 데이터를 고려해 보자. δK의 계산은 다음과 같다. 오리피스의 면적은

$$A_0 = \frac{\pi}{4} 0.0354^2 = 9.84 \times 10^{-4}\ \text{m}^2$$

Data no. i	Q (m^3/s)	δQ (m^3/s)	Δh (m)	Re	K	δK
1	0.00119	0.00010	0.139	42 800	0.732	0.085
2	0.00162	0.00012	0.265	58 300	0.722	0.062
3	0.00200	0.00015	0.403	71 900	0.723	0.058
4	0.00223	0.00015	0.517	80 200	0.711	0.051
5	0.00251	0.00015	0.655	90 300	0.711	0.045
6	0.00276	0.00017	0.781	99 300	0.716	0.046
7	0.00294	0.00018	0.907	105 700	0.708	0.045
8	0.00314	0.00019	1.008	112 900	0.717	0.045
9	0.00330	0.00016	1.134	118 700	0.711	0.035
10	0.00346	0.00017	1.247	124 400	0.711	0.036
11	0.00373	0.00017	1.386	134 200	0.727	0.034
12	0.00382	0.00017	1.512	137 400	0.713	0.032
13	0.00408	0.00018	1.663	146 700	0.726	0.033
14	0.00424	0.00019	1.852	152 500	0.715	0.032
15	0.00480	0.00021	2.293	172 600	0.727	0.032

이고 직경비는

$$\beta = \frac{35.4}{50.8} = 0.697 \simeq 0.7$$

(계속)

이다. 식 12.3.8을 이용하여 $(Q, \Delta h)$, $(Q + \delta Q, \Delta h)$, $(Q, \Delta h + \delta(\Delta h))$에 대해 K 값을 결정한다.

$$K(Q, \Delta h) = \frac{0.00276}{9.84 \times 10^{-4}\sqrt{2 \times 9.81 \times 0.781}} = 0.716$$

$$K(Q + \delta Q, \Delta h) = \frac{0.00276 + 0.00017}{9.84 \times 10^{-4}\sqrt{2 \times 9.81 \times 0.781}} = 0.761$$

$$K(Q, \Delta h + \delta(\Delta h)) = \frac{0.00276}{9.84 \times 10^{-4}\sqrt{2 \times 9.81 \times (0.781 + 0.025)}} = 0.705$$

이 값을 식 12.5.4에 대입하고 식에서 R 대신에 변수 K를 사용하면 다음과 같이 된다.

$$\begin{aligned}\delta K &= \{[K(Q + \delta Q, \Delta h) - K(Q, \Delta h)]^2 + [K(Q, \Delta h + \delta(\Delta h)) - K(Q, \Delta h)]^2\}^{1/2} \\ &= [(0.761 - 0.716)^2 + (0.705 - 0.716)^2]^{1/2} \\ &= 0.046\end{aligned}$$

(계속)

모든 피측정값에 대한 결과는 마찬가지로 계산되어 표의 마지막 열에 나타나 있다. 부가적으로 이 값은 그림 E12.1b에 그려져 있다. 각 K 값에서 불확실성 구간인 수직선은 $2\delta K$ 크기이다. 이 구간은 두 피측정값에 대해 편의가 0이고 $P = 0.95$를 기준으로 한 K의 정밀도로 해석될 수 있다. 정밀도 δK는 높은 레이놀즈수에서 약 0.032에서 안정화되고, 낮은 레이놀즈수에서는 값이 크다. K의 불확실성은 레이놀즈수의 증가에 따라 감소한다고 표현할 수 있다. 그림에서의 데이터는 $\beta = 0.7$로 표시된 오리피스 곡선과 비교되어야 한다.

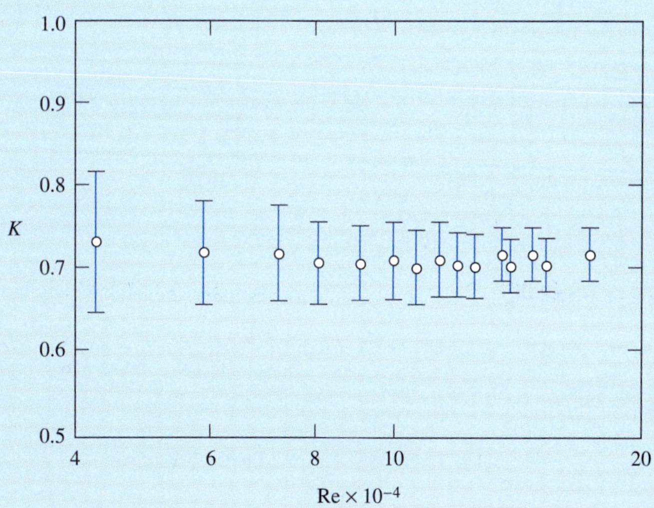

그림 E12.1b

예제 12.1에 대한 Mathcad 해가 그림 12.28에 나와 있다.

Input data:

$D := 0.0354 \qquad ORIGIN := 1 \qquad N := 15 \qquad v := 1.006 \times 10^{-6} \qquad g := 9.81$

$$Q := \begin{pmatrix} 0.00119 \\ 0.00162 \\ 0.002 \\ 0.00223 \\ 0.00251 \\ 0.00276 \\ 0.00294 \\ 0.00314 \\ 0.0033 \\ 0.00346 \\ 0.00373 \\ 0.00382 \\ 0.00408 \\ 0.00424 \\ 0.0048 \end{pmatrix} \quad \delta Q := \begin{pmatrix} 0.00010 \\ 0.00012 \\ 0.00015 \\ 0.00015 \\ 0.00015 \\ 0.00017 \\ 0.00018 \\ 0.00019 \\ 0.00016 \\ 0.00017 \\ 0.00017 \\ 0.00017 \\ 0.00018 \\ 0.00019 \\ 0.00021 \end{pmatrix} \quad \Delta h := \begin{pmatrix} 0.139 \\ 0.265 \\ 0.403 \\ 0.517 \\ 0.655 \\ 0.781 \\ 0.907 \\ 1.008 \\ 1.134 \\ 1.247 \\ 1.386 \\ 1.512 \\ 1.663 \\ 1.852 \\ 2.293 \end{pmatrix} \quad \delta\Delta h := \begin{pmatrix} 0.025 \\ 0.025 \\ 0.025 \\ 0.025 \\ 0.025 \\ 0.025 \\ 0.025 \\ 0.025 \\ 0.025 \\ 0.025 \\ 0.025 \\ 0.025 \\ 0.025 \\ 0.025 \\ 0.025 \end{pmatrix}$$

Define function to compute K: $K(q, \Delta H) := \dfrac{q}{\left(\dfrac{\pi \cdot D^2}{4}\right)} \cdot (2 \cdot g \cdot \Delta H)^{-0.5}$

Compute uncertainty in K:

$i := 1 .. N$

$KK_i := K(Q_i, \Delta h_i)$

$\delta K_i := \sqrt{(K(Q_i + \delta Q_i, \Delta h_i) - K(Q_i, \Delta h_i))^2 + (K(Q_i, \Delta h_i + \delta\Delta h_i) - K(Q_i, \Delta h_i))^2}$

$Re_i := \dfrac{4 \cdot Q_i}{\pi \cdot v \cdot D}$

그림 12.28 예제 12.1의 Mathcad 해.

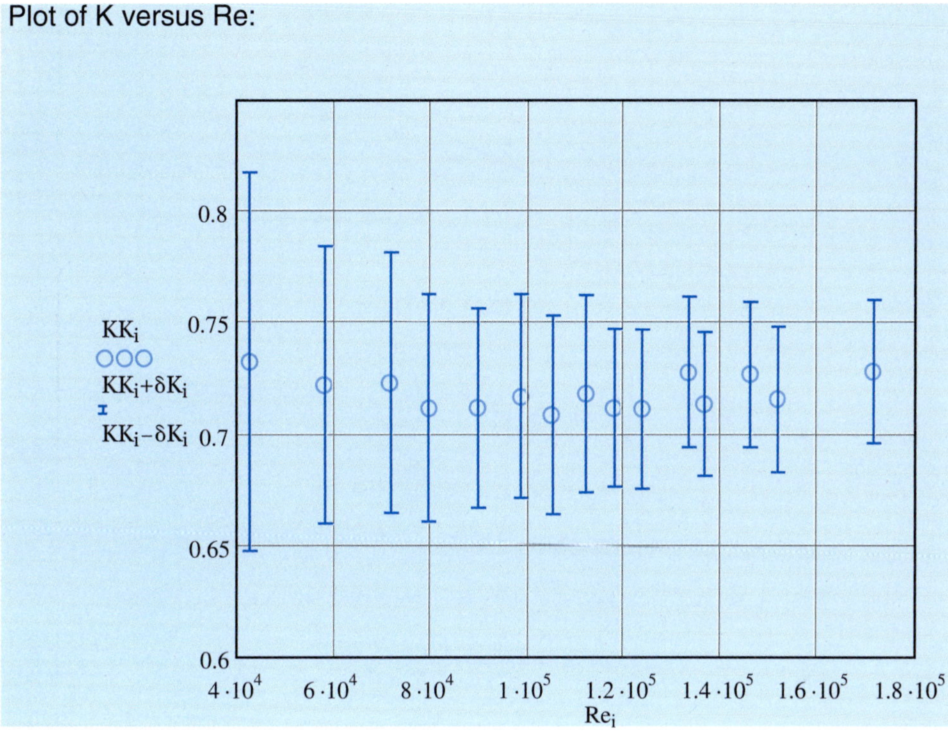

그림 12.28 계속

12.5.3 회귀 분석

많은 유동 측정 장치는 다음과 같은 일반식에 따라 유량을 압력 강하나 수두와 연관짓는다.

$$Y = CX^m \tag{12.5.5}$$

여기서 Y는 유도된 결과 값, X는 피측정값, C와 m은 상수이다. X와 Y를 독립적으로 많이 측정하여 C와 m을 구할 수 있다. C와 m을 결정하는 체계적인 접근법은 최소제곱법을 기초로 최적 추정값을 찾는 것이다. 식 12.5.5의 각 변에 로그를 취하면 다음과 같이 되고

$$\ln Y = \ln C + m \ln X \tag{12.5.6}$$

이 식은 다음과 같은 형태이다.

$$y = b + mx \tag{12.5.7}$$

두 식을 비교하여 보면, $y = \ln Y$, $b = \ln C$, $x = \ln X$이고 식 12.5.6은 선형임을 알 수 있다.

X_i, Y_i, $i = 1, \ldots, n$인 데이터 집합을 고려한다. 데이터 (x_i, y_i)의 로그 값을 통과하는 직선을 오차를 작게 얻고자 한다. 오차는 y_i 값과 이에 해당하는 직선에서의 값과의 차이로 정의된다. 그림 12.29에서 s_i는 데이터 점 (x_i, y_i)에서의 오차이다. 최소제곱법은 오차를 최소화하기 위하여 모든 데이터의 오차의 제곱의 합을 가장 작도록 한다. 식 12.5.5로부터 다음과 같이 쓸 수 있다.

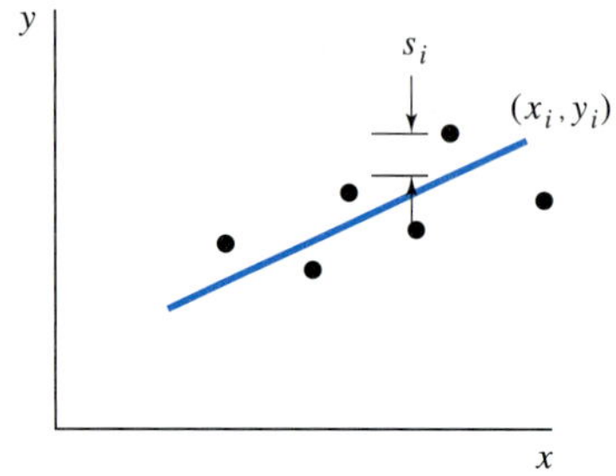

그림 12.29 최소제곱법.

$$S = \sum_{i=1}^{n} s_i^2 = \sum_{i=1}^{n} [y_i - (b + mx_i)]^2 \tag{12.5.8}$$

변수 S를 b와 m에 대해 편미분하여 나온 방정식을 0으로 놓고 b와 m에 대해 풀어서 S를 최소화한다. 이 결과는 독자가 연습문제로 풀어 보기 바란다.

$$m = \frac{\Sigma x_i y_i - (\Sigma x_i \Sigma y_i)/n}{\Sigma x_i^2 - (\Sigma x_i)^2/n} \tag{12.5.9}$$

$$b = \frac{\Sigma y_i - m \Sigma x_i}{n} \tag{12.5.10}$$

$$C = e^b \tag{12.5.11}$$

입력 데이터 (X_i, Y_i)에 대해 m과 C 값을 구하기 위해 간단한 컴퓨터 알고리즘이나 스프레드시트를 사용할 수 있다.

예제 12.2

예제 12.1에 주어진 데이터에 대하여 최소제곱 회귀법을 사용하여 식 12.5.5의 상수 C와 지수 m을 구하라. 이 결과를 식 12.3.8의 결과와 비교하라.

풀이

식 12.5.9~12.5.11이 C, b, m 값을 구하기 위해 사용된다. 식 12.5.9와 12.5.10에서 x에 $\ln \Delta h = \ln(h_1 - h_2)$, y에 $\ln Q$를 대입한다. 계산 결과는 아래 표에 나타나 있다.

(계속)

i	$x_i = \ln \Delta h$	$y_i = \ln Q$	x_i^2	$x_i y_i$
1	−1.9733	−6.7338	3.8939	13.2878
2	−1.3280	−6.4253	1.7636	8.5328
3	−0.9088	−6.2146	0.8259	5.6478
4	−0.6597	−6.1058	0.4352	4.0280
5	−0.4231	−5.9875	0.1790	2.5333
6	−0.2472	−5.8925	0.06111	1.4566
7	−0.09761	−5.8293	0.009528	0.5690
8	0.007968	−5.7635	0.00006349	−0.0459
9	0.1258	−5.7138	0.01583	−0.7188
10	0.2207	−5.6665	0.04871	−1.2506
11	0.3264	−5.5913	0.1065	−1.8250
12	0.4134	−5.5675	0.1709	−2.3016
13	0.5086	−5.5017	0.2587	−2.7982
14	0.6163	−5.4632	0.3798	−3.3670
15	0.8299	−5.3391	0.6887	−4.4309
Σ	−2.5886	−87.7954	8.8374	19.3173

합산된 값을 식 12.5.9~12.5.11에 대입하면 다음과 같다.

$$m = \frac{19.3173 - (-2.5886)(-87.7954)/15}{8.8374 - (-2.5886)^2/15} = 0.497$$

$$b = \frac{-87.7954 - 0.497(-2.5886)}{15} = -5.7673$$

$$C = \exp(-5.7673) = 0.00313$$

따라서 유량은 Δh와 회귀 곡선으로 상관관계를 갖는다.

$$Q = 0.00313\ \Delta h^{0.497}$$

예제 12.1의 결과에서 K의 평균값은 0.718이고, 오리피스의 면적은 $A_0 = 9.84 \times 10^{-4}\ \mathrm{m}^2$이었다. 이 값을 식 12.3.8에 대입하면 다음과 같다.

$$Q = 0.00313\ \Delta h^{0.500}$$

따라서 두 결과는 잘 일치한다. 데이터와 회기 선은 그림 E12.2에 나타나 있다.

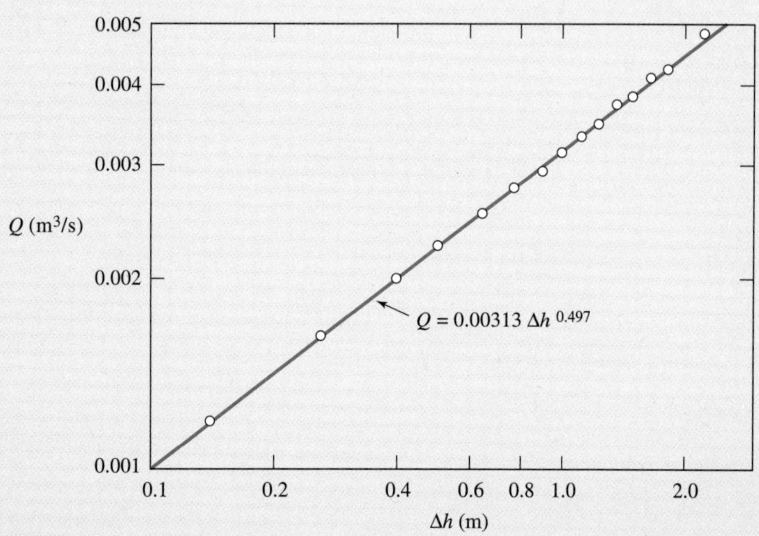

그림 E12.2

예제 12.2에 대한 Mathcad 해가 그림 12.28에 나와 있다.

Input data:

$n := 15$

$$M := \begin{pmatrix} 0.00119 & 0.139 \\ 0.00162 & 0.265 \\ 0.002 & 0.403 \\ 0.00223 & 0.517 \\ 0.00251 & 0.655 \\ 0.00276 & 0.781 \\ 0.00294 & 0.907 \\ 0.00314 & 1.008 \\ 0.0033 & 1.134 \\ 0.00346 & 1.247 \\ 0.00373 & 1.386 \\ 0.00382 & 1.512 \\ 0.00408 & 1.663 \\ 0.00424 & 1.852 \\ 0.0048 & 2.293 \end{pmatrix}$$

Convert to logarithmic form: $X := \ln(M^{<1>})$ $Y := \ln(M^{<0>})$

Compute m, b, and C:

$$m := \frac{\left(\sum_{i=0}^{n-1} X_i \cdot Y_i\right) - \frac{1}{n} \cdot \sum_{i=0}^{n-1} X_i \cdot \sum_{i=0}^{n-1} Y_i}{\sum_{i=0}^{n-1} (X_i)^2 - \left(\sum_{i=0}^{n-1} X_i\right)^2 \cdot \frac{1}{n}} \qquad b := \frac{\sum_{i=0}^{n-1} Y_i - m \cdot \sum_{i=0}^{n-1} X_i}{n} \qquad C := \exp(b)$$

$m = 0.496$ $b = -5.767$ $C = 3.128 \times 10^{-3}$

그림 12.30 예제 12.2의 Mathcad 해.

Plot Q versus Δh:

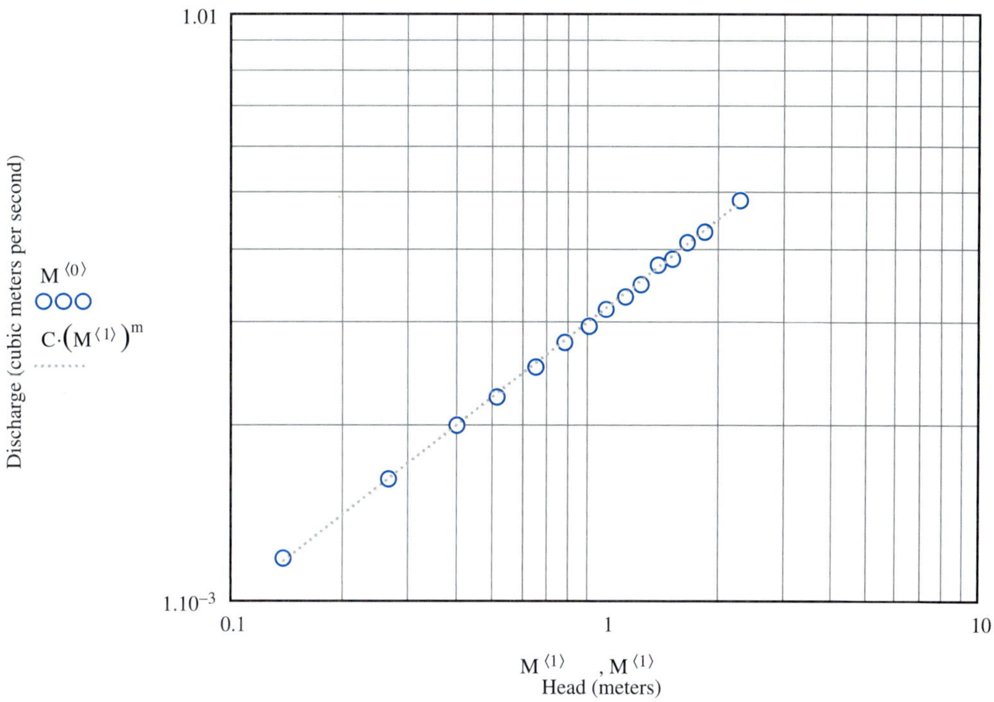

그림 12.30 계속

12.6 요약

유동 변수를 측정하는 많은 기기가 있으며, 일반적으로 많이 사용되는 장치 몇 가지를 소개하였다. 유동장의 여러 위치에서 압력과 속도를 측정하는 방법을 설명하고, 적분된 유량 측정에 대해 설명하였다. 이런 유동 변수를 측정하기 위해 순수한 기계 장치부터 전기기계 장치에 이르는 다양한 기기가 사용된다.

유동 가시화는 산업체나 연구소 실험실에서 난류와 같은 복잡한 유동장을 연구하기 위하여 사용하는 중요한 방법이다. 트레이서나 굴절률 방법의 사용에 대해 설명하였다. 이 방법 중 영상 속도 측정법은 최근 컴퓨터 영상과 레이저 활성 염료의 발달로 인기를 얻고 있다.

오늘날 많은 측정이 자동화되었고 데이터 로거(logger)나 개인용 컴퓨터를 이용하여 아날로그와 디지털 신호를 연결할 필요가 있다. 데이터를 획득하고 저장하는 방법에 관계없이 데이터를 받는 사람은 이 과정에서 불가피하게 존재하는 불확실성을 인식하여야 한다. 측정된 변수에 존재하는 불확실성이 어떻게 결과로 전파되는지를 스프레드시트나 컴퓨터 소프트웨어 해석을 이용하여 설명하였다. 이 방법은 예를 들어 유량계가 얼마나 정확하고 신뢰성이 있는지를 결정하거나 원하는 정밀도를 보장하도록 속도계를 교정하는 실험을 설계할 때 유용하다. 마지막으로 유량과 압력 강하나 수두와의 지수 함수 관계를 나타내는 변수를 결정하기 위해 회귀 분석이 적용되었다.

문제

12.1 압력공에 연결된 20° 경사 액주계가 공기가 유동하는 벽에서 압력을 측정하기 위하여 사용된다. 피측정값이 수은 4 cm 기둥 높이라면, 벽에서의 압력은 얼마인가?

12.2 피토정압관이 대기의 공기 속도를 반복하여 측정하기 위하여 사용된다. 속도와 액주계 눈금 높이 h(수은 기둥 cm)를 $V = C\sqrt{h}$와 같은 식으로 나타내려고 한다. 이때 상수 C의 값을 다음 위치에 있는 온도 20°C 실험실에 대해 구하라.

(a) 해수면

(b) 해발 2000 m

12.3 피토정압관을 물이 액주계 유체인 액주계에 연결하여 8 m/s의 공기 유속을 측정하고자 한다. 액주계의 피측정값은 얼마인가? 이 액주계의 사용 적합성에 대해 설명하라.

12.4 24°C 물이 2.5 mm 직경 관을 통해 탱크로 유동한다. 1.9 리터의 물이 10분 만에 유입되었을 때 유량(m^3/s), 질량 유량(kg/s), 평균 속도(m/s)를 구하라. 이 유동은 층류유동인가, 난류유동인가, 혹은 알 수 없는가?

12.5 10 cm × 100 cm인 사각형 통로에서 속도가 다음 데이터와 같다. 대칭인 평면유동을 가정할 때 유량과 평균 속도를 구하라.

y (cm)	0	0.5	1	2	3	4	5
u (m/s)	0	5.2	8.1	9.2	9.8	10	10

12.6 10 cm 직경 관에서의 속도가 다음 데이터와 같다. 대칭유동을 가정할 때 유량과 평균 속도를 구하라.

r (cm)	0	1	2	3	4	4.5
u (m/s)	10	10	9.8	9.2	8.1	5.2

12.7 12 cm 직경 관에서 물이 유동할 때 6 cm 벤투리 유량계로 측정한 유량이 0.09 m^3/s이다. 수은 액주계의 눈금 변화는 얼마인가? 물 온도는 20°C라고 가정한다.

12.8 24 cm 직경 관에 20°C 물이 흐를 때, 유량을 알려고 한다. 수은 액주계의 눈금이 12 cm일 때, 이 액주계가 다음 유량계와 연결되었을 때의 유량을 각각 계산하라.

(a) 15 cm 직경 오리피스

(b) 15 cm 직경 노즐

12.9 그림 P12.9의 관에서 40°C 물의 유량을 계산하라.

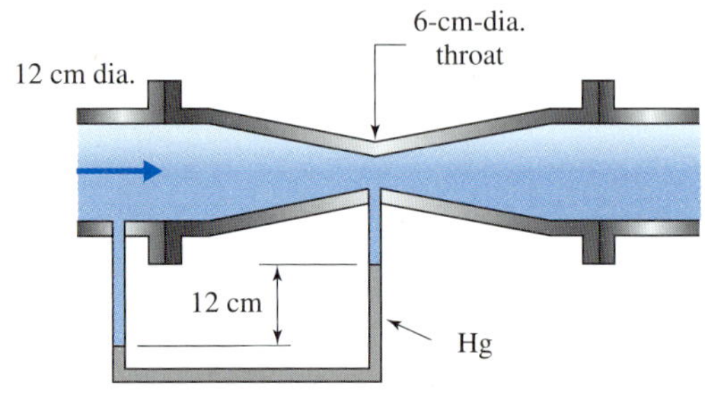

(a)

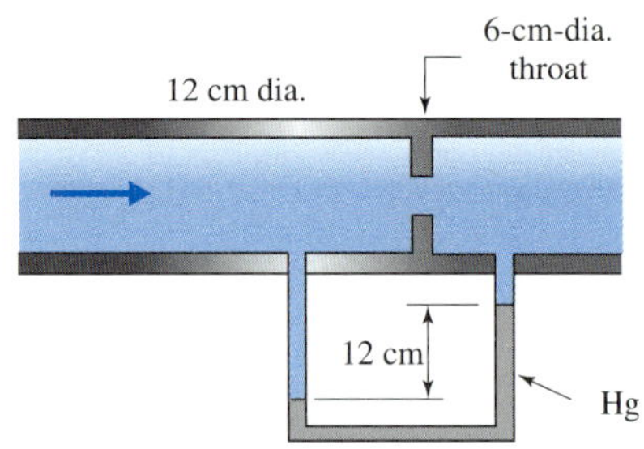

(b)

그림 P12.9

12.10 물이 흐르는 관의 엘보에서 압력차가 측정되었다. 이 관에서의 유량을 구하라. 압력차, 관 직경, 곡률 반경은 다음과 같다. 물 온도는 20°C이다.

(a) 80 kPa, 10 cm, 20 cm

(b) 80 kPa, 5 cm, 20 cm

12.11 관에 흐르는 경유의 속도를 측정하기 위해 피토관이 사용된다. 속도는 다음 식에서 결정된다.

$$v_1 = \sqrt{\frac{2}{\rho}(p_T - p_1)}$$

여기서 v_1은 1 위치에서의 속도이고 ρ는 액체의 밀도, p_T는 측정된 전압, p_1은 1 위치에서의 정압이다. 밀도는 680 ± 50 kg/m^3(P = 0.95, 편의 0)이다.

(a) 두 압력이 다른 압력계를 이용하여 별도로 측정되었다면 v_1의 불확실성은 얼마인가?

p_T = 102 ± 1 kPa(P = 0.95, 편의 0)

p_T = 95 ± 1 kPa(P = 0.95, 편의 0)

(b) 압력차 $p_T - p_1$이 하나의 차압계로 측정되었다면 v_1의 불확실성은 얼마인가?

$p_T - p_1$ = 7 ± 1 kPa(P = 0.95, 편의 0)

(c) (a)와 (b) 중 어느 방법이 좋은가?

12.12 벤투리 유량계에서 물의 유량을 교정하기 위해 사용된 실험 데이터가 아래와 같다. 계기의 목 직경이 33.3 mm이고, 차압 액주계의 상류에서의 직경이 54.0 mm이다. 유량 측정에서 정밀도 δQ의 편의가 0, $P = 0.95$이고, 모든 액주계 측정의 정밀도는 편의가 0이고 $P = 0.95$일 때 $\delta(\Delta h) = 2$ mm Hg이다. 액주계 측정값의 단위가 mm Hg임을 주의하라. 식 12.3.8을 사용하여 두 피측정값의 불확실성에 의한 K의 불확실성을 구하라. 결과를 예제 12.1과 같은 형태로 도시하고 그림 12.10의 곡선과 비교하라.

Data no. i	Q (m^3/s)	δQ (m^3/s)	Δh (mm Hg)	Re
1	0.00168	0.00011	13	64 200
2	0.00208	0.00014	22	79 500
3	0.00249	0.00016	32	95 100
4	0.00281	0.00019	40	107 400
5	0.00328	0.00022	54	125 300
6	0.00355	0.00024	62	135 600
7	0.00372	0.00025	70	142 100
8	0.00402	0.00023	82	153 600
9	0.00415	0.00024	91	158 600
10	0.00444	0.00025	100	169 700
11	0.00479	0.00027	113	183 000
12	0.00493	0.00028	123	188 400
13	0.00523	0.00030	134	199 800
14	0.00533	0.00035	140	203 700
15	0.00509	0.00029	140	194 500

12.13 예제 12.1의 결과를 이용하여 상대 불확실성 $\delta K/K$와 Re의 관계를 선형 눈금(scale)으로 도시하라. 어떤 결론을 도출할 수 있는가?

12.14 문제 12.12의 데이터를 이용하여 최소제곱 회귀법을 수행하여 식 12.5.5의 계수 C와 지수 m을 구하라. 이 결과를 식 12.3.8의 결과와 비교하라. 액주계의 눈금 단위가 mm Hg임을 주의하라.

12.15 다음 표의 데이터를 이용하여 예봉 위의 유량계에 대해 수두-유량의 관계를 $Q = CY^m$의 형태로 구하라. 식에서 Y는 위의 노치로부터 수면까지의 거리이며, Q는 유량이다. 결과를 식 10.4.27과 비교하라.

Data no. i	Q (m^3/s)	Y (m)
1	3.83	11.68
2	3.58	11.41
3	3.52	11.29
4	3.14	10.78
5	2.65	10.15
6	2.58	9.66
7	2.23	9.42
8	2.15	9.24
9	2.07	9.12
10	1.92	8.96
11	1.43	7.94
12	1.20	7.37
13	1.15	7.19
14	0.88	6.22

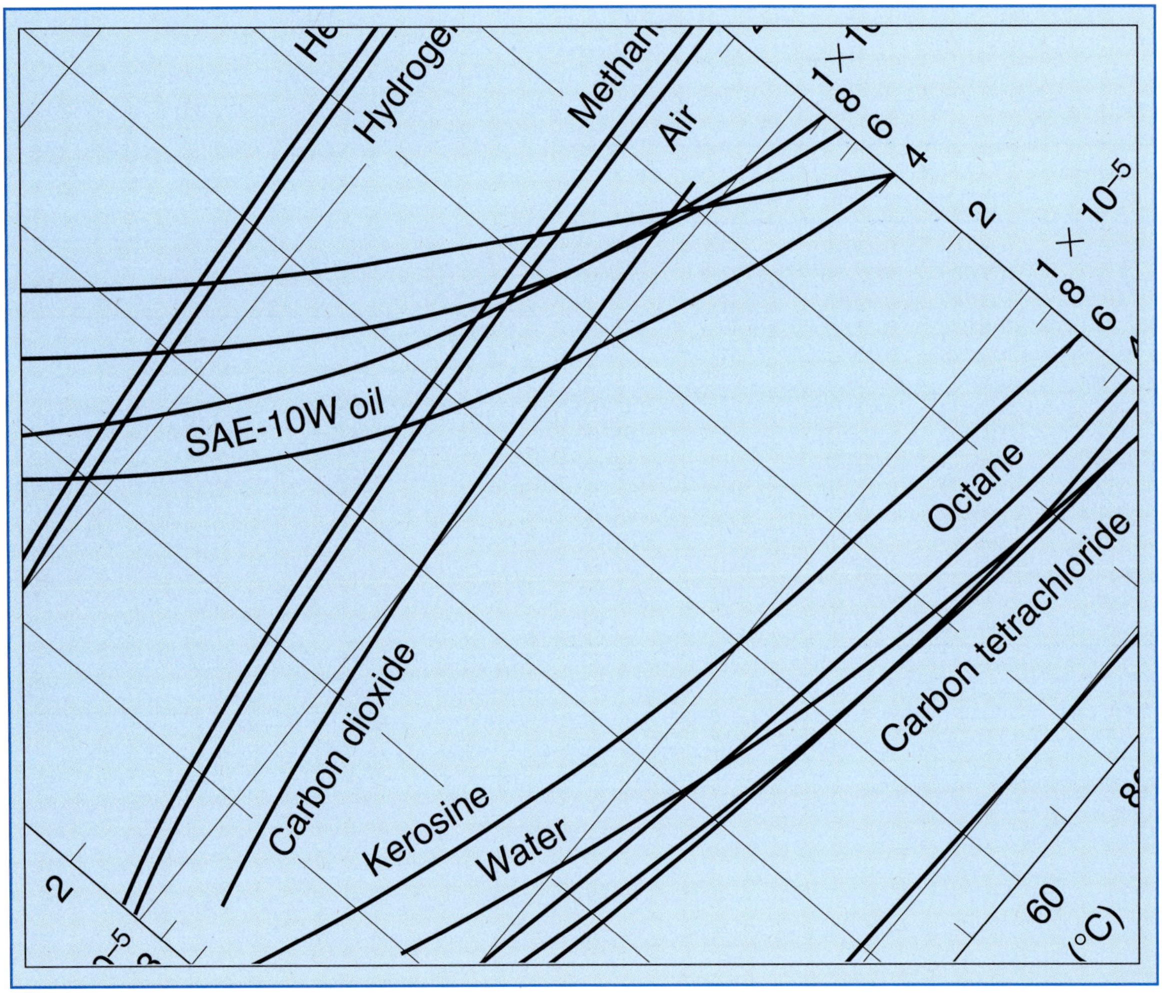
Air
SAE-10W oil
Carbon dioxide
Kerosine
Water
Octane
Carbon tetrachloride
1×10^{-5}
8
6
4
2
60
(°C)

Appendix

A. UNITS AND CONVERSIONS AND VECTOR RELATIONSHIPS

TABLE A.1 U.S. Engineering Units, SI Units, and Their Conversion Factors

Quantity	*English units*	*International system[a]* *SI*	*Conversion factor*
Length	inch	millimeter	1 in. = 25.4 mm
	foot	meter	1 ft = 0.3048 m
	mile	kilometer	1 mile = 1.609 km
Area	square inch	square centimeter	1 in^2 = 6.452 cm^2
	square foot	square meter	1 ft^2 = 0.09290 m^2
Volume	cubic inch	cubic centimeter	1 in^3 = 16.39 cm^3
	cubic foot	cubic meter	1 ft^3 = 0.02832 m^3
	gallon		1 gal = 0.003789 m^3
Mass	pound-mass	kilogram	1 lb_m = 0.4536 kg
	slug		1 slug = 14.59 kg
Density	slug/cubic foot	kilogram/cubic meter	1 slug/ft^3 = 515.4 kg/m^3
Force	pound-force	newton	1 lb = 4.448 N
Work or torque	foot-pound	newton-meter	1 ft-lb = 1.356 N·m
Pressure	pound/square inch	newton/square meter (pascal)	1 psi = 6895 Pa
	pound/square foot		1 psf = 47.88 Pa
Temperature	degree Fahrenheit	degree Celsius	___ °F = $\frac{9}{5}$ ___ °C + 32
	degree Rankine	kelvin	___ °R = $\frac{9}{5}$ ___ K
Energy	British thermal unit	joule	1 Btu = 1055 J
	calorie		1 cal = 4.186 J
	foot-pound		1 ft-lb = 1.356 J
Power	horsepower	watt	1 hp = 745.7 W
	foot-pound/second		1 ft-lb/sec = 1.356 W
Velocity	foot/second	meter/second	1 ft/sec = 0.3048 m/s
Acceleration	foot/second squared	meter/second squared	1 ft/sec^2 = 0.3048 m/s^2
Frequency	cycle/second	hertz	1 cps = 1.000 Hz
Viscosity	pound-second/square foot	newton-second/square meter	1 lb-sec/ft^2 = 47.88 N·s/m^2

[a]The reversed initials in this abbreviation come from the French form of the name: Systéme International.

TABLE A.2 Conversions

Length	*Force*	*Mass*	*Velocity*
1 cm = 0.3937 in.	1 lb = 0.4536 kg	1 oz = 28.35 g	1 mph = 1.467 ft/sec
1 m = 3.281 ft	1 lb = 0.4448×10^6 dyn	1 lb = 0.4536 kg	1 mph = 0.8684 knot
1 km = 0.6214 mile	1 lb = 32.17 pdl	1 slug = 32.17 lb	1 ft/sec = 0.3048 m/s
1 in. = 2.54 cm	1 kg = 2.205 lb	1 slug = 14.59 kg	1 m/s = 3.281 ft/sec
1 ft = 0.3048 m	1 pdl = 0.03108 lb	1 kg = 2.205 lb	1 km/h = 0.278 m/s
1 mile = 1.609 km	1 dyn = 2.248×10^{-6} lb	1 kg = 0.06852 slug	
1 mile = 5280 ft	1 lb = 4.448 N		
1 mile = 1760 yd	1 N = 0.2248 lb		

Work, energy, and power	*Pressure*	*Volume*	*Flow rate*
1 Btu = 778.2 ft-lb	1 psi = 2.036 in. Hg	1 ft^3 = 28.32 L	1 ft^3/min = 4.719×10^{-4} m^3/s
1 J = 10^7 ergs 1 J = 0.7376 ft-lb	1 psi = 27.7 in. H_2O	1 ft^3 = 7.481 gal (U.S.)	1 ft^3/sec = 0.02832 m^3/s
1 cal = 3.088 ft-lb	14.7 psi = 22.92 in. Hg	1 gal (U.S.) = 231 in^3	1 m^3/s = 35.31 ft^3/sec
1 cal = 0.003968 Btu	14.7 psi = 33.93 ft H_2O	1 gal (Brit.) = 1.2 gal (U.S.)	1 gal/min = 0.002228 ft^3/sec
1 kWh = 3413 Btu	14.7 psi = 1.0332 kg/cm^2	1 m^3 = 1000 L	1 ft^3/sec = 448.9 gal/min
1 Btu = 1.055 kJ	14.7 psi = 1.0133 bar	1 ft^3 = 0.02832 m^3	
1 ft-lb = 1.356 J	1 kg/cm^2 = 14.22 psi	1 m^3 = 35.31 ft^3	*Viscosity*
1 hp = 550 ft-lb/sec	1 in. Hg = 0.4912 psi		
1 hp = 0.7067 Btu/sec	1 ft H_2O = 0.4331 psi		1 stoke = 10^{-4} m^2/s
1 hp = 0.7455 kW	1 psi = 6895 Pa		1 poise = 0.1 N·s/m^2
1 W = 1 J/s	1 psf = 47.88 Pa		1 lb-sec/ft^2 = 47.88 N·s/m^2
1 W = 1.0×10^7 dyn-cm/s	10^5 Pa = 1 bar		1 ft^2/sec = 0.0929 m^2/s
1 erg = 10^{-7} J	1 kPa = 0.145 psi		
1 quad = 10^{15} Btu			
1 therm = 10^5 Btu			

TABLE A.3 Vector Relationships

$\mathbf{A} \cdot \mathbf{B} = A_x B_x + A_y B_y + A_z B_z$

$\mathbf{A} \times \mathbf{B} = (A_y B_z - A_z B_y)\hat{\mathbf{i}} + (A_z B_x - A_x B_z)\hat{\mathbf{j}} + (A_x B_y - A_y B_x)\hat{\mathbf{k}}$

If $\mathbf{A} \perp \mathbf{B}, \mathbf{A} \cdot \mathbf{B} = 0$

If $\mathbf{A} \parallel \mathbf{B}, \mathbf{A} \times \mathbf{B} = 0$

$$\text{gradient operator} = \nabla = \frac{\partial}{\partial x}\hat{\mathbf{i}} + \frac{\partial}{\partial y}\hat{\mathbf{j}} + \frac{\partial}{\partial z}\hat{\mathbf{k}}$$

$$\text{divergence of } \mathbf{V} = \nabla \cdot \mathbf{V} = \frac{\partial u}{\partial x} + \frac{\partial v}{\partial y} + \frac{\partial w}{\partial z}$$

$$\text{curl of } \mathbf{V} = \nabla \times \mathbf{V} = \left(\frac{\partial w}{\partial y} - \frac{\partial v}{\partial z}\right)\hat{\mathbf{i}} + \left(\frac{\partial u}{\partial z} - \frac{\partial w}{\partial x}\right)\hat{\mathbf{j}} + \left(\frac{\partial v}{\partial x} - \frac{\partial u}{\partial y}\right)\hat{\mathbf{k}}$$

Laplace's equation = $\nabla^2 \phi = 0$

Irrotational (conservative) vector field: $\nabla \times \mathbf{V} = 0$

$$\text{Stokes' theorem: } \oint_C \mathbf{V} \cdot d\mathbf{l} = \iint_A (\nabla \times \mathbf{V}) \cdot \hat{\mathbf{n}}\, dA$$

$$\text{Gauss' Theorem: } \oiint_A \mathbf{V} \cdot \hat{\mathbf{n}}\, dA = \iiint_V \nabla \cdot \mathbf{V}\, dV$$

B. FLUID PROPERTIES

TABLE B.1 Properties of Water

Temperature T (°C)	*Density* ρ (kg/m^3)	*Viscosity* μ ($N \cdot s/m^2$)	*Kinematic viscosity* ν (m^2/s)	*Surface tension* σ (N/m)	*Vapor pressure* p_v (kPa)	*Bulk modulus* B (Pa)
0	999.9	1.792×10^{-3}	1.792×10^{-6}	0.0762	0.610	204×10^7
5	1000.0	1.519	1.519	0.0754	0.872	206
10	999.7	1.308	1.308	0.0748	1.13	211
15	999.1	1.140	1.141	0.0741	1.60	214
20	998.2	1.005	1.007	0.0736	2.34	220
30	995.7	0.801	0.804	0.0718	4.24	223
40	992.2	0.656	0.661	0.0701	3.38	227
50	988.1	0.549	0.556	0.0682	12.3	230
60	983.2	0.469	0.477	0.0668	19.9	228
70	977.8	0.406	0.415	0.0650	31.2	225
80	971.8	0.357	0.367	0.0630	47.3	221
90	965.3	0.317	0.328	0.0612	70.1	216
100	958.4	0.284×10^{-3}	0.296×10^{-6}	0.0594	101.3	207×10^7

TABLE B.2 Properties of Air at Atmospheric Pressure

Temperature T (°C)	*Density* ρ (kg/m^3)	*Viscosity* μ ($N \cdot s/m^2$)	*Kinematic viscosity* ν (m^2/s)	*Velocity of sound* c (m/s)
−50	1.582	1.46×10^{-5}	0.921×10^{-5}	299
−30	1.452	1.56	1.08×10^{-5}	312
−20	1.394	1.61	1.16	319
−10	1.342	1.67	1.24	325
0	1.292	1.72	1.33	331
10	1.247	1.76	1.42	337
20	1.204	1.81	1.51	343
30	1.164	1.86	1.60	349
40	1.127	1.91	1.69	355
50	1.092	1.95	1.79	360
60	1.060	2.00	1.89	366
70	1.030	2.05	1.99	371
80	1.000	2.09	2.09	377
90	0.973	2.13	2.19	382
100	0.946	2.17	2.30	387
200	0.746	2.57	3.45	436
300	0.616	2.93×10^{-5}	4.75×10^{-5}	480

TABLE B.3 Properties of the Standard Atmosphere

Altitude (m)	*Temperature* (K)	*Pressure* (kPa)	*Density* (kg/m^3)	*Velocity of sound* (m/s)
0	288.2	101.3	1.225	340
500	284.9	95.43	1.167	338
1 000	281.7	89.85	1.112	336
2 000	275.2	79.48	1.007	333
4 000	262.2	61.64	0.8194	325
6 000	249.2	47.21	0.6602	316
8 000	236.2	35.65	0.5258	308
10 000	223.3	26.49	0.4136	300
12 000	216.7	19.40	0.3119	295
14 000	216.7	14.17	0.2278	295
16 000	216.7	10.35	0.1665	295
18 000	216.7	7.563	0.1216	295
20 000	216.7	5.528	0.0889	295
30 000	226.5	1.196	0.0184	302
40 000	250.4	0.287	4.00×10^{-3}	317
50 000	270.7	0.0798	1.03×10^{-3}	330
60 000	255.8	0.0225	3.06×10^{-4}	321
70 000	219.7	0.00551	8.75×10^{-5}	297
80 000	180.7	0.00103	2.00×10^{-5}	269

TABLE B.4 Properties of Ideal Gases at 300 K

Gas	*Chemical formula*	*Molar mass*	R $\frac{\text{kJ}}{\text{kg}\cdot\text{K}}$	c_p $\frac{\text{kJ}}{\text{kg}\cdot\text{K}}$	k
Air	—	28.97	0.287	1.004	1.40
Argon	Ar	39.94	0.2081	0.5203	1.667
Carbon dioxide	CO_2	44.01	0.1889	0.8418	1.287
Carbon monoxide	CO	28.01	0.2968	1.041	1.40
Ethane	C_2H_6	30.07	0.2765	1.766	1.184
Helium	He	4.003	2.077	5.193	1.667
Hydrogen	H_2	2.016	4.124	14.21	1.40
Methane	CH_4	16.04	0.5184	2.254	1.30
Nitrogen	N_2	28.021	0.2968	1.042	1.40
Oxygen	O_2	32.00	0.2598	0.9216	1.394
Propane	C_3H_8	44.10	0.1886	1.679	1.12
Steam	H_2O	18.02	0.4615	1.872	1.33

$c_v = c_p - R, k = c_p/c_v$

TABLE B.5 Properties of Common Liquids at Atmospheric Pressure and Approximately 16 to 21°C

Liquid	*Specific weight* γ N/m³	*Density* ρ kg/m³	*Surface tension*[a] σ N/m	*Vapor pressure* p_v kPa (abs.)
Alcohol, ethyl	7 744	789	0.022	—
Benzene	8 828	902	0.029	10.3
Carbon tetrachloride	15 629	1 593	0.026	86.2
Gasoline	6 660	680	—	—
Glycerin	12 346	1 258	0.063	1.4×10^{-5}
Kerosene	7 933	809	0.025	—
Mercury	132 800	13 550	0.467	1.59×10
SAE 10 oil	9 016	917	0.036	—
SAE 30 oil	9 016	917	0.035	—
Turpentine	8 529	871	0.026	5.31×10^{-2}
Water	9 810	1000	0.073	2.34

[a]In contact with air.

C. PROPERTIES OF AREAS AND VOLUMES

TABLE C.1 Areas

	Sketch	Area	Centroid	Second moment
Rectangle	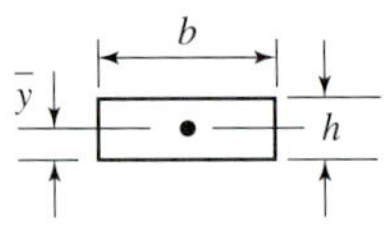	bh	$\bar{y} = h/2$	$\bar{I} = bh^3/12$ $\bar{I}_{xy} = 0$
Triangle	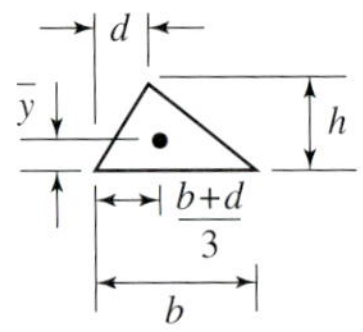	$bh/2$	$\bar{y} = h/3$	$\bar{I} = bh^3/36$ $\bar{I}_{xy} = (b - 2d)bh^3/72$
Circle	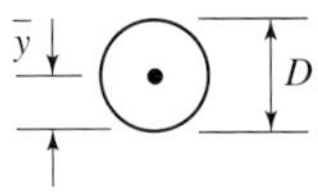	$\pi D^2/4$	$\bar{y} = r$	$\bar{I} = \pi D^4/64$
Semicircle	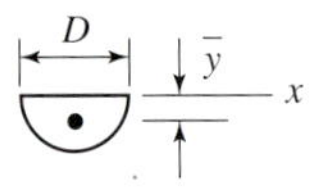	$\pi D^2/8$	$\bar{y} = 4r/3\pi$	$I_x = \pi D^4/128$
Ellipse	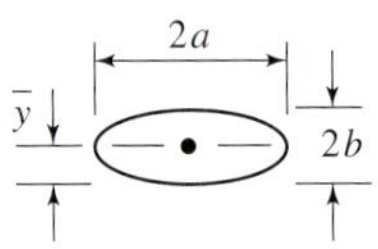	πab	$\bar{y} = b$	$\bar{I} = \pi ab^3/4$
Semiellipse	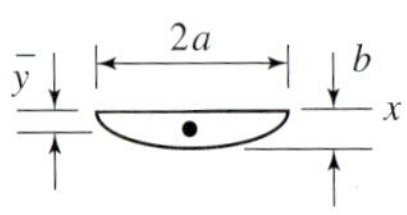	$\pi ab/2$	$\bar{y} = 4b/3\pi$	$I_x = \pi ab^3/8$

TABLE C.2 Volumes

	Sketch	Surface area	Volume	Centroid
Cylinder	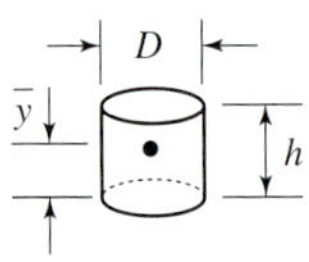	$\pi Dh + \pi D^2/2$	$\pi D^2 h/4$	$\bar{y} = h/2$
Sphere	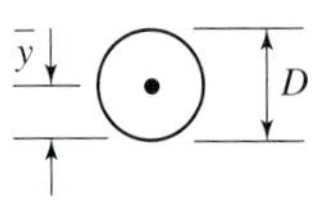	πD^2	$\pi D^3/6$	$\bar{y} = r$
Cone	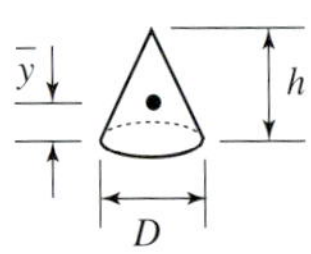	$\pi(r^2 + r\sqrt{r^2 + h^2})$	$\pi D^2 h/12$	$\bar{y} = h/4$
Hemisphere	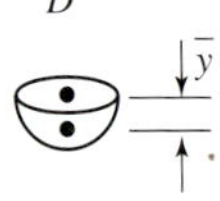	$3\pi D^2/4$	$\pi D^2/12$	$\bar{y} = 3r/8$

D. COMPRESSIBLE-FLOW TABLES FOR AIR

TABLE D.1 Isentropic Flow

M	p/p_0	T/T_0	A/A^*	M	p/p_0	T/T_0	A/A^*
0	1.0000	1.0000	∞	.96	.5532	.8444	1.0014
.02	.9997	.9999	28.9421	.98	.5407	.8389	1.0003
.04	.9989	.9997	14.4815	1.00	.5283	.8333	1.000
.06	.9975	.9993	9.6659	1.02	.5160	.8278	1.000
.08	.9955	.9987	7.2616	1.04	.5039	.8222	1.001
.10	.9930	.9980	5.8218	1.06	.4919	.8165	1.003
.12	.9900	.9971	4.8643	1.08	.4800	.8108	1.005
.14	.9864	.9961	4.1824	1.10	.4684	.8052	1.008
.16	.9823	.9949	3.6727	1.12	.4568	.7994	1.011
.18	.9776	.9936	3.2779	1.14	.4455	.7937	1.015
.20	.9725	.9921	2.9635	1.16	.4343	.7879	1.020
.22	.9668	.9904	2.7076	1.18	.4232	.7822	1.025
.24	.9607	.9886	2.4956	1.20	.4124	.7764	1.030
.26	.9541	.9867	2.3173	1.22	.4017	.7706	1.037
.28	.9470	.9846	2.1656	1.24	.3912	.7648	1.043
.30	.9395	.9823	2.0351	1.26	.3809	.7590	1.050
.32	.9315	.9799	1.9219	1.28	.3708	.7532	1.058
.34	.9231	.9774	1.8229	1.30	.3609	.7474	1.066
.36	.9143	.9747	1.7358	1.32	.3512	.7416	1.075
.38	.9052	.9719	1.6587	1.34	.3417	.7358	1.084
.40	.8956	.9690	1.5901	1.36	.3323	.7300	1.094
.42	.8857	.9659	1.5289	1.38	.3232	.7242	1.104
.44	.8755	.9627	1.4740	1.40	.3142	.7184	1.115
.46	.8650	.9594	1.4246	1.42	.3055	.7126	1.126
.48	.8541	.9560	1.3801	1.44	.2969	.7069	1.138
.50	.8430	.9524	1.3398	1.46	.2886	.7011	1.150
.52	.8317	.9487	1.3034	1.48	.2804	.6954	1.163
.54	.8201	.9449	1.2703	1.50	.2724	.6897	1.176
.56	.8082	.9410	1.2403	1.52	.2646	.6840	1.190
.58	.7962	.9370	1.2130	1.54	.2570	.6783	1.204
.60	.7840	.9328	1.1882	1.56	.2496	.6726	1.219
.62	.7716	.9286	1.1657	1.58	.2423	.6670	1.234
.64	.7591	.9243	1.1452	1.60	.2353	.6614	1.250
.66	.7465	.9199	1.1265	1.62	.2284	.6558	1.267
.68	.7338	.9153	1.1097	1.64	.2217	.6502	1.284
.70	.7209	.9107	1.0944	1.66	.2151	.6447	1.301
.72	.7080	.9061	1.0806	1.68	.2088	.6392	1.319
.74	.6951	.9013	1.0681	1.70	.2026	.6337	1.338
.76	.6821	.8964	1.0570	1.72	.1966	.6283	1.357
.78	.6691	.8915	1.0471	1.74	.1907	.6229	1.376
.80	.6560	.8865	1.0382	1.76	.1850	.6175	1.397
.82	.6430	.8815	1.0305	1.78	.1794	.6121	1.418
.84	.6300	.8763	1.0237	1.80	.1740	.6068	1.439
.86	.6170	.8711	1.0179	1.82	.1688	.6015	1.461
.88	.6041	.8659	1.0129	1.84	.1637	.5963	1.484
.90	.5913	.8606	1.0089	1.86	.1587	.5910	1.507
.92	.5785	.8552	1.0056	1.88	.1539	.5859	1.531

TABLE D.1 Isentropic Flow (*continued*)

M	p/p_0	T/T_0	A/A^*	M	p/p_0	T/T_0	A/A^*
1.92	.1447	.5756	1.580	2.92	.3071^{-1}	.3696	3.924
1.94	.1403	.5705	1.606	2.94	.2980^{-1}	.3665	3.999
1.96	.1360	.5655	1.633	2.96	.2891^{-1}	.3633	4.076
1.98	.1318	.5605	1.660	2.98	.2805^{-1}	.3602	4.155
2.00	.1278	.5556	1.688	3.00	.2722^{-1}	.3571	4.235
2.02	.1239	.5506	1.716	3.02	.2642^{-1}	.3541	4.316
2.04	.1201	.5458	1.745	3.04	.2564^{-1}	.3511	4.399
2.06	.1164	.5409	1.775	3.06	.2489^{-1}	.3481	4.483
2.08	.1128	.5361	1.806	3.08	.2416^{-1}	.3452	4.570
2.10	.1094	.5313	1.837	3.10	.2345^{-1}	.3422	4.657
2.12	.1060	.5266	1.869	3.12	.2276^{-1}	.3393	4.747
2.14	.1027	.5219	1.902	3.14	.2210^{-1}	.3365	4.838
2.16	.9956^{-1}	.5173	1.935	3.16	.2146^{-1}	.3337	4.930
2.18	.9649^{-1}	.5127	1.970	3.18	.2083^{-1}	.3309	5.025
2.20	.9352^{-1}	.5081	2.005	3.20	.2023^{-1}	.3281	5.121
2.22	.9064^{-1}	.5036	2.041	3.22	.1964^{-1}	.3253	5.219
2.24	.8785^{-1}	.4991	2.078	3.24	.1908^{-1}	.3226	5.319
2.26	.8514^{-1}	.4947	2.115	3.26	.1853^{-1}	.3199	5.420
2.28	.8251^{-1}	.4903	2.154	3.28	.1799^{-1}	.3173	5.523
2.30	.7997^{-1}	.4859	2.193	3.30	.1748^{-1}	.3147	5.629
2.32	.7751^{-1}	.4816	2.233	3.32	.1698^{-1}	.3121	5.736
2.34	.7512^{-1}	.4773	2.274	3.34	.1649^{-1}	.3095	5.845
2.36	.7281^{-1}	.4731	2.316	3.36	.1602^{-1}	.3069	5.956
2.38	.7057^{-1}	.4688	2.359	3.38	.1557^{-1}	.3044	6.069
2.40	.6840^{-1}	.4647	2.403	3.40	.1512^{-1}	.3019	6.184
2.42	.6630^{-1}	.4606	2.448	3.42	.1470^{-1}	.2995	6.301
2.44	.6426^{-1}	.4565	2.494	3.44	.1428^{-1}	.2970	6.420
2.46	.6229^{-1}	.4524	2.540	3.46	.1388^{-1}	.2946	6.541
2.48	.6038^{-1}	.4484	2.588	3.48	.1349^{-1}	.2922	6.664
2.50	.5853^{-1}	.4444	2.637	3.50	.1311^{-1}	.2899	6.790
2.52	.5674^{-1}	.4405	2.686	3.52	.1274^{-1}	.2875	6.917
2.54	.5500^{-1}	.4366	2.737	3.54	.1239^{-1}	.2852	7.047
2.56	.5332^{-1}	.4328	2.789	3.56	.1204^{-1}	.2829	7.179
2.58	.5169^{-1}	.4289	2.842	3.58	.1171^{-1}	.2806	7.313
2.60	.5012^{-1}	.4252	2.896	3.60	.1138^{-1}	.2784	7.450
2.62	.4859^{-1}	.4214	2.951	3.62	.1107^{-1}	.2762	7.589
2.64	.4711^{-1}	.4177	3.007	3.64	.1076^{-1}	.2740	7.730
2.66	.4568^{-1}	.4141	3.065	3.66	.1047^{-1}	.2718	7.874
2.68	.4429^{-1}	.4104	3.123	3.68	.1018^{-1}	.2697	8.020
2.70	.4295^{-1}	.4068	3.183	3.70	.9903^{-2}	.2675	8.169
2.72	.4165^{-1}	.4033	3.244	3.72	.9633^{-2}	.2654	8.320
2.74	.4039^{-1}	.3998	3.306	3.74	.9370^{-2}	.2633	8.474
2.76	.3917^{-1}	.3963	3.370	3.76	.9116^{-2}	.2613	8.630
2.78	.3799^{-1}	.3928	3.434	3.78	.8869^{-2}	.2592	8.789
2.80	.3685^{-1}	.3894	3.500	3.80	.8629^{-2}	.2572	8.951
2.82	.3574^{-1}	.3860	3.567	3.82	.8396^{-2}	.2552	9.115
2.84	.3467^{-1}	.3827	3.636	3.84	.8171^{-2}	.2532	9.282
2.86	.3363^{-1}	.3794	3.706	3.86	.7951^{-2}	.2513	9.451
2.88	.3263^{-1}	.3761	3.777	3.88	.7739^{-2}	.2493	9.624
2.90	.3165^{-1}	.3729	3.850	3.90	.7532^{-2}	.2474	9.799

TABLE D.1 Isentropic Flow (*continued*)

M	p/p_0	T/T_0	A/A^*	M	p/p_0	T/T_0	A/A^*
3.92	.7332 $^{-2}$	.2455	9.977	4.54	.3288 $^{-2}$	.1952	17.13
3.94	.7137 $^{-2}$	.2436	10.16	4.56	.3207 $^{-2}$	.1938	17.42
3.96	.6948 $^{-2}$	.2418	10.34	4.58	.3129 $^{-2}$	.1925	17.72
3.98	.6764 $^{-2}$	.2399	10.53	4.60	.3053 $^{-2}$	.1911	18.02
4.00	.6586 $^{-2}$	.2381	10.72	4.62	.2978 $^{-2}$	.1898	18.32
4.02	.6413 $^{-2}$	.2363	10.91	4.64	.2906 $^{-2}$	.1885	18.63
4.04	.6245 $^{-2}$	.2345	11.11	4.66	.2836 $^{-2}$	.1872	18.94
4.06	.6082 $^{-2}$	.2327	11.31	4.68	.2768 $^{-2}$	.1859	19.26
4.08	.5923 $^{-2}$	.2310	11.51	4.70	.2701 $^{-2}$	.1846	19.58
4.10	.5769 $^{-2}$	.2293	11.71	4.72	.2637 $^{-2}$	.1833	19.91
4.12	.5619 $^{-2}$	.2275	11.92	4.74	.2573 $^{-2}$	.1820	20.24
4.14	.5474 $^{-2}$	.2258	12.14	4.76	.2512 $^{-2}$	.1808	20.58
4.16	.5333 $^{-2}$	.2242	12.35	4.78	.2452 $^{-2}$	.1795	20.92
4.18	.5195 $^{-2}$	.2225	12.57	4.80	.2394 $^{-2}$	.1783	21.26
4.20	.5062 $^{-2}$	.2208	12.79	4.82	.2338 $^{-2}$	.1771	21.61
4.22	.4932 $^{-2}$	.2192	13.02	4.84	.2283 $^{-2}$	.1759	21.97
4.24	.4806 $^{-2}$	.2176	13.25	4.86	.2229 $^{-2}$	.1747	22.33
4.26	.4684 $^{-2}$	.2160	13.48	4.88	.2177 $^{-2}$	.1735	22.70
4.28	.4565 $^{-2}$	.2144	13.72	4.90	.2126 $^{-2}$	.1724	23.07
4.30	.4449 $^{-2}$	.2129	13.95	4.92	.2076 $^{-2}$	.1712	23.44
4.32	.4337 $^{-2}$	.2113	14.20	4.94	.2028 $^{-2}$	.1700	23.82
4.34	.4228 $^{-2}$	.2098	14.45	4.96	.1981 $^{-2}$	.1689	24.21
4.36	.4121 $^{-2}$	.2083	14.70	4.98	.1935 $^{-2}$	.1678	24.60
4.38	.4018 $^{-2}$	.2067	14.95	5.00	.1890 $^{-2}$	.1667	25.00
4.40	.3918 $^{-2}$	.2053	15.21	6.00	.0633 $^{-2}$	.1219	53.19
4.42	.3820 $^{-2}$	.2038	15.47	7.00	.0242 $^{-2}$	.0926	104.14
4.44	.3725 $^{-2}$	.2023	15.74	8.00	.0102 $^{-2}$	.0725	109.11
4.46	.3633 $^{-2}$	.2009	16.01	9.00	.0474 $^{-3}$	.0582	327.19
4.48	.3543 $^{-2}$	.1994	16.28	10.00	.0236 $^{-3}$	.0476	535.94
4.50	.3455 $^{-2}$	.1980	16.56	∞	0	0	∞
4.52	.3370 $^{-2}$	.1966	16.84				

TABLE D.2 Normal-Shock Flow

M_1	M_2	p_2/p_1	T_2/T_1	p_{02}/p_{01}
1.00	1.000	1.000	1.000	1.000
1.02	.9805	1.047	1.013	1.000
1.04	.9620	1.095	1.026	.9999
1.06	.9444	1.144	1.039	.9997
1.08	.9277	1.194	1.052	.9994
1.10	.9118	1.245	1.065	.9989
1.12	.8966	1.297	1.078	.9982
1.14	.8820	1.350	1.090	.9973
1.16	.8682	1.403	1.103	.9961
1.18	.8549	1.458	1.115	.9946
1.20	.8422	1.513	1.128	.9928
1.22	.8300	1.570	1.141	.9907
1.24	.8183	1.627	1.153	.9884
1.26	.8071	1.686	1.166	.9857
1.28	.7963	1.745	1.178	.9827

TABLE D.2 Normal-Shock Flow (*continued*)

M_1	M_2	p_2/p_1	T_2/T_1	p_{02}/p_{01}
1.30	.7860	1.805	1.191	.9794
1.32	.7760	1.866	1.204	.9758
1.34	.7664	1.928	1.216	.9718
1.36	.7572	1.991	1.229	.9676
1.38	.7483	2.055	1.242	.9630
1.40	.7397	2.120	1.255	.9582
1.42	.7314	2.186	1.268	.9531
1.44	.7235	2.253	1.281	.9476
1.46	.7157	2.320	1.294	.9420
1.48	.7083	2.389	1.307	.9360
1.50	.7011	2.458	1.320	.9298
1.52	.6941	2.529	1.334	.9233
1.54	.6874	2.600	1.347	.9166
1.56	.6809	2.673	1.361	.9097
1.58	.6746	2.746	1.374	.9026
1.60	.6684	2.820	1.388	.8952
1.62	.6625	2.895	1.402	.8877
1.64	.6568	2.971	1.416	.8799
1.66	.6512	3.048	1.430	.8720
1.68	.6458	3.126	1.444	.8640
1.70	.6405	3.205	1.458	.8557
1.72	.6355	3.285	1.473	.8474
1.74	.6305	3.366	1.487	.8389
1.76	.6257	3.447	1.502	.8302
1.78	.6210	3.530	1.517	.8215
1.80	.6165	3.613	1.532	.8127
1.82	.6121	3.698	1.547	.8038
1.84	.6078	3.783	1.562	.7948
1.86	.6036	3.870	1.577	.7857
1.88	.5996	3.957	1.592	.7765
1.90	.5956	4.045	1.608	.7674
1.92	.5918	4.134	1.624	.7581
1.94	.5880	4.224	1.639	.7488
1.96	.5844	4.315	1.655	.7395
1.98	.5808	4.407	1.671	.7302
2.00	.5774	4.500	1.688	.7209
2.02	.5740	4.594	1.704	.7115
2.04	.5707	4.689	1.720	.7022
2.06	.5675	4.784	1.737	.6928
2.08	.5643	4.881	1.754	.6835
2.10	.5613	4.978	1.770	.6742
2.12	.5583	5.077	1.787	.6649
2.14	.5554	5.176	1.805	.6557
2.16	.5525	5.277	1.822	.6464
2.18	.5498	5.378	1.839	.6373
2.20	.5471	5.480	1.857	.6281
2.22	.5444	5.583	1.875	.6191
2.24	.5418	5.687	1.892	.6100
2.26	.5393	5.792	1.910	.6011
2.28	.5368	5.898	1.929	.5921

TABLE D.2 Normal-Shock Flow (*continued*)

M_1	M_2	p_2/p_1	T_2/T_1	p_{02}/p_{01}
2.30	.5344	6.005	1.947	.5833
2.32	.5321	6.113	1.965	.5745
2.34	.5297	6.222	1.984	.5658
2.36	.5275	6.331	2.002	.5572
2.38	.5253	6.442	2.021	.5486
2.40	.5231	6.553	2.040	.5401
2.42	.5210	6.666	2.059	.5317
2.44	.5189	6.779	2.079	.5234
2.46	.5169	6.894	2.098	.5152
2.48	.5149	7.009	2.118	.5071
2.50	.5130	7.125	2.138	.4990
2.52	.5111	7.242	2.157	.4991
2.54	.5092	7.360	2.177	.4832
2.56	.5074	7.479	2.198	.4754
2.58	.5056	7.599	2.218	.4677
2.60	.5039	7.720	2.238	.4601
2.62	.5022	7.842	2.259	.4526
2.64	.5005	7.965	2.280	.4452
2.66	.4988	8.088	2.301	.4379
2.68	.4972	8.213	2.322	.4307
2.70	.4956	8.338	2.343	.4236
2.72	.4941	8.465	2.364	.4166
2.74	.4926	8.592	2.386	.4097
2.76	.4911	8.721	2.407	.4028
2.78	.4896	8.850	2.429	.3961
2.80	.4882	8.980	2.451	.3895
2.82	.4868	9.111	2.473	.3829
2.84	.4854	9.243	2.496	.3765
2.86	.4840	9.376	2.518	.3701
2.88	.4827	9.510	2.540	.3639
2.90	.4814	9.645	2.563	.3577
2.92	.4801	9.781	2.586	.3517
2.94	.4788	9.918	2.609	.3457
2.96	.4776	10.06	2.632	.3398
2.98	.4764	10.19	2.656	.3340
3.00	.4752	10.33	2.679	.3283
3.02	.4740	10.47	2.703	.3327
3.04	.4729	10.62	2.726	.3172
3.06	.4717	10.76	2.750	.3118
3.08	.4706	10.90	2.774	.3065
3.10	.4695	11.05	2.799	.3012
3.12	.4685	11.19	2.823	.2960
3.14	.4674	11.34	2.848	.2910
3.16	.4664	11.48	2.872	.2860
3.18	.4654	11.63	2.897	.2811
3.20	.4643	11.78	2.922	.2762
3.22	.4634	11.93	2.947	.2715
3.24	.4624	12.08	2.972	.2668
3.26	.4614	12.23	2.998	.2622
3.28	.4605	12.38	3.023	.2577

TABLE D.2 Normal-Shock Flow (*continued*)

M_1	M_2	p_2/p_1	T_2/T_1	p_{02}/p_{01}
3.30	.4596	12.54	3.049	.2533
3.32	.4587	12.69	3.075	.2489
3.34	.4578	12.85	3.101	.2446
3.36	.4569	13.00	3.127	.2404
3.38	.4560	13.16	3.154	.2363
3.40	.4552	13.32	3.180	.2322
3.42	.4544	13.48	3.207	.2382
3.44	.4535	13.64	3.234	.2243
3.46	.4527	13.80	3.261	.2205
3.48	.4519	13.96	3.288	.2167
3.50	.4512	14.13	3.315	.2129
3.52	.4504	14.29	3.343	.2093
3.54	.4496	14.45	3.370	.2057
3.56	.4489	14.62	3.398	.2022
3.58	.4481	14.79	3.426	.1987
3.60	.4474	14.95	3.454	.1953
3.62	.4467	15.12	3.482	.1920
3.64	.4460	15.29	3.510	.1887
3.66	.4453	15.46	3.539	.1855
3.68	.4446	15.63	3.568	.1823
3.70	.4439	15.81	3.596	.1792
3.72	.4433	15.98	3.625	.1761
3.74	.4426	16.15	3.654	.1731
3.76	.4420	16.33	3.684	.1702
3.78	.4414	16.50	3.713	.1673
3.80	.4407	16.68	3.743	.1645
3.82	.4401	16.86	3.772	.1617
3.84	.4395	17.04	3.802	.1589
3.86	.4389	17.22	3.832	.1563
3.88	.4383	17.40	3.863	.1536
3.90	.4377	17.58	3.893	.1510
3.92	.4372	17.76	3.923	.1485
3.94	.4366	17.94	3.954	.1460
3.96	.4360	18.13	3.985	.1435
3.98	.4355	18.31	4.016	.1411
4.00	.4350	18.50	4.047	.1388
4.02	.4344	18.69	4.078	.1364
4.04	.4339	18.88	4.110	.1342
4.06	.4334	19.06	4.141	.1319
4.08	.4329	19.25	4.173	.1297
4.10	.4324	19.45	4.205	.1276
4.12	.4319	19.64	4.237	.1254
4.14	.4314	19.83	4.269	.1234
4.16	.4309	20.02	4.301	.1213
4.18	.4304	20.22	4.334	.1193
4.20	.4299	20.41	4.367	.1173
4.22	.4295	20.61	4.399	.1154
4.24	.4290	20.81	4.432	.1135
4.26	.4286	21.01	4.466	.1116
4.28	.4281	21.20	4.499	.1098

TABLE D.2 Normal-Shock Flow (*continued*)

M_1	M_2	p_2/p_1	T_2/T_1	p_{02}/p_{01}
4.30	.4277	21.41	4.532	.1080
4.32	.4272	21.61	4.566	.1062
4.34	.4268	21.81	4.600	.1045
4.36	.4264	22.01	4.633	.1028
4.38	.4260	22.22	4.668	.1011
4.40	.4255	22.42	4.702	.9948^{-1}
4.42	.4251	22.63	4.736	.9787^{-1}
4.44	.4247	22.83	4.771	.9628^{-1}
4.46	.4243	23.04	4.805	.9473^{-1}
4.48	.4239	23.25	4.840	.9320^{-1}
4.50	.4236	23.46	4.875	.9170^{-1}
4.52	.4232	23.67	4.910	.9022^{-1}
4.54	.4228	23.88	4.946	.8878^{-1}
4.56	.4224	24.09	4.981	.8735^{-1}
4.58	.4220	24.31	5.017	.8596^{-1}
4.60	.4217	24.52	5.052	.8459^{-1}
4.62	.4213	24.74	5.088	.8324^{-1}
4.64	.4210	24.95	5.124	.8192^{-1}
4.66	.4206	25.17	5.160	.8062^{-1}
4.68	.4203	25.39	5.197	.7934^{-1}
4.70	.4199	25.61	5.233	.7809^{-1}
4.72	.4196	25.82	5.270	.7685^{-1}
4.74	.4192	26.05	5.307	.7564^{-1}
4.76	.4189	26.27	5.344	.7445^{-1}
4.78	.4186	26.49	5.381	.7329^{-1}
4.80	.4183	26.71	5.418	.7214^{-1}
4.82	.4179	26.94	5.456	.7101^{-1}
4.84	.4176	27.16	5.494	.6991^{-1}
4.86	.4173	27.39	5.531	.6882^{-1}
4.88	.4170	27.62	5.569	.6775^{-1}
4.90	.4167	27.85	5.607	.6670^{-1}
4.92	.4164	28.07	5.646	.6567^{-1}
4.94	.4161	28.30	5.684	.6465^{-1}
4.96	.4158	28.54	5.723	.6366^{-1}
4.98	.4155	28.77	5.761	.6268^{-1}
5.00	.4152	29.00	5.800	.6172^{-1}
6.00	.4042	41.83	7.941	.2965^{-1}
7.00	.3974	57.00	10.469	.1535^{-1}
8.00	.3929	74.50	13.387	.0849^{-1}
9.00	.3898	94.33	16.693	.0496^{-1}
10.00	.3875	116.50	20.388	.0304^{-1}
∞	.3780	∞	∞	0

TABLE D.3 Prandtl-Meyer Function

M	θ	μ	M	θ	μ
1.00	0	90.00	2.02	26.929	29.67
1.02	.1257	78.64	2.04	27.476	29.35
1.04	.3510	74.06	2.06	28.020	29.04
1.06	.6367	70.63	2.08	28.560	28.74
1.08	.9680	67.81	2.10	29.097	28.44
1.10	1.336	65.38	2.12	29.631	28.14
1.12	1.735	63.23	2.14	30.161	27.86
1.14	2.160	61.31	2.16	30.689	27.58
1.16	2.607	59.55	2.18	31.212	27.30
1.18	3.074	57.94	2.20	31.732	27.04
1.20	3.558	56.44	2.22	32.250	26.77
1.22	4.057	55.05	2.24	32.763	26.51
1.24	4.569	53.75	2.26	33.273	26.26
1.26	5.093	52.53	2.28	33.780	26.01
1.28	5.627	51.38	2.30	34.283	25.77
1.30	6.170	50.28	2.32	34.783	25.53
1.32	6.721	49.25	2.34	35.279	25.30
1.34	7.280	48.27	2.36	35.771	25.07
1.36	7.844	47.33	2.38	36.261	24.85
1.38	8.413	46.44	2.40	36.746	24.62
1.40	8.987	45.58	2.42	37.229	24.41
1.42	9.565	44.77	2.44	37.708	24.19
1.44	10.146	43.98	2.46	38.183	23.99
1.46	10.731	43.23	2.48	38.655	23.78
1.48	11.317	42.51	2.50	39.124	23.58
1.50	11.905	41.81	2.52	39.589	23.38
1.52	12.495	41.14	2.54	40.050	23.18
1.54	13.086	40.49	2.56	40.509	22.99
1.56	13.677	39.87	2.58	40.963	22.81
1.58	14.269	39.27	2.60	41.415	22.62
1.60	14.861	38.68	2.62	41.863	22.44
1.62	15.452	38.12	2.64	42.307	22.26
1.64	16.043	37.57	2.66	42.749	22.08
1.66	16.633	37.04	2.68	43.187	21.91
1.68	17.222	36.53	2.70	43.621	21.74
1.70	17.810	36.03	2.72	44.053	21.57
1.72	18.397	35.55	2.74	44.481	21.41
1.74	18.981	35.08	2.76	44.906	21.24
1.76	19.565	34.62	2.78	45.327	21.08
1.78	20.146	34.18	2.80	45.746	20.92
1.80	20.725	33.75	2.82	46.161	20.77
1.82	21.302	33.33	2.84	46.573	20.62
1.84	21.877	32.92	2.86	46.982	20.47
1.86	22.449	32.52	2.88	47.388	20.32
1.88	23.019	32.13	2.90	47.790	20.17
1.90	23.586	31.76	2.92	48.190	20.03
1.92	24.151	31.39	2.94	48.586	19.89
1.94	24.712	31.03	2.96	48.980	19.75
1.96	25.271	30.68	2.98	49.370	19.61
1.98	25.827	30.33	3.00	49.757	19.47
2.00	26.380	30.00	3.02	50.142	19.34

TABLE D.3 Prandtl-Meyer Function (*continued*)

M	θ	μ	M	θ	μ
3.04	50.523	19.20	4.04	66.309	14.33
3.06	50.902	19.07	4.06	66.569	14.26
3.08	51.277	18.95	4.08	66.826	14.19
3.10	51.560	18.82	4.10	67.082	14.12
3.12	52.020	18.69	4.12	67.336	14.05
3.14	52.386	18.57	4.14	67.588	13.98
3.16	52.751	18.45	4.16	67.838	13.91
3.18	53.112	18.33	4.18	68.087	13.84
3.20	53.470	18.21	4.20	68.333	13.77
3.22	53.826	18.09	4.22	68.578	13.71
3.24	54.179	17.98	4.24	68.821	13.64
3.26	54.529	17.86	4.26	69.053	13.58
3.28	54.877	17.75	4.28	69.302	13.51
3.30	55.222	17.64	4.30	69.541	13.45
3.32	55.564	17.53	4.32	69.777	13.38
3.34	55.904	17.42	4.34	70.012	13.32
3.36	56.241	17.31	4.36	70.245	13.26
3.38	56.576	17.21	4.38	70.476	13.20
3.40	56.907	17.10	4.40	70.706	13.14
3.42	57.237	17.00	4.42	70.934	13.08
3.44	57.564	16.90	4.44	71.161	13.02
3.46	57.888	16.80	4.46	71.386	12.96
3.48	58.210	16.70	4.48	71.610	12.90
3.50	58.530	16.60	4.50	71.832	12.84
3.52	58.847	16.51	4.52	72.052	12.78
3.54	59.162	16.41	4.54	72.271	12.73
3.56	59.474	16.31	4.56	72.489	12.67
3.58	59.784	16.22	4.58	72.705	12.61
3.60	60.091	16.13	4.60	72.919	12.56
3.62	60.397	16.04	4.62	73.132	12.50
3.64	60.700	15.95	4.64	73.344	12.45
3.66	61.000	15.86	4.66	73.554	12.39
3.68	61.299	15.77	4.68	73.763	12.34
3.70	61.595	15.68	4.70	73.970	12.28
3.72	61.899	15.59	4.72	74.176	12.23
3.74	62.181	15.51	4.74	74.381	12.18
3.76	62.471	15.42	4.76	74.584	12.13
3.78	62.758	15.34	4.78	74.786	12.08
3.80	63.044	15.26	4.80	74.986	12.03
3.82	63.327	15.18	4.82	75.186	11.97
3.84	63.608	15.10	4.84	75.383	11.92
3.86	63.887	15.02	4.86	75.580	11.87
3.88	64.164	14.94	4.88	75.775	11.83
3.90	64.440	14.86	4.90	75.969	11.78
3.92	64.713	14.78	4.92	76.162	11.73
3.94	64.983	14.70	4.94	76.353	11.68
3.96	65.253	14.63	4.96	76.544	11.63
3.98	65.520	14.55	4.98	76.732	11.58
4.00	65.785	14.48	5.00	76.920	11.54
4.02	66.048	14.40			

E. NUMERICAL SOLUTIONS FOR CHAPTER 10

```
clear;
% input diameter, Manning coefficient, and channel slope
d=5;
n=0.013;
so=0.0005;
c1-1.0;

%Set range and increments of y
y=0.01:.01:d;

%Define geometric functions
alpha=acos(1-2*y/d);
A=d^2/4*(alpha-sin(alpha).*cos(alpha));
R=A./P;

%Define discharge function, i.e., Manning's equation
Q=c1/n*A.*R.^(2/3)*sqrt(so);

%Plot Y verses Q
Plot(Q, y);
xlabel('Q(y)');
ylabel('y');
```

(a) Algorithms

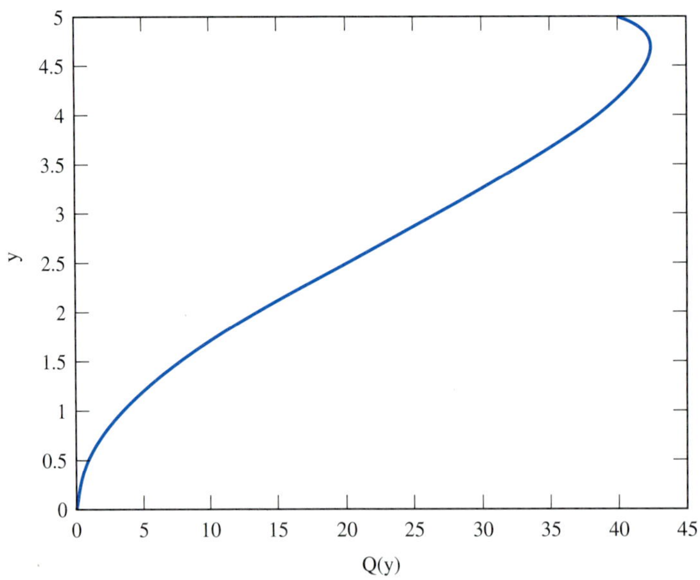

(b) Solutions

FIGURE E.1 Example 10.2 using MATLAB®

Input side slope, bottom width, discharge, critical depth, upstream depth, and gravitational constant:

$m := 2.5$ $\quad b := 0$ $\quad Q := 20$

$y_c := 1.67$ $\quad y_1 := 0.75$ $\quad g := 9.81$

Define the momentum function

$$M(y) := \frac{y^2}{6}\cdot(2\cdot m\cdot y + 3\cdot b) + \frac{Q^2}{g\cdot(b\cdot y + m\cdot y^2)}$$

Find the root of M(y) within the limits $y_c < y < 3y_c$:

$$y_2 := \mathrm{root}(M(y)) - M(y_1), y, y_c, 3\cdot y_c)$$

Hence the solution is $y_2 = 3.218$

FIGURE E.2 Example 10.11 Mathcad solution

```
clear;
%Input side slope, bottom width, discharge, critical depth,
%upstream depth, and gravitational constant
m=2.5;
b=0;
q=20;
yc=1.67;
y1=0.75;
g=9.81;

%Set appropriate upper and lower limits
y=yc:.001:3*yc;

%Reducing Eq.10.5.16 with F=0 yields
f=y.^3+19.58./y.^2-35.23;

%Find value of y where f crosses zero
[s,t]=min(abs(f));
y2=y(t)
```

FIGURE E.3 Example 10.11 MATLAB® algorithm

	A	B	C	D	E	F	G	H	I
1									
2			Depth [m]	Residual					
3		Critical	0.865	1.08665E–06					
4									
5		Normal	1.292	1.81248E–06					
6									
7									
8	Station	y [m]	A [m^2]	V [m/s]	E [m]	y_m [m]	S(y_m)	Δx [m]	x [m]
9	1	0.865	8.358	2.632	1.218				2000
10	2	0.950	9.381	2.345	1.230	0.908	2.165E–03	–8	1992
11	3	1.050	10.631	2.069	1.268	1.000	1.527E–03	–41	1951
12	4	1.150	11.931	1.844	1.323	1.100	1.081E–03	–114	1837
13	5	1.250	13.281	1.656	1.390	1.200	7.866E–04	–357	1480
14	6	1.270	13.557	1.623	1.404	1.260	6.574E–04	–250	1230
15									

(a) Solution

	B	C	D
2		Depth [m]	Residual
3	Critical	0.86479527789122	=22^2*(7.5+2*2.5*C3)/(9.81*(7.5*C3+2.5*C3^2)^3)–1
4			
5	Normal	1.29156940192658	=22*0.015*(7.5+2*C5*SQRT(1+2.5^2))^0.6667/((7.5*C5+2.5*C5^2)^1.6667*SQRT(0.0006))–1

	A	B	C	D	E	F
8	Station	y [m]	A [m^2]	V [m/s]	E [m]	y_m [m]
9	1	0.865	=7.5*B9+B9^2*2.5	=22/C9	=B9+D9^2/(2*9.81)	
10	2	0.95	=7.5*B10+B10^2*2.5	=22/C10	=B10+D10^2/(2*9.81)	=0.5*(B9+B10)
11	3	1.05	=7.5*B11+B11^2*2.5	=22/C11	=B11+D11^2/(2*9.81)	=0.5*(B10+B11)
12	4	1.15	=7.5*B12+B12^2*2.5	=22/C12	=B12+D12^2/(2*9.81)	=0.5*(B11+B12)
13	5	1.25	=7.5*B13+B13^2*2.5	=22/C13	=B13+D13^2/(2*9.81)	=0.5*(B12+B13)
14	6	1.27	=7.5*B14+B14^2*2.5	=22/C14	=B14+D14^2/(2*9.81)	=0.5*(B13+B14)

	G	H	I
8	S(y_m)	Δx [m]	x [m]
9			2000
10	=22^2*0.015^2*(7.5*F10+F10^2*2.5)^–3.3333*((7.5+2*F10*SQRT(1+2.5^2))^1.3333)	=(E10–E9)/(0.0006–G10)	=I9+H10
11	=22^2*0.015^2*(7.5*F11+F11^2*2.5)^–3.3333*((7.5+2*F11*SQRT(1+2.5^2))^1.3333)	=(E11–E10)/(0.0006–G11)	=I10+H11
12	=22^2*0.015^2*(7.5*F12+F12^2*2.5)^–3.3333*((7.5+2*F12*SQRT(1+2.5^2))^1.3333)	=(E12–E11)/(0.0006–G12)	=I11+H12
13	=22^2*0.015^2*(7.5*F13+F13^2*2.5)^–3.3333*((7.5+2*F13*SQRT(1+2.5^2))^1.3333)	=(E13–E12)/(0.0006–G13)	=I12+H13
14	=22^2*0.015^2*(7.5*F14+F14^2*2.5)^–3.3333*((7.5+2*F14*SQRT(1+2.5^2))^1.3333)	=(E14–E13)/(0.0006–G14)	=I13+H14

(b) Spreadsheet formulas

```
clear;
%Input data
Q=22;
M=2.5;
b=7.5;
L=2000;
So=0.0006;
n=0.015;
g=9.81;

%Set range and increments of y
y=0.01:.001:5;

%Define Functions
A=b*y+M*y.^2;
B=b+2*M*y;
P=b+2*y*sqrt(1+M^2);
S=Q^2*n^2./(A.^3.3333.*P.^-1.3333);
Fr=sqrt(Q^2*B./(g*A.^3));

%Find values of y where (s-So) and (Fr-1) cross zero
[s,t]=min(abs(S-So));
yN=y(t)
[s,t]=min(abs(Fr-1));
yc=y(t)

%Reset range and increments of y to go from critical
%to normal depths
clear y;
dy=0.1;
y=yc:dy:yN

%Calculate specific energy at new y values
A=b*y+M*y.^2;
E=y+Q^2./(2*g*A.^2)

%Calculate x locations according to Eq.10.7.6
ym=(y(2:5)+y(1:4))/2;
A_Ym=b*ym+M*ym.^2);
P_ym=b+2*ym*sqrt(1+M^2);
S_ym=Q^2*n^2./(A_ym.^(10/3).*P_ym.^(-4/3));

x(1)=L;
for i=2:5;
   x(i)=x(i-1)+(E(i)-E(i-1))/(S0-S_ym(i-1));
end;
```

FIGURE E.5 Example 10.15 using MATLAB® (a) Algorithm

```
YN =

     1.2920

yc =

     0.8650

Y =

    0.8650      0.9650     1.0650     1.1650     1.2650

E =

    1.2181      1.2346     1.2756     1.3326     1.4006

x =

   1.0e+003 *

    2.0000.     1.9890     1.9406     1.8076     1.3591
```

(b) Solution

FIGURE E.5 Example 10.15 using MATLAB® (b) Solution

TABLE E.1 Varied Flow Function[a], Equation 10.7.11

		N				N	
u	$2\frac{1}{2}$	3	$3\frac{1}{3}$	u	$2\frac{1}{2}$	3	$3\frac{1}{3}$
0.00	0.000	0.000	0.000	0.82	1.057	0.993	0.963
0.02	0.020	0.020	0.020	0.83	1.083	1.016	0.985
0.04	0.040	0.040	0.040	0.84	1.110	1.040	1.007
0.06	0.060	0.060	0.060	0.85	1.139	1.065	1.030
0.08	0.080	0.080	0.080	0.86	1.171	1.092	1.055
0.10	0.100	0.100	0.100	0.87	1.205	1.120	1.081
0.12	0.120	0.120	0.120	0.88	1.241	1.151	1.109
0.14	0.140	0.140	0.140	0.89	1.279	1.183	1.139
0.16	0.161	0.160	0.160	0.90	1.319	1.218	1.172
0.18	0.181	0.180	0.180	0.91	1.362	1.257	1.206
0.20	0.201	0.200	0.200	0.92	1.400	1.300	1.246
0.22	0.222	0.221	0.220	0.93	1.455	1.348	1.290
0.24	0.243	0.241	0.240	0.94	1.520	1.403	1.340
0.26	0.263	0.261	0.261	0.950	1.605	1.467	1.398
0.28	0.284	0.282	0.281	0.960	1.703	1.545	1.468
0.30	0.305	0.302	0.301	0.970	1.823	1.644	1.559
0.32	0.326	0.323	0.322	0.975	1.899	1.707	1.615
0.34	0.347	0.343	0.342	0.980	1.996	1.783	1.684
0.36	0.368	0.364	0.363	0.985	2.111	1.880	1.772
0.38	0.391	0.385	0.383	0.990	2.273	2.017	1.895
0.40	0.413	0.407	0.404	0.995	2.550	2.250	2.106
0.42	0.435	0.428	0.425	0.999	3.195	2.788	2.590
0.44	0.458	0.450	0.447	1.000	∞	∞	∞
0.46	0.481	0.472	0.469	1.001	2.786	2.184	1.907
0.48	0.504	0.494	0.490	1.005	2.144	1.649	1.425
0.50	0.528	0.517	0.512	1.010	1.867	1.419	1.218
0.52	0.553	0.540	0.535	1.015	1.705	1.286	1.099
0.54	0.578	0.563	0.557	1.020	1.602	1.191	1.014
0.56	0.604	0.587	0.580	1.03	1.436	1.060	0.896
0.58	0.631	0.612	0.604	1.04	1.321	0.967	0.813
0.60	0.658	0.637	0.628	1.05	1.242	0.896	0.749
0.61	0.673	0.650	0.641	1.06	1.166	0.838	0.697
0.62	0.686	0.663	0.653	1.07	1.111	0.790	0.651
0.63	0.700	0.676	0.666	1.08	1.059	0.749	0.618
0.64	0.716	0.690	0.679	1.09	1.012	0.713	0.586
0.65	0.731	0.703	0.692	0.10	0.973	0.681	0.558
0.66	0.746	0.717	0.705	1.11	0.939	0.652	0.532
0.67	0.762	0.731	0.718	1.12	0.907	0.626	0.509
0.68	0.777	0.746	0.732	1.13	0.878	0.602	0.488
0.69	0.795	0.761	0.746	1.14	0.851	0.581	0.479
0.70	0.811	0.776	0.760	1.15	0.824	0.561	0.452
0.71	0.828	0.791	0.775	1.16	0.802	0.542	0.436
0.72	0.845	0.807	0.790	1.17	0.782	0.525	0.421
0.73	0.863	0.823	0.805	1.18	0.760	0.509	0.406
0.74	0.881	0.840	0.821	1.19	0.740	0.494	0.393
0.75	0.900	0.857	0.837	1.20	0.723	0.480	0.381
0.76	0.919	0.874	0.853	1.22	0.692	0.454	0.358
0.77	0.940	0.892	0.870	1.24	0.662	0.431	0.338
0.78	0.962	0.911	0.887	1.26	0.633	0.410	0.320
0.79	0.985	0.930	0.905	1.28	0.609	0.391	0.303
0.80	1.008	0.950	0.924	1.30	0.587	0.373	0.289
0.81	1.032	0.971	0.943	1.32	0.568	0.357	0.275

TABLE E.1 Varied Flow Function[a], Equation 10.7.11 (*continued*)

u	N $2\frac{1}{2}$	N 3	N $3\frac{1}{3}$	u	N $2\frac{1}{2}$	N 3	N $3\frac{1}{3}$
1.34	0.549	0.342	0.262	2.20	0.220	0.107	0.071
1.36	0.531	0.329	0.251	2.3	0.204	0.098	0.064
1.38	0.513	0.316	0.239	2.4	0.190	0.089	0.057
1.40	0.496	0.304	0.229	2.5	0.179	0.082	0.052
1.42	0.481	0.293	0.220	2.6	0.169	0.076	0.048
1.44	0.467	0.282	0.211	2.7	0.160	0.070	0.043
1.46	0.455	0.272	0.203	2.8	0.150	0.065	0.040
1.48	0.444	0.263	0.196	2.9	0.142	0.060	0.037
1.50	0.432	0.255	0.188	3.0	0.135	0.056	0.034
1.55	0.405	0.235	0.172	3.5	0.106	0.041	0.024
1.60	0.380	0.218	0.158	4.0	0.087	0.031	0.017
1.65	0.359	0.203	0.145	4.5	0.072	0.025	0.013
1.70	0.340	0.189	0.135	5.0	0.062	0.019	0.010
1.75	0.322	0.177	0.125	6.0	0.048	0.014	0.007
1.80	0.308	0.166	0.116	7.0	0.038	0.010	0.005
1.85	0.293	0.156	0.108	8.0	0.031	0.008	0.004
1.90	0.279	0.147	0.102	9.0	0.027	0.006	0.003
1.95	0.268	0.139	0.095	10.0	0.022	0.005	0.002
2.00	0.257	0.132	0.089	20.0	0.015	0.002	0.001
2.10	0.238	0.119	0.079				

[a] $F(u, N) = \int_0^u du/(1 - u^N)$ with constant of integration adjusted so that $F(0, N) = 0$ and $F(\infty, N) = 0$.

Source: After Henderson, 1966.

Bibliography

REFERENCES

ADRIAN, R. J., "Multi-point Optical Measurements of Simultaneous Vectors in Unsteady Flow—A Review," *Int. J. Heat Fluid Flow*, Vol. 7, No. 2, June 1986, pp. 127–145.

BAKHMETEFF, B. A., *Hydraulics of Open Channels*, McGraw-Hill Book Company, New York, 1932.

BEAN, H. S., ed., *Fluid Meters: Their Theory and Application*, 6th ed., American Society of Mechanical Engineers, New York, 1971.

BENEDICT, R. P., *Fundamentals of Pipe Flow*, John Wiley & Sons, Inc., New York, 1980.

CHAPRA, S. C., and CANALE, R. P., *Numerical Methods for Engineers*, 3rd ed., McGraw-Hill Book Company, New York, 1998.

CHOW, V. T., *Open Channel Hydraulics*, McGraw-Hill Book Company, New York, 1959.

COLEMAN, HUGH W., and STEELE, W. GLENN, JR, *Experimentation and Uncertainty Analysis for Engineers*, 2nd ed. John Wiley & Sons, New York, 1998.

CROSS, H., "Analysis of Flow in Networks of Conduits or Conductors," *University of Illinois Bulletin 286*, November 1936.

GOLDSTEIN, R. J., ed., *Fluid Mechanics Measurements*, 2nd ed., Taylor and Francis, Washington, DC, 1996.

HEC-RAS River Analysis System, Hydrologic Engineering Center, U.S. Army Corps of Engineers, Davis, CA, July 1995.

HENDERSON, F. M., *Open Channel Flow*, Macmillan Publishing Company, New York, 1966.

KARASSIK, I. J., MESSINA, J. P., COOPER, P., HEALD, C. C., eds., *Pump Handbook*, 3rd ed., McGraw-Hill Professional Publishing, 2000.

KING, H. W., and BRATER, E. F., *Handbook of Hydraulics*, 7th ed., McGraw-Hill Book Company, New York, 1996.

KLINE, S. J., ed., Proceedings of the Symposium on Uncertainty Analysis. *J. Fluids Eng.*, Vol. 107, No. 2, June 1985, pp. 153–178.

MCBEAN, E. A., and PERKINS, F. E., "Convergence Schemes in Water Profile Computation," *J. Hydraulics Div., ASCE*, Vol. 101, No. HY10, October 1975, pp. 1380–1384.

MARTIN, C. S., "Experimental Investigation of Column Separation with Rapid Valve Closure," *Proceedings, 4th International Conference on Pressure Surges*, BHRA Fluid Engineering, Cranfield, England, 1983, pp. 77–88.

ORMSBEE, L. E., and WOOD, D. J., "Hydraulic Design Algorithms for Pipe Networks," *J. Hydraulic Eng., ASCE*, Vol. 112, No. 12, December 1986, pp. 1195–1207.

ROBERSON, J. A., CASSIDY, J. J., and CHAUDHRY, M. H., *Hydraulic Engineering*, Houghton Mifflin Company, Boston, MA, 1988.

ROBERSON, J. A., and CROWE, C. T., *Engineering Fluid Mechanics*, 6th ed., John Wiley & Sons, 1997.

ROSSMAN, L. A., *EPANETZ Users Manual*, United States Environmental Protection Agency, June 2000.

STEPANOFF, A. J., *Centrifugal and Axial Flow Pumps*, 2nd ed., John Wiley & Sons, Inc., New York, 1957.

SWAMEE, P. K., and JAIN, A. K., "Explicit Equations for Pipe-Flow Problems," *J. Hydraulics Div., ASCE*, Vol. 102, No. HY5, May 1976, pp. 657–664.

TAYLOR, G. I., "Dispersion of Soluble Matter in Solvent Flowing Slowly Through a Tube," *Proc. Royal Soc. London*, Vol. 219A, 1953, pp. 186–203.

U. S. DEPARTMENT OF INTERIOR, BUREAU OF RECLAMATION, *Design of Small Dams*, U.S. Government Printing Office, Washington DC, 1974.

VAN DYKE, M., *An Album of Fluid Motion*, Parabolic Press, Stanford, CA, 1982.

WARNICK, C. C., *Hydropower Engineering*, Prentice-Hall, Inc., Englewood Cliffs, NJ, 1984.

WOOD, D. J., "Algorithms for Pipe Network Analysis and Their Reliability," *Research Report 127*, Water Resources Research Institute, University of Kentucky, Lexington, KY, 1981.

WYLIE, E. B., and STREETER, V. L., *Fluid Transients in Systems*, Prentice Hall, Englewood Cliffs, N.J., 1993.

GENERAL INTEREST

DAILY, J. W., and HARLEMAN, D. R. F., *Fluid Dynamics*, Addison-Wesley Publishing Company, Inc., Reading, MA, 1968.

ESKINAZI, S., *Principles of Fluid Mechanics*, 2nd ed., Allyn and Bacon, Inc., Needham Heights, MA, 1968.

FOX, R. W., and MCDONALD, A. T., *Introduction to Fluid Mechanics*, 4th ed., John Wiley & Sons, Inc., New York, 1992.

FUNG, Y. C., *Continuum Mechanics*, 2nd ed., Prentice-Hall, Inc., Englewood Cliffs, NJ, 1977.

HANSON, A. G., *Fluid Mechanics*, John Wiley & Sons, Inc., New York, 1967.

JOHN, E. A. J., *Gas Dynamics*, Allyn and Bacon, Inc., Needham Heights, MA, 1969.

MUNSON, B. R., YOUNG, D. F., and OKIISHI, T. H., *Fundamentals of Fluid Mechanics*, 2nd ed., John Wiley & Sons, Inc., New York, 1994.

OWCZAREK, J. A., *Introduction to Fluid Mechanics*, International Textbook Company, Scranton, PA, 1968.

POTTER, M. C., and FOSS, J. F., *Fluid Mechanics*, Great Lakes Press, Okemos, MI, 1979.

ROBERSON, J. A., and CROWE, C. T., *Engineering Fluid Mechanics*, 6th ed., Houghton-Mifflin Company, Boston, MA, 1996.

SABERSKY, R. H., ACOSTA, A. J., and HAUPTMAN, E. G., *Fluid Flow*, 5th ed., Macmillan Publishing Company, New York, 2001.

SCHLICHTING, H., *Boundary Layer Theory*, 8th ed., McGraw-Hill Book Company, New York, 2000.

SHAMES., I., *Mechanics of Fluids*, 3rd ed., McGraw-Hill Book Company, New York, 1992.

SHAPIRO, A. H., *The Dynamics and Thermodynamics of Compressible Fluid Flow*, Ronald Press, New York, 1953.

STREETER, V. L., and WYLIE, E. B., *Fluid Mechanics*, 8th ed., McGraw-Hill Book Company, New York, 1985.

VAN WYLEN, G. J., and SONNTAG, R. E., *Fundamentals of Classical Thermodynamics*, 2nd ed., John Wiley & Sons, Inc., New York, 1976.

WHITE, F. M. *Fluid Mechanics*, 3rd ed., McGraw-Hill Book Company, New York, 1994.

YIH, C. S., *Fluid Mechanics*, West River Press, 1988.

YUAN, S. W., *Foundations of Fluid Mechanics*, Prentice-Hall, Inc., Englewood Cliffs, NJ, 1967.

Answers

Chapter 1

1.1 C
1.2 B
1.3 A
1.4 C
1.5 C
1.6 B
1.7 D
1.8 A
1.9 D
1.10 C
1.11 C
1.12 B
1.13 D
1.16 **a)** FT^2/L^4 **c)** FL/T **e)** FT/L
1.18 **b)** m/s^2
1.20 kg/s, N/m, N
1.22 **a)** 1.26×10^8 N, **c)** 6.7×10^8 Pa **e)** 5.2×10^{-2} m^2
1.23 22.5 m/ρd^2
1.24 **a)** 5.56×10^{-5} m/s **b)** 209.4 rad/s **c)** 373 kW **d)** 1.67×10^{-5} m^3/s **e)** 2×10^{11} N/m^2 **f)** 5 kg/s
1.26 44.01 N
1.28 **b)** 142.2 kPa **d)** 78.8 kPa
1.29 **a)** 70 kPa **b)** 527 mm of Hg **c)** 7000 mN/cm^2 **d)** 0.07 N/mm^2
1.30 62.8 kPa, 1.95%
1.32 −50.6°C
1.34 2.40 N, 0.0095°
1.35 $\rho = 1000$ kg/m^3, $\gamma = 9810$ N/m^3
1.36 976 kg/m^3, 9560 N/m^3, −0.2%, −0.36%
1.38 **b)** 0.635 kg
1.39 122 liters
1.40 28.6 N/m^3, 6.86×10^{-6} m^2/s
1.42 0.007848 N/m^2, 0.007848 N/m^2
1.43 $\tau_w = 0.665$ Pa
1.44 3.2 Pa, 6.4 Pa
1.46 3.10 N·m, 0.65 kW
1.48 1.16×10^{-3} N·m
1.50 $E(e^{-Cy} - 1)$
1.54 899 m
1.56 **a)** 1432 m/s **b)** 1508 m/s **c)** 1472 m/s
1.58 29.6 kPa, 59.2 kPa
1.59 395 Pa
1.60 8010 kPa
1.62 −0.453 mm
1.64 $\sqrt{8\sigma/\pi\rho g}$
1.66 $2\sigma\pi D$
1.68 50°C
1.70 7.4 kPa
1.71 61.8°C
1.72 16.83 km
1.74 1.19 kg/m^3
1.75 69.3 kg/m^3, 28.4 kg
1.76 9333 N
1.77 343 kPa gage
1.78 25.2 m
1.79 7.67 m/s, 10.85 m/s
1.80 **a)** 19.25 m/s **c)** 16.42 m/s
1.82 69.2°C
1.84 $W = 116.98$ kJ, $Q = -116.98$ kJ
1.86 **b)** 243 kJ
1.88 804 kPa gage
1.90 **b)** 266.9 m/s **d)** 1301 m/s
1.92 **b)** 2854 m

Chapter 2

2.1 C
2.2 D
2.3 C
2.4 A
2.5 B
2.6 A
2.7 D
2.8 A
2.9 A
2.12 **a)** 25.5 m **c)** 1.874 m

2.13 2.38, 2380 kg/m^3
2.14 **b)** 10.2 m
2.16 –37.4 kPa
2.18 103 kPa
2.20 96.49 kPa, 96.44 kPa, −0.052%
2.22 **a)** 4697 kPa, −0.064%
b) 15,657 kPa, −0.21%
c) 46,971 kPa, −0.78%
2.24 **a)** 69.9 kPa **c)** 30.6 kPa
2.25 70,900 m
2.26 33.35 kPa
2.28 **a)** 680 kg/m^3, gasoline **c)** 999 kg/m^3, water
2.29 **a)** 30.9 m/s **b)** 34.6 m/s **c)** 39.9 m/s
d) 44.6 m/s
2.30 30.96 kPa
2.32 17.43 cm
2.34 15.62 kPa
2.36 14.0 kPa
2.37 **a)** –6.28 kPa **b)** 18.84 kPa
c) –4.32 kPa **d)** 20.8 kPa
2.38 17.89 kPa
2.40 5.87 kPa
2.42 0.52 kPa
2.43 $H = 1.01$ m or 3.7 m
2.44 3.76 cm
2.45 3.4 mm
2.46 4.51 cm
2.47 **a)** 15 cm **b)** 21.4 cm **c)** 10.33 cm **d)** 21.6 cm
2.48 6934 N
2.50 29 400 N vs 28 400 N so it will rise
2.52 **b)** 277.1 kN
2.53 **a)** (0.61 m, 0.76 m), $F = 175$ kN
b) (0.6 m, 0.8 m), 192 kN
c) (0.61 m, 0.77 m), 180 kN
2.54 **a)** 739.7 kN at (0, –0.167) m
c) 313.9 kN at (0.9375, –1.5) m
2.55 74.5 kN
2.56 523 kN
2.60 3346 N
2.62 **b)** 0.6667 m
2.63 **a)** 3.46 m **b)** 1.73 m **c)** 3.12 m **d)** 1.56 m
2.64 1.55 m
2.66 **a)** won't tip **b)** will tip
c) will tip
2.68 616.1 kN
2.69 594.2 kN
2.70 **a)** $F_H = 706$ kN, $F_V = 662$ kN
2.72 70.07 kN
2.74 4580 N/m^3
2.75 8.47 kN, 0.96
2.76 **a)** 420 kN **b)** −23.4 kN
2.77 **a)** 17.98 kN **b)** 14.83 kN
2.78 **a)** 1.372 m
2.80 13.6 cm
2.82 8.804 kN
2.84 1.23×10^6 people
2.86 **a)** 5.04 m **b)** 4.92 m **c)** 4.875 m
2.88 **a)** 1.089 **b)** 0.01886 kg
2.89 **a)** no **b)** no **c)** yes
2.90 $\gamma_x > 8369$ N/m^3 or $\gamma_x < 1435$ N/m^3
2.92 1.1
2.93 **a)** G is below C, $\theta = 11.3°$
b) $\Delta y = 0.85$, $\Delta x = 0.175$, $\theta = 11.6°$
2.94 $GM = 0.277$ m. ∴stable
2.96 **a)** 99.6 kPa **b)** 59.6 kPa
c) 114.86 kPa **d)** 50 kPa
2.98 **b)** 4.8 m/s^2
2.99 **a)** 58.29 kPa **b)** 57.46 kPa
2.100 **a)** 640 kN **b)** 1163 kN
2.102 **a)** 0, 11.89 kPa, 11.89 kPa,
b) −9 kPa, −3.11 kPa, 5.88 kPa
c) −18 kPa, −6.11 kPa, 11.89 kPa
d) 0, −5.12 kPa, −5.12 kPa
e) −16.87 kPa, −10.74 kPa, 6.13 kPa
f) 8.44 kPa, 20.19 kPa, 11.76 kPa
2.103 **a)** 11.1 kPa, 16.99 kPa, 5.88 kPa
b) 4.93 kPa, 8.86 kPa, 3.92 kPa
2.104 **a)** −40.5 kPa, −34.6 kPa, 5.89 kPa
b) −40.5 kPa, −34.6 kPa, 5.886 kPa
2.105 **a)** 7.62 rad/s **b)** 9.34 rad/s
2.106 **a)** 8149 Pa **c)** 17.4 kPa
2.108 **a)** 6670 N **c)** 9920 N

Chapter 3

3.1 D
3.2 C
3.3 D
3.4 C
3.5 B
3.6 C
3.7 B
3.8 A

3.14 **a)** $x^2 - 2xy + y^2 = 4y$. A parabola
3.16 Eulerian: Several college students would be positioned at each intersection and quantities would be recorded as a function of time.
3.17 **a)** 2 m/s, 3.6 m/s **b)** 0, 8.25 m/s **c)** 4 m/s, 6 m/s
3.18 **a)** $\hat{\mathbf{n}} = (2\hat{\mathbf{i}} - 3\hat{\mathbf{j}})/\sqrt{3}$
c) $\hat{\mathbf{n}} = (8\hat{\mathbf{i}} + 5\hat{\mathbf{j}})/\sqrt{89}$
3.20 **b)** $8\hat{\mathbf{i}} - 4\hat{\mathbf{j}}$ **d)** $2\hat{\mathbf{i}} - 108\hat{\mathbf{j}} + 15\hat{\mathbf{k}}$
3.22 **a)** $-40\hat{\mathbf{i}}$ **c)** $12\hat{\mathbf{i}} - 4\hat{\mathbf{k}}$
3.23 **a)** rate-of strain $= \begin{bmatrix} 0 & 20 & 0 \\ 20 & 0 & 0 \\ 0 & 0 & 0 \end{bmatrix}$
3.24 **a)** $(9.375, 0, 0)$ m/s^2
3.26 $(\partial u/\partial t)\mathbf{i}$
3.28 **b)** 1.875 m/s at $t = \infty$
3.30 -9.11×10^{-4}kg/m^3·s
3.32 0.04 kg/m^3·s
3.34 $\mathbf{a} = \partial\mathbf{V}/\partial t + (\mathbf{V}\cdot\nabla)\mathbf{V}$
3.35 **a)** $(144\,\hat{\mathbf{j}} - 544\,\hat{\mathbf{i}})$ m/s^2 **b)** $-465\,\hat{\mathbf{i}}$ m/s^2
3.36 $-52 \times 10^{-5}\,\hat{\mathbf{j}} + 0.0224\,\hat{\mathbf{i}}$ m/s^2
3.38 Steady: a, c, e, f, h. Unsteady: b, d, g
3.42 **a)** inviscid. **c)** inviscid.
e) viscous inside the boundary layers and separated regions.
g) viscous.
3.46 9640 ∴ Turbulent
3.48 **a)** Re = 795. Laminar
3.49 3 cm
3.50 $x_T = 8.17$ m. Laminar
3.51 **a)** compressible **b)** incompressible
c) incompressible
3.52 $u\partial\rho/\partial t + v\partial\rho/\partial y = 0$
3.54 **a)** 60 m/s **b)** 104 m/s **c)** 33 m/s
3.56 57 m/s
3.58 **b)** $r = r_c$: $p_T = \rho U_\infty^2/2$
d) $\theta = 90°$: $p_{90} = -3\rho U_\infty^2/2$
3.60 **a)** $-50\rho(2/x + 1/x^2)$ **b)** $50\,\rho$
c) $\frac{81}{2}\rho(\frac{2}{3x} + \frac{1}{9x^2})$ **d)** $\frac{81}{2}\rho$
3.62 9.39 m/s
3.64 **a)** 3.14 m/s **b)** 4.97 m/s
3.66 12.76 m/s
3.68 **b)** 3.516 m/s, 193.6 kPa
3.70 19.82 cm
3.71 **a)** 18.04 m/s **b)** 36.1 m/s
3.72 **a)** −6195 Pa **c)** −5470 Pa
3.74 **a)** 37.42 m/s, 71.4 m **b)** 52.92 m/s, 142.9 m
3.76 **a)** 37.4 m/s **b)** 28.3 m/s
3.78 **b)** −43.3 kPa **d)** −59 Pa
3.80 Negative pressure, so it will rise
3.82 High pressure
3.84 The higher pressure at B will force the fluid toward the lower pressure at A, thereby causing a secondary flow normal to the pipe's axis. This results in a relatively high loss for an elbow.

Chapter 4

4.1 B
4.2 D
4.3 A
4.4 D
4.5 A
4.6 C
4.7 B
4.8 C
4.9 D
4.10 A
4.11 A
4.12 C
4.13 D
4.14 A
4.15 A
4.16 **b)** $Q - W = 0$
4.20 **b)** Conservation of mass
d) Energy equation
4.24 $-0.707\,(\hat{\mathbf{i}} + \hat{\mathbf{j}})$, $0.866\hat{\mathbf{i}} - 0.5\hat{\mathbf{j}}$, $-\hat{\mathbf{j}}$, −7.07 fps, 8.66 fps, 0
4.26 1559 cm^3
4.32 $dm_V/dt = \dot{m} - \rho Q$
4.34 4.5 m/s, 51 kg/s, 0.051 m^3/s
4.36 0.1509 m^3/s
4.37 115 m/s, 1616 m/s
4.38 320 m/s, 20.9 kg/s, 4.712 m^3/s, 2.512 m^3/s
4.40 **b)** 4.478 m
4.42 **a)** 5 m/s, 320 kg/s, 0.32 m^3/s
c) 7.5 m/s, 480 kg/s, 0.48 m^3/s
4.44 5.08 kg/s

4.46 0.82 kg/s
4.48 63.7 kg/s, 64.9 kg/s $\therefore \overline{\rho V} \neq \overline{\rho}\overline{V}$
4.50 0.565 m
4.51 0.015 kg/m³·s
4.52 12.04 m/s
4.54 0.244 m/s
4.55 3.7 m/s
4.56 27.3 m/s
4.58 $\rho\pi[(d^2 - d_2^2)\dot{h}_2/4 + h_1^2\dot{h}_1 \tan^2\phi]$
4.60 3.99×10^{-4} kg/s
4.62 **b)** 8.84 mm/s
4.64 −14.5 kPa/s
4.66 1847 W
4.68 0.836°C
4.70 **b)** 524 kW
4.72 2.71 m, 0.61 m
4.73 2.47 m, 0.646 m
4.74 9.94 m/s
4.76 414.3 kPa
4.78 32.1 MPa
4.80 **a)** 5.01 m³/s
4.82 **b)** 0.485 m³/s
4.84 $12.35 d_1^2 d_2^2 (H/(d_1^4 - d_2^4))^{1/2}$
4.85 **a)** 0.0365 m³/s **b)** 0.0503 m³/s
4.86 0.663 m
4.88 60.4 m
4.90 0.131 m
4.92 24.8 hp
4.94 1304 kW
4.95 0.884
4.96 **a)** 299°C
4.97 237.6 kW (318 hp)
4.98 5390 kW
4.100 0.5 W
4.101 114 hp
4.102 3820 W, 39.4 kPa, 416 kPa
4.104 1.85 m or 2.22 m
4.106 0.815 m
4.108 **a)** 2.00
4.110 $\dot{m}_f q_f = F_D V_\infty + \dot{m}[(V_2^2 - V_1^2)/2 + c_v(T_2 - T_1)]$
4.112 7.37×10^{-5} m³/s
4.114 **a)** ≅ 0.32 m³/s
4.116 **a)** 339 N **b)** 679 N **c)** 1356 N
4.118 **a)** 692 N **c)** 2275 N
4.119 4.59 kN
4.120 **b)** 2280 N, 1071 N
4.122 49.6 N
4.124 618 kN
4.125 **a)** 2.51 m **b)** 3.23 m
4.126 **a)** 3.2 m, 8.86 m/s **b)** 2 m, 7 m/s
4.128 0.77 m, 7.8 m/s
4.130 4420 N
4.132 **a)** 11.46 kN **b)** 6.25 kN
4.133 **a)** 17.85 m/s **b)** 26.65 m/s **c)** 8.85 m/s
4.134 **b)** 202 kg/s
4.135 **a)** 1272 N, 2203 N **b)** 318 N, 551 N **c)** 2861 N, 4956 N
4.136 147.3 kW
4.138 986 kW
4.139 **a)** 380 hp **b)** 360 hp **c)** 283 hp
4.140 **b)** 47°, 29.5°, 3.6 MW
4.142 11.08 kN, 240 kg/s, 80 kg/s
4.144 13.33 m/s
4.146 647 hp
4.148 110 kN
4.149 9.8 m/s, 2.64 m/s
4.150 1440 N, 69.9 m³/s, 62.5%
4.152 395 hp, 2944 kg/s
4.154 141 N
4.156 220 m/s/m
4.158 3780 N
4.160 **a)** 54.9 kW/m
4.164 46.9 rad/s
4.165 14.3 hp
4.166 39.6 rad/s
4.168 $11.73(1 - e^{-31.8t})$rad/s

Chapter 5

5.2 See Table 5.1
5.4 $\rho du/dx + u d\rho/dx = 0$
5.6 $u\partial\rho/\partial x + w\partial\rho/\partial z = 0, \partial u/\partial x + \partial w/\partial z = 0$
5.8 **a)** $v_r = C/r$
5.10 **a)** $3y/(0.15x + 0.5)^2$ **b)** $-9y/(0.15x + 0.5)^4$
5.12 $v =$ const
5.14 $-Ay$
5.16 $(10 - 0.4/r^2)\sin\theta$
5.18 $(10 - 80/r^3)\cos\theta$
5.19 -2.32 kg/m⁴

5.20 0.541 m/s
5.22 0.296 m/s
5.24 **a)** −0.88 m/s **b)** 2772 m/s^2
5.26 $[100\rho/(x^2 + y^2)^2]\,(x\hat{\mathbf{i}} + y\hat{\mathbf{j}})$
5.28 $(\partial p/\partial\theta)/r = -\rho v_r v_\theta/r - \rho v_r \partial v_\theta/\partial r - \rho(v_\theta/r)\partial v_\theta/\partial\theta$
5.30 $\rho(D\mathbf{V}/Dt + 2\Omega \times \mathbf{V} + \Omega \times (\Omega \times \mathbf{r}) + (d\Omega/dt) \times \mathbf{r}) = -\nabla p - \rho\mathbf{g}$
5.31 3.96×10^{-8}
5.32 $252y^2x^{-9/5} - 5270y^3x^{-13/5}$, $\tau_{xy} = 5.01 \times 10^{-5}$ Pa
5.34 $-\nabla p + \rho\mathbf{g} + \mu\nabla^2\mathbf{V} + \mu\nabla(\nabla \cdot \mathbf{V})/3$
5.36 $-[(V_1 + V_2)y/h] + V_1$
5.38 $\partial p/\partial z = \mu[\partial^2 v_z/\partial r^2 + \partial v_z/\partial r)/r]$.
5.40 $\partial p/\partial\theta = \mu[\partial/\partial r(r^2\partial v_\theta/\partial r)]/r - \mu v_\theta/r \sin^2\theta$
5.44 $\rho\partial u/\partial t = \mu\partial^2 u/\partial y^2$
5.48 $0.3 + 10y$
5.50 $\rho D\tilde{u}/Dt = K\nabla^2 T$
5.52 $\rho Dh/Dt = K\nabla^2 T + Dp/Dt$
5.56 **a)** $\partial u/\partial t = \nu\partial^2 u/\partial y^2$, $\rho c\partial T/\partial t = K\partial^2 T/\partial y^2 + \mu(\partial u/\partial y)^2$

Chapter 6

6.1 A
6.2 A
6.3 A
6.4 A
6.5 C
6.6 A
6.8 **a)** FT/L **c)** FT^2/L^4 **e)** FL
6.10 $V\ell\rho/\mu = \text{const}$
6.12 $V = \sqrt{gH/C}$
6.14 $F_D/\rho\ell^2V^2 = f_1(d/\ell, \mu/\rho\ell V)$
6.16 $h/d = f_1(\sigma/\gamma d^2, \beta)$
6.18 $\sigma = CMy/I$
6.20 $V = \text{Const.}\sqrt{gH}$
6.22 $\Delta p/\rho V^2 = f_1(\nu/Vd, L/d, e/d)$
6.24 $Q/\sqrt{gR^5} = f_1(A/R^2, e/R, s)$
6.26 $F_D/\rho V^2d^2 = f_1(\mu/\rho Vd, e/d, I)$
6.28 $T/\rho V^2D^2 = \phi[\text{Re}]$
6.30 $F_D/\rho V^2d^2 = f_1(\mu/\rho Vd, e/d, r/d, Cd^2)$
6.32 $F_L/\rho V^2\ell_c^2 = f_1(c/V, t/\ell_c, \alpha)$
6.34 $F_D/\rho V^2d^2 = f_1(Vd\rho/\mu, d/L, \rho/\rho_c, V/\omega d)$
6.36 $T/\rho\omega^2d^5 = g_1(f/\omega, H/d, \ell/d, h/d)$
6.38 $d/D = f_1(V/V_j, \sigma/\rho V_j^2D, \mu/\rho V_jD, \rho_a/\rho)$
6.40 $\mu/\rho VD = f_1(H/D, \ell/D, gD/V^2)$
6.42 $y_2/y_1 = f(gy_1/V_1^2)$
6.44 $Q_m/Q_p = V_m\ell_m^2/V_p\ell_p^2$, $(F_p)_m/(F_p)_p = \rho_mV_m^2\ell_m^2/\rho_pV_p^2\ell_p^2$, $T_m/T_p = \rho_mV_m^2\ell_m^3/\rho_pV_p^2\ell_p^3$
6.46 **a)** 160 kg/s, 15 MPa
6.47 **a)** 45 N, **b)** 90.5 N
6.48 Full-scale is recommended.
6.50 1184 N
6.52 0.15 cm, 1.11
6.54 $\nu_m = 6.1 \times 10^{-9}\,\text{m}^2/\text{s}$. Impossible!
6.56 **a)** 0.00632 m^3/s **b)** 12 kN
6.57 **a)** 18.97 m/s **b)** 4000 N
6.58 120 kN·m
6.60 1633 kW
6.62 4.16 N, 95 hp
6.63 yes
6.64 **b)** 186 m/s, 2080 N
6.66 **a)** 6320 rpm **b)** 2000 rpm
6.68 5 motions/sec
6.70 $f\ell/V$
6.72 $g\ell/U^2$
6.74 **b)** $\dfrac{\partial u^*}{\partial t^*} = -\text{Re}\dfrac{\partial p^*}{\partial x^*} + \dfrac{\partial^2 u^*}{\partial r^{*2}} + \dfrac{1}{r^*}\dfrac{\partial u^*}{\partial r^*}$
6.76 $(K/\mu c_p)(\mu/\rho U\ell) = \text{Pr}^{-1}\text{Re}^{-1}$

Chapter 7

7.1 D
7.2 A
7.3 D
7.4 D
7.5 A
7.6 B
7.7 D
7.8 B

7.9 A
7.10 B
7.11 A
7.12 C
7.14 **b)** 0.0015 m/s
7.15 Re = 1730
7.16 Re = 700 000. Turbulent
7.18 **a)** 12.6 m **c)** 25.0 m
7.20 $L_E = 7.2$ m. Developed
7.22 3.7 m vs 0.72 m
7.24 **a)** 20.8 m, 5.2 m
7.29 $\tau_0 = 0.032$ Pa, $f = 0.04$
7.30 0.123°, 7.79×10^{-6} m^3/s
7.32 **b)** 1.04×10^{-4} m^3/s. Laminar
7.33 8.3 Pa
7.34 1.15×10^{-5} m^3/s, 1.2 m
7.36 23 Pa
7.38 12.1 m/s, 3.5 Pa, 260 m
7.40 3.85×10^{-6} m^3/s
7.42 **a)** $0.707r_0$ **b)** $0.5r_0$
7.44 0.0063 m, 0.08 Pa, 65 m
7.46 0.462 m/s, 0.0054 Pa
7.49 **a)** $Q = 48$ L/min **b)** $Q = 70$ L/min
7.50 **a)** 0.0274 N·s/m^2
7.52 12.1 m^3/s, 241 000, 60.4 m/s, 20.1 Pa
7.54 0.028 m^3/s, 2030
7.56 276 L/min
7.58 **a)** 18.5 m/s **c)** −6.15 m/s
7.60 32 kPa/m
7.61 14.7 N
7.62 151 N·m
7.64 7.9 N·m
7.66 18.9 W
7.67 1.07 mN·m
7.68 0.040 N·m, 12.6 W, 1650
7.70 $4\pi\mu r_1^2 r_2^2 L\omega_2/(r_2^2 - r_1^2)$
7.76 $\overline{u'^2} = 51.2$ m^2/s^2, $\overline{u'v'} = 9.7$ m^2/s^2
7.77 $\overline{u'v'} = -2.52$ m^2/s^2
7.78 0.016 m^2/s, 0.125, 0.01 m
7.80 **b)** Rough
7.82 **b)** 0.262 m/s
7.84 8.5, 7.34 m/s
7.86 −40.8 kPa/m
7.88 24.2 m/s
7.89 **a)** 50 Pa **b)** 6.47 m/s **c)** 5.4 m/s **d)** 8.2×10^5 **e)** 42 L/s
7.90 **a)** 1.12 m/s, 0.0127 m^3/s
7.92 **a)** 0.0143 **b)** 0.0146
7.94 **a)** 0.064 **c)** 0.034
7.96 **a)** 17.8 m **b)** 16.8 m **c)** 12.4 m **d)** 10.4 m
7.98 **a)** 136 kPa **c)** 20 kPa
7.100 550 kPa
7.102 147 kPa
7.104 **b)** 0.0033 m^3/s
7.106 **b)** 0.069 kg/s
7.107 **a)** 13.36 m^3/s **b)** 13.12 m^3/s
7.108 **a)** 0.032 m **c)** 0.031 m
7.110 **a)** 0.121 m **b)** 0.127 m
7.112 0.000143 m^3/s
7.114 **b)** 0.257 m^3/s
7.118 **a)** 52.6 kPa
7.120 11.48
7.122 0.0044 m^3/s
7.123 **a)** 6.9 L/s **b)** 9.9 L/s **c)** 14.1 L/s
7.124 **b)** 0.011 m^3/s
7.126 1.3 min.
7.128 46.1 m/s
7.130 Oscillates between laminar and turbulent flow
7.131 **a)** 555 hp **b)** 22 hp **c)** 9.8 hp
7.132 117 kW, 13.0 m
7.134 1400 hp, 13 cm
7.136 0.23 m^3/s, 190 kW
7.138 **a)** 195 kW **b)** −81 kPa **c)** 625 kPa
7.140 1.05 MW
7.142 17.6 Pa
7.144 **a)** 1.64 m^3/s
7.145 **a)** 4.31 m^3/s **b)** 4.65 m^3/s **c)** 2.16 m^3/s **d)** 0.6 m^3/s **e)** 0.06 m^3/s
7.146 **a)** 0.794 m^3/s **b)** 0.86 m^3/s
7.148 3.91 m
7.150 0.612 m

Chapter 8

8.1 C
8.2 C
8.3 B
8.4 B
8.5 D
8.6 C

8.7 C
8.8 D
8.10 3.78×10^{-5} m
8.13 **a)** 2.85×10^{-4} m/s **b)** 9.2×10^{-5} m/s **c)** 3.7×10^{-3} m/s
8.14 **b)** 7.9×10^6. Separated
8.16 2659 N, 469 N, 2.63, 0.417
8.18 **b)** 4.58×10^{-5} N
8.20 $C_{D,\text{high}}/C_{D,\text{low}} = 2.5$
8.21 **a)** 30.3 m/s **b)** 48 m/s
8.22 0.5, 1.46×10^5
8.24 **a)** 1380 N, 25.7 kN·m
8.25 39.8 m/s, 3.7 cm
8.26 36 kN
8.28 **a)** 8.22 m/s **b)** 15.86 m/s **c)** 115.7 m/s
8.30 **a)** 10 hp
8.32 **a)** 93.6 N
8.34 $8800
8.35 15.2 hp
8.36 1.24 hp
8.38 **a)** 1.58 m/s **c)** 2.86 m/s
8.40 $683
8.42 125 km/hr
8.44 $< 2.5 \times 10^{-5}$ m, > 0.0063 m
8.46 0.0191 m/s
8.48 2.77 hp, 0.1 hp
8.50 900 N, 60 N
8.52 3.3 N, 0.29 N
8.54 4800 N, no cavitation
8.56 52 kN
8.58 **b)** 1.24 m/s^2
8.60 0.587
8.62 13.8 hp
8.64 38 m/s
8.65 8°, 4.86 kN, No
8.66 39.9 m/s
8.68 **a)** 7.77% increase
8.74 **a)** $5x^2 + 10y^2$ **c)** $\sqrt{x^2 + y^2}$
8.76 $100y - 50x, 100x + 50y$
8.78 $-40\tan^{-1}y/x$
8.80 **b)** $10y + 10\tan^{-1}y/x$ **c)** $100 - 50(2/x + 1/x^2)$kPa **e)** -12.5 m/s^2
8.82 **a)** $(-0.025, 0)$ **b)** 0.039 m **c)** $\frac{\pi}{20}$ m **d)** 8.25 m/s
8.84 $(\sqrt{2}, 0), (-\sqrt{2}, 0), 0, 0$
8.86 **a)** 0.314 m
8.88 **b)** $(0, -104)$ m/s^2 **c)** 13.76 kPa
8.90 **b)** $-8\sin\theta$ **c)** $58 - 32\sin^2\theta$ kPa **d)** 42.7 kN
8.91 (2,227°), (2,313°), $p_{\max} = 48.6$ Pa $p_{\min} = -332.4$ Pa
8.92 100 rad/s, -3660 Pa
8.94 1244 kN
8.96 (0.729, 0.481) m/s
8.97 **a)** 0.093 m **b)** 0.12 m **c)** 0.213 m
8.100 **a)** 3 cm **c)** 3 cm **e)** 6 mm
8.102 $20 - 200\sin^2(x/2)$ kPa, $20\sin(x/2)$
8.104 $16/(2.67 - x), 256/(2.67 - x)^3$
8.108 **a)** $4.79\sqrt{\nu x/U_\infty}$ **b)** $0.328\mu U_\infty\sqrt{U_\infty/\nu x}$ **c)** $\int_0^\delta y\cos\left[(0.189\sqrt{U_\infty/\nu})y\right]dy$
8.110 $6.65\sqrt{\nu x/U_\infty}, 0.451\rho U_\infty^2\,\text{Re}_x^{-1/2}$, 33%, 36%
8.112 2.1 cm, 0.001 m, 0.001 m
8.114 **a)** $1.74\sqrt{\nu x/U_\infty}, 0.648\sqrt{\nu x/U_\infty}$, 1.2%, 0.62%
8.115 **a)** 0.036 m **b)** 4.24×10^{-3} Pa **c)** 0.23 N **d)** 0.036 m/s
8.116 **a)** 0.0221 m **b)** 0.00498 Pa **c)** 0.299 N **d)** 0.00391 m/s
8.118 **a)** 0.0949 m, 0.6 Pa
8.120 **a)** 4.3 N **b)** 3.77 N **c)** 3.46 N
8.122 **a)** 235 m, 0.0618 Pa **b)** 0.151 Pa, 585 m
8.124 **a)** 0.00213 **b)** 10.52 Pa **c)** 2.51×10^{-5} m **d)** 0.071 m
8.126 163 kN, 0.89 m
8.132 **a)** 0.0124 Pa **b)** 0.0122 m **c)** 0.00527 m/s **d)** 0.04 m^3/s/m
8.133 **a)** 0.011 Pa **b)** 0.012 m **c)** 0.0052 m/s **d)** 0.036 m^3/s/m
8.134 **a)** 32.1 Pa **b)** 0.0248 m **c)** 0.109 m^3/s/m
8.136 3.85 mm, 0.00127 m/s, 0.011 Pa
8.140 negative, zero, positive, positive, negative

Chapter 9

9.10 0.0069 s
9.11 **a)** 0.588 **b)** 0.56 **c)** 0.668 **d)** 0.61 **e)** 0.66
9.12 393 m
9.13 686 m
9.14 3.776 s
9.15 908 m/s
9.16 −0.035 m/s, 0.012 K
9.18 **a)** 77.3 m/s
9.20 **a)** 0.1473 kg/s **b)** 0.1393 kg/s
9.21 **a)** 0.232 kg/s **b)** 0.21 kg/s
9.22 **a)** 0.1472 kg/s **b)** 0.1423 kg/s
9.24 211.3 kPa abs, 7.29 kg/s
9.26 192 kPa, 1.31 kg/s, 2.62 kg/s
9.28 97.45 kPa abs, 199.4 kPa abs
9.30 168 m/s, 476 m/s
9.32 1.42 kg/s
9.34 494.2 kPa abs, 4.29 kPa abs
9.36 0.097 m, 0.127 m, 253 m/s
9.38 129 kPa abs, 1004 m/s
9.40 8.16 cm
9.42 22.1 cm^2, 772°C, 3670 kPa abs
9.43 $At = 6.27 \times 10^{-4}$ m^2
$pe = 3.78$ kPa, $Te = 100$ K
9.44 1260 m/s
9.46 412 kN
9.48 **a)** 3.774 kg/m^3, 808 kPa abs, 2.966, 473°C, 0.477
9.49 2.69, 0.498, 687 kPa, 652 K, 3.67 kg/m^3
9.50 $(k + 1)/(k - 1)$
9.52 908 m/s, 1600 kPa abs, 8.33 kg/m^3
9.53 901 m/s, 1600 kPa, 8.44 kg/m^3
9.54 391 kPa abs, 448°C
9.56 102.5 kPa abs, 0.471 kg/s, 0.302 kg/s
9.58 339.3 kPa, 312 m/s, 179.2 kPa, 607.6 m/s, 10.11 kPa, 160 m/s, 100.3 kPa
9.60 6 cm, 9.2 cm
9.62 6.17 cm
9.64 **a)** 1.49, 120.4 kPa abs, 620 m/s
9.66 780 m/s
9.68 555 kPa abs, 413 kPa abs
9.70 39.4°, 867 m/s, −156 °C
9.71 39.4°, −157 K, 863 m/s
9.72 **a)** 14.24 kPa abs, 26.4 kPa abs
9.74 0.0854, 0.010

Chapter 10

10.2 2.86 m
10.6 **a)** 2.15 m, 23.5 m^2, 18.6 m
c) 1.22 m, 1.85 m^2, 3.5 m
e) 3.1 m, 23.25 m^2, 13.7 m
10.8 **a)** 0.0121 m^3/s **b)** 0.244 m
10.12 **a)** –0.17 m **c)** –0.43 m
10.14 3.46 m
10.16 **a)** 0.3 m
10.18 **a)** 5.75 m **b)** 3.89 m
10.20 **a)** 1.00 m **b)** 0.46 m **c)** 1.81 m **d)** 1.00 m
10.22 **a)** 1.75 m **b)** 0.83 m
10.26 ≅ 0.95 m
10.28 **a)** 0.47 m^3/s
10.30 1.03 m × 28.8 m
10.31 $Q = 8.70$ m^3/s, $y_c = 1.07$ m
10.32 $M/by_c^2 = y^2/2y_c^2 + y_c/y$
10.34 3.87 m, 363 N
10.36 7.03 m^3/s
10.38 1.77 m, 0.339 m/s, 3.33 m/s
10.40 **a)** 3.43 m^3/s **b)** 0.932 m
c) 52 kW
10.42 2.55 m, 3.38 kW
10.44 11.51 m^3/s, 0.346 m
10.46 $y_0 = 0.094$ m, $y_1 = 0.316$ m, $y_3 = 0.088$ m, $y_{cj} = 0.243$ m
10.48 $y_0 = 2.98$ m, M_3 followed by hydraulic jump to M_2
10.50 M_3 followed by hydraulic jump to M_1
10.52 $y_c = 1.13$ m. $y_{cj} = 1.35$ m. Hydraulic jump occurs upstream, followed by an S_1 curve.
10.54 **a)** $y_c = 1.50$ m. A hydraulic jump between *A* and *C*.
10.56 $y_c = 0.7$ m. $y_0 = 0.99$ m. M_3 followed by a hydraulic jump to an M_2

10.58 **a)** 20.2 m **b)** A_2 profile
10.60 15.5 m^3/s, S_3
10.61 $y_{cj} = 0.94$ m
10.62 $Q = 7.72\ m^3/s, y_c = 0.72\ m, y_0 = 1.17\ m,$ $y_{cj} = 0.41$ m. M_1 upstream, M_3 downstream
10.64 S_3 followed by hydraulic jump to S_1
10.66 **a)** 0.87 m **b)** 48 m
10.68 **a)** 721 kW **b)** 59.3 m
10.70 At $y = 2$ m, $x \cong 55$ km
10.72 3.2 m

Chapter 11

11.2 42.1 L/s, 35.6 N, 2980 W, 7.22 m
11.4 15.9 m, 1.27 hp
11.6 1.23 m
11.7 **a)** 5.04 m, 0.144 **b)** 3 m
11.8 17.6 m, 172 kW
11.12 $\Omega_P = 1.30$, so mixed-flow pump
11.14 **a)** 5.3 m, 0.685 m, 80.25 kW, 6.78 m
11.16 $\Omega_P = 0.751$, so radial-flow pump
11.18 Speed and diameter are 1.19 times greater
11.19 1640 rpm, 0.4 m
11.20 Mixed flow, 0.251 m, 282 rad/s
11.22 2.75 m^3/min, 12.6 m, 7.2 kW
11.24 2.44 m^3/min, 10.0 m, 5.1 kW
11.26 $\Omega_P = 5.19$ so axial flow
11.28 **a)** 280 m^3/h, 64 kW, 8.3 m
11.30 Three pumps, 197 hp
11.31 $D = 0.25$ m, $N = 2310$ rpm, 3, 50 hp
11.32 **a)** 5.67 m **b)** 15.8 m
11.34 **a)** radial flow, 9 cm, 4680 rpm **b)** 3.95 m
11.36 6.1°, 28.3 MN·m, 243 m, 360 MW
11.38 0.221 m, 399 rpm
11.40 189 kW, Francis, 2920 rpm
11.42 4.78 m^3/s, 1.95 m, 244 mm, 3 jets, 0.204
11.44 8 m, Francis or pump/turbine
11.46 **a)** 1.45 m **b)** 13.6 cm
11.48 9.2 MW total, two units
11.50 **a)** 24.6 kW **b)** $\Omega_T = 1.65$, Francis **c)** 0.3 m, 680 rpm, 26 kW

Chapter 12

12.2 **a)** 46.8 **b)** 51.6
12.4 $3.2\times 10^{-6}\ m^3/s$, 3.19×10^{-3} kg/s, laminar
12.6 0.0592 m^3/s, 7.54 m/s
12.8 **a)** 0.064 m^3/s
12.10 **a)** 0.0974 m^3/s, **b)** 0.035 m^3/s
12.14 0.00396, 0.50
12.15 $Q = 0.7\ Y^{2.43}$

찾아보기

ㅇ

ㅈ

PRINCIPAL UNITS USED IN MECHANICS

Quantity	International System (SI)			U.S. Customary System (USCS)		
	Unit	Symbol	Formula	Unit	Symbol	Formula
Acceleration (angular)	radian per second squared		rad/s^2	radian per second squared		rad/s^2
Acceleration (linear)	meter per second squared		m/s^2	foot per second squared		ft/s^2
Area	square meter		m^2	square foot		ft^2
Density (mass) (Specific mass)	kilogram per cubic meter		kg/m^3	slug per cubic foot		$slug/ft^3$
Density (weight) (Specific weight)	newton per cubic meter		N/m^3	pound per cubic foot	pcf	lb/ft^3
Energy; work	joule	J	N·m	foot-pound		ft-lb
Force	newton	N	$kg{\cdot}m/s^2$	pound	lb	(base unit)
Force per unit length (Intensity of force)	newton per meter		N/m	pound per foot		lb/ft
Frequency	hertz	Hz	s^{-1}	hertz	Hz	s^{-1}
Length	meter	m	(base unit)	foot	ft	(base unit)
Mass	kilogram	kg	(base unit)	slug		$lb\text{-}s^2/ft$
Moment of a force; torque	newton meter		N·m	pound-foot		lb-ft
Moment of inertia (area)	meter to fourth power		m^4	inch to fourth power		$in.^4$
Moment of inertia (mass)	kilogram meter squared		$kg{\cdot}m^2$	slug foot squared		$slug\text{-}ft^2$
Power	watt	W	J/s (N·m/s)	foot-pound per second		ft-lb/s
Pressure	pascal	Pa	N/m^2	pound per square foot	psf	lb/ft^2
Section modulus	meter to third power		m^3	inch to third power		$in.^3$
Stress	pascal	Pa	N/m^2	pound per square inch	psi	$lb/in.^2$
Time	second	s	(base unit)	second	s	(base unit)
Velocity (angular)	radian per second		rad/s	radian per second		rad/s
Velocity (linear)	meter per second		m/s	foot per second	fps	ft/s
Volume (liquids)	liter	L	$10^{-3}\ m^3$	gallon	gal.	$231\ in.^3$
Volume (solids)	cubic meter		m^3	cubic foot	cf	ft^3

SELECTED PHYSICAL PROPERTIES

Property	SI	USCS
Water (fresh)		
weight density	9.81 kN/m^3	62.4 lb/ft^3
mass density	1000 kg/m^3	1.94 $slugs/ft^3$
Sea water		
weight density	10.0 kN/m^3	63.8 lb/ft^3
mass density	1020 kg/m^3	1.98 $slugs/ft^3$
Aluminum (structural alloys)		
weight density	28 kN/m^3	175 lb/ft^3
mass density	2800 kg/m^3	5.4 $slugs/ft^3$
Steel		
weight density	77.0 kN/m^3	490 lb/ft^3
mass density	7850 kg/m^3	15.2 $slugs/ft^3$
Reinforced concrete		
weight density	24 kN/m^3	150 lb/ft^3
mass density	2400 kg/m^3	4.7 $slugs/ft^3$
Atmospheric pressure (sea level)		
Recommended value	101 kPa	14.7 psi
Standard international value	101.325 kPa	14.6959 psi
Acceleration of gravity (sea level, approx. 45° latitude)		
Recommended value	9.81 m/s^2	32.2 ft/s^2
Standard international value	9.80665 m/s^2	32.1740 ft/s^2

SI PREFIXES

Prefix	Symbol	Multiplication factor		
tera	T	10^{12}	=	1 000 000 000 000
giga	G	10^{9}	=	1 000 000 000
mega	M	10^{6}	=	1 000 000
kilo	k	10^{3}	=	1 000
hecto	h	10^{2}	=	100
deka	da	10^{1}	=	10
deci	d	10^{-1}	=	0.1
centi	c	10^{-2}	=	0.01
milli	m	10^{-3}	=	0.001
micro	μ	10^{-6}	=	0.000 001
nano	n	10^{-9}	=	0.000 000 001
pico	p	10^{-12}	=	0.000 000 000 001

Note: The use of the prefixes hecto, deka, deci, and centi is not recommended in SI.